कृषि जगत : जेट (JET)

कृषि पर्यवेक्षक परीक्षा उपयोगी

द्वितीय संस्करण

— Rajasthan JET, ICAR's AIEEA, BHU UET व अन्य कृषि विश्वविद्यालय में कृषि स्नातक में प्रवेश एवं कृषि पर्यवेक्षक व अन्य परीक्षाओं के लिए —

डॉ. एम.एल. जाट
डॉ. एम.के. मेहला
डॉ. जे.के. बालियान
डॉ. सी.एम. यादव
डॉ. आर.के. शर्मा
डॉ. बी.जी. छीपा

साईन्टिफिक पब्लिशर्स

प्रकाशक

साईन्टिफिक पब्लिशर्स (इंडिया)

5–ए न्यू पाली रोड़,
पो.बॉ. नं. 91
जोधपुर – 342 001 भारत
E-mail: info@scientificpub.com
Website: http://www.scientificpub.com

ISBN: 978-93-89832-38-9 (Paperback)
978-93-89832-39-6 (E-Book)

भारत में मुद्रित

प्राक्कथन

भारत एक कृषि प्रधान देश है इसका क्षेत्रफल 32.87 वर्ग किलोमीटर है। जो पूरे विश्व के क्षेत्रफल का मात्र 2.4 प्रतिशत है। भारत की जनसंख्या 1947 में 39 करोड़ थी (3 करोड़ पाकिस्तान व 2.7 करोड़ बांग्लादेश), वर्तमान में भारत की जनसंख्या 137 करोड़ के करीब हो चुकी है एवं खाद्यान्न उत्पादन 292 मिलियन टन है। विश्व की तुलना में भारत का भूभाग 2 प्रतिशत है। इस भू–भाग पर 17.40 प्रतिशत जनसंख्या तथा 16 प्रतिशत पशुधन पर निर्भर रहते है। भारत का विश्व में कुल कृषि उत्पादन में दूसरा स्थान है।

कृषि में बहुत विविधता है जैसे हर वर्ष कहीं अनावृष्टि, अतिवृष्टि, अकाल व असमान वर्षा जैसी प्रतिकूल परिस्थितियों का सामना करना पड़ता है। इन विषमताओं के बावजूद कृषि उत्पादन के क्षेत्र में देश को सुसम्पन्न बनाने एवं हरित क्रान्ति को नई दिशा प्रदान करने के उद्धेश्य से विभिन्न योजनाओं एवं कार्यक्रमों के माध्यम से निरन्तर प्रभावी प्रयास किये जा रहे है। इनमें से प्रमुख प्रयास उच्च शिक्षा की ओर किये जा रहे है। हमारे देश में वर्तमान में कुल 03 केन्द्रीय कृषि विश्वविद्यालय, 4 डीम्ड कृषि विश्वविद्यालय एवं 64 राज्य कृषि विश्वविद्यालय, कुल 71 कृषि विश्वविद्यालय है। राजस्थान JET परीक्षा, बनारस विश्वविद्यालय तथा देश के अन्य कृषि विश्वविद्यालयों में कृषि स्नातक में प्रवेश के लिये संयुक्त परीक्षा आयोजित की जाती है। देश के सभी कृषि विश्वविद्यालयों के महाविद्यालयों की 15 प्रतिशत सीटों पर प्रवेश के लिये भारतीय कृषि अनुसंधान परिषद् (आई.सी.ए.आर.) नई दिल्ली द्वारा एक प्रवेश परीक्षा ऑल इण्डिया एन्ट्रेन्स एक्जामिनेशन फॉर एडमिशन टू एग्रीकल्चर (AIEEA) का आयोजन किया जाता है। इस प्रवेश परीक्षा के माध्यम से लगभग 1800 विद्यार्थियों को प्रवेश दिया जाता है एवं राष्ट्रीय प्रतिभा छात्रवृति (NTS) प्रदान की जाती है। इस छात्रवृति में प्रत्येक विद्यार्थी को रू. 1000 प्रतिमाह फैलाशिप प्रदान की जाती है।

इस प्रवेश परीक्षा में एक बहुवैकल्पिक उत्तर वाला प्रश्न पत्र होता है जो पांच खण्डों में विभक्त होता है। यह खण्ड क्रमशः भौतिक विज्ञान, रसायन विज्ञान,

जीवविज्ञान, कृषि विज्ञान व गणित के होते है। प्रत्येक खण्ड में 40 व 60 प्रश्न होते है, इन पांच खण्डों का 3 वर्गो में विभक्त किया गया है। 1. भौतिकी, रसायनिकी, कृषि विज्ञान 2. भौतिकी, रासायनिकी, जीव विज्ञान 3. भौतिकी, रासायनिकी, गणित। प्रत्येक विद्यार्थी को इन तीनो वर्गो में से एक वर्ग का चयन करना होता है। इस प्रकार प्रत्येक विद्यार्थी को तीन विषयों के एक वर्ग अर्थात 40 व 60 प्रश्नों के तीन विषयों का चयन करना होता है। इसमें ऋणात्मक गणना प्रणाली (Negative marking) लागू होती है। इस प्रवेश परीक्षा की तैयारी के लिए वर्तमान में सम्पूर्ण जानकारी वाली कोई गाइड़ उपलब्ध नहीं है और विद्यार्थियों को इस प्रवेश परीक्षा की तैयारी के लिए बहुत सी अलग–अलग किताबों का अध्ययन करना पड़ता है। इस पुस्तक में राजस्थान JET परीक्षा व अन्य कृषि विश्वविद्यालय में कृषि स्नातक प्रवेश परीक्षा के लिये सम्पूर्ण जानकारी एकत्र करने का प्रयास किया गया है। साथ ही गत वर्षो मे पूछे गये सवालों के आधार पर ही यह पुस्तक तैयार की गई है। ऐसे मुख्य प्रश्नों का समागम इस पुस्तक में किया गया है। छात्र राजस्थान JET, बनारस विश्वविद्यालय, अन्य कृषि विश्वविद्यालय व AIEEA प्रवेश परीक्षा में उच्च मेरिट में स्थान प्राप्त हो सके। अतः यह पुस्तक कृषि संकाय, जीव विज्ञान संकाय व गणित संकाय के छात्र–छात्राओं के लिए एक मुश्त रूप में बहुमूल्य जानकारी उपलब्ध करवाती है।

इस पुस्तक में प्रस्तुत जानकारी निश्चित ही विद्यार्थियों के लिये उपयोगी होगी। पुस्तक में कमियों व त्रुटियों का होना स्वाभाविक है। पाठक इन त्रुटियों को नजर अन्दाज कर इस पुस्तक का लाभ उठायें तथा अपने अमूल्य सूझाव हमें निश्चित रूप से भेजें ताकि भविष्य में इस पुस्तक में और सुधार किया जा सके।

दिनांक : 30.10.2020

लेखकगण

जेट (JET) परीक्षा सिलेबस

कृषि

यूनिट – 1: शस्य विज्ञान (Agronomy)

1. कृषि सामान्य ज्ञान एवं कृषि में निपुणता (General Proficiency & General Knowledge in Agriculture)

- राजस्थान की भौगोलिक स्थिति, राज्य की अर्थव्यवस्था में कृषि योग्य मुख्य फसलों एवं पशुधन का योगदान, राजस्थान की स्थाई निधियाँ और कृषि योजनाओं के अनुक्रमण के लिए राहत उपलब्ध कराना, कृषि एवं बागवानी उत्पादन के लिए मुख्य बाधाएं।
- **मौसम एवं जलवायु** – इनके प्रमुख तत्त्व एवं इनका फसलों पर प्रभाव, वायुमण्डल, **राजस्थान के कृषि जलवायु खण्ड।**

2. मृदा (Soil)

- मृदा उर्वरता एवं उत्पादकता, इनको प्रभावित करने वाले कारक
- लवणीय, क्षारीय एवं अम्लीय मृदायें एवं इनका प्रबंधन
- राजस्थान की विभिन्न मृदाएं
- मृदा क्षरण, मृदा व जल संरक्षण के उपाय।

3. खाद एवं उर्वरक (Manure and Fertilizer)

- **आवश्यक पोषक तत्व**, इनके कार्य स्त्रोत एवं पौधों द्वारा लिये जाने वाले रूप (उपलब्धता), कमी से पौधों में होने वाले रोग एवं लक्षण
- कार्बनिक खादों व उर्वरकों के प्रकार एवं महत्व, नत्रजन, फॉस्फोरस व पोटाश उर्वरक
- एकल/सरल, मिश्रित एवं संयुक्त उर्वरक, खाद व उर्वरक देने की प्रमुख विधिया, जैव उर्वरक के प्रकार एवं उपयोग विधि।

4. जैविक खेती (Organic Farming)

- परिभाषा, महत्व एवं भविष्य
- **जीवांश खादें एवं उनकी उपयोगिता** – गोबर की खाद, कम्पोस्ट (इन्दौर पद्धति, नैडेप कम्पोस्ट), वर्मी कम्पोस्ट, हरी खाद, खली खाद आदि बनाने एवं उपयोग की विधियाँ।
- कृषि पंचाग, कीट एवं व्याधियों का जैविक नियन्त्रण।

5. सिंचाई बन्धन (Irrigation Management)

- फसलोत्पादन में सिंचाई का महत्व, सिंचाई के स्त्रोत, विभिन्न फसलों की सिंचाई आवश्यकता (समय व मात्रा) एवं जलमांग का निर्धारण एवं प्रभावित फरने वाले कारक।
- **जलनिकास** महत्व एवं प्रकार

6. खरपतवार एवं इनका नियंत्रण (Weed and its control)

- परिभाषा, विशेषताएं एवं वर्गीकरण, फसल – खरपतवार हस्तक्षेप (प्रतियोगिता), खरपतवारों द्वारा हानियाँ व लाभ, **खरपतवार नियंत्रण** – सिद्धान्त, रोकथाम के उपाय, निरोधात्मक, उन्मूलन एवं नियंत्रण (यांत्रिक, रासायनिक एवं जैविक नियंत्रण)
- फसलों में खरपतवार नियंत्रण के लिए शाकनाशियों का उपयोग

7. फसलोत्पादन (Crop Production)

- **राजस्थान के कृषि जलवायु खण्डों एवं परिस्थितियों को ध्यान में रखते हुए नीचे दी गई फसलों का निम्न बिन्दुओं के आधार पर** अध्ययन–फसलों का महत्त्व, मृदा, खेत की तैयारी, उन्नतशील किस्में, बीजदर, बीजोपचार, बुवाई का समय एवं विधि, खाद एवं उर्वरकों का अनुप्रयोग, सिंचाई अंतरा शस्य व पादप संरक्षण, कटाई एवं मढाई, उपज, भण्डारण, फसल चक्र

  अनाज वाली फसलें – धान, मक्का, ज्वार, बाजरा, गेहूँ एवं जौ

  दाल वाली फसलें – मूंग, चवला, अरहर, उड़द, मोठ, चना एवं मटर

  तिलहन वाली फसलें–मूंगफली, तिल, सोयाबीन, सरसो, अलसी, कुसुम, सुरजमुखी एवं तारामीरा

  नकदी (रोकड़) फसलें–गन्ना, आलू एवं तम्बाकू

  रेशेदार फसलें – कपास एवं सनई

  चारे वाली फसलें–बरसीम, रिजका, जई, ग्वार एवं बाजरा

  मसाले वाली फसलें–मैथी, जीरा एवं धनियाँ।

8. बीज एवं बीजोत्पादन (Seed & Seed production)

- परिभाषा, उत्तम बीज की विशेषताएँ, बीजांकुरण एवं इसको प्रभावित करने वाले कारक
- बीजोत्पादन एवं बीज के प्रकार – केन्द्रक, नाभिकीय आधार एवं प्रमाणित
- बीज प्रसुप्तता (Seed Dormancy) एवं इसे दूर करने के उपाय।

9. शुष्क खेती एवं शस्यावर्तन (Dry Farming & Crop Rotation)

- शुष्क कृषि – परिभाषा, महत्त्व, एवं सिद्धान्त, शुष्क क्षेत्रों में फसलोत्पादन की तकनीक
- शस्यावर्तन (फसल चक्र) – परिभाषा, प्रकार एवं लाभ।

10. भू– परिष्करण (Tillage)

- उद्देश्य, प्राथमिक एवं द्वितीयक भू– परिष्करण
- बुवाई की विधियाँ व बीजोपचार।

यूनिट – 2 उद्यान विज्ञान (Horticulture)

1. सामान्य उद्यान विज्ञान (General Horticulture)

- फल एवं सब्जी उत्पादन का महत्त्व, वर्तमान स्थिति एवं भविष्य
- नर्सरी प्रबंधन, पौधों की प्राप्ति, नर्सरी से निकालना एवं पैकिंग
- पादप प्रवर्धन (प्रसारण) एवं छोटे पौधो (बालवृक्षों) की रोपाई।

2. फलोद्यान प्रबन्ध (Orchard Management)

- स्थान का चुनाव, योजना, रेखांकन, गड्डे तैयार करना, पौधे लगाना एवं सामान्य देखभाल
- फलोद्यानों की विभिन्न रेखांकन पद्धतियाँ
- प्रतिकूल मौसम जैसे पाला, लू, तेज हवा, ओलावृष्टि, तूफान, सूखा, धूल–तूफान, भारी वर्षा का फसलों पर प्रभाव तथा इनसे बचाव के उपाय
- उद्यानों में अफलन की समस्याएँ एवं इनका उपचारात्मक समाधान
- फलोद्यान में विभिन्न पादप वृद्धि नियंत्रको का उपयोग
- फलों की तुडाई के पश्चात् होने वाले परिवर्तन एवं उपज का निस्तारण।

3. उद्यानिकी फसलों की खेती (Cultivation of Horticulture Crops)

- निम्नलिखित बिन्दुओं के आधार पर उद्यानिकी फसलों की खेती का अध्ययन – जलवायु, व भूमि, उन्नत किस्में, प्रवर्धन की विधियाँ एवं पौधरोपण, खाद एवं उर्वरक, सिंचाई निराई – गुडाई, कटाई, उपज एवं प्रमुख कीट एवं व्याधियाँ
- आम, नींबू प्रजाति के फल (संतरा व नींबू), अमरुद, अनार, पपीता, बेर, खजूर, आंवाला, टमाटर, प्याज, फूलगोभी, भिण्डी, कुकुरबिट्स (तरबूज, खरबूजा व लौकी) एवं गुलाब।

4. फल एवं सब्जियों का परिरक्षण (Fruit & Vegetable Preservation)

- परिरक्षण की वर्तमान स्थिति एवं भविष्य, महत्त्व, फल परिरक्षण के सिद्धान्त एवं विधियाँ,
- फल एवं सब्जियों की डिब्बाबन्दी, सुखाना एवं निर्जलीकरण की तकनीक
- फलपाक (जैम), अवलेह (जेली), कैचप, पानक (स्कवैश), मुरब्बा, चटनी एवं आचार, टमाटर सॉस, कैन्डी आदि तैयार करना।

5. औषधीय पौधों की खेती (Cultivation of Medicinal Plants)

- फसलों का औषधीय महत्व, जलवायु, भूमि, किस्में, प्रवर्धन, भूमि की तैयारी, बुवाई खाद एवं उर्वरक,

सिंचाई निराई– गुडाई तुडाई एवं उपज, कीट एवं व्याधियों के आधार पर

- निम्नलिखित औषधीय पौधों की खेती का अध्ययन – सफेद मसूली, अश्वगंधा, ग्वारपाठा, रतनजोत, सोनामुखी सनाय, नीम एवं ईसबगोल।

यूनिट – 3. पशुपालन (Animal Production)

सामान्य पशुपालन (General Animal Production)

- पशुधन का कृषि में योगदान
- पशुधन एवं दुग्ध उत्पादन में पशु प्रबंधन का महत्त्व।

2. पशुओं की उन्नत नस्लें (Improve Breeds of Animals)

- डेयरी पशुओं के उचित प्रबंधन का दुग्ध उत्पादन, आवास, विशेषताओं एवं उपयोगिता में महत्व,
- पशुओं की नस्लों के उत्पत्ति स्थान वितरण, विशेषताएँ एवं उपयोगिता –

1. **गाय** – गिर, थारपारकर, नागौरी, राठी, जर्सी एवं हॉलीस्टियन फ्रिजियन
2. **भैंस** – मुर्रा, सूरती एवं नीली – रावी
3. **बकरी** – जमुनापरी, बारबरी, सिरोही एवं मारवाड़ी
4. **भेड़** – मारवाड़ी, चोकला, मालपुरा, मेरिनो, कराकुल, एवं सोनाड़ी (लोही)
5. **मुर्गी**– रोड़ आइलैण्ड रेड, व्हाईट लेगहॉर्न (WLH), रेड कार्निश, प्लाईमाऊथरॉक एवं अन्य संकर नस्लें।

3. मुर्गीपालन (Poultry)

- मुर्गीपालन की स्थिति एवं महत्व, अण्डे की संरचना, अण्डे का चयन एवं सेयना, चूजों का पालन, मुर्गी आहार, मांस एवं अण्डा उत्पादन हेतु कुक्कट आवास एवं उपकरण,
- रोग – रानीखेत, कॉक्सीडिओसिस, फाउल पॉक्स।

4. ऊँट प्रबंधन (Camel Management)

- उन्नत नस्लें, ऊँटपालन की स्थिति एवं महत्त्व, ऊँट के रोग।

5. पशुपालन प्रबंधन (Livestock production Management)

- पशुओं का मद चक्र, मद काल, गर्भ काल एवं औसत उम्र
- नाडी गति, श्वास गति व शरीर का तापमान
- पशुओं की आयु का निर्धारण करना
- पशु का तापमान, नाडी व श्वास गति ज्ञात करना
- उत्तम पशुओं के लक्षणों की पहचान तथा वर्गीकरण।
- पशुओं हेतु पशुशाला एवं क्षेत्रफल की आवश्यकता।
- पशु आहार एवं चारा संरक्षण हे व साइलेज
- पशुओं को चिन्हित करना, सींग रोधन, बधियाकरण, पशुओं को गिराना, भेड़ की पूंछ काटना आदि।
- कृत्रिम गर्भाधान, पशुओं में प्रसव एवं देखभाल, बछड़ों को पालना।

6. पशु स्वास्थ्य (Animal Health)

- औषधियों के प्रकार, उपयोग, मात्रा एवं देने की विधियों का प्रबंधन

1. **रोगानुनाशक (Antiseptics)** – फिनाइल, कार्बोलिक एसिड, लाल दवा (पोटेशियम परमेग्नेट) एवं लाइसोल
2. विरेचक (Purigative) – मैग्नीशियम सल्फेट एवं अरण्डी का तेल
3. उत्तेजक (Simulators) – एल्कोहल एवं कपूर
4. कृमिनाशक (Anthelminitics) – नीला थोथा एवं फिनोविस
5. स्तम्भक (Astringents) – टिंचर, आयोडीन एवं फिटकरी
6. मर्द्दन तेल (Bodymassage Oil) – तारपीन का तेल

- **बीमारियों के कारक, लक्षण, रोकथाम एवं उपचार** – पशुप्लेग (रिन्डरपेस्ट), खुरपका – मुहपँका, ब्लैकक्वार्टर, एन्थेक्स गलघोटू (हेमोरेजिक सेप्टीसीमिया), थनैला एवं टिक फीवर।

7. दुग्ध विज्ञान (Dairy Science)

- दूध उत्पादन – दूध एवं खीस का संघटन, स्वच्छ दूध उत्पादन, दूध का परिरक्षण (संरक्षण), दूध का विश्लेषण
- दूध गुणवत्ता का नियंत्रण, वसा परीक्षण, दूध का आपेक्षित घनत्व, अम्लीयता परीक्षण एवं क्रीम अलग करना (गुरुत्वाकर्षण एवं अपकेन्द्रीय विधि) क्रीम अलग करने के उपकरण, दूध का ज्ञानेन्द्रियों द्वारा सीओबी परीक्षण

- दही, घी, पनीर एवं छैना बनाना
- दुग्धशाला (डेयरी) के बर्तनों एवं उपकरणों की सफाई एवं जीवाणु रहित करना।

जीव विज्ञान (Biology)

भाग – 1 वनस्पति विज्ञान (Botany)

यूनिट – 1. जीवन की इकाई (Unit of LIfe)

- कोशिका का संरचनात्मक संगठन, कोशिका की अतिसूक्ष्मदशी संरचना (बनावट)
- प्रौकेरियोटिक व यूकैरियोटिक कोशिका, पादप व जीव कोशिका
- **कोशिकाओं की संरचना एवं उनके कार्य** – केन्द्रक (डी.एन.ए. व आर.एन.ए. की संरचना सहित), केन्द्रिका, माइटोकॉन्ड्रिया लवक (क्लोरोप्लास्ट) अन्तःप्रदव्यी जालिका, गॉल्जीकाय, लाइसोसोम, सूक्ष्मकणिकाएँ, सूक्ष्मांगे (माइक्रो बॉडीज) राइबोसोग, तारक–केन्द्र, कोशिका भित्ति, पक्ष्माभ व कशाभिका, रिक्तिकाएँ, कोशिका का स्टार्च कणों एवं खनिज पदार्थों के साथ समावेश
- **कोशिका विभाजन** – असूत्री विभाजन, समसूत्री विभाजन एवं अर्द्धसूत्री विभाजन, समसूत्री व अर्द्धसूत्री विभाजन में अंतर, अर्द्धसूत्री विभाजन का महत्त्व व कोशिका चक्र।

2. जीवन की निरंतरता (Continuity of Life) – आनुवांशिकी एवं मेण्डलवाद

- मेंडल और मटर के साथ प्रयोग, इसके सफलता के कारण
- मेंडल के वंशागति नियम, एकल व द्वि–संकरण संकर
- **गुणसूत्र** – संरचना व आकारिकी, गुणसूत्र व जीन, गुणसूत्र की परिकल्पना, सहलग्नता व क्रोसिंग ओवर, उत्परिवर्तन,) लिंग निर्धारण, आनुवांशिक कोड, अनुलेखन व अनुवाद।

3. पादप कार्यिकी / शरीरक्रिया विज्ञान (Plant Physiology)

- पादप – जल संबंध, अर्द्ध – पारगम्य झिल्ली, परासरण, विसरण, प्रसार दबाव न्यूनता (डी पी डी), जलविभव व प्लाज्मोलाइसिस
- **वाष्पोत्सर्जन** – इसके प्रकार वाष्पोत्सर्जन को प्रभावित करने वाले कारक एवं बिन्दुस्राव
- जल का अवशोषण, अवशोषण अवयव के रूप में जड़, जल व खनिज पदार्थों का सक्रिय व निष्क्रिय अवशोषण
- **रसारोहण (एसेन्ट ऑफ सेप)** – रसारोहण का मार्ग (पथ), रसारोहण की क्रियाविधि एवं इसके लिए सिद्धान्त
- **खनिज पोषण** – खनिजों का पादप वृद्धि में महत्व, पोषक तत्वों की अनिवार्यता, पादप वृद्धि के लिए वृहत् व सूक्ष्म पोषक तत्व एवं अतिसूक्ष्म पोषक तत्व
- **एन्जाइम** – परिचय, जैव उत्प्रेरकों के रूप में एन्जाइम, प्रकृति, एन्जाइमों का वर्गीकरण व प्रकार
- **श्वसन** – परिभाषा, श्वसन व दहन में अंतर, श्वसन के प्रकार : वायुवीय, अवायुवीय व किण्वन प्रक्रिया, श्वसनीय पदार्थ, **श्वसन गुणांक (आर. क्यू)** श्वसन का स्थान, **वायुवीय व अवायुवीय श्वसन की क्रियाविधियाँ** – ग्लाईकोलाइसिस, क्रेब्स चक्र, और एल्कोहल किण्वन, इलेक्ट्रॉन परिवहन श्रृंखला और प्रकाशीय फॉस्फोरिलिकरण ऊर्जा फल / उपज (किलो कैलोरी) श्वसन को प्रभावित करने वाले कारक
- **प्रकाश संश्लेषण** – परिभाषा, जल के कार्य, क्लोरोफिल, कार्बन डाई ऑक्साइड, प्रकाशिक एवं अप्रकाशिक अभिक्रियाएं, प्रकाश फोटो – फॉस्फोरिलिकरण (चक्रिय एवं अचक्रिय) हिल अभिक्रिया, रेड ड्रॉप, दो वर्णक तंत्र, केल्विन चक्र, प्रकाश श्वसन, रसायनिक संश्लेषण (संक्षिप्त में) एवं प्रकाश संश्लेषण को प्रभावित करने वाले कारक
- **पादप वृद्धि** – परिभाषा वृद्धि के विभिन्न चरण, **पादप हार्मोन** (ऑक्सिन जिब्बरेलिन्स, साइटोकिनिन्स इथाइलिन) वृद्धि दर, शरीर कार्यिकीय की क्रियात्मक प्रक्रिया, वृद्धि को प्रभावित करने वाले कारक
- **बसंतीकरण और प्रकाश दीप्तिकालिता (फोटोपिरिडिज्म)**
- **पादप गतियाँ** – पादप गतियों के विभिन्न प्रकारों का संक्षिप्त विवरण उदाहरण सहित।

यूनिट –2. पर्यावरणीय जीवविज्ञान (Environmental Biology)

- पारिस्थितिकी व पर्यावरण की परिभाषा, **पर्यावरणीय कारक** – जलवायु, मृदीय कारक (एडेफिक), जैविक व अजैविक, पादप समुदाय व इसकी विशेषतायें (घनत्व) आवृति और पर्याप्तता)
- जल सम्बन्ध के आधार पर पादप अनुकूलन – जलोद्भिद, जीरोफाइट्स, लवणोद्भिद, मीजोफाइट्स, हाइड्रोफाइटस आदि, पर्यावरण व जीवों के मध्य पारस्परिक अन्तःक्रियाएँ
- **पारिस्थितिकी तंत्र** – अवधारणा, **पोषणज स्तर** – उत्पादक, उपभोक्ता व अपघटक, खाद्य श्रृंखला व खाल जाल, पारिस्थितिकी पिरामिड
- **पर्यावरण प्रदूषण** – वायु व जल स्रोतों के प्रमुख प्रदूषक, प्रदूषण के प्रभाव व प्रदूषण को रोकने के उपाय (नाभिकीय विघटना व अपशिष्ट व्यवस्था), **ध्वनि प्रदूषण** : स्त्रोत एवं इसका प्रभाव
- **प्राकृतिक संसाधन** – परिचय, इनका संरक्षण, बेकार (क्षय) भूमि अवशेष व उनका सुधार, वन संरक्षण, वन्य जीव विलुप्त होने के कारण, वन्य जीवों का संरक्षण व लुप्तप्रायः प्रजातियों की अवधारणा (रेड डेटा बुक) व भारतीय उदाहरणों के द्वारा।

यूनिट – 3. वनस्पति विज्ञान एवं मानव कल्याण (Botany & Human Welfare)

- घरेलू पादपों की ऐतिहासिक जगह, फसलों को सुधारने की प्रमुख विधियाँ पादप प्रजनन एवं पुरःस्थापन, जैव उर्वरकों के उपयोग, आर्थिक व पारिस्थितिक पहलू, पेस्टीसाइडस के लाभ एवं दुष्प्रभाव
- **आर्थिक वनस्पति विज्ञान (Economic Botany)** : पादपों के वानस्पतिक नाम, कुल पौधों का उपयोग एवं उपयोगी भाग
    1. **धान्य फसलें (Cereals)** – गेहुँ एवं चाँवल
    2. **मिलेट्स (Millets)** : बाजरा एवं ज्वार
    3. **दलहनी (Pulses)** – चना, उड़द एवं मूँग
    4. **रेशेवाली फसलें (Fibresd)** : कपास व सनई या सन
    5. **तेलवाली फसलें (Pilseeds)** : मूंगफली सरसों व अरण्डी
    6. **शर्करावाली फसल (Sugar Crop)** : गन्ना

    फल (Fruits) – आम व केला

    7. **औषधीय पादप (Medicinl plants)** – गूगल, सर्पगंधा, बेलाडोना, अफीम एवं ईसबगोल।

भाग – 2 जन्तु विज्ञान (Zoology)

1. अपृष्ठवंशी / अकशेरुकी (Invertebrates)

जंतुओं का विवरण एवं कृषि के संदर्भ में इनका आर्थिक महत्व

1. **प्रोटोजोआ** – अमीबा
2. **हैल्मिन्थीज** – भूमि सूत्रकृमि
3. एनिलिडा – केंचुआ
4. प्लेटिहैल्मिन्थीज – यकृतकृमि
5. मौलस्का – घोघा एवं स्लग
6. आर्थोपोडा (विभिन्न वर्ग) – (1) एरेक्निडा – बरुथी (2) क्रस्टेशिया – झींगा व लोबस्टरस (3) डिप्लोपोडा – मिलिपीड/सहस्रपाद (4) काइलोपोडा – सेन्टीपीड/गोजर (5) इन्सेक्टा – कॉकरोच (तिलचट्टा)

2. फसलों एवं भण्डारण के प्रमुख कीट (Impoprtant Insects of Crops & Storage)

- सामान्य परिचय, महत्व, पोषक पौधे, क्षति, जीवन चक्र एवं इनका नियन्त्रण – (1) कातरा (2) सफेद लट (3) दीमक (4) टिड्डी (5) फल एवं फली छेदक (6) खपरा बीटल।

3. कीट नियन्त्रण की विधियाँ (Methods of Insect Control)

- कीट नियन्त्रण – सामान्य परिचय
    1. **भौतिक एवं यांत्रिक नियन्त्रण**
    2. **कर्षण द्वारा नियन्त्रण**
    3. **रासायनिक नियन्त्रण** – नाशीजीव रसायन, कीटनाशी एवं इनको तैयार करना, कीटनाशियों का वर्गीकरण, बरूथीनाशी, सुत्रकृमिनाशी, कृन्तकनाशी, कीटनाशी रसायनों का सुरक्षित उपयोग।
    4. **जैव–नियन्त्रण** – कीटों के प्राकृतिक शत्रु, परजीवी, परभक्षी, फेरोमोन ट्रेप, *ट्राईकोड्रमा, ट्राईकोगामा*, एन.वी.पी., पादप जैव कीटनाशी।
- समाकलित नाशक कीट प्रबन्धन।

- छिड़काव व भुरकाव यंत्र – नैपसेक स्प्रेयर, हैण्ड व रोटरी डस्टर

4. पृष्ठवंशी / कशेरूकी प्राणी (Vertebrates)

1. **पृष्ठवंशी प्राणियों में पोषण** – भोजन के प्रमुख पोषक तत्व, उर्जा देने वाले रासायनिक यौगिक, खनिज एवं विटामिन्स, संतुलित आहार।
2. **प्राणियों में श्वसन** – गैसीय विनिमय
3. **प्राणियों में परिसंचरण** – रक्त संरचना, रक्त समूह, आर एच फैक्टर, थक्का जमना।
4. **जनन तंत्र** – नर एवं मादा जनन तंत्र
5. **जनन एवं विकास / परिवर्धन** – निम्न प्रकार से

1. प्राणियों में अलैगिक एवं लैंगिक जनन।
2. युग्मकजनन, शुक्रजनन, शुक्राणु की संरचना, अण्ड जनन एवं अण्डों के प्रकार, मादा जनन चक्र
3. निषेचन बाह्य तथा आन्तरिक निषेचन
4. निषेचन की क्रियाविधी।

- **मधुमक्खी पालन : रेशकीट पालन; लाख कीट पालन** : संक्षिप्त विवरण

रसायन विज्ञान (Chemistry)

भाग–1, अकार्बनिक रसायन (Inorganic Chemistry)

यूनिट – 1. परमाणु संरचना (Structure of Atom)

- परमाणु के क्लासिक मॉडल का विकास
- बोर का परमाणु मॉडल : इलेक्ट्रॉन में बोर कक्षाओं की त्रिज्या और ऊर्जा की गणना,
- द्रव्य एवं विकिरण की द्वैत प्रकृतिः इलेक्ट्रॉनिक ऊर्जा स्तरों का वितरण (बोहर–बरी योजना), स्पेक्ट्रल प्रमाण का परिमाणीकरण।
- सोमरफील्ड द्वारा बोर के मॉडल का विस्तार (बिना किसी गणितीय व्यवहार के)
- कक्षाएँ और क्वान्टम संख्याएँ : कक्षाओं का आकार, परमाणु कक्षाओं का स्थानिक वितरण, अतिरिक्त परमाणु इलेक्ट्रॉनों का वितरण
- ऑफबोऊ सिद्धांत, पॉउली का अपवर्जन, सिद्धांत, हुन्ड का नियम, n+l (एन+एल) का नियम, परमाणु संख्या में वृद्धि के साथ कक्षाओं के सापेक्ष ऊर्जा में भिन्नता, s, p, d, f ब्लॉक के तत्वों का इलेक्ट्रॉनिक विन्यास, आधे एवं पूर्ण भरे हुए कक्षाओं की स्थिरता।

2. आवर्त सारणी एवं गुणों में आवर्तिता (Periodic Table & Peridocity in properties)

- इलेक्ट्रॉनिक विन्यास और आवर्त सारणी – आवर्त सारणी का दीर्घ रूप व मॉडल और s, p, d, f ब्लॉक के तत्व
- मेण्डलीफ आवर्त सारणी के गुण–दोष, इलेक्ट्रॉनिक विन्यास और गुणों में आवर्तिता आवर्त के परिपेक्ष्य में।
- **आवर्तिता के भौतिक एवं रासायनिक गुणों का विस्तृत अध्ययन** – तत्वों का घनत्व, तत्वों का क्वथनांक व जमाव बिन्दु, परमाणु एवं आयनिक त्रिज्या, आयनीकरण विभव / क्षमता, इलेक्ट्रॉन बन्धुता, विद्युत ऋणात्मकता, आर्वत के प्रभावी नाभिकीय आवेश में विभिन्नता, धात्विक विशेषताएँ व विकर्ण सम्बन्ध।

3. रासायनिक बंध एवं आण्विक संरचना (Chemical Bonding & Moelcular Structure)

- लुईस संरचना – ऑक्टेट नियम व इसकी सीमाएं
- **आयनिक बंध** – आयनिक यौगिकों के लक्षण, आयनिक यौगिकों की विलेयता
- सहसंयोजक बंध – कक्षाओं और बंध की ओवर लेपिंग परिच्यात्मक अवधारणा, **संयोजक बंध सिद्धांत** – सहसंयोजक यौगिकों के लक्षण, संयोजन बंध, आयनिक बंध में आंशिक सहसंयोजक बंध के लक्षण, सहसंयोजक बंध में आंशिक आयनिक बंध के लक्षण, **फजान का नियम**, सहसंयोजक अणुओं की ध्रुवता।
- बंध लम्बाई, बंध कोण एवं बंध ऊर्जा की सामान्य जानकारी
- आवर्त सारणी के प्रथम एवं द्वितीय पंक्ति के तत्वों का कक्षीय संकरण उदाहरण के साथ
- सामान्य अणुओं की आकृति – VSEPR सिद्धान्त
- हाइड्रोजन बंध, वन्डर वाल बलों का आकर्षण।

4. ऑक्सीकरण – अपचयन (Redox reaction)

- आयनों पर सामान्य आवेश की अवधारणा, ऑक्सीकरण अंक (संख्या), ऑक्सीकरण – अपचयन में इलेक्ट्रॉन स्थानान्तरण की अवधारणा उदाहरण के साथ, रिडॉक्स अभिक्रिया (उदाहरण के साथ), आयन – इलैक्ट्रॉन विधि द्वारा अभिक्रियाओं में संतुलन।

5. रासायनिक साम्य (Chemical Equilibrium)

- क्रिया – प्रतिक्रिया साम्य स्थिरांक की अवधारणा
- द्रव्यानुपाती क्रिया का नियम सामान्य अभिवृति, द्रव्यानुपाती नियम के सत्यापन के लिए प्रयोगात्मक विधि, साम्य को प्रभावित करने वाले कारक (सान्द्रता, दाब व तापमान)
- $N_2 + 3H_2 - 2NH_3$; $PCl_5 - PCl_3 + Cl_2$; $N_2 + O_2 - 2NO$
- ली – शतालिए का नियम : केवल उपयोग।

6. रासायनिकी गतिकी (Chemical Kinetics)

- अभिक्रिया की दर, अभिक्रिया की तात्कालिक दर और अभिक्रिया की श्रेणियाँ (शून्य व प्रथम ऑर्डर)
- अभिक्रिया की दर को प्रभावित करने वाले कारक क्रियाकारक (Reactant) अणुओं की सान्द्रता, अभिक्रिया दर पर तापमान का प्रभाव, सक्रियण ऊर्जा की अवधारणा, अभिक्रिया दर पर प्रकाश का प्रभाव, रासायनिक अभिक्रियाओं की गति कैसे बढ़ती है।

7. आयनिक साम्य (Ionic Equilibria)

- वैद्युत अपघटय एवं वैद्युत अन् अपघट्य : परिचय :
- **अरहीनियस सिद्धान्त** विद्युत अपघटनी वियोजन के प्रमाण के बारे में,
- जल का आयनिक गुणनफल
- जल अपघटन, जल अपघटन की मात्रा एवं अपघटन स्थिरांक
- जल के आयनिक गुणनफल, अपघटन स्थिरांक एवं वियोजन स्थिरांक के मध्य सम्बन्ध,
- **सम आयन प्रभाव** विलेयता गुणनफल (उत्पाद) व गुणात्मक विश्लेषण के लिए इसके अनुप्रयोग।

8. अम्ल एवं क्षार (Acids and Bases)

- जलीय विलयन में हाइड्रोजन व हाइड्रोक्सिल आयन
- अम्ल एवं क्षार के लिए ब्रॉन्सटेड – लॉरी अवधारणा (प्रोटॉन विनिमय सिद्धान्त)
- लुईस का सिद्धान्त (अवधारणा), अम्लों का वियोजन
- पी.एच. (pH) मान एवं बफर विलयन
- अम्ल क्षारीय अनुमापन के लिए सूचकों की अवधारणा सूचकों का चयन।

9. ऊष्मागतिकी (Energetics)

- रासायनिक अभिक्रिया के दौरान ऊर्जा परिवर्तन, आंतरिक ऊर्जा और एन्थेल्पी (आंतरिक ऊर्जा, एन्थैल्पी या एन्थैल्पी परिवर्तन, अभिक्रिया में एन्थैल्पी परिवर्तन की उत्पत्ति,
- **हैस का नियम** : स्थिर ऊष्मा सकलन का नियम
- **अभिक्रिया ऊष्मा** – (उदासीनीकरण ऊष्मा, दहन ऊष्मा, गलन की ऊष्मा और वाष्पीकरण ऊष्मा)
- रासायनिक अभिक्रिया में स्वतः परिवर्तन की दिशा क्या निर्धारित करती है (एन्ट्रॉपी और मुक्त ऊर्जा परिवर्तन का सामान्य ज्ञान)।

यूनिट – 2

10. पदार्थों की कोलॉइडल अवस्था (Colloidal State of Matter)

- क्रिस्टलाभ और कोलॉइड कोलॉइड्स का वर्गीकरण पायस, कोलॉइडों की संचरना, लायोफिलिक और लायोफोबिन कोलाइड्स
- कोलॉइडी कणों के गुण – वैद्युत कण संचलन, अपोहन, टिंडल प्रभाव/घटना, ब्राउनी – गति, स्कंदनः हार्डी और शुल्ज का नियम, पेप्टीकरण, अवशोषण के अनुप्रयोग।

11. धातुएँ (Metals)

- धातु अवस्था की प्रकृति : धातुओं में परमाणुओं का संरचनात्मक संकुलन, धातु बंध : संयोजक बंध सिद्धान्त
- प्रकृति में धातुओं की प्राप्ति
- धातु विज्ञान के सामान्य नियमः धातुओं की क्रिया श्रेणी, मानक इलेक्ट्रॉड विभव धात्विक प्रक्रियाएँ,
- धातुओं का निष्कर्षण, तांबा, चाँदी, एल्युमिनियम और लोहा।

12. 'एस' ब्लॉक तत्व ('S' - Block elements)

- सामान्य विशेषताएँ, आवर्त सारणी में क्षारिएँ और एल्काइन भू गर्भ धातुओं के गुणों में विभिन्ता की प्रवर्ति

- तत्वों के निष्कर्षण के सामान्य नियम, इनके मिश्रण के सामान्य रासायनिक सूत्र।

13. 'डी' ब्लॉक तत्व ('d' – Block elements)

- सामान्य विशेषताएँ समचुम्बकीय और विषम चुम्बकीय के बारे में सामान्य विचार एवं विभिन्न ऑक्सीकरण अवस्थाएँ
- सकरण तत्वों की रसायन : निम्न तत्वों की भिन्न ऑक्सीकरण अवस्थाएँ जैसे चाँदी, सोना, क्रोमियम, मैग्नीज और लोहा।

नोट : पाठ्यक्रम में शामिल सिद्धान्तों पर न्यूमेरिकल प्रोब्लम्स भी शामिल है।

भाग – 2 कार्बनिक रसायन (Organic Chemistry)

यूनिट – 3

1. कार्बन की संयोजकता एवं संकरण (Valency of Carbon & Hybridation)

- कार्बन परमाणु की चतु–संयोजकता : **केकुले का सिद्धान्त; वॉट – हॉफ और ली बेल का सिद्धान्त** , सहसंयोजक बंधों के कक्षीय प्रतिनिधि, बहु बंध (सिग्मा बंध, पाई बंध)
- संकरण (Sp, sp^2, sp^3 संकरण), ऐसिटिलीन (एथाइन), एथिलीन और मैथेन की कक्षीय संरचना
- बंध लम्बाई, बंध संख्या और बंध कोण की अवधारणा, इलैक्ट्रोनेगेटिविटी के प्रेरणिक प्रभाव, सहसंयोजक बंध की ध्रुवता, औपचारिक आवेश, कार्बन की ध्रुवता व हैलोजन बंध।

2. संरचना व अभिक्रिया (Structure & Reactivity)

- बंधों का विखण्डन, मुक्त कण, कार्बोघनायन व कार्ब ऐनायन आयन (कार्बोकैटाइन व कार्बोनियम), अम्ल और क्षार, अरहीनियस सिद्धान्त ब्रान्सटेड – लॉरी अवधारणा, लुईस अवधारणा
- न्यूक्लियोफिलिक और इलेक्ट्रोफिलिक अभिकर्मक
- कार्बनिक अभिक्रियाओं के प्रकार व उनकी क्रियाविधियाँ; प्रतिस्थापन पुनर्व्यवस्थित अभिक्रियाएँ
- **मार्कवनिकोव नियम** व परॉक्साइड प्रभाव।

3. ताप – अपघटन / पायरोलॉइसिस (Pyrolysis)

- पेट्रोलियम एवं पेट्रोरसायन – हाइड्रोकार्बन स्त्रोत के रूप में, पेट्रोलियम की उत्पति, पेट्रोलियम खनन, पेट्रोल का शुद्धिकरण
- पेट्रोल का कृत्रिम उत्पादन – भजन (Cracking), समावयवीकरण / चक्रीकरण (आइसोमेरिजेशन) संश्लेषित विधि
- अपस्फोटन ऑक्टेन संख्या एवं फ्लैश बिन्दु।

4. कार्बो–धात्विक यौगिक (ग्रिगनार्ड अभिकर्मक)

- कार्बो धात्विक यौगिकः परिभाषा और ग्रिगनार्ड अभिकर्मकों की रचना, ग्रिगनार्ड अभिकर्मकों का संश्लेषित उपयोग एवं गुण।

5. संतृप्त हाइड्रोकार्बन (Saturated Hydrocarbon)

- **संतृप्त हाइड्रोकार्बन (5 कार्बन परमाणुओं तक)** – नामकरण एवं समावयवता, एल्केन बनाने के सामान्य तरीके, एल्केन के गुण व उपयोग
- प्रीपेन, ब्यूटेन व पेन्टेन के व्यक्तिगत सदस्य
- एल्केन के अन्तर रूपान्तरण

6. असंतृप्त हाइड्रोकार्बन (Unsaturated Hydrocarbons)

- नामकरण एवं समावयवता, एल्केन व एल्काइन बनाने की सामान्य विधियाँ, अभिक्रिया के साथ में एल्कीन व एल्काइनों के सामान्य गुण एवं उपयोग
- प्रोपीन, ब्यूटीन प्रोपाइन व ब्यूटाइन के व्यक्तिगत सदस्य।

7. क्रियात्मक समूह – ए पर आधारित कार्बनिक रसायन

- **हैलाइड्स** – नामकरण व समावयवता, मोनो एल्किल हैलाइडो के निर्माण की सामान्य विधियाँ, अभिक्रियाओं के साथ मोनो एल्कील, हैलाइड्स के सामान्य गुण, सजातीय डाइहैलोजनों के गुण व बनाने की विधि, एल्कील हैलाइड्स के कृत्रिम उपयोग।
- **हाइड्रॉक्सी यौगिक** : नामकरण व समावयवता, मोनोहाइड्रिक एल्कोहल का वर्गीकरण, मोनोहाइड्रिक एल्कोहल को बनाने का सामान्य तरीका, मोनो–हाइड्रिक एल्कोहल के सामान्य उपयोग व गुण, एल्कोहल में हाइड्रोजन बंध एवं इसका क्वथनांक बिन्दु व विलेयता पर प्रभाव,

एल्कोहलिक समूह के परीक्षण, मैथोनोल व एथानोल का आपस में परिवर्तन या रूपान्तरण।

8. क्रियात्मक समूह – बी पर आधारित कार्बनिक रसायन

- **कार्बोनिल समूह** – एल्डिहाइड व कीटोन का नामकरण व समावयवता, एल्डिहाइड व कीटोन को बनाने की सामान्य विधि, अभिक्रिया विधियों के साथ एल्डिहाइड व कीटोन के सामान्य गुण व उपयोग, कार्बन–ऑक्सीजन द्विबंध की ध्रुवता, एल्डिहाइड व कीटोन के परीक्षण
- **कार्बोक्सिलिक समूह** – नामकरण व समावयवता, मोनो – कार्बोक्सिलिक अम्ल बनाने की सामान्य विधि, कार्बोक्सिलिक अम्ल के सामान्य गुण व उपयोग कार्बोक्सिलिक अग्ल में हाइड्रोजन बंध, अनुनाद।

9. मोनोकार्बोक्सिलिक अम्लों के व्युत्पन्न – (Derivatives of Monocarboxylic acid)

- अम्ल व्युत्पन्नों के प्रकार – क्लोराइड अम्ल, एनहाइड्राइड अम्ल, एसिड एमाइड एवं एस्टरस
- अम्ल व्युत्पन्नों पर कार्बोनिल समूह का प्रभाव
- एसिटिल क्लोराइड, एसिटिक एनहाइड्राइड, एसिटामाइड एवं इथाइल एसिटेट के गुण व उपयोग

10. ऐलिपेथिक एमीन (Aliphatic amines)

- नामकरण व समावयवता, प्राथमिक एमीन बनाने की सामान्य विधियाँ, प्राथमिक एमीन के सामान्य गुण एवं उपयोग, मिथाइल एमीन व एथिल
- एमीन बनाने की प्रयोगशाला विधि, मिथाइल एमीन व इथिल एमीन के गुण व उपयोग
- एमीन के परीक्षण

11. कार्बोनिक एसिड यूरिया के व्युत्पन्न (Derivatives of Carbonic acid Urea)

- यूरिया बनाने की विधियाँ
- यूरिया के गुण व उपयोग

12. ऐरोमैटिक यौगिक (Aromatic Compounds)

- ऐरोमैटिक यौगिकों की विशेषताएँ, नामकरण व समावयवता
- बैन्जीन वलय में प्रतिस्थापन, बैन्जीन बनाने की विधियाँ, गुण व उपयोग (अभिक्रिया के साथ)
- नाइट्रोबैन्जीन बनाने की विधि, नाइट्रोबैन्जीन के गुण व उपयोग, नाइट्रोबैन्जीन का परीक्षण
- एनिलीन बनाने की विधि, गुण व उपयोग, एनिलिन का परीक्षण
- फीनोल बनाने की विधि, गुण व उपयोग, फीनोल का परीक्षण
- फीनोल व एल्कोहल में अन्तर

13. संश्लेषित एवं प्राकृतिक बहुलक (Synthetic & Natural Polymers)

- बहुलकों का वर्गीकरण
- बहुलकीकरण की सामान्य विधियाँ, मुक्त मूलक, सहबहुलकीकरण, प्राकृतिक रबड़ का वल्कनीकरण, सघनन बहुलक
- महत्वपूर्ण बहुलक जैसे प्राकृतिक रबर, पी.वी.सी., बैकेलाइट, टेरोलीन, टेफ्लोन, नायलोन।

14. व्यवहारिक रसायन (Chemistyr in Action)

- रंजक, औषधियों में रसायन
- पादप वृद्धि हार्मोनस, फेरोमोन्स
- फर्टिलिटी कोन्ट्रासेप्विस एवं बंध्य रसायन यौगिकों में उपयोग।

परीक्षा का जेट (JET) स्कीम

1. प्रतियोगी परीक्षा की प्रकृति में, कोई भी पाठ्यक्रम निर्धारित नहीं किया जा सकता है। हालांकि यह सबसे अच्छा लेने के लिए एक व्यायाम है सभी के लिए एक प्रश्न पत्र होगा। अंडर ग्रेजुएट प्रोग्राम में प्रवेश पाने के लिए जेएटी 2021 में भाग लेने वाले उम्मीदवार कृषि, बागवानी, वानिकी, डेयरी प्रोद्योगिकी और खाद्य प्रोद्योगिकी में
2. प्रश्न पत्र निम्नलिखित पांच (5) विषयों में उपलब्ध होगा, कृषि, जीवविज्ञान, रसायन विज्ञान, गणित और भौतिकी, तथापि, उम्मीदवार के पास है तीन विषयों का प्रयास करें।
3. कृषि/बागवानी/वानिकी में दाखिला लेने के इच्छुक अभ्यर्थियों को कोई भी तीन विषयों में प्रयास कर सकते हैं।
4. डेयरी प्रोद्योगिकी और खाद्य प्रोद्योगिकी में प्रवेश के लिए उम्मीदवारों को प्रयास करना चाहिए भौतिकी, रसायन विज्ञान और गणित केवल उम्मीदवार किसी दूसरे विषय का प्रयास करेंगे डेयरी प्रोद्योगिकी और खाद्य प्रोद्योगिकी में प्रवेश के लिए पात्र नहीं
5. यदि उम्मीदवार ने किसी भी विषय को दो बार प्रयास किया तो केवल दो विषयों का प्रयास पहले किया जाएगा केवल मूल्यांकन
6. प्रश्न पत्र द्विभाषी (अंग्रेजी और हिंदी) होगा और इसमें कई विकल्प प्रकार प्रश्न (सबसे उपयुक्त उत्तर उठाएं) किसी भी विसंगति के मामले में अंग्रेजी संस्करण को सही माना जाएगा।
7. प्रश्नपत्र एक परीक्षण पुस्तिक के रूप में होगा जिसमें विभिन्न विषयों शामिल हैं। कृषि, जीवविज्ञान, रसायन विज्ञान, गणित और भौतिकी प्रत्येक में 40 प्रश्न है। प्रत्येक प्रश्न के लिए चार सुझावों का विकल्प (1), (2), (3), (4) होगा
8. उम्मीदवारों को सबसे उपयुक्त विकल्प चुनना और ब्लैक करना आवश्यक है। ओएमआर शीट में काले बॉल प्वांइट पेन के साथ संबंधित सर्कल (भरने के लिए विवरण उत्तर पत्र ओएमआर शीट के पीछे की ओर दिये गये है) टेस्ट बुकलेट का इस्तेमाल हो सकता है किसी न किसी काम के लिए छात्र और उसमें मुद्रित वर्ग सही का निर्णय लेने के लिए

इस्तेमाल किया जा सकता है जवाब। आकलन केवल ओएम आर शीट पर अंकन के आधार पर किया जाएगा।

9. मार्किंग स्कीम : प्रत्येक सही उत्तर और एक के लिए चार अंक दिए जाएंगे। प्रत्येक गलत उत्तर (नकारात्मक अंकन) के लिए निशान काटा जाएगा। यदि अधिक से अधिक एक विकल्प चुना जाता है इसे गलत उत्तर के रूप में माना जाएगा। कोई अंक आवंटित नहीं किया जायेगा

या

प्रश्नों के लिए कटौती/ अनअटेंडेंड

10. योग्यता उम्मीदवारों द्वारा प्राप्त अंकों के आधार पर तैयार की जाएगी। संस्थान (कॉलेज) और सीटों का प्रकार (सामान्य का भुगतान) के आधार पर आवंटित किया जाएगा उम्मीदवारों द्वारा भरे गये इस परीक्षा में प्राप्त अंक और ऑनलाइन विकल्प फार्म विचार के तहत आरक्षण रखते हुए।

अनुक्रमणिका

1

पशुपालन एवं दुग्ध विज्ञान

1. विश्व में दूध का सर्वाधिक उत्पादन किस देश में होता है → **भारत**
2. भारत में सन् 2017–18 में दूध उत्पादन है → **176.3 मिलियन टन**
3. भारत में दूध उत्पादन में प्रथम स्थान रखने वाला राज्य है → **उत्तर प्रदेश**
4. भारत के किस राज्य में सर्वाधिक अण्डा उत्पादन होता है → **आंध्र प्रदेश**
5. बकरे के मांस को क्या कहा जाता है → **चिवन**
6. राजस्थान में सर्वाधिक अण्डा उत्पादन कौनसे जिले में होता है → **अजमेर**
7. देश में कुक्कुट पालन में राजस्थान का स्थान है → **पांचवा**
8. भारत में प्रति व्यक्ति दूध की उपलब्धता है → **337 ग्राम/दिन**
9. राष्ट्रीय ऊँट अनुसंधान केन्द्र कहाँ स्थित है → **बीकानेर**
10. केन्द्रीय भेड़ एवं ऊन अनुसंधान संस्थान (CSWRI) कहाँ स्थित है → **टोंक**
11. राजस्थान में कृषि क्षेत्र की कुल आय का कितना पशुधन से प्राप्त होता है → **43 प्रतिशत**
12. भारत में विश्व की कितनी भैसें है → **57 प्रतिशत**
13. पशुओं की कम उम्र में चयन के लिये अच्छी विधि है → **वंशावली चयन**
14. गाय व भैंस की औसत आयु कितनी है → **20–23 वर्ष**
15. पशुओं की आयु ज्ञात करने के लिये उपयुक्त विधि कौनसी है → **दाँतो द्वारा**
16. किन पशुओं की सींगों द्वारा आयु (वर्षों में) ज्ञात कर सकते हैं → **गाय एवं भैंस वंश**
17. जुगाली करने वाले पशुओं में कर्तन दाँतों (Incisor teeth) की संख्या कितनी होती है → **8**
18. बछड़े में सभी अस्थायी अग्रचर्वण (Premolar Teeth) कब निकल आते हैं → **एक माह में**
19. बछड़े के शरीर का भार प्रतिदिन औसतन कितना बढता है → **400–500 ग्राम**
20. गाय, भैंस, भेड़ व बकरी में कुल कितने दाँत पाये जाते हैं → **32**
21. हाथ द्वारा दूध दोहन की सर्वोत्तम विधि कौनसी है → **पूर्ण हस्त दोहन विधि**

22. पशुओं में दो मदकालों के मध्य की शारीरिक क्रियाविधि घटनाओं को क्या कहते हैं → **मद चक्र (Estrus cycle)**

23. पशुओं में गर्भाधान के कितने दिन बाद गर्भधारण करने की जांच करनी चाहिए → **60 दिन**

24. मादा पशु (गाय/भैंस) में मदकाल के प्रारम्भ होने के पश्चात् कृत्रिम गर्भाधान करना चाहिए → **12 घंटे बाद**

25. गाय का गर्भकाल (Gestation period) कितने दिन का होता है → **281 दिन**

26. गाय की दुधारू नस्ल है → **साहीवाल**

27. गाय की द्विकाजी नस्ल है → **थारपारकर**

28. गाय की नागौरी, मालवी, अमृत महल कौनसी नस्ल है → **भारवाही नस्ल**

29. पशुओं का वह समुह जो सामान्य रंगरूप, आकृति, शारीरिक आकार, लक्षण तथा उपयोगिता आदि गुणों में एक समान दिखाई देता है, पशुओं के ऐसे समूह को कहते हैं → **नस्ल**

30. केरल प्रदेश में पाई जाने वाली गाय की कम ऊँचाई एवं सबसे छोटे आकार की नस्ल जिसको मिनीएचर कहते हैं, उसका क्या नाम है → **वैकूर (Vechur)**

31. इलाहाबाद कृषि संस्थान, इलाहाबाद द्वारा विकसित गाय की संकर नस्ल है → **जरसिन्ध**

32. गाय की मालवी नस्ल कहाँ पाई जाती है → **मध्यप्रदेश के मालवा क्षेत्र में**

33. राजस्थान के बीकानेर एवं श्री गंगानगर जिलों मे किस नस्ल की गाय का मूल स्थान है → **राठी नस्ल**

34. भारी भरकम ललाट, वक्र सींग और लम्बे लटके हुये घुमावदार कान गाय की किस नस्ल की शुद्धता का प्रतीक है → **गिर नस्ल**

35. किस नस्ल के पशु राजस्थान के अलवर एवं भरतपुर जिलो में पाये जाते हैं → **मेवाती या कोसी नस्ल**

36. गाय की किस नस्ल का उत्पत्ति स्थान काठियावाड़ के दक्षिण में गिर पहाड़ियाँ है → **गिर नस्ल**

37. गाय की किस नस्ल का उत्पत्ति स्थान पाकिस्तान में सिन्ध प्रदेश (थारपारकर जिला) है → **थारपारकर नस्ल**

38. गाय की किस नस्ल के बैल बड़े आकार के तेज भागने (Fast running) वाले होते हैं → **नागौरी नस्ल**

39. गाय की विदेश नस्ल जर्सी के दूध में सर्वाधिक वसा की कितनी मात्रा पाई जाती है → **5.25%**

40. जर्सी नस्ल का मूल स्थान (Native Place) इंग्लिश चैनल में किस द्वीप में है → **जर्सी द्वीप**

41. विश्व में सबसे अधिक दूध देने वाली गाय की कौनसी नस्ल है → **होलस्टीन–फ्रीजियन**

42. गाय की सबसे अधिक ताप सहनशील विदेशी कौनसी नस्ल है → **ब्राऊन स्विस**

43. डेयरी नस्लों में सबसे सुन्दर गाय की विदेशी नस्ल कहाँ है → **आयरशियर**

44. राष्ट्रीय पशु आनुवांशिक संसाधन ब्यूरो (NBAGR) कहाँ स्थित है → **करनाल में**

45. भैंस की कौनसी नस्ल का रंग तांबे जैसा लालिमा लिये बादामी होता है → **भदावरी**

46. भैंस की कौनसी नस्ल के पशु स्याह काले रंग (Jet black colour) के होते हैं → **मुर्रा**

47. सबसे अधिक दूध देने वाली भैंस की कौनसी नस्ल है → **मुर्रा**

48. सर्वाधिक गर्मी सहन करने की क्षमता रखने वाली भैंस की कौनसी नस्ल है → **भदावरी**

49. जलेबी के आकार जैसे सींग भैंस की कौनसी नस्ल की विशेषता है → **मुर्रा**

50. भैंस की जाफराबादी नस्ल का मूल स्थान है → **गुजरात**

51. मुर्रा और सूरती के संयोग से कौनसी नस्ल की भैंसें विकसित हुई है → **मेहसाना**

52. भैंस की कौनसी नस्ल का मूल स्थान पाकिस्तान के मोण्टगोमरी जिले की पाकपटन तहसील तथा पंजाब का फिरोजपुर तथा अमृतसर जिला है → **नीली नस्ल**

53. भैंस की सबसे भारी कौनसी नस्ल है → **जाफराबादी**

54. ऊँट के कुबड़ (Hump) में क्या होते हैं → **वसीय ऊतक**

55. भारत में ऊँटों की कुल संख्या की आधी से ज्यादा किस प्रदेश में पाई जाती है → **राजस्थान**

56. भारत में 2011 में ऊँटो की कुल संख्या कितनी थी → **2.13 लाख**

57. पशुपालन में कुल खर्च का कितना आहार पर खर्च होता है → **60–70 प्रतिशत**

58. रेगिस्तान में गाड़ी द्वारा ऊँट की भारवाहन क्षमता कितनी है → **20–30 क्विटंल**

59. सर्वाधिक ऊंचाई (10 से 12 फीट) वाला ऊँट कौनसा है → **बीकानेरी**

60. सवारी के लिये उपयुक्त ऊँट कौनसा है → **बीकानेरी**

61. ऊँट की बीकानेरी नस्ल का उदगम स्थान कौनसा है → **बीकानेर क्षेत्र**

62. रेगिस्थान क्षेत्रो में ऊँट एक बार में कितना पानी पी सकता है → **135 लीटर**

63. ऊँट के सर्रा रोग का अन्य नाम क्या है → **सडा/तीबर्षा, गलत्या, ट्रिपेनोसोमियोसिस**

64. ट्रिपेनोसोमा इवैन्साई (Trypanosoma evansi) किस कीटाणु गोमक्षी (Tabanid fly) द्वारा बीमार ऊँटो से स्वस्थ ऊँटों में पहुँचाता है → **मक्खी द्वारा**

65. ऊँटो में खुजली/पांव सरकोप्टिस किसके द्वारा होती है → **केमेलाई नामक बरूथी (Mite)**

66. प्रजनन (Breeding) में काम आने वाले ऊँटो को क्या कहते हैं → **माही**

67. कौनसे ऊँट (Camelus bactrinus) भारत में जम्मू व कश्मीर (लद्दाख) में पाये जाते हैं → **दो कूबड़ (Double humped)**

68. लगभग 10 घन्टे के अन्तराल पर दिन भर में पशु को कितनी बार आहार देना चाहिए → **दो बार**

69. पशुओं को कभी भी खाली पेट केवल फलीदार (Legumes) हरे चारे न खिलाये इससे क्या होने का भय रहता है → **अफारा**

70. बिनौले (Cotton Seed) में क्या होता है → **गॉसीपाल टॉक्सिन**

71. दूध देने वाली गाय को किस तत्त्व की अधिक आवश्यकता होती है → **कैल्शियम खनिज**

72. आहार की वह मात्रा जिसे पशुओं को स्वस्थ्य व शरीर के तापक्रम व भार को यथावत बनाये रखने हेतु दी जाती है, उसे क्या कहते हैं → **जीवन निर्वाह आहार**

73. बिनौले (Cotton Seed) में पाये जाने वाले गॉसीपाल की घातकता को क्या मिलाकर कम किया जा सकता है → **आयरन सल्फेट**

74. बछड़ो को माँ से अलग रखकर पालने को क्या कहते हैं → **वीनिंग**

75. बछड़े को पैदा होने के दो घंटे के भीतर ही क्या पिलाना आवश्यक है → **माँ का खीस (Colostrum)**

76. खीस में प्रोटीन की कितनी मात्रा होती है → **17 प्रतिशत**

77. बछड़े को शरीर भार के कितने भाग के बराबर खीस पीलाना चाहिए → **1/10 भाग**

78. सांड (Bull) को चारे के अतिरिक्त कितने किलोग्राम दाना प्रतिदिन खिलाना चाहिए → **2–3 किलोग्राम**

79. मांस के लिये पाले गये बकरों को 10–12 माह की आयु तक दिया जाने वाला आहार क्या कहलाता है → **फिनिसर आहार**

80. भेड़ो को फलशिंग (Flushing) के लिये प्रतिदिन कितने ग्राम दाना चाहिए → **200–300**

81. चुटाई (Browsing) किस पशु की आदत है → **बकरी**

82. एक माह के आयु तक के बछड़ों को प्रतिदिन दूध पिलाना चाहिए → **2–3 लीटर**

83. कौनसे खाद्य पदार्थ है जिनमें तन्तुमय पदार्थ या रेशे (Crude fibre) की मात्रा 18% या इससे अधिक होती है इससे कुल पाच्य पदार्थ (TDN) की मात्रा 60% या कम होती है → **मोटे चारे (Roughage)**

84. वे कौनसे आहार हैं जो पशुओं को कम मात्रा में दिये जाते हैं तथा इनमें रेशे की मात्रा 18% से कम व कुल पाच्य पदार्थ की मात्रा 60% से अधिक होती है → **रातिब/दाने/बाँटा/चाँटा**

85. मटर भूसा, चना भूसा, लोबिया मोटा–चारा होते हैं → **मोटे चारे (Roughage)**

86. दलहनी हरे चारे में कितनी नमी होती है → **70-85%**

87. अंजन घास, गिनीघास, बेफलीदार (Non Leguminous) कौनसा चारा है → **हरा चारा**

88. राजस्थान में खेजड़ी के वृक्ष की पत्तियाँ छागंकर सूखा ली जाती है, उसे कहते हैं → **लूम (लूंग)**

89. राइस पॉलिश (Rice polish) में तेल की कितनी मात्रा होती है → **12-15%**

90. सरसों की खली (oil cake) को खिलाने के लिये पशुओं को धीरे धीरे होता है → **अभ्यस्त करना**

91. पशु की आहार में खाद्य सम्पूरक (food supplements) की कितनी मात्रा चाहिए → **2-3%**

92. ऊर्जा का अच्छा स्त्रोत क्या है → **खलियां (oil cake)**

93. गोंद निकालने के बाद बचे हुये ग्वार चूर्ण में प्रोटीन की मात्रा कितनी होती है → **40%**

94. हरे चारे को हरित अवस्था में काटकर व हवा रहित स्थान पर संग्रहीत किये गये चारे को क्या कहते हैं → **साइलेज (Silage)**

95. भारत में किस प्रकार के साइलो (Silo) अधिक प्रचलन में है → **खाईनुमा (Trench silo), गढेनुमा (Pit silo)**

96. संरक्षित पोष्टिक चारा, मृदु दस्तावर चारा, विशिष्ट सुगन्ध, हल्का खट्टापन व पीला रंग मुक्त चारा होता है → **अच्छे साइलेज का गुण है**

97. साइलेज बनकर तैयार होने में कितना समय लगता है → **6–8 सप्ताह**

98. अच्छा 'हे' (Hay) बनाने के लिये कब काटना चाहिये → **पुष्प आने की अवस्था में पौधे/घासों को**

99. 'हे' में जल की मात्रा कितने प्रतिशत से अधिक नहीं होनी चाहिए → **5%**

100. स्वादिष्ट, मुलायम एवं सुरभियुक्त होना → **अच्छे 'हे' के लक्षण**

101. 'हे' का हरा रंग होना किस का सूचक है → **विटामिन 'ए'**

102. साइलेज में कितने प्रतिशत से अधिक नमी नहीं होनी चाहिए → **65%**

103. उत्तम किस्म का साइलेज किससे से बनता है → **मक्का**

104. खेजड़ी तथा बबूल की फलियों (क्रमशः सांगरी व पातड़ा/पातड़ी) में प्रोटीन की मात्रा कितनी होती है → **लगभग 30–50%**

105. भूसे की गुणवता बढाने के लिये किससे उपचारित किया जाता है → **यूरिया घोल से**

106. पशु आहार हेतु बनाई गई ईंटों में कौन–कौन सा पदार्थ होता है → **शीरा, बांटा, बाइंडिंग**

107. 100 किलोग्राम भूसे को यूरिया से उपचारित करने हेतु कितना यूरिया चाहिए → **4 कि.ग्रा.**

108. गाय व भैंस का औसत शारीरिक तापक्रम कितना होता है → **38.5°C**

109. साधारणतया पशुओं के शरीर का तापमान, डॉक्टरी, थर्मामीटर को पशुओं कहाँ रखकर ज्ञात किया जाता है → **मलाशय (रेक्टम) में**

110. कुक्कुट (Poultry) की औसत नाड़ी गति कितनी होती है → **120–160 प्रति मिनट**

111. भेड़ व बकरी की औसत नाड़ी गति कितनी होती है → **70–80 मिनट**

112. पशु में श्वसन दर कैसे ज्ञात की जाती है → **कोख (Flank) को उठने और गिरने को गिनकर**

113. गाय–भैंसों की नाड़ी गति किससे से ज्ञात करते हैं → **कॉक्सीजियल धमनी**

114. भेड़–बकरी की नाड़ी गति किससे से ज्ञात करते हैं → **फेमोरल धमनी**

115. ऊँट की श्वास गति कितनी होती है → **5–7 प्रति मिनट**

116. वे रोग, जो रोग ग्रस्त पशु के स्वस्थ पशु के सम्पर्क में आने से स्वस्थ पशुओं में फैल जाते हैं उनको क्या कहते हैं → **संसर्ग रोग**

117. वो रोग जो एक समय में पशु के एक घास भाग (organ) को ही प्रभावित करता है, उसको क्या कहते हैं → **स्थानीय रोग**

118. निम्न मे से कौनसे कथन सही है –

(अ) अति उग्र रोग (Per acute disease) पशुओं पर अचानक आक्रमण करते हैं जैसे– एन्थ्रेक्स रोग?

(ब) उग्र रोग (acute disease) अचानक अधिक तेज गति से आते हैं और थोड़ी देर में सताप्त हो जाते हैं जैसे– लंगड़ी और गलघोंटू रोग?

(स) उप उग्र रोग (sub-acute disease) तेजी से आते हैं और इनकी अवधि लम्बी होती है जैसे– FMD रोग?

(द) चिरकालीन रोग (Chronic disease) वे रोग है, जो पशु शरीर में धीरे–धीरे दिखाई देते हैं तथा लम्बी अवधि में समाप्त हो जाते हैं?

(इ) सभी कथन सही है। → **(इ)**

119. खुरपका मुंहपका रोग कब तक चलने वाला रोग है → **लम्बी अवधि**

120. ऐसे रोग जो एक साथ बड़े क्षेत्र में पशुओं में फैलते हैं और इनके लक्षण भी सभी पशुओं में एक समान होते हैं उसे क्या कहते हैं → **पशु महामारी (Epizootic)**

121. ऐसे रोग जो पशुओं की विशेष नस्लों अथवा जातियों को ही प्रभावित करते हैं → **स्थानिक मारी रोग**

122. कौनसा रोग यंत्र–तात्रिंक रोग (जोकि पशुओं में कभी कभी ही दिखाई देता है) है → **स्पोरेडिक (विकीर्ण)**

123. वे रोग जो सामान्यतया एक साथ किसी देश, राष्ट्र में पशुओं की विभिन्न जातियों को प्रभावित करते है, उसे क्या कहते हैं → **पैन्जूटिक रोग**

124. ऐसे रोग जो बच्चों में गर्भकाल से ही माँ से लग जाते हैं उन्हे कहते हैं → **जन्मजात रोग**

125. रोग जो माता–पिता से सन्तान में आते हैं जैसे हिमोफीलिया तथा मिर्गी (Epilepsy) → **पैतृक रोग**

126. क्षय रोग (TB) किस वर्ग का रोग है → **जन्मजात**

127. लाल दवा को किस नाम से भी जाना जाता है → **पोटेशियम परमेंग्नेट**

128. घाव (Wound) को किसके घोल में धोकर साफ करना चाहिए → **1% लाल दवा**

129. पेचिस (Dysentry) रोग का कोन रोगकारक है → **प्रोटोजोआ**

130. पशु की बाँयी कोख (Flank) के बीचों–बीच ट्रोकार कैनुला घुसाकर कैनुला की मदद से किस रोग का उपचार किया जाता है → **अफारा (Tympanitis)**

131. किस रोग के उपचार में पशु को असली, अरण्डी और तिल का तेल बराबर मात्रा में मिलाकर दिया जाता है → **कब्ज रोग**

132. पोडाफाइलम 200, नक्स 30 एवं सल्फर दवाएँ किस रोग के उपचार में दी जाती है → **अतिसार रोग**

133. खुजली (Mange) किसके द्वारा फैलती है → **माइट्स (Mites)**

134. पशुओं में किसके उपचार हेतु सल्फर 200, सीपिया 200, रसटक्स 200 उपयोग करना चाहिए → **खुजली**

135. ज्वार में धुरीन (Dhurin) पाया जाता है जो कि हाइड्रोलायसिस होने पर किसमें परिवर्तित हो जाता है → **हाइड्रोसायनिक अम्ल (HCN)**

136. सायनोजेनेटिक ग्लूकोसाइड, गोसीपोल एवं अफ्लाटॉक्सिन पशु आहार में क्या माना गया है → **हानिकारक पदार्थ**

137. फीताकृमि (Tape worm) क्या होता है → **उभयलिंगी (Hermaphrodite)**

138. पशु में फीताकृमि के उपचार हेतु क्या देना चाहिए → **अलबैण्डाजोल एवं सैस्टोफीन**

139. भैड़ों में पेरों के चारों ओर की त्वचा गल जाती है जिसे पद गलन (foot rot) रोग कहते हैं, उसका क्या कारण है → **एस्केरिस (Ascaris) परजीवी**

140. बबेसिओसिस, थिलेरिओसिस एवं एनाप्लाज्मोसिस रोग किसके द्वारा संचालित होते हैं → **किलनियों (Ticks)**

141. आर्सेनिक सल्फाइड, निकोटीन, ब्यूटॉक्स (डेल्टामेथ्रिन) एवं मेलाथियान कीटनाशी किसके नियंत्रण हेतु उपयोगी है → **किलनी**

142. हिमेटोपाइनस यूरास्टर्नस, हिमेटोपाइनस बूफेलाई, लीनोग्नेथस ओवीलस, लीनोग्नेथस पीडेलिस एवं माइक्रोथोरेसिअस केमेली किस परजीवी की जातियाँ है → **जूँ (Lice)**

143. आन्तरिक परजीवियों के उपचार के लिये किस प्रकार की औषधियाँ पशुओं को दी जाती है → **कृमिनाशी**

144. घावों के उपचार में क्या काम लिया जाता है → **एन्टीसेप्टिक**

145. पेचिस रोग (Dysentry) का कौन कारक है → **कॉक्सीडियम जरनाई**

146. गाय की गुणांकन पत्र विधि द्वारा डेयरी के गुणों के लिये कितने अंक निर्धारित किये जाते हैं → **20**

147. पशु (गाय, भैंस) की आयु ज्ञात करने का सूत्र क्या है पशु की आयु (वर्षो में) = सींग पर छल्लों की संख्या है → **+ 2**

148. पशु का शरीर भार ज्ञात करने के लिये शेफर्स सूत्र क्या है

$$\rightarrow \textbf{पशु का शरीर भार (पौण्ड में)} = \frac{\text{लम्बाई इंचों में} \times \text{सीने का घेरा इंचों में}}{300}$$

149. पशुओं में क्या करने से रक्त संचार बढ़ना, बाह्य परजीवियों से बचाव एवं स्वच्छ दूध उत्पादन में लाभ होता है → **खुरहरा (Grooming)**

150. मदकाल का पता लगाने के लिये किसका उपयोग करते हैं → **टीजर बुल**

151. बुल होल्डर, बुल नोजरिंग, एन्टीकाड किकर, का उपयोग पशुओं में किसलिए करते हैं → **पशुओं को नियन्त्रित करने के लिये**

152. श्री वीरतेजाजी पशु मेला, परबतसर (नागौर) में कब लगता है → **श्रावण शुक्ल पूर्णिमा से भाद्रपद कृष्ण अमावस्या तक**

153. मादा पशु को गर्भित कराने का सर्वोत्तम समय मद में आने के कितने घंटे के बीच का होता है → **12–18 घंटे**

154. सर्वप्रथम मनुष्यों द्वारा पशुओं को पालने का उद्देश्य क्या था → **भोजन प्राप्ति**

155. बकरी, गाय व भैंस में मदकाल के लक्षण कितने दिन बाद पुनः प्रकट होते हैं → **19–21**

156. मोहेर (Mohair) की प्राप्ति के लिये कौनसी विश्व प्रसिद्ध बकरी की नस्ल है → **अंगोरा**

157. बकरी से क्या प्राप्त होती है → **पश्मीना**

158. उत्तर प्रदेश का इटावा जिला बकरी की किस नस्ल का उत्पत्ति स्थान है → **जमुनापारी**

159. देशी बकरियों में सबसे भारी नस्ल कौनसी है → **जमुनापारी**

160. पूर्वी अफ्रीका के ब्रिटिश सोमालिया का बरबरा क्षेत्र बकरी की कौनसी नस्ल का उत्पत्ति स्थान है → **बरबरी**

161. बकरी की सबसे सुन्दर नस्ल कौनसी है? जिसका रंग सफेद भूरा जिस पर कत्थई या काले धब्बे तथा कान छोटे हिरनी जैसे होते हैं → **बरबरी**

162. शहरों में बकरी को घर पर बांधकर पालने के लिये सबसे उपयुक्त नस्ल कौनसी है → **बरबरी**

163. बकरों में सामान्यतः दाढ़ी किस नस्ल की विशेषता है → **बीटल**

164. टोगनबर्ग (सींग रहित बकरी की नस्ल) का मूल स्थान कहाँ है → **स्विट्जरलैंड**

165. बकरी की कौनसी नस्ल दूध की रानी (Milk Queen) कहलाती है → **सानेन**

166. पिछली टांगों पर पीछे की तरफ लम्बे घने बालों का होना बकरी की किस नस्ल की खास पहचान है → **जमुनापारी**

167. विश्व में भेड़ की लगभग कितनी नस्लें पाई जाती है → **200**

168. भेड़ों के विकास के लिये सबसे उपयुक्त कौनसा जलवायु है → **शुष्क तथा शीतोष्ण**

169. भेड़ की रामपुरा–बुशायर नस्ल किस प्रदेश में पाई जाती है → **हिमाचल**

170. भेड़ की अविवस्त्र तथा अविकालीन नस्लें कहाँ विकसित की गई है → **अविकानगर (टोंक)**

171. भेड़ की किस नस्ल को "राजस्थान का मेरिनो" कहते हैं → **चौकला**

172. भेड़ की मेरिनो नस्ल का उत्पत्ति स्थान कहाँ है → **स्पेन**

173. विश्व में उत्तम गुणवता तथा ऊन के अधिक उत्पादन हेतु भेड़ की सर्वोत्तम कौनसी नस्ल है → **मेरिनो**

174. पेल्ट (Pelt) के लिये पाली जाने वाली भेड़ की कौनसी नस्ल है → **कराकुल**

175. भेड़ की किस नस्ल की भेड़ों की गर्दन तथा कंधों की त्वचा पर झुर्रियाँ (Folds) होती है → **मेरिनो**

176. कुक्कुट, बतख, टर्की एवं बटेर पालन को कौनसा व्यवसाय कहते हैं → **मुर्गीपालन**

177. मध्यप्रदेश के झाबुआ व अलीराजपुर जिलों तथा राजस्थान के बांसवाड़ा जिले में मुर्गी की कौनसी नस्ल पाली जाती है → **कड़कनाथ**

178. मुर्गी की लड़ाकू नस्ल कौनसी है → **असील**

179. विश्व में सबसे अधिक अण्डे देने वाली मुर्गी की कौनसी नस्ल है → **व्हाइट लैगहॉर्न**

180. व्हाइट लैगहॉर्न नस्ल की मुर्गी का मूल स्थान कहाँ है → **इटली**

181. रोड आईलैण्ड रेड मुर्गी के अण्डे का रंग कौनसा होता है → **भूरा (Brown or dark brown)**

182. व्यापारिक दृष्टि से उच्च कोटि का माँस किस मुर्गी से प्राप्त होता है → **प्लाइमाउथ रॉक**

183. केन्द्रीय पक्षी अनुसंधान संस्थान कहाँ स्थित है → **इज्जतनगर**

184. मुर्गी का वैज्ञानिक नाम क्या है → **गैलस डोमेस्टिकस**

185. विश्व में भारत का अण्डा उत्पादन में कौनसा स्थान है → **तीसरा**

186. कुक्कुट परियोजना निदेशालय (Project directorate on Poultry) कहाँ स्थित है → **हैदराबाद**

187. मुर्गी में सम्पूर्ण अण्डे में प्रोटीन व वसा की मात्रा क्रमशः कितने प्रतिशत होती है → **11.8 व 11.0 प्रतिशत**

188. मुर्गी के अण्डे का औसत भार कितना होता है → **58 ग्राम**

189. मुर्गी का मांस क्या कहलाता है → **सफेद मांस**

190. पीतक झिल्ली (Vitelline membrane) अण्डे के किस भाग में पाई जाती है → **अण्डे की जर्दी भाग में**

191. जर्दी (Yolk) के ऊपर एक बिन्दु जैसी संरचना अण्डाणु (Blastoderm) होती है, जिसे अनुर्वर या अनिषेचित अण्डों में क्या कहते हैं → **जर्मस्पॉट**

192. अण्डे सेयने (Incubation of egg) के लिये कौनसा समय सर्वोत्तम है → **फरवरी–मार्च**

193. प्राकृतिक विधि में अण्डों से कितने दिन में चूजे कवच तोड़कर बाहर आ जाते हैं → **21 दिन**

194. अण्डों से चूजे निकालने हेतु इन्क्यूबेटर का तापक्रम कितना रखना चाहिए → **100-103°F**

195. अण्डे सेयने हेतु इन्क्यूबेटर में रखने के 5–7 दिन बाद किस से पहली जाँच करनी चाहिये → **केण्डलर**

196. चूजों को अण्डों से निकलने के लगभग कितने बाद आहार देना चाहिये → **36 घंटे**

197. अण्डे के किस सिरे पर वायु स्थान होता है → **चौड़े सिरे**

198. अण्डे से चूजे में फैलने वाली कौनसी बीमारी है → **ल्यूकोसिस**

199. अण्डे की जर्दी (Egg yolk) को मध्य में स्थिर रखने का कार्य कौन करता है → **चैलेजा/ श्वेतक रज्जु**

200. मुर्गीपालन के बारे में निम्न कथन सही है–

(a) एक दिन के चूजे से लेकर 4 सप्ताह तक की आयु के चूजों को शहर में पालने को क्या कहते हैं → **ब्रडिंग**

(b) 4 से 8 सप्ताह तक की उम्र के चूजों को पालन घरों (Rearer) में पालने को क्या कहते हैं → **रियरिंग**

(C) 8 सप्ताह की उम्र से मुर्गी की उत्पादन देने की अवस्था तक पालने की प्रक्रिया को क्या कहते हैं → **ग्रोअर मैनेजमेंट**

201. अण्डे उत्पादन हेतु प्रति चूजा कितना स्थान उपलब्ध होना चाहिये (वर्ग से.मी. में) → **50–60 स्थान**

202. चूजों को आपस में चोंच मारने की आदत से बचाने हेतु कब तक उसकी चोंच काटने (ऊपरी चोंच का भाग 1/4 तथा नीचे की चोंच का 1/8 भाग) का कार्य पूर्ण कर देना चाहिए → **एक माह**

203. मुर्गियों को उनके पेट व आंतों में पाये जाने वाले कृमियों से मुक्त करना/मारने की प्रक्रिया को क्या कहते हैं → **डिवर्मिंग**

204. ब्रूडर (Brooder) में कितनी आर्द्रता रखनी चाहिए → **40–70%**

205. मुर्गे में नसबन्दीकरण करने को क्या कहते हैं → **केपोनाइजेशन**

206. रासायनिक विधि से कुक्कुट फार्मो पर बधियाकरण के लिये कौनसा रसायन उपयोग करते हैं → **डाईइथाइल स्टिल वेस्ट्राल हार्मोन**

207. मुर्गियों की चोंच का कुछ भाग काट देने को क्या कहते हैं → **डिबीकिंग**

208. जो मुर्गियां मांस उत्पादन हेतु पाली जाती है उन्हें क्या कहते हैं → **ब्रॉयलर्स**

209. 8 से 20 सप्ताह के पक्षियों (मुर्गियों) को कौनसा आहार दिया जाता है → **ग्रोअर्स राशन**

210. अण्डे देने के लिये पाली गई मुर्गियों को दिये जाने वाला आहार को क्या कहते हैं → **लेअर्स राशन**

211. मुर्गियों के आहार में प्रोटीन की मात्रा कितनी होनी चाहिए → **10–20%**

212. कुक्कुटशाला में मुर्गियों की पाचन शक्ति ठीक बनाये रखने के लिये क्या रखना जरूरी है → **संगमरमर के छोटे–छोटे टुकड़ें**

213. उन्नत किस्म के दाने के पात्रों का वह भाग जिसमें दाना भरा जाता है उसे क्या कहते हैं → **हॉपर**

214. वे औषधियाँ जो कवक अथवा जीवाणुओं के द्वारा प्राप्त होती है तथा जो अन्य सूक्ष्म जीवों की वृद्धि को रोकती है और उन्हें नष्ट भी करती है उसे क्या कहते हैं → **प्रति जैविकी (Antibiotic)**

215. वे औषधियाँ अथवा पदार्थ जिन्हें खिलाने पर दस्त आने लगती है उनको क्या है → **विरेचक या रेचक**

216. वे औषधियाँ जो विष के प्रभाव को कम करने के लिये दी जाती है उसे क्या कहते हैं → **विषघ्न (Antidotes)**

217. वे औषधियाँ जो शरीर में उपस्थित परजीवियों से मुक्ति दिलाती है उसे क्या कहते हैं → **कृमिहर (Anthelmintics)**

218. पशुशाला के फर्श, नालियों, दीवारों आदि को साफ करने के लिये कौनसा घोल उपयोग करना चाहिये → **1.0 प्रतिशत का फिनाइल घोल**

219. मैगसल्फ (Magnesium sulphate) का उपयोग किस रूप में करते हैं → **विरेचक व ज्वररोधी**

220. नीला थोथा (Copper sulphate) एवं फिनोविस (phenovis) क्या है → **कृमिनाशक औषधि**

221. ज्वर में तापक्रम को कम करने वाली औषधी को क्या कहते हैं → **एन्टीपायरेटिक**

222. लालदवा पशुओं के किस काम में प्रयोग किया जाता है → **घावों को धोने के**

223. खुरपका–मुँहपका रोग में खुर धोने हेतु पाद स्नान (foot bath) में क्या काम आता है → **नीला थोथा ($CuSO_4$)**

224. एन्थ्रेक्स, गिल्टी/जहरी बुखार एवं प्लीहाज्वर है → **वूल सोर्टर्स डीसीज (Woll Sorter's disease)** किस बीमारी अन्य नाम है

225. एन्थ्रेक्स रोग किस जीवाणु के द्वारा होता है → **बैसिलस एन्थ्रेसिस जीवाण**

226. लंगड़ी (Black quarter), चुरचुरिया, जहरबाद व फड़ सृजन के नाम से विख्यात रोग का कारण क्या है → **क्लॉस्ट्रीडियम शोबिआई**

227. ब्लैक क्वार्टर (Black quarter), रोग की रोकथाम हेतु कौनसा उपयुक्त टीका है → **पॉलीवैलेंट फार्मलीनाइज्ड एनाकल्चर–वैक्सीन**

228. गार्गेट या अयन का शीत रोग केवल किन पशुओं में ही होता है → **मादा**

229. स्तनशोध (Mammitis), 'चिली ऑफ द अडर' रोग का अन्य नाम क्या है → **थनैला (Mastitis)**

230. भारतवर्ष में थनैला रोग का मुख्य रोगकारक कौनसा जीवाणु है → **स्टैफिलोकोकाई**

231. थनैला रोग के उपचार हेतु कौनसी उपयुक्त औषधि है → **मैस्टीसिलिन, सल्फाडिमिडीन एवं टेरामाइसीन**

232. थनैला (गार्गेट) रोग की रोकथाम हेतु कौनसा टीका लगाया जाता है → **मेस्टी वेक (Masti-Vac)**

233. गलघोटू (Haemorrhagic septicemia) या घुड़का रोग के जीवाणु का नाम क्या है → **पास्च्यूरेला बोवीसेप्टिका एवं पास्च्यूरेला बुवैली सेप्टिका**

234. गलघोटू रोग मुख्यतः कौनसे पशुओं में होता है → **गाय व भैंस**

235. गलघोटू रोग की रोकथाम हेतु कौनसा टीका लगाया जाता है → **गलघोटू कम्पोजिट ब्राथ वैक्सीन**

236. फिड़किया (Enterotoximia) रोग कौनसे पशुओं में ज्यादा देखा गया है → **भेड़ व बकरी**

237. फड़किया (Enterotoximia) रोग का रोगकारक कौनसा जीवाणु है → **क्लोस्ट्रीडियम बैलशियाई**

238. मुर्गी में कौनसा रोग नहीं होता है → **एन्थ्रेक्स**

239. कैटिल प्लेग, पौकनी/मालमारी एवं शीतल/पकता पशुओं में किस रोग के नाम है → **पशु प्लेग (Rinderpest)**

240. रिन्डरपेस्ट रोग का रोगकारक क्या है → **वायरस**

241. पशु प्लेग रोग की रोकथाम हेतु कौनसा टीका लगाया जाता है → **गोट टिश्यू वायरस वैक्सीन (GTV), लैपीनाईज्ड वायरस वैक्सीन (LVV) एवं पक्षीय वायरस वैक्सीन (AVV)**

242. भारत के इतिहास में यह कौनसा पशु रोग है जिसको समूल रूप से नष्ट (Complete eradicated) कर दिया गया है → **पशु प्लेग**

243. किस रोग में पशुओं के खुरों के बीचों–बीच और मुंह के अन्दर गालों, जीभ, होंठ, तालू तथा मसूड़ों पर छाले पड़ जाते हैं → **खुरपका–मुंहपका**

244. खुरपका–मुंहपका रोग (FMD) यूरोपियन देशों में किस वायरस द्वारा होता है → **सैट–1, सैट–2 तथा सैट–3**

245. पशुओं में रक्त तथा तंतुओं में कैल्शियम लवण की कमी के कारण कौनसी बीमारी होती है → **दुग्ध ज्वर (Milk fever)**

246. "मादा द्वारा अपनी गर्दन को पीछे की ओर मोड़कर रखना" किस बीमारी का मुख्य लक्षण है → **दुग्ध ज्वर**

247. दुग्ध ज्वर के उपचार हेतु कैल्शियम बोरोग्लूकोनेट, फाइजर मिल्क फीवर फार्मूला एवं कौनसी औषधी देना चाहिये → **कैल्बोरॉल व मीफिक्स**

248. रक्त मूत्र रोग, टेक्सास फीवर एवं पायरोप्लाज्मोसिस/बैबीसिआसिस के किस अन्य नाम से भी जानते हैं → **चिचड़ी ज्वर (Ticks fever)**

249. भारत वर्ष में बैबीसिया की बैबीसिया बाइजेमिना प्रजाति किस ज्वर से संबंधित है → **चिचड़ी ज्वर**

250. किस रोग में प्रोटोजोअन कीटाणु लाल रक्त कणों को तोड़कर खून को पतला कर देता है जिसके कारण मूत्र में रक्त आने लगता है तथा पेशाब का रंग लाल हो जाता है → **चिचड़ी ज्वर**

251. रानीखेत बीमारी का अन्य नाम क्या है → **न्यू कैसल (New castle)**

252. मुर्गी की रानीखेत बीमारी किसके द्वारा होती है → **वायरस**

253. रानीखेत रोग के उपचार हेतु क्या देना चाहिये → **टेट्रासाइक्लीन**

254. गर्दन को उलटकर पीठ के ऊपर रखना या शरीर के अन्य भागों की ओर छिपाना तथा घर के कोनों में छिप जाना, मुर्गियों में किस रोग को दर्शाता है → **रानीखेत**

255. फॉउल फॉक्स वायरस जनित रोग से मुर्गियों में कितने सप्ताह बाद सूखी त्वचा (Dry skin) शरीर से गिरने लगती है → **तीन–चार**

256. किस रोग में रोगग्रस्त पक्षी सुस्त होकर चक्कर काटने लगते हैं तथा बैठने पर पलकें झपकने लगते हैं एवं खून की कमी से पैर एवं शरीर पीले पड़ जाते हैं → **काक्सीडिया (खूनी पेचिस)**

257. खूनी पेचिस रोग *इमेरिया टेनिल्ला, इ. नेकाट्रिक्स* एवं *इ. एसरबुलीना* नामक कीटाणु से होता है जो क्या है → **प्रोटोजोआ**

258. मुर्गियों चेचक (Fowl pox) किस वायरस से होता है → **बोरेलिओटा एवियम**

259. राष्ट्रीय डेयरी विकास बोर्ड (National Dairy Development Board) की स्थापना कब व कहाँ पर की गई थी → **1965 में आनन्द**

260. भारतीय डेयरी निगम की स्थापना कब की गई → **1970 में**

261. ऑपरेशन फलड प्रथम चरण कब शुरू किया गया → **1970 में**

262. राजस्थान सहकारी डेयरी फेडरेशन (आर.सी.डी.एफ.) का मुख्यालय कहाँ स्थित है → **जयपुर**

263. राजस्थान में टैट्रापैक संयंत्र कहाँ स्थित है → **जयपुर में**

264. राजस्थान सहकारी डेयरी फेडरेशन की स्थापना कब की गई → **1977 में**

265. दुग्ध में प्रोटीन किस अवस्था में पाया जाता है → **पायस (Colloidal)**

266. दुग्ध में लैक्टोज किस अवस्था में पाया जाता है → **घोल**

267. दुग्ध में वसा किस अवस्था में पाया जाता है → **निलम्बन (Emulsion)**

268. दूध प्रोटीन में अधिकतम (80 प्रतिशत तक) कौनसी प्रोटीन पाई जाती है → **कैसीन**

269. भैंस के दूध का सफेद रंग किसके कारण होता है → **कैसीन**

270. वसा A,D,E, एवं K विटामिनों का अच्छा स्त्रोत क्या है → **दूध**

271. दूध का मुख्य कार्बोहाइड्रेट क्या है → **लैक्टोज**

272. एक ग्राम दूध वसा से कितनी ऊर्जा मिलती है → **9.3 किलो कैलोरी**

273. एक ग्राम दुग्धम (Lactose) से कितनी ऊर्जा मिलती है → **4.0 किलो कैलोरी**

274. दुग्ध में किस लवण की कमी होती है → **आयरन खनिज लवण**

275. दूध में कौनसे विटामिन की कमी पाई जाती है → **C**

276. विटामिन बी कॉम्पलैक्स एवं सी कौनसे विटामिन है → **जल घुलनशील**

277. किस पशु के दूध में प्रोटीन की मात्रा अधिक पाई जाती है → **भेड़**

278. गाय के दूध में पीलापन किसके कारण होता है → **कैरोटीन के**

279. दूध का आपेक्षित घनत्व कितना होता है → **1.028 से 1.032**

280. दूध का पी.एच. मान कितना होता है → **6.4 से 6.7**

281. दूध का उबाल बिन्दु (Boiling point) कितना होता है → **101° से.**

282. वह दुग्ध जिससे बच्चों में रोग प्रतिकारकता आती है, आरेचक (Laxative) होता है एवं विटामिन ए की प्राप्ति का अच्छा स्त्रोत है → **खीस**

283. भैंस के खीस में प्रोटीन की मात्रा कितनी होती है → **21.6%**

284. किसके कारण खीस बच्चे के पेट में जमे हुए मल को साफ करता है → **आरेचक (Laxative) गुण**

285. दूषित दूध के उपयोग से उपभोक्ताओं में कौनसी बीमारी लग सकती है → **टी.बी., आंत्र ज्वर, हैजा**

286. स्वच्छ दूध को अधिक समय तक सुरक्षित रखने के लिये कितने तापक्रम पर रखना चाहिये → **5° से.**

287. स्वच्छ दूध उत्पादन के लिये पशु को चारा दूध निकालने से कितने पहले खिलाना चाहिये → **1½ से 2 घंटे**

288. सामान्यतः ताजे एवं शुद्ध दूध में अम्लता (Acidity) कितनी होती है → **0.12–0.18%**

289. दूध के दूग्धम (Lactose) अवयव में जीवाणुओं द्वारा बदलाव के कारण क्यों बढती है → **अम्लता**

290. किसके द्वारा दूध का आपेक्षित घनत्व ज्ञात किया जाता है → **लैक्टोमीटर**

291. दूध का आपेक्षित घनत्व ज्ञात करने का सूत्र क्या है → **1 + संशोधित लैक्टोमीटर रीडिंग × 1000**

292. दूध की वसा ज्ञात करने के लिये कौनसी विधि अपनाई जाती है → **गरबर विधि**

293. दूध की वसा प्रतिशत ज्ञात करने के लिये कितना दूध लिया जाता है → **10.75 मि.ली.**

294. कितनी अम्लता पर दूध गर्म करने पर फट जाता है → **0.32%**

295. यदि दूध का रंग हल्का लालपन लिये हुए हैं तो इसका क्या कारण हो सकता है→ **थनैला रोग से ग्रसित**

296. लैक्टोमीटर के स्टैम पर कितने निशान बने रहते हैं → **0–40 तक**

297. दूध से अलग किया हुआ वह भाग है, जिसमें वसा की मात्रा अधिक होती है। उसे क्या कहते हैं → **क्रीम**

298. वसा (Fat) का आपेक्षित घनत्व कितना होता है → **0.93**

299. सप्रेटा (Skimmed) दूध का आपेक्षित घनत्व कितना होता है → **1.037**

300. अच्छा दही बनाने के लिये जामन (Starter) लगाने के बाद कितने तापमान पर 8–10 घंटे तक सुरक्षित स्थान पर रख देना चाहिये → **21° से.**

301. सामान्य जामन (Common Starters) में कौनसे जीवाणु (बैक्टीरिया) पाये जाते हैं → **स्ट्रैप्टोकोकस लैक्टिस, स्ट्रैप्टोकोकस कैसाई एवं लैक्टोबैसीलस एसिडोफिलस**

302. कौनसा विटामिन जो कि दूध की तुलना में दही में प्रचुर मात्रा में पाया जाता है → **विटामिन सी**

303. दही में लैक्टिक अम्ल की मात्रा कितनी होती है → **0.6-1.1%**

304. दही में अम्लीयता होने के कारण किन पोषक तत्वों की उपलब्धता बढ जाती है → **P एवं Ca**

305. गाय एवं भैंस के घी में वसा की मात्रा कितनी होती है → **99% से अधिक**

306. घी में पानी की मात्रा कितनी होती है → **0.05%**

307. गाय के घी का रंग पीला किसके कारण होता है → **कैरोटिन**

308. अच्छी किस्म का छैना (Chhena) किसके दूध से बनता है → **गाय**

309. सामान्यतः गाय के दूध से कितना छैना प्राप्त किया जा सकता है → **14 प्रतिशत**

310. बर्तनों की सतह पर दुग्ध धातु (Milk stone) को बनने से रोकने के लिये किसका उपयोग करते हैं → **अम्लीय शोधक (Acid cleaners)**

311. दाहक सोडा (Caustic soda) कौनसे बर्तनों को धोने में नहीं करना चाहिये → **कलई किये**

312. गाय के लिये 100 किलोग्राम शरीर भार पर कितने किलोग्राम शुष्क पदार्थ देते हैं → **2.5**

313. गाय व भैंस को जीवन निर्वाह हेतु कितना किलोग्राम दाना मिश्रण (concentrate) देते हैं → **1.0**

314. गाय एवं भैंस में पाँचवें माह के गर्भ से (छठे महीने में शुरू करते है) ब्याने तक 1.0 किलोग्राम रातब/दाना मिश्रण किसलिये देते हैं → **बच्चे के विकास**

315. सुअरों को चिन्हित करने की सबसे उपयुक्त विधि कौनसी है → **कानों में छेद करना/किनारे काटना (Notching)**

316. मुर्गीयों में चिन्हित हेतु कौनसी विधि अधिक डालना मुर्गी उपयोगी है → **एल्यूमीनियम की पत्ती या छल्ला पैरों (Leg Tag) में पहनाना**

317. बधियाकरण में प्रयुक्त बर्डिजोकास्ट्रेटर यंत्र की खोज किस वैज्ञानिक ने की → **इटली के बर्डिजो**

318. बधियाकरण (Castration) के लिये किस ऋतु सर्वोत्तम है → **शीत**

319. किसके द्वारा एक से दो सप्ताह आयु के शिशुओं का सींगरोधन किया जाता है → **कास्टिक छड़ (Caustic stick)**

320. मुर्गी में चिचड़ी रोग से बचाव/प्रतिरक्षा हेतु किसका टीका लगाया जाता है → **स्पयारोकिटोसिस का**

321. साईनाइड पोईजनिंग (Cyanide poisoning) का सम्बन्ध किससे हैं → **हरी ज्वार से**

322. बकरी की वंश (Genus) को क्या कहते हैं → **केपरा**

323. प्रथम क्लोन ''डॉली'' किस पशु में बनाई गई → **भेड़**

324. सम्पूर्ण दूध के उद्देश्य से दूध का कितना हिस्सा उपयोग किया जाता है → **1/3**

325. देश में सबसे अधिक ऊन उत्पादन करने वाला कौनसा राज्य है → **राजस्थान**

326. मादा मेमना क्या है → **इव (Ewe)**

327. मनुष्य में मवेशियों से फैलने वाली कौनसी बीमारी है → **एन्थ्रैक्स**

328. भेड़ की नस्ल मेरिनो किस देश में विकसित की गई है → **फ्रांस**

329. भेड़ की नस्ल 'डॉली' किसके द्वारा विकसित की गई → **ईयान विल्मुट**

330. विश्व में भेड़ो की संख्या सबसे अधिक कहाँ है → **ऑस्ट्रेलिया**

331. डोरसेट हॉर्न (Dorset horn) नस्ल का उत्पत्ति स्थान कहाँ है → **इंग्लैण्ड**

332. मोरक्को चमड़ा (Morocco leather) किससे प्राप्त होता है → **बकरी की त्वचा**

333. अंगोरा नस्ल का उत्पत्ति स्थल कहाँ है → **टर्की**

334. टोडा (Toda) एक किस नस्ल है → **भैंस की**

335. स्टिफ लैम्ब (Stiff lamb) रोग किस विटामिन से होता है → **B_{12} की कमी**

336. सुअर के नमकीनी मांस (Salted meat) को क्या कहते हैं → **पोर्क**

337. अण्डे का पीला रंग किसके कारण होता है → **जेन्थोफिल**

338. रिकेट्स (Rickets) कौनसे विटामिन की कमी के कारण होता है। **D**

339. अण्डे की गुणवत्ता किसके द्वारा तय की जाती है → **कैन्डलिंग**

340. भेड़ के माँस को क्या कहते हैं → **मटन**

341. मुर्गी के शरीर का तापमान कितना होता है → **107°F**

342. अण्डे का कवच (Egg shell) किस पदार्थ का बना होता है → **कैल्शियम कार्बोनेट ($CaCO_3$)**

343. कौनसा दुग्ध क्षेत्र में सहकारिता का सबसे सफलतम उदाहरण है → **अमूल, आनन्द**

344. भेड़ की सबसे ऊँची (tallest) कौनसी नस्ल है → **नेलोरी**

345. जुगाली (Ruminants) करने वाले पशु के पेट का सबसे बड़ा भाग क्या कहलाता है → **रूमेन**

346. विश्व में मेरिनो ऊन का कुल ऊन उत्पादन में कितना योगदान है → **80 प्रतिशत**

347. जुगाली करने वाले पशुओं का आमाशय कितने में विभक्त होता है → **4 भागों**

348. घोड़ा जुगाली करने वाला पशु है या नहीं है → **नहीं**

349. जुगाली करने वाले पशु के आमाशय का कौनसा हिस्सा वास्तविक आमाश्य (True stomach) कहलाता है → **एबोमेजम**

350. वेलोइंग (Wallowing) किस पशु की विशेषता है → **भैंस**

351. पशुओं में रितुकाल (Heat) अवस्था को क्या कहते हैं → **पूर्व मदकाल**

352. गाय/भैंस में भ्रूण/गर्भ का निर्वासन (Expulsion of foetus) क्या कहते हैं → **काविंग**

353. लेम्बिंग (Lambing) का संबंध किस पशु से हैं → **भेड़**

354. आपरा नाम (Placenta) का निष्कासन/निर्वासन ब्याने के कितने घंटे के बाद तक हो जाना होना चाहिए → **6–8 घंटे**

355. स्तन ग्रन्थियाँ (Mammary glands) किसका बदला हुआ रूप है → **स्यूडोरफिरेस**

356. एक मिलीलीटर दुग्ध उत्पादन/संश्लेषण के लिये कितना रक्त अयन से गुजरता है → **400–500 मि.ली.**

357. स्तन ग्रन्थियों (Mammary glands) की उत्पत्ति किससे होती है → **एक्टोडर्म से**

358. पशु के पावसने (Milk let down) के लिये कौनसा हार्मोन उत्तरदायी है → **ऑक्सीटोसिन**

359. पशु स्राव (Milk secretion) के लिये कौनसा हार्मोन उत्तरदायी है → **प्रोलक्टिन**

360. पशु स्राव का प्रारम्भ क्या कहलाता है → **लैक्टोजनेसिस**

361. सींग हटाने (Dehorning) के लिये कौनसा रसायन काम में लिया जाता है → **कास्टिक पोटाश**

362. सुअर में कितने का गर्भकाल होता है → **114 दिन**

363. क्रॉप (Crop) किसके समान होती है → **आमाश्य**

364. मुर्गी के शरीर का सबसे बड़ा अंग कौनसा होता है → **गिजार्ड**

365. मुर्गी के शरीर में कौनसी सबसे बड़ी मांस ग्रन्थि होती है → **लीवर**

366. मुर्गी में अण्डा उत्पादन कितने महीने की उम्र में शुरू होता है → **5½ महिने की उम्र**

367. भेड़ों में प्रजनन (Breeding) मुख्यतः किस पर आधारित होती है → **ऋतु**

368. छल्ला विधि (Ringing) किसमें की जाती है → **भेड़**

369. भेड़ क्या है → **पोलीइस्ट्रस**

370. ऊँट के आमाशय में तीन भाग पाये जाते हैं तथा कौनसा भाग अनुपस्थित होता है → **ओमेजम**

371. दो थुई (Double humped) वाले ऊँट का वैज्ञानिक नाम क्या है → **केमेलस बेक्ट्राईनस**

372. ऊँट के रितुकाल/गर्मी में आने को क्या कहते हैं → **मस्थ (Musth)**

373. घोड़ी में गर्भकाल (Gestation period) कितने दिन होता है → **336**

374. घोड़ा एक खुरदार पशु है, पर क्या नहीं करते हैं → **जुगाली**

375. गाय, भैंस एवं बकरी क्या है → **मवेशी**

376. राजस्थान में पशुओं के चारे के रूप में कौनसी घास अधिकता से उगाई जाती है → **सेवन (Se;wn) घास**

377. याक (Yak) की सबसे अधिक संख्या किस देश में पाई जाती है → **चीन**

378. आंध्रप्रदेश में पाई जाने वाली अंगौल (Ongole) किसकी नस्ल है → **गाय**

379. लाल रक्त कोशिकाओं (RBC) का आकार कैसा होता है → **बाईकोनकेव (Biconcave)**

380. कौनसे पशु में गर्मी सहन करने की क्षमता पाई जाती है → **भैंस**

381. छिपी हुई गर्मी/ऋतुकाल मुख्यतः किसमें पाई जाती है → **भैंस में**

382. वह दुग्ध जो रतौंधी, नाभि बुखार एवं पतली दस्त से बचाव कराता है → **खीस (Colostrum)**

383. भैंस के वीर्य (Semen) के संरक्षण हेतु कौनसा अम्ल काम में लिया जाता है → **साइट्रिक**

384. सीमन संरक्षण हेतु सबसे अच्छा कितना पी.एच. मान होता है → **6.8**

385. भैंस के दूध देने की सामान्य अवधि कितने दिन होती है → **281**

386. कृत्रिम गर्भाधान विधि से पशु के ठहरने (conceive) की सम्भावना कितने प्रतिशत होती है → **58-75%**

387. एक प्रडिम्बाणु जनक कोशिका (Pri-oocyte) से कितने अण्डे बनते हैं → **1**

388. शुक्राणुओं के लिये परिचारिका/धाय कोशिकाओं को क्या कहते हैं → **सरटोली सेल्स्**

389. कोरपस ल्यूटियम (Corpus luteum) का निकलना कब शुरू होता है → **द्विमदकाल अवस्था में**

390. मदकाल चक्र (Estrous cycle) की सबसे कम समय वाली अवस्था कौनसी है → **मदकाल**

391. कौन अण्डा (Ovum) उत्पन्न करता है → **फर्टिलाइजिन**

392. सेन्ट्रीफ्यूगल क्रीम सेपरेटर के द्वारा क्रीम अलग करने के लिये उपयुक्त तापमान कितना होता है → **40° से.**

393. भेड़ व बकरी के दूध में कानूनी मानकानुसार एस.एन.एफ. (SNF) की मात्रा कितनी होनी चाहिए → **9.0%**

394. डबल टोंड मिल्क में वसा की मात्रा कितनी होती है → **1.5 प्रतिशत**

395. क्रीम में वसा की कम से कम मात्रा नहीं होनी चाहिये → **25% से कम**

396. साधारण आइसक्रीम में वसा की मात्रा कितनी होती है → **10 प्रतिशत**

397. दूध में प्रोटीन किस अवस्था में स्थिर रहता है → **कोलोइडल**

398. दही का पृष्ठ तनाव (Tension) दूध से कितना होता है → **कम**

399. एन्जाइम द्वारा जमाया (coagulated) गया दुग्ध क्या होता है → **चीज (Cheese) उत्पाद**

400. यू.एच.टी. दूध (UHT Milk) कितने तापक्रम पर गर्म किया जाता है → **145° से.**

401. मानव के दूध में राख की मात्रा कितने प्रतिशत होती है → **0.2 प्रतिशत**

402. पनीर किस प्रकार का उत्पाद है → **जमाया हुआ (Coagulated) दुग्ध**

403. प्लेट पाश्च्युराजेशन (Plate pasteurization) में समय तापमान की तारगम्यता (combination) कितनी होती है → **72° से. पर 15 सैकण्ड**

404. सप्रेटा दूध (Skimmed milk) में वसा की मात्रा कितने % से अधिक होती है → **0.1%**

405. पास्च्यूरीकृत दूध दक्षता/क्षमता ज्ञात करने के लिये कौनसा टेस्ट किया जाता है → **मिथाइलीन ब्ल्यू रिडक्शन टेस्ट (MBRT)**

406. भैंस के दूध में बहुतायत से कौनसे खनिज लवण पाये जाते हैं → **कैल्शियम एवं फॉस्फोरस**

407. दूध की बफर वेल्यू (Buffer value) किस के कारण होती है → **प्रोटीन**

408. सींग हटाने की सबसे उपयुक्त आयु कितनी होती है → **2 सप्ताह**

409. सबसे कम वजन वाली बकरी की नस्ल कौनसी है → **टोगनबर्ग**

410. बकरी की कौनसी नस्ल पंजाब राज्य में पाई जाती है → **बीटल**

411. दूध निकालने से पहले उपयोग क्या करते हैं → **स्ट्रीप कप (Strip cup)**

412. भेड़ में डोकिंग (Docking) की उपयुक्त आयु कितनी है → **7–14 दिन**

413. दूध का सबसे परिवर्तनशील घटक कौनसा है → **वसा**

414. दुग्ध शर्करा लैक्टोज एक डाईसैकेराइड कार्बोहाइड्रेट है, जो किन इकाईयों से बना होता है → **ग्लूकोज + गेलेक्टोज शर्करा**

415. दूध का कौनसा विटामिन ऊष्मा के प्रति (Heat treatment) सबसे अधिक प्रतिरोधक क्षमता रखता है → **विटामिन A**

416. माटे सींग, चौड़ा माथा एवं छोटा चेहरा गाय की किस नस्ल की विशेषता है → **कांकरेज**

417. मवेशी में प्री–मोलर दाँतो की संख्या कितनी होती है → **12**

418. भेड़ में प्रजनन उद्देश्य (Breeding purpose) से एक नर भेड़ (Ram) कितने भेडों के लिये उपयुक्त होती है → **40–50 भेड़ों**

419. नर सुअर में बधियाकरण करने की कौनसी अवधि है → **चाकू**

420. गाय की दुग्ध शिराओं (milk veins) में क्या होता है → **रक्त**

421. दाद (Ringworm) किसके द्वारा होता है → **फफूँद (Fungus)**

422. पीट्यूटरी ग्रन्थि कौनसा हार्मोन स्रावित करती है → **ऑक्सीटासिन**

423. पशुओं में डेगनाला (Dagnala) रोग किस की कमी से होता है → **सेलेनियम**

424. शासन द्वारा पशुओं की गणना कितने वर्ष के अन्तराल पर की जाती है → **5 वर्ष**

425. भेड का वैज्ञानिक नाम कौनसा है → **आविस एरीज**

426. रक्त में शर्करा (sugar) की मात्रा को नियंत्रित करने वाला अग्नाशय ग्रन्थि का कौनसा हार्मोन है → **इन्सुलिन**

427. भैंस में गुणसूत्रों की संख्या (2n) कितनी होती है → **50**

428. ग्रेफियन फॉलिकल संरचना से अण्डे के बाहर आने की प्रक्रिया क्या कहलाती है → **ओवूलेशन (Ovaulation)**

429. अण्डकोष (Testes) का अण्डकोष थैली में ऊपर चढ जाने को क्या कहा जाता है → **क्रिप्टोरकीडिज्म (Cryptochidism)**

430. जब बांझ मादा बछड़ी एक नर बछड़े के साथ जन्म लेती है उसे क्या कहते हैं → **फ्री मार्टिन**

431. परसिन्टेन्ट हाइमन (Persistent humen) की स्थिति को क्या कहते हैं → **व्हाइट हीफर डिसीज**

432. गर्भाशय की सूजन (Inflammation of uterus) को क्या कहते हैं → **मेट्राइटिस (Metritis)**

433. हड्डियों एवं दांतों में शरीर के कुल कैल्शियम का कितने प्रतिशत कैल्शियम पाया जाता है → **99 प्रतिशत**

434. विटामिन D_2 का अग्रगामी (Precursor) क्या है → **इरगोस्टेरॉल (Ergosterol)**

435. थायरोक्सिन हार्मोन के संश्लेषण के लिये कौनसा आवश्यक तत्त्व है → **आयोडीन**

436. आक्सिटॉसिन (Oxytocin) हार्मोन का प्रभाव कितने मिनट तक रहता है → **5–6**

437. पशुओं में पिका (Pica) रोग कौनसे पोषक तत्त्व की कमी से होता है → **फॉस्फोरस**

438. किसका दूध पीने से मानव में क्षय रोग (टीबी) का खतरा नहीं के बराबर होता है → **बकरी**

439. पशुओं में ग्रास टिटेनी (Grass tetany) रोग किस पोषक तत्त्व की कमी से होता है → **मैग्नीशियम**

440. दूध की कीमत किसकी मात्रा पर निर्भर करती है → **वसा की**

441. भारत के किन राज्यों में गौ–वध की अनुमति मिली हुई है → **केरल और पश्चिम बंगाल**

442. भारत में सफेद क्रांति (White Revolution) का जनक कौन है → **वर्गीज कुरियन**

443. गरीब की गाय कहलाती है → **बकरी**

444. "मेड काऊ डिसीज" (MCD) का मानव रूप क्या है → **सी.जे.डी. (CJD)**

445. मानव में रेबीज का संचार किसके काटने से होता है → **कुत्ते के**

446. विश्व में प्रथम कायकीय विधि से उत्पन्न क्लोन जन्तु है → **डॉली**

447. ऊँट क्या है → **स्यूडोरूमिनेन्ट (Pseudoruminant)**

448. कौनसा सबसे छोटा स्वतंत्र जीवित जीव है → **माइकोप्लाज्मा**

449. आर्थिक रूप से एस्परजिलोसिस (Aspergillosis) किसका मुख्य रोग है → **पोल्ट्री**

450. रेबीज रोग किसको प्रभावित करता है → **केन्द्रीय तंत्रिका तंत्र को**

451. प्रौढ़ (Adult) में लाल रूधिर कोशिकाओं का निर्माण किस अंग में होता है → **बोन मैरो**

452. गर्भावस्था को बनाये रखने के लिये किस हार्मोन की आवश्यकता होती है → **प्रोजेस्टेरॉन**

453. घोड़ा में क्या अनुपस्थित होता है → **पित्ताशय (Gall bladder)**

454. गाय के मांस को क्या कहते हैं → **बीफ**

455. बर्ड फ्लू किसके कारण होता है → **एवियन इन्फ्लूएन्जा**

456. मेड काऊ डिसीज (MCD)/बोवाइन स्पोन्जीफोर्म एनसिफेलोपेथी किसके कारण होता है → **प्रिओन्स (Prions)**

457. किस रोग में पशु के सभी प्राकृतिक अंगों (orifices) से रक्त का स्रव होता है → **एन्थ्रैक्स**

458. गर्भावस्था के अंतिम चरण में किस रोग के कारण गर्भपात हो जाता है → **ब्रूसेलोसिस**

459. गाय में निषेचन की क्रिया किसमें सम्पन्न होती है → **अण्डवाहिनी**

460. भारतीय डेयरी अनुसंधान संस्थान के द्वारा विकसित कौनसी प्रथम इन विट्रो काफ (in vitro calf) है → **प्रथम**

461. घोड़ी × गधा के बीच का संस्करण है → **खच्चर (Mule)**
462. मादा बकरी क्या कहलाती है → **नैनी (Nanny)**
463. पशु शरीर का सबसे कठोर पदार्थ (Hardest material) क्या है → **इनेमल**
464. मानव दूध में कीटाणुनाशक गुण के लिये कौनसा कारक मुख्य है → **बाइफिड्स**
465. किसके कारण दूध के चीज उत्पाद की गुणवता प्रभावित होती है → **बेक्टिरियोफेज (Bacteriophage)**
466. साधारणतया किस जन्तु को रासायनिक विधि (CO_2) के द्वारा अचेत किया जाता है → **सुअर**
467. बीफ मांस में किसकी मात्रा अधिक होती है → **मायोग्लोबिन**
468. किडनी (Kidney) में लम्बे समय तक रहने के बाद मूत्र (Urine) के द्वारा कौनसा जीव बाहर आता है → **लेप्टोस्पायरोसिस**
469. पोल्ट्री के लिये आवश्यक अमीनो अम्ल क्या है → **ग्लाइसिन**
470. बकरी में थनों (Teats) की संख्या कितनी होती है → **दो**
471. सामान्यतया किस फसल का भूसा पशुओं को नहीं खिलाना चाहिये → **धान**
472. कौनसा अंग डिटॉक्सिफिकेशन (Detoxification) का कार्य करता है → **लीवर**
473. विश्व में कुत्ते की सबसे बौनी (Dwarfest) नस्ल कौनसी है → **चिहुआ**
474. किस पशु में अविभाजित खुर (Undivided hoof) पाया जाता है → **घोड़ें**
475. सुअर में गुणसूत्रों की संख्या कितनी होती है → **38**
476. मुर्गी में गुणसूत्रों की संख्या कितनी होती है → **78**
477. एनीमिया (Anaemia) का क्या अर्थ है → **रक्त में हिमोग्लोबिन की कमी होना**
478. लाल रक्त कोशिकाओं का सामान्य जीवनकाल कितने दिन का होता है → **120**
479. न्यूमोनिया (Peumonia) किसका रोग है → **फेंफड़ों का**
480. दलदली भैंस (Swamp buffalo) सिनसैरस जीनस से सम्बन्धित है तथा मुख्यतः किसमें उपयोग की जाती है → **भार ढोने के लिये**
481. कौनसे पशु को यूरिया को प्रोटीन स्त्रोत के रूप में उपयोग नहीं कर सकता है → **घोड़ा**
482. किस की कमी के कारण पिगलेट एनिमिया होता है → **लोहे**
483. बधिया पक्षी को क्या कहते हैं → **केपन (capon)**
484. कोप्रोफेजी (Coprophagy) किस की सामान्य आदत है → **खरगोश**
485. कीटाणु नाशक औषधि (Antibiotics) किसका उत्पाद है → **जीवाणु और कवक**

486. भारत के किस राज्य में बर्ड फ्लू का पहला मामला प्रकाश में आया था → **महाराष्ट्र**

487. मादा बकरी को कहते हैं → **नेनी (Nanny)**

488. ऊँट के दूध में क्या पाया जाता है → **लाइसोजाइम (Lysozyme)**

489. पनीर का बाई–प्रोडक्ट (By-product) क्या है → **व्हे (whey)**

490. छोटे थन वाले पशुओं का दूध निकालने के लिये कौनसी विधि उपयुक्त है → **अंगूठे व अंगुलियाँ**

491. वसा की सबसे अधिक मात्रा किस दूध में पाई जाती है → **मिडिल मिल्क दूध में**

492. भारत में कृषि क्षेत्र से प्राप्त कुल आय में पशुपालन का कितने प्रतिशत योगदान है → **27**

493. अधिक दोहन देने वाली गाय का दोहन कितनी बार किया जावे → **तीन**

494. एक चूजे के लिये पहले सप्ताह में ब्रूडर घर में कितना स्थान आवश्यक है → **100 सेमी.^{2}**

495. कौनसी मुर्गी को सीटर (अण्डे सेकने के लिये) के रूप में जाना जाता है → **हल्के वजन वाली**

496. कौनसा नर हार्मोन (Male hormone) जाना जाता है → **टेस्टोस्टेरॉन**

497. कौनसी भेड़ की त्रिकाजी (Triple purpose) नस्ल है → **सोनाड़ी**

498. गाय की संकर (Hybrid) नस्ल कौनसी है → **करन–स्वीस**

499. पोल्ट्री खाद्य (Poultry feed) का मुख्य अवयव क्या है → **मक्का**

500. केन्द्रीय भैंस अनुसंधान संस्थान (CIRB) कहाँ स्थित है → **हिसार**

501. राष्ट्रीय पशुपोषण और कायिर्की संस्थान (NIANP) कहाँ स्थित है → **बंगलुरू**

502. अंतर्राष्ट्रीय पशुधन अनुसंधान संस्थान (ILRI) कहाँ स्थित है → **नैरोबी (केन्या)**

503. केन्द्रीय पक्षी अनुसंधान केन्द्र संस्थान कहाँ स्थित है → **इज्जतनगर**

■■■■

2

उद्यान विज्ञान

1. हॉर्टिकल्चर शब्द किस भाषा का है → **लैटिन**
2. फलों का अध्ययन किया जाता है → **पोमोलॉजी में**
3. मानव को प्रतिदिन भोजन में कितने फलों का सेवन करना चाहिए → **85 ग्राम**
4. विटामिन 'C' की कमी से कौनसा रोग होता है → **स्कर्वी रोग**
5. विश्व में फल व सब्जी उत्पादन में भारत का कौनसा स्थान है → **द्वितीय**
6. विटामिन "B_2" को क्या कहते हैं → **राइबोफ्लेविन**
7. विटामिन ए एवं विटामिन बी का मुख्य स्त्रोत क्या है → **आम**
8. एनीमिया या खून की कमी कौनसे विटामिन की कमी से होता है → **विटामिन B_{12}**
9. इण्डियन इंस्टीट्यूट ऑफ हॉर्टिकल्चरल रिसर्च (IIHR) कहाँ स्थित है → **बंगलुरू में**
10. केन्द्रीय उपोष्ण बागवानी संस्थान (CISH) कहाँ स्थित है → **लखनाऊ में**
11. केन्द्रीय नींबूवर्गीय अनुसंधान केन्द्र कहाँ स्थित है → **नागपुर में**
12. केन्द्रीय बागवानी फसल अनुसंधान संस्थान कहाँ स्थित है → **कासरगोड़ (केरल) में**
13. भारत का राष्ट्रीय फल क्या है → **आम**
14. भारतीय बागवानी अनुसंधान संस्थान की स्थापना कब हुई → **1 फरवरी 1968**
15. सेंट्रल इंस्टीट्यूट फॉर एरिड हॉर्टिकल्चर कहाँ स्थित है → **बीकानेर में**
16. फूल या अलंकृत पौधों की खेती के अध्ययन को क्या कहते हैं → **फ्लोरीकल्चर**
17. नर्सरी से खरीदते समय फलवर्गीय पौधे की उपयुक्त आयु होनी चाहिये → **1–2 वर्ष**
18. नर्सरी में पौधों की ग्रेडिंग कैसे की जाती है → **तने की मोटाई व ऊंचाई**
19. बीज के अतिरिक्त पौधों के अन्य वानस्पतिक भागों द्वारा पौधे तैयार करने की विधि को क्या कहते हैं → **अलैंगिक प्रवर्धन एवं लैंगिक प्रवर्धन**

20. किसके द्वारा स्ट्रॉबेरी का प्रवर्धन किया जाता है → **ऊपरी भूस्तारी (रनर्स)**

21. किसके द्वारा डहेलिया, जमीकन्द एवं ग्लेडियोलस का प्रवर्धन किया जाता है → **घनकन्द टयूबर**

22. किसके द्वारा केला, हल्दी, अदरक का प्रवर्धन किया जाता है → **प्रकन्द (राईजोम)**

23. आम में समान्यतः किसके द्वारा प्रवर्धन किया जाता है → **इनार्चिंग, स्टोन ग्राफ्टिंग एवं सॉफ्टवुड ग्राफ्टिंग**

24. बेर में किसके द्वारा प्रवर्धन किया जाता है → **बडिंग विधि**

25. आंवला में मुख्यतः किस विधि द्वारा प्रवर्धन किया जाता है→ **पैच बडिंग एवं शील्ड बडींग**

26. विधि जिससे सबसे अधिक पौध तैयार किये जा सकते हैं उसे क्या कहते हैं → **ऊत्तक संवर्धन**

27. पहाड़ी क्षेत्रों के लिये रेखाकंन की उपयुक्त विधि कौनसी है → **कंटूर विधि**

28. राजस्थान में किन्नो (Kinnow) उत्पादन में कौनसे अग्रणी जिले हैं → **गंगानगर व हनुमानगढ**

29. षट्भुजाकार (Hexzgonal) विधि में वर्गाकार विधि से कितने प्रतिशत अधिक फल वृक्ष लगाये जा सकते हैं → **15%**

30. पूरक विधि में पूरक पौधे के रूप में सबसे उपयुक्त क्या है → **पपीता**

31. वर्गाकार विधि की अपेक्षा लगभग कितने अधिक पौधे पूरक विधि से रोपित किये जा सकते हैं → **2 गुणा**

32. शहर के नजदीक फलीय पौधे लगाने की सर्वाधिक उपयुक्त कौनसी विधि है → **षट्भुजाकार**

33. ग्राफ्टिंग में पौधे का ऊपर वाला भाग क्या कहलाता है → **सांकुर**

34. फल व सब्जियों को किससे बचाने के लिये धुआँ करना, सिंचाई करना एवं गंधक के अम्ल का छिड़काव करना उपयुक्त है → **पाले से बचाव हेतु**

35. पपीता फल वृक्ष पर पाले का प्रभाव कैसा होता है → **अधिक**

36. किसके कारण असंगतता (इनकम्पेटेबिलीटी), स्वबन्ध्यता (सेल्फ स्ट्रीलिटी) एवं संकरीकरण (हाइब्रिडिटी) है → **अफलन**

37. प्रोटोएंड्री अवस्था किसमें पाई जाती है → **सीताफल (*Annona muricata*), चीकू, नारियल व अखरोट में**

38. फल वृक्षों में फलन के लिये कौनसा अनुपात उत्तरदायी होता है → **C : N**

39. पौधों के वानस्पतिक प्रवर्धन की विधियाँ (कलम व हवाई दाब) में मूलोत्पत्ति को शीघ्र एवं सुगमता के लिये विकसित करने में कौनसे प्रयोग किया जाता है → **आई.बी.ए. वृद्धि नियंत्रक हार्मोन**

40. पौधों में कोशिका विभाजन के कार्य में कौनसा हार्मोन सहायक है → **साइटोकाइनिन्स**

41. पौधों में कोशिका विभाजन के साथ–साथ उनका लम्बवत आकार बढाने में कौनसे हार्मोन सहायक है → **जिब्रेलिन्स**

42. कौनसा अम्ल वृद्धि रोधक (Growth retardants) हार्मोन है → **एब्सिसिक**

43. फूलों व फलों को झड़ने से रोकने के लिये किसका प्रयोग करना चाहिये → **एन.ए.ए., 2–4 डी, एवं जिब्रेलिक एसिड वृद्धि नियन्त्रक**

44. फलों को बीज रहित बनाने के लिये किसका प्रयोग किया जाता है → **ऑक्जिन वृद्धि नियंत्रक**

45. फलों को पकाने के लिये किसका प्रयोग किया जाता है → **इथाइलीन वृद्धि नियन्त्रक (Growth regulator)**

46. कौन प्याज के अंकुरण को स्थगित (check) करता है → **मेलिक हाइड्रोजायड**

47. अंगूर की बीज रहित किस्मों से अधिक से अधिक पैदावार लेने के लिये किस का छिड़काव करते हैं → **जिब्रेलिक अम्ल की 15 से 25 पी.पी.एम. मात्रा**

48. आम, केला व पपीता कौनसे फल (Climacteric fruit) है → **क्लाईमैक्टेरिक**

49. कौनसे नॉन क्लाईमैक्टेरिक फल है जिनको पेड़ से तोड़ने के बाद पकाना संभव नहीं है → **अंगूर, अनार, नींबू, जामून एवं लीची**

50. केले के भंडारण के लिये उपयुक्त तापमान कितने से. है → **12–13° से.**

51. नींबू वर्गीय फलों को प्रायः कितने प्रतिशत औसतन नमी पर भंडारण किया जाता है → **85–90 प्रतिशत**

52. फलों को निर्वात में रखकर भंडारण करने की विधि कौनसी है → **हाइपोबेरिक**

53. फलों में तुड़ाई के बाद ऑक्सीडेज एन्जाइम की क्रियाशीलता कैसे होती है → **कम**

54. ''पूसा मेघाली'' उन्नत किस्म किसकी है → **गाजर की (Tropical carrot)**

55. 'वर्षा उपहार' किसकी किस्म है→**भिण्डी की (Lam selection × Prabhani Kranti)**

56. फूलगोभी में ब्राऊनिंग का कारण क्या है → **बोरॉन की कमी**

57. मिर्च में तीखेपन (Pungency) का कारण क्या है → **केप्सेसिन**

58. प्याज में तीक्ष्णपन (विशेष गंध) किसके कारण आती है → **एलाइल प्रोपाइल डाई–सल्फाइड के**

59. टमाटर के लाल रंग का कारण क्या है → **लाइकोपीन**

60. फल व सब्जी परिरक्षण के जनक कौन है → **एम. निकोलस एपर्ट (Nicolos Appert)**

61. सेब के लाल रंग का कारण क्या है → **एन्थोसायनिन**

62. टमाटर के केचप बनाने के लिये उपयुक्त परिरक्षक (preservative) कौनसा है → **सोडियम बेन्जोएट**

63. आम की दशहरी–51 किसके द्वारा विकसित की गई है → **क्लोनल सलेक्शन**

64. फूलों के व्यापार में अग्रणी कौनसा राज्य है → **कर्नाटक**

65. सब्जियों की केनिंग (canning) किसमें की जाती है → **ब्राइन**

66. आम की आम्रपाली किस्म कैसी है → **नियमित फलित**

67. कौनसा विटामिन नपुंसकता विरोधी (anti sterility) है → **विटामिन ई**

68. राष्ट्रीय उद्यान मंडल (NHB) की स्थापना कब की गई → **1984 में**

69. विश्व में केले के फल का उत्पादन सबसे अधिक होता है → **भारत**

70. आम में ब्लैक टिप बीमारी किसकी कमी के कारण होती है → **बॉरोन की कमी**

71. आम का कुल क्या है → **एनाकार्डिएसी**

72. आम की आम्रपाली किस्म के लिये उपयुक्त पौधे से पौधे व कतार से कतार की दूरी कितनी है → **2.5 × 2.5 मीटर**

73. आम का मुख्य कीट कौनसा है → **मिलीबग**

74. आम में कायिकीय विकार (फिजियोलॉजिकल डिसऑर्डर) कौन–कौनसे है → **पुष्प शीर्ष विकृति (मालफॉर्मेशन), ब्लैक टिप, एकान्तर फलन एवं स्पांजी उत्तक**

75. आम की वृद्धि के लिये उपयुक्त तापमान कितना है → **24–28°से.**

76. अर्का पुनीत किसकी किस्म है → **आम की**

77. राष्ट्रीय समेकित कीट प्रबन्ध केन्द्र (NCIPM) कहाँ स्थित है → **नई दिल्ली में**

78. आम की कौनसी बीमारी क्लोरीन की विषाक्तता से होती है → **लीफ स्क्रॉच**

79. आम के पुष्पक्रम (Inflorescence) को क्या कहते हैं → **पेनिकल**

80. आम का खाने योग्य भाग कौनसा है → **मिजोकार्प**

81. आम के फूल को क्या कहते हैं → **अष्ठिल (ड्रूप)**

82. आम की किस किस्म में स्पोंजी ऊतक की समस्या पाई जाती है → **अल्फोंसो**

83. आम के गुण सूत्र (2n) की संख्या कितनी है → **40**

84. आम की आम्रपाली किस्म किससे विकसित की गई है → **दशहरी × नीलम संकरण**

85. सिन्धु आम की कौनसी किस्म है → **बीजरहित**

86. आम की कौनसी किस्म नीलम × दशहरी का क्रॉस है → **मल्लिका** (Regular bearer)
87. आम की अल्फांसो किस्म कहाँ ऊगाई जाती है→ **रत्नागिरी की पहाड़ियों में (महाराष्ट्र)**
88. कागजी/एसिड लाइम नींबू का वानस्पतिक नाम क्या है → **सिट्रस ऑरेन्टीफोलिया**
89. नींबू वर्गीय फलों में मुख्यतः किसके द्वारा प्रर्वधन किया जाता है → **बीज द्वारा**
90. राजस्थान में नागपुरी संतरे की खेती सर्वाधिक किस जिले में की जाती है → **झालावाड़**
91. नींबू वर्गीय फलों में केंकर का रोग कारक क्या है → **जेन्थोमोनास सिट्राई (बेक्टिरिया PV)**
92. नींबू वर्गीय फलों में ग्रीनिंग (Greening) बीमारी किससे होती है → **एम.एल.ओ.**
93. नींबू में डाईबैक (Dieback) बीमारी किसकी कमी से होती है → **Zn तत्त्व की कमी**
94. आम व बैंगन में कौनसी बीमारी जिंक की कमी से होती है → **लिटिल लीफ**
95. फूलगोभी में कौनसी बीमारी नाइट्रोजन तत्त्व की कमी के कारण होती है → **बटनिंग**
96. नींबू में कौनसी बीमारी कॉपर की कमी से होती है → **लिटिल लीफ**
97. ब्लड रेड माल्य किसकी किस्म है → **(Sweet Orange - *Citrus sinensis*)**
98. नींबू वर्गीय फलों में कौनसी बीमारी Fungi द्वारा होती है → **(*Phytophora* spp.) गमोसिस (Gummosis)**
99. फलों का राजा कौन है → **आम**
100. फलों की रानी किसको कहा जाता है → **लीची को**
101. तने का रूपान्तरित रूप (Modification of stem) वाली सब्जी क्या है → **गाँठ गोभी**
102. केले के पौधे का ऊपरी तना क्या कहलाता है → **सूडोस्टैम**
103. केले का पुष्पक्रम क्या कहलाता है → **स्पेड़िक्स (Spadix)**
104. भारत में केले की सबसे भयंकर बीमारी क्या है → **बंची टॉप**
105. फलों में कौनसा शर्करा पाई जाती है → **फ्रॉक्टोज**
106. विश्व में सब्जियों के उत्पादन में प्रथम स्थान रखने वाला देश कौन है → **चीन**
107. ग्रेनुलेशन (Granulation) किन फलों का डिस्ऑर्डर है → **नींबू वर्गीय (Sweet Orange)**
108. सूक्ष्म प्रवर्धन (Micro-propagation) में रोग रहित पौधे किस विधि द्वारा प्राप्त किये जाते हैं → **मेरीस्टेम कल्चर**
109. केले में कार्बोहाइड्रेट की मात्रा कितने प्रतिशत होती है → **27**
110. वेजिटेटिव पार्थेनोकार्पी (Vegetative parthenocarpy) किस में पाई जाती है → **केले**

111. शीर्ष गुच्छा (Bunchy top) रोग किसमें होता है → **केले**

112. केले के लिये उचित मृदा पी.एच. मान कितना है → **6–7**

113. भारत में केले की सर्वाधिक उत्पादकता वाला राज्य कौनसा है → **तमिलनाडु**

114. केले का बीज रहित होने का कारण क्या है → **कार्यिक पारथीनोकार्पी**

115. केले का पौधा क्या है → **त्रिगुणित (2n = 2x = 33)**

116. अमरूद में कौनसी बहार आती है → **मृग बहार, हस्त बहार, अम्बे बहार**

117. बसराई ड्वार्फ एवं अमृत सागर किसकी उन्नत किस्में है → **केला की**

118. सरदार (लखनऊ–49) अमरूद की किस्म जो किस रोगरोधी है → **विल्ट**

119. पुवन व रसथाली की किसकी किस्म है → **केले**

120. अमरूद में कौनसा विटामिन प्रचुर मात्रा में पाया जाता है → **सी**

121. अमरूद में प्रति पौधा उपज कितनी प्राप्त होती है → **40–50 किग्रा**

122. गणेश, जोधपुर रेड एवं जालोर सीडलेस किसकी किस्म है → **अनार**

123. अनार की क्षारीय भूमि में लगाने हेतु उपयुक्त किस्म कौनसी है → **जालोर सीडलेस**

124. अनार का मुख्य कीट कौनसा है → **अनार की तितली**

125. अनार का उत्पत्ति स्थान (Origin place) कहाँ है → **ईरान**

126. अनार की रोपण दूरी (Planting Distance) क्या है → **5 × 5 मीटर**

127. अनार में फल फटने की समस्या किसकी कमी से होती है → **बॉरान की कमी**

128. अनार का कुल क्या है → **प्यूनीकेसी**

129. अनार का खाने योग्य भाग क्या है → **एरिल**

130. उद्यान में वायु अवरोधों को किस दिशा में लगाया जाता है → **उत्तर–पश्चिम**

131. जेली के लाल रंग का कारण क्या है → **चेरिंग ऑफ सुगर**

132. पपीते की बौनी उत्परिवर्तित (dwarf mutant) किस्म कौनसी है → **पूसा नन्हा**

133. संतुलित आहार में कम से कम कितनी मात्रा में सब्जियाँ होनी चाहिये → **300 ग्राम**

134. पूसा नन्ना व पूसा मैजेस्टी, पूसा जायन्ट व पूसा डेलिसियस एवं कुर्ग हनीड्यू व ताइवान किसकी किस्म है → **पपीते**

135. पपीते की गाइनोडायोसियस (Gynodioecious) किस्में कौनसी है → **पूसा मैजेस्टी, पूसा Delicious, CO-7, Coorg Honey Dew, Sola, Arka Surya, Arka Prabhath**

136. पपीते के लिये आदर्श जलवायु क्या है → **उष्ण**

137. पपीते का प्रवर्धन किसके द्वारा किया जाता है → **बीज**

138. आर्द्रगलन, तना या विगलन एवं पर्णकुंचन किसका मुख्य रोग है → **पपीते**

139. गोला या सेव बेर की कौनसी किस्म है → **अगेती किस्म**

140. बेर की सबसे अधिक लम्बाई वाले, मोटे फलों व देरी से पकने वाली किस्म कौनसी है → **उमरान**

141. बेर में कर्तन (Pruning) का उपयुक्त समय क्या है → **अप्रेल–मई**

142. बेर के लिये अनुकूल जलवायु क्या है → **शुष्क एवं गर्म**

143. पराग बन्ध्यता (Pollen sterility) की भयंकर समस्या किसमें पाई जाती है → **बेर में**

144. फालसा फल का कुल क्या है → **टिलिऐसी**

145. पीले रंग की सब्जियाँ एवं फल कौनसे विटामिन के धनी स्त्रोत है → **विटामिन 'ए'**

146. पपीते की किस्में 'पूसा जायंट व पूसा नन्हा' क्या है → **एकलिंगी (Dioecious)**

147. अर्का सूर्या पपीते की किस्म है → **गाइनोडायोसियस (Gynodioecious)**

148. उत्तरी भारत में अंगूर की काँट–छाँट (Prunning) किस माह में की जाती है→ **Dec-Jan**

149. आम, केला, बेलपत्र, कटहल, आंवला, फालसा किस फलों की उत्पत्ति कहाँ हुई है → **भारत**

150. बेर का मुख्य कीट कौनसा है → **फल मक्खी**

151. किस फल में सर्वाधिक शुगर पाई जाती है → **खजूर**

152. हवाली, खदरावी, शामरान किस की किस्में है → **खजूर**

153. केला व खजूर का प्रवर्धन किसके द्वारा किया जाता है → **ऊपरी भूस्तारी (सकर्स)**

154. सामान्यतः खजूर के एक वर्ष के पौधे से कितने सकर्स प्राप्त किये जा सकते हैं → **2–3**

155. कौनसे खजूर के फलों के विकास की वह अवस्था जिसमें पूर्ण विकसित, ठोस, पीले या लाल रंग के हो जाते हैं → **डोका**

156. हमारे देश में खजूर के फलों के पकाव के समय वर्षा हो जाने के कारण किस अवस्था पर तोड़ते हैं → **डोका अवस्था**

157. खजूर की शामरान किस्म से क्या बनाये जाते हैं → **छुवारे**

158. खजूर में परागण (pollination) किस रूप से होता है → **कृत्रिम**

159. पुष्प विज्ञान अनुसंधान निदेशालय कहाँ स्थित है → **पूना (महाराष्ट्र)**

160. भारतीय सब्जी अनुसंधान संस्थान कहाँ स्थित है → **वाराणसी (उत्तरप्रदेश)**

161. भारतीय कृषि सांख्यिकी अनुसंधान संस्थान कहाँ स्थित है → **नई दिल्ली में**

162. राष्ट्रीय बीजीय मसाला अनुसंधान केन्द्र कहाँ स्थित है → **(तबीजी) अजमेर में**

163. लहसुवा (कार्डिया मिक्स) का कुल क्या है → **बोराजिनेसी**

164. लहसुवा में रोपण के कितने वर्ष बाद उपज मिलती है → **5 वर्ष**

165. लहसुवा के प्रवर्धन की कौनसी विधि है → **शील्ड बडिंग**

166. अंगूर के बेलों की काँट–छाँट किस महीने में की जाती है → **दिसम्बर–जनवरी में**

167. उत्तरी भारत में अंगूर में फूल आने का उपयुक्त समय क्या है → **मार्च–अप्रेल**

168. अंगूर में शर्करा की मात्रा कितने प्रतिशत होती है → **15-18% (Ideal - 20%)**

169. अंगूर में प्रवर्धन की विधि कौनसी है → **कलम**

170. परलेट किस की उन्नत किस्म है → **अंगूर**

171. अंगूर का छाछया (Powdery mildew) रोग किसके द्वारा होता है → **प्लाज्मोपोरा विटीकोला**

172. कंचन व कृष्णा किस फल की किस्म है → **आंवला**

173. आवंले में मुख्यतया किस विधि द्वारा प्रवर्धन किया जाता है → **पेच बडिंग एवं शील्ड बडींग**

174. ओलर, सेलम, चन्द्राकिरण आम की कौनसी किस्म/किस्में है → **बहुभ्रूणिय (Polyembreyonic)**

175. अधिक पी.एच. मान वाली मृदा के लिये उपयुक्त फल कौनसा है → **आंवला**

176. आंवले में पौधे लगाने की उचित दूरी क्या है → **6 × 6 मीटर**

177. फालसे का कुल क्या है → **टिलिऐसी**

178. फालसा किस जलवायु का पौधा है → **उपोष्ण**

179. बेल (बिल्व) के पौधे का कुल क्या है → **रूटेसी**

180. बेल का उत्पत्ति स्थल कहाँ है → **भारत**

181. करौंदा में सर्वाधिक किस की मात्रा पाई जाती है → **लोह तत्व**

182. करौंदा की खेती के लिये कौनसी जलवायु उपयुक्त है → **गर्म व ठण्डी (पश्चिमी राज.)**

183. भारत में उत्पादित फल व सब्जियों की कुल मात्रा का कितने प्रतिशत भाग परिरक्षण में काम आता है → **2**

184. फूड प्रोजेक्ट ऑर्डर (food project order) कब लागू किया गया → **1955 में**

185. भारत में फल व सब्जी के कुल उत्पादन का कितने प्रतिशत भाग खराब हो जाता है → **25–30**

186. फल व सब्जियों में जल मात्रा कितनी प्रतिशत पाई जाती है → **80–90**
187. अधिकांश एन्जाइम की समुचित क्रिया कितने तापमान पर होती है → **30–40°C**
188. कौन जीवाणु सूक्ष्म जीव सर्वाधिक समस्या उत्पन्न करता है → **केनिंग (Canning)**
189. नमक द्वारा परिरक्षित पदार्थ में नमक की मात्रा कितनी प्रतिशत होनी चाहिये → **15–25%**
190. सर्करा द्वारा परिरक्षित पदार्थ में शर्करा की मात्रा कितनी प्रतिशत होनी चाहिये → **62–65%**
191. किसके द्वारा स्थाई परिरक्षण की क्रिया है → **निर्जलीकरण**
192. फल व सब्जियों को उनकी प्रकृति के अनुसार 2 से 5 मिनट तक उबलते हुये पानी में रखना तथा उन्हें ठण्डा करने की क्रिया को क्या कहते हैं → **विवर्णीकरण (ब्लांचिंग)**
193. फलों की डिब्बाबन्दी के लिये शर्करा की सान्द्रता कितनी प्रतिशत रखी जाती है → **20–55**
194. सब्जियों की डिब्बाबन्दी प्रसंस्करण का कितने तापमान पर होता है → **115-121°C**
195. सब्जियों की डिब्बाबन्दी में नमक की कितनी प्रतिशत मात्रा रखी जाती है → **1.5-2%**
196. बन्द डिब्बों में वायु निष्कासन का कार्य कितने तापमान पर किया जाता है → **82-100°C**
197. पानक (स्क्वैश) में फलों का रस कितना प्रतिशत होता है → **25 प्रतिशत**
198. पानक (स्क्वैश) में कुल घुलनशील ठोस (TSS) कितना पाया जाता है → **40-50%**
199. शर्बत (सीरप) में कुल घुलनशील ठोस प्रदार्थ की मात्रा कितनी प्रतिशत होती है → **65**
200. पानक में चाशनी बनाते समय कौनसा मिलाया जाता है → **साइट्रिक अम्ल**
201. कौनसा अंगूर फल प्रजाति से बनाया जाता है → **कोर्डियल**
202. जैम में कुल घुलनशील ठोस पदार्थ कितना प्रतिशत पाया जाता है → **65–70 प्रतिशत**
203. किससे कुल घुलनशील ठोस पदार्थ का निर्धारण किया जाता है → **रिफ्रेक्टोमीटर**
204. किससे सबसे अच्छी जैम बनाई जाती है → **सेब**
205. किस मीटर द्वारा पेक्टिन परीक्षण किया जाता है → **जेली मीटर**
206. जेली में पेक्टिन की मात्रा कितनी प्रतिशत पाई जाती है → **1**
207. आंवले का मुरब्बा (प्रीसर्व) बनाते समय चीनी की कितनी प्रतिशत मात्रा ली जाती है → **70 प्रतिशत**
208. फलपाक (जैम) में अम्लता कितनी प्रतिशत होती है → **0.5–0.6**
209. जैम तैयार करने का तापमान कितना होता है → **105°C**
210. टमाटर के सॉस में कुल घुलनशील ठोस पदार्थ की मात्रा कितनी प्रतिशत पाई जाती है → **25 प्रतिशत**
211. टमाटर सॉस में परिरक्षक के रूप में क्या लिया जाता है → **सोडियम बेन्जोएट**

212. अचार में लवण परिरक्षण की मात्रा कितनी प्रतिशत होती है → **10 प्रतिशत**

213. सिरके में एसिटिक अम्ल की मात्रा कितनी प्रतिशत होती है → **5.5 प्रतिशत**

214. सफेद मूसली (क्लोरोफाइटम बोरीविलिएनम) का कुल क्या है → **लिलिएसी**

215. सफेद मूसली की क्लोरोफाइटम बोरीविलिएनम प्रजाति कहाँ पाई जाती है → **राजस्थान में**

216. सफेद मूसली की एक हैक्टर में बुवाई के लिये कितनी कंदिल जड़ों की आवश्यकता होती है → **400–600 कि.ग्रा.**

217. अश्वगंधा के पौधे का कौनसा भाग उपयोगी होता है → **जड़**

218. अश्वगंधा किस कुल का पौधा है → **सोलेनेसी**

219. अश्वगंधा की नर्सरी कब तैयार की जाती है → **जुलाई–अगस्त में**

220. ग्वारपाठा (एलो बारबेडैन्सिस) का उत्पत्ति स्थल कहाँ है → **अफ्रीका**

221. ग्वारपाठे में पत्ती धब्बे रोग का नियन्त्रण किसके द्वारा किया जाता है → **मैंकोजेब**

222. ग्वारपाठे का प्रवर्धन किसके द्वारा किया जाता है → **मूलकन्दों**

223. रतनजोत (जेट्रोफा कर्कस) के बीजों में प्रोटीन की मात्रा कितनी प्रतिशत पाई जाती है → **18.2 प्रतिशत**

224. नीम (एजाडिरेक्टा इंडिका) किस कुल का पौधा है → **मेलीएसी**

225. नीम की गिरी (निम्बोली) कितनी तेल पाया जाता है → **40–50 प्रतिशत**

226. नीम में सर्वाधिक क्या पाया जाता है → **निम्बिन**

227. नीम में कौनसा पदार्थ सर्वाधिक उपयोगी है → **अजाडिरेक्टिन**

228. इसबगोल (प्लान्टेगा आवेटा) के पौधे का कौनसा भाग उपयोगी होता है → **बीज, बीज का छिलका वाला भाग**

229. भारत में इसबगोल की खेती कहाँ होती है → **राजस्थान में (जालौर)**

230. ईसबगोल के बीजों का बुवाई के कितने दिनों बाद अंकुरण होता है → **6–10 दिनों**

231. तुलसी (ओसीमम, बेसीलीकम) किस कुल की है → **लेबिएटी**

232. राजस्थान में ईसबगोल की खेती सर्वाधिक किस जिले में होती है → **जालौर**

233. कौनसे प्रदेश में तुलसी की खेती व्यवसायिक स्तर पर की जाती है → **उत्तरप्रदेश**

234. एक ही पौधे पर नर व मादा पुष्पों का अलग–अलग भागों में लगना क्या कहलाता है → **उभयलिंगाश्रयी**

235. पौधों में नर व मादा अंगों का अलग–अलग समय में परिपक्व होने को क्या कहा जाता है → **भिन्नकाल परिपक्वता (Dichogamy)**

236. "क्रिकेट बॉल" किसकी उन्नत किस्म है → **चीकू**

237. ओलेरिकल्चर (Olerculture) शब्द किस भाषा का है → **लैटिन**

238. ओलेरिकल्चर में किसका अध्ययन किया जाता है → **सब्जियों का**

239. सब्जी उत्पादन में भारत का कौनसा स्थान है → **द्वितीय**

240. कौनसा विटामिन गाजर में सर्वाधिक मात्रा में पाया जाता है → **विटामिन 'ए'**

241. लहसून (Garlic) में तीखापन किसके कारण होता है → **डाइएलाइल डाई सल्फाइड**

242. मूली में तीखापन किसके कारण होता है → **आइसोथायोसाइनेट**

243. टमाटर, आलू, पत्तागोभी सब्जी में कौनसा अम्ल पाया जाता है → **साइट्रिक अम्ल (Citric acid)**

244. कौनसा अम्ल गाजर, प्याज, ब्रोकोली में पाया जाता है → **मेलिक अम्ल (Malic acid)**

245. मनुष्य को प्रतिदिन कितनी ग्राम सब्जी खानी चाहिये → **300 ग्राम**

246. अर्का मानिक किसकी किस्म है → **तरबूज**

247. अर्का अनामिका व परभनी क्रान्ति किसकी किस्में है → **भिण्डी**

248. हरा मधु व पूसा मधु किसकी किस्में है → **खरबूजे**

249. पंत रितुराज I पंत सम्राट किसकी किस्में है → **बैंगन**

250. पूसा केतकी व पूसा दीपाली किसकी किस्में है → **फूलगोभी**

251. पूसा कोमल प्याज की किस्म कब बोई जाती है → **खरीफ**

252. पूसा केसर किसकी किस्म है → **गाजर (Tropical carrot)**

253. विटामिन 'सी' (एस्कार्बिक अम्ल) की सर्वाधिक मात्रा किसमें पाई जाती है → **बारबेडोस चेरी**

254. पूसा मेघदूत किसकी किस्म है → **लौकी (Bottle gourd)**

255. सूगर बेबी किसकी किस्म है → **तरबूज**

256. पूसा सावनी, अर्का अनामिका, परभनी क्रान्ति किसकी किस्म/किस्में है → **भिण्डी की**

257. पूसा रूबी, पूसा शीतल, एस–120 किसकी किस्म/किस्में है → **टमाटर की**

258. प्याज का भंडारण करते समय किससे उपचार किया जाता है → **MH 1 (मैलिक हाइड्रोजाईड)**

259. फूलगोभी में बटनिंग (Buttoning) कार्यिकी विकार किसकी कमी के कारण होती है → **नाइट्रोजन की कमी**

260. सब्जियों के उत्पादन में अग्रणी कौनसा राज्य है → **पं. बंगाल**

261. टमाटर का बेर रोग (Blossom end rot) किसकी कमी से होता है → **कैल्शियम की कमी**

262. धनिया की खेती सर्वाधिक कहाँ की जाती है → **बांरा मे (हाड़ौती सम्भाग)**

263. राजस्थान में जीरे का सर्वाधिक उत्पादन कहाँ होता है → **जालोर में**

264. लोकी का वानस्पतिक नाम क्या है → **लेजिनेरिया साइसेररिया (*Lagenaria siceraria*)**

265. करेला (Bitter gourd) का वानस्पतिक नाम क्या है → **मेमोरडिका चेरेन्टीया (*Momordica charantia*)**

266. वर्षा उपहार किसकी किस्म है → **भिण्डी की**

267. मिर्ची में तीखापन किसके कारण होता है → **केप्सिसीन के**

268. कौनसा सामान्यतः बीजरहित तरबूजा होता है → **त्रिगुणित (Triploid)**

269. प्याज का पीलापन किसके कारण होता है → **क्यूरसीटीन के**

270. किसकी प्रचुर मात्रा पालक में पाई जाती है → **लोहे की (Fe)**

271. टमाटर के फल छेदक का जैविक नियन्त्रण किससे किया जाता है → **गेंदे से**

272. पत्तागोभी की पूसा मुक्ता किस्म किस रोग से प्रतिरोधी है → **ब्लैक रोट (Black rot) रोग**

273. नेशनल हॉर्टिकल्चर बोर्ड कहाँ स्थित है → **गुड़गांव में (हरियाणा)**

274. पत्तागोभी की पत्तियों में खुशबू किसके कारण आती है → **सिनीग्रिन ग्लाइकोसाइड**

275. गोल्डन एकर, प्राइड, आफ इंडिया व एक्सप्रेस किसकी किस्में है → **पत्तागोभी की**

276. पत्तागोभी की उपयुक्त बीज दर/हेक्टर कितने ग्राम है → **400–500**

277. बटनिंग (Buttoning) बीमारी किसमें होती है → **फूलगोभी में**

278. पूसा परपल लोंग, पूसा क्रान्ति व अर्का शील किसकी किस्में है → **बैंगन की**

279. बैंगन के लिटल लीफ (Little leaf) बीमारी से रोगरोधी किस्म कौनसी है → **पूसा परपल राउन्ड**

280. जैली बनाने हेतु प्रयुक्त किये जाने वाले फलों में क्या प्रचुर मात्रा में होना चाहिये → **पेक्टिन एवं अम्ल**

281. मिर्ची का लीफ कर्ल वाइरस किसके द्वारा फैलता है → **सफेद मक्खी द्वारा**

282. भिण्डी की खरीफ में बुवाई हेतु उपयुक्त बीज दर कितनी चाहिये → **8–10 (Kg/ha)**

283. टमाटर का पौधा क्या होता है → **प्रकाश अवधि के प्रति उदासीन**

284. ग्वार (Cluster bean) की बीज दर कितनी होती है → **15–20 kg/ha**

285. पूसा फाल्गुनी, पूसा बरसाती, पूसा दो फसली व पूसा रितुराज किसकी किस्में है → **लोबिया की**

286. प्याज का भंडारण कितने तापमान पर किया जाता है → **0–1° से.**

287. कटहल विश्व में कृषिगत सबसे बड़ा क्या है → **फल**

288. किसकी मात्रा सर्वाधिक तरबूज में पाई जाती है → **लोहे की**

289. पूसा मेघदूत व पूसा मंजरी किसकी किस्में है → **लौकी की**

290. जोबनेर ग्रीन किसकी किस्म है → **पालक की**

291. भारत में मेथी का सर्वाधिक उत्पादन कहाँ होता है → **राजस्थान में**

292. जापानीज लोंग ग्रीन किसकी किस्म है → **खीरे की**

293. किसकी सर्वाधिक मात्रा मेथी की पत्तियों में पाई जाती है → **कैल्शियम की**

294. प्याज में बोल्टिंग (Bolting) किसके कारण होती है → **अधिक तापमान के**

295. प्याज का कुल क्या है → **Alliaceae**

296. आलू, टमाटर एवं बैंगन किस कुल का है → **सोलेनेशी**

297. क्रुसीफेरी किस कुल का है → **भिण्डी**

298. गाजर किस कुल की सब्जी है → **अम्बेलीफेरी**

299. शकरकन्द (Sweet potato) का कुल क्या है → **कन्वोलवुलेसी**

300. आलू में मुख्यतः लवणीय मृदा में होने वाली बीमारी कौनसी है → **स्केब रोग (Scab disease)**

301. आलू में ब्लैक हार्ट (Black heart) बीमारी किसकी कमी से होती है → **ऑक्सीजन की कमी**

302. आलू में उगने (sprouting) की क्रिया को रोकने के लिये किसका छिड़काव किया जाता है → **मैलिक हाइड्रेजाइड का**

303. आलु में अंकुरण बढाने के लिये किससे बीजोपचार करते हैं → **थायो–यूरिया**

304. आलू में होलो हार्ट (Hollow heart) बीमारी किसकी कमी के कारण होती है → **कैल्शियम की कमी**

305. कुफरी, देवा किसकी पछेती किस्म है → **आलू की**

306. टमाटर की सूत्रकृमि (Nematode) से रोगरोधी किस्म कौनसी है → **पूसा–120, VNF-3, हिसार ललित, निमाटेक्स**

307. बैंगन का उत्पत्ति स्थल कहाँ है → **भारत**

308. बैंगन की बुवाई कब की जाती है → **जून, नवम्बर एवं मार्च में**

309. किंग ऑफ नार्थ, अर्का गौरव व अर्का मोहनी किसकी किस्में है → **मिर्ची की**

310. मिर्ची की बीज दर कितनी है → **1 – 1.5 (Kg/ha)**

311. फूलगोभी की अगेती किस्मों की बीज दर कितनी है → **500–600 (g/ha) and Cate Cr - 350-400 g/ha**

312. फूलगोभी में ब्राउनिंग (Browning) किसकी कमी से होती है → **बोरॉन की कमी**

313. पूसा हिमानी, पूसा चेतकी व पूसा रेशमी किसकी किस्में है → **मूली की**

314. रबी प्याज की बीज दर कितनी है→ **10–12 Kg/ha एवं खरीफ प्याज– 12-15 Kg/ha**

315. मटर की छिलका सहित खाने वाली किस्म कौनसी है → **सिल्विया**

316. खीरे की प्रति हैक्टर बीज दर कितनी है → **2–2.5 ग्राम**

317. करेले में कड़वाहट किसके कारण होती है → **मेमोर्डिकोसाइट के**

318. अर्का निशांत किसकी किस्म है → **मूली की**

319. अर्का हरित किसकी किस्म है → **करेला की**

320. ब्लैक ब्यूटी (Black Beauty) किसकी किस्म है → **बैंगन की**

321. मनुष्य में डिहाइड्रेशन रोकने के लिये प्याज की कौनसी किस्म उपयुक्त किस्म है → **उदयपुर–102**

322. बैंगन का लिटल लीफ किसके द्वारा होता है → **एमएलओ द्वारा**

323. वैशाली वधु किसकी किस्म है → **भिण्डी की**

324. शलजम का ब्राऊन हर्ट रोग किसकी कमी से होता है → **बोरॉन तत्त्व की कमी**

325. आलू में कन्द बनने के लिये उपयुक्त तापमान कितना चाहिये → **15–20° से.**

326. शकरकन्द में स्टार्च की मात्रा कितनी पाई जाती है → **16 प्रतिशत**

327. आलू की अगेती झुलसा (Early blight) बीमारी से रोगरोधी कौनसी किस्म है → **कुफरी नवीन, कुफरी जीवन व कुफरी सिन्दुरी**

328. टमाटर का उत्पत्ति स्थल कहाँ है → **पेरू (South America)**

329. पत्तागोभी का खाने योग्य भाग को क्या कहते हैं → **कर्ड (Curd)**

330. मिर्ची का लीफ कर्ल विषाणु किसके द्वारा फैलता है → **सफेद मक्खी द्वारा**

331. दुर्गापुरा मीठा, दुर्गापुरा केसर व पूसा बेदाना किसकी किस्में है → **तरबूज की**

332. गाजर में प्रचुर मात्रा में कौनसा तत्त्व पाया जाता है → **पोटाश तत्व**

333. आलू किसके रूपान्तर है → **तने का**

334. संतुलित आहार में हरी सब्जियों की मात्रा कितनी ग्राम होती है → **120 ग्राम**

335. विटामिन B व C किसमें घुलनशील है → **जल में**

336. चौलाई किसकी मुख्य स्त्रोत है → **कैल्शियम की**

337. पालक मुख्यतः किसका स्त्रोत है → **लोहे का**

338. हरि मिर्च में कौनसा विटामिन पाया जाता है → **विटामिन 'सी' (Asorbic Acid)**

339. विटामिन B_2 का रासायनिक नाम क्या है → **राइबोफ्लेविन**

340. जिरोफ्थेलामिया बीमारी किसकी कमी से होती है → **विटामिन A की कमी**

341. प्याज की सब्जी क्या है → **एकबीजपत्री**

342. तरबूज का वानस्पतिक नाम क्या है → **सिटुलस लेनेटस**

343. आम का बौना मूलवृंत (Dwarfing Rootstock) क्या है → **तोतापरी रेड स्माल**

344. बैंगन का छोटी पत्ती (little leaf) रोग, जो एम.एल.ओ. (MLO) द्वारा होता है, का वाहक कौन है → **लीफ हॉपर (Hishimonus phycitis)**

345. मिर्ची के लीफ कर्ल रोग का कारण क्या है → **वायरस**

346. भिण्डी के पीत शिरा मोजेक रोग का वाहक कीट (Vector) क्या है → **सफेद मक्खी**

347. पूसा सावनी व पूसा मखमली किसकी किस्में है → **भिण्डी की**

348. टमाटर में आधार बीज (Foundation seed) उत्पादन के लिये पृथक्करण की दूरी कितनी रखते हैं → **50 मी. Certified seed - 25 m**

349. फूलगोभी एवं पत्तागोभी में आधार बीज उत्पादन के लिये पृथक्करण की दूरी कितनी रखते हैं → **1600 मी. Certified seed - 1000 m**

350. अर्का ज्योति, अर्का राजहंस, पूसा मधुराज व हरा मधु किसकी किस्में है → **खरबूजे की**

351. अर्का मानिक, पूसा बेदाना व शुगर बेबी किसकी किस्में है → **तरबूज की**

352. पूसा ग्वाला, पूसा शीतल व पूसा रूबी किसकी किस्म नहीं है → **टमाटर**

353. सूत्रकृमि के नियन्त्रण के लिये कौनसी दवा काम में ली जाती है → **एल्डिकार्ब, कार्बोफ्यूरान, ऑक्जामाईल**

354. शीत भंडारण में आर्द्रता कितनी रखी जाती है → **50–60%**

355. प्याज का भंडारण कब तक किया जा सकता है → **20–25 सप्ताह**

356. तरबूज का भंडारण कितने तापक्रम पर करना चाहिये → **7.2 -15.6°C**

357. टमाटर कौनसी फसल है → **स्वपरागित (Self pollinated)**

358. मूली, फूलगोभी व पालक कौनसी फसल है → **परमपरागित (cross- pollinated)**

359. पूसा रूबी, पूसा अर्ली ड्वार्फ, अर्का विकाश व अर्का सौरभ किसकी किस्में है → **टमाटर की**

360. पूसा क्रान्ति, पंत सम्राट, अर्का शील व पंत ऋतुराज किसकी किस्में है → **बैंगन की**

361. पूसा ऋतुराज, पूसा दो–फसली व सलेक्शन–2 किसकी किस्में है → **लोबिया की**

362. किन राज्य में सब्जियों का सर्वाधिक क्षेत्रफल है → **पश्चिम बंगाल**

363. सर्वाधिक उत्पादन आलू का कहाँ होता है → **भारत**

364. विश्व भिण्डी का सर्वाधिक उत्पादन करने वाला देश कौनसा है → **भारत**

365. मसालों की रानी (Queen of spices) किसको कहते हैं → **इलायची को**

366. प्याज, मूली, पालक, व पत्तागोभी कौनसे पौधे (Long-day plant) है → **दीर्घ दिवस**

367. बैंगन की अर्का नवनीत किस्म कहाँ से विकसित की गई थी → **IIHR**

368. पपीते के फलों में पाया जाने वाला पीला वर्णक (Pigment) क्या है → **केरीकाजेन्थिन**

369. पूसा मुक्ता किसकी उन्नत किस्म है → **पत्तागोभी की**

370. मधु व मिलन किसकी किस्में है → **तरबूज की**

371. टमाटर की हिसार ललित, अर्का वरदान, व S–120 किस्में किस रोग के रोधित है → **सूत्रकृमि के**

372. बैंगन के जीवाणु विल्ट (Bacterial wilt) से रोग रोधित कौनसी किस्म है → **पंत सम्राट, पंत ऋतुराज व पूसा अनुपम**

373. मिर्ची की कौनसी किस्म फूलगोभी का मौजेक साइरस, तम्बाकू का मौजेक वाइरस व लीफ कर्ल वाइरस रोग के प्रति रोधित है → **पूसा सदाबहार**

374. पत्तागोभी के पुष्पक्रम को क्या कहते हैं → **रेसीम**

375. सफेद मूसली की फसल कितने दिन में पक कर तैयार होती है → **90–100 दिन**

376. मूली में अकाशिन (Akashin) बीमारी किसकी कमी से होती है → **बोरॉन की कमी**

377. डोलिकस (Indian bean) का उत्पत्ति स्थल कहाँ है → **भारत**

378. तरबूज की बीज दर कितनी है → **3–5 (किग्रा/है.)**

379. बेलपत्र में औषधीय महत्त्व का अवयव कौनसा है → **मार्मेलोसिन**

380. कुकुम्बर ग्रीन मोटल वाइरस (CGMV) किसके द्वारा फैलता है → **जल द्वारा**

381. टमाटर की खेती के लिये उपयुक्त तापमान कितना हैं → **15-27°C**

382. पूसा अर्ली ड्वार्फ एवं अंगूरलता उन्नत किस्में किसकी है → **टमाटर की**

383. मिर्च के लीफ कर्ल वाइरस से रोग रोधित किस्म कौनसी है → **पूसा ज्वाला**

384. आलू की अगेती एवं पछेती झुलसा (Early and Late blight) बीमारी से रोग रोधित किस्म कौनसी है → **कुफरी बादशाह**

385. रोगरोधित किस्म विकसित करने के लिये कौनसी विधि उपयोग में ली जाती है → **बैक क्रॉस (Back-cross) method**

386. टमाटर के फल फटने की बीमारी किस तत्त्व की कमी से होती है → **कैल्शियम तत्त्व की कमी से**

387. इलायची में प्रवर्धन किसके द्वारा किया जाता है → **राइजोम व बीज**

388. हेटरोस्टाइली (Heterostyly) किसमें पाई जाती है → **बैंगन में**

389. प्याज की N-53 व एग्रीफाऊंड डार्क रेड किस्म को कब बोया जाता है → **खरीफ में**

390. लोबिया शाकभाजी किसके नाम से प्रसिद्ध है → **वेजिटेबल मीट (Vegetable meat)**

391. लौकी का उत्पत्ति स्थल कहाँ है → **Tropical अफ्रीका**

392. शलजम की ब्राउन हार्ट (Brown Heart) रोग किसकी कमी से होता है → **B कमी से**

393. गाजर किसका अच्छा स्त्रोत है → **विटामिन A (कैरोटीन) का**

394. गांठ गोभी (Knol khol) के किस को खाया जाता है → **तना भाग**

395. खरबूज क्या है → **एकलिंगी (Monoceous)**

396. करेला शाकभाजी कितनी बीजदार (किग्रा / हेक्टर) होती है → **4–5 किग्रा है**

397. प्याज की लवण प्रतिरोधी किस्म कौनसी है → **पंजाब सलेक्शन**

398. फलों के रस के परिरक्षण के लिये कौनसा रासायनिक परीरक्षण काम में लेते हैं → **सोडियम बेंजोएट**

399. इसबगोल से कितनी भूसी प्राप्त होती है → **30 प्रतिशत**

400. एक हैक्टर क्षेत्रफल में बेर के 8 × 8 मीटर की दूरी पर कितने पौधे चाहिये → **156 पौधे**

401. अंगूर के पौधों को साधने में कौनसी विधि काम में लेते हैं → **पण्डाल विधि (Bower system)**

402. फालसे के एक पौधे से अनुमानित कितनी उपज प्राप्त होती है → **5 किग्रा**

403. स्वामी केशवानन्द राजस्थान कृषि विश्वविद्यालय (SKRAU) की स्थापना कब हुई → **1987**

404. एक ग्राम वसा से कितनी ऊर्जा प्राप्त होती है → **9 किलो कैलोरी**

405. जैम बनाने के लिए उपयुक्त फल कौनसा है → **सेब**

406. भारत के किस राज्य में मसाले की सर्वाधिक पैदावार होती है → **राजस्थान में**

407. थॉम्पसन सीडलेस किसकी किस्म है → **अंगूर की**

408. आम के फूल आने का समय कौनसा है → **नवम्बर–जनवरी**

409. गुलाब का प्रवर्धन किस विधि द्वारा किया जाता है → **बडिंग विधि**

410. नींबू वर्गीय फल का प्रमुख रोग कौनसा है → **गोदाती (Gummosis)**

411. राजस्थान में अंगूर लगाने का समय कौनसा है → **जनवरी–फरवरी**

412. गुलाब से हाइब्रिड टीज (Hybrid Teas) Rose की कौनसी प्रथम किस्म है → **ला फ्रांस**

413. पपीते में कितने माह बाद फल आते हैं → **12 माह बाद**

414. विश्व में किस देश में आम का सर्वाधिक क्षेत्रफल है → **भारत**

415. बलवंत (NA-10) किस की किस्म है → **आंवला**

416. ए.बी.ए. पादप हार्मोन किसके प्रतिकूल कार्य करता है → **जिब्रेलिन के**

417. बेर का उद्‌गम स्थल कहाँ है → **भारत**

418. राजस्थान में किस जिले में चुकन्दर की सर्वाधिक खेती की जाती है → **गंगानगर में**

419. इण्डॉल ब्यूटारिक अम्ल (IBA) का मुख्य कार्य किसका सहायक है → **जड़े निकालने में**

420. जालोर सीडलेस किसकी किस्म है → **अनार की**

421. बेर का मुख्य कीट क्या है → **फल मक्खी**

422. जेम में चीनी की सान्द्रता कितनी होती है → **68^0 ब्रिक्स**

423. बहुभ्रूणिता (Polyembryonoy) किस फल में पाई जाती है → **आम**

424. फल रसों एवं स्क्वैश को परिरक्षित करने के लिये क्या काम में लिया जाता है → **पोटेशियम मेटा बाईसल्फेट**

425. किसका रूपान्तरित गाजर, मूल व शलजम है → **जड़ का**

426. आलू, लहसून, प्याज किसका रूपान्तरित रूप है → **तने का**

427. फलों व फूलों का जड़ने से रोकने के लिये किसका छिड़काव किया जाता है → **नेपथेलीन एसीटिक एसिड (NAA) का**

428. राजस्थान में अमरूद का सर्वाधिक उत्पादन किस जिले में होता है → **सवाई माधोपुर**

429. राजस्थान में अंगूर की सर्वाधिक खेती किस जिले में होती है → **गंगानगर**

430. सरदार (L-49) किसकी किस्म है → **अमरूद की**

431. बांसवाड़ा में उगाये जाने वाला प्रमुख फल कौनसा है → **आम एवं केला**

432. अमरूद व नींबू वर्गीय फलों में वृक्षारोपण के लिये दूरी कितनी रखी जाती है → **6 मीटर**

433. रेड फ्लेश (Red flesh) ललित किसकी उन्नत किस्म है → **अमरूद की**

434. वायरस का सर्वाधिक प्रकोप किसमे होता है → **पपीते में**

435. एकान्तर फलन की समस्या किसमें आती है → **आम, लिची, सेब, आंवला, परसीमोन एवं Peacanut**

436. केले में सर्वाधिक मात्रा में क्या होता है → **कार्बोहाइड्रेट (27%)**

437. आम में कौनसी कार्यिकी विकास गैस के कारण, बोरॉन की कमी व कार्बन मोनोऑक्साइड की अधिकता से होता है → **ब्लैक टिप (Black tip) SO_2**

438. "पैर पानी में व सिर आग में" यह कहावत किसके लिये प्रचलित है→ **Datepalm खजूर**

439. पिण्ड खजूर बनने के लिये उपयुक्त किस्म कौनसी है → **Barhee, Halawy (Softwater)**

440. बनारसी व चकैया किसकी किस्में है → **आंवला**

441. अंगूर की खेती को क्या कहा जाता है → **विटीकल्चर**

442. आंवले में कसैलापन किसके कारण पाया जाता है → **टेनिन**

443. लाख बनाने वाले कीटो की खेती को क्या कहा जाता है → **लेककल्चर**

444. लाख बनाने वाले कीट कौनसे पौधे पर पाले जाते हैं → **बेर, पीपल एवं पलास**

445. फल मक्खी का सर्वाधिक प्रकोप किसमें होता है → **बेर**

446. राजस्थान में अनार की खेती किस बहार में की जाती है → **हस्त बहार**

447. राजस्थान में सीताफल का सर्वाधिक उत्पादन किस जिले में होता है → **चित्तोड़गढ़ एवं उदयपुर**

448. पपीता व अंगूर के फल का प्रकार क्या है → **बेरी (Berry)**

449. आम व केले के फल का खाने योग्य भाग क्या है → **मीजोकार्प**

450. लहसुवा का उत्पत्ति स्थल कहाँ है → **भारत**

451. अनार का उत्पत्ति स्थल कहाँ है → **ईरान**

452. फलों के परिरक्षण के लिये सोडियम बेन्जोएट की मात्रा कितनी है → **700–1000 ppm**

453. फलों के परिरक्षण के लिये पोटेशियम मेटा बाईसल्फाइट की मात्रा कितनी काम में लेते हैं → **350–400 ppm**

454. अचार व चटनी में नमक की मात्रा कितनी डाली जाती है → **10–12%**

455. स्कवेश के लिये उपयुक्त फल कौनसा है → **आम, नींबू व संतरा**

456. सॉस के लिये उपयुक्त फसल कौनसी है → **टमाटर**

457. निर्जलीकरण के लिए उपयुक्त सब्जी कौनसी है → **मटर**

458. "केचप" किसससे बनाया जाता है → **टमाटर से**

459. अमरूद की परिपक्व जैली में कितने प्रतिशत अम्लीयता होनी चाहिये → **1%**

460. आम की कौनसी किस्म का निर्यात करने पर सर्वाधिक मूल्य मिलता है → **अलफांसो**

461. विलयन में नमक की सान्द्रता किससे ज्ञात की जाती है → **सोलोमीटर से**

462. फल व सब्जियों का सड़ने का मुख्य कारण क्या है → **बैक्टीरिया**

463. जैम व जैली कितने तापक्रम पर तैयार होती है → **105ºC**

464. अच्छी कैन्डी किससे बनती है → **आंवला, Ginger एवं बेर**

465. चिप्स किस फल से बनाये जाते हैं → **केला (Nandran variety)**

466. मुरब्बा बनाने से पहले आंवले में कौनसी प्रक्रिया की जाती है → **फार्किंग**

467. राजस्थान में गुलाब की व्यवसायिक खेती कहाँ की जाती है → **पुष्कर (अजमेर)**

468. चिप्सोना किसकी किस्म है → **आलू (चिप्स बनाने के लिए)**

469. भारत में इसबगोल की खेती सर्वाधिक कहाँ की जाती है → **राजस्थान**

470. उत्तरी भारत के लिये अंगूर की प्रचलित किस्म कौनसी है → **परलेट व ब्यूटी सीडलैस**

471. इलायची किसकी किस्म है → **बेर**

472. मखदुम व शालीमार किसकी किस्में है → **बादाम**

473. राजस्थान में अनार की जालोर की कौनसी किस्म प्रचलित है → **जालौर सीडलैस**

474. जामुन में वृक्षारोपण दूरी कितनी रखी जाती है → **6 × 6 मीटर**

475. पपीते की बौनी किस्म कौनसी है → **पूसा नन्हा**

476. आम की बौनी किस्म कौनसी है → **आम्रपाली**

477. अंगूर उत्पादन में अग्रणी राज्य कौनसा है → **महाराष्ट्र (पूणे)**

478. फालसा में प्रूनिंग कब की जाती है → **दिसम्बर से जनवरी में**

479. नींबू में डाइबेक व सेब के फल फटने की बीमारी किसकी कमी से होती है → **कॉपर**

480. लीची में लिटल लीफ रोग किसकी कमी से होता है → **जिंक**

481. हेन व चिकन (Hen and Chicken) अंगूर के क्या है → **डिसऑर्डर**

482. नींबू के ट्रिस्टेजा वायरस (Tristeza Virus) रोग का वाहक क्या है → **टोजोप्टेरा सिट्रीसीडा Toxoptera citricida**

483. केले के पनामा विल्ट रोग की प्रतिरोधी किस्म कौनसी है → **पूवन एवं Grand Naine**

484. बेर की चूर्णिल आसिता (Powery mildew) रोग रोधी किस्म कौनसी है → **गोला, सेव, इलायची एवं मेहरून, सफेद रोहतक**

485. पपीते के उत्परिवर्तन (Mutant variety) के द्वारा विकसित किस्म कौनसी है → **पूसा नन्हा**

486. आम की उत्परिवर्तन के द्वारा विकसित किस्म कौनसी है → **रोसिका**

487. फूलगोभी का खाने योग्य भाग क्या है → **कर्ड (Curd)**

■■■■

3

शस्य विज्ञान

1. भारत का कुल भौगोलिक क्षेत्रफल कितना है → **328.8 (मिलियन हे.)**
2. देश के सकल घरेलू उत्पादन में कृषि का वर्ष 2010–2011 में योगदान रहा → **14.2%**
3. भारतीय कृषि अनुसंधान परिषद् की स्थापना कब हुई → **16 जुलाई 1929 में**
4. भारतीय कृषि अनुसंधान परिषद् के प्रथम अध्यक्ष कौन थे → **मोहम्मद हबीबुल्ला**
5. भारतीय कृषि अनुसंधान परिषद् के प्रथम महानिदेशक (Director General) कौन थे → **डॉ॰ बी.पी. पॉल**
6. भारतीय कृषि अनुसंधान संस्थान (IARI) की स्थापना कब व कहाँ की गई → **वर्ष 1905 में पूसा (बिहार) में**
7. ICAR के वर्तमान (2020) महानिदेशक कौन है → **त्रिलोचन महापात्रा**
8. भारतीय कृषि अनुसंधान संस्थान को पूसा (बिहार) से नई दिल्ली में कब स्थानान्तरित किया गया → **1936 में**
9. भारत में प्रथम कृषि विश्वविद्यालय कब व कहाँ स्थापित किया गया → **1960, पंत नगर**
10. भारत में केन्द्रीय कृषि विश्वविद्यालय (CAU) कहाँ स्थित है → **इम्फाल, झांसी, समस्तीपुर (पूसा)**
11. ICAR के कितने कृषि समतुल्य विश्वविद्यालय है → **4**
12. राजस्थान का कुल भौगोलिक क्षेत्रफल कितना है → **34.2 (मि.हे.)**
13. राजस्थान का कुल कृषि योग्य क्षेत्र कितना है → **21.63 मि.हे.**
14. राजस्थान का कुल सिंचित क्षेत्र कितना है → **5.27 मि.हे.**
15. राजस्थान के कुल बोये गये क्षेत्र का कितना क्षेत्र सिंचित है → **29.89 प्रतिशत**
16. राजस्थान में प्रति व्यक्ति जोत का आकार कितना है → **3.96 हैक्टर**
17. राजस्थान में कुल कितने कृषि विश्वविद्यालय है → **5**

18. राजस्थान में कुल कितने राजकीय कृषि महाविद्यालय है → **16**
19. चारागाह विकास की कला एवं विज्ञान को क्या कहते हैं → **शस्य विज्ञान**
20. एग्रोनॉमी शब्द किस भाषा का है → **अरबी भाषा**
21. एग्रीकल्चर शब्द किस भाषा का है → **लैटिन भाषा का**
22. जलवायु विज्ञान (Climatology) शब्द की उत्पत्ति किस भाषा से हुई है → **ग्रीक भाषा**
23. किसी स्थान की अल्पकालिक वायुमण्डलीय दशाओं के योग को क्या कहते हैं → **मौसम**
24. मौसम की दीर्घकालीन अवस्था का संक्षिप्त रूप को क्या कहते हैं → **जलवायु**
25. भारत की कुल वर्षा में दक्षिणी–पश्चिमी मानसून का कितना प्रतिशत योगदान रहता है → **80 से 90 प्रतिशत**
26. भारत की औसत वर्षा कितनी है → **1190 मि.मी. (प्रतिवर्ष)**
27. राजस्थान की वार्षिक औसत वर्षा है → **575 मि.मी. (प्रतिवर्ष)**
28. भारत व राजस्थान में कुल कृषि क्षेत्र का कितना मार्ग बारानी क्षेत्र है → **60 प्रतिशत**
29. राजस्थान में कुल कितने जलवायवीय खण्ड है → **10 कृषि**
30. क्षेत्रफल की दृष्टि से राजस्थान का सबसे बड़ा कृषि जलवायवीय खण्ड कौनसा है → **खण्ड I-C**
31. क्षेत्रफल की दृष्टि से राजस्थान का सबसे छोटा कृषि जलवायवीय खण्ड कौनसा है → **IV-B (ACZ)**
32. वर्तमान में देश के कुल कितनें प्रतिशत क्षेत्रफल पर वन है → **21%**
33. वर्तमान में राजस्थान में कुल कितने प्रतिशत क्षेत्रफल पर वन है → **9.43 प्रतिशत**
34. प्रकाश संश्लेषण की क्रिया किन रंगों की किरणों के प्रभाव में सर्वाधिक होती है → **लाल रंग की किरणों के प्रभाव मे**
35. पौधों में पुष्पन हेतु दिन के प्रकाश की एक निश्चित अवधि आवश्यक होती है, इस प्रभाव को क्या कहा जाता है → **प्रदीप्तिकालिकता**
36. प्रतिदिन के प्रकाश की विशेष लम्बाई जो पुष्पन के लिये आवश्यक होती है, उसे क्या कहते हैं → **क्रांतिक दिन की लम्बाई (CDL)**
37. लघु दिवस (Short day) पौधों की क्रांतिक दिन की लम्बाई (Critical day length) कितनी होती है → **8 घंटे**
38. दीर्घ दिवस (Long day) पौधों को पुष्पन हेतु कम से कम कितने घंटे तक प्रकाश की आवश्यकता होती है → **12–14 घंटे**
39. दिवस निष्प्रभावी (Day neutral) पौधों के उदाहरण क्या है → **सूरजमुखी व मटर।**

40. तम्बाकू का पौधा दिवस प्रभाव (Day length) के आधार पर किस वर्ग में आता है → **लघु दिवस वर्ग में**

41. प्रदीप्तिकाल (Photo period) के आधार पर किस वर्ग का पादप है → **गन्ना मध्यवर्ती वर्ग का**

42. सूर्य से प्राप्त कुल ताप का कितने प्रतिशत भाग पृथ्वी को विकिरण द्वारा प्राप्त होता है → **66 प्रतिशत**

43. शीतकालीन फसलों में अच्छी वृद्धि के लिये इष्टतम तापमान कितना है → **15–25^0 से.**

44. शीतकालीन फसलों में अंकुरण (Germination) के लिये इष्टतम तापमान कितना है → **20–25^0 से.**

45. ग्रीष्मकालीन फसलों की अच्छी वृद्धि हेतु इष्टतम तापमान कितना है → **30–42^0 से.**

46. शीतकालीन फसलों के लिये न्यूनतम तापमान कितना है → **0–5^0 से.**

47. पौधों में प्रकाश संश्लेषण की दर किस तापमान पर अधिकतम रहती है → **30–35^0 से.**

48. पौधों की जड़ों द्वारा जल का अवशोषण किस तापमान पर अधिकतम होता है → **20–30^0**

49. खरीफ फसलों में अंकुरण के लिये इष्टतम तापमान कितना होता है → **28–35^0 से.**

50. पत्तियों के पर्णरन्ध्र (stomata) बन्द करने वाला रसायन कौनसा है → **सोडियम एजाइड**

51. प्रकाश परावर्ती रसायन (Light reflecting chemical) क्या है → **केऔलिन**

52. पौधों के मुरझाने (wilting) की वह दशा जो सिंचाई करने पर पुनः ठीक हो जाती है उसे क्या कहते हैं → **अस्थाई म्लानि बिन्दु**

53. पाले (Frost) से सर्वाधिक नुकसान कौनसी फसल को होता है → **चना**

54. चने की कौनसी किस्म पाला प्रतिरोधी (Frost resistant) होती है → **पूसा 212**

55. चाय फसल के लिये क्या हानिकारक होता है → **कोहरा**

56. पाला पड़ने की सम्भावना होने पर किसका छिड़काव किया जाता है → **H_2SO_4 का**

57. सामान्यतः वर्षा बून्द का औसत आकार क्या होता है → **4 मि.मी. का**

58. एक अच्छे आकार की वर्षा बूँद में कितने जलकण होते हैं → **80 लाख**

59. जल मेघ (Nimbus clouds) धरती से कितनी ऊंचाई पर पाये जाते हैं → **300 मीटर की**

60. रूई के ढेर के समान दिखने वाले एवं अधिक गर्जना करने वाले बादल क्या कहलाते हैं → **कपासी या पुंज मेघ**

61. यदि जनवरी माह में बादल छाये रहेंगे तो गेंहू की फसल में किस रोग का प्रकोप होगा → **गेरूई (Rust) रोग**

62. छाया मे उगने वाले पौधों को कितनी प्रकाश तीव्रता चाहिये → **1 से कम प्रतिशत**

63. समुद्र तल से ऊंचाई बढने पर तापक्रम के घटने की सामान्य दर क्या है → **6.5^0 सेल्सियस/किमी.**

64. सूर्य की विकिरणों (Solar rediation) का सर्वाधिक अवशोषण करने वाली कौनसी मिट्टी है → **काली मिट्टी**

65. तापमान रूपान्तरण के लिये सूत्र क्या है → **(F-32)/9=C/s**

66. पवन गति (Wind speed) किसके द्वारा नापते हैं → **एनिमोमीटर**

67. वायुमंडलीय दाब नापने का यंत्र क्या है → **बैरोमीटर**

68. आपेक्षित आर्द्रता (Relative humidity) कौनसे यंत्र से मापते हैं → **हेयर हाइग्रोमीटर**

69. शुष्क व आर्द्र बल्ब तापमापी द्वारा क्या ज्ञात किया जाता है → **आपेक्षित आर्द्रता एवं ओसांक**

70. अल नीनो शब्द का सामान्य अर्थ क्या होता है → **अनिश्चित मौसम**

71. राजस्थान में सिंचाई का प्रमुख स्त्रोत क्या है → **कुएं**

72. राजस्थान में कितने प्रतिशत सिंचित क्षेत्र में सिंचाई नहरों द्वारा की जाती है → **32.25**

73. भारत में सिंचाई प्रमुख्य स्त्रोत क्या है → **नहरें**

74. भारत में कुल कृषि क्षेत्र का सिंचित क्षेत्र कितने प्रतिशत है → **40**

75. राजस्थान का सर्वाधिक सिंचित जिला कौनसा है → **गंगानगर**

76. राजस्थान का सबसे कम सिंचित जिला कौनसा है → **चुरू**

77. राजस्थान में इंदिरा गांधी नहर में पहली बार पानी कब छोड़ा गया था → **1967 में**

78. भारत में सर्वाधिक सिंचित क्षेत्रफल (मि.हे.) किस फसल के अन्तर्गत है → **गेंहू**

79. भारत में कुल बोये गये क्षेत्र का सर्वाधिक सिंचित क्षेत्र किस फसल का है → **गन्ना**

80. भारत में शुद्ध कृषि सिंचित क्षेत्रफल कितना है → **62 (मि.हे.)**

81. बेड़ी सबसे कम किस काम वाला साधन है → **गहराई से पानी निकालने**

82. पवन चक्की की शक्ति ज्ञात करने का सूत्र क्या है → **अश्व शक्ति (HP) = 0.0000025 (D^2W^2)**

83. सिंचाई की प्रवाह विधि (Flooding method) से किन फसलों में सिंचाई करते हैं → **धान एवं जूट**

84. क्यारी विधि (Check basin) द्वारा सिंचाई के लिये क्यारी की लम्बाई–चौड़ाई कितनी रखते हैं → **25–30 मी. × 5.6 मी.**

85. नाली विधि (Trench method) से सामान्यतः किस में सिंचाई की जाती है → **आलू एवं शकरकन्द में**

86. फव्वारा विधि (Sprinkler method) के द्वारा सिंचाई करने से पृष्ठीय सिंचाई (Surface irrigation) की तुलना में पानी की कितने प्रतिशत बचत होती है → **40 प्रतिशत**

87. सिंचाई के साथ उर्वरक (fertigation) देने के लिये सर्वोत्तम कौनसी सिंचाई विधि है → **बूंद–बूंद सिंचाई (Drip irrigation) विधि**

88. रेनगन (Raingun) किस सिंचाई से संबंधित है → **फव्वारा विधि**

89. सिंचाई की बूँद–बूँद तकनीक किसने विकसित की → **सिम्का ब्लाश ने**

90. भारत के किस राज्य में ड्रिप विधि द्वारा सर्वाधिक सिंचाई की जाती है → **महाराष्ट्र राज्य**

91. राजस्थान में सर्वाधिक स्प्रिकंलर सैट वाला जिला कौनसा है → **झुंझुनू**

92. ड्रिप सिंचाई द्वारा पानी की बचत कितनी होती है → **30-60%**

93. सिंचाई योग्य जल की विद्युत चालकता कितनी होती है → **<1.5 dS/m (EC)**

94. जल सिंचाई योग्य नहीं रहता जब इसकी विद्युत चालकता कितनी होती है → **>10 dS/m**

95. राजस्थान में मृदा अपरदन मुख्य रूप से किसके द्वारा होता है → **वायु द्वारा**

96. जल अपरदन की पहली अवस्था कौनसी है → **बौछार क्षरण (Splash erosion)**

97. वायु द्वारा क्षरण में सबसे अधिक क्षरण किसके द्वारा होता है → **उच्छलन (Saltation)**

98. सतहसर्पण (Surface creep) उन मृदा कणों का होता है, जिनका व्यास कितना होता है → **0.5 मि.मी. से अधिक**

99. वायुरोधी वृक्ष पट्टियाँ लगाते समय पट्टियों की आपस में दूरी कितनी रखते है→ **3–4 मीटर**

100. केन्द्रीय कृषि अभियांत्रिकी संस्थान (CIAE) कहाँ स्थित है → **भोपाल में**

101. भू–परिष्करण के जनक कौन है → **जेथ्रो टुल**

102. मोल्ड बोर्ड हल (Mould board plough) कौनसा यंत्र है → **प्राथमिक भू–परिष्करण**

103. हरीस (Beam), हत्था (Handle) एवं शू (Shoe) किस हल के भाग है → **देशी**

104. पेडी पडलर की कार्य क्षमता कितनी होती है → **0.45 हे./घंटा**

105. पेडी वीडर की कार्य क्षमता कितनी होती है → **0.25 हे./घंटा**

106. बायोडायनेमिक खेती की विचारधारा का प्रतिपादन किसने किया → **रूडोल्फ स्टेनर ने**

107. जंगली चौलाई (अमरेंथस विरिडिस) के लिये पौधे द्वारा कितने बीज उत्पाद किये जा सकते हैं → **1,96,000 बीज**

108. मनुष्यों में चर्म रोग, दमा एवं एलर्जी रोग किसके सम्पर्क में आने से होता है → **पार्थेनियम हिस्टेरोफोरस के**

109. गेंहूसा (फैलेरिस माइनर) किस प्रकार की खरपतवार है → **नकलची (Mimicry weed)**

110. जब एक फसल की अन्य जाति का पौधा बिना बोये खेत में उग जाता है, तो अवांछित पौध क्या कहलाता है → **खरपतवार**

111. अकृषित क्षेत्र में पाई जाने वाली क्या खरपतवार है → **लेन्टाना कैमरा व पार्थेनियम हिस्टेरोफोरस**

112. किस खरपतवार के बीज आकार एवं आकृति में सरसों के बीजों के समान होते हैं → **एनागेलिस आरवेन्सिस**

113. पशुओं के दूध में दुर्गन्ध आती है, जब वे कौनसी खरपतवार खा लेते हैं → **एस्फोडेलस टेनुईफोलियस**

114. मक्का में लगने वाली डाउनी मिल्ड्यू रोग का कवक किस पर शरण लेता है → **सेकेरम स्पोन्टेनियम पर**

115. रक्त स्तम्भक (Blood coagulating) के रूप में प्रयोग किए जाने वाली खरपतवार कौनसी है → **गोखरू**

116. मक्का में कौनसी शाकनाशी प्रयोग करते हैं → **एट्राजीन**

117. गेंहू की फसल में चौड़ी पत्ती वाले खरपतवारों की रोकथाम के लिये कौनसी शाकनाशी का प्रयोग करते हैं → **2,4-D**

118. पैराक्वाट कौनसा शाकनाशी है → **सम्पर्क (Contact)**

119. पैराक्वाट का प्रयोग सामान्यतः कौनसी भूमि में किया जाता है → **आकृषित भूमि में**

120. भारत में किस कीट का प्रयोग गाजर घास खरपतवार को नष्ट करने के लिए किया जाता है → **जाइगोग्रामा बाइकलोराटा' कीट**

121. अमर बेल (Cuscuta) खरपतवार मुख्यतः किसमें पाया जाता है → **रिजका में**

122. आइसोप्रोट्यूरॉन किस शाकनाशी समूह का शाकनाशी है → **यूरिया**

123. फिनॉक्सी एसिड्स समूह का शाकनाशी कौनसी है → **2,4,5–टी**

124. चीनीपोडियम खरपतवार किस ऋतु का है → **रबी**

125. चौड़ी पत्ती वाला खरपतवार कौनसा है → **मेलीलोटस इण्डिका**

126. धान की फसल के लिये खरपतवारों से स्पर्धा का क्रांतिक काल (Critical period) क्या है → **बुवाई के बाद 15 से 45 दिन**

127. गेंहू की फसल के लिये खंरपतवारों से स्पर्धा क्रांतिक काल कब आता है → **बुवाई के बाद 15 से 45 दिन**

128. एलाक्लोर (Alachlor) शाकनाशी किस शाकनाशी समूह का है → **एमाइड्स**

129. गेंहू व जौ के बीजों की न्यूनतम अंकुरण क्षमता कितनी होनी चाहिये → **85 प्रतिशत**

130. बाजरा एवं मूँग के बीजो की न्यूनतम अंकुरण क्षमता कितनी प्रतिशत होनी चाहिये → **75 प्रतिशत**

131. बीज की वास्तविक उपयोगिता ज्ञात करने का सूत्र क्या है → **(अंकुरण % / शुद्धता %) / 100**

132. गेंहू एवं जौ के आधार बीज (Foundation seed) में पृथक्करण दूरी (Isolation distance) कितनी रखते हैं → **3 मी.**

133. चना में प्रमाणित बीज के लिये पृथक्करण दूरी कितनी रखते हैं → **5 मी.**

134. प्रमाणित बीज किस से तैयार किया जाता है → **आधार बीज**

135. सफेद रंग का टैग कौनसे बैग पर चलाते हैं → **आधार बीज**

136. प्रमाणित बीज पर किस रंग का टैग लगाते हैं → **नीला रंग**

137. अच्छे बीज का वास्तविक उपयोग मान (Real value) कितना होना चाहिए → **75% या अधिक**

138. बीजों के भंडारण के समय नमी कितनी होनी चाहिये → **12 प्रतिशत या कम**

139. बारानी कृषि में बीज दर सामान्य से कितनी रखनी चाहिये → **25 प्रतिशत अधिक**

140. किसी निश्चित क्षेत्र में निश्चित अवधि में फसलों को हेर–फेर कर बोना क्या कहलाता है → **फसल चक्र**

141. किसके अपनाने से मृदा उर्वरता बढना, मृदा की भैतिक एवं जैविक दशा में सुधार एवं खरपतवार नियन्त्रण के लाभ है → **फसल चक्र**

142. ग्वार–गेहूँ–बाजरा–चना किस तरह का फसल चक्र है → **द्विवर्षीय**

143. मक्का–गन्ना–पेड़ी–गेहूँ कौनसा फसल चक्रण है → **त्रिवर्षीय**

144. धान / मक्का / मूँगफली– गेहूँ/ चना कौनसा फसल चक्रण है → **एक वर्षीय**

145. गन्ना + गेहूँ क्या फसल है → **मिश्रित**

146. अरहर की दो पक्तियों के बीच ज्वार की दो पक्तियाँ लगाना क्या कहलाएगा → **सहचर सस्य (Companion cropping)**

147. सरसों एवं बरसीम एक साथ उगाना क्या कहलाएगा → **सहायक सस्य**

148. जब गन्ने की फसल के चारों ओर अरहर की फसल लगाते है, तो कौनसी कहलाएगी → **रक्षक फसल**

149. कौनसी फसले उगाने से हानि / हानियाँ निराई गुड़ाई में कठिनाई, खरपतवारनाशी के प्रयोग में कठिनाई एवं फसल काटने में कठिनाई है → **मिश्रित**

150. कौनसी फसलें लगाने के लाभ अधिक पैदावार, भूमि का उचित उपयोग व मृदा कटाव में कमी है → **मिश्रित / अर्न्तशस्य फसलें**

151. मृदा शब्द की उत्पत्ति किस शब्द से हुई, जो कि लैटिन भाषा का है → **"सोलम" (Solum)**

152. मृदा में विभिन्न मृदा कणों (Soil particle size group) के आपेक्षिक अनुपात (Relative proportion) को क्या कहते हैं → **मृदा विन्यास (Soil texture)**

153. दोमट मृदा (Loam soil) में बालू व सिल्ट कणों का कितना प्रतिशत हिस्सा होता है → **30 से 50 प्रतिशत**

154. क्ले मृदा के कणों का आकार कितना होता है → **0.002 मि.मी. से कम**

155. दोमट मृदा में मृदा गुणों (Soil characters) के आधार पर बालू, सिल्ट एवं क्ले किस में पाई जाती है → **समान अनुपात**

156. बालू सबसे कम जल धारण क्षमता वाली कौनसी है → **मृदा**

157. क्ले सबसे अधिक जल धारण क्षमता वाली कौनसी है → **मृदा**

158. मृदा कणों एवं उनके समुच्चयों की किसी निश्चित प्रतिरूप में व्यवस्था क्या कहलाती है → **मृदा संरचना**

159. कृषि कार्यो हेतु सबसे उपयुक्त मृदा संरचना कौनसी है → **क्रम्बी (Crumby)**

160. सबसे छोटी आकार के कण पुंज वाली मृदा संरचना कौनसी है → **लेमिनार**

161. मृदा के अन्दर पानी के प्रवेश की क्रिया क्या कहलाती है → **अन्तः स्यंदन (Infiltration)**

162. सर्वाधिक अन्तः स्यंदन क्षमता (Infiltration capacity) कौनसी होती है → **लोमी बालू मृदा की**

163. मृदा कॉलम से होकर पानी की संचालन क्या कहलाता है → **अन्तः स्रवण**

164. आर्द्रताग्राही जल (Hygroscopic water) एवं क्षेत्र धारिता (Field capacity) के बीच का जल क्या कहलाता है → **केशिका जल**

165. क्षेत्रधारिता का तनाव (Tension) कितना होता है → **-0.33 bars**

166. आर्द्रताग्राही गुणांक (Hygroscopic Coefficient) पर तनाव कितना होता है → **-0.31 bars**

167. गुरूत्वाकर्षण जल (Gravitational water) किस तनाव पर पाया जाता है → **-0.33 bar से कम**

168. मुरझान गुणांक (Wilting Coefficient) पर तनाव कितना होता है → **-0.15 bars**

169. मुरझान गुणांक एवं क्षेत्र क्षमता के बीच का जल क्या कहलाता है → **प्राप्य जल (Available water)**

170. कौनसा पौधों के लिये सबसे महत्वपूर्ण जल है → **केशिका जल**

171. मृदा जल में कितनी CO_2 पाई जाती है → **0.25 प्रतिशत**

172. मृदा में O_2 की मात्रा कितने प्रतिशत हो जाने पर पौधों की जड़ों का विकास पूर्णतः रूक जाता है → **10 प्रतिशत से कम**

173. मृदा वायु में CO_2 की कितने प्रतिशत से मात्रा जिस पर अधिकांश पौधे मर जाते हैं → **10 प्रतिशत**

174. मृदा आयतन में कितनी रन्ध्रावकाश (pores) होते हैं → **30–60 प्रतिशत**

175. रबी की फसलों के विकास हेतु सामान्यतः कितना तापक्रम होना चाहिये → **25-30°C**

176. मृदा का स्थाई गुण क्या है → **मृदा विन्यास**

177. मृदा में उपस्थित कुल जल क्यो हैं → **होलार्ड (Hollard)**

178. पौधों के लिये आवश्यक पोषक तत्त्व (Essential nutrient elements) कितना है → **17**

179. अधिकांश पौधे नत्रजन किस के रूप में ग्रहण करते हैं → **नाइट्रेड**

180. नत्रजन को अमोनियम रूप में ग्रहण करने वाला पादप कौनसा है → **गेंहू**

181. भारतीय मृदाओं में किस पोषक तत्त्व की सर्वाधिक कमी पाई जाती है → **नत्रजन**

182. भारतीय मृदाओं में कौनसा तत्त्व प्रचुर मात्रा में पाया जाता है → **पोटेशियम**

183. पत्तियों में पर्णहरित (Chlorophyll) में कौनसा तत्त्व पाया जाता है → **मैग्नीशियम**

184. पौधों के संरचनात्मक तत्त्व (Structural elements) कौनसे हैं → **C, H, O**

185. C, H एवं O पादप का कितने प्रतिशत भाग बनाते हैं → **90–95**

186. पौधों का गिरना (Lodging) किस पोषक तत्त्व की अधिक मात्रा देने के कारण होता है → **नत्रजन**

187. पौधों में बौनापन (Dwarfness) किस पोषक तत्त्व की कमी के कारण होता है → **नत्रजन**

188. नत्रजन की कमी के लक्षण सर्वप्रथम पौधों को कहाँ पर दिखाई देते हैं → **पुरानी पत्तियों**

189. यूरिया में नत्रजन किस रूप में पाई जाती है → **एमाइड**

190. DAP में नत्रजन कितनी प्रतिशत होती है → **16–18**

191. पौधों पर नत्रजन की अधिकता से पड़ने वाले बुरे प्रभाव को कम करने में सहायक कौनसा तत्त्व है → **फॉस्फोरस पोषक तत्त्व**

192. फॉस्फोरस की कमी के लक्षण पौधे के किस भाग पर दिखाई पड़ते हैं → **पुरानी पत्तियों वाले भाग**

193. पौधों में फॉस्फोरस की कमी का प्रमुख लक्षण क्या होना है → **पत्तियों का हल्का बेंगनी/भूरा**

194. पौधे फॉस्फोरस को किस रूप में ग्रहण करते हैं → **HPO_4^{2-} एवं H_2PO_4**

195. फसलों में फॉस्फोरस किस समय देना चाहिये → **बुवाई के समय**

196. बुवाई के बाद गेहूँ की फसल में नत्रजन कब देना चाहिये → **पहली सिंचाई के साथ**

197. 46 किलोग्राम P_2O_5 एवं 60 किलोग्राम नत्रजन देने के लिये डी.ए.पी. एवं यूरिया की कितनी मात्रा देगें → **100 : 100 किग्रा**

198. पौधे पोटेशियम को किसके रूप में ग्रहण करते हैं → **K^+**

199. पौधों में कोन रोगप्रतिरोधकता बढाता है → **पोटेशियम**

200. पोटेशियम फसलों में कब देना चाहिये → **बुवाई के समय**

201. पौधे पर पोटेशियम की कमी के लक्षण सर्वप्रथम कौनसी पर दिखाई देते हैं → **निचली पत्तियों**

202. आलू की फसल के लिये पोटेशियम का सबसे अच्छा स्त्रोत क्या है → **पोटेशियम सल्फेट**

203. पोटेशियम क्लोराइड में K_2O कितना होता है → **60–63 प्रतिशत**

204. पोटेशियम सल्फेट में सल्फर कितना होता है → **33 प्रतिशत**

205. पोटेशियम क्लोराइड उर्वरक में सर्वाधिक क्या पाया जाता है → **K_2O**

206. कैल्शियम पौधों में जड़ों द्वारा किसके अवशोषण को बढाता है → **नाइट्रेट के**

207. कैल्शियम की कमी लक्षण पादप में कहाँ पर दिखाई देते हैं → **अग्रिम कलिका**

208. कैल्शिमय की कमी मुख्यतः कौनसी मृदा में पाई जाती है → **अम्लीय मृदाओं**

209. कैल्शियम की पूर्ति के लिये सर्वोत्तम स्त्रोत क्या है → **जिप्सम**

210. जिप्सम की मात्रा 5 (q/ha) प्रत्येक कब देनी चाहिए → **3–4 वर्ष में एक बार**

211. जिप्सम का रासायनिक सूत्र क्या है → **$CaSO_4 . 2H_2O$**

212. जिप्सम में कितना कैल्शियम पाया जाता है → **29.2 प्रतिशत**

213. उदासीन मृदाओं में एवं लवणीय मृदाओं में क्या प्रचुर मात्रा में पाया जाता है → **कैल्शियम**

214. पादप मैग्नीशियम को किस के रूप में ग्रहण करते हैं → **Mg^{2+}**

215. मैग्नीशियम की कमी से पत्तियों की शिराओं का रंग कौनसा होता है → **हरा**

216. मैग्नीशियम की कमी को दूर करने के लिये मैग्नीशियम सल्फेट का प्रयोग किसकी दर से करना चाहिये → **25–30 किग्रा/हे.**

217. तिलहनी फसलों में तेल की गुणवत्ता बढाने वाला तत्त्व कौनसा है → **S**

218. पर्णहरित (Chlorophyll) निर्माण के लिये क्या आवश्यक तत्त्व है → **Fe**

219. सिंगल सुपर फॉस्फेट में सल्फर की प्रतिशतता कितनी होती है → **12.5**

220. किस पोषक तत्त्व की कमी के लक्षण नई एवं पुरानी पत्तियों पर एक साथ दिखाई पड़ते हैं → **Zn**

221. नए पौधे में डाइबैक (Dieback) का प्रकोप किसकी कमी से होता है → **तांबे की**

222. जस्ते की कमी होने पर भूमि में जिंक सल्फेट किसकी दर से मिलाते हैं → **10–30 किग्रा/ हे. की**

223. कौनसा तत्त्व प्रोटीन निर्माण एव चय–उपचय क्रियाओं में भाग लेता है → **लोहा**

224. फेरस ऑक्साइड में कितना प्रतिशत लोहा होता है → **77 प्रतिशत**

225. पौधे लोहे को किसके रूप में ग्रहण करते हैं → **Fe or Fe^{2-}**

226. पौधे सल्फर को किसके रूप में ग्रहण करते हैं → **SO_4^{2-}**

227. पौधे बोरॉन को किसके रूप में ग्रहण करते हैं → **$B_4O_7^{2-}$, $H_2BO_3^-$ एवं HBO_3^{2-}**

228. पौधों की विभिन्न वृद्धि क्रियाओं में उत्प्रेरक का कार्य करने वाला तत्त्व कौनसा है → **Mn**

229. पौधे मैंगनीज को किसके रूप में ग्रहण करते हैं → **Mn^{2+}**

230. दलहनी फसलों में नत्रजन स्थिरीकरण जीवाणु (Nitrogen fixing bacteria) के लिए आवश्यक पोषक तत्त्व कौनसा है → **Mo**

231. कौनसा तत्त्व पौधों में कार्बोहाइड्रेट चय–उपचय (Carbohydrate Metabolism) क्रिया को प्रभावित करता है → **क्लोराइड**

232. खड़ी फसल में उर्वरक देना क्या कहलाता है → **टॉप ड्रेसिंग**

233. खड़ी फसल में यूरिया उर्वरक को किस विधि दिया जा सकता है → **स्प्रे द्वारा**

234. अम्लीय मृदाओं में फॉस्फोरस एवं पोटाश का प्रयोग किस विधि से करना चाहिये → **स्थानीय संस्थापन विधि**

235. जलमग्न मृदाओं (water logged soils) में नत्रजन की हानि किसके रूप में होती है → **डिनाइट्रीफिकेशन**

236. उर्वरक नियन्त्रण अध्यादेश (Fertilizer control Act) 1957 के अनुसार यूरिया में बाइयूरेट की मात्रा कितने प्रतिशत से अधिक नहीं होनी चाहिये → **1.5 प्रतिशत से**

237. नत्रजन की अमोनिकल रूप में हानि किस विधि द्वारा होता है → **निक्षालन एवं वोलेटिलाइजेशन विधि**

238. फास्फोरस आयन $H_2PO_4^-$ की प्रधानता किस पी.एच. मान पर रहती है → **4.0 पी.एच.**

239. फास्फोरस $H_2PO_4^-$ एवं HPO_4 आयन कितने पी.एच. मान पर पौधों को समान रूप से प्राप्त रहते हैं → **7.2**

240. चूना युक्त मृदाएं एवं क्षारीय मृदाओं में किस तत्त्व की कमी पाई जाती है → **लोह**

241. कैल्शियम पोषक तत्त्व पौधों में कैसा होता है ⟶ **गतिहीन (immobile)**

242. एक नाइट्रोजिनेज का एवं नाइट्रेट रिडक्टेज का घटक क्या है ⟶ **मोलिब्डेनम**

243. कौनसा पोषक तत्त्व अप्रत्यक्ष रूप से पौधों में सूखा प्रतिरोधिता (Drought resistance) बढाता है ⟶ **फॉस्फोरस**

244. सिलिकॉन तत्त्व के अन्तराकोशिकीय संग्रह (Inter cellular deposit) को क्या कहा जाता है ⟶ **प्लांट ओपेल्स**

245. क्लोराइड आयन युक्त उर्वरक किस फसल के लिये अनुकूल नहीं है ⟶ **आलू एवं तम्बाकू**

246. सिंगल सुपर फॉस्फेट का रासायनिक सूत्र क्या है ⟶ **$Ca(H_2PO_4)$**

247. नाइट्रीफिकेशन के लिये उचित पी.एच. मान कितना होता है ⟶ **8.5**

248. अमोनियम सल्फेट में गंधक (Sulphur) कितने प्रतिशत होता है ⟶ **24**

249. अम्लीय मृदा में किसकी उपलब्धता सर्वाधिक होती है ⟶ **जिंक की**

250. अम्लीय मृदा में एल्युमीनियम तत्त्व का कैसा प्रभाव होगा ⟶ **जहरीला**

251. क्षारीय मृदाओं में मुख्यतः क्या पाया जाता है ⟶ **सोडियम कार्बोनेट क्षार**

252. क्षारीय मृदाओं की विद्युत चालकता कितनी होती है ⟶ **<4ds/m**

253. लवणीय मृदाओं का पी.एच. मान कितना होता है ⟶ **<8.5**

254. अम्लीय मृदाओं का पी.एच. मान कितना होता है ⟶ **<7.0**

255. वे मृदाएं जिनका पी.एच. मान 3.0 या इससे कम होता है उनको क्या कहते हैं ⟶ **केट क्ले**

256. अम्लीय मृदाओं में सुधार हेतु किसका प्रयोग करते हैं ⟶ **चूना**

257. अम्लीय मृदाओं में किस फसल की खेती कर सकते हैं ⟶ **धान**

258. अम्लीय मृदाओं में चूने की सिफारिश के लिए किसको आधार बना सकते हैं ⟶ **6 इंच मृदा को**

259. मृदा का लम्बवत काट (vertical cut) क्या कहलाता है ⟶ **मृदा प्रोफाइल**

260. मृदा निर्माण में निष्क्रिय कारक कौनसे पदार्थ है ⟶ **पैतृक**

261. मृदा वर्गीकरण का सबसे निम्न संवर्ग (lowest category) क्या है ⟶ **श्रेणी**

262. निम्नतम आयतन जिसे मृदा कहा जा सकता है, वह क्या (pedon) है ⟶ **पेडोन**

263. चुकन्दर (Sugarbeet) किस पोषक तत्व की कमी का सूचक पौधा है ⟶ **सोडियम का**

264. बोरॉन का सूचक पादप क्या है ⟶ **सूरजमुखी**

265. कॉपर का सूचक पादप क्या है ⟶ **गेंहू**

266. एनहाइड्रस अमोनिया में सर्वाधिक क्या होती है → **नत्रजन**

267. मृदा में ताप चालकता (Thermal conductivity) का सही क्रम क्या है → **बालू > लोम > क्ले > पीट**

268. प्राप्य जल (Available water) सर्वाधिक कौनसी मिट्टी में होता है → **क्ले**

269. भारत में सर्वप्रथम कौनसा उर्वरक बनाया गया है → **एस.एस.पी. उर्वरक**

270. गोबर की खाद में $N:P_2O_5:K_2O$ की मात्रा कितने प्रतिशत होती है → **0.5 : 0.2 : 0.5%**

271. कम्पोस्ट बनाने की इन्दौर विधि किसने विकसित की → **ए. होवार्ड एवं डी. वाड ने**

272. वर्मी कम्पोस्ट में $N : P_2O_5 : K_2O$ की मात्रा कितनी प्रतिशत होती है → **1.5-2-5 : 1.6-1.8 : 1.0 - 1.5%**

273. खाद्यान्न फसलों के लिए कितनी मात्रा में वर्मीकम्पोस्ट का प्रयोग करते हैं → **5 टन/हे.**

274. हरी खाद के लिए ढैंचा की बीज दर क्या रखते हैं → **20–25 किग्रा/हे.**

275. भारी मृदा एवं जल प्लावित दशा (waterlogged condition) में उगाये योग्य हरी खाद वाली फसल कौनसी है → **ढैंचा एवं सनई**

276. नीम की खली में $N:P_2O_5$ एवं K_2O की मात्रा कितने प्रतिशत होती है → **5.22 : 1.08 : 1.48%**

277. जल प्लावित मृदा में कौनसी हानिकारक गैस निकलती है → **मीथेन**

278. नीम की खली मे कौनसा रसायन पाया जाता है → **एजाडिरेक्टिन**

279. कौनसा रसायन महुआ खली में पाया जाता है → **सेपानिन**

280. कौन फॉस्फोरस तत्त्व को ग्रहण करने में पौधों की सहायता करता है → **माइकोराइजा (Mycorrhiza)**

281. सबसे अधिक रन्ध्रावकाश (porosity) किस मृदा में पाया जाता है → **क्ले**

282. बायोगैस का प्रमुख घटक क्या है → **CH_4**

283. CH_4 एवं CO_2 के बाद कौनसी गैस बायोगैस में अधिकतम होती है → **H_2**

284. सामान्य वर्षा का पी.एच. मान कितना होता है → **5.6**

285. पानी की विशिष्ट ऊष्मा कितनी होती है → **1 cal/gm/°C**

286. पानी का घनत्व कितने तापमान पर सर्वाधिक होता है → **4°C**

287. भारत में खारे पानी की कौनसी सबसे बड़ी झील है → **चिलका**

288. कौनसा आन्दोलन भारत में होशंगाबाद म.प्र. में शुरू हुआ → **मिट्टी बचाओ**

289. पानी में स्थायी कठोरता किससे आती है → **क्लोराइड्स एवं सल्फेट्स**

290. विशिष्ट ऊष्मा (Specific heat) किसमें अधिक है → **ह्यूमस मिट्टी/कार्बनिक पदार्थ**

291. कोलायडल क्ले (Colloidal) के कणों का आकार कितना होता है → **0.0002 मि.मी.**

292. पहाड़ी मृदा (Hill soils) सामान्यतः क्या होती है → **अम्लीय**

293. अधिकतम नाइट्रीफिकेशन कितने प्रतिशत ऑक्सीजन पर होता है → **20 प्रतिशत**

294. मृदा के कार्बनिक पदार्थ का C : N अनुपात क्या होता है → **10 : 1**

295. मृदा के सूक्ष्म जीव का C : N अनुपात क्या होगा → **8 : 1**

296. फॉस्फोरस के खनिजीकरण (Mineralization) के लिये उचित C : P अनुपात क्या है → **200 से कम**

297. कार्बनिक मृदा का CEC मान क्या होता है → **50-100 meq/100 g**

298. पाइराईट (Pyrite) का रासायनिक सूत्र क्या है → **FeS_2**

299. हाइड्रस माइका का CEC मान क्या होता है → **0**

300. जिप्सम का सर्वाधिक भंडार कहाँ है → **राजस्थान में**

301. धान (Paddy) का उत्पत्ति स्थल कहाँ है → **दक्षिणी –पूर्वी एशिया**

302. विश्व में धान का सर्वाधिक क्षेत्रफल किस देश में है → **भारत देश में**

303. विश्व में धान का अग्रणी उत्पादक देश कौनसा है → **चीन**

304. भारत में धान की उत्पादकता कितनी है → **2200 $Kgha^{-1}$**

305. भारत में धान की सर्वाधिक उत्पादकता किस राज्य में है → **पंजाब राज्य में**

306. धान की खेती के लिये सबसे उपयुक्त मृदा कौनसी है → **भारी चिकनी मिट्टी**

307. धान के लिये मिट्टी का पी.एच. मान कितना होना चाहिये → **4 से 6**

308. धान की नर्सरी तैयार करने की डेपोग विधि कहाँ विकसित की गई → **फिलीपीन्स में**

309. भारत में डेपोग विधि मुख्यतः कहाँ प्रयोग में लाते हैं → **दक्षिणी भारत में**

310. पौधारोपण (Transplanting) के लिये डेपोग विधि से पौध (seedling) कितने तैयार हो जाती है → **11 से 14 दिन मे**

311. डेपोग विधि से नर्सरी तैयार करने के लिये कितना क्षेत्रफल चाहिये → **प्रति हैक्टर 25–30 वर्ग मीटर**

312. डेपोग विधि में प्रति वर्ग मीटर कितने बीज की आवश्यकता होती है → **3 किलोग्राम बीज**

313. धान की सीधी बुवाई के लिये बीज दर कितनी होनी चाहिये → **80–100 (किग्रा/हे)**

314. राजस्थान में धान की रोपाई का सबसे उपयुक्त समय क्या है → **मध्य जुलाई**

315. धान की कावेरी किस्म कितने दिन में पक जाती है → **90–100 दिन में**

316. धान की कौनसी किस्म सीधी बुवाई के लिये उपयुक्त है → **बाला**

317. क्षारीय भूमि के लिये चावल की उपयुक्त किस्म क्या है → **जया**

318. धान की खेरा नामक बीमारी किसकी कमी से होती है → **जिंक की कमी**

319. खेरा से बचाव के लिये धान में प्रत्येक 2 वर्ष में एक बार जिंक सल्फेट का प्रयोग किस दर से करना चाहिये → **25 किग्रा/हे.**

320. जंगली चावल (Wild Rice) का वानस्पतिक नाम क्या है → **इकोनोक्लोआ क्रुसगैली**

321. धान के लिये प्रमुख खरपतवार नाशी क्या है → **बेन्थियोकार्ब**

322. बेसालिन फ्लुक्लोरेलिन खरपतवारनाशी का कौनसा नाम है → **व्यापारिक नाम (Trade name)**

323. धान में बेन्थियोकार्ब का प्रयोग बुवाई के कितने दिन बाद करते हैं → **3–5 दिन**

324. धान की ड्वार्फ म्यूटेन्ट (Dwarf mutant) किस्म कौनसी है → **जगन्नाथ**

325. छिलके वाले चावल (Dehulled rice) को क्या कहते हैं → **भूरा चावल**

326. धान की अकियोचि (Akiochi) रोग किसके प्रभाव से होता है → **H_2S के विषैले प्रभाव**

327. ग्रीन लीफ हॉपर कीट के कारण धान में क्या फैलता है → **'टुंग्रो वायरस'**

328. गन्धी बग का आक्रमण चावल/धान की दानों की किस अवस्था पर होता है → **दूधिया अवस्था**

329. धान में बौनेपन के लिये कौन जिम्मेदार है → **डी–जी–वू–जेन जीन**

330. सुपर राइस का विचार किसने दिया है → **जी.एस. खुस ने**

331. धान की फस्ल पकने के लिये उपयुक्त तापमान कितना चाहिये → **20-25°C**

332. धान की जलमांग कितनी है → **1000–2500 मिमी.**

333. धान में क्या करने से लाभ खरपतवार नियन्त्रण में सहायक, पौधा रोपाई आसान हो जाती है एवं पानी एवं उर्वरकों का निक्षालन कम होता है → **लेह (Pudding)**

334. लेह है पानी में क्या करना → **जुताई**

335. धान के 1000 दानों का वजन कितना होता है → **21 ग्राम**

336. धान के भंडारण के समय दानों में कितनी नमी होती है → **10 या इससे कम प्रतिशत**

337. राजस्थान में धान की फसल के लिये नत्रजन की आवश्यकता कितनी होती है → **80–120 (किग्रा/हे.)**

338. धान के खेत में नत्रजन स्थिरीकरण क्या है → **नील हरित शैवाल**

339. धान को किस गैस की चिमनी कहा जाता है → **मिथेन गैस**

340. SRI क्या है → **सिस्टम ऑफ राइस इन्टेन्सिफिकेशन**

341. SRI की अवधारणा कहाँ विकसित हुई → **मेडागास्कर में**

342. धान के ग्रासी स्टंट वायरस का वाहक कौन होता है → **ब्राउन प्लांट हॉपर**

343. केन्द्रीय धान अनुसंधान संस्थान (CRRI) कहाँ स्थित है → **कटक में**

344. अन्तर्राष्ट्रीय धान अनुसंधान संस्थान (IRRI) कहाँ स्थित है → **मनीला (फिलीपींस) में**

345. गेहू का उदगम स्थल कहाँ है → **मध्य एशिया (टर्की)**

346. सामान्य रोटी वाले गेहूँ (Bread wheat) के क्रोमोजोम कितने होते हैं → **(2n) 42**

347. सामान्य रोटी वाला गेहूँ कौनसा है → **षष्टगुणित**

348. मेकरोनी गेहूँ (*Triticum durum*) कौनसा है → **चतुर्गुणित**

349. भारतीय बौना गेंहू (Indian dwarf wheat) कौनसा है → **ट्रिटीकम स्फेरोकोकम**

350. ट्रिटीकेल किसके संकरण से तैयार किया गया है → **गेहूँ × राई के**

351. गेहूँ का पुष्पक्रम (Infloresecence) क्या कहलाता है → **बाली**

352. गेहूँ की सर्वाधिक उत्पादकता किस राज्य में है → **पंजाब राज्य**

353. गेहूँ उत्पादन की दृष्टि से भारत का विश्व में कौनसा स्थान है → **दूसरा स्थान**

354. गेहूँ की अच्छी बढवार के लिये उपयुक्त तापमान कितना है → **25°C**

355. गेहूँ के लिये उपयुक्त पी.एच. कितना है → **5.5–7.0**

356. भारत में सर्वाधिक क्षेत्रफल में उगाये जाने वाला गेहूँ कौनसा है → **ट्रिटीकम एस्टिवम**

357. गेहूँ में पाये जाने वाला प्रोटीन कौनसा है → **ग्लूटीन**

358. गेहूँ में वसा की प्रतिशतता कितनी होती है → **1.5–2.0**

359. गेहूँ की पहली बौनी किस्म (Dwarf varisty) कौनसी थी → **नोरिन–10**

360. कठिया गेहूँ (*T. durum*) की किस्म कौनसी है → **मालव क्रान्ति, मालव शक्ति, मालव रत्न**

361. क्षारीय एवं लवणीय क्षेत्रों के लिये उपयुक्त गेहूँ की किस्म कौनसी है → **के.आर.एल.– 19**

362. गेहूँ की किस किस्म का हरित क्रान्ति में सर्वाधिक योगदान रहा → **एच.डी. 2009**

363. गेहूँ की जल मांग (water requirement) कितनी है → **450–650 मिमी.**

364. गेहूँ की फसल में पहली सिंचाई देने का उपयुक्त समय बुवाई से कितने दिन बाद है → **21 दिन**

365. दोमट मिट्टी में गेहूँ उगाया जाये ओर पानी की कोई कमी नहीं हो, तो गेहूँ की फसल के लिये सर्वाधिक लाभप्रद है कि कितनी सिंचाई की जाये → **6 सिंचाई**

366. उत्तरी भारत में गेहूँ की बुवाई का उपयुक्त समय क्या है → **नवम्बर**

367. गेहूँ की फसल की क्षारीय एवं लवणीय भूमि में बुवाई हेतु बीज दर क्या होनी चाहिये → **125–130 किग्रा/हे.**

368. गेहूँ की बुवाई के लिये सामान्यतः कतार से कतार की दूरी कितनी रखनी चाहिये → **22.5 सेमी.**

369. गेहूँ की फसल के लिये सामान्यतः $N:P_2O_5$ एवं K_2O, किस अनुपात में दिया जाना चाहिये → **120 : 60 : 30**

370. गेहूँ बोने वाले पंजाब, उत्तरप्रदेश, हरियाणा क्षेत्रों में किसकी कमी देखी गई है → **जिंक की कमी**

371. गेहूँ की फसल का खरपतवार के साथ स्पर्धा (Weed competition) का क्रान्तिक समय क्या है → **बुवाई से 30–40 दिन बाद**

372. गेहूँ की फसल में नकलची (Mimicry) खरपतवार क्या है → **फेलेरिस माइनर**

373. फेलेरिस माइनर के 1000 दानों का वजन कितना होता है → **2 ग्राम**

374. फेलेरिस माइनर किस कुल का खरपतवार है → **ग्रेमिनी**

375. फेलेरिस माइनर के लिये शाकनाशी क्या है → **आइसोप्रोट्यूरॉन, सल्फासल्फ्यूरान**

376. वर्तमान में राजस्थान में किस किस्म का गेहूँ का उत्पादन में सर्वाधिक योगदान है → **राज. 4037**

377. ससिचिंत क्षेत्रों के लिए गेहूँ की संस्तुत किस्म/किस्में कौनसी है → **सुजाता, अमृता, अमर**

378. गेहूँ की फसल में 2,4–डी या आइसोप्रोट्यूरॉन का छिड़काव बुवाई के कितने दिन बाद करना चाहिये → **30–35 दिन बाद**

379. गेहूँ की फसल में दीमक की रोकथाम के लिये क्लोरोपायरीफॉस 20 EC का प्रयोग किस दर से कर सकते हैं → **4 लीटर/हे. की**

380. गेहूँ की फसल में इयर कोकल (Ear cockle) रोग का जनक कौन है → **एन्गुइना ट्रिटिसाई**

381. गेहूँ में ब्राउन रस्ट (Brown Rust) रोग का जनक कौन है → **पक्सिनिया ग्रेमिनिस ट्रिटिसाई**

382. करनाल बंट रोग का जनक कौन है → **निवोसिया इण्डिका**

383. करनाल बंट रोग कब (Flowering stage) फैलता है → **पुष्पन के समय**

384. गेहूँ की बौनी किस्में (Dwarf varieties) में दाने व चारे का अनुपात क्या है → **1.5**

385. गेहँ में इयर कोकल एवं टुण्डू रोग की रोकथाम हेतु दानों को किसके घोल में उपचारित करना चाहिए → **20 प्रतिशत नमक के**

386. गेहूँ में 2,4–D के सोडियम साल्ट का प्रयोग किसकी दर से करते हैं → **625 कि.ग्रा/हेक्टर**

387. गेहूँ की संकर किस्मो (Hybrid wheat) की बीज दर क्या है → **67 कि.ग्रा/हेक्टर**

388. डिबलर (Dibbler) से बुवाई की जाए तो गेहूँ की बीज दर क्या होनी चाहिये → **30 ग्राम/हे.**

389. गेहूँ में बीजोपचार (Seed treatment) के लिये विटावेक्स (vitavax) का प्रयोग कैसे करते हैं → **2.5 ग्राम/किग्रा बीज की दर से**

390. गेहूँ में लूज स्मट (Loose smut) रोग किसके द्वारा होता है → **अस्टिलागो न्यूडा ट्रिटिसाई**

391. गेहूँ की करनाल बन्ट रोधी किस्म/किस्में कौनसी है → **Raj. 3765, HD-2428 or VL-616**

392. गेहूँ की लूज स्मट प्रतिरोधी किस्म कौनसी है → **Raj. 2296**

393. गेहूँ में दानों की जगह काला चूर्ण किस रोग के कारण बनता है → **लूज स्मट रोग**

394. भंडारण के समय गेहूँ के दानों में कितनी नमी रखनी चाहिये → **10–12%**

395. गेहूँ अनुसंधान निदेशालय (Directorate of Wheat Research) कहाँ स्थित है → **करनाल**

396. ब्यूटोजोन (Butoxone) एवं ब्यूटाइरोल (Butyrol) 2,4-DB शाकनाशी का कौनसा नाम है → **व्यापारिक नाम**

397. सेविन (Savin) कार्बोरिल कीटनाशक का कौनसा नाम है → **व्यापारिक**

398. यदि कोई खरपतनाशी कम विषैला है तो उसके लेबिल (त्रिकोण) का रंग कौनसा होगा → **हरा**

399. गेहूँ के 1000 दानों का वजन कितना होता है → **35–50 ग्राम**

400. भारत में मक्का किसके द्वारा लाई गई → **पुर्तगालियों**

401. पॉपकोर्न (Popcorn) का वानस्पतिक नाम क्या है → **जियोमेज इवर्टा (*Zea mays everta*)**

402. जियोमेज इन्डेन्टाटा (*Zea mays* indentata) किसका नाम है → **डेन्ट कोर्न का**

403. मक्का की कौनसी किस्म का प्रत्येक दाना एवं सम्पूर्ण भुट्टा छिलके से ढका रहता है → **पोड कोर्न**

404. मक्का की फसल की अच्छी बढवार के लिये आदर्श तापमान कितना है → **18-22°C**

405. मक्का के लिये उपयुक्त मृदा पी.एच. मान कितना होता है → **6.0–8.0**

406. मक्का की अच्छी उपज के लिये वे क्षेत्र उपयुक्त है जहां कितनी वर्षा प्रतिवर्ष होती है → **550–750 मि.मी.**

407. भारत में सर्वाधिक रबी मक्का कहाँ बोई जाती है → **बिहार में**

408. राजस्थान में रबी मक्का कहाँ बोई जाती है → **बांसवाड़ा में**

409. विश्व में खाद्यान्न फसलों में सर्वाधिक उत्पादकता वाली फसल कौनसी है → **मक्का**

410. भारत में मक्का की औसत उत्पादकता कितनी है → **2355 (किग्रा/हे.)**

411. राजस्थान में खरीफ मक्का की बुवाई की उपयुक्त समय कौनसा है → **20 जून से 10 जुलाई**

412. खरीफ में बुवाई हेतु मक्का की बीज दर क्या रखते हैं → **20–25 किग्रा/हे.**

413. मक्का के अच्छे उत्पादन के लिये पौधों की संख्या प्रति हेक्टेयर कितनी होनी चाहिये → **66000**

414. माही धवल एवं माही कंचन किस मक्का की किस्में है → **संकुल मक्का**

415. प्रभात कौनसी किस्म है → **जल्दी पकने वाली**

416. असिंचित क्षेत्रों के लिए मक्का की शीघ्र पकने वाली (Early maturity) किस्म कौनसी है → **प्रताप संकर मक्का–1, प्रताप मक्का–3**

417. मक्का की त्रिशुलता, राजेन्द्र हाइब्रिड–1 एवं डेक्कन 103 किस्म/किस्में जो सिर्फ किस मौसम के लिए उपयुक्त है → **रबी के**

418. मक्का की शक्तिमान–1 किस्म में क्या अधिक पाया जाता है → **लाइसिन**

419. मक्का की स्वेता किस्म के दानों का रंग कौनसा होता है → **सफेद**

420. किस में सेमिनल (Seminal), कोरोनल (Coronal) एवं प्रोप (Prop) जड़े पाई जाती है → **मक्का**

421. पक्का की पत्तियों पर पर्णरन्ध्र कहाँ पाये जाते हैं → **पत्तियों की ऊपरी एवं निचली दोनों सतहों पर**

422. मक्का के पौधें में नर एवं मादा पुष्पों के निकलने में कितने दिन का अन्तर होता है → **5 से 7 दिन**

423. मक्का में नर पुष्पक्रम (Male inflorescence) क्या कहलाता है → **टेसल (Tassel)**

424. मक्का का फल क्या होता है → **केरिओप्सिस**

425. मक्का की बुवाई करते समय बीज को कितनी सेमी. तक की गहराई पर डालते हैं → **3–5**

426. उत्तरी पूर्वी पहाड़ी क्षेत्रों में मक्का की बुवाई कब तक करते हैं → **1 से 15 मार्च तक**

427. मक्का की जलमांग (WR) कितनी है → **460 से 600 मिमी.**

428. मक्का में सिंचाई हेतु क्रान्तिक काल क्या है → **नरमंजरी (Tassel) से रेशमी बाल आने तक**

429. मक्का का खरपतवारों के साथ स्पर्धा का क्रान्तिक काल (Critical period of competition with weeds) बुवाई के कितने दिन तक है → **30–45 दिन बाद तक**

430. भारी मृदाओं (Heavy soils) के लिये एट्राजिन एवं सीमाजिन का प्रयोग किस दर से करना चाहिये → **1.25 से 1.70 की दर (किग्रा/हे.)**

431. मक्का में यदि एलाक्लोर (Alachor) का प्रयोग करना हो तो कौनसा सबसे उपयुक्त समय है → **बुवाई के तुरन्त बाद**

432. इर्विनिया केरोटोवोरा वर जिया (*Erwinia carotovora* var. *zea*) मक्का के बैक्टेरियल स्टॉक रोट रोग का क्या है → **रोगकारक**

433. मक्का का सर्वाधिक घातक कीट कौनसा है → **शूट फ्लाई**

434. शूट फ्लाई मक्का में कब नुकसान पहुँचाती है → **पौध अवस्था में**

435. रबी ऋतु में बोई जाने वाली मक्का की उत्पादकता कैसे रहती है → **अधिक**

436. रबी मक्का की बुवाई के लिये उपयुक्त समय क्या है → **15 अक्टुबर से 15 नवम्बर**

437. रबी मक्का के लिये कतार से कतार × पौधे से पौधे की दूरी कितनी रखनी चाहिये → **60 x 18 (सेमी.)**

438. मक्का की संकुल (composite) किस्मों में N : P_2O_5 : K_2O (किग्रा/हे.) उर्वरकों को किसकी दर से उपयोग करना चाहिये → **80:30:20 की**

439. सामान्यतः घास कुल (ग्रेमिनी) की फसलों में नत्रजन को तीन भागों में दिया जाता है, जिसमें से आधी बुवाई के समय और बची हुई में से आधी बुवाई के 30–35 दिन बाद, मक्का की फसल में बची हुई मात्रा (तीसरा भाग) कब देगें → **नरमंजरी (Tassel) आते समय**

440. मक्का में सफेद कलिका (White bud) रोग किस तत्त्व की कमी के कारण होता है → **Zn तत्त्व की कमी के**

441. मक्का की फसल में जस्ते की कमी के लक्षण सामान्तया दिखाई दे तो जिंक सल्फेट ($ZnSO_4$) का प्रयोग कब करना चाहिये → **बुवाई से पूर्व**

442. रबी मक्का की अच्छी बढ़वार के लिये दिन का औसत तापमान कितना होना चाहिये → **12^0 से. से अधिक**

443. रबी मक्का की अच्छी पैदावार के लिये प्रति हेक्टेयर कितने पौधे होने चाहिये → **90000**

444. रबी मक्का के लिये कम से कम कितनी सिंचाई आवश्यक है → **4**

445. मक्का के 1000 दानों का वजन कितना होता है → **200–250 ग्राम**

446. अंतर्राष्ट्रीय मक्का एवं गेहूँ सुधार केन्द्र (CIMMYT) कहाँ स्थित है → **मैक्सिको में**

447. मोटे अनाजों (Coarse) का राजा कौन है → **ज्वार**

448. ज्वार का उत्पत्ति स्थल कहाँ है → **अफ्रीका**

449. ज्वार की खेती के लिये आवश्यक वार्षिक वर्षा कितनी होनी चाहिये → **600–1000 मिमी.**

450. ज्वार के अंकुरण के लिये न्यूनतम तापमान कितना चाहिये → **7–10^0 से.**

451. ज्वार की अच्छी बढवार हेतु तापमान कितना है → **26–30^0 से.**

452. ज्वार के लिये मृदा का पी.एच. मान कितना होना चाहिये → **6.5–8.0**

453. ज्वार की स्वर्णा (Swarna) किस्म क्या है → **संकुल (Composite)**

454. ज्वार में सामान्यतः बीज दर क्या रखते हैं → **12–15 (किग्रा/हे.)**

455. ज्वार की खेती हेतु प्रति हेक्टेयर आवश्यक पौध संख्या कितनी चाहिये → **1.5 लाख**

456. ज्वार की फसल के लिये कतार से कतार × पौधे से पौधे की दूरी कितनी रखनी चाहिये → **45 × 12 सेमी.**

457. ज्वार की जायद में बुवाई के लिये उपयुक्त समय कौनसा है → **15 जनवरी से 15 फरवरी**

458. ज्वार की फसल के लिये उपयुक्त $N:P_2O_5:K_2O$ (किग्रा/हे.) क्रमशः कितना देना चाहिये → **120:60:40**

459. ज्वार में सिंचाई के लिये क्रान्तिक काल क्या है → **फूल आते समय**

460. ज्वार की फसल में एट्राजिन (Atrazine) का प्रयोग करने की दर क्या है → **0.5–1.0 (किग्रा सक्रिय तत्व/हे.)**

461. ज्वार में धूरिन (HCN) का निर्माण पौधों की कौनसी अवस्था होता है → **छोटी अवस्था में अधिक**

462. ज्वार में धूरिन का निर्माण फसल में कैसे होता है → **सूखा बढ़ने पर बढता**

463. ज्वार में "जोनेट लीफ स्पॉट" (Zonate leaf spot) रोग का रोगकारक कौन है → **ग्लिओसर्कोस्पोरा सॉरघाई (Gleocercospora sorghi)**

464. ज्वार का सबसे हानिकारक कीट कौनसी है → **सोर्घम सूट फ्लाई**

465. ज्वार की कटाई के समय दानो में नमी कितनी होनी चाहिये → **<25%**

466. ज्वार के भंडारण के समय दानो में नमी कितनी होनी चाहिये → **13.15%**

467. सन् 1964 में ज्वार की पहली संकर किस्म कौनसी विकसित की गई थी → **CSH-1**

468. मीठी ज्वार (Sweet Sorghum) में ब्रिक्स मान (Brix value) कितना होता है → **16.23%**

469. कौनसा अम्ल ज्वार में प्रचुर मात्रा में पाया जाता है → **ल्युसिन अमिनो अम्ल**

470. बाजरे के दाने में वसा कितना प्रतिशत होती है → **5 प्रतिशत**

471. सर्वाधिक सूखा सहन करने वाली फसल कौनसी है → **बाजरा**

472. बाजरे की फसल कौनसी मृदाओं के प्रति संवेदनशील होती है → **अम्लीय**

473. बाजरे की पत्ती पर पर्णरन्ध्र (Stomata) कहाँ पर पाये जाते हैं → **ऊपरी व निचली सतह दोनो पर**

474. बाजरे की फसल की अच्छी बढ़वार के लिये उपयुक्त तापमान क्या है → **20–28^{0}से.**

475. बाजरे की पौध तैयार करके बुवाई करने हेतु उपयुक्त बीज दर क्या है → **2.0–2.5 (किग्रा/हे.)**

476. बाजरे की बुवाई कितनी गहराई पर करनी चाहिये → **2–3 गहराई पर**

477. एक हेक्टेयर की बुवाई हेतु बाजरे के पौधे तैयार करने के लिये कितना क्षेत्रफल (m^2) चाहिये → **500–600**

478. बाजरे की फसल में कौनसा खरपतवार नाशी प्रयोग किया जाता है → **एट्राजिन**

479. बाजरे की फसल के हरित बाली (Green ear) रोग का रोगकारक है → **स्क्लेरोस्पोरा ग्रेमिनिकोला (*Sclerospora graminicola*)**

480. बाजरे में कौनसा रोग क्लेविसेप्स फ्यूजिफोर्मिस (*Claviceps fusiformis*) से होता है → **अर्गट (Ergot)**

481. किस रोग के कारण बाजरे में जहरीले एल्कैलॉइड बनते हैं → **अर्गट**

482. बाजरे की हरित बाली रोग प्रतिरोधी किस्म/किस्में कौनसी है → **WCC-75, HC-4 or HHB-67 है**

483. बाजरे की फसल का मुख्य हानिकारक कीट कौनसा है → **सूट फ्लाई**

484. बाजरे की पहली संकर किस्म HB-1 कब विकसित हुई → **1965 में**

485. बाजरे की एक हेक्टेयर फसल से सूखी कड़बी (Dry stover) कितनी प्राप्त होती है → **100 क्विंटल**

486. जौ के आटे में चीनी और पानी मिलाने के बाद, वह क्या कहलाता है → **सत्तू (Sattu)**

487. जौ का उत्पत्ति स्थल कहाँ है → **दक्षिणी–पूर्वी एशिया**

488. दो पंक्ति वाले जौ का वानस्पतिक नाम क्या है → **हॉर्डियम डिस्टिंक्चन (Hordeum distinchon)**

489. सूत्रकृमि (Nematode) प्रभावित भूमि के लिये जौ की उपयुक्त किस्म कौनसी है → **RD-387**

490. क्षारीय एवं लवणीय भूमि के लिये जौ की उपयुक्त किस्म कौनसी है → **BL2**

491. असिंचित क्षेत्रों के लिये जौ की उपयुक्त किस्म कौनसी है → **RD-2624**

492. जौ की देर से बुवाई की स्थिति में बीज दर कितनी रखनी चाहिये → **120–125 (किग्रा / हे)**

493. जौ की फसल में जंगली जई (Wild oat) का प्रकोप होने पर, खरपतवार नाशी प्रयोग कर सकते हैं → **आइसोप्रोट्यूरॉन, सल्फोसल्फ्यूरॉन एवं मेटाक्ज्यूरॉन**

494. जौ की बुवाई कितनी गहराई पर करनी चाहिये → **5–6 सेमी.**

495. जौ के अंकुरण के लिये अनुकूलतम तापमान कितना है → **25–30^{0}से.**

496. देरी से बोई गई जौ की फसल को N : P_2O_5 एवं K_2O की कितनी मात्रा देनी चाहिये → **40:30:20 (किग्रा / हे.)**

497. जौ की सिंचित क्षेत्रों में बुवाई के लिये उपयुक्त समय कौनसा है → **1 से 15 नवम्बर**

498. जौ की फसल में पीली रोली (yellow rust) रोग का रोगजनक है → **पक्सिनिया ग्लुमेरम (Puccinia glumarum)**

499. जौ के माल्या (Molya) रोग का कारण क्या है → **सूत्रकृमि**

500. जौ में दाना एवं भूसा का अनुपात क्या होता है → **1:2.5**

501. रागी (मंडुआ) का वानस्पतिक नाम क्या है → **इल्युसाइन कोराकाना (Eleusine coracana)**

502. भारत में रागी की खेती कहाँ की जाती है → **कर्नाटक, आंध्रप्रदेश, तमिलनाडु, महाराष्ट्र, बिहार एवं उत्तरप्रदेश में**

503. रागी (Finger millet) की बुवाई के लिये उपयुक्त बीज दर क्या है → **8–10 (किग्रा / हे)**

504. भारत में रागी की फसल कब उगाई जाती है → **रबी एवं खरीफ में**

505. रागी की फसल की औसत पैदावार क्या है → **20–25 (कि. / हे.)**

506. चीना (Proso millet) में प्रोटीन की मात्रा कितनी होती है → **12 प्रतिशत**

507. चीना की बुवाई कितनी गहराई पर करते हैं → **3–4 सेमी. गहराई**

508. चीना में शीर्ष कंडुआ (Head smut) रोग का कारण क्या है → **स्फेसिलोथिका डेस्ट्रएन्स**

509. सावां (Sawan) का वानस्पतिक नाम क्या है → **इकाइनोक्लोआ फ्रुमेन्टेसिया**

510. पद्मावती एवं गौतमी किस्में किसकी है → **रागी की**

511. सागर व भावना किसकी किस्में है → **चीना की**

512. JK-2 एवं KMV-20 किस्में किसकी है → **कोदों की**

513. घोड़ों के लिये किसका भूसा हानिकारक होता है → **कोदो फसल का**

514. जर्मन मीलेट (German Millet) किसके नाम से जाना जाता है → **काकुन के**

515. काकुन (Fox tail millet) का उत्पत्ति स्थल कहाँ है → **चीन**

516. काकुन की फसल पकने में कितने दिन का समय लेती है → **80–100 दिन**

517. रक्त शोधन (Blood purification) कौन करता है → **चना**

518. काबुली चने (Cicer Kabulinum) में गुणसुत्रों की संख्या कितनी होती है → **16 (2n)**

519. चने में प्रोटीन की मात्रा कितनी है → **21.1%**

520. चने की फसल में पर–परागण कितना प्रतिशत होता है → **5–10 प्रतिशत**

521. चने के एक पौधे पर फलियाँ (pods) कितनी हो सकती है → **50–150**

522. काबुली चने के 100 दानों का वजन कितना होता है → **26 ग्राम**

523. चने की उखटा (wilt) रोग रोधी किस्म कौनसी है → **अवरोधी**

524. चने की असिंचित एवं बारानी क्षेत्र के लिये उपयुक्त किस्म/किस्में कौनसी है → **दोहद येलो, सम्राट एवं पूसा 209**

525. काबुली चने की किस्म/किस्में कौनसी है → **सदाबहार, पूसा 1053 एवं पूसा 1003**

526. देशी चने (Cicer arietiman) की बीजदर कितनी होती है → **(किग्रा/हे) 70–80**

527. उत्तरी भारत में चने की बुवाई का सर्वोत्तम समय क्या है → **1 से 15 सितम्बर**

528. जड़ गलन (Root rot) एवं उखटा (wilt) रोगों से बचाव के लिये चने के बीज को कार्बेन्डाजिम थायरम की क्रमशः कितनी मात्रा प्रति किग्रा बीज की दर से उपचारित करते हैं → **1.5 एवं 1.5 ग्राम**

529. सिचिंत क्षेत्र में चने की बुवाई कितनी गहराई पर करते हैं → **5–7 सेमी.**

530. असिंचित क्षेत्रों में चने की फसल को क्रमशः नाइट्रोजन : फॉस्फोरस कितना देते हैं → **10 : 25 (किग्रा/हे.)**

531. सिंचित क्षेत्र में चने की फसल की N एवं P_2O_5 दोनो की पूर्ति करने के लिए DAP की मात्रा कितनी देते हैं → **100–150 (किग्रा/हे.)**

532. चने की फसल में सिंचाई हेतु क्रान्तिक अवस्था/अवस्थाएं क्या है → **फूल आने से पहले एवं फली बनते समय**

533. चने की फसल में खरपतवार नियन्त्रण हेतु बैसालिन (फ्लूक्लोरेलिन) का प्रयोग कब किया जाना चाहिये → **बुवाई से पूर्व**

534. ग्राम पोड बोरर (Gram pod borer) किसको नुकसान पहुँचाता है → **पत्तियों एवं फली**

535. चने की फसल में उखटा रोग का रोगजनक क्या है → **फ्यूजेरियम ओर्थोसिरस (*Fusarium orthocerus*)**

536. मूँग का वानस्पतिक नाम क्या है → **विग्ना रेडियेटा (*Vigna radiata*)**

537. अंकुरित मूँग मे क्या बनता है → **विटामिन C**

538. मूँग के दानों में वसा कितनी होती है → **11–13 प्रतिशत**

539. भारत में बायी जाने वाली दालों में मूँग का क्षेत्र लगभग कितना प्रतिशत है → **15 प्रतिशत**

540. मूँग में गुणसूत्र संख्या कितनी होती है → **(2n) 24**

541. रबी के मौसम में मूँग कहाँ उगाया जाता है → **दक्षिणी–पश्चिमी भारत में**

542. राजस्थान के उदयपुर एवं कोटा सम्भाग के लिये उपयुक्त मूँग की किस्म कौनसी है → **RS- 4**

543. रबी में बुवाई हेतु मूँग की बीज दर कितनी रखनी चाहिये → **20 (किग्रा/हे.)**

544. मूँग की येलो मोजेक वायरस (Yellow mosaic virus) प्रतिरोधी किस्म/किस्में कौनसी है → **नरेन्द्र मूँग–1, पंत मूँग–4 एवं PDM-54**

545. मूँग में चारकोल रोट (charcoal rot) रोग का रोगकारक क्या है → **मैक्रोफोमिना फैजिओली**

546. उड़द का वानस्पतिक नाम क्या है → **विग्ना मूँगो (Vigna mungo)**

547. उड़द में प्रोटीन की मात्रा कितनी प्रतिशत होती है → **24 प्रतिशत**

548. विग्ना मूँगो किस्म नाइजर (*Vigna mungo* var. *niger*) के दानों का रंग कौनसा होता है → **काला**

549. उड़द के लिये सर्वोत्तम जलवायु कौनसी है → **गर्म एवं आर्द्र**

550. उड़द की 70–75 दिन में पकने वाली किस्म कौनसी है → **पंत यू 30**

551. उड़द की फसल की अच्छी वृद्धि के लिये उपयुक्त तापमान कितना है → **21–30^{0}से.**

552. मिश्रित फसल के लिये उड़द की बीज दर कितनी होनी चाहिये → **8–10 (किग्रा/हे.)**

553. जायद (Summer) में बुवाई हेतु उड़द की बीज दर कितनी रखते हैं → **20–25 (किग्रा/हे)**

554. भारत में उगाई जाने वाली फसलों में चने के बाद दूसरी मुख्यतः दाल वाली फसल कौनसी है → **अरहर**

555. अरहर (Redgram) का उत्पत्ति स्थल कहाँ है → **अफ्रीका**

556. अरहर का पुष्पक्रम (inflorescence) क्या होता है → **रेसीम**

557. अरहर की UPAS-120 किस्म कितने दिन में पककर तैयार हो जाती है → **120–125 दिन**

558. मिश्रित फसल के लिये अरहर की बीज दर कितनी रखते हैं → **12–15 (किग्रा/हे.)**

559. अरहर की उखटा रोधी किस्म/किस्में कौनसी है → **अमर, आजाद एवं आशा**

560. तुअर पोड फ्लाई (Tur pod fly) कौनसी वाली किस्मों को अधिक नुकसान पहुँचाती है → **जल्दी पकने वाली एवं अध्यम अवधि**

561. मोठ बीन सर्वाधिक क्या सहन करने वाली फसल है → **सूखा सहन करने वाली**

562. मोठ (Moth bean) का वानस्पतिक नाम क्या है → **विग्ना एकोनिटिफोलिया**

563. मोठ की आर.एम.ओ.–40 किस्म कितने दिन में पककर तैयार हो जाती है → **60–65 दिन**

564. लोबिया फसल क्या कहलाती है → **वेजिटेबल मीट**

565. लोबिया (Cowpea) की अच्छी वृद्धि के लिये उपयुक्त तापमान कितना है → **27–35^{0}से.**

566. लोबिया की जायद में उगाने के लिये उपयुक्त किस्म/किस्में कौनसी है → **पूसा बरसाती एवं पूसा दो फसली**

567. चारे के लिये लोबिया की बीज दर क्या है → **40–45 (किग्रा/हे.)**

568. मोठ की RMO-40 किस्म की बीज दर क्या है → **15 किग्रा/हे.**

569. हरी खाद के लिये लोबिया की बुवाई का उपयुक्त समय कौनसा है → **15 जून से 10 जुलाई**

570. लोबिया के मोजेक वायरस (Mosaic virus) का वाहक क्या है → **एफिड**

571. लोबिया से प्रति हैक्टेयर कितने क्विंटल हरा चारा प्राप्त होता है → **250–350 क्विंटल**

572. हरे चारे के लिये लोबिया की कटाई, बुवाई से कितने दिन बाद करते हैं → **40–45 दिन**

573. सोयाबीन प्रोटीन में लायसीन कितना प्रतिशत पाया जाता है → **5 प्रतिशत**

574. सोयाबीन में तेल की मात्रा कितनी प्रतिशत होती है → **30 प्रतिशत**

575. सोयाबीन के बीजो को किससे उपचारित करते हैं → **राइजोबियम की राइजोबियम जैपोनिकम प्रजाति से**

576. सोयाबीन की फसल के लिये सर्वोत्तम मृदा पी.एच. मान कितना होता है → **6.0–7.5**

577. 1 किलोग्राम राइजोबियम से कितना सोयाबीन को उपचारित किया जा सकता है → **50 किलोग्राम**

578. सोयाबीन की बुवाई करते समय पौधे से पौधे की दूरी कितनी रखते हैं → **4–5 सेमी.**

579. देर से बुवाई करने पर सोयाबीन की बीज दर क्या होगी → **100–120 (किग्रा/हे.)**

580. सोयाबीन की 30 क्विंटल/हे. उपज देने वाली फसल भूमि से कितनी ग्रहण कर लेती है → **300 किग्रा नत्रजन**

581. सोयाबीन की फसल में खरपतवार नियन्त्रण के लिये मेट्रिब्युजिन का प्रयोग किस दर से करते हैं → **1.0 (किग्रा. सक्रिय तत्व/हे.) की**

582. सोयाबीन की फसल में येलो मोजेक वायरस (Yellow Mosaic Virus) का वाहक क्या है → **व्हाइट फ्लाई**

583. सोयाबीन को नुकसान पहुँचाने वाला मुख्य कीट उत्तरी भारत में कौनसा है → **स्टेम फ्लाई (Stem fly)**

584. सोयाबीन बोने वाले मध्यप्रदेश–राजस्थान क्षेत्रों का एक हानिकारक कीट कौनसा है → **व्हाइट फ्लाई (White fly)**

585. मसूर का वानस्पतिक नाम क्या है → **लेंस एस्कुलेन्टा**

586. मसूर में प्रोटीन की मात्रा कितनी होती है → **25 प्रतिशत**

587. मसूर की फली में सामान्यतः कितने दाने पाए जाते हैं → **2**

588. मसूर की अच्छी वृद्धि के लिये उपयुक्त तापमान कितना होता है → **18–30^0 से.**

589. मसूर की बुवाई के लिये सबसे उपयुक्त समय कौनसा है → **मध्य अक्टूबर**

590. मसूर की शिवालिक, सपना एवं पूसा–6 किस्में कितने दिन में पककर तैयार हो जाती है → **135–145 दिन मे**

591. मसूर की फसल में खरपतवारों से स्पर्धा का क्रान्तिक समय बुवाई से कितने दिन बाद है → **30–60 दिन**

592. मसूर की बुवाई कितने सेमी. की गहराई पर करनी चाहिये → **3–4 सेमी.**

593. खरपतवार नियन्त्रण हेतु मसूर की फसल में बैसालिन का प्रयोग कब करते हैं → **बुवाई से पूर्व**

594. मटर (Peas) में प्रोटीन की मात्रा कितना होती है → **22.5%**

595. मटर की फसल के लिये सर्वोत्तम मृदा पी.एच. कितना है → **6.5**

596. मटर की अलंकार किस्म के बीजों का रंग कौनसा होता है → **सफेद**

597. मटर की शीघ्र पकने वाली किस्म कौनसी है → LFP- 48

598. मटर की शीघ्र पकने वाली एवं छोटी (Dwarf) किस्मों की बीज दर कितनी रखते हैं → **100–125 (किग्रा/हे.)**

599. मटर में रोली (rust) रोग का रोगजनक कौन है → **यूरोमाइसेज फैबी**

600. मूँगफली (Groundnut) में वसा एवं प्रोटीन क्रमशः कितनी पाई जाती है → **45 एवं 26 प्रतिशत**

601. मूँगफली की खली में N, P एवं K क्रमशः कितने होते हैं → **7.8, 1.5, 1.5%**

602. भारत में कुल तिलहन उत्पादन में मूँगफली का हिस्सा कितना है → **60 प्रतिशत**

603. मूँगफली का उत्पत्ति स्थल कहाँ है → **ब्राजील**

604. मूँगफली उत्पादन में भारत का अग्रणी राज्य कौनसा है → **गुजरात**

605. मूँगफली उत्पादन के लिये सर्वोत्तम कौनसी मृदा है → **बलुई दोमट**

606. मूँगफली के लिये सर्वोत्तम मृदा पी.एच. कितना है → **6.0–6.5**

607. मूँगफली के लिये सर्वोत्तम औसत तापमान कितना है → **21–26^{0}से.**

608. विस्तारी (Spreading type) मूँगफली की किस्म/किस्में कौनसी है → **RS-1 or T-28**

609. गुच्छेदार (Bunch type) मूँगफली की किस्म/किस्में कौनसी है → **TMV-9, TMV-7 or AK 12-24, TG 37A, TAG 24, PM-2**

610. मूँगफली की फूले प्रगति (JL-24) किस्म कितने दिन में पककर तैयार हो जाती है → **85–87 दिन में**

611. दक्षिणी भारत में रबी मूँगफली के लिये बुवाई कब करते हैं → **नवम्बर–दिसम्बर में**

612. गुच्छेदार मूँगफली में कतार से कतार × पौधे से पौधे की दूरी कितनी रखते हैं → **40 × 15 (सेमी.)**

613. विस्तारी (Spreading type) मूँगफली में कतार से कतार × पौधे से पौधे की दूरी कितनी रखते हैं → **40–60 × 20 (सेमी.)**

614. विस्तारी मूँगफली के लिये उपयुक्त बीज दर कितनी है → **60–80 (किग्रा/हे.)**

615. मूँगफली की बुवाई कितनी गहराई पर करनी चाहिये → **5 सेमी.**

616. मूँगफली में अच्छी फली एवं दाना बनाने में कौन सहायक है → **Ca**

617. मूँगफली की फसल में सामान्यतः N, P_2O_5 एवं K_2O क्रमशः किस दर से देते हैं → **15–20, 50–60 एवं 30–40 किग्रा/हे. की**

618. मूँगफली में खरपतवार नियन्त्रण हेतु अंकुरण से पूर्व कितनी दर से क्या दिया जाना चाहिये। → **4 किग्रा/हे. (सक्रिय तत्व) की एलाक्लोर**

619. मूँगफली में सिंचाई हेतु क्रान्तिक काल कब है → **सुईयां (Pegging) बनने में मूँगफली बनना शुरू होने तक**

620. मूँगफली में अंतिम निराई–गुड़ाई फसल के कितने दिन की होने तक पूरी कर लेनी चाहिये → **30 दिन की होने तक**

621. मूँगफली का टिक्का रोग किससे होता है → **सर्कोस्पोरा से**

622. मूँगफली में रोजेट (Rosette) रोग का वाहक क्या है → **एफिड**

623. चारकोल रोट रोग का संक्रमण किसे जनित होता है → **मृदा**

624. मूँगफली की टिक्का रोगी रोधी किस्म/किस्में कौनसी है → **T-64, TMV-6 एवं TMV-10**

625. मूँगफली में सफेद लट (white grub) कब नुकसान पहुँचाती है → **जून से सितम्बर तक**

626. मूँगफली में एफिड की सक्रियता सर्वाधिक कब रहती है → **अगस्त में**

627. मूँगफली के 1000 दानों का वजन कितना होता है → **400–450 ग्राम**

628. अच्छे प्रबंधन के साथ लगाई गई विस्तारी मूँगफली की उपज कितनी होती है → **20–30 क्विंटल/हे.**

629. तिल (Sesamum) का वानस्पतिक नाम क्या है → **सिसेमम इन्डिकम**

630. तिल में तेल एवं प्रोटीन क्रमशः कितने प्रतिशत पाये जाते हैं → **50 एवं 18 प्रतिशत**

631. तिल की खली में नाइट्रोजन, फॉस्फोरस एवं पोटाश क्रमशः कितने प्रतिशत पाये जाते हैं → **6.2, 2.2 एवं 1.2 प्रतिशत**

632. 'गरीब का घी' कहलाने वाला तेल किसका है → **तिल का**

633. सिसेमम इन्डिकम के गुणसूत्रों (2n) की संख्या कितनी होती है → **26**

634. सिसेमम रेडियटम में गुणसूत्रों की संख्या कितनी होती है → **64**

635. तिल की फसल के अच्छे अंकुरण (germination) के लिये आदर्श तापमान कितना है → **25–27^{0}. से.**

636. तिल की फसल के लिये सर्वाधिक नुकसानदायक परिस्थिति क्या है → **मृदा का जलमग्न रहना**

637. तिल (Gingly) की फसल रबी एवं खरीफ दोनो मौसम में कहाँ लेते हैं → **दक्षिणी भारत में**

638. तिल की फसल को कितने पी.एच वाली मृदाओं में आसानी से उगाया जा सकता है → **5.5 से 8.0**

639. तिल की 80–85 दिन में पकने वाली किस्म कौनसी है → **TMV-2**

640. तिल की देर से पकने वाली किस्म कौनसी है → **पूर्वा–1**

641. तिल के लिये उपयुक्त कतार से कतार × पौधे से पौधे की दूरी कितनी है → **45 × 15 सेमी.**

642. तिल की फसल के लिये उपयुक्त N, P_2O_5 एवं K_2O क्रमशः कितना है → **30, 60 एवं 30 किग्रा/हे.**

643. तिल का फाइलोडी (Phyllody) रोग किससे होता है → **MLO से**

644. तिल में फाइलोडी रोग के रोगजनक एम.एल.ओ. का वाहक क्या है → **लीफ हॉपर**

645. तिल के लीफ कर्ल रोग का वायरस किसके द्वारा फैलता है → **एफिड द्वारा**

646. तिल में गाल फ्लाई (Gall fly) का प्रकोप कहाँ अधिक होता है → **आन्ध्रप्रदेश, महाराष्ट्र एवं राजस्थान में**

647. तिल में लीफ रोलर एवं कैप्सूल बोरर कीटों का प्रकोप कब तक अधिक होता है → **सितम्बर से नवम्बर**

648. तिल की एक अच्छी फसल से उपज कितनी ले सकते हैं → **8–10 (क्विंटल/हे.)**

649. विश्व के कुल अरण्डी (caster) उत्पादन में भारत का कितना योगदान है → **36 प्रतिशत**

650. विश्व में बोये जाने वाले अरण्डी के कुल क्षेत्र में भारत का हिस्सा कितना है → **26 प्रतिशत**

651. अरण्डी के तेल में कौनसा अम्ल पाया जाता है → **रेसिनोलिक**

652. अरण्डी के तेल में रेसिनोलिक अम्ल (Recinoleic acid) कितना पाया जाता है → **80–85 प्रतिशत**

653. अरण्डी की खली पशुओं को खिलाने के योग्य नहीं होती क्योंकि इसमें कौनसा जहरीला पदार्थ पाया जाता है → **रिसिन नामक**

654. अरण्डी की खली में नाइट्रोजन, फॉस्फोरस एवं पोटाश क्रमशः कितने पाये जाते हैं → **2.9, 1.8 एवं 1.1 प्रतिशत**

655. अरण्डी का संबंध किससे हैं → **यूफोर्बिएसी कुल से**

656. अरण्डी का फल क्या होता है → **कैप्सूल**

657. अरण्डी के लिये आदर्श जलवायु क्या है → **अधिक तापमान एवं कम आर्द्रता**

658. अरण्डी की देर से पकने वाली (260–290 दिन में) किस्म कौनसी है → **टाईप–3**

659. अरण्डी की अरूणा किस्म कितने दिन में पक कर तैयार हो जाती है → **150–180 दिन में**

660. अरण्डी के बीज को कितनी गहराई पर बोना चाहिये → **8 सेमी.**

661. अरण्डी के ट्विग ब्लाइट (Twig Blight) रोग का रोगजनक क्या है → **ग्लोमिरेला सिंगुलेटा**

662. क्लोडोस्पोरियम ऑक्सिसपोरा से अरण्डी में कौनसा होता है → **पोड रोग**

663. अरण्डी के 1000 दानों का वजन कितना होता है → **250–350 (ग्राम)**

664. अरण्डी के अच्छे प्रबन्धन के साथ तैयार फसल से उपज कितनी ली जा सकती है → **20–25 (क्विंटल/हे.)**

665. भारत के कुल तिलहन उत्पादन में सरसों (Rapeseed and Mustard) का कितना हिस्सा है → **18 प्रतिशत**

666. सरसों उत्पादन में विश्व में प्रथम स्थान किस देश का है → **कनाडा का**

667. सरसों उत्पादन में भारत का विश्व में कौनसा स्थान है → **दूसरा स्थान**

668. बनारसी राई (Black Mustard) का वानस्पतिक नाम क्या है → **ब्रेसिका निग्रा**

669. ब्रेसिका जुन्सिया वानस्पतिक नाम किसका है → **राई/लाहा**

670. T-9, M-27 एवं भवानी किस्में किसकी है → **तोरिया की**

671. पूसा कल्याणी किस्म किसकी है → **भूरी सरसों की**

672. दुर्गामणि एवं पूसा जयकिसान किस्में किसकी है → **राई/राया की**

673. कैच क्रॉप (Catch crop) के रूप में ली जाने वाली फसल कौनसी है → **तोरिया**

674. तोरिया की बुवाई का उपयुक्त समय क्या है → **सितम्बर**

675. पीली व भूरी सरसों की बुवाई का उपयुक्त समय क्या है → **अक्टूबर**

676. मिश्रित फसल के लिये सरसों की बीज दर क्या रखनी चाहिये → **1.5–2.0 (किग्रा/हे.)**

677. सरसों की फसल में किस पोषक तत्त्व की अधिक आवश्यकता रहती है → **सल्फर**

678. सरसों की फसल में सामान्यतः खरपतवारों द्वारा कितने प्रतिशत तक उपज में कमी आ सकती है → **20–30 प्रतिशत तक उपज में कमी**

679. सरसों की फसल में खरपतवार नियन्त्रण के लिये सामान्यतः किस दर से नाइट्रोफेन का प्रयोग करते हैं → **1.0–1.5 किग्रा/हे. सक्रिय तत्त्व की**

680. सरसों की फसल में "व्हाइट ब्लिस्टर" (White blister) नामक रोग किससे होता है → **एल्बुगो कैन्डिडा**

681. मस्टर्ड सॉ फ्लाई (Mustard saw fly) किस अवस्था पर सरसों की फसल को नुकसान पहुँचाता है → **पौध अवस्था**

682. सरसों उत्पादन को सर्वाधिक कौन प्रभावित करता है → **एफिड**

683. सरसों के बीजों के भंडारण के समय इनमें कितनी होनी चाहिये → **8 प्रतिशत से कम नमी**

684. कुसुम (Safflower) किसका पौधा है → **कम्पोजिटी कुल**

685. कुसुम के बीजो से कितना तेल प्राप्त होता है → **25–35 प्रतिशत**

686. कुसुम की खली में नाइट्रोजन, फॉस्फोरस एवं पोटाश क्रमशः कितने प्रतिशत पाये जाते हैं → **5.0, 1.4 एवं 1.2 प्रतिशत**

687. कुसुम के बीजो के अंकुरण के लिये उपयुक्त तापमान कितना है → **15.5^0 से.**

688. कुसुम की मंजीरा किस्म कितने दिन में पककर तैयार हो जाती है → **105–110 दिन में**
689. सूरजमुखी (Sunflower) की खेती कब कर सकते हैं → **रबी, खरीफ एवं जायद में**
690. सूरजमुखी के तेल में लिनोलेइक अम्ल कितना प्रतिशत पाया जाता है → **65 प्रतिशत**
691. खरीफ के मौसम में बोई जाने वाली सूरजमुखी कितने दिन में पककर तैयार हो जाती है → **80–90 दिन में**
692. सूरजमुखी की अल्प अवधि की किस्म कौन्सी है → **SS-56**
693. सूरजमुखी की बुवाई हेतु कतार से कतार × पौधे से पौधे की दूरी कितनी रखते हैं → **60 × 20 (सेमी.)**
694. सूरजमुखी की जायद में बुवाई हेतु सबसे उपयुक्त समय क्या है → **1–15 मार्च**
695. सूरजमुखी की 14 क्विंटल/हे. उपज देने वाली फसल भूमि से क्रमशः क्या ग्रहण करती है → **175, 65 एवं 225 किग्रा/हे. नाइट्रोजन, फॉस्फोरस एवं पोटाश क्रमशः**
696. सूरजमुखी के "चारकोल रोट" (Charcoal rot) रोग का रोग जनक कौन है → **मैक्रोफोमिना फैजिओली**
697. अलसी कौनसी फसल है → **तिलहन (Oilseed) एवं रेशेदार फसल (fiber crop) दोनों**
698. अलसी (Linseed) के बीजों में तेल कितना पाया जाता है → **33–47 प्रतिशत**
699. पश्चिमी देशों में अलसी को किस नाम से जाना जाता है → **फ्लैक्स (Flax)**
700. अलसी (Linum usitatissimum) के गुणसूत्रों की संख्या कितनी होती है → **30**
701. अलसी का पुष्पक्रम क्या होता है → **पेनिकल**
702. अलसी का फल क्या होता है → **कैप्सूल**
703. असली की फसल की अच्छी वृद्धि एवं अधिक उत्पादन के लिये औसत तापमान कितना चाहिये → **21.5–26.5^0 से.**
704. अलसी की द्विप्रयोजनीय (तेल एवं रेशे के लिये) कौनसी किस्में है → **नगरकोट, गौरव एवं जीवन**
705. अलसी की फसल को विभिन्न फसल के रूप में किन फसलों के साथ आसानी से ले सकते हैं → **सरसों, चना एवं गेहूँ**
706. अलसी की उतेरा (Utera) फसल के लिये बीज दर कितनी होनी चहिये → **8–10 (किग्रा/हे.)**
707. अलसी में पाऊडरी मिल्ड्यू रोग का रोगजनक कौन है → **ओइडियम लिनि**
708. क्षेत्रफल की दृष्टि से कपास उगाने वाले देशों में भारत का कौनसा है → **पहला स्थान**

709. कपास के बीजो में तेल कितना पाया जाता है → **15–25 प्रतिशत**

710. कपास की खली में नाइट्रोजन, फॉस्फोरस एवं पोटाश क्रमशः कितने प्रतिशत पाये जाते हैं → **6,3 एवं 2 प्रतिशत**

711. भारत में सबसे बड़ा उद्योग कौनसा है → **वस्त्र उद्योग**

712. देशी कपास (Desi cotton) क्या कहलाती है → **गोसिपियम आरबोरियम एवं गोसिपियम हर्बेसियम**

713. "सी आइलैण्ड कॉटन" (Sea island cotton) क्या कहलाती है →**गोसिपियम बारबाडेन्स**

714. अमेरिकन कॉटन में गुणसूत्रों की संख्या कितनी होती है → **(2n) 26**

715. भारत में सर्वाधिक क्षेत्र में बोई जाने वाली कपास कौनसी है → **गोसिपियम हिर्सुटम**

716. कपास के अंकुरण के लिये सर्वोत्तम तापमान कितना है → **34^0से.**

717. कपास की फसल लवणीयता एवं क्षारीयता किस पी.एच. तक सहन कर सकती है → **8.5 पी.एच.**

718. उत्तरी भारत में कपास की बुवाई का सर्वोत्तम समय कौनस है → **1 से 15 मई**

719. देशी कपास की बीज दर सामान्यतः कितना रखते हैं → **10–18 किग्रा/हे.**

720. संकर कपास (Hybrid cotton) की बीजदर कितनी होनी चाहिये → **2 किग्रा/हे.**

721. H-S-6, RST-9 एवं H-1098 गोसिपियम हिर्सुटम किसकी किस्में है → **कपास की**

722. धनलक्ष्मी एवं सविता संकर किसकी किस्में है → **कपास की**

723. कपास की जलमांग कितनी है → **700–1300 (मिमी.)**

724. किसकी फसल में 'पिंक बॉल वर्म' (Pink boll worm) फूलों को, रेशे को एवं बीजों को नुकसान पहुँचाता है → **कपास की**

725. तिराक (Tirak) की समस्या किसमें अधिक पाई जाती है → **हिर्सुटम में**

726. कपास के रेशे में सेल्युलोज कितना प्रतिशत पाया जाता है → **95 प्रतिशत**

727. कपास की फसल के लिये उपयुक्त N : P : K अनुपात क्या है → **2 : 1 : 1**

728. कपास के बीजो में रेशे का अलग करना क्या कहलाता है → **जिनिंग**

729. देशी कपास का जिनिंग कितना प्रतिशत होता है → **26–42 प्रतिशत**

730. कपास के 100 दानों का वजन कितना ग्राम होता है → **4.8 से 11.0 ग्राम**

731. कपास की एक गांठ (Bale) का वजन कितना होता है → **170 किग्रा**

732. जूट की एक गांठ का वजन कितना होता है → **180 किग्रा**

733. जूट की कोर्कोरस ओलिटोरिस प्रजाति का उत्पत्ति स्थल कहाँ है → **अफ्रीका**

734. जूट की फसल के लिये सर्वोत्तम जलवायु कौनसा है → **गर्म एवं आर्द्र**

735. जूट की अच्छी वृद्धि के लिये उपयुक्त तापमान कितना है → **34^0से.**

736. जूट के लिये सर्वोत्तम भूमि पी.एच. कितना है → **6.0–7.5**

737. श्यामली किस्म किसकी है → **सफेद जूट की**

738. सफेद जूट की बुवाई का उपयुक्त समय कौनसा है → **मार्च–अप्रेल**

739. टोसा जूट (Tossa jute) की बीजदर कितनी है → **4–5 (किग्रा/हे.)**

740. बैसालिन खरपतवारनाशी का प्रयोग किसमें करते हैं → **जूट में**

741. जूट में किसके कारण रूट रोट, स्टेम रोट, कोलर रोट रोग होता है → **मैक्रोफोमिना फैजिओली**

742. जूट की फसल में नुकसान पहुँचाने वाला कौन है → **बिहार, टोबैको एवं इंडिगो कैटरपिलर (Caterpillar)**

743. जूट में रेटिंग के लिये उपयुक्त तापमान कितना है→ **34^0से.**

744. सनई (Sunhemp) का उत्पत्ति स्थल कहाँ है → **भारत**

745. सनई की बुवाई का उपयुक्त समय क्या है → **मई–जून**

746. सनई की उखटा रोधी किस्म/किस्में कौनसी है → **K-12 , K-12 yellow**

747. सनई में रेटिंग के लिये उपयुक्त तापमान कितना है→ **21–27^0से.**

748. भारत में सर्वाधिक गन्ना उत्पादन कहाँ होता है → **उत्तरप्रदेश में**

749. गन्ने की अच्छी बढवार के लिये उपयुक्त तापमान क्या है → **26–32^0से.**

750. एक हैक्टर में बुवाई हेतु गन्ना कितना चाहिये → **70–80 क्विंटल**

751. अदसाली (Adsali) गन्ने की बुवाई कब करते हैं → **जुलाई में**

752. गन्ने के टुकड़ों को बुवाई से पूर्व किसके घोल से उपचारित करते हैं → **10 PPM-NAA**

753. गन्ने का पुष्पक्रम (Inflorescence) क्या कहलाता है → **ऐरो (Arrow)**

754. गन्ने की 800 क्विंटल/हेक्टेयर उपज देने वाली फसल भूमि से क्रमशः कितना ग्रहण करते हैं → **90–110, 108–300 एवं 60–180 किग्रा/हे. नाइट्रोजन/फॉस्फोरस एवं पोटाश**

755. गन्ने के फसल की कितनी जलमांग है → **जलमांग 1500–2500 मिमी.**

756. गन्ने की फसल में खरपतवार नियन्त्रण के लिये किसका प्रयोग बुवाई के तुरन्त बाद करते हैं → **एट्राजिन का**

757. गन्ने के 'रेड रोट' रोग का रोग जनक कौन है → **कॉलेटोट्राइकम फाल्केटम**

758. गन्ने में एल्बिनो (Albino) नामक रोग किससे होता है → **वायरस से**

759. गन्ने में 'डेट हर्ट' (Dead heart) का कारण क्या है → **सूट बोरर, रूट बोरर एवं टॉप बोरर**

760. गन्ने की कटाई (Harvesting) के लिये ब्रिक्स रीडिंग कितनी होनी चाहिये → **18**

761. गन्ने की शीघ्र पकने वाली किस्म कौनसी है → **CO- 772**

762. गन्ने की 'रेड रोट' रोगरोधी किस्म कौनसी किस्में है → **CO- 419, CO- 449**

763. गन्ने में मिट्टी चढाने का कार्य कब करते हैं → **जून–जुलाई में**

764. गन्ने में बंधाई (Tying) कब करते हैं → **अगस्त में**

765. गन्ने की रतून (Ratoon) में नाइट्रोजन की आवश्यकता, बीज दर बोई गई फसल की तुलना में कितनी अधिक होती है → **20 प्रतिशत**

766. चुकन्दर (Sugarbeet) का कौनसा भाग शक्कर बनाने के लिये उपयोगी है → **जड़ वाला**

767. चुकन्दर में शक्कर कितनी पाई जाती है → **15 प्रतिशत**

768. विश्व में कुल शक्कर उत्पादन में चुकन्दर का हिस्सा कितना प्रतिशत है → **45 प्रतिशत**

769. चुकन्दर किस कुल का पादप है → **चिनोपोडिएसी**

770. चुकन्दर कौनसा पादप है → **द्विवर्षीय**

771. चुकन्दर में शर्करा बनने के लिये अनुकूलतम तापमान कितना है → **20–22^{0}से.**

772. चुकन्दर की लवणीयता एवं क्षारीयता के प्रति कैसी शक्ति होती है → **अच्छी सहन**

773. चुकन्दर कितने मृदा पी.एच. तक आसानी से उगाई जा सकती है → **7.5–9.5**

774. चुकन्दर की बीज दर कितनी रखते हैं → **8–10 किग्रा/हे.**

775. चुकन्दर की बवाई का उपयुक्त समय कौनसा है → **15 अक्टुबर से 10 नवम्बर**

776. चुकन्दर की एक अच्छी फसल से लगभग कितने तक उपज ली जा सकती है → **500–700 क्विंटल/प्रति हेक्टेयर**

777. तम्बाकू उत्पादन में भारत का कौनसा स्थान है → **दूसरा स्थान**

778. भारत में सर्वाधिक तम्बाकू उत्पादन करने वाला राज्य कौनसा है → **आन्ध्र प्रदेश**

779. निकोटिएना रस्टिका (*Nicotiana rustica*) प्रजाति में मुख्यतः कौनसी तम्बाकू होती है → **हुक्का तम्बाकू**

780. तम्बाकू का संबंध किस कुल से हैं → **सोलेनेसी**

781. निकोटिएना रस्टिका में निकोटिन कितना प्रतिशत पाया जाता है → **3.5–8.0 प्रतिशत**

782. तम्बाकू के एक अकेले फल में कितने बीज होते हैं → **8000 तक**

783. तम्बाकू में अच्छी वृद्धि के लिये सर्वोत्तम तापमान कितना है → **25^0 से.**

784. तम्बाकू की बीज दर कितनी होनी चाहिये → **1–2 किग्रा/हे.**

785. तम्बाकू की फसल में परजीवी खरपतवार कौनसी होती है → **ओरोबैन्की**

786. नटु (Natu) तम्बाकू में कतार से कतार × पौधे से पौधे की दूरी कितनी रखते हैं → **90 × 90 सेमी.**

787. तम्बाकू में 'लीफ कर्ल' रोग का वाहक कौन है → **व्हाइट फ्लाई**

788. तम्बाकू में भंडारण कीट (storage pest) कौन है → **सिगरेट बीटल**

789. चबाने वाली तम्बाकू की कतारें प्याज या लहसुन की कतारों के बीच कहाँ बोई जाती है → **राजस्थान में**

790. तम्बाकू की पौध बुवाई के कितने सप्ताह बाद रोपाई हेतु तैयार हो जाती है → **6–8 सप्ताह बाद**

791. बीड़ी तम्बाकू की कौनसी किस्में है → **आनन्द–2, आनन्द–3 एवं GTH-1**

792. तम्बाकू की पौध की क्यारी हमेशा कैसी रहनी चाहिये → **नम (Moist)**

793. सिगरेट तम्बाकू की पौध रोपण के समय कितनी पत्ती वाली चाहिये → **7–8 पत्ती**

794. तम्बाकू की फसल में सामान्यतः किस तत्त्व की अधिक आवश्यकता होती है → **K तत्व**

795. कौनसा उर्वरक तम्बाकू में नहीं देना चाहिये → **पोटेशियम क्लोराइड**

796. तम्बाकू में पौधों की शीर्ष कलिकाओं (Terninal buds) को हटाना क्या कहलाता है → **टोपिंग**

797. तम्बाकू की पत्तियों के पकने के साथ–साथ उनकी चुटाई क्या कहलाती है → **प्राइमिंग**

798. तम्बाकू की कटाई के बाद पत्तियों को नियन्त्रत ढंग से सुखाने की क्रिया क्या कहलाती है → **क्यूरिंग**

799. तम्बाकू की पौध पर आने वाला रोग कौनसा है → **डम्पिंग ऑफ एवं एन्थेक्नोज**

800. तम्बाकू की रचाई (Curing) की सर्वोत्तम विधि कौनसी है → **धूम्रनाल विधि (Flue curing)**

801. सिगरेट तम्बाकू की उपज कितनी होती है → **1000–1500 किग्रा/हे.**

802. सिगरेट तम्बाकू की कौनसी किस्म है → **सी.टी.आर.आई**

803. CTRI (केन्द्रीय तम्बाकू अनुसंधान संस्थान) कहाँ स्थित है → **राजमुन्द्री में**

804. तमिलनाडु की मृदाओं में, चबाने एवं सिगार वाली तम्बाकू के लिये कितनी सिंचाई चाहिये → **20 सिंचाई**

805. ओरेबेन्की के नियन्त्रण हेतु तम्बाकू की रोपाई से पूर्व किससे भूमि को उपचारित करना चाहिये → **मिथाइल ब्रोमाइड से**

806. गरीबों का मित्र किसको कहा जाता है → **आलू को**

807. आलू में कार्बोहाइड्रेट की मात्रा कितनी प्रतिशत होती है → **20.6 प्रतिशत**

808. वर्तमान में (2010–11 में) सर्वाधिक आलू उत्पादक राज्य कौनसा है → **पश्चिम बंगाल**

809. आलू की कन्द (Tuber) किसका परिवर्तित रूप है → **एक तने का**

810. आलू में क्या कन्द पर पाये जाते हैं → **'लेन्टिसेल्स' (Lenticels)**

811. जीवन चक्र के आधार पर आलू कौनसा पादप है → **एक वर्षीय**

812. आलू में कन्द बनना रूक जाता है, जब तापमान किससे अधिक हो जाता है → **30^0 से. से**

813. आलू का 'स्केब' (Scab) रोग कौनसी मृदाओं में कम होगा → **अम्लीय मृदाओं में**

814. आलू की फसल के लिये सर्वोत्तम भूमि पी.एच. कितना है → **5.0–6.5**

815. आलू में सुषुप्तावस्था (Dormancy) तोड़ने के लिये बीज कन्दों (Seed tubers) को किससे उपचारित करते हैं → **थायोयूरिया से, जिब्रेलिक अम्ल से एवं इथाइलिन क्लोरोहाइड्रिन से**

816. आलू में बीज हेतु काम में लिये जाने वाले कन्दों का वजन कितना होता है → **30 से 50 ग्राम**

817. एक हेक्टेयर में कन्दों द्वारा सामयिक बुवाई हेतु कितना क्विंटल आलू चाहिये → **20–25 क्विंटल**

818. आलू के टी.पी.एस. बीज (True potato seeds) का प्रयोग करने पर बीज दर कितनी रखनी चाहिये → **100–150 (ग्राम/हे.)**

819. आलू की पिछली झुलसा (Late blight) ग्राही (susceptible) किस्म कौनसी है → **कुफरी बहार**

820. आलू की देर से पकने वाली किस्में कौनसी है → **कुफरी गिरीराज एवं कुफरी सिंदूरी**

821. उत्तरी–पूर्वी पहाड़ी क्षेत्र में आलू की जायद फसल की बुवाई का उपयुक्त समय क्या है → **1 से 5 मार्च**

822. उत्तरी व मध्य मैदानी क्षेत्रों के लिये आलू की फसल में उपयुक्त नाइट्रोजन, फॉस्फोरस एवं पोटाश की मात्रा क्रमशः कितनी उपयोग करनी चाहिये → **100–120, 60–80 एवं 100–120 किग्रा/हे.**

823. आलू की फसल में दी जाने वाली कुल नाइट्रोजन का 1/2 भाग बुवाई के समय एवं बचा हुआ 1/2 भाग बुवाई के कितने दिन बाद दिया जाता है → **30–35 दिन बाद**

824. आलू के पौधों की उंचाई कितनी हो जाने पर मिट्टी चढाने का कार्य करना चाहिये → **15–20 सेमी.**

825. आलू के पिछली झुलसा (Late blight) रोग का रोग जनक कौन है → **फाईटोफ्थोरा इन्फेस्टेंस**

826. आलू के लिये सर्वाधिक हानिकारक कीट कौनसा है → **एपिलेक्ना बीटल**

827. चारे वाली फसल का राजा कौन है → **बरसीम**

828. चारे वाली फसलों की रानी कौन है → **रिजका**

829. बहुवर्षीय रिजका (Lucerne) की फसल एक बार लगने के बाद लगातार कितने वर्ष चारा देती है → **3–4 वर्ष**

830. रिजके के हरे चारे में प्रोटीन की मात्रा कितनी होती है → **15–20 प्रतिशत**

831. रिजके की फसल अधिकतम कितना तापमान तक सहन कर लेती है → **44^{0}से.**

832. किसकी फसल मृदा क्षारीयता एवं जल मग्नता के प्रति सहनशील नहीं है → **रिजके की**

833. रिजके की कम तापमान पर भी आसानी से उगाई जा सकने वाली किस्म कौनसी है → **रेम्बलर**

834. राइजोबियम की किस प्रजाति की रिजके के बीजोपचार में प्रयोग करते हैं → **राइजोबियम मेलिलोटाइ**

835. छिटकंवा विधि (Broadcasting) से बुवाई करने के लिये रिजके की बीज दर कितनी रखते हैं → **20–25 (किग्रा/हे.)**

836. रिजके की बुवाई का सर्वोत्तम समय क्या है → **अक्टूबर**

837. रिजके की फसल में परजीवी खरपतवार क्या है → **डोडर (कुस्कुटा)**

838. रिजके की फसल में अमरबेल का प्रकोप अधिक बढ जाये तो किस शाकनाशी का प्रयोग करना चाहिये → **पैराक्वाट**

839. रिजके की फसल में किसके द्वारा विल्ट रोग होता है → **एप्लेनोबैक्टर इन्सिडिओसम**

840. रिजके की पहली कटाई फसल के कितने दिन की हो जाने के बाद करते हैं → **50 दिन**

841. रिजके की 8–10 कटाइयों में कितनी उपज मिल जाती है → **800–1000 क्विटंल/हे.**

842. बरसीम के चारे में कितनी प्रोटीन पाई जाती है → **17–20 प्रतिशत**

843. कौनसी मृदा में बरसीम नहीं उगाई जा सकती है → **अम्लीय मृदा**

844. बरसीम की अच्छी वृद्धि के लिये उपयुक्त तापमान कितना होना चाहियें → **18–21^{0}से.**

845. बरसीम की बीजदार कितनी रखनी चाहिये → **25–30 किग्रा/हे.**

846. बरसीम की कौनसी किस्में पाले/तुषार वाले क्षेत्रों में भी आसानी से उगाई जा सकती है → **T-526, T-560 एवं पूसा जॉइन्ट**

847. बरसीम के बीजों के साथ किस खरपतवार के बीज आसानी से मिल जाते हैं → **कासनी (Chicory)**

848. बरसीम के बीजोपचार के लिये किसका प्रयोग करते हैं → **राइजोबियम की राइजोबियम ट्राइफोलाई प्रजाति का**

849. बरसीम की फसल में नाइट्रोजन किस दर से देनी चाहिये → **20–25 किग्रा/हे. की दर**

850. बरसीम की फसल से कितने बीज प्राप्त कर सकते हैं → **5 क्विंटल/हे. तक**

851. जई (Oat) की सर्वाधिक बोई जाने वाली प्रजाति कौनसी है → **अवेना स्टाइवा**

852. जई की अवेना स्टाइवा प्रजाति में गुणसूत्र संख्या (2n) कितनी होती है → **42**

853. भारत में जई की खेती मुख्यतः कहाँ होती है → **पंजाब, हरियाणा एवं उत्तरप्रदेश में**

854. जई की अच्छी वृद्धि हेतु अनुकूल तापमान कितना है → **15–20^0 से.**

855. उत्तरी भारत में जई की बुवाई का सर्वोत्तम समय क्या है → **15 अक्टूबर से 15 नवम्बर**

856. जई की बीजदर कितनी है → **100 (किग्रा/हे.)**

857. जई की बुवाई के समय भूमि में नाइट्रोजन एवं फॉस्फोरस क्रमशः कितनी देनी चाहिये → **60 एवं 40 किग्रा/हे.**

858. जई की कौनसी किस्म जिसमें एक से अधिक कटाइयाँ की जा सकती है → **HFO-114 किस्म**

859. किसकी फसल को सरसों, बरसीम एवं रिजका फसलों के साथ मिश्रित फसल के रूप में बो सकते हैं → **जई की**

860. जई की पहली कटाई फसल कितने दिन की हो जाने के बाद लेते हैं → **50 दिन की**

861. जई की फसल से कितना हरा चारा प्राप्त किया जा सकता है → **500–600 क्विंटल/हे.**

862. जई की एक हेक्टेयर फसल से कितना क्विंटल दाना प्राप्त किया जा सकता है → **30–35 क्विंटल**

863. जई के हरे चारे में शुष्क पदार्थ कितना प्रतिशत होता है → **20–25 प्रतिशत**

864. किसकी फसल हरी खाद, चारे एवं सब्जी वाली फसल है → **ग्वार (Cluster bean) की**

865. ग्वार का औद्योगिक महत्त्व किसके कारण है → **गोंद के**

866. भारत में ग्वार का सर्वाधिक उत्पादन कहाँ होता है → **राजस्थान में**

867. ग्वार के अच्छे अंकुरण एवं जड़ों के विकास के लिये सर्वोत्तम तापमान कितना है → **25–30^{0}से.**

868. ग्वार की RGC-197 किस्म में गोंद कितना प्रतिशत पाया जाता है → **33 प्रतिशत**

869. ग्वार की कौनसी किस्म दाने, हरे चारे एवं सूखे चारे के लिये उपयोगी है → **"दुर्गापुरा सफेद"**

870. ग्वार की बुवाई का उपयुक्त समय कब है → **जुलाई**

871. किस फसल के रूप में ग्वार की बुवाई बाजरा, मक्का एवं ज्वार के साथ की जा सकती है → **मिश्रित**

872. ग्वार की शुद्ध फसल के लिये बीज दर कितनी रखनी चाहिये → **15–20 (किग्रा/हे.)**

873. हरे चारे के लिये ग्वार की कटाई का उपयुक्त समय कौनसा है → **फली बनते समय**

874. एक हेक्टेयर ग्वार की फसल से लगभग कितना क्विंटल तक हरा चारा प्राप्त किया जा सकता है → **250–350 क्विंटल**

875. भारतीय चरागाह एवं चारा अनुसंधान संस्थान (IGFRI) कहाँ स्थित है → **झाँसी में**

876. भारत पोटाश वर्ग के उर्वरकों के लिये पूर्णतः किस पर निर्भर है → **आयात पर**

877. किसको भूमि से एकत्रित करके उर्वरक के रूप में काम में लिया जाता है → **पोटाश उर्वरकों को**

878. सोयाबीन की कौनसी किस्म भारत में एकाधिकार रखती है → **जे.एस. 335 किस्म**

879. सोयाबीन की खड़ी फसल में खरपतवार नियन्त्रण के लिये क्या उपयुक्त खरपतवारनाशी है → **परस्यूट**

880. मटर की पर्णरहित (Leafless) किस्म क्या है → **अपर्णा**

881. मटर की सिल्विया किस्म को कैसे खाया जाता है → **फली सहित**

882. मूँगफली की विस्तारी सब–स्पीशीज में क्या पाई जाती है → **डोर्मेन्सी (Dormancy)**

883. एस्पर्जिलस कवक के कारण मूँगफली में किसकी समस्या होती है → **अफ्लाटॉक्सिन (Aflatoxins) की**

884. तम्बाकू के जड़ वाले भाग में निकोटिन का क्या होता है → **संश्लेषण (Synthesis)**

885. जई फसल की मुख्य किस्म है → **केन्ट (Kent)**

886. कपास फसल का रेशा किसका बना होता है → **शुद्ध सेल्यूलोज**

887. पटसन (Mesta) की एक गांठ का वजन कितना होता है → **181 किग्रा**

888. भारत में गन्ने की सर्वाधिक उत्पादकता वाला राज्य कौनसा है → **तमिलनाडु**

889. भारत के महाराष्ट्र में सर्वाधिक किस मिलों की संख्या है → **चीनी मिलों की**

890. गन्ने से सुगर रिकवरी (Sugar recovery) कितनी प्रतिशत होती है → **8–10 प्रतिशत**

891. गन्ने की बुवाई के लिये सदैव कौनसा टुकड़ा ही अच्छा माना जाता है → **तीन आंख वाला उपर का 2/3 भाग**

892. गन्ने के ऊपरी भाग का बीज के रूप में प्रयोग करने से किसमें वृद्धि होती है → **शर्करा उत्पादन में**

893. गन्ने का बीज दर कितनी है → **60–70 क्विंटल/हैक्टेयर या 35000 तीन आँख वाले टुकड़े**

894. गन्ने की फसल यदि अंकुरण पर्याप्त नहीं हुआ तो अंकुरित टुकड़ों को खाली स्थान में लगाया जाते उसको क्या कहते हैं → **(Rayungans) रेयनगनस**

895. कई तनो को एक साथ पत्तियों से बांधने को क्या कहते हैं? कभी–कभी रस्सी का सहारा भी लिया जाता है जिससे पौधे हवा के कारण गिरते नहीं है → **Tying or harping**

896. इसमें पौधे के तने को गन्ने की सूखी पत्तियों में ढक दिया जाता है जिससे तना को धूप व कीट–पतंगो के हानिकारक प्रभाव से बचाव होता है उसे क्या कहते हैं → **Propping**

897. गन्ने के रस में शक्कर किस रूपो में होती है → **ग्लूकोज व सुक्रोज**

898. गन्ने में रस कितना प्रतिशत होता है → **50–65%**

899. रस में शक्कर कितना प्रतिशत होता है → **12–15%**

900. रस में गुड़ कितना प्रतिशत होता है → **18–20%**

901. गन्ने में शीरा कितना प्रतिशत होता है → **3.5%**

902. गन्ने में पुरानी फसल से नयी फसल लेने को क्या कहते हैं → **रेटून (पेड़ी)**

903. कपास में बीज से रेशा अलग करने के लिये किसका प्रयोग करते हैं → **सान्द्र गधक का अम्ल व जिंक क्लोराइड**

904. कपास में बीज दर कितनी है → **12–15 कि.ग्रा./हेक्टेयर**

905. कपास के बीजो को किस अम्ल से बुवाई पूर्व उपचारित करने से बीजांकुरो का ओज बढता है → **(Succinic acid) अम्ल**

906. कपास में फूलो को झड़ने से व गुलर को गिरने से बचाने के लिए किसका छिड़काव करते हैं → **एक मिली प्लेनोफिक्स का**

907. बिनोले में कितना तेल होता है → **14–18%**

908. रूई कपास पैदावार का कितना होता है → **1/3 भाग**

909. कपास में किसका छिड़काव करने पर उपज में 5–15% वृद्धि होती है → **साइकोमिल का**

910. रेशा उतारने के बाद जूट का शेष तना किस काम आता है → **तारकोल व गन पाउडर बनाने के**

911. जूट में बीज दर कितनी है → **6–10 कि.ग्रा/हैक्टेयर**

912. जूट से रेशा अलग करने के लिये क्या करना पड़ता है → **जूट को सड़ाना**

913. सनई के जीवांश में कितनी नाइट्रोजन प्राप्त होती है → **60–90 कि.ग्रा./प्रति हेक्टेयर**

914. सनई में बीजदर कितनी होती है → **40–45 कि.ग्रा./प्रति हेक्टेयर**

915. गन्ने का उपयोग किसके उपयोग में आता है → **35–55% गुड़ व 3.75% खांडसारी के**

916. मनुष्य को प्रतिवर्ष लगभग 10 लाख कैलोरी ऊर्जा की आवश्यकता होती है यह कितने गन्ने से पूरी हो जाती है → **0.3 हेक्टेयर**

917. तिल के बीजो में कितना तेल व कितना प्रोटीन होता है → **50% तेल व 18–20%**

918. तिल की खली में प्रोटीन, 2% कैल्शियम फास्फोरस व 1.2% पोटाश व विटामिन, नियामिन आदि में घनी होती है → **6.2%**

919. विश्व में तिल उत्पादन का लगभग कितना उत्पादन भारत में होता है → **25%**

920. तिल में बीज दर कितनी है → **5–8 कि.ग्रा./हैक्टेयर**

921. कपास में रेशे का भार बढता है वैसे रेशे की मोटाई भी कैसी रहती है → **बढती**

Fine rating	Microgram
बहुत बारीक (Very fine)	7.5 से कम
बारीक (Fine)	7.5–9.9
साधारण (Average fine)	12.5–14.9
मोटा (Coarse)	12.5–14.9
बहुत मोटा (Very coarse)	15.0 से अधिक

922. कपास का एक रेशा कितना भार बिना टूटे सह सकता है → **2.5 से 15 ग्राम तक**

कम लम्बाई वाले रेशे–	30 से कम
मध्यम–	30–50
उत्तम–	750

923. औसत मोटाई 1 (GinnIry) कितने पाया जाता है → **24–43 तक**

924. कपास में बीज को बोने से पहले कितने पानी में भिगोकर गोबर व राख के साथ रगड़ा जाता है → **10–12 घंटे**

925. अमेरिका में बीज से रेशा अलग करने के लिए किसका प्रयोग करते हैं → **स्टार्च का**

926. मूँगफली में दाने का प्रतिशत कितना होता है : गुच्छेदार जातियों व 60–75 व फैलकर वृद्धि करने वाला में → **75–80**

927. मूँगफली में कितने प्रतिशत से कम अंकुरण होने, अंकुरित होने वाला बीज खराब माना जाता है → **88 प्रतिशत से कम**

928. मूँगफली में बीज दर कितनी किग्रा प्रति हैक्टर गुच्छेछार व कितनी किग्रा फेन प्रति हैक्टर है → **100–120 गुच्छेदार व 80–100 फेन**

929. मूँगफली बोने की कितनी गहराई भारी मृदाओं में और कितनी हल्की मृदाओं में → **4–5 सेमी. भारी मृदाओं और 5–6 सेमी. हल्की मृदाओं**

930. मूँगफली से कितने प्रतिशत बीज होते हैं → **70%**

931. मूँगफली के संग्रहण के समय कितनी नमी से अधिक नहीं होनी चाहिए → **5%**

932. मूँगफली में टिक्का रोग किसके द्वारा लगता है → **फफूँद के**

933. कौन सुगंधित तेल व पारदर्शी साबुन व औषधियाँ बनाने के काम आती है → **अरंडी**

934. प्लास्टिक, छपाई, मोम, रबर, पदार्थ में भी किसका तेल प्रयोग होता है → **अरण्डी का**

935. कपड़ा उद्योग किस नाम से प्रयोग होता है → **दूर्की लाल तेल**

936. पशुओं को क्या नहीं खिलाते हैं? (क्योंकि इसमें कीक्रीन, एबीमीन व एलकोहल का हानिकारक प्रभाव रहता है) → **अरण्डी**

937. ग्वार के आटे को गोंद के रूप में कौनसे उद्योग में प्रयोग किया जाता है → **कपड़ा**

938. ग्वार की बीज दर कितनी होती है → **15–20 किग्रा प्रति हैक्टेयर**

939. ग्वार की बीज दर सिंचित क्षेत्र में कितनी व असिंचित क्षेत्र में कितनी है → **30–40 व 25 किग्रा प्रति हैक्टेयर**

940. ग्वार में भंडारण के समय कितनी नमी होनी चाहिए → **10–12%**

941. चवले में कौनसा अम्ल होता है → **(प्रोटीन का 1.9%) मिथियोनिन**

942. चवले में प्रोटीन कितना कार्बोहाइड्रेट 60.3% व वसा 1.0% होती है → **23.4% का**

943. चवले में खरीफ में बीज दर कितनी होनी चाहिए → **15–20 किग्रा**

944. दलहनी फसलों में कितना भूसा व कितना भाग तक दाना होता है → **67% भूसा व 33% दाना**

945. मूँगफली के दानों में कौनसा पाया जाता है → **थाइमिन राइबोफ्लेविन और निकोटीन अम्ल**

946. किसमें मास से 1.3 गुणा तथा फलो से 8 गुणा प्रोटीन होता है → **मूँगफली में**

947. मूँगफली में कौनसे विटामिन पर्याप्त मात्रा में पाये जाते हैं → **ए, बी1, बी12 तथा ई**

948. मूँगफली के दानो में कितना तेल पाया जाता है → **40%**

949. मूँगफली के तेल में मेलिक व लिनोलिक अम्ल पाये जाते हैं जो किसमें प्रयोग होते हैं → **सौन्दर्य प्रसाधनों में**

950. सावें में कितना प्रोटीन व कितना कार्बोहाइड्रेट होता है → **9.2% प्रोटीन व 65.5% कार्बोहाइड्रेट**

951. कोदों में कितना प्रोटीन व कितनी वसा होती है → **7.3–9.5% प्रोटीन व 2.7%–3.7% वसा**

952. कांगणी में कितना प्रोटीन, कार्बोहाइड्रेट व वसा होती है → **12%, 60.8%, 4.7%**

953. सोयाबीन में यदि प्रोटीन बढता है तो तेल की मात्रा कौनसी होती है → **कम**

954. सोयाबीन कैसा होता है → **अल्प प्रकाश ग्रहण करने वाला**

955. सोयाबीन की कटाई करने के लिये कितनी नमी होनी चाहिए → **12–14% तक**

956. अरहर में बीज दर क्या है → **12 किग्रा/हैक्टेयर**

957. मूँग में कितना प्रोटीन, कार्बोहाइड्रेट व वसा होती है → **23.9%, 60% व 13%**

958. उड़द से कितनी नाइट्रोजन प्रति हैक्टेयर से प्राप्त होती है → **45 किग्रा**

959. उड़द के भंडारण के लिये कितनी नमी होनी चाहिए → **10–12:**

960. उड़द की फली में कितने दाने होते हैं → **5–6 दाने**

961. मोठ में बीज दर क्या है → **12–15 किग्रा/हैक्टेयर**

962. ग्वार में कितना प्रोटीन, 32% रेशा, 37-38% नाइट्रोजन रहित निष्कर्षण पाया जाता है। इसमें अम्ल या राखा, 12.72% व पोटाश 2.14% पाया जाता है → **18%**

963. छोटी–छोटी शाखाऐं तोड़ना (Desuckering) शीर्ष कर्तन के 8–10 दिन बाद पत्तियों के कक्ष में उपस्थित कलिकाओं से छोटी–छोटी शाखाएँ निकलना प्रारम्भ होती है उसको अंतः भूस्तारी कहते है। अतः भूस्तारी को तोड़ना ही क्या कहलाता है → **डिसकरिंग**

964. तम्बाकू की निचली पत्तियाँ सबसे पहले पककर तैयार होती है फिर उपर की पत्तियाँ और सबसे अन्त में सबसे उपर की पत्तियाँ। इस प्रकार से कटाई करने को क्या कहते हैं → **प्राईमिंग**

965. सिंगार, चरूह, बीडी तम्बाकी की कटाई किस विधि से करते हैं → **Stock cut method**

966. वे विभिन्न क्रियाऐं जिसके द्वारा उत्पादन में उपयुक्त नमी स्वाद, गंध, रंग और लचक उत्पन्न की जाती है उसे क्या कहते हैं → **क्यूरिंग (Curing)**

967. चावल में भीगी विधि से पौध तैयार के लिये मोटे दाने के लिए 800–10000 ग्राम/10 वर्गमीटर तथा पतले दाने के लिये कितना क्षेत्रफल चाहिए → **500–750 ग्राम/10 वर्ग मीटर**

968. चावल की सीधी खेत में बुवाई किस दर होती है → 20 से.मी. की दूरी पर 60–80 किग्रा/ हेक्टेयर होती है → **100–120 किग्रा/हैक्टेयर**

969. डेपोग विधि चावल की क्या करने की विधि है → **बुवाई**

970. चावल में टोलीपोथ्रिक्स स्यूडस एलगी क्यों दी जाती है → **नाइट्रोजन बढाने के लिए**

971. तम्बाकू का मुख्य रासायनिक तत्त्व कौनसा है → जिसका कीटनाशक के रूप में प्रयोग होता है → **निकोटिन**

972. तम्बाकू के बीजो में कितना तेल होता है जो खाने, साबून बनाने और रंग बनाने के काम आता है → **35–38%**

973. तम्बाकू में पत्तियां रचाई जाती है जिसे क्या कहते हैं → **क्योरिंग**

974. नर्सरी की तम्बाकू में डेम्पिंग ऑफ बीमारी को रोकने के लिए किसका घोल का छिड़काव करना चाहिए → **फार्मेलिहाइड का**

975. तम्बाकू में मैग्नीशियम की कमी के कारण कौनसी बीमारी हो जाती है → **सैण्ड ड्राउन (Sand drawn)**

976. किसके कारण पत्तियों का गुण रूखा हो जाता है → **क्लोरीन के**

977. तम्बाकू में तने की सबसे ऊपर वाली कलिका या पुष्प पत्तियों के साथ साथ 2–3 ऊपरी पत्तियां तोड़ने की क्रिया को क्या कहते हैं? → **शीर्षकर्तन (Topping)**

978. किसमें इसके पुष्पक्रम के साथ ऊपरी 2–3 पतियां तोड़ दी जाती है → **निचला शीर्षकर्तन (Topping low)**

979. किसमें केवल पुष्पक्रम को ही तोड़ते हैं → **चोटी का शीर्ष कर्तन (Topping high)**

980. चावल में कौनसे जस्ते की कमी के कारण होता है → **खेरा रोग**

981. ट्रंग्रो विषाणु चावल में किसके द्वारा फैलता है → **एक वाइरस**

982. बिना छिलके रहित चावल क्या कहलाता है → **Rough rice**

983. चावल बाली (ears) निकलने की अवधि को क्या कहते हैं → **Heading period**

984. मक्का के स्टीप जल में एक जीवाणु (Peneicilum notaturs) को पैदा करके इससे कौनसी दवाई तैयार करते हैं → **पैसेलीन**

985. मक्का में कौनसा रेयन, कागज, प्लास्टिक, रंग, कृत्रिम रबड़ व चमड़ा, जूते की पॉलिस व पैकिंग के काम आता है → **एसिटिक व लेक्टिक अम्ल**

986. मक्का के प्रोटीन में मुख्यत कौनसे अम्ल पाये जाते हैं → **ट्रिप्टोफेन व लायसी नामक एमिनो**

987. मक्का में कौनसे विटामिन पर्याप्त मात्रा में पाया जाता है → **'ए' और 'ई'**

988. मक्का के भ्रूण में कितना प्रतिशत तक तेल पाया जाता है → **30–40% तक**

989. मक्का की उत्पत्ति किससे हुई → **रिओसिटे चारे की फसल से**

990. मोमी मक्का (Lea mayicornation) को क्या कहते हैं → **कोर्न corn भी**

991. मक्के में नाइट्रोजन खाद 1/3 भाग बुवाई के समय शेष 1/3 भाग बुवाई के 30–40 दिन बाद व 1/3 भाग कब देना चाहिए → **नरमंजरी Terseling stage पर**

992. ज्वार में 10.4% प्रोटीन, 1.9% वसा व 1.8% खनिज पदार्थ तथा कितना कार्बोहाइड्रेट पाया जाता है → **74%**

993. ज्वार प्रोटीन में लाइसन अमीनो अम्ल की मात्रा कितनी पाई जाती है → **1.4–2.4% तक**

994. अमीनो अम्ल में ल्यूमीन की मात्रा कितनी पाई जाती है → **1.4–1.7% तक**

995. ज्वार अधिक खाने पर कौनसी बीमारी होती है → **पेलाग्रा (Pellagra) नामक**

996. ज्वार के दानों से क्या बनायी जाती है → **बीयर भी**

997. ज्वार के पौधों की छोटी अवस्था में क्या पाया जाता है जिसके कारण पशु मर जाते हैं → **HCN (हाइड्रोसायनिक अम्ल)**

998. बाजरे में कितना प्रोटीन, वसा 2.5%, कार्बोहाइड्रेट 67% व खनिज 2.7% होते हैं → **11.6%**

999. रेतीली मृदाओं में नत्रजन ह्रास होता है अतः नत्रजन के नाइट्रेट के रूप की अपेक्षा किसे देना लाभप्रद होता है → **अमोनियम**

1000. खड़ी फसल में खाद (नाइट्रोजन) देना क्या कहलाता है → **TOP dressing**

1001. बाजरे में कौनसी भंयकर बीमारी होती है? बाजरे में बीज दर 8–10 किग्रा प्रति है॰ है तो बुवाई का समय 1–15 जुलाई है → **अर्गट (Ergot)**

1002. खेसारी के दाने में हानिकारक पदार्थ कौनसा होता है जिसे लेथ्रोजन भी कहते हैं → **न्यूरोट्रक्सिन**

1003. किसके अधिक प्रयोग करने से शरीर के निचले हिस्से में लकवा मार जाता है। इसका प्रभाव मध्यप्रदेश व बिहार में अधिक रहता है → **खेस्वारी के अधिक प्रयोग करने से**

1004. तिलहनी फसलों किसके बीजों को टबिल मस्टर्ड, मसाले तथा आचार व सब्जियों के लिए प्रयोग करते हैं → **सरसों के बीजो**

1005. प्रथम विश्वयुद्ध के दौरान किसके बीजो से विनाशकारी सरसों की गैस (Mustard gas) बनाई थी → **सरसों के**

1006. तोरिया का तेल मुख्य रूप से क्या बनाने के काम में आता है → **ग्रीस (Greeses)**

1007. तिलहनी फसलों में तेल का रंग किसके कारण होता है → **केरोटिझाइड्स (एलाइल आइसो थायोसाइनेट) के**

1008. कभी–कभी तेल का हरा रंग किसके कारण होता है → **क्लोरोफिल के**

1009. सरसों व तोरिया में इसकी मात्रा 0.235 से 0.504% तक होती है यह कौनसे विटामिन का प्रमुख स्त्रोत है → **विटामिन अ**

1010. F.S.908 (Fodder Sarson 908) सरसों के चारे की किस्म जो पंतनगर में विकसित की है इसके हरे चारे में प्रोटीन कितना व पाचन क्षमता कितनी है → **24% व 70%**

1011. सरसों की पहली सिंचाई 30 दिन बाद 4–6 पत्तियां आने पर तथा दूसरी बुवाई के कितने दिन बाद करनी चाहिए → **70–75 दिन बाद फूल आते समय**

1012. चने में 15–20 से.मी. की ऊँचाई होते ही शीर्ष तोड़ देते है। इससे वानस्पतिक वृद्धि रोकती है। शाखाएँ अधिक फूटती है अतः प्रति पौधा फूल व फलियों की संख्या बढ़ जाती है → **शीर्ष व शाखायें तोड़ना (Topping)**

1013. दाने में कितनी नमी रहने पर भंडारण करना चाहिए गेरूई (Rust) यह यूरोगाइसीज नामक फफूँद से लगने वाला रोग है → **10–12%**

1014. चने में मिश्रित फसल गेंहूँ ओर जौ किसके अनुपात व अलसी ओर सरसों के साथ 4:1 के अनुपात में मिलाकर बोना चाहिए → **1:1 के**

1015. पतले छिलके वाली मटर की कामूची फलियों और छिली हुई हरे मटर के दानों को कैसे संरक्षित किया जाता है → **सूखाकर डिब्बा बन्द करके**

1016. मटर कितनी गहराई पर बोते हैं → **4–5 से.मी.**

1017. मटर में पहली सिंचाई कब व दूसरी सिंचाई फली बनते समय → **फूल निकलते समय बोने के 45 दिन बाद**

1018. मटर के दानों की नमी कितनी रहने पर भंडारण करते हैं → **10–12%**

1019. कब मसूर हरी खाद के रूप में अधिक प्रचलित है → **कश्मीर की घाटी में**

1020. मसूर में कितने प्रतिशत वसा होती है → **1–8**

1021. मसूर में पहली सिंचाई शाखाएँ बनने पर इसको बोने के 40–45 दिन बाद व भंडारण कितनी नमी पर किया जाता है → **15%**

1022. अलसी के रेशों को क्या कहते हैं → **फ्लेक्स**

1023. अलसी के रेशे वाली फसल से रेशे कैसे निकालते हैं → **पानी में सड़ाकर (3–5 दिन)**

1024. अलसी की पहली सिंचाई कब करते हैं → **4–6 पत्तियां आने पर**

1025. सूरजमुखी में कितना प्रतिशत तेल व 20–25% प्रोटीन प्राप्त होता है → **46–52**

1026. सूरजमुखी के तेल में कौनसा पाया जाता है (5.7–7.6%) स्मिटिक अम्ल (4–7.6%) औलिक अम्ल (27.9–38.3%) व लिनोलिक अम्ल (51–6–59–6%) तक पाया जाता है → **पायरिक अम्ल**

1027. कौन विटामिन अ, बी, व ई का अच्छा स्त्रोत है → **सूरजमुखी**

1028. सूरचमुखी का तेल कौनसे रोगियों के लिए उपयुक्त है → **हृदय**

1029. सूरजमुखी कौनसा पौधा? अतः प्रकाश की अवधि का इसकी वृद्धि व विकास पर कोई अन्तर नहीं पड़ता → **यह day natural पोधा है**

1030. सूरजमुखी के लिए कौनसी एक उपयोगी जैविक खाद है → **एजोटोबेक्टर**

1031. हाथ में पराग सेजन (Hand pollination) फूल आने पर कब तक एकान्तर दिनो पर हाथ से पराग सेचन करने से लाभ मिलता है → **सुबह आठ से दस बजे**

1032. मस्टर्ड सा प्लाई (आरा मक्खी) सरसों के छोटे–छोटे पौधों के उपर किसका आक्रमण काफी होता है ये कीड़े पत्तियों को खाकर नष्ट कर देते हैं → **काली गिडार (Altheslia lugens proseima) का**

1033. सरसों में कौनसे कीट लगते हैं → **पिस्सु भृग व पेन्टिड बम**

1034. तिलहनी फसलों में कीट नियन्त्रण के लिए किसका प्रयोग नहीं करना चाहिए क्योंकि यह तेल संरचना में पहुँच जाते हैं इसके स्थान पर एलड्रीन का प्रयोग करना चाहिए → **BHC का प्रयोग**

1035. किसके बीजों का प्रयोग पुलिटस बनाने सुगंधित तेल अन्य औषधियां व रंग पेन्टस, वार्निस और छपाई के लिये प्रयुक्त स्याही तैयार होती है → **अलसी के बीजो का**

1036. किसके पौधों के तने से रेशे निकाले जाते हैं जिनका प्रयोग कैनवास, दरी तथा अन्य मोटे प्रकार के कपड़े तैयार करने में किया जाता है → **अलसी के पौधों के तने से**

1037. रेशे निकालने के बाद बचे हुये तने का कड़ा हिस्सा किसके प्रयोग होने वाले कागज तैयार करने के काम में आता है → **सिगरेट में**

1038. अलसी के दानो में कितना लिमोलिंक अम्ल पाया जाता है → **50–57%**

1039. अलसी की छिटकवा विधि से बुवाई करते हैं जिससे कौनसी विधि कहते हैं → **उतेरा व पिजेरा**

1040. इसका भंडारण के समय कितनी नमी छोड़ी जाती है → **10–12% तक**

1041. गेहूँ के दाने में नाइट्रोजन किसके रूप में पायी जाती है → **ग्लुटिन के**

1042. गेहूँ में नाइट्रोजन की दो तिहाई या आधी मात्रा खेत में डालनी चाहिए → **बुआई के समय**

1043. कितनी नमी पर गेहूँ की फसल की कटाई करनी चाहिए → **20–30%**

1044. लवणीय मृदा में बीज दर कितनी बढाये तथा नाइट्रोजन की मात्रा 20% अधिक बढावें → **10–15 प्रतिशत**

1045. नाइट्रोजन का 1/3 भाग बुवाई पर, 1/3 भाग कलमे फुटते समय तथा 1/3 कब देते हैं → **दाने पकते समय**

1046. गेहूँ में पहली सिंचाई कितने दिन पर करनी चाहिए → **क्रान्तिक अवस्था 20–25 दिन**

1047. जौ क्या बनाने के काम आता है → **माल्टा व शराब**

1048. दाने में कितनी नमी रहने पर भंडारण करते हैं → **10–12%**

1049. माल्टा बनाने वाले जौ में नाइट्रोजन की मात्रा कम देनी चाहिए क्योंकि अधिक देने से प्रोटीन बढ़ जाता है और कैसे हो जाते हैं → **माल्ट बनवाने में गुण कम**

1050. चने की पत्तियों में किसकी उपस्थिति से भूसा नमकीन होता है → **मेलिक एसिड व ओक्जैलिक एसिड आदि की**

1051. स्कर्वी (Scurvy) नाम के रक्त रोग में किससे लाभ होता है → **अंकुरित चने से**

1052. चना कितनी गहराई पर बोते हैं → **6–8 से.मी.**

1053. चने में पहली सिंचाई बुवाई के 30 दिन बाद व दूसरी सिंचाई बोने के कितने दिन बाद करनी लाभ दायक है → **55–60 दिन बाद फूल आते समय**

1054. विश्व में कितनी चीनी चुकन्दर से प्राप्त चीनी के द्वारा होता है → **40%**

1055. चुकन्दर की पत्तियों में कौनसा होता है → **एसिटिक अम्ल**

1056. चुकन्दर की जड़ो से चीनी निकालने के बाद बचे हुये भाग को क्या कहते हैं → **गुदे (Pulp)**

1057. चुकन्दर में कितनी शर्करा होती है → **17.5%**

1058. चुकन्दर के अघुलनशील भाग को क्या कहते हैं → **मार्क (Mark)**

1059. चुकन्दर में बोरॉन की कमी से लगी बीमारी को क्या कहते हैं → **'हर्ट शेट'**

1060. जई पौधे से एक विशेष प्रकार का कौनसा पदार्थ तैयार किया जाता है → **परफ्यूरल (Perfural)**

1061. जई की हरी पत्तियों से प्रोटीन व विटामिन कमी होती है 10–12% क्रड प्रोटीन तथा कितना सूखा चारा प्राप्त होता है → **20–30% तक**

1062. किसी खेत में पहली बार बरसीम बोने पर बीजों को बोने से पहले किस बैक्टीरिया से उपचारित करना चाहिए → **राइजोबियम ट्राईफोलिआई नामक बैक्टीरिया से**

1063. लुसर्न में ज्वार का कितना प्रोटीन पाया जाता है → **पाँच गुणा**

1064. लुसर्न बोने की कौनसी विधियाँ है → **छिटकवा व हावर्ड विधि**

1065. आलू में कौनसा (ट्रिप्टोफेन, ल्युसीन व आइसोल्यूटीन) पाया जाता है → **अमीनो अम्ल**

1066. आलू में क्या पाया जाता है → **केल्शियम, लोहा, थायमीन, राइबोफ्लेविन व एस्कोर्बिक अम्ल**

1067. आलू से औद्योगिक रूप में क्या तैयार किये जाते हैं → **ग्लूकोज, डेक्सट्रेक, स्टार्च, शराब व कागज, साइट्रिक अम्ल**

1068. आलू में कौनसे विटामिन पाये जाते हैं → **अ, बी, व सी**

1069. आलू की बुवाई विधियां कौनसी है → **Flat sowing, Flat sowing followed by Ridging, Ridge sowing, Double sowing, Potato planter.**

1070. आलू के कंदो की सुषुप्तावस्था तोड़ने के लिये कन्द के टुकड़ों को किससे उपचारित करते हैं → **1% थामोयूरिया, क्लोराडीन या पोटेशियम थामोसाइनेट या जिब्रेलिक अम्ल के घोल में बोने के 1 घंटे पहले 1 घंटे तक**

1071. भंडारण के लिए आलू को कितना तापक्रम व अपेक्षित आर्द्रता पर रखा जाता है → **1-4.5°C व 90-95%**

1072. आलू को संग्रहण के पहले ऐसे हवादार व ठण्डे स्थान पर रखे जहां पर प्रंकाश नहीं पड़े इस विधि को क्या कहते हैं → **क्योरिंग विधि**

1073. आलू को ब्लेक स्कार्फ बीमारी से बचाने के लिए बीज को बोने से पहले किससे उपचारित करते हैं → **एगलाल 0.5% घोल में 5 मिनट डुबोकर**

■■■■

4

कृषि विज्ञान के JET पेपर

JET PAPER - 2005

1. हरित क्रान्ति के अन्तर्गत अधिक पैदावार देने वाली गेहूँ की किस्म कौनसी थी?
   (अ) नोरिन–10 (ब) नोरिन–11
   (स) एच.डी.– 10 (द) एच.डी.– 11

2. भारत में ऑपरेशन फ्लड की शुरूआत कब हुई?
   (अ) 1965 में (ब) 1970 में
   (स) 1975 में (द) 1960 में

3. टमाटर का लाल रंग किस रसायन के कारण होता है।
   (अ) थायमोल (ब) टैनिन
   (स) क्यूमिनोल (द) लाइकोपीन

4. भारत में इनमें से किस स्थान पर केन्द्रीय कृषि विश्वविद्यालय नहीं है?
   (अ) पूसा समस्तीपुर (बिहार)
   (ब) इम्फाल (मणिपुर)
   (स) सोलन (हिमाचल प्रदेश)
   (द) झाँसी (उत्तर प्रदेश)

5. भारत का प्रथम कृषि विश्वविद्यालय स्थापित किया गया।
   (अ) 1960 में पंतनगर
   (ब) 1962 में पंतनगर
   (स) 1960 में सोलन में
   (द) 1962 में सोलन

6. राजस्थान का राजकीय पुष्प है ?
   (अ) खेजड़ी (ब) रोहिड़ा
   (स) गुलाब (द) कमल

7. राजस्थान का डेनमार्क कहलाता है ?
   (अ) जयपुर (ब) उदयपुर
   (स) जोधपुर (द) बीकानेर

8. राष्ट्रीय मरू उद्यान किस जिले में है ?
   (अ) भरतपुर (ब) सवाईमाधोपुर
   (स) जैसलमेर (द) जोधपुर

9. निम्न में से मसाले की रानी कही जाती है।
   (अ) सौंफ (ब) लहसुन
   (स) ईलायची (द) लोंग

10. राजस्थान में पंचायती राज की शुरूआत किस जिले में हुई ?
   (अ) सिरोही (ब) जयपुर
   (स) नागौर (द) अजमेर

11. राजस्थान में राज्य बीज निगम की स्थापना कब हुई ?
   (अ) 1958 (ब) 1968
   (स) 1978 (द) 1988

12. राजस्थान में किस पशु की संख्या सर्वाधिक है ?
(अ) गाय (ब) बकरी
(स) भैंस (द) भेड़

13. राजस्थान का प्रथम कृषि विज्ञान केन्द्र कब व कहाँ स्थापित किया गया?
(अ) फतेहपुर (1976)
(ब) चोमूँ (1984)
(स) गानेड़ा (1976)
(द) फतेहपुर सीकरी (1974)

14. राजस्थान में जीरे के उत्पादन में प्रथम जिला है?
(अ) उदयपुर (ब) जालौर
(स) सिरोही (द) पाली

15. भारत का प्रथम कृषि विज्ञान केन्द्र कहाँ स्थापित किया गया था ?
(अ) सोलन (ब) मासिनराम
(स) लुधियाना (द) पांडीचेरी

16. पर्यावरण दिवस कब मनाया जाता है?
(अ) 5 मार्च (ब) 5 अप्रैल
(स) 5 मई (द) 5 जून

17. किसान का हलवाहा किस कीट को कहा जाता है ?
(अ) बीटल (ब) केंचुआ
(स) चींटी (द) सभी

18. सब्जियों में सबसे पुरानी कृषित सब्जी है?
(अ) खीरा (ब) करेला
(स) ककड़ी (द) प्याज

19. गाय की किस नस्ल का दूध मीठापन लिये होता है?
(अ) थारपाकर (ब) राठी
(स) सहीवाल (द) सूरती

20. एशिया की सबसे बड़ी दुग्ध कालोनी कहाँ है?
(अ) महाराष्ट्र में
(ब) कर्नाटक में
(स) राजस्थान में
(द) उत्तर प्रदेश में

21. IARI की स्थापना सर्वप्रथम कहाँ की गई थी?
(अ) महाराष्ट्र (ब) पूसा बिहार (1905)
(स) उत्तर प्रदेश (द) दिल्ली

22. भारत में हरित क्रान्ति के जनक कौन है?
(अ) कुरियन (ब) सेल्मन
(स) स्वामीनाथन (द) बोरलोंग

23. हल्दी की पीला रंग किस रसायन के कारण होता है?
(अ) ऐलिल (ब) केप्सेसिन
(स) कुकरमिन (द) एमाइलेडिन

24. राजस्थान में कृषि विश्वविद्यालय की संख्या है?
(अ) पाँच (ब) तीन
(स) दो (द) एक

25. जीवन फर्टिलाईजर किस शहर में स्थित है?
(अ) उदयपुर (ब) जयपुर
(स) बूँदी (द) कोटा

26. राजस्थान में मण्डोर गार्डन स्थित है ?
(अ) जोधपुर (ब) बाड़मेर
(स) जैसलमेर (द) बीकानेर

27. राजस्थान का सर्वाधिक आर्द्र स्थान है ?
(अ) माऊंट आबू (ब) पिण्डवाडा
(स) वल्लभनगर (द) चम्बल

28. राज्य का सर्वाधिक क्षेत्रफल वाला जिला है?
(अ) जैसलमेर (ब) बीकानेर
(स) बाड़मेर (द) जयपुर

29. राज्य का सर्वाधिक वायु अपरदन वाला जिला है?
(अ) जयपुर (ब) जोधपुर
(स) बाड़मेर (द) जैसलमेर

30. राजस्थान में भारत के कुल ऊँटो का कितना प्रतिशत है ?
(अ) 90 प्रतिशत (ब) 40 प्रतिशत
(स) 60 प्रतिशत (द) 50 प्रतिशत

31. अफीम का उत्पादन निम्न में से किस जिले में होता है ?
(अ) जयपुर (ब) चित्तौड़गढ
(स) श्री गंगानगर (द) उपरोक्त सभी

32. विश्व जनसंख्या दिवस मनाया जाता है ?
(अ) 21 अक्टूबर (ब) 11 सितम्बर
(स) 21 अगस्त (द) 11 जुलाई

33. इंडियन होर्टिकल्चर नामक पत्रिका कहाँ से प्रकाशित होती है?
(अ) TNAU (ब) IARI
(स) ICAR (द) GBPUAT

34. सर्वाधिक तेजी से बढने वाला वृक्ष है ?
(अ) लीची (ब) सफेदा
(स) शहतूत (द) आम

35. सर्वाधिक लोहा किस फल में पाया जाता है?
(अ) करोंदा (ब) बेर
(स) केला (द) फालसा

36. विश्व में सबसे बड़ा पुष्प कौनसा है ?
(अ) कोसमोस (ब) जीनिया
(स) वुल्फिया (द) रिफ्लेशिया

37. विश्व में चीनी भंडार के नाम से जाना जाता है ?
(अ) कोरिया (ब) क्यूबा
(स) इजराईल (द) मलेशिया

38. निम्न में से सफेद सोना (White gold) के नाम से कौनसी फसल जानी जाती है?
(अ) बाजरा (ब) सूरजमुखी
(स) अफीम (द) कपास

39. यूरिया की खोज करने वाला वैज्ञानिक है?
(अ) चार्ल्स (ब) हरमेन
(स) जीड़लर (द) बोल्ट

JET PAPER - 2006

1. मैरिनो कहाँ की नस्ल है?
(अ) स्पेन (ब) भारत
(स) चीन (द) पाकिस्तान

2. गाय के दूध में वसा की औसतन मात्रा कितनी होती है?
(अ) 3.5% (ब) 2.5%
(स) 4.5% (द) 6.5%

3. थारपारकर कौन से पशु की नस्ल है?
(अ) भैंस (ब) भेड़
(स) गाय (द) घोड़ा

4. केले में प्रवर्धन की सबसे प्रचलित विधि है?
(अ) बीज द्वारा (ब) गूटी द्वारा
(स) कलिकायन द्वारा
(द) सोर्ड सकर्स द्वारा

5. बहुगुणिता किसमें पाई जाती है?
(अ) केले में (ब) जामून में
(स) नींबू में (द) पपीतें में

6. गन्ने के बीज को क्या कहते हैं?
(अ) आँखें (ब) टुकड़े
(स) पेड़ी (द) जड़

7. सोयाबीन में प्रोटीन की मात्रा कितनी होती है?
(अ) 30-32% (ब) 38-41%
(स) 48-50% (द) 58-62%

8. 2–4–D किसके काम आता है?
(अ) खरपतवार नष्ट करने के
(ब) कीट नष्ट करने के
(स) व्याधियाँ नष्ट करने के
(द) बीजोपचार रसायन

9. यूरिया है?
(अ) कार्बनिक खाद
(ब) अकार्बनिक खाद
(स) सान्द्रित खाद
(द) स्थूल जीवांश खाद

10. आम्रपाली कौनसे फल की किस्म है ?
(अ) नींबू की (ब) आम की
(स) अंगूर की (द) केले की

11. RMO-40 किसकी किस्म है?
(अ) उड़द की (ब) सरसों की
(स) चना की (द) मोठ की

12. निम्न में से मुख्य पोषक तत्त्व कौनसा है?
(अ) कैल्शियम (ब) पोटाश
(स) लौहा (द) गंधक

13. निम्न में से दीर्घकालीन आवश्यक पोषक तत्त्व है?
(अ) नाइट्रोजन (ब) डी.ए.पी.
(स) पोटाश (द) कैल्शियम

14. केन्द्रीय शुष्क क्षेत्र अनुसंधान संस्थान कहाँ पर स्थित है?
(अ) जयपुर में (ब) उदयपुर में
(स) जोधपुर में (द) टोंक में

15. राजस्थान में कुल कितने शस्य जलवायवीय खण्ड है?
(अ) 15 (ब) 20
(स) 10 (द) 25

16. भारत में प्रति व्यक्ति प्रतिदिन दूध उत्पादकता कितनी है?
(अ) 280 ग्राम (ब) 210 ग्राम
(स) 227 ग्राम (द) 250 ग्राम

17. पशुओं में एन्थ्रेक्स रोग किसके द्वारा फैलता है?
(अ) फफूँद जनित रोग है
(ब) पोषक तत्वों की कमी से
(स) बैक्टीरिया द्वारा
(द) वायरस द्वारा

18. छोटी पर्ण रोग (Little leaf) किसकी कमी से फैलता है?
(अ) जस्ता (ब) लोहा
(स) तांबा (द) मेग्नीशियम

19. सरसों उत्पादन में भारत में राजस्थान का कौनसा स्थान है?
(अ) प्रथम (ब) चौथा
(स) तृतीय (द) द्वितीय

20. ऑपरेशन फ्लड (Oeration flood) का संबंध है?
(अ) दूध
(ब) आधार बीज
(स) तिलहन उत्पादन
(द) मछली उत्पादन

21. सबसे ज्यादा अनुवांशिक शुद्धता कौनसे बीज में होती है?
(अ) प्रमाणित बीज
(ब) आधार बीज
(स) मूल केन्द्रक बीज
(द) उपरोक्त कोई नहीं

22. आलू की सुषुप्तावस्था (Dormancy) तोड़ने के लिये क्या काम में लेते हैं?
(अ) थायो यूरिया
(ब) NAA
(स) साइटोकाइनिन
(द) H_2SO_4

23. ओलेरीकल्चर (Olericulture) के अन्तर्गत किसकी खेती करते हैं?
(अ) फलों की (ब) सब्जियों की
(स) फूलों की (द) अंगूर की

24. गुलदाऊदी में प्रवर्धन किसके द्वारा किया जाता है?
(अ) बीज द्वारा
(ब) कर्तन द्वारा
(स) कलिकायन द्वारा
(द) कलम द्वारा

25. राजस्थान से निम्न में से कौनसे फल का निर्यात किया जाता है?
(अ) अंगूर (ब) खजूर
(स) किन्नो (द) बेर

26. जालोर सीडलैस किसकी किस्म है?
(अ) पपीते की (ब) अंगूर की
(स) अनार की (द) फालसा की

27. कौनसी फसल का उपयोग रेशा बनाने व खाने के तेल दोनों में किया जाता है?
(अ) सनई (ब) अलसी
(स) जूट (द) कपास

28. मुर्गियों को विटामिन ए की आपूर्ति के लिये देते हैं?
(अ) हरा चारा
(ब) मक्का
(स) चावल का भूसा
(द) उपरोक्त सभी

29. जिस दूध में वसा नहीं होती उसे क्या कहते हैं?
(अ) टोंड मिल्क (ब) सिकम्ड मिल्क
(स) पास्चुराइज्ड (द) स्टेण्डर्ड मिलक

30. गोबर की खाद है?
(अ) अकार्बनिक उर्वरक
(ब) कार्बनिक उर्वरक
(स) संकेन्द्रित कार्बनिक खाद
(द) स्थूल कार्बनिक खाद

31. उक्ठा रोग (Wilt) निम्नलिखित में से किसके द्वारा फैलता है?
(अ) बेक्टीरिया
(ब) फफूंद द्वारा
(स) विषाणु वायरस
(द) उपरोक्त कोई नहीं

32. इण्डॉल ब्यूटायरिक अम्ल (IBA) किस तरह का हार्मोन है?
(अ) तना बढाने वाला
(ब) जड़े निकालने में सहायक
(स) पौधों की वृद्धि रोकने वाला
(द) इनमें से कोई नहीं

33. निम्न में से जैली का प्रमुख घटक कौनसा है?
(अ) पानी (ब) पैक्टिन
(स) नींबू का सत
(द) उपरोक्त कोई नहीं

34. मैंगो मालफॉर्मेशन निम्न में से क्या है?
(अ) रोग (ब) कीड़ा
(स) क्रियात्मक व्याधि
(द) उपरोक्त में से कोई नहीं

35. जालौर बेदाना किस्म निम्न में से किस फलदार पौधे की है?
(अ) आम (ब) बेर
(स) अनार (द) आँवला

36. निम्न में से कौनसा बेर का प्रमुख हानिकारक कीट है?
(अ) एफिड (ब) थ्रिप्स
(स) फलमक्खी (द) उपरोक्त कोई नहीं

37. शुष्क क्षेत्रों में बेर के वृक्षों की कटाई छँटाई (Pruning) किस महिने में करनी चाहिये?
(अ) जुलाई (ब) दिसम्बर
(स) सितम्बर (द) अप्रेल–मई

38. सर्वाधिक वसा की मात्रा किसके दूध में होती है?
(अ) मुर्रा भैंस (ब) भदावरी भैंस
(स) हरियाणा गाय (द) साहीवाल गाय

39. मुर्गी के शरीर का औसत तापमान होता है?
(अ) 107°F (ब) 101°F
(स) 98°F (द) 102°F

40. राष्ट्रीय डेयरी विकास बोर्ड कौनसे वर्ष में स्थापित किया गया था?
(अ) 1971 (ब) 1952
(स) 1949 (द) 1965

JET PAPER - 2007

1. ग्लाईकोजन का अन्य नाम है?
(अ) स्टार्च (ब) एनीमल स्टार्च
(स) डेक्सट्रीन (द) सुक्रोज

2. खुरपका–मुँहपका बीमारी का कारण है?
(अ) जीवाणु (ब) परजीवी
(स) विषाणु (द) बेक्टीरियोफॉज

3. जमुनापारी बकरी का मूल स्थान है?
(अ) आगरा क्षेत्र (ब) बुन्देलखण्ड क्षेत्र
(स) तराई क्षेत्र (द) रूहेलखण्ड क्षेत्र

4. जैम में चीनी की सान्द्रता होती है?
(अ) 10°Brix (ब) 40°Brix
(स) 68°Brix (द) 90°Brix

5. फसल चक्र में किस प्रकार की फसलों को मुख्यता सम्मिलित करना चाहिए?
(अ) दलहनी फसलें
(ब) आच्छादित फसलें
(स) नकदी फसलें
(द) रेशे वाली फसलें

6. एग्रीकल्चर शब्द किस भाषा से लिया गया है?
(अ) लेटिन (ब) ग्रीक
(स) हिन्दी (द) स्पेनिश

7. प्रजनक द्वारा सर्वप्रथम उत्पन्न बीज है?
(अ) केन्द्रक बीज (ब) आधार बीज
(स) प्रमाणित बीज (द) पंजीकृत बीज

8. राजस्थान में सिंचाई का सबसे प्रमुख स्त्रोत है?
(अ) जलाशय (ब) नहरें
(स) कुएँ (द) ट्यूबवेल

9. तारामीरा की किस्म है?
(अ) टी–9 (ब) टी–36
(स) टी– 27 (द) टी–151

10. राजस्थान के किस जिले में चुकन्दर की खेती मुख्यतया होती है?
(अ) जयपुर (ब) श्रीगंगानगर
(स) भरतपुर (द) सवाईमाधोपुर

11. बाजरा की वृद्धि के लिये उपयुक्त तापमान है?
(अ) 15-20°C (ब) 20-80°C
(स) 25-35°C (द) 30-40°C

12. लाल विगलन रोग (Red Rot) किस फसल की मुख्य बीमारी है?
(अ) चना (ब) गेहूँ
(स) चुकन्दर (द) गन्ना

13. निम्न में से कौनसा जटिल उर्वरक है?
(अ) यूरिया
(ब) सिंगल सुपर फॉस्फेट
(स) म्यूरेट ऑफ पोटाश
(द) इफको AA

14. एट्राजीन शाकनाशी कौनसी फसल में खरपतवार नियन्त्रण के लिये उपयुक्त है?
(अ) कपास (ब) सोयाबीन
(स) उड़द (द) मक्का

15. राजस्थान में कौनसे जिले में धनिये की खेती के अन्तर्गत सर्वाधिक क्षेत्रफल है?
(अ) कोटा में (ब) बून्दी में
(स) बारां में (द) झालावाड़ में

16. जानवरों में गलघोंटू रोग किससे आता है?
(अ) जीवाणुओं से
(ब) विषाणुओं
(स) फंगाई से
(द) शैवाल से

17. कौनसी फसल को उगाने में जल भराव की आवश्यकता होती है?
(अ) धान में (ब) मक्का में
(स) गन्ना में (द) कपास में

18. गेहूँ में सिंचाई हेतु बढवार की सबसे प्रमुख क्रान्तिक अवस्था है?
(अ) फुटान की अवस्था
(ब) शीर्ष जड़ अवस्था
(स) फूल आते समय
(द) दूधिया अवस्था

19. निम्न में से कौनसी फसल कम तापमान में सबसे अधिक प्रभावित होती है?
(अ) गेहूँ (ब) जौ
(स) चना (द) सरसों

20. मुर्गी की व्हाइट लेगहॉर्न नस्ल की उत्पत्ति कौनसे देश से हुई है?
(अ) इटली से (ब) फ्रांस से
(स) जापान से (द) अमेरिका से

21. राज्य में सिंचाई का सबसे प्रचलित साधन है?
(अ) नहरें (ब) कुएँ
(स) नलकूप (द) तालाब

22. गाय के दूध के पीले रंग का कारण है?
(अ) लेक्टोज (ब) ग्लूकोज
(स) कैरोटीन (द) प्रोटीन

23. पर्वतीय क्षेत्रों में फल वृक्ष लगाने की अनुमोदित पद्धति है ?
(अ) वर्गाकार पद्धति
(ब) पंचवृक्षीय पद्धति
(स) सीढीनुमा पद्धति
(द) आयताकार पद्धति

24. भैंस में गर्भावधि कितने दिन की होती है?
    (अ) 180 दिन (ब) 281 दिन
    (स) 310 दिन (द) 295 दिन
25. आवश्यक पोषक तत्त्व लोहे के कौन से वर्ग में वर्गीकृत किया गया है?
    (अ) वृहद पोषक तत्व
    (ब) सूक्ष्म पोषक तत्व
    (स) सुधारक पोषक तत्व
    (द) उपरोक्त कोई नहीं
26. कौनसा पोषक तत्त्व पौधों की वानस्पतिक वृद्धि में सहायता करता है?
    (अ) नाइट्रोजन (ब) फॉस्फोरस
    (स) कैल्शियम (द) पोटेशियम
27. जैली बनाने के लिए उपयुक्त फल है?
    (अ) अमरूद (ब) अंगूर
    (स) पपीता (द) आम
28. देश में राजस्थान की कौनसी तिलहन फसल का क्षेत्रफल व उत्पादन में प्रथम स्थान है?
    (अ) सरसों (ब) सोयाबीन
    (स) असली (द) मूँगफली
29. कौनसा पादप हार्मोन जिब्रेलिन के प्रतिकूल कार्य करता है?
    (अ) कुल्टार या पेक्लोब्यूट्राजोल
    (ब) ऑक्सीन
    (स) साइटोकाइनिन
    (द) ईथाइलीन
30. बरसीम फसल को उगाया जाता है?
    (अ) तेल उत्पादन हेतु
    (ब) दाल उत्पादन हेतु
    (स) चारा उत्पादन हेतु
    (द) रेशा उत्पादन हेतु
31. प्रमाणित बीज उत्पादन के लिये किसका उपयोग करते हैं?
    (अ) आधार बीज
    (ब) सत्य चिन्हित बीज
    (स) प्रमाणित बीज
    (द) मूल केन्द्रक बीज
32. निम्न में से WCC-75 किसकी किस्म है?
    (अ) बाजरे की (ब) मक्का की
    (स) गेहूँ की (द) सरसों की
33. गायानोडायेसियस प्रकार के पपीते में पौधे पाये जाते हैं?
    (अ) नर व मादा
    (ब) नर व उभयलिंगी
    (स) मादा व उभयलिंगी
    (द) केवल मादा
34. गाय के दूध का आपेक्षित घनत्व होता है?
    (अ) 1.036 (ब) 1.032
    (स) 1.028 (द) 0.930
35. राजस्थान में गन्ने की बसन्तकालीन बुवाई का सबसे उपयुक्त समय है?
    (अ) जुलाई अगस्त में
    (ब) दिसम्बर जनवरी में
    (स) फरवरी मार्च में
    (द) अक्टूबर नवम्बर में
36. रोमन्थी पशुओं का असली आमाशय होता है?
    (अ) ओमेसस (ब) रूमेन
    (स) रेटीक्यूलम (द) एबोमेजम
37. भेड़ में प्रसव की क्रिया को क्या कहते हैं?
    (अ) काविंग (ब) लेम्बिंग
    (स) फरोइंग (द) कीडिंग

38. निम्न में से अमेरिकन कपास का वैज्ञानिक नाम है?
(अ) गोसीपियम आरबोरियम
(ब) गोसीपियम हरबेसियम
(स) गोसीपियम बारबेन्स
(द) उपरोक्त में से कोई नहीं

39. राष्ट्रीय डेयरी अनुसंधान संस्थान कहा है?
(अ) करनाल (ब) जयपुर
(स) उदयपुर (द) दिल्ली

40. राष्ट्रीय सोयाबीन अनुसंधान केन्द्र कहाँ स्थित है?
(अ) इन्दौर (ब) दिल्ली
(स) कानपुर (द) मुम्बई

JET PAPER - 2008

1. राष्ट्रीय बागवानी बोर्ड कहाँ स्थित है?
(अ) दिल्ली (ब) जयपुर
(स) गुड़गांव (द) हिसांर

2. अनार की किस्म है?
(अ) ढोलका
(ब) तोतापुरी
(स) एन.ए. 10
(द) थोमसन सीडलैस

3. जर्सी गाय के दूध में औसतन चिकनाई की मात्रा होती है?
(अ) 3 प्रतिशत (ब) 4 प्रतिशत
(स) 5 प्रतिशत (द) 6 प्रतिशत

4. खुली पशुशाला में वयस्क भैंस को कितने स्थान की आवश्यकता होती है?
(अ) 80–100 वर्गफुट
(ब) 100–125 वर्गफुट
(स) 130–150 वर्गफुट
(द) 165–185 वर्गफुट

5. किस नस्ल की गाय द्वि–प्रयोजनीय होती है?
(अ) नागौरी (ब) गिर
(स) जर्सी (द) थारपारकर

6. पपीता में कितने समय में फल आने लगता है?
(अ) 4 माह (ब) 8 माह
(स) 12 माह (द) 15 माह

7. व्हाइट लेगहॉर्न का उत्पत्ति स्थल है?
(अ) अमेरिका (ब) इटली
(स) ऑस्ट्रेलिया (द) पाकिस्तान

8. किस फल पर पाले का सबसे ज्यादा खराब प्रभाव पड़ता है?
(अ) पपीता (ब) संतरा
(स) अनार (द) नींबू

9. देश के कुल भौगोलिक क्षेत्र में राजस्थान के भौगोलिक क्षेत्र का प्रतिशत क्या है?
(अ) 12.4 (ब) 10.5
(स) 10.4 (द) 9.0

10. दुधारू पशुओं में जीवाणुओं के कारण कौनसा रोग होता है?
(अ) पशु प्लेग
(ब) रक्त न्यूनता
(स) खुरपका–मुँहपका
(द) गलघोंटू

11. पशुओं की आंत में कृमियों को मारने के लिये कितने प्रतिशत के कॉपर सल्फेट घोल का प्रयोग किया जाता है?
(अ) 1% (ब) 2%
(स) 3% (द) 4%

12. केन्द्रीय भेड़ एवं ऊन अनुसंधान संस्थान कहाँ पर स्थित है?
(अ) करनाल (हरियाणा)
(ब) अविकानगर (राजस्थान)
(स) इन्दौर (मध्यप्रदेश)
(द) सूरत (गुजरात)

13. करनाल बन्ट नामक रोग किस फसल से संबंधित है?
(अ) मक्का (ब) गेहूँ
(स) गन्ना (द) आलू

14. दीमक पौधे के कौनसे भाग को नुकसान पंहुचाती है?
(अ) तना (ब) पत्तियाँ
(स) जड़ (द) फूल

15. कौनसी फसल बीजीय मसालों के अन्तर्गत नहीं आती है?
(अ) जीरा (ब) मेथी
(स) सौंफ (द) मिर्च

16. निम्न में से कौनसा जैव उर्वरक है?
(अ) गोबर की खाद
(ब) हरी खाद
(स) राइजोबियम कल्चर
(द) यूरिया

17. इनमें से कौनसी बीमारी जीवाणु जनित बीमारी नहीं है?
(अ) गिल्टी रोग (एन्थ्रेक्स)
(ब) थैनेला रोग
(स) जहरबाद (ब्लेक क्वार्टर)
(द) खुरपका मुंहपका

18. निम्न में से कौनसा पोषक तत्त्व पौधों के लिये आवश्यक नहीं है?
(अ) मैग्नीशियम (ब) गंधक
(स) निकल (द) तांबा

19. गेहूँ की किस्म नहीं है?
(अ) राज. 3077 (ब) लोक–1
(स) राज. 3777 (द) GNG-663

20. फूलगोभी में भूरापन रोग किस तत्त्व की कमी के कारण होता है?
(अ) नाइट्रोजन (ब) मोलिब्डेनम
(स) बोरोन (द) गंधक

21. सूरती कौनसे पशु की नस्ल है?
(अ) गाय (ब) भैंस
(स) बकरी (द) सुअर

22. रानीखेत बीमारी किससे संबंधित है?
(अ) गाय से (ब) भैंस से
(स) बकरी (द) मुर्गी से

23. पेड़ी (रेटुनिंग) किस फसल से संबंधित है?
(अ) गन्ना (ब) चावल
(स) गेहूँ (द) तम्बाकू

24. दूध की शर्करा को कहते हैं?
(अ) फ्रक्टोज (ब) सुक्रोज
(स) लेक्टोज (द) ग्लूकोज

25. राष्ट्रीय डेयरी अनुसंधान संस्थान कहाँ पर स्थित है?
(अ) हिसार (ब) उदयपुर
(स) करनाल (द) सूरत

26. थार का रेगिस्तान कहाँ पर है?
(अ) हरियाणा (ब) पंजाब
(स) गुजरात (द) राजस्थान

27. राजस्थान में अंगूर लगाने का सर्वोत्तम समय कौनसा है?
(अ) जून–जुलाई
(ब) जनवरी–फरवरी
(स) अगस्त सितम्बर
(द) मार्च–अप्रेल

28. 100 किलो सिंगल सुपर फॉस्फेट में कितने किग्रा. फॉस्फोरस प्राप्त हो जाता है?
(अ) 46 किलो
(ब) 24 किलो
(स) 32 किलो
(द) 16 किलो

29. पशुओं में रिडरपेस्ट किससे फैलती है?
(अ) प्रोटोजोआ (ब) विषाणु
(स) बैक्टोरिया (द) फफँदी

30. RGC- 936 किस फसल की किस्म है?
(अ) चंवला (ब) अरण्डी
(स) बाजरा (द) ग्वार

31. आम के प्रसारण के लिये कौनसी प्रसारण विधि अधिक प्रचलित है?
(अ) ग्राफ्टिंग
(ब) इनार्चिंग
(स) कलिकायन
(द) एयर लेयरिंग

32. वह कौनसा ज्वर है जिसमें गाय/भैंस के शरीर का तापमान कम हो जाता है?
(अ) टिक फीवर
(ब) मिल्क फीवर
(स) टायफाइड
(द) उपरोक्त कोई नहीं

33. कितनी उम्र की बकरी से सबसे अच्छा मांस प्राप्त किया जा सकता है?
(अ) 1 से 2 महीने
(ब) 2 से 3 महीने
(स) 6 से 12 महीने
(द) 15 से 18 महीने

34. वायु की गति नापने के उपकरण को क्या कहते हैं?
(अ) विण्ड वैन (ब) अल्टीमीटर
(स) बैरोमीटर (द) एनिमोमीटर

35. राजस्थान कृषि विश्व विद्यालय की स्थापना कब हुई?
(अ) 1960 (ब) 1972
(स) 1987 (द) 1999

36. राजस्थान में पानी द्वारा मिट्टी कटाव सर्वाधिक किस जिले में होता है?
(अ) कोटा (ब) टोंक
(स) जयपुर (द) उदयपुर

37. राजस्थान में सर्वाधिक पशु वाला जिला है?
(अ) बाड़मेर (ब) जयपुर
(स) उदयपुर (द) धोलपुर

38. गरीब की गाय कहलाती है?
(अ) बकरी (ब) गाय
(स) भैंस (द) भेड़

39. गेहूँ की बीज दर प्रति हेक्टेयर होती है?
(अ) 100–120 Kg
(ब) 120–140 Kg
(स) 60–80 Kg
(द) 50–60 Kg

40. सरसों की बुवाई के लिये बीज दर प्रति हेक्टेयर होती है?
(अ) 5 Kg (ब) 8 Kg
(स) 10 Kg (द) 1 Kg

JET PAPER - 2009

1. राजस्थान में कुल कितने एग्रो–क्लाइमेटिक जोन है?
   (अ) 8 (ब) 7
   (स) 10 (द) 4
2. अधिकतम सिंचाई दक्षता देने वाली सिंचाई पद्वति कौनसी है?
   (अ) सरफेस (ब) सबसर्फेरस
   (स) ड्रिप (द) स्प्रिंकलर
3. भारत में फल व सब्जियों की प्रोसेसिंग का प्रतिशत है?
   (अ) 2 प्रतिशत (ब) 20 प्रतिशत
   (स) 37 प्रतिशत (द) उपरोक्त कोई नहीं
4. दलहनी फसले क्रोपिंग सिस्टम में उपयुक्त बैठती है, क्योंकि वे?
   (अ) लम्बी अवधि की फसलें है
   (ब) कम अवधि की फसलें है
   (स) डिजीज रेजिस्टेंट फसलें है
   (द) मोइस्चर स्ट्रेस
5. जैम बनाने के लिये सबसे उपयुक्त फल कौनसा है?
   (अ) सेव (ब) पपीता
   (स) केला (द) अंगूर
6. निम्न में से फल परिरक्षण (प्रिजर्वेशन) की स्थाई विधि कौनसी है?
   (अ) केनिंट व बोटलिंग
   (ब) कोल्ड स्टोरेज (प्रशीतन)
   (स) सुखाना (ड्राईंग)
   (द) उपरोक्त सभी
7. सन्तरे के लिये विख्यात बड़े पैमाने पर की जा रही कृषि है?
   (अ) श्रीगंगानगर में
   (ब) झालावाड़ में
   (स) बांसवाड़ा में
   (द) भरतपुर में
8. निम्न में से किस जानवर को रेगिस्तान का जहाज कहते हैं?
   (अ) ऊँट (ब) घोड़ा
   (स) शेर (द) जेबरा
9. भारत में मसाले वाली फसलों का सबसे ज्यादा क्षेत्रफल तथा सर्वाधिक उपज वाला राज्य है?
   (अ) केरल (ब) राजस्थान
   (स) पंजाब (द) मध्यप्रदेश
10. पौधों द्वारा नाइट्रोजन किस रूप में ग्रहण की जाती है?
    (अ) नाइट्रेट के रूप में
    (ब) क्लोराइड के रूप में
    (स) ऑक्साइड के रूप में
    (द) उपरोक्त में से किसी भी रूप में नहीं
11. केन्द्रीय शुष्क बागवानी संस्थान कहाँ पर स्थित है?
    (अ) अहमदाबाद में
    (ब) बीकानेर में
    (स) जोधपुर में (द) उपरोक्त कोई नहीं
12. गेहूँ में सिंचाई के लिये सबसे उपयुक्त क्रान्तिक अवस्था कौनसी है?
    (अ) मिल्क अवस्था
    (ब) फ्लॉवरिंग अवस्था
    (स) CRI अवस्था
    (द) डफ अवस्था

13. बर्ड फ्लू किससे संबंधित है?
(अ) मवेशियों से (ब) मुर्गियों से
(स) भेड़ों से (द) बकरियों से

14. खुरपका मुँहपका रोग किससे फैलता है?
(अ) वायरस से (ब) बैक्टीरिया से
(स) कवक से (द) प्रोटोजोआ से

15. थॉम्पसन सीडलैस किसकी किस्म है?
(अ) किन्नू की (ब) खजूर की
(स) अंगूर की (द) अनार की

16. धान के खेत में कौनसी गैस निकलती है?
(अ) CO_2 (ब) CH_4
(स) N_2 (द) उपरोक्त सभी

17. ऑपरेशन फ्लड का लक्ष्य है?
(अ) दूध की पैदावार बढाना
(ब) ग्रामीण क्षेत्रों की आय बढाना
(स) दूध का उचित मूल्य दिलाना
(द) उपरोक्त सभी

18. गेहूँ के खेत में फेलेरिस माइनर की रोकथाम के लिए कौनसा खरपतवारनाशी काम लेते हैं?
(अ) ब्यूटाक्लोर
(ब) आइसोप्रोटयूरॉन
(स) पैन्डीमेथालिन
(द) उपरोक्त सभी

19. राजस्थान की देश मवेशी नस्ल है?
(अ) थारपाकर (ब) कांकरेज
(स) राठी (द) उपरोक्त सभी

20. पीली क्रान्ति किस क्षेत्र से सम्बन्ध रखती है?
(अ) तिलहन उत्पादन से
(ब) दलहन उत्पादन से
(स) अनाज उत्पादन से
(द) फल उत्पादन से

21. गुलाब में प्रवर्धन की विधि है?
(अ) बडिंग द्वारा
(ब) एयर लेयरिंग द्वारा
(स) बीज द्वारा
(द) उपरोक्त कोई नहीं

22. मेड्जूल एवं हलावी किसकी प्रमुख किस्में है?
(अ) संतरे की
(ब) आँवला की
(स) बेर की
(द) खजूर की

23. दलहनी फसलें किसका अच्छा स्त्रोत है?
(अ) वसा का
(ब) कार्बोहाइड्रेट का
(स) प्रोटीन का
(द) विटामिन का

24. केला किसका मुख्य स्त्रोत है?
(अ) विटामिन C का
(ब) कार्बोहाइड्रेट का
(स) विटामिन D का
(द) वसा का

25. भेड़ों का पालन किया जाता है?
(अ) दूध के लिये
(ब) मांस के लिये
(स) ऊन व चमड़े के लिये
(द) उपरोक्त सभी के लिये

26. गाजर मुख्य स्त्रोत है?
(अ) केरोटीन का
(ब) जिंक का
(स) पोटेशियम का
(द) फॉस्फोरस का

27. राजस्थान में एरिड रीजन सिंचित क्षेत्र का मुख्य क्रोपिंग सिस्टम है?
   (अ) बाजरा–गेहूँ
   (ब) उड़द सरसों
   (स) मक्का–सरसों
   (द) उपरोक्त कोई नहीं
28. कोटा में निम्नलिखत में से किस संस्थान का उर्वरक प्लांट है?
   (अ) टाटा केमिकल्स
   (ब) इन्डो गल्फ
   (स) चम्बल फर्टिलाइजर्स एवं केमिकल्स
   (द) इफको
29. सबसे बड़ा जलवायु खण्ड है?
   (अ) IC (ब) IA
   (स) IIA (द) IIB
30. सर्वाधिक pH वाली मृदा की क्रिया होगी?
   (अ) क्षारीय (ब) उदासीन
   (स) लवणीय (द) अम्लीय
31. भारत में सर्वाधिक उपयोग होने वाली खाद है?
   (अ) गोबर की खाद (ब) यूरिया
   (स) हड्डी का चुरा (द) नाइट्रोजन
32. भारत में सिंचाई की प्रचलित विधि है?
   (अ) क्यारी विधि (ब) कूड विधि
   (स) प्रवाह विधि (द) वलय विधि
33. निम्न में से सिंचाई का पशु चलित यन्त्र है?
   (अ) रहट (ब) डेकली
   (स) बेडी (द) डीजल पम्प
34. ड्रिप सिंचाई किसमें उपयुक्त है?
   (अ) फल वृक्षों में (ब) गन्ना में
   (स) कपास में (द) चना में
35. नलकूपों द्वारा सर्वाधिक सिंचाई किस राज्य में होती है?
   (अ) पंजाब (ब) गुजरात
   (स) हरियाणा (द) महाराष्ट्र
36. निम्न में से फल को पकाने वाला हार्मोन है?
   (अ) NAA (ब) IAA
   (स) IBA (द) CEPA
37. भारत में सर्वाधिक आम का उत्पादन कौनसे राज्य में होता है?
   (अ) राजस्थान (ब) महाराष्ट्र
   (स) मध्यप्रदेश (द) उत्तरप्रदेश
38. अधिक दूध देने वाली भैंस की नस्ल है?
   (अ) नील (ब) मुर्रा
   (स) सूरती (द) कोई नहीं

JET PAPER - 2010

1. गन्ने का पुष्पक्रम क्या कहलाता है?
   (अ) स्पाइक (ब) टेसल
   (स) पेनिकल (द) ऐरो
2. दो मुख्य फसलों के बीच एक छोटी अवधि की फसल उगाना कहलाता है?
   (अ) Cash crop
   (ब) Companion Crop
   (स) Inter Crop
   (द) Catch Crop

3. धान का वानस्पतिक नाम क्या है?
(अ) ओराइजा सेटाइवा
(ब) साइसर एराइटिनम
(स) सोर्घम बाइकलर
(द) इनमें से कोई नहीं

4. भारत में (Miracle Rice) का दर्जा किस धान की किस्म को प्राप्त है?
(अ) TN-1 व IR-8
(ब) पदमा
(स) जया
(द) जगन्नाथ

5. चने का एक्सोकाइटा रोग है?
(अ) अंगमारी रोग
(ब) कीट रोग
(स) उक्ट्ठा रोग
(द) जड़ गलन रोग

6. पशुधन का चुनाव करने की सर्वश्रेष्ठ विधि है?
(अ) दूध उत्पादन देखकर
(ब) वंशावली पंजिका
(स) गुणांकन तालिका
(द) शारीरिक दशा देखकर

7. कपास में रूई को बिनौलों से अलग करने की क्रिया को कहते हैं?
(अ) ओटाई (ब) जेसिड
(स) पेच (द) लिन्ट

8. भारत में सर्वाधिक कपास की खेती की जाती है?
(अ) कर्नाटक
(ब) महाराष्ट्र
(स) हरियाणा
(द) पंजाब

9. विश्व का पहला सुगन्धित हाइब्रिड धान कौनसा है ?
(अ) पी.आर.एच.–10
(ब) पी.आर.एच.–2
(स) पी.आर.एच.–5
(द) पी.आर.एच.–17

10. एशिया की सबसे बड़ी दुग्ध बस्ती नामक कॉलोनी कहाँ स्थापित की गई है?
(अ) कर्नाटक में
(ब) उत्तरप्रदेश में
(स) हिमाचल प्रदेश में
(द) महाराष्ट्र में

11. विश्व में दूध की रानी किस नस्ल की बकरी को कहा जाता है?
(अ) अल्जेरियन (ब) सानेन
(स) मारवाड़ी (द) अंगोरा

12. सर्वप्रथम कपास का संकर बीज किस देश ने तैयार किया था ?
(अ) भारत
(ब) संयुक्त राष्ट्र अमेरिका
(स) चीन (द) मिस्र

13. केन्द्रीय आलू शोध संस्थान कहाँ पर स्थित है ?
(अ) नैनीताल (ब) देहरादून
(स) शिमला (द) कटक

14. सेन्ट्रल टोबैको रिसर्च सेन्टर कहाँ पर स्थित है?
(अ) कोयम्बटूर (ब) राजामुन्दरी
(स) शिमला (द) कटक

15. सेन्ट्रल राईस रिसर्च इंस्टीट्यूट कहाँ स्थित है?
(अ) कोलकता (ब) कटक
(स) चेन्नई (द) नई दिल्ली

16. भैंस का गर्भकाल कितने दिनों का होता है?
(अ) 270 दिन (ब) 278 दिन
(स) 282 दिन (द) 308 दिन

17. राजस्थान में प्रमाणित बीजों का वितरण कौन करता है ?
(अ) R.A.U. (ब) A.R.S.
(स) R.S.S.C. (द) R.E.S.B.

18. राजस्थान में किसानों को सर्वाधिक बीज दिलाने वाली संस्था है ?
(अ) N.S.C. (ब) R.S.S.C.
(स) S.F.I.C. (द) निजी विक्रेता

19. निम्न में से कौनसा खरपतवारनाशी है?
(अ) 2–4–डी (ब) बी.एच.सी.
(स) डी.डी.टी. (द) पैराथियान

20. राजस्थान में व्यापक मात्रा में किन्नू कहाँ पैदा किया जाता है ?
(अ) गंगानगर (ब) हनुमानगढ
(स) अजमेर (द) सीकर

21. सेन्ट्रल एरिड जोन रिसर्च इन्स्टीट्यूट (काजरी) कहाँ पर स्थित है ?
(अ) सिरोही (ब) जोधपुर
(स) जैसलमेर (द) बाड़मेर

22. सरसों उत्पादन की दृष्टि से सबसे बड़ा राज्य है?
(अ) पंजाब (ब) राजस्थान
(स) यू.पी. (द) मध्यप्रदेश

23. आम किस कुल का पादप है?
(अ) मेंगिफेरी (ब) अनाकार्डिएसी
(स) म्यूजेसी (द) ग्रेमीनी

24. अम्लीय मृदा में उगने वाले पौधे कहलाते हैं?
(अ) कैल्सीफाइट्स
(ब) सेनोफाइट्स
(स) ओक्सेलोफाइट्स
(द) हेलोफाइट्स

25. राजस्थान में सर्वाधिक मात्रा में इसबगोल पैदा होती है?
(अ) झालावाड़ (ब) जालोर
(स) सिरोही (द) बूँदी

26. मूँग का वानस्पतिक नाम क्या है?
(अ) विग्ना रेडियेटा
(ब) विग्ना मुंगो
(स) विग्ना साइनेंसिस
(द) अन्य

27. बी.टी. बैंगन किस कीट के प्रतिरोधी किस्म है?
(अ) फलछेदक (ब) दीमक
(स) एफिड (द) उपरोक्त सभी

28. भण्डारण के लिये सब्जियों व फूलों के बीजों को किसमें पैक करते हैं?
(अ) एल्यूमिनियम फोइल पाउच
(ब) पॉलिथिन बैग
(स) पेपर बैग
(द) उपरोक्त सभी

29. विटामिन बी की कमी से होने वाला रोग है?
(अ) रतौंधी (ब) अंधापन
(स) बैरी–बैरी (द) स्कर्वी

30. निम्न में सींग काटने की विधि है?
(अ) कास्टिक छड़ी द्वारा
(ब) बिजली यंत्र से
(स) आरी से
(द) उपर्युक्त सभी

31. भारतीय कृषि अनुसंधान परिषद् कहाँ स्थित है ?
(अ) नई दिल्ली (ब) करनाल
(स) कोयम्बटूर (द) लखनऊ

32. एजोला का उपयोग कौनसी फसल में करते हैं?
(अ) गेहूँ (ब) जौ
(स) मक्का (द) धान

33. ब्यूटायरोमीटर क्या काम आता है?
(अ) अम्लीयता परीक्षण में
(ब) आपेक्षित घनत्व नापने में
(स) वसा परीक्षण में
(द) दूध में मिलावट ज्ञात करने में

34. औषधीय पौधा है?
(अ) कपास (ब) नीम
(स) जौ (द) बाजरा

35. गरीब का सेव किस फल को कहा जाता है?
(अ) सांगरी (ब) बेर
(स) केर (द) खेर

36. बाग लगाने के लिये पहाड़ी क्षेत्रों में अपनायी जाने वाली विधि है?
(अ) वर्गाकार प्रणाली
(ब) षट्कोणीय प्रणाली
(स) विकर्ण प्रणाली
(द) कन्टूर प्रणाली

37. भण्डारण के समय बीजों में नमी की मात्रा होनी चाहिए?
(अ) 5–6% (ब) 6–10%
(स) 10–15% (द) 15–20%

38. विश्व खाद्य दिवस मनाया जाता है?
(अ) 20 अक्टूबर (ब) 30 जनवरी
(स) 22 अक्टूबर (द) 16 अक्टूबर

39. लाल गलन (रेड रॉट) किस फसल की गम्भीर बीमारी है ?
(अ) गन्ने की (ब) कपास की
(स) धान की (द) आलू की

JET PAPER - 2011

1. सरसों का वानस्पतिक नाम क्या है?
(अ) सिसेमस इंडिकम
(ब) ब्रेसिका जुन्सिया
(स) ऐरेकिस हाइपोजिया
(द) उपरोक्त में से कोई नहीं

2. वायुरोधक या ऊंचे–ऊंचे वृक्ष बाग जिस दिशा में लगाने चाहिये, वह है?
(अ) उत्तर दिशा
(ब) पूर्व दिशा
(स) दक्षिण दिशा
(द) पश्चिम दिशा

3. अलफांजो किस स्थान की आम की प्रसिद्ध किस्म है?
(अ) बिहार
(ब) पश्चिमी बंगाल
(स) रत्नागिरी (द) उत्तरप्रदेश

4. ड्रिप सिंचाई विधि का आविष्कार कहाँ हुआ था ?
(अ) इजरायल (ब) जर्मनी
(स) भारत (द) श्रीलंका

5. मिर्च में लाल रंग किसके द्वारा होता है ?
   (अ) केप्सेसिन (ब) जेन्थोफिल
   (स) केरोटिन (द) केप्सेंथिन

6. मूली में तीखापन किस कारण होता है?
   (अ) सोलेनिन (ब) केप्सेसिन
   (स) आयसोथायोसाइनेट
   (द) कैल्सियम एसिटेट

7. हाइड्रोपोनिक्स क्या है ?
   (अ) बिना मृदा के पौधों की खेती
   (ब) बिना मृदा के वनों की खेती
   (स) बिना मृदा के शाक–सब्जियों की खेती
   (द) बिना मृदा के फूलों की खेती

8. खेजड़ी का वैज्ञानिक नाम है?
   (अ) एल्बिजिया लिबेक
   (ब) प्रोसोपिस साइनेरेरिया
   (स) प्रोसोपिप जूलीफ्लोरा
   (द) दलबर्जिया सिसू

9. भूमि की नमी किससे मापी जाती है?
   (अ) हाइग्रोमीटर द्वारा
   (ब) पोटोमीटर द्वारा
   (स) टेन्शियोमीटर द्वारा
   (द) रेनगेज द्वारा

10. चावल के खेत से कौनसी गैस निकलती है?
   (अ) एथेन (ब) मीथेन
   (स) ऑक्सीजन (द) CO_2

11. पपीते में पाया जाने वाला एन्जाइम है?
   (अ) पैपेन (ब) थाइमिन
   (स) ग्लाईसिन (द) एडेनिन

12. कच्चे केले को पकाने में गैस काम लेते हैं?
   (अ) आक्सीजन (ब) हाइड्रोजन
   (स) एसिटिलिन (द) एडेनिन

13. कुक्कुट चेचक रोग की रोकथाम के लिये उपयोग लेते हैं?
   (अ) पिजन पोक्स वेक्सीन
   (ब) पेनिसिलिन
   (स) एनासीन
   (द) एक्रिफ्लोवि

14. गाय में गर्भावधि काल होता है?
   (अ) 270 दिन (ब) 283 दिन
   (स) 300 दिन (द) 320 दिन

15. निमेटोड से होने वाला रोग है?
   (अ) मोल्या रोग (ब) उकठा रोग
   (स) जड़ गलन (द) माथा बंन्धी

16. ज्वार के दानों में सबसे अधिक मात्रा में होती है?
   (अ) प्रोटीन (ब) वसा
   (स) खनिज लवण (द) कार्बोहाइड्रेट्स

17. प्याज के तीखेपन का कारण है?
   (अ) एलायल प्रोपायल डाई सल्फाइड
   (ब) एसकार्बिक अम्ल
   (स) साइटोनिन
   (द) एसिटिक अम्ल

18. भारतीय मूल के पूसा संस्थान के प्रथम निदेशक थे?
   (अ) बी.पी. पाल
   (ब) राय बहादूर वी. विश्वनाथ
   (स) के.सी. मेहता
   (द) एस. प्रधान

19. किस की उपस्थिति के कारण दूध का रंग सफेद होता है ?
   (अ) लाइकोपिन (ब) लैक्टोज
   (स) कैरोटिन (द) केसीन

20. कौनसा भारतीय राज्य एशिया में अण्डे की टोकरी के नाम से जाना जाता है?
(अ) जम्मू कश्मीर (ब) गुजरात
(स) आन्ध्रप्रदेश (द) पश्चिम बंगाल

21. मुर्गियों में चेचक रोग का क्या कारण है ?
(अ) वायरस (ब) जीवाणु
(स) प्रोटोजोआ (द) इनमें कोई नहीं

22. राजस्थान में अमेरिकन कपास का उत्पादन किस जिले में होता है ?
(अ) गंगानगर (ब) हनुमानगढ़
(स) जोधपुर (द) बीकानेर

23. फलों में कौनसी शर्करा होती है ?
(अ) गेलेक्टोज (ब) ग्लूकोज
(स) फ्रक्टोज (द) सुक्रोज

24. वायुदाब किसके द्वारा ज्ञात करते हैं ?
(अ) हाइग्रोमीटर (ब) बैरोमीटर
(स) लेक्टोमीटर (द) एनीमोमीटर

25. निम्न में से गेहँ में सिंचाई की क्रान्तिक अवस्था है ?
(अ) CRI
(ब) कल्ले फूटते समय
(स) फूल आते समय
(द) सभी

26. आधार बीज पर लगाने वाले टेग का रंग कैसा होता है?
(अ) सफेद (ब) नीला
(स) पीला (द) हरा

27. डिसकरिंग व क्यूरिंग किस फसल में करते हैं?
(अ) मक्का में (ब) तिल में
(स) मूँगफली में (द) तम्बाकू में

28. गौरव व मोनेटा किस फसल की प्रमुख किस्म है?
(अ) उड़द की (ब) अरहर की
(स) चने की (द) सोयाबीन की

29. निपिंग कहते हैं?
(अ) जड़े काटने को
(ब) चने की शीर्ष शाखाएं तोड़ने को
(स) गन्ने के पत्ते बांधने को
(द) तम्बाकू की पत्तियां चुनने को

30. व्हाइट गोल्ड के नाम से जानी जाने वाली फसल है?
(अ) सरसों (ब) चना
(स) कपास (द) रिजका

31. एपीकल डोरीनेन्स किस फसल में पायी जाती है?
(अ) गन्ने में (ब) मक्का में
(स) अरहर में (द) बाजरे में

32. अंगूर में प्रूनिंग कब करनी चाहिए?
(अ) अक्टूबर में (ब) जुलाई में
(स) अप्रेल में (द) जनवरी में

33. पशुओं की हड्डियों की खाद से कौनसा पोषक तत्त्व प्राप्त होता है?
(अ) सल्फर (ब) नाइट्रोजन
(स) पोटाश (द) फॉस्फोरस

34. राजस्थान की मैरिनो भेड़ की किस नस्ल को कहते हैं?
(अ) मालपुर (ब) अविवस्त्र
(स) मारवाड़ी (द) चोकला

35. राजस्थान की अर्थव्यवस्था में सबसे प्रमुख पशु कौनसा है?
(अ) बकरी (ब) भेड़
(स) भैंस (द) गाय

36. खुरपका–मुँहपका बीमारी किससे फैलती है?
(अ) वायरस
(ब) बेक्टोरिया
(स) प्रोटोजोआ
(द) पोषक तत्वों की कमी से

37. दूध में औसतन कितने प्रतिशत लेक्टोज होता है?
(अ) 5.5 प्रतिशत (ब) 4.5 प्रतिशत
(स) 3.5 प्रतिशत (द) 2.5 प्रतिशत

38. दही जमने के लिये उपयुक्त तापमान है?
(अ) 25°C (ब) 35°C
(स) 21°C (द) 15°C

JET PAPER - 2012

1. धान की खेती के लिये मृदा का उपयुक्त pH मान होना चाहिये ?
(अ) 4–6 (ब) 5–6.5
(स) 6–7 (द) 7–9

2. सामान्य रोटी वाले गेहूँ (Common bread wheat) का वानस्पतिक नाम है ?
(अ) ट्रिटिकम डाईकोकम
(ब) ट्रिटिकम एस्टिवम
(स) ट्रिटिकम स्फेरोकोकम
(द) ट्रिटिकम स्पेल्टा

3. पशुओं की आयु ज्ञात करने के लिये उपयुक्त विधि है?
(अ) पशु की शारीरिक दशा देखकर
(ब) खुर देखकर
(स) सींगों द्वारा
(द) दाँतों द्वारा

4. जलेबी के आकार जैसे सींग भैंस की किस नस्ल की विशेषता है ?
(अ) पण्डरपुरी
(ब) मुर्रा
(स) मराठवाड़ा
(द) नीली

5. निम्न में से लम्बी अवधि तक चलने वाला रोग है?
(अ) एन्थ्रेक्स (ब) गलघोंटू
(स) लंगड़ी रोग
(द) खुरपका मुंहपका रोग

6. घावों के उपचार में काम में लिया जाता है:
(अ) एन्टीडायूरेटिक
(ब) एन्थेलमेन्टिक्स
(स) एन्टीसेप्टिक
(द) एन्टीपायरेटिक

7. पशमीना प्राप्त होती है?
(अ) बकरी से (ब) भेड़ से
(स) ऊँट से (द) गाय से

8. भेड़ की किस नस्ल को राजस्थान की मेरिनो कहते हैं ?
(अ) मालपुरा (ब) चौकला
(स) अविवस्त्र (द) जैसलमेरी

9. अण्डे से चूजे में फैलने वाली बीमारी है?
(अ) ल्यूकोसिस
(ब) फाऊल पॉक्स
(स) कॉक्सीडिओसिस
(द) मैरेक्स

10. ब्लैक क्वार्टर (Black quarter) रोग की रोकथाम हेतु उपयुक्त टीका है?
(अ) सीरो–वैक्सीनेशन
(ब) पौलीवेलेंट फार्मलीनाज्ड एनाकल्चर–वैक्सीन
(स) ऑयल एडज्यूवेंट वैक्सीन
(द) उपरोक्त सभी

11. अण्डे का कवच (Egg shell) किस पदार्थ का बना होता है ?
(अ) कैल्शियम ऑक्साइड (CaO)
(ब) कैल्शियम कार्बोनेट ($CaCO_3$)
(स) कैल्शियम फॉस्फेट ($Ca_3(PO_4)_2$)
(द) कैल्शियम हाइड्रोक्साइड ($Ca(OH)_2$)

12. पशु के पावसने (Milk let down) के लिये कोनसा हार्मोन उत्तरदायी है।
(अ) ऑक्सीटोसिन
(ब) ए.सी.एच.
(स) प्रोलेक्टिन (द) रिलेक्सिन

13. पूसा मेघाली उन्नत किस्म है?
(अ) गाजर (ब) मूली की
(स) शलजन की (द) बैंगन, की

14. नींबू में डाईबैक (Dieback) बीमारी किस तत्त्व की कमी से होती है ?
(अ) कॉपर (ब) बोरॉन
(स) कैल्शियम (द) जस्ता

15. हमारे देश में खजूर के फलों के पकाव के समय वर्षा हो जाने के कारण किस अवस्था पर तोड़ते हैं ?
(अ) पिंड (ब) डेंग
(स) गडोरा (द) डोका

16. अंगूर का छाछया (powdery milldew) रोग किसके द्वारा होता है ?
(अ) प्रोटोमाइसीज मेक्रोस्पोरस
(ब) प्लाज्मोपोरा विटीकोला
(स) इर्विनिया एमाइलोवोरा
(द) जैन्थोमोनास केम्पेस्ट्रिम

17. अश्वगंधा किस कुल का पौधा है ?
(अ) लेग्युमिनेसी (ब) चिनोपोडिएसी
(स) सोलेनेसी (द) लिलिएसी

18. प्याज का पीलापन किसके कारण होता है?
(अ) एन्थोसाइलिन (ब) क्यूरसीटीन
(स) लाइकोपिन (द) केरोटीन

19. संतुलित आहार में हरी सब्जियाँ की मात्रा होती है?
(अ) 90 ग्राम (ब) 120 ग्राम
(स) 300 ग्राम (द) 95 ग्राम

20. गांठ गोभी (Knol khol) के किस भाग को खाया जाता है ?
(अ) जड़ (ब) पत्ती
(स) तना (द) फूल

21. फल व सब्जियां के सड़ने का मुख्य कारण है?
(अ) बैक्टीरिया (ब) कवक
(स) यीस्ट (द) विषाणु

22. राजस्थान में अनार की कौनसी किस्म प्रचलित है?
(अ) गणेश (ब) ज्योति
(स) खोग (द) जालोर सीडलैंस

23. नत्रजन को अमोनियम रूप में ग्रहण करने वाला पादप कौनसा है ?
(अ) गेहूँ (ब) बाजरा
(स) सरसों (द) धान

24. अंकुरित मूँग में कौनसा विटामिन बनता है?
(अ) A (ब) B
(स) C (द) D

25. मूँगफली के लिये सर्वोत्तम मृदा पी.एच. है?
(अ) 5.0-6.0 (ब) 6.0-6.5
(स) 7.0-8.0 (द) 8.0-8.5

26. रिजके की बुवाई का सर्वोत्तम समय है?
(अ) सितम्बर (ब) अक्टुबर
(स) नवम्बर (द) दिसम्बर

27. केच क्रॉप (Catch crop) का उदाहरण है?
(अ) अलसी (ब) सरसों
(स) तोरिया (द) मूँगफली

28. सबसे अधिक दूध देने वाली भैंस की नस्ल है?
(अ) भदावरी (ब) मेहासाना
(स) मुर्रा (द) जाफराबादी

29. अनार की क्षारीय भूमि में लगाने हेतु उपयुक्त किस्म है?
(अ) गणेश (ब) जालोर सीडलेस
(स) रूबी (द) मृदुला

30. सबसे कम जल धारण क्षमता वाली मृदा है?
(अ) क्ले (ब) सिल्ट
(स) बालू (द) दोमट

31. प्रमाणित बीज के लेबल का रंग होता है?
(अ) नीला (ब) पीला
(स) सफेद (द) हरा

32. विथानिया सोम्नीफेरा है एक?
(अ) फलदार पौधा
(ब) सब्जी की फसल
(स) औषधीय पौधा
(द) शोभाकारी पौधा

33. गेहूँ की बीज दर प्रति हैक्टेयर होती है?
(अ) 70-90 Kg
(ब) 100-120 Kg
(स) 120-140 Kg
(द) 140-150 Kg

JET PAPER - 2013

1. सबसे अधिक दूध देने वाली भैंस की नस्ल है ?
(अ) भदावरी (ब) मेहासाना
(स) मुर्रा (द) जाफराबादी

2. बछड़ों को माँ से अलग रखकर पालने को कहते हैं ?
(अ) वीनिंग (ब) जीनिंग
(स) कीडिंग (द) वेलोइंग

3. अच्छे साइलेज का गुण है—
(अ) संरक्षित पौष्टिक चारा
(ब) पीला रंगमुक्त चारा
(स) विशिष्ट सुगंध हल्का खट्टापन
(द) उपरोक्त सभी

4. उत्तम किस्म का साइलेज किस फसल से बनता है ?
(अ) मक्का (ब) ज्वार
(स) बाजरा (द) मिनी घास

5. निम्न में से लम्बी अवधि तक चलने वाला रोग है?
(अ) एन्थ्रेक्स
(ब) गलघोंटू
(स) लंगड़ी रोग
(द) खुरपका मुंहपका रोग

6. पेचिस रोग का रोगकारक है?
(अ) प्रोटोजोआ (ब) वायरस
(स) जीवाणु (द) कवक

7. घावों के उपचार के लिये काम में लिया जाता है?
(अ) एन्टीड्यूरेटिक (ब) एन्थेलमेटिक्स
(स) एन्टीसेप्टिक (द) एन्टीपायरेटिक

8. भेड़ की किस नस्ल को राजस्थान की मेरिनो नस्ल कहते हैं?
(अ) मालपुरा (ब) चौकला
(स) अविवस्त्र (द) जैसलमेरी

9. राजस्थान सहकारी डेयरी फेडरेशन (आर.सी.डी.एफ.) का मुख्यालय स्थित है?
(अ) उदयपुर में (ब) बीकानेर में
(स) जयपुर में (द) जोधपुर में

10. पशु के पावसने (Milk let down) के लिये कोनसा हार्मोन उत्तरदायी है?
(अ) ऑक्सीटोसिन (ब) ए.सी.एच.
(स) प्रोलेक्टिन (द) रिलेक्सिन

11. विटामिन 'सी' की कमी से कौनसा रोग होता है?
(अ) स्कर्वी (ब) रतौंधी
(स) बैरी–बैरी (द) पैलेग्रा

12. फल में सब्जी परिरक्षण के जनक है ?
(अ) एम. निकोलस एपर्ट
(ब) एम.एस. स्वामीनाथन
(स) के.एल. चड्डा
(द) बी.पी. पॉल

13. सेब के लाल रंग का कारण है ?
(अ) एन्थोसायनिन (ब) लाइकोपीन
(स) केरीटिन (द) जेन्थोफिल

14. आम के पुष्पक्रम (inflorescence) को कहते हैं ?
(अ) पेनिकल
(ब) एरियल
(स) एरा
(द) उपरोक्त में से कोई नहीं

15. नींबू वर्गीय फलों में केंकर रोग का जनक है ?
(अ) जेन्थ्रोमोनास सिट्राई
(ब) माइकोस्फेरेला म्यूसीकोला
(स) फाइटोप्थोरा स्पीशीज
(द) अल्सीनूला नेक्टर

16. अनार की क्षारीय भूमि में लगाने हेतु उपयुक्त किस्म है?
(अ) गणेश (ब) जालोर सीडलेस
(स) रूबी (द) मृदुला

17. हमारे देश में खजूर के फलों के पकाव के समय वर्षा हो जाने के कारण किस अवस्था पर तोड़ते हैं ?
(अ) पिंड (ब) डेंग
(स) गडोरा (द) डोका

18. जलवायु विज्ञान (Climatology) शब्द की उत्पत्ति किस भाषा से हुई ?
(अ) लैटिन (ब) हिन्दी
(स) ग्रीक (द) जर्मन

19. राजस्थान में सर्वाधिक स्प्रिंकलर सैट वाला जिला है?
(अ) जयपुर (ब) अजमेर
(स) झुंझनू (द) सीकर

20. ड्रिप सिंचाई द्वारा पानी की बचत होती है?
(अ) 30–60% (ब) 30–40%
(स) 10–20% (द) 90%

21. अमर बेल (Cascuta) खरपतवार मुख्यतः पाया जाता है?
(अ) धान में (ब) ज्वार में
(स) रिजका में (द) गेहूँ में

22. सबसे कम जल धारण क्षमता वाली मृदा है?
(अ) क्ले (ब) सिल्ट
(स) बालू (द) दोमट

23. पत्तियों के पर्णहरित (Chlorophyll) में कौनसा तत्त्व पाया जाता है ?
(अ) बोरॉन (ब) मॉलिब्डेनम
(स) मैंगनीज (द) मैग्नीशियम

24. यूरिया में नत्रजन किस रूप में पाई जाती है ?
(अ) नाइट्रेट (ब) नाइट्राइट
(स) अमोनिया (द) एमाइड

25. सामान्य रोटी वाला गेहूँ (Bread wheat) के क्रोमोसोम (2n) होते हैं?
(अ) 20 (ब) 14
(स) 42 (द) 28

26. गेहूँ की पहली बौनी किस्म (Dwarf variety) थी ?
(अ) 20 (ब) 14
(स) 42 (द) 28

27. मक्का की किस किस्म के दानों का रंग सफेद होता है?
(अ) नवजोत (ब) विवेक– 4
(स) कोहिनूर (द) स्वेता

28. किस रोग के कारण बाजरे में जहरीले एल्कैरलॉइड बनते हैं?
(अ) हरित बाली (ब) अर्गट
(स) पाउडरी मिल्डयू
(द) उपरोक्त सभी

29. भारत में रागी की फसल उगाई जाती है?
(अ) रबी में (ब) खरीफ में
(स) जायद में (द) रबी एवं खरीफ

30. ग्राम पोड बोरर (Gram pod borer) नुकसान पहुँचाता है?
(अ) पत्तियों को (ब) फली को
(स) तनों को
(द) पत्तियों एवं फली को

31. मूँग का वानस्पतिक नाम है:
(अ) *विग्ना मुंगो*
(ब) *विग्ना* रेडियेटा
(स) *केजनस कजान*
(द) *लेंस एस्कुलेन्टा*

32. अंकुरित मूँग में कौनसा विटामिन बनता है?
(अ) A (ब) B
(स) C (द) D

33. सोयाबीन के बीजों को राइजोबियम की किस प्रजाति से उपचारित करते हैं ?
(अ) *राइजोबियम लेग्यूमिनोसेरम*
(ब) *राइजोबियम जैपोनिकम*
(स) *राइजोबियम मेलिलोटाई*
(द) *राइजोबियम ट्राइफोलाई*

34. मूँगफली के लिए सर्वोत्तम मृदा है–
(अ) क्ले (ब) सिल्ट
(स) सिल्ट लोम (द) बलुई दोमट

35. प्रमाणित बीज के लेबल का रंग होता है–
(अ) नीला (ब) पीला
(स) सफेद (द) हरा

36. स्टोमेटा के खुलने तथा बन्द होने में अन्तर्ग्रस्त पोषक तत्त्व है–
(अ) पोटेशियम (ब) मैग्नीशियम
(स) जिंक (द) तांबा

37. बेर की देर से पकने वाली किस्म है–
(अ) गोला (ब) चोमू लोकल
(स) मुंडिया (द) उमरान

38. जालौर सीडलैस किसकी किस्म है?
(अ) अनार (ब) आम
(स) बेर (द) पपीता

39. विथानिया सोम्नीफेरा है एक–
(अ) फलदार पौधा
(ब) सब्जी की फसल
(स) औषधीय पौधा
(द) शोभाकारी पौधा

40. अलफांजो किस स्थान की आम की प्रसिद्ध किस्म है?
(अ) बिहार (ब) पश्चिमी बंगाल
(स) रत्नागिरी (द) उत्तर प्रदेश

JET PAPER - 2014

1. निम्न में से कौनसा 2 : 1 प्रकार का क्ले मिश्रण नहीं है?
(अ) मोन्टमोरिलोनाइट
(ब) काओलोनाइट
(स) स्मेक्टाइट
(द) इलाइट

2. निम्न में से किस तत्व को सत्रहवें आवश्यक पोषक के रूप में जोड़ा गया है?
(अ) सिलीकन (ब) क्रोमियम
(स) निकिल (द) सिलीनियम

3. निम्न में से किस किस्म की मृदा में बड़े पोर स्पेस पाये जाते हैं?
(अ) चिकनी (ब) बलुई
(स) दुमट (द) बलुई दुमट

4. निम्न में से सबसे अपक्षय प्रतिरोधी मिनरल है?
(अ) क्वार्ट्ज (ब) मस्कोवाइट
(स) फेल्सपार (द) कैल्साइट

5. निम्न में से पोटाश का अच्छा स्रोत है?
(अ) रॉक फॉस्फेट
(ब) बेसिक स्लैग
(स) बोन मील
(द) फ्लाइएश

6. निम्न में से कौनसा मृदा आर्डर भारत में सबसे ज्यादा क्षेत्र में पाया जाता है?
(अ) इनसेप्टीसोल्स
(ब) एरिडीसोल्स
(स) एन्टीसोल्स
(द) वरटीसोल्स

7. करन–3 किस फसल की किस्म है?
(अ) चना (ब) गेहूं
(स) जौ (द) जई

8. निम्न में कौनसी किस्म ग्वार फसल की है?
(अ) के–12
(ब) नवीन
(स) केन्ट
(द) आर.जी.सी.–936

9. निम्न में से किस फसल के चारे की प्रारम्भिक वृद्धि अवस्था में HCN की मात्रा अधिकतम होती है?
(अ) बाजरा (ब) ज्वार
(स) ग्वार (द) बरसीम

10. डाइअमोनियम फॉस्फेट में नत्रजन एवं फॉस्फोरस की मात्रा क्या होती है?

(अ) 18 : 18 प्रतिशत

(ब) 20 : 50 प्रतिशत

(स) 46 : 20 प्रतिशत

(द) 20 : 20 प्रतिशत

11. पेगिंग अवस्था किस फसल में पायी जाती है?

(अ) शकरकंद (ब) मूंगफली

(स) लोबिया (द) कपास

12. बीकानेर क्षेत्र निम्न में से किस जोन में आता है?

(अ) जोन–I (ब) जोन I-B

(स) जोन I-C (द) जोन VI

13. निम्न में से कौनसा पेड़ राजस्थान का कल्पवृक्ष कहलाता है?

(अ) नीम (ब) रोहिड़ा

(स) खेजड़ी (द) कुमट

14. निम्न में से किसे कास्टिक सोड़ा कहते हैं?

(अ) सोडियम हाइड्रॉक्साइड

(ब) पोटैशियम हाइड्रॉक्साइड

(स) अमोनियम हाइड्रॉक्साइड

(द) कैल्शियम नाइट्रेट

15. नत्रजन पौधों द्वारा निम्न में से किस रूप में लिया जाता है?

(अ) NH_4^+ एवं NO_3

(ब) N_2O एवं NO

(स) HNO_3

(द) NO_2 एवं N

16. निम्न में से कौनसा उर्वरक एमाइड एवं कार्बनिक उर्वरक के रूप में जाना जाता है?

(अ) सोडियम नाइट्रेट

(ब) अमोनियम नाइट्रेट

(स) यूरिया

(द) कैल्शियम सल्फेट

17. मौसमी परिवर्तनों का अध्ययन कहलाता है?

(अ) भूगर्भ विज्ञान

(ब) जल विज्ञान

(स) मौसम विज्ञान

(द) उपरोक्त में से कोई नहीं

18. फली वाले पौधों में वातावरणीय नाइट्रोजन स्थिरीकरण किस बैक्टीरिया द्वारा किया जाता है?

(अ) एक्टीनोमाइसिटीज

(ब) राइजोबियम बैक्टीरिया

(स) बैसीलस जीवाणु

(द) माइकोराइजा

19. ओरोबैन्की निम्न में से किस फसल से सम्बन्धित है?

(अ) धान (ब) सरसो

(स) गेहूं (द) कपास

20. हाइग्रोमीटर निम्न में से किसे नापने के लिए प्रयोग करते हैं?

(अ) आर्द्र तापमान

(ब) वर्षा

(स) नमी

(द) ओस

21. निम्नलिखित में से कौनसा गेहूं की बुवाई जमाव के लिए उचित है?

(अ) 20–25 डिग्री सेन्टीग्रेड

(ब) 8–12 डिग्री सेन्टीग्रेड

(स) 25–30 डिग्री सेन्टीग्रेड

(द) 10–15 डिग्री सेन्टीग्रेड

22. मृदा में फील्ड कैपेसिटी पर नमी नापी जाती है?

(अ) सिंचाई के 48–72 घंटे बाद
(ब) सिंचाई के 12–14 घंटे बाद
(स) सिंचाई के तुरन्त बाद
(द) सिंचाई के पहले

23. निम्न में से कौनसी फसल हरी खाद के रूप में प्रयोग की जाती है?

(अ) गेहूं (ब) लूसर्न
(स) ढैंचा (द) धान

24. निम्न में से गन्ना किस परिवार से संबंधित है?

(अ) पोऐसी (ब) कम्पोजिटी
(स) सोलेनेसी (द) टिलिएसी

25. एरोइंग निम्न में से किससे सम्बन्धित है?

(अ) गन्ने में फूल आना
(ब) गेहूं में किल्ले निकलना
(स) मक्का में टैजलिंग
(द) कपास में फूल आना

26. राष्ट्रीय बीज अधिनियम किस वर्ष में घोषित हुआ?

(अ) 2002 में (ब) 1966 में
(स) 2013 में (द) 2003 में

27. एक मानव शक्ति कितने अश्वशक्ति के बराबर होती है?

(अ) 0.1 अश्वशक्ति
(ब) 0.5 अश्वशक्ति
(स) 10 अश्वशक्ति
(द) 1.0 अश्वशक्ति

28. एनिमोमीटर द्वारा क्या मापा जाता है?

(अ) वायु दाब
(ब) वायु गति
(स) वायु की दिशा
(द) उपरोक्त में से कोई नहीं

29. खेत मे जल उपयोग क्षमता की गणना किस सूत्र से की जाती है?

(अ) आर्थिक उपज / जल उपयोग
(ब) काश्त की लागत / जल उपयोग
(स) वाष्पन दर / जल उपयोग
(द) जल उपयोग / आर्थिक उपज

30. SRI तकनीक कौनसी फसल में इस्तेमाल की जाती है?

(अ) गेहूँ (ब) चना
(स) धान (द) कपास

31. फूलगोभी में मॉलिब्डेनम की कमी किस तरह की विकृति पैदा करती है?

(अ) व्हिप टेल
(ब) पत्तियों का मुड़ना
(स) पत्तियों में पीलापन
(द) तने की वृद्धि रूकना

32. भारत वर्ष में कितने एग्रोक्लाइमेटिक एवं इकोलोजिकल जोन है?

(अ) 15 एवं 131
(ब) 5 एवं 57
(स) 8 एवं 32
(द) उपरोक्त में से कोई नहीं

33. टमाटर में फलों का लाल रंग किस पदार्थ की उपस्थिति के कारण होता है?

(अ) लाइकोपिन (ब) कैरोटीन
(स) एन्थोसाइनिन (द) ऑक्सिन

34. धान–गेहूँ–मूंग (गर्मी) फसल चक्र की चक्रीय तीव्रता क्या है?

(अ) 100% (ब) 200%
(स) 300% (द) 250%

35. निम्न में से कौनसी नस्ल भैंस की है?
(अ) थारपारकर (ब) कांकरेज
(स) राठी (द) मुर्रा

36. निम्न में किस जानवर के माँस को बीफ कहते हैं?
(अ) गधा (ब) गाय
(स) खरगोश (द) बन्दर

37. सी.ए.जेड.आर.आई. किस शहर में स्थित है?
(अ) लखनऊ (ब) इलाहाबाद
(स) झांसी (द) जोधपुर

38. बलुई दुमट मृदा में निम्न में से किस पदार्थ की मात्रा अधिक होती है?
(अ) बालू
(ब) सिल्ट
(स) चिकनी मृदा
(द) उपरोक्त में से कोई नहीं

39. निम्न में से कौनसा वृक्ष पाले के प्रति अधिक संवेदनशील है?
(अ) खजूर (ब) अनार
(स) खेजड़ी (द) आंवला

40. निम्न में से किस पोषक तत्व को अल्ट्रामाइक्रोन्यूट्रिएन्ट कहते हैं?
(अ) मैगनीज (ब) जिंक
(स) मालिब्डेनम (द) लोहा

JET PAPER - 2015

1. तरबूज में प्रति हेक्टेयर कितने किलो बीज की आवश्यकता होती है?
(अ) 2-3 (ब) 5-6
(स) 3-4 (द) 0.500

2. हनी डयू व पूसा डिलीशियस किस्म है?
(अ) चीकू की (ब) बेर की
(स) केले की (द) पपीते की

3. फसलों को पाले से बचाने के लिए सल्फ्यूरिक अम्ल का कितने प्रतिशत छिड़काव करते हैं?
(अ) 0.01% (ब) 0.1%
(स) 0.5% (द) 0.001%

4. गाँठगोभी बोयी जाती है?
(अ) खरीफ में (ब) रबी में
(स) जायद में (द) उपरोक्त सभी में

5. जैम में कुल घुलनशील ठोस पदार्थ की मात्रा होती है?
(अ) 48-50% (ब) 18-20%
(स) 65-68% (द) 40-42%

6. एबलमोस्कस एस्कुलेंटम वनस्पतिक नाम है?
(अ) पतागोभी का (ब) फूलगोभी का
(स) गाँठगोभी का (द) भिण्डी का

7. मानव आहार में प्रतिदिन सब्जियों की आवश्यकता होती है?
(अ) 300 ग्राम (ब) 200 ग्राम
(स) 400 ग्राम (द) 100 ग्राम

8. बूंद–बूंद सिंचाई सबसे अधिक उपयोगी है?
(अ) फल वाली फसलों में
(ब) खाद्यान्न फसलों में
(स) सब्जियों में (द) सरसों में

9. एकान्तर फलन समस्या है?
(अ) केले में (ब) आँवला में
(स) आम में (द) अमरूद में

10. गोला, ... की एक किस्म है?
(अ) सेब (ब) नाशपति
(स) काजू (द) बेर

11. .... वर्तमान में भारत के कृषि मन्त्री है?
(अ) श्री राजनाथ सिंह
(ब) श्री नरेन्द्रसिंह तोमर
(स) श्री रामविलास पासवान
(द) श्री प्रभुलाल सैनी

12. साइलेज में नमी की मात्रा होती है?
(अ) 60-70% (ब) 10-20%
(स) 30-40% (द) 20-25%

13. पश्मीना, नस्ल है?
(अ) भेड़ की (ब) भैंस की
(स) गाय की (द) बकरी की

14. .... मुर्गी की द्विप्रयोजनीय नस्ल है?
(अ) रोड आइसलैण्ड रेड
(ब) कारनिश
(स) व्हाईट लेग हार्न
(द) सानन

15. गाय की सबसे अधिक दूध देने वाली भारतीय नस्ल है?
(अ) जर्सी (ब) हरियाणा
(स) साहीवाल (द) होलिस्टीन

16. राजस्थान में मुर्गी पालन में अग्रणी जिला है?
(अ) अजमेर (ब) जयपुर
(स) टोंक (द) नागौर

17. खुरपका–मुँहपका बीमारी का कारण है?
(अ) बैक्टीरिया (ब) वाइरस
(स) प्रोटोजोआ (द) पैरासाइट

18. मुर्गी के शरीर का तापक्रम होता है?
(अ) 92-95° फॉरेनहाईट
(ब) 98-100° फॉरेनहाईट
(स) 105-107° फॉरेनहाईट
(द) 108-110° फॉरेनहाईट

19. ताजे दूध का पी.एच. मान होता है?
(अ) 6.0 (ब) 6.7
(स) 7.2 (द) 7.5

20. गाय में गर्भावधि होती है?
(अ) 300 दिन (ब) 250 दिन
(स) 282 दिन (द) 182 दिन

21. भारत की सर्वाधिक महत्वपूर्ण दलहनी फसल है?
(अ) चना (ब) मटर
(स) मसूर (द) उड़द

22. कौनसी फसल गरीब आदमी की मित्र फसल कहलाती है?
(अ) गेहूँ (ब) मटर
(स) आलू (द) जौ

23. डेड हर्ट बीमारी सम्बन्धित है?
(अ) चुकन्दर से (ब) गन्ना से
(स) आलू से (द) तम्बाकू से

24. सरसों की फली को कहते हैं?
(अ) कैप्सूल
(ब) सिलिकुआँ
(स) पॉड
(द) कैरियोप्सिस

25. गेहूं की सिंचाई हेतु कौनसी विधि उपयुक्त है?

(अ) जलप्लावन विधि

(ब) रिंग विधि

(स) थाला विधि

(द) क्यारी विधि

26. भारत का कुल भौगोलिक क्षेत्रफल है?

(अ) 342.8 मिलियन हेक्टेयर

(ब) 342.8 लाख हेक्टेयर

(स) 328.8 मिलियन हेक्टेयर

(द) 328.8 लाख हेक्टेयर

27. वायु की गति नापने के यंत्र को कहते हैं?

(अ) वायु दिग्सूचक

(ब) वेगमापी

(स) आर्द्रतामापी

(द) तापमापी

28. कार्बनिक उर्वरक का उदाहरण है?

(अ) सोडियम नाइट्रेट

(ब) अमोनियम सल्फेट

(स) यूरिया

(द) अमोनियम क्लोराइड

29. किस फसल के चारे का राजा कहा जाता है?

(अ) बरसीम (ब) जई

(स) रिजिका (द) ज्वार

30. तम्बाकू में कौनसा एल्केलाइड होता है?

(अ) कैफीन (ब) टैनिन

(स) निकोटीन (द) मार्फीन

31. कुसुम के बीज में तेल की मात्रा (प्रतिशत) होती है?

(अ) 25-30 (ब) 30-35

(स) 35-40 (द) 40-50

32. अंधी गुड़ई सम्भव है?

(अ) धान में

(ब) मक्का में

(स) गन्ने में

(द) आलू में

33. भारत की औसत वर्षा है?

(अ) 690 मि.मि.

(ब) 1190 मि.मि.

(स) 1265 मि.मि.

(द) 1490 मि.मि.

34. वातावरण में कार्बन डाईऑक्साईड की मात्रा है?

(अ) 78 (ब) 0.5%

(स) 0.03% (द) 0.001%

35. मेथी का वैज्ञानिक नाम है?

(अ) मेडिकागो सटाईवा

(ब) एवेना सटाईवा

(स) इरूका सटाईवा

(द) ट्राईगोनेला फोइनम

36. राजस्थान में कितने कृषि विश्वविद्यालय है?

(अ) 5 (ब) 6

(स) 3 (द) 2

37. स्टूलिंग किस फसल में प्रचलित प्रवर्धन विधि है?

(अ) आम (ब) अनार

(स) अमरूद (द) आँवला

38. संकर बैगन में बीज की दर होती है?

(अ) 150 ग्राम/हेक्टेयर

(ब) 200 ग्राम/हेक्टेयर

(स) 250 ग्राम/हेक्टेयर

(द) 300 ग्राम/हेक्टेयर

39. फूलगोभी में व्हिप टेल किस तत्व की कमी से होता है?

(अ) जस्ता (ब) बोरान

(स) लोहा (द) मॉलिब्डेनम

40. .... ठंडी जलवायु का फल है?

(अ) नाशपाती (ब) आम

(स) काजू (द) चीकू

JET PAPER - 2016

1. कुसुम के बीज में तेल की मात्रा (प्रतिशत) होती है?

(अ) 25-30 (ब) 30-35

(स) 35-40 (द) 40-50

2. अंधी गुड़ाई सम्भव है?

(अ) धान में (ब) मक्का में

(स) गन्ने में (द) आलू में

3. भारत की औसत वर्षा है?

(अ) 690 मि.मि. (ब) 1190 मि.मि.

(स) 1265 मि.मि. (द) 1490 मि.मि.

4. वातावरण में कार्बन डाईऑक्साइड की मात्रा है?

(अ) 78% (ब) 0-5%

(स) 0.03% (द) 0.001%

5. मेंथी का वैज्ञानिक नाम है?

(अ) *मेडिकागो सटाईवा*

(ब) *एवेना सटाईवा*

(स) *इरूका सटाईवा*

(द) *ट्राईगोनेला फोइनम*

6. राजस्थान में कितने कृषि विश्वविद्यालय है?

(अ) 5 (ब) 6

(स) 3 (द) 2

7. स्टूलिंग किस फसल में प्रचलित प्रवर्धन विधि है?

(अ) आम (ब) अनार

(स) अमरूद (द) आँवला

8. संकर बैगन में बीज की दर होती है?

(अ) 150 ग्राम/हेक्टेयर

(ब) 200 ग्राम/हेक्टेयर

(स) 250 ग्राम/हेक्टेयर

(द) 300 ग्राम/हेक्टेयर

9. फूलगोभी में व्हिप टेल किस तत्व की कमी से होता है?

(अ) जस्ता (ब) बोरान

(स) लोहा (द) मॉलिब्डेनम

10. .... ठंडी जलवायु का फल है?

(अ) नाशपाती (ब) आम

(स) काजू (द) चीकू

11. तरबूज में प्रति हेक्टेयर कितने किलो बीज की आवश्यकता होती है?

(अ) 2-3 (ब) 5-6

(स) 3-4 (द) 0.500

12. हनी ड्यू व पूसा डिलीशियस किस्म है?

(अ) चीकू की (ब) बेर की

(स) केले की (द) पपीते की

13. फसलों को पाले से बचाने के लिए सल्फ्यूरिक अम्ल का कितने प्रतिशत का छिड़काव करते हैं?

(अ) 0.01% (ब) 0.1%

(स) 0.5% (द) 0.001%

14. गाँठगोभी बोयी जाती है?
(अ) खरीफ में (ब) रबी में
(स) जायद में
(द) उपरोक्त सभी में

15. जैम में कुल घुलनशील ठोस पदार्थ की मात्रा होती है?
(अ) 48-50% (ब) 18-20%
(स) 65-68% (द) 40-42%

16. एबलमोस्कस एस्कुलेंटम वनस्पतिक नाम है?
(अ) पतागोभी का (ब) फूलगोभी का
(स) गाँठगोभी का (द) भिण्डी का

17. मानव आहार में प्रतिदिन सब्जियों की आवश्यकता होती है?
(अ) 300 ग्राम (ब) 200 ग्राम
(स) 400 ग्राम (द) 100 ग्राम

18. बूंद–बूंद सिंचाई सबसे अधिक उपयोगी है?
(अ) फल वाली फसलों में
(ब) खाद्यान्न फसलों में
(स) सब्जियों में
(द) सरसौं में

19. एकान्तर फलन समस्या है?
(अ) केले में (ब) आँवला में
(स) आम में (द) अमरूद में

20. गोला, ... की एक किस्म है?
(अ) सेब (ब) नाशपति
(स) काजू (द) बेर

21. .... वर्तमान में भारत के कृषि मन्त्री है?
(अ) श्री राजनाथ सिंह
(ब) श्री नरेन्द्रसिंह तोमर
(स) श्री रामविलास पासवान
(द) श्री प्रभुलाल सैनी

22. साइलेज में नमी की मात्रा होती है?
(अ) 60-70% (ब) 10-20%
(स) 30-40% (द) 20-25%

23. पश्मीना, नस्ल है?
(अ) भेड़ की (ब) भैंस की
(स) गाय की (द) बकरी की

24. .... मुर्गी की द्विप्रयोजनीय नस्ल है?
(अ) रोड आइसलैण्ड रेड
(ब) कारनिश
(स) व्हाईट लेग हार्न
(द) सानन

25. गाय की सबसे अधिक दूध देने वाली भारतीय नस्ल है?
(अ) जर्सी (ब) हरियाणा
(स) साहीवाल (द) होलिस्टीन

26. राजस्थान में मुर्गी पाल में अग्रणी जिला है?
(अ) अजमेर (ब) जयपुर
(स) टोंक (द) नागौर

27. खुरपका–मुँहपका बीमारी का कारण है?
(अ) बैक्टीरिया (ब) वाइरस
(स) प्रोटोजोआ (द) पैरासाइट

28. मुर्गी के शरीर का तापक्रम होता है?
(अ) 92-95° फॉरेनहाईट
(ब) 98-100° फॉरेनहाईट
(स) 105-107° फॉरेनहाईट
(द) 108-110° फॉरेनहाईट

29. ताजे दूध का पी.एच. मान होता है?
(अ) 6.0 (ब) 6.7
(स) 7.2 (द) 7.5

30. गाय में गर्भावधि होती है?
(अ) 300 दिन (ब) 250 दिन
(स) 282 दिन (द) 182 दिन

31. भारत की सर्वाधिक महत्वपूर्ण दलहनी फसल है?
(अ) चना (ब) मटर
(स) मसूर (द) उड़द

32. कौनसी फसल गरीब आदमी की मित्र फसल कहलाती है?
(अ) गेहूँ (ब) मटर
(स) आलू (द) जौ

33. डेड हर्ट बीमारी सम्बन्धित है?
(अ) चुकन्दर से
(ब) गन्ना से
(स) आलू से
(द) तम्बाकू से

34. सरसों की फली को कहते हैं?
(अ) कैप्सूल (ब) सिलिकुआँ
(स) पाँड (द) कॅरियोप्सिस

35. गेहूँ की सिंचाई हेतु कौनसी विधि उपयुक्त है?
(अ) जलप्लावन विधि
(ब) रिंग विधि
(स) थाला विधि
(द) क्यारी विधि

36. भारत का कुल भौगोलिक क्षेत्रफल है?
(अ) 342.8 मिलियन हेक्टेयर
(ब) 342.8 लाख हेक्टेयर
(स) 328.8 मिलियन हेक्टेयर
(द) 328.8 लाख हेक्टेयर

37. वायु की गति नापने के यंत्र को कहते हैं?
(अ) वायु दिग्सूचक
(ब) वेगमापी
(स) आर्द्रतामापी
(द) तापमापी

38. कार्बनिक उर्वरक का उदाहरण है?
(अ) सोडियम नाइट्रेट
(ब) अमोनियम नाइट्रेट
(स) यूरिया
(द) अमोनियम क्लोराइड

39. किस फसल को चारे का राजा कहा गया है?
(अ) बरसीम (ब) जई
(स) रिजिका (द) ज्वार

40. तम्बाकू में कौनसा एल्केलाइड होता है?
(अ) कैफीन (ब) टैनिन
(स) निकोटिन (द) मार्फीन

JET PAPER - 2017

1. सिंगल सुपर फॉस्फेट में सल्फर की प्रतिशत मात्रा है?
(अ) 20 (ब) 16
(स) 8 (द) 12

2. केन्ट, ... की एक प्रमुख किस्म है?
(अ) बरसीम (ब) रिजिका
(स) सोयाबीन (द) जई

3. जौ की छिल्का रहित किस्म है?
(अ) मंजुला (ब) आर.एस.–6
(स) डोलमा (द) के.141

4. हृदय रोगी के लिए कौनसा खाद्य तेल उपयुक्त है?
(अ) सूरजमुखी (ब) कुसुम
(स) तिल (द) मूंगफली

5. इसबगोल पैदा करने में निम्न में से मुख्य जिला कौनसा है?
(अ) बीकानेर (ब) अजमेर
(स) जालौर (द) जयपुर

6. फूलगोभी में भूरापन .... की कमी के कारण होता है?
(अ) नाइट्रोजन (ब) पौटेशियम
(स) बोरान (द) जिंक

7. निम्न में से कौनसा फल उष्ण जलवायु का है?
(अ) आम (ब) सेब
(स) नाशपति (द) बेर

8. कद्दू की बीज दर .... किलोग्राम प्रति हेक्टेयर होती है?
(अ) 2-3 (ब) 5-6
(स) 10-12 (द) 14-16

9. बेर में वानस्पतिक प्रवर्धन की प्रचलित विधि है?
(अ) बीज (ब) कलम
(स) कलिकायन (द) दाब

10. सुनहरी क्रांति का संबंध है?
(अ) आलू उत्पादन में
(ब) अण्डा उत्पादन में
(स) तिलहन उत्पादन में
(द) उद्यान विज्ञान/फल उत्पादन में

11. कुल घुलनशील ठोस .... द्वारा ज्ञात की जाती है?
(अ) रिफ्रेक्टोमीटर
(ब) पोजीमीटर
(स) थर्मामीटर
(द) कैलोरीमीटर

12. अर्का सूर्यमुखी एक उन्नत किस्म है?
(अ) भिण्डी की
(ब) सूरजमुखी की
(स) कद्दू की
(द) अमरूद की

13. फलों को पकाने में उपयोगी हारमोन है?
(अ) ऑक्सिन
(ब) एथिलीन
(स) साईटोकाइनिल
(द) जिब्रेलिन

14. निम्न में से किस फल में विटामिन सी की सर्वाधिक मात्रा पाई जाती है?
(अ) आम में (ब) आँवला में
(स) नींबू में (द) बैर में

15. जैली में कुल घुलनशील ठोस पदार्थ होता है?
(अ) 60% (ब) 68%
(स) 65% (द) 72%

16. एपल कलर एक किस्म है?
(अ) केले की (ब) सेब की
(स) नाशपती की (द) अमरूद की

17. मेथी का सर्वाधिक उत्पादन किस प्रदेश में होता है?
(अ) राजस्थान में (ब) मध्यप्रदेश में
(स) गुजरात में (द) केरल में

18. एक वयस्क व्यक्ति की औसत दैनिक सब्जी की आवश्यकता होती है?
(अ) 532 ग्राम (ब) 432 ग्राम
(स) 285 ग्राम (द) 185 ग्राम

19. टोगनवर्ग एक विदेशी नस्ल है?
(अ) भेड़ की (ब) गाय की
(स) बकरी की (द) सुअर की

20. भारत में वार्षिक दुग्ध उत्पादन (2014–15) है लगभग ....
(अ) 75 मिलियन टन
(ब) 105 मिलियन टन
(स) 146 मिलियन टन
(द) 267 मिलियन टन

21. भैंस में गर्भावधि समय होता है?
(अ) 151 दिन (ब) 310 दिन
(स) 285 दिन (द) 380 दिन

22. मुर्गी के शरीर का तापमान .... होता है?
(अ) 98.2° फारेनहाइट
(ब) 101° फारेनहाईट
(स) 65° फारेनहाईट
(द) 106° फारेनहाईट

23. भेड़ के मीट को कहते हैं?
(अ) चिकन (ब) बीफ
(स) पोर्क (द) मटन

24. दूध में किस तत्व की कमी पायी जाती है?
(अ) लोहा (ब) मैग्नीशियम
(स) कैल्शियम (द) फास्फोरस

25. गाय की द्वि प्रयोजनी नस्ल है?
(अ) गिर (ब) थारपारकर
(स) जर्सी (द) साहीवाल

26. राष्ट्रीय डेरी अनुसंधान संस्थान स्थित है?
(अ) इज्जतनगर में
(ब) बीकानेर में
(स) नई दिल्ली में
(द) करनाल में

27. दूध निकालने (दूहने) की सर्वोत्तम विधि है?
(अ) अंगूठा दबाकर
(ब) मुट्ठी बांधकर
(स) चुटकी द्वारा
(द) अंगूठा दबाकर और चुटकी द्वारा

28. पशुओं में मुँहपका खुरपका रोग सामान्यतया: .... के कारण होता है?
(अ) बैक्टीरिया
(ब) वाइरस
(स) कैल्शियम की कमी
(द) आयरन की अधिकता

29. गर्वर विधि का उपयोग .... परीक्षण हेतु करते हैं?
(अ) अम्लीयता (ब) विटामिन
(स) प्रोटीन (द) वसा

30. गाय की दुग्ध शिराओं में .... होता है?
(अ) दूध (ब) पानी
(स) खून (द) दूध और खून

31. भारत में कपास की एक गाँठ का वजन कितने किलोग्राम होता है?
(अ) 160 (ब) 190
(स) 170 (द) 210

32. निम्नलिखित में से कौनसी मक्का की संकर किस्म है?
(अ) गंगा–11 (ब) किसान
(स) अम्बर (द) विक्रम

33. राजस्थान की औसत वार्षिक वर्षा .... मि.मि. है?
(अ) 256 (ब) 564
(स) 347 (द) 1190

34. अरहर की इष्टतम बीज दर .... किग्रा/हेक्टेयर है?

(अ) 8-10 (ब) 20-25

(स) 12-15 (द) 35-40

35. .... का वैज्ञानिक नाम *कार्थेमस टिंटोरियस* है?

(अ) तिल (ब) सूरजमुखी

(स) तारामीरा (द) कुसुम

36. वातावरण में कार्बन डाई ऑक्साइड की औसत सान्द्रता होती है?

(अ) 300 पी.पी.एम.

(ब) 30 पी.पी.एम.

(स) 3 पी.पी.एम.

(द) 0.03 पी.पी.एम.

37. बरसीम में नाइट्रोजन स्थिरीकरण करने वाला बैक्टीरिया है?

(अ) *राइजोबियम फैसिओलाई*

(ब) *राइजोबियम जैपोनिकम*

(स) *राइजोबियम ट्राइफोलाई*

(द) *राइजोबियम मेलीलोटाई*

38. निम्न में कौनसा आवश्यक पादप पोषक तत्व नहीं है?

(अ) क्लोरीन (ब) आयोडीन

(स) मॉलिब्डिनम (द) मैंगनीज

39. आलू से ट्यूबर (कन्द) बनने के लिए अनुकूल तापमान है?

(अ) 12° सेन्टीग्रेड

(ब) 26° सेन्टीग्रेड

(स) 18° सेन्टीग्रेड

(द) 32° सेन्टीग्रेड

40. सोयाबीन का उत्पति स्थल है?

(अ) चीन

(ब) भारत

(स) अफ्रीका

(द) दक्षिणी अमेरिका

JET PAPER - 2018

1. प्रताप (सी–50) किस्म है?

(अ) मूंगफली (ब) तिल

(स) मूंग (द) धान

2. निम्न में से कौनसी दलहनी फसल नहीं है?

(अ) अरहर (ब) उड़द

(स) सोयाबीन (द) ज्वार

3. पेन्डीमिथालीन का उपयोग कैसे किया जाता है?

(अ) निर्गमन पूर्व

(ब) निर्गमनोतर

(स) प्रारंभिक निर्गमनोतर

(द) निर्गमनोतर देरी से

4. मोथे का प्रवर्धन होता है?

(अ) बीज (ब) तना

(स) पत्ती (द) प्रकन्द

5. फिप्स प्रयोगशाला की स्थापना बिहार में कब हुई?

(अ) 1905 (ब) 1911

(स) 1936 (द) 1929

6. तिल फसल किस कुल से सम्बन्धित है?

(अ) एस्टरेसी (ब) यूफोरबिएसी

(स) पेडालिएसी (द) फैबेसी

7. संकर मक्का की बीज दर है?
(अ) 10–15 किग्रा/हे
(ब) 15–20 किग्रा/हे
(स) 20–25 किग्रा/हे
(द) 25–30 किग्रा/हे

8. जिप्सम में कैल्शियम कितने प्रतिशत होता है?
(अ) 29.2 (ब) 19.5
(स) 39.5 (द) 26.5

9. गेहूँ में सिंचाई की सबसे महत्वपूर्ण क्रान्तिक अवस्था है?
(अ) फूल आते समय
(ब) शीर्ष जड़ जमने पर
(स) दूधिया अवस्था
(द) गाँठ बनते समय

10. जस्ते की कमी से खैरा बीमारी किस फसल में होती है?
(अ) मक्का (ब) सोयाबीन
(स) धान (द) ज्वार

11. गंगा–2 किस्म है?
(अ) मक्का (ब) ज्वार
(स) गेहूँ (द) बाजरा

12. सूरजमुखी के बीज में तेल की कितनी मात्रा होती है?
(अ) 45–50 प्रतिशत
(ब) 40–45 प्रतिशत
(स) 35–40 प्रतिशत
(द) 50–55 प्रतिशत

13. शुष्क खेती की जाती है, जहाँ की वार्षिक वर्षा है?
(अ) 1000 मि.मि.
(ब) 750 मि.मि. परन्तु 1000 मि.मि. से कम
(स) 750 मि.मि. से कम
(द) 750 मि.मि. से अधिक

14. इसबगोल का वानस्पतिक नाम है?
(अ) *कैसिया अंगस्टीफोलिया*
(ब) *प्लाटैगो ओवेटा*
(स) *क्लोरोफिटम बोरिविलएनम*
(द) *टीनोस्पोरा कार्डीफोलिया*

15. सुपर स्टार गुलाब की प्रजाति है, यह किस वर्ग से सम्बन्धित है?
(अ) हाईब्रिड–टी
(ब) फ्लोरीबंडा
(स) पोलिएन्था
(द) मिनिएचर

16. क्षारीय मृदा का सुधार निम्न में किसके प्रयोग से किया जाता है?
(अ) चूना (ब) पोटेशियम सल्फेट
(स) जिप्सम (द) जिंक सल्फेट

17. कोशिका की ऊर्जा मुद्रा कौनसा तत्व है?
(अ) पोटाश (ब) फॉस्फोरस
(स) बोरान (द) जस्ता

18. बीज द्वारा प्रवर्धन की एक मुख्य कमी है?
(अ) यह एक कठिन विधि है
(ब) नयी संकर किस्में विकसित नहीं की जा सकती है
(स) पौधे समान्य या कम ओजपूर्ण होते हैं
(द) पौधे मातृपौधे के सदृश नहीं होते हैं।

19. निम्न में से कौनसे फल में अधिक विटामिन ए होता है?
(अ) आम
(ब) पपीता
(स) संतरा (द) केला

20. निम्न में से कौन एक बीजपत्री है?

(अ) अंगूर (ब) चीकू
(स) लीची (द) केला

21. स्फैगनम घास बहुत उपयुक्त है?
(अ) गूटी हेतु
(ब) कलिकायन हेतु
(स) कलमबंधन हेतु
(द) इनार्चिंग हेतु

22. पैक्टिन परीक्षण किसके द्वारा किया जाता है?
(अ) जैली थर्मामीटर
(ब) जेल मीटर
(स) लैक्टोमीटर
(द) हाइड्रोमीटर

23. फलों को किस तापक्रम पर संसाधित किया जाता है?
(अ) 100° सेल्सियस
(ब) 90° सेल्सियस
(स) 110° सेल्सियस
(द) 121° सेल्सियस

24. द्विवर्षीय फलन एक मुख्य ज्वलन्त समस्या है?
(अ) खजूर में (ब) आम में
(स) बैर में (द) केला में

25. किस उत्पाद के परिरक्षण में सोडियम बेन्जोएट मिलाया जाता है?
(अ) टमाटर सॉस
(ब) आँवले का मुरब्बा
(स) कार्डियल
(द) सेब का जैम

26. डी.ए.पी. खाद में फॉस्फोरस की मात्रा होती है?
(अ) 18 प्रतिशत (ब) 46 प्रतिशत
(स) 16 प्रतिशत (द) 42 प्रतिशत

27. Ca, Mg और S को कहते हैं?
(अ) प्राथमिक पोषक तत्व
(ब) द्वितीयक पोषक तत्व
(स) सूक्ष्म पोषक तत्व
(द) लाभदायक पोषक तत्व

28. बीज रहित संकर किस्म सिन्धु का क्रास है?
(अ) दशहरी x नीलम
(ब) अल्फान्सो x नीलम
(स) नीलम x दशहरी
(द) रत्ना x अल्फान्सो

29. अचार में नमक की प्रतिशतता होती है?
(अ) 1–5 (ब) 15–20
(स) 5–10 (द) 20–25

30. शहरों के निकट, रोपण की कौनसी विधि उपयुक्त समझी जाती है?
(अ) वर्गाकार (ब) आयताकार
(स) षट्भुजाकार (द) क्विनकंस

31. खुरपका–मुंहपका रोग में फुटबाथ हेतु निम्न में से कौनसी औषधि प्रयुक्त होती है?
(अ) फिनोविस (ब) नीला थोथा
(स) आयोडीन (द) तारपीन का तेल

32. निम्न में से कौनसी गाय की सबसे भारी नस्ल है?
(अ) जर्सी
(ब) हॉलस्टीन फ्रीजियन
(स) गिर
(द) राठी

33. अण्डा उत्पादन में मुर्गी की कौनसी नस्ल का विश्व में प्रथम स्थान है?

(अ) रोड आइलैण्ड रेड
(ब) प्लाईमाउथ रॉक
(स) रेड कार्निस
(द) व्हाइट लेगहार्न

34. पशुओं की आयु ज्ञात करने का सबसे अच्छा तरीका है?
(अ) शारीरिक दशा देखकर
(ब) खुर देखकर
(स) सींगों द्वारा
(द) दाँतों द्वारा

35. गरबर विधि से वसा प्रतिशत ज्ञान करने के लिए दूध की कितनी मात्रा प्रयुक्त की जाती है?
(अ) 10.00 मि.ली. (ब) 10.25 मि.लि.
(स) 10.75 मि.ली. (द) 11.00 मि.लि.

36. निम्न में से कौनसी मृदुरेचक औषधि है?
(अ) एरण्ड का तेल (ब) कपूर
(स) एल्कोहल (द) लाइसोल

37. भारत की औसत वर्षा है?
(अ) 650 मि.मि. (ब) 1100 मि.मि.
(स) 1200 मि.मि. (द) 1400 मि.मि.

38. भैंस में गर्भाधारण की औसत अवधि है?
(अ) 310 दिन (ब) 280 दिन
(स) 350 दिन (द) 250 दिन

39. सुनहरी क्रान्ति का सम्बन्ध है?
(अ) फल उत्पादन (ब) मछली उत्पादन
(स) आलू उत्पादन (द) दूध उत्पादन

40. 19वीं पशुगणना के अनुसार भारत में दुधारू गाय एवं भैंसों की आबादी था?
(अ) 60.72 मिलियन (ब) 70.82 मिलियन
(स) 75.25 मिलियन (द) 80.52 मिलियन

उत्तरमाला
(Answerwheet)

JET PAPER - 2005

1 (अ)	2 (स)	3 (स)	4 (स)	5 (अ)	6 (ब)	7 (ब)	8 (स)	9 (स)	10 (स)
11 (द)	12 (ब)	13 (अ)	14 (ब)	15 (द)	16 (द)	17 (ब)	18 (द)	19 (अ)	20 (अ)
21 (ब)	22 (स)	23 (स)	24 (अ)	25 (द)	26 (अ)	27 (द)	28 (अ)	29 (द)	30 (अ)
31 (ब)	32 (द)	33 (स)	34 (ब)	35 (अ)	36 (द)	37 (ब)	38 (द)	39 (ब)	

JET PAPER - 2006

1 (अ)	2 (स)	3 (स)	4 (द)	5 (स)	6 (ब)	7 (ब)	8 (अ)	9 (अ)	10 (ब)
11 (द)	12 (ब)	13 (स)	14 (स)	15 (स)	16 (स)	17 (स)	18 (अ)	19 (अ)	20 (अ)
21 (स)	22 (अ)	23 (ब)	24 (द)	25 (ब)	26 (स)	27 (द)	28 (द)	29 (ब)	30 (द)
31 (ब)	32 (ब)	33 (ब)	34 (द)	35 (स)	36 (स)	37 (द)	38 (ब)	39 (अ)	40 (द)

JET PAPER - 2007

1 (ब)	2 (स)	3 (अ)	4 (स)	5 (अ)	6 (अ)	7 (अ)	8 (स)	9 (स)	10 (ब)
11 (स)	12 (द)	13 (द)	14 (द)	15 (द)	16 (अ)	17 (अ)	18 (ब)	19 (स)	20 (अ)
21 (ब)	22 (स)	23 (स)	24 (स)	25 (ब)	26 (अ)	27 (अ)	28 (अ)	29 (अ)	30 (स)
31 (अ)	32 (अ)	33 (स)	34 (स)	35 (स)	36 (द)	37 (ब)	38 (स)	39 (अ)	40 (अ)

JET PAPER - 2008

1 (स)	2 (स)	3 (अ)	4 (ब)	5 (अ)	6 (द)	7 (ब)	8 (अ)	9 (ब)	10 (द)
11 (ब)	12 (ब)	13 (ब)	14 (अ)	15 (द)	16 (स)	17 (अ)	18 (ब)	19 (स)	20 (अ)
21 (अ)	22 (द)	23 (अ)	24 (ब)	25 (स)	26 (द)	27 (अ)	28 (द)	29 (अ)	30 (द)
31 (अ)	32 (अ)	33 (द)	34 (द)	35 (स)	36 (द)	37 (अ)	38 (अ)	39 (द)	40 (अ)

JET PAPER - 2009

1 (स)	2 (स)	3 (द)	4 (ब)	5 (अ)	6 (द)	7 (ब)	8 (अ)	9 (अ)	10 (अ)
11 (ब)	12 (स)	13 (ब)	14 (द)	15 (द)	16 (ब)	17 (अ)	18 (ब)	19 (द)	20 (अ)
21 (अ)	22 (द)	23 (स)	24 (ब)	25 (स)	26 (अ)	27 (अ)	28 (स)	29 (अ)	30 (अ)
31 (ब)	32 (अ)	33 (अ)	34 (स)	35 (द)	36 (ब)	37 (द)	38 (ब)		

JET PAPER - 2010

1 (द)	2 (द)	3 (अ)	4 (अ)	5 (अ)	6 (स)	7 (अ)	8 (ब)	9 (अ)	10 (द)
11 (ब)	12 (ब)	13 (स)	14 (ब)	15 (ब)	16 (द)	17 (स)	18 (ब)	19 (अ)	20 (अ)
21 (ब)	22 (ब)	23 (अ)	24 (स)	25 (ब)	26 (अ)	27 (अ)	28 (अ)	29 (स)	30 (अ)
31 (अ)	32 (द)	33 (द)	34 (ब)	35 (ब)	36 (द)	37 (ब)	38 (द)	39 (अ)	

JET PAPER - 2011

1 (ब)	2 (द)	3 (स)	4 (अ)	5 (द)	6 (स)	7 (अ)	8 (ब)	9 (स)	10 (ब)
11 (अ)	12 (स)	13 (अ)	14 (ब)	15 (अ)	16 (द)	17 (अ)	18 (ब)	19 (द)	20 (स)
21 (ब)	22 (अ)	23 (स)	24 (ब)	25 (द)	26 (अ)	27 (द)	28 (द)	29 (ब)	30 (स)
31 (अ)	32 (द)	33 (द)	34 (द)	35 (ब)	36 (अ)	37 (ब)	38 (स)		

JET PAPER - 2012

1 (स)	2 (ब)	3 (अ)	4 (ब)	5 (द)	6 (स)	7 (अ)	8 (ब)	9 (अ)	10 (ब)
11 (ब)	12 (अ)	13 (अ)	14 (अ)	15 (द)	16 (ब)	17 (स)	18 (ब)	19 (ब)	20 (स)
21 (अ)	22 (द)	23 (द)	24 (स)	25 (ब)	26 (ब)	27 (स)	28 (स)	29 (ब)	30 (स)
31 (अ)	32 (स)	33 (ब)							

JET PAPER - 2013

1 (स)	2 (अ)	3 (द)	4 (अ)	5 (द)	6 (अ)	7 (स)	8 (ब)	9 (स)	10 (अ)
11 (अ)	12 (अ)	13 (अ)	14 (अ)	15 (अ)	16 (ब)	17 (द)	18 (स)	19 (द)	20 (द)
21 (स)	22 (स)	23 (ब)	24 (द)	25 (स)	26 (ब)	27 (द)	28 (ब)	29 (द)	30 (द)
31 (ब)	32 (स)	33 (ब)	34 (द)	35 (अ)	36 (अ)	37 (द)	38 (अ)	39 (स)	40 (स)

JET PAPER - 2014

1 (अ)	2 (स)	3 (ब)	4 (स)	5 (ब)	6 (द)	7 (अ)	8 (द)	9 (ब)	10 (अ)
11 (अ)	12 (अ)	13 (अ)	14 (द)	15 (अ)	16 (स)	17 (स)	18 (स)	19 (ब)	20 (स)
21 (ब)	22 (स)	23 (स)	24 (अ)	25 (स)	26 (ब)	27 (अ)	28 (ब)	29 (द)	30 (अ)
31 (द)	32 (अ)	33 (अ)	34 (स)	35 (स)	36 (ब)	37 (द)	38 (ब)	39 (स)	40 (अ)

JET PAPER - 2015

1 (ब)	2 (द)	3 (ब)	4 (ब)	5 (स)	6 (द)	7 (अ)	8 (अ)	9 (स)	10 (द)
11 (ब)	12 (अ)	13 (द)	14 (अ)	15 (स)	16 (अ)	17 (ब)	18 (स)	19 (ब)	20 (स)
21 (अ)	22 (स)	23 (ब)	24 (ब)	25 (द)	26 (स)	27 (ब)	28 (स)	29 (अ)	30 (स)
31 (ब)	32 (स)	33 (ब)	34 (स)	35 (द)	36 (अ)	37 (स)	38 (ब)	39 (द)	40 (स)

JET PAPER - 2016

1 (ब)	2 (स)	3 (ब)	4 (स)	5 (द)	6 (अ)	7 (द)	8 (ब)	9 (द)	10 (स)
11 (स)	12 (द)	13 (द)	14 (ब)	15 (स)	16 (द)	17 (अ)	18 (अ)	19 (स)	20 (द)
21 (ब)	22 (अ)	23 (द)	24 (अ)	25 (स)	26 (अ)	27 (ब)	28 (स)	29 (ब)	30 (स)
31 (अ)	32 (स)	33 (स)	34 (ब)	35 (द)	36 (स)	37 (ब)	38 (स)	39 (अ)	40 (स)

JET PAPER - 20172

1 (द)	2 (द)	3 (स)	4 (ब)	5 (स)	6 (स)	7 (अ)	8 (ब)	9 (स)	10 (द)
11 (अ)	12 (ब)	13 (ब)	14 (ब)	15 (स)	16 (द)	17 (अ)	18 (स)	19 (स)	20 (स)
21 (ब)	22 (द)	23 (द)	24 (अ)	25 (ब)	26 (द)	27 (ब)	28 (ब)	29 (द)	30 (स)
31 (स)	32 (अ)	33 (ब)	34 (स)	35 (द)	36 (अ)	37 (स)	38 (ब)	39 (स)	40 (अ)

JET PAPER - 2018

1 (अ)	2 (द)	3 (अ)	4 (द)	5 (अ)	6 (स)	7 (स)	8 (अ)	9 (ब)	10 (स)
11 (अ)	12 (अ)	13 (स)	14 (ब)	15 (अ)	16 (स)	17 (ब)	18 (स)	19 (अ)	20 (द)
21 (अ)	22 (ब)	23 (अ)	24 (ब)	25 (अ)	26 (ब)	27 (ब)	28 (द)	29 (अ)	30 (स)
31 (ब)	32 (ब)	33 (द)	34 (द)	35 (स)	36 (अ)	37 (स)	38 (अ)	39 (अ)	40 (द)

5
सामान्य कृषि ज्ञान

मुख्य तथ्य (IMPORTANT FACTS)

1. आई.सी.ए.आर. की स्थापना, शाही कृषि आयोग (1928) की संस्तुति के आधार पर की गई → **16 जुलाई, 1929 में**
2. भारत की वर्षा में दक्षिण–पश्चिम मानसून का योगदान → **80–90%**
3. भारत में मौसम विभाग उपखण्डों की संख्या → **36**
4. योजना आयोग के अनुसार भारत में कृषि जलवायुवीय जोन (ACZ) → **15**
5. भारत में कृषि पारिस्थितिकीय जोन (NBSS & LUP) → **20**
6. देश में कुल कृषि विश्वविद्यालय → **65**
7. आई.सी.ए.आर. में डीम्ड विश्वविद्यालयों की संख्या → **4**
8. देश में केन्द्रीय कृषि विश्वविद्यालयों की संख्या → **3 इम्फाल (मणिपुर), झाँसी (उ.प्र.), पूसा, समस्तीपुर (बिहार)**
9. भारत में राष्ट्रीय ब्यूरो की संख्या → **6**
10. राष्ट्रीय अबायोटिक स्ट्रैस प्रबंधन संस्थान (NIASM) बारामती महाराष्ट्र की स्थापना हुई। → **फरवरी, 2009 में**
11. राष्ट्रीय बायोटिक स्ट्रैस प्रबंधन संस्थान (NIASM) की स्थापना होने जा रही है। → **रायपुर (छत्तीसगढ) में**
12. आई.सी.ए.आर. के नियन्त्रण में कृषि अनुसंधान संस्थान लाये गये → **1966 में**
13. आई.सी.ए.आर. का अध्यक्ष → **केन्द्रीय कृषि मंत्री**
14. स्वतंत्र भारत का प्रथम कृषि मंत्री → **रफी अहदम किदवई**
15. देश का प्रथम कृषि विज्ञान केन्द्र (पाँडिचेरी) स्थापित किया गया → **1974 में**

16. देश में कुल कृषि विज्ञान केन्द्र (अक्टुबर 2012 तक व वर्तमान) → **630 व 719 (6458 के.वी.के.– केन्द्रीय कृषि वि.वि. एवं प्रदेश विश्वविद्यालय के अन्तर्गत, 35 राज्य सरकार के अन्तगर्त, 100 एन.जी.ओ. के अन्तगर्त, 17 अन्य शिक्षण संस्थान के अन्तगर्त तथा 55 आई.आर.सी.ए.आर. के अन्तगर्त)**
17. आई.सी.ए.आर. है → **एक रजिस्टर्ड सोसायटी**
18. गेहूँ की किस्म जिसका हरित क्रान्ति में अच्छा योगदान है → **HD2329**
19. संयुक्त राष्ट्र संघ के सदस्य देशों की संख्या → **193 (दक्षिण सूडान नया शामिल)**
20. विश्व व्यापार संगठन (WTO) के सदस्य देशों की संख्या (Vanuatu 24 अगस्त 2012 को) → **157**
21. देश का वन आच्छादित क्षेत्रफल → **23.82% (2011 में) मध्यप्रदेश, देश का सर्वाधिक वनक्षेत्र प्रदेश**
22. आई.सी.ए.आर. का पुर्नगठन हुआ → **1965 और 1972 में**
23. **भारत** विश्व का दूसरा बड़ा मछली उत्पादक देश है। → **(प्रथम स्थान : चीन)**
24. विश्व में अन्तर्देशीय (Inland) मछली उत्पादन में भारत का स्थान है? → **दूसरा**
25. सन् 2012–13 में प्रमाणित बीजों का वितरण → **328.6 लाख क्विंटल**
26. भारत में कृषि में कार्य करने वाली कार्यशील बल का प्रतिशत (2010 में) → **51.1 प्रतिशत**
27. राष्ट्रीय सकल घरेलू उत्पाद (जीडीपी) में कृषि का योगदान (2018–19) में → **15.4 प्रतिशत**
28. कुल निर्यात में कृषि का हिस्सा (2011–12) में → **12.4 प्रतिशत**
29. कृषि निर्यात में किस वस्तु का योगदान सर्वाधिक है (2011–12) में → **Cereal (2.1%)**
30. कृषि आयात में किस सामग्री का योगदान सर्वाधिक है (2011–12) में → **खाद्य तेल (कुल आयात का 2.0%)**
31. भारत पर सन् 2018 में कुल विदेशी ऋण → **543 बिलियन डॉलर**
32. कृषि एवं कृषि जनित उत्पादों का निर्यात का मूल्य (2017–18) में → **1500 बिलियन डॉलर**
33. कुल पॉवर जनरेशन में सर्वाधिक हिस्सा → **थर्मल पॉवर**
34. भारत में उर्वरक उपभोग कि.ग्रा./हेक्टर (2014–15) में → **165.12**
35. भारत में उर्वरक उपभोग कि.ग्रा./हेक्टर करने वाला राज्य (2009 में) → **आंध्रप्रदेश**
36. भारत में उर्वरक उपभोग कि.ग्रा./हेक्टर करने वाला केन्द्र शासित प्रदेश → **पुडुचेरी**
37. सबसे कम उर्वरक उपभोग कि.ग्रा./हेक्टर करने वाला राज्य → **अरूणाचल प्रदेश**
38. सन् 2015–16 में भारत में औसत कृषि जोत का आकार → **1.10 हेक्टर**

39. सबसे अधिक कॉफी उत्पादन करने वाला राज्य → **कर्नाटक**

40. सबसे अधिक चाय उत्पादन करने वाला राज्य → **असम**

41. सबसे अधिक रबड़ उत्पादन करने वाला राज्य → **केरल**

42. सन् 2011 को संयुक्त राष्ट्र सामान्य सभा ने घोषित किया है। → **अंतर्राष्ट्रीय वन वर्ष**

43. सन् 2012 को संयुक्त राष्ट्र सामान्य सभा ने घोषित किया है। → **अंतर्राष्ट्रीय सहकारिता वर्ष**

44. सन् 2012 को संयुक्त राष्ट्र सामान्य सभा ने घोषित किया है। → **अंतर्राष्ट्रीय सहकारिता वर्ष एवं International year of Sustainable Energy for All**

45. सन् 2013 को संयुक्त राष्ट्र सामान्य सभा ने घोषित किया है। → **International year of water Coopreation and International Year of Quinoal (Peruvian fruit)**

46. "राष्ट्रीय जल ग्रिड" का प्रस्ताव किया → **के.एल. राव ने**

47. राष्ट्रीय जल नीति कब पारित की गई → **1987 में**

48. विश्व औसत 500 ग्राम/हेक्टर की तुलना में भारत में पेस्टीसाइड्स का उपभोग है (सन् 2008 में) → **381 ग्राम**

49. भारत में सर्वाधिक पेस्टीसाइड्स उपभोग (कुल पेस्टीसाइड्स का 25.9%) वाली फसल है। → **चावल**

50. भारत में पेस्टीसाइड्स उपभोग करने वाले अग्रणी राज्य है → **आंध्रप्रदेश (कुल का 25 प्रतिशत), पंजाब तथा महाराष्ट्र**

51. हाल ही में, देशी साहीवाल से विकसित 'फ्राइजवाल' गाय का औसत कुल दुग्ध उत्पादन (प्रति ब्यात) है → **3600 लीटर**

52. राष्ट्रीय कृषि विज्ञान संग्रहालय (2004 में स्थापित) स्थित है। → **नई दिल्ली में**

53. भारत विश्व में पहला देश है जिसने कपास की संकर किस्म एच 4 सन् **1970 में**, बाजरे की संकर किस्म **एच.बी. 1 सन् 1965** में, ज्वार की किस्म **CSH-1 1964** में, अरण्डी (GCH-3) और अरहर की संकर किस्म **(ICPH-8) सन् 1991** में विकसित की।

54. विश्व में चीन के पश्चात भारत दूसरा देश है जिसने संकर धान की किस्म **सन् 1994 में** विकसित की

55. भारत में विकसित कुसुम की प्रथम संकर किस्म **डी.एस.एच–129 तथा सरसों की प्रथम संकर किस्म है → NRCHB- 506**

56. विश्व की प्रथम अधिक उत्पादन देने वाली धान कि सुगन्धित किस्म पूसा बासमती, ट्रिटिकेल की प्रथम अम्बर रंग की व्यवसायिक किस्म डी.टी. 46, मक्का की प्रथम संकुल किस्में विजय, किसान जवाहर एवं विक्रम : आम की प्रथम संकर किस्में आम्रपाली और मल्लिका, **भारतीय कृषि अनुसंधान संस्थान – नई दिल्ली में विकसित की गई।**

57. राष्ट्रीय जीन बैंक (NBPGR), नई दिल्ली में कृषि उद्यानिकी फसलों के **1,80,000 से ज्यादा जीवद्रव्य इकट्ठे एवं संरक्षित किये है।**

58. भारत ने नई फसलों के पुनः स्थापित (Introduction), जैसे **सोयाबीन (1960 में), सूरजमुखी (1969) और चुकन्दर (1960) करने में महान सफलता हासिल की।**

59. "प्रत्येक वस्तु इंतजार कर सकती है किन्तु खेती नहीं" वाक्य कहा था → **जवाहर लाल नेहरू ने**

60. "हमारी मुक्ति केवल किसानों के द्वारा सम्भव है, न कि डॉक्टर, धनवान जमींदार या वकीलों के द्वारा प्राप्त होगी" कथन कहा था → **महात्मा गांधी ने**

61. भारत का खाद्यान उत्पादन सन् 1950–51 में 50 मिलियन टन था जोकि बढकर सन् 2012–13 में **250.14 मि.टन (अग्रिम अनुमान)** हो गया।

62. बारहवीं पंचवर्षीय योजना (2012–17) की वृद्धि दर तय की गई है– → **9 प्रतिशत**

63. सन् 2010–11 में राष्ट्रीय सकल घरेलू उत्पाद (जीडीपी) में सेवाओं का योगदान → **57.0 प्रतिशत**

64. सन् 2009–10 में भारत विश्व में सबसे अधिक चीनी उपभोग करने वाला एवं दूसरा सबसे बड़ा चीनी उत्पादक देशक बन गया। → **(188 लाख टन)**

65. **भारत** में सबसे ज्यादा मसालों का उत्पादन, उपभोग तथा निर्यात करने वाला देश है।

66. भारत ने **सन् 1965 में कांदला** में अपना प्रथम एक्सपोर्ट प्रोसेसिंग जोन (EPZ) खोला।

67. सन् 2011–12 में भारत में कुल बिजली उत्पादन हुआ → **1051.4 बिलियन किलोवॉट**

68. भारत में प्रति व्यक्ति प्रतिदिन अनाज व दाल उपलब्धता क्रमशः 415.7 और 41.9 ग्राम है। **(सन् 2013 में)**

69. केन्द्रीय पूल में चावल खरीद के मामले में प्रथम, द्वितीय तथा तृतीय स्थान क्रमशः **आंध्र प्रदेश (90.61 लाख टन), पंजाब (85.53 लाख टन) तथा उत्तरप्रदेश (25.38 लाख टन) का था (सन् 2008–09 में)**

70. सन् 2008–09 के दौरान केन्द्रीय पूल में गेहूँ खरीद के मामले में प्रथम, द्वितीय तथा तृतीय स्थान क्रमशः **पंजाब (99.4 लाख टन), हरियाणा (52.31 लाख टन) उत्तरप्रदेश (31. 37 लाख टन) का था।**

71. सन् 2010–11 में केन्द्रीय पूल में गेहूँ की खरीद **22.52 मिलियन टन थी।**

72. सन् 2009–10 (खरीफ) में केन्द्रीय मूल में चावल की खरीद (Procurement) **31.46 मिलियन टन थी।**

73. सन् 2004–05 में देश में मृदा संरक्षण का क्षेत्रफल था → **39.8 मि.हे.**

74. दसवीं पंचवर्षिय योजना के दौरान सिंचाई क्षमता (Irrigation potential) सर्जित एवं उपयोग क्रमशः **102.8 और 87.2 मिलियन हेक्टेयर रही।**

75. सन् 2007–08 में राष्ट्रीय खाद्य सुरक्षा मिशन शुरू किया गया। इस मिशन में ग्यारहवीं पंचवर्षिय योजना के अन्त तक चावल, गेहूँ और दालों का उत्पादन क्रमशः **10,8 और 2**

मिलियन टन बढाना प्रस्तावित किया गया है (4882.5 करोड़ रू. बजट में आवंटित किये)

76. **अगस्त 2007 में केन्द्र सरकार के 100 प्रतिशत सहयोग** से राष्ट्रीय कृषि विकास योजना 25000 करोड़ रूपयों के बजट से शुरू की गई।

77. **राष्ट्रीय किसान नीति, 2007** के द्वारा फार्म सेक्टर का चहुंमुखी विकास (Holistic development) करना अनुमोदित किया गया है।

78. भारत विश्व में प्राकृतिक रबड़ के उत्पादन में **चौथे स्थान पर है (8.2% विश्व का)** (2010 में)

79. **सन् 2005–06 में राष्ट्रीय उद्यानिकी मिशन,** उद्यानिकी के चहुंमुखी विकास के लिये शुरू किया गया था

80. 18 वीं पशु गणना (2007) के अनुसार देश की कुल पशु संख्या **529.7 मि. एवं कुक्कुट संख्या 648.8 मि. आंकी गई है।**

81. **सन् 2005–06 में 100 चयनित जिलों** में पशुपालन बीमा योजना पायलट आधार पर शुरू की गई।

82. भारत में व्यवसायिक स्तर पर बीटी कपास का उत्पादन शुरू हुआ → **2002 में**

83. विश्व में कपास की प्रथम संकर किस्म एच.4, सी.टी. पटेल के द्वारा सूरत में विकसित की गई– → **1970 में**

84. विश्व की प्रथम अन्तर स्पीशीज संकर कपास **वारालक्ष्मी** (गो. हिरसुटम ग गो. बारबेडेन्स) एस.ए. पाटिल के द्वारा धारवाड़ में विकसित की गई।

85. विश्व की द्विगुणित संकर कपास किस्म डी.एच. 7 सूरत से निकाली गई → **सन् 1985 में**

86. सबसे मजबूत वानस्पतिक रेशा रेमी (*Boehmeria nivea*) के तने से प्राप्त होता है जो **यूट्रीकेसी कुल का पौधा है।**

87. **सन् 2006 में केन्द्रीय उद्यान संस्थान, मेदजीफेमा (नागालैंड) में** स्थापित किया गया जिसका प्रशासनिक नियन्त्रण उद्यान आयुक्त, कृषि एवं सहकारिता विभाग (DAC), कृषि मंत्रालय, भारत सरकार के अधीन है।

88. सन् 2011–12 में पशुपालन सेक्टर में **127.9 मिलियन टन दूध, 66.5 बिलियन अण्डे, 44.73 मिलियन कि.ग्रा. ऊन और 8.7 मिलियन टन मछली का उत्पादन हुआ।**

89. सकल घरेलू उत्पाद (जीडीपी) में कृषि का हिस्सा **14.2%** है, इस कृषि हिस्से में पशुपालन का हिस्सा **17 प्रतिशत** है।

90. सकल घरेलू उत्पाद (जीडीपी) में कुल कृषि हिस्से में पशुपालन एवं मत्स्य उत्पादों का **26. 84% योगदान है।**

91. सन् 2006 में विश्व निर्यात में भारत का हिस्सा था। → **1.0%**

92. सन् 2008–09 में कुल भारतीय सकल घरेलू उत्पाद में कृषि, पशुपालन एवं मत्स्य उत्पादों का योगदान **4.07%** था।

93. फलों एवं सब्जियों के उत्पादन में **भारत का विश्व में दूसरा स्थान** (प्रथम चीन) है।

94. ब्राजील के पश्चात भारत विश्व में सबसे अधिक **पशुधन संख्या रखता है।**

95. विश्व में भैंसों की संख्या में प्रथम, गाय व बकरियों की संख्या में द्वितीय, भेड़ों की संख्या में तृतीय, MDl (Ducks) की संख्या में चतुर्थ, कुक्कुट की संख्या में पंचम तथा ऊँटों की संख्या में **सातवाँ स्थान भारत का** है।

96. सन् 2010–11 में भारत में प्रति व्यक्ति अण्डों की उपलब्धता थी → **53**

97. हांगकांग में पहली बार एवियन इंफ्लुएंजा (बर्ड फ्लू) कब शुरू हुआ। → **1997 में**

98. भारत में पहली बार एवियन इंफ्लुएंजा (H5N1 वायरस) महाराष्ट्र में **फरवरी 2006 में** फैला।

99. पौधे जिनके जीनोम क्रम पूर्णतया ज्ञात कर लिये गये है– चावल, अरेबिडोप्सिस, मक्का, ज्वार एवं अरहर **(सन् 2011 में भारतीय वैज्ञानिकों द्वारा)**

100. ड्रग कन्ट्रोलर जनरल ऑफ इंडिया के द्वारा मवेशियों में उपयोग की जाने वाली दवा जिसको पूर्णतया प्रतिबंधित किया गया है → **डाइक्लोफेनाक**

101. गेक (GEAC) समिति जो कि भारत में बीटी कपास के उत्पादन को अनुमोदित करती है, किस मंत्रालय से संबंधित है → **पर्यावरण एवं वन मंत्रालय से**

102. विश्व में सबसे अधिक क्षेत्रफल में उगाई जाने वाली जी.एम. (Genetically modified) फसल है → **सोयाबीन**

103. वॉटर स्ट्रैस की परिस्थिति में पौधे में एमिनो अम्ल का संग्रह होता है → **प्रोलीन का**

104. ज्वार के पौधों की जड़ों में **हाइड्रोसायनिक पदार्थ (HCN)** का संश्लेषण होता है जोकि स्ट्रेस की दशा में पत्तियों में पहुँच जाता है।

105. तम्बाकू के पौधे की जड़ों में **निकोटीन का संश्लेषण** होता है जबकि इसका संग्रह पत्तियों में होता है।

106. ऑक्सिन हार्मोन का अग्रदूत (Precursor) है → **ट्रीप्टोफेन**

107. इथाइलीन हार्मोन का अग्रदूत है → **मिथियोनिन**

108. सन् 1805 में अफीम (पेपेवर सोमनीफेरम) के पौधे से पहली बार एल्केलोइड को अलग किया तथा ड्रग बनाई, जिसका नाम है → **मोरफीन**

109. **सन् 1945 में** विश्व में प्रथम शाकनाशी 2,4–डी जिमरमेन और हिटचकोक के द्वारा विकसित किया गया।

110. "फील्ड प्लॉट टेकनीक" के जनक है। → **जे.बी. बोसिंगाल्ट**

111. "पूसा नन्हा" उत्परिवर्तित किस्म है। → **पपीते की**

112. दिल्ली में स्थित "बुद्धा गार्डन" किस शैली का गार्डन है। → **जापानी शैली**

113. विश्व का सबसे बड़ा खेतीहर फल है। → **कटहल (Jack fruit)**

114. ओलियोरेसिन (Oleoresin) निकाला जाता है। → **मिर्च से**

115. बेसीलस थुरिनजिएन्सिस (*Bacillus thuringiensis*) की खोज की → **एस. इसीवाटा**

116. दूध में किस तत्त्व की कमी पाई जाती है → **लौहे की**
117. मशमीना ऊन प्राप्त होती है। → **बकरी से**
118. डोली क्लोन (भेड़) का विकास किया गया। → **विल्मट के द्वारा**
119. गाय के पावसने (milk let down) के लिये कौनसा हार्मोन उत्तरदायी है– → **ऑक्सोटोसिन**
120. धान के खेतों एवं वेस्ट लैंड से कौन सी गैस निकलती है– → **मीथेन**
121. राष्ट्रीय जैव विविधता मंडल (NBB) स्थित है। → **चेन्नई में**
122. भारत का दुग्ध शहर (Milk City) है। → **आनंद**
123. मेडिसिनल एवं एरोमेटिक अनुसंधान निदेशालय स्थित है। → **आनंद (गुजरात में)**
124. भारत कृषि मंत्रालय (भारत सरकार) ने वर्ष 2012 को घोषित किया है → **उद्यानिकी वर्ष**
125. भारत विश्व में चाय का सर्वाधिक **उत्पादन तथा उपभोग करने वाला देश है।** (यहां पर 16 राज्यों में चाय की खेती की जाती है)।
126. विश्व में सर्वाधिक क्षेत्र में उगाई जाने वाली ट्रांसजेनिक (Transgenic) फसल है। → **सोयाबीन**
127. सन् 2008 में स्थापित एशिया का सबसे बड़ा ट्यूलिप गार्डन है → **श्रीनगर में**
128. पृथ्वी पर मात्रा के आधार पर मुख्य एन्जाइम कौनसा है। → **रूबिस्को**
129. गोल्डन राइस में किस विटामिन की मात्रा की अधिकता होती है। → **विटामिन 'ए' (37 पीपीएम)**
130. एस्टिवम् गेहूँ (2.5 ppm) की तुलना में ड्यूरम गेहूँ (6.0 ppm) में **बीटा केरोटीन (पीला वर्णक)** की मात्रा अधिक होती है।
131. बेलपत्र (Bael) अच्छा स्त्रोत है। → **मार्मेलोसिन एवं राइबोफ्लेविन का**
132. राष्ट्रीय मत्स्य विकास बोर्ड (NFDB) की स्थापना हैदराबाद में कब की गई। → **सितम्बर 2006 में**
133. सन् 1983 में मेडागास्कर में विकसित धान की रोपाई विधि "सिस्टम् ऑफ राइस इंटेन्सिफिकेशन" (SRI) में बीज दर होती है → **5 किलोग्राम/हेक्टर**
134. भारत में सार्वजनिक क्षेत्र में विकसित की गई बी.टी. कपास की पहली किस्म है → **बीकानेरी नरमा बी.टी.**
135. विश्व का प्रथम क्लोन्ड बफेलो (Cloned Buffalo) फरवरी 2009 में विकसित किया गया– → **भारत में**
136. विश्व का प्रथम क्लोन्ड केमल (Cloned camel) डी.एन.ए. का उपयोग करके किस देश में वैज्ञानिकों द्वारा विकसित किया गया। → **अमीरात ऑफ दुबई**
137. "वन स्ट्रा रिवोल्यूशन (One straw Revolution) पुस्तक के लेखक है? → **ममांबू फूकुआका (प्राकृतिक कृषि के जनक)**

138. सन् 2010–11 में फलों के उत्पादन में प्रथम स्थान रखने वाला राज्य है। → **तमिलनाडु (9.965 mt) (दूसरा स्थान 9.513 mt) उत्पादन के साथ महाराष्ट्र का है।**

139. सन् 2010–11 में फलों में सर्वाधिक क्षेत्रफल रखने वाला राज्य है। → **महाराष्ट्र (1.537 mha) (दूसरा स्थान आन्ध्रप्रदेश 0.646mha का है।)**

140. फलों की उत्पादकता में प्रथम एवं द्वितीय स्थान क्रमशः तमिलनाडु **(31.0 टन प्रति हेक्टर)** तथा मध्यप्रदेश **(35.5 टन प्रति हेक्टर)** का है।

141. फूलों के उत्पादन तथा क्षेत्रफल में प्रथम स्थान रखने वाला राज्य है। → **तमिलनाडु (द्वितीय, कर्नाटक)**

142. सर्वाधिक संख्या में कट फ्लोअर्स का उत्पादन करने वाला राज्य है। → **पश्चिमी बंगाल**

143. सब्जियों के उत्पादन तथा क्षेत्रफल में प्रथम स्थान रखने वाला राज्य है। → **पश्चिमी बंगाल (द्वितीय उत्तर प्रदेश)**

144. सन् 2012 में विश्व में आनुवंशिक परिवर्तित (GM) फसलों का कुल क्षेत्रफल था। → **170 मिलियन हेक्टर**

145. स्वाइन फ्लू (मानव रोग) का रोग करक है। → **H_1N_1 वायरस**

146. स्पाइनोलोरिकस (Spinoliricus), रूगिलोरिकस (Rugiloricus), तथा लीसीलोरिकस (Pliciloricus), लोरीसीफेरा फाइलम के बहुकोशिकीय जन्तु है जिनमें **माइटोकॉन्ड्रिया का अभाव होता है।**

147. देश का दूसरा केन्द्रीय कृषि विश्वविद्यालय (CAU) **झाँसी में स्थापित होने जा रहा है।**

148. इंडियन इंस्टीट्यूट ऑफ बायोटेक्नोलॉजी की स्थापना **राँची में की जा रही है।**

आर्थिक सर्वेक्षण (भारत सरकार), 2012–13

टेबल 1. खाद्यान्न उत्पादन (मिलियन टन में)

फसल / वर्ष	1960-61	2009-10	2010-11	2011-12	2012-13
चावल	34.6	89.09	95.3	104.3	-
गेहूँ	11.0	80.80	85.9	93.9	-
मोटा अनाज	N.A.	33.55	42.3	-	38.47
दालें	12.7	14.66	18.1	-	17.58
खाद्यान्न					
खरीफ	-	103.8	120.2	129.9	-
रबी	-	114.4	121.4	127.5	-
कुल	**82.0**	**218.11**	**241.6**	**257.4**	**250.14**

*अग्रिम अनुमान

टेबल 2. व्यवसायिक फसल उत्पादन (मिलियन टन में)

फसल/वर्ष	1960-61	1970-71	1980-81	2000-01	2010-11	2011-12	2012-13*
मूँगफली	4.8	6.1	5.0	6.4	7.5	6.9	-
रेपसीड/सरसों	1.4	2.0	2.3	4.2	7.7	6.8	-
सोयाबीन	-	-	-	-	-	-	-
अन्य तेलीय फसलें	-	-	-	-	-	-	-
कुल तेलीय फसलें	7.0	9.6	9.4	18.4	32.48	29.8	29.5
कपास	5.6	4.8	7.0	9.5	33.4	35.2	33.8
जूट**	4.1	4.9	6.5	9.3	10.0	10.7	10.6
मेस्ता**	1.1	1.3	1.7	1.2	0.6	0.7	-
गन्ना	110.0	126.4	154.2	296.0	339.2	361.0	334.5

*मिलियन बेल्स प्रत्येक 170 किलोग्रामः
**मिलियन बेल्स प्रत्येक 180 किलोग्रामः *अग्रिम अनुमान

टेबल 3. वार्षिक औसत वृद्धि दर (प्रतिशत)

पंचवर्षीय योजना	कृषि और संबद्ध क्षेत्र	समग्र जी.डी.पी. वृद्धि दर
दसवीं योजना (2002–2007)	2.3	7.6
2002–03	-7.2	3.8
2003–04	10.0	8.5
2004–05	0.0	7.5
नौंवी तथा दसवीं योजना		
(1997–98 to 2006–07)	2.5	6.6
2005–06 to 2006–07	4.8	9.5
(2006–07)	4.4	9.7
(2007–08)	4.7	9.0

टेबल 4. चाय तथा कॉफी का उत्पादन तथा निर्यात

वर्ष	चाय (मिलियन किलोग्राम)		कॉफी (लाख टन)	
	उत्पादन	निर्यात	उत्पादन	निर्यात
2006–07	947.1	218.15	2.88	2.49
2007–08	900.0	-	2.62	2.19
2008–09	900.0	-	2.62	2.
2009–10	1000.0	-	3.00	
2010–11	1000.00	-	3.00	
2011–12	1000.00	-	3.00	-

टेबल 5. मुख्य उद्यानिकी फसलों का क्षेत्रफल और उत्पादन (क्षेत्रफल : मिलियन हैक्टर : उत्पादन : मिलियन टन)

फसलें	2009–10		2010–11		2011–12	
	क्षेत्रफल	उत्पादन	क्षेत्रफल	उत्पादन	क्षेत्रफल	उत्पादन
फल	6.32	71.5	6.38	74.8	-	76.0
सब्जियाँ	7.99	133.73	8.50	146.6	-	156.0
फूल	0.18	1.02	0.19	1.03	-	-
Plantation crop	3.27	11.9	3.31	12.01	-	-
मसाले	2.46	4.02	2.94	5.35	-	-
कुल	20.2	211.12	20.66	214.47	-	-

टेबल 6. दूध तथा समुद्री उत्पादों का उत्पादन

वर्ष	दूध		मछली उत्पादन (मिलियन टन)		
	उत्पादन (मि.टन)	प्रति व्यक्ति उपलब्धता (ग्राम/दिन)	मैराइन	इनलैंड	कुल
1950–51	17.0	-	-	-	-
2005–06	97.1	241	2.8	3.8	6.6

वर्ष	दूध		मछली उत्पादन (मिलियन टन)		
	उत्पादन (मि.टन)	प्रति व्यक्ति उपलब्धता (ग्राम / दिन)	मैराइन	इनलैंड	कुल
2006–07	100.9	246	3.0	3.8	6.8
2007–08	104.8	252	2.9	4.2	7.3
2008–09	108.5	258	2.9	4.7	7.6
2009–10	112.5	263	3.00	4.9	7.9
2010–11	121.8	281	3.20	5.10	8.30
2011–12	127.09	290	-	-	8.70

टेबल 7. मुख्य उर्वरकों का उपयोग (लाख टन)

उर्वरक	2008–09	2009–10	2010–11	2011–12
नत्रजन (N)	150.9	155.8	165.6	172.6
स्फुर (P)	65.06	72.74	80.5	76.5
पोटाश (K)	33.13	23.35	35.1	26.6
N+P+K	249.09	264.86	281.2	275.7
Per ha consumption (Kg/ha)	128.6	135.3		

टेबल 8. Per capita availability of edible items in the country.

Year/ Item	Edible oils (Kg/annum)	Milk (gm/day)	Eggs (No./annum)	Tea (gms/annum)	Coffee (gms/annum)	Sugar (Kg/annum)
1950-51	2.5	-	-	362	67	-
2008-09	12.1	258	47	-	-	-
2009-10	13.1	263	51	-	85	18.6
2010-11	13.6	281	53	715	90	17.0
2011-12	13.8	290	55	728	95	18.1

टेबल 9. भिन्न–भिन्न फसलों का सिंचित क्षेत्रफल (मि.हे.)

फसल	1970–71	2007–08	2008–09	टिप्पणी
चावल	14.3 (38.4)	25.1 (56.9)	26.5 (58.7)	सर्वाधिक सिंचित क्षेत्रफल
गेहूँ	9.9 (54.3)	25.8 (90.9)	25.5 (91.3)	
मक्का	0.9 (15.9)	1.9 (23.5)	2.0 (25.2)	
ज्वार	0.6 (3.6)	0.7 (8.5)	0.7 (8.9)	
बाजरा	0.5 (4.0)	0.9 (9.5)	0.8 (9.4)	
जौ	1.3 (52.0)	0.52 (72.2)	0.5 (75.1)	
कुल अनाज	28.1 (27.6)	55.0 (54.3)	56.2 (55.9)	
कुल दालें	2.0 (8.8)	4.0 (16.2)	3.8 (16.0)	
कुल खाद्यान्न	30.1 (24.1)	59.0 (46.8)	60.0 (48.3)	
तेलीय फसलें	1.1 (7.4)	7.9 (27.1)	8.2 (27.1)	
कपास	1.4 (17.3)	3.3 (35.1)	3.3 (35.3)	
गन्ना	1.9 (72.4)	4.8 (93.4)	4.5 (93.7)	सबसे अधिक प्रतिशत सिंचित क्षेत्रफल

नोटः पेरेनथिसिस में दिया गया क्षेत्रफल प्रतिशत में

टेबल 10. देश में कृषिगत वस्तुओं की प्रति व्यक्ति उपलब्धता

वर्ष / वस्तु	प्रतिदिन (ग्राम)		
	Cereals	**दालें**	**कुल**
1951	334.2	60.7	394.9
2008	374.6	41.8	436.0
2009	407.0	37.0	444.0
2010	407.0	31.6	438.6
2011	423.5	39.4	462.9

टेबल 11. मुख्य फसलों के क्षेत्रफल, उत्पादन एवं उत्पादकता व अग्रणी उत्पादक राज्य

फसल	2011–12			2010–11			अग्रणी राज्य 2011–12 (उत्पादन)
	क्षेत्रफल	उत्पादन	उत्पादकता	क्षेत्रफल	उत्पादन	उत्पादकता	
खाद्यान्न	125.0	257.4	2059	126.7	244.5	1930	उत्तरप्रदेश > पंजाब > मध्यप्रदेश
Cereals	100.2	240.2	2396	100.3	226.3	2256	उत्तरप्रदेश
दालें	24.8	17.2	694	26.4	18.2	691	मध्यप्रदेश > उत्तरप्रदेश > राजस्थान
चावल	44.0	104.3	2372	42.9	96.0	2239	पं. बंगाल > उत्तरप्रदेश > आंध्रप्रदेश
गेहूँ	29.0	93.9	3140	29.1	86.9	2989	उत्तरप्रदेश > पंजाब > हरियाणा
ज्वार	6.3	6.0	954	7.4	7.0	949	महाराष्ट्र
मक्का	8.7	21.6	2476	8.6	21.7	2540	कर्नाटक > आंध्रप्रदेश > महाराष्ट्र
बाजरा	8.7	10.1	1156	9.6	10.4	1079	राजस्थान
चना	8.3	7.6	912	9.2	8.2	895	मध्यप्रदेश > उत्तरप्रदेश
अरहर	4.0	2.7	656	4.4	2.9	655	महाराष्ट्र
तेलीय फसलें	26.4	30.0	1135	27.2	32.5	1193	मध्यप्रदेश > राजस्थान> गुजरात
मूँगफली	5.3	6.9	1305	5.9	8.3	1411	गुजरात > तमिलनाडु > आंध्र प्रदेश
रेपसीड और सरसों	5.9	6.8	1145	6.9	8.2	1185	राजस्थान > मध्यप्रदेश> हरियाणा
गन्ना	5.1	357.7	70 (t/ha)	4.9	342.4	70 (t/ha)	उत्तरप्रदेश > महाराष्ट्र > तमिलनाडु
कपास की गांठ (170 Kg)	12.2	35.2	491	11.2	33.0	499	गुजरात > महाराष्ट्र > आंध्र प्रदेश
जूट और मेस्ता की गाँठे (180 Kg)	0.9	11.6	2283	0.9	10.6	2192	पश्चिमी बंगाल > बिहार > असम
सोयाबीन	-	-	-	-	10.0	-	मध्यप्रदेश>महाराष्ट्र > राजस्थान
चाय	0.6	1.0	1675	0.6	1.0	1695	असम
कॉफी	0.4	0.3	838	0.4	0.3	838	कर्नाटक
आलू	1.9	46.6	20.3 t/ha	1.9	42.3	23t/ha	पश्चिमी बंगाल > उत्तरप्रदेश > बिहार

टेबल 12. फसलों का न्यूनतम समर्थन मूल्य/अधिप्राप्ति मूल्य (रू./क्विंटल)

फसल		1990-91	2009-10	2010-11	2011-12	2012-13
खरीफ धान (अधिप्राप्ति मूल्य)						
	सामान्य	205	950	1000	1080	1250
	ग्रेड 'ए'	-	980	1030	1110	1280
मोटे अनाज		180	ज्वार 860	900	980	1500, 1520
(ज्वार, बाजरा, रागी)			रागी -915	965	1050	1500 (Bajra 1175)
मक्का		180	840	880	980	1175
अरहर		480	2300	3000	3200	3200
मूँग		480	2720	3170	3500	3500
उड़द		480	2520	2900	3300	4300
गन्ना (स्टैट्यूटरी मिनिमम प्राईस)		23	129.84	139.1	145.0	-
कपास						
	F-414/H-777	620	2500	2500	2800	3600
	H-4	750	3000	3000	3300	3900
मूँगफली		580	2100	2300	2700	3700
जूट (TD-5)		320	1250	1575	1675	-
सूरजमुखी		600	2215	2350	2800	3700
सोयाबीन						
	काली	350	1350	1400	1650	2200
	पीली	400	1390	1440	1690	2240
तिल (Sesame)		-	2850	2900	3400	4200
रामतिल (Niger)		-	2405	2450	2900	3500
रबी						
गेहूँ		225	1100	1120	1285	1350
जौ		200	750	780	980	980

फसल	1990-91	2009-10	2010-11	2011-12	2012-13
चना	450	1760	2100	2800	3000
सरसों	810	1830	1850	2500	3000
कुसुम	760	1680	1800	2500	2800
तोरिया	780	-	1780	2425	2425
मसूर	-	1870	2250	2500	2900

6

मृदा विज्ञान (SOIL SCIENCE)

1. मृदा में वायुमण्डल की अपेक्षा CO_2 की मात्रा होती है → **अधिक**
2. ह्युमस में क्ले की अपेक्षा जल एवं पोषक तत्वों को धारण करने की क्षमता होती है → **अधिक**
3. मृदा को शुद्ध रूप से माना जाता है → **एक प्राकृतिक पिण्ड**
4. मृदा वायु में वायुमण्डल की अपेक्षा ऑक्सीजन की मात्रा होती हैं → **कम**
5. मृदा की ऊपरी परत जिसमें कृषि कार्य करते समय औजार तथा मशीनरी आदि चलाते हैं? क्या कहलाती है → **पृष्ठ मृदा**
6. मृदा शब्द की उत्पति लेटिन भाषा के शब्द .... से हुई → **सोलम**
7. मृदा विज्ञान का अध्ययन .... रूपों में किया जाता है → **दो**
8. ऊपरी सतह से नीचे की परत जो पैतृक पदार्थ तक गहरी होती है .... कहलाती है → **अवमृदा**
9. मृदा पादन वृद्धि का .... है → **एक माध्यम**
10. अधिकांश कृषि फसलों के लिए उपयुक्त ताप ....होता है → **15°C से 40°**
11. अधिकांश मृदाओं की ऊपरी सतहों में भार की दृष्टि से कार्बनिक पदार्थ की मात्रा .... प्रतिशत होती है → **1–6**
12. मृदा विज्ञान की वह शाखा जिसमें मृदा का अध्ययन पादप वृद्धि के दृष्टिकोण से किया जाता है उसे कहते हैं → **इडैफॉलोजी**
13. मृदा विज्ञान की वह शाखा जिसमें मृदा की उत्पति, मृदा के गुण, वर्गीकरण आदि का अध्ययन किया जाता है उसे कहते हैं → **पेडोलोजी**
14. मृदा पादप वृद्धि का एक माध्यम हैं, क्योंकि → **(i) वह पौधों को उनके आवश्यक खाद्य तत्व प्रदान करती है, (ii) पौधों को जल तथा जड़ों के श्वसन के लिये ऑक्सीजन प्रदान करती है (iii) पौधों को यांत्रिक आधार प्रदान करती है।**

15. मृदा को उदग्र रूप से काटने पर जो जननिक रूप से संबंधित अनेकों परते दिखायी पड़ती है इन परतों की इकाई को कहते हैं → **मृदा प्रोफाइल**
16. त्रिविमीय प्राकृतिक पिण्ड जो मृदा सतह पर बनता है, स्थान घेरता है और सारभौमिक पिण्ड के रूप में होता है, कहलाता है → **मृदा पेडान**
17. मृदा के मुख्य अवयव है → **चार (खनिज, कार्बनिक पदार्थ, मृदा वायु, मृदा जल)**
18. मृदा प्रोफाइल के अधिकतम निक्षालन खण्ड को कहते हैं → **अवक्षालन खण्ड**
19. पादप वृद्धि को प्रभावित करने वाले कारक है → **जीवीय कारक**
20. मृदा सिस्टम में प्रावस्थायें पाई जाती है → **ठोस, द्रव एवं गैस**
21. भू पपड़ी में किस खनिज पदार्थ का प्रतिशत सबसे अधिक होता है → **SiO_2**
22. आयतन के दृष्टिकोण से मृदा में खनिज पदार्थ तथा कार्बनिक पदार्थ का क्रमशः प्रतिशत होता है → **45%, 5%**
23. आग्नेय तथा परतदार चट्टानों के मूल रूप में परिवर्तन हो जाने से जो चट्टाने बनती है, क्या कहलाती है → **रूपान्तरित चट्टानें**
24. प्राथमिक खनिजों के कणें का आकार कितना होता है → **0.002 मि.मि. से अधिक**
25. द्वितीयक खनिजों के कणों का आकार कितना होता है → **0.002 मि.मि. से अधिक**
26. जियोलाइट खनिज ऐल्युमिनियम, पोटाश तथा लाइम किससे बना है → **सिलिकेट**
27. फॉस्फेट समूहों के खनिज क्या कहलाते हैं → **एपेटाइट**
28. भू–पपड़ी से क्या सबसे अधिक मात्रा मे पाये जाते हैं → **फेल्सपार**
29. भू–गर्भ (Geology) के अनुसार भूमि .... मण्डलों से मिलकर बनी है → **3**
30. चट्टान एक या अधिक पदार्थों से बनी .... पिण्ड है → **ठोस**
31. चट्टानों का भौतिक तथा रसायनिक संगठन उसमें पाये जाने वाले .... के गुणों पर निर्भर होता है → **खनिज**
32. ताप के कारण पिघले हुए पदार्थों के जमने से बनी चट्टानों का क्या कहते हैं → **आग्नेय**
33. जब ज्वालामुखी के उद्धार के समय पृथ्वी के गर्भ से पिघला हुआ द्रव्य बाहर आता है और ठण्डा होकर चट्टान बन जाता है, उसे क्या कहते हैं → **बाह्यस्थ चट्टाने**
34. जब द्रव्य पदार्थ पृथ्वी के अन्दर ही ठण्डा होकर चट्टान बन जाता है तो उन चट्टानों को क्या कहते हैं → **अंतस्थ चट्टाने**
35. हॉर्नब्लेन्डे .... से अपक्षयित हो जाते हैं → **आसानी**
36. पायराइट्स का सूत्र .... है → **FeS_2**
37. विभिन्न प्राचीन चट्टानों के अपक्षय से प्राप्त सामग्री को एक स्थान से दूसरे स्थान पर ले जाकर जमा किये जाने से कौनसी चट्टाने बनती है → **परतदार**

38. डोलोमाइट का सूत्र क्या है → **$CaMg(CO_3)_2$**
39. शैल किसका उदाहरण है → **पातालिक**
40. जिप्सम का सूत्र क्या है → **$CaSO_4.2H_2O$**
41. वायुमण्डल में (भारात्मक) में सबसे अधिक किसकी प्रतिशतता होती है → **नाइट्रोजन**
42. कैलसाइट खनिज से निर्मित चट्टान कौनसी है → **लाइम स्टोन**
43. भू–पपड़ी में ऑक्सीजन एवं सिलिकॉन कुल तत्वों के कितने प्रतिशत भाग होते हैं → **75%**
44. भू–पपड़ी का 95 प्रतिशत भाग बना है → **आग्नेय चट्टानों से**
45. आग्नेय चट्टाने अपनी स्थिति के अनुसार विभाजित की जाती है → **दो श्रेणियों में**
46. भारी खनिजों का घनत्व होता है → **2.85 से अधिक**
47. आम्लिक आग्नेय चट्टानों में सिलिका की प्रतिशत मात्रा पाई जाती है → **65 से 85**
48. जलज चट्टानों का उदाहरण है → **शैल**
49. आग्नेय चट्टान का उदाहरण है → **ग्रेनाइट**
50. टूरमेलाइन (Tourmaline) एक प्राथमिक खजिन है जिसमें पाया जाता है → **बोरोन**
51. रूपान्तरित चट्टान का उदाहरण है → **संगमरमर**
52. रिगोलिथ के नीचे क्या रहती है → **ठोस चट्टानें**
53. कौनसी क्रिया मृदा की सतह पर ह्यूमस परत, जिसे "ओ" संस्तर कहते हैं, बनाने में सहायक होती है →**ह्यूमिफिकेशन**
54. कैल्सीकरण किसके होने के कारण होती है → **कम वर्षा तथा मृदा के पैतृक पदार्थों में क्षारों की अधिक मात्रा**
55. भूमि की सतह पर किसी प्रमुख स्थान पर कितने कारक एक साथ अपना प्रभाव डालकर मृदा उत्पति करते हैं → **पाँच**
56. अपक्षय वह क्रिया है जिसमें भू–पपड़ी की ठोस चट्टाने टूटकर मृदा के .... बनाती है → **पैतृक पदार्थ**
57. महास्थूल अथवा शिथिल पदार्थों के रूप में चट्टानों के विच्छेदन को .... कहते हैं → **रासायनिक अपक्षय**
58. यौगिकों के ऑक्सीजन से अलग होने को क्या कहते हैं → **अपचयन**
59. चट्टानों का भौतिक, रासायनिक तथा जैविक शक्तियों द्वारा मृदा रूप में बदलना ही .... कहलाता हैं → **मृदा उत्पति**
60. चट्टाने जिनसे भू–पपड़ी बनी होती है, वायुमण्डल की क्रिया द्वारा टूटने लगती है, इनके टूटने से असंगठित पैतृक पदार्थ बनते हैं, इन मूल पदार्थों को .... कहते हैं → **रिगोलिथ**

61. .... में सिलिका नीचे की संस्तरों में चली जाती है → **लेटराइटीकरण**
62. ग्लाइकरण की प्रक्रिया .... वाली मृदाओं में होती हैं → **खराब जल निकासी**
63. ताप मृदा के रंग को .... करता है → **प्रभावित**
64. चट्टानों का अपक्षय किस प्रकार होता है → **रसायनिक**
65. भौतिक अपक्षय में चट्टानों तथा खनिजों में परिवर्तन होता है → **आकार एवं रूप में**
66. जल का विश्लेषण में जल की हाइड्रोजन स्थानान्तरित हो जाती है → **खनिजों में धनायन्स के साथ**
67. खनिजों के साथ जल अणुओं के रासायनिक संयोग को कहते हैं → **जलयोजन**
68. चट्टानों के अपक्षय से प्राप्त क्षारों का CO_2 से संयुक्त होकर कार्बोनेट्स और बाई–कार्बोनेट्स के बनने की क्रिया को कहते हैं → **कार्बोनेटीकरण**
69. मृदा निर्माण के सक्रिय कारक है → **जलवायु और जीवमण्डल**
70. मृदा निर्माण के निष्क्रिय कारक है → **पैतृक पदार्थ, समय और तलरूप**
71. रसायनिक अपक्षय की एक क्रिया है → **जलयोजन**
72. गुरुत्व के कारण एक फुट ढाल पर जो मृदा का मलबा गतिमान होता है वह पदार्थ कहलाता है → **शैल मलवा (Colluvial)**
73. स्थूल घनत्व का सूत्र है → $\text{स्थूल घनत्व} = \frac{\text{किसी आयतन वाली शुष्क मृदा का भार}}{\text{उसी आयतन वाले जल का भार}}$
74. प्रतिशत रन्ध्राकाश का सूत्र है → $\text{प्रतिशत रन्ध्राकाश} = 100 - \left(\frac{\text{स्थुलता का घनत्व}}{\text{कण घनत्व}} \times 100\right)$
75. लगातार फसल उगाने से मृदा का घनत्व .... जाता है → **बढ़**
76. सुघट्यता कौनसी मृदा का वह गुण है जिसमें बल लगाने पर मृदा किसी ऐच्छिक रूप में बदली जा सके और बल हटाने पर उसी अवस्था में बनी रहें → **गीली**
77. बलुई मृदा का स्थूलता घनत्व क्ले मृदा से .... होता है → **अधिक**
78. मृदा के भौतिक गुण मृदा के रासायनिक एवं .... गुणों को भी प्रभावित करते हैं → **जैविक**
79. यान्त्रिक विश्लेषण द्वारा मृदा कणों का .... ज्ञात किया जाता है → **सही आकार**
80. मृदा कण समूहों को .... कहते हैं → **मृदा वर्गकरण**
81. मृदा कणों और कण समूहों की विशेष व्यवस्था को .... कहते हैं → **मृदा संरचना**
82. शुष्क मृदा के एक इकाई आयतन के भार को मृदा का .... कहते हैं → **स्थूल घनत्व**
83. मृदा के ठोस भाग के इकाई आयतन के भार को .... कहते हैं → **कण घनत्व**

84. स्थूल घनत्व की इकाई .... होती है → **मैगाग्राम प्रति घनमीटर (mg/m³)**

85. अन्तरराष्ट्रीय माप प्रणाली द्वारा मोटी बालू के कणों का व्यास होता है → **2.0–0.2 मि.मि.**

86. अन्तरराष्ट्रीय माप प्रणाली द्वारा महीन बालू के कणों का व्यास होता है → **2.0–0.02 मि.मि.**

87. अन्तरराष्ट्रीय माप प्रणाली के अनुसार सिल्ट के कणों का व्यास होता है → **0.02–0.002 मि. मि.**

88. चिकनी मिट्टी (clay) के कणों का व्यास अन्तरराष्ट्रीय माप प्रणाली के अनुसार होता है → **0.002 मि.मि. से कम**

89. उचित कणाकार होने से मृदा में रन्ध्रों की संख्या होती है → **अधिक**

90. साधारणतः मृदा की कुल सरन्ध्रता लगभग होती है → **50 प्रतिशत**

91. मृदा का औसत स्थूलता घनत्व होता है → **1.02 से 1.80 ग्राम/घ. से.मी.**

92. सतह जलवायु का सूत्र है → **सतह जलवायु = जल लाभ – जल ह्रास – जल संचय**

93. जल का गुरुत्वाकर्षण विभव (Pg) को व्यक्त किया जाता है → **Pg = gh**

94. मृदा में जल की वह मात्रा जिसका तनाव बल 1/3 ऐटमॉस्फेयर्स दाब या इससे भी कम होता है तथा गुरुत्वाकर्षण के कारण नीचे बहता है, क्या कहलाता है → **गुरुत्वाकर्षण जल**

95. किसी मृदा की केशिका जल की अधिकतम मात्रा को धारण करने की क्षमता क्या कहलाती है → **अधिकतम केशिका**

96. पौधे के पूर्ण रूप से सूख जाने के समय मृदा में नमी की जितनी प्रतिशत मात्रा उपस्थित रहती है, उसे क्या कहते हैं → **मुरझान गुणांक या क्रान्तिक नमी बिन्दु**

97. जल पौधों का एक मुख्य .... है → **अवयव**

98. प्रकृति में जल चक्र के अध्ययन को .... कहते हैं → **जल विज्ञान**

99. अन्तःस्यंदन मृदा के अन्दर पानी के .... को कहते हैं → **प्रवेश**

100. जल का वाष्प अवस्था से द्रव अवस्था में परिवर्तन .... कहलाता है → **संघनन**

101. जल अणुओं के प्रति ठोस सतहों का आकर्षण होता है जिसे .... कहते हैं → **आसंजन बल**

102. जल धारण क्षमता किस मृदा की कुल जल की .... मात्रा को धारण करने की क्षमता होती है → **अधिकतम**

103. वह विशेषतायें जो यह निश्चित करती है कि मृदा में वायु एवं जल कितनी तेजी से गुजर सकते हैं, के अन्तगर्त आती है → **पारगम्यता**

104. मृदा कालम से होकर पानी का संचालन कहलाता है → **अन्तःस्रवण**

105. मृदा में किसी खास सीमा तक प्रवेश किये बिना मृदा सतह पर बह रहे जल को कहते हैं → **सतह जलवायु**

106. मृदा द्वारा जल धारण में बल कार्य करते हैं → **दो**

107. केशिका जल मृदा में किस तनाव द्वारा धारित होता है → **1/3–31 ऐटमॉसफेयर्स**

108. आर्द्रताग्राही गुणांक और क्षेत्रधारिता के मध्य उपस्थित जल की मात्रा को कहते हैं → **केशिका जल**

109. जब कणों पर आवेश कम या समाप्त होने पर कण आपस में मिलकर ढीला समुच्चय बनाते हैं जिसे कहते हैं → **उर्णीपीडन**

110. मॉन्टमोरिल्लोनाइट क्ले केओलिनाइट क्ले की अपेक्षा है → **अधिक जल शोषित करके अधिक फूलती**

111. 2 : 2 टाइप खनिज समूह में क्या आता है → **क्लोराइट**

112. इलाइट का सूत्र क्या है → $\mathbf{Al_4Si_3\,O_{20}\,(OH)_4}$

113. केओलिनाइट का सूत्र क्या है → $\mathbf{Al_4Si_4\,O_{10}\,(OH)_8}$

114. कोलाइड्स वास्तविक विलयन नहीं बनाते और विलयन .... होता है → **विषमांगी**

115. जब कणों पर आवेश रहता है वे .... में रहते हैं → **निलम्बन**

116. द्रव प्रावस्था का ठोस प्रावस्था की सतह पर आकर्षण को .... कहते हैं → **आसंजन**

117. समान प्रकार के गुण वाले पदार्थों के अणुओं के बीच आकर्षण बल .... कहते हैं → **ससंजन**

118. केओलिनाइट के प्रत्येक क्रिस्टल इकाई की दो परतें परस्पर .... परमाणुओं से जुड़ी रहती है → **ऑक्सीजन**

119. क्ले मृदा का एक बहुत .... खनिज अवयव है → **सक्रिय**

120. मृदा कोलाइड्स कणों का आकार होता है → **एक माइक्रोन से छोटे**

121. एक ग्राम कोलाइडी क्ले का बाह्य सतह क्षेत्रफल एक ग्राम मोटी बालू के बाह्य सतह क्षेत्रफल की अपेक्षा कितने गुणा अधिक होता है → **1000**

122. कैओलिनाइट समूह का कौनसा क्ले नहीं है → **सेपोनाइट**

123. 1 : 1 टाइप खनिज में समूह में क्या आता है → **केओलिनाइट**

124. 2 : 1 टाइप फूलने वाले खनिज समूह में क्या आता है → **वर्मीकुलाइट**

125. 2 : 1 टाइप न फूलने वाले खनिज समूह में क्या आता है → **इलाइट**

126. जल में निलम्बन करने पर मृदा कोलाइड्स पर क्या आवेश रहता है → **ऋण**

127. सम्पूर्ण कृषि क्षेत्र में प्रकाश संश्लेषण के पश्चात् कितनी क्षमता ही सबसे महत्वपूर्ण है → **धनायन विनिमय**

128. धनायन विनिमय को भस्त विनिमय भी कहते हैं उसी प्रकार ऋणायम विनिमय को क्या कहते हैं → **अम्ल विनिमय**

129. अम्लय एवं क्षारीय मृदाओं के सुधार में महत्वपूर्ण कार्य करता है → **आयन विनिमय**

130. कुछ वैज्ञानिकों के अनुसार ऋणायन विनिमय ह्यूमस के भी होता है → **सतह पर**

131. आयन विनिमय का उत्क्रमणीय .... है → **प्रक्रम**

132. वह प्रक्रम जिसमें आयन्स का विस्थापन होता है, ... कहलाती है → **आयनिक विनिमय**

133. कौनसी विनिमय वह क्रिया है जिसमें मृदा कोलाइडी केन्द्रक धनायनों का अधिशोषण या विनमीकरण करके इनके बदले में साथ ही साथ एक या अधिक .... मुक्त करता है → **आयन्स**

134. सोडियम प्रतिशतता का सूत्र है → $\text{सोडियम प्रतिशतता} = \dfrac{Na^+ \times 100}{Ca^{++} + Mg^{++} + K^+ + Na^+}$

135. S.A.R. का सूत्र है → $S.A.R. = \dfrac{Na^+}{\sqrt{\dfrac{(Ca^{++} + Mg^{++})}{2}}}$

136. जौ, गेहूँ, मक्का एवं आलू बोरोन के लिये कौनसे समूह में वर्गीकृत की जाती है → **मध्यम सहिष्णु**

137. नींबू एवं नारंगी विनिमये सोडियम प्रतिशतता के लिय कैसी फसलें हैं → **बहुत क्षिपग्राही**

138. ऊसर एक उचित प्रचलित नाम है जो संस्कृत के .... शब्द से बना है → **Ustra**

139. जल निकास उचित न होने पर आस–पास का जल निचले स्थानों पर एकत्रित हो जाता है और सूखने पर अपने साथ लाये हुए .... को वहीं छोड़ देता है → **विलेय लवणों**

140. जब लवण मृदा में एकत्रित होने लगते हैं तो वह क्रिया .... कहलाती है → **लवणी करण**

141. जैसे–जैसे मृदा विलयन में सोडियम का सान्द्रण बढ़ता जाता है मृदा .... होती जाती है → **अधिकाधिक क्षारीय**

142. क्षारीय मृदाओं में 25°C पर मृदा के संतृप्त–निष्कर्ष की विद्युत चालकता 4dS/m से कम व विनयम सोडियम 15% से .... पाया जाता है तथा पी–एच 8.5 से 10 तक होता है → **अधिक**

143. लवणीय मृदाओं में 25°C पर मृदा के संतृप्त–निष्कर्ष की विद्युत चालकता 4dS/m से अधिक व विनयम सोडियम 15% से .... पाया जाता है तथा मृदा पी–एच 8.5 से अधिक तक होता है → **कम**

144. लवणीय और क्षारीय मृदायें प्रायः पायी जाती है → **शुष्क जलवायु में**

145. एक ही तरह के जल के उपयोग से लवण संचय महीन कणाकार वाली मृदा में मोटे कणाकार वाली मृदा की अपेक्षा कम होता है → **अधिक**

146. वह क्रिया जिसमें एमीनो यौगिक मृदा सूक्ष्म जीवों की क्रिया के फलस्वरूप अमोनिया तथा अमोनियम यौगिकों में परिवर्तित हो जाते हैं क्या कहलाती है → **अमोनीकरण**

147. मृदा कार्बनिक पदार्थ का अंश है जो उसके सड़ने गलने पर मृदा में रह जाता है → **ह्यूमस**

148. कार्बनिक पदार्थ मृदा की ऊपरी सतह पर कार्य करता है → **मल्व के समान**

149. मृदा में प्राप्य जीवों, सूक्ष्म जीवों द्वारा शीघ्र विच्छेदित होने वाले पदार्थ क्या हैं → **शर्करा, स्टार्च तथा सरल प्रोटीन**

150. जन्तु एवं वनस्पति पदार्थों के जो अवशेष मृदा में मिलाये जाते हैं या मृदा में स्वयं होते हैं, मृदा .... कहलाते हैं → **कार्बनिक पदार्थ**

151. साधारण अवस्था में एक परिपक्व पौधे में सरल एवं जलविलेय प्रोटीन्स तथा क्रूड प्रोटीन .... प्रतिशत होती है → **1—15**

152. मृदा में प्राप्य जीवों, सूक्ष्म जीवों द्वारा सबसे धीरे धीरे विच्छेदन होने वाले .... पदार्थ है → **लिग्निन, मोम आदि**

153. वह प्रक्रम जिसके कार्बनिक नाइट्रोजन का अधिक गतिशील अकार्बनिक रूप अमोनियम एवं नाइट्रेट में रूपान्तर .... कहलाता है → **नाइट्रोजन खनिजंन**

154. कार्बनिक पदार्थ मिलाने से मृदा की सी.ई.सी. .... जाती है → **बढ़**

155. मटर व मसूर के पौधों की जड़ों में .... बैक्टीरिया पाये जाते हैं → **राइजोबियम लेगूमिनोसेरम**

156. सोयाबीन के पौधों की जड़ों में .... बैक्टीरिया पाये जाते हैं → **राइजोबियम जेपोनीकम**

157. कार्बनिक फॉस्फोरस यौगिकों से फॉस्फोरस को अलग करने वाले एन्जाईम को .... कहते हैं → **फॉस्फेटेज**

158. फॉस्फेट का अवकरण फॉस्फाइट् एवं .... में होता है → **हाइपोफास्फाइट**

159. खजिन मृदा में कार्बनिक पदार्थ की मात्रा होती है → **0.1 से 5 प्रतिशत**

160. मृदा कार्बनिक पदार्थ प्राप्त होने के प्रमुख स्त्रोत है → **पौधे एवं जन्तु**

161. पीट मृदाओं में कार्बनिक पदार्थ की मात्रा होती है → **20 से 95 प्रतिशत तक**

162. विच्छेदन के लिये उपयुक्त ताप होता है → **30°C से 40°C**

163. वह प्रक्रम जिसमें मृदा में उपस्थित अमोनियम नाइट्रोजन नाइट्रेट में परिणित हो जाती है, कहलाता है → **नाइट्रीकरण**

164. वायुमण्डलीय नाइट्रोजन मृदा में स्थाई अकार्बनिक या कार्बनिक नाइट्रोजन यौगिकों में परिवर्तन कहलाता है → **नाइट्रोजन स्थिरीकरण**

165. नाइट्रेट अवकरण तथा नाइट्रेट स्वांगीकरण की अनेकों प्रक्रमों द्वारा मृदा से नाइट्रेट का लुप्त होना प्रायः कहलाता है → **विनाइट्रीकरण**

166. सल्फर का जैविक ऑक्सीकरण किसके द्वारा होता है → **थायोबैसीलस**

167. न्यूक्लियो प्रोटीन्स में फॉस्फोरस की मात्रा होती है → **7–9 प्रतिशत**

168. धान के खेत में कौनसे शैवाल का प्रयोग किया जाता है → **नील हरित**

169. एजोला एक है → **जलीय फर्न**

170. दलहनी पौधों की जड़ ग्रन्थियों में रहकर सहजीवी जीवन यापन करता है और पौधों को नाइट्रोजन प्रदान करता है → **राइजोबियम**

171. मृदा में उपस्थित कार्बनिक स्त्रोतों का प्रयोग करने में सक्षम है → **एजाटोबैक्टर**

172. स्यूडोमोनास स्ट्रेटा एक .... विलेयकारी बैक्टीरिया है → **फास्फेट**

173. एजोटोबैक्टर एक .... स्थिरक सूक्ष्मजीव है → **नाइट्रोजन**

174. ....एक जल फर्न होता हैं → **एजोला**

175. जलमग्न धान के खेतों में .... नाइट्रोजन का एक मुख्य स्त्रोत है → **नील हरित एल्गी**

176. .... एक सहजीवी बैक्टीरिया है → **राइजोबियम**

177. सहजीवी नाइट्रोजन स्थिरक बैक्टीरिया है → **राइजोबियम**

178. फॉस्फेट विलेयक बैक्टीरिया है → **स्यूडोमोनास**

179. दलहनी फसलों में नाइट्रोजन स्थिरक बैक्टीरिया हैं → **राइजोबियम**

180. गन्ना की फसल में नाइट्रोजन स्थिरक बैक्टीरिया है → **एसीटोबैक्टर**

181. नीलहरित एल्गी को किस नाम से और जाना जाता है → **सायनो बैक्टीरिया**

182. पौधे फॉस्फोरस के रूप में मृदा से ग्रहण करते हैं → PO_4^{--}, HPO_4^{-} **व** H_2PO_4

183. सल्फर को पौधे के रूप में मृदा से ग्रहण करते हैं → SO_3^{--}, SO_4^{-}

184. पौटेशियम, नाइट्रोजन तथा फास्फोरस क्रमशः करते हैं → **बीज को देर तथा जल्दी पक जाने के स्वभाव को सन्तुलित**

185. पौधे की आयु बढ़ने के साथ जड़ों की अवशोषण क्षमता उत्तरोत्तर होती जाती है → **कम**

186. मृदा में लोहे की अधिकता होने पर पौधों द्वारा किसका कम होता हैं → **जिंक का अवशोषण**

187. जो तत्व पौधों के पोषण में भाग लेते हैं .... कहलाते हैं → **पोषक**

188. वैज्ञानिक आरनोन के अनुसार आवश्यक पोषक तत्व वह है, जिसकी कमी के कारण पौधे अपना .... को पूरा नहीं सकते हैं → **जीवन चक्र**

189. कॉपर को पौधे .... के रूप में मृदा से ग्रहण करते हैं → Cu^{+} **व** Cu^{++}

190. मैग्नीशियम .... का एक अवयव है → **क्लोरोफिल**

191. पौधे अपनी प्रारम्भिक अवस्था में नाइट्रोजन को मृदा से .... के रूप में ग्रहण करता है → NH_4^{-}

192. मक्का के छोटे पौधों में जिंक की कमी से .... रोग हो जाता है → **सफेद कली**

193. जल विलेय पोटेशियम की मृदा में कुल पोटेशियम की .... प्रतिशत तक होती है → **1–2**

194. टूरमेलाइन में 10 प्रतिशत .... होता है → **बोरोन**

195. द्विबीजपत्रीय पौधे कैल्शियम की अपेक्षाकृत .... मात्रा अवशोषित करते हैं → **अधिक**

196. एक पी.पी.एम. से कम जिन पोषक तत्वों की आवश्यकता पौधें की होती है वह कहलाते हैं → **सूक्ष्म पोषक तत्व**

197. मृदा से आयरन को पौधे किस रूप में ग्रहण करते हैं → **Fe^{++} व Fe^{+++}**

198. मृदा से मैंगनीज को पौधे किस रूप में ग्रहण करते हैं → **Mn^{++} व Mn^{+++}**

199. पौधों के लिए आवश्यक पोषक तत्वों की संख्या है → **17**

200. पत्तियों वाली सब्जियों के गुणों में वृद्धि के लिए आवश्यक है → **नाइट्रोजन**

201. फूल आने व बीजों के निर्माण में कमी होती है → **फॉस्फोरस की कमी से**

202. धान के पौधे अपने सम्पूर्ण जीवन में मृदा से नाइट्रोजन ग्रहण करने का रूप है → **NH_4^+**

203. निम्न में से कौनसा तत्व मृदा में गतिशील है → **नाइट्रोजन**

204. पौधे पोटेशियम को किस अवस्था में लेते हैं → **K^+**

205. निम्न में से कौनसा ऊर्जा संग्रही है → **नाइट्रोजन**

206. निम्न में से कौनसा तत्व ऊर्जा विनिमय है → **ऑक्सीजन**

207. गन्धक की कमी के लक्षण देखे जाते हैं → **नई (Younger) पत्तियों में**

208. प्रदूषित मृदा की कृषि कार्य करने के लिए उपयोगिता ...... हो जाती हैं → **कम**

209. कैडमियम पती वाली सब्जियों में दानों की अपेक्षा .... पाया जाता हैं → **अधिक**

210. सामान्य मृदाओं में लैड की मात्रा कितनी होती है → **50 मि.ग्रा./कि.ग्रा. से कम**

211. जड़ों वाली फसलों में सीवेज जल से लगातार सिंचाई करने से भारी धातुओं का .... अधिक होता हैं → **संचय**

212. कागज उद्योग से निकले पानी के आधिक्य से मृदा की .... एवं विनिमेय .... की मात्रा अधिक हो जाती हैं? → **EC, Na**

213. वनों का विनाश ग्रीन हाउस प्रभाव में .... करता हैं? → **वृद्धि**

214. विश्व पर्यावरण दिवस .... को मनाते हैं → **पाँच जून**

215. अम्ल वर्षा का मुख्य कारण है → **SO_2 तथा NO_2**

216. फलाई ऐश (Fly ash) प्रदूषण किसके द्वारा होता है → **थर्मल पॉवर प्लान्ट से**

217. मृदा प्रदूषण का सबसे महत्वपूर्ण कारक हो सकता है → **प्लास्टिक**

218. लेड (Pb) से होता है → **वायु प्रदूषण**

219. निम्न में से किन्हीं वाहितमल उपचार के काम में लाया जाता है → **एक कोशीय हरित शैवाल**

220. पृथ्वी पर जीवन के अस्तित्व का सबसे बड़ा भय है →**विकिरण (radiation) के कारण**

7

फसल सुरक्षा

1. खरपतवार विज्ञान (Weed Science)

1. खरपतवार वे अनिच्छित पौधे जो बिना बोए उगते हैं, और जिनकी उपस्थिति लाभ की तुलना में हानिकारक होती है। A weed is a plant growing where it is not desired → **Jethro Tull**
2. खरपतवार के बीजों का अंकुरण शीघ्र व बीजांकुर (Seedling) की बढ़वार होती है → **तेज**
3. खरपतवारों पर फूल शीघ्र व बीज अत्यधिक बनते हैं → **मात्रा में**
4. खरपतवारों की अंकुरण शक्ति तक बनी रहती है → **बहुत समय (कुछेक की 30 वर्ष)**
5. बीजों के फैलाव के लिये बीजों पर होते हैं → **हुक, पंख, बाल व कांटे**
6. खरपतवारों में रोग व कीट रोधक शक्ति फसल की तुलना में होती है → **अधिक**
7. फसलों तथा खरपतवारों में प्रतियोगिता विशेष रूप से उपयोग किये जाने वाले किन पदार्थ के लिए होती है → **मृदा से नमी, खाद, ताप व वायुमण्डल से वायु व प्रकाश के**
8. कुछ खरपतवार भूमि में पोषक तत्व की मात्रा को देते है → **बढ़ा**
9. खरपतवार मृदा क्षरण → **रोकते**
10. खरपतवारों से विभिन्न प्रकार के उत्पाद आदि बनते हैं जैसे → **रस्सी, सुगन्धित तेल व छप्पर**
11. कुछ खरपतवारों का आहारिक मूल्य (Nutritive value) अच्छा होने के कारण उन्हें प्रयोग किया जाता है → **सब्जी या चारे के रूप में**
12. बहुत से खरपतवारों का अच्छा होता है → **औषधिय मूल्य (Medicinal value)**
13. कुछ खरपतवारों द्वारा सुधार संभव है → **ऊसर मृदा का**
14. बागों व सड़कों के किनारे कुछ खरपतवारों को प्रयोग किया जाता है → **सजावट के लिए**
15. रेगिस्तानी खरपतवारों (Xerophytic weeds) की रोकथाम करने के लिए खेत को कर देना चाहिए → **जल मगन**

16. जल मग्न भूमि के खरपतवारों को रोकने के लिए खेत को कुछ समय तक देना चाहिए → **सूखा छोड़**
17. उन खरपतवारों को, जिनके बीजों के अंकुरण की क्षमता (Seed viability) काफी लम्बे समय तक बरकरार रहती है, उन्हें कर देना चाहिए → **बीज बनने से पहले ही नष्ट करना**
18. खरपतवारों के बीजों तथा अन्य जनन अंगों रोकना चाहिए → **बढ़वार एवं विस्तार को**
19. उचित रसायन द्वारा खरपतवारों को समय रहते देना चाहिए → **नष्ट करना**
20. खेतों में सदैव शुद्ध ही बोने चाहिये → **खरपतवार रहित बीज**
21. कृषि प्रयोग के लिए होने चाहिए → **मशीनें व यंत्र साफ व खरपतवार रहित**
22. सिंचाई की नालियों व नहरों के किनारे उगने वाले को नष्ट कर देना चाहिए → **खरपतवारों**
23. पशुओं को शुद्ध चारा व दाना खिलाना चाहिए क्योंकि गोबर के द्वारा, जिससे कम्पोस्ट एवं गोबर की खाद (FYM) बनाई जाती है, खेतों में पहुँच जाते है → **खरपतवारों के बीज**
24. खरपतवार नियंत्रण की यांत्रिक विधियों (Mechanical methods) → **हाथ से उखाड़ना (Hand pulling), हाथ से निकाई–गुडाई (Hand hoeing), खुर्पी से निकालना (Spudding), खरपतवारों की कटाई (Mowing), कृत्रिम आवरण का प्रयोग (Mulching), बाढ़ द्वारा (Flooding), आग लगाकर (Burning) व जुताई द्वारा (Tillage) खरपतवारों को नष्ट करना शामिल है।**
25. शस्य वैज्ञानिक विधियाँ (Agronomical measures) → **फसलों का चयन (Selection of crops), किस्मों का चुनाव (Selection of varieties), उपयुक्त फसल चक्र (Appropriate crop rotation), खाद की किस्म (Type of manure), भूमि सुधारकों (Amendments) का प्रयोग, कम जुताई (minimum tillage), बुवाई का समय (Sowing time), बीज दर व पंक्तियों और पौधों की दूरी (Seed rate and spacing), जल प्रबन्ध (Water management) आते है।**
26. जैविक नियंत्रण (Biological control) के अन्तर्गत खरपतवारों के जैसे कीट–पतंगे, जीवाणु और कवक आदि का उपयोग किया जाता है → **प्राकृतिक शत्रुओं (Natural enemies)**
27. एक हैक्टेयर में छिड़काव के लिए आयतन ज्ञात करने का सूत्र है?

$$\rightarrow = \frac{\text{प्रयुक्त पानी का आयतन (ली.)} \times 1000}{\text{छिडकी गई चौडाई} \times \text{छिडकी गई लम्बाई}}$$

28. नमी युक्त पाउडर (Wettable powder-W.P.) की आवश्यक मात्रा/हेक्टेयर

$$\rightarrow = \frac{\text{प्रयोग की दर (कि./हेक्टेयर)}}{\text{सक्रिय तत्व की प्रतिशत}} \times 100$$

29. शाकनाशियों की क्रिया विधि (Mode of action) इस प्रकार है → **ऊतकों पर जलने जैसा प्रभाव, कोशिकीय प्रोटीन का अवक्षेपण, प्लाज्मा झिल्ली की पारगम्यता (Permeability) कम करना, प्रकाश संश्लेषण (Photosynthesis) रोकना और कोशिकाओं की वृद्धि रोकना**

2. पादप रोग विज्ञान (Plant Pathology)

1. अप्रतिबंधीय ऊतक क्षयी लक्षण, जिसमें पौधे के सम्पूर्ण अंगों के ऊतकों की मृत्यु हो जाती है को क्या कहते हैं → **अंग मारी (Blight)**
2. परजीवी, जो परपोषी (Host) के भीतर रहता है, को क्या कहते हैं → **अन्तः परजीवी (Endoparaiste)**
3. परपोषी कोशिकाओं के आकार में असामान्य बढ़ोतरी के कारण उत्पन्न बाह्य उद्‌वृद्धि को क्या कहते हैं → **अति वृद्धि (Hypertrophy)**
4. वह कवक जिसमें किसी लैंगिक जनन अवस्था का अभाव होता है, उसे क्या कहते हैं → **अपूर्ण कवक (Imperfect fungus)**
5. एक युग्माणु जो अनिषेक जनन से विकसित होता है, उसे क्या कहते हैं → **अयुग्माणु (Azygospore)**
6. वह रासायनिक पदार्थ जो रोग जनक को उसके स्रोत पर ही नष्ट कर देता है, उसे क्या कहते हैं → **उन्मूलक (Eradicant)**
7. कवक तन्तुओं के खण्डों में टूटने से बनने वाली पतली, भित्ति युक्त, चपटे सिरे वाले अलैंगिक जीवाणुओं को क्या कहते हैं → **ओइडियम (Oidium)**
8. उच्च पौधों की जड़ों के साथ कवकीय कवक तन्तुओं का सहजीवी साहचर्य, जो कुछ वृक्षों की वृद्धि के लिये आवश्यक होता है, उसे क्या कहते हैं → **कवक मूल (Mycorrhiza)**
9. कवक पर्णहरिम (Chlorophyll) हीन, एक कोशिकीय या तन्तुमय एवं शाखित कायिक संरचना वाले यूकैरियोटिक जीव होते हैं, ये किस प्रकार से जनन कर सकते हैं → **लैंगिक (Sexual) और अलैंगिक (Asexual)**
10. एक कोशिक, छोटा (0.5 से 2.0 μ) चल या अचल सूक्ष्मदर्शीय प्रोकैरियोटिक जीव, जिसमें पर्णहरिम का अभाव होता है और द्विविभाजन द्वारा बढ़ता है उसे क्या कहते हैं → **जीवाणु (Bacteria)**
11. प्रायः सूक्ष्मदर्शीय कृमि सदृश जन्तु, जो जल अथवा मृदा में मृतजीवी (Saprophyte) अथवा पौधों व जन्तुओं में परजीवी (Parasite) के रूप में रहते हैं, उसे क्या कहते हैं → **निमेटोड (Nematode)**
12. विषाणु (Virus) एक न्यूक्लीक अम्ल क्रोड एवं एक प्रोटीन आवरण युक्त, अतिसूक्ष्मदर्शीय, अविकल्पी परजीवी (Obligate parasite) एवं रोगों को क्या कहते हैं → **संक्रामक रोगजनकों**
13. एक ऐसा जीव जो साधारणतः परजीवी लेकिन कुछ दशाओं में मृत जीवी के रूप में रह सकता हैं उसको क्या कहते हैं → **विकल्पी परजीवी (Vacultative saprophyte)**
14. विकल्पी परजीवी (Facultative parasite) ऐसा मृत जीवी है, जो कुछ दशाओं में भी रह सकता है → **परजीवी की भाँति कार्य**

15. एक मोटी भित्ति युक्त लैंगिक बीजाणु, जो एक अणु गोल से निषेचन अथवा अनिषेक जनन द्वारा उत्पन्न होता है, को क्या कहते हैं → **निषिक्तांड (Oospore)**

16. एक ऐसा जीव जो अपना आहार दूसरे जीवों या मृत पदार्थों से प्राप्त करता है, और अजैव स्रोतों से जैव पदार्थों का संश्लेषण करने में असमर्थ होता है, को कहते हैं → **परपोषित (Heterotrophic)**

17. एक सूक्ष्म जनन इकाई जो बीज के रूप में कार्य करती है, परन्तु इसमें पहले से बना भ्रूण नहीं होता है, को क्या कहते हैं → **बीजाणु (Spore)**

18. पौधे में किसी भी प्रकार का विघ्न जो उसकी सामान्य संरचना, कार्य अथवा आर्थिक उपयोगिता में बाधा उत्पन्न करता है, को क्या कहते हैं → **रोग (Disease)**

19. पादप शरीर के क्रियात्मक रोगों के फैलने का प्रमुख कारण है प्रतिकूल तापमान, प्रकाश, मृदा, आर्द्रता, ऑक्सीजन सम्बन्ध, वायुमण्डलीय अशुद्धताएँ, मृदा में अपघटित कार्बनिक पदार्थों के विषैले प्रभाव और पोषण विकार है।

20. पादप रोग नियंत्रण के सामान्य सिद्धान्त है → **रोग जनक का वर्जन (Avoidance of pathogen), निवेश द्रव्यों का बहिष्करण (Exclusion of inoculum), रोगजनक का उन्मूलन (Eradication of pathogen), संरक्षण शील उपाय (Protective measures), परपोषी में रोग रोधिता का विकास (Development of resistance in host) और रोगी पौधे की चिकित्सा (Therapy of diseased plant).**

21. पादप रोग नियंत्रण की रासायनिक विधियों में → **रक्षक पर्णीय छिड़काव एवं बुरकाव (Protective foliage spraying and dusting), बीज उपचार (Seed Treatment), मृदोपचार (Soil treatment), भण्डारगत रोग नियंत्रण (Post harvest disease control), वृक्ष शल्य चिकित्सा (Tree surgery) और गोदामों का निर्बाधन (Disinfestation of ware houses) शामिल है।**

22. बोर्डो मिश्रण (Bordeaux mixture) में किसका मिश्रण होता है → **नीला थोथा, पानी व चूना**

23. चौबटिया पेस्ट में क्या मिला होता है → **कॉपर कार्बोनेट, लाल सीसा (Red lead) और अलसी का तेल**

24. गन्धक युक्त कवकनाशियों में प्रमुख है → **जमीनी गंधक (Ground sulphur), उर्ध्वपतन गन्धक (Sublimed sulphur) और अवक्षेपित गन्धक (Precipitated sulphur)**

25. ताम्र (Copper) युक्त कवकनाशियों → **बोर्डो मिश्रण, बोर्डोपेस्ट, बरगन्डी (Burgundy) मिश्रण, चौबटिया पेस्ट के अलावा अन्य कवकनाशी जैसे ब्लाइटोक्स–50 (Blitox-50), क्यूप्रामार (Cupramar), फाइटोलान (Phytolan), ब्लिमिक्स (Blimix), मिकॉप (Micop), कॉपर सैन्डोज (Copper sandoz), फंजी कॉपर (Fungi copper), फंजीमार (Fungimar), पैरेमक (Peremac) और क्यूप्रोसान (Cupro-san) आदि शामिल है।**

26. कार्बनिक पारा युक्त कवकनाशियों → **इथाइल मरकरी क्लोराइड (EMC)] फिनायल मरकरी क्लोराइड (PMC), मिथोक्सीइथायल मरकरी क्लोराइड (MMC), एग्रोसान जी**

एन (Agrosan GN), सेरेसान (Ceresan), टिलैक्स, ऐगलाल, ऐरिटान, ऐबेविट, इर्वेसान, हेक्सेसान और ल्यूनेसान आदि आते हैं।

27. अपारद कार्बनिक कवकनाशी (Non-mercurial organic fungicides) में → **डाइथेन जैड–78 या लोनाकोल (Lonacol), कैप्टान अथवा ऐरसो (Captan or Erso) और क्लोरेनिल (Chloranil) प्रमुख है।**
28. उन पदर्थों, जो सूक्ष्म जीवियों के उपापचय द्वारा उत्पन्न होते हैं तथा यह दूसरे अन्य रोग जनक सूक्ष्म जीवियों के ऊपर विषैला प्रभाव छोड़ते हैं, को कहा जाता है → **प्रति जैविक पदार्थ (Antibiotics)**
29. वे कौनसे रसायन है जो पौधों पर प्रयोग करने पर उनके तन्त्र में प्रवेश करके भीतर ही भीतर सम्पूर्ण पौधे में सर्वांग रूप से फैल जाते हैं और जीवद्रव्य में चिरस्थायी रहकर पौधों की परजीवों के संक्रमणों से रक्षा करते हैं → **सर्वांगनाशी कवकनाशी (Systemic fungicides)**

3. कीट विज्ञान (Entomology)

1. Entomology शब्द ग्रीक भाषा के **Entomon और Logos** से मिलकर बना है, जिसका अर्थ क्रमशः Insect (कीट) व Knowledge (ज्ञान) है, अर्थात् कीट विज्ञान जन्तु विज्ञान की वह शाखा है जिसके अन्तर्गत कीटों का अध्ययन किया जाता है।
2. कीट जन्तु जगत के समुदाय **आर्थ्रोपोडा (Arthopoda)** के अन्तगर्त आते हैं।
3. श्रृंगिकाएँ जो कीट के सिर का एक उपांग (Appendaces) है, आँखों के आगे प्रायः उनके मध्यान्तर पर स्थित होते हैं, यह प्रमुख तीन भागों से मिलकर बना होता है → **स्केप, पेडिसिल और फ्लेजलम।**
4. श्रंगिकाओं के प्रमुख कार्य है → **स्पर्श ज्ञान, स्वाद ज्ञान, गंध ज्ञान, श्रवण ज्ञान व अन्य ज्ञान तथा नर व मादाओं को एक–दूसरे की ओर आकर्षित करना।**
5. कीटों के मुखांग कई प्रकार के होते हैं → **इनमें काटने व चबाने वाले (Biting and chewing type), चबाने व चाटने वाले (Chewing and lapping type), चुभोने व चुसने वाले (Piercing and sucking type), स्पंजाकार (Sponging type) और साइफनाकार (Siphoning type) प्रमुख है।**
6. कीटों के मुखांगों में प्रमुख भाग इस प्रकार है → **ऊपरी ओंठ (labrum), एक जोड़ी मैन्डिबल (Mandibles), एक जोड़ी मैक्सली (Maxillae) निम्न ओंठ (Labium) और जिह्वा (Hypopharynx)**
7. पूर्ण रूपान्तरण (Metamorphosis) के दौरान कीट चार दशाओं द्वारा वर्धित होता है → **अण्डा, लार्वा, प्यूपा और प्रौढ़।**
8. LD_{50} का अर्थ है → **Lethal Dose अर्थात् घातक मात्रा प्रयुक्त 50 प्रतिशत जानवरों को मार डालने वाली विष मात्रा जो कि मिली ग्राम विष प्रति किग्रा. शरीर भार के वजन के रूप में लिखी गई है।**

9. Insecticides वे पदार्थ है, → **जो कीटों को मारे अथवा उनकी संख्या कम करें।**
10. निकोटीन (Nicotine) एक वानस्पतिक कीट विष है, → **जो तम्बाकू की पतियों एवं डण्ठलों से प्राप्त होता है, यह तीव्र आंतरिक एवं स्पर्शी विष है। LD_{50} = 60-70 मिग्रा/किग्रा।**
11. प्यूपा (Pupa) → **पूर्ण रूपान्तरण वाले कीटों में लारवा व प्रौढ़ के मध्य एक जीवन अवस्था है जिसमें कीट न खाता है और न चलता है।**
12. भारतवर्ष में मधु मक्खियों की चार प्रमुख जातियाँ पाई जाती हैं → **सारंग (*Apis dorsata*), मौना (*Apis indica*), भृंगा (*Apis florea*) और डम्पर (*Melipona* species)**
13. शहतूत के रेशम कीट (*Bombyx mori*) के अतिरिक्त कुछ अन्य रेशम कीट भी पाए जाते हैं, जैसे → **टसर (*Antheraea paphia*), ऐरी (*Phlosmia ricint*), मूँगा (*Antheracea assamia*) और देव मूंगा (*Thiopailo religiosae*)**
14. प्राकृतिक कीट नियन्त्रण (Natural insect control) में जलवायु सम्बन्धी कारकों में प्रमुख कारक → **तापक्रम, वर्षा, नमी, प्रकाश, वायुमण्डलीय दाब और वायु की गति है।**
15. प्राकृतिक नियन्त्रण में भूमि रचना सम्बन्धी कारकों में प्रमुख कारक → **पहाड़, समुद्र, झील, नदी, मृदा की भौतिक रचना, मृदा की रासायनिक रचना, मरुस्थल एवं सघन वन प्रमुख है।**
16. प्राकृतिक कीट नियन्त्रण के अन्तर्गत कीटों के प्राकृतिक शत्रुओं का भी प्रयोग किया जाता है इनमें प्रमुख है → **कीटा हारी (Insect predators), जैसे – Coc-cinellids, Chrysopa, Mantis और Syrphids आदि, कीट परजीवी (Insect parasites) जैसे – *Tricho gramma, micropracon, Sarco phaga* और Epipyrops, अन्य शत्रु (other enimies) जैसे मेंढक, छिपकली, चूहा और रीछ आदि तथा आपसी कलह (Cannibalism)**
17. प्राकृतिक कीट नियन्त्रण → **उनके प्राकृतिक रोगों का काफी हद तक योगदान होता है**
18. कृत्रिम कीट नियन्त्रण (Artificial insect control) को पाँच प्रमुख भागों में विभाजित किया गया है → **यांत्रिक एवं भौतिक नियंत्रण (Mechanical and physical control), परम्परागत कर्षण नियंत्रण (Cultural), जैविक नियंत्रण (Biological control), वैधानिक नियंत्रण (Legal control) और रासायनिक नियंत्रण (Chemical control)।**
19. यान्त्रिक नियंत्रण → **हाथों अथवा हस्त जालों द्वारा कीट पकड़कर नष्ट करना प्रमुख है।**
20. यांत्रिक रोकथाम में कीट नियंत्रण के प्रमुख उपाय है → **पट्टी बांधना (Tree binding), बाढ़ लगाना (Fencing), खाई खोदना (Trenching), रस्सी खींचना एवं यांत्रिक प्रपंच (Mechanical traps) जैसे प्रकाश (Light) प्रपंच, चिपचिपे (Adhes-ive) प्रपंच और हापर डोजर्स।**
21. भौतिक नियंत्रण → **तापक्रम, आर्द्रता, प्रकाश और ध्वनि में परिवर्तन प्रमुख है।**

22. परम्परागत कीट नियंत्रण हेतु प्रमुख उपाय → **खेतों की फसल अवशेषों से सफाई, खरपतवार नष्ट करना, भूमि की जुताई, बुवाई के समय में परिवर्तन, फसल चक्रों का उचित चुनाव, कीटरोधी प्रजातियों का प्रयोग और अन्य शस्य क्रियाओं जैसे मिश्रित फसल प्रणाली, स्वस्थ एवं साफ बीजों का प्रकोप आदि का अपनाना।**

23. किसी कीट को एक देश से दूसरे देश में पहुँचने से रोकने के लिए बनाए गए हैं, इसके लिए भारत सरकार ने कई अधिनियम पारित किए हैं जैसे हानिकारक प्राणी, वनस्पति व्याधियाँ एवं खरपतवार निषिद्ध एक्ट 11, 1914 (Destructive pests, plant diseases and noxious weed act - 11, 1914), संगरोध नियम (Quarantine law), भारतीय विष एक्ट 1919, भारतीय औषधी एक्ट 1940, कीटनाशी अधिनियम 1968 और यह कीटनाशी अधिनियम 1972 में देश में लागू हुआ → **वैधानिक नियंत्रण**

24. शिकारी एवं परजीवी कीट, अन्य शिकारी पृष्ठ दण्डधारी जीव, परजीवी सूत्रकृमि (Nematodes), परजीवी प्रोटोजोआ, परजीवी कवक, परजीवी शाकाणु एवं परजीवी विषाणुओं का प्रयोग किया जाता है → **जैविक नियंत्रण में**

25. भारतवर्ष में पाए जाने वाले कुछ माइट्स → **गन्ने का माइट (*Olingonychus indicus*), रेड स्पाइडर माइट (*Tetranchus bioculatus*), सब्जियों के माइट्स (*T. cucurbitae*), भिंडी की माइट (*T. telarius*), आम के बौर की माइट (*Aceria mangifera*), नींबू की माइट (*Eutertranchus banski*), कपास की माइट (*Eriophyes gossyupii*), धान की माइट (*Paraterrahychus oryzae*) और गेहूँ की माइट (*Petrobiu lutens*) प्रमुख है।**

26. भण्डारण में नुकसान पहुँचाने वाले कुछ माइट्स है → ***Acarcs siro, Tyrphagus putrerscentiae, Aearopsis docta, Aearoyhenx iricboli* और *Blattisocus tarasalis*।**

27. फसलों के प्रमुख सूत्रकृमि ;छमउंजवकमेद्ध है → ***Melordogyna* spp., *Heteurodera globodera, Anguina tritici* (गेहूँ का सूत्रकृमि), *Tylenchulus semipenitrnas* (नींबू का सूत्रकृमि), *Ditylenchus angustus* (धान का सूत्रकृमि) और *Xiphinema longi dorus* and *Trichodous* spp. (वायरस फैलाने वाले सूत्रकृमि)**

28. बोर्डो मिक्सचर (Bordeaux mixture) → **एक कवकनाशी है, लेकिन साथ–ही–साथ कीट प्रतिवर्षक भी इसमें नील थोथा (Copper sulphate), बुझा हुआ चूना ($Ca(OH)_2$) और पानी होता है जिनका अनुपात 4 : 4 : 50, 5 : 5 : 50 हुआ करता है।**

छिड़काव में स्प्रे घोल बनाने हेतु सूत्र

1. जब किसी रसायन में सक्रिय तत्व (active ingredient a.i.) की प्रतिशत मात्रा ज्ञात हो और उस पदार्थ की छिड़काव (Spray) हेतु सही मात्रा ज्ञात करनी हो तो उस पदार्थ की आवश्यक मात्रा इस प्रकार ज्ञात करें

सूत्र – पदार्थ की मात्रा

$$= \frac{\text{घोल के लिए ज्ञात पानी का आयतन} \times \text{घोल की ज्ञात शक्ति}}{\text{पदार्थ में सक्रिय तत्व (a.i.)}}$$

2. यदि किसी रसायन में a.i. (सक्रिय तत्व) की प्रतिशत सांद्रता ज्ञात हो और इस पदार्थ की ज्ञात मात्रा किसी ज्ञात पानी के आयतन में मिलानी हो तब उस रसायन की % सांद्रता इस प्रकार ज्ञात की जायेगी।

सूत्र – घोल की % सांद्रता

$$= \frac{\text{प्रयोग रसायन की मात्रा} \times \text{रसायन की \% सक्रिय तत्व}}{\text{तैयार घोल की मात्रा}}$$

3. यदि 50% ई.सी. मैलाथियान उपलब्ध हो और इस रसायन की 2 लीटर मात्रा 1000 लीटर पानी में घोलनी है तो घोल की सांद्रता क्या होगी?

$$\text{घोल की \% सांद्रता} = \frac{2 \times 50}{1000} = 0.1\%$$

4. यदि किसी रसायन की प्रति हेक्टेयर मात्रा ज्ञात करनी हो और प्रति हेक्टेयर उसकी a.i. प्रति हेक्टेयर की दर से प्रयोग करना है, जब इस पदार्थ की कितनी मात्रा प्रयोग करनी होगी –

सूत्र – रसायन की प्रयोग की जाने वाली आवश्यक मात्रा

$$= \frac{\text{प्रति हेक्टेयर प्रयोग सक्रिय तत्व की मात्रा} \times 100}{\text{रसायन की a.i. सांद्रता}}$$

5. यदि 3% जी (दानेदार) की कार्बोफ्यूरान (फ्यूराडान) उपलब्ध हो और इसे 1 किग्रा a.i. प्रति हेक्टेयर की दर से प्रयोग करना है, तब इस पदार्थ की कितनी मात्रा प्रयोग करनी होगी –

$$= \frac{1 \times 100}{3} = 33.3 \text{ किग्रा}$$

6. सामान्यत: किसी कीटनाशी की नुकसान पहुँचाने की (Toxicity) क्रियाशीलता (a.i.) को LD_{50} में दर्शाते हैं और यदि उस पदार्थ की Toxicity ज्ञात करनी हो तब उसकी अनुमानित मात्रा निम्नलिखित सूत्र से ज्ञात कर ली जाती है –

$$= \frac{\text{रसायन की a.i. की } LD_{50} \times 100 \text{ (Oral dermal)}}{\text{पदार्थ में \% a.i.}}$$

7. यदि 10% दानेदार फोरेट (10G) उपलब्ध हो और इसकी Oral LD_{50} 2 मिलीग्राम प्रति किग्रा हो तब 10% a.i. के रूप में उसकी Toxicity होगी –

$$= \frac{2 \times 100}{10} = 20 \text{ मिलीग्राम / किग्रा}$$

8. यदि किसी रसायन के % घोल की सांद्रता को parts per million (ppm) में बदलना हो तब सूत्र प्रयोग करें –

P.P.M. = Percentage × 10,000

9. यदि 0.05% घोल सांद्रता हो तब घोल में ppm बताओ –

= 0.005 × 10,000 = 50 ppm

10. आमतौर पर खरपतवारनाशी के घोल की सांद्रता → **ppm में प्रयोग की जाती है।**

11. यदि पौंड प्रति वर्ग इंच दबाब (PSI - Pressure Per square Inch) को किग्रा प्रति वर्ग सेमी दबाव में बदलना हो, तब → **दबाब किग्रा प्रति वर्ग सेमी = दबाव पौंड प्रति वर्ग इंच × 0.07033**

12. तरल आयतन के लिए बदलाव सूत्र होगा → **1 ब्रिटिश गैलन प्रति एकड़ = लीटर प्रति हेक्टेयर × 11.233 = 11.233 लीटर प्रति हेक्टेयर**

वस्तुनिष्ठ प्रश्न

निर्देश – निम्नलिखित प्रश्नों (1 से 16 तक) में सुमेल करें –

1. **फसल का नाम** — **सम्बन्धित रोग**

(i) तम्बाकू — a. झौंका (blast)
(ii) धान — b. पीला शिरा
(iii) भिण्डी — c. आर्द्र पतन
(iv) नींबू — d. खर्रा

	(i)	(ii)	(iii)	(iv)
(A)	a	c	d	b
(B)	c	a	d	b
(C)	a	c	b	d
(D)	c	a	b	d

2. **रोग का नाम** — **सम्बन्धित कवक**

(i) सरसों का सफेद फफोला — a. फ्यूजेरियम
(ii) गेहूँ का काला किट्ट — b. एलवुगो
(iii) मटर का चूर्णिल आसिता — c. पक्सीनिया
(iv) अरहर का ग्लानि — d. एरीसाइफी

	(i)	(ii)	(iii)	(iv)
(A)	b	c	d	a
(B)	b	c	a	d
(C)	c	b	d	a
(D)	c	b	a	d

3. **रोग का नाम**

(i) बाजरा की हरित बाली
(ii) मटर का चूर्णिल आसिता
(iii) भिण्डी का पीला शिरा
(iv) धान का आभासी कण्ड (False smut)

रोग का प्रकार

a. वातोढ़ (Air borne)
b. बीजोढ़ (Seed borne)
c. कीटोढ़ (Insect borne)
d. मृदोढ़ (Soil borne)

	(i)	(ii)	(iii)	(iv)
(A)	a	b	c	d
(B)	a	c	b	d
(C)	d	c	b	a
(D)	d	a	c	b

4. **रोग कारक** **रोग का नाम**

(i) जीवाणु a. आलू का अगेता झूलसा रोग
(ii) विषाणु b. गेहूँ का सेहूं रोग
(iii) निमेटोड c. कपास का एन्थ्रेकनोज रोग
(iv) कवक d. तम्बाकू का मुजैक रोग

	(i)	(ii)	(iii)	(iv)
(A)	b	d	c	a
(B)	b	a	c	d
(C)	c	d	b	a
(D)	c	a	b	d

5. **रोग कारक** **संक्रामण का साधन**

(i) पाइथियम a. मृदा
(ii) अस्टिलागो b. बीज
(iii) अस्टिलागो हौर्डी c. हवा
(iv) हिस्बिसकस विषाणु d. कीट

	(i)	(ii)	(iii)	(iv)
(A)	a	b	c	d
(B)	d	b	c	a
(C)	a	c	b	d
(D)	d	c	b	a

6. **खरपतवार** **वृद्धि का समय**

(i) कांस a. पूरे वर्ष (बहुवर्षीय)
(ii) प्याजो b. खरीफ
(iii) हजारदाना c. रबी
(iv) बिसखपरा d. जायद एवं खरीफ

	(i)	(ii)	(iii)	(iv)
(A)	a	c	d	b
(B)	a	c	b	d
(C)	c	a	b	d
(D)	c	a	d	b

7. **फसल** **प्रमुख खरपतवार**

(i) गेहूँ a. सवां
(ii) धान b. कासनी
(iii) शरद गन्ना c. फेलेरिस माइनर
(iv) बरसीम d. मौंथा

	(i)	(ii)	(iii)	(iv)
(A)	a	c	b	d
(B)	a	c	d	b
(C)	c	a	d	b
(D)	c	a	b	d

8. **फसल** **प्रमुख शाकनाशी**

(i) धान a. एट्राजिन
(ii) बाजरा b. आइसोप्रोट्यूरान
(iii) गेहूँ c. ब्यूटाक्लोर
(iv) आलू d. एलाक्लोर

	(i)	(ii)	(iii)	(iv)
(A)	b	c	a	d
(b)	a	b	c	d
(C)	d	c	b	a
(D)	c	a	b	d

9. **प्रमुख शाकनाशी** **खरपतवार**

(i) 2,4,5-T a. द्विबीजपत्री
(ii) बार्वेन b. एक बीजपत्री
(iii) डाइयूरान c. एक एवं द्विबीजपत्री
(iv) क्लोरा थाल

	(i)	(ii)	(iii)	(iv)
(A)	a	c	b	c
(B)	a	b	c	c

(C) b c c a
(D) c a c b

10. **शाकनाशी वर्ग** **रासायनिक नाम**

(i) टाई एमीन a. कैमोरान
(ii) कार्बोमेट b. सिरमेट
(iii) नाइट्रीसिलस c. सिमेजिन
(iv) एनीलिनस d. ट्राई फ्लूरेलिन

	(i)	(ii)	(iii)	(iv)
(A)	c	b	d	a
(B)	b	c	d	a
(C)	c	b	a	d
(D)	d	c	d	a

11. **कीट**

(i) तितली व शलभ
(ii) बीटल व बीविल
(iii) टिड्डी (Locust) व टिड्डी (Grass hopper)
(iv) चींटी (Ants) व मधु मक्षिका (Bee)

सम्बन्धित गण

a. कोलिओप्टेरा (Coleoptera)
b. हाइमैनोप्टेरा (Hymenoptera)
c. आर्थोप्टेरा (Orthoptera)
d. लैपीडोप्टेरा (Lepidoptera)

	(i)	(ii)	(iii)	(iv)
(A)	d	a	c	b
(B)	a	c	b	b
(C)	c	a	b	d
(D)	b	d	c	a

12. **साधारण नाम**

(i) गेहूँ का खपड़ा (Khapra beetle)
(ii) मधु मक्षिका (Honey bee)
(iii) सरसों की आरा मक्खी (Mustard saw fly)
(iv) फल मक्खी (Fruit fly)

वैज्ञानिक नाम

a. *Trogoderma granarium*
b. *Dacus dorsalis*
c. *Apis indica*
d. *Athalia proxima*

	(i)	(ii)	(iii)	(iv)
(A)	a	c	d	b
(B)	c	d	b	a
(C)	d	b	a	c
(D)	b	a	c	d

13. **कीट नाशी** **कार्यविधि**

(i) एल्यूमिनियम ऑक्साइड a. भौतिक विष
(ii) हाइड्रोजन सल्फाइड b. प्रोटोप्लज्मिक विष
(iii) क्लोरीनैटेड हाइड्रोकार्बन c. श्वास विष
(iv) नाइट्रो फिनायल्स d. तंत्रिका विष

	(i)	(ii)	(iii)	(iv)
(A)	c	a	d	b
(B)	b	c	d	b
(C)	a	c	d	d
(D)	c	a	d	d

14. **कीट**

(i) पायरिला (Pyrilla)
(ii) कपास का गुलाबी कीट (Pink bollworm)
(iii) तितली (Butter fly)
(iv) मधु मक्षिका (Honey bee)

मुखांग

a. चबाने व काटने वाले (Biting and chewing type)

b. चबाने व चाटने वाले (Chewing and lapping type)

c. चुभोने व चूसने वाले (Piercing and sucking type)

d. साइफनाकार

	(i)	(ii)	(iii)	(iv)
(A)	a	c	b	d
(B)	a	c	d	b
(C)	c	a	d	b
(D)	c	a	b	d

15. **कीट** **टाँगों का रूपान्तरण**

(i) झींगुर a. Foragial

(ii) जूं (Head louce) b. Saltatorial

(iii) चींटी c. Scansorial

(iv) मधुमक्खी (Worker bees) d. Cursorial

	(i)	(ii)	(iii)	(iv)
(A)	b	c	a	d
(B)	c	b	a	d
(C)	d	b	d	a
(D)	b	c	d	a

16. **फसल** **प्रमुख कीट**

(i) धान a. *Leptocoorisa varicornis*

(ii) कद्दू b. *Raphidopalpa foveicollis*

(iii) चना c. *Agrotis ypsilon*

(iv) सरसों d. *Athalia proxima*

	(i)	(ii)	(iii)	(iv)
(A)	a	b	d	c
(B)	b	a	d	d
(C)	b	a	d	c
(D)	a	b	c	d

17. गेहूँ का खपड़ा कीट (*Trogoderma granarium*) किस अवस्था में हानिकारक होता है?

(A) लारवा (B) ग्रब

(C) निम्फ (D) मैगट

18. कीट के मुखांगों का कौनसा भाग जीभ का कार्य करता है?

(A) लबम (Labrum)

(B) हाइपो फैरिंक्स (Hypopharynx)

(C) लोबियम (Labium)

(D) मैन्डिबल (Mandibles)

19. निम्न में से कौनसा कीट आर्थिक रूप से लाभदायक नहीं हैं?

(A) *Sylepta derogata*

(B) *Malimpsora* species

(C) *Bombyx mori*

(D) *Laccifer lacca*

20. एक ऐसा जीव जो साधारणतः परजीवी लेकिन कुछ दशाओं में मृतजीवी के रूप में रह सकता है उसके क्या कहते हैं?

(A) विकल्पी परजीवी (Facultative parasite)

(B) अविकल्पी परजीवी (Obligate parasite)

(C) विकल्पी मृतजीवी (Facultative saprophyte)

(D) अविकल्पी मृतजीवी (Obligate saprophyte)

21. निम्नलिखित में से कौनसा कवकनाशी ताम्र युक्त नहीं है?

(A) फंजीमार (Fungimar)

(B) ब्लिमिक्स (Blimix)

(C) एग्रोसान जी एन (Agrosan GN)

(D) फाइटोलान (Phytolan)

22. वे पदार्थ जो सूक्ष्म जीवियों के उपापचय (Metabolism) द्वारा उत्पन्न होते हैं तथा दूसरे अन्य रोग जनक सूक्ष्म जीवियों के ऊपर विषैला प्रभाव छोड़ते हैं को क्या कहा जाता है?
   (A) एन्टीबायोटिक (Antibiotics)
   (B) एन्टी सीरम (Antiserum)
   (C) एन्टीजन (Antigens)
   (D) एन्टी सैप्टिक (Antiseptics)

23. विषाणु (Virus) क्या है?
   (A) विकल्पी मृतजीवी (Facultative saprophyte)
   (B) अविकल्पी मृतजीवी (Obligate saprophyte)
   (C) विकल्पी परजीवी (Facultative parasite)
   (D) अविकल्पी परजीवी (Obligate parasite)

24. जीरोफाइटिक खरपतवारों के नियंत्रण के लिए क्या करना चाहिए?
   (A) खेत को सुखाना
   (B) खेत को जल मग्न करना
   (C) खेत को खाली छोड़ना
   (D) खेत को जल रहित खाली छोड़ना

25. निम्नलिखित में सुमेल करें

(i) डेलापान	a. निमेटोडनाशी
(ii) बाविस्टीन	b. कीटनाशी
(iii) निमेगान	c. शाकनाशी
(iv) मैलाथियान	d. कवकनाशी

	(i)	(ii)	(iii)	(iv)
(A)	d	c	a	a
(B)	d	c	b	a
(C)	c	d	a	b
(D)	c	d	b	a

उत्तरमाला
(Answersheet)

1. **(D)** 2. **(A)** 3. **(A)** 4. **(C)** 5. **(C)** 6. **(B)** 7. **(C)** 8. **(D)** 9. **(B)** 10. **(C)**
11. **(A)** 12. **(A)** 13. **(B)** 14. **(D)** 15. **(A)** 16. **(D)** 17. **(A)** 18. **(D)** 19. **(A)** 20. **(A)**
21. **(D)** 22. **(A)** 23. **(A)** 24. **(B)** 25. **(C)**

8

जीव विज्ञान

1. वनस्पति विज्ञान

1. वनस्पति विज्ञान का जनक क्या कहलाता है → **थियोफ्रस्टस**
2. द्विनाम पद्वति (Binomial nomenclature) किसने प्रतिपादित की → **केरोलस लिनियस ने**
3. राबर्ट हुक ने कोशिका की खोज कब की थी → **सन् 1965 में**
4. "प्राकृतिक वरण (Natural selection) का सिद्वान्त" किसने प्रतिपादित किया → **चार्ल्स डार्विन ने**
5. किस वैज्ञानिक द्वारा पेनिसिलीन की खोज सन् 1929 में की गई थी → **एलेक्जेण्डर फ्लेमिंग**
6. प्राचीन भारत में औषधी विज्ञान का जनक कौन कहलाता था → **धनवंतरी**
7. जीव में परिवर्तन के प्रति प्रतिरोध करने वाले एवं संतुलित अवस्था में रहने वाली प्रवृति को क्या कहा जाता है → **समस्थापन (Homeostatis)**
8. पादप कोशिकाओं में कौन अनुपस्थित होता है → **तारककाय (Centrosome)**
9. किसका अभाव जन्तु कोशिकाओं में होता है → **रसधानी (Vacuole) का**
10. कोशिका भित्ति (Cell wall) एवं पर्णरहित (Chlorophyll) का अभाव कौनसी कोशिका में होता है → **जन्तु कोशिका**
11. विज्ञान की कौनसी शाखा में वृक्षों का अध्ययन किया जाता है → **डेन्ड्रोलॉजी**
12. विज्ञान की कौनसी शाखा में शैवालों का अध्ययन किया जाता है → **फाइकोलॉजी**

13. अन्य ग्रहों पर विद्यमान संभावित जीवन का अध्ययन विज्ञान की कौनसी शाखा में करते हैं → **एक्सोबायोलॉजी**
14. "वर्गीकरण विज्ञान" (Taxonomy) का जनक कौन है → **केरोलस लिनियस**
15. स्पीशीज प्लान्टेरम (Species plantarum) पुस्तक कब केरोलस लिनियस द्वारा लिखी गई → **सन् 1752 में**
16. पौधे जिनमें पुष्प एवं बीज बनतें क्या कहते हैं → **फैनरोगैम्स**
17. कौन बैक्टीरिया में अनुपस्थित होता है → **आर.एन.ए.**
18. विषाणु की खोज का श्रेय किस वैज्ञानिक को जाता है → **डी. इवानोस्की (1892)**
19. किसने तम्बाकू मोजेक वायरस (TMV) को क्रिस्टलीकरण के द्वारा पृथक करने में सफलता प्राप्त की → **स्टेन्ले (1935) वैज्ञानिक ने**
20. किसकी प्रकृति अविकल्पी परजीवी (obligate parasites) की होती है → **वायरस की**
21. वायरस के बारे में वायरस में आनुवंशिक पदार्थ DNA या RNA होता है, वायरस में कोशिका विभाजन नहीं होता एवं वायरस परपोषी कोशिका के बाहर निष्क्रिय रहते हैं कथन कैसा है → **सत्य**
22. वायरस का किस माध्यम में संवर्धन (culture) संभव नहीं है → **कृत्रिम माध्यम**
23. वायरस का न्यूक्लिक अम्ल चारों ओर से एक प्रोटीन युक्त आवरण से ढ़का रहता है जिसे क्या कहते हैं → **केप्सिड**
24. अधिकाशं पादप वायरसों में आनुवंशिकी पदार्थ RNA होता है, अधिकांश जन्तु वायरसों में आनुवंशिकी पदार्थ DNA होता है एवं रेबीज वायरस बुलेट आकार का होता है जो हाइड्रोफोबिया रोग उत्पन्न करता है ये सभी कथन कैसे हैं → **सत्य**
25. जीवाणुभोजी (Bacteriophage) की खोज किसने की थी → **ई. ट्वार्ट एवं डी हेरले ने**
26. वायरोइड (Viroid) के सन्दर्भ में सभी कथन सत्य है जैसे – वायरोइड की खोज सन् 1971 में डाइनर ने की थी, इसमें केप्सिड अनुपस्थित होता है एवं प्रोटीन अनावरण की अनुपस्थित के कारण इन्हें कौनसा वायरस भी कहते हैं → **नग्न**
27. प्रिऔन्स की खोज किन वैज्ञानिकों ने की → **एल्पर, हेग एवं क्लार्क (1966)**
28. प्रिऔन्स के सन्दर्भ में सभी कथन कैसे हैं जैसे – प्रिऔन्स प्रोटीन द्वारा मस्तिष्क विकृति रोग होते है, पिऔन्स प्रोटीन में स्वयं के आनुवांशिकी पदार्थ (डीएनए या आरएनए) का अभाव होता है एवं प्रिऔन्स द्वारा मनुष्यों में क्रेयटजफेल्ट जेकब एवं कुरू रोग तथा भेड़ों में स्क्रेपी रोग होते हैं → **सत्य**
29. प्रिऔन में संक्रमणकारी तत्त्व कौनसा है → **प्रोटीन**
30. पशुओं में कौनसा रोग मनुष्य में क्षय रोग व हेजा रोग जीवाणु के द्वारा जनित है → **पशुओं में एन्थ्रेक्स**

31. जब कशाभिकाऐं (Flagellage) कोशिका के चारों ओर पाई जाती है, तो इस परिस्थिति को क्या कहते हैं → **परिपक्ष्माभी (Peritrichous)**

32. जीवाणुओं में जनन की कौनसी विधियां है → **कायिक जनन (Vegetative reproduction), अलैंगिक जनन (Asexual reproduction) एवं अनुवांशिक पुनर्योजन (Genetic recombination)**

33. सहजीवी (Symbiotic) जीवाणु क्या है → **राइजोबियम**

34. किससे जनित रोग बैंगन का लघुपर्ण (Little leaf) रोग, आलू का विचेब्रूम (Witche's broom) रोग एवं लेग्यूम का विचेब्रूम (Witche's broom) रोग है → **माइकोप्लाज्मा**

35. जीवाणुओं की सर्वप्रथम खोज किसने की → **ल्यूवेनहाक ने**

36. रोडोस्पाइरिलम कार्बन डाई–ऑक्साइड को किसमें स्थिर करता है → **कार्बोहाइड्रेट्स**

37. क्लोरोफाइटा समूह के शैवाल क्या कहलाते हैं → **हरे शैवाल**

38. कवकों में संचित भोजन सामान्यतया किसके रूप में होता है → **ग्लाइकोजन के रूप**

39. कवकों की कोशका भित्ति (Cell wall) किससे बनी होती है → **पेप्टाइडोग्लाकेन से**

40. मोरचेला मशरूम, एगेरिकस केम्पेस्ट्रिस एवं यीस्ट कवक किसके रूप में उपयोग किया जाता है → **खाद्य पदार्थ**

41. शैवाल + कवक के परस्पर मिलने से किसका निर्माण होता है → **लाइकेन्स (Lichens)**

42. कौन वायु में SO_2 की अधिकता की सूचना देने में जैविक सूचक का कार्य करते हैं → **लाइकेन्स**

43. कवक एवं उच्च वर्ग के पादपों की जड़ों के बीच सहजीवी संबंध को क्या कहते हैं → **माइकोराइजा**

44. माइकोराइजा (Mycorrhiza) शब्द का सर्वप्रथम उपयोग किसके द्वारा किया गया → **फ्रेंक (Frank)**

45. कवक सदैव क्या होते हैं → **परपोषित**

46. क्लेडोनिया रेण्डियर क्या कहलाता है → **मॉस**

47. शैवाल विज्ञान (Phycology) का जनक कौन है → **ए.एन. माइकेली**

48. किस वैज्ञानिक को भारतीय शैवाल विज्ञान का जनक कहा जाता है→ **एम.ओ.पी. आयंगर**

49. शैवाल में संचित खाद्य पदार्थ प्रायः किस रूप में पाया जाता है → **स्टार्च के**

50. अगर–अगर (Agar-Agar) कौनसे शैवाल से प्राप्त होता है → **जेलिडियम एवं ग्रसीलेरिया**

51. कौनसे शैवाल से क्लोरेलीन प्रतिजैविक (Antibiotic) औषधी तैयार करते हैं → **क्लोरेला (Chlorella)**

52. कौनसा शैवाल चाय के पौधों पर लाल गेरूई (Red rust of tea) रोग पैदा करता है → **सिफेल्यूरोस**
53. कौनसा पादप जो "प्रथम स्थलीय पादप" होते हुये "वनस्पति जगत के उभयचरी वर्ग" के पादप कहलाते हैं → **ब्रायोफाइट्स**
54. भारतीय ब्रायोफाइटा विज्ञान (Bryology) का जनक कौन कहलाता है → **एस.आर. कश्यप**
55. कौनसे पादप (Naked seeded plant) अनावृतबीजी है → **नग्न बीजी**
56. किन पदार्थो के वर्ग के पादपों में संवहन पूल (Vascular bundle) सुविकसित होते हैं तथा जाइलम में वाहिकाओं (Vessels) तथा फ्लोरम में सहकोशिकाओं (Companion cells) का अभाव होता है → **जिम्नोस्पर्म**
57. वनस्पति जगत (Plant kingdom) में किस पादप का बीजाणु सबसे बड़ा होता है → **साइकस**
58. साइकस पौधे के प्रवाल मूल भाग में कौनसी शैवाल पाई जाती है → **नील हरित**
59. कौनसा पादप जीवित जीवाश्म कहलाता है → **साइकस**
60. पाइनस अनावृजबीजी पौधा (Gymnosperm plant) जिसमें पत्तियां किसके समान पाई जाती है → **सुई के**
61. सजीव शरीर की जननक्षम, चयनात्मक झिल्ली से परिबद्व संरचनात्मक एवं क्रियात्मक इकाई क्या है → **कोशिका**
62. विज्ञान की किस शाखा में कोशिका की संरचना एवं संगठन का अध्ययन किया जाता है → **साइटोलॉजी**
63. आधुनिक कोशिका विज्ञान (Modern cytology) का जनक कौन है → **सी.पी. श्वानसन**
64. सबसे छोटी कोशिका किसमें पाई जाती है → **माइकोप्लाजमा लैडलैवाई में**
65. यूकैरियोटिक कोशिकाओं में सबसे बड़ी कोशिका किसके अण्डे में पाई जाती है → **शुतुरमुर्ग के**
66. किस वैज्ञानिक ने कार्क की स्लाइस में दिखाई देने वाले छोटे-छोटे कोष्ठों को 'सेलुली' नाम दिया था → **राबर्ट हुक (1665)**
67. सर्वप्रथम जीवित कोशिका को किसने देखा → **एंटोन वॉन ल्यूवेनहॉक ने**
68. किस वैज्ञानिक ने 'जीवद्रव्य' नाम दिया → **पुरकिंजे (1840)**
69. जन्तु कोशिका में संचित भोजन किसके रूप में होता है → **ग्लाइकोजन एवं वसा के**
70. किसके बारे में असत्य है जैसे – स्फीरोसोम अनुपस्थित होते हैं → **पादप कोशिका के**

71. नील हरित शैवाल, जीवाणु एवं माइकोप्लाजमा में कौनसी कोशिकाएं पाई जाती है → **प्रोकैरियोटिक**

72. किसके बारे में सत्य कथन है जैसे – आनुवांशिक पदार्थ नग्न न्यूक्लिक अम्ल के रूप में होता है, हिस्टोन प्रोटीन का अभाव होता है एवं सूत्री विभाजन नहीं पाया जाता है → **प्रोकैरियोटिक कोशिका**

73. दोहरी झील्ली वाला कोशिकांग लवक एवं गॉल्जीकाय, माइटोकॉन्ड्रिया एवं लवक क्या है → **अंतः प्रद्रव्यी जालिका**

74. लाइसोसोम, स्फीरोसोम, परऑक्सीसोम एवं ग्लाइऑक्सीसोम कौनसी कोशिकांग है → **एकल झिल्ली युक्त (Single membrane)**

75. बिना झिल्ली वाल कोशिकांग कौनसे हैं → **राइबोसोम, काइनेटोसोम एवं सेन्ट्रोसोम**

76. पादप कोशिका के बारे में सभी समीकरण कैसे हैं → जैसे– पादप कोशिका = कोशिका भित्ति + जीवद्रव्य, जीवद्रव्य = कोशिका झिल्ली + कोशिका द्रव्य + केन्द्रक एवं केन्द्रक = केन्द्रिक कला + केन्द्रिक + गुणसूत्र + केन्द्रक द्रव्य → **सही**

77. यूकैरियोटिक कोशिका में केवल किस प्रकार के राइबोसोम पाये जाते हैं → **80S प्रकार के**

78. किस प्रकार की कोशिका में नाइट्रोजन स्थिरीकरण की क्षमता होती है → **प्रोकैरियोटिक**

79. ''नवीन कोशिकाओं का निर्माण पूर्ववर्ती कोशिकाओं के विभाजन से होता है'' यह कथन किस वैज्ञानिक का है → **रूडोल्फ विरचोन**

80. प्रोकैरियोटिक कोशिकाओं में कौनसा नहीं पाया जाता है → **80S राइबोसोम**

81. किसके द्वारा दो कोशिकाओं के मध्य कोशिका द्रव्य की निरन्तरता बनी रहती है → **प्लाज्मोडेस्मेटा के**

82. कोशिका भित्ति कोशिकांग का क्या कार्य करता है → **कोशिका को निश्चित आकृति, आकार तथा यांत्रिक शक्ति प्रदान**

83. कोशिका झिल्ली किससे बनी होती है → **फास्फोलिपिड्स एवं प्रोटीन से**

84. कोशिका भित्ती की मध्य पटलिका (Middle lamella) किसकी बनी होती है → **कैल्शियम एवं मैग्नीशियम की**

85. कोशिका झिल्ली द्वारा बाहरी पदार्थो को घेरकर पाचन करने को क्या कहते हैं → **अंतः ग्रहण (एन्डोसाइटोसिस)**

86. कोशिका झिल्ली द्वारा ठोस पदार्थो को अन्दर ग्रहण करना क्या कहलाता है → **फेगोसाइटोसिस**

87. निम्नलिखित कथनों में से सभी कथन कैसे हैं जैसे – कोशिका झिल्ली द्वारा तरल पदार्थो को ग्रहण करना पिनोसाइटोसिस कहलाता है, रॉबर्टसन ने कोशिका कला को 'इकाई कला'

कहा था एवं कोशिका द्वारा आवश्यक पदार्थों को कोशिका झिल्ली के माध्यम से बाहर निकालने को एक्सोसाइटोसिस कहते हैं → **सत्य**

88. कोशिका भित्ति का निर्माण किससे होता है → **कार्बोहाइड्रेट्स से**

89. द्वितीयक भित्ति किसकी बनी होती है → **सुबेरिन की**

90. जिम्नोस्पर्म्स की वाहिनिकाओं (Vessels) का निर्माण किससे होता है → **जाइलान से**

91. माइटोकॉन्ड्रिया की खोज का श्रेय किसको दिया जाता है → **फलेमिंग एवं अल्टमान को**

92. माइटोकॉन्ड्रिया की अंतः कला में कई अंगुली के समान उभार पाये जाते है, जोकि क्या कहलाते हैं → **क्रिस्टी**

93. माइटोकॉन्ड्रिया के अन्दर जैल समान, प्रोटीन युक्त व संमागी (Homogeneous) पदार्थ भरा रहता है, क्या कहलाता है → **मैट्रिक्स**

94. माइटोकॉन्ड्रिया कोशिकांग को क्या कहते हैं → **कोशिका का 'पॉवर हाउस' या ऊर्जा घर**

95. एक ATP अणु के टूटने से कितनी निकलती है → **7.3 K.cal ऊर्जा**

96. प्रकाशीय श्वसन (Photo-respiration) की क्रिया में भाग लेने वाला मुख्य कोशिकांग क्या है → **माइटोकॉन्ड्रिया**

97. किसकी उपस्थिति के कारण माइटोकॉन्ड्रिया में स्वःप्रतिकृति की क्षमता पाई जाती है → **डी.एन.ए. की**

98. लवक (Plastids) की खोज किसने की → **हेकेल (1865) ने**

99. वसा चयन करने वाले लवकों को क्या कहते हैं → **इलियोप्लास्ट**

100. पुष्पों के दलों का रंगीन होना किस लवक की देन है → **क्लोरोप्लास्ट**

101. हरितलवक के अन्दर का तरल भाग क्या कहलाता है → **स्ट्रोमा**

102. हरितलवक में थाइलैकाइड का बंडल क्या कहलाता है → **ग्रेना**

103. हरित लवक, परऑक्सीसोम एवं माइटोकॉन्ड्रिया किसके स्थल है → **प्रकाश श्वसन के**

104. केन्द्रक व कोशिका झिल्ली के मध्य एक पतली जालिका (Reticulum) अनियमित कलायुक्त नलिकाओं के जाल के रूप में फैली संरचना क्या होती है → **अंतः प्रद्रव्यी जालिका**

105. अंतः प्रद्रव्यी जालिका के बारे में सभी कथन कैसे हैं जैसे– खुरदरी अंतःप्रद्रव्यी जालिका की सतह पर राइबोसोम होते हैं, चिकनी अंतःप्रद्रव्यी जालिका की सतह पर राइबोसोम अनुपस्थित होते हैं, राइबोसोम प्रोटीन संश्लेषण का कार्य करते हैं एवं अंतःप्रद्रव्यी जालिका की झिल्ली से राइबोसोम राइबोफोरिन प्रोटीन से जुड़े रहते हैं → **सत्य**

106. कौनसी कोशिका बहुरूपिक (Polymorphic) कोशिकांग है → **गॉल्जीकाय**

107. किसने उल्लू जन्तु की तंत्रिका कोशिकाओं में गॉल्जीकाय की खोज की → **कैमिलियो गॉल्जी (1898) ने**

108. पादप कोशिकाओं में गॉल्जीकाय किसके नाम से जाने जाते हैं → **डिक्टियोसोम के**

109. गॉल्जीकाय का मुख्य कार्य क्या है → **स्त्रावण (Secretion)**

110. शुक्र जनन के समय शुक्राणु के एक्रोसोम का निर्माण किसके द्वारा होता है → **गॉल्जीकाय कोशिकांक**

111. राइबोसोम के बारे में सभी कथन कैसे हैं जैसे – राइबोसोम RNA से निर्मित सूक्ष्म कोशिकीय कण है, 70S राइबोसोम में बड़ी 50S एवं छोटी 30S उपइकाइयाँ पाई जाती है एवं 80S राइबोसोम 60S एवं 40S उपइकाइयों से बने होते हैं → **सत्य**

112. राइबोसोम का प्रमुख कार्य क्या है → **प्रोटीन संश्लेषण**

113. सर्वप्रथम 'सेन्ट्रोसोम' (Centrosome) शब्द का प्रयोग किसने किया था → **टी. बावेरी ने**

114. शुक्रजनन में शुक्राणु की पँछ (Tail) का उद्गम किसके द्वारा होता है → **तारकाय (सेन्ट्रोसोम)**

115. कोशिका विभाजन के समय किसके द्वारा तर्कतन्तुओं का निर्माण होता है → **तारकाय कोशिकांक**

116. किसका निर्माण अंतःप्रद्रव्यी जालिका एवं गॉल्जीकाय के टूटने से होता है → **सूक्ष्मकाय (Microbodies) का**

117. परऑक्सीसोम (Peroxisome) का कार्य है– प्रकाशीय श्वसन की क्रिया इनमें सम्पन्न होती है, जन्तु कोशिकाओं में वसा उपापचय का कार्य करते हैं एवं कौनसे एंजाइम की सहायता से हाइड्रोजन परऑक्साइड (H_2O_2) का विघटन करते हैं → **कैटालेज**

118. लाइसोसोम कोशिकांग किसके नाम से जाना जाता है → **आत्मघाती थैलियां (Suicidal bags) के**

119. लाइसोसोम की खोज किसने की → **डी. डुवे (1955) ने**

120. किसका मुख्य कार्य वसीय पदार्थो को एकत्रित करना, स्थानान्तरण एवं संश्लेषण करना है → **स्फीरोसोम कोशिकांग का**

121. निरावकरण (Detoxification) का कार्य कौन करती है → **चिकनी अंतःप्रद्रव्यी जालिका**

122. कोशिका का सबसे छोटा कोशिकांग क्या है → **राइबोसोम**

123. कोशिका की प्रोटीन फैक्ट्री क्या है → **राइबोसोम**

124. जीवन का भौतिक आधार क्या है → **जीवद्रव्य**

125. जीव द्रव्य के बारे में सभी कथन कैसे हैं जैसे – इसका जीवित अवस्था में विश्लेषण संभव नहीं है, इसमें 90–92% जल होता है एवं इसमें लगभग 50 प्रकार के पदार्थ यौगिक के रूप में पाये जाते हैं ⟶ **सत्य**

126. कोशिका का सबसे प्रमुख एवं महत्वपूर्ण कार्बनिक पदार्थ कौनसा है ⟶ **प्रोटीन**

127. मकरन्द (Nectar) किससे प्राप्त होता है ⟶ **पुष्पो से**

128. सिनकोना पौधे की छाल से क्या प्राप्त होती है मलेरिया के उपचार में उपयोग करते हैं ⟶ **क्यूनीन**

129. मॉर्फीन (Morphine) अफीम के किससे प्राप्त होती है ⟶ **कच्चे फलों से**

130. एट्रोपीन दवा किससे प्राप्त होती है ⟶ **एट्रोपा की जड़ों से**

131. हींग फेरूला आसाफोइटिडा किससे प्राप्त होता है ⟶ **जड़ों से**

132. कौन एक प्रकार का वसा व्युत्पन्न है ⟶ **मोम**

133. किसमें प्रोटीन कार्बनिक पदार्थ अधिकतम होता है ⟶ **जीवद्रव्य में**

134. केन्द्रक कोशिकांग कोशिका का क्या कहलाता है ⟶ **नियन्त्रण केन्द्र**

135. केन्द्रक के अध्ययन को क्या कहा जाता है ⟶ **केरियोलॉजी**

136. स्तनियों के परिपक्व लाल रक्ताणु में एवं परिपक्व चालानी (Sieve tube) में क्या अनुपस्थित होता है ⟶ **केन्द्रक**

137. केन्द्रिक (Nucieotus) का मुख्य कार्य क्या करना है ⟶ **राइबोसोम की उपइकाइयों का निर्माण**

138. कोशिका विभाजन की कौनसी केन्द्रिक लुप्त हो जाता है ⟶ **पूर्वावस्था में (Prophase)**

139. किसमे DNA एवं RNA हिस्टोन एवं नॉन–हिस्टोन शामिल है ⟶ **क्रोमैटिन में**

140. क्रोमोसोम नाम किसके द्वारा दिया गया ⟶ **वाल्डेयर (1888) के**

141. आवृत्तबीजीय (Angiosperm) पादपों के भ्रूणपोष में कौनसी गुणसूत्र संख्या होती है ⟶ **त्रिगुणित (3n)**

142. पादप जगत में सबसे कम गुणसूत्र संख्या वाला पादप कौनसा है (2n=04) ⟶ **हैपलोपैपस ग्रेसिलिस**

143. पादप जगत में सबसे अधिक गुणसूत्र संख्या वाला पादप कौनसा है (2n=1260) ⟶ **ओफियोग्लोसम रेटिकुलेटम**

144. DNA की अधिकता के कारण किसका निर्माण होता है ⟶ **महागुणसूत्र (Giant chromosome) का**

145. प्राणियों में अगुणित गुणसूत्र संख्या को क्या कहते हैं ⟶ **जीनोम**

146. गुणसूत्रों की संरचना का अध्ययन कोशिका विभाजन की कौनसी अवस्था में किया जाता है → **मध्यावस्था में**

147. केन्द्रक झिल्ली का उद्‌भव कहाँ से होता है → **अंतःप्रद्रव्यी जालिका कोशिकीय अंग**

148. एक अर्धगुणसूत्र (Chromatid) में डीएनए के कितने अणु पाया जाता है → **एक अणु**

149. आनुवांशिक रूप से अधिक सक्रिय भाग को क्या कहते हैं → **यूक्रोमेटिन**

150. अर्धगुणसूत्रों का निर्माण कोशिका विभाजन की कौनसी अवस्था में होता है → **अन्तरावस्था में**

151. अन्तरावस्था की कौनसी अवस्था में DNA का विश्लेषण होता है → **संश्लेषण प्रावस्था अथवा S-प्रावस्था में**

152. सूत्री विभाजन की सबसे छोटी अवस्था क्या है → **पश्चावस्था**

153. सूत्री विभाजन की सबसे लम्बी अवधि की अवस्था क्या है → **प्रोफेज**

154. कोशिका विभाजन, जिसमें बहने वाली पुत्री कोशिकाओं में गुणसुत्र संख्या मातृ कोशिका से आधी रह जाती है, क्या कहलाता है → **अर्धसूत्री विभाजन**

155. अर्धसूत्री विभाजन की सबसे लम्बी अवधि की अवस्था कौनसी है → **पूर्वावस्था I**

156. तर्कतन्तु (Spindle) किससे जुड़े रहते हैं → **सेन्ट्रोमीयर से**

157. तारक किरणों का निर्माण किससे होता है → **जन्तु जीवों मे**

158. एक पौधे की पत्ती की कोशिकाओं में गुणसूत्र संख्या 24 है तो उसके परागकण (pollen) में गुणसूत्र संख्या कितनी होगी → **12**

159. स्थायी ऊतकों की कोशिकायें कौनसी अवसथा में रहती है → G_0

160. जाइगोटीन उपअवस्था में समजातीय गुणसूत्रों में युग्मन (pairing) होता है, जिसे क्या कहते हैं → **सूत्रयुग्मन** (Synapsis)

161. जीन विनिमय या क्रॉसिंग ओवर (crossing over) की क्रियाविधि किसमें होती है → **पैकाइटीन में**

162. जीन विनिमय कौनसी अवस्था में होता है → **4 रज्जुकीय**

163. अर्धसूत्री विभाजन (Meiosis division) कौनसे जीनों में होता है → **2N**

164. गुणसूत्रों के द्विगुणन की अवस्था कौनसी है → **अन्तरावस्था**

165. मूलाग्र की कोशिका में 64 कोशिकायें बनने के लिये कितने सूत्री विभाजन होगें → **64**

166. द्वितीय अर्धसूत्री विभाजन को क्या कहते हैं → **मीयोटिक माइटौसिस** (Meiotic)

167. DNA के अणुओं की संख्या कितनी होती है → **कोशिका में स्थित गुणसूत्रों की संख्या के बराबर**

168. किसमें पेन्टोज सुगर, फॉस्फारिक अम्ल एवं नाइट्रोजनी क्षारक यौगिक शामिल होते हैं → **न्यूक्लिओटाइड में**

169. प्रत्येक नाइट्रोजनी क्षारक तथा शर्करा से मिलकर बनने वाली इकाई को क्या कहते हैं → **न्यूक्लिओसाइड**

170. DNA में पाये जाने वाले क्षारक थायमीन के स्थान पर RNA में क्या पाया जाता है → **यूरैसिल क्षारक**

171. DNA के बारे में सभी कथन कैसे है? जैसे – प्यूरीन की कुल मात्रा पिरिमिडीन (Pyrimidine) की कुल मात्रा के बराबर होती है (A+G=T+C), A और T तथा G और C का अनुपात बराबर होता है एवं उच्च वर्ग के पौधों एवं जन्तुओं में A-T अधिक होते हैं → **सत्य**

172. DNA का कौनसा रूप सर्वाधिक जीवंत कोशिकाओं में पाया जाता है → B-DNA

173. DNA के अणु का व्यास कितना होता है → **20 A^{o}**

174. जब DNA में एक ही प्रकार के क्षारक्रम की कई बार पुनरावृति होती है, तब इस प्रकार का DNA क्या कहलाता है → **सैटेलाइट डीएनए**

175. डीएनए किसकी क्रिया में डीएनए पॉलीमेरेज I तथा III एन्जाइम भाग लेता है → **प्रतिकृतिकरण (Replication) की**

176. समापन कोडोन (Termination codons) (वे कोडोन जो किसी भी अमीनो अम्ल को कोड नहीं करते) का उदाहरण क्या है → **UAA,UAG or UGA**

177. किस वैज्ञानिक ने जीन को फेक्टर या निर्धारक की संज्ञा दी → **ग्रेगर जॉन मेंडल**

178. DNA की सबसे बड़ी क्रियात्मक इकाई कौनसी है → **सिस्ट्रॉन**

179. DNA का वह छोटा भाग जिसमें विनिमय तथा पुनर्योजन (Recombination) की क्षमता होती है क्या कहलाता है → **रिकौन**

180. डीएनए का वह सबसे छोटा भाग जिसमें उत्परिवर्तन (Mutation) होता है क्या कहलाता है → **म्यूटोन**

181. प्रोटीन अणुओं के बनाने में कितने के अमीनो अम्ल आवश्यक है → **20 प्रकार**

182. DNA से mRNA का निर्माण क्या कहलाता है → **संलेषण अनुलेखन (Transcription)**

183. RNA में किससे अनुवादन कहते हैं → **प्रोटीन के संलेषण का**

184. जीवों में अनुवांशिक पदार्थ का कार्य कौन करता है → **DNA यौगिक**

185. mRNA अणु का संलेषण किसके द्वारा नियन्त्रित होता है → **जीन के**

186. जल में तैरने एवं जल में श्वसन करने वाले पौधों के लिये क्या आवश्यक है → **वायूतक (Aerenchyma)**

187. ऊत्तकों के बारे में सभी कथन कैसे है? जैसे– जाइलम को हैड्रोम (Hadrome) भी कहते है, फ्लोएम को लैप्टोम (Leptome) भी कहते हैं एवं फ्लोएम बास्ट (Bast) के नाम से भी जाना जाता है → **सत्य**

188. दारू अथवा जाइलम ऊतक का प्रमुख कार्य क्या है → **मूल द्वारा अवशोषित जल तथा खनिज लवणों को पौधे के विभिन्न भागों तक पहुँचाना**

189. फ्लोएम/पोषवाह ऊतक का मुख्य कार्य क्या है → **पौधे के हरे भागों में निर्मित भोज्य पदार्थों को दूसरे भागों में वितरित करना**

190. लेटेक्स उत्पादन करने वाले पौधों को क्या कहते हैं → **पैट्रोक्रॉप्स**

191. जाइलम मृदूतक (Xylem Parenchyma) कोशिकाएँ कैसे होती है → **जीवित**

192. तेल ग्रन्थियाँ किसमें मिलती है → **नींबू में**

193. मूलगोप (Rootacap) का निर्माण किससे होता है → **कैलिप्ट्रोजन से**

194. बरगर की पत्ती की ऊपरी अधिचर्म में सिस्टोलिथ ($CaCO_3$ के रवे होते है) युक्त कोशिकायें क्या कहलाती है → **लिथोसाइट**

195. कौन एक बीजपत्री पौधे में अनुपस्थित होता है → **एधा (Cambium)**

196. पत्तियों की दोनो सतह पर रन्ध्र कौनसे पाये जाते हैं → **एकबीजपत्री पादप में**

197. एकबीजपत्री मूल में (Root) में मज्जा (Pith) कैसे होती है → **पूर्ण विकसित**

198. रोमिल परत किसमें पाई जाती है → **मूल में**

199. परिरंभ (Pericycle), एधा (Cambium) एवं कॉर्क एधा किसमें पाये जाते हैं → **द्विबीजपत्री मूल में**

200. द्विबीजपत्री मूल में एधा का निर्माण कहाँ प्रारम्भ होता है → **जाइलम पूल के नीचे**

201. खाद्य संग्रह हेतु जड़ का शंकुरूपी (conical) रूपान्तरण का उदाहरण क्या है → **गाजर**

202. मूल (Root) का सामान्यतया रंग कौनसा होता है → **भूरा**

203. श्वसन मूल किसमें पाई जाती है → **राइजोफोरा में**

204. क्या मूल नहीं है → **आलू**

205. किसमें अवस्तम्भ मूल (Prop root) मिलती है → **बरगद में**

206. मूल पॉकेट (Root pocket) किसमें मिलती है → **जलकुम्भी में**

207. आर्द्रताग्राही मूल (Hygroscopic root) किसमें मिलती है → **अधिपादपों में**

208. मक्का, ज्वार एवं बाजरे में जड़े किससे विकसित होती है → **मुख्य स्तम्भ के आधार से**

209. अम्बरबेल (Cuscuta) किसमें मिलती है → **परजीवी मूल में**

210. मूल की जड़ क्या है → **तर्करूपी (Fusiform)**

211. निम्न में से सभी कथन कैसे है? जैसे – तने पर पर्व एवं पर्व सन्धियाँ पाई जाती है, तने पर बहुकोशिक रोम पाये जाते हैं एवं जड़ पर एककोशिकीय रोम पाये जाते है। **सत्य**

212. प्रकन्द (Rhizome) का उदाहरण क्या है → **अदरक एवं हल्दी**

213. घनकंद (Corms) (तने का आधारीय भाग फूलने से बनता है) का उदाहरण क्या है → **केसर एवं ग्लैडियोलस**

214. पर्णाभस्तम्भ (Phylloclade) का उदाहरण क्या है → **नागफनी**

215. नागफनी में क्या है → **प्रकाश संलेषण के अंग तना**

216. आलू जड़ नहीं तना है क्योंकि इस पर क्या होते हैं → **पर्व व पर्व संधि**

217. प्याज का खाने योग्य भाग क्या है → **शल्ककंद**

218. आलू सब्जी क्या है → **मूल नहीं**

219. सहायक कलिका कहाँ विकसित होती है → **कक्षस्थ कलिका के पास**

220. भूस्तारी या विरोहक (Stolon) का उदाहरण क्या है → **स्ट्रॉबैरी**

221. तने पर हुक के समान मुड़ी हुई नुकीली संरचनाएँ क्या होती है → **तीक्ष्णवर्ध (Prickles)**

222. भूस्तारिका (Offset) का उदारहण क्या है → **जलकुम्भी**

223. सबसे चौड़ी पर्ण (Leaf) किस पादप की होती है → **विक्टोरिया अमेजोनिका**

224. घटपादप में घट (Pitcher) किसका रूपान्तरण है → **पर्ण फलक का**

225. नागफनी में पत्तियां किसमें रूपान्तरित होती है → **कांटों (Spines) में**

226. पर्ण का मुख्य कार्य क्या है → **वाष्पोत्सर्जन, प्रकाश संलेषण एवं गैसों का आदान–प्रदान**

227. स्पेडिक्स (Spadix) पुष्पक्रम का उदाहरण क्या है → **केला**

228. गाजर का पुष्पक्रम क्या होता है → **संयुक्त मुण्डक**

229. नर व मादा पुष्प जब एक ही पौधे पर लगे हो तो उस पौधे को क्या कहते हैं → **उभयलिंगाश्रयी**

230. नर व मादा पुष्प अलग–अलग पौधे पर लगे हो तो उस पौधे को क्या कहते हैं → **एकलिंगाश्रयी**

231. जब उभयलिंगी पुष्प (Hermaphrodite) व मादा पुष्प एक ही पौधे पर हो, तो उसे क्या कहते हैं → **गाइनोमोनासियस (Gynomonoecious)**

232. किसी पुष्प में चारों प्रकार के अवयव उपस्थित होने पर वह क्या कहलाता है → **पूर्ण**

233. पुष्प कलिका में दल अथवा बाह्यदल की व्यवस्था को क्या कहते हैं → **पुष्पदल विन्यास**

234. मूली तथा सरसों के फल का प्रकार क्या है → **सिलिक्युआ**

235. आम, नारियल एवं बेर के फल का प्रकार क्या है → **अष्ठिल (Drupe)**

236. बालोस्टा प्रकार का फल क्या है → **अनार**

237. बेलपत्र का फल किसका होता है → **एम्फीसारका प्रकार का**

238. निषेचित अण्डाशय में बीजों का निर्माण किससे होता है → **अण्डपों से**

239. पुष्पासन (Thalamus) बढकर गूदेदार एवं खाने योग्य हो जाता है क्या कहलाता है → **पोम**

240. शकरकंद क्या नहीं है → **फल**

241. अनार का खाने योग्य भाग कौनसा है → **रसदार बीजचोल**

242. निषेचित अण्डाशय क्या कहलाता है → **फल**

243. अनन्नास (Pinceapple) का फल क्या है → **सोरोसिस**

244. चना, मटर एवं सेम आदि द्विबीजपत्री पादपों के बीजों में परिपक्वन क्रिया के दौरान सम्पूर्ण भ्रूणपोष समाप्त हो जाता है, ऐसे क्या कहलाते हैं → **बीज अभ्रूणपोषी (Non-endospermic)**

245. निषेचन (Fertilization) के पश्चात भ्रूण (embryo) का निर्माण किसमें होता है → **युग्मनज में**

246. भ्रूणपोषी (Endospermic) बीज सामान्यतः कौनसी पाये जाते हैं → **एकबीजपत्री पादप में**

247. बीज किससे जनन का परिणाम है → **लैंगिक प्रकार के**

248. बीज के सबसे बाहरी आवरण को क्या कहते हैं → **टेस्टा**

249. एक सामान्य बीज के प्रमुख भाग कौनसे हैं → **भ्रूणपोष, भ्रूण एवं बीजावरण**

250. कई पादप चींटियों की शरण स्थली होते है। ये चींटियाँ इन पौधों को जन्तुओं से सुरक्षित करती है इस संबंध को क्या कहते हैं → **पिपीलिका (Myrmecophily)**

251. फाइकस रिलिजियोसा (पीपल) में कौनसा कुल है → **"फाइकस"**

252. पादपों के रक्षात्मक भाग कौनसा है → **रोम, कंटक, स्त्रावी ग्रंथियाँ**

253. कौनसी कुल में पुंकेसर छः दो चक्रों में चतुर्दीर्घी (Terradynamous) होते हैं → **क्रुसीफेरी**

254. असंख्य पुंकेसर, बहुधा एकसंघी (Monadelphous) पुंतन्तु परस्पर संयुक्त होकर एक पुंकेसरी नाल (stamina tube) का निर्माण किस कुल का लक्षण है → **मालवेसी**

255. दस पंकेसर (stamen), नौ पुंकेसर अण्डाशय को घेरते हुए लम्बी नली का निर्माण करते हैं व दसवां पश्च पुंकेसर (Posterior stamen) मुक्त रहता है इस प्रकार का लक्षण किस कुल का है → **लेग्यूमिनोसी**

256. पत्तियों का प्रतानों (Tendril) में रूपान्तरित होना कौनसे पादप की विशेषता है → **मटर**

257. कौनसे पादप का सम्पूर्ण जीन अनुक्रम (Gene sequence) किया जा चुका है → **अरैबीडोप्सिस थालियाना**

258. T-आकार का चीरा किसमें लगाते हैं → **कलिका ग्राफ्टिंग में**

259. मादा युग्कोद्भिद (Female gametophyte) क्या है → **भ्रूणकोष**

260. किसके लिये उभयलिंगता, समकालपक्वता एवं अनुन्मील्यता (Cleistogamy) अनुकूलन है → **स्वपरागण (Self pollination)**

261. कुछ पौधों के पुष्पों में परागकोष एवं वर्तिकाग्र (stigma) के परिपक्व होने का समय अलग–अलग होता है ऐसी परिस्थिति क्या कहलाती है → **डाइकोगेमी**

262. द्विनिषेचन (Double Fertilization) की खोज किसके द्वारा की गई → **नावाश्चिन**

263. बिना निषेचन के ही अण्डाशय फल में परिवर्तित हो जाता है इसे क्या कहा जाता है → **अनिषेकफलन**

264. त्रिक संलयन (Triple fusion) के परिणामस्वरूप क्या विकसित होता है → **भ्रूणपोष**

265. बीज में एक से अधिक भ्रूणों की उपस्थिति को क्या कहते हैं → **बहुभ्रूणता**

266. संतरा के पौधे के बीज में क्या पाये जाते हैं → **एक से अधिक परिपक्व भ्रूण**

267. पात्रै संवर्धन (*In-vitro* culture) किसमें करवाया जाता है → **परखनली में**

268. किसी विलायक का अपने अधिक सांद्रता क्षेत्र की ओर से कम सांद्रता क्षेत्र की तरफ अर्द्धपारगम्य झिल्ली के द्वारा होने वाले विसरण को क्या कहते हैं → **परासण**

269. विलयन की सांद्रता कोशिका रस की सान्द्रता की तुलना में अधिक हो तो इस प्रकार का विलियन क्या कहलाता है → **अतिपरासरी विलयन (Hypertonic solution)**

270. कपास के रेशे, बीज, सेल्यूलोज, लकड़ी का बुरादा, लकड़ी के दरवाजे आदि जल या नमी का अवशोषण करके फूलने का कारण क्या है → **अंतःचूषण**

271. पौधों द्वारा जल का अधिकतम अवशोषण (लगभग 96 प्रतिशत) किस प्रकार का होता है → **निष्क्रिय जल अवशोषण के**

272. जल एवं खनिजों का मूल रोम में पादप शीर्ष तक गुरूत्वाकर्षण के विपरित दिशा में प्रवाह क्या कहलाता है → **रसारोहण**

273. किसके द्वारा वाष्पोत्सर्जन नहीं होता है → **जड़**

274. रसारोहण का संसजन वाद (cohesion theory) किसने प्रतिपादित किया → **डिक्सन व जौली ने**

275. पौधों में किसकी क्रिया में जल के साथ शर्करा, विकर एवं कार्बनिक अम्ल निकलता है → **बिन्दुस्राव** (Guttation) **की**

276. कोशिका को अल्पपरासरी विलयन में रखने पर कौनसा परासरण होता है → **अंतः**

277. पत्तियों द्वारा O_2 या CO_2 लेने की क्रिया किसके द्वारा सम्पन्न होती है → **विसरण द्वारा**

278. किसके द्वारा बिन्दुस्राव की प्रक्रिया सम्पन्न होती है → **जलरन्ध्र (Hydathodes) के द्वारा**

279. किस अवस्था में विसरण दाब न्यूवता (DPD) का मान परासरण दाब (OP) के बराबर होता है → **जीवद्रव्यकुंचित**

280. कौनसी कोशिका (Flacid cell) में भित्तिदाब शून्य होता है → **श्लथ**

281. H,O,C, कौनसे पोषक तत्त्व (Non-mineral nutrient) है → **अखनिज**

282. पौधों की वृद्धि व विकास के लिये अनिवार्य पोषक तत्वों की संख्या कितनी है → **17**

283. पत्तियों की कोशिकाओं के हरितलवक में स्थायी आयरन किस प्रोटीन के रूप में पाया जाता है → **फाइटोफैरिटिन**

284. पौधों में डाइ बैक (Die back) रोग किस पोषक तत्त्व की कमी से होता है → **Cu**

285. लेग्यूमिनस पादपों में कौनसा तत्त्व जैविक नत्रजन स्थिरीकरण के लिये आवश्यक है → **Mo**

286. पौधों में कार्बोहाइड्रेट के स्थानान्तरण के लिये कौनसा तत्त्व महत्वपूर्ण होता है → **B**

287. पर्णहरित (क्लोरोफिल) किसमें पाया जाता है → **Mg में**

288. सेब के पौधों में लघुपर्ण (little leaf) रोग किस कारण से होता है → **Zn तत्त्व की न्यूनता**

289. पौधों में मृदा विहीन द्रव संवर्धन (Soil less liquid culture) को क्या कहते हैं → **हाइड्रोपोनिक्स**

290. राइबोजाइम कौनसे एन्जाइम है → **नॉन प्रोटीन**

291. सभी एन्जाइम प्रोटीन होते हैं यह कथन कैसे हैं → **सत्य**

292. सर्वप्रथम कौनसे एन्जाइम की खोज की गई थी → **जाइमेज**

293. पादप कार्यिकी (Plant physiology) का जनक कौन कहलाता है → **स्टीफल हेल्स**

294. प्रकाश श्वसन (ग्लाइकोलेट पाथवे) कौनसे पौधों में पाया जाता है → C_3

295. प्रकाश संश्लेषण में मुक्त होने वाली ऑक्सीजन का स्त्रोत क्या है → **जल**

296. प्रकाश संलेषण की अप्रकाशिक अभिक्रिया किसमें सम्पन्न होती है → **स्ट्रोमा में**

297. प्रकाश तंत्र–II का अभिक्रिया केन्द्र क्या है → P_{680}

298. पादपों में होने वाली अप्रकाशित अभिक्रिया (C_3 चक्र) का पहला स्थायी उत्पाद क्या है → **PGA**

299. केन्ज शारीरिकी (Kranz anatomy) कौनसे पादपों में पाई जाती है → C4

300. C_4 चक्र की क्रिया विधि का प्रथम स्थायी उत्पाद क्या है → **ऑक्सेलो एसिटिक अम्ल (OAA)**

301. C_3 पादपों में CO_2 कार्बोक्सिलीकरण के लिये मुख्य एन्जाइम क्या है → **रूबिस्को**

302. प्रकाश श्वसन (अन्य नाम ग्लाइकोलेट पाथ वे) को किस चक्र के नाम से भी जाना जाता है → **C_2 चक्र**

303. प्रकाश संलेषण की प्रकाशिक अभिक्रिया किसमें सम्पन्न होती है → **ग्रेना में**

304. कौनसे पौधों में रन्ध्र रात के समय खुलते हैं → **केम पौधों (CAM plants) में**

305. प्रकाश संलेषण की क्रिया प्रकाश स्पेक्ट्रम के कौनसे भाग में सम्पन्न होती है → **400–700 वाले भाग (नैनोमीटर) में**

306. पौधों द्वारा मृदा में अवशोषित जल का कितना भाग प्रकाश संलेषण में उपयोग होता है → **1 प्रतिशत**

307. आलू कौनसा पादप है → C_4

308. जब श्वसन में प्रोटीन्स का क्रियाकारक के रूप में उपयोग होता है, तो इस प्रकार का श्वसन कौनसा श्वसन कहलाता है → **प्रोटोप्लाज्मिक**

309. श्वसन में होने वाली ग्लाइकोलाइसिस की प्रक्रिया किसमें सम्पन्न होती है → **कोशिका द्रव्य में**

310. किसकी क्रिया में ग्लूकोज के एक अणु से पाइरूविक एसिड के 2 अणु बनते हैं → **ग्लाइकोलाइसिस की क्रिया में**

311. केब्स चक्र का प्रारम्भिक उत्पाद कौनसा अम्ल है → **सिट्रिक**

312. कोशिका की सार्वत्रिक ऊर्जा मुद्रा (Universal energy currency) क्या है → **ATP**

313. कार्बोहाइड्रेट्स का श्वसन गुणांक (RQ) कितना होता है → **1.0**

314. वसा का श्वसन गुणांक कितना है → **एक से कम**

315. क्रेब्स चक्र/टी.सी.ए. चक्र/सिट्रिक अम्ल चक्र किसमें सम्पन्न होता है → **माइटोकॉन्ड्रिया**

316. ग्लाइकोलाइसिस में कुल कितने अणुओं का शुद्ध लाभ होता है → **2 ATP**

317. श्वसन का Q_{10} मान कितना होता है → **2**

318. पौधों की जड़ों में क्या पाया जाता है → **लेगहीमोग्लोबीन (Leghaemoglobin)**

319. नाइट्रोजन स्थिरीकरण के लिये किसका योगदान होता है → **नोड, निफ (Nif) एवं फिक्स (Fix) जीनों का विशेष योगदान**

320. नाइट्रोजिनेज एन्जाइम (नाइट्रोजन स्थिरीकरण हेतु) कौनसे तत्वों का बना होता है → **मोलिब्डेनम, आयरन**

321. लेग्युमिनोसी कुल के पादपों में नत्रजन स्थिरीकरण के लिये आवश्यक वर्णक कौनसा है → **लेगहीमोग्लोबीन**

322. राइजोबियम सहजीवी क्या करने वाला जीवाणु है → **नाइट्रोजन स्थिरीकरण**

323. सर्वप्रथम कौनसे पादप हार्मोन की खोज हुई → **ऑक्सीन**

324. मूल शीर्ष (Root tip) की वृद्धि को बढाने वाला हार्मोन कौनसा है → **ऑक्सीन**

325. गैसीय अवस्था में मिलने वाला हार्मोन कौनसा है → **इथाइलीन**

326. पुष्पन (Flowering) की क्रिया के प्रारम्भ को प्रेरित करने वाला हार्मोन कौनसा है → **फ्लौरीजन**

327. पतझड़ के समय पादपों में कौनसा हॉर्मोन अधिक सक्रिय रहता है → **एब्सिसिक अम्ल**

328. गन्ना कौनसा पादप (SDP) है → **लघु दिवस**

329. एक पौधें में साइटोकाइनिन को एधा, कलियाँ एवं प्ररोह एवं मूल शीर्ष स्थान की कोशिकाओं से क्या कर सकते हैं → **पृथक**

330. दूतशीतन उपचार (Chilling treatment) द्वारा पुष्पन की योग्यता के उपार्जन को क्या कहते हैं → **बसन्तीकरण**

331. फ्लोरीजन (Florigen) हार्मोन का पूर्वगामी क्या है → **वर्नेलिन**

332. जीव के परिपक्व अवस्था से लेकर मृत्यु होने तक के काल को क्या कहते हैं → **जीर्णता** (Senescence)

333. एब्सिसिक अम्ल हार्मोन को क्या कहते हैं → **स्ट्रैस हॉर्मोन**

334. फलों के पकने (Ripening) के लिये आवश्यक हॉर्मोन कौनसा है → **इथाइलीन**

335. गुरूत्वानुवर्तन (Geotropism) गति के प्रदर्शन के लिये किस यंत्र का प्रयोग किया जाता है → **क्लाईनोस्टेट**

336. जब पौधे के किसी अंग की गति रासायनिक पदार्थो के उद्दीपन के कारण होती है तो उस गति को क्या कहते हैं → **कीमोट्रोपिज्म (Chemotropism)**

337. पुष्प का खुलना तथा बन्द होना किसको दर्शाता है → **अनुकुंचन (Nastic) गति को**

338. कौनसी गतियां रसायन के कारण नहीं होती है → **अनुकुंचन**

339. प्रोह शीर्ष प्रकाश की ओर गति करता है, यह गति क्या कहलाती है → **फोटोट्रोपिज्म**

340. कौन प्रथम क्लोन भेड़ थी → **डॉली**

341. कोशिका एवं अणु जीव विज्ञान केन्द्र (CCMB) कहाँ स्थित है → **हैदराबाद में**

342. किसने पैनीसीलियम कवक से महत्वपूर्ण प्रतिजैविकी का उत्पादन किया → **अलैक्जेंडर फ्लेमिंग ने**

343. उच्च श्रेणी के पौधों में जीन क्लोनिंग के लिये कौनसे जीवाणु अधिक उपयोगी है → **एग्रोबैक्ट्रीरियम जीवाणु**

344. प्लाज्मिड वाहक क्या है → **DNA**

345. आनुवांशिक रोग में रोगकारी जीन को पहचान कर उसको स्वस्थ जीन द्वारा विस्थापित करने को क्या कहते हैं → **जीन थेरेपी**

346. सजीवों की प्रत्येक कोशिका में उस जीव के सभी लक्षणों को उत्पन्न करने की क्षमता को क्या कहते हैं → **पूर्णशक्तता (Totipotency)**

347. रोगयुक्त पादपों से रोगरहित पादपों को विकसित करने के लिये क्या करते हैं → **प्ररोह शीर्ष संवर्धन**

348. टमाटर की कौनसी किस्म की विशेषता कठोर फलभिति है → **'पैवर सावर'**

349. एग्रोबैक्टीरियम से प्राप्त वाहक क्या है → **TI प्लाज्मिड**

350. गोल्डन राइस किसका अच्छा स्त्रोत है → **विटामिन A का**

351. कीटों के लिये प्रतिरोधी जीन (Resistant gene) किसमें पाया जाता है → **बैसिलस थूरिन्जिएन्सिस में**

352. समुद्र के पानी की सतह पर खनिज तेलों के विघटन के लिये स्यूडोमोनास प्यूटिडा जीवाणु उपयोग किया जाता है, जिसे क्या कहते हैं → **सुपरबग**

353. ज्यादातर प्रतिजैविकीयों (antibitiocs) का संश्लेषण किसके द्वारा होता है → **स्ट्रेप्टोमाइसीज**

354. जीव एवं उसके पर्यावरण की अन्योन्य क्रियाओं के अध्ययन को कौनसी विज्ञान कहा जाता है → **पारिस्थितिकी**

355. पारिस्थितिकी (Ecology) अध्ययन की आधारभूत इकाई क्या है → **व्यष्टि (Individual) जीव**

356. नवोद्‌भिद पादप पर्याप्त प्रकाश न मिलने की स्थिति में पीला हो जाता है जिसे क्या कहते हैं → **फोटोफोस्फोराइलेशन (Phosphorylation)**

357. प्रत्येक 10^0 से. तापमान (एक सीमा तक) बढने पर रासायनिक क्रिया दुगुनी हो जाती है उसे क्या कहते हैं → **Q_{10} या तापमान गुणांक**

358. अत्यधिक न्यून तापक्रम में उगने वाले पौधे को क्या कहलाते हैं → **हैकिस्टोथर्म**

359. मृदा में जल की कुल मात्रा को क्या कहते हैं → **होलार्ड (Holard)**

360. अधिपादप से पादपों में क्या पाये जाते हैं → **वेलोमेन (Velamen) उत्तक**

361. ड्रोसेरा, यूट्रीकुलेरिया एवं नेपेन्थीज क्या है → **कीटभक्षी पादप (Insenctivores plant)**

362. ध्रुवों या जीम बर्फ पर पाये जाने वाले पादप क्या कहलाते हैं → **क्रायोफाइट्स**

363. पौधे केशिका जल क्या करते हैं → **अवशोषित**

364. मूल गोप (Root cap) सामान्यतः किसमें अनुपस्थित होता है → **हाइड्रोफाइट्स में**

365. जलीय पारिस्थितिक तंत्र जैसे तालाब, झील, पोखर आदि में जैव भार (Biomass) का स्तूप कैसम होता है → **उल्टा या प्रतिलोमी (Inverted)**

366. किसमें ऊर्जा के स्थानान्तरण में एक पोष स्तर पर लगभग 10% ऊर्जा संग्रहित होती है → **खाद्य श्रंखला (Food chain) में**

367. इकोसिस्टम (Ecosystem) शब्द को सर्वप्रथम किसने प्रतिपादित किया था → **टेन्सले ने**

368. किसी भी घास स्थलीय अथवा सरोवर पारिस्थितिक तंत्र में ऊर्जा का स्तूप कैसा होता है → **सदैव केवल सीधा**

369. उपभोक्ता स्तर पर कार्बनिक पदार्थों का स्वांगीकरण (Assimilation) क्या कहलाता है → **द्वितीयक उत्पादक**

370. एक क्षेत्र की विभिन्न जातियों की जीवन संख्या क्या कहलाती है → **जैविक समुदाय**

371. प्रेरीज, पम्पाज एवं स्टेपीज क्या है → **एक घास स्थल**

372. भारत के उष्ण कटिबंधीय घास स्थल को क्या कहते हैं → **सवाना**

373. विस्तृत वनस्पति समासंघ को सामान्यतया क्या कहते हैं → **जीवोम (Biome)**

374. पम्पाज (Pampas) प्रकार के घास स्थल कहाँ पाये जाते हैं → **दक्षिणी अमेरिका में**

375. तरल नत्रजन में बीजों के भंडारण हेतु कितना तापमान रखते हैं → **-196°से.**

376. बहुगुणिता प्रेरित करने वाला रसायन क्या है → **कोल्चिसीन**

377. स्वपरागित समयुग्मजी (Self pollinated homozygous) पादप से प्राप्त संतति क्या कहलाती है → **शुद्धवंशक्रम**

378. सर्पगन्धा (रावल्फिया सर्पेन्टाइना) के किस भाग से औषधि प्राप्त होती है → **कन्दिल जड**

379. अफीम (पेपेवर सोमनीफेरम) का सर्वाधिक उत्पादक राज्य कौनसा है → **मध्यप्रदेश**

380. अफीम किससे प्राप्त होती है → **पौधे के कच्चे फल से**

381. अफीम का महत्वपूर्ण क्या है → **एल्केलॉयड, मार्फिन**
382. अफीम औषधीय पादप की खेती किसके नियंत्रण में होती है → **सरकारी नियन्त्रण में**
383. सिनकौना के छाल से क्या होती है → **औषधी प्राप्त**
384. फेरूला आसाफोइटिडा पौधे के जड़ से क्या प्राप्त होती है → **हींग**
385. हल्दी का वानस्पतिक नाम क्या है → **करकुमा लोंगा**
386. सफेद मूसली (क्लोरोफाइटम बोरिविलिएनम) के किस भाग से औषधी प्राप्त होती है → **जड़ वाले**
387. पागलपन की दवा किससे प्राप्त होती है → **सर्पगंधा से**
388. सफेद मूसली की फसल कितने दिन में तैयार हो जाती है → **90–110**
389. अनुबाह्यदल पुंज (Epicalyx) कितने सहपत्रिकाओं से मिलकर बनता है जोकि मालवेसी कुल की विशेषता है → **3–7**

2. प्राणी विज्ञान (Zoology)

1. मनुष्य का कंकाल कितनी अस्थियों से निर्मित होता है → **206**
2. ऐसे खनिज जिनकी प्रतिदिन 100 मिग्रा. से ज्यादा मात्रा की आवश्यकता होती है, क्या कहलाते हैं → **वृहदमात्रिक तत्त्व (Macro elements)**
3. लोहा, मैगनीज एवं आयोडीन कौनसे तत्त्व है → **सूक्ष्ममात्रिक**
4. वसा घुलनशील विटामिन कौनसे हैं → **A, D, E & K**
5. कार्बोहाइड्रेट एवं वसा पोषकों को शरीर का क्या कहते हैं → **जैविक ईंधन (Biological fuel)**
6. प्रोटीन का मुख्य कार्य शरीर की क्या करना होता है → **"वृद्धि एवं मरम्मत"**
7. किस विटामिन की कमी से रतौंधी एवं जिरोप्थेलमिया (शुष्क नेत्र) करना होता है → **विटामिन A की कमी से**
8. विटामिन डी (केल्सिफेरोल) की कमी से कौनसा रोग होता है → **रिकेट्स**
9. "रूधिर का थक्का" जमाने में कौनसा विटामिन (फाइलोक्वीनोन) सहायक है → **K**
10. विटामिन B_5 (पेन्टोथेनिक अम्ल) की कमी से होने वाला रोग कौनसा है → **बर्निंग फीट सिंड्रोम**

11. कार्बोहाइड्रेट एवं वसा को किसको बचाये रखने वाला यौगिक कहा जाता है → **"प्रोटीन को बचाये रखने वाले" (Protein sparer)**
12. किस पोषक तत्त्व की कमी से रूधिर अल्पता (माइक्रोसाइटिक एनीमिया) रोग होता है → **लोहा**
13. कौनसे हार्मोन के निर्माण में आयोडीन सहायक पोषक तत्त्व है → **थायरॉक्सिन**
14. किस तत्त्व की कमी से मानव में गलगण्ड (Goitre) रोग होता है → **आयोडीन**
15. "साइटोक्रोम ऑक्सिडेज" एन्जाइम का घटक क्या है → **तांबा**
16. कार्बोनिक एनहाइड्रेज एन्जाइम का घटक तत्त्व (सहकारक) क्या है → **Zn**
17. अफीम (पेपेवर सोमनीफेरम) का सर्वाधिक उत्पादक राज्य कौनसा है → **मध्यप्रदेश**
18. अफीम किससे प्राप्त होती है → **पौधे के कच्चे फल से**
19. अफीम का महत्वपूर्ण क्या है → **एल्केलॉयड, मार्फिन**
20. अफीम औषधीय पादप की खेती किसके नियंत्रण में होती है → **सरकारी नियन्त्रण में**
21. सिनकौना के छाल से क्या होती है → **औषधी प्राप्त**
22. फेरूला आसाफोइटिडा पौधे के जड़ से क्या प्राप्त होती है → **हींग**
23. हल्दी का वानस्पतिक नाम क्या है → **करकुमा लोंगा**
24. सफेद मूसली (क्लोरोफाइटम बोरिविलिएनम) के किस भाग से औषधी प्राप्त होती है → **जड़ वाले**
25. पागलपन की दवा किससे प्राप्त होती है → **सर्पगंधा से**
26. सफेद मूसली की फसल कितने दिन में तैयार हो जाती है → **90–110**
27. अनुबाह्यादल पुंज (Epicalyx) कितने सहपत्रिकाओं से मिलकर बनता है जोकि मालवेसी कुल की विशेषता है → **3–7**
28. कौन ऊर्जा प्रदान करने वाला प्रमुख कार्बोहाइड्रेट है → **ग्लूकोस**
29. वसा का संचय वसा ऊतकों एवं यकृत में किसके रूप में होता है → **ट्राइग्लिसराइड्स के**
30. सन्तुलित आहार में अत्यावश्यक कौनसे अम्ल है → **वसीय अम्ल लिनोलेनिक अम्ल, लिनोलिक अम्ल एवं एरेकिडोनिक**
31. सहजीवी पोषण (Symbiotic nutrition) कौनसा उदाहरण है → **ई. कोलाई का**
32. शरीर का सबसे कठोर पदार्थ कौनसा है → **दन्तवल्क (Enamel)**
33. बड़ी आन्त्र (Large intestine) की लम्बाई कितनी होती है → **1.50 (मी.)**
34. लार (Saliva) में कौनसा एन्जाइम पाया जाता है → **लाइसोजाइम, टायलिन (Ptyalin)**

35. शरीर की सबसे बड़ी ग्रन्थि (Largest gland) कौनसी है → **यकृत (Liver)**
36. वसा अणुओं (ट्राइग्लिसराइड्स) का पाचन किस एन्जाइम द्वारा होता है → **लाइपेस**
37. हाइड्रोक्लोरिक अम्ल के कारण जठरीय रस (Gastric juice) का पी.एच. मान कितना होता है → **1–2**
38. मानव में दूध को स्कंदित (Coagulation) करने वाला एन्जाइम कौनसा अनुपस्थित होता है → **रेनिन**
39. आंत्र रस (Intestinal juice) का पी.एच. मान कितना होता है → **7.5–8.0**
40. शरीर के आमाशय वाले भाग में पाचन के बाद भोजन पतली लेई के पदार्थ किसमें परिवर्तित हो जाता है → **काइम (Chyme) में**
41. पी.एच. मान 8.5 पर लैक्टेस एन्जाइम की सहायता से लैक्टोस (Lactose) अणु का विघटन किसमें होता है → **ग्लूकोज + गैलेक्टोज में**
42. लाखों रसांकुरों एवं सूक्ष्मांकुरों तथा अनेक वलनों की उपस्थिति से क्षुद्रांत श्लेष्मिका की अवशोषणकारी सतह का क्षेत्रफल कितना गुणा बढ जाता है → **1000**
43. ग्रहणी की श्लेष्मिका में उपस्थित अन्तःस्रावी कोशिकाओं से कौनसा हार्मोन स्रावित होते हैं → **सेक्रेटिन, कोलेसिस्टो काइनिन (CCK)**
44. प्रोटीन की अत्यधिक कमी के कारण होने वाला रोग कौनसा है → **क्वाशीओरकॉर**
45. एक वर्ष से कम आयु के बच्चों में प्रोटीन, वसा एवं कार्बोहाइड्रेट की कमी से कौनसा रोग है → **मैरास्मस**
46. लाल रूधिर कणिकाओं के परिपक्वन को प्रेरित करने वाला विटामिन कौनसा है → B_{12}
47. एक सामान्य पुरूष को प्रतिदिन कितनी किलो कैलोरी की आवश्यकता होती है → **2500**
48. वसा के पाचन में कौन सहायता करते हैं → **पित्त लवण**
49. पूर्ण पचित भोजन यकृत निवाहिका शिरा द्वारा किसमें पहुँचाया जाता है → **यकृत में**
50. जब व्यक्ति का वजन सामान्य से 20 प्रतिशत अधिक हो जाता है तब इसे क्या कहते हैं → **मोटापा (obesity)**
51. सजीवों द्वारा पर्यावरण से ऑक्सीजन ग्रहण करने एवं CO_2 को निष्कासित करने की क्रिया को क्या कहते हैं → **श्वसन**
52. प्राणियों में गैसीय विनिमय किस प्रक्रिया द्वारा सम्पन्न होता है → **विसरण**
53. अमीबा में किसके द्वारा गैसीय विनिमय होता है → **प्लेज्मा झिल्ली**
54. केंचुए में शरीर के नम अधिचर्म अंग द्वारा किसका विसरण होता है → **गैसों का**
55. विश्राम अवस्था में वयस्क की श्वसन दर कितनी होती है → **प्रति मिनट 16–20**

56. परागकण, धूलकण, खाद्य पदार्थों, ठण्ड, धुआं, धूम्रपान आदि की एलर्जी से होने वाला रोग कौनसा है → **अस्थमा या दमा**

57. सामान्यतः सिलिका एवं एसबेस्टॉस की खानों में कार्य करने वाले श्रमिकों में होने वाला रोग कौनसा है → **सिलिकोसिस एवं एसबेस्टोसिस**

58. न्यूमोनिया (Pneumonia) का प्रभाव किस पर होता है → **फेफड़ों पर**

59. श्वसन केन्द्र जो श्वसन को नियंत्रित करते हैं, किसमें स्थित होते हैं → **मेडुला आब्लांगेटा में**

60. सामान्य मनुष्य में विश्राम अवस्था में ज्वारीय आयतन कितना होता है → **0.5 ली.**

61. मस्तिष्क में उपस्थित श्वसन केन्द्र किसमें CO_2 सांद्रण परिवर्तन के प्रति अनुक्रिया दर्शाते हैं → **रूधिर में**

62. रक्ताणु एवं प्लैज्मा के मध्य बाइकार्बोनेट एवं क्लोराइड आयनों का आदान–प्रदान विस्थानपन क्या कहलाता है → **क्लोराइड विस्थापन**

63. खुले प्रकार का रूधिर परिसंचरण तंत्र (Open blood vascular system) किसमें पाया जाता है → **आर्थोपोड्स में, घोंघा में एवं सीपी में**

64. मनुष्य के अंदर रूधिर का आयतन लगभग कितना होता है → **5 ली.**

65. रूधिर के तरल भाग को क्या कहते हैं → **प्लैज्मा**

66. मानव में विलेय प्रभाव व पी.एच. नियमन के लिये सबसे प्रमुख आयन कौनसा होता है → **Na**

67. रक्ताणु कोशिकाओं में किसका अभाव होता है → **केन्द्रक एवं माइटोकॉण्डिया का**

68. रक्ताणु (RBC) का निर्माण किसमें होता है → **अस्थि मज्जा में**

69. लाल रूधिर कोशिकाओं (RBC) का जीवनकाल लगभग कितने दिन होता है → **120**

70. श्वेताणु कोशिकायें केन्द्रक युक्त, रंगहीन, अमीबीय गति तथा कितना जीवनकाल वाली होती है → **4–5 दिनों से कई दिनों तक का**

71. कौनसी श्वेताणु कोशिकायें संक्रमण के विरूद्ध प्रतिरक्षा की प्रथम पंक्ति (First line of defence) के रूप में जानी जाती है → **मोनोसाइट्स (Monocytes)**

72. किस रूधिर समूह में ऐन्टीजन अनुपस्थित होते हैं → **'O' रूधिर समूह में**

73. AB रूधिर समूह में क्या अनुपस्थित होती है → **एन्टीबॉडी**

74. O समूह के व्यक्तियों को क्या कहा जाता है → **सार्वत्रिक दाता (Universal donor)**

75. AB समूह के व्यक्तियों को क्या कहा जाता है → **सार्वत्रिक ग्राही (Universal recipient)**

76. कौनसी फाइब्रिनोजन, थ्रोम्बिन एवं Ca^{2+} पट्टिकाणु कारक महत्वपूर्ण है → **स्कंदन (Coagulation) क्रिया मे**

77. रूधिर समूहों (Blood group) की खोज किसने की → **लैण्डस्टीनर ने**

78. रीसस बंदर में आर.एच. तंत्र की खोज किसने की → **लैण्डस्टीनर एवं वीनर ने**

79. सामान्यतया स्कंदन (Coagulation) में कितना समय लगता है → **6–10 मिनट का**

80. निम्न में से सभी कथन कैसे हैं? जैसे – आलिन्दनिलय दरार को कोरोनरी सल्कस भी कहते हैं, फाइब्रिन तंतु एवं रूधिर कोशिकाओं से बनी संरचना थक्का (Clot) कहलाती है एवं स्कंदन की क्रिया लगभग 12 कारकों पर निर्भर करती है → **सत्य**

81. किसमें दोहरा रूधिर परिसंचरण होता है → **मनुष्य में**

82. सामान्यतया स्वस्थ मनुष्य में क्रमशः प्रकुंचन एवं अनुशिथिलन के समय धमनी में दाब कितने के बराबर होती है → **120 / 80 मिमी Hg के**

83. कौनसे रोग में रूधिर का थक्का नहीं बन पाता है → **हीमोफीलिया**

84. निलय संकुचन सेन (Sinuatrial node, SAN) किसमें होता है → **नियन्त्रण में**

85. रूधिर स्कंदन (Blood Coagulation) के लिये आवश्यक आयन कौनसा है → **आयन Ca^{2+}**

86. अधिक ऊंचाई पर मनुष्य के रक्ताणु (RBC) संख्या में क्या होगी → **वृद्धि**

87. ह्रदय स्पंदन का नियमन किसके द्वारा होता है → **मेडुला**

88. ह्रदय में संकुचन कहाँ प्रारम्भ होता है → **दायें आलिंद से**

89. इरिथ्रोब्लास्टोसिस फीटेलिस रोग का कारण क्या है → **Rh कारक**

90. अन्तःस्रावी विज्ञान का जनक (Father of Endocrinology) कौन कहलाता है → **थॉमस एडिसन**

91. हाइपोथैलेमस अन्तःस्रावी ग्रन्थि को अन्तः स्रावी नियमन का क्या कहा जाता है → **सर्वोच्च कमाण्डर या प्रधान ग्रन्थि का भी नियंत्रक (Master of the master gland)**

92. पीयूष ग्रन्थि को अन्तःस्रावी ग्रन्थि के बाह्यमंडल का क्या कहा जाता है → **बैंड मास्टर (Band master of the Endocrine Orchestra)**

93. कौन शरीर की सबसे बड़ी अन्तःस्रावी (Endocrine) ग्रन्थि है → **थायरॉइड**

94. शरीर की एक मात्र ग्रन्थि जो स्रावित उत्पादों को बड़ी मात्रा में संचित रखती है, वह क्या है → **थायरॉइड ग्रन्थि**

95. बाल्यावस्था में पैराथार्मोन की कमी से कौनसा रोग होता है → **हाइपोकैल्सीमिक टिटेनी**

96. कौनसी ग्रन्थि द्वारा स्रावित हार्मोन सोमेटोट्रपिक हार्मोन (STH), पुटिका प्रेरक हार्मोन (FSH) एवं ऑक्सीटोसिन हार्मोन है → **पीयूष**

97. किसकी दीपिकायें (Islets of Langerhans) अग्न्याशय ग्रन्थि (Pancreas) में पायी जाती है → **लैंगरहैंस**

98. बीटा कोशिकाओं से कौनसा हार्मोन स्रावित होता है → **इन्सुलिन (Insulin)**

99. इन्सुलिन, ग्लूकोगॉन (एल्फा कोशिकायें द्वारा) एवं सोमेटोस्टेटिन (डेल्टा कोशिकायें द्वारा) हार्मोन किस ग्रन्थि द्वारा स्रावित होते हैं → **अग्न्याशय ग्रन्थि (Panceas)**

100. निम्न में से सभी कथन कैसे हैं? जैसे – ग्लूकैगॉन हार्मोन रूधिर शर्करा में वृद्धि करता है, मूत्र के साथ ग्लूकोस की हानि मधुमेह रोग कहलाता है एवं पीनियल काय ग्रन्थि द्वारा मिलैटोनिन हार्मोन का स्रावण किया जाता है → **सत्य**

101. संकटकालीन परिस्थितियों का सामना करने के लिये मानव शरीर को तैयार करने वाला हार्मोन कौनसे हैं → **एड्रीनेलिन**

102. किससे संबंधित रोग एडिसन रोग – निर्जलीकरण, कॉन्स रोग– Na : K का असंतुलन एवं एड्रीनल विरिलिज्म – लड़कियों में लड़कों जैसे लक्षण है → **अधिवृक्क ग्रन्थि (Adernal gland) से**

103. एस्ट्रोजन एवं प्रोजेस्टरोन हार्मोन का स्रावण किस ग्रन्थि से होता है → **अण्डाशय**

104. नलिका विहीन ग्रन्थियों (Ductless glands) के स्राव को क्या कहते हैं → **हार्मोन**

105. कैल्शियम व फास्फोरस उपापचय का नियन्त्रण करने वाला हार्मोन किससे स्रावित होता है → **पैराथॉइराइड से**

106. वेसोप्रसिन हार्मोन के अल्पस्राव के कारण क्या उत्पन्न होती है → **मूत्रलता (Diuresis)**

107. किस ग्रन्थि को टी–लिम्फोसाइट्स का प्रशिक्षण केन्द्र कहा जाता है → **थायमस**

108. शरीर में लैंगिक जैविक घड़ी (Sexual biological clock) की भांती कार्य करने वाली ग्रन्थि कौनसी है → **पीनियल काय**

109. जीवन रक्षक हार्मोन किस ग्रन्थि द्वारा स्रावित होते हैं → **एड्रीनल**

110. कॉर्पस ल्यूटियम द्वारा स्रावित हार्मोन कौनसा है → **प्रोजेस्टारोन**

111. किस दोष (Hypermetropia or farsightedness) वाले व्यक्ति दूर की वस्तु को तो स्पष्ट देख सकते हैं परन्तु निकट की वस्तु अस्पष्ट दिखाई देती है → **दूर दृष्टि**

112. निकट दृष्टि दोष (Myopia) को दूर करने के लिए कौनसे लैंस का उपयोग किया जाता है → **अवतल लैंस (Concave lens) का**

113. निम्न में से सभी कथन कैसे हैं? जैसे – शलाकाओं में प्रकाश संवेदी वर्णक रोडोप्सिन पाया जाता है, लाल, हरा व नीला प्राथमिक रंग कहलाते हैं एवं रेटिनीन का निर्माण विटामिन ए से होता है → **सत्य**

114. एकनेत्रीय दृष्टि (Monocular vision) किसमें पाई जाती है → **मेंढक एवं खरगोश दोनों में**

115. किस रोग में विटामिन 'ए' की कमी के कारण रोडोप्सिन का पर्याप्त संश्लेषण नहीं होता है जिसके कारण रोगी को मंद प्रकाश में स्पष्ट दिखाई नहीं देता है → **रतौंधी**

116. निम्नलिखित में से रंग अन्धता दोष के बादे में सभी कथन कैसे हैं? जैसे – रंग अन्धता दोष (Colour blindness) अनुवांशिक रोग है, यह रोग पुरूषों में होता है तथा महिला रोग वाहक का काम करती है। एवं इस रोग के कारण व्यक्ति लाल व हरे रगों में विभेद नहीं कर पाता है → **सत्य**

117. शरीर की सबसे छोटी ग्रन्थि (Smallest bone) कौनसी होती है → **स्टैपीज**

118. कर्ण अस्थि मैलियस का आकार कैसा होता है → **हथौड़े के जैसा**

119. नेत्र में प्रकाश ऊर्जा का परिवर्तन कौनसी ऊर्जा में होता है → **रासायनिक**

120. सर्टोली सेल्स कोशिकाओं को कौनसी कहते हैं → **धात्री कोशिकायें (Nurse cells)**

121. वृषण कोष में ताप शरीर के ताप से कितना कम होता है → **3 सेंटीग्रेड तक**

122. शिशन का शिखर भाग शिशिन मुण्ड किसका बना होता है → **कापर्स स्पंजियोसम का**

123. सर्टोली कोशिकाओं द्वारा स्रावित हार्मोन कौनसा हर्मोन है → **इन्हिबिन प्रोटीन**

124. कौन वृषण से स्रावित हार्मोन है → **टेस्टोस्टेरोन**

125. कार्पस ल्यूटियम किससे उत्पन्न होता है → **अण्डाशय से**

126. प्रोस्टेट ग्रन्थि द्वारा स्रावित तरल में पाये जने वाले एन्जाइम का नाम क्या है → **फास्फेटेस**

127. कौन जरायुज (Viviparous) प्राणी है → **मनुष्य**

128. निम्न में से सभी कथन कैसे हैं? जैसे – गर्भाशय की गुहीय सतह पर श्लेष्मी उपकला का स्तर जिसे एण्डोमेट्रियम कहते हैं, म्यूकोसा के बाहर चिकनी पेशियों से निर्मित एक मोटी पेशीय परत जिसे मायोमेट्रियम कहते एवं स्त्रियों में मासिक चक्र का औसत काल 28 दिन होता है → **सत्य**

129. किससे एस्ट्रोजन हार्मोन का श्रवण होता है → **ग्राफी पुटक से**

130. केंचुआ कैसा प्राणी (Hermaphrodite) है → **द्विलिंगी**

131. निम्नलिखित में से सभी कथन कैसे हैं? जैसे– अण्डाशय में मादा युग्मक अण्डाणु का निर्माण होता है, शुक्राणुओं के निर्माण की प्रक्रिया को शुक्रजनन कहते हैं एवं अण्डाणु के निर्माण को अण्डजनन (Oogenesis) कहते हैं → **सत्य**

132. शुक्राणु के मुख्य भाग क्या है → **शीर्ष, मध्य, पुच्छ**

133. संयुग्मी शुक्राणु (Conjugated sperms) किसमें पाये जाते हैं → **टिड्डे में**

134. कशेरूकी प्राणियों में पीतक का निर्माण किसमें होता है → **यूकत कोशिकाओं में**

135. किसके अण्डे के चारों और कैल्सियम रहित कवच पाया जाता है → **कीट के**

136. आर्थोपोडा, मोलस्का एवं एनीलिडा प्राणियों के अण्डे क्या कहलाते हैं → **किर्मोर या मोजेक अण्डे**

137. कौनसे अण्डो में भ्रूण के किसी भी अंग का निर्माण अण्डे के किसी भी भाग में हो सकता है → **नियमनकारी अण्डों में**

138. कशेरुकी समुद्री प्राणी कौन है → **जैली आवरण**

139. किसके अण्डे सूक्ष्म पीतकी या अपीतकी कहलाते हैं → **स्तनधारी के**

140. अण्डोत्सर्ग (Ovulation) की क्रिया कौनसे हार्मोन द्वारा नियन्त्रित की जाती है → **ल्यूटेनाईजिंग**

141. निम्न में से सभी कथन कैसे हैं → **सत्य** जैसे – युग्मकों का निर्माण युग्मकजनन कहलाता है, युग्मजनन में अर्धसूत्री विभाजन होता है एवं एक शुक्राणु जनक कोशिका चार शुक्राणु बनाती है।

142. एक अण्डाणु जनक कोशिका से कितने अण्डाणु बनता है → **1**

143. किसका निर्माण गॉल्जीकाय से होता है → **एक्रोसोम का**

144. स्पेरोजोआ व स्पंज अण्डाणु में क्या नहीं पाया जाता है → **अण्डावरण (Egg shell)**

145. प्राथमिक अण्डकोशिका के गुणसूत्र कौनसे होते हैं → **लैम्पब्रश गुणसूत्र**

146. स्त्रियों में कौनसा चक्र पाया जाता है → **आर्तव चक्र**

147. शुक्रजनन की कौनसी अवस्था में कोई विभाजन नहीं होता है → वृद्धि **प्रावस्था में**

148. सौ प्राथमिक शुक्राणु कोशिकाओं से कितने शुक्राणु बनेगें → **400**

149. मद चक्र किन प्राणियों में पाया जाता है → **गाय, भैंस व बकरी**

150. जनन आशय (Germinal Vesicle) अण्डाणु जनन की कौनसी अवस्था में बनता है → **वृद्धि प्रावस्था में**

151. शुक्राणुओं द्वारा अण्ड को निषेचित करने की क्षमता या योग्यता प्राप्त करने को कहते हैं → **योग्यतार्जन (Capacitation)**

152. निषेचन प्रक्रिया में एक्रोसीन एन्जाइम किसको नष्ट करता है → **जौना पैल्यूसिडा (Zone pellucida) को**

153. जन्तु जिसमें बाह्य निषेचन पाया जाता है क्या कहलाते हैं → **अण्डज (Oviparous)**

154. कौन अण्ड के चारों ओर कला में उपस्थित होता है → **फर्टिलाइजिन**

155. मादा मानव में निषेचन कैसी है → **स्थल शुक्रग्राही**

156. शुक्राणु की सतह पर उपस्थित एसिड क्या कहलाती है → **प्रोटीन एन्टीफर्टिलाइजिन**

157. अण्ड में शुक्राणु प्रवेश करने पर शुक्राणु का केन्द्रक व सेन्ट्रियोल कितनी डिग्री कोण पर घूम जाते हैं → **180^0 डिग्री कोण पर**

158. अनिषेचित अण्डे का परिवर्धन क्या कहलाता है → **अनिषेक जनन**

159. अधिकांश जीवों में निषेचन के समय अण्डाणु किस अवस्था में होते हैं → **द्वितीयक ऊसाइट अवस्था में**

160. कीट जीव में शुक्राणुओं का भेदन अण्डे पर स्थित किस द्वारा होता है → **अण्डद्वार (Micropyle)**

161. निम्न में से सभी कथन कैसे हैं → **सत्य** जैसे – काल्विन एवं काल्विन ने एक्रोसोम क्रिया का अध्ययन किया था, लिली ने निषेचन क्रिया में फर्टिलाइजिन का मत दिया एवं नर व मादा युग्मकों के समेकन को निषेचन कहा जाता है।

162. निम्न में से सभी कथन कैसे हैं → **सत्य** जैसे– अमीबा में उत्सर्जन सामान्य सतह से होता है, अमीबा में किसका अभाव होता है एवं अमीबा अकोशिकीय प्राणी है → **श्वसन अंगों का**

163. किसको अमर कहते हैं क्योंकि इसमें पुटिभवन घटना होती है → **अमीबा को**

164. अमीबा द्वारा ठोस पदार्थ ग्रहण करने की क्रिया क्या कहलाती है → **फैगोसाइटोसिस**

165. अमीबा में किस प्रकार के कूटपाद पाये जाते हैं → **लोबोपोडिया**

166. अमीबा एक महीन, लचीली झिल्ली से ढका रहता है, उसे क्या कहते हैं → **प्लाज्मालेमा**

167. अमीबा में पाचक एन्जाइमों की पूर्ति किसके द्वारा होती है → **लाईसोसोम**

168. अमीबा में नाइट्रोजनी पदार्थ का उत्सर्जन कहाँ से होता है → **सामान्य सतह**

169. हानिकारक फ्लैजीलेट प्रोटोजोआ लिशमैनिया डोनोमानी मनुष्य के रक्त व यकृत में पाया जाता है तथा कौनसा रोग उत्पन्न करता है → **कालाजार**

170. मनुष्य में मलेरिया रोग उत्पन्न करने वाली प्लाज्मोडियम की कौनसी जाति सबसे खतरनाक है → **फैल्सीपेरम**

171. वे परजीवी जो अपना पोषक पौधों के भीतरी ऊतकों में व्यतीत करते हैं, क्या कहलाते हैं → **अन्तः परजीवी**

172. गेहूँ में सेंहू रोग (Seed gall) का रोग कारक क्या है → **ऐंग्विना ट्रिटिसाई**

173. ग्लोबोडरा रोस्टोकाइनसिस सूत्रकृमि रोग कौनसा रोग फैलाते हैं → **नींबू का क्षय**

174. धान के ऊफरा (Ufra) रोग का रोगकारक क्या है → **डाइटिलेंकस अंगस्टस**

175. पादप परजीवी सूत्रकृमि की लम्बाई कितनी होती है → **0.6 mm to 2.0 mm**

176. स्थाई परजीवी पादप कौन होते हैं → **सूत्रकृमि**

177. निम्नलिखित में से सभी कथन कैसे हैं → **सत्य** जैसे– केंचुआ स्वभाव से रात्रिगामी (Nocturnal) होता है, केंचुऐ में बंद रक्त परिसंचरण तंत्र होता है एवं केंचुए का वैज्ञानिक नाम फैरिटिमा पोस्थुमा है ।

178. केंचुए के प्रजनन तंत्र के बारे में सभी कथन कैसे हैं → **सत्य** जैसे– ये द्विलिंगाश्रयी या उभयालिंगी होते हैं, पुंपूर्वी (Protandrous) होने के कारण इनमें परनिषेचन होता है एवं इसके 13वें खण्ड में एक जोड़ी अंगुलीकाय अण्डाशय होते हैं।

179. केंचुए में नर जनन छिद्र कौनसे खण्ड में स्थित होता है → **18 वें खण्ड में**

180. केंचुए में उत्सर्जन अंग क्या होते हैं → **नेफ्रीडिया**

181. किसमें सीटी (Setae) के कार्य चलन है → **केंचुए में**

182. केंचुए के 10 वें खण्ड में कौनसे अंग उपस्थित होते हैं → **वृषण कोष, वृषण एवं शुक्रवाहिनी कोष अंग**

183. यकृत कृमि (Liver fluke) का प्राथमिक परपोषी क्या है → **भेड़**

184. यकृत कृमि के जीवन की पहली लार्वा अवस्था कौनसी है → **मिरैसीडियम**

185. भेड़ में किसके द्वारा लीवर रॉट रोग होता है → **यकृत कृमि द्वारा**

186. यकृत कृमि में किसका अभाव होता है → **आहारनाल का**

187. यकृत कृमि का मध्यस्थ परपोषी क्या है → **घोंघा**

188. एस्केरिस के बारे में सभी कथन कैसे हैं → **सत्य** जैसे– इनमें अनॉक्सी प्रकार का श्वसन होता है, यह एकलिंगी जन्तु है एवं इसका मुख्य उत्सर्जी पदार्थ यूरिया है।

189. ऐस्केरिस का पहला निर्मोचन मिट्टी में होता है।

190. कौन अन्तः परजीवी होता है → **ऐस्केरिस**

191. किसके द्वारा मानव में होने वाले रोग को एस्केरियसिस कहते हैं → **ऐस्केरिस द्वारा**

192. एस्केरिस के जीव चक्र में लार्वा की कितनी अवस्थायें होती है → **4 अवस्थायें**

193. ऐस्केरिस की द्वितीय लार्वा अवस्था क्या होती है → **संक्रामक (Infective)**

194. घोंघे (Snails) व स्लग में श्वसन क्रिया किसके द्वारा होती है → **गिल्स व फुफ्फुस दोनों द्वारा**

195. घोंघे के बारे में सभी कथन कैसे हैं → **सत्य** जैसे– ये उभयलिंगी होते हैं, ये अखण्ड शरीर वाले होते हैं एवं क्रिप्टोजोन घोंघा दक्षिणी भारत में पाया जाता है।

196. बरूथी या माइट्स किस वर्ग की जन्तु है → **एरेक्निडा वर्ग की**

197. मिलीपीड को असंख्य चलन टागें होने के कारण क्या कहा जाता है → **सहस्त्रपादी (Thousand leggers)**

198. किसकी निर्यात वाली प्रजातियां पीनियस मोनोडोन, पीनियस इंडिकस एवं मैक्रोब्रेकीयम मैल्कास्सोनी है → **झींगे की**

199. झींगा किसमें पाया जाता है → **अलवणीय जल में**

200. ऐम्बलिसियस जाति का माइट (Mite) किस प्रकार का है → **परभक्षी (Predatory) प्रकार का**

201. झींगे का बाह्य कंकाल कई कठोर प्लेटों का बना होता है जिन्हें क्या कहते हैं → **कठक** (Sclerites)

202. तिलचिट्टे के वक्ष (Thorax) में कितने होते हैं → **3 खण्ड**

203. कातरे (Red hairy caterpiller) का वैज्ञानिक नाम क्या है → **ऐमसैक्टा मूरी**

204. फसलों में किसकी गिडार अवस्था नुकसान पंहुचाती है → **कातरे की**

205. कातरा की गिडार के कितने होते हैं → **6 इन्स्टार (Instar)**

206. कातरा की प्यूपा अवस्था किसमें पूर्ण होती है → **भूमि में**

207. सफेद लट (White grub) का वैज्ञानिक नाम क्या है → **होलोट्रिकिया कौनसैन्गुनिया एवं होलोट्रिकिया सरैटा**

208. फसलों को सर्वाधिक क्षति लट की किस अवस्था में होती है → **तृतीय अवस्था में**

209. सफेद लट किसमें रहना पसन्द करती है → **बलुई भूमि में**

210. रात्रि में भृंग (Grubs) भूमि से कितने बजे बाहर निकलते हैं → **7.45 बजे**

211. भृंगों का मुख्य (सर्वप्रिय) पोषी पौधा क्या है → **बेर**

212. किससे बचाव हेतु भूमि उपचार के लिये उपयुक्त रसायन फोरेट 10 प्रतिशत कण, क्यूनॉलफास 5 प्रतिशत कण एवं कार्बोफ्यूरान 3 प्रतिशत कण → **सफेद लट से**

213. दीमक कीट श्रम विभाजन का क्या है → **एक आदर्श उदाहरण**

214. श्रमिक दीमक किस जाति के होते हैं → **बन्ध्य बांझ (Sterile)**

215. दीमक का निवास क्या कहलाता है → **टर्मेटेरिया**

216. दीमक का वैज्ञानिक नाम क्या है → **औडेन्टोटर्मिस ओबेसस**

217. दीमक किस गण का सदस्य है → **आइसोप्टेरा गण का**

218. किसकी हानिकारक अवस्था श्रमिक है → **दीमक की**

219. दीमक की कुछ प्रजातियां अपने भोजन के लिये किसकी खेती करती है → **कवक उद्यान**

220. दीमक की सक्रियता किस ऋतु में कम होती है → **वर्षा ऋतु में**

221. दीमक की कालोनी में श्रमिक प्रकार के सदस्यों की संख्या कितनी होती है → **सर्वाधिक**

222. निम्न में से किसके कारण दीमक का प्रकोप बढ जाता है जैसे – खेती में कच्ची गोबर की खाद डालने से, हरी खाद डालने/मिलाने से एवं कच्चे कार्बनिक पदार्थ मिट्टी में मिलाने से → **सभी के कारण**

223. गेहूँ के बीज को दीमक से बचाने हेतु किससे उपचारित करना चाहिये → **क्लोरोपाइरीफॉस से, एण्डोसल्फान एवं एकालक्स से**

224. टिड्डी (Locust) का वैज्ञानिक नाम क्या है → **सिस्टोसर्का ग्रीगैरिया**

225. निम्न में से सही सुमेलित जोड़े का चयन करें–

टिड्डी	वैज्ञानिक नाम
प्रवासिनी टिडडी	लोकस्टा माइग्रेटोरिया
रेगिस्तानी टिड्डी	सिस्टोसर्का ग्रीग्रेरिया
बम्बइया टिडडी	पतंगा सक्सिंक्टा

→ **उपरोक्त सभी सही सुमेलिथ जोड़े हैं।**

226. भारत में टिड्डी की कितनी प्रजातियां पाई जाती है → **3**

227. हमारे देश में अनुसूचित रेगिस्तानी क्षेत्र कितने हैं → **20.57 (mha)**

228. टिड्डी का साहित्यिक अर्थ (Literal Meaning) क्या है → **महामारी (Plague)**

229. रेगिस्तानी टिड्डी किसमें अण्डे देती है → **भूमि में**

230. विश्व में टिड्डियों की कितनी पाई जाती है → **9 प्रजातियां**

231. टिड्डी का प्रभावी परभक्षी पक्षी कौन है → **मैना**

232. टिड्डी किसका सदस्य है → **आर्थोप्टेरा गण का**

233. चना फली छेदक (Pod porer) का वैज्ञानिक नाम क्या है → **हेलिकोवर्पा आर्मीजेरा**

234. फली वेधक कीट की हानिकारक अवस्था कौनसी है → **गिडार**

235. फल वेधक कीट किसका सदस्य है → **लेपिडोप्टेरा गण का**

236. ग्राम पोड बोरर कीट की गिडार (Caterpillar) में कितनी बार निर्मोचन होता है → **5 बार निर्मोचन**

237. फल वेधक कीट की कोषावस्था का विकास किसमें होता है → **भूमि में**

238. खपरा बीटल का वैज्ञानिक नाम क्या है → **ट्रोगोडर्मा ग्रेनिरिया**

239. खपरा बीटल कीट की नुकसान पहुँचाने वाली अवस्था कौनसी है → **गिडार**

240. खपरा (Khapara) कीट से अनाजों को बचाने हैंतु इनमें कितने प्रतिशत से कम नमी होनी चाहिए → **8–10 प्रतिशत से कम**

241. खपरा कीट सर्दियां किस अवस्था में व्यतीत करता है → **गिडार/ग्रब अवस्था में**

242. खपरा बीटल का गिडार बीज/दाने के किस भाग को अधिक खाना पसन्द करता है → **भ्रूण (a) भाग**

243. कीटों के लक्षण है– इनका शरीर तीन भागों में सिर, वक्ष एवं उदर में विभक्त होता है, एक जोड़ी संयुक्त नेत्र तथा मुखांग पाये जाते हैं एवं सिर पर एक जोड़ी क्या होती है → **श्रृंगिकाऐं (Antennae)**

244. किसने विकिरण ऊर्जा (गामा किरणाों) का उपयोग करके स्क्रूवर्म फ्लाई का नियन्त्रण किया था, यह भौतिक प्रकार का नियन्त्रण है → **निपलिंग (1937) ने**

245. सब्जियों एवं फलों में प्रशीतन तापक्रम किस सें.ग्रे. पर रखकर कीटों के प्रभाव से बचाया जा सकता है → **5–10 सें.ग्रे.**

246. एक हेक्टयर क्षेत्र में 5 फिरोमीन ट्रेप फसल की ऊंचाई से कितनी उपर लगाने चाहिये → **एक फीट ऊपर**

247. किसका उपयोग चने की फली छेदक कीट के नियन्त्रण में सहायक है → **प्रकाशपाश का**

248. कातर किसके अण्ड समूह हाथों से एकत्रित किये जा सकते हैं → **कीट के**

249. कर्षण नियन्त्रण से सम्बन्धित सभी कथन कैसे हैं → **सत्य** जैसे – चने की अगेती बुवाई करके चने की लट से बचा जा सकता है, पंजाब में मक्का की देरी से बुवाई करके तना वेधक के प्रकोप से बचा जा सकता है एवं सरसों की अगेती बुवाई करने से एफिड का प्रकोप कम होता है।

250. सबसे सस्ता व सुलभ कीट नियन्त्रण का तरीका क्या है → **कर्षण नियन्त्रण**

251. कौनसे पौधे दूर–दूर लगायें जाएँ इस तरह की फसलों में कीट नियन्त्रण हेतु उपयुक्त है → **झांगना (Pruning)**

252. किसका प्रतिरोपण कपास फसल में सफलतापूर्वक किया जा सकता है → **बीटी जीन का**

253. आवश्यकता से अधिक सिंचाई व खाद देने पर फसलों पर किसकी संख्या बढ जाती है → **नाशी कीटों की**

254. किसका प्रयोग कीटों को आकर्षित करने के लिये किया जाता है → **फंदा फसल (Trap crop) का**

255. किसमें नाइट्रोजन की अधिक मात्रा का प्रयोग करने पर पायरीला कीट का प्रकोप ज्यादा होता है → **गन्ने में**

256. कीट नियन्त्रण की किस विधि को अधिक प्रभावी तथा त्वरित अवाघात प्रभाव (Quick Knockdown effect) वाली कहा जाता है → **रासायनिक विधि को**

257. कौन कीटों के विरूद्ध प्रभावी रसायन है → **इंसेक्टिसाइड्स**

258. दानेदार कीटनाशियों में विष (Toxicant) की मात्रा कितनी होती है → **2–10%**

259. किसमें विष शंकालुता (Bait shyness) जिंक फास्फाइड के प्रति उत्पन्न होती है → **चूहों**

260. स्तनधारियों के विरूद्व कम विषैला कीटनाशी कौन है → **मेलाथियान**

261. किसका प्रयोग खेतों में चूहों के बिलों को उपचारित करने में बहुत प्रभावी है → **एलुमिनियम फास्फाइड का**

262. किसमें डीडीटी कीटनाशी के उपयोग ने कीट नियन्त्रण के इतिहास में क्रांतिकारी परिवर्तन ला दिया → **कीट नियन्त्रण में**

263. सर्वप्रथम किस वैज्ञानिक ने सन् 1965 में "समाकलिक नाशक कीट नियन्त्रण" शब्द का प्रयोग किया था → **बार्टलेट**

264. कीट नियन्त्रण उपचार शुरू किया जाता है जब नाशक कीटों का स्तर आर्थिक क्या होता है → **थ्रेसहाल्ड**

265. नाशक कीट प्रबन्ध (Pest management) शब्द का सर्वप्रथम प्रयोग किसके द्वारा किया गया → **गीयर (1970) द्वारा**

266. भुरकाव (Dusting) के लिये उपयुक्त समय कौनसा है → **प्रातःकाल**

267. सामान्य फसलों पर छिड़काव हेतु किससे अधिक प्रभावी छिड़काव होता है → **नैपसैक स्प्रेअर से**

268. नैपसैक स्प्रेअर में कितना दाब आसानी से बनाया व रखा जा सकता है → **3.5 Kg/cm^2 दाब**

269. किसमें मत्स्य वर्ग का पालन किया जाता है → **पीसी कल्चर (Pisciculture) में**

270. राजस्थान में मछली उत्पादन हेतु कितना जल क्षेत्र उपलब्ध है → **3.3 लाख हेक्टेयर कुल जल क्षेत्र**

271. राजस्थान के बड़े जलाशयों की उत्पादकता कितनी है → **80–90 (क्विंटल प्रति हेक्टर प्रतिवर्ष)**

272. राजस्थान में राष्ट्रीय मत्स्य बीज उत्पादन फार्म कहाँ स्थित है → **कासिमपुरा, कोटा में व भीमपुरा, बांसवाड़ा में**

273. समुद्री मछलियों (लवणीय) के यकृत से कौनसा विटामिन प्राप्त होता है → **विटामिन A**

274. राजस्थान में अलवण जलीय खाने योग्य मुख्य मछली/मछलियां कौनसी है → **लेबिओ रोहिता (रोहू) एवं कतला कतला (कतला)**

275. मछलियों के बारे में सभी कथन कैसे हैं → **सत्य** जैसे – कतला मछली प्लवक भक्षी है तथा सतह पर रहती है, लेबिओ शाकाहारी है तथा तालाब के पानी के बीच की सतह पर रहती है एवं मछली का शरीर धारा रेखीय होता है।

276. रोहू मछली प्रजनन किसमें प्रजनन करती है → **जून– जुलाई में**

277. मछलियां किस वर्ग की सदस्य है → **पिसजी वर्ग की**

278. सबसे बड़ी भारतीय मछली कौनसी है → **कतला (कतला कतला)**

279. किस मछली के प्रत्येक शल्क पर एक लाल रंग का धब्बा होता है, जो शरीर को लाल रंग प्रदान करता है → **लेबिओ रोहिता (रोहू)**

280. भारतीय एक्सक्लूसिव आर्थिक जोन (Exclusive Economic zone) का क्षेत्रफल कितना है → **2.02 (मिलियन वर्ग किलोमीटर है)**

281. मच्छरों के लार्वा खाने वाली मछली (Larvicidal fish) कौनसी है → **गेम्बुसिया एफिनिस**

282. भारत की राष्ट्रीय मछली कौनसी है → **रेसट्रेलिगर कनागर्ता**

283. राष्ट्रीय मत्स्य एवं मत्स्य उत्पाद बोर्ड सन् कब हैदराबाद में स्थापित किया गया है → **2006 में**

■■■■

जीव विज्ञान के JET पेपर

JET PAPER 2005

1. एक कोशिका A'10 Atms पर है तथा दूसरी कोशिका B'6 Atms पर है, दोनों के मध्य अर्धपारगम्य झिल्ली है तो अणु गति करेगें।
   (अ) विलायक अणु A से B की ओर गति करेगें।
   (ब) विलायक अणु B से A की ओर गति करेगें।
   (स) विलेय गति नहीं करता
   (द) विलेय कण A से B की ओर गति करता है।

2. अन्त प्रद्रव्यी जालिका की खोज किसने की थी।
   (अ) पोर्टर (ब) वाट्सन व क्रीक
   (स) पेलेडी (द) रॉबर्टसन

3. अर्द्धसूत्रण में प्रोफेज की डीप्लोटीन अवस्था में गुणसूत्रों के सेट पर संरचनाएं होती है।
   (अ) क्रोमोमियर्स (ब) सेन्ट्रियोल
   (स) क्रोमोनिमा (द) काइज्मेटा

4. बहुकोशिकीय जीवों में वृद्धि एवं परिवर्धन के लिये उत्तरदायी कोशिका विभाजन है।
   (अ) असूत्रण (ब) समसूत्रण
   (स) अर्द्धसूत्रण (द) विखंडन

5. ग्वानीन व साइटोसिन के मध्य H बंध होते है।
   (अ) –2 (ब) –3
   (स) –4 (द) –1

6. अच्छे रेशे किससे प्राप्त होते है।
   (अ) क्रोटोलेरिया जून्सिया
   (ब) निकोटियाना टोबेकम
   (स) नेप्चूरिया ओलेरेसिया
   (द) गोसीपियम आरबोरियम

7. प्रजनन प्रयोगो के लिये मेण्डल ने मटर के पादप का चयन किया, क्योंकि यह होता है।
   (अ) समलक्षणों के लिए शुद्ध
   (ब) आर्थिक महत्त्व का पादप
   (स) बड़े फूलों वाला परपरागित पादप
   (द) एकवर्षीय स्वपरागित

8. निम्न में से किस कोशिकांग में एकल झिल्ली नहीं होती है।
   (अ) लाइसोमोम (ब) माइट्रोकॉन्ड्रिया
   (स) केन्द्रक
   (द) उपरोक्त कोई नहीं

9. गुणसूत्र के सेन्ट्रोमीयर के सिरे पर होना कहलाता है।
   (अ) सैन्ट्रोमीयर (ब) टोलोसेन्ट्रिक
   (स) एसेन्ट्रिक (द) टीलोसेन्ट्रोमियर्स

10. रेसरपाईन प्राप्त होती है।
   (अ) कोमीफोरा से
   (ब) राउवोल्फिया से
   (स) एट्रोपा से
   (द) पपावर से

11. गुणसूत्र में सैन्ट्रोमीयर एक सिरे के सन्निकट हो और एक भुजा लम्बी तथा दूसरी भुजा अत्यन्त छोटी हो तो गुणसुत्र कहलाता है।
   (अ) एसेन्ट्रिक (ब) मेटासेन्ट्रिक
   (स) टोलोसेन्ट्रिक (द) एक्रोसेन्ट्रिक

12. पेलिओजॉइक युग में कौनसे जन्तुओं का महत्त्व था
   (अ) एवीज (ब) रेप्टीलिया
   (स) मेमीलिया (द) प्रोटोजोआ

13. गुणसूत्र में जीन्स से जीन्स की दूरी को मापने की इकाई को कहते है।
   (अ) C-DNA (ब) एंगस्ट्रोम
   (स) Z- DNA (द) सेंटीमॉर्गन

14. हाइड्रा में तीव्र गमन होता है
   (अ) कलाबाजी से (ब) फिसलने से
   (स) तैरने से (द) गमन द्वारा

15. केंचुए में क्रोमोफिल कोशिकाएं किसमें पाई जाती है।
   (अ) लसीका (ब) ग्रसनी
   (स) रक्त (द) उपरोक्त सभी

16. वेसोप्रेसिन का अन्य नाम है
   (अ) A.D.H. (ब) C.C.T
   (स) C.H.O. (द) F.S.H.

17. निम्न में से कौनसा पदार्थ पूर्ण रूप से वृक्क नलिकाओं द्वारा पुनः शोषित होता है।
   (अ) Na (ब) K
   (स) H_2O (द) Glucose

18. ग्लाइकोलीसिस के एन्जाइम किसमें पाए जाते है।
   (अ) साइटोसोल
   (ब) माइटोकॉन्ड्रिया की सतह पर
   (स) E.R.
   (द) ग्लाइओक्स

19. ब्लास्टोसील द्वारा उत्पन्न देह गुहा को कहते है।
   (अ) एन्टेरीसीलोम
   (ब) शाइजोसील
   (स) कूट देहगुहा
   (द) हीमोसील

20. पेरीप्लेनेटा अमेरिकाना में श्वसन रून्ध्र के जोड़ों की संख्या पाई जाती है।
   (अ) 8 (ब) 9
   (स) 10 (द) 11

21. स्पर्मेटोजेनेसिस क्रिया होती है।
   (अ) वृषण में
   (ब) शुक्र वाहिनी में
   (स) अण्डाशय में
   (द) शुक्राशय में

22. आधुनिक भ्रूणीकी के पिता किसे कहा जाता है।
   (अ) अरस्तु (ब) वॉन मेयर
   (स) मालपीधीय (द) हार्वे

23. मेंढक में फोरोमन ऑफ मोनरो पाया जाता है
   (अ) ह्दय (ब) नेत्र में
   (स) मस्तिष्क में (द) कर्ण में

24. पति–पत्नि दोनों वर्णान्ध नहीं है परन्तु उक्त दोनों के पिता वर्णान्ध थे तो पति–पत्नी की पुत्रियों में वर्णान्धता की सम्भावना की प्रतिशत होगी।

(अ) शून्य (ब) 25%
(स) 5% (द) 100%

25. रूफिन के अंग संवेदी होते है।

(अ) शीत के (ब) ताप के
(स) स्पर्श के (द) दाब के

26. अण्डाणु द्वारा उत्पन्न क्लाइनफेल्टर संलक्षण में गुणसूत्रों की संख्या होगी

(अ) XXY (ब) XY
(स) XYY (द) XYX

27. आधुनिक उत्परिवर्तन का सिद्धान्त किसने दिया

(अ) वीजमेन (ब) डार्विन
(स) ह्यूगो डी बीज (द) लेमार्क

28. निम्न में से रसारोहण का मार्ग है

(अ) वल्कूट (ब) जाइलम
(स) फ्लोएम (द) केम्बियम

29. अंधेरी प्रकाश अभिक्रिया में कौनसा उत्पाद है।

(अ) PGAL (ब) OAA
(स) RUDP (द) PGA

30. एक वर्णान्ध पिता व सामान्य माता के वर्णान्ध पुत्र वर्णान्ध पुत्री व सामान्य पुत्री का अनुपात होगा।

(अ) 0 : 1 : 0 : 0
(ब) 1 : 0 : 0 : 1
(स) 0 : 1 : 0 : 1
(द) 0 : 0 : 1 : 1

31. हाइड्रा कौनसा प्राणी है।

(अ) अमीनोटेलिक
(ब) यूरियोटेलिक
(स) यूरिकोटेलिक
(द) उपरोक्त कोई नहीं

32. मेंढक में शुक्राणुधर अंग किस ग्रन्थी द्वारा उत्सर्जित पदार्थ से बनता है।

(अ) पेरिगोनियम
(ब) ट्यूनिका एल्बूजिनिया
(स) वसाकाय
(द) अन्तराली कोशिकाऐं

33. निम्न में से कौनसा अंग प्रोटीन संश्लेषण का कार्य करता है।

(अ) लाइसोसोम
(ब) राइबोसोम
(स) गॉल्जीकॉय
(द) माइटोकॉन्ड्रिया

34. DNA की पिरिडीन्स में क्षारकों का क्रम होता है

(अ) एडीनीन व ग्वानीन
(ब) साइटोसीन व थाइमीन
(स) ग्वानीन व साइटोसीन
(द) एडीनीन व थाइमीन

35. DNA की द्विकुण्डलित संरचना में प्यूरीन व पिरिमिडीन किस बंध द्वारा जुड़े रहते है।

(अ) हाइड्रोजन बन्ध
(ब) हाइड्रोंक्सिल बन्ध
(स) कार्बन बन्ध
(द) नाइट्रोजत बन्ध

36. शुक्राणु की गति के लिये ऊर्जा शरीर के कौन से भाग से प्राप्त होती है।

(अ) शीर्ष (ब) पूँछ
(स) मध्य खण्ड (द) ग्रीवा

37. अद्धसूत्री विभाजन में समसूत्री विभाजन कौनसी अवस्था में होता है।
(अ) प्रोफज–I (ब) प्रोफज–II
(स) एनाफेज–I (द) टीलोफेज–II

38. रिसरपाइन पदार्थ कौनसे पादप में पाया जाता है।
(अ) बेलोडोना (ब) अफीम
(स) सर्पगंधा (द) गुग्गल

39. पृष्ठीय कोरक या पेरीब्लास्टूला किसमें होता है
(अ) मछली (ब) कीट
(स) मानव (द) मेंढक

40. किसी पादप को नये स्थान पर उगाया जाना कहलाता है
(अ) वसन्तीकरण (ब) पादप पुनःस्थापन
(स) पाण्डुरता (द) पादप अनुकूलन

JET PAPER - 2006

1. राइजोबियम कल्चर के द्वारा कौनसे बीजों को उपचारित करते है।
(अ) तैलीय बीज
(ब) दलहनी बीज
(स) अनाज वाले बीज
(द) रेशे वाले बीज

2. पाचक एन्जाइम अनुपस्थित होते है।
(अ) पित्त में (ब) अग्नाशय रस में
(स) जठर रस में (द) लार में

3. हाइड्रा में पाई जाने वाली गुहा है।
(अ) देहगुहा (ब) टिफ्लोसोल
(स) स्पन्जोलील (द) सीलेन्ट्रॉन

4. बार काय अनुपस्थित होते है
(अ) XO में (ब) XXX में
(स) XXY में (द) CC में

5. तीन प्राथमिक जनन स्तरों का निर्माण होता है
(अ) विदलन में (ब) कोरक भवन में
(स) कन्दुकन में (द) निषेचन में

6. अमोनिया यूरिया में बदल जाता है।
(अ) यकृत में (ब) प्लीहा में
(स) आंत्र में (द) आमाशय में

7. तिलचट्टे में मेलपीघी नलिका का कार्य होता है।
(अ) पाचन (ब) श्वसन
(स) उत्सर्जन (द) जनन

8. अनवीनीकरण संसाधन के उदाहरण हैः
(अ) धातु व मृदा
(ब) पेट्रोल व जीव
(स) कोयला व जल
(द) धातु व पेट्रोल

9. साइसर एरिटिनम निम्न में से किसका नाम है।
(अ) चना (ब) मटर
(स) मूँगफली (द) कपास

10. अमीनोटेलिक प्राणी निम्न में से किसका उत्सर्जन करते है।
(अ) यूरिक अम्ल
(ब) यूरिया
(स) अमोनिया
(द) उपरोक्त कोई नहीं

11. क्लाइनफैक्टर लक्षण वाले मनुष्य में लिंग गुणसुत्रों की स्थिति होती है।
   (अ) XYY (ब) XXX
   (स) XXY (द) XY

12. टोनोप्लास्ट से घिरी रहती है।
   (अ) रिक्तिकाएं (ब) माइटोकॉन्ड्रिया
   (स) राइबोसोम (द) उपरोक्त कोई नहीं

13. निम्न में से गेहूँ का वानस्पतिक अध्ययन किसके तहत करते है।
   (अ) बीज (ब) फल
   (स) फल व बीज (द) उपरोक्त कोई नहीं

14. मस्तिष्क के मध्य मस्तिष्क में पाई जाती है।
   (अ) दृक पालियाँ (ब) सेरिबेलम
   (स) प्रमस्तिष्क (द) मेडला ऑब्लोंगेटा

15. कौन सी फसल से खाने का तेल रेशा मिलता है।
   (अ) सरसों (ब) मूँगफली
   (स) कपास (द) सनई

16. बिन्दुस्राव किसके कारण होता है
   (अ) परासरण (ब) मूलदाब
   (स) वाष्पोत्सर्जन (द) प्रकाश संश्लेषण

17. ATP एक है:
   (अ) एन्जाइम (ब) हार्मोन
   (स) प्रोटीन
   (द) अणु जिसमें उच्च ऊर्जा फास्फेट समूह होते है

18. जीन होता है
   (अ) हिस्टोन
   (ब) लाइपोप्रोटीन
   (स) हाइड्रोकार्बन
   (द) पॉलीन्यूक्लियोटाइड

19. काऊपर ग्रंथी उपस्थित होती है
   (अ) मेंढक में (ब) केंचुए में
   (स) तिलचट्टा में (द) चूहे में

20. मेंढक के प्रारूपिक कशेरूक का सेन्ट्रम होता है
   (अ) प्रोसीलस (ब) एसीलस
   (स) एम्फीसीलस (द) एम्फीप्लेटियान

21. कौनसा जीव जैव उर्वरक के रूप में काम आता है।
   (अ) एजोला (ब) इ.कोलाई
   (स) स्पाइरोगायरा (द) केसिया

22. निम्न में से किस जैव–उर्वरक में मुक्त जीवी नाइट्रोजन स्थिरीकरण जीवाणु अत्याधिक मात्रा में पाया जाता है।
   (अ) राइजोबियम (ब) माइक्रोफोस
   (स) पाइरीथ्रीन (द) एजोटोबेक्टर

23. गेहूँ है:
   (अ) षष्टगुणित (ब) द्विगुणित
   (स) अगुणित (द) विषमगुणित

24. निम्न में से कौनसा देश चावल का उद्‌गम स्थल है:
   (अ) भारत (ब) चीन
   (स) रूस (द) इण्डोमलायन क्षेत्र

25. आलू का उद्‌गम स्थल है:
   (अ) पेरू (ब) मेक्सिको
   (स) भारत (द) चीन

26. आर्थिक उपयोगी फसलों की वांछित विकसित जातियाँ निम्न में से किस विधि द्वारा विकसित की जाती है।
   (अ) प्राकृतिक चयन द्वारा
   (ब) संकरण द्वारा
   (स) उत्परिवर्तन द्वारा
   (द) जैव– उर्वकर द्वारा

27. वायुमंडल में CO_2 की मात्रा लगभग है
    (अ) 6.5 प्रतिशत (ब) 3.334 प्रतिशत
    (स) 0.34 प्रतिशत (द) 0.034 प्रतिशत
28. अर्द्धसूत्री विभाजन में क्रॉसिंग–ओवर (जीन–विनिमय) किस प्रावस्था में होता है:
    (अ) लेप्टोटीन (ब) जाइगोटीन
    (स) पेकीटीन (द) डिप्लोटीन
29. द्वार कोशिका में निम्न में से कौनसे तत्त्व के इकट्ठा हो जाने पर स्टोमेटा (रन्ध्र) खुल जाता है।
    (अ) Ca (ब) Mg
    (स) Fe (द) K
30. पर्णहरित का केन्द्रीय तत्त्व कौनसा है:
    (अ) Mn (ब) Mg
    (स) Zn (द) Fe
31. किसने प्रथम बार प्रमाणित किया कि प्रकाश संश्लेषण की प्रक्रिया के दौरान O_2 गैस का उत्सर्जन जल द्वारा होता है।
    (अ) एम केल्विन (ब) रॉबर्ट हिल
    (स) गोविन्द जी (द) रूबेन और कॉमेन
32. केब चक्र का अन्तिम उत्पाद है
    (अ) पाइरूविक अम्ल
    (ब) सिट्रिक अम्ल
    (स) लैक्टिव अम्ल
    (द) CO_2 व H_2O
33. शाकाहारी जीव हरे पौधों को ग्रहण करके कितनी मात्रा में ऊर्जा का संरक्षण करते है।
    (अ) 10% (ब) 20%
    (स) 30% (द) 40%
34. निम्न जलोद्भिद पौधों में गैसों का आदान–प्रदान होता है।
    (अ) जल रन्ध्र द्वारा
    (ब) वात रन्ध्र द्वारा
    (स) रन्ध्र द्वारा
    (द) सामान्य परत द्वारा
35. मृदा में पौधों को उपलब्ध जल होता है
    (अ) भूपृष्ठ जल (ब) आर्द्राता जल
    (स) केशिका जल (द) गुरूत्वीय जल
36. केन्द्रीय गन्ना प्रजनन शोध संस्थान स्थित है।
    (अ) लखनऊ में (ब) दिल्ली में
    (स) कोयम्बटूर में (द) भोपाल में
37. विपुंसन है
    (अ) पुंकेसरों का निष्कासन
    (ब) परागकोष का निष्कासन
    (स) परागकणों का ह्रास
    (द) उपरोक्त सभी
38. मेन्डल का स्वतंत्र अपव्यूहन नियम F_2 अनुपात पर आधारित है।
    (अ) 1 : 2 : 1 (ब) 9 : 3 : 3 : 1
    (स) 2 : 1 (द) 3 : 1
39. एक प्रोकेरियोटिक कोशिका में डी.एन.ए.:
    (अ) नाभिकीय झिल्ली से घिरा रहता है
    (ब) पूर्णतया अनुपस्थित होता है
    (स) आनुवांशिक पदार्थ नहीं होता है
    (द) बिना नाभिकीय झिल्ली के होता है
40. बिन्दु स्त्राव निम्न में से किसके कारण होता है
    (अ) वाष्पोत्सर्जन (ब) परासरण
    (स) मूलीय दाब (द) परासरणी दाब

JET PAPER - 2007

1. तंतु व रेशे प्राप्त किये जाते है:
   (अ) मालवेसी तथा क्रूसीफेरी से
   (ब) क्रूसीफेरी तथा लेग्यूमिनोसी से
   (स) मालवेसी व लेग्यूमिनेसी से
   (द) सोलेनेसी तथा लिलियेसी से
2. क्रूसीफेरी का पुष्प सूत्र है:
   (अ) $K_4C_4A_{2+4}G_{(2)}$
   (ब) $K_5C_{(4)}A_6G_{(2)}$
   (स) $K_5C_5A\alpha G_{(2)}$
   (द) $K_5C_5A_{9+1}G_1$
3. मेरीकार्प पाया जाता है:
   (अ) धनियां में (ब) गेहूँ में
   (स) चेस्टनट में (द) सूर्यमूखी में
4. राजस्थान में पाये जाने वाला पापद खेजड़ी सम्मिलित किया गया है:
   (अ) मोइमोसेसी में
   (ब) पेपीलियोनेसी में
   (स) क्रूसीफेरी में (द) सीलेनेसी में
5. टेक्सॉनॉमी के पितामह कौन है /
   (अ) इकलर (ब) खुराना
   (स) लीनियस (द) मेन्डल
6. निम्न में से सबसे बड़ा कुल है।
   (अ) सोलेनेसी (ब) कूकरबिटेसी
   (स) कम्पोजिटी (द) लेग्यूमिनोसी
7. किसमें अत्यधिक प्रोटीन पाया जाता है।
   (अ) चना (ब) जौ
   (स) गेहूँ (द) मूँगफली
8. कीटो द्वारा जीवित जीवों का नियन्त्रण कहलाता है।
   (अ) अतिपरभक्षिता
   (ब) जैविक नियन्त्रण
   (स) एन्टागेनेस्टिक नियन्त्रण
   (द) परभक्षिता
9. कौनसा पादप समूह अत्यधिक लवण सहनशील है:
   (अ) हाइड्रोफाइट (ब) हैलोफाइट
   (स) जीरोफाइट (द) लिथोफाइट
10. अधिकांशत जीरोफाइट होते है:
    (अ) मांसल पादपों के रूप में
    (ब) वृक्षों के रूप में
    (स) आरोही के रूप में
    (द) अधिपादप के रूप में
11. जलीय पादप नहीं है:
    (अ) वुल्फिया (ब) आइकॉर्निया
    (स) केपेरिस (द) ओपन्शिया
12. इकॉलॉजी शब्द को प्रस्तावित किया था
    (अ) टेन्सले ने (ब) उपभोक्ता
    (स) रीटर ने (द) वार्मिंग ने
13. ध्वनि प्रदूषण में पीड़ा सीमा बिन्दु है:
    (अ) 70 डेसीबल
    (ब) 110 डेसीबल
    (स) 120 डेसीबल
    (द) 40 डेसीबल
14. वायु प्रदूषण नहीं होता है:
    (अ) CO (ब) SO_2
    (स) CO_2 (द) NH_3
15. इकोसिस्टम (Ecosystem) शब्द की रचना किस वैज्ञानिक ने की:
    (अ) हेकल ने (ब) रीटर ने
    (स) ओडम ने (द) टेन्सले ने

16. एक जाति की पारिस्थतिकि के अध्ययन को कहते है।
   (अ) "ऑटो इकोलोजी"
   (ब) सिन इकोलोजी
   (स) पोलूशन इकोलोजी
   (द) एस्चूरियन इकोलोजी
17. चूहों में सहलग्नता समूह की संख्या होती है।
   (अ) 15 (ब) 10
   (स) 16 (द) 20
18. सहलग्नता जीव का सिद्धान्त मार्गन में कब प्रतिपादित किया:
   (अ) 1920 (ब) 1915
   (स) 1911 (द) 1811
19. फोटोसिन्थेसिस में कार्बन पथ ज्ञात करने के लिये नोबेल पुरस्कार किसको दिया गया।
   (अ) क्रेब (ब) केल्विन
   (स) खुराना (द) वॉटसन
20. प्रकाश ऊर्जा, रासायनिक ऊर्जा में बदलती है:
   (अ) पाचन में
   (ब) श्वसन में
   (स) वाष्पोत्सर्जन में
   (द) प्रकाश संश्लेषण में
21. प्रकाश संश्लेषण में क्लोरिफिल किस रूप में कार्य करता है:
   (अ) अभिकारक (ब) निरोधी
   (स) उत्प्रेरक (द) ऊर्जा परिवर्तन
22. वाष्पोत्सर्जन किससे होता है ?
   (अ) जड़ से (ब) तने से
   (स) पत्ती से
   (द) पौधे के वायवीय भागों से
23. स्टोमेटा के खुलने तथा बन्द होने के लिये सक्रिय K स्थानान्तरण क्रिया–विधि किसने प्रस्तावित की थी ?
   (अ) डार्विन ने (ब) लेविट ने
   (स) स्कार्थ ने (द) खुराना ने
24. वाष्पोत्सर्जन नापने का यन्त्र है:
   (अ) पोटोमीटर (ब) ऑक्सोनोमीटर
   (स) हाइग्रोमीटर (द) लेक्टोमीटर
25. उत्परिवर्तन संबंधी अध्ययन सर्वाधिक किन फसली पौधों पर किये गए है:
   (अ) गेहूँ (ब) ज्वार–बाजरा
   (स) फली धारी पौधे
   (द) पत्ता गोभी
26. प्रथम पीढी के विषमयुग्मज एवं अप्रभावी जनक के संकरण से कौनसा अनुपात प्रकट होगा :
   (अ) 3 : 1 (ब) 1 : 2 : 1
   (स) 1 : 1 (द) 0 : 4
27. ऐसे जीन्स जिनका स्थानान्तरण सामूहिक अथवा एक साथ होता है, क्या कहलाते है?
   (अ) ओपरॉन (ब) सिस्ट्रॉन
   (स) सहलग्री जीन
   (द) चलिष्णु जीन
28. किन पौधों में पाष्पोत्सर्जन नहीं होता:
   (अ) शैवाल (ब) कवकानि
   (स) निमग जलप्लावी
   (द) उपरोक्त सभी
29. मक्का का पौधा किस प्रकार का होता है:
   (अ) C_3 प्रकार का
   (ब) C_4 प्रकार का
   (स) CAM प्रकार का
   (द) C_2 प्रकार का

30. प्रकाश संश्लेषण क्रिया में सीमाकारी कारक सिद्धान्त किसने प्रयुक्त किया :

(अ) कैल्विन ने (ब) ब्लैकमेन ने

(स) हिल ने (द) ऑर्नोन ने

31. यदि किसी प्रकाशित गेहूँ के पौधे की ऑक्सीजन सप्लाई कम कर दी जावे तो क्या होगा।

(अ) प्रकाश संश्लेषण घट जायेगा।

(ब) श्वसन बढ जायेगा

(स) प्रकाश संश्लेषण बढ जायेगा।

(द) समस्त जैविक क्रियाएँ बन्द हो जायेगी।

32. मेन्डल का जन्म कहाँ हुआ था ?

(अ) आस्ट्रिया (ब) आस्ट्रेलिया

(स) वियना (द) स्वीडन

33. मेंडल ने अपने नियमों में किसका समावेश नहीं किया।

(अ) विसंयोजन का (ब) प्रभाविता का

(स) युग्मकों की शुद्वता का

(द) सहलग्नता का

34. द्विसंकर के संकर पुर्वज संकरण का लक्षण प्ररूप अनुपात क्या होगा।

(अ) 9 : 3 : 4 (ब) 3 : 1

(स) 1 : 1 : 1 : 1

(द) 9 : 3 : 3 : 1

35. Simple goitre generally occurs in people (घैंघा रोग कहाँ रहने वाले व्यक्तियों में होता है)

(अ) Who lives on mountains (पहाड़ों पर रहने वालों में)

(ब) Who lives near sea shores (समुद्री के किनारे रहने वालों में)

(स) May occur in both (दोनों जगह रहने वालों में)

(द) Who take lot of Iodine (जो ज्यादा आयोडीन लेते है)

36. Largest gland who secretes hormone exclusively is : (सबसे बड़ी ग्रंथि जो सिर्फ हॉरमोन बनाती है)

(अ) Thyorid (थाइरोइड)

(स) Pancreas (अग्नाशय)

(स) Adrenal (एड्रीनल)

(द) Pituitary (पीयूष)

37. If it is said that lens has been cooked which defect lens occurred in that person : अगर कहा जाये के किसी व्यक्ति का लैंस पक गया। उसे कौनसा रोग हो गया है।

(अ) Cataract (मोतियाबिंद)

(ब) Glucoma (काला मोतिया)

(स) Telescopia (टेलीस्कोपिक)

(द) None (कोई नहीं)

38. If fertilization does not occur then corpus luteum changes into : अगर अण्डे का निषेचन नहीं हो कार्पस ल्यूटियम किसमें बदलेगा।

(अ) Corpus cevernosa (कोर्पस केवर नोसम)

(ब) Corpora Spongia (कोर्पोरा स्पोंजिया)

(स) Corpus albicans (कोर्पस एल्बीकेन्स)

(द) Corpora alleta (कोर्पोरा एलेटा)

39. Which isomer of theroxins is more powerful: कौनसा आइसोमर थाइरोक्सीन का ज्यादा शक्तिशाली है।

(अ) T_3 (ब) T_4

(स) T_2 (द) None

40. Vitelline membrane of an ovum is secreted by : एक अण्डाणु की वाइटेलाइन झिल्ली का स्त्रावण किसके द्वारा होता है।
    (अ) Wall of oviduct (अण्डवाहिनी की भित्ति द्वारा)
    (ब) Uterine wall (गर्भाशयी भित्ति द्वारा)
    (स) Ovum itself cells (स्वंय अण्डाणु द्वारा)
    (द) Follicular cells (पुटिका कोशिकाओं द्वारा)

JET PAPER - 2008

1. विशालतम कोशिका किस में पाई जाती है।
   (अ) हाथी में
   (ब) जिराफ में
   (स) शुतुरमुर्ग में
   (द) सायकस में
2. इनमें से कौनसा तथ्य पादप कोशिका से संबंधित नहीं है?
   (अ) कोशिका पट्ट निर्माण
   (ब) कोशिका झिल्ली
   (स) कोशिका भित्ति
   (द) उपरोक्त सभी
3. तारककाय किन कोशिकाओं की विशेषता होती है।
   (अ) जन्तु कोशिकाओं की
   (ब) पादप कोशिकाओं की
   (स) जीवाणुओं की
   (द) कवकों की
4. दो कोशिका को जोड़ने वाला पदार्थ कहलाता है ?
   (अ) कोशिका पट्टी
   (ब) मध्य पट्टी
   (स) मध्य पट्टलिका
   (द) उपरोक्त सभी
5. सेल्युलोस किस का बहुलक होता है ?
   (अ) ग्लुकोस का
   (ब) फ्रक्टोस का
   (स) ग्लूकोस व फ्रक्टोस का
   (द) ग्लूकोस, फ्रक्टोस व गैलेक्टोज का
6. प्लास्मोडेस्मेटा (Plasmodesmats = जीवद्रव्य तन्तु) नाम किसने दिया ?
   (अ) हेन्सटीन
   (ब) हेकल
   (स) स्ट्रासबर्गर (द) शिम्पर
7. कोशिका कला के लिये तरल मोजेक नमूना किस ने दिया ?
   (अ) सिंगर
   (ब) निकोलसन
   (स) सिंगर व निकोलसन
   (द) सिंगर व राबर्टसन ने
8. माइक्रोसोम्स नाम किसने दिया ?
   (अ) पेलेडे
   (ब) क्लाडे
   (स) अल्टमान (द) उपरोक्त सभी
9. झिल्ली निर्माण कारखाना किसे कहते हैं ?
   (अ) ER को
   (ब) रूक्ष ER को
   (स) चिकने ER को
   (द) राइबोसोम्स को

10. Palade कण किसे कहते हैं?
(अ) ऑक्सीसोम को
(ब) राइबोसोम को
(स) माइक्रोसोम को
(द) उपरोक्त सभी को

11. मूँगफली, अरंडी आदि में पाये जाते हैं?
(अ) एमायलोप्लास्ट (ब) ल्यूरोप्लास्ट
(स) इलेओप्लास्ट (द) एल्यूरोप्लास्ट

12. रोडोप्लास्ट किस रंग के होते हैं ?
(अ) भूरे रंग के (ब) पीत– हरित
(स) नील हरित (द) लाल रंग के

13. चकुन्दर की जड़ का रंग किस कारण होता है ?
(अ) वर्णीलवक
(ब) केरोटीन
(स) जैन्थोफिल (द) एन्थोसायनिन

14. थायलेकायड नाम किसने दिया ?
(अ) मेयन ने
(ब) मेन्के ने
(स) पार्क व बिगिन्स
(द) पार्क व पॉन्स

15. प्रकाशं संश्लेषणी वर्णक कहाँ पाये जाते हैं?
(अ) स्ट्रोम में
(ब) ग्रेना में
(स) पेरिप्लास्टिडियल अवकाश में
(द) उपरोक्त सभी

16. गाल्जीकाय का अन्य नाम क्या है ?
(अ) डेल्टन कम्पलेक्स
(ब) इंडियोसोम्स
(स) बेकर्स काय
(द) उपरोक्त सभी

17. कोशिका का सबसे बड़ा कोशिकांग कौनसा है?
(अ) माइटोकोन्ड्रिंया
(ब) क्लोरोप्लास्ट
(स) केन्द्रक
(द) लाइसोसोम

18. केन्द्रिका के DNA तंतु किस का निर्माण करते हैं?
(अ) t-RNA का (ब) r-RNA का
(स) m-RNA का (द) उपरोक्त सभी

19. विसरण दर किससे बढती है ?
(अ) तापमान बढन से
(ब) घनत्व कम होने पर
(स) माध्यम की सान्द्रता कम होने पर
(द) उपरोक्त सभी

20. अन्तः परासरण में क्या होता है ?
(अ) जल का गमन अन्दर होता है
(ब) जल का गमन बाहर होता है
(स) विलेय का गमन अन्दर होता है
(द) विलेय का गमन बाहर होता है

21. कौनसे कुल के पादप पुंकेसरों का आसंजन व संसजन होना दर्शाते है:
(अ) कूसीफेरी (ब) मालवेसी
(स) सोलेनेसी (द) लिलिएसी

22. फूलगोभी में पुष्पक्रम :
(अ) कोरिम्ब (ब) संयुक्त कोरिम्ब
(स) छत्रक (द) मुंडक

23. सिलिकुआ किसमें :
(अ) Brassica (ब) Raphanus
(स) Capscella
(द) उपरोक्त सभी

24. परागकोष के साथ पुतन्तु की संधि कहलाती है ?
    (अ) सलग्नता (ब) संसजन
    (स) असंजन (द) संधीयता
25. बैंगन का फल :
    (अ) बेरी (ब) हेस्पेरिडियम
    (स) ड्रप (द) पॉन
26. बैंगन में मुख्य खाने योग्य भाग कौनसा होता है
    (अ) फल भित्ति (ब) पुष्पासन
    (स) बीजाण्डसन (द) वर्तिका
27. गांठ गोभी का खाने योग्य भागः
    (अ) पुष्पक्रम (ब) पत्तियां
    (स) जड़े (द) तना
28. कौनसा सिल्क कपास पादप है :
    (अ) साइडा (ब) बॉम्बेक्स
    (स) मेलेविस्कस (द) काइडिया
29. पुष्प विन्यास के अक्ष स्तम्भ को क्या कहते हैं :
    (अ) पर्ण वृन्त (ब) पुष्पावली वृन्त
    (स) पुष्पासन (द) पुष्प वृन्त
30. आइबेरिस में कौनसा पुष्पविन्यास होता हैः
    (अ) असीमाक्ष (ब) स्पाइक
    (स) समशिख (द) पुष्पछत्र
31. हालीहॉक एवं गुडहल में पुष्पक्रम होता हैः
    (अ) ससीमाक्ष (ब) असीमाक्ष
    (स) मिश्रित प्रकार का
    (द) विशेष प्रकार का
32. कूसीफेरी कुल का नया नाम हैः
    (अ) फेबेसी (ब) एस्टरेसी
    (स) ब्रेसिकेसी (द) रेफेनेसी
33. भारत का राष्ट्रीय पुष्प क्या हैः
    (अ) रेफ्लेसिया (ब) कमल
    (स) गुलाब (द) वॉल्फिया
34. रेफेनस सैटाइवस का खाने योग्य भाग हैः
    (अ) मूसला मूल
    (ब) बीजपत्राधार
    (स) मूसला मूल एवं बीजपत्राधार
    (द) उपरोक्त कोई नहीं
35. हायोसायेमीन नामक औषधि किससे प्राप्त होती हैः
    (अ) एट्रोपा से (ब) हायोसाइमस से
    (स) विथानिया से (द) निकोशियाना से
36. "रात की रानी" किस कुल से संबंधित हैः
    (अ) मीमोसोइडी (ब) ओलिऐसी
    (स) सोलेनेसी (द) मालवेसी
37. एट्रोपा एवं फाइसेलिस किस कुल का पौधा हैः
    (अ) मालवेसी (ब) सोलेनेसी
    (स) मिमोसाइडी (द) लिलिएसी
38. किस वंश के पौधों से बेलाडोना औषधि प्राप्त होती है :
    (अ) एट्रोपा (ब) रावोल्फिया
    (स) सोलेनम (द) कैप्सिकम
39. कोरोनोपस में कितनी संख्या में पुमंग पाये जाते हैः
    (अ) दो (ब) चार
    (स) छः (द) अनन्त
40. एक पुष्प सूत्र क्या व्यक्त करता है।
    (अ) पुष्प सममिती (ब) पुष्प स्थिति
    (स) पुष्प लक्षण (द) पुष्प कार्य

JET PAPER - 2009

1. टेरीडियम की बीजाणुधानी में सामान्यता बीजाणु होते है:
   (अ) 2 (ब) 8
   (स) 16 (द) 64
2. फर्न प्रोथेलस में बनते है
   (अ) युग्मक (ब) बीजाणु
   (स) युग्मक, बीजाणु तथा बीज
   (द) बीज
3. फ्यूनेरिया में रंध्र पाये जाते है:
   (अ) स्त्रीधानी (ब) सम्मुट
   (स) सीटा (द) प्रोटीनिमा
4. बहुकोशिकीय शाखित मूलाभास व पर्णिल युग्मकोद्भिद किसका गुण है :
   (अ) सभी ब्रायोफाइट का
   (ब) कुछ ब्रायोफाइट का
   (स) सभी टेरिडोफाइट का
   (द) कुछ टेरिडोफाइट का
5. ब्रायोफाइट जल पर निर्भर है क्योंकि:
   (अ) स्त्रीधानी निषेचन हेतु जल से भरी होती है
   (स) निषेचन हेतु जल आवश्यक होता है
   (स) जल कायिक वृद्धि हेतु आवश्यक है
   (द) स्त्रीधानी के अण्ड में शुक्राणु आसानी से पहुँच सके।
6. सिलेजिनौला में नर प्रोथेलस कोशिकाओं की संख्या होती है।
   (अ) एक (ब) दो
   (स) चार (द) कोई नहीं
7. चावल की फसल में उत्पादन को बढाने के लिये प्रयुक्त जलीय फर्न है:
   (अ) Salvinia (ब) Marsilea
   (स) Isoetes (द) Azolla
8. निषेचन के बिना अण्ड का परिवर्धन कहलाता है:
   (अ) बहुभ्रूणता (ब) अनिषेकफलन
   (स) अनिषेकजनन
   (द) आधुनिक भ्रूणता
9. 100 युग्मजन बनने हेतु कितने अर्धसूत्री विभाजन आवश्यक होगें:
   (अ) 125 (ब) 100
   (स) 75 (द) 50
10. जीवाणु कोशिका में श्वसन एन्जाइम युक्त कोशिकांग है:
    (अ) माइटोकॉन्ड्रियों (ब) सेन्ट्रोसोम
    (स) कान्ड्रियासोम (द) मीसोसोम
11. आनुवांशिकी के जनक है:
    (अ) ग्रेगर मेन्डल
    (ब) हयूगो डी ब्रीज
    (स) चार्ल्स डार्विन
    (द) बेटसन
12. मेन्डल ने अपने प्रयोग किस पादप पर किये थे:
    (अ) स्वीट मटर पर
    (ब) जंगली मटर पर
    (स) गार्डन मटर पर
    (द) चने पर
13. एकल संकरण में F_2 पीढी में प्रभावी तथा अप्रभावी गुणों का अनुपात प्राप्त होता है
    (अ) 3 : 1 (ब) 1 : 2 : 1
    (स) 9 : 3 : 3 : 1 (द) 1 : 1 : 1 : 1
14. माइटोसिस में सेन्ट्रोमीयर विभाजित होता है?

(अ) प्रोफेज में (ब) मैटाफेज में
(स) ऐनाफेज में (द) टेलोफेज में

15. जिनैटिक्स शब्द किसने दिया :
(अ) बैटसन (ब) मॉर्गन
(स) मेण्डल (द) वाल्डेयर

16. ट्रॉसक्रिप्शन में निर्माण होता है
(अ) mRAN (ब) rRAN
(स) tRAN (द) DNA

17. एक बच्चे का रक्त समुह O है उसके माता पिता का रक्त समुह नहीं हो सकता है
(अ) B व O (ब) A व A
(स) AB व O (द) A व B

18. चावल की इण्डिका किस्म जेपोनिका किस्म से क्रॉस कराई गई जो है
(अ) अधिक उत्पादक
(ब) रोग प्रतिरोधी
(स) सस्ती
(द) छोटी

19. डाउन सिन्ड्रोम (मेगोल्जिम) में प्रत्येक कोशिका में कितने गुणसूत्र होते है
(अ) 21st वे जोड़ी में एक कम
(ब) 23rd वे जोड़ी में एक कम
(स) 45 (द) 47

20. खाद्य पदार्थो का सर्वाधिक संग्रह होता है:
(अ) जाइलम (ब) फ्लोएम में
(स) वल्कुट में (द) एधा में

21. जायलम में सबसे बड़ी कोशिका होती है
(अ) वाहिनिका (ब) मृदूतक
(स) वाहिका (द) तंतु

22. ऊतक से संबंधित हिस्टोजन सिद्वान्त दिया था?
(अ) नागेली (ब) हैन्सटीन
(स) स्ट्रासबगर (द) शिमिट ने

23. रेफाइड बने होते है:
(अ) स्टार्च
(ब) रेत के
(स) केल्शियम के
(द) केल्शियम ऑक्जेलेट के

24. एपीसोम पाये जाते है:
(अ) यीस्ट कोशिका में
(ब) नॉस्टाक में
(स) जीवाणु में
(द) माइकोप्लाज्मा में

25. जीवाणु कोशिका में मीसोसोम का कार्य है:
(अ) प्रकाश संश्लेषण (ब) श्वसन
(स) पोषण (द) उत्सर्जन

26. जीवाणु कोशिका की प्लाज्मा झिल्ली पर पाये जाने वाले उभार कहलाते है:
(अ) लोमासोम (ब) मीसोसोम
(स) पाइलाई (द) प्लाजमिड

27. हाइड्रा का भोजन है:
(अ) जलीय पादप
(ब) जलीय जन्तु
(स) शैवाल एवं कीट
(द) छोटे क्रस्टेशयन्स

28. हाइड्रा के अग्र भाग को कहते है
(अ) हिप्पोटॉक्सिन (ब) ग्लूटेथिओन
(स) एमाइलेज (द) ग्लाइकोजन

29. निम्नलिखित में से कौनसी रचनाऐं केवल 10 वीं, 11 वीं 13 वें एवं 14 वें खण्ड में पाई जाती है।
(अ) चलन अंग (ब) जनन अंग
(स) उत्सर्जी अंग (द) उपरोक्त सभी

30. केंचुए का वर्ग है:
(अ) पॉलीकीटा (ब) ऑलिगोकीटा
(स) हिरूडिनिया (द) आर्कीऐनेलिडा

31. केंचुए से प्राप्त दवा किस रोग के उपचार हेतु काम आती है।
(अ) गठिया (ब) बवासीर
(स) ब्लैडर स्टोन (द) उपरोक्त सभी

32. मादा कॉकरोच के उदर पर दिखाई देने वाली स्टनर्म की संख्या होती है
(अ) 6 (ब) 7
(स) 8 (द) 9

33. कॉकरोच के हृदय में वेशमों की संख्या होती है
(अ) 4 (ब) 7
(स) 13 (द) 26

34. कीटों में उत्सर्जी पदार्थ होता है
(अ) यूरिया (ब) यूरिक अम्ल
(स) एमिनो अम्ल (द) अमोनिया

35. आकार में सबसे बड़ा अण्डा किसका होता है
(अ) व्हेल का (ब) हाथी का
(स) शुतुरमुर्ग का (द) पॉलीकीट का

36. बाह्य निषेचन केवल उन्हीं में संभव है, जो प्राणी :
(अ) अण्डयुज होते है
(ब) पेड़ो पर अण्डे देते है
(स) जल में अण्डे देते है
(द) मिट्टी में अण्डे देते है

37. विदलन के फलस्वरूप उत्पन्न कोशिकाऐं कहलाती है:
(अ) कोरक (ब) कोरक चर्म
(स) कोरक खण्ड (द) कोरक गुहा

38. गैस्टुलाभव के प्रारंभ में काशिकाओं के अभिगमन हेतु स्थान उपलब्ध होता है।
(अ) आर्केन्ट्रान द्वारा
(ब) कोरकागुहा द्वारा
(स) एपिब्लास्ट द्वारा
(द) हाइपोब्लास्टा द्वारा

39. जनन स्तरों का अध्ययन सर्वप्रथम किसने किया :
(अ) वॉग्ट ने (ब) स्प्रैन ने
(स) पेन्डर ने (द) स्पीमान ने

40. पारिभाषिक शब्द के रूप में जीन शब्द का प्रथम उपयोग करने वाला वैज्ञानिक :
(अ) मेन्डल (ब) जॉन्सन
(स) क्यूवियर (द) लैमार्क

JET PAPER - 2010

1. आनुवंशिक लक्षणों के जीव–समूहों को कहते है:
(अ) ऐलिल्स (ब) फीनोटाइप्स
(स) जीनोटाइप्स (द) प्रबल जीन

2. Rh तत्त्व के खोजकर्ता
(अ) लैन्डस्टीनर
(ब) हक्सले
(स) वीनर
(द) लैन्डस्टीनर एवं वीनर

3. एकगुण प्रसंकरण में F_2 पीढ़ी में जीनरूपों का अनुपात है :
   (अ) 3 : 1 (ब) 1 : 1
   (स) 1 : 2 (द) 1 : 2 : 1
4. टर्नर सिन्ड्रोम में गुणसूत्र होते है:
   (अ) XO (ब) XYY
   (स) XXY (द) XXYY
5. कोशिका में म्यूटेशन (Mutation) का बिन्दु होता है:
   (अ) केन्द्रक (Nucleus)
   (ब) गुणसूत्र (Chromosome)
   (स) जीन (Gene)
   (द) सेन्ट्रोमीयर (Centromere)
6. ए.टी.पी. (ATP) बनते है:
   (अ) राइबोसोम में
   (ब) गोल्जीवॉडी में
   (स) माइट्रोकॉन्ड्रिया में
   (द) क्लोरोप्लास्ट में
7. आधुनिक कोशिका विज्ञान (Cytology) के जनक है।
   (अ) श्लीडन (Schleiden)
   (ब) मेंडल (Mendel)
   (स) सी. श्वानसन (C. Shwanson)
   (द) उपर्युक्त में से कोई नहीं
8. कोशिका में गॉल्जीकाय (Golgibod) को सर्वप्रथम किसने देखा ?
   (अ) मेंडल (Mendel)
   (ब) गॉल्जी (Golgi)
   (स) अल्टमान (Altman) ने
   (द) डुवे (Duve) ने
9. राइबोसोम का अवसाद नियतांक (Sedimentation cofficient) सामान्यता 70S होता है यह दो उप अवसाद नियतांक होता है।
   (अ) 40S तथा 30S (ब) 50S तथा 20S
   (स) 50S तथा 30S (द) 60S तथा 20S
10. जीन (Gene) का आवश्यक है :
    (अ) डी.एन.ए. (ब) आर.एन.ए.
    (स) न्यूक्लिओप्रोटीन्स (द) प्रोटीन्स
11. पके हुये टमाटर की भित्ति में पाये जाते है:
    (अ) क्लोराप्लास्ट (Chloroplast)
    (ब) क्रोमोप्लास्ट (Chromoplast)
    (स) एमाइलोप्लास्ट (Amyloplast)
    (द) उपर्युक्त में से कोई नहीं
12. डिप्लोसोम (Diplosome) शब्द का अर्थ है:
    (अ) समस्त गुणसूत्रों का एक जोड़ा
    (ब) विभाजन होती कोशा में सेन्ट्रियोल का एक जोड़ा
    (स) राइबोसोम का एक समूह
    (द) उपर्युक्त में से कोई नहीं
13. केन्द्रक झिल्ली व माईट्रोकोन्ड्रिया रहित कोशिका का उदाहरण है:
    (अ) प्रोटोजोअन (ब) स्केलेरोसाईट
    (स) स्पर्मेटोसाईट (द) बेक्टिरियम
14. वाईरस की खोज किसने की :
    (अ) इवानोवस्की (ब) ट्वार्ट
    (स) डी हरेली (द) पावलोव
15. वाईरस के न्यूक्लिक अम्ल के चारों तरफ का प्रोटीन आवरण कहलाता है।
    (अ) केप्सिड
    (ब) कोशिका झिल्ली
    (स) प्लाज्मा झिल्ली
    (द) कोशिका भित्ति

16. विटामिन K का कार्य होता है:
(अ) कैल्सियम तथा फास्फोरस उपापचय का नियन्त्रण करना
(स) कार्बोहाइड्रेट उपापचय करना
(स) रूधिर स्कंदन करना
(द) श्वसन

17. घाव के स्थान पर श्वेत रूधिरणुओं के इकट्ठे होने की क्रिया कहलाती है।
(अ) फैगोसाइटोसिस
(ब) होम्योस्टेसिस
(स) उपरोक्त दोनों
(द) डाइपेडेसिस

18. माइटोकॉन्ड्रिया नहीं पाया जाता :
(अ) परिपक्व लाल रूधिराणु में
(ब) अपरिपक्व R.B.C. में
(स) उत्तक में
(द) कोशिका में

19. सबसे छोटी रूधिर कोशिकाऐं होती है:
(अ) मोनोसाइट्स (ब) प्लेट लेट्स
(स) आर.बी.सी. (द) बैसोफिल्स

20. प्लाज्मा में प्रोटीन की प्रतिशतता होती है:
(अ) 36% (ब) 3%
(स) 21% (द) 7%

21. ऐनिमिया की स्थिति में निम्न में से कौनसा हारमोन स्त्रावित होता है:
(अ) ऐरिथ्रोपोइटिन (ब) ऐरिथ्रोब्लास्टिन
(स) ऐरिथ्रोसायटिन (द) एनसेफेलिन

22. निम्न में से C_4 पौधे का उदाहरण है:
(अ) गेहूँ (ब) धान
(स) कपास (द) मक्का

23. एन्जाइम होते है:
(अ) विटामिन (ब) प्रोटीन
(स) वसा (द) काब्रोहाइड्रेटस

24. प्रोटीन संश्लेषण का स्थल है:
(अ) गॉल्जीकॉय (ब) राइबोसोम
(स) माइटोकॉन्ड्रिया (द) उपरोक्त सभी

25. गोल्डन चावल में प्रचुरता होती है:
(अ) विटामिन A की
(ब) विटामिन B की
(स) विटामिन C की
(द) विटामिन D की

26. कोशिका सिद्धान्त किसने प्रस्तुत किया था:
(अ) श्लोइडेन व श्वान ने
(ब) रॉबर्ट हुक ने
(स) रॉबर्ट ब्राउन ने
(द) केमिली ने

27. ट्रिटिकम एरिस्टवम गेहूँ होता है:
(अ) द्विगुणित (ब) अगुणित
(स) ट्रेटाप्लॉइड (द) हेक्साप्लॉइड

28. टमाटर के लाल रंग का कारण है :
(अ) क्रोमोप्लास्ट (ब) क्लोरोप्लास्ट
(स) ल्यूकोप्लास्ट (द) उपरोक्त कोई नहीं

29. डाउन सिन्ड्रोम (डाउन संलक्षण) में गुणसूत्रो की संख्या होती है।
(अ) 44 (ब) 45
(स) 46 (द) 47

30. रसारोहण का ससंजनवाद सिद्धान्त किसने प्रतिपादित किया था
(अ) बॉस ने
(ब) क्रिक ने
(स) डिक्सन एवं जॉली
(द) गॉडलेवस्की ने

31. निम्न में से जैव उर्वरक के रूप में प्रयुक्त होने वाला शैवाल है:
    (अ) क्लेडोफोरा (ब) स्पाइरोगाइरा
    (स) नील हरित शैवाल
    (द) उपरोक्त सभी
32. उपान्तिभवन किस अवस्था में होता है:
    (अ) पैकीटीन (ब) डिप्लोटीन
    (स) डाइकॉइनेन्सिस (द) जाइगोटीन
33. अफीम में कौनसा महत्वपूर्ण एल्केलॉयड पाया जाता है:
    (अ) रिसरपीन (ब) पेरापिरिडीन
    (स) कुनैन (द) मार्फीन
34. स्तनधारी बाइकार्बोनेट्स के रूप में CO_2 कितने : वहन करते हैं =
    (अ) 5 से 10% (ब) 100 %
    (स) 45 से 50% (द) 80 से 85%
35. पर्ण हरित में पाया जाता है:
    (अ) लोहा (ब) मैग्नीशियम
    (स) मैगनीज (द) पोटाश
36. एक से अधिक जीवों के मण्डल को क्या कहते है
    (अ) समुदाय (ब) समष्टि
    (स) जैव मण्डल (द) कोई नहीं
37. जीव विज्ञान की वह शाखा जिसमें वंशानुक्रम में संबंधित जीवों की समानताओं एवं असमानताओं का अध्ययन होता है:
    (अ) उद्विकास (ब) आनुवंशिकी
    (स) जीवाश्म–विज्ञान (द) पारिस्थितिकी
38. रूधिर के निर्माण के लिए हरी सब्जियां खाने की सलाह दी जाती है क्योंकि:
    (अ) ये आसानी से पचित हो जाती है
    (स) ये सेलुलोज प्रदान करती है
    (स) अमीनो अम्ल तथा वसीय अम्लों के निर्माण में सहायक है
    (द) इनमें लोहयुक्त वर्णक पोर फाइरिन पाया जाता है जो हीमोग्लोबीन निर्माण को प्रेरित करता है।

JET PAPER - 2011

1. मधुमक्खी में पर का निर्माण निम्न में से किससे होता है:
    (अ) निषेचित अण्डे से
    (ब) अनिषेचित अण्डे से
    (स) उपवासी लार्व से
    (द) शुक्राणु से
2. अल्पपीतकी अण्डे किसमें पाये जाते है।
    (अ) पक्षियों में (ब) स्थनधारियों में
    (स) मछलियों में (द) कीटों में
3. गुगल का वानस्पतिक नाम है:
    (अ) क्लोरोफाइटम (ब) ग्लाइसी
    (स) कोम्मीफेरा (द) एट्रोपा बमी
4. हाइड्रा विरिडिस्सिया का रंग होता है।
    (अ) लाल (ब) भूरा
    (स) हरा (द) सफेद
5. ऊर्जा के प्रवाह में वैकल्पिक परिपथ पाये जाते है
    (अ) खाद्य जल में
    (ब) खाद्य शृंखला में
    (स) परिस्थिति स्तूप में
    (द) जैव रासायनिक चक्र में

6. एस्केरिस का मुख कितने ओष्ठों से घिरा होता है:
(अ) 1 (ब) 2
(स) 3 (द) 4

7. अमीबा में पाये जाने वाले कूटपाद निम्न में से किस प्रकार के होते है:
(अ) फिलिपोडिया (ब) लोबोपोडिया
(स) रेटिकुलोपोडिया (द) उपरोक्त सभी

8. झींगा श्वसन करता है:
(अ) गिल्स से (ब) ट्रेकिया से
(स) फुफ्फुस से (द) श्रृंगिक से

9. गेहूँ किस कुल का पादप है:
(अ) अम्बेलीफेरी (ब) मालवेसी
(स) ग्रेमिनी (द) क्रूसीफेरी

10. कोशिका सिद्धांत प्रस्तुत किया था:
(अ) शलीडेन एवं श्वान ने
(ब) राबर्ट हुक एवं श्वान ने
(स) स्ट्रासबर्गन ने
(द) वाल्डेयर ने

11. बैक्टीरिया की सर्वप्रथम खोज की थी :
(अ) ल्यूवेनहॉक ने (ब) पाश्चर ने
(स) बीजेरिन्क ने (द) हॉफमिस्टर ने

12. डी.एन.ए. का मॉडल प्रस्तुत किया था :
(अ) कॉरेनबर्ग एवं खुराना ने
(ब) वाटसन एवं क्रिक ने
(स) रॉबोर्स्टन ने
(द) सटन एवं लिपमैन ने

13. यीस्ट कोशिका में किस प्रकार का कोशिका विभाजन होता है।
(अ) अर्द्धसूत्री विभाजन
(ब) समसूत्री विभाजन
(स) एमाइटोसिस
(द) एण्डोमाइटोसिस

14. मालवेसी कुल का पुष्पसूत्र है:
(अ) $\oplus\, 0 \uparrow K_{2+2} Cx_4, A_{2+4}, G_{(2)}$
(ब) $\oplus\, 0 \uparrow Epi_{(5\text{-}7)}, K_5, A(\alpha), G$ $(1 \text{ to } 10 \text{ ro } \alpha)$
(स) $\oplus\, 0 \uparrow K_{(5)}, C_{(5)}, A_{(5)}, G_{(2)}$
(द) $\oplus\, 0 \uparrow, C_{(5)}, A_{(5)}, G_{(0)}$

15. वायरस के प्रोटीन चोल को कहते है:
(अ) कैप्सिड (ब) कैप्सोमियर
(स) बायरॉन (द) माइकोप्लाजमा

16. एन्जाइम क्या है:
(अ) कार्बोहाइड्रेट्स (ब) वसा
(स) प्रोटीन (द) विटामीन

17. रतौंधी रोग किसकी कमी के कारण होता है:
(अ) विटामिन ए (ब) विटामिन बी
(स) विटामिन सी (द) विटामिन डी

18. प्रोटीन संश्लेषण के स्थल है:
(अ) सिटोसोल (ब) राइबोसोम
(स) न्यूक्लिअस (द) लाइसोसोम

19. मेंढक का कन्दुकन किसके द्वारा होता है
(अ) एम्बोली (ब) ऐपीबोली
(स) इनवेजीनेशन (द) उपरोक्त सभी

20. मूलरोम द्वारा जल अवशोषण का मुख्य कारण क्या होता है:
(अ) परासरण दवाब (ब) स्फीति दबाव
(स) भित्ति दबाव (द) विसरण

21. पारिस्थितिकी तंत्र के पौधे होते है:
(अ) उत्पादक (ब) उपभोक्ता
(स) अपरदाहहारी (द) अपघटक

22. केन्द्रक रहित लाल रक्त कणिकाऐं (RBC) पाई जाती है।
(अ) शुतुरमुर्ग में (ब) मेंढक में
(स) ऊँट में (द) चूहे में

23. लिंग सहलग्न (सेक्स लिक्ड) बीमारी है:
(अ) रक्तहीनता (एनीमिया)
(ब) एलबिनिस्म
(स) रंग अंधता
(द) उपरोक्त कोई नहीं

24. कौनसी कोशिका हिपेरिन नामक स्त्रवण के लिये उत्तरदायी होती है:
(अ) यकृत कोशिका
(ब) मास्ट कोशिका
(स) तन्त्रिका कोशिका
(द) वृक्क कोशिका

25. पत्तियों के काल प्रभावन को किसके अनुप्रयोग से विलम्बित किया जा सकता है:
(अ) शर्करा (ब) साइटोकायनिन्स
(स) हरितलवक (द) एबसिसिक अम्ल

26. नाइटशेड कुल है:
(अ) सोलेनेसी (ब) क्रुसीफेरी
(स) कोनवोलवुलेसी (द) लेमियेसी

27. सालीकोनिया उदाहरण है:
(अ) जलोद्भिद का
(ब) परजीवी का
(स) लवणोद्भिद का
(द) अधिपादप का

28. पुरूषों में लिंग क्रोमोसोम को कहते है:
(अ) XX (ब) XO
(स) XY (द) ZZ

29. संकुचन तन्त्र की एच्छिक पेशियों की कार्यरत इकाई का नाम है:
(अ) सारकोमीयार (ब) मायोफिब्रिल
(स) क्रॉस ब्रिजस (द) Z-लाइन

30. स्पाइडर वेब (मकड़ी के जाल) की तरह की कोशिका कहलाती है।
(अ) ओस्टियोक्लास्टस
(ब) फिब्रोसाइट्स
(स) ओस्टियोसाइट्स
(द) आस्टियोब्लास्टस

31. फिब्रिनोजन एवं अन्य जमाने (क्लोटिंग) वाले कारकों के रहित प्लाज्मा को कहते है:
(अ) सीरम (ब) लिम्फ
(स) रक्त (द) एन्टीसीरम

32. 50 प्राथमिक स्परपेटोसाइट्स से कितने स्परमेटोजोआ का निर्माण होगा:
(अ) 75 (ब) 50
(स) 100 (द) 200

33. ट्रांजिशनल एपीथीलियम पाया जाती है:
(अ) लैरिन्कस में (ब) वृक्क में
(स) यूरीनरी ब्लैडर में
(द) ट्रेकिया में

34. वृद्वि प्रक्रिया में गैस्टूला अवस्था होती है:
(अ) ब्लॉस्टोसील को घेरे हुए एक्टोडर्म
(ब) ब्लॉस्टोसील को घेरे हुए एन्टोडर्म एक एक्टोडर्म
(स) एक्टोडर्म व मीसोडर्म
(द) एक्टोडर्मए मीसोडर्म, एन्टोडर्म और आरकन्टरोन गुहा

35. डाऊन सिण्ड्रोम किस प्रकार की बीमारी है:
(अ) लिंग सहलग्न (ब) ऑटोसोमल
(स) विषाणुवीय (द) जीवाणुवीय

36. 'मंगोलिज्म' किसका परिणाम है:
(अ) 46 के स्थान पर 47 गुणसुत्र होना
(ब) 46 के स्थान पर 45 गुणसुत्र होना
(स) तीन मात्राओं में गुणसूत्रों का 23वां जोड़ा
(द) गुणसूत्रों का एक सदस्यी 21वां जोड़ा होना

37. सामान्य मानव शुक्राणु में ओटोसोमों की संख्या होती है:
(अ) 2 (ब) 1
(स) 22 (द) 46

38. उपार्जित लक्षणों की वंशागति का विकास सिद्धान्त किसने प्रतिपादित किया था:
(अ) ह्यूगो डी वरीज
(ब) वाइजमैन
(स) लेमार्क (द) डार्विन

39. ओरीजन ऑफ स्पेसीज पुस्तक कब प्रकाशित हुई थी
(अ) 1809 (ब) 1858
(स) 1956 (द) 1859

40. वास्तविक आयु और मानसिक आयु के बीच अनुपात:
(अ) अस्थिर रहता है
(ब) अपरिवर्तित रहता है
(स) सदैव बढता रहता है
(द) सदैव घटता रहता है।

JET PAPER - 2012

1. एस्कोरिस का मुख कितने ओष्ठों से घिरा होता है:
(अ) 1 (ब) 2
(स) 3 (द) 4

2. अमीबा में पाये जाने वाले कूटपाद निम्न में से किस प्रकार के होते है।
(अ) फिलिपोडिया (ब) लोबोपोडिया
(स) रेटिकुलोपोडिया (द) उपरोक्त सभी

3. निम्न में से कौनसा यकृतकृमि का लार्वा है:
(अ) नॉपलिअस (ब) मैगट
(स) ट्रोकोफोर (द) सरकेरिया

4. निम्न में से कौनसा यकृतकृमि का लार्वा है:
(अ) ट्राइकोडोरस (ब) टीनिया
(स) एस्केरिस (द) फेसिओला

5. केंचुए में निषेचन का स्थान है:
(अ) अंडवाहिनी (ब) योनि
(स) अंडकवच (द) शुक्रग्राहिका

6. झींगा श्वसन करता है:
(अ) गिल्स से (ब) ट्रेकिया से
(स) फुफ्फुस से (द) श्रृंगिक से

7. निम्न में से कौनसा एक फली छेदक है।
(अ) हीलियोथिस (ब) लेप्टोकोरिसा
(स) ट्रइपोराइजा (द) एग्रोटिस

8. निम्न में से कौनसा एक पादप आधारित कीटनाशी है:
(अ) ऑर्गेनोक्लोरीन (ब) पायरेथ्रम
(स) फॉस्फेमिडॉन (द) कार्बोमेट्स

9. घोंघे का उत्सर्जन अंग है:
(अ) बोजेनस अंग
(ब) ज्वाला कोशिकाऐं
(स) संकुचनशील रसधानी
(द) वृक्कक

10. निम्न में से कौनसा तिलचट्टे की श्रृंगिका का भाग नहीं है:
    (अ) पवृन्त (ब) पेडीसिल
    (स) फ्लैजिलम (द) जीनी
11. रोम की वर्णकयुक्त पर्त होती है:
    (अ) क्यूटिकल (ब) वल्कुट
    (स) मध्यांश (द) उपरोक्त सभी
12. शिश्नमुण्ड की व्युत्पति होती है:
    (अ) कार्पस केवर्नोसम से
    (ब) कार्पस स्पंजियोसम से
    (स) वृषण से
    (द) पीत पिण्ड से
13. निम्न में से कौनसी ग्रन्थि मादा जनन तंत्र से संबंधित है।
    (अ) बार्थोलिन ग्रन्थि
    (ब) काउपर ग्रन्थि
    (स) शुक्राशय
    (द) प्रोस्टेट ग्रंथि
14. शुक्राणु का कौनसा भाग उसके चलन के लिये ऊर्जा प्रदान करता है।
    (अ) अन्त्य खंड (ब) मध्य खंड
    (स) एक्रोसोम (द) दूरस्थ सेन्ट्रिओल
15. निम्न में से कौनसी मछली भारतीय मेजर कार्प नहीं है
    (अ) वालेगो (ब) लेबियो
    (स) कटला (द) मिग्राला
16. कायिक कोशिका विभाजन को माइटोसिस नाम दिया था
    (अ) फ्लेमिंग ने (ब) शिम्पर ने
    (स) बॉवरी ने (द) बेण्डा ने
17. गेहूँ किस कुल का पादप है:
    (अ) अम्बेलीफेरी (ब) मालवेसी
    (स) ग्रेमिनी (द) क्रूसीफेरी
18. कोशिका सिद्धान्त प्रस्तुत किया था:
    (अ) श्लीडेन एवं श्वान ने
    (ब) राबर्ट हुक एवं श्वान ने
    (स) स्ट्रासबर्गन ने
    (द) वाल्डेयर ने
19. सार्वत्रिक रूधिर दाता है:
    (अ) AB (ब) O
    (स) A (द) B
20. बैक्टीरियों की सर्वप्रथम खोज की थी:
    (अ) ल्यूवेनहॉक ने
    (ब) पाश्चर ने
    (स) बीजेरिन्क ने
    (द) हॉफमिस्टर ने
21. निम्न में से कौनसा सी–4 पादप है:
    (अ) आलू (ब) मक्का
    (स) मटर (द) पपीता
22. डी.एन.ए. का मॉडल प्रस्तुत किया था:
    (अ) कॉरेनबर्ग एवं खुराना ने
    (ब) वाटसन एवं क्रिक ने
    (स) रॉबोर्स्टन ने
    (द) सटन एवं लिपमैन ने
23. टेक्सीनॉमी के पितामह है:
    (अ) लिनियस (ब) मेण्डल
    (स) क्रिक (द) खुराना
24. यीस्ट कोशिका में किस प्रकार का कोशिका विभाजन होता है।
    (अ) अर्द्धसूत्री विभाजन
    (ब) समसूत्री विभाजन
    (स) एमाइटोसिस
    (द) एण्डोमाइटोसिस

25. राष्ट्रीय वानस्पतिक उद्यान जिसे अब नेशनल बोटेनिकल रिसर्च इन्टीट्यूट कहते है, स्थित हैः

(अ) कोलकाता में (ब) लखनऊ में
(स) दिल्ल में (द) चेन्नई में

26. जब किसी व्यक्ति में समान एलील होते हैं तो वह कहलाता है।

(अ) समयुग्मजी (ब) विषमयुग्मजी
(स) हेमीजाइगस (द) उपरोक्त कोई नहीं

27. मालवेसी कुल का पुष्पसूत्र हैः

(अ) $\oplus\, 0 \uparrow K_{2+2}Cx_4, A_{2+4}, G_{(2)}$
(ब) $\oplus\, 0 \uparrow Epi_{(5\text{-}7)}, K_5, A(\alpha), G$ (1 to 10 ro α)
(स) $\oplus\, 0 \uparrow K_{(5)}, C_{(5)}, A_{(5)}, G_{(2)}$
(द) $\oplus\, 0 \uparrow, C_{(5)}, A_{(5)}, G_{(0)}$

28. केन्द्रक में उपस्थित धागेनुमा संरचना को क्रोमोसोम नाम दिया थाः

(अ) डब्ल्यू वाल्डेयर ने
(ब) डब्ल्यू एस. सटन ने
(स) पोर्टर ने (द) क्लॉडी ने

29. न्यूक्लिक अम्ल शब्द दिया थाः

(अ) ऑल्टमान ने (ब) लेविन ने
(स) खुराना ने (द) टी. बॉवेरी ने

30. केब चक्र का प्रथम उत्पाद है?

(अ) साइट्रिक अम्ल
(ब) मैलिक अम्ल
(स) आइसोसाइट्रिक
(द) ऑक्जेलोसक्सिनिक अम्ल

31. वायरस के प्रोटीन चोल को कहते हैः

(अ) कैप्सिड (ब) कैप्सोमियर
(स) बायरॉन (द) माइकोप्लाजमा

32. बाजरे के किट्ट (Brjrarust) का जनक हैः

(अ) स्कलेरोस्पोरा सोराई
(ब) पक्सीनिया पेनीसेटाई
(स) पक्सीनिया रेटेन्डीकुला
(द) उपरोक्त में से कोई नहीं

33. एन्जाइम क्या हैः

(अ) कार्बोहाइड्रेट्स (ब) वसा
(स) प्रोटीन (द) विटामीन

34. एक संकर क्रॉस में संकर पूर्वज (Back cross) से क्या अनुपात होगाः

(अ) 9 : 3 : 3 : 1 (ब) 1 : 2 : 1
(स) 1 : 1 (द) 3 : 1

35. आलू का वानस्पतिक नाम हैः

(अ) सोलेनम ट्यूबरोसम
(ब) एपिअअ सीपी
(स) लाइकोपरसिकम एस्कुलेन्टस
(द) ट्रीटीकम एस्टिवम

36. क्वाशियोरकर रोग किसकी कमी के कारण होता है।

(अ) कार्बोहाइड्रेट (ब) विटामिन ऐ
(स) प्रोटीन (द) लोहे तत्व

37. फुफ्फुस कूपिकीय वायु में सामान्यः कार्बन डाइऑक्साइड का तनाव होता हैः

(अ) 36 मिमी पारा (ब) 100 मिमी पारा
(स) 5 मिमी (द) 150 मिमी पारा

38. सामान्यतः रूधिर में न्यूट्रोफिल्स का प्रतिशत होता है

(अ) 2 प्रतिशत (ब) 70 प्रतिशत
(स) 10 प्रतिशत (द) 4 प्रतिशत

39. डायबिटीज इन्सिपीडस किस अंतःस्त्रावी ग्रंथी से संबंधित है:

(अ) अग्नाशय (ब) पैराथायरॉइड
(स) अधिवृक्क ग्रंथी (द) थायमस

40. रतौंधी रोग किसकी कमी के कारण होता है।

(अ) विटामिन ए (ब) विटामिन बी
(स) विटामिन सी (द) विटामिन डी

JET PAPER - 2014

2. पादप द्वारा खनिज लवणों का अवशोषण किया जाता है?

(अ) ठोस रूप में
(ब) गैस रूप में
(स) आयन के रूप में
(द) उपरोक्त सभी

2. जड़ों द्वारा जल का अधिकतम अवशोषण होता है?

(अ) दीर्घीकरण प्रदेश में
(ब) परिपक्वन प्रदेश में
(स) कोशिका विभाजन क्षेत्र में
(द) मूल रोम क्षेत्र में

3. पौधों में रन्ध्रीय वाष्पोत्सर्जन होता है?

(अ) केवल दिन में
(ब) केवल रात्रि में
(स) दिन व रात, दोनों में
(द) रात्रि में अधिक

4. पत्तियों का गिरना किसके उपयोग से रोका जा सकता है?

(अ) जिब्बरेलिन (ब) आई.ए.ए.
(स) एब्सिसिक अम्ल (द) इथाईलीन

5. पारिस्थितिकी में अध्ययन किया जाता है?

(अ) जन्तुओं तथा अजैव पर्यावरण का
(ब) वायुमण्डल का
(स) जीवों तथा उनके पर्यावरण का
(द) पौधों तथा उनके पर्यावरण का

6. अल्प विकसित जायलम व नगण्य यान्त्रिक ऊतक पाए जाते हैं?

(अ) मरूद्भिद् में (ब) जलोद्भिद् में
(स) लवणोद्भिद् में (द) समोद्भिद् में

7. खाद्य जल होता है?

(अ) बिना आहार श्रृंखलाओं के रूप में
(ब) सामान्य आहार श्रृंखलाओं के रूप में
(स) जुड़ी आहार श्रृंखलाओं के रूप में
(द) कई स्वतंत्र आहार श्रृंखलाओं के रूप में

8. पारिस्थितिक तंत्र में ऊर्जा का मूल स्रोत है?

(अ) ग्लूकोज (ब) प्रोटीन
(स) ए.टी.पी. (द) सूर्य का प्रकाश

9. आम का फल है?

(अ) बहुअण्डपी (ब) द्वि–अण्डपी
(स) त्रि–अण्डपी (द) एक–अण्डपी

10. भारतीय गन्ना संस्थान स्थित है?

(अ) लखनऊ में (ब) कोयम्बटूर में
(स) चैन्नई में (द) बैंगलोर में

11. यीस्ट की कोशिका में होने वाला विभाजन होता है?
(अ) असूत्री विभाजन
(ब) समसूत्री विभाजन
(स) अर्धसूत्री विभाजन
(द) अंतःसूत्री विभाजन

12. तर्कु तन्तु निर्माण की क्रिया आरम्भ होती है?
(अ) प्रोफेज के अन्त में
(ब) टिलोफेज के अन्त में
(स) एनाफेजं के अन्त में
(द) मेटाफेज के अन्त में

13. काइऐज्मेटा दिखाई पड़ते हैं?
(अ) जाइगोटीन में
(ब) डिप्लोटीन में
(स) लेप्टोटीन में
(द) पेचीटीन में

14. केन्द्रक व कोशिकाद्रव्य के बीच सम्पर्क होता है?
(अ) माइक्रोट्यूबूल्स द्वारा
(ब) गुणसूत्रों द्वारा
(स) न्यूक्लिओलस द्वारा
(द) नाभिकीय छिद्रा द्वारा

15. राइबोसोम्स बने होते हैं?
(अ) डी.एन.ए. व प्रोटीन के
(ब) आर.एन.ए. व प्रोटीन के
(स) डी.एन.ए. व आर.एन.ए. के
(द) डी.एन.ए., आर.एन.ए. व प्रोटीन के

16. निम्न में से कौनसा परीक्षण संकरण है?
(अ) tt × tt (ब) Tt × tt
(स) Tt × TT (द) TT × tt

17. आनुवांशिक गुणों का पुनः संयोजन किस क्रिया के फलस्वरूप होता है?
(अ) अर्धसूत्री विभाजन
(ब) समसूत्री विभाजन
(स) निषेचन
(द) असूत्री विभाजन

18. द्विसंकर क्रॉस की F_2 संतति में समलक्षणी के प्रकार होंगे?
(अ) दो (ब) चार
(स) आठ (द) सोलह

19. चयनित पारगम्यता किस क्रिया से सम्बन्धित है?
(अ) विसरण (ब) परासरण
(स) अंतःशोषण (द) सांद्रण

20. मूल रोमों द्वारा अवशोषित जल पौधे के शिखर तक किसके द्वारा पहुँचता है?
(अ) मूल दाब द्वारा
(ब) कोशिकीय दाब द्वारा
(स) अंतःशोषण दाब द्वारा
(द) वाष्पोत्सर्जन कर्षण द्वारा

21. BHC का पूरा नाम है?
(अ) बैन्जीन हाइड्रोजन क्लोराइड
(ब) बैन्जीन हेक्साक्लोराइड
(स) बेन्जीन हाइड्रोक्लोराइड
(द) बेन्जीन हाइड्रोकार्बन

22. हीमोग्लोबिन है एक ?
(अ) साधारण प्रोटीन
(ब) संयुग्मित प्रोटीन
(स) पॉलीसैकेराइड
(द) मोनोसैकेराइड

23. यदि कोई व्यक्ति पहाड़ों पर जाए तो उसकी
    (अ) श्वसन दर कम हो जाएगी तथा हृदय गति बढ़ जाएगी
    (ब) श्वसन दर बढ़ जाएगी तथा हृदय गति कम हो जाएगी
    (स) दोनों कम हो जायेगी
    (द) दोनों बढ़ जायेगी
24. एक्रोसोम का निर्माण होता है?
    (अ) केन्द्रक से
    (ब) माइटोकॉण्ड्रिया से
    (स) गॉल्जी कॉय से
    (द) लाइसोसोम से
25. लीडिग कोशिकाएँ उपस्थित होती है?
    (अ) अण्डाशय में
    (ब) थायराइड ग्रन्थि में
    (स) वृषण में
    (द) अग्न्याशय में
26. Rb कारक की खोज किसने की थी?
    (अ) हार्वे ने (ब) लेंडस्टीनर ने
    (स) वीनर ने (द) ब व स दोनों ने
27. निम्न में से किस रक्त समूह में रक्ताधान संभव नहीं है?
    (अ) AB से O में (ब) O से AB में
    (स) O से B में (द) O से A में
28. धमनियों में रक्त स्कंद के निर्माण को कहते हैं?
    (अ) थक्का बनना (ब) समूहन
    (स) थ्रोम्बोसिस (द) स्कंदन
29. मनुष्य में निषेचन होता है?
    (अ) गर्भाशय में (ब) योनि में
    (स) डिम्ब वाहिनी (द) मूत्रमार्ग में
30. निम्न में से कौनसा नर हारमोन है?
    (अ) एड्रेनेलिन (ब) टेस्टोस्टिरोन
    (स) प्रोजेस्टिरोन (द) इन्सुलिन
31. निम्न में से कौनसा सिद्धान्त अमीबा की गति के लिए सर्वाधिक मान्य है?
    (अ) चलन गति सिद्धान्त
    (ब) रोलिंग मूवमेंट सिद्धान्त
    (स) सॉल–जैल सिद्धान्त
    (द) पृष्ठ तनाव सिद्धान्त
32. निमेटोडा शब्द किसने प्रतिपादित किया था?
    (अ) गेगेनबॉर ने (ब) ग्रोबन ने
    (स) डार्विन ने (द) लैमार्क ने
33. केंचुए में स्परमेथिका का उपयोग होता है?
    (अ) अण्डाणु के विकास में
    (ब) शुक्राणु के विकास में
    (स) शुक्राणुओं के संग्रहण में
    (द) युग्मनज के विकास में
34. केंचुए में निषेचन होता है?
    (अ) मिट्टी में (ब) ककून में
    (स) शुक्राशय में (द) अण्डवाहिनी में
35. लीवर फ्लूक परपोषी के एन्जाइम से प्रभावित नहीं होता है?
    (अ) क्यूटिकल के कारण
    (ब) चूषक के कारण
    (स) अधिचर्म के कारण
    (द) हुक्स के कारण
36. लीवर फ्लूक (फैसिओला) के प्राथमिक परपोषी में संक्रमण की अवस्था है?
    (अ) रेडिया (ब) सरकेरिया
    (स) स्पोरोसिस्ट (द) सिस्टीसरकस

37. प्रॉन में बाह्य तौर पर लिंग की पहचान किस उपांग को देखकर की जा सकती है?
(अ) द्वितीय चीलेट टांगे
(ब) प्रथम मैग्सीलिपीड
(स) प्रथम उदरीय उपांग
(द) द्वितीय नॉन–चीलेट टांगें

38. कॉकरोच में दृष्टि होती है?
(अ) मोनोक्यूलर (ब) बाइनोक्यूलर
(स) मोजैक (द) उपरोक्त सभी

39. निम्न में से कौनसा प्राणी मोलस्क है?
(अ) सी स्किवर्ट (ब) समुद्री चूहा
(स) समुद्री घोड़ा (द) समुद्री खरगोश

40. प्रवासी टिड्डी दल का निर्माण होता है जब?
(अ) वे भूखे होते हैं तथा भोजन की तलाश में निकलते हैं
(ब) पर्यावरणीय स्थितियाँ बहुत अनुकूल हो तथा जनन स्थानों पर प्रचुर खाद्य उपलब्ध हो
(स) फसलें खाने योग्य तैयार हो
(द) अधिक संख्या में प्रवासी दल एक ही स्थान पर इकट्ठे हो जाते हैं

JET PAPER - 2015

1. ऐण्डोसल्फान निम्न में से है?
(अ) खरपतवारनाशी (ब) कीटनाशक
(स) कृतकनाशी (द) शाकनाशी

2. निम्न में से कौनसी विटामिन ए का सबसे अच्छा स्त्रोत है?
(अ) सेब (ब) गाजर
(स) शहद (द) मुंगफली

3. श्वसनीय सतह पर ऑक्सीजन व कार्बन डाई ऑक्साइड का विनियम निम्न के द्वारा होता है?
(अ) निष्क्रिय परिवहन (ब) सक्रिय परिवहन
(स) परासरण (द) विसरण

4. निम्न में कौनसी भक्षक कोशिकाएँ नहीं है?
(अ) मोनोसाइट (ब) लिम्फोसाइट
(स) न्यूट्रोफिल (द) ऐसिडोफिल

5. स्पर्मियोजेनेसिस प्रक्रिया में, शुक्राणु का निर्माण होता है?
(अ) स्पर्मेटिड से
(ब) प्राथमिक स्पर्मेटोसाइट से
(स) स्पमेटोगोनिया से
(द) द्वितीयक स्पर्मेटोसाइट से

6. तंत्रिकाएँ निम्न में से विकसित होती है?
(अ) एक्टोड़र्म से (ब) मिसोडर्म से
(स) एण्डोडर्म से
(द) मिसोडर्म व एण्डोडर्म दोनों से

7. भ्रूणावरण, भ्रूण को निम्न में सहायता करता है?
(अ) पोषण में (ब) बाहरी आघातों से
(स) उत्सर्जन में (द) श्वसन में

8. जब एक शुक्राणु अण्ड में प्रवेश करता है तो अन्य शुक्राणुओं का प्रवेश किसके द्वारा रोका जाता है?
(अ) योक के संघनन द्वारा
(ब) रंगीन आवरण के निर्माण द्वारा
(स) पीतकाय कला के निर्माण द्वारा
(द) निषेचन कला के निर्माण द्वारा

9. कॉर्पस ल्यूटियम स्त्रावित करती है?
   (अ) एल.एच. (ल्यूटिनाइजिंग हार्मोन)
   (ब) ऐस्ट्रोजन हार्मोन
   (स) प्रोजेस्टेरोन हार्मोन
   (द) एफ.एस.एच. (पुटिका उद्दीपक हार्मोन)

10. साइनोबैक्टिरिया निम्न में से किनके खेतों में उपयोगी जैविक उर्वरक है?
    (अ) गेहूँ (ब) मक्का
    (स) चावल (द) गन्ना

11. यदि अमीबा को आसुत जल में रखा जाए तो उसकी संकुचनशील धानिया कार्य करेगी?
    (अ) कार्य धीरे करेगी
    (ब) कार्य तेज करेगी
    (स) अप्रभावित रहेगी
    (द) समाप्त हो जायेगी

12. प्लेनोर्बिस व लिम्निया निम्न में से किसके मध्यवर्ती वाहक है?
    (अ) फेसियोला (ब) शिष्टोसोना
    (स) ट्राईचिनेला (द) ऐकिनोकोकस

13. केंचूएं में टिफ्लोसोल निम्न भाग में पाई जाती है?
    (अ) ग्रसिका (ब) अमाशय
    (स) पेषणी (द) आंत्र

14. कौनसा सामाजिक कीट सबसे बड़ी कॉलोनी बनाता है?
    (अ) मधुमक्खियाँ (ब) चीटियाँ
    (स) दीमक (द) पर्र

15. निम्न में से कौनसा तत्व नाइट्रोजन स्थिरी करण में महत्वपूर्ण भूमिका निभाती है?
    (अ) मैंगनीज (ब) मोलीब्डेनम
    (स) जिंक (द) कॉपर

16. निम्न में से कौनसा उदाहरण कीट नियंत्रण का जैविक तरीका है?
    (अ) कीटों के प्राकृतिक शत्रुओं की जनसंख्या में वृद्धि करना
    (ब) प्रिइमरजेन्स शाकनाशी का प्रयोग करना
    (स) पंक्तियों में खेती करना
    (द) खेती का चक्रीकरण

17. ट्रोगोडर्मा ग्रेनेरियम का सामान्य नाम है?
    (अ) खपरा भृंग (ब) चावल मॉथ
    (स) फली छेदक (द) पल्स भृंग

18. अलैंगिक प्रजनन सामान्यतः निम्न में पाया जाता है?
    (अ) पौधों/पादपों
    (ब) कम विभेदित जीवों में
    (स) सूक्ष्मजीवों में
    (द) उपरोक्त सभी में

19. निमेटोड में सबसे सामान्य लिंग निर्धारण का तरीका है?
    (अ) XX-XX (ब) XO-XX
    (स) XY-XY (द) XO-XY

20. खेत के चारो तरफर नाली किसकी सुरक्षा हेतु बनाई जाती है?
    (अ) रेड हेयरी केटरपिलर
    (ब) टिड्डी
    (स) फली छेदक (द) खपरा भृंग

21. न्यूलियोसाइड बने होते हैं?
    (अ) एक शर्करा और एक नाइट्रोजन क्षार के
    (ब) एक शर्करा और एक फास्फेट के
    (स) एक फास्फेट और एक नाइट्रोजन क्षार के
    (द) उपरोक्त में से कोई नहीं

22. बांयी और कुण्डलित (Left-handed) डी.एन.ए. है?

(अ) ए–डी.एन.ए. (ब) जेड+डी.एन.ए.

(स) बी–डी.एन.ए. (द) सी–डी.एन.ए.

23. राइबोसोम की 40S उपइकाई में होता है?

(अ) 16S rRNA (ब) 5.8S rRNA

(स) 24S rRNA (द) 18S rRNA

24. प्राकृतिक रूप से पाइसम सेटाइवम (मटर) है?

(अ) पर–परागित फसल

(ब) स्वः–परागित फसल

(स) पर परागित एवं स्वः–परागित दोनों प्रकार की फसल

(द) उपरोक्त में से कोई नहीं

25. पूर्णतः स्फीत कोशिका की विसरण दाब न्यूनता (DPD) हेतु निम्न में से सत्य है?

(अ) DPD = 0 (ब) DPD = OP × TP

(स) DPD = OP (द) कोई नहीं

26. एन्जाइम शब्द दिया?

(अ) जेम्स बी. समनर ने

(ब) लुईस पाश्चर ने

(स) जॉन एच. नाथरोम ने

(द) विलहेम फ्रेडरिक कुहने ने

27. यूकेरियोटिक कोशिक में, ट्राईकार्बोक्सिलिक अम्ल (टी.सी.ए.) चक्र होता है?

(अ) क्लोरोप्लास्ट के स्ट्रोमा में

(ब) माइटोकान्ड्रिया की अन्तः झिल्ली में

(स) माइटोकान्ड्रिया के मेट्रिक्स में

(द) कोशिका द्रव्य में

28. C_4 प्रकाश संश्लेषण का मुख्य एन्जाइम है?

(अ) रूबिस्को

(ब) मेलेट डीइाइड्रोजिनेम

(स) एसिटाइल कोएन्जाइम–। कार्बोक्सिलेस

(द) पेप कार्बोक्सिलेस

29. निम्न में से कौनसा प्राकृतिक ऑक्सिन है?

(अ) इण्डोल–3–एसीटिक अम्ल

(ब) 2,4,5–ट्राईक्लोरोफिनॉक्सी एसीटिक अम्ल

(स) 1–नेफ्थेलीन एसीटिक अम्ल

(द) 2,4–डाईक्लोरोफिनॉक्सी एसीटिक अम्ल

30. फाइटोक्रोम अवशोषित करते हैं?

(अ) लाल और नीले प्रकाश को

(ब) हरे और लाल प्रकाश को

(स) लाल और सुदुर लाल प्रकाश को

(द) पराबैंगनी प्रकाश को

31. जो पौधे क्रम प्रकाश तीव्रता पर सबसे अच्छा बढ़ते हैं उन्हें कहते हैं?

(अ) हिलीयोफाइट

(ब) सीयोफाइट

(स) ऐच्छिक सीयोफाइट

(द) ऐच्छिक हिलीयोफाइट

32. पारिस्थितिकी तंत्र के लिए होलोलीन शब्द का गठन किसने किया?

(अ) वेरनाडेस्काई, 1994

(ब) कार्ल मोबिप्स, 1877

(स) थीनेमान, 1939

(द) फेड्रिक, 1930

33. ओजोन छेद की ईकाई है?

(अ) डॉबसन

(ब) पीपीएम

(स) डेसीमल

(द) टीजी/वर्ष

34. थ्री माइल आइलेण्ड और चेरनोबिल उदाहरण है?
(अ) परमाणु घटना के
(ब) प्रकाश रसायनिक धुंध के
(स) ध्वनि प्रदूषण के
(द) तेलीय प्रदूषण के

35. एक एकल समुदाय में प्रजातियों की संख्या को कहते हैं?
(अ) अल्फा विविधता
(ब) बीटा विविधता
(स) गामा विविधता
(द) डेल्टा विविधता

36. निम्न में से कौनसा एक स्यूडोसिरियल के रूप में माना जाता है?
(अ) *फेगोपाइरम एस्कुलेटम*
(ब) *ट्रिटिकम एस्टीवम*
(स) *ओराईजा सेटाईवा*
(द) *होरडियम वल्गेर*

37. ओराईजा सेटाईवा की फैमिली है?
(अ) ऐस्टेरेसी (ब) लेग्यूमीनोसी
(स) पोऐसी (द) सोलेनेसी

38. दालें, जो कि शाकाहारी आहार का महत्वपूर्ण प्रोटीन स्त्रोत है, निम्न में से किस फैमिली से संबंधित है?
(अ) पोऐसी (ब) फेबेसी
(स) रोजेसी (द) कुकरबीटेसी

39. निम्न में से कौनसा मिस्र के कपास के रूप में जाना जाता है?
(अ) *गोसीपियम आरबोरेटम*
(ब) *गोसीपियम हरबेसीयम*
(स) *गोसीपियम हिरसुटम*
(द) *गोसीपियम बारबाडेन्स*

40. मूंगफली का तेल निम्न में से किस वर्ग का है?
(अ) सुखीय तेल
(ब) अर्द्ध–सुखीय तेल
(स) गैर–सुखीय तेल
(द) वनस्पति वसा

JET PAPER - 2016

1. जो पौधे कम प्रकाश तीव्रता पर सबसे अच्छा बढ़ते हैं उन्हें कहते हैं?
(अ) हिलीयोफाइट (ब) सीयोफाइट
(स) ऐच्छिक सीयोफाइट
(द) ऐच्छिक हिलीयोफाइट

2. पारिस्थितिकी तंत्र के लिए होलोलीन शब्द का गठन किसने किया?
(अ) वेरनाडेस्काई, 1994
(ब) कार्ल मोबिप्स, 1877
(स) थीनेमान, 1939
(द) फेड्रिक, 1930

3. ओजोन छेद की ईकाई है?
(अ) डॉबसन (ब) पीपीएम
(स) डेसीमल (द) टीजी/वर्ष

4. थ्री माइल आइलेण्ड और चेरनोबिल उदाहरण है?
(अ) परमाणु दुर्घटना के
(ब) प्रकाश रसायनिक धुंध के
(स) ध्वनि प्रदूषण के
(द) तेलीय प्रदूषण के

5. एक एकल समुदाय में प्रजातियों की संख्या को कहते हैं?
(अ) अल्फा विविधता
(ब) बीटा विविधता
(स) गामा विविधता
(द) डेल्टा विविधता

6. निम्न में से कौनसा एक स्यूडोसिरियल के रूप में माना जाता है?
(अ) *फेगोपाइरम एस्कुलेटम*
(ब) *ट्रिटिकम एस्टीवम*
(स) *ओराईजा सेटाईवा*
(द) *होरडियम वल्गेर*

7. ओराईजा सेटाईवा की फैमिली है?
(अ) ऐस्टेरेसी (ब) लेग्यूमीनोसी
(स) पोऐसी (द) सोलेनेसी

8. दालें, जो कि शाकाहारी आहार का महत्वपूर्ण प्रोटीन स्त्रोत है, निम्न में से किस फैमिली से संबंधित है?
(अ) पोऐसी (ब) फेबेसी
(स) रोजेसी (द) कुकरबीटेसी

9. निम्न में से कौनसा मिस्र के कपास के रूप में जाना जाता है?
(अ) *गोसीपियम आरबोरेटम*
(ब) *गोसीपियम हरबेसीयम*
(स) *गोसीपियम हिरसुटम*
(द) *गोसीपियम बारबाडेन्स*

10. मूंगफली का तेल निम्न में से किस वर्ग का है?
(अ) सुखीय तेल
(ब) अर्द्ध–सुखीय तेल
(स) गैर–सुखीय तेल
(द) वनस्पति वसा

11. ऐण्डोसल्फान निम्न में से है?
(अ) कीटनाशक (ब) खरपतवारनाशी
(स) कृतकनाशी (द) शाकनाशी

12. निम्न में से कौनसी विटामिन ए का सबसे अच्छा स्त्रोत है?
(अ) सेब (ब) गाजर
(स) शहद (द) मुंगफली

13. श्वसनीय सतह पर ऑक्सीजन व कार्बन डाई ऑक्साइड का विनियम निम्न के द्वारा होता है?
(अ) निष्क्रिय परिवहन
(ब) सक्रिय परिवहन
(स) परासरण
(द) विसरण

14. निम्न में कौनसी भक्षक कोशिकाएँ नहीं है?
(अ) मोनोसाइट (ब) लिम्फोसाइट
(स) न्यूट्रोफिल (द) ऐसिडोफिल

15. स्पर्मियोजेनेसिस प्रक्रिया में, शुक्राणु का निर्माण होता है?
(अ) स्पर्मेटिड से
(ब) प्राथमिक स्पर्मेटोसाइट से
(स) स्पमेटोगोनिया से
(द) द्वितीयक स्पर्मेटोसाइट से

16. तंत्रिकाएँ निम्न में से विकसित होती है?
(अ) एक्टोड़र्म से
(ब) मिसोडर्म से
(स) एण्डोडर्म से
(द) मिसोडर्म व एण्डोडर्म दोनों से

17. भ्रूणावरण, भ्रूण को निम्न में सहायता करता है?
(अ) पोषण में (ब) बाहरी आघातों से
(स) उत्सर्जन में (द) श्वसन में

18. जब एक शुक्राणु अण्ड में प्रवेश करता है तो अन्य शुक्राणुओं का प्रवेश किसके द्वारा रोका जाता है?
    (अ) योक के संघनन द्वारा
    (ब) रंगीन आवरण के निर्माण द्वारा
    (स) पीतकाय कला के निर्माण द्वारा
    (द) निषेचन कला के निर्माण द्वारा
19. कॉर्पस ल्यूटियम स्त्रावित करती है?
    (अ) एल.एच. (ल्यूटिनाइजिंग हार्मोन)
    (ब) ऐस्ट्रोजन हार्मोन
    (स) प्रोजेस्टेरोन हार्मोन
    (द) एफ.एस.एच. (पुटिका उद्दीपक हार्मोन)
20. साइनोबैक्टिरिया निम्न में से किनके खेतों में उपयोगी जैविक उर्वरक है?
    (अ) गेहूँ (ब) मक्का
    (स) चावल (द) गन्ना
21. यदि अमीबा को आसुत जल में रखा जाए तो उसकी संकुचनशील धानिया कार्य करेगी?
    (अ) कार्य धीरे करेगी
    (ब) कार्य तेज करेगी
    (स) अप्रभावित रहेगी
    (द) समाप्त हो जायेगी
22. प्लेनोर्बिस व लिम्निया निम्न में से किसके मध्यवर्ती वाहक है?
    (अ) फेसियोला (ब) शिष्टोसोना
    (स) ट्राईचिनेला
    (द) ऐकिनोकोकस
23. केंचूएं में टिफ्लोसोल निम्न भाग में पाई जाती है?
    (अ) ग्रसिका (ब) अमाशय
    (स) पेषणी (द) आंत्र
24. कौनसा सामाजिक कीट सबसे बड़ी कॉलोनी बनाता है?
    (अ) मधुमक्खियाँ (ब) चीटियाँ
    (स) दीमक (द) पर्र
25. निम्न में से कौनसा तत्व नाइट्रोजन स्थिरीकरण में महत्वपूर्ण भूमिका निभाती है?
    (अ) मैंगनीज (ब) मोलीब्डेनम
    (स) जिंक (द) कॉपर
26. निम्न में से कौनसा उदाहरण कीट नियंत्रण का जैविक तरीका है?
    (अ) कीटों के प्राकृतिक शत्रुओं की जनसंख्या में वृद्धि करना
    (ब) प्रिइमरजेन्स शाकनाशी का प्रयोग करना
    (स) पंक्तियों में खेती करना
    (द) खेती का चक्रीकरण
27. ट्रोगोडर्मा ग्रेनेरियम का सामान्य नाम है?
    (अ) खपरा भृंग (ब) चावल मॉथ
    (स) फली छेदक (द) पल्स भृंग
28. अलैंगिक प्रजनन सामान्यतः निम्न में पाया जाता है?
    (अ) पौधों/पादपों
    (ब) कम विभेदित जीवों में
    (स) सूक्ष्मजीवों में (द) उपरोक्त सभी में
29. निमेटोड में सबसे सामान्य लिंग निर्धारण का तरीका है?
    (अ) XX-XX (ब) XO-XX
    (स) XY-XY (द) XO-XY
30. खेत के चारो तरफर नाली किसकी सुरक्षा हेतु बनाई जाती है?
    (अ) रेड हेयरी केटरपिलर
    (ब) टिड्डी
    (स) फली छेदक (द) खपरा भृंग

31. न्यूलियोसाइड बने होते हैं?
(अ) एक शर्करा और एक नाइट्रोजन क्षार के
(ब) एक शर्करा और एक फास्फेट के
(स) एक फास्फेट और एक नाइट्रोजन क्षार के
(द) उपरोक्त में से कोई नहीं

32. बांयी और कुण्डलित (Left-handed) डी.एन.ए. है?
(अ) ए–डी.एन.ए.
(ब) जेड+डी.एन.ए.
(स) बी–डी.एन.ए.
(द) सी–डी.एन.ए.

33. राइबोसोम की 40S उपइकाई में होता है?
(अ) 16S rRNA (ब) 5.8S rRNA
(स) 24S rRNA (द) 18S rRNA

34. प्राकृतिक रूप से पाइसम सेटाइवम (मटर) है?
(अ) पर–परागित फसल
(ब) स्वः–परागित फसल
(स) पर परागित एवं स्वः–परागित दोनों प्रकार की फसल
(द) उपरोक्त में से कोई नहीं

35. पूर्णतः स्फीत कोशिका की विसरण दाब न्यूनता (DPD) हेतु निम्न में से सत्य है?
(अ) DPD = 0
(ब) DPD = OP × TP
(स) DPD = OP
(द) उपरोक्त में से कोई नहीं

36. एन्जाइम शब्द दिया?
(अ) जेम्स बी. समनर ने
(ब) लुईस पाश्चर ने
(स) जॉन एच. नाथरोम ने
(द) विलहेम फ्रेडरिक कुहने ने

37. यूकेरियोटिक कोशिक में, ट्राईकार्बोक्सिलिक अम्ल (टी.सी.ए.) चक्र होता है?
(अ) क्लोरोप्लास्ट के स्ट्रोमा में
(ब) माइटोकान्ड्रिया की अन्तः झिल्ली में
(स) माइटोकान्ड्रिया के मेट्रिक्स में
(द) कोशिका द्रव्य में

38. C_4 प्रकाश संश्लेषण का मुख्य एन्जाइम है?
(अ) रूबिस्को
(ब) मेलेट डीइाइड्रोजिनेम
(स) एसिटाइल कोएन्जाइम–I कार्बोक्सिलेस
(द) पेप कार्बोक्सिलेस

39. निम्न में से कौनसा प्राकृतिक ऑक्सिन है?
(अ) इण्डोल–3–एसीटिक अम्ल
(ब) 2,4,5–ट्राईक्लोरोफिनॉक्सी एसीटिक अम्ल
(स) 1–नेफ्थेलीन एसीटिक अम्ल
(द) 2,4–डाईक्लोरोफिनॉक्सी एसीटिक अम्ल

40. फाइटोक्रोम अवशोषित करते हैं?
(अ) लाल और नीले प्रकाश को
(ब) हरे और लाल प्रकाश को
(स) लाल और सुदुर लाल प्रकाश को
(द) पराबैंगनी प्रकाश को

JET PAPER - 2017

1. भारत में परिस्थितिकी का जनक किसे कहा जाता है?
   (अ) प्रोफेसर रामदेव मिश्रा
   (ब) प्रोफेसर शिवराम कश्यप
   (स) प्रोफेसर बीरबल साहनी
   (द) प्रोफेसर पंचानन माहेश्वरी

2. आई.सी.यू.एन. का मुख्यालय स्थित है?
   (अ) पौलेण्ड में (ब) फ्रांस में
   (स) जर्मनी में (द) स्विट्जरलैण्ड में

3. भारत में वायु (प्रदूषण निवारण और नियन्त्रण) अधिनियम लागू हुआ?
   (अ) 1978 में (ब) 1981 में
   (स) 1974 में (द) 1987 में

4. निम्न में से कौनसी राजस्थान की दुर्लभ पादप प्रजाति है?
   (अ) *क्लोरोफाइटम बोरिविलिएनम*
   (ब) *केशिया औरिक्यूलेटा*
   (स) *प्रोसोपिस सिनेरेरिया*
   (द) *मैन्जीकेरा इन्डिका*

5. ऊर्जा प्रवाह का Y-प्रतिरूप (Y-shpaed model) दिया?
   (अ) ई.पी. ओडम ने
   (ब) जॉन बीअर्ड ने
   (स) चार्ल्स क्रिस्टोफर ने
   (द) एच.टी. ओडम ने

6. लाइकेन संवेदनशील सूचक है?
   (अ) जल प्रदूषण के
   (ब) वायु प्रदूषण के
   (स) मृदा प्रदूषण के
   (द) विकिरण प्रदूषण के

7. अरण्डी का वानस्पतिक नाम है?
   (अ) *ट्राईडेक्स प्रोक्यूमबेन्स*
   (ब) *बारलेरिया प्रीओनीटिस*
   (स) *रिसीनस कोम्यूनिस*
   (द) *धतूरा इनोक्सीया*

8. हरित पट्टी आन्दोलन स्थापित किया?
   (अ) वंगारी मथाई ने
   (ब) अमृता देवी ने
   (स) गिफोर्ड पिनचोत ने
   (द) सुन्दरलाल बहुगुणा ने

9. निम्न में से कौनसा पादप बसीरेसी कुल का सदस्य है?
   (अ) *ऐट्रोपा बैलाडोना*
   (ब) *प्लान्टेगो ओवाटा*
   (स) *टिकोमेला अन्डूलेटा*
   (द) *कोमीफोरा वाइटियायी*

10. भारतीय गन्ना अनुसंधान संस्थान स्थित है?
    (अ) भोपाल में (ब) गाँधीनगर में
    (स) लखनऊ में (द) सोलन में

11. अमीबा ने विजाणुदभवन निम्न के दौरान होता है?
    (अ) अनुकूल परिस्थिति में
    (ब) प्रतिकूल परिस्थिति में
    (स) दोनों में
    (द) दोनों में नहीं

12. केचुएँ की फ्लोरोगेगन कोशिकाएँ कशेरूकियों के किस अंग के समान है?
    (अ) यकृत (ब) फेफड़े
    (स) वृक्क (द) प्लीहा

13. मोलस्का का श्वसन वर्णक है?
(अ) हिमोसायनिन (ब) हिमोग्लोबिन
(स) ईरिथ्रोक्रुओरिन (द) क्लोरोक्रुओरिन

14. कोकरोच के दिन के समय दृष्टि होती है?
(अ) एक नेत्री (ब) द्विनेत्री
(स) मिश्रित (द) अध्यारोपित

15. फैसिओला हिपैटिका की संक्रमित अवस्था है?
(अ) स्पोरोलिस्ट (ब) रेडिया
(स) सर्केरिआ (द) मेरासर्केरिआ

16. रेड हेयरी केटरपिलर का वैज्ञानिक नाम है?
(अ) *मारुका विट्राटा*
(ब) *ऐग्रीलिस रुफिकोलीस*
(स) *ट्रोगोडर्मा ग्रेनेरियम*
(द) *अमस्कटा एल्बीस्ट्रीगा*

17. दीमक का आहारनाल में कौनसे कशाभिकिय पाये जाते हैं। जो सूखी लकड़ी का पाचन करते हैं?
(अ) ट्राइकोनिम्फस (ब) हाईकोनिम्फस
(स) टेट्रानिम्फस (द) क्वाड्रोनिम्फस

18. LD_{50} की ईकाई क्या है?
(अ) मिलीग्राम / जन्तु शरीर का वजन ग्राम में
(ब) ग्राम / जन्तु शरीर का वजन ग्राम में
(स) किलोग्राम / जन्तु शरीर का वजन ग्राम में
(द) मिलीग्राम / जन्तु शरीर का वज़न ग्राम में

19. निम्न में से कौनसा संश्लेषित यौगिक है?
(अ) रायनिया (ब) सबाडिला
(स) पाइरिथम (द) पाइरिथ्रोइड

20. कीटनाशक जो पौधों के हानिकारक जीवों के नियन्त्रण में उपयोग आते हैं, कहलाते हैं?
(अ) शाकनाशी (ब) टोक्सीकोल्स
(स) वीड एजेन्ट (द) फफूँदनाशी

21. कीटों के कल्चरल नियन्त्रण में शामिल है?
(अ) फसल चक्रण
(ब) जुताई प्रक्रिया
(स) प्रतिरोधी या सहनशील किस्में
(द) उपरोक्त सभी

22. आई.पी.एम. का अभिप्रायः है?
(अ) इंटीग्रेटेड पेस्ट मेन्यूफेक्चर्स
(ब) इंटीग्रेटेड प्लान्ट मेन्यूफेक्चर्स
(स) इंटीग्रेटेड प्लान्ट मेनेजमेन्ट
(द) इंटीग्रेटेड पेस्ट मेनेजमेन्ट

23. उपरोक्त में कौनसा संग्रहित अनाज का हानिकारक कीट है?
(अ) रेड हेयरी केटरपीलर
(ब) खपरा बिस्टल
(स) पोड बोरर
(द) व्हाइट ग्रब

24. व्हाइट ग्रब की नुकसान पहुँचाने वाली अवस्था है?
(अ) लार्वा (ब) केवल व्यस्क
(स) ग्रब व वयस्क (द) निम्फ व वयस्क

25. पोड बोरर किट सामान्यतः उपरोक्त पर पाया जाता है?
(अ) गेहूं (ब) दालें
(स) मक्का (द) गन्ना

26. अण्डाशय में अण्डा उपरोक्त में से किस अवस्था में मुक्त किया जाता है?
(अ) सेकन्डरी असाइट अवस्था
(ब) प्राइमरी असाइट अवस्था
(स) मेच्योर असाइट अवस्था
(द) अगोनियल अवस्था

27. मनुष्यों में निषेचन निम्न में होता है?

(अ) गर्भाशय (ब) योनि

(स) डिम्बवाही नलिका (द) मूत्रमार्ग

28. विटामिन जो रूधिर का थक्का बनाने में आवश्यक है?

(अ) ए (ब) सी

(स) ई (द) क

29. वियोजन वक्र निम्न में से सम्बन्धित है?

(अ) कार्बोनिक एनहाईड्रेज

(ब) कार्बन डाई ऑक्साइड

(स) ऑक्सीजन (द) ऑक्सीहिमोग्लोबिन

30. ऐस्कॉर्बिक अम्ल निम्न में से विटामिन है?

(अ) सी (ब) डी

(स) बी (द) ए

31. तर्कतन्तु बने होते हैं?

(अ) फ्लैजेलीन प्रोटीन के

(ब) ट्यूबुलीन प्रोटीन के

(स) ऐक्टीन प्रोटीन के

(द) मायोसिन प्रोटीन के

32. 16S rNA पाये जाते हैं?

(अ) राइबोसोम की 30S उपइकाई में

(ब) राइबोसोम की 40S उपइकाई में

(स) राइबोसोम की 50S उपइकाई में

(द) राइबोसोम की 60S उपइकाई में

33. ZW-ZZ प्रकार का लिंग निर्धारण पाया जाता है?

(अ) मनुष्य में (ब) मगरमच्छ में

(स) कॉकरोच में (द) पक्षियों में

34. mRNA के नॉन कोडिंग भाग कहलाते हैं?

(अ) एक्सोन (ब) इन्ट्रोन

(स) म्यूटोन (द) रिकोन

35. न्यूक्लीओसोम में कौनसे हिस्टोन प्रोटीन पाये जाते हैं?

(अ) H2A और H2B

(ब) H3 और H4

(स) H2A, H2B, H3 और H4

(द) H1, H2A, HB, H3 और H4

36. एन्जाइम क्रिया का प्रेरित ओसजन सिद्धान्त प्रतिपादित किया?

(अ) डेनियल ई. कोशलेण्ड ने

(ब) कैरी बैक्स मुलिन ने

(स) एडवर्ड बुकनर ने

(द) इमिल फिशर ने

37. पेप कार्बोक्सीलेज CO_2 स्थिरीकरण का मुख्य एन्जाइम है?

(अ) C3 और C4 पादपों में

(ब) C4 और CAM पादपों में

(स) C3 और CAM पादपों में

(द) C3, C4 और CAM पादपों में

38. निम्न में से कौनसा ग्लाइकोलाइसिस का ऐलोस्टीरिक एन्जाइम है?

(अ) एल्डोलेज (ब) इनोलेज

(स) हेक्सोकाइनेज

(द) फास्फोग्लीसरेट म्यूटेज

39. कौनसा हार्मोन पादपों में त्रिक–प्रतिक्रिया को प्रेरित करता है?

(अ) C_2H_4 (ब) IAA

(स) CA_3 (द) ABA

40. लाल प्रकाश अवशोषित किया जाता है?

(अ) क्लोरोफिल द्वारा

(ब) फाइटोक्रोम के सक्रिय रूप द्वारा

(स) फाइटोक्रोम के निष्क्रिय रूप द्वारा

(द) क्रिप्टोक्रोम द्वारा

JET PAPER - 2018

1. कोशिका चक्र के किस प्रावस्था के दौरान RNA तथा प्रोटीन संश्लेषण होता है?
   (अ) कोशिका द्रव्य विभाजन
   (ब) S प्रावस्था
   (स) M प्रावस्था
   (द) G_1 तथा G_2 प्रावस्था

2. गन्ना किस कुल का सदस्य है?
   (अ) ग्रेमिनी (ब) मालवेसी
   (स) क्रूसिफेरा (द) मिमोसाइडी

3. रोग प्रतिरोधक फसल की किस्मों में से निम्न कौनसा युग्म सही नहीं है?
   (अ) सरसों–श्वेत कीट
   (ब) गेहूँ–पर्ण तथा धारी कीट
   (स) लोबिआ–जीवाणुवीय अंगमारी
   (द) गोभी–तम्बाकू मोजेक वायरस

4. भारत में हरित क्रान्ति के दौरान जया तथा रत्ना किस्मों को विकसित किया गया है?
   (अ) बाजरा (ब) मक्का
   (स) धान (द) गेहूँ

5. रसारोहण का संसजन–तनाव व वाष्पोत्सर्जन खिंचाव मोडल प्रतिपादित किया?
   (अ) डिक्सन और जॉली
   (ब) जे.सी. बोस
   (स) बोहेम (द) प्रिस्ली

6. नयी कोशिकाओं का निर्माण पूर्व स्थित कोशिकाओं के विभाजन से होता है (ओमनिसिस सेलुला–इ–सेलुला), यह सर्वप्रथम स्पष्ट किया था?
   (अ) ऐंटन वान ल्यूवेन्हॉक
   (ब) सिंगर तथा निकोलसन
   (स) स्लाइडेन (द) रूडोल्फ विरचो

7. पादप कोशिका भित्ति की मध्य पटलिका बनी होती है?
   (अ) कैल्शियम तथा मैग्नीशियम पेंक्टेट
   (ब) लिग्निन
   (स) पेक्टिन (द) सेलुलोस

8. भारत में पर्यावरण (सरंक्षा) अधिनियम लागू हुआ?
   (अ) 1942 (ब) 1993
   (स) 1986 (द) 1960

9. निम्नलिखित में से स्वस्थाने संरक्षण में शामिल नहीं किया जाता है?
   (अ) राष्ट्रीय पार्क (ब) वन्यजीव अभ्यारण्य
   (स) जंतुआलय
   (द) जैवमंडल संरक्षित क्षेत्र

10. अफीम का वानस्पतिक नाम है?
    (अ) *पेपेवर सोम्नीफेरम*
    (ब) *पाइपर बेटल*
    (स) *एरीथ्रोक्सीलॉन कोका*
    (द) *एकेसिया कटेचु*

11. राष्ट्रीय वानस्पतिक शोध संस्थान स्थित है?
    (अ) कोलकाता (ब) लखनऊ
    (स) देहरादून (द) जयपुर

12. विटामिन K की आवश्यकता होती है?
    (अ) Ca तथा P उपापचय नियमन में
    (ब) श्वसन में
    (स) कार्बोहाइड्रेट्स उपापचय में
    (द) रूधिर स्कंदन के लिए आवश्यक प्रोथ्रॉम्बिन के निर्माण में

13. फेफड़ों में गैस का अधिकतम विनिमय होता है?

(अ) सामान्य विसरण
(ब) सक्रिय परिवहन
(स) निष्क्रिय परिवहन
(द) निर्विघ्न विसरण

14. *अट्रोपा बेलाडोना* किस कुल का सदस्य है?

(अ) एपोसायनेसी (ब) रूबीएसी
(स) सोलेनेसी (द) मालवेसी

15. अवर्णीलवक, जो कि कार्बोहाइड्रेट (स्टार्च) का संचय करते हैं, कहलाते हैं?

(अ) एमाइलोप्लास्ट (ब) एटियोप्लास्ट
(स) एलियोप्लास्ट (द) एल्यूरोप्लास्ट

16. यकृत फ्लूक पर परपोषी के एन्जाइम का प्रभाव किस कारण नहीं होता हैं?

(अ) अधिचर्म (ब) कंटक
(स) चूषक (द) आधार कला

17. कॉकरोच में अंड़कवच का निर्माण कौनसी ग्रंथि करती है?

(अ) छत्रक ग्रंथी (ब) फेलिक ग्रंथी
(स) संग्राहक ग्रंथी
(द) यूरिकोस ग्रंथी

18. वाष्पोत्सर्जन की दर को मापने हेतु प्रयुक्त उपकरण है?

(अ) पृष्ठतनाव मापी
(ब) गेनोंगस पोटोमीटर
(स) आलू परासरण मापी
(द) वाष्पन मापी

19. C4 चक्र का प्रथम उत्पाद है?

(अ) 3–फोस्फोग्लिसरिक
(ब) फोस्फोइनाल पाइरुवेट
(स) राइबुलोस 1,5–बाहफोस्फेट
(द) ऑक्सेलोएसेटिक एसिड (OAA)

20. खपरा भृंग का वैज्ञानिक नाम है?

(अ) *ओडोन्टोटर्मस ओबेसस*
(ब) *होलोट्रीकिया कॉनसेंगुनिया*
(स) *ट्रोगोडेर्मा ग्रेनेरियम*
(द) *सिस्टोसरका ग्रिगेरिआ*

21. क्रमिक पोषण स्तर पर आविषाक्ता की सांद्रता में वृद्धि होने का तात्पर्य है?

(अ) जैव आवर्धन (ब) सुपोषण
(स) ग्लोबल वार्मिंग (द) लवणता

22. किसी फसल में पाए जाने वाले सभी जीनों के विविध एलिल का समस्त संग्रहण (पादप / बीज) कहलाता है?

(अ) हर्बेरियम (ब) जीनोम
(स) जीन लाइब्रेरी (द) जर्म प्लाज्म

23. ग्लाइकोलिसिस का अंतिम उत्पाद है?

(अ) पाइरुविक एसिड
(ब) ग्लिसरेलडिहाइड्स
(स) कार्बनडाईऑक्साइड
(द) एसिटाइल कोएन्जाइम A

24. यदि आप फल को जल्दी पकाना चाहते हैं तो आप कौनसा पादप वृद्धि हार्मोन का उपयोग करेंगे?

(अ) इथाइलीन (ब) साइटोकिनीन
(स) जिबरलिन्स (द) एब्सिसिक अम्ल

25. ठंडी जलवायु वाले स्तनधारियों के कान और पाद आमतौर पर छोटे होते हैं ताकि ऊष्मा की हानि न्यूनतम हो, यह नियम कहलाता है?

(अ) एलेंन का नियम
(ब) बर्गमैन का नियम
(स) मोलि का नियम
(द) एहरलिच का नियम

26. रासायनिक पदार्थ फर्टिलाइज़िन का निर्माण करता है?

(अ) परिपक्व अंडाणु

(ब) शुक्राणु का मध्य खंड

(स) ध्रुवीय काय

(द) एक्रोसोम

27. IPM का उद्देश्य है?

(अ) नाशक कीट संख्या को इकनोमिक स्तर से कम रखना

(ब) प्राकृतिक परजीवी की संख्या में वृद्धि

(स) प्रतिरोधी किस्मों का प्रयोग

(द) कीटों की जनसंख्या का दमन

28. अमीबा में संकुचनशील रसधानी का कार्य है?

(अ) पोषण (ब) श्वसन

(स) परासरण नियमन (द) जनन

29. पारिस्थितिक तंत्र ऊर्जा में पिरामिड होता है?

(अ) रेखीय (ब) उल्टी अवस्था

(स) खड़ी अवस्था (द) अनियमित

30. क्रोमोसोम नाम .... ने दिया था?

(अ) स्ट्रासबर्गर (ब) मोरगॉन

(स) वॉल्डेयर (द) फ्लेमिंग

31. DNA का सूत्र जो कि RNA निर्माण के लिए टेम्पलेट रज्जकू का कार्य करता है पर क्षारक AGCTTCGA क्रम है तो mRNA पर क्षारक क्रम होगा?

(अ) TCGAAGCT

(ब) UGCUAGCT

(स) TCGAUCGU

(द) UCGAAGCU

32. 70S राइबोसोम की उपकाइयाँ है?

(अ) 40S तथा 50S

(ब) 30S तथा 50S

(स) 40S तथा 60S

(द) 30S तथा 40S

33. केंचुएँ में टिफ्लोसोल का कार्य है?

(अ) वसा का इमल्सिफिकेशन

(ब) रूधिर प्रवाह का नियंत्रण

(स) अवशोषण के लिए आंत्र उपकला तल बढ़ाना

(द) पाचक एन्जाइम के स्त्रवण

34. प्राणी के निर्माण के समय, प्राणियों के बड़े समूह के सामान्य लक्षण पहले एवं विशिष्ट लक्षण बाद में परिवर्धित होते हैं, यह निमय / सिद्धान्त है?

(अ) जाति आवर्तन नियम

(ब) पश्चजनन सिद्धान्त

(स) बेयर का नियम

(द) मोज़ेक सिद्धान्त

35. केन्द्र पीतकी अंडे पाए जाते हैं पिसिज़

(अ) कीटों में (ब) मोलस्का

(स) एविज वर्ग (द) मछलियों में

36. ऐसी पारस्परिक क्रिया जिसमें एक जाति को लाभ होता है और दूसरी को न लाभ होता है न हानि कहलाती है?

(अ) सहभोजिता

(ब) अंतरजातीय परजीविता

(स) सहोपकारिता

(द) परजीविता

37. ग्रासहॉप्पर निम्न में से किस गण का सदस्य है?

(अ) ऑर्थोप्टरा (ब) हेमिप्टेरा

(स) ओडोनटा (द) डर्मिप्टेरा

38. जब विषम युग्मजी संतति को अप्रभावी सम युग्मजी जनक के साथ संकरण कराया जाता है, यह कहलाता है?

(अ) परीक्षण संकरण

(ब) एकल संकर संकरण

(स) संकर पूर्वज संकरण

(द) अन्तर जातीय संकरण

39. श्वसनीय केन्द्र जो किस श्वसन का नियंत्रण करता है?

(अ) डाइसेफलोन (ब) मेडूला ओब्लोंगता

(स) मेरूदंड (द) सेरिबैलम

40. अण्डोत्सर्ग के पश्चात् ग्राफी पुटक का शेष भाग निम्न में परिवर्तित होता है?

(अ) कॉर्पस स्ट्रिएटम

(ब) कॉपर्स लुटियम

(स) कॉपर्स अल्बीकन्स

(द) कॉपर्स कैलोसोम

उत्तरमाला
(Answersheet)

JET PAPER 2005

1 (ब)	2 (अ)	3 (द)	4 (ब)	5 (ब)	6 (द)	7 (द)	8 (द)	9 (ब)	10 (ब)
11 (द)	12 (ब)	13 (द)	14 (अ)	15 (ब)	16 (अ)	17 (अ)	18 (अ)	19 (अ)	20 (स)
21 (अ)	22 (ब)	23 (ब)	24 (अ)	25 (स)	26 (अ)	27 (स)	28 (ब)	29 (द)	30 (स)
31 (अ)	32 (द)	33 (ब)	34 (ब)	35 (अ)	36 (स)	37 (अ)	38 (स)	39 (ब)	40 (ब)

JET PAPER - 2006

1 (ब)	2 (अ)	3 (द)	4 (अ)	5 (स)	6 (अ)	7 (स)	8 (द)	9 (अ)	10 (स)
11 (स)	12 (अ)	13 (स)	14 (अ)	15 (स)	16 (ब)	17 (द)	18 (द)	19 (द)	20 (अ)
21 (अ)	22 (द)	23 (अ)	24 (अ)	25 (अ)	26 (ब)	27 (द)	28 (द)	29 (द)	30 (ब)
31 (ब)	32 (द)	33 (अ)	34 (द)	35 (स)	36 (स)	37 (अ)	38 (ब)	39 (द)	40 (स)

JET PAPER - 2007

1 (स)	2 (अ)	3 (अ)	4 (अ)	5 (ब)	6 (स)	7 (द)	8 (ब)	9 (ब)	10 (अ)
11 (स)	12 (स)	13 (ब)	14 (स)	15 (द)	16 (अ)	17 (स)	18 (स)	19 (ब)	20 (द)
21 (द)	22 (द)	23 (ब)	24 (अ)	25 (अ)	26 (स)	27 (स)	28 (द)	29 (ब)	30 (ब)
31 (स)	32 (अ)	33 (द)	34 (स)	35 (अ)	36 (अ)	37 (अ)	38 (स)	39 (अ)	40 (स)

JET PAPER - 2008

1 (स)	2 (द)	3 (अ)	4 (स)	5 (अ)	6 (स)	7 (स)	8 (ब)	9 (अ)	10 (ब)
11 (स)	12 (द)	13 (द)	14 (ब)	15 (ब)	16 (द)	17 (स)	18 (ब)	19 (द)	20 (अ)

21 (ब) 22 (ब) 23 (द) 24 (अ) 25 (अ) 26 (स) 27 (द) 28 (ब) 29 (ब) 30 (स)
31 (अ) 32 (स) 33 (ब) 34 (स) 35 (अ) 36 (स) 37 (ब) 38 (अ) 39 (अ) 40 (स)

JET PAPER - 2009

1 (द) 2 (अ) 3 (ब) 4 (ब) 5 (स) 6 (अ) 7 (द) 8 (स) 9 (अ) 10 (द)
11 (अ) 12 (स) 13 (अ) 14 (स) 15 (अ) 16 (अ) 17 (ब) 18 (अ) 19 (द) 20 (स)
21 (स) 22 (ब) 23 (द) 24 (स) 25 (ब) 26 (स) 27 (द) 28 (ब) 29 (ब) 30 (ब)
31 (द) 32 (ब) 33 (स) 34 (ब) 35 (स) 36 (स) 37 (स) 38 (ब) 39 (स) 40 (ब)

JET PAPER - 2010

1 (स) 2 (अ) 3 (द) 4 (अ) 5 (स) 6 (स) 7 (स) 8 (ब) 9 (स) 10 (अ)
11 (ब) 12 (अ) 13 (द) 14 (अ) 15 (अ) 16 (स) 17 (स) 18 (अ) 19 (ब) 20 (द)
21 (अ) 22 (द) 23 (ब) 24 (ब) 25 (अ) 26 (अ) 27 (द) 28 (अ) 29 (द) 30 (स)
31 (स) 32 (स) 33 (द) 34 (अ) 35 (ब) 36 (स) 37 (ब) 38 (द)

JET PAPER - 2011

1 (ब) 2 (ब) 3 (स) 4 (स) 5 (ब) 6 (स) 7 (ब) 8 (अ) 9 (अ) 10 (अ)
11 (अ) 12 (ब) 13 (स) 14 (ब) 15 (अ) 16 (स) 17 (अ) 18 (ब) 19 (द) 20 (अ)
21 (अ) 22 (द) 23 (स) 24 (अ) 25 (ब) 26 (अ) 27 (अ) 28 (स) 29 (अ) 30 (द)
31 (अ) 32 (द) 33 (स) 34 (द) 35 (ब) 36 (अ) 37 (स) 38 (स) 39 (द) 40 (द)

JET PAPER - 2012

1 (स) 2 (ब) 3 (द) 4 (अ) 5 (स) 6 (अ) 7 (अ) 8 (ब) 9 (अ) 10 (द)
11 (ब) 12 (ब) 13 (अ) 14 (स) 15 (अ) 16 (अ) 17 (स) 18 (अ) 19 (ब) 20 (अ)
21 (ब) 22 (ब) 23 (अ) 24 (स) 25 (ब) 26 (अ) 27 (ब) 28 (अ) 29 (अ) 30 (स)
31 (अ) 32 (ब) 33 (स) 34 (स) 35 (द) 36 (स) 37 (अ) 38 (ब) 39 (स) 40 (अ)

JET PAPER - 2014

1 (स) 2 (द) 3 (अ) 4 (अ) 5 (स) 6 (ब) 7 (स) 8 (द) 9 (अ) 10 (अ)
11 (अ) 12 (अ) 13 (ब) 14 (स) 15 (ब) 16 (ब) 17 (अ) 18 (ब) 19 (ब) 20 (द)
21 (ब) 22 (अ) 23 (अ) 24 (स) 25 (स) 26 (द) 27 (अ) 28 (अ) 29 (स) 30 (स)
31 (ब) 32 (अ) 33 (अ) 34 (अ) 35 (द) 36 (अ) 37 (ब) 38 (स) 39 (द) 40 (स)

JET PAPER - 2015

1 (ब) 2 (ब) 3 (द) 4 (ब) 5 (अ) 6 (अ) 7 (ब) 8 (द) 9 (स) 10 (स)
11 (ब) 12 (अ) 13 (द) 14 (स) 15 (ब) 16 (द) 17 (अ) 18 (द) 19 (ब) 20 (ब)

21 (अ) 22 (ब) 23 (द) 24 (ब) 25 (स) 26 (द) 27 (ब) 28 (द) 29 (अ) 30 (अ)

31 (स) 32 (द) 33 (अ) 34 (ब) 35 (अ) 36 (स) 37 (स) 38 (स) 39 (द) 40 (स)

JET PAPER - 2016

1 (अ) 2 (द) 3 (अ) 4 (ब) 5 (अ) 6 (स) 7 (स) 8 (ब) 9 (द) 10 (द)

11 (अ) 12 (ब) 13 (द) 14 (ब) 15 (अ) 16 (अ) 17 (ब) 18 (द) 19 (ब) 20 (स)

21 (ब) 22 (स) 23 (द) 24 (स) 25 (ब) 26 (द) 27 (स) 28 (द) 29 (द) 30 (ब)

31 (द) 32 (ब) 33 (द) 34 (ब) 35 (स) 36 (अ) 37 (स) 38 (द) 39 (अ) 40 (अ)

JET PAPER - 2017

1 (अ) 2 (द) 3 (ब) 4 (स) 5 (अ) 6 (ब) 7 (स) 8 (अ) 9 (अ) 10 (स)

11 (ब) 12 (अ) 13 (अ) 14 (स) 15 (ब) 16 (द) 17 (अ) 18 (द) 19 (स) 20 (ब)

21 (द) 22 (द) 23 (ब) 24 (स) 25 (स) 26 (अ) 27 (स) 28 (द) 29 (द) 30 (अ)

31 (ब) 32 (अ) 33 (द) 34 (ब) 35 (स) 36 (द) 37 (ब) 38 (स) 39 (अ) 40 (स)

JET PAPER - 2018

1 (ब) 2 (अ) 3 (द) 4 (स) 5 (अ) 6 (द) 7 (अ) 8 (स) 9 (स) 10 (अ)

11 (ब) 12 (द) 13 (अ) 14 (स) 15 (अ) 16 (अ) 17 (स) 18 (ब) 19 (द) 20 (स)

21 (अ) 22 (द) 23 (अ) 24 (अ) 25 (अ) 26 (अ) 27 (अ) 28 (स) 29 (स) 30 (स)

31 (द) 32 (ब) 33 (स) 34 (स) 35 (अ) 36 (अ) 37 (अ) 38 (अ) 39 (ब) 40 (ब)

■■■■

9

रसायन विज्ञान

1. इलैक्ट्रॉन, प्रोटॉन तथा न्यूट्रॉन की खोज किसने की → **जे.जे. थॉमसन, गोल्डस्टीन तथा जेम्स चैडविक ने**
2. बोर का प्रारूप कैसे समझा सकता है → **केवल एक इलेक्ट्रॉन वाले परमाणु या आयन का वर्णक्रम**
3. यदि r प्रथम कक्ष त्रिज्या है तो H परमाणु में n कक्ष की त्रिज्या कैसे जाती है → $\mathbf{rn^2}$
4. N- कक्ष की बोर त्रिज्या कितनी है → **8.48A°**
5. यदि H परमाणु की प्रथम त्रिज्या r_1 है तो द्वितीय, तृतीय एवं चतुर्थ कक्षों की त्रिज्यायें r_1 पदों में क्या होगी → **4r, 9r,16r**
6. H (प्रथम कक्ष), He^+ (द्वितीय कक्ष) तथा Li^{2+} (तृतीय कक्ष) में इलेक्ट्रॉन में वेग का अनुपात कितनी है → **1 : 1 : 1**
7. He के तीसरे व पांचवे कोश में इलेक्ट्रॉन के वेगों का अनुपात कितना होगा → **5 : 3**
8. हाइड्रोजन की चौथी बोर कक्षा में इलेक्ट्रॉन का वेग V है तो प्रथम बोर कक्षा में इलेक्ट्रॉन का वेग कितना होगा → **4V**
9. परमाणु में मुख्य क्वांटम संख्या किससे संबंधित है → **कक्षक का आकार से**
10. हाइड्रोजन परमाणु की आयनन ऊर्जा 13.6ev है, तो He^+ व Li^{2+} की आयनन ऊर्जा कितनी होगी → **54.4ev तथा 122.4 ev**
11. H- का इलैक्ट्रानिक विन्यास क्या है → $\mathbf{1s^2}$
12. Cl– तथा Ar का विन्यास कैसा है → **समान**
13. किसमें न्यूनतम अयुग्मित d- इलैक्ट्रॉन है → $\mathbf{CO^{2+}}$ **में**
14. $1s^2$, $2s^2\ 2p^6$, $3s^2$ विन्यास क्या प्रदर्शित करता है → **क्षारीय मृदा धातु**
15. 1s के लिए नोडल तल व सतह की संख्या क्या होगी → **0 तथा 0**

16. डी ब्रग्ली समीकरण क्या है → $\lambda = h / mv$
17. एक ऊर्जा स्तर के उपकोशों की ऊर्जा का क्रम क्या होगा → **$s < p < d > f$**
18. Mg^+ के अंतिम इलेक्ट्रॉन के लिये चारों क्वांटम संख्याओं का समूह कौनसा है → **n=3, I=0, m = 0, s = +1/2**
19. इलेक्ट्रान की तरंग प्रकृति प्रथम बार किसके द्वारा दी गई थी → **डी ब्राग्ली द्वारा**
20. n= 3, I =1 के लिये उपकोश में कितने इलेक्ट्रॉन आ सकते है → **6**
21. फेरिक आयन (Fe^3) का इलेक्ट्रानिक विन्यास क्या है → **$Ar3d^5$**
22. Cr का इलैक्ट्रानिक विन्यास क्या है → **$Ar3d^5\ 4s^1$**
23. कौनसा कक्षक असम्भव है → **3 f**
24. यदि n + 1 = 6, तब उपकोशों की कुल सम्भावित संख्या क्या है → **3**
25. I = 3, के लिये इलेक्ट्रॉनों की अधिकतम संख्या कितनी होगी → **14**
26. Cu का इलेक्ट्रानिक विन्यास क्या है → **$(Ar)3\ d^{10}\ 4s^1$**
27. $_{19}K^{40}$ और $_{20}Cu^{40}$ आपस में क्या है → **समभारिक**
28. किसने कणों के प्रकीर्णन प्रयोग में प्रथम बार दर्शाया कि परमाणु में नाभिक होता है → **रदरफोर्ड ने**
29. हाइड्रोजन स्पैक्ट्रम की कौनसी श्रेणी दृश्य क्षेत्र में होगी → **बामर**
30. किसके कक्षक की त्रिज्या हाइड्रोजन परमाणु के प्रथम बोर कक्ष के समान है → **Be^{+3}(n=2) के**
31. उच्चतम आयतन विभव वाला तत्त्व कौनसा है → **Be**
32. नाइट्रोजन परिवार के तीसरे सदस्य का परमाणु क्रमांक क्या है → **33**
33. बेरिलियम तथा एल्युमीनियम के गुणों में समानतायें है, क्योंकि दोनो में कौनसा संबंध है → **विकर्ण**
34. Na, Mg और AI के द्वितीय आयनन विभव का सही क्रम क्या है → **Na > AI > MG**
35. C, N,O और F की इलेक्ट्रॉन बन्धुता का सही क्रम कौनसा है → **$C > N < O < F$**
36. किस क्रिया में न्यूनतम ऊर्जा उत्सर्जित होगी → **$N \rightarrow N^-$**
37. किसका अधिकतम आकार होता है → **$O2^-$ का**
38. किसका निम्नतम आकार होता है → **Na^+ का**
39. आयनन विभव वह ऊर्जा है जो गैसीय परमाणु से किसको हटाने के लिये आवश्यक होती है → **एक बाह्यतम इलैक्ट्रॉन को**
40. किन इलैक्ट्रौनिक विन्यास वाले तत्वों में आयनन विभव न्यूनतम होता है → **$Is^2, 2s^2, 2\ p^4$**
41. अधिकतम क्षारीय यौगिक कौनसा है → **RboH**
42. किसके अधिकतम आयनिक लक्षण है → **सीजियम फ्लूओराइड के**

43. परमाणु क्रमांक 34 वाला तत्त्व कौनसे वर्ग में उपस्थित है → **छठे**
44. कौनसे सम–इलैक्ट्रानिय स्पीशीज, आकार के घटते हुए क्रम में सही प्रकार से व्यवस्थित है → **$Se^{-}>Br^{-}>Kr>Rb^{2}$ Sr^{+2}**
45. संयोजकता कोश इलेक्ट्रॉनिक विन्यास $4s^2 4p^2$ वाला तत्त्व कौनसे वर्ग व आवर्त का होगा → **IV A व 4**
46. नाइट्रोजन की इलेक्ट्रॉन बन्धुता कैसी होती है → **शून्य नहीं**
47. अक्रिय गैसों की इलेक्ट्रॉन बंधुता लगभग क्या होती है → **शून्य**
48. नाइट्रोजन तत्त्व की कौनसी बन्धुता अधिकतम होती है → **इलैक्ट्रान**
49. KOH क्षारीय गुण दर्शाता क्यों है → **क्योंकि K का आयनन विभव कम होता**
50. किन इलैक्ट्रानिक विन्यास वाले तत्वों की आयनन ऊर्जा सबसे अधिक होती है → **[Ne] $3s^2$ $3p^3$**
51. तत्वों के किस सेट में ऋणायन बनाने की अधिकतम प्रवृति होगी → **N,O,F,**
52. एनोड किरणों की खोज किसने की थी → **गोल्डस्टीन ने**
53. X-किरण क्या है → **कम तरंगदैर्घ्य की प्रकाश तरंग**
54. e/m का मान बढता हुआ क्रम क्या है → **n, ∞, p, e**
55. परमाणु भार 55 तथा परमाणु क्रमांक 25 वाले तत्त्व में कितने प्रोटॉन तथा कितने न्यूट्रॉन होते है → **25 व 30**
56. किसी तत्त्व का परमाणु भार W तथा परमाणु क्रमांक N है तब न्यूट्रानों की संख्या क्या होगी → **= W - N**
57. $88Rs^{226}$ के परमाणु के नाभिक में कितने न्यूट्रॉन है → **138**
58. Na^+ तथा Ne क्या है → **सम इलैट्रॉनिक**
59. किसमें n + 1 नियम का पालन नहीं हो रहा है → **Cu, Cr में**
60. n = 3 में 1 का कौनसा नहीं होगा → **3 मान**
61. s = +½ वाले अधिकतम 3d- इलेक्ट्रॉनों की संख्या क्या होगी → **5**
62. किसी कक्षक की चुम्बकीय क्वांटम संख्या का मान m = -1 है तो कौनसा कक्षक नहीं होगा → **S- कक्षक**
63. कौनसी क्वांटम संख्या कक्षक की आकृति को प्रदर्शित करती है → **द्विगंशीय**
64. परमाणु में मुख्य क्वांटम संख्या किससे संबंधित है → **कक्षक का आकार**
65. कक्षकों का अभिविन्यास क्या प्रदर्शित करती है → **चुम्बकीय क्वांटम संख्या**
66. N कक्ष में इलैक्ट्रॉनों की अधिकतम संख्या कितनी होती है → **32**
67. यदि इलेक्ट्रॉन की स्थिति में अनिश्चितता शून्य हो तो इसके संवेग की अनिश्चितता क्या होगी → **अनन्त**

68. परमाणु में इलेक्ट्रॉन को सही निरूपित करने में कौनसा क्वांटम का सेट सही है →

n I m s

3 1 0 -½

69. बोहर सिद्वान्त के अनुसार किसी इलेक्ट्रॉन की पांचवी कक्षा में कोणीय संवेग कितना है → **$1\cdot0\, h/\pi$**

70. 2s क़क्षक में नोडल केन्द्रों की संख्या कितनी है → **1**

71. परमाणविक कक्षकों के ऊर्जा का सही बढता क्रम कौनसा है → **5 p < 6 s < 4 f < 5d**

72. कौनसी क्वांटम संख्यायें 1 कक्ष को निरूपित करता है → **n=3, 1=2, m=+2**

73. क्वांटम संख्याओं का कौनसा समूह मान्य है → **n=3, 1=2, m= 2 एवं S = +**

74. मुख्य क्वांटम N संख्या से प्रदर्शित ऊर्जा स्तर में कक्षकों की संख्या कितनी होगी → **n^2**

75. कौनसा इलैक्ट्रॉन विभिन्न कक्षकों में भरने के अनुक्रम को समझाता है → **ऑफबाऊ सिद्धान्त**

76. हाइड्रोजन परमाणु n^{+h} कक्ष में एक इलेक्ट्रॉन की ऊर्जा कितनी है → **$-13.6/n^2$ ev**

77. जब अमोनिया को गर्म कॉपर ऑक्साइड पर प्रवाहित करते है, तो धात्विक कॉपर प्राप्त होता है। अभिक्रिया क्या दर्शाती है → **अमोनिया एक अपचायक**

78. फास्फोरस की +1 ऑक्सीकरण अवस्था किसमें पाई जाती है → **H_3PO_2 में**

79. $[Cr(NH_3)_4Cl_2]^+$, में Cr ऑक्सीकरण अवस्था क्या है → **+6**

80. $H_2O + Br_2 \rightarrow HOBr + HBr$ अभिक्रिया में ब्रोमीन के व्यवहार के विषय में दिया गया कौनसा कथन सबसे अधिक उपयुक्त है → **ऑक्सीकृत और अपचयित दोनों होता है**

81. जब $KMnO_4$ ऑक्सीकारक का कार्य करता है तथा अन्त MnO_4^-, MnO_2^-, Mn_2O_3 तथा Mn^{+2} में बदलता है। प्रत्येक अवस्था में कितने इलैक्ट्रॉन का स्थानान्तरण होता है → **1,3,4,5**

82. आयोडीन कौन कौन सी ऑक्सीकरण अवस्थायें दर्शाता है → **1, +1, +3, +5, +7**

83. यदि एक परमाणु ऑक्सीकृत होता है तो उसकी ऑक्सीकरण संख्या में होती है → **वृद्धि**

84. सर्वाधिक प्रबल ऑक्सीकारक क्या है → **O_3**

85. किसमें सर्वाधिक अपचयित करने की शक्ति है → **HCl में**

86. $KMnO_4^-$ की तुल्यांकी संहति के बारे में सत्य कथन क्या है → **क्षारीय माध्यम में यह अणु संहति का एक तिहाई है**

87. कौनसा अपचायक है → **H_2O_2**

88. ऑक्सीकरण अंक में कमी को क्या कहते है → **अपचयन**

89. $K_2Cr_2O_7$ में Cr की ऑक्सीकरण अवस्था क्या है → **6**

90. कौनसा यौगिक जिनमें मैगनीज अधिकतम ऑक्सीकरण अवस्था रखता है → $KMnO_4$

91. $NaNO_2$ में नाइट्रोजन का ऑक्सीकरण अंक क्या है → **+3**

92. अम्लीकृत पोटेशियम डाइक्रोमेट को हाइड्रोजन सल्फाइड द्वारा अभिकृत करते है, अभिक्रिया में क्रोमियम की ऑक्सीकरण संख्या में कितनी कमी होती हैं → **+ 6 से +3 की**

93. KBF_4 में बोरोन की आक्सीकरण संख्या क्या है → **+ 3**

94. N_2O_5, SO_3^{2-}, NH_4^+ में N, S, N का आक्सीकरण अंक क्रमशः क्या है → **+5, 4, -3**

95. $HClO_3$ में क्लोरीन का ऑक्सीकरण अंक क्या है → **+5**

96. ठोस NaCl विद्युत का कुचालक क्यों होता है → **क्योंकि NaCl(s) में कोई आयनों की गति नहीं है**

97. यौगिक के आयनीकरण की मात्रा विलेय किस पर निर्भर करती है → **अणु की प्रकृति**

98. कॉपर सल्फेट विद्युत अपघट्य किस प्रकार का है → **द्वि–द्विसंयोजी**

99. पोटेशियम कार्बोनेट विद्युत अपघट्य किस प्रकार का है → **एकल–एकल संयोजी के**

100. 0.001 M Ba $(OH)_2$ विलयन का pH कितना होगा → **11.3**

101. विलियन का pH 4 है, विलयन में हाइड्रोक्साइड आयन की सान्द्रता होगी → $\mathbf{10^{-10}}$

102. pH किसका कम है → **NH_4Cl का**

103. 10^{-10} MHCI का pH, 10 कैसा कथन है → **गलत कथन है**

104. एक विलयन का pH 3 से 13 हो जाना यह इंगित करता है कि इसमें क्या मिलाया जाता है → **प्रबल क्षार**

105. यदि एक विलयन की pH 2 इकाई कम कर दी जावे तो इस विलयन में H^+ आयन की सान्द्रता कितनी बढेगी → **100 गुना**

106. कौनसे विलयन की pH में परिवर्तन बहुत धीरे–धीरे होता है → **बफर**

107. रक्त में सबसे महत्वपूर्ण बफर कौनसा है → **H_2CO_3 तथा HCO_3^-**

108. भारी जल में NaCl की विलेयता साधारण जल की अपेक्षाकृत कैसी होगी → **कम**

109. OH^- का संयुग्मी क्षारक कौनसा है → O_{2^-}

110. विलयन का pH, क्या दर्शाया जाता है → $\mathbf{-log_{10}(H^+)}$

111. 10^{-7} NaCl का pH कितना होगा → **6.97**

112. अभिक्रिया P_4 (5) + 5 O_2 (g) = P_4 O_{10} (s) के लिये तुल्य व्यंजक कितना है → **Kc = 1/ $(O_2)^5$**

113. 0.02 M हाइड्रोक्लोरिक अम्ल के विलयन का pH, कितना है → **1.7**

114. मान लीजिये अभिक्रिया $PCl_5(s) = PCl_3 + Cl_2(g)$ एक बन्द बर्तन में साम्यावस्था में है। एक निश्चित ताप पर PCl_5 डालने पर क्या बढेगी → **$Cl_2(g)$ के साम्य सान्द्रता**

115. किसकी हैबर विधि द्वारा बनाने के लिए सभी स्थितियाँ सहायक है? जैसे – अभिकारकों का अधिक सान्द्रण, कम ताप पर उच्च दाब पर किसको लगातार हटाया जाना → **अमोनिया**

116. अभिक्रिया $N_2 + 3H_2 \rightarrow 2NH_3$ में दाब बढ़ने पर उत्पाद क्या है → **बढता**

117. किसके सिद्धान्त, सान्द्रता, ताप और दाब से रासायनिक तन्त्र को प्रभावित करते है → **ला–शितलिये के**

118. उत्क्रमणीय अभिक्रिया $N_2 + 3H_2 \rightarrow 2NH_3$ में दाब का बढना किसके पक्ष में होगा → **अग्रिम दिशा में अभिक्रिया के**

119. $PCl_5 = PCl_3 + Cl_2$ में अभिक्रिया कब बढेगी → **कम दाब पर**

120. अभिक्रिया 2 x + y = Z के लिए साम्य स्थिरांक का व्यंजक क्या होगा → **z/[x]2 [y]**

121. 4 A + 5 B = 4 x + 6 y इसके साम्य स्थिरांक Kc की इकाई क्या होगी → **मोल लीटर$^{-1}$**

122. 2 लीटर क्षमता वाले पात्र में 2 मोल PCl_5 को गर्म किया गया। साम्य पर 40% PCl_5 वियोजित होकर PCl_3 तथा Cl_2 देता है साम्यवस्था स्थिरांक का मान होगा → **0.267**

123. एक रासायनिक अभिक्रिया A = B साम्य में कब कहलायेगी → **जबकि A का B में परिवर्तन होने की दर दोनों ही बराबर होती है।**

124. एक उत्क्रमणीय अभिक्रिया में जिसमें साम्य पर दो क्रियाकारक है, यदि क्रियाकारकों के सान्द्रण को दोगुना कर दिया जावें तो साम्य स्थिरांक कितना रहेगा → **समान**

125. जब साम्य निकाय बर्फ = जल पर दाब डाला जाता है तो क्या बनेगा → **अधिक जल**

126. B मोलरता के पद में प्रथम तथा शून्य कोटि की अभिक्रिया की इकाई क्या है → **Sec^{-1}, M Sec^{-1}**

127. एक प्रथम कोटि अभिक्रिया के 90 प्रतिशत पूरा होने में लगभग अर्द्ध आयु का कितना समय लगेगा → **3.3 गुना**

128. 3A → 2B के लिए अभिक्रिया का वेग किसके बराबर होगा → **+ d(B)/dt वेग - 2/3d(A)/dt के**

129. वेग स्थिरांक किस पर निर्भर करता है → **तापक्रम पर**

130. अभिक्रिया 2 A + B → A_2B में यदि A की सान्द्रता दोगुनी व B की सान्द्रता आधी की जाती है तो अभिक्रिया का वेग कितना जाता है → **दो गुना बढ**

131. A→ B की अभिक्रिया द्वितीय कोटि गति की अनुसरण करती है। A की सान्द्रता को दुगुना करने पर B के निर्माण की दर कितनी हो जायेगी → **4 गुना बढ**

132. यदि प्रथम कोटि अभिक्रिया का 75 प्रतिशत भाग 32 मिनट में पूरा होता है, तो अभिक्रिया का 50 प्रतिशत भाग कितने समय में पूरा होगा → **16 मिनट में**

133. एक उत्प्रेरक केवल संक्रियण ऊर्जा बढाता है और संक्रियण ऊर्जा कम करता है।

134. दी गई अभिक्रिया $2FeCl_3 + SnCl_2 \rightarrow 2FeCl_2 + SnCl_4$ किसका उदाहरण है → **एक तृतीय कोटि अभिक्रिया का**

135. आरेनियस समीकरण अभिक्रिया के वेग स्थिरांग पर तापक्रम का प्रभाव कौनसा समीकरण व्यक्त करती है → **K=Ae-Ea/RT**

136. विषमांगी उत्प्रेरण किस सिद्वान्त द्वारा समझाया जा सकमा है → **अधिशोषण**

137. एक आदर्श गैस के समतापीय प्रसारण के दौरान कौनसी ऊर्जा स्थिर रहती है → **इसकी आन्तरिक**

138. एक गैसीय समतापीय तथा उत्क्रमणीय रूप से प्रसारित होती है, गैस द्वारा किया गया कार्य कितना होगा → **अधिकतम**

139. एक निकाय 150 जूल ऊष्मा ग्रहण करके वातावरण पर 100 जूल कार्य करता है तो निकाय की आन्तरिक ऊर्जा में परिवर्तन द्वारा किसके द्वारा ज्ञात होता है → **50 J**

140. मानक परिस्थियों पर सभी तत्वों की एन्थैल्पी कितनी होती है → **0**

141. एक स्वतः रासायनिक प्रक्रम में मुक्त ऊर्जा परिवर्तन क्या है → **ऋणात्मक**

142. एक प्रक्रम जो सभी तापमानों पर स्वतः कब होगी → $\mathbf{\Delta H < 0; \Delta S > 0}$

143. साम्य पर उत्क्रमणीय अभिक्रिया के लिए मुक्त ऊर्जा परिवर्तन क्या है → **शून्य**

144. किसका नियम अभिक्रिया की ऊष्मा में परिवर्तन से संबंधित है → **हैस का**

145. हैस के नियम में किसका निर्धारण होता है → **संभवन ऊष्मा, संक्रमण ऊष्मा, अभिक्रिया की ऊष्मा का**

146. कौन सबसे अधिक ऊर्जा की मात्रा को प्रदर्शित करता है → **कैलोरी**

147. एक ऊष्मागति की राशि वह है जिस राशि का मान केवल तन्त्र की किस पर निर्भर करता है → **अवस्था पर**

148. एक रूद्रोष्म प्रक्रम के लिये सही क्या है → $\mathbf{\Delta q = 0}$

149. ऊष्मा योग के हैस नियम में कहाँ शामिल है → **प्रारंभिक क्रियाकारक तथा अन्तिम उत्पाद**

150. एक पदार्थ की दहन ऊष्मा हमेशा कैसी होती है → **ऋणात्मक**

151. एक अच्छी तरह बन्द थर्मस फ्लास्क में कुछ बर्फ के टुकड़े है। यह किसका उदाहरण है → **विलगित निकाय**

152. ΔE तथा ΔH में क्या संबंध है → $\mathbf{\Delta H = \Delta E + P\Delta\Delta}$

153. सत्य कथन है ब्रह्माण्ड की एन्ट्रॉपी बढ़ती है और किस मान की ओर प्रवृत्त होती है → **अधिकतम**

154. स्वतः घटित होने वाले प्रक्रम में क्या बढती है → **निकाय एवं उसके परिवेश की एन्ट्रॉपी**

155. उष्माक्षेपी अभिक्रियाओं में ΔH कैसा होता है → **ऋणात्मक**

156. जल का वाष्पन – कौनसा परिवर्तन होता है → **एक उष्माशोषी**

157. मुक्त ऊर्जा परिवर्तन, $\Delta G = 0$ कब होता है → **जब – उत्प्रेरक को मिलाया जाये**

158. Co (g) तथा CO_2 (g) की संभवन उष्मायें क्रमशः 26.4 KCal एवं -94.0 KCal है तो कार्बन मोनो आक्साइड की दहन उष्मा कितनी होगी → **-67.6 K Cal**

159. अभिक्रिया C (ठोस) + 2S (ठोस) ——— CS_2 (द्रव्य) में उष्मा का परिवर्तन क्या कहलाता है → **संभवन की उष्मा**
160. पदार्थ की आन्तरिक ऊर्जा किसके बढने के साथ बढती है → **ताप के**
161. स्थिर ताप एवं दाब पर आदर्श गैस का प्रसार होता है और उसकी कैसी रहती है → **आन्तरिक ऊर्जा समान**
162. एसिटिलीन की आकृति कैसी होती है → **रेखीय**
163. NH_3 में N का संकरण क्या है → **sp^3**
164. एथीलीन में σ व π बन्धों की संख्या क्या है → **5 σ, 1 λ**
165. SO_2, NO_2^-, $O3_9^-$, NO_2^+ में कैसा आकार है → **रेखीय**
166. कौनसा अध्रुवीय है → **F-F**
167. C_2H_2 में C-C बंध की लम्बाई कैसी है → **न्यूनतम**
168. $MgCl_2$ कौनसा बन्ध है → **वैद्युत संयोजक**
169. Al Cl_3 में कौनसा बंध है → **उप सहसंयोजक**
170. कौनसा बंध CH_4 में अनुपस्थित है → **H^- बंध**
171. हीरे में कार्बन की संकरण अवस्था क्या हैं → **sp3**
172. सह संयोजक बंध द्वारा क्लोरीन परमाणु क्या बनाते है → **अणु**
173. PCI_5 कौनसी संरचना है → **द्विपिरेमिडीय**
174. ग्रेफाइट क्या है → **सुचालक**
175. हीरा अच्छा क्या है → **कुचालक**
176. हीरे में कार्बन की संहयोजकता कितनी होगी → **4**
177. $SiCl_3$ यौगिक कौनसे लक्षण दर्शायेगा → **उच्चतम सह संयोजक**
178. किसमें दो इलैक्ट्रॉन युग्म व दो बंध इलैक्ट्रॉन युग्म है → **NH_2^- स्पीशीज में**
179. बर्फ में हाइड्रोजन बंधों की अधिकतम संख्या कितनी होती है → **4**
180. एथेन, एथीन व एथाइन में अधिकतम C-H बन्ध ऊर्जा किसमें होगी → **एथाइन में**
181. न्यूनतम बंध ऊर्जा किससे संबंधित है → **हाइड्रोजन बंध से।**
182. NO स्पीशीज क्या है → **अनुचुम्बकीय**
183. नाइट्रोजन का NCl_3 यौगिक क्या है → **विस्फोटक**
184. O^{2+} स्पीशीज क्या दर्शाती है → **उच्चतम ऊर्जा**
185. BCl_3 अणु क्या नहीं है → **पिरेमिडल**
186. CH_3F में कौनसा बन्ध प्रबलतम है → **कार्बन हैलोजन बन्ध**
187. SO_3^{-2} स्पीशीज में कौनसा बंध बनता है → **उप संहसंयोजक बंध**

188. I_3^- की ज्यामिती कैसी है → **रेखीय**
189. Agcl कौनसा यौगिक है → **न्यूनतम आयनिक**
190. शुद्ध P- कक्षकों के मध्य कोण कितना होता है → **90^0**
191. H_3O^+ क्या है → **पिरैमिडल**
192. बेंजीन अणु में कार्बन क्या होता है → **sp^2 संकरित**
193. He में कौनसा बल होता है → **दुर्बल अन्तराणविक**
194. H_2S, NH_3, BF_3 SiH_4 में बंध कणों की सही क्रम (प्रथम सबसे छोटा) कौनसा है → **$NH_3 < H_2S < SiH_4 < BF_3$**
195. सर्वाधिक आयनिक गुण रखने वाला यौगिक कौनसा है → **HF**
196. सर्वाधिक आयनन विभव वाला तत्त्व कौनसा है → **N**
197. आधुनिक आर्वत सारणी में तत्वों का स्थान किसकी संख्या के गुण से प्रदर्शित होता है → **प्रोटोनों की**
198. किसमें आयनिक, सह संयोजक व उप सहसंयोजक तीनों बन्ध है → **NH_4Cl में**
199. नाभिक का आकार कितना है → **$10^{-15}M$**
200. आयोडीन स्पीशीज के आकार का सही क्रम क्या है → **$I^- > I > I^+$**
201. $H_2O_2^+$ को क्या कहते है → **हाइड्रोजन आयन**
202. दुर्बल क्षार कौन है → **NH_4OH**
203. H Br में संयुग्मी क्षार कौन है → **Br^-**
204. इलेक्ट्रॉन स्नेही कौनसा है → **लुईस अम्ल**
205. H^+ क्या है → **लेविस अम्ल**
206. अम्लीय सामर्थ्य का बढता हुआ क्रम क्या है → **$H_2N_2O_2<HNO_2<HNO_3$**
207. K_2CO_3 का जलीय विलयन क्षारीय क्यों होता है → **CO_3^{-2} जल से क्रिया करता है।**
208. आइसोपेन्टेन में 1°, 2°, 3° हाइड्रोजन की संख्या क्रमशः क्या है → **6,3,1**
209. त्रिशाखित एल्केन में निम्नतम कार्बन की संख्या कितनी होगी → **7**
210. ऐथाइन का सजात क्या है → **C_3H_4**
211. एक द्विबन्ध युक्त चक्रीय हाइड्रो कार्बन का सामान्य सूत्र क्या है → **C_nH_{2n-2}**
212. प्रोपिसिडाइन मूलक का सही संरचनात्मक सूत्र क्या है → **CH_3-CH_2 C**
213. यौगिक $\begin{array}{c} CH_3-CH=C-CH_3 \\ \quad\quad | \\ \quad CH_2-CH_3 \end{array}$ नाम क्या है → **3–ऐथिल – 2– पेंटीन**
214. 2– आइसोब्यूटिल –3 मेथिल – 1 – ब्यूटीन नाम कैसे है → **सही**

215. $CH_3 - C = C - CH_3$ (with CH_3 and C_2H_5 substituents on the two middle carbons) उपरोक्त संरचना की नियमनिष्ठ नाम क्या है → **2,3– डाईमेथिल – 2 – मेंटीन**

216. साइक्लोहेक्सीन में sp_3 संकरित कार्बन परमाणुओं की संख्या कितनी है → **4**

217. 1– हेक्सीन – 3 – आइन में π आबन्धों की संख्या क्या है → **4**

218. एथीन में 2C के मध्य बनने वाले बन्धों की संख्या क्या है → **1 σ व 1 π बन्ध**

219. $CH_3 - CH = C - CH_2$ में कार्बन के कौनसे उपस्थित है → **sp3, sp2 , sp, sp2**

220. नेफ्थेलीन में कितने π बन्ध उपस्थित है → **5**

221. $H\text{-}C = C\text{-}HC = CH_2$ में C - C एकल बन्ध में संकरण कौनसा है → **$sp\text{-}sp^2$**

222. एसीटिलीन में कौनसे बन्ध होते है → **5σ तथा 3 π**

223. यौगिक $CH_3 - CH(CH_3) - CH_2 - CH = CH_2$ का IUPAC नाम क्या है → **4–पेंथिल पेंटीन–1**

224. $CH_3\text{-}CH_2\,COCl$ का IUPAC नाम क्या है → **प्रोपेनोयल क्लोराइड**

225. $CH_3 - C(=O) - CH_2\,COOH$ निम्न संरचना का IUPAC नाम है → **3–कीटोन ब्यूटेनाइक अम्ल**

226. $CH_3\text{-}CH{=}CH\text{-}C \equiv CH$ का IUPAC नाम क्या है → **पेन्ट–3 ईन–1 आइन**

227. एथेनॉल का एक समावयवी क्या है → **डाइमेथिल ईथर**

228. $C_4\text{-}H_8$ वाली एल्कीन के अधिकतम समावयवियों की संख्या कितनी है → **4**

229. समावयवी ब्यूटेन कितनी होती है → **3**

230. $CH_3\text{-}CH_2 - CH = CH_2$ तथा $CH_3 - CH = CH = CH_3$ क्या दर्शाता है → **स्थान समावयवयता**

231. n-ब्यूटिल एल्कोहल एवं आइसोब्यूटील एल्कोहल क्या प्रदर्शित करते है → **श्रृंखला समावयवता**

232. ज्यामितीय समावयवता क्या प्रदर्शित करता है → **2– ब्यूटीन**

233. प्रकाशिक एवं ज्यामितीय समावयवता क्या दर्शाता है → **युग्म त्रिविम समावयवता**

234. कौनसे यौगिक में किरैल कार्बन परमाणु नहीं है → **क्लोरो पेन्टेन**

235. प्रापेयौनिक अम्ल के समावयवी क्या हैं → **$HCOOC_2H_5$ तथा CH_3COOCH_3**

236. $C_2H_5OC_2H_5$, $CH_3OCH_2\,CH_2\ CH_3$, $CH_3\ OCH\ (CH_3)_2$ क्या प्रदर्शित करते है → **मध्यावयता**

237. असममित कार्बन परमाणु वह होता है जिसमें क्या हों → **सभी भिन्न समूह**

रसायन विज्ञान के JET के पेपर

JET Paper - 2005

1. अष्टक नियम किसने ने प्रतिपादित किया था।
   (अ) एबेग (ब) वाडस वालस
   (स) न्यूलैंडस (द) कोसेल
2. निम्नलिखित में से किसके द्वारा अष्टक संरचना प्राप्त नहीं की जा सकती है।
   (अ) इलेक्ट्रॉन विनिमय
   (ब) इलेक्ट्रॉन त्यागकर
   (स) इलेक्ट्रॉन
   (द) इलेक्ट्रॉन सहभाजना
3. दल बल जो दो परमाणुओं को बांधे रखता है उसे कहते है।
   (अ) बन्ध लंबाई
   (ब) अंतरागुणक
   (स) रासायानिक बंध
   (द) बन्ध क्रम
4. हीलियम एक परमाणुक तत्त्व होता है क्योंकि?
   (अ) शून्य समूह
   (ब) इसकी संरचना Is^2 अतिस्थायी है
   (स) हसमें कोई तत्व नहीं है
   (द) इसका आयतन विमय सर्वाधिक है
5. उत्कृष्ट गैसें सामान्यतः अक्रियाशील होती है क्योंकि ?
   (अ) इनकी बाह्य संरचना S2P6 है
   (ब) ये गैसे है
   (स) इसका आयतन विभव उच्च होता है
   (द) इनकी वांडरवाल्स त्रिज्या अधिक है
6. निम्न में से किसकी स्थायी अष्टक संरचना है?
   (अ) Li^+ (ब) F^-
   (स) He (द) Be^{2+}
7. कौनसा परमाणु इलेक्ट्रॉन त्यागकर स्थायी अष्टक संरचना ग्रहण नहीं कर सकता है।
   (अ) Se (ब) Al
   (स) Sc (द) Na
8. कौनसी संरचना आभासी अक्रिय गैस संरचना होती है।
   (अ) $ns^2\ np^6,\ nd^{10}$
   (ब) $Ns^2\ np^2$
   (स) $(n\text{-}1)d^{10}\ nS2,\ np$
   (द) $(n\text{-}1)\ S^2\ /\ (+1)\ p^6$

9. आभासी अक्रिय गैस संरचना वाला आयन कौनसा है?
(अ) Cu^{++} (ब) Al^{3+}
(स) Na^{+} (द) I^{-}

10. निम्न में से किसके पास सर्वाधिक इलेक्ट्रॉन है?
(अ) O (ब) S
(स) P (द) Cl

11. निम्न किसकी संयोजकता इलेक्ट्रॉनों की संख्या तीन नहीं है
(अ) Sc (ब) Al
(स) Ge (द) Ge

12. एक परमाणु की बाह्यतम संरचना ns^2np^3 है। इसके संयोजकता इलेक्ट्रॉनों की संख्या कितनी है?
(अ) 3 (ब) 5
(स) 2 (द) 1

13. अतिविद्युतधनी (electropositive) परमाणुओं के रासायनिक बंधन से कौनसा बंध बनता है?
(अ) धात्विक (ब) आयवी
(स) सहसंयोजक (द) वांडरवाल्स

14. अक्रिय गैस संरचना वाला कौनसा आयन है?
(अ) Ti^{4+} (ब) Pb^{2+}
(स) sb^{3+} (द) Bi^{3+}

15. कौनसा अणु इलेक्ट्रॉन न्यून नहीं है?
(अ) SiH_4 (ब) BeH_2
(स) B_2H_6 (द) $Al_2 Cl_6$

16. किस परमाणु की संयोजकता अयुग्मित इलेक्ट्रॉनों की संख्या से अधिक है?
(अ) C (ब) N
(स) O (द) F

17. यदि किसी परमाणु की संरचना ns^2 np^5 $(n>2)$ हो तो इसकी अधिकतम संयोजकता कितनी होगी।
(अ) 1 (ब) 7
(स) 5 (द) 2

18. तृतीय आवर्त के किसी परमाणु की न्यूनतम सहसंयोजकता दो हो, तो अगली संयोजकता किसकी होगी।
(अ) 4 (ब) 3
(स) 5 (द) 6

19. सोलहवें (16) समूह तथा तृतीय आवर्त का एक परमाणु Q कई फ्लोराइड बनाता हो तो निम्न में से कौनसा संभव नहीं है?
(अ) QF_2 (ब) OF_3
(स) QF_4 (द) QF_6

20. एक परमाणु Q जिसकी संरचना ns^2nP_3 है, यौगिक OF^5 नहीं बनाता है तो निम्न में से कौनसा यौगिक नहीं बन सकता है यह कथन सही नहीं है।
(अ) Q चतुष्क
(ब) Q का सम्बन्ध द्वितीय आर्वती से
(स) Q का तीन से कम
(द) Q में सहसंयोजक कक्ष में

21. कौनसा परमाणु युग्म आयनिक बंध नहीं बनाता है।
(अ) Si, F (ब) K, Br
(स) Mg gl (द) Na, N

22. कौनसा बंध दिशात्मक नहीं है।
(अ) उपसंयोजक
(ब) आयनिक
(स) ध्रुवीय बन्ध
(द) अध्रुवीय बन्ध

23. निम्न में कौनसा पदार्थ सबसे कम कठोर है?

(अ) हीरा (ब) ग्रेफाइट

(स) कार्बोरन्डम

(द) बेरीलियम ऑक्साइड

24. यौगिकों के गलनांक तथा क्वथनांक के संबंध में असत्य कथन है?

(अ) सहसंयोजक यौगिकों के गलनांक व क्वथनांक प्रायः कम होते है, क्योंकि परमाणुओं के मध्य बंध प्रायः दुर्बल होते है।

(ब) गलनांक व क्वथनांक अधिक

(स) परमाणु के मध्य बंध प्रबल

(द) उपरोक्त सभी

25. कौनसा यौगिक विद्युतसंयोजी है?

(अ) $RaCl_2$ (ब) $SnCl_2$

(स) HCl (द) $AlCl_3$

26. एक तत्त्व की परमाणु संख्या 37 है। इसकी संयोजकता का मान कितना है?

(अ) 1 (ब) 2

(स) 4 (द) 3

27. p-p सिग्मा बंध s-s सिग्मा बंध से लगभग कितने गुणा अधिक प्रबल है?

(अ) 2 (ब) 3

(स) 4 (द) 1

28. किसमें संकरण अवस्था, कक्षक कोण अनुपयुक्त है

(अ) sp^3d, 90° (ब) SP^3, 109'28'

(स) sp^3, d2, 98 (द) SP^2, 120°

29. संरचना ns^2nP^2 का एक परमाणु एक π व तीन σ बंध बनाता हो तो परमाणु की संकरण अवस्था एवं संभावित बंध कोण बनाने वाला सेट कौनसा है?

(अ) sp, 180° (ब) sp, 190°

(स) sp, 109° (द) sp, 120°

30. कौनसा युग्म बेमेल है?

(अ) sp^3; चतुषफलकीय

(ब) dsp^2; अष्टफलकीय

(स) dsp^3; त्रिकोणीय द्विपिरामिडीय

(द) sp^3; त्रिकोणीय समतीलीय

31. ज्यामिति में बंध कोण असमान होते है?

(अ) त्रिकोणीय द्विपिरामिडीय

(ब) वर्ग समतलीय

(स) अष्टफलकीय

(द) रेखीय

32. कार्बन की संयोकता चार होती है यद्यपि इसके पास दो ही अयुग्मित इलेक्ट्रॉन होते है इसका सही कारण क्या है?

(अ) कार्बन योगिकी की चतुष्फलकीय संरचना

(ब) 2s कक्षक से एक इलेक्ट्रॉन की प्रोन्नति 2P कक्षक में हो जाना

(स) कार्बन का चार इलेक्ट्रॉन समुह आर्वत तालिका का सदस्य होना

(द) कार्बन के संयोजकता कक्ष में

33. Co_2, C_2H_4 तथा C_2H_2 में संकरण का सही सेट है?

(अ) sp, sp^2, sp (ब) sp^3, sp^2, sp

(स) sp^2, sp^2, sp^3 (द) sp^2, sp^3, sp

34. अयुग्मित इलेक्ट्रॉनों के कारण अणुओं में उत्पन्न होने वाली चुम्बकीय गुण का नाम क्या है?

(अ) अनुचुम्बकीयता

(ब) प्रति चुम्बकीयता

(स) लोह चुम्बकत्व

(द) प्रति चुम्बकत्व

35. कौनसे युग्म में दोनों यौगिकों की रेखीय ज्यामिति है?

(अ) CO_2, BeH_2 (ब) Co_2, $BeCl_2$

(स) SO_2, CO_2 (द) SO_2, $Becl_2$

36. हीरा एक कठोर पदार्थ है, क्योंकि ?

(अ) इसमें कार्बन परमाणु चतुष्फकीय संरचना में जुड़कर विशाल अणु बनाते है

(ब) इसमें आयनिक ब्रंध

(स) कार्बन परमाणु की समतलीय संरचना

(द) प्रबल वांडर बल

37. ग्रेफाइट विद्युत तथा ऊष्मा का सुचालक है, जबकि हीरा नहीं। इसका कारण क्या है?

(अ) ग्रेफाइट में अस्थानीकृत इलेक्ट्रॉनों की उपस्थिति

(ब) ग्रेफाइट में आयनिक तथा हीरे में सहसंयोजक

(स) ग्रेफाइट में कार्बन परतों का होना

(द) ग्रेफाइट में कार्बाइड का होना

38. ग्रेफाइट की किसी भी परम में C-C-C कोण का मान कितना है?

(अ) 180° (ब) 120°

(स) 90° (द) 190°

39. कौनसा यौगिक युग्म अष्टक नियम का पालन नहीं करता है?

(अ) $SOCl_2$, PCl_2

(ब) NH_3 $SOCl_2$

(स) PCl_5, NH_3

(द) NH_3

40. कौनसी स्पीशीज त्रिकोणीय द्विपिरैमिडीय नहीं है?

(अ) IF_5 (ब) Sb Cl_5

(स) PCl_5 (द) As Cl_5

JET PAPER - 2006 (सरल व्याख्या)

1. Sncl₂ व Sncl₄ में केन्द्रीय परमाणु पर एकाकी युग्मों की संख्या व अणुओं की ज्यामिति क्रमशः सही–सही सैट में है → **I, V- आकृतिः शून्य चतुष्फलकीय**

2. अमोनिया में फॉस्फीन की अपेक्षा भास्मिक गुण अधिक होने का कारण क्या है → **अमोनिया के एकाकी युग्म वाले कक्षक में p- गुण की अधिकता है।**

3. आयनिक बन्ध बनने के लिए उचित दशायें कौनसी है → **कम आवेश वाला बड़ा धनायन तथा छोटा ऋणायन है।**

4. π बन्ध के संबंध में π बंध संकरित कक्षकों के अतिव्यापन से बनता है यह कथन → **असत्य है।**

5. क्लोरीन अणु के निर्माण में कितना अतिव्यापन होता है → **p- p समाक्षीय**

6. आयनिक ठोस विद्युत के कुचालक होते है, क्योंकि → **ठोस अवस्था में आयन विचरण हेतु स्वतन्त्र नहीं होते।**

7. दो परमाणुओं के मध्य अधिकतम σ बंध की संख्या कितनी है → **1**

8. PCl_5 अणु की आकृति एवं बंधित इलेक्ट्रॉन का सही समुच्चय क्या है → **त्रिकोणीय द्विपिरामिडीय, 10 है**

9. Agl का रंग गहरा पीला तथा AgCl का श्वेत होने का कारण क्या है → **आयोडाइड आयन की ध्रुवणता क्लोराइड आयन की अपेक्षा अधिक होना।**
10. H_2O अणु का द्विध्रुव आघूर्ण कितना है → **शून्य नहीं**
11. किसके उपयोग आयनिक यौगिकों में सहसंयोजक गुण को समझाने के लिये किया जाता है → **फायान के नियम के**
12. बर्फ का धनत्व जल की अपेक्षा कम होने के कारण क्या है? → **बर्फ की कम संहत संरचना होना**
13. एक उपसहसंयोजक बन्ध कब बनता है → **जबकि एक परमाणु के पास एकल इलेक्ट्रॉन युग्म और दूसरे के पास रिक्त कक्षक होता है।**
14. रेखीय ज्यामिति वाली स्पीशीज क्या है → **AgC_2, CO_2, N_3-**
15. सबसे प्रबल हाइड्रोजन बंध कौनसा है → ***F-H* ---------*F***
16. सल्फर डाइऑक्साइड में सल्फर का संकरण का प्रकार क्या है → **sp^2**
17. N_2O_5 में बन्धों का प्रकार क्या है → **सहसंयोजक व उपसहसंयोजक।**
18. खाने वाला नमक आर्द्रताग्राही है, लेकिन प्रस्वेदक नहीं, क्योंकि → **इसमें प्रस्वेदक $MgCl_2$ की थोड़ी मात्रा होती है।**
19. सर्दियों में समुद्र जल के जमकर बर्फ बन जाने से बर्फ सतह पर तैरती है तथा नीचे के स्तर के जल का हिमन बर्फ कुचालक होने के कारण रोक देती है → **इसलिये जलचर नहीं मरते है।**
20. निम्न बंधों में से कौनसा सबसे दुर्बल है → **हाइड्रोजन बंध**
21. निम्न हाइड्रोजन बन्धों में कौनसी सबसे दुर्बल है → **N-H ——— N**
22. H_2O अणु बर्फ की अपेक्षा जल में अधिक दूरी पर है → **यह कथन जल व बर्फ के संबंध में असत्य है।**
23. निम्न स्पीशीज O_2- में कौन अनुपस्थित है → **उपसहसंयोजक बंध**
24. निम्न में किसका आयन संभव नहीं है → **$[BF_6]^{3-}$ का**
25. गल्फ युद्ध के समय समुद्रीय जल की सतह पर जलता हुआ तेल चारों ओर अपार जल के होते हुए भी नहीं बुझा क्योंकि → **जल तेल के साथ हाइड्रोजन बंध नहीं बना पाता।**
26. जल आयनिक यौगिकों के लिये सर्वोत्तम विलायक है क्योंकि → **इसका परावैद्युतांक उच्च होता है तथा यह आयनों का विलायन करता है।**
27. अष्टक का विस्तार किस यौगिक में सम्भव नहीं है → **PH_3**
28. निम्न में कौन सर्वोत्तम इलेक्ट्रॉन दाता है → **NH_3**
29. किस यौगिक में बंध कोण सबसे कम है → **H_2S**
30. किस यौगिक में बंध कोण सबसे अधिक है → **$BeCl_2$**
31. निम्न में से NH_3 अणु की आकृति कैसी है → **पिरामिडीय**
32. निम्न में से कौनसा यौगिक रेखीय नहीं है → **SO_2**

33. हाइड्रोजन अणु आयन (H_2+) का बंध क्रम क्या है → **0.5**
34. BeF_2, BF_3, और CCl_4, के बंध कोण का क्रमशः सही क्रम क्या है → **180°, 120°, 109°28', समुच्चय में है।**
35. $BeCl_2$, में बंध युग्मों तथा एकाकी युग्मों की सही संख्या क्रमशः क्या है → **2, 6 समुच्चय**
36. NH_3, में एकाकी युग्मों की संख्या क्रमशः क्या है → **1, 3**
37. अणु AB_5 (A पर एकल इलेक्ट्रॉन युग्म है) की आकृति क्या है → **वर्ग पिरामिडीय**
38. कार्बोनेट आयन में कार्बन की संकरण अवस्था क्या है → **sp^2**
39. निम्न में $HClO_3$ की ज्यामिति कैसी है → **चतुष्फलकीय नहीं**
40. हीरे की संरचना में केवल सहसंयोजक बंध होने के बावजूद इसके उच्च गलनांक का कारण क्या है → **वृहत अणु संरचना है।**
41. स्पीशीज कैसी है → **त्रिकोणीय द्विपिरैमिडीय नहीं**

JET PAPER - 2007 (सरल व्याख्या)

1. ग्रफाइट के विद्युत सुचालक होने का मुख्य कारण क्या है → **अस्थानीकृत इलेक्ट्रॉन**
2. कार्बन परमाणु की Co_2 तथा Co_3^{2-} में संकरण अवस्थायें किसके कारण है → **अस्थानीकृत इलेक्ट्रॉन**
3. कार्बन परमाणु की Co_2 तथा CO_3^{2-} में संकरण अवस्थायें क्रमशः क्या है → **sp, sp^2**
4. अकार्बनिक बेन्जीन का सूत्र क्या है → **$B_3N_3H_6$**
5. निम्न में से किस अणु में सभी बंध कोण समान है → **प्रोपीन**
6. हीरे के संबंध में असत्य कथन क्या है → **हीरे की कठोरता का कारण C-C बंध की ऊर्जा का उच्च मान है**
7. किसको काँच काटने के उपयोग में नहीं लाया जा सकता है → **ग्रेफाइट को**
8. ग्रेफाइट पेंसिल को कागज पर लिखने हेतु प्रयोग करने का कारण क्या है → **ग्रेफाइट परतों के मध्य वान्डर वाल्स बलों का होना**
9. ग्रेफाइट में दो निकटतम कार्बन परतों के बीच की दूरी कितनी है → **1.54 A**
10. संतृप्त हाइड्रोकार्बन कौनसा यौगिक है → **केवल σ बंध युक्त**
11. σ बंध π बन्ध से दुर्बल है कथन है → **सत्य**
12. आर्वत सारणी में सर्वाधिक विद्युत ऋणता किसमे होती है → **F, O, N में**
13. अंग्रेजी के किस अक्षर से जिससे आवर्त सारणी में अधिकतम तत्वों का संकेत दिया जाता है → ***A* अक्षर**
14. मेण्डलीफ की आवर्त सारणी किस पर निर्भर करती है → **परमाणु भार पर**
15. आज की आधुनिक आवर्त सारणी में कुल कितने वर्ग है → **16**

16. आधुनिक आवर्त सारणी में किस आवर्त में अधिकतम तत्त्व रखे गये है → **6th**
17. आधुनिक आवर्त सारणी में कौनसा आवर्त अपूर्ण है → **7th**
18. आवर्त सारणी में कौन शैतान तत्त्व के नाम से जाना जाता है → ***Ne***
19. परमाणु क्रमांक 104, 105, 106 तत्त्व क्या कहलाते है → **मानव निर्मित तत्त्व**
20. आवर्त सारणी के तत्वों का लगभग कितना भाग अधातुओं का है → **2/3**
21. निम्न में से कौनसा तत्त्व प्रारूपी है → **B**
22. निम्न में से कौन युग्म विकर्ण संबंध नहीं रखता → **B, sl**
23. विकर्ण संबंध किस आवर्त के सभी तत्वों के मध्य पाया जाता है → **2nd व 3rd**
24. वे तत्त्व जिनमें दो बाहरी कक्षायें अपूर्ण हो क्या तत्त्व कहते है → **अन्त संक्रमण**
25. वे तत्त्व जिनमें सभी कक्षायें पूर्ण हो आवर्त सारिणी में किस कॉलम में रखे गये है → **प्रथम**
26. संक्रमण तत्वों का इलेक्ट्रॉनिक विन्यास क्या होगा → **कोई नहीं**
27. d- ब्लॉक तत्वों को अन्तः संक्रमण तत्त्व कहते है → **कथन असत्य है**
28. अन्तिम व उपान्तय कोश में समान संख्या में इलेक्ट्रॉन किसमें पाये जाते है → $\mathbf{K^+}$
29. p- ब्लॉक तत्वों को सामान्य इलेक्ट्रॉनिक विन्यास क्या होगा → $\mathbf{ns^1\text{-}\ p^1\text{-}6}$
30. डोबेरीनर त्रिक का उदाहरण कौन नहीं है → **Li Na K**
31. बक का परमाणु क्रमांक 48 है इसी वर्ग के ऊपर व नीचे वाले तत्वों का परमाणु क्रमांक क्या होगा → **30, 66**
32. कुछ तत्वों के परमाणु क्रमांक z = 11, 37, 55, 97 हैं उन तत्वों का समूह 11, 97, 37 होगा जो आवर्त सारिणी को किस वर्ग में रखे जाते हों → **एक ही**
33. निम्न में कौन युग्म उपधातु का है → **Cu, Ag**
34. 12, 30, 38 व 15 परमाणु क्रमांकों में 12, 15 परमाणु क्रमांक किस वर्ग के है → **एक ही**
35. उस तत्त्व का परमाणु क्रमांक 12 होगा जिसके किस उपकोश में अधिकतम अयुग्मित इलेक्ट्रॉन्स उपस्थित हो → ***4p***
36. किस रसायनज्ञ जिसने अधिकतम ट्रांसयूरेनिक तत्वों को खोज निकाला था → **Irene Curie**
37. d- ब्लॉक तत्त्व कितने समूह से प्रारम्भ होते है → **5**
38. C^4 - N^5 - O^6 तथा F^7 को उनके बढते हुई आयनिक त्रिज्या में व्यवस्थित कीजिए → **कोई भी नहीं**
39. O^{2-} स्पीशीज का आकार कैसा होगा → **उच्चतम**
40. निम्न में से कौन न्यूनतम आकार वाला है → $\mathbf{F^-}$

JET PAPER - 2008 (सरल व्याख्या)

1. निम्नलिखित में कौन सबसे बड़ा आयन है → **Ba^{2+}**
2. समइलेक्ट्रॉनीय श्रेणी के संबंध में असत्य कथन है → **इलेक्ट्रॉनों और न्यूट्रॉनों की संख्या समान रहती है।**
3. निम्न में से कौनसे युग्म एक दूसरे के समइलेक्ट्रॉनीय है → **Ne एवं O**
4. स्पीशीज की त्रिज्याओं का सही क्रम क्या है → **$O^{2-} > F^{-} > Ne > Ka^{-}$**
5. निम्न में किसका आकार सबसे बड़ा है → **P**
6. एक आवर्त में परमाणु संख्या में वृद्धि के साथ–साथ परमाणु त्रिज्या में कमी कौनसे तत्वों में सर्वाधिक होती है → **छठे व सातवें**
7. निम्नलिखित में से कौनसा सैट समइलेक्ट्रॉनीय स्पीशीज निरूपित नहीं करता है → **S^{2-}, Br^{-}, Kr**
8. सबसे छोटा परमाणु क्या है → **IS^{2-}, $2s^2\ 2p^6$, $3s^2$, $3s^1$**
9. निम्न में कौनसे युग्म के तत्वों के आकार में अन्तर अधिकतम है → **Al, Ga**
10. निम्न योग्म में कौनसे तत्वों की त्रिज्याओं में अन्तर न्यूनतम है → **Na, Mg**
11. एक वर्ग में ऊपर से नीचे की ओर तथा एक आवर्त में दायी से बायीं ओर परमाणु त्रिज्या कैसी होती है → **परिवर्तित नहीं**
12. निम्न में किसका आकार अधिकतम होगा → **Br**
13. आवर्त सारिणी के हैलोजन परिवार में ऊपर से नीचे जाने पर परमाणवीय त्रिज्या कैसे रहती है → **पहले बढती है फिर घटती है**
14. निम्न में से अधिकतम त्रिज्या किसकी होगी → **He^{+}**
15. P^{3-}, s^{2-}, Cl^{-} आकार का घटता हुआ क्रम कैसा है → **$P^{3-} > s^{2-} > Cl^{-}$**
16. Cu दो ऑक्सीकरण अवस्था वाला तत्त्व है +1 व +2 इन आयनों की त्रिज्या का सही क्रम है → **इनमें कोई नहीं**
17. Na^{+} की त्रिज्या उदासीन Na परमाणु से कम होती है क्योंकि → **11 प्रोटॉन 12 इलेक्ट्रॉन को खींचते है**
18. आयोडिन स्पीशीज I, I^{-}, I^{+} आकार का सही क्रम क्या है → **$1 > 1^{+} > 1^{-}$**
19. परमाणु क्रमांक 12 व 13 वाले तत्वों का आकार का क्रम क्या होगा। → **12 = 13**
20. निम्नलिखित में से कौन आयनिक त्रिज्या के बढते क्रम में नहीं है → **$Al^{+3} < Mg^{+2} < Na^{+}$**
21. N, N^{+}, N^{-} के लिये आकार का सही क्रम है → **N^{-}, N, N^{+}**
22. A, B, C व D तत्वों का इलेक्ट्रॉनीय विन्यास नीचे दिये गये है। बताइये उच्चतम धात्विक लक्षण प्रदर्शित करने वाला तत्त्व किसमें होगा → **B= 2,8,8,2**
23. इलेक्ट्रॉन त्यागने की सर्वाधिक प्रवृति किसमें होगी → **B**

24. Mg वस्तुतः Mg (II) बनाता है क्योंकि इसका प्रथम व दूसरा आयनन विभव का अन्तर कितना है → **7.4 eV**
25. C, N, O व Si, P, S श्रेणियों में O एकल तत्त्व जिसका आयनन विभव कैसा होगा → **उच्चतम**
26. लीथियम की प्रथम किसके बराबर होता है → **I.P: Na**
27. द्वितीय आयनन विभव प्रथम आयनन विभव <11ev कोई भी नहीं तत्त्व के लिए → **सत्य है**
28. किसका उच्त्तम आयनन विभव होगा → **F**
29. हैलोजन की फ्लोरीन की इलेक्ट्रॉन बन्धुता सबसे अधिक है कथन → **असत्य है**
30. निम्न में से किसके आयन से इलेक्ट्रॉन पृथक्करण में अधिकतम ऊर्जा की आवश्यकता होगी → $\mathbf{Al^{+3}}$
31. निम्न में से किसका आयनन विभव न्यूनतम है → **Li**
32. आवर्त सारिणी के एक वर्ग में परमाणु क्रमांक में वृद्धि के साथ परमाणवीय गुणों से संबंधित सत्य कथन → **आयनन विभव का मान बढाता है**
33. किसका आयनन विभव बेरीलियम से कम है क्योंकि 2s- कक्षकों के इलेक्ट्रॉनों की भेदन क्षमता 2p- कक्षकों के इलेक्ट्रॉनों की भेदन क्षमता से अधिक है → **बोरोन**
34. आयनन विभव के बढते क्रम में व्यवस्थित तत्त्व समुदाय क्या है → **S, P, Cl, Al**
35. प्रथम आयनन विभव के बढते क्रम में व्यवस्थित तत्त्व समुदाय क्या है → **Na> Mg > Al > Si**
36. एल्यूमीनियम (I) ठोस अवस्था में Al(III) बनाता है क्योंकि → **प्रथम बार में ही Al अपने तीनों इलेक्ट्रॉन त्याग देता है**
37. Na> P > CI के आयनन विभव का सही क्रम क्या है → **Cl> Na > p**
38. दो प्रक्रम है $A^{+} + I_2 \rightarrow A^{+2} + e$ तथा $A^{+2} + I_2 \rightarrow A^{+}3 + e$ I_1 व I_2 के लिये सत्य है → $\mathbf{I_1 = 2I_2}$
39. आयनन विभव क्रिस्टल जालक में किस पर निर्भर नहीं करता → **बंध का प्रकार**
40. कौन धनायन पर आवेश व उसकी त्रिज्या का अनुपात है → **आयनन विभव**

JET PAPER - 2009 (सरल व्याख्या)

1. उस विन्यास का चयन कीजिये जिसका आयनन विभव निम्नतम है → $\mathbf{[He]\ 2s^2, 2p^2}$
2. क्षारीय धातुयें द्विधनात्मक आयन नहीं बनाती है, क्योंकि → **प्रथम व द्वितीय आयनन विभव के मानों के अन्तर 16ev से अधिक है**
3. Na^{+}, Mg^{+2}, O^{-2} तथा V से निम्नतम तथा उच्चतम आयनन विभव वाली स्पीशीज का युग्मन क्या होगें → $\mathbf{Na+, Mg^{+2}}$
4. उच्चतम आयनन विभव किन धातुओं का होगा → **क्षारीय**

5. आयनन विभव Be> आयनन विभव B इसका कारण है → **Be का द्वितीय आवर्त का सदस्य है**
6. निम्न में से किसकी इलेक्ट्रॉन त्यागने की प्रवृति अधिकतम है → **F**
7. नाइट्रोजन की आयनन ऊर्जा ऑक्सीजन की आयनन ऊर्जा से अधिक है क्योंकि → **आवर्त सारणी में नाइट्रोजन एक ही आवर्त में ऑक्सीजन से बांयी ओर है**
8. हैलोजन के लिये आयनन विभव का मान कैसा होगा → **न्यूनतम**
9. एक उदासीन परमाणु से धनायन बनने पर धनायन में प्रोटॉनों की संख्या कितनी हो जाती है → **कम**
10. निम्न में से 2, 8, 8, 1 इलेक्ट्रॉनीय विन्यास वाला तत्त्व → **उच्चतम धात्विक लक्षण प्रदर्शित करता है**
11. आवर्त सारिणी में एक कतार (Row) में आयनन विभव कैसा रहता है → **अपरिवर्तित**
12. मैग्नीशियम के प्रथम आयनन विभव का मान एल्यूमीनियम के प्रथम आयनन विभव से अधिक है। इसका कारण है → **मैग्नीशियम के परमाणु क्रमांक का एल्यूमीनियम से कम होना**
13. निम्न में से कौन उच्चतम आयनन विभव वाली स्पीशीज है → **Li**
14. उच्चतम इलेक्ट्रॉन बन्धुता दर्शाने वाला तत्त्व क्या है → **I**
15. किस तत्त्व की इलेक्ट्रॉन बन्धुता सबसे अधिक है → **O**
16. किस प्रक्रम से संबंध ऊर्जा होगी कभी धनात्मक व कभी ऋणात्मक → **$A + e \rightarrow A^-$**
17. इलेक्ट्रॉन बन्धुता प्रायः होती है → **ऋणात्मक**
18. F की विद्युत ऋणता का मान अधिकतम है → **कथन मिथ्या है**
19. विभिन्न तत्वों के परिवारों की इलेक्ट्रॉन बन्धुता का सही क्रम है → **हैलोजन परिवार > ऑक्सीजन परिवार > कार्बन परिवार > नाइट्रोजन परिवार**
20. हैलोजनों की इलेक्ट्रॉन बन्धुता का अनुक्रम क्या है → **I > Br > Cl > F**
21. निम्न में से $Cl \rightarrow Cl^{+} + e^{-}$ की सही प्रक्रिया में होगी → **ऊर्जा मुक्त**
22. OF_2 को ऑक्सीजन फ्लुओराइड कहते है → **अक्षर क्रमानुसार F, O के पहले आता है**
23. किसकी इलेक्ट्रॉन बन्धुता सबसे कम है → **F**
24. निम्न में किसकी इलेक्ट्रॉन बन्धुता उच्चतम है → **P**
25. नाइट्रोजन की इलेक्ट्रॉन बन्धुता कार्बन की इलेक्ट्रॉन बन्धुता से कम है क्योंकि → **N में एक इलेक्ट्रॉन प्रविष्ट कराने पर $2p^4$ विन्यास प्राप्त होता है**
26. एक धातु की विशिष्ट ऊष्मा 0.16 है। इसका लगभग परमाणु भार कितना होगा → **32**
27. $C_{60}H_{122}$ यौगिक के एक अणु का भार क्या होगा है → **1.09×10^{-21} g**

28. 250 mL सोडियम कार्बोनेट विलयन में 2-65 g $Na_2 Co_3$ है। यदि इस विलयन के 10 mL को एक लीटर तक तनु किया गया तत्त्व परिणामी विलयन का सान्द्रण होगा $Na_2 Co_3$ का आण्विक द्रव्यमान → **106**

29. कौनसी ऑक्सीजन सर्वाधिक भारी है → **I मोल ऑक्सीजन**

30. $CaCo_3$ के निश्चित द्रव्यमान के अपघटन से 11.2 dm^3 Co_2 गैस किसके द्वारा प्राप्त होती है। गैस को उदासीन KOH के कितने द्रव्यमान की आवश्यकता होगी → **STP**

31. एक तत्त्व M की उसके M_2O_3 आण्विक सुत्र वाले ऑक्साइड में प्रतिशतता 53 है → **परमाणु द्रव्यमान लगभग 9 है**

32. अभिक्रिया $4NH_3 + 5O_2 \rightarrow 4NO + 6H_2O$ → **1 मोल NH_3 तथा 1 मोल O_3 पूर्णतः क्रिया करते है सभी ऑक्सीजन प्रयुक्त हो जाती है**

33. एक तत्त्व में अन्तिम प्रवेशित इलेक्ट्रॉन की क्वाण्टम संख्याएँ n=2; I=2; m=+2 तथा s=+1/2 है। तत्त्व का परमाणु क्रमांक कितना होगा → **13**

34. निम्नलिखित क्वाण्टम संख्याएँ 3 कक्षकों के लिये सम्भव है → **n=2; I=2, m=+2**

35. प्रकाश की तरेंगदैर्ध्य होगी ? (दी गई ऊर्जा = 3.03×10^{-19}) : ($h=6.6 \times 10^{-34}$ Js, C = 3.0 x 108 m/s) → **6.54nm**

36. F^-, O^+ कौनसी स्पीशीज है → **सम – इलेक्ट्रॉनिक**

37. क्वाण्ट संख्या n=2, I=0, 2p क्या प्रदर्शित करती है → **कक्षक**

38. एक सूक्ष्म कण जिसका द्रव्यमान 25g है की दिक् स्थान में अनिश्चितता 10^{-5}m है। इसके वेग (ms^{-1} में) में अनिश्चितता 2.1×10^{-28} होगी → **($h=6.6 \times 10^{-34}$ Js)**

39. निम्नलिखित में से कौनसा इलेक्ट्रॉन प्रायिकता फलन प्रदर्शित करता है → **$4\pi r^2 dr\omega^2$**

40. द्विगंशी क्वाण्टम संख्या इलेक्ट्रॉन को परिभाषित करती है → **चक्रण**

JET PAPER - 2010

1. d- कक्षक की चुम्बकीय क्वाण्टम संख्या दी जाती है।

(अ) 2 (ब) 0, ± 1, ±2

(स) 0,1,2 (द) 5

2. परमाणु कक्षकों की ऊर्जा का सही बढता क्रम है:

(अ) 5p<4f<6s<5d

(ब) 5p<6s <4f<5d

(स) 5f<5p<5d<6s

(द) 5p<5d<5f<6s

3. मुख्य क्वाण्टम संख्या n = 4, l = 3 तब कुल कक्षकों की संख्या होगी।

(अ) 3 (ब) 7

(स) 5 (द) 9

4. एक कक्ष में घुमते हुये इलेक्ट्रॉन का कक्षीय कोणीय संवेग $\sqrt{l(l+1)}h/2\pi$ से दिया गया है 1s - इलेक्ट्रॉन के संवेग को दिया जाता है।

(अ) $h/2\pi$ (ब) $\sqrt{2}h/2\pi$

(स) $+1/2h/2\pi$ (द) शून्य

5. मुक्त गैसीय परमाणु की क्वाण्टम संख्या m संबंधित होती है
   (अ) कक्षक के प्रभावी आयतन से
   (ब) कक्षक की आवर्ति से
   (स) कक्षक के दिक् विन्यास से
   (द) चुम्बकीय क्षेत्र की अनुपस्थिति में कक्षक की ऊर्जा से

6. चक्रण क्वाण्टम संख्या (s)= –1/2 वाले 2p इलेक्ट्रॉनों की संख्या है?
   (अ) 6 (ब) 0
   (स) 2 (द) 3

7. 3s तथा 2p- कक्षकों के लिये रेडियल नोडों की संख्या क्रमशः होगी?
   (अ) 2, 0 (ब) 0, 2
   (स) 1, 2 (द) 2, 1

8. कौनसा युग्म सम–इलेक्ट्रॉनीय प्रजातियों का है?
   (अ) CN^-, NO^+
   (ब) CN^-, O_2^+
   (स) NO^+,O_2^+
   (द) इनमें से कोई नहीं

9. p- कक्षक में घूमते हुए एक इलेक्ट्रॉन का कोणीय संवेग है?
   (अ) शून्य
   (ब) $h1\sqrt{2\pi}$
   (स) (1/2) h/2π
   (द) $h12\sqrt{2}$

10. एक इलेक्ट्रॉन का कोणीय संवेग शून्य है। यह किस कक्षक में उपस्थित होगा?
    (अ) 2s (ब) 2p
    (स) 3d (द) 4f

11. परणाण्विक कक्षक का अभिविन्यास किसके द्वारा शासित होता है?
    (अ) चुम्बकीय क्वाण्टम संख्या
    (ब) मुख्य क्वाण्टम संख्या
    (स) द्विगंशी क्वाण्टम संख्या
    (द) चक्रण क्वाण्टम संख्या

12. एक गेंद जिसका द्रव्यमान 1 kg तथा गतिज ऊर्जा 0.5 J है, से संबंधित डी–ब्रॉग्ली तरंगदैर्ध्य है?
    (अ) 6.626×10^{-34} m
    (ब) 13.20×10^{-34} m
    (स) 10.38×10^{-21} m
    (द) 6.626×10^{-34} m Aa

13. *Ni* तथा *Cu* के परमाणु क्रमांक 28 तथा 29 है। इलेक्ट्रॉनिक विन्यास Is^2 $2s^2$ $2p^6$ $3s^2$ $3p^6$ $3d^{10}$ निरूपित करता है?
    (अ) Cu^+ (ब) Cu^{2+}
    (स) Ni^{2+} (द) Ni

14. किसमें अधिकतम अयुग्मित इलेक्ट्रॉनों की संख्या होगी?
    (अ) Fe^{2+} (ब) Fe^{3+}
    (स) Fe^{4+} (द) Fe

15. निम्न से किसके द्वारा एक परमाणु के उपकोश में इलेक्ट्रॉनों की अधिकतम संख्या निर्धारित की जाती है?
    (अ) 2I+1 (ब) 4I=2
    (स) $2n^2$ (द) 4I+2

16. हाइड्रोजन परमाणु के लिये प्रथम बोर कक्षक की त्रिज्या 'r' है। द्वितीय बोर कक्षक की त्रिज्या है?
    (अ) 4r (ब) r_3
    (स) $4r^2$ (द) rI/3

17. किसकी प्रथम आयनन एन्थैल्पी (IE_1) सबसे कम है?
    (अ) H (ब) He
    (स) Xe (द) Li

18. तत्वों के आवर्त नियम के अनुसार तत्वों के गुणों में परिवर्तन संबंधित होता है?

(अ) नाभिकीय न्यूट्रॉन–प्रोटॉन संख्या अनुपात
(ब) परमाणु द्रव्यमान
(स) नाभिकीय द्रव्यमान
(द) परमाणु क्रमांक

19. हैलोजन की इलेक्ट्रॉन बन्धुता के लिये निम्न में से क्या सही है?

(अ) Br>F (ब) F>CI
(स) Br>CI (द) F>I

20. दिये गये कोश में परिरक्षण प्रभाव का सही क्रम है?

(अ) S>P>d>f (ब) F>d>p>s
(स) f>p>s>d (द) d>f>s>p

21. निम्न से कौन ऐक्टिनाइड नहीं है?

(अ) क्यूरियम (ब) केलिफोर्नियम
(स) यूरेनियम (द) टर्बियम

22. हैलोजनों की ऋणात्मक इलेक्ट्रॉन लब्धि एन्थैल्पी के लिये निम्न में से क्या सत्य है?

(अ) Br>F (ब) F>Cl
(स) Br>Cl (द) F>I

23. किसकी आयनिक त्रिज्या का उच्चतम मान है?

(अ) Li+ (ब) B^{3+}
(स) 0^{2-} (द) F–

24. दी गयी स्पीशीज में इलेक्ट्रॉन लब्धि एन्थैल्पी की कौनसी व्यवस्था सही क्रम प्रदर्शित करती है?

(अ) S<O<CI<F
(ब) CI<F<S<O
(स) CI<F<S<O
(द) O<S<F<CI

25. निम्नलिखित में से आयनों का कौन–सा समुच्चय सम–इलेक्ट्रॉनिक स्पीशीज को प्रदर्शित करती है।

(अ) N^{3-}, O^{2-}, F^-, S^{2-}
(ब) Li^+, Na^+, Mg^{2+}, Ca^{2+}
(स) K^+, Cl^-, Ca^{2+}, Sc^{3+}
(द) Ba^{2+}, Sr^{2+}, K^+, Ca^{2+}

26. टॉलुईन में कितने सिग्मा तथा पाई आबन्ध उपस्थित होते है?

(अ) $3\pi + 8\sigma$
(ब) $3\pi + 6\sigma$
(स) $3\pi + 15\sigma$
(द) $6\pi + 3\sigma$

27. निम्नलिखित अणुओं में से किसका आबन्ध लघुतम होगा?

(अ) NH_3 (ब) PH_3
(स) H_2O (द) H_2Se

28. निम्नलिखित में से कौन N_2 अणु की लुईस संरचना को प्रदर्शित करती है?

(अ) $\begin{matrix} X \\ N \end{matrix} N \equiv N \begin{matrix} X \\ X \end{matrix}$

(ब) $\begin{matrix} XX \\ XX \end{matrix} \overset{XX}{\underset{XX}{N \equiv N}} \begin{matrix} XX \\ XX \\ XX \\ XX \\ XX \end{matrix}$

(स) $\begin{matrix} XX \\ XX \end{matrix} \overset{XX}{\underset{XX}{N - N}} \begin{matrix} XX \\ XX \\ XX \\ XX \end{matrix}$

(द) $\begin{matrix} XX \\ XX \end{matrix} \overset{XX}{\underset{XX}{N = N}} \begin{matrix} XX \\ XX \\ XX \\ XX \end{matrix}$

29. प्रबलतम हाइड्रोजन आबन्ध किसमें होगा।
    (अ) S-H ....O
    (ब) O-H.....S
    (स) F-H.......F
    (द) O-H......N
30. निम्नलिखित अणुओं/आयनों में से किस्में सभी आबन्ध समान नहीं है।
    (अ) XeF_4
    (ब) BF_4^-
    (स) SF_4
    (द) SiF_4
31. आवर्त सारणी में समूह 15 में नीचे जाने पर NH_3 (106°) से SbH_3 (101°) तक आबन्ध कोणों के मान किसके कारण घटते है?
    (अ) घटते lp-bp प्रतिकर्षण के कारण
    (ब) घटती विद्युत–ऋणात्मकता के कारण
    (स) bp-bp प्रतिकर्षण बढने के कारण
    (द) Sp^3 में p-कक्षक लक्षण बढने के कारण
32. कार्बन की संकरित कक्षकों के लिए विधुत – ऋणात्मकता का सही क्रम है?
    (अ) $sp < sp^2 > sp^3$
    (ब) $sp < sp^2 < sp^3$
    (स) $sp > sp^2 < sp^3$
    (द) $sp > sp^2 > sp^3$
33. निम्नलिखित में से किस अणु/आयन में अयुग्मित इलेक्ट्रॉन नहीं होगें?
    (अ) N_2^+ (ब) O_2
    (स) O_2^{2-} (द) B_2
34. निम्नलिखित मिश्रणों में से मुख्य अन्योन्य–क्रिया के रूप में द्विध्रुव–द्विध्रुव किसमें उपस्थित है?
    (अ) KCI तथा जल
    (ब) बेन्जीन तथा कार्बन टेट्राक्लाराइड
    (स) बेन्जीन तथा ऐथेनॉल
    (द) ऐसीटोनाइट्राइल तथा एसीटोन
35. CO से भिन्न आबन्ध कोटि रखने वाली स्पीशीज है?
    (अ) NO^- (ब) NO^+
    (स) CN^- (द) N_2
36. निम्नलिखित में से पैरामैग्नोटिक यौगिक है?
    (अ) Na_2O_2
    (ब) O_3
    (स) N_2O
    (द) KO_2
37. निम्न से किस स्पीशीज के लिए आबन्ध कोटि समान है?
    (अ) O_2^- तथा CN^-
    (ब) NO^+, CN^+
    (स) CN^- तथा NO^+
    (द) CN^- तथा ON^+
38. MO सिद्वान्त के अनुसार नाइट्रोजन स्पीशीज को बढाने आबन्ध कोटि के पदों में प्रदर्शित करता है?
    (अ) $N_2^{2-} < N_2^- < N_2$
    (ब) $N_2 < N_2^{2-} < N_2^-$
    (स) $N_2^- < N_2^{2-} < N_2$
    (द) $N_2^- < N_2 < N_2^{2-}$
39. क्षार धातुओं के मामले में सहसंयोजी लक्षण निम्न क्रम में घटता है?
    (अ) MF> MCI> MBr>MI
    (ब) MF> MCI> MI >MBr
    (स) MI> MBr > MCI > MF
    (द) MCI>MI> MBr > MF

40. BF_3 में B-F आबन्ध वियोजन ऊर्जा 646 KJ mol^{-1} जबकि CF_4 में C-F की 515 KJ mol^{-1} है। C-F की तुलना में B-F आबन्ध वियोजन ऊर्जा के उच्च होने का कारण है?
   (अ) C- परमाणु की तुलना में B- परमाणु का लघु आकार
   (ब) BF_3 में B तथा F के मध्य 6 बन्ध CF_4 में C तथा F के मध्य आबन्ध की तुलना में प्रबल होता है।
   (स) BF_3 में B तथा F के मध्य उल्लेखनीय $p\pi - p\pi$ अन्योन्य–क्रिया होती है जबकि CF_4 में C तथा F के मध्य इस प्रकार की अन्योन्य–क्रिया की कोई सम्भावना नहीं है।
   (द) CF_4 में C तथा F के मध्य $p\pi - p\pi$ अन्योन्य–क्रिया की निम्न मात्रा

JET PAPER - 2011

1. निम्नलिखित में से कौन वर्ग समतलीय अणु है:
   (अ) XeF_6 (ब) XeF_4
   (स) $XeOF_4$ (द) XeO_2F_2
2. SF_3CI_3 अणु की आकृति है।
   (अ) त्रिकोणीय द्विपिरैमिडीय
   (ब) घनाकार
   (स) अष्टफलकीय
   (द) चतुष्फलकीय
3. $CH_2 = C = CH_2$ की संरचना है।
   (अ) रैखिय
   (ब) समतलीय
   (स) असमतलीय
   (द) अनुनादी संरचनाओं युक्त
4. कौन–सा युग्म सम–संरचनात्मक है:
   (अ) XeF_2, IF^- (ब) NH_3, BF_3
   (स) CO_2^{2-}, SO_3^{2} (द) PCl_5, ICl_5
5. द्विध्रुव आघूर्णो के आधार पर सही क्रम है।
   (अ) $BF_3 > NF_3 > NH_3$
   (ब) $NF_3 > BF_3 > NH_3$
   (स) $NH_3 > BF_3 > NF_3$
   (द) $NH_3 > NF_3 > BF_3$
6. NO_3^- आयन में नाइट्रोजन परमाणु पर आबन्ध युग्मों तथा एकाकी युग्मों की सख्या है?
   (अ) 2, 2 (ब) 3, 1
   (स) 1, 3 (द) 4, 0
7. पेण्ट–4– ईन–1– आइन में उपस्थित σ तथा π– आबन्धों की संख्या है?
   (अ) 10, 3 (ब) 3, 10
   (स) 4, 9 (द) 9, 4
8. सहसंयोजी यौगिकों के गलनांक कम होते हैं क्योंकि–
   (अ) सहसंयोजी अणु दुर्बल वाण्डरवाल बलों द्वारा जुड़े रहते है।
   (ब) सहसंयोजी आबन्ध कम ऊष्माक्षेपी होते है।
   (स) सहसंयोजी आबन्ध आयनिक आबन्ध से दुर्बल होता है।
   (द) सहसंयोजी अणुओं की निश्चित आकृति होती है।

9. H_2O अणु में H-O-H आबन्ध कोण लगभग होता है।
   (अ) 105^0 (ब) 102^0
   (स) 180^0 (द) 90^0

10. जब दो बर्फ की सिल्लियां एक–दूसरे पर दबायी जाती है तो वे जुड़कर एक सिल्ली बनाती है। निम्न में से कौनसा बल इन्हें परस्पर बांधे रखता है।
   (अ) आयनिक अन्योन्य–क्रिया
   (ब) सहसंयोजक आकर्षण
   (स) वाण्डरवाल बल
   (द) हाइड्रोजन आबन्ध निर्माण

11. फ्लुलोरीन का अणु निर्मित होता है–
   (अ) अक्षीय p-p कक्षक अतिव्यापन से
   (ब) पार्श्वीय p-p कक्षक अतिव्यापन से
   (स) अक्षीय s-s कक्षक अतिव्यापन से
   (द) अक्षीय s-p कक्षक अतिव्यापन से

12. नैफ्थेलीन में π आबन्धों की संख्या है–
   (अ) 6 (ब) 3
   (स) 4 (द) 5

13. निम्न में से किस हाइड्रोकार्बन का निम्नतम द्विध्रुव आघूर्ण होगा–
   (अ) $CH_3CH_2\ C{=}C$
   (ब) $CH_3C{=}\ CCH_3$
   (स) $CH_3CH_2\ C{=}\ CH$
   (द) $CH_2 = CH\text{-}C{=}\ CH$

14. अणुओं का निम्न में से कौन–सा क्रम उनके द्विध्रुव आघूर्णों के आधार पर सही है।
   (अ) $BF_3 > NF_3 > NH_3$
   (ब) $NF_3 > BF_3 > NH_3$
   (स) $NH_3 > BF_3 > NF_3$
   (द) $NH_3 > NF_3 > BF_3$

15. HF, HCl तथा HBr की आबन्ध वियोजन ऊर्जाओं का सही क्रम है।
   (अ) HCl > HBr > HF
   (ब) HF > HBr > HCl
   (स) HF > HCl > HBr
   (द) HBr > HCl > HF

16. NO_3- आयन में नाइट्रोजन परमाणु पर आबन्ध युग्मों तथा एकाकी इलेक्ट्रॉन युग्मों की संख्या है।
   (अ) 2, 2 (ब) 3, 1
   (स) 1, 3 (द) 4, 0

17. OF_2- में आबन्ध युग्मों तथा एकाकी इलेक्ट्रॉन युग्मों की संख्या है।
   (अ) 2, 0 (ब) 2, 8
   (स) 2, 10 (द) 2, 9

18. P_4O_{10} में सिग्मा आबन्ध की संख्या है।
   (अ) 6 (ब) 7
   (स) 17 (द) 16

19. निम्नलिखित में से किस आण्विक स्पीशीज में अयुग्मित इलेक्ट्रॉन है ?
   (अ) N_2 (ब) F_2
   (स) O_2^- (द) O_2^{2-}

20. एथीन के π – आबन्ध में नोडल तल कहाँ स्थित होता है ?
   (अ) आण्विक तल में
   (ब) आण्विक तल के समान्तर तल पर
   (स) आण्विक तल के लम्बवत् तल में जो $C-C-\sigma$ आबन्ध को द्विभाजित करता है।
   (द) आण्विक तल के लम्बवत् तल पर जिसमें कार्बन– कार्बन σ –आबन्ध होता है।

21. निम्नलिखित में से कौन डाइमैग्नोटिक है?

(अ) सुपरऑक्साइड आयन

(ब) कार्बन अणु

(स) नाइट्रोजन अणु का एक धनात्मक आयन

(द) ऑक्सीजन अणु

22. ONO आबन्ध कोण किसमें अधिक होता है?

(अ) NO_3- (ब) NO_2-

(स) NO_2 (द) NO_2+

23. किसके लिए द्विध्रुव आघूर्ण उच्चतम होगा?

(अ) ट्रॉस –2–ब्यूटीन

(ब) 1,3 डाइमेथिल बेन्जीन

(स) ऐसोटीफोनोन

(द) एथेनॉल

24. बोरिक अम्ल (H_3BO_3) में बोरॉन तथा ऑक्सीजन परमाणुओं की संकरण अवस्था क्रमशः है?

(अ) sp^2 तथा sp^2

(ब) sp^2 तथा sp^3

(स) sp^3 तथा sp^2

(द) sp^3 तथा sp^3

25. इलेक्ट्रॉड पर एक तत्त्व के 0.01 gm तुल्यांक मुक्त करने के लिये आवश्यक विद्युत की मात्रा होगी?

(अ) 9650 C (ब) 96500 C

(स) 965 C (द) 96.5 C

26. निम्न में से कौनसी प्रक्रिया विअनुपात दर्शाती है?

(अ) $2Cu^+ \rightarrow Cu^{2+} + Cu$

(ब) $Fe^{2+} \rightarrow Fe^{3+} + e$-

(स) $Cu^{2+} + Zn \rightarrow Zn^{2+} Cu$

(द) उपरोक्त सभी

27. विद्युत की मात्रा में मापन के लिये प्रयोग किया जाने वाला उपकरण कहलाता है?

(अ) कैलोरीमीटर

(ब) कैथेटोमीटर

(स) कूॅलोमीटर

(द) कलरी मीटर

28. ऑक्सीकारक प्रबल होने पर, उसका उच्च होगा?

(अ) मानक अपचयन विभव

(ब) मानक ऑक्सीकरण विभव

(स) आयनिक गुण

(द) इनमें से कोई नहीं

29. जब H_2SO_4 का जलीय विलयन वैधुत अपघटित किया जाता है तो एनोड पर विसर्जित आयन होता है?

(अ) H^- (ब) OH^-

(स) SO_4^{2-} (द) O_2^-

30. दिखाई गई व्यवस्था में तीर का निशान दर्शाता है?

(अ) इलेक्ट्रॉनों के प्रवाह की दिशा

(ब) धारा के प्रवाह की दिशा

(स) कोई महत्वपूर्ण गुण नहीं

(द) आयनों की गति

31. लालतसकार्बन, ऑक्साइडों XO तथा YO से ऑक्सीजन निकलेगा परन्तु ZO से नहीं। Y, XO से ऑक्सीजन निकलेगा। इन तथ्यों को प्रयोग करते हुये, सर्वाधिक क्रियाशील धातु को सबसे पहले रखते हुये तीनों धातुओं X,Y तथा Z की क्रियाशीलता का क्रम निर्धारित कीजिए?

(अ) X, Y, Z

(ब) Z, Y, X

(स) Y, X, Z

(द) Z, X, Y

32. Zn लोहे के जंग से बचाने के लिए सेक्रिफिशियल या कैथोडिक रक्षक की तरह कार्य करता है क्योंकि–
   (अ) $E^0OP\ Zn < E^0OP\ Fe$
   (ब) $E^0OP\ Zn = E^0OP\ Fe$
   (स) $E^0OP\ Zn > E^0OP\ Fe$
   (द) Zn लोहे से सस्ता है
33. $Fe^{2+}+2e^- \rightarrow Fe$ तथा $Fe^{3+}+3e^- \rightarrow Fe$ के मान इलेक्ट्रोड विभव — 0.440V तथा $Fe^{3+} + e^- \rightarrow Fe^{2+}$ का मानक इलेक्ट्रोड विभव (E^0) होगा–
   (अ) -0.476 V (ब) -0.404 V
   (स) + 0.404 V (द) +0.772 V
34. वैद्युत रासायनिक तुल्यांक की ईकाई है।
   (अ) ग्राम एम्पीयर$^{-1}$
   (ब) ग्राम / कूलॉम
   (स) ग्राम–एम्पीयर (द) कूलॉम / ग्राम
35. विद्युत का एक फैराडे निम्न के विलयन में से धातु के एक ग्राम परमाणु मुक्त करेगा–
   (अ) $AuCI_3$ (ब) $CuSO_4$
   (स) $BaCl_2$ (द) KCl
36. हाइड्रोजन इलेक्ट्रॉड का ऑक्सीकरण विभव शून्य से अधिक होगा यदि–
   (अ) H_3O+ आयनों की सान्द्रता 2M हो
   (ब) H_3O+ आयनों की सान्द्रता 1M हो
   (स) H_3 का आंशिक दाब 2atm हो
   (द) E_{oxi} कभी धनात्मक नहीं हो सकता
37. शुष्क सेल बैटरी में प्रयुक्त विद्युवक होता है
   (अ) अमोनियम क्लोराइड
   (ब) मैगनीज डाईऑक्साइड
   (स) पोटेशियम हाइड्रॉक्साइड
   (द) सोडियम फास्फेट
38. धातुओं के वैद्युत रासायनिक क्षरण में, जिस धातु का क्षरण होता है वह–
   (अ) एनोड की तरह व्यवहार करती है
   (ब) कैथोड़ की तरह व्यवहार करती है
   (स) अपचयन दर्शाती है
   (द) कोई नहीं
39. एल्युमिनियम नाइट्राइड विलयन में से X कूलॉम विद्युत गुजारने पर 1 मोल AI निक्षेपित होता है तो सिल्वर नाइट्रेट विलयन में से X कूलॉम विद्युत गुजारने पर निक्षेपित होने वाले सिल्वर के मालों की संख्या होगी।
   (अ) 3 (ब) 4
   (स) 2 (द) 1
40. Pt इलेक्ट्रोड का प्रयोग करते हुए जल में Na_2SO_4 का विलयन विद्युत अपघटित किया जाता है। एनोड व कैथोड़ पर बनने वालें उत्पाद होगें।
   (अ) H_2, SO_4 (ब) O_2, NaOH
   (स) O_2, H_2 (द) O_2, SO_2

JET PAPER - 2012

1. निकल सल्फेट का विलयन जिसमें निकल छड़ डूबी हुई है, 10 गुणा तनु किया जाता है। निकल का विभव –
   (अ) 60 mV घट जाता है।
   (ब) 30 mV बढ जाता है।
   (स) 30 mV घट जाता है।
   (द) 60 mV घट जाता है।

2. गलित लवण के विद्युत अपघटन में, इलेक्ट्रॉड पर निक्षेपित भार निम्न पर निर्भर करेगा

(अ) दोनों के ताप पर

(ब) धारा की तीव्रता पर

(स) आयनों के विद्युत रासायनिक तुल्यांक

(द) विद्युत अपघटन के समय पर

3. कैलोमल इलेक्ट्रॉड निम्न के संदर्भ में उत्क्रमणीय है।

(अ) Hg_2^{2+} (ब) H^+

(स) Hg^{2+} (द) Cl^-

4. $MgCl_2$ से Mg के 1 ग्राम परमाणु मुक्त करने के लिये आवश्यक फैराडे की संख्या होगी।

(अ) 1 (ब) 2

(स) 3 (द) 4

5. तुल्यांकी चालकता में विभिन्नता तथा प्रबल विद्युत अपघट्य की सांद्रता में कमी के मध्य सही आलेख है।

(अ) चित्र (ब) चित्र

(स) चित्र (द) चित्र

6. निम्न में सें किस विलयन की उच्चतम तुल्यांकी चालकता है–

(अ) 0.01 M NaCl

(ब) 0.050 M NaCl

(स) 0.005 M NaCl

(द) 0.02 M NaCl

7. pH = 10 पर हाइड्रोजन इलेक्ट्रॉड का इलेक्ट्रडविभव होगा–

(अ) 0 (ब) धनात्मक

(स) ऋणात्मक

(द) ज्ञात नहीं कर सकते

8. Na, Hg, S, Pt व ग्रेफाइट में से कौन जलीय विलयन युक्त विद्युत अपघटनी सेल में इलेक्ट्रॉड के रूप में प्रयुक्त किया जा सकता है।

(अ) Na व S (ब) Hg व Pt

(स) Na, Hg व S

(द) Hg, Pt व ग्रेफाइट

9. उच्च ऊर्जा घनत्व वाली बैटरियों में लीथियम सामान्यः इलेक्ट्रॉड के रूप में प्रयुक्त की जाती है। इसका कारण है।

(अ) लीथियम सबसे हल्का तत्त्व है

(ब) लीथियम का काफी उच्च ऋणात्मक अपचयन विभव होता हैं

(स) लीथियम काफी क्रियाशील है।

(द) लीथियम का आसानी से क्षरण नहीं होता

10. सेल Ni I Ni^{2+} (1.0M) II Au^{3+} (1.0M) I Au का वि.वा. बल.... है, यदि Ni^{2+} I Ni के लिये E0 = 0.25 V व Au^{3+} I Au के लिये E^0 = 1.50 V है।

(अ) +1.25 V (ब) -1.75 V

(स) +1.75 V (द) + 4.0V

11. क्यूप्रिक लवण में से 2 फैराडे विद्युत गुजारने पर कॉपर (परमाणु द्रव्यमान = 63.5) का कितना भार निक्षेपित होगा–

(अ) 63.5g (ब) 31.75g

(स) 127g (द) 2.0g

12. जब सीमा संचायक बैटरी को आवेशित किया जाता है तो यह निम्न की तरह व्यवहार करती है।

(अ) ईंधन सेल

(ब) विद्युत अपघटनीय सेल्स

(स) गेल्वेनिक सेल

(द) सांद्रता सेल

13. एक विलयन के विद्युत अपघटन पर कैथोड पर H_2 व एनोड पर Cl_2 का निर्माण होता है। द्रव्य है।

(अ) शुद्ध जल

(ब) H_2SO_4 विलयन

(स) जल में NaCl का विलयन

(द) जल में $CuCl_2$ का विलयन

14. निम्न में से कौन विअनुपातन प्रदर्शित करता है।

(अ) $2Cu^+ \rightarrow Cu^{2+} + Cu$

(ब) $3I_2 \rightarrow 5I^- + I^{5+}$

(स) $H_2O + Cl_2 \rightarrow Cl^- + ClO^+ 2H^+$

(द) उपरोक्त सभी

15. सामान्य हाइड्रोजन इलेक्ट्रॉड के साथ युग्मित सामान्य Al-$AlCl_3$ 1.66V वि.वा. बल देता है। एल्युमिनियम का मानक ऑक्सीकरण इलेक्ट्रॉड विभव है–

(अ) - 1.66 V (ब) + 1.66 V

(स) - 0.83 V (द) + 0.83 V

16. 328 K पर एक विद्युत अपघट्य AB के 0.01N विलयन का प्रतिरोध 100 ohm है। विलयन की विशिष्ट चालकता है। (सेल स्थिरांक = 1 cm^{-1})

(अ) 100 ohm

(ब) 10-2 ohm^{-1}

(स) 10^{-2} ohm^{-1} cm^{-1}

(द) 10-2 ohm- cm

17. 1 मोल H_2O के O_2 में ऑक्सीकरण के लिये विद्युत के कितने कूलॉम की आवश्यकता होगी।

(अ) 9.65×10^4C (ब) 4.825×10^5C

(स) 1.93×10^5C (द) 1.93×10^4C

18. दी हुई व्यवस्था में, कुंजी को दबाने पर–

(अ) Cu से Zn छड़ की ओर धारा प्रवाहित होती है।

(ब) Zn से Cu छड़ की ओर धारा प्रवाहित होती है।

(स) धारा का कोई प्रवाह नहीं होता

(द) Zn से Cu की ओर तार द्वारा इलेक्ट्रॉनों का प्रवाह होता है।

19. निम्न में से कौन कैथोड पर आयन आवेश खो देता है–

(अ) आयन

(ब) धनायन

(स) ऋणायन

(द) ऋणायन व धनायन दोनों

20. $CuSO_4$ के विद्युत अपघटन में, अभिक्रिया Cu^{2+}+2e-+ $\rightarrow$ Cu होती है।

(अ) एनोड पर

(ब) कैथोड़ पर

(स) विलयन में

(द) कोई नहीं

21. सेल अभिक्रिया Zn $Cu^{2+} \rightarrow Zn^{2+}$ Cu को सबसे अधिक प्रकार से निम्न द्वारा दर्शाया जा सकता है।

(अ) Cu/Cu^{2+} II Zn^{2+}/Zn

(ब) Zn / Zn^{2+} II Cu^{2+}/Cu

(स) Cu^{2+}/Cu II Zn /Zn^{2+}

(द) Pt/ Zn^{2+} II Pt/ Cu^{2+}

22. जब सोडियम क्लोराइड विलयन को विद्युत अपघटित किया जाता है तो कैथोड पर मुक्त गैस होती है।

(अ) ऑक्सीजन

(ब) हाइड्रोजन

(स) क्लोरीन

(द) वायु

23. $_{15}P^{32}$ में प्रोटॉन, न्यूट्रॉन व इलेक्ट्रॉन की संख्या है।

(अ) 15p, 17n, 15e

(ब) 17p, 17n, 15e

(स) 15p, 15n, 15e

(द) 15p, 17n, 17e

24. n=4, I=1 क्वांटम संख्या निम्न कक्षक को निरूपित करती है।

(अ) 4d (ब) 4s

(स) 4p (द) 4f

25. NO का समलेक्ट्रोनिक है।

(अ) P_{2-} (ब) O_2^+

(स) NO (द) N_2

26. I= 1 किस उपकोश को प्रकट करता है।

(अ) s (ब) p

(स) d (द) f

27. यदि पाउली का अपवर्जन नियम लागू न हो तो He के इलेक्ट्रानिक विन्यास की संख्या होगी।

(अ) 4 (ब) 2

(स) 3 (द) 1s

28. क्वांटम संख्याओं के सन्दर्भ में असत्य कथन है।

(अ) मुख्य क्वांटम संख्याएँ n= 1,2,3

(ब) मुख्य क्वांटम संख्याएँ n= 2,3,4

(स) चुम्बकीय क्वांटम संख्या m=-1, (I-1).....0.....(-1+I), I

(द) चक्रंण क्वांटम संख्याएँ

$$s = +\frac{1}{2}, 0, -\frac{1}{2}$$

29. N_2 अणु में सहभाजिता इलेक्ट्रॉनों की संख्या है–

(अ) 6 (ब) 2

(स) 4 (द) 5

30. जब इलेक्ट्रॉनों की गति बढती है तो उस पर विशिष्ट आवेश–

(अ) बढता है

(ब) घटता है

(स) अपरिवर्तित है

(द) पहले घटता फिर बढता है।

31. He^- तथा He^+ का विन्यास क्रमशः है।

(अ) $Is^2, 2s^I$ तथा Is^I

(ब) Is^2 व Is^I

(स) Is^1 व $Is^2, 2s^I$

(द) सभी गलत है

32. निम्नलिखित में से कौन तापसुनम्य बहुलक नहीं है?

(अ) पीवीसी (ब) पालिस्टाइरीन

(स) बैकेलाइट (द) पॉलिप्रोपिलीन

33. पी.वी.सी. निम्नलिखित यौगिक का बहुलक है–

(अ) वाइनिल सायनाइड

(ब) वाइनिल ऐसीटेट

(स) वाइनिल क्लोराइड

(द) एथिलीन

34. निम्न में से पेट्रोलियम का कौनसा भाग कैरोसिन तेल से संबंधित है।

(अ) C_{15}-C_{18} (ब) C_{10}-C_{12}

(स) C_5-C_9 (द) C_1-C_9

35. पैराफिन मोम है।

(अ) एस्टर

(ब) एल्कोहल

(स) असंतृप्त हाइड्रोकार्बन

(द) संतृप्त हाइड्रोकार्बन

36. कैरासीन किसका मिश्रण है।
(अ) एल्केन (ब) एरोमैटिक यौगिक
(स) एल्कोहल (द) एलिफैटिक अम्ल

37. टेट्रएथिल लैड किस रूप में प्रयुक्त होता है
(अ) अग्निशामक (ब) पीड़ा विनाशक
(स) पेट्रालियम योगशील
(द) मच्छर प्रतिकर्षी

38. प्राकृतिक गैस के मुख्य रूप से होती है।
(अ) मेथेन (ब) n-ब्यूटेन
(स) n-ऑक्टेन (द) ऑक्टेन का मिश्रण

39. कौनसा यौगिक असंतृप्त है।
(अ) C_6H_{14} (ब) C_4H_8
(स) C_3H_7OH (द) CH_3OH

40. निम्नलिखित में सर्वाधिक क्रियाशील हाइड्रोकार्बन कौनसा है
(अ) एथेन (ब) एथाइन
(स) एथीन (द) मेथेन

JET PAPER - 2013

1. P^{32} में प्रोटान, न्यूट्रॉन व इलेक्ट्रॉन की संख्या है ?
(अ) 15p, 17n, 15e
(ब) 17p, 17n, 15e
(स) 15p, 15n, 15e
(द) 15p, 17n, 17e

2. n=4, *l*=1 क्वाटंम संख्या निम्न कक्षक को निरूपित करती है ?
(अ) 4d (ब) 4s
(स) 4p (द) 4f

3. NO+ का समइलेक्ट्रॉनिक है?
(अ) P_2 (ब) O_2^+
(स) NO (द) N_2

4. *l*=1 किस उपकोश को प्रकट करता है ?
(अ) s (ब) p
(स) d (द) f

5. यदि पाउली का उपवर्जन नियम लागू न हो तो He के इलेक्ट्रॉनिक विन्यास की संख्या होगी?
(अ) 4s (ब) 2s
(स) 3s (द) 1s

6. क्वांटम संख्याओं के सन्दर्भ में असत्य कथन है?
(अ) मुख्य क्वांटम संख्याए n = 1,2,3 है
(स) दिगशी क्वांटम संख्याएं सत्र 0,1,2--- (n-1)
(स) चम्बकीय क्वांटम संख्याए n= -1(1-1) --0-- (-1+1), L
(द) चक्रण क्वांटम संख्याए S = +1/2, 0, -1/2

7. N_2 अणुओं में सहभाजित इलेक्ट्रॉनों की संख्या है ?
(अ) 6 (ब) 2
(स) 4 (द) 5

8. जब इलेक्ट्रॉन गति बढती है, तो उस पर विशिष्ट आवेश?
(अ) बढता है
(ब) घटता है
(स) अपरिवर्तित रहता है
(द) पहले घटता है फिर बढता है

9. H_e- तथा H_e^+ का विन्यास क्रमशः है?
   (अ) $1s^2, 2s^1$ तथा $1s^1$
   (ब) $1s^2$ तथा $1s^1$
   (स) $1s^2$ तथा $1s^1, 2s$
   (द) सभी गलत है

10. निम्न में से कौन तापसुनम्य क्रमशः है?
   (अ) पीवीसी (ब) पॉलिस्टाइरिन
   (स) बैकेलाइट (द) पॉलिप्रोपिलीन

11. पी.वी.सी. निम्नलिखित बहुलक का यौगिक है ?
   (अ) वाइनिल साइनाइड
   (ब) वाइनिल ऐसीटेट
   (स) वाइनिल क्लोराइड
   (द) एथिलीन

12. निम्न में से पेट्रोलियम का कौनसा भाग कैरोसिन तेल से संबंधित है ?
   (अ) C_{15} - C_{18} (ब) C_5 - C_9
   (स) C_{10} - C_{12} (द) C_1 - C_9

13. पैराफिन मोम है
   (अ) एस्टर
   (ब) एल्कोहल
   (स) असंतृप्त हाइड्रोकार्बन
   (द) संतृप्त हाइड्रोकार्बन

14. कैरोसीन किसका मिश्रण है ?
   (अ) एल्केन (ब) एरोमैटिक यौगिक
   (स) एल्कोहल (द) एलिफैटिक अम्ल

15. टैट्रएथिल गैस मुख्य रूप से होता है ?
   (अ) अग्निशामक (ब) पीड़ा विनाशक
   (स) एल्कोहल (द) मच्छर प्रतिकर्षी

16. प्राकृतिक गैस मुख्य रूप से होता है ?
   (अ) मीथेन (ब) n-ब्यूटेन
   (स) n-ऑक्टेन (द) ऑक्टेन का मिश्रण

17. निम्न में से कौनसा यौगिक असंतृप्त है ?
   (अ) $C_6 - H_{14}$ (ब) $C_4 - C_8$
   (स) C_3H_7OH (द) CH_3OH

18. निम्न में से सर्वाधिक क्रियाशील हाइड्रोकार्बन कौनसा है ?
   (अ) एथेन (ब) एथाइन
   (स) एथीन (द) मीथेन

19. कौनसा यौगिक चूने के पानी के साथ रख देने पर विलयन होता है ?
   (अ) प्रोपेनल (ब) मीथेनेल
   (स) प्रोपेनोल (द) एथेनैल

20. निम्न में से कौनसा यौगिक कैनिजारो अभिक्रिया नहीं देता है ?
   (अ) क्लौरेल (ब) मेथेनैल
   (स) पिवैल्डिहाइड
   (द) प्रोपिऑनैल्डिहाइड

21. प्रबलतम क्षार है ?
   (अ) LiOH (ब) KOH
   (स) RbOH (द) NaOH

22. सर्वाधिक आयनन ऊर्जा किसकी है ?
   (अ) C (ब) N
   (स) Si (द) S

23. सर्वाधिक क्षारीय गुण दर्शाएगा ?
   (अ) CH_3NH_2 (ब) $CH_3CH_2NH_2$
   (स) $C_6H_5NH_2$ (द) $CH_3\ CONH_2$

24. निम्न में से उभयधर्मी ऑक्साइड है ?
   (अ) MgO (ब) Al_2O_3
   (स) K_2O (द) CuO

25. NH_2- का संयुग्मी अम्ल है–
   (अ) NH_3 (ब) NH_2OH
   (स) NH_4^+ (द) N_2H_4

26. निम्न में से कौनसा प्रबलतम अम्ल है ?
    (अ) $ClO_3(OH)$
    (ब) $ClO_2(OH)$
    (स) $SO(OH)_2$
    (द) $SO_2(OH)_2$
27. फॉस्फोरस अम्ल है?
    (अ) एक क्षारकी
    (ब) त्रिक्षारकी
    (स) PCl_3 के जल अपघटन से प्राप्त अम्ल
    (द) एक प्रबल अपचायक पदार्थ
28. एक अम्ल की सामर्थ्य निर्भर करती है?
    (अ) इसकी वियोजन मात्रा पर
    (ब) इसकी क्षारमकता पर
    (स) इसके अणु भार पर
    (द) अणु में H परमाणुओं की संख्या पर
29. निम्न में से किस लवण का जलीय विलयन के प्रति उदासीन है ?
    (अ) K_2CO_3 (ब) $Mg_3(PO_4)_2$
    (स) $CoCl_3$ (द) $CaCl_3$
30. प्रबलतम अम्ल है?
    (अ) मोनोक्लोरो एसीटिक अम्ल
    (ब) डाईक्लोरो एसीटिक अम्ल
    (स) ट्राईक्लोरो एसीटिक अम्ल
    (द) एसीटिक अम्ल
31. एक विलयन की सान्द्रता निम्न में से किस तरह से प्रकट करने पर ताप आश्रित नहीं रहेगी ?
    (अ) मोलरता (ब) नॉर्मलता
    (स) फार्मलता (द) मोललता
32. फॉस्फोरस ट्राईक्लोराइड (PCl_3) के एक नमूने में 1.4 मोल पदार्थ है, नमूने में कितने परमाणु उपस्थित होगें?
    (अ) 4 (ब) 5.6
    (स) 8.431×10^{23} (द) 3.372×10^{24}
33. निम्नलिखित में से कौन सर्वाधिक भारी है?
    (अ) 1 मोल ऑक्सीजन
    (ब) 1 मोल So_3
    (स) 100 amu यूरेनियम
    (द) 10 अणु हाइड्रोजन
34. SF_3Cl_3 अणु की आकृति है?
    (अ) त्रिकोणीय द्विपिरैमिडीय
    (ब) घनाकार
    (स) अष्टफलकीय
    (द) चतुष्फलकीय
35. यूरिया की खोज किसने की ?
    (अ) लुईस पास्चर
    (ब) वोलर
    (स) डार्विन
    (द) वर्नर
36. NO_3^- आयन में नाइट्रोजन परमाणु पर आबन्ध युग्मों की संख्या है ?
    (अ) 2, 2 (ब) 3, 1
    (स) 1, 3 (द) 4, 0
37. FO_2^- में आबन्ध युग्मों तथा एकाकी इलेक्ट्रॉन युग्मों की संख्या है?
    (अ) 2, 0 (ब) 2, 8
    (स) 2, 10 (द) 2, 9
38. निम्नलिखित में से कौन डाईमैग्नेटिक है ?
    (अ) सुपरऑक्साइड आयन
    (ब) कार्बन अणु
    (स) नाइट्रोजन अणु का एक धनात्मक आयन
    (द) ऑक्सीजन अणु

39. निम्न में से कौन सा स्पीशीज–Non-linear है?
(अ) ICl_2^- (ब) I_3^-
(स) N_3^- (द) ClO_2^-

40. PCl_5 अणु में संकरण में भाग लेने वाली d- कक्षक है?
(अ) $3dx_2$ (ब) $3dx^2 - y$
(स) 3dxy (द) $4dx^2 - y^2$

JET PAPER - 2014

1. ऐल्काहल हैलाइड की सोडियम धातु के साथ शुष्क ईथर की उपस्थिति में अभिक्रिया कहलाती है ?
(अ) फ्रेकलैंड अभिक्रिया
(ब) कोल्बे अभिक्रिया
(स) वुर्ट्ज–फिटिंग अभिक्रिया
(द) वुर्ट्ज अभिक्रिया

2. एक ऐल्कीन एवं मरक्यूरिक एसीटेट की जल की उपस्थिति में प्राप्त मध्यवर्ती उत्पाद के अपचयन से अन्मित उत्पाद प्राप्त होता है ?
(अ) एक ऐल्कोहल
(ब) एक ऐल्डिहाइड
(स) धात्विक मरकरी
(द) हाइड्रोक्सी मरकरी यौगिक

3. मोनोकार्बोक्सिलिक अम्ल के रजत लवण से ऐल्किल हैलाइड प्राप्त करने की अभिक्रिया का नाम है?
(अ) हुंसडीकर अभिक्रिया
(ब) क्लीमेन्सन अभिक्रिया
(स) कैनिजरो अभिक्रिया
(द) वुल्फ किशनर अभिक्रिया

4. ईथाइल हैलाइड से डाइईथाइल ईथर प्राप्त करने की अभिक्रिया किसका उदाहरण है?
(अ) इलेक्ट्रोफिलिक प्रतिस्थापन अभिक्रिया का
(ब) नाभिकस्नेही प्रतिस्थापन अभिक्रिया का
(स) इलेक्ट्रोफिलिक योगात्मक अभिक्रिया का
(द) नाभिकस्नेही योगात्मक अभिक्रिया का

5. ल्यूकास परीक्षण में यदि ऐल्कोहल तुरन्त अविलता प्रदर्शित नहीं करता है तो संभावित ऐल्कोहल होगा?
(अ) प्राथमिक अथवा द्वितीयक ऐल्कोहल
(ब) तृतीयक ऐल्कोहल
(स) प्राथमिक ऐल्कोहल
(द) द्वितीयक ऐल्कोहल

6. ऐसिटैल्डिहाइड को किसके शुष्क आसवन द्वारा प्राप्त किया जा सकता है?
(अ) कैल्शियम फॉर्मेट
(ब) कैल्शियम ऐसीटेट
(स) कैल्शियम क्लोराइड
(द) कैल्शियम ऐसीटेट एवं कैल्शियम फॉर्मेट

7. कार्बोक्सिलिक अम्लों में निम्न में से कौनसी अभिक्रिया में हाइड्रॉक्सिल समूह का प्रतिस्थापन नहीं होता है?
(अ) ऐस्टरीकरण
(ब) ऐल्कोहल में अपचयन
(स) निर्जलीकरण
(द) एमाइड का बनना

8. क्लोरोएसिटिक अम्ल, ऐसिटिक अम्ल से प्रबल होता है, क्यों?
   (अ) मिथाइल समूह के +I प्रभाव
   (ब) मिथाइल समूह के –I प्रभाव
   (स) क्लोरो समूह के +I प्रभाव
   (द) क्लोरो समूह के –I प्रभाव
9. ऐमाइड की ब्रोमीन से कास्टिक पोटाश के आधिक्य में अभिक्रिया कहलाती है?
   (अ) हॉफमेन–ब्रोमेमाइड अभिक्रिया
   (ब) हॉफमैन–ऐल्कली अभिक्रिया
   (स) कार्बाइल एमाइन अभिक्रिया
   (द) उपरोक्त में से कोई नहीं
10. यूरिया को गर्म (150°C) करने पर एक ठोस पदार्थ प्राप्त होता है?
   (अ) $CH_3CONHCONH_2$
   (ब) $[ICO(NH_2)_2]_2\ H_2C_2O_4$
   (स) $NH_2CONHCONH_2$
   (द) उपरोक्त में से कोई नहीं
11. जब ऐनिलीन नाइट्रस अम्ल से किसी अम्ल को उपस्थिति में 0°C पर क्रिया करती है तो प्राप्त लवण है?
   (अ) नाइट्रोबेन्जीन
   (ब) क्लोरोबेन्जीन
   (स) डाइएजोनियम लवण
   (द) अमोनियम लवण
12. फिनोल जिंक धातु चूर्ण के साथ आसुत करने पर देता है?
   (अ) फिनोल का जिंक लवण
   (ब) डाइफिनाइल ईथर
   (स) बेन्जीन (द) फिनोलफ्थेलीन
13. वल्कनीकरण करने पर प्राकृतिक रबड़ हो जाती है?
   (अ) ज्यादा भंगुर
   (ब) ज्यादा इलास्टिक
   (स) ज्यादा कठोर (द) ज्यादा मृदु
14. निम्न में से कौनसा यौगिक अप्राकृतिक शर्करा के रूप में प्रयोग किया जाता है?
   (अ) ग्लूकोज (ब) सुक्रोज
   (स) माल्टोज (द) एसपास्टेम
15. बोहर परमाणु प्रतिरूप के अनुसार, परमाणु के चौथे कक्ष के इलेक्ट्रॉन का कोणीय संवेग होता है?
   (अ) $\frac{h}{2\pi}$ (ब) $\frac{2h}{\pi}$
   (स) $\frac{nh}{2\pi}$ (द) $\frac{h}{4\pi}$
16. `p' संवेग वाले कण से सम्बद्ध तरंगदैर्ध्य होगी?
   (अ) $\frac{h}{m}$ (ब) $\frac{h}{p}$
   (स) $\frac{h}{v}$ (द) hv
17. इलेक्ट्रॉन की मुख्य, दिगंशी एवं चुम्बकीय क्वाटंम संख्याएँ, किसी परमाणु में, प्रदर्शित करती है क्रमशः?
   (अ) आकार, आकृति एवं चुम्बकत्व को
   (ब) आकार, अभिविन्यास एवं आकार को
   (स) आकार, अभिविन्यास एवं आकृति को
   (द) आकार, आकृति एवं अभिविन्यास को
18. मेन्डेलीफ के आवर्त नियमानुसार, तत्वों के भौतिक एवं रासायनिक गुण आवर्ती फलन होते हैं?
   (अ) परमाणु संख्या के
   (ब) परमाणु आयतन के
   (स) परमाणु आकार के
   (द) परमाणु भार के

19. किसी आवर्त में एक संक्रमण धातु श्रेणी में तत्वों की परमाणु त्रिज्या में बहुत ही कम परिवर्तन होने का कारण है?
   (अ) आयनिक विभव
   (ब) विद्युतीऋणता
   (स) आवरणी प्रभाव
   (द) परमाणु संकुचन

20. निम्न में से कौनसा कथन सत्य है?
   (अ) एक आवर्त में बायें से दायें परमाण्वीय आकार बढ़ता है
   (ब) क्लोरीन आयोडीन की अपेक्षा प्रबल ऑक्सीकारक है
   (स) क्षार धातुएं स्थायी द्विधनीय धनायन बनाती है
   (द) तृतीय संक्रमण धातु श्रेणी के तत्वों की विद्युतऋणता संगत द्वितीय संक्रमण धातु श्रेणी के तत्वों से कम होती है

21. निम्न में से कौनसा अणु अष्टक नियम का पालन करता है?
   (अ) PCl_5 (ब) BF_3
   (स) NaCl (द) $CoCl_2$

22. फजान नियम के संदर्भ में $BaCl_2$, $SrCl_2$ एवं $CaCl_2$ यौगिकों के गलनांक का सही क्रम है?
   (अ) $CaCl_2 > SrCl_2 < BaCl_2$
   (ब) $BaCl_2 < SrCl_2 < CaCl_2$
   (स) $CaCl_2 > SrCl_2 > BaCl_2$
   (द) $SrCl_2 > BaCl_2 > CaCl_2$

23. T-आकृति CIF_3, अणु में किस प्रकार का संक होता है?
   (अ) sp^3 (ब) sp^3dw
   (स) sp^3d (द) dsp^2

24. अभिक्रिया
$$Au_2O_3 + 3H_2O_2 \rightarrow 3Au + 3H_2O + 3O_2$$
में H_2O_2 होता है?
   (अ) न ऑक्सीकृत और न अपचयित
   (ब) ऑक्सीकृत और अपचयित, दोनों
   (स) ऑक्सीकृत
   (द) अपचयित

25. यदि अभिक्रिया, $H_2 + I_2 \rightleftharpoons 2HI$, प्रारम्भ Mole H_2 व b मोल I_2 लिए जाते हें तथा सम अवस्था पर 2 मोल HI की प्राप्ति होती है अभिक्रिया के लिए K_c का मान होगा?
   (अ) $\frac{2x}{(a-x)(b-x)}$ (ब) $\frac{4x^2}{(a-x)(b-x)}$
   (स) $\frac{2x^2}{(a-x)(b-x)}$ (द) $\frac{4x^2}{(a-x)(b-x)}$

26. रसायन गतिकी की इस समीकरण, $K = Ae^{-Ea/RT}$ में सही कथन है?
   (अ) E_a संक्रमण ऊर्जा है
   (ब) K साम्य स्थिरांक है
   (स) R रिडबर्ग स्थिरांक है
   (द) A अवशोषण स्थिरांक है

27. यदि $BaSO_4$ की जल विलेयता 25° ताप पर 0.00233 ग्राम/लीटर है तो विलेयता गुणक होगा?
   (अ) 1×10^{-5}
   (ब) 2.33×10^{-3}
   (स) 1×10^{-10}
   (द) 2.33×10^{-6}

28. N/100-NaOH विलयन का pH मान होगा?
   (अ) 2 (ब) 12
   (स) 10^{-2} (द) 10^{-12}

29. दुर्बल अम्ल और दुर्बल क्षार की उदासीनीकरण ऊष्मा का मान (किलो कैलोरी/मोल में) होगा?

(अ) 13.6 से कम
(ब) 13.6 से अधिक
(स) 13.6 के बराबर
(द) उपरोक्त में से कोई नहीं

30. किसी कोलाइडल विलयन की रक्षण सामर्थ्य कहलाती है?

(अ) रक्षण शक्ति (ब) रक्षण संख्या
(स) कोलॉइडल संख्या
(द) स्वर्ण संख्या

31. पिघले मेट से फफोलेदार ताँबा किस विधि से प्राप्त किया जाता है?

(अ) भर्जन
(ब) विद्युत–अपघटनी शोधन
(स) बेसेमरीकरण (द) प्रगलन

32. बॉक्साइट शोधन के किस प्रक्रम में इसे 180° पर कार्बन तथा नाइट्रोजन की धारा में गर्म रखा जाता है?

(अ) बेयर प्रक्रम (ब) सर्पेक प्रक्रम
(स) हॉल प्रक्रम (द) पेटिनसन प्रक्रम

33. निम्न में से कौनसा यौगिक रंगहीन होगा?

(अ) Cu_2Cl_2 (ब) $FeCl_3$
(स) $CoCl_2$ (द) $NiSO_4$

34. संक्रमण धातुओं के उत्प्रेरक गुण हेतु निम्न में से कौनसा गुण उत्तरदायी है?

(अ) अनुचुम्बकता (ब) रंग
(स) छोटा आकार
(द) परवर्ती ऑक्सीकरण अवस्था

35. निम्न में से sp^2 संकरण वाले अणुओं का समूह है?

(अ) BH_3, CO_2 तथा C_2H_4
(ब) C_2H_4, SiF_4 तथा $CHCl_3$
(स) BH_3, H_2O तथा CCl_4
(द) BH_3, BF_3 तथा C_2H_4

36. मुक्त मूलक का निर्माण होता है?

(अ) समांश विखण्डन से
(ब) विष्मांश विखण्डन से
(स) तापीय विखण्डन से
(द) उपरोक्त में से कोई नहीं

37. (–) ऋणात्मक प्रेरणिक प्रभाव का सही क्रम है?

(अ) $Br > NO_2 > OC_2H_5 > C_6H_5$
(ब) $C_6H_5 > OC_2H_5 > Br > NO_2$
(स) $NO_2 > Br > OC_2H_5 > C_6H_5$
(द) $NO_2 > OC_2H_5 > Br > C_6H_5$

38. परऑक्साइड की उपस्थिति में प्रोपीन एवं HBr के योग से प्राप्त होता है?

(अ) डाइप्रोपिल इथर
(ब) *n*-प्रोपिल ब्रोमाइड
(स) आइसोप्रोपिल ब्रोमाइड
(द) डाईइथाइल ईथर

39. निम्न में से कौनसा एक अपस्फोटरोधी यौगिक है?

(अ) लैड ट्रेट्राक्लोराइड
(ब) TEL - टेट्रोइथाइल लैड
(स) लैड ऐसीटेट
(द) इथाईल ऐसीटेट

40. ग्रिगनार्ड अभिकर्मक के जल–अपघटन से प्राप्त है?

(अ) ऐल्कीन
(ब) ऐल्केन
(स) मैग्नीशियम ब्रोमाइड
(द) ऐल्काइल हैलाइड

JET PAPER - 2015

1. निम्न में से कौनसा संक्रमण धातु आयन प्रति चुम्बकीय है?

(अ) CO^{2+} (ब) Ni^{2+}

(स) Cu^{2+} (द) Zn^{2+}

2. 2a, 3b, c के लिए मिलर/सूचकांक होगा?

(अ) 2,3,1 (ब) 1,2,4

(स) 3,2,6 (द) 1,2,3

3. कोलोइडल कण का आकार है?

(अ) 1Å - 100Å

(ब) 10Å - 2000Å

(स) 1000Å - 2000Å

(द) >2000Å

4. मान लीजिए कि कार्बन अणु किसी समुह X से जुड़ा है तो कार्बन की सर्वाधिक विद्युतऋणता किस बंध कक्षा में होगी?

(अ) P (ब) sp

(स) sp^2 (द) sp^3

5. निम्न में से कौन ब्रॉन्सटेड अम्ल है?

(अ) NH_4^+ (ब) HCO_3^-

(स) HSO_3^- (द) CH_3COO^-

6. क्षार NH_2^- का संयुग्मी अम्ल है?

(अ) NH_3 (ब) NH_2OH

(स) NH_4^+ (द) CH2COO-

7. सकारात्मक प्रेरक प्रभाव निम्न में से किस समूह का है?

(अ) Cl (ब) OCH_3

(स) C_3H_7 (द) NO

8. विमान में उपयोग होने वाले पेट्रोल में होना चाहिए?

(अ) सीधी श्रृंखला हाइड्रोकार्बन

(ब) ऐरोमेटिक हाइड्रोकार्बन

(स) ओलिफिनिक हाइड्रोकार्बन

(द) अति श्रृंखलित पेराफिन

9. किसी अणु का ऋणात्मक भाग उस कार्बन से जुड़ेगा जिस पर हाइड्रोजन परमाणुओं की संख्या न्यूनतम हो। नियम कहलाता है?

(अ) एन्टी–मार्कोनिकॉफ नियम

(ब) बेयर स्ट्रेन नियम

(स) मार्कोनिकॉफ नियम

(द) परऑक्साइड प्रभाव

10. निम्न अभिक्रिया में x को पहचानें

$$HCOO + \frac{CH_3Mgl}{\text{Dry ether}} \rightarrow \text{Intermediate} \rightarrow \text{`X'}$$

(अ) CH_3OH (ब) $(CH_3)_2O$

(स) $(CH_3)_2C = O$

(द) CH_3CH_2OH

11. आण्विक सूत्र C_5H_{10} के संरचनात्मक समावयवी (खुली श्रृंखला हाइड्रोकार्बन) सम्भव है?

(अ) 3 (ब) 4

(स) 5 (द) 6

12. फॉमूला $CH_2 = CH - CH_2Cl$ मिश्रण का IUPAC नाम है?

(अ) एलिल क्लोराइड

(ब) 1–क्लोरोप्रोप–3–ईन

(स) 3–क्लोरोप्रोपीन 1

(द) 3–क्लोरो 1–प्रोपीन

13. प्रोपेन की 820 K पर सांद्र HNO_3 से क्रिया कराने पर बनेगा
   (अ) CH_3NO_2 and $C_2H_5NO_2$
   (ब) $CH_3CH_2CH_2NO_2$
   (स) CH_3-$CH(NO_2)$ - CH_3
   (द) उपरोक्त सभी
14. आयोडोफोर्म परीक्षण देगा
   (अ) 1–ब्युटेनॉल (ब) 2–ब्युटेनॉन
   (स) 3–पेन्टेनॉन (द) प्रोपेनल
15. प्रकाश एवं ऊष्मा की उपस्थिति में टॉलूईन का क्लोरोनिकरण एवं जलीय NaOH से अभिक्रिया करवाने पर देता है?
   (अ) o-क्रिसोल (ब) p-क्रिसोल
   (स) o- एवं p-क्रिसोल का मिश्रण
   (द) बेन्जोइक अम्ल
16. नाइट्रोबेंजीन की सांद्र H_2SO_4 के साथ विद्युत अपचयन करने पर देता है?
   (अ) p-एमीनोफिनॉल
   (ब) o-एमीनोफिनॉल
   (स) m-एमीनोफिनॉल
   (द) अ एवं ब दोनों
17. निम्न में से कौन परऑक्साइड प्रभाव देगा?
   (अ) HBr (ब) HF
   (स) HCl (द) HI
18. निम्न अभिक्रिया का क्या नाम है?

$$C_6H_6 \xrightarrow[AlCl_3]{CH_3Cl} C_6H_6CH_3$$

   (अ) फ्रिडेल–क्राफ्ट अभिक्रिया
   (ब) वुर्ज–फिटिंग अभिक्रिया
   (स) परकिन्स अभिक्रिया
   (द) फ्रेक्लैंड अभिक्रिया
19. निम्न में से कौनसा यौगिक फिनॉल के साथ संघनित होकर प्लास्टिक बेकेलाइट देगा?
   (अ) HCHO (ब) CH_3CHO
   (स) CH_3OH (द) HCOOH
20. टमाटर के लाल रंग के लिए उतरदायी है?
   (अ) कैरोटिन (ब) मैथिल रेड
   (स) लाइकोपिन (द) क्लोरोफिल
21. $\Delta p \times \Delta x \approx \frac{h}{4\pi}$ यह नियम दिया है?
   (अ) श्रोडिंगर (ब) हाइजेनबर्ग
   (स) डि–ब्रोग्ली (द) पाउली
22. हाइड्रोजन अणु की द्वितीय बोहर त्रिज्या है?
   (अ) 0.529 Å (ब) 3.125 Å
   (स) 2.1165 Å (द) 4.2 Å
23. O_2 का बंध क्रम है?
   (अ) 1 (ब) 2
   (स) 1.5 (द) 2.5
24. Be के 4th इलेक्ट्रॉन के चार क्वांटम अंक होंगे?

41.

	n	l	m	s
(अ)	1	0	0	+1/2
(ब)	1	1	1	+1/2
(स)	2	0	0	–1/2
(द)	2	1	0	+1/2

25. निम्न में से किस तत्व का प्रथम आयनिक विभव उच्चतम होगा?
   (अ) कार्बन (ब) फ्लोरिन
   (स) लिथियम (द) ऑक्सीजन

26. VSEPR सिद्धान्त के अनुसार $[SiF_6]_2$ की ज्यामिति होगी?

(अ) रेखीय (ब) समतलीय

(स) चतुष्फलकीय (द) अष्टभुजीय

27. निम्न निर्जलीकरण अभिक्रिया में कार्बन की संकरण अवस्था में परिवर्तन होता है?

$$CH_3CONH_2 \xrightarrow{P_2O_5} CH_3CN + H_2O$$

(अ) sp^3 से sp^2

(ब) sp से sp^2

(स) sp^2 से sp

(द) sp से sp^3

28. ग्रेफाइट में कार्बन परमाणुओं को परतों को एक साथ आयोजित रखते हैं?

(अ) सहसंयोजक बन्ध

(ब) मुक्त इलेक्ट्रॉन

(स) विभिन्न बंध

(द) वॉन डर वॉल ऊर्जा

29. निम्न में किसमें नेट द्विध्रुव आघूर्ण होगा?

(अ) CH_2Cl_2 (ब) CCl_1

(स) CS_2 (द) $SnCl_4$

30. $K_3Cr(C_2O_4)$ में Cr का कोऑडिनेशन अंक और ऑक्सीकरण अवस्था है?

(अ) 6 एवं 3 (ब) 3 एवं 0

(स) 4 एवं 2 (द) 3 एवं 3

31. AgCl की 25°C पर विलेयता 1.8×10^{-3} g/L है। AgCl का विलेयता उत्पाद होगा (Ag = 108, Cl = 35.5)

(अ) 1.57×10^{-10} (ब) 1×10^{-10}

(स) 3.24×10^{-6} (द) 1×10^{-6}

32. अभिक्रिया

$$H_2(g) + CO_2(g) \rightleftharpoons CO_2(g) + H_2O(g)$$

के लिए यदि प्रारंभिक सांद्रता $[H_2] = [CO_2]$ और साम्यावस्था पर हाइड्रोजन के X mol/L उपयोग में आते हैं, तो Kp का सही प्रदर्शन होगा?

(अ) $\frac{X^2}{(1-X)^2}$ (ब) $\frac{X^2}{(2-X)^2}$

(स) $\frac{X^2}{1-X^3}$ (द) $\frac{(1+X)^2}{(1-X)^2}$

33. निम्न उत्क्रमणीय अभिक्रिया के लिए निम्न में से कौनसा सम्बन्ध सहीं है?

$$H_2 + I_2 \rightleftharpoons 2HI$$

(अ) $K_p < 1$

(ब) $K_p = Kc$

(स) $K_p > 1$

(द) उपरोक्त कोई नहीं

34. शून्य कोटि अभिक्रिया की दर निर्भर नहीं करती है?

(अ) आयतन पर (ब) तापमान पर

(स) समय पर (द) सांद्रता पर

35. शर्करा विलयन की प्रारम्भिक सांद्रता 0.12 M है, किण्वन प्रक्रिया के 10 घंटे पश्चात् शर्करा 0.06 M रह जाती है और 15 घंटे पश्चात् 0.045 M रह जाती है, तो अभिक्रिया दर होगा?

(अ) 0.5 (ब) 1.0

(स) 1.5 (द) 2.0

36. हंस नियम निम्न के निर्धारण में उपयोग आता है?

(अ) अभिक्रिया की ऊष्मा

(ब) निर्माण की ऊष्मा

(स) बन्ध निर्माण की ऊष्मा

(द) उपरोक्त सभी

37. 10 ml 1.0 M CH_3COOH एवं 20 ml of 0.5 M CH_3COONa मिलाकर बनाए गए बफर विलयन को 100 उस आसुत जल द्वारा तनु किया गया। यदि CH_3COOH के लिए Ka=4.76 है तो बफर विलयन का pH होगा?

(अ) 2.76 (ब) 3.76

(स) 4.76 (द) 0.76

38. NO_3^- के परीक्षण में ब्राउन रिंग निम्न के कारण बनती है?

(अ) $[Fe(H_2O)_5 NO] SO_4$

(ब) $[Fe(SO_4)_2 NO] H_2O$

(स) $Fe (SO_4)_3 . NO$

(द) उपरोक्त में से कोई नहीं

39. मेलेकाईट अयस्क है?

(अ) Fe (ब) Cu

(स) Zn (द) क्लोरिन

40. प्राकृतिक पायसन गाय के दूध के स्थायीकरण का कारण है?

(अ) वसा (ब) पानी

(स) केसीन (द) Mg^{2+} ions

JET PAPER - 2016

1. AgCl की 25°C पर विलेयता 1.8 x 10^{-3} g/L है। AgCl का विलेयता उत्पाद होगा (Ag = 108, Cl = 35.5)

(अ) 1.57×10^{-10}

(ब) 1×10^{-10}

(स) 3.24×10^{-6}

(द) 1×10^{-6}

2. अभिक्रिया

$$H_2(g) + CO_2(g) \rightleftharpoons CO_2(g) + H_2O(g)$$

के लिए यदि प्रारंभिक सांद्रता $[H_2]$ = $[CO_2]$ और साम्यावस्था पर हाइड्रोजन के X mol/L उपयोग में आते है, तो Kp का सही प्रदर्शन होगा?

(अ) $\frac{X^2}{(1-X)^2}$ (ब) $\frac{X^2}{(2-X)^2}$

(स) $\frac{X^2}{1-X^3}$ (द) $\frac{(1+X)^2}{(1-X)^2}$

3. निम्न उत्क्रमणीय अभिक्रिया के लिए निम्न में से कौनसा सम्बन्ध सहीं है?

$$H_2 + I_2 \rightleftharpoons 2HI$$

(अ) $K_p < 1$ (ब) $K_p = Kc$

(स) $K_p > 1$

(द) उपरोक्त में से कोई नहीं

4. शून्य कोटि अभिक्रिया की दर निर्भर नहीं करती है?

(अ) आयतन पर

(ब) तापमान पर

(स) समय पर

(द) सांद्रता पर

5. शर्करा विलयन की प्रारम्भिक सांद्रता 0.12 M है, किण्वन प्रक्रिया के 10 घंटे पश्चात् शर्करा 0.06 M रह जाती है और 15 घंटे पश्चात् 0.045 M रह जाती है, तो अभिक्रिया दर होगा?

(अ) 0.5 (ब) 1.0

(स) 1.5 (द) 2.0

6. हेस नियम निम्न के निर्धारण में उपयोग आता है?
   (अ) अभिक्रिया की ऊष्मा
   (ब) निर्माण की ऊष्मा
   (स) बन्ध निर्माण की ऊष्मा
   (द) उपरोक्त सभी

7. 10 ml 1.0 M CH_3COOH एवं 20 ml of 0.5 M CH_3COONa मिलाकर बनाए गए बफर विलयन को 100 उस आसुत जल द्वारा तनु किया गया। यदि CH_3COOH के लिए Ka = 4.76 है तो बफर विलयन का pH होगा?
   (अ) 2.76 (ब) 3.76
   (स) 4.76 (द) 0.76

8. NO_3^- के परीक्षण में ब्राउन रिंग निम्न के कारण बनती है?
   (अ) $[Fe(H_2O)_5 NO] SO_4$
   (ब) $[Fe(SO_4)_2 NO] H_2O$
   (स) $Fe (SO_4)_3 . NO$
   (द) उपरोक्त में से कोई नहीं

9. मेलेकाईट अयस्क है?
   (अ) Fe (ब) Cu
   (स) Zn (द) क्लोरिन

10. प्राकृतिक पायसन गाय के दूध के स्थायीकरण का कारण है?
   (अ) वसा (ब) पानी
   (स) केसीन (द) Mg^{2+} ions

11. निम्न में से कौनसा संक्रमण धातु आयन अनुचुम्बकीय है?
   (अ) CO^{2+} (ब) Ni^{2+}
   (स) Cu^{2+} (द) Zn^{2+}

12. 2a, 3b, c के लिए मिलर/सूचकांक होगा?
   (अ) 2,3,1 (ब) 1,2,4
   (स) 3,2,6 (द) 1,2,3

13. कोलोइडल कण का आकार है?
   (अ) 1Å - 1000Å
   (ब) 10Å - 2000Å
   (स) 1000Å - 2000Å
   (द) >2000Å

14. मान लीजिए कि कार्बन अणु किसी समुह X से जुड़ा है तो कार्बन की सर्वाधिक विद्युतऋणता किस बंध कक्षा में होगी?
   (अ) P (ब) sp
   (स) sp^2 (द) sp^3

15. निम्न में से कौन ब्रॉन्सटेड अम्ल है?
   (अ) NH_4^+ (ब) HCO_3^-
   (स) HSO_3^- (द) CH_3COO^-

16. क्षार NH_2^- का संयुग्मी अम्ल है?
   (अ) NH_3
   (ब) NH_2OH
   (स) NH_4^+
   (द) CH2COO−

17. सकारात्मक प्रेरक प्रभाव निम्न में से किस समूह का है?
   (अ) Cl (ब) OCH_3
   (स) C_3H_7 (द) NO

18. विमान में उपयोग होने वाले पेट्रोल में होना चाहिए?
   (अ) सीधी श्रृंखला हाइड्रोकार्बन
   (ब) ऐरोमेटिक हाइड्रोकार्बन
   (स) ओलिफिनिक हाइड्रोकार्बन
   (द) अति श्रृंखलित पेराफिन

19. किसी अणु का ऋणात्मक भाग उस कार्बन से जुड़ेगा जिस पर हाइड्रोजन परमाणुओं की संख्या न्यूनतम हो। नियम कहलाता है?
(अ) एन्टी–मार्कोनिकॉफ नियम
(ब) बेयर स्ट्रेन नियम
(स) मार्कोनिकॉफ नियम
(द) परऑक्साइड प्रभाव

20. निम्न अभिक्रिया में x को पहचानें

$$HCOO + \xrightarrow[\text{Dry ether}]{CH_3MgI} \text{Intermediate} \rightarrow \text{`X'}$$

(अ) CH_3OH
(ब) $(CH_3)_2O$
(स) $(CH_3)_2C = O$
(द) CH_3CH_2OH

21. आण्विक सूत्र C_5H_{10} के संरचनात्मक समावयवी (खुली श्रृंखला हाइड्रोकार्बन) सम्भव है?
(अ) 3 (ब) 4
(स) 5 (द) 6

22. फॉमूला $CH_2 = CH - CH_2Cl$ मिश्रण का IUPAC नाम है?
(अ) एलिल क्लोराइड
(ब) 1–क्लोरोप्रोप–3–ईन
(स) 3–क्लोरोप्रोपीन 1
(द) 3–क्लोरो 1–प्रोपीन

23. प्रोपेन की 820 K पर सांद्र HNO_3 से क्रिया कराने पर बनेगा
(अ) CH_3NO_2 and $C_2H_5NO_2$
(ब) $CH_3CH_2CH_2NO_2$
(स) $CH_3\text{-}CH(NO_2)\text{-}CH_3$
(द) उपरोक्त सभी

24. आयोडोफोर्म परीक्षण देगा
(अ) 1–ब्युटेनॉल (ब) 2–ब्युटेनॉन
(स) 3–पेन्टेनॉन (द) प्रोपेनल

25. प्रकाश एवं ऊष्मा की उपस्थिति में टॉलूईन का क्लोरोनिकरण एवं जलीय NaOH से अभिक्रिया करवाने पर देता है?
(अ) o-क्रिसोल (ब) p-क्रिसोल
(स) o- एवं p-क्रिसोल का मिश्रण
(द) बेन्जोइक अम्ल

26. नाइट्रोबेंजीन की सांद्र H_2SO_4 के साथ विद्युत अपचयन करने पर देता है?
(अ) p-एमीनोफिनॉल
(ब) o-एमीनोफिनॉल
(स) m-एमीनोफिनॉल
(द) अ एवं ब दोनों

27. निम्न में से कौन परऑक्साइड प्रभाव देगा?
(अ) HBr (ब) HF
(स) HCl (द) HI

28. निम्न अभिक्रिया का क्या नाम है?

$$C_6H_6 \xrightarrow[AlCl_3]{CH_3Cl} C_6H_6CH_3$$

(अ) फ्रिडेल–क्राफ्ट अभिक्रिया
(ब) वुर्ज–फिटिंग अभिक्रिया
(स) परकिन्स अभिक्रिया
(द) फ्रेंक्लैंड अभिक्रिया

29. निम्न में से कौनसा यौगिक फिनॉल के साथ संघनित होकर प्लास्टिक बेकेलाइट देगा?
(अ) HCHO (ब) CH_3CHO
(स) CH_3OH (द) HCOOH

30. टमाटर के लाल रंग के लिए उतरदायी है?
(अ) कैरोटिन (ब) मैथिल रेड
(स) लाइकोपिन (द) क्लोरोफिल

31. $\Delta p \times \Delta x \approx \frac{h}{4\pi}$ यह नियम दिया है?

(अ) श्रोडिंगर (ब) हाइजेनबर्ग
(स) डि–ब्रोग्ली (द) पाउली

32. हाइड्रोजन अणु की द्वितीय बोहर त्रिज्या है?

(अ) 0.529 Å (ब) 3.125 Å
(स) 2.1165 Å (द) 4.2 Å

33. O_2 का बंध क्रम है?

(अ) 1 (ब) 2
(स) 1.5 (द) 2.5

34. Be के 4th इलेक्ट्रॉन के चार क्वांटम अंक होंगे?

42.	n	l	m	s
(अ)	1	0	0	+1/2
(ब)	1	1	1	+1/2
(स)	2	0	0	–1/2
(द)	2	1	0	+1/2

35. निम्न में से किस तत्व का प्रथम आयनिक विभव उच्चतम होगा?

(अ) कार्बन (ब) फ्लोरिन
(स) लिथियम (द) ऑक्सीजन

36. VSEPR सिद्धान्त के अनुसार $[SiF_6]_2$ की ज्यामिति होगी?

(अ) रेखीय (ब) समतलीय
(स) चतुष्फलकीय (द) अष्टभुजीय

37. निम्न निर्जलीकरण अभिक्रिया में कार्बन की संकरण अवस्था में परिवर्तन होता है?

$$CH_3CONH_2 \xrightarrow{P_2O_5} CH_3CN + H_2O$$

(अ) sp^3 से sp^2 (ब) sp से sp^2
(स) sp^2 से sp (द) sp से sp^3

38. ग्रेफाइट में कार्बन परमाणुओं को परतों को एक साथ आयोजित रखते हैं?

(अ) सहसंयोजक बन्ध
(ब) मुक्त इलेक्ट्रॉन (स) विभिन्न बंध
(द) वॉन डर वॉल ऊर्जा

39. निम्न में से किसमें नेट द्विध्रुव आघूर्ण होगा?

(अ) CH_2Cl_2 (ब) CCl_1
(स) CS_2 (द) $SnCl_4$

40. $K_3[Cr(C_2O_4)_3]$ में Cr का कोऑडिनेशन अंक और ऑक्सीकरण अवस्था है?

(अ) 6 एवं 3 (ब) 3 एवं 0
(स) 4 एवं 2 (द) 3 एवं 3

JET PAPER - 2017

1. हाइड्रोजन परमाणु की मूल अवस्था में आयनिक ऊर्जा x Kj है, इलेक्ट्रान को 2nd कक्षक से 3rd कक्षक में कुदने के लिए आवश्यक ऊर्जा चाहिए?

(अ) 5x/36
(ब) 5x
(स) 7.2x
(द) x/6

2. C_4H_8 आण्विक सूत्र वाले एल्किन के अधिकतम समावयवी होंगे?

(अ) 5
(ब) 4
(स) 2
(द) 3

3. $(CH_3)_2C = CHCOOH$ का IUPAC नाम है?

(अ) 2–मेथिल–3–ब्युटेनोइक अम्ल

(ब) 3–मेथिल–3–ब्युटेनोइक अम्ल

(स) 3–मेथिल–2–ब्युटेनोइक अम्ल

(द) 2–मेथिल–2–ब्युटेनोइक अम्ल

4. एसिटोन व इथेनॉल निम्न में से किस अभिकर्मक के साथ आसानी से क्रिया करेगा?

(अ) टोलन्स अभिकर्मक

(ब) ग्रिन्यार अभिकर्मक

(स) फेहलिंग अभिकर्मक

(द) ल्यूकास अभिकर्मक

5. K_p व K_c में सही सम्बन्ध दर्शाने वाला सूत्र निम्न में से कौनसा है?

(अ) $K_p = K_c \times RT$

(ब) $K_c = K_p \times (RT)^{\Delta n}$

(स) $K_p = K_c \times (RT)^{\Delta n}$

(द) $K_p = K_c / RT$

6. दुर्बल अम्ल व प्रबल क्षार वाले लवणों के जलीय विलयन का pH दर्शाने वाला सूत्र निम्न में से कौनसा है?

(अ) pH = 1/2 pKw – 1/2 pKa + 1/2 log C

(ब) pH = pKw + pKa + log C

(स) pH = 1/2 pKw + 1/2 pKa – 1/2 log C

(द) pH = 1/2 pKw + 1/2 pKa + 1/2 log C

7. किसी विलयन जिसका pH=4 है, उसमें HCl मिलाने पर pH = 2 हो जाता है। विलयन की सांद्रता में वृद्धि होगी?

(अ) 10 गुणा (ब) 100 गुणा

(स) 200 गुणा (द) 1000 गुणा

8. Cr की ऑक्सीकरण अवस्था में क्या परिवर्तन होगा यदि $K_2Cr_2O_7$ / K_3CrO_4 में परिवर्तित होगा?

(अ) 6 (ब) 0

(स) 4 (द) 3

9. फ्रियोन 112 की संरचना निम्न में से कौनसी है?

(अ) $C_2F_4Cl_2$ (ब) $C_2H_2F_2Cl_2$

(स) $C_2F_2Cl_4$ (द) $C_2H_2Cl_4$

10. ऐरोमेटिक यौगिकों में प्रतिस्थापन होते है?

(अ) इलेक्ट्रोनस्नेही

(ब) नाभिकस्नेही

(स) मुक्त मूलक

(द) बहुलकीकरण

11. जिगलर नाटा उत्प्रेरक कौनसा है?

(अ) ट्राई एल्किल एल्युमिनियम

(ब) $TiCl_4$

(स) $R_3Al + TiCl_4$

(द) $R_4Ti + AlCl_3$

12. ल्युकास अभिकर्मक की एल्कोहॉल के साथ क्रिया का सही क्रम है?

(अ) $3^o > 2^o > 1^o$

(ब) $1^o > 2^o > 3^o$

(स) $2^o > 1^o > 3^o$

(द) $1^o > 3^o > 2^o$

13. निम्न में से कौन आयोडोफॉर्म परीक्षण नहीं देगा?

(अ) CH_3CHO

(ब) एसिटोन

(स) एल्केनोन–2

(द) CH_3CH_2CHO

14. ग्लेशियल एसिटीक अम्ल है?
(अ) 90% (ब) 95.5%
(स) 100% (द) 8-10%

15. निम्न में से कौनसा क्रियात्मक समूह ओर्थो एवं पैरा निर्देशित है?
(अ) $-NO_2$ (ब) $-COOH$
(स) $-CHO$ (द) $-OH$

16. D.D.T. बनाने में कौनसा यौगिक उपयोगी है?
(अ) C_6H_6 (ब) C_6H_5Cl
(स) C_6H_5OH (द) $CH_2 = CH_2$

17. बरजियस प्रक्रिया से कृत्रिम पेट्रोल बनाने में उपयोग होगा?
(अ) वॉटर गैस व H_2
(ब) भारी तेल व कोयला
(स) पिच व कोयला पाउडर
(द) भारी तेल, कोयला व H_2

18. प्राकृतिक रबड़ का चयन कीजिए?
(अ) पोलीआइसोप्रीन
(ब) नाइट्रोसेल्युलॉस
(स) पोलीथींन
(द) बेकेलाइट

19. निम्न में से कौनसी स्पीशीज $3d^{10}4s^1$ इलेक्ट्रॉनिक विन्यास दर्शाती है?
(अ) Cu^+ (ब) Cu^0
(स) Zn^{2+} (द) Zn^0

20. निम्न में से रंगीन आयन कौनसा है?
(अ) Ti^{+3} (ब) Sc^{+3}
(स) Cu^+ (द) Zn^{+2}

21. निम्न में से कौन प्रबल अनुचुम्बकीय है?
(अ) Cu^{+2} (ब) Cu^+
(स) Cr^+ (द) Cr^{+3}

22. स्थूल (Coarse) व Collidal dispersed प्रक्रम द्वारा प्रकाश का बिखराव कहलाता है?
(अ) कोन्ट्रास्ट मैचिंग
(ब) DLVO सिद्धान्त
(स) टिन्डल प्रभाव
(द) क्रिमिंग

23. एन्थेलपी परिवर्तन जो कैलोरीमीटर द्वारा नहीं निकल सकता, वह किसकी सहायता से निकाला जा सकता है?
(अ) न्यूटन का नियम
(ब) हेस का नियम
(स) क्रेब का नियम
(द) ओम का नियम

24. PCl_5 की संकरण अवस्था है?
(अ) sp^2d^2 (ब) spd^2
(स) Sp^3d (द) spd^3

25. निम्न में से किस यौगिक में आयनिक बन्ध है?
(अ) CCl_4 (ब) $MgCl_2$
(स) Cl_2 (द) H_2

26. निम्न में से किसका गलनांक सबसे कम है?
(अ) Li (ब) K
(स) Rb (द) Cs

27. किसी पदार्थ के जलीय विलयन का सांद्रता गुणनफल H^+ व OH^- हमेशा स्थिर और बराबर होगा?
(अ) Kw
(ब) $\sqrt{KW}$
(स) $\sqrt{10^{-14}}$
(द) 10^{-14}

28. निम्न में से दुर्बलतम संयुग्मी क्षार है?
(अ) ClO^- (ब) ClO^-_2
(स) ClO^-_4 (द) ClO^-_3

29. निम्न में से कौनसा पदार्थ 1°, 2° एवं 3° एमीन को पृथक करने के काम आता है?
(अ) SO_2Cl_2 (ब) $SOCl_2$
(स) $C_6H_5CH_2COCl$
(द) $C_6H_5SO_2Cl$

30. निम्न में से कौनसा एल्किल हैलाइड क्रियाविध प्रदर्शित करता है?
(अ) $(CH_3)_2$ CH – Br
(ब) $(CH_3)_3$ C – Br
(स) CH_3Br
(द) तृतीयक एल्किल हैलाइड

31. निम्न मे से सबसे अधिक विद्युतऋणीय तत्व है?
(अ) सोडियम (ब) ब्रोमीन
(स) फ्लोरिन (द) ऑक्सीजन

32. Fe^{2+} (Z = 26) में d-इलेक्ट्रॉन्स की संख्या निम्न में से किसके समान नहीं है?
(अ) p–इलेक्ट्रॉन्स Ne(Z = 10) के
(ब) a – इलेक्ट्रॉन्स Mg(Z = 12) के
(स) d–इलेक्ट्रॉन्स Fe(Z = 26) के
(द) p–इलेक्ट्रॉन्स Cl(Z = 17) के

33. धातुकर्म जिसमें धातु फयुज्ड अवस्था में प्राप्त होता है, कहलाता है?
(अ) स्मेलटिंग (ब) रोस्टिंग
(स) केलसीनेशन (द) फ्राथ फ्लोटेशन

34. निम्न में कौनसा पदार्थ डाईंग और टेनिंग उद्योग में मोरडेन्ट की तरह काम आता है?
(अ) मैग्निशियम ऑक्साइड
(ब) मैग्निशियम सल्फेट
(स) मैग्निशियम कार्बोनेट
(द) मैग्निशियम क्लोराइड

35. निम्न में से शून्य ऑक्टेन नम्बर दिया गया है?
(अ) 2–मिथाईल ऑक्टेन
(ब) n–हेप्टेन
(स) आइसो–ऑक्टेन
(द) 3–मिथाईल ऑक्टेन

36. CO_2 के कितने मोल होंगे जिसमें 16 gm. O_2 हो?
(अ) 0.5 मोल (ब) 0.2 मोल
(स) 0.4 मोल (द) 0.25 मोल

37. पीतल मिश्र धातु है?
(अ) टिन एवं जस्ता
(ब) लोहा एवं जस्ता
(स) तांबा एवं जस्ता
(द) तांबा एवं टिन

38. N^{3-}, O^{2-}, F^- व Na^+ की आयनिक त्रिज्या का क्रम होगा?
(अ) $N^{3-} > O^{2-} > F^- > Na^+$
(ब) $N^{3-} > Na^+ > O^{2-} > F^-$
(स) $Na^+ > O^{2-} > N^{3-} > F^-$
(द) $O^{2-} > F^- > Na^+ > N^{3-}$

39. निम्न में से सबसे अधिक विद्युतधनी तत्व है?
(अ) Na (ब) K
(स) Ca (द) Cs

40. निम्न में से किस अणु का आयनिक गुण सबसे अधिक है?
(अ) HI (ब) HF
(स) HCl (द) HBr

JET PAPER - 2018

1. कौनसी क्वांटम संख्या समन्वय अक्ष के संगत कक्षकों के त्रिविम अभिविन्यास के बारे में जानकारी देती है?

(अ) मुख्य–क्वांटम संख्या (n)

(ब) कक्षक कोणीय संवेग क्वांटम संख्या (l)

(स) चुंबकीय क्वांटम संख्या (m_l)

(द) इलेक्ट्रॉन–प्रचक्रण क्वांटम संख्या (m_s)

2. फास्फोरस के निम्नतम स्तर पर अयुग्मित इलेक्ट्रोनों की संख्या है?

(अ) 2 (ब) 3

(स) 1 (द) 4

3. मुख्य क्वांटम संख्या (n=3) से संबंधित कक्षकों की कुल संख्या क्या होती है?

(अ) 1 (ब) 3

(स) 9 (द) 8

4. किसी तत्व के अन्तिम इलेक्ट्रॉन की क्वांटम संख्या निम्न हैं $n = 2, l = 0, m = 0, S = +\frac{1}{2}$ परमाणु होगा?

(अ) हाइड्रोजन (ब) लिथियम

(स) बेरिलियम (द) बोरोन

5. अधिकतम अयुग्मित इलेक्ट्रानों की संख्या निम्न में से किसकी होगी?

(अ) Zn^{2+} (ब) Fe^{2+}

(स) Ni^{2+} (द) Cu^{+}

6. आवर्त सारणी के वर्गों में ऊपर से नीचे जाने में परमाणु त्रिज्या में वृद्धि होती है?

(अ) प्रभावी नाभिकीय आवेश बढ़ता है

(ब) परमाणु द्रव्यमान बढ़ता है

(स) जोड़े जाने वाले इलेक्ट्रानों का नये कक्षकों में समायोजन

(द) परमाणु क्रमांक बढ़ता है।

7. निम्न में से कौनसा संग्रह सम इलेक्ट्रानिक स्पीशीज दर्शाता है? परमाणु संख्या (CS = 55, Br = 35)

(अ) Ca^{2+}, Cs^{+}, Br

(ब) Na^{+}, Ca^{2+}, Mg^{2+}

(स) N^{3-}, F^{-}, Na^{+}

(द) Be, Al^{3+}, Cl^{-}

8. निम्न में से किसकी इकाई नहीं होती है?

(अ) विद्युत ऋणात्मकता

(ब) इलेक्ट्रॉन बन्धुता

(स) आयनन ऊर्जा

(द) उत्तेजन विभव

9. अणु जिसमें दो एकाकी इलेक्ट्रॉन युग्म व दो आबन्धी इलेक्ट्रॉन युग्म उपस्थित है?

(अ) NH_3 (ब) BF_3

(स) H_2O (द) CO_2

10. H_2O, H_2S, H_2Se एवं H_2Te में से एक जिसका क्वंथनाक अधिकतम है?

(अ) H_2O का H-बन्ध के कारण

(ब) H_2Te का उच्च आणविक वजन के कारण

(स) H_2S का H-बन्ध के कारण

(द) H_2Se का उच्च आणविक वजन के कारण

11. $N_2 + 3H_2 \leftrightarrow 2NH_3$ + ऊष्मा, अभिक्रिया के लिए

(अ) $K_p = K_c (RT)^{-2}$

(ब) $K_p = K_c$

(स) $K_p = K_cRT$

(द) $K_p = K_c (RT)^{-1}$

12. 800 K पर अभिक्रिया $N_2(g) + O_2(g) \leftrightarrow 2NO(g)$ के लिए साम्यावस्था सान्द्रताएं निम्नलिखित है

$N_2 = 3.0 \times 10^{-3}$ M

$O_2 = 4.2 \times 10^{-3}$ M और

$NO = 2.8 \times 10^{-3}$ M अभिक्रिया के लिए K_c का मान क्या होगा?

(अ) 0.622 (ब) 0.822

(स) 0.922 (द) उपरोक्त से नहीं

13. उत्क्रमणीय अभिक्रिया में, अभिकारकों की सान्द्रता दोगुनी करने पर साम्य स्थिरांक होगा?

(अ) आधा (ब) दोगुना

(स) समान (द) चौथाई

14. मानव रूधिर का pH होता है?

(अ) 7.4 (ब) 6.8

(स) 7.8 (द) 6.4

15. निम्न में से कौन ब्रान्सटेड अम्ल व क्षार दोनों की तरह कार्य करता है?

(अ) Na_2CO_3 (ब) OH^-

(स) HCO_3^- (द) NH_3

16. निम्न में से कौन लुईस क्षार नहीं है?

(अ) Ag^+ (ब) H_2O

(स) CN^- (द) NH_3

17. शीतल पेय के एक नमूने में हाइड्रोजन आयन की सान्द्रता 3.8×10^{-3} M है, इसका pH क्या होगा?

(अ) 2.42 (ब) 3.42

(स) 2.00 (द) 4.15

18. अम्लीय बफर विलयन निम्न को मिलाने से बनाया जा सकता है?

(अ) सोडियम एसिटेट एवं एसिटिक अम्ल

(ब) अमोनियम क्लोराइड एवं अमोनियम हाइड्रोक्साइड

(स) सल्फयूरिक अम्ल एवं सोडियम हाइड्रोक्साइड

(द) सोडियम क्लोराइड एवं सोडियम हाइड्रोक्साइड

19. धुआँ निम्न में से किसका कोलाइडी सॉल है?

(अ) गैस में गैस

(ब) गैस में ठोस

(स) ठोस में गैस

(द) द्रव में गैस

20. टिन्डेल प्रभाव नहीं देखा जाता है?

(अ) सस्पेन्शन

(ब) वास्तविक विलयन

(स) पायस

(द) कोलॉइडी विलयन

21. वह प्रक्रिया जिसमें अवक्षेपित पदार्थ विद्युत अपघट्य मिलाने पर पुनः कोलॉइटी प्रावस्था में लौटता है। प्रक्रिया कहलाती है?

(अ) अपोहन

(ब) पेप्टीकरण

(स) धनकण संचलन

(द) वैद्युत परासरण

22. निम्न में से कौनसा तत्व पृथ्वी की सतह पर बहुतायत से पाया जाता है?
(अ) एल्युमिनियम (ब) सिलिकॉन
(स) कार्बन (द) ऑक्सीजन

23. पदार्थ जो गेंग से अभिक्रिया पर गलनीय सामग्री बनाए, कहलाता है?
(अ) फलक्स (ब) स्लेग (लावा)
(स) अयस्क (द) उत्प्रेरक

24. द्रव अमोनिया में सोडियम का तनु विलयन नीले रंग का होता है?
(अ) Na^+ आयन की उपस्थिति से
(ब) अमोनियम इलेक्ट्रान की उपस्थिति होने से
(स) $NaNH_2$ बनने से
(द) सोडियम हाइड्राइड बनने से

25. परिवर्तनशील ऑक्सीकरण अवस्थाएँ दर्शाने हेतु संक्रमण धातु का इलेक्ट्रॉन निम्न में से किसमें भाग लेता है?
(अ) केवल ns में
(ब) केवल (n-1) d में
(स) केवल ns एवं (n - 1) d में किन्तु np में नहीं
(द) केवल (n-1) d एवं np में ns में नहीं

26. जब अमोनिया को क्यूप्रिक लवण विलयन में मिलाया जाता है तो गहरा नीला रंग निम्न के बनने से दिखाई देता है?
(अ) $[Cu(OH)_4]^{2-}$
(ब) $[Cu(NH_3)_4]^{2+}$
(स) $[Cu(H_2O)_2(NH_3)_2]^{2+}$
(द) $[Cu(H_2O)_4]^{2+}$

27. नियोप्रिन निम्न के बहुलिकरण से बनाया जाता है?
(अ) 2–क्लोरो–1, 3–ब्यूटाडाईन
(ब) 2–मिथाइल–1, 3–ब्यूटाडाईन
(स) 1, 3–ब्यूटाडाईन
(द) एक्राईलोनाइट्रिल

28. $RCH_2COOH \xrightarrow[\text{(ii) } H_2O]{\text{(i) } Cl_2/\text{Red P}} R-\underset{\underset{Cl}{|}}{CH}-COOH$ यह अभिक्रिया कहलाती है?
(अ) कैनिजारो अभिक्रिया
(ब) एल्डॉल संघनन
(स) हेल वल् हार्ड जेलेन्सकी
(द) डिकार्बोजाइलेशन

29. $RCN + SnCl_2 + HCl \rightarrow RCH=NH \xrightarrow{H_2O} RCHO$ अभिक्रिया कहलाता है?
(अ) स्टिफन्स अभिक्रिया
(ब) सेन्डमियर अभिक्रिया
(स) कोल्ब अभिक्रिया
(द) इटार्ड अभिक्रिया

30. फिनॉल एवं क्लोरोफार्म की अभिक्रिया जलीय NaOH की उपस्थिति में कराने पर बनता है?
(अ) सेलिसेल्डिहाइड
(ब) सलिसीलिक अम्ल
(स) पिक्रिक अम्ल
(द) बेन्जोक्विनोन

31. रसायन जिसका एक ही अभिक्रिया में स्वयं का ऑक्सीकरण व अपचयन होता है?
(अ) बेन्जिल एल्कोहल
(ब) एसिटोन
(स) फार्मल्डिहाइड (द) एसिटिक अम्ल

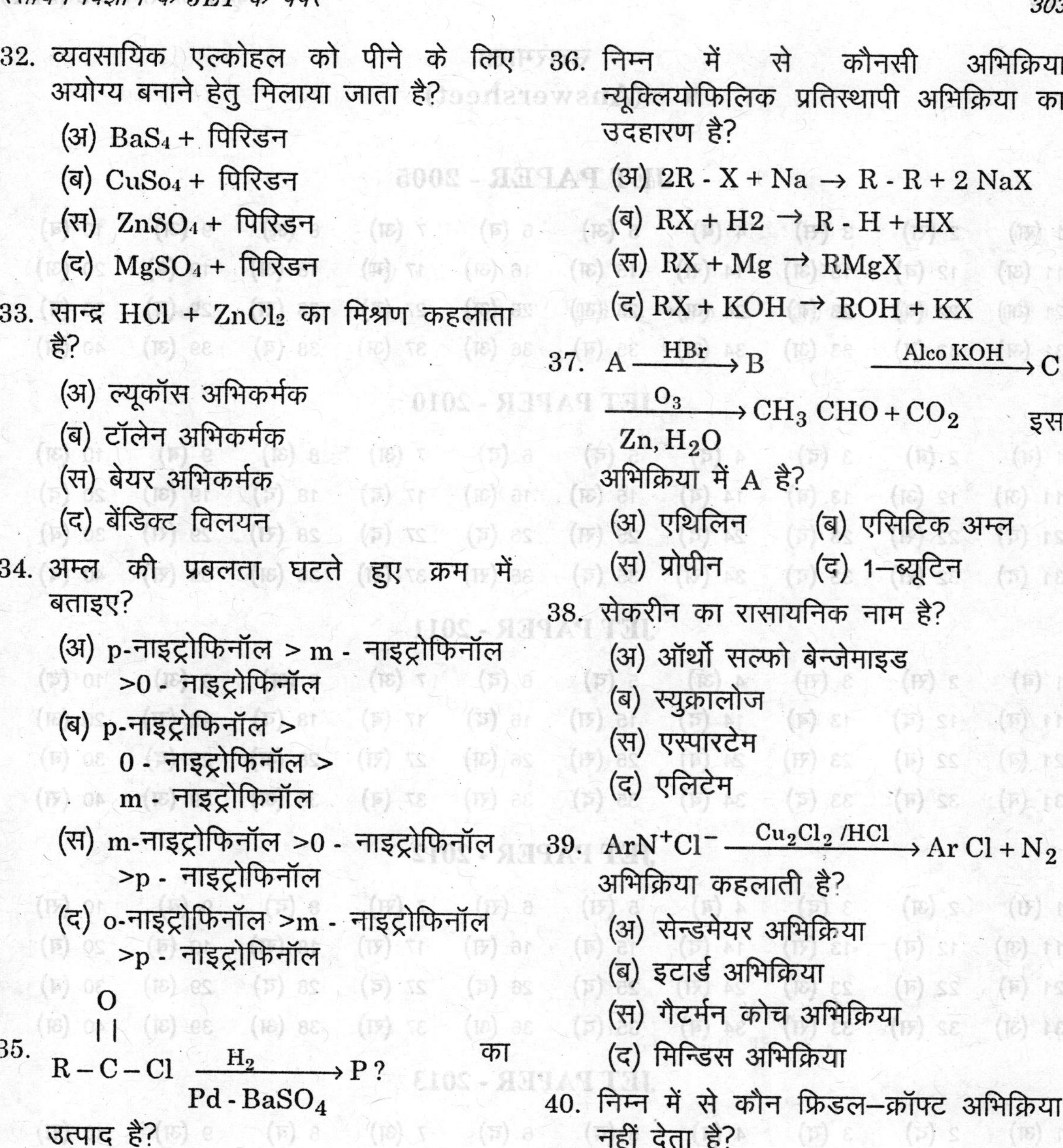

32. व्यवसायिक एल्कोहल को पीने के लिए अयोग्य बनाने हेतु मिलाया जाता है?

(अ) BaS_4 + पिरिडन

(ब) $CuSo_4$ + पिरिडन

(स) $ZnSO_4$ + पिरिडन

(द) $MgSO_4$ + पिरिडन

33. सान्द्र HCl + $ZnCl_2$ का मिश्रण कहलाता है?

(अ) ल्यूकॉस अभिकर्मक

(ब) टॉलेन अभिकर्मक

(स) बेयर अभिकर्मक

(द) बेंडिक्ट विलयन

34. अम्ल की प्रबलता घटते हुए क्रम में बताइए?

(अ) p-नाइट्रोफिनॉल > m - नाइट्रोफिनॉल >0 - नाइट्रोफिनॉल

(ब) p-नाइट्रोफिनॉल > 0 - नाइट्रोफिनॉल > m - नाइट्रोफिनॉल

(स) m-नाइट्रोफिनॉल >0 - नाइट्रोफिनॉल >p - नाइट्रोफिनॉल

(द) o-नाइट्रोफिनॉल >m - नाइट्रोफिनॉल >p - नाइट्रोफिनॉल

35. $R-\overset{\overset{O}{||}}{C}-Cl \xrightarrow[Pd-BaSO_4]{H_2} P?$ का उत्पाद है?

(अ) RCH_2OH (ब) RCOOH

(स) RCHO (द) RCH_3

36. निम्न में से कौनसी अभिक्रिया न्यूक्लियोफिलिक प्रतिस्थापी अभिक्रिया का उदहारण है?

(अ) $2R - X + Na \rightarrow R - R + 2 NaX$

(ब) $RX + H2 \rightarrow R - H + HX$

(स) $RX + Mg \rightarrow RMgX$

(द) $RX + KOH \rightarrow ROH + KX$

37. $A \xrightarrow{HBr} B \xrightarrow{Alco\ KOH} C \xrightarrow[Zn, H_2O]{O_3} CH_3CHO + CO_2$ इस अभिक्रिया में A है?

(अ) एथिलिन (ब) एसिटिक अम्ल

(स) प्रोपीन (द) 1–ब्यूटिन

38. सेकरीन का रासायनिक नाम है?

(अ) ऑर्थो सल्फो बेन्जेमाइड

(ब) स्युक्रालोज

(स) एस्पारटेम

(द) एलिटेम

39. $ArN^+Cl^- \xrightarrow{Cu_2Cl_2/HCl} Ar\,Cl + N_2$ अभिक्रिया कहलाती है?

(अ) सेन्डमेयर अभिक्रिया

(ब) इटार्ड अभिक्रिया

(स) गैटर्मन कोच अभिक्रिया

(द) मिन्डिस अभिक्रिया

40. निम्न में से कौन फ्रिडल–क्रॉफ्ट अभिक्रिया नहीं देता है?

(अ) फिनॉल (ब) क्लोरोबेन्जीन

(स) एनिलिन (द) बेन्जीन

उत्तरमाला
(Answersheet)

JET PAPER - 2005

1 (स)	2 (स)	3 (स)	4 (ब)	5 (अ)	6 (ब)	7 (अ)	8 (अ)	9 (अ)	10 (ब)
11 (अ)	12 (ब)	13 (अ)	14 (स)	15 (अ)	16 (अ)	17 (ब)	18 (अ)	19 (ब)	20 (अ)
21 (अ)	22 (ब)	23 (ब)	24 (अ)	25 (अ)	26 (अ)	27 (ब)	28 (स)	29 (द)	30 (ब)
31 (अ)	32 (ब)	33 (अ)	34 (अ)	35 (ब)	36 (अ)	37 (अ)	38 (ब)	39 (अ)	40 (अ)

JET PAPER - 2010

1 (ब)	2 (ब)	3 (द)	4 (द)	5 (द)	6 (द)	7 (अ)	8 (अ)	9 (ब)	10 (अ)
11 (अ)	12 (अ)	13 (ब)	14 (ब)	15 (अ)	16 (अ)	17 (द)	18 (द)	19 (अ)	20 (द)
21 (द)	22 (स)	23 (द)	24 (द)	25 (स)	26 (द)	27 (द)	28 (स)	29 (स)	30 (ब)
31 (द)	32 (स)	33 (द)	34 (स)	35 (द)	36 (स)	37 (स)	38 (अ)	39 (स)	40 (द)

JET PAPER - 2011

1 (ब)	2 (स)	3 (स)	4 (अ)	5 (द)	6 (द)	7 (अ)	8 (अ)	9 (अ)	10 (द)
11 (ब)	12 (द)	13 (ब)	14 (द)	15 (स)	16 (द)	17 (ब)	18 (द)	19 (स)	20 (अ)
21 (ब)	22 (ब)	23 (स)	24 (ब)	25 (स)	26 (अ)	27 (स)	28 (अ)	29 (द)	30 (ब)
31 (ब)	32 (ब)	33 (द)	34 (ब)	35 (द)	36 (स)	37 (ब)	38 (अ)	39 (अ)	40 (स)

JET PAPER - 2012

1 (स)	2 (अ)	3 (द)	4 (ब)	5 (स)	6 (स)	7 (स)	8 (द)	9 (ब)	10 (स)
11 (अ)	12 (ब)	13 (स)	14 (द)	15 (ब)	16 (स)	17 (स)	18 (स)	19 (ब)	20 (ब)
21 (ब)	22 (ब)	23 (अ)	24 (स)	25 (द)	26 (द)	27 (द)	28 (द)	29 (अ)	30 (ब)
31 (अ)	32 (स)	33 (स)	34 (ब)	35 (द)	36 (अ)	37 (स)	38 (अ)	39 (अ)	40 (अ)

JET PAPER - 2013

1 (अ)	2 (द)	3 (द)	4 (ब)	5 (द)	6 (द)	7 (अ)	8 (ब)	9 (अ)	10 (स)
11 (स)	12 (स)	13 (द)	14 (ब)	15 (स)	16 (अ)	17 (ब)	18 (ब)	19 (ब)	20 (द)
21 (स)	22 (ब)	23 (ब)	24 (ब)	25 (अ)	26 (अ)	27 (द)	28 (अ)	29 (द)	30 (स)
31 (द)	32 (स)	33 (स)	34 (स)	35 (ब)	36 (अ)	37 (ब)	38 (ब)	39 (द)	40 (ब)

JET PAPER - 2014

1 (द)	2 (अ)	3 (अ)	4 (ब)	5 (स)	6 (अ)	7 (द)	8 (द)	9 (ब)	10 (स)
11 (स)	12 (स)	13 (ब)	14 (द)	15 (ब)	16 (ब)	17 (द)	18 (अ)	19 (स)	20 (द)

21 (स) 22 (ब) 23 (स) 24 (द) 25 (स) 26 (अ) 27 (अ) 28 (ब) 29 (अ) 30 (द)

31 (ब) 32 (अ) 33 (अ) 34 (द) 35 (द) 36 (अ) 37 (द) 38 (स) 39 (ब) 40 (ब)

JET PAPER - 2015

1 (द) 2 (स) 3 (अ) 4 (ब) 5 (अ) 6 (अ) 7 (स) 8 (द) 9 (स) 10 (द)

11 (स) 12 (द) 13 (द) 14 (ब) 15 (स) 16 (अ) 17 (अ) 18 (अ) 19 (अ) 20 (स)

21 (ब) 22 (स) 23 (ब) 24 (स) 25 (ब) 26 (द) 27 (स) 28 (द) 29 (अ) 30 (अ)

31 (स) 32 (अ) 33 (ब) 34 (द) 35 (अ) 36 (द) 37 (स) 38 (अ) 39 (ब) 40 (स)

JET PAPER - 2016

1 (स) 2 (अ) 3 (ब) 4 (अ) 5 (ब) 6 (ब) 7 (अ) 8 (अ) 9 (ब) 10 (अ)

11 (ब) 12 (अ) 13 (अ) 14 (ब) 15 (अ) 16 (अ) 17 (स) 18 (ब) 19 (स) 20 (द)

21 (अ) 22 (स) 23 (द) 24 (ब) 25 (द) 26 (द) 27 (अ) 28 (अ) 29 (अ) 30 (स)

31 (ब) 32 (स) 33 (ब) 34 (स) 35 (ब) 36 (द) 37 (स) 38 (द) 39 (अ) 40 (अ)

JET PAPER - 2017

1 (अ) 2 (द) 3 (स) 4 (ब) 5 (ब) 6 (द) 7 (ब) 8 (ब) 9 (अ) 10 (अ)

11 (स) 12 (अ) 13 (द) 14 (स) 15 (द) 16 (स) 17 (द) 18 (अ) 19 (ब) 20 (अ)

21 (अ) 22 (स) 23 (ब) 24 (अ) 25 (ब) 26 (द) 27 (अ) 28 (अ) 29 (द) 30 (द)

31 (स) 32 (द) 33 (अ) 34 (ब) 35 (ब) 36 (अ) 37 (स) 38 (अ) 39 (द) 40 (ब)

JET PAPER - 2018

1 (स) 2 (ब) 3 (स) 4 (ब) 5 (ब) 6 (स) 7 (स) 8 (अ) 9 (स) 10 (अ)

11 (अ) 12 (अ) 13 (स) 14 (अ) 15 (द) 16 (अ) 17 (अ) 18 (अ) 19 (ब) 20 (ब)

21 (ब) 22 (द) 23 (अ) 24 (ब) 25 (स) 26 (ब) 27 (अ) 28 (स) 29 (अ) 30 (अ)

31 (स) 32 (ब) 33 (अ) 34 (ब) 35 (स) 36 (द) 37 (स) 38 (अ) 39 (अ) 40 (स)

10
भौतिक विज्ञान

1. विज्ञान की वह शाखा जिसमें प्रयोगात्मक तथ्यों का अध्ययन किया जाता है कहलाती है → **भौतिक विज्ञान**
2. प्रमुख भारतीय भौतिकविद् कौन कौन है → **भास्कराचार्य, सी.वी. रमन, मेघनाद साहा, एस.एन. बोस, होमी जहांगीर भाभा, राजा रमन्ना, अब्दुल कलाम**
3. प्रकृति के मूल बल चार है → **i. गुरुत्वीय बल, ii. विद्युत चुम्बकीय बल, iii. नाभिकीय बल, iv. दुर्बल बल**
4. जिन राशियों को नापा या तौला जा सके वे क्या कहलाती है → **भौतिक राशियाँ**
5. मूल मात्रक पूर्णतः क्या होते हैं → **स्वतंत्र**
6. दूरी का सबसे बड़ा मात्रक तथा द्रव्यमान का सबसे बड़ा मात्रक क्या है → **पारसेक तथा चन्द्रशेखर सीमा (C.S.L.)**
7. समय का सबसे छोटा मात्रक क्या है → **शैक**
8. वर्नियर कैलीपर्स से एक सेमी के भाग तथा स्क्रूगेज तथा गोलाईमापी से एक सेमी के भाग तक का मान पढ़ा जा सकता है → **सोवें तथा हजारवें**
9. स्फेरोमीटर तथा स्क्रू गेज किसके सिद्धान्त पर कार्य करते है → **पेच के**
10. मूल मात्रकों पर लगायी गई घात को क्या कहते है → **विमा**
11. किसी भौतिक राशि को मूल मात्रकों में व्यक्त करने वाले सूत्र को क्या कहते हैं → **विमीय सूत्र**
12. किसी भौतिक राशि का मापन एक सीमा तक ही शुद्धतापूर्वक किया जा सकता है। भौतिक राशि के वास्तविक एवं मापित मान के अन्तर को क्या कहते हैं → **त्रुटि**
13. त्रुटि को सदैव किसमें व्यक्त किया जाता है → **प्रतिशत में**
14. किसी भौतिक राशि को शुद्ध रूप में व्यक्त करने वाले अंकों को क्या कहते हैं → **सार्थक अंक**

15. किसी संख्या को निश्चित सार्थक अंकों वाली संख्या में परिवर्तन करने की प्रक्रिया क्या कहलाती हैं → **पूर्णांकित करना**
16. एक ठोस गोले की त्रिज्या मापन में 2% त्रुटि है, इसके आयतन मापन में त्रुटि है → **6%**
17. स्थिति सदिश का समय के सापेक्ष प्रथम अवकलन गुणांक व्यक्त करता है → **वेग**
18. एक माइक्रान और सेण्टीमीटर में सम्बन्ध है → **1 micron = 10^{-4} cm**
19. एक सैकण्ड परिभाषित किया जाता है → 9192631770 सीजियम घड़ी के कम्पन के बराबर
20. एक परमाणु का अर्द्धव्यास लगभग बराबर है → **10^{-8} cm**
21. एक मीटर में Kr^{86} की कितनी तरंगदैर्ध्य सम्मिलित है → **1657063.73**
22. 10^6 dynes/cm^2 का दाब समान है → **10^5 N/m^2**
23. ब्रह्माण्ड की सैद्धान्तिक आयु सीमा लगभग बराबर है → **दस हजार million प्रकाश वर्ष**
24. सूर्य से धरती तक की यात्रा में प्रकाश द्वारा लिया गया समय लगभग है → **8 मिनट**
25. कोणीय त्वरण में S.I. पद्धति में मात्रक है → **rad s^{-2}**
26. शक्ति का मात्रक है → **किलोवाट**
27. गुरुत्वीय नियतांक का सार्थक मात्रक है → **Newton metre^2 kg^{-2}**
28. कोणीय संवेग का विमीय सूत्र है → **M L^2T^{-1}**
29. दाब का M.K.S. मात्रक है → **Pascal**
30. वैद्युत क्षेत्र की तीव्रता का मात्रक है → **Newton/Coloumb**
31. S.I. पद्धति में बल का मात्रक है → **Newton**
32. कोणीय वेग का विमीय सूत्र है → **$M^0L^0T^{-1}$**
33. शक्ति की विमा है → **$M^1L^2T^{-3}$**
34. आवेग का विमीय सूत्र है → **MLT^{-1}**
35. बलयुग्म की विमा है → **ML^2T^{-2}**
36. वैद्युत चालकता (electrical conductivity) की विमा है → **$M^{-1}L^{-3}T^3A^2$**
37. प्लांक नियतांक (Plankc's constant) h का विमीय सूत्र है → **M $L^{-2}T^{-1}$**
38. यदि C और L क्रमशः धारिता एवं प्रेरकत्व को प्रदर्शित करते हो तो LC की विमा है → **M^0 L^0 T^1**
39. यदि C और R क्रमशः धारिता एवं प्रतिरोध को प्रदर्शित करते हो तो CR की विमा है → **M^0 L^0 T^1**
40. M L TA में विभवान्तर (Voltage) की विमा है → **M L^2 T^{-3} A^{-1}**
41. निष्पत्तियों (ratios) L/R तथा RC (L = प्रेरकत्व, C + धारिता, R = प्रतिरोध) की विमा किसके जैसी है → **बल**

42. E, m, J और G क्रमशः ऊर्जा, द्रव्यमान, कोणीय संवेग तथा गुरुत्वीय नियतांक प्रदर्शित करते है। तब $E' J^2/m^5 G^2$ विमा है → **द्रव्यमान**

43. कौनसा जोड़ा है जिसकी समान विमायें नहीं हैं → **कोणीय संवेग और प्लांक नियतांक**

44. मोड़ पर साइकिल सवार जिस कोण θ से झुकता है, को व्यंजक $\tan\theta = \frac{v^2}{rg}$ से प्रदर्शित होता है, जबकि सभी संकेतों के सामान्य तात्पर्य है। तब क्या यह → **न आंकिक और न ही विमीय दृष्टि से सही है**

45. विमीय दृष्टि से सही है → **दाब = बल प्रति इकाई आयतन**

46. एक गोले का अर्द्धव्यास 2.12 m है। सार्थक अंकों की दृष्टि से इसका क्षेत्रफल है → **14.1 m^2**

47. निम्न में से एक (या अधिक) जोड़ों में राशियों की विमायें समान है। इन जोड़ों को पहचानिये → **प्रकाश वर्ष एवं तरंगदैर्ध्य**

48. L, C और R क्रमशः प्रेरकत्व, धारिता और प्रतिरोध को प्रदर्शित करते है। निम्न में से किस की विमा आवृति के समान है → **R/L**

49. गुरुत्वीय स्थिरांक G की विमा होगी → **$M^{-1}L^3 T^{-2}$**

50. M.K.S. पद्धति में दाब का मात्रक है → **pascal**

51. निम्न राशियों में से किस राशि की विमा शेष तीन से भिन्न है → **प्रति इकाई द्रव्यमान कोणीय संवेग**

52. एक घन का आयतन एवं पृष्ठ क्षेत्रफल आंकिक रूप से समान है। ऐसे घन का आयतन होगा → **216 मात्रक**

53. एक वैज्ञानिक एक प्रयोग में 100 प्रेक्षण लेता है। यह इसी प्रयोग को दोबारा करता है और 500 प्रेक्षण लेता है। ऐसा करने से → **संभावित त्रुटि के गुणक से घट जाती है**

54. निम्नलिखित में कौन, किसी भौतिक राशि का नाम नही है → **किलोग्राम**

55. वेग प्रवणता (Velocity gradient) की विमा समान होगी → **आवृत्ति**

56. निम्न समुदायों में कौन, किसी भी मात्रक पद्धति (system of units) में मूल राशियों की सूची में स्थान नहीं पा सकता → **लम्बाई, द्रव्यमान व वेग**

57. यदि बल व लम्बाई के मात्रक दोगुने कर दिये जायें, तो ऊर्जा का मात्रक हो जायेगा → **4 गुना**

58. मूल वर्ग माध्य वेग (r.m.s. veloxcity) का विमीय सूत्र है → **$[LT^{-1}]$**

59. दिया है एक कण का विस्थापन $x = A^2 \sin^2 K t$ द्वारा प्राप्त होता है, जहाँ t समय को प्रदर्शित करता है। K का मात्रक है → **हर्ज (hertz)**

60. दिया है $F = a t^{-1} + b t^{2+}$ जहाँ F व t क्रमशः बल व समय को प्रदर्शित करते है। a व b की विमायें होगी क्रमशः → **$M L T^{-3}$ $M o T^{-4}$**

61. $m c^2$ का विमीय सूत्र क्या है? संकेतों के सामान्य अर्थ है → **[M L² T⁻²]**

62. निम्न में से किस पद्धति में चुम्बकीय फ्लक्स की इकाई वेबर है → **SI**

63. विद्युतशीलता ε_0 की मुक्त आकाश में इकाई होती है → **कूलॉम^2 / न्यूटन–मीटर^2**

64. स्पर्शज्या धारामापी में परिवर्तन गुणांक का मात्रक है → **रेडियन**

65. 108.023 तथा 0.19000 में कितने सार्थक अंक है → **6 व 2**

66. यदि कण के तीन निर्देशांकों में से दो स्थिर रहे और केवल एक निर्देशांक समय के साथ परिवर्तित हो तब इसे क्या कहते हैं → **एक विमीय गति**

67. पिण्ड द्वारा तय किये गये पथ की वास्तविक लम्बाई क्या कहलाती है → **दूरी**

68. किसी समय अन्तराल Δt में वस्तु द्वारा तय की गई दूरी और समय अन्तराल के अनुपात को क्या कहते हैं → **औसत चाल**

69. किसी क्षण पर कण की दूरी के समय के साथ परिवर्तन की दर को क्या कहते है → **तात्क्षणिक वेग**

70. किसी क्षण पर कण के विस्थापन के समय के साथ परिवर्तन की दर को उस क्षण पर पिण्ड का क्या कहते हैं → **तात्क्षणिक वेग**

71. किसी वस्तु B के सापेक्ष वस्तु A का वेग, वस्तु A का क्या कहलाता है → **आपेक्षिक वेग**

72. किसी समय अन्तराल में पिण्ड के वेग में परिवर्तन और समय अन्तराल के अनुपात को क्या कहते हैं → **औसत त्वरण**

73. जब गति में पिण्ड का त्वरण नियत बना रहे तब ऐसी गति क्या कहलाती है → **एक समान त्वरित गति**

74. एक कण एकसमान वेग से गतिमान है। इस कण की गति के सम्बन्ध में, निम्नलिखित में कौन से कथन सत्य है → **इसका त्वरण शून्य है**

75. एकसमान चाल से गतिमान एक कण के लिये निम्नलिखित में क्या परिवर्तित होता है → **स्थिति सदिश**

76. जब एक वस्तु पर बल कार्य करते है तो प्रत्येक बल के कारण परिमाण व दिशा में त्वरित होने लगता है जैसे कि → **अन्य बल कार्यरत नहीं है**

77. सीधी पटरी पर चलती हुई रेलगाड़ी में एक गेंद एक रस्सी से लटकी हुई है। रस्सी, गाड़ी के पीछे की ओर ऊर्ध्वाधर से छोटे स्थिर कोण पर झुकी हुई प्रतीत होती है। इससे तात्पर्य है कि यह रेलगाड़ी → **समान त्वरण से चल रही है**

78. कोई वस्तु जब तक त्वरित होती रहेगी, जब तक कि → **इस पर परिणामी बल शून्य हो जाये**

79. जिस वस्तु पर कई बल कार्यरत हो, उसका त्वरण किस स्थिति में शून्य होगा → **इस पर कार्यरत सभी बलों का सादेश योग शून्य हो**

80. एक मनुष्य एक गतिमान रेलगाड़ी में बैठा है। मनुष्य का मुंह इंजन की ओर है। वह एक सिक्का उछालता है। सिक्का उनके पीछे गिरता है। रेलगाड़ी → **आगे की ओर त्वरित गति में है**

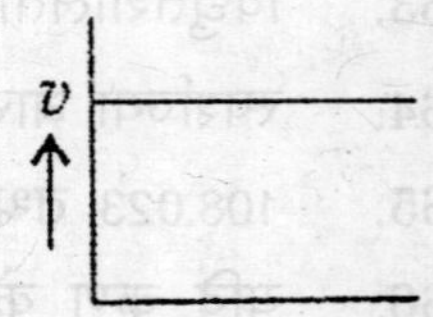

81. चित्र में प्रदर्शित कौनसा ग्राफ समान चाल की गति प्रदर्शित करता है →

82. एक कण का विस्थापन, समय के साथ $\sqrt{x} = t + 7$ के अनुसार परिवर्तित होता है → **कण का वेग, t के समानुपाती है**

83. स्थिरावस्था से चलने वाले एक कण का त्वरण, समय t के साथ $a = -s\,\omega^2 \sin \omega t$ के अनुसार परिवर्तित होता है। समय t पर कण का विस्थापन होगा → $s \sin \omega t$

84. किसी क्षण t पर, एक कण का विस्थापन x, सम्बन्ध $x = a_0 + a_1 t + a_2 t^2$ से दिया जाता है। इस कण का त्वरण होगा → $2a_2$

85. विस्थापन और दूरी का आंकिक अनुपात होता है → **सम्भवतः** ≤ 1

86. एक कण प्रारम्भ में 20 सैकण्ड तक 3 m/s के वेग से, अगले 20 सैकण्ड तक 4 m/s के वेग से तथा अन्तिम 20 सैकण्ड तक 5 मी/से के वेग से गति करता है। कण का औसत वेग होगा → **4 मी/से**

87. यदि t समय में x विस्थापन हो तथा $x = a \cos t$, तथा त्वरण होगा → $-a \cos t$

88. स्थिर शक्ति प्रदान करने वाली मशीन द्वारा एक वस्तु सरल रेखा में चलाई जाती है। समय t में वस्तु द्वारा चली गई दूरी समानुपाती है → $t^{3/2}$

89. किसी वस्तु का तात्क्षणिक वेग ज्ञात किया जा सकता है → **स्पीडोमीटर प्रयोग करके**

90. एक गतिमान वस्तु द्वारा चली गई दूरी समय के वर्ग के समानुपाती है। उस वस्तु का त्वरण → **स्थिर है**

91. एक मनुष्य एक सीधी सड़क पर, आधे समय में v_1 वेग से तथा शेष आधे समय में v_2 वेग से चलता है। औसत वेग v होगा → $v = \frac{v_1 + v_2}{2}$

92. निम्न चित्र में सरल रेखा पर गतिशील एक वस्तु के वेग में परिवर्तन दिखाया गया है। वस्तु

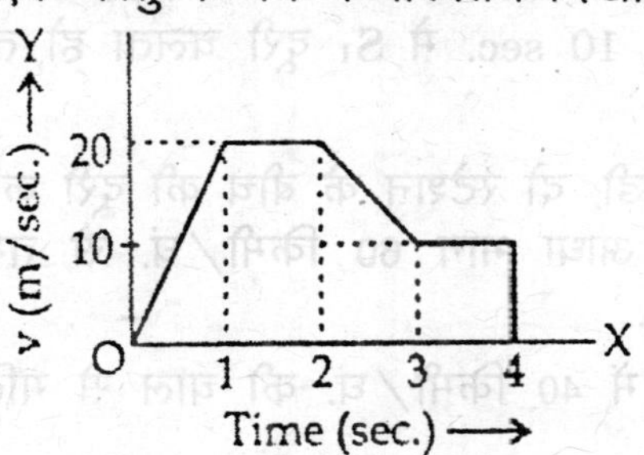

द्वारा 4 सैकण्ड में चली गयी दूरी होगी → **55 m**

93. एक कण के विस्थापन का समय के साथ सम्बन्ध चित्र में दिखाया गया है। चित्र से संकेत

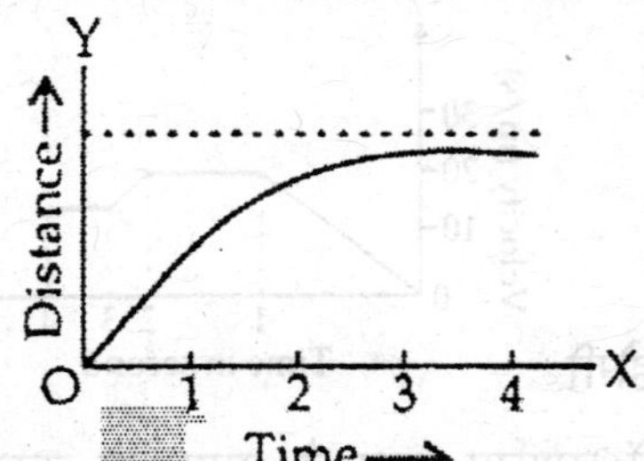

मिलता है → **कण कुछ वेग से चलता है, फिर मंदन होता है और अन्त में कण रूक जाता है**

94. किसी गतिमान वस्तु का त्वरण ज्ञात किया जा सकता है → **वेग समय ग्राफ के ढाल द्वारा**

95. एक कण समान त्वरण से गतिमान है। तीन क्रमिक समयान्तराल t_1, t_2 और t_3 में इसका औसत वेग क्रमशः v_1, v_2 और v_3 है। निम्न में से कौन सा सम्बन्ध सही है → $(v_1 - v_2) : (v_2 - v_3) = (t_1 + t_2) : (t_2 + t_3)$

96. स्थिरावस्था से चलने वाले एक इलैक्ट्रॉन का वेग समय के साथ $v = kt$ के अनुसार रैखिक बढता है जहाँ $k = (2\ m/s)$ है। पहिले 3 sec. में चली गई दूरी होगी → **9 m**

97. समय t एवं दूरी x के बीच सम्बन्ध है $t = ax^2 + \beta x$, जहाँ α और β नियतांक है। मंदन (retardation) होगा – $2\alpha v^3$

98. एक कण का प्रारम्भिक वेग (t = 0 पर) न है एवं त्वरण $f = at$ निम्न में से कौनसा सम्बन्ध सही है → $v = u + at^2$

99. स्थिर परिमाण का एक बल एक कण पर कार्यरत है। इस बल की दिशा सदैव कण के वेग के लम्बवत् है। इसका तात्पर्य है कि → **इसकी गतिज ऊर्जा स्थिर है**

100. एक पिण्ड के वेग की समय पर निर्भरता $v = 20 + 0.1t^2$ द्वारा व्यक्त की जाती है। पिण्ड की गति में है → **असमान त्वरण**

101. स्थिर अवस्था में चलने वाले एक इलेक्ट्रॉन के वेग और समय में सम्बन्ध है $v = kt$, जहाँ $k = 2\ m/s^2$. 3sec. में चली गई दूरी होगी → **9 m**

102. स्थिरावस्था से चलने वाले कण पर 20 sec. तक समान त्वरण कार्य करता है। यदि यह कण पहले 10 sec. में S_1 दूरी चलता हो तथा अन्तिम 10 sec., में S_2 दूरी चले तो → $S_2 = 3S_1$

103. एक रेलगाड़ी, दो स्टेशन के बीच की दूरी का पहला आधा भाग 40 किमी/घं. की दर से तथा शेष आधा भाग 60 किमी/घं. से तय करती है। इसकी माध्य चाल है → **48 किमी/घं.**

104. पूर्व दिशा में 40 किमी/घं. की चाल से गतिमान कार का स्वयं के सापेक्ष वेग होगा → **शून्य**

105. एक सरल रेखा में गतिमान कण के वेग का समय के साथ परिवर्तन चित्र में दिखाया गया

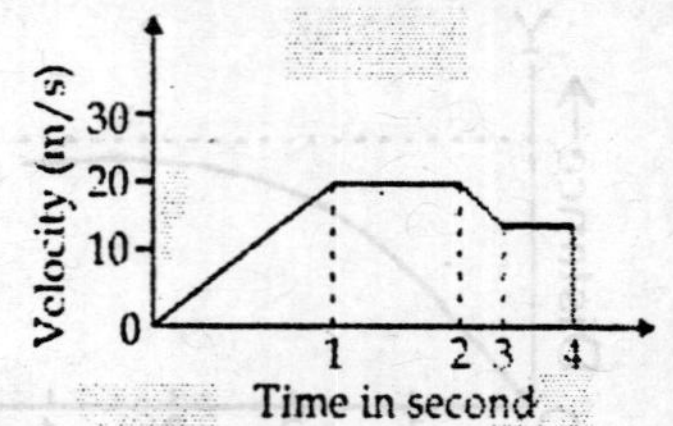

है। कण द्वारा 4 सेकण्ड में चली गई दूरी होगी → **55 मीटर**

106. एक गतिमान कण का v^2-s ग्राफ चित्र में दर्शाया गया है, ग्राफ से कुछ प्रेक्षण लिये गये

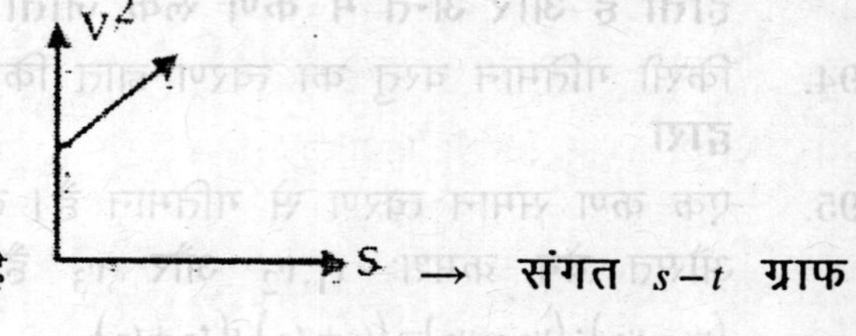

है। दिये गये प्रेक्षणों में से कौनसा गलत है → **संगत $s-t$ ग्राफ पर वलयाकार होगा**

107. सरल रेखीय गति में किसी कण का विस्थापन समीकरण $x = 1-t-t^2$ से दिया जाता है।

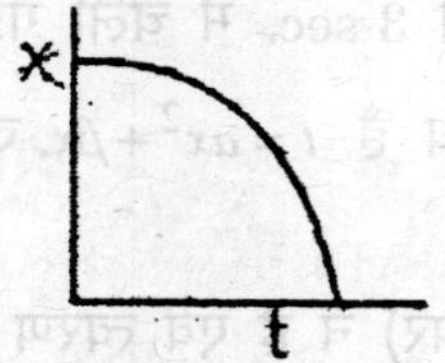

गति का सही निरूपण है →

108. चित्र में किसी गतिशील वस्तु का $v-t$ ग्राफ दिया गया है। अधिकतम त्वरण है

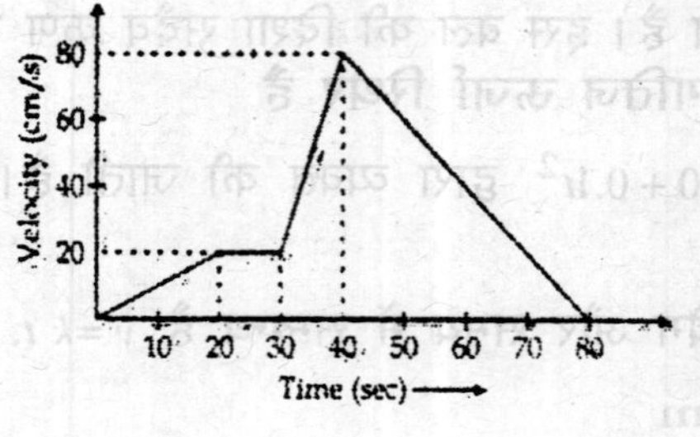

→ **6 सेमी/से^{2}**

109. किसी मीनार से एक पत्थर को प्रारम्भिक वेग u से प्रक्षेपित किया जाता है, पृथ्वी पर पहुंचने पर जिसका वेग $3u$ हो जाता है। मीनार की ऊँचाई → $4u^2/g$

110. 20 मी/से के एकसमान वेग से गतिमान एक कार पर ब्रेक लगाने पर यह 10 मीटर दूरी चलकर विराम में आ जाती है। त्वरण है → **–20 मी/से^{2}**

111. 2 मी/से^{2} के एकसमान त्वरण से गतिमान किसी पिण्ड का वेगा 10 मी/से है। 4 सैकण्ड के अन्तराल के बाद इसका वेग होगा → **18 मी/से**

112. सरल रेखा में गतिमान एक पिण्ड का वेग समय ग्राफ चित्र में दर्शाया गया है। 6 सेकण्ड में

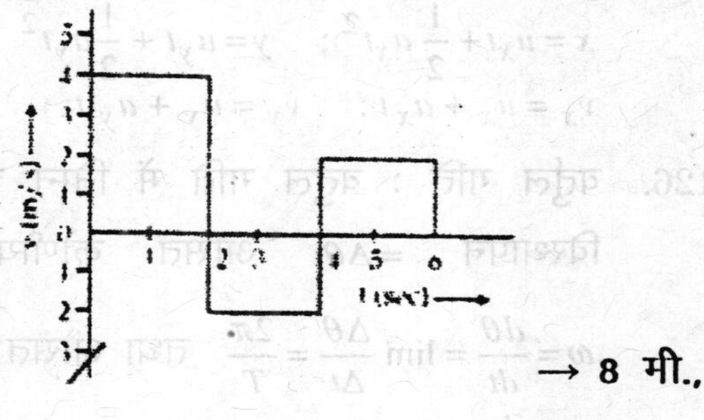

पिण्ड का विस्थापन तथा तय दूरी होगी क्रमशः → **8 मी., 16 मी.**

113. यदि पिण्ड के वेग की समय पर निर्भरता समीकरण $v = 20 + 0.1t^2$ द्वारा निर्धारित है, तो पिण्ड → **असमान दर से त्वरित हो रहा है**

114. समय t में किसी कण का विस्थापन निम्न प्रकार होता है $x = at^2 - bt^3$, किस समय कण का त्वरण शून्य होगा → **a/3b**

115. एक कण नियत त्वरण से गतिशील है जिसकी दिशा कण के तात्क्षणिक विस्थापन की दिशा के समान्तर है। इस केण के लिए वेग (v)– विस्थापन (s) ग्राफ होगा →

116. किसी कण का स्थिति सादिश है। कण का वेग है → **स्थिति सादेश के लम्बवत्**

117. कौन सी एक विमीय गति है → **सीधे रेलमार्ग पर दौड़ती ट्रेन की गति**

118. किसी वस्तु के लिए औसत वेग तथा औसत संख्यात्मक मानों का अनुपात सदैव → **इकाई अथवा इकाई से कम होता है**

119. गतिशील पिण्ड का त्वरण ज्ञात किया जा सकता है → **वेग – समय ग्राफ के ढाल से**

120. अनेक बलों के प्रभाव में किसी पिण्ड का त्वरण शून्य होगा जब → **आरोपित सभी बलों का सादेश योग शून्य हो**

121. कण द्वारा तय किये गए पथ की प्रकृति किसके द्वारा ज्ञात की जा सकती है → **इनमें से कोई नहीं**

122. एक टेनिस की गेंद किसी ऊंचाई से गिरती है तथा पृथ्वी से टकराकर वापस लौटती है। इस प्रक्रिया में त्वरण, वेग तथा विस्थापन में से कौनसी राशियों में परिवर्तन होता है → **विस्थापन तथा वेग**

123. एक ट्रक तथा कार समान वेग से गतिशील है, ब्रेक लगाने पर दोनों कुछ दूर जाकर रूक जाते है तब → **कार विराम में आने से पूर्व कम दूरी तय करेगा**

124. किसी तल में किसी कण की वक्रीय गति को क्या कहते हैं → **द्विविमीय गति**

125. द्विविमीय समान त्वरित गति के लिए गति के समीकरण →
$x = u_x t + \frac{1}{2} a_x t^2$; $y = u_y t + \frac{1}{2} a_y t^2$;
$v_x = u_x + a_x t$: $v_y = u_y + a_y t$;

126. वर्तुल गति : वर्तुल गति में निम्न चरों (variables) का उपयोग होता है → कोणीय विस्थापन $= \Delta\theta$, औसत कोणीय वेग; $\omega_{av} = \frac{\Delta\theta}{\Delta t}$, तात्क्षणिक कोणीय वेग $\omega = \frac{d\theta}{dt} = \lim \frac{\Delta\theta}{\Delta t} = \frac{2\pi}{T}$ तथा औसत कोणीय त्वरण $\alpha_{av} = \frac{\Delta\omega}{\Delta t}$, तात्क्षणिक कोणीय त्वरण $\alpha = \frac{d\omega}{dt}$

127. सम वर्तुल गति के लिए अभिकेन्द्री त्वरण क्या होता है → $\mathbf{a} = \frac{\mathbf{v}^2}{\mathbf{r}}$

128. कार की सुरक्षित गति के लिए कार के वेग को निम्न अनुबन्धों का पालन करना चाहिये → $v \le \sqrt{\mu r g}$ **और** $v_{max} = \sqrt{\mu r g}$

129. मोड़ पर सड़क में करवट : करवट कोण θ वाले वृत्ताकार मोड़ पर आदर्श (इष्टतम) चाल, यदि $v = \sqrt{r g \tan\theta}$ घर्षण बल का भी उपयोग हो रहा हो तब करवट वाले मोड़ पर वाहन की अधिकतम सुरक्षित चाल → $\mathbf{v}_{max} = \sqrt{\frac{r g (\tan\theta + \mu)}{(1 - \mu \tan\theta)}}$ **और न्यूनतम सुरक्षित चाल** $v_{min} = \sqrt{\frac{r g (\tan\theta - \mu)}{(1 + \mu \tan\theta)}}$

130. समतल वृत्ताकार सड़क पर साईकिल सवार का झुकाव → $\theta = \tan^{-1}(\mathbf{v}^2 / \mathbf{rg})$

131. अभिकेन्द्री बल : वृत्ताकार पथ पर गति कराने के लिए कण पर, सदैव केन्द्र की ओर एक बल लगाना पड़ता है, जिसे अभिकेन्द्री बल कहते हैं → $\mathbf{F} = \frac{\mathbf{Mv}^2}{\mathbf{r}} = \mathbf{Ma_r}$

132. ऊर्ध्वाधर तल में वृत्तीय गति – उच्चतम बिन्दु B पर, तनावा T_B और वेग v_B न्यूनतम होता है और निम्नतम बिन्दु A पर तनाव T_A और वेग v_A अधिकतम होता है। सुरक्षित ऊर्ध्ववृत्तीय गति के लिए न्यूनतम वेग → $\mathbf{v_A} = \sqrt{5gR}$ $\mathbf{v_B} = \sqrt{gR}$

133. जिन्हें व्यक्त करने के लिए केवल परिमाण व मात्रक की आवश्यकता होती है, क्या कहलाती है → **अदिश राशियाँ**

134. जिन्हें व्यक्त करने के लिए परिमाण व मात्रक के साथ दिशा की भी आवश्यकता होती है, क्या कहलाती है → **सदिश राशियाँ**

135. जिन्हें केवल परिमाण, मात्रक व दिशा द्वारा पूर्णत व्यक्त करना संभव न हो बल्कि अन्य गुणों की भी आवश्यकता हो उन्हें क्या कहते हैं → **प्रदिश राशियाँ**

136. किसी सदिश को परिमाण व दिशा में, इसी के समानान्तर विस्थापित करने पर सदिश रहता है → **अप्रभावित**

137. **अदिश गुणनफल** : दो सदिशों को गुणा करने पर अदिश राशि प्राप्त हो तो इसे क्या कहते हैं → **अदिश गुणनफल या बिन्दु गुणनफल कहते हैं**

138. दो सदिशों का गुणनफल सदिश राशि प्राप्त हो तो इसे क्या कहते हैं→ **सदिश गुणनफल**

139. शून्य परिणामी प्राप्त करने के लिए आवश्यक असमान परिणाम के सदिशों की न्यूनतम संख्या होगी → **तीन**

140. शून्य परिणामी प्राप्त करने के लिए आवश्यक समान परिणाम के सदिशों की न्यूनतम संख्या होगी → **दो**

141. दो बलों का सदिश योग उनके सदिश अन्तर के लम्बवत् है। इस स्थिति में बल होंगे → **परिमाण मे समान**

142. किसी बिन्दु पर एक साथ कार्यरत 120 न्यूटन व 20 न्यूटन के दो बल, उत्पन्न कर सकते है परिणामी बल → **140 न्यूटन**

143. $\overline{A}\times\overline{B}$ व $\overline{A}\times\overline{B}$ के बीच का कोण है → **0°**

144. निम्न में से किस समूह का परिणामी शून्य हो सकता है, उसके अन्य समूह है → **10N, 10N, 10N**

145. जब $\overline{P}+\overline{Q}=\overline{P}-\overline{Q}$ तब → Q **शून्य सदिश है**

146. यदि $\overline{A}\times\overline{B}=\overline{B}\times\overline{A}$ तो $\overline{A}$ व $\overline{B}$ के बीच का कोण है → π

147. किसी संख्या –2 को सदिश $\overline{A}$ से गुणा कर दिया जाए, तो → **सदिश का परिमाण दोगुना हो जाएगा तथा उसकी दिशा विपरीत हो जाएगी**

148. दो सदिशों के परिणामी के अधिकतम होने के लिए, उनके मध्य कितना कोण होना चाहिए → **45°**

149. एक कण का विस्थापन 12 m पूर्व की ओर तथा 5 m उत्तर की ओर तथा 6 m ऊर्ध्वाधर ऊपर की ओर है। इन विस्थापनों का योग है → **14.31 m**

150. दो एक समान बल (प्रत्येक P) किसी बिन्दु पर परस्पर 120° के कोण पर लगाये जाते है। उनके परिणामी बल का परिमाण है → **P**

151. एक 120 m लम्बी रेलगाड़ी पश्चिम की ओर 10 m/s की चाल से जा रही है। एक पक्षी पूर्व की ओर 5 m/s की चाल से रेलगाड़ी को पार करता है। रेलगाड़ी पार करने में पक्षी द्वारा लिया गया समय होगा → **8 sec.**

152. वृत्ताकार मार्ग पर गतिमान एक कण के घूमने की चाल को दोगुना तथा इसकी कोणीय चाल को आधा कर दिया जाता है। अभिकेन्द्रीय त्वरण का क्या होगा → **परिवर्तित नहीं होगा**

153. एक समान वृत्तीय गति में → **त्वरण और वेग परिवर्तित होते हैं**

154. समान कोणीय त्वरण की गति के लिए समी. $\omega = \omega_0 + \alpha t$ का प्रयोग करने पर → **दोनों ω और α रेडियन में नापे जा सकते हैं**

155. जब कोई वस्तु स्थिर चाल से चलकर वृत्ताकार मार्ग पर चलती है → **अभिकेन्द्री बल कार्य करता है**

156. एक वस्तु r अर्द्धव्यास के वृत्ताकार मार्ग पर स्थित चाल v से गतिमान है। इसका कोणीय त्वरण होगा → **शून्य**

157. यदि वृत्ताकार मार्ग पर घूमती हुई वस्तु की पथ चाल (orbital velocity) दोगुनी तथा कोणीय वेग ω आधा कर दिया जाये तो इसका अभिकेन्द्र बल कितना हो जायेगा → **अभिकेन्द्र बल परिवर्तित नहीं होगा**

158. प्रक्षेपण कोण, जिस पर प्रक्षेप्य की क्षैतिज परास एवं अधिकतम ऊँचाई समान होगी, है → $\theta = \tan^{-1} 4$

159. क्षैतिज सीधी पटरी पर चलती रेलगाड़ी की खिड़की से एक पत्थर गिरता है। पृथ्वी पर पहुंचने में पत्थर को मार्ग होगा → **परवलयाकार**

160. समान ऊँचाई से एक गोली नीचे की ओर गिरायी जाती है तथा दूसरी गोली क्षैतिज दिशा में दागी जाती है। ये पृथ्वी पर पहुँचेगी → **एक ही समय**

161. प्रक्षेप्य की अधिकतम ऊँचाई होती है ($u-$ प्रक्षेपण वेग, $\theta \rightarrow$ प्रक्षेपण कोण) → $\dfrac{u^2 \sin^2 \theta}{2g}$

162. एक हवाई जहाज μ वेग से चल रहा है। यह h ऊँचाई से एक पैकेट छोड़ता है। इस पैकेट को पृथ्वी पर पहुँचने में लगा समय होगा → $\sqrt{\left(\frac{2h}{g}\right)}$

163. एक गेंद ऊपर को फेंकी जाती है और यह परवलयाकार मार्ग से होती हुई पृथ्वी पर आ जाती है। निम्न में से क्या स्थिर रहता है → **वेग का क्षैतिज घटक**

164. गुरुत्वीय प्रभाव में परवलयाकार मार्ग पर चलता हुआ बारूद का गोला जब फटता है तो इसके टुकड़ों का द्रव्य केन्द्र (centre of mass) चलेगा → **मूल परवलयाकार मार्ग पर**

165. स्थिर क्षैतिज वेग से चलती रेलगाड़ी के डिब्बे के पिछले सिरे से अगले सिरे की ओर एक गेंद फेंकी जाती है। डिब्बे में बैठा एक प्रेक्षक A तथा पृथ्वी पर खड़ा दूसरा प्रेक्षक, B, इस

गेंद का पथ चित्रित करते है। उनके चित्रों में → **समा ऊर्ध्वाधर परास परन्तु समान क्षैतिज परास**

166. प्रक्षेप्य पथ के सर्वोच्च बिन्दु पर, प्रक्षेप्य के वेग एवं त्वरण की दिशायें होगी → **परस्पर लम्बवत्**

167. एक कण एक तल में स्थिर त्वरण से गतिमान है, जिसकी दिशा प्रारम्भिक वेग की दिशा से भिन्न है। कण का मार्ग होगा → **परवलय**

168. एक वस्तु क्षैतिज से 45° पर फेंकी जाती है। इस कण की क्षैतिज परास बराबर होगी → **ऊर्ध्वाधर ऊँचाई के चार गुने के**

169. मीनार की चोटी से एक गेंद ऊर्ध्व से 60° पर प्रक्षेपित की जाती है। इसके वेग के ऊर्ध्व घटक को क्या होगा → **पहले कम होगा, बाद में वृद्धि होगी**

170. किसी तल में एक कण, अचर त्वरण से गतिमान है। त्वरण की दिशा तात्क्षणिक वेग की दिशा से भिन्न है। मार्ग की प्रकृति क्या है → **परवलयाकार**

171. जिस समय प्रक्षेप्य की ऊंचाई अधिकतम है, निम्नलिखित में क्या दीर्घतम होगा → **उड़ान काल**

172. वायु प्रतिरोध को नगण्य मानते हुए प्रक्षेप्य गति में क्षैतिज गति में होगा → **अचर वेग**

173. यदि प्रक्षेप्य की परास R है तो प्रारम्भ से कितनी दूरी चलने के बाद इसकी गतिज ऊर्जा अधिकतम होगी → R

174. प्रारम्भ से कितनी दूरी चलने के बाद स्थितिज ऊर्जा अधिकतम होगी → $R/8$

175. एक कार समान गति से समतल सड़क पर जा रही है। कार के भीतर हीलियम गैस से भरा गुब्बारा धागे से बांध कर तली से बांध दिया जाता है। धागा ऊर्ध्वाधर रहता है। अब कार बायीं ओर मुड़ जाती है, तो गुब्बारा कार में → **बायीं ओर फेंक दिया जायेगा**

176. रेलवे मोड़ पर बाहर की पटरी, अन्दर वाली पटरी से ऊँची होती है जिससे कि पटरियों द्वारा पहियों पर लगने वाला परिणामी बल लगेगा → **क्षैतिज दिशा में भीतर की ओर**

177. एक कार उत्तर की ओर समान चाल से चल रही है। कुछ समय के लिये यह कीचड़ (mud) पर होकर जाती है, जो कार के टायर से चिपक जाती है। इस स्थान से आगे, ये कीचड़ के कण, धरातल पर से → **क्षैतिज दिशा में दक्षिण की ओर जाते है**

178. एक साइकिल सवार एक मोड़ पर अन्दर की ओर झुक जाता है, जबकि इसी मोड़ पर एक कार बाहर की ओर झुक जाती है। इसका कारण है → **साइकिल सवार अभिकेन्द्र बल को सन्तुलित करता है जबकि कार में, यह बल यात्रियों को बाहर की ओर धकेलता है**

179. टैक्नोमीटर (technometer) एक यंत्र है जो किसके मापन में प्रयुक्त होता है → **घूर्णन गति**

180. एक साइकिल सवार 15 मील/घण्टा की चाल से मोड़ पर जाती है। यदि यह दोगुनी चाल से मुडे तो उसके पलटने की संभावना → **चार गुनी हो जायेगी**

181. जब एक चेन (Chain) से बंधे चाबी के गुच्छे को स्थिर चाल से वृत्ताकार मार्ग पर घुमाया जाता है, तो → **यह चेन पर अभिकेन्द्र बल लगाता है**

182. एक घड़ी की मिनट की सुई और घण्टे की सुई के कोणीय वेगों का अनुपात है → **12 : 1**

183. दूध का मंथन करने पर क्रीम प्राप्त होती है। इसका कारण है → **अपकेन्द्रीय बल**

184. चाल से r त्रिज्या के वृत्त में एकसमान गति, करते हुए m द्रव्यमान वाले पिण्ड पर लगने वाले अभिकेन्द्रीय बल का परिमाण होता है → mv^2/r

185. एक क्रिकेटर किसी गेंद को अधिकतम 100 मीटर की क्षैतिज दूरी तक फेंक सकता है। समान प्रयास से वह गेंद को ऊर्ध्वाधर ऊपर की ओर फेंकता है। गेंद द्वारा प्राप्त अधिकतम ऊँचाई है → **50 m**

186. किसी खोखले गोले की त्रिज्या 6.4 मीटर है। इस गोले में ऊर्ध्वाधर गति करने वाले मोटर साइकिल सवार का निम्नतम बिन्दु पर न्यूनतम वेग क्या होगा, जिससे वह अपना ऊर्ध्वाधर वृत्त पूरा कर सके → **17.7 m/s²**

187. सोडा वॉटर की एक बोतल को गर्दन तक भरकर उसे तेजी से ऊर्ध्वाधर वृत्त में घुमाया जाता है। बोतल के किस भाग के निकट बुलबुले एकत्रित होंगे → **इसकी गर्दन के पास**

188. किसी वस्तु में वेग व विस्थापन परिवर्तन को क्या कहते है → **गति**

189. किसी स्थिर वस्तु को गतिशील करने के लिए प्रयास के रूप में धक्का देना (या खींचना) अथवा गतिशील वस्तु को रोकने या उसके वेग में परिवर्तन हेतु किया गया प्रयास क्या कहलाता है → **बल**

190. वस्तु का वह नैज गुण जिसके कारण वह बाह्य बल की अनुपस्थिति में यथावस्था में बनी रहती है क्या कहलाता है → **जड़त्व**

191. वह गुण जिसके कारण दो विषम सतहों के मध्य प्रतिरोधात्मक बल उत्पन्न होता है, जो दोनों सतहों के मध्य आपेक्षिक गति का विरोध करता है, घर्षण कहलाता है। वह बल जो सम्पर्क में आयी दो वस्तुओं के मध्य फिसलन या आपेक्षिक गति का विरोध करता है, क्या कहलाता है → **घर्षण बल**

192. वह घर्षण बल जो सम्पर्कित तत्वों के मध्य आपेक्षिक गति उत्पन्न होने से पूर्व कार्य करता है, क्या कहलाता है → **स्थैतिक घर्षण**

193. वह घर्षण बल जो सम्पर्कित तलों के मध्य आपेक्षिक गति उत्पन्न होने के पश्चात् कार्य करता है, क्या कहलाता है → **गतिक घर्षण**

194. जब कोई वस्तु किसी सतह पर लुढकायी जाती है तब सतह द्वारा इस गति में उत्पन्न विरोध क्या कहलाता है → **लोटनी घर्षण**

195. तैराकी संभव है → **गति के तृतीय नियम के कारण**

196. एक मेज पर पुस्तक रखी हुई है → **क्रिया और प्रतिक्रिया समान और विपरीत है तथा स्पर्श की सतह के लम्बवत् है**

197. हम उत्पत्ति कर सकते है → **न्यूटन के पहले तथा तीसरे नियम की, दूसरे नियम से**

198. जब हम जल में खड़ी नाव से कूदते हैं तो यह खिसकती है → **पीछे की ओर**

199. जब कोई रेलगाड़ी अचानक रूकती है तो चलती हुई गाड़ी में यात्री अचानक आगे की ओर क्षणिक झटका महसूस करते हैं क्योंकि → **शरीर का ऊपरी भाग गति अवस्था में रहता है, जबकि निचला भाग गाड़ी के साथ स्थिर अवस्था में आ जाता है**

200. गोली दागने के बाद एक तोप पीछे को हटती है (कारण) → **न्यूटन के गति के तीसरे नियम के कारण**

201. एक स्थिर पाल नाव में, रखे पंखे द्वारा पाल पर हवा फेंकी जा रही है। नाव → **स्थिर रहेगी**

202. एक विषम (rough) क्षैतिज मार्ग पर, एक कार अचर वेग से चल रही है। अतः न्यूटन के गति के प्रथम नियम के अनुसार → **इंजन द्वारा निश्चित रूप से बल लगाया जा रहा है**

203. एक जेट जहाज वायु में उड़ता है, क्योंकि → जहाज के पंखों के इर्द–गिर्द वायु प्रवाह के कारण उपर की ओर कार्य करता बल उत्पन्न होता है जो गुरुत्वाकर्षण बल को संतुलित करता है।

204. एक वायु में उड़ते हुए जहाज का भार संतुलित होता है → जहाज के पंखों की दोनों सतहों पर भिन्न वायु की चाल के कारण उत्पन्न दाब के अन्तर से उत्पन्न बल द्वारा।

205. जड़त्व (Inertia) किसी वस्तु का वह गुण है, जिसके कारण → यह स्वयं अपनी स्थिर अवस्था ओर अचर रेखीय गति की व्यवस्था को परिवर्तित नहीं कर सकती।

206. एक खींचे हुए टेलीग्राफ के तार से चिड़िया उतरती (dismount) है। तार में उत्पन्न अतिरिक्त तनाव होगा → **चिड़िया के भार से अधिक**

207. आदर्श चिकनें (perfectly smooth) बर्फ पर तालाब के मध्य एक मनुष्य स्थिर अवस्था में है। वह न्यूटन के कौन से नियम द्वारा तट तक जा सकता है → **तीसरे नियम**

208. एक बच्चा रेलगाड़ी के डिब्बे में सबसे ऊपर की बर्थ पर बैठा हुआ है तथा उसका भाई उससे ऊर्ध्वाधर नीचे लगभग 2 मीटर नीचे बैठा है। जब गाड़ी किसी स्टेशन पर रुकने को है, ऊपर वाला भाई नीचे वाले भाई के खुले हाथ की ओर एक सेव गिराता है। सेव गिरेगा → **गाड़ी की गति की दिशा में, भाई के हाथों से थोड़ा आगे**

209. जब हम पत्थर को ठोकर मारते है तो हमें चोट लगती है। पत्थर के किस गुण के कारण ऐसा होता है → **प्रतिक्रिया**

210. पिण्ड की स्थिर अवस्था में → इस पर कार्यरत बल परस्पर सन्तुलित होते है

211. स्प्रिंग तुला से लटके हुए तार के पिंजरे में एक चिड़िया बैठी है। माना स्प्रिंग तुला का पाठ W_1 है। यदि चिड़िया पिंजरे के अन्दर उड़ती है, स्प्रिंग तुला का पाठ W_2 है। निम्न में क्या सत्य है → $W_1 > W_2$

212. सरल रेखीय मार्ग पर गतिमान एक कार में एक डोरी द्वारा गेंद लटकी है। डोरी, ऊर्ध्व से एक अचर सूक्ष्मकोण बनाते हुए कार के पीछे की ओर झुकी हुई प्रतीत होती है। इसका तात्पर्य है कि कारण की गति है → **एकसमान त्वरण से**

213. किस स्थिति में शुद्ध बल शून्य नहीं है → **ऊँचाई से एक गेंद स्वतंत्र गिरती है**

214. स्थैतिक घर्षण (Static friction) होता है → **सदा गतिज घर्षण से अधिक**

215. अधिकतम स्थैतिक घर्षण बल होता है → **स्पर्श क्षेत्रफल पर निर्भर नहीं करता**

216. घास काटने के यंत्र (Lawn mower) को धकेलने की अपेक्षा खींचना आसान है, क्योंकि खींचने में → **अभिलम्ब प्रतिक्रिया कम कर देता है**

217. यद्यपि घर्षण क्षेत्रफल पर निर्भर नहीं करता है, अति सूक्ष्म सम्पर्क क्षेत्र के ब्रेक प्रयोग नहीं किये जाते है, क्योंकि घर्षण → **क्षय (wear and tear) उत्पन्न करता है**

218. चिकनाहट लगाने से घर्षण कम हो जाता है, क्योकि → **सापेक्ष गति ठोस व द्रव के बीच है**

219. यदि लम्बवत बल दोगुना कर दिया जाये, तो घर्षण गुणांक होगा → **आधा**

220. कौनसा कथन सत्य नहीं है → घूर्णन घर्षण (**rolling friction**), खिसकने के घर्षण (**sliding friction**) से अधिक होता है

221. एक पिण्ड एक विषम क्षैतिज सतह (rough horizohntal plane) पर रखा है। इस पिण्ड पर, तल की ओर, ऊर्ध्व से θ कोण बनाते हुए एक बल लगाया जाता है। यह पिण्ड तल पर चल सकेगा, यदि θ कोण का मान है → **>सीमान्त घर्षण कोण**

222. यदि आप एक घर्षणहीन क्षैतिज धरातल पर खड़े हो तथा धरातल को दबाने से कोई क्षैतिज बल नहीं लगता हो, तो आप अपने स्थान से हटने के लिए क्या करेंगे → **जोर से थूकेंगे या छीकेंगे**

223. गैस से भरा हुआ एक बंद डिब्बा क्षैतिज दिशा में कुछ त्वरण के साथ गतिमान है। गुरुत्व का प्रभाव नगण्य है, तब डिब्बे में दाब → **आगे की ओर कम है**

224. एक लिफ्ट में लगी स्प्रिंग तुला पर 60 किग्रा का व्यक्ति खड़ा होता है। किसी क्षण वह देखता है कि स्प्रिंग तुला का पाठ्यांक 60 किग्रा से बदलकर 50 किग्रा हो जाता है और फिर पुराने पाठ्यांक पर आ जाता है। इससे निष्कर्ष निकलता है कि → **लिफ्ट जब अचर गति से नीचे की ओर जा रही थी तब वह यकायक रूक गई**

225. एक लिफ्ट, गुरुत्वीय त्वरण से 1/5 त्वरण से उपर की ओर गतिमान है। लिफ्ट में खड़े हुए 60 किग्रा के आदमी का आभासी भार होगा → **72 किग्रा**

226. 20 किग्रा द्रव्यमान के एक बन्दर ने एक ऊर्ध्वाधर रस्सी पकडी हुई है। रस्सी से 25 किग्रा भार लटकाने पर यह टूट सकती है। यह अधिकतम त्वरण क्या है, जिससे बन्दर रस्सी पर ऊपर चढ़ सकता है → **2.5 मी/से^{2}**

227. एक कण का रेखीय संवेग $p = a + bt^2$ के अनुसार परिवर्तित होता है, जहां α व b नियतांक है। कण पर कार्यरत शुद्ध बल है → t **के समानुपाती**

228. किस स्थिति में बल की आवश्यकता नहीं होती है → **कण का संवेग स्थिर रखने में**

229. जब एक घोड़ा किसी गाड़ी को खींचता है, तो वह बल जो घोड़े को आगे बढ़ने में सहायक है, होता है → **पृथ्वी तल द्वारा घोड़े पर लगाया गया**

230. एक छात्र स्वयं को अपने बाल ऊपर की ओर खींचकर, उपर की ओर उठाने का प्रयास करता है। वह सफल नहीं होता क्योंकि → **लगाया गया बल निकाय का आन्तरिक बल है**

231. एक किताब मेज पर रखी हुई है। किताब की मेज पर क्रिया तथा मेज की किताब पर प्रतिक्रिया के बीच का कोण है → **180°**

232. एक ठण्डा पेय पदार्थ तुला पर रखा है। जब उसका ढक्कन खोल दिया जाता है तो उसका भार → **पहले बढेगा फिर घटेगा**

233. एक व्यक्ति तुला पर खड़े होकर अपने भार का मापन करता है। यदि वह बायीं ओर एक कदम चलता है, तब → **भार समान रहेगा**

234. लिफ्ट में रखी हुई स्प्रिंग तुला से एक द्रव्यमान को लटकाया गया है। लिफ्ट उपर की ओर उठती है। स्प्रिंग तुला का पाठ्यांक → **परिवर्तन वेग पर निर्भर करता है**

235. किसी स्प्रिंग के एक सिरे पर कॉर्क बांधकर इसे जल से भरे पात्र में डूबोया जाता है। स्प्रिंग के दूसरे सिरे को पात्र के आधार से जोड़ा गया है इस पात्र को ऐसी लिफ्ट में रखा गया है जो किसी त्वरण से नीचे की ओर आ रही है। स्प्रिंग की लम्बाई → **घटेगी**

236. एक स्थिर लिफ्ट में एक आदमी पानी से भरी एक बाल्टी लिये खड़ा है जिसकी पेंदी में एक छेद है। इस छेद से पानी के बहने की दर R_0 है। यदि लिफ्ट उपर और नीचे एक समान त्वरण से चलने लगे और तब पानी के बहने की दर क्रमशः R_u और R_d हो, तो → $R_u > R_o > R_d$

237. एक लिफ्ट में एक स्प्रिंग तुला तथा एक भौतिक तुला रखी हुई है। इन पर समान भार के पिण्ड रखे गये है। अब यदि लिफ्ट ऊपर की ओर नियत त्वरण से गतिमान हो, तो → **स्प्रिंग तुला का पाठ बढ़ जायेगा तथा भौतिक तुला सन्तुलित अवस्था में रहेगी**

238. 10 kg का एक गुटका नत समतल पर रखा है। जब झुकाव कोण 30° है, तो गुटका नीचे की ओर खिसकना प्रारम्भ कर देता है। स्थैतिक घर्षण बल है → **5 kg wt**

239. जब किसी पिण्ड को घर्षणयुक्त नत समतल पर, जिसका झुकाव कोण क्षैतिज से θ है, रखा जाये तो पिण्ड का त्वरण होगा → $g(\sin\theta - \mu\cos\theta)$

240. यदि μ_s, μ_k तथा μ_τ क्रमशः स्थैतिक घर्षण गुणांक, सर्पी घर्षण गुणांक तथा लोटनिक घर्षण गुणांक हो, तब → $\mu_\tau < \mu_k < \mu_s$

241. एक मोटर साइकिल चालक, जिसका द्रव्यमान m है, τ त्रिज्या के वक्रीय मार्ग पर v वेग से चल रहा है। घर्षण गुणांक का वह न्यूनतम मान जिससे वह सुरक्षित गति कर सके, होगा → $\frac{v^2}{gr}$

242. 98 न्यूटन का बल बर्फ पर रखे 100 किग्रा के द्रव्यमान को ठीक गतिशील करने हेतु आवश्यक है। स्थैतिक घर्षण गुणांक का मान होगा → **0.1**

243. किसी कण को इसकी एक अवस्था (i) से दूसरी अवस्था (f) तक विस्थापित करने पर बाह्य बल द्वारा किया गया कार्य उसकी गतिज ऊर्जा में परिवर्तन के तुल्य होता है। → $W = K_f - K_i$ **बाह्य**

244. वस्तु को इसकी एक अवस्था (i) से दूसरी अवस्था (f) तक विस्थापित करने में आन्तरिक संरक्षी बलों द्वारा किये गये कार्य का ऋणात्मक मान इसकी स्थितिज ऊर्जा में परिवर्तन के तुल्य होता है → $(-)W = \mu_f - \mu_i$

245. किसी निकाय पर सभी प्रकार के बलों (आंतरिक व बाह्य) के द्वारा किये गये कार्य उसकी गतिज ऊर्जा मे परिवर्तन के तुल्य होता है → $W + W + W = K_f - K_i$

246. कार्य करने की दर को क्या है → शक्ति $P_{av} = \frac{w}{t}$ वाट तथा $P = \frac{d\omega}{dt} = \overline{F} \cdot \overline{v}$

247. वस्तु द्वारा कार्य करने की क्षमता को क्या कहते हैं → **ऊर्जा**

248. गतिज ऊर्जा (K) तथा स्थितिज ऊर्जा (μ) के योग को क्या कहते हैं → **यांत्रिक ऊर्जा**

249. यदि किसी निकाय पर कार्यरत बाह्य बलों का परिणामी मान शून्य हो अथवा उनके द्वारा किया गया कार्य शून्य हो तो आन्तरिक संरक्षी बलों की उपस्थिति में निकाय की यांत्रिक ऊर्जा संरक्षित रहती है जहाँ W आन्तरिक असंरक्षी का मान्य क्या होना आवश्यक है → **शून्य**

250. टक्कर जिसमें, रेखीय संवेग का संरक्षण होता हो तथा टक्कर से पूर्व कणों की कुल गतिज ऊर्जा का मान टक्कर के पश्चात् कुल गतिज ऊर्जा के मान के बराबर होता हो, क्या कहलाती है → **प्रत्यास्थ टक्कर**

251. टक्कर जिसमें, टक्कर के पश्चात् टकराने वाले कणों की गतिज ऊर्जा परिवर्तित हो जाती हो, क्या कहलाती है → **अप्रत्यास्थ टक्कर**

252. एक वस्तु पर सदा कार्य किया जाता है, जब → **किसी यांत्रिक प्रभाव से इसकी ऊर्जा में वृद्धि होती है**

253. यदि बल किसी पिण्ड की गति में मन्दन उत्पन्न करता है, तो किया गया कार्य है → **ऋणात्मक**

254. यदि बल तथा लम्बाई के मात्रकों को चार गुना बढ़ा दिया जाये, तो ऊर्जा का मात्रक बढ़ जायेगा → **16 गुना**

255. एक हल्के तथा एक भारी पिण्ड का संवेग समान है। किसकी गतिज ऊर्जा अधिक होगी → **हल्के पिण्ड की**

256. *P* प्रयास द्वारा *W* प्रतिरोध को पार करने (overpower) हेतु किसी मशीन में यांत्रिक लाभ (mechanical advantage) होगा → W/P

257. यदि किसी वस्तु पर F बल लगाने से यह v वेग से चलती है, तो शक्ति होगी → $F \times v$

258. एक मनुष्य एक दीवार को धकेलता है, परन्तु इसको विस्थापित नहीं कर पाता। यह → **कोई कार्य नहीं करता**

259. एक हल्के एवं भारी पिण्ड की गतिज ऊर्जा समान है। किसका संवेग अधिक है → **भारी पिण्ड का**

260. एक खिलाड़ी लम्बी कूद से पहले कुछ दूरी तक दौड़ता है क्योंकि → **दौड़ने से खिलाड़ी स्वयं में अधिक गति का जड़त्व (inertia of motion) उत्पन्न करता है**

261. कौनसा कथन सत्य है → **प्रत्यास्थ टक्कर में कुल गतिज ऊर्जा संरक्षित नहीं रहती है, परन्तु संवेग संरक्षित रहता है**

262. एक कण A की, आरम्भ में स्थिर कण B के साथ टेढी प्रत्यास्थ टक्कर (oblique elastic collision) होती है। यदि दोनों के द्रव्यमान समान हो तो, टक्कर के बाद → **वे परस्पर लम्बवत् दिशाओं में चलेंगे**

263. किसी निकाय (system) की स्थितिज ऊर्जा में वृद्धि होगी, यदि इस निकाय पर कार्य किया जाये → **एक संरक्षित बल द्वारा**

264. दो कणों की टक्कर में संवेग संरक्षण के सिद्धान्त को पूरी तरह लागू किया जा सकता है, यदि टक्कर का समय → **अत्यन्त कम हो**

265. जब m_1 और m_2 द्रव्यमान की दो गेंदों में प्रत्यास्थ टक्कर होती है, तो निम्नलिखित मे कौनसा कथन सत्य नहीं रहता → **जब टक्कर टेढी (oblique) हो और m_2 स्थिर हो तथा $m_1 = m_2$ तो टक्कर के बाद गेंद विपरीत दिशा में चलेगी।**

266. समान द्रव्यमान के दो पिण्डों में A व B में प्रत्यास्थ टक्कर होती है। आरम्भ में B स्थित है तथा A, अ वेग से चल रहा है। टक्कर के बाद → **पिण्ड A स्थिर हो जाता है तथा पिण्ड B, अ वेग से A की पूर्व गति की दिशा में चलता है**

267. एक, एकविमीय प्रत्यास्थ टक्कर में, टक्कर से पूर्व पहुंच का सापेक्ष वेग (relative velocity of approach) होगा → **टक्कर के बाद अलग होने के सापेक्ष वेग के बराबर**

268. धातु की एक गेंद एक दीवार से टकराकर वापस नहीं उछलती (rebound) जबकि उसी द्रव्यमान की रबर की एक गेंद उसी वेग से दीवार पर टकराकर वापस उछलती है। यही निष्कर्ष लिया जा सकता है कि → **रबर की गेंद में अधिक संवेग परिवर्तन होता है**

269. एक गेंद फर्श से वापस उचकने (bounce off) से पूर्व, एक सेकण्ड के एक अंश के लिए फर्श के स्पर्श में रहती है। निम्नलिखित में से कौनसा कथन सत्य है → **इस समय अन्तराल में ऊर्जा का संरक्षण वैद्य होता है।**

270. एक रेलगाड़ी को रोकने के लिए समान मन्दन बल लगाया जाता है। यदि इसकी चाल दो गुनी कर दी जाये, तो दूरी होगी → **चार गुनी**

271. आरम्भ में स्थिर एक गोला, फटकर समान द्रव्यमान के दो टुकड़ों में बंट जाता है। तब दोनों टुकड़े → **समान वेग से विपरीत दिशा में चलेंगे**

272. एक लड़का दौड़ते हुए आता है तथा एक घूमते हुए प्लेटफॉर्म (Platform) पर बैठ जाता है। क्या संरक्षित रहता है → **रेखीय संवेग, गतिज ऊर्जा एवं कोणीय संवेग**

273. एक स्प्रिंग के एक सिरे से एक भार स्वतन्त्रतापूर्वक लटका है। एक बच्चा इस भार को धीरे से ऊपर की ओर दबाता है जब तक कि स्प्रिंग ढीली नहीं पड़ जाती है। इस प्रक्रिया में

इसकी गुरुत्वीय स्थितिज ऊर्जा में वृद्धि होगी → **बच्चे द्वारा भार पर किये गये कार्य तथा स्प्रिंग में संचित ऊर्जा में कमी के योग के बराबर**

274. किसी वस्तु का संवेग p व गतिज ऊर्जा E है। यदि इसका संवेग 2p हो जाए तो इसकी गतिज ऊर्जा होगी → $2E$

275. जब किसी बाह्य बल द्वारा किसी पिण्ड पर कार्य किया जाता है, जब → **स्थितिज ऊर्जा और गतिज ऊर्जा का योग अचर रहता है**

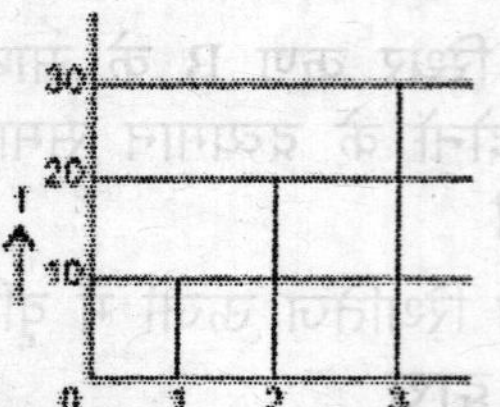

276. लगाये गये बल तथा स्थिति चित्र → x में दिखाये गये है। किसी पिण्ड को $x = 2$ सेमी से $x = 3$ सेमी तक हटाने में किया गया कार्य होगा → **10 अर्ग**

277. *m* द्रव्यमान की एक वस्तु एक ऐसे बल के अन्तर्गत पहाडी पर चढ़ रही है जो प्रत्येक बिन्दु पर पथ के स्पर्शरेखीय है। आरोपित बल द्वारा किया गया कार्य → **वस्तु द्वारा तय किये गये पथ पर निर्भर नहीं करता**

278. एक मोटर किसी वस्तु को, नियत बल से एक सरल रेखा में गति कराती है, मोटर द्वारा उत्पन्न की गयी शक्ति P का समय t के साथ सम्बन्ध है → P X t

279. एक वस्तु विरामावस्था से नियत त्वरण से गति करती है, निम्न में से कौनसा ग्राफ इसकी गतिज ऊर्जा K का, चली गयी दूरी x से सम्बन्ध प्रदर्शित करता है →

280. एक लम्बे स्प्रिंग को 2 cm खींचा जाता है। इसकी स्थितिज ऊर्जा U है। यदि इस स्प्रिंग को 10 cm. खींचा जाये तो इसमें संचित ऊर्जा होगी → $25U$

281. 40 न्यूटन का एक खिंचाव बल 20 किग्रा. के एक बॉक्स पर लग रहा है, जो उसे एक चिकने फर्श पर अचर चाल से 8 मीटर तक खींचता है। यदि वह बल क्षैतिज से 60° के कोण पर लगता हो, तब इसके द्वारा किया गया कार्य होगा → **160 J**

282. एक 10 किग्रा के गुटके को एक खुरदरी सतह पर 2 मी/से. के वेग से गतिमान बनाये रखने के लिए 5 न्यूटन का क्षैतिज बल आवश्यक है। इस बल द्वारा एक मिनट में किया गया कार्य है → **600 J**

283. एक व्यक्ति एक दीवार पर बल लगाता है परन्तु उसे विस्थापित नहीं कर पाता, इस स्थिति में → **उसने कोई कार्य नहीं किया**

284. एक चलती हुई रेलगाड़ी को ब्रेक (मंदक बल) लगाकर रोका जाता है, तो यह 80 मीटर चलकर रूक जाती है। यदि गाड़ी का वेग दोगुना कर दिया जाये तो इस अवमन्दक बल से गाड़ी रूकेगी → **चार गुनी दूरी पर**

285. आप एक भारी पुस्तक को कमरे के फर्श से उठाकर एक अलमारी में रख देते है, जिसकी ऊंचाई 2 मीटर है। इस क्रिया में आपको 5 सेकण्ड का समय लगता है। आपके द्वारा किया गया कार्य निर्भर करेगा → **पुस्तक के भार तथा अलमारी की ऊँचाई पर**

286. 5 न्यूटन बल के प्रभाव में एक वस्तु सरल रेखा में 10 मीटर दूरी तय करती है। यदि किया गया कार्य 25 जूल हो, तो बल द्वारा वस्तु की दिशा में बनाया गया कोण होगा → **60°**

287. 10 kg द्रव्यमान को 1 m ऊँचाई तक 1 सैकण्ड में ले जाने में गुरुत्व के विरूद्ध किया गया कार्य है → **98 J**

288. 1 बोल्ट विभवान्तर से त्वरित इलैक्ट्रॉन द्वारा प्राप्त ऊर्जा कहलाती है → **1 इलैक्ट्रॉन बोल्ट**

289. यदि बल की दिशा में कण के बल और विस्थापन दोनों को दोगुना कर दिया जाये तो कार्य हो जायेगा → **चार गुना**

290. बल नियतांक 800 N/m वाली एक स्प्रिंग में प्रसार 5 cm है। इसे 5 cm से 15 cm तक प्रसारित करने में किया गया कार्य है → **8 J**

291. कौनसा बल नहीं है → **घर्षण बल**

292. एक बॉक्स को किसी ऊँचाई तक उठाने में किया गया कार्य निर्भर करता है → **ऊँचाई पर जहाँ तक उसे उठाया गया है**

293. 1 ग्राम व 4 ग्राम के दो पिण्ड समान गतिज ऊर्जा से गति कर रहे है। इनके रेखीय संवेगों की निष्पत्ति होगी → **1 : 2**

294. चाबी भरी हुई घड़ी की स्प्रिंग में संरक्षित ऊर्जा है → **स्थितिज ऊर्जा**

295. कार की चाल को तीन गुना करने पर इसे रोकने के लिए दूरी को करना पड़ेगा → **9 गुना**

296. यदि किसी पिण्ड की गतिज ऊर्जा में 0.1% की वृद्धि होती है, तो उसके संवेग में प्रतिशत वृद्धि होगी → **0.05%**

297. 2 m तथा m द्रव्यमानों के दो पिण्डों की गतिज ऊर्जाओं का अनुपात 8 : 1 है तब उनके रेखीय संवेगों का अनुपात होगा → **4 : 1**

298. 2 किग्रा द्रव्यमान तथा 2 न्यूटन सैकण्ड संवेग वाले पिण्ड की गतिज ऊर्जा होगी → **1 J**

299. किसी 1 किग्रा द्रव्यमान की वस्तु का संवेग 10 kg m/sex. है। वस्तु की गतिज ऊर्जा होगी → **50 J**

300. उस पम्प की शक्ति क्या होगी, जो 200 किग्रा पानी को 50 मी. ऊँचाई तक 10 सैकण्ड में पहुँचाता है → 10×10^3 **वाट**

301. घूर्णन अक्ष के सापेक्ष कण पर कार्यरत बल के आघूर्ण को क्या कहते है → **बल आघूर्ण**

302. घूर्णन गति में घूर्णी जड़त्व की माप क्या कहलाती है → **जड़त्व आघूर्ण**

303. समान्तर अक्षों की प्रमेय हैं → $I_{AB} = I_{CM} + Md^2$

304. वलय का उसकी ज्यामितीय अक्ष के सापेक्ष जड़त्व आघूर्ण → $= MR^2$

305. चकती का उसकी ज्यामितीय अक्ष के सापेक्ष जड़त्व आघूर्ण → $= \frac{MR^2}{2}$

306. गोले का उसके व्यास के सापेक्ष जड़त्व आघूर्ण → $= \frac{2}{5} MR^2$

307. ठोस बेलन का उसकी ज्यामितीय अक्ष के सापेक्ष जड़त्व आघूर्ण → $= \frac{1}{2} MR^2$

308. किसी h ऊँचाइ तथा θ झुकाव वाले नत तल पर लुढकती वस्तु का निम्नतम बिन्दु पर वेग तथा त्वरण → **वेग :** $v = \sqrt{\frac{2gh}{1+\frac{K^2}{R^2}}}$ **तथा त्वरण** $a = \frac{g \sin\theta}{1+\frac{K^2}{R^2}}$

309. द्रव्यमान M अचर वेग से x अक्ष के समान्तर एक रेखा में गति कर रहा है। मूल बिन्दु या z – अक्ष के सापेक्ष इसका कोणीय संवेग है → **अचर**

310. एक ठोस गीला, खोखला गोला व डिस्क (सभी का द्रव्यमान व त्रिज्यायें समान है) आनत तल के ऊपरी बिन्दु पर रखे गये है, तो कौनसी वस्तु तल तक पहुँचने में न्यूनतम समय लेंगी → **ठोस गोला, खोखला गोला एवं डिस्क**

311. एक गोलीय गेंद मेज पर बिना फिसले लुढक रही है तो इसकी ऊर्जा का कितना भाग घूर्णन गति से सम्बन्धित है → $\frac{2}{7}$

312. एक ठोस गोला तथा एक चकती जिनकी त्रिज्यायें समान है, समान ऊँचाई से एक नत तल पर छोड़ी जाती है तथा वे असमान समय में तल के आधार पर पहुंचती है। इसका कारण है → **विभिन्न आकार**

313. यदि पृथ्वी क्षण भर में सिकुड़कर वर्तमान त्रिज्या की आधी हो जायें, तो एक दिन में घण्टे होंगे → **6 घण्टे**

314. ठोस गेंद नत समतल पर बिना फिसले लुढक रही है। इसकी घूर्णी गतिज ऊर्जा तथा कुल ऊर्जा का अनुपात होगा → $\frac{2}{7}$

315. एक वस्तु नत समतल पर लुढक रही है, यदि उसकी घूर्णी गतिज ऊर्जा, स्थानान्तरीय गतिज ऊर्जा का 40% है तब वस्तु होगी → **ठोस गेंद**

316. लोहे एवं एल्युमिनियम का उपयोग करके एक डिस्क इस प्रकार बनायी जाती है कि इसका जड़त्व आघूर्ण इसकी ज्यामितीय अक्ष के परितः अधिकतम हो, तो इसके लिये → **अन्तः भाग एल्युमिनियम का एवं बाह्य भाग लोहे का होना चाहिए**

317. एक बेलन नत तल पर लुढकता हुए कुछ ऊँचाई तक पहुंचता है एवं फिर नीचे की ओर लुढ़कता है, (इन गतियों के दौरान बेलन बिना फिसले लुढकता है) बेलन पर कार्यरत घर्षण बल की दिशायें है → **चढते समय एवं उतरते समय दोनों स्थितियों में नत तल के अनुदिश ऊपर की ओर**

318. 6 किग्रा द्रव्यमान एवं 40 सेमी. त्रिज्या का एक पहिया (रिम) 300 चक्कर प्रति मिनट की दर से घूम रहा है। उसका जड़त्व आघूर्ण होगा → **0.96 किग्रा − मी^{2}**

319. किसी पिण्ड का द्रव्यमान केन्द्र → **पिण्ड की सतह के भीतर, बाहर अथवा सतह पर हो सकता है**

320. धातु की एकसमान तीन गेंदे जिनकी त्रिज्यायें समान है, किसी क्षैतिज तल पर एक दूसरे को स्पर्श करती हुई इस प्रकार रखी है कि यदि इनके केन्द्रों को मिलाया जाये तो वे समबाहु त्रिभुज बनाते है। इस निकाय का द्रव्यमान केन्द्र स्थित होगा → **मध्यिकाओं के कटान बिन्दु पर**

321. द्रव्यमान केन्द्र वह बिन्दु है → **जहां वस्तु के सम्पूर्ण द्रव्यमान को केन्द्रित मान सकते है**

322. दो कणों के निकाय का द्रव्यमान केन्द्र उनके बीच की दूरी को विभक्त करता है → **कणों के द्रव्यमानों के व्युत्क्रमानुपात में**

323. घड़ी की सैकण्ड वाली सुई का कोणीय वेग है → $\frac{\pi}{30}\, rad/\text{sec}.$

324. एक दृढ़ पिण्ड की घूर्णन गति में पिण्ड के सभी कण → **भिन्न भिन्न रैखिक चाल परन्तु समान कोणीय चाल रखते है**

325. 120 चक्कर प्रति मिनट की दर से घूमने वाले गतिपालक चक्र का कोणीय वेग है → $4\pi\, rad/\text{sec}$

326. किस स्थिति में कोणीय वेग उपयोगी है → **जबकि वस्तु घूर्णन कर रही है**

327. एक वस्तु एक वृत्ताकार पथ पर कागज के तल में चक्कर लगा रही है। कोणीय त्वरण की दिशा होगी → **त्रिज्या के लम्बवत् ऊपर की ओर**

328. यदि किसी वस्तु पर अचर आघूर्ण कार्य करता है, तो वस्तु → **कोणीय त्वरण उत्पन्न हो जाता है**

329. कोणीय वेग सदिश की दिशा निम्न में से किसके अनुदिश होती है → घूर्णन अक्ष के

330. एक व्यास के अनुदिश वलय का जड़त्व आघूर्ण है → $\frac{1}{2}MR^2$

331. एक अर्द्धवृत्तीय वलय का उसके केन्द्र से होकर जाने वाले तथा उसके तल के लम्बवत् अक्ष के परितः जड़त्व आघूर्ण होगा → MR^2

332. जड़त्व आघूर्ण निर्भर करता है → **कणों के वितरण, द्रव्यमान एवं घूर्णन अक्ष की त्रिज्या पर**

333. किसी वस्तु का जड़त्व आघूर्ण किस पर निर्भर नहीं करता → **वस्तु के कोणीय वेग पर**

334. एक पतली छड़ जिसका द्रव्यमान M तथा लम्बाई l है। इस छड़ का किसी एक सिरे से लम्बाई के लम्बवत् अक्ष के परितः जड़त्व आघूर्ण होगा → $Ml^2/3$

335. घूर्णन गति में द्रव्यमान के तुल्य राशि है → **जड़त्व आघूर्ण**

336. 31.4 N-m का एक नियत बल आघूर्ण एक कीलकित पहिए, पर आरोपित किया जाता है। यदि पहिए का कोणीय त्वरण $4\pi\ rad/\sec^2$ हो, तो पहिए का जड़त्व आघूर्ण → $2.5\ kg-m^2$

337. द्रव्यमान M तथा त्रिज्या r वाले एक एकसमान वलय का जड़त्व आघूर्ण उसके तल में स्थित एक स्पर्श रेखा के परितः होता है → $\frac{3}{2}Mr^2$

338. पिण्ड की घूर्णन त्रिज्या निर्भर करती है → **द्रव्यमान वितरण एवं घूर्णन अक्ष पर**

339. एक वृत्ताकार वलय एवं वृत्ताकार चकती दोनों के द्रव्यमान एवं त्रिज्यायें समान है। इनके तलों के लम्बवत् एवं केन्द्रों सें गुजरने वाले अक्षों के परितः जड़त्व आघूर्णों का अनुपात है → **2 : 1**

340. 500 ग्राम द्रव्यमान तथा 10 सेमी. त्रिज्या के बेलन का इसकी मुख्य अक्ष के परितः जडत्व आघूर्ण होगा → $2.5\times10^{-3}\ kg-m^2$

341. एक चकती का द्रव्यमान M व त्रिज्या r है। चकती के किनारो को स्पर्श करती हुई तथा उसके तल में स्थित अक्ष के परितः अथवा व्यास के समान्तर अक्ष के परितः उसका जड़त्व आघूर्ण है → $\frac{5}{4}Mr^2$

342. पतली वृत्ताकार चकती का इसके व्यास के परितः जड़त्व आघूर्ण होगा (M चकती का द्रव्यमान तथा R त्रिज्या है) → $\frac{MR^2}{4}$

343. खोखले गोले का द्रव्यमान M तथा त्रिज्या R है। इसके व्यास के परितः जड़त्व आघूर्ण होगा → $\frac{2}{3}MR^2$

344. आयताकार प्लेट का तल के लम्बवत तथा केन्द्र से जाने वाल अक्ष के परितः जड़त्व आघूर्ण होगा → $\frac{\mathbf{Ml^2}}{\mathbf{12}}$

345. ऊष्मा इंजन में गतिपालक चक्र एक महत्वपूर्ण भाग है, क्योंकि → **यह इंजन की चाल को नियत बनाये रखता है**

346. M द्रव्यमान और R त्रिज्या के एक ठोस बेलन का जड़त्व आघूर्ण उसकी अक्ष के समान्तर तथा सतह पर स्थित रेखा के परितः होगा → $\frac{3}{2}MR^2$

347. एक समान वृतीय रिंग जिसकी संहति M तथा R है, का जड़त्व आघूर्ण उस अक्ष के परितः जो कि रिंग के स्पर्शरेखीय है तथा इसके तल के लम्बवत् है, होगा → $2MR^2$

348. R त्रिज्या तथा M द्रव्यमान वाले एक गोले का उस पर एक स्पर्श रेखा के परितः जड़त्व आघूर्ण होगा → $\frac{7}{5}Mr^2$

349. M द्रव्यमान तथा R त्रिज्या की एक वलय का उसके केन्द्र से परितः तथा उसके तल के लम्बवत् अक्ष के परितः जड़त्व आघूर्ण है → MR^2

350. किसी वस्तु का जड़त्व आघूर्ण प्रभावी होता है → **घूर्णन गति में**

351. एक R त्रिज्या की चकती के केन्द्र से लम्बवत गुजरने वाली अक्ष के परितः चकती की घूर्णन त्रिज्या का मान है → $R/\sqrt{2}$

352. m द्रव्यमान तथा r त्रिज्या की एक वलय को पिघलाकर एक गोला बनाया गया है। गोले का जड़त्व आघूर्ण होगा → **वलय से कम**

353. एक ही पदार्थ के तथा समान आकार के एक ठोस गोले तथा खोखले गोले का भार मापे बिना उनके बीच अन्तर बताया जा सकता है → **किसी नतसमतल पर एक साथ लुढकाने पर**

354. नल को दो अंगुलियों की सहायता से आसानी से खोला अथवा बन्द किया जा सकता है क्योंकि → **बनने वाले बलयुग्म के कारण घूर्णी प्रभाव होता है**

355. एक चकतीन कोणीय वेग ω से घूर्णन कर रही है। एक बच्चा इस पर धीरे से बैठ जाता है, तो संरक्षित रहेगा → **कोणीय संवेग**

356. कणों के निकाय का कोणीय संवेग परिवर्तित होता है, यदि → **निकाय पर बल आघूर्ण आघूर्ण कार्य करता है**

357. यदि एक पिण्ड पर बल, द्रव्यमान केन्द्र से दूर किसी बिन्दु पर कार्य करता है तब → **रेखीय त्वरण एवं कोणीय त्वरण परिवर्तित होता है**

358. एक खोखला बेलन तथा एक ठोस बेलन नत तल पर लुढकना प्रारम्भ करते है, तल के नीचे तक पहुंचने में किसे अधिक समय लगेगा → **खोखले बेलन को**

359. वह बल जो पृथ्वी द्वारा किसी वस्तु पर उत्पादित होता है। वस्तु की पृथ्वी के केन्द्र से दूरी के वर्ग के होता है। → **व्युत्क्रमानुपाती**

360. न्यूटन का गुरुत्वाकर्षण का सार्वत्रिक नियम यह बतलाता है कि एक दूसरे से r दूरी पर स्थित m_1 व m_2 द्रव्यमान के दो कणों के मध्य लगने वाले आकर्षक बल का परिमाण होता है → $F = G\frac{m_1 m_2}{r^2}$, G **सार्वत्रिक गुरुत्वीय नियतांक है जिसका मान $6.672 \times 10^{-11} Nm^2 kg^2$ होता है।**

361. सभी ग्रह दीर्घवृत्तीय कक्षाओं में गति करते हैं तथा सूर्य दीर्घवृत्त की दो में से किसी एक पर स्थित होता है → नाभि

362. सूर्य के किसी ग्रह तक खींचा गया त्रिज्या सदिश समान समय अन्तरालों में समान क्षेत्रफल तय करता है। यह इस तथ्य का परिणाम है कि किसी ग्रह पर लगने वाला गुरुत्वीय बल केन्द्रीय बल होता है। → **कोणीय संवेग संरक्षित रहता है।**

363. किसी ग्रह के परिक्रमण काल का वर्ग उसकी दीर्घवृत्तीय कक्षा के अर्धदीर्घ अक्ष के घन के होता है → **अनुक्रमानुपाती**

364. सूर्य के परितः वृत्तीय कक्षा में परिक्रमण कर रहे ग्रह के आवर्तकाल ज तथा उसकी त्रिज्या में सम्बन्ध होता है → $T^2 = \left(\frac{4\pi^2}{GM_s}\right)R^3$

365. गुरुत्वीय त्वरण का मान पृथ्वी के पृष्ठ से h ऊँचाई पर हैं → $g(h) = \frac{GM_E}{(R_E+h)^2}$, $\approx \frac{GM_E}{R_E^2}\left(1-\frac{2h}{R_E}\right), h << R_E$, $g(h) = g(0)\left(1-\frac{2h}{R_E}\right)$ $g(0) = \frac{GM_E}{R_E^2}$

366. गुरुत्वीय बल एक संरक्षी बल होता है। इसलिये किसी स्थितिज ऊर्जा फलन को परिभाषित किया जा सकता है। एक दूसरे से r दूरी पर स्थित दो कणों से सम्बद्ध गुरुत्वीय स्थितिज ऊर्जा → $V = \frac{-Gm_1m_2}{r}$

367. कुल ऊर्जा सूत्र → $E = \frac{1}{2}mv^2 - \frac{GM_m}{r}$ **अर्थात् कुल यांत्रिक ऊर्जा गतिज तथा स्थितिज ऊर्जाओं का योग है।**

368. यदि द्रव्यमान M के परितः α त्रिज्या की वृतीय कक्षा में m द्रव्यमान का कोई पिण्ड परिक्रमण कर रहा है, (M >> m) है, तो निकाय की कुल ऊर्जा → $E = -\frac{GM_m}{2a}$

369. किसी दीर्घवृत्तीय कक्षा जैसी बंद कक्षा अथवा किसी परिबद्ध निकाय के लिये कुल ऊर्जा ऋणात्मक होती है। गतिज तथा स्थितिज ऊर्जाऐं निम्नलिखित होती है → $K = \frac{GM_m}{2a}$, $V = -\frac{GM_m}{a}$, **पृथ्वी के पृष्ठ से पलायन चाल है** – $v_e = \sqrt{\frac{2GM_E}{R_E}}$ **इसका मान 11.2** kms^{-1} **है।**

370. सूर्य के निकटतम ग्रह है → **बुध (Mercury)**

371. सौर मण्डल का सबसे तीव्र (intense) ग्रह कौनसा है → **शुक्र (Venus)**

372. निम्न में से कौन से पिण्ड सौर मण्डल के सदस्य नहीं है → **तारों का पुंज (Nebulae)**

373. किसी विशेष तारे का द्रव्यमान सूर्य के द्रव्यमान का दो गुना है। यह तारा अंततः इस रूप में समाप्त होगा → **काला सुराख (Black hole)**

374. पृथ्वी से एक प्रक्षेप्य का पलायन वेग है लगभग → **11.2 किमी/सेकण्ड**

375. चन्द्रमा से पलायन वेग है, लगभग (किमी/सेकण्ड) में → **2.4**

376. एक छोटा उपग्रह पृथ्वी की सतह के निकट चक्कर लगा रहा है। इसका कक्षीय वेग होगा लगभग → **8 किमी/सेकण्ड**

377. निकटतम तारे (सूर्य के अतिरिक्त) से प्रकाश, पृथ्वी तक पहुंचता है → **4.2 वर्ष में**

378. जड़त्व द्रव्यमान (Inertial mas) का गुरुत्वीय द्रव्यमान (gravitational mass) से अनुपात है → **1**

379. किसी खोखले गोले के अन्दर, गुरुत्वीय क्षेत्र की तीव्रता होती है → **शून्य**

380. यदि पृथ्वी का अर्द्धव्यास 1% कम हो जाये तथा इसका द्रव्यमान अपरिवर्तित रहे, तो पृथ्वी की सतह पर गुरुत्वीय त्वरण का मान → **बढ़ जायेगा**

381. पृथ्वी से वायुमण्डल जुड़ा हुआ है → **गुरुत्वाकर्षण द्वारा**

382. एक ग्रह के निकट किसी उपग्रह का अपने वृत्तीय कक्ष में परिक्रमण काल निर्भर नहीं करता → **उपग्रह के द्रव्यमान पर**

383. बृहस्पति (Jupiter) का कक्षीय वेग होता है → **पृथ्वी के कक्षीय वेग से कम**

384. ग्रहों की गति में → कुल कोणीय संवेग स्थिर रहता है

385. किसी प्रक्षेप्य के पृथ्वी के गुरुत्वाकर्षण से बाहर (परे) जाने के लिए आवश्यक न्यूनतम वेग को कहते है → **कक्षीय वेग**

386. कौन यह सिद्ध करता है कि पृथ्वी पर एक बल सूर्य की दिशा में कार्यरत है → **पृथ्वी का सूर्य के परित चक्कर लगाना**

387. किसी दिये हुए ग्रह की सतह से, एक पिण्ड का पलायन वेग निर्भर नहीं करता → **प्रक्षेपण की दिशा पर**

388. जैसे हम विषुवत् रेखा से ध्रुवों की ओर जाते हैं, g का मान → **बढता है**

389. यदि दो पिण्डों के बीच की दूरी दो गुनी कर दी जाये, तो उनके बीच गुरुत्वाकर्षण बल होता है → **घटकर एक चौथाई**

390. सोने (gold) के दो समान गोले परस्पर स्पर्श कर रहे है। इनके बीच गुरुत्वाकर्षण बल होता है → **अर्द्धव्यास की चतुर्थ घात के समानुपाती**

391. पानी में, हवा के दो बुलबुले → **एक दूसरे को प्रतिकर्षित करते है**

392. न्यूटन का गुरुत्वाकर्षण का नियम सार्वत्रिक होता है, क्योंकि → **यह सभी द्रव्यमानों पर सभी दूरियों के लिए लागू होता है तथा यह माध्यम से प्रभावित नहीं होता**

393. पृथ्वी को एक समरूप गोला मानिये। एक वैज्ञानिक A, खान में पर्याप्त गहराई तक जाता है तथा दूसरा वैज्ञानिक B, एक गुब्बारें में काफी ऊँचाई तक जाता है। इनके द्वारा माना गया गुरुत्वीय क्षेत्र → **प्रत्येक घटता जाता है**

394. पृथ्वी के वायुमण्डल के प्रवेश करते हुए अन्तरिक्षयान में आग लग जाती है। इसका कारण है → **वायु की श्यानता**

395. समुद्र में उत्पन्न होने वाला ज्वार–भाटा का प्रमुख कारण है → **चन्द्रमा का पृथ्वी पर गुरुत्वाकर्षण प्रभाव**

396. यदि एक उपग्रह पृथ्वी की सतह के बहुत निकट कक्षा में परिक्रमण कर रहा है तो इसका कक्षीय वेग, मुख्य रूप से निर्भर करता है → **केवल पृथ्वी के द्रव्यमान पर**

397. चन्द्रमा पर कोई वायुमण्डल नहीं है, क्योंकि → **यहां, गैस अणुओं का पलायन वेग, इनके वर्ग माध्य मूल वेग (rms velocity) लगभग बराबर होता है**

398. न्यूटन का गुरुत्वाकर्षण का नियम लागू होता है → **छोटी और बड़ी वस्तुओं पर**

399. एक प्रक्षेप्य (missile) को पलायन वेग से कम वेग पर छोड़ा जाता है। इसकी गतिज ऊर्जा एवं स्थितिज ऊर्जा का योग होगा → **ऋणात्मक**

400. यदि पृथ्वी की सूर्य से दूरी, वर्तमान दूरी की एक चौथाई हो तो वर्ष की लम्बाई होगी → **वर्तमान वर्ष का एक चौथाई**

401. यदि पृथ्वी घूमना बन्द कर दें तो विषुवत् रेखा पर g का मान → **बढ़ जायेगा**

402. पृथ्वी के केन्द्र पर किसी वस्तु का भार होगा → **अनन्त**

403. पृथ्वी के परितः अन्तरिक्ष यान में घूमते हुए, भारहीनता का अनुभव, परिणाम है → **त्वरण का**

404. तुल्यकाली (Geo-stationary) उपग्रह होता है, जो कि → **पृथ्वी के परितः समुचित ऊँचाई पर उसी वेग और दिशा में, जिससे कि पृथ्वी अपनी अक्ष पर घूमती है**

405. पृथ्वी के एक कृत्रिम उपग्रह की बाहरी दीवार से खोलकर, उपकरणों का एक पैकट छोड़ा जाता है। यह पैकट → **उपग्रह के साथ, उसी कक्षा में, उपग्रह के समान वेग से चलता रहेगा**

406. पृथ्वी के उपग्रह में घूमते हुए अन्तरिक्ष यात्री को, समय ज्ञात करने के लिए प्रयोग करना चाहिए → **मुख्य स्प्रिंग वाली घड़ी**

407. पृथ्वी के परितः घूमता हुआ एक कृत्रिम उपग्रह नीचे नहीं गिरता है, क्योंकि पृथ्वी का आकर्षण → **इसके वक्र मार्ग पर गति के लिए आवश्यक त्वरण उत्पन्न करता है**

408. अन्तरिक्ष यान में यात्री को आकाश काला (black) दिखाई देने का कारण है → **इसके निकट वायुमण्डल की अनुपस्थिति**

409. पृथ्वी के एक उपग्रह को पृथ्वी के घूर्णनल के तुल्य (synchronous) करने के लिये, इसको उचित ऊँचाई पर छोड़ा जाना चाहिए → **पश्चिम से पूर्व की ओर, विषुवत तल में**

410. सूर्य के परितः पृथ्वी दीर्घवृत्ताकार कक्षा (ellitical orbit) में परिक्रमण कर रही है। इसकी चाल → **जिस समय यह सूर्य के निकटतम है, अधिकतम होगी**

411. आज जिस क्षण, सूर्य ठीक सिर के ऊपर (overhead) है, से कल जिस समय सूर्य सिर के ऊपर है, दिन की लम्बाई, ज्ञात की जाती है → **पृथ्वी के अपने अक्ष पर घूर्णन तथा साथ ही, इसके सूर्य के परितः परिक्रमण द्वारा**

412. पृथ्वी का एक उपग्रह, वृत्तीय कक्षा में एकसमान चाल v से चल रहा है। यदि गुरुत्वाकर्षण बल अचानक लुप्त हो जाये, तो उपग्रह → v **वेग से मूल कक्षा के स्पर्शीय (tagential) मार्ग पर चलेगा**

413. यदि पृथ्वी सूर्य से वर्तमान दूरी की एक चौथाई दूरी पर हो, तो वर्ष का समय काल (duration) होगा → **वर्तमान वर्ष का आठवाँ भाग**

414. एक ग्रह की कल्पना करो, जिसका द्रव्यमान व त्रिज्या दोनों ही पृथ्वी के संगत मानों के आधे हैं। पृथ्वी की सतह की तुलना में, इस ग्रह की सतह पर किसी पिण्ड की गुरुत्वीय स्थितिज ऊर्जा होगी → **समान**

415. एक ग्रह की सतह पर गुरुत्वीय त्वरण का मान, पृथ्वी पर गुरुत्वीय त्वरण के मान का एक चौथाइ है। यदि एक पीतल की गेंद को इस ग्रह तक ले जायें, तब निम्न लिखित में कौन सा कथन सत्य नहीं है → **पृथ्वी पर मापित द्रव्यमान की तुलना में, इस ग्रह पर पीतल की गेंद का द्रव्यमान एक चौथाई है**

416. केपलर के नियमानुसार उपग्रह का आवर्त काल इसकी त्रिज्या के साथ निम्न प्रकार से परिवर्तित होगा → $T^2 \alpha R^3$

417. एक भार को एक स्प्रिंग तुला द्वारा लिफ्ट की छत से बांध दिया गया है। जब लिफ्ट स्थिर है तो स्प्रिंग तुला का पाठ W है। यदि लिफ्ट अचानक गुरुत्व के अधीन नीचे गिरती है तो स्प्रिंग तुला का पाठ होगा → **0**

418. समान त्रिज्या वाली लोहे की एक गेंद और लकड़ी की एक गेंद `h' ऊँचाई से निर्वात में छोड़ी जाती है। इनके पृथ्वी तक पहुँचने के समय होंगे → **पूर्णतः समान**

419. दाब (P) आयतन (V) और परम ताप (T) में सम्बन्धित स्थापित करने वाली आदर्श गैस समीकरण है → $PV = \mu RT = k_g NT$, जहाँ μ गैस में मोलों की संख्या और N अणुओं की संख्या है। R तथा k_g सार्वत्रिक गैस नियतांक है। $R = 8.314 J\ mol^{-1} K^{-1}$

$$k_B = \frac{R}{N_A} = 1.38 \times 10^{-23} J\,K^{-1}$$

420. वास्तविक गैसे, आदर्श गैस समीकरण का अधिकाधिक पालन करती है → केवल उच्च ताप तथा न्यून दाब पर करती है।

421. आदर्श गैस का अणुगति सिद्धान्त के अनुसार, किसी आदर्श गैस के दाब का व्यंजक कुछ सरल कल्पनाओं के आधार पर है → $P = \frac{1}{3} nm\bar{v}^2$ **जहाँ n अणुओं का संख्या – घनत्व है। m अणु का द्रव्यमान और अणु की माध्य वर्ग चाल है। दाब के व्यंजक को आदर्श गैस समीकरण से संयुक्त करके अणुगति के सिद्धान्त से हम ताप की व्याख्या करते है। $\frac{1}{3} m\bar{v}^2 = \frac{3}{2} k_B T$ अर्थात्, किसी गैस का ताप, उसके अणु की औसत गतिज ऊर्जा की माप है।**

422. किसी आदर्श गैस में अंतरागुण स्थितिज ऊर्जा नगण्य होने के कारण, उसकी कुल आन्तरिक ऊर्जा गतिज ऊर्जा ही होती है। स्थानान्तरीय ऊर्जा E निम्न प्रकार व्यक्त की जाती है → $E=\frac{3}{2}k_B NT$, **इसे निम्न रूप में भी लिख सकते है –** $PV=\frac{2}{3}E$

423. ताप T पर किसी गैस में मैक्सवेल के चाल – वितरण नियम के अनुसार → $dN_v=4\pi Na^3b^{-bv^2}v^2\,dv=n_v dv$, $a=\sqrt{\frac{m}{2\pi k_BT}}, b=\frac{m}{2k_BT}$, **जहाँ N गैस में अणुओं की कुल संख्या है और dN_v चाल $v+dv$ के मध्य अणुओं की संख्या है। n_v का v के विरुद्ध आलेख मैक्सवेल का चाल वितरण सम्बन्धी आरेख है।**

424. वर्ग माध्य मूल चाल v_{rms} औसत चाल $\bar{v}$ और अधिकतम प्रसंभाव्य चाल v_m के व्यंजक निम्न है → $v_{rms}=\sqrt{\frac{3k_BT}{m}}, \bar{v}=\sqrt{\frac{8k_BT}{\pi m}}, v_m=\sqrt{\frac{2k_BT}{m}}$

425. प्रत्येक कांपनिक आवृत्ति के ऊर्जा अवशोषण के दो रूप (गतिज एवं स्थितिज) होते हैं और इनकी संगत ऊर्जा होती है → $2\times\frac{1}{2}k_BT=k_BT$

426. ऊष्मागतिकी का प्रथम नियम ऊर्जा संरक्षण का व्यापक नियम है, जो उस निकाय में लागू होता है जिसमें परिवेश को या परिवेश से (ऊष्मा व कार्य द्वारा) ऊर्जा स्थानान्तरण हो। यह बताता है कि → $\Delta Q=\Delta U+\Delta W$ **यहाँ ΔQ निकाय को दी गई ऊष्मा है, ΔW निकाय पर किया गया कार्य है, ΔU निकाय की आन्तरिक ऊर्जा में परिवर्तन है।**

427. पदार्थ की विशिष्ट ऊष्मा को हम निम्नलिखित सूत्र द्वारा परिभाषित करते है → $s=\frac{1}{m}\frac{\Delta Q}{\Delta T}$ **यहाँ m पदार्थ का द्रव्यमान है, ΔQ वह ऊष्मा है जिसके द्वारा पदार्थ ताप में ΔT की वृद्धि हो जाती है।**

428. पदार्थ की मोलीय विशिष्ट ऊष्मा निम्नांकित सूत्र से परिभाषित की जाती है → $C=\frac{1}{\mu}\frac{\Delta Q}{\Delta T}$, μ पदार्थ के मोल की संख्या को व्यक्त करता है। किसी ठोस के लिए ऊर्जा के सम विभाजन के नियम से $C=3R$

429. सामान्यतया साधारण तापों पर किए जाने वाले प्रयोगों से प्राप्त परिणामों से मेल खाता है। 1 कैलोरी ऊष्मा की वह मात्रा है → $1g$ जल के ताप में $14.5°C$ से $15.5°C$ तक वृद्धि कर लेती है। $1cal=4.186J$

430. किसी आदर्श गैस के लिए स्थिर ताप तथा स्थिर दाब पर मोलीय विशिष्ट ऊष्माएं निम्नलिखित सम्बन्ध का पालन करती है → $C_p-C_V=R$ **यहां R गैस का सार्वत्रिक नियतांक है।**

431. किसी आदर्श गैस के ताप T पर आयतन V_1 से V_2 तक होने वाले किसी समतापीय प्रसार में अवशोषित ऊष्मा (Q) का मान गैस द्वारा किए गए कार्य (W) के बराबर होता है। प्रत्येक का मान है → $Q = W = \mu RT \ln\left(\frac{V_2}{V_1}\right)$

432. किसी आदर्श गैस के रुद्धोष्म प्रक्रम में → $PV^{\gamma} =$ नियतांक, जहां $\gamma = \frac{C_p}{C_V}$ किसी आदर्श गैस द्वारा अवस्था (P_1, V_1, T_1) से अवस्था (P_2, V_2, T_2) में रुद्धोष्म प्रक्रम से परिवर्तन में संपादित कार्य है → $W = \frac{\mu R(T_1 - T_2)}{\gamma - 1}$

433. ऊष्मा इंजन एक ऐसी युक्ति है जिसमें निकाय एक चक्रीय प्रक्रम में चलता है जिसके परिणामस्वरूप ऊष्मा कार्य में परिवर्तित होती है। यदि एक चक्र में स्त्रोत से अवशोषित ऊष्मा Q_1, अभिगम को मुक्त दी गई ऊष्मा Q_2 तथा W निर्गत कार्य है, तो इंजन की दक्षता → $\eta = \frac{W}{Q_1} = 1 - \frac{Q_2}{Q_1}$

434. प्रशीतक, या ऊष्मा पंप में निकाय ठंडे ऊष्माशय से Q_2 ऊष्मा ग्रहण करता है तथा Q_1 मात्रा गर्म ऊष्माशय को मुक्त करता है। इस प्रक्रिया में निकाय पर W कार्य सम्पन्न होता है। प्रशीतक का निष्पादन गुणांक किस प्रकार से परिभाषित होता है → $\alpha = \frac{Q_2}{W} = \frac{Q_2}{Q_1 - Q_2}$

435. किन्ही दो तापों T_1 (स्त्रोत) तथा T_2 (अभिगम) के मध्य कार्य करने वाला कार्नो इंजन उत्क्रमणीय इंजन है। दो रुद्धोष्म प्रक्रमों से संयुक्त दो समतापी प्रक्रम कार्नो चक्र का निर्माण करते हैं। कार्नो इंजन की दक्षता निम्नलिखित सूत्र से व्यक्त की जाती है → $\eta = 1 - \frac{T_2}{T_1}$ **(कार्नो इंजन) किन्ही दो तापों के मध्य कार्य करने वाले इंजन की दक्षता कार्नो इजन की दक्षता से अधिक नहीं हो सकती।**

436. ऊष्मा स्थानान्तरण की कितनी विधियाँ है→ **तीन विधियाँ (चालन, संवहन तथा विकिरण)**

437. चालन में वस्तु के आस–पास के भागों के मध्य ऊष्मा का स्थानान्तरण आण्विक संघट्टों के द्वारा सम्पन्न होता है, परन्तु इसमें पदार्थ का स्थानान्तरण नहीं होता। l लम्बाई एवं एकसमान अनुप्रस्थ काट क्षेत्रफल S वाली किसी धातु की छड़ के सिरों का ताप T_A व T_B हो, तो ऊष्मा संचरण की दर किस सूत्र से दी जाती है → $H = KS\,(T_A - T_B)/L$ यहाँ K **छड़ के पदार्थ की ऊष्मा चालकता है। उपरोक्त समीकरण की एक दूसरी व्यापक व्याख्या निम्नलिखित प्रकार से दी जाती है –** $H = KS\frac{dT}{dx}$ **यहां** dT/dx x **के अनुदेश ताप प्रवणता है, जो ऊष्मा संचरण की दिशा है। धातुओं की ऊष्मा चालकता अधात्वीय पदार्थों की अपेक्षा बहुत अधिक होती है। गैंसे अल्प ऊष्मा चालक होती है।**

438. विकिरण द्वारा ऊष्मा का संचरण अधिक दूरी तक होता है और इसके लिए किसी भौतिक माध्यम की आवश्यकता नहीं होती। किसी वस्तु द्वारा उत्सर्जित विद्युत चुम्बकीय विकिरण उसके ताप के कारण होता है। इसे ऊष्मीय विकिरण कहते है जो स्टेफॉन – वोल्ट्जमान नियम को संतुष्ट करता है → $H = Ae\sigma T^4$ **यहां H परम ताप T पर वस्तु के पृष्ठीय क्षेत्रफल A द्वारा उत्सर्जित विकिरित ऊर्जा की दर को व्यक्त करता है $e\,(\leq 1)$ को वस्तु की उत्सर्जकता तथा σ को स्टेफॉन वोल्ट्जमान नियतांक कहते है।**

439. न्यूटन का शीतलन नियम इस तथ्य की व्याख्या करता है कि किसी वस्तु के ठंडे होने की दर वस्तु तथा उसके आसपास के वातावरण के तापांतर के समानुपाती होती है → $dT/dt = -k\,(T - T_s)$ **यह एक अनुभवजन्य नियम है जिसमें स्टेफॉन वोल्ट्जमान नियम द्वारा संचालित विकिरण हानि तथा संभवतया संवहन के प्रभाव सम्मिलित है।**

440. ताप T पर किसी कृष्णिका के लिए उसकी विकिरित ऊर्जा (अथवा ऊष्मा विकिरण) का तरंगदैर्ध्य के तदनुरूप अभिलाक्षणिक वितरण होता है जो कि केवल पिण्ड के ताप T पर निर्भर करता है न कि उसके आकार, आकृति अथवा पदार्थ पर। विकिरत ऊर्जा का वितरण वीन–विस्थापन नियम को संतुष्ट करता है → $\lambda_m T = 2.9 \times 10^{-3}\, mK$ **यहां λ_{max} विकिरित ऊर्जा के शीर्ष से सम्बन्धित तरंगदैर्ध्य है।**

441. सौर नियतांक सौर विकिरित ऊर्जा की वह मात्रा है जो पृथ्वी का प्रति एकांक क्षेत्रफल प्रति एकांक समय में उस समय ग्रहण करता है जब इसे वायुमण्डल की अनुपस्थिति में आपतित विकिरण के लम्बवत् रखते है। इसका मान 1340 Wm^{-2} होता है। इस मान तथा स्टेफॉन–वोल्ट्जमान के सिद्धान्त का उपयोग करके हम सूर्य के ताप का आकलन कर सकते है जो बराबर होता है → **लगभग 6000 K के**

442. CO की दो विशिष्ट ऊष्माओं C_p / C_V का अनुपात है → **1.40**

443. किसी गैस की विशिष्ट ऊष्मा → **के केवल दो मान C_p और C_V होते है**

444. एक बंद कम्पार्टमेंट जिसमें गैस है, किसी त्वरण से क्षैतिज दिशा में चल रहा है (गुरुत्व का प्रभाव नगण्य है) तब कम्पार्टमेंट में दाब → **अगले हिस्से में कम होगा**

445. यदि वायुमण्डल गैसों का स्वतन्त्र प्रसार होता है तब अन्तिम ताप → **प्रारम्भिक ताप से कम होगा**

446. यदि अधिक दाब पर गैस से भरा सिलिण्डर फट जाये तो गैस में परिवर्तन → **अनुत्क्रमणीय रुद्धोष्म परिवर्तन तथा ताप में कमी**

447. ऊष्मागतिकी का प्रथम नियम एक विशिष्ट प्रकरण है → **ऊर्जा के संरक्षण के नियम का**

448. आन्तरिक ऊर्जा U किसी भी अवस्था का एक मात्र (*unique*) फलन है, क्योंकि U में परिवर्तन → **पथ पर निर्भर नहीं करता है**

449. जब हथेलियों को रगडते है तो गर्म हो जाती है परन्तु कुछ अधिकतम ताप तक, क्योंकि → **पर्यावरण के द्वारा ऊष्मा हानि होती है**

450. एक आदर्श गैस को तापमान प्रसार के दौरान नियत रखा जाता है। गैस बाहरी कार्य करता है। इस प्रक्रिया के दौरान, गैस की आन्तरिक ऊर्जा → **स्थिर रहती है**

451. समतापीय और रुद्धोष्म वक्रों के झुकाव (slopes) में सम्बन्ध है → **रुद्धोष्म वक्र का ढाल** $=\gamma\times$ **समतापीय वक्र का ढाल**

452. नियत दाब पर जब आदर्श द्वि–परमाणुक गैस को गर्म किया जाता है तो ऊर्जा का वह भाग जो आन्तरिक ऊर्जा वृद्धि में प्रयुक्त होता है, कुल ऊर्जा का होता है → **5/7**

453. रुद्धोष्म परिवर्तन में एक आदर्श गैस के दाब व ताप में सम्बन्ध है – $(\gamma = C_p/C_V)$ → $\mathbf{P^{-\gamma}T^{\gamma}}=$ **नियतांक**

454. रुद्धोष्म प्रसार में ताप को T से T_1 तक परिवर्तित करने पर सम्पन्न कार्य होता है → $\frac{R}{\gamma-1}(T-T_1)$

455. यदि किसी वस्तु को दी गई सम्पूर्ण ऊष्मा बाह्य कार्य करने में प्रयुक्त हो जाती है, तो → **उसका ताप नियत रहता है**

456. समदाबी प्रक्रम में जब किसी गैस को ऊष्मा दी जाती है, तो → **गैस द्वारा कार्य किया जाता है और गैस की आन्तरिक ऊर्जा बढ़ जाती है**

457. किसी बेलन में भरी वायु को पिस्टन द्वारा तुरन्त संकुचित किया जाता है तथा पिस्टन को उसी स्थिति में रखा रहने दिया जाता है, तो समय के साथ → **दाब घटता जायेगा**

458. $P-V$ आरेख पर कोई बिन्दु दर्शाता है → **निकाय की अवस्था**

459. समतापी अवस्था में गैस को जब ऊष्मा दी जाती है, जो परिणाम होता है → **आन्तरिक ऊर्जा में वृद्धि**

460. एक आदर्श गैस से भरा हुआ बेलनाकार पात्र निर्यात में स्थित है। यदि पात्र अचानक फट जाये, जो गैस का ताप → **नियत रहेगा**

461. एक समान प्रारम्भिक स्थितियों से, एक आदर्श गैस आयतन V_1 से V_2 तक तीन प्रकार से प्रसारित होती है। यदि प्रक्रम समतापीय है, तो गैस द्वारा किया गया कार्य W_1, यदि समदाबी है तो कार्य W_2 एवं यदि रुद्धोष्म है तो कार्य W_3 है। तब → $W_2 > W_1 > W_3$

462. एक आदर्श गैस इस प्रकार प्रसारित होती है कि इसका दाब व आयतन नियम $PV^2=$ नियतांक का पालन करते है। इस प्रक्रम में गैस हो जायेगी → **ठण्डी**

463. यदि एक रेफ्रिजरेटर का दरवाजा खोल कर रखा जाये, तो निम्न में से क्या सत्य है → **कमरा गर्म हो जायेगा**

464. जब किसी आदर्श गैस को समतापीय रूप से संपीडित किया जाता है तो इसका दाब बढ़ता है, क्योंकि → **बर्तन की दीवारों के एकांक क्षेत्रफल से होने वाली टक्करों की संख्या बढ़ जाती है**

465. किसी आदर्श गैस के समतापीय प्रसार के संदर्भ में असत्य कथन होगा $\rightarrow$ **गैस द्वारा किया गया कार्य, गैस की आन्तरिक ऊर्जा में परिवर्तन के बराबर है**

466. जब किसी बर्तन में भरी गैस में रुद्धोष्म परिवर्तन होता है $\rightarrow$ **इसका दाब इसके आयतन की किसी निश्चित धात के विलोमानुपाती होता है**

467. ऊष्मागतिकी का प्रथम नियम है $\rightarrow dQ = dU + PdV$

468. यदि एक निकाय का आयतन घट रहा है तब निकाय द्वारा किया गया कार्य होगा $\rightarrow$ **ऋणात्मक**

469. एक ऊष्मारोधी पात्र को किसी पर्दे की सहायता से दो समान भागों में बांटा गया है। एक भाग में दाब P पर T ताप की आदर्श गैस है व दूसरे भाग में पूर्ण निर्वात है। अब यदि पर्दे में सूक्ष्म छिद्र कर दिया जाए तो गैस का ताप $\rightarrow$ **स्थिर रहेगा**

470. रुद्धोष्म प्रसा में $\rightarrow \Delta U =$ **ऋणात्मक**

471. साइकिल के पहिए के ट्यूब में भरी संपीडित हवा अचानक पंक्चर में से बाहर निकलने लगती है। अन्दर भरी हवा $\rightarrow$ **ठंडी होने लगती है**

472. एक मोल गैस के रुद्धोष्म प्रसा में उसकी आन्तरिक ऊर्जा में 100 जूल का ह्रास हुआ। इस प्रक्रिया में गैस द्वारा किया गया कार्य है $\rightarrow$ **100 जूल**

473. निम्न में से कौनसा प्रक्रम धीमा है $\rightarrow$ **समतापी**

474. सम आयतनिक उत्क्रमणीय परिवर्तन में $\rightarrow \Delta W = 0$

475. किसी ऊष्मागतिक निकाय की एण्ट्रॉपी परिवर्तित नहीं होती है जब इस निकाय को प्रयुक्त किया जाता है $\rightarrow$ **समआयतनिक रूप से कार्य का ऊष्मा में परिवर्तन के लिए**

476. गलत कथन है $\rightarrow$ **समतापी प्रक्रम में** $\Delta Q = 0$

477. उत्क्रमणीय प्रक्रम के लिए आवश्यक प्रतिबन्ध है, कि $\rightarrow$ **ऊष्मा क्षय शून्य होना चाहिए तथा प्रक्रम अर्द्ध–स्थैतिक होना चाहिए**

478. चक्रीय प्रक्रम में, निकाय द्वारा किया गया कार्य है $\rightarrow$ **निकाय को दी गई ऊष्मा के बराबर**

479. कानों इंजन की दक्षता 100% होगी यदि $\rightarrow T_2 = 0K$

480. ऊष्मा स्वयं किसी निम्न ताप की वस्तु से उच्च ताप की वस्तु में प्रवाहित नहीं हो सकती' यह कथन या परिणाम है $\rightarrow$ **ऊष्मागतिकी के द्वितीय नियम का**

481. कौनसी प्रक्रिया उत्क्रमणीय है $\rightarrow$ **समतापी संपीडन**

482. कार्नो इंजन भी 100% दक्षता नहीं दे सकता क्योंकि हम $\rightarrow$ **परम शून्य ताप तक नहीं पहुंच सकते**

483. खाना पकाने के बर्तन के लिए सबसे उपयुक्त वह होगा जिसके लिए $\rightarrow$ **निम्न विशिष्ट ऊष्मा तथा उच्च चालकता**

484. एक कांच के टुकड़े को उच्च ताप तक गर्म करके ठण्डा होने के लिए रखा जाता है, यदि वह चटक जाता है, तो इसका मुख्यतः सम्भव कारण होगा → **ऊष्मा चालकता कम होना**

485. किसी छड़ के एक सिरे को गर्म करने पर, ताप सर्वत्र समान होगा, यदि → $K=\infty$

486. बर्फ की तुलना में हिम अधिक ऊष्मारोधी है क्योंकि → **हिम के छिद्र में वायु भरी रहती है**

487. दो पतले कम्बल उनकी कुल मोटाई के तुल्य एक कंबल, की तुलना में अधिक गर्माहट देते है, क्योंकि → **दोनों पतले कम्बलों के मध्य वायु की पर्त बन जाती है और वह कुचालक रहती है**

488. ठंडी सुबह में, धातु की सतह लकड़ी की तुलना में अधिक ठंडी महसूस होती है क्योंकि → **धातु की ऊष्मीय चालकता अधिक होती है**

489. ऊष्मा स्थानान्तरण की वह विधा, जिसमें ऊष्मा गतिमान कणों द्वारा स्थानान्तरित होती है, कहलाती है → **संवहन**

490. थर्मस पर अच्छी तरह से पॉलिश क्यों की जाती है → **बाहर की सभी विकिरण को परावर्तित करने के लिए**

491. एक बर्फ की सिल्ली का आधा भाग काले कपड़े से तथा शेष आधा भाग सफेद कपड़े से ढंककर उसे सूर्य के प्रकाश में रखा जाता है। कुछ समय पश्चात् कपड़े हटा दिये जाते है। गलन से सम्बन्धित सत्य कथन है → **काले कपड़े से ढका बर्फ का भाग अधिक गलता है**

492. वे गतियां जो स्वयं दोहराती है क्या कहलाती है → **आवर्ती गतियां**

493. एक दोलन अथवा चक्र, को पूरा करने के लिए आवश्यक समय T को **आवर्तकाल** कहते हैं। यह आवृति से इस प्रकार सम्बन्धित है → $T=\frac{1}{\nu}$, **किसी आवर्ती अथवा दोलनी गति की आवृति उसके द्वारा 1 सैकण्ड में पूरे किये गये दोलनों की संख्या होती है।** SI **मात्रक पद्धति में इसे हर्ट्ज में मापा जाता है – 1 हर्ट्ज** $=1Hz=1$ **दोलन प्रति सैकण्ड** $=1s^{-1}$

494. सरल आवर्त गति में, किसी कण का उसकी साम्यावस्था की स्थिति से विस्थापन $x(t)$ इस प्रकार व्यक्त किया जाता है → $x(t)=x_m\cos(\omega t+\phi)$ **विस्थापन, यहां** x_m **विस्थापन का आयाम** $(\omega t+\phi)$ **गति की कला तथा** ϕ **कला स्थिरांक है। कोणीय आवृति** ω **गति के आवर्तकाल तथा आवृति से इस प्रकार सम्बन्धित होती है –** $\omega=\frac{2\pi}{T}=2\pi\nu$ **(कोणीय आवृति)**

495. सरल आवर्त गति के समय कण के वेग तथा त्वरण को समय t के फलन के रूप में इस प्रकार व्यक्त करते है → $v(t)=-\omega x_m\sin(\omega t+\phi)$ **(वेग),** $a(t)=-\omega^2 x_m\cos(\omega t+\phi)$ **.**

$=-\omega^2 x(t)$ (त्वरण), यहाँ, धनात्मक राशि ωx_m गति का वेग आयाम v_m है तथा धनात्मक राशि $\omega^2 x_m$ गति का त्वरण आयाम a_m है।

496. सरल आवर्त गति किसी कण की वह गति होती है जिसमें उस कण पर कोई बल आरोपित रहता है → **जो कण के विस्थापन के अनुक्रमानुपाती, तथा सदैव गति के केन्द्र की ओर निर्दिष्ट होता है।**

497. सरल आवर्त गति करते किसी कण में किसी भी क्षण → $K=\frac{1}{2}mv^2$ **गतिज ऊर्जा तथा स्थितिज ऊर्जा $U=\frac{1}{2}Kx^2$ होती है। यदि कोई घर्षण न हो, तो निकाय की कुल यांत्रिक ऊर्जा $E=K+U$ सदैव ही अचर रहती है, यद्यपि K और U परिवर्तित होते हैं।**

498. m द्रव्यमान का कोई कण जो हुक के नियम के अनुसार लगे प्रत्यानयन बल $F=-kx$ के प्रभाव में दोलन करता है, सरल आवर्त गति दर्शाता है, जिसके लिये → $\omega=\sqrt{\frac{k}{m}}$ **(कोणीय आवृति) तथा $T=2\pi\sqrt{\frac{m}{k}}$ (आवर्तकाल) ऐसे निकाय को रैखिक दोलक भी कहते है।**

499. लघु कोणों में दोलन करते सरल लोलक की गति को सन्निकट सरल आवर्त गति कहते है। इसका आवर्तकाल है → $T=2\pi\sqrt{\frac{L}{g}}$

500. किसी भी वास्तविक दोलायमान निकाय की यांत्रिक ऊर्जा दोलन करते समय घट जाती है क्योंकि बाह्य बल जैसे घर्षण दोलनों को रोकते है तथा यांत्रिक ऊर्जा को ऊष्मीय ऊर्जा में स्थानांतरित कर देते है। तब वास्तविक दोलक तथा उसकी गति को अवमंदित गति कहते है। यदि अवमंदन बल $F_d=bv$ है, यहां v दोलक का वेग तथा b अवमंदन स्थिरांक है तब दोलक का विस्थापन → $x(t)=x_m e^{-bt/2m}\cos(\omega^1 t+\phi)$ **यहां ω^1 अवमंदित दोलनों की कोणीय आवृति है जिसे इस प्रकार व्यक्त करते है $\omega^1=\sqrt{\frac{k}{m}-\frac{b^2}{4\mu l^2}}$ यदि अवमंदन स्थिरांक का मान कम है तो $\omega^1\approx\omega$, यहां ω अवमंदित दोलक की कोणीय आवृति है। दोलक की यांत्रिक ऊर्जा E को इस प्रकार व्यक्त करते हैं –** $E(t)=\frac{1}{2}kx_m^2\ e^{-bt/m}$

501. यदि प्राकृतिक कोणीय आवृति ω के किसी दोलायमान निकाय पर ω_d कोणीय आवृति का कोई बाह्य आवर्ती बल आरोपित किया जाए, तो वह निकाय ω_d कोणीय आवृति से दोलन

करता है। इन दोलनों का आयाम तब अधिक होता है जब → $\omega_d = \omega$ **जो अनुनाद की शर्त होती है।**

502. अचर लम्बाई के सरल लोलक का पृथ्वी की सतह पर आवर्तकाल T है। इसका आवर्तकाल खदान के भीतर होगा → **T से अधिक**

503. एक खोखला दोलक ऐसे गोलक का बना है जो पारे से भरा हुआ एक खोखला गोला है और तार से लटकाया गया है। यदि थोड़ा सा पारा गोले के बाहर निकाल दिया जाये तो लोलक का आवर्तकाल → **बढ़ जायेगा**

504. सरल आवर्त गति करते हुए कण का कलान्तर $\frac{\pi}{2}$ है, जब इसका/इसकी → **विस्थापन अधिकतम होगा**

505. सरल आवर्त गति में किसी कण की कला (t समय पर) दर्शाती है → **t समय पर कण की स्थिति और गति की दिशा दोनों**

506. एक कण नियत कोणीय वेग से किसी वृत की परिधि पर घूम रहा है तो निम्न में से कौन सा कथन सत्य है → **किसी भी व्यास पर कण का प्रक्षेप सरल आवर्त गति दर्शाता है**

507. कौनसा सरल आवर्त गति का उदाहरण है → **दो सिरों पर तनी हुई डोरी से तरंगों का गुजरना**

508. एक पिण्ड वृत्तीय पथ पर एकसमान चाल से गति कर रहा है। इसकी गति होगी → **आवर्त किन्तु सरल आवर्त गति नही**

509. सरल आवर्त गति करते निकाय में अनिवार्यतः होना चाहिए → **जड़त्व तथा प्रत्यास्थता**

510. मान लो कि पृथ्वी क व्यास के अनुदिश एक सिरे से दूसरे सिरे तक तक सुरंग खोदी गई है। यदि सुरंग में एक कण गिरा दिया जाये तो वह → **केन्द्र के चारों और सरल आवर्ती गति करेगा**

511. एक कण का सरल आवर्त गति में त्वरण होता है → **उच्चतम, चरम अवस्था में**

512. सरल आवत गति करते हुए कण के सम्बन्ध में निम्नलिखित में से कौनसा कथन सत्य नहीं है → **कण के त्वरण का मान साम्य स्थिति पर अधिकतम होता है**

513. सरल आवर्त गति कर रहे किसी कण का माध्य स्थिति पर त्वरण है → **शून्य**

514. सरल आवर्त गति में किसी भी क्षण कण के त्वरण और विस्थापन का अनुपात किस की माप है → **कोणीय आवृति**

515. सरल आवृत गति करते हुए कण की कुल ऊर्जा अनुक्रमानुपाती होती है → **गति के आयाम के वर्ग के**

516. सरल आवर्त गति करते हुए कण की माध्य स्थिति से x दूरी पर स्थितिज ऊर्जा होगी → $\frac{1}{2}m\omega^2 x^2$

517. एक द्रव्यमान ऊर्ध्वाधर स्प्रिंग पर सरल आवर्त गति कर रहा है। इसका आवर्तकाल 2 सैकण्ड है। इस निकाय की किस राशि का सरल आवर्त गति हेतु आवर्तकाल 1 सैकण्ड होगा → **वेग**

518. एक सरल आवर्ती दोंलित्र में माध्य स्थिति पर → **गतिज ऊर्जा अधिकतम तथा स्थितिज ऊर्जा न्यूनतम है**

519. सरल आवर्त गति करने वाले कण की गति समीकरण $x = 0.01 \sin 100\pi\,(t + 0.05)$ द्वारा प्रदर्शित होती है, यहाँ पर x मीटर में तथा t सैकण्ड में है। इस कण का आवर्तकाल होगा → **0.02 सैकण्ड**

520. सरल आवर्त गति में क्या नियत रहता है → **आवर्तकाल**

521. असत्य कथन है → **सभी आवर्ती गतियाँ, सरल आवर्त गतियाँ होती है**

522. सरल लोलक का आवर्तकाल दुगुना हो जायेगा जबकि → **लम्बाई चार दुनी कर दी जाये**

523. स्थिर गाड़ी की छत से लटके हुए लोलक का आवर्तकाल T है। जब गाड़ी एक समान त्वरण a से त्वरित होती है, तब आवर्तकाल → **घट जायेगा**

524. कौनसा कथन असत्य है? सरल लोलक के उदाहरण में अल्प विस्थापन के लिए दोलनकाल → **लोलक के द्रव्यमान आकार व पदार्थ पर निर्भर करता है**

525. दोलन करता हुआ एक सरल लोलक आधार सहित मुक्त रूप से नीचे गिर रहा है, तो → **दोलन ही नहीं करेगा**

526. एक सरल लोलक का आवर्तकाल 2 सैकण्ड है, यदि इसकी लम्बाई बढ़ाकर 4 गुना कर दी जाये तो उसका आवर्तकाल हो जायेगा → **4 सैकण्ड**

527. यदि सरल लोलक का धातु का बना गोलक, लकड़ी के गोलक से बदल दिया जाय तब इसका आवर्तकाल → **अपरिवर्तित रहेगा**

528. नियत त्वरण g से नीचे उतरती लिफ्ट मे सरल लोलक का आवर्तकाल है → **अनन्त**

529. एक चिम्पांजी किसी झूले पर बैठा हुआ झूल रहा है। यह अचानक झूले पर खड़ा हो जाता है तब आवर्तकाल → **घटेगा**

530. एक प्लेट आवर्तकाल T से दोलन कर रही है। अचानक एक अन्य प्लेट प्रथम प्लेट पर रख दी जाती है। इसका आवर्तकाल → **नियत रहेगा**

531. एक सैकण्ड लोलक में गोलक का द्रव्यमान 30 ग्राम है यदि इसे 90 ग्राम के लोलक से बदल दिया जाये तो आवर्तकाल हो जायेगा → 2 sec.

532. एक सरल लोलक को यदि पृथ्वी से चन्द्रमा की सतह पर ले जाकर दोलन कराया जाये तो इसका दोलन काल → **बढेगा**

533. एक सरल लोलक किसी लिफ्ट की छत से टंगा है। जब लिफ्ट स्थिर है, इसका दोलन काल T है। जब लिफ्ट मुक्त रूप से गिरती है तो सरल लोलक का दोलन काल हो जायेगा → **शून्य**

534. एक सरल लोलक सरल आवर्त गति कर रहा है, इसको प्रदर्शित करने के लिए यह मानना आवश्यक है। कि → **दोलन का आयाम कम है**

535. एक सरल लोलक को विषुवत् रेखा पर ले जाने पर इसका दोलनकाल → **घट जायेगा**

536. एक सरल लोलक का दोलनकाल दोगुना हो जायेगा यदि इसकी लम्बाई → **चार गुना बढ़ा दी जाये**

537. सरल लोलक का वेग अधिकतम होगा → **माध्य स्थिति पर**

538. एक सरल लोलक निर्वात युक्त प्रकोष्ठ (chamber) में दोलन करेगा → **नियत आयाम से**

539. एक सरल लोलक का दोलनकाल T है, यदि इसके गोलक को ऋणावेश दिया जाये एवं इसके नीचे की सतह को धनावेश दिया जाये तो इसका नया दोलनकाल → **T से कम होगा**

540. समान स्प्रिंग नियतांक k वाले दो स्प्रिंगों को श्रेणीक्रम में जोड़ा जाता है तथा बाद में समान्तर क्रम में जोड़ते है। यदि इनसे m द्रव्यमान का पिण्ड लटका है तो उनकी ऊर्ध्वाधर दोलनों की आवृतियों का अनुपात होगा → **4 : 1**

541. 200 ग्राम द्रव्यमान का एक कण सरल आवर्त गति कर रहा है। 80 न्यूटन/मीटर बल नियतांक की स्प्रिंग द्वारा प्रत्यानयन बल दिया जाता है। दोलनों का आवर्तकाल है → **0.31 सैकण्ड**

542. k बल नियतांक की एक एकसमान स्प्रिंग को 1 : 2 के दो भागों में बांटा गया है, तो छोटे व बड़े भाग के बल नियतांकों का अनुपात है → **2 : 1**

543. एक स्प्रिंग लोलक की आवृति दोगुनी करने के लिए हमें → **द्रव्यमान की एक चौथाई करना चाहिए**

544. दो स्प्रिंग जिनके बल नियतांक $K_1 = 1500 N/m$ तथा $K_2 = 3000 N/m$ है, समान बल से खींची जाती है तो स्प्रिंगों में संचित स्थितिज ऊर्जाओं का अनुपात होगा → **2 : 1**

545. यदि 0.98 kg द्रव्यमान की एक वस्तु 4.84 N/m, बल नियतांक वाली स्प्रिंग पर दोलन करती हो तो वस्तु की कोणीय आवृति → **2.22 rad/s**

546. m द्रव्यमान का एक पिण्ड एक स्प्रिंग पर $f = \frac{\omega}{2\pi}$ आवृत्ति से सरल आवर्त गति करता है। यदि स्प्रिंग का बल नियतांक k और आयाम A है, तब → **इसकी कुल ऊर्जा $\frac{1}{2}(kA^2)$ है, इसकी आवृति $\frac{1}{2\pi}\sqrt{\frac{k}{m}}$ है, $x = 0$ पर अधिकतम वेग प्राप्त होता है**

547. एक कण सरल आवर्त गति कर रहा है, जिसका विस्थापन समीकरण $y = 3\sin\omega t + 4\cos\omega t$ द्वारा निरूपित होता है। इसका आयाम होगा → **5**

548. अनुनाद अवस्था है → **प्रणोदित दोलनों का**

549. प्रणोदित कम्पन की अवस्था में, अनुवाद तरंग बहुत तीव्र होगी जबकि → **अवमंदन बल कम हो**

550. एक सरल लोलक दोलन कर रहा है कुछ समय बाद यह विरामावस्था में आ जाता है इसका कारण है → **वायु घर्षण**

551. एक सरल लोलक वायु में T दोलनकाल में दोलन कर रहा है। जैसे – जैसे समय गुजरता है → **T बढ़ता है और A घटता है**

552. यांत्रिक तरंगे द्रव्यात्मक माध्यमों में विद्यमान रह सकती है तथा ये किन नियमों द्वारा सनियमित होती है → **न्यूटन के गति के नियमों**

553. वे तरंगे होती है जिनमें माध्यम के कण तरंग संचरण की दिशा के लम्बवत् दोलन करते हैं → **अनुप्रस्थ यांत्रिक तरंगे**

554. अनुदैर्ध्य यांत्रिक तरंगे वे तरंगे होती है जिनमें माध्यम के कण तरंग संचरण की दिशा के दोलन करते हैं → **अनुदिश**

555. वह तरंग जो माध्यम के एक बिन्दु से दूसरे बिन्दु तक गमन करती है → **प्रगामी तरंग**

556. धनात्मक x – दिशा में संचरित ज्यावक्रीय तरंग का विस्थापन इस प्रकार व्यक्त किया जाता है → $y(x, t) = y_m \sin(kx - \omega t + \phi)$ **यहां y_m तरंग का आयाम, k कोणीय तरंग संख्या, ω कोणीय आवृति ($kx = \omega + + \phi$) कला तथा ϕ कला – नियतांक अथवा प्रारम्भिक कला कोण है।**

557. किसी प्रगामी तरंग का तरंगदैर्ध्य λ उसके किन्हीं दो क्रमागत बिन्दुओं के बीच की दूरी के बराबर होती है जो किसी क्षण पर समान कला में होते है। अप्रगामी तरंगों के लिए वह दो क्रमागत निस्पंदों अथवा प्रस्पंदों के बीच की दूरी बराबर होती है → **दोगुने के**

558. किसी तरंग के आवर्तकाल T का उस समय द्वारा परिभाषित किया जाता है जिसमें माध्यम का कोई अवयव अपना एक दोलन पूर्ण करता है। यह तरंग की कोणीय आवृति ω से इस प्रकार सम्बन्धित होता है → $f = \dfrac{\omega}{2\pi}$

559. प्रगामी तरंग की चाल होती है → $v = \dfrac{\omega}{k} = \dfrac{\lambda}{T} = \lambda f$

560. किसी तानित डोरी पर अनुप्रस्थ तरंग की चाल उस डोरी के गुणों से निर्धारित होती है। यदि किसी डोरी में तनाव T है तथा डोरी का रैखिक द्रव्यमान घनत्व μ है तो उस डोरी में अनुप्रस्थ तरंग की चाल होती है → $v = \sqrt{\dfrac{T}{\mu}}$

561. ध्वनि तरंगे अनुदैर्ध्य यांत्रिक तरंगे होती है, जो ठोसो, द्रवों तथा गैसो में गमन कर सकती है। यदि किसी माध्यम का आयतन प्रत्यास्थता गुणांक B तथा घनत्व ρ है तो उस माध्यम में ध्वनि तरंगों की चाल है → $v = \sqrt{\dfrac{B}{\rho}}$ **धातु की छड़ में अनुदैर्ध्य तरंगों की चाल,**

$v = \sqrt{\frac{Y}{\rho}}$ **किसी गैस में, चूंकि** $B - \gamma P$, **अतः ध्वनि की चाल,** $v = \sqrt{\frac{\gamma P}{\rho}}$ **यहां** γ **गैस की दो विशिष्ट ऊष्माओं का अनुपात** $(\gamma = C_P / C_V), \rho$ **गैस का धनत्व तथा** P **गैस का दाब है।**

562. जब दो या अधिक तरंगे किसी माध्यम से गमन करती है, तब माध्यम के किसी अवयव का विस्थापन प्रत्येक तरंग के विस्थापनों का बीजगणितीय योग होता है। इसे तरंगों के अध्यारोपण का सिद्धान्त कहते हैं → $y = \sum_{1}^{n} f_i (x - vt)$

563. एक ही डोरी पर गमन करती दो ज्यावक्रीय तरंगे अध्यारोपण के सिद्धान्त के अनुसार संकलन अथवा निरसन द्वारा व्यतिकरण की परिघटना प्रदर्शित करती है। यदि समान आयाम y_m तथा समान आवृति परन्तु कला में कला नियतांक ϕ के अंतर वाली दो तरंगे एक ही दिशा में गतिमान है तो उनका परिणामी एकल तरंग होती है जिसकी आवृति भी समान होती है → $y^1(x, t) = \left[2 y_m \cos\frac{1}{2}\phi\right] \sin\left(kx - \omega t + \frac{1}{2}\phi\right)$, **यदि** $\phi = 0$ **अथवा** 2π **रेडियन का पूर्णांक गुणज हो तो तरंगे एकदम समान कला में होती है तथा उनका व्यतिकरण पूर्णतः संपोषी होता है, यदि** $\phi = \pi$ **रेडियन अथवा** π **रेडियन का विषम गुणज हो तो तरंगे एकदम विपरीत कलाओं में होती है तथा उनका व्यतिकरण पूर्णतः विनाशी होता है।**

564. किसी प्रगामी तरंग का किसी दृढ़ परिसीमा अथवा बंद सिरे पर परावर्तन कला उत्क्रमण के साथ होता है, परन्तु किसी खुली परिसीमा पर यह परावर्तन बिना किसी कला परिवर्तन के होता है → **किसी आपतित तरंग के लिए** $y_i (x, t) = y_m \sin (kx - \omega t)$, **दृढ़ परिसीमा से परावर्तित तरंग के लिए** $y_i (x, t) = -y_m \sin (kx + \omega t)$, **खुली परिसीमा से परावर्तित तरंग के लिए** $y_i (x, t) = [2 y_m \sin kx] \cos \omega t$

565. विपरित दिशाओं में गतिशील दो सर्वसम तरंगों के व्यतिकरण से अप्रगामी तरंगे उत्पन्न होती है। दोनों सिरों पर परिबद्ध तानित डोरी में उत्पन्न अप्रगामी तरंगों को इस प्रकार व्यक्त किया जाता है → $y^i (x, t) = [2 y_m \sin kx] \cos \omega t$

566. दोनों सिरों से परिबद्ध L लंबाई की तानित डोरी अथवा एक सिरे से बंद तथा दूसरे सिरे पर मुक्त वायु कॉलम जिन आवृतियों से कंपन करते है उन्हें इन निकायों की प्रसामान्य विधाएं कहते हैं। इनमें से प्रत्येक आवृति निकाय की होती है। → **अनुनाद–आवृति**

567. विस्पंद तब उत्पन्न होती है जब बहुत कम अंतर की दो आवृतियों ν_1 तथा ν_2 की तरंगे एक साथ संसूचित की जाती है। विस्पंद आवृति इस प्रकार व्यक्त की जाती है → $\nu_{beat} = \nu_1 - \nu_2$

568. माध्यम के सापेक्ष ध्वनि स्त्रोत अथवा प्रेक्षक की गति के कारण किसी तरंग की प्रेक्षित आवृति में परिवर्तन होना डॉप्लर प्रभाव कहलाता है। ध्वनि के लिए प्रेक्षित आवृति को ध्वनि स्त्रोत

की आवृति v_o के पदों में व्यक्त किया जाता है → $\mathbf{v = v_o \left[\frac{V \pm V_o}{V \pm V_s}\right]}$ **यहां V माध्यम में ध्वनि की चाल, v_o माध्यम के सापेक्ष प्रेक्षक की चाल तथा v_s माध्यम के सापेक्ष ध्वनि स्त्रोत की चाल है। धन या ऋण चिन्ह के चुनाव के लिए यह नियम अपनाया जाता है।**

569. अप्रगामी तरंग में यदि घटक तरंगों के आयाम समान नहीं है, तो → **निस्पन्द में से कुछ ऊर्जा प्रवाहित होगी**

570. विस्पन्द उत्पन्न होने के लिए अनिवार्य रूप से होना चाहिए → **भिन्न आवृतियां, समान आयाम तथा समान कला**

571. डोरी वाले वाद्ययंत्र से उत्पन्न ध्वनि का तारत्व (Pitch) बढाने के लिए → **डोरी को और कसना होगा और डोरी को छोटा करना होगा**

572. दो बिन्दुओं के मध्य कसी हुई डोरी में उत्पन्न प्रथम संनादी की आवृति 100 Hz है तृतीय अधिस्वरक की आवृति होगी → **400** Hz

573. तरंग गमन के वेग 'v' आवृति 'n' तथा तरंगदैर्ध्य 'λ' में सम्बन्ध है → $n = v/\lambda$

574. पराश्रृव्य (Ultrasonic), अपश्रृव्य (Infrasonic) तथा श्रृव्य (Audible) तरंगें माध्यम में V_u, V_l तथा V_a वेग से क्रमशः गमन करती है, तो → V_u V_i **तथा** V_a **लगभग समान है**

575. किसी डोरी में उत्पन्न तरंग के दो निकटतम शीर्ष (श्रृंग) बिन्दुओं के मध्य की दूरी 5 सेमी है। यदि दो पूर्ण कम्पन्न किसी बिन्दु से प्रति सैकण्ड गुजरते है, तो ध्वनि वेग होगा → **10 सेमी/सैकण्ड**

576. एक स्वरित्र वायु में 256 कम्पन्न प्रति सैकण्ड उत्पन्न करता है। यदि ध्वनि का वेग 300 मी/सै. हो तो उत्पन्न तरंगदैर्ध्य होगी → **1.29 मीटर**

577. ध्वनि तरंगों की मनुष्य द्वारा श्रृव्य आवृति है → **5000 चक्कर/सैकण्ड**

578. कलान्तर तथा पथान्तर में सम्बन्ध है → $\Delta\phi = \frac{2\pi}{\lambda}\Delta x$

579. ध्वनि का वेग अधिकतम है → **इस्पात में**

580. दृश्य प्रकाश तरंगदैर्ध्य (λ_V) एवं ध्वनि तरंगदैर्ध्य (λ_S) में सम्बन्ध है → $\lambda_S < \lambda_V$

581. एक मनुष्य 1 किमी. दूर स्थित सायरन की ध्वनि सुनकर अपनी घड़ी मिलाता है। यदि ध्वनि का वेग 330 m/s हो तो → **उसकी घड़ी 3sec. पीछे है**

582. ठोस में संचरित होने वाली तरंगे होगी → **अनुप्रस्थ एवं अनुदैर्ध्य**

583. वायुमण्डल का तापक्रम बढ़ने पर ध्वनि का कौनसा गुण प्रभावित होगा → **वेग**

584. अनुप्रस्थ तथा अनुदैर्ध्य तरंगों में निम्न गुण के अध्ययन से अन्तर कर सकते है → **ध्रुवन**

585. किसी तरंग में दो लगातार श्रृंगों के बीच कलान्तर होगा → 2π

586. जब वायुयान की चाल ध्वनि की चाल से अधिक हो जाती है तो धमाका सुनाई पड़ता है क्योंकि → **यह एक शॉक (Shock) तरंग उत्पन्न करते है कि धमाका सुनाई देता है**

587. चन्द्रमा पर हुए एक बड़े विस्फोट को पृथ्वी पर नहीं सुना जा सकता है क्योंकि → **ध्वनि तरंगों को संचरण के लिए माध्यम की आवश्यकता होती है**

588. रात्रि में ध्वनि की तीव्रता के बढ़ने का कारण है → **वायु के घनत्व में वृद्धि**

589. एक तरंग का आयाम स्त्रोत से r दूरी पर A है, तो $2r$ दूरी पर आयाम होगा → $A/2$

590. एक तरंग दृढ़ सिरे से परावर्तित होती है। परावर्तन के फलस्वरूप इसकी कला में परिवर्तन होगा → π

591. दो कणों के तरंग समीकरण $y_1 = a\sin(\omega t - kx)$ एवं $y_2 = a\sin(kx + \omega t)$ है, तो → **इनके मध्य कलान्तर 0° है**

592. जब तरंग किसी माध्यम से गुजरती है तो माध्यम के कण माध्य स्थिति के दोनों ओर कम्पन्न करते है। इस प्रकार के दो कणों के लिए कलान्तर → **उनके बीच की दूरी के साथ बदलता है**

593. अनुदैर्ध्य तरंगों के माध्यम से संचरण के समय तरंग संचरण की दिशा में जो राशि गमन करती है, वह होगी → **ऊर्जा तथा रेखीय संवेग**

594. तनी हुई डोरी के दृढ़ सिरे की तरफ तरंगें जाकर टकराती है तथा परावर्तित होती है। इनमें होगी → **180° का कला परिवर्तन परन्तु विपरीत वेग**

595. तब अनुदैर्ध्य तरंगे किसी माध्यम से संचरित होती है तब माध्यम के कण माध्य स्थिति के दोनों ओर सरल आवर्त गति करने लगते है। इन कणों के दोलन में अपरिवर्तनशील है → **गतिज तथा स्थितिज ऊर्जाओं का योग**

596. एक बिन्दु पर दो भिन्न मार्गों से पहुंचने वाली λ तरंगदैर्ध्य की ध्वनि का विनाशी व्यतिकरण हो रहा है। इस बिन्दु पर अधिकतम ध्वनि या संपोषी व्यतिकरण प्राप्त करने के लिए एक मार्ग की लम्बाई मे वृद्धि करनी होगी → $\frac{\lambda}{2}$

597. यदि अध्यारोपण के दौरान तरंगों के मध्य कला अन्तर 2π है, तो परिणामी आयाम होगा → **अधिकतम**

598. दो तरंगों का तीव्रता अनुपात 1 : 16 है, तो उनके आयामों में अनुपात होगा → **1 : 4**

599. यदि 9 : 1 तीव्रला अनुपात वाली दो तरंगें व्यतिकरण उत्पन्न करती है तो अधिकतम और न्यूनतम तीव्रताओं का अनुपात होगा → **4 : 1**

600. विस्पंद का कारण है → **लगभग समान आवृतियों की दो तरंगों का अध्यारोपण**

601. जब दो ध्वनि तरंगे अध्यारोपित करायी जाती है तो विस्पंद उत्पन्न होते है जब → **उनकी आवृतियां भिन्न हो**

602. मनुष्य द्वारा सुनी जा सकने वाली अधिकतम विस्पंद आवृति है → **10**

603. जब एक स्वरित्र वायु में ध्वनि तरंग उत्पन्न करता है तो स्वरित्र के माध्यम और वायु में निम्न में से कौनसी राशि समान रहेगी → **आवृति**

604. अप्रगामी तरंग में → निस्पंदों पर विकृति न्यूनतम होती है

605. एक अप्रगामी तरंग में → **प्रत्येक दोलनकाल में सभी कण एक ही साथ दो बार विरामावस्था में रहते है**

606. किसी माध्यम में अप्रगामी तरंगों की आवृति 300 हर्ट्ज है तथा इस माध्यम में ध्वनि का वेग 1200 मी/से. है। दो क्रमागत निस्पंद तथा प्रस्पंदों के बीच की दूरी होगी → $1m$

607. अप्रगामी तरंगों को यह नाम इसलिए दिया गया है क्योंकि इनमें → **तरंग द्वारा ऊर्जा का प्रवाह नहीं होता है**

608. अप्रगामी तरंग में निस्पंद पर → **दाब तथा घनत्व में परिवर्तन अधिकतम होता है**

609. एक तनी हुई डोरी में कम्पनों का परीक्षण करने वाला उपकरण है → **सोनोमीटर**

610. सितार से श्रोता तक आने में ध्वनि का प्रकार होता है → **अनुदैर्ध्य प्रगामी**

611. दो तार समान आवृति के मूल स्वर उत्पन्न कर रहे है एक की कौनसी राशि को बदलने पर विस्पंद सुनाई नहीं देंगे → **कम्पनों का आयाम**

612. एक स्रोत स्थिर ध्वनि स्रोत के सापेक्ष किस वेग से चले कि उसे स्त्रोत की आवृति से दोगुनी आवृति की ध्वनि सुनाई दे → **ध्वनि की चाल से, स्त्रोत की ओर**

613. डॉप्लर प्रभाव का पालन नहीं होता है, यदि ध्वनि स्त्रोत का वेग → **ध्वनि की चाल से अधिक है**

614. स्कूटर पर जा रहे एक प्रेक्षक को दो विपरीत दिशाओं से एक ही आवृति के दो साइरनों की ध्वनियां सुनाई देती है। यदि वह एक साइरन की दिशा में जा रहा है, तो उसे → **विस्पंद सुनाई देंगे**

615. स्रोत एवं प्रेक्षक एक दूसरे के सापेक्ष स्थिर है। यदि ध्वनि का वेग बढ़ा दिया जाये तो प्रेक्षक द्वारा सुनी गई आवृति → **परिवर्तित नहीं होगी**

616. एक स्रोत 400 आवृति की ध्वनि उत्सर्जित करता है। लेकिन श्रोता को यह 390 Hz की सुनाई देती है तो → **स्त्रोत, श्रोता से दूर जा रहा है**

617. एक सिरे पर बंद पाइप में अनुनाद की मूल आवृति को नहीं बढ़ाया जा सकता है → **पाइप की लम्बाई बढ़ाकर**

618. घर्षण विद्युत के सरल प्रयोगों के आधार पर यह निष्कर्ष निकाला जा सकता है कि प्रकृति में दो प्रकार के आवेश होते है। सजातीय आवेशों में प्रतिकर्षण तथा विजातीय आवेशों में आकर्षण होता है। परिपाटी के अनुसार, रेशम से रगड़ने पर कांच की छड़ पर आवेश होता है व फर से रगड़ने पर प्लास्टिक की छड़ पर आवेश होता है → **धनावेश व ऋणावेश**

619. चालक अपने में से होकर सरलता से वैद्युत आवेश की गति होने देते है जबकि विद्युतरोधी ऐसा नहीं करते। धातुओं में गतिशील आवेश इलैक्ट्रॉन होते है, वैद्युत अपघट्यों में कौन गति करते है → **धनायन तथा ऋणायन दोनो ही**

620. दो बिंदु आवेशों q_1 तथा q_2 के बीच पारस्परिक स्थिर वैद्युत बल, आवेशों के गुणनफल $q_1 + q_2$ के अनुक्रमानुपाती तथा उनके बीच की दूरी r_{21} होता है → **वर्ग के व्युत्क्रमानुपाती**

621. किसी प्रोटॉन तथा किसी इलेक्ट्रॉन के बीच वैद्युत बल तथा गुरुत्वाकर्षण बल का है → **अनुपात**

622. यह सिद्धान्त इस गुणधर्म पर आधारित है कि दो आवेशों के बीच लगने वाले आकर्षी अथवा प्रतिकर्षी बल किसी तीसरे (अथवा अधिक) अतिरिक्त आवेश की उपस्थिति से प्रभावित नहीं होते। आवेशों $q_1, q_2, q_3....$ के किसी समूह के लिए किसी आवेश (जैसे q_1) पर बल q_1 पर q_2 के कारण बल q_1 पर q_3 के कारण बल आदि–आदि के सदिश योग के बराबर होता है। प्रत्येक युगल के लिये यह बल पहले वर्णित दो आवेशों के लिए किसमें किया जाता है → **कूलॉम के नियम द्वारा ही व्यक्त**

623. विद्युत क्षेत्र रेखा ऐसा वक्र है जिसके किसी भी बिन्दु पर खींचा गया स्पर्शी, वक्र के उस बिन्दु पर विद्युत क्षेत्र की दिशा बताता है। क्षेत्र रेखाओं की सापेक्षिक संकुलता विभिन्न बिंदुओं पर विद्युत क्षेत्र की सापेक्षिक तीव्रता को इंगित करती है। प्रबल विद्युत क्षेत्र में रेखाएँ पास–पास तथा दुर्बल क्षेत्र में ये एक दूसरे से काफी दूर होती है। एकसमान (अथवा नियत) विद्युत क्षेत्र में क्षेत्र रेखाएँ एक–दूसरे से एकसमान दूरी पर कैसी रेखाएँ होती है → **समांतर सरल रेखा**

624. किसी वैद्युत द्विध्रुव का इसके निरक्षीय/विषुवतीय समतल (अर्थात् इसके अक्ष के लंबवत तथा इसके केन्द्र से गुजरने वाले समतल) पर इसके केन्द्र से r दूरी पर विद्युत क्षेत्र → $E = \frac{-P}{4\pi\varepsilon_0} \frac{1}{\left(a^2 + r^2\right)^{3/2}} = \frac{-p}{4\pi\varepsilon_0 r^3}(r >>)$ **के लिये** $E = \frac{2pr}{4\pi\varepsilon_0 \left(r^2 - a^2\right)^2}$ **द्विध्रुव अक्ष पर केन्द्र से r की दूरी पर द्विध्रुव विद्युत क्षेत्र** $= \frac{2p}{4\pi\varepsilon_o r^3}$ **($r >> a$ के लिए)**

625. किसी एकसमान विद्युत क्षेत्र E में कोई वैद्युत द्विध्रुव एक बल आघूर्ण τ का अनुभव करता है → $\tau = p \times E$ **परन्तु किसी नेट बल का अनुभव नहीं करता।**

626. विद्युत क्षेत्र E का किसी लघु क्षेत्रफल – अवयव ΔS से गुजरने वाला फ्लक्स $\Delta\phi = E.\Delta S$ सदिश क्षेत्रफल → **अवयव $\Delta S = \Delta S\, n$ यहाँ ΔS क्षेत्रफल – अवयव का परिमाण तथा क्षेत्रफल – अवयव के लंबवत त्रिज्य एकांक सदिश है जिसे काफी छोटे क्षेत्र के लिय समतलीय माना जा सकता है। किसी बंद पृष्ठ के क्षेत्रफल–अवयव के लिए जो परिपाटी के अनुसार बहिर्मुखी अभिलंब की दिशा माना जा सकता है।**

627. स्थिरवैद्युत बल एक संरक्षी बल है। किसी बाह्य बल (स्थिरवैद्युत बल के समान एवं विपरीत) द्वारा आवेश q को R से P बिन्दु तक लाने में किया गया कार्य $V_P - V_R$ होता है, जो कि अंतिम बिन्दु तथा प्रारंभिक बिन्दु के बीच आवेश की स्थितिज ऊर्जाओं का क्या होता है → **अंतर**

628. किसी बिन्दु पर विभव (किसी बाह्य एजेंसी) प्रति एकांक धनावेश पर किया गया वह कार्य होता है जो उस आवेश को अनंत से उस बिन्दु तक लाने में किया जाता है। किसी बिंदु पर विभव किसी योज्यता स्थिरांक के अंतर्गत यादृच्छिक होता है, चूंकि जो राशि भौतिक रूप से महत्वपूर्ण है वह दो बिंदुओं के बीच विभवांतर है। यदि अनंत पर किसी आवेश के कारण विभव का शून्य चुनें (अथवा मानें) तो मूल बिंदु पर रखे किसी आवेश Q के कारण स्थिति सदिश r वाले बिंदु पर वैद्युत विभव $\rightarrow \phi(r) = \frac{1}{4\pi\varepsilon_0}\frac{Q}{r}$

629. मूल बिंदु पर स्थित P द्विध्रुव आघूर्ण के बिन्दु द्विध्रुव के कारण स्थिति सदिश r के किसी बिंदु पर स्थिरवैद्युत विभव $\rightarrow \phi \frac{1}{4\pi\varepsilon_0}\frac{p.r}{r^2}$ **यह परिणाम किसी द्विध्रुव (जिस पर आवेश q_1 तथा q_2 एक दूसरे से $2a$ दूरी पर हों) के लिए $r >> a$ शर्त के साथ लागू होता है।**

630. स्थिति सदिश $r_1, r_2, ...r_n$ के आवेशों $q_1, q_2, ...q_n$ के आवेश विन्यास का अध्यारोपण सिद्धान्त द्वारा किसी बिन्दु P पर विभव $\rightarrow V = \frac{1}{4\pi\varepsilon_0}\left(\frac{q_1}{r_{1P}} + \frac{q_2}{r_{2P}} + ... + \frac{q_n}{r_{nP}}\right)$ **यहाँ पर r_{1P} आवेश q_1 तथा P के बीच, r_{2P} आवेश q_2 तथा P के बीच की दूरी है, तथा अन्य दूरियाँ इसी प्रकार है।**

631. समविभव पृष्ठ एक ऐसा पृष्ठ होता है जिसके सभी बिन्दुओं पर विभव का समान मान होता है। किसी बिन्दु आवेश के लिए, उस आवेश को केन्द्र मानकर खींचे गये संकेन्द्री गोले समविभव पृष्ठ होते है। समविभव पृष्ठ के किसी बिन्दु पर विद्युत क्षेत्र E उस बिन्दु से गुजरने वाले अभिलंब के अनुदिश होता है। E की दिशा वही होती है $\rightarrow$ **जिस दिशा में वैद्युत विभव तीव्रता से घटता है।**

632. किसी आवेशों के निकाय में संचित स्थितिज ऊर्जा (किसी बाह्य बल द्वारा) आवेशों को उनकी स्थितियों पर लाकर एकत्र करने में किए जाने वाले कार्य के बराबर होती है। दो आवेशों q_1 तथा q_2 की r_1 तथा r_2 पर स्थितिज ऊर्जा $\rightarrow V = \frac{1}{4\pi\varepsilon_0}\frac{q_1 q_2}{r_{12}}$ **यहाँ r_{12} दो आवेशों q_1 तथा q_2 के बीच की दूरी है।**

633. किसी बाह्य विभव $\phi(r)$ में आवेश q की स्थितिज ऊर्जा $q\phi(r)$ होती है। एकसमान विद्युत क्षेत्र E में किसी द्विध्रुव P की स्थितिज ऊर्जा क्या होती है $\rightarrow -p.E$

634. किसी चालक के अभ्यंतर में स्थिरवैद्युत क्षेत्र E शून्य होता है। किसी आवेशित चालक के पृष्ठ के तुरंत बाहर E पृष्ठ के अभिलंबवत होता है $\rightarrow E = \frac{q}{\varepsilon_0} n$ **यहा n बहिर्मुखी अभिलंब के अनुदिश एकांक सदिश तथा σ पृष्ठीय आवेश घनत्व है। किसी चालक के आवेश केवल उसके पृष्ठ पर ही विद्यमान रह सकते है। किसी चालक के अंतर्गत (भीतर) तथा उसके पृष्ठ पर विभव हर बिन्दु पर नियत रहता है। चालक के भीतर किसी आवेशविहीन कोटर (गुहा) में विद्युत क्षेत्र शून्य होता है।**

635. संधारित्र दो ऐसे चालकों का निकाय होता है जो किसी विद्युतरोधी द्वारा एक–दूसरे से पृथक रहते है। इसकी धारिता C को $C = Q/V$ द्वारा परिभाषित किया जाता है, यहाँ Q तथा $-Q$ इसके दो चालकों के आवेश हैं तथा V इन दोनों के बीच विभवांतर है। C का निर्धारण पूर्णतया संधारित्र की ज्यामितीय आकृति, आकार, दो चालकों की आपेक्षिक स्थितियों द्वारा किया जाता है। धारिता का एकांक फैरड है $\rightarrow 1F = 1C\,V^{-1}$ **किसी समांतर पट्टिका संधारित्र (पट्टिकाओं के बीच निर्वात) के लिए $C = \varepsilon_0 A/d$ यहाँ A प्रत्येक पट्टिका का क्षेत्रफल तथा d इनके बीच का पृथकन है।**

636. संधारित्रों के श्रेणीक्रम संयोजन के लिए, कुल धारिता C निम्नलिखित संबंध द्वारा व्यक्त की जाती है $\rightarrow \frac{1}{C} = \frac{1}{C_1} + \frac{1}{C_2} + \frac{1}{C_3} + ...$ पार्श्वक्रम संयोजन के लिए कुल धारिता C होती है $C = C_1 + C_2 + C_3 + ...$ जहाँ $C_1, C_2 + C_3 + ...$ व्यष्टिगत धारिताएं हैं।

637. आवेश Q, वोल्टता V तथा धारिता C के किसी संधारित्र में संचित ऊर्जा E निम्नलिखित संबंधों द्वारा व्यक्त की जाती है $\rightarrow E = \frac{1}{2}QV = \frac{1}{2}CV^2 = \frac{1}{2}\frac{Q^2}{C}$ **किसी विद्युत क्षेत्र के स्थान पर वैद्युत आवेश घनत्व (प्रति एकांक आयतन ऊर्जा) $(1/2)\varepsilon_0 E^2$ होता है।**

638. वैद्युत आवेशों से सम्बन्धित नियम को कहते है → **कूलॉम का नियम**

639. एक आवेशित चालक पर आवेश स्थित होता है इसकी → **बाह्य सतह पर**

640. निम्न में से कौनसा मात्रक वैद्युत क्षेत्र की तीव्रता का है → **वोल्ट/मीटर**

641. निम्न में से कौनसा मात्रक, वैद्युत आवेश का है → **कूलॉम**

642. r दूरी पर रखे हुए दो इलेक्ट्रॉन के बीच लगने वाला बल किस प्रकार परिवर्तित होता है $\rightarrow r^{-2}$

643. दो आवेश कुछ दूरी पर रखे गये है। इनके बीच एक पीतल की चादर (sheet) रख दी जाती है। आवेशों के बीच बल, अब → **शून्य हो जाएगा**

644. यदि दो आवेशित कणों के बीच दूरी आधी कर दी जाये, तो इनके बीच बल हो जाता है → **चार गुना**

645. दो आवेश कुछ दूरी पर रखे गये है। यदि इनके बीच एक कांच का टुकड़ा (glass slab) रख दिया जाये, तो इनके बीच बल → **कम हो जायेगा**

646. $M.K.S.$ पद्धति में ε_0 का मात्रक होता है $\rightarrow \frac{1}{4\pi \times 9 \times 10^9}$

647. एक साबुन के बुलबुल (soap bubble) को ऋण आवेश दिया जाता है, तो इसका अर्द्धव्यास → **बढ़ जाता है**

648. समान गति अवस्था में, वैद्युत अवस्था उत्पन्न करता है → **दोनों, वैद्युत एवं चुम्बकीय क्षेत्र**

649. वैद्युत क्षेत्र विक्षेपित कर सकता है → **α – कणों को**

650. किसी स्थान पर, आवेशित चालक के कारण वैद्युत क्षेत्र होता है → **वेक्टर राशि**

651. समान रूप से आवेशित गोले के अन्दर जाने पर, वैद्युत क्षेत्र की तीव्रता E → **सभी बिन्दुओं पर शून्य है**

652. किसी वैद्युत क्षेत्र में, यदि एक आवेश को कूलॉम बल के विरुद्ध चलाया जाये, तो → **किसी बाह्य स्त्रोत से ऊर्जा प्रयोग की जाती है**

653. सतह पर समान आवेश घनत्व के खोखले गोले के अन्दर, वैद्युत क्षेत्र होता है → **शून्य**

654. वैद्युत क्षेत्र की तीव्रता एवं वैद्युत विभव, परस्पर निकटता से सम्बन्धित है। निम्न में से कौनसा कथन सत्य है → $E = dV / dx$

655. एक बिन्दु ऋण आवेश के परितः वैद्युत बल रेखायें होती है → **त्रिज्य, अन्दर की ओर** (*radial, inward*)

656. यदि एक इलेक्ट्रॉन के प्रारम्भिक वेग की दिशा, वैद्युत क्षेत्र की दिशा से भिन्न है, तो इलेक्ट्रॉन का मार्ग होगा → **एक दीर्घवृत्त (ellipse)**

657. एक आवेश के कारण, किसी बिन्दु पर तीव्रता, विलोमानुपाती होती है → **आवेश से दूरी के वर्ग के**

658. किसी वैद्युत क्षेत्र में रखे गये एकांक धनावेश द्वारा अनुभव किये गये बल को, कहते है उस बिन्दु पर → **वैद्युत क्षेत्र की तीव्रता**

659. एक आवेशित खोखला गोला, वैद्युत क्षेत्र, उत्पन्न नहीं करता है, किसी → **अन्दर के बिन्दु पर**

660. सही सम्बन्ध पहचानिये → **विभव = आवेश / धारिता**

661. वैद्युत विभव, एक → **अदिश राशि है**

662. एक सम–विभव सतह (equipotential surface), वह सतह है, जिस पर → **प्रत्येक बिन्दु पर विभव समान होता है**

663. यदि एकांक आवेश को एक समविभव सतह पर, एक बिन्दु से दूसरे बिन्दु तक ले जाया जाये, तो → **कोई कार्य नहीं किया जायेगा**

664. एक खोखले गोलाकार चालक के बाहर विभव → **केन्द्र से दूरी के विलोमानुपाती होता है**

665. एक खोखले गोलाकार चालक के अन्दर, विभव → **स्थिर रहता है**

666. वैद्युत द्विध्रुव की अक्ष पर किसी बिन्दु पर वैद्युत बिन्दु की द्विध्रुव से दूरी X पर किस प्रकार निर्भर करता है → $\alpha\left(1/x^2\right)$

667. समान वैद्युत क्षेत्र E में रखे हुए वैद्युत द्विध्रुव की स्थितिज ऊर्जा न्यूनतम होगी, यदि द्विध्रुव आघूर्ण (dipole moment) व E के बीच कोण हो → **शून्य**

668. एक वैद्युत द्विध्रुव को एक असमान वैद्युत क्षेत्र में रखा जाता है। यह अनुभव करता है → **एक बल एवं एक बल आघूर्ण (torque)**

669. दो छोटे गोले, जिनमें प्रत्येक पर आवेश q है, परस्पर r दूरी पर रखे हुए है। यदि एक गोले को, दूसरे गोले के परितः वृत्ताकार मार्ग में घुमाया जाय तो किया गया कार्य होगा → **शून्य**

670. तीन आवेश $2q, -q, -q$, एक समबाहु त्रिभुज के तीन शीर्षो पर रखे है। त्रिभुज की परिधि पर → **क्षेत्र एवं विभव, दोनों शून्य है**

671. एक संधारित्र कार्य करता है → **दोनों प्रकार के परिपथ में**

672. R_1 व R_2 अर्द्धव्यास के दो अवरुद्ध (insulated), आवेशित गोलों, जिन पर क्रमशः Q_1 व Q_2 आवेश है, को परस्पर जोड़ दिया जाता है। परिणामस्वरूप → **जब तक $Q_1R_2-Q_2R_1$ न हो, निकाय की ऊर्जा में कमी होगी**

673. फैरड मात्रक है → **धारिता का**

674. कौनसा सम्बन्ध सही है → $V = q/C$

675. एक आवेशित संधारित्र में, ऊर्जा संचित होती है → **प्लेटों के बीच क्षेत्र में**

676. समान्तर पट्ट संधारित्र की धारिता, निर्भर नहीं करती है → **प्लेटो की धातु पर**

677. एक समान्तर पट्ट संधारित्र की धारिता C है। यदि प्लेटो के बीच दूरी को आधा कर दिया जाये, तो इस संधारित्र की धारिता होगी → $2C$

678. दो समरूप (identical) संधारित्र समान्तर क्रम में जोड़े जाते है तथा विभव V तक आवेशित किये जाते है। अब इनको अलग कर, श्रेणीक्रम में, अर्थात् एक की धन प्लेट को दूसरे की ऋण प्लेट से जोड़ा जाता है → **स्वतन्त्र प्लेटों के बीच विभवान्तर $2V$ है**

679. जब हम एकसमान आवेशित गोलाकार बादल (Uniformly charged spherical cloud) में प्रवेश करने पर वैद्युत क्षेत्र किस प्रकार परिवर्तित होता है → **केन्द्र से दूरी के अनुसार कम होता है**

680. एक संधारित्र की प्लेटों के बीच रिक्त स्थान को परावैद्युत नियतांक K के द्रव से भरा जाता है। संधारित्र की धारिता → **गुणक K से बढ़ जाती है**

681. एक समान्तर प्लेट संधारित्र को 2 वोल्ट की बैटरी के साथ जोड़कर आवेशित किया जाता है। अब बैटरी को विच्छेदित कर, प्लेटों के बीच एक कांट का गुटका प्रविष्ट कर दिया जाता है। निम्न में से कौन से राशि युग्म (pairs of quantities) होते है → **विभवान्तर व संचित ऊर्जा**

682. समान्तर पट्ट संधारित्र की धारिता में वृद्धि करने के लिए प्लेट के बीच डालनी चाहिए, एक → **अभ्रक का टुकड़ा**

683. स्थिर विभवान्तर पर रखे गये एक संधारित्र के अवयवों के बीच एक परावैद्युत डाला जाता है। अब संधारित्र पर आवेश → **बढ़ जाता है**

684. $2\mu F$ व $6\mu F$ धारिता के दो संधारित्र श्रेणीक्रम में है। निकाय की प्रभावी धारिता μF में होगी → **3 / 2**

685. दो आवेश $1\mu C$ और $5\mu C$ है। उन पर लगने वाले बलों का अनुपात होगा → **1 : 1**

686. गॉस का नियम लागू नहीं होता यदि → **व्युत्क्रम वर्ग का नियम पूर्णतः सत्य नहीं होता**

687. पानी की एक आकार की 27 बूँदों को एक समान आवेश दिया गया है। यदि उन सबको मिलाकर एक बड़ी बूंद बना दिया जाये तो नये विद्युत विभव में क्या परिवर्तन होगा → **9 गुना**

688. किसी पदार्थ में बहने वाली धारा I उसके सिरों पर लगे विभव V के समानुपातिक है अर्थात् $V \alpha I$ अथवा $V = RI$, जहां R को पदार्थ कहते है → **प्रतिरोध**

689. प्रतिरोध का मात्रक ओम है → $1\Omega = 1\,VA^{-1}$

690. चालक का प्रतिरोध R सम्बन्ध → $R = \frac{\rho l}{A}$ के द्वारा चालक की लम्बाई और एक समान अनुप्रस्थ काट पर निर्भर है, जहां ρ जिसे प्रतिरोधकता कहते है, पदार्थ का गुण है जो ताप और दाब पर निर्भर करता है।

691. पदार्थों की विद्युत प्रतिरोधकता विस्तृत परिसर में परिवर्तित होती है। धातुओं की प्रतिरोधकता कम ($10^{-8}\,\Omega m$ से $10^{-6}\,\Omega m$ परिसर में) होती है। विद्युतरोधी जैसे कांच या रबर की प्रतिरोधकता होती है → **10^{22} से 10^{24} गुना**

692. अधिकतर पदार्थों में धारा के वाहक इलेक्ट्रॉन होते हैं, कुछ स्थितियों उदाहरणार्थ आयनी क्रिस्टलों और विद्युत अपघट्य में होता है → **धारा वाहन धनायनों तथा ऋणायनों द्वारा**

693. धारा घनत्व j प्रति सैकण्ड प्रति इकाई प्रवाह के अभिलंब, क्षेत्रफल से प्रवाहित आवेश की मात्रा देता है → $j = nqv$ **जहां n आवेश वाहकों, जिनमें प्रत्येक का आवेश q है, की संख्या घनत्व (प्रति इकाई आयतन में संख्या) तथा आवेश वाहकों का अपवाह वेग v हैं।**

694. $E = V/l,\ I = nev\,A$ और ओम के नियम का उपयोग करते हुए निम्न प्राप्त होता है →
$\frac{eE}{m} = \rho \frac{ne^2}{m} v_d$ **यदि हम मान लें कि इलेक्ट्रॉन धातु के आयनों से संघट्ट करते (टकराते) है तो उन्हे यादृच्छिकतः विक्षेपित कर देते है तो बाह्य बल E के कारण धातु में इलेक्ट्रॉनों पर लगने वाले बल eE और अपवाह वेग v_d (त्वरण नही) में आनुपातिकता को समझा जा सकता है**

695. उस ताप परिसर में जिसमें प्रतिरोधकता ताप के साथ रैखिक रूप से बढ़ती है, प्रतिरोधकता के ताप गुणांक a को प्रति इकाई ताप वृद्धि से प्रतिरोधकता में परिभाषित किया जाता है → **भिन्नात्मक वृद्धि के रूप में**

696. जब ε विद्युत वाहक बल के एक स्रोत को बाह्य प्रतिरोध R से जोड़ा जाता है, तो R पर वोल्टता V निम्न द्वारा दी जाती है $\rightarrow V_{बाह्य} = IR = \frac{\varepsilon}{R+r}R$ **जहाँ r स्त्रोत का आंतरिक प्रतिरोध है।**

697. श्रेणीक्रम में संयोजित n प्रतिरोधों का कुल प्रतिरोध $R \rightarrow R = R_1 + R_2 + ... + R_n$

698. समांतरक्रम में लगे n प्रतिरोधों का कुल प्रतिरोध $R \rightarrow \frac{1}{R} = \frac{1}{R_1} + \frac{1}{R_2} + ... + \frac{1}{R_n}$ द्वारा दिया जाता है।

699. **किरचॉफ के नियम** : द्वितीय नियम (पाश (लूप) नियम) : किसी बंद पाश (लूप) के चारों ओर विभव में परिवर्तन का बीजगणितीय योग होना चाहिए → **शून्य**

700. किसी उच्च प्रतिरोध के श्रेणीक्रम में एक गैल्वेनोमीटर (प्रतिरोध R_G) के लगाने से बनता है → **वोल्टमीटर**

701. यदि I_0 धारा द्वारा गैल्वेनोमीटर के पूर्ण पैमाने पर विक्षेप (Full scale deflection) होता है और वोल्टमीटर का परिसर V_0 होता है तब हम प्राप्त करते हैं → $V_0 = I_0 \ (R + R_0)$ **अर्थात्** $R = \frac{V_0}{I_0} - R_0 = \frac{V_0}{I_0}$

702. ऐमीटर, किसी गैल्वेनोमीटर (प्रतिरोध R_G) और उसके समांतर में लघु प्रतिरोध R के संयोजन से बनता है, ऐमीटर का प्रभावी प्रतिरोध है → $\frac{RR_G}{R+R_G} = R$ **क्योंकि** $R << R_G$

703. अपने अति लघु प्रतिरोध के कारण ऐमीटर को परिपथ के श्रेणीक्रम में लगाते हैं क्योंकि यह परिपथ की धारा जिसे मापा जाता है, में वस्तुतः कोई परिवर्तन नहीं लाता। यदि धारा I_0 से इसके पूर्ण पैमाने पर विक्षेप होता है और ऐमीटर का परास I_{max} होता है, तो → $R = \frac{I_0 R_G}{I_{max} + I_0}$

704. विभवमापी विभवों की तुलना करने वाली युक्ति है। चूंकि इस विधि में कोई धारा प्रवाहित न होने वाली स्थिति होती है, इस युक्ति को दो स्रोतों के तुलना करने में प्रयुक्त किया जा सकता है → emf की

705. व्हीटस्टोन सेतु (ब्रिज) चार प्रतिरोधों P, Q, R, S का विन्यास है तथा शून्य विक्षेप अवस्था में → $\frac{P}{Q} = \frac{R}{S}$ **द्वारा यदि तीन प्रतिरोध ज्ञात हो तो एक प्रतिरोध के अज्ञात मान को निर्धारित किया जा सकता है।**

706. किसी चालक में, धारा प्रवाह कारण है → **इसमें मुक्त इलेक्ट्रॉनों की गति**

707. जब किसी चालक के सिरों पर विभवान्तर लगाया जाता है, तो चालक में मुक्त इलेक्ट्रॉनों में गति उत्पन्न हो जाती है। गतिमान इलेक्ट्रॉन के साथ दो वेग सम्बन्ध होते है अनुगमन वेग और औसत वेग। वास्तव में ये दोनों होते है → **पूर्ण रूप से भिन्न**

708. असमान परिच्छेद के रेखीय चालक से स्थायी धारा (steady current) प्रवाहित हो रही है। इसके किसी परिच्छेद से प्रवाहित होने वाली आवेश की कुल मात्रा होगी → **परिच्छेद क्षेत्रफल पर निर्भर नहीं करेगी**

709. यदि किसी धातु चालक के ताप में वृद्धि की जाये, तो इसका प्रतिरोध → **सदैव बढ़ता है**

710. किसी तार का विशिष्ट प्रतिरोध → **इसकी लम्बाई, परिच्छेद क्षेत्रफल व द्रव्यमान पर निर्भर नहीं करता**

711. मानक प्रतिरोध बनाने के लिए कॉन्सटेन्टैन का तार प्रयोग किये जाते है, क्योंकि इसका → **प्रतिरोध का ताप गुणांक उपेक्षणीय है**

712. द्रवो में, ओम का नियम → **पूर्ण रूप से पालन होता है**

713. समान्तर क्रम में जोड़े गये प्रतिरोधों का तुल्य प्रतिरोध सदा → **निम्नतम अवयव प्रतिरोध से कम होता है**

714. जब सैलों को समान्तर क्रम में जोड़ा जाता है → **धारा धारिता बढ़ जाती है**

715. ओम का नियम निम्न राशियों में सम्बन्ध बताता है → **धारा एवं विभवान्तर**

716. किरचॉफ का प्रथम नियम, अर्थात् किसी सन्धि पर $\sum i = 0$, सम्बन्धित है → **आवेश के संरक्षण से**

717. किरचॉफ का दूसरा नियम आधारित है → **ऊर्जा के संरक्षण पर**

718. वैद्युत क्षेत्र की तीव्रता E, धारा धनत्व i एवं विशिष्ट प्रतिरोध k निम्न सूत्र द्वारा परस्पर सम्बन्धित है → $E = jk$

719. निम्नलिखित में किसी प्रकार, अनुगमन वेग v_d की वैद्युत क्षेत्र E पर निर्भरता में ओम के नियम का अनुपालन होता है → $v_d \alpha E$

720. असमान प्रतिच्छेद के धात्विक चालक में एक स्थायी धारा प्रवाहित हो रही है। चालक की लम्बाई के अनुदिश स्थिर राशि/राशियाँ है → **केवल धारा**

721. एक चालक की लम्बाई आधी कर दी जाती है। इसकी चालकता होगी → **दोगुनी**

722. धातु के एक तार के सिरों के बीच एक विभवान्तर लगाया जाता है। यदि विभवान्तर दो गुना कर दें तो अनुगमन वेग (drift velocity) हो जायेगा → **दो गुना**

723. एक रैखिक चालक में जिसकी अनुप्रस्थ काट असमान है, स्थिर धारा बह रही है। चालक की किसी काट में से प्रति सैकण्ड प्रवाहित आवेश की मात्रा → **क्षेत्रफल पर निर्भर नहीं है**

724. जब किसी चालक में धारा बहती है तो इसमें से गुजरने वाले इलेक्ट्रॉनो के अनुगमन वेग के परिमाण की कोटि होगी → 10^{-2} मी/से.

725. अन–ओनीय प्रतिरोध का उदाहरण है → **डायोड**

726. एक चालक में 4 कूलॉम आवेश दो सैकण्ड में प्रवाहित होता है, तो धारा प्रवाह का मान होगा → **2 ऐम्पियर**

727. एक निश्चित लम्बाई के एल्युमिनियम के तार को खींचकर उसका व्यास आधा कर दिया जाता है तो उसका प्रतिरोध हो जायेगा → **सोलह गुना**

728. किसी धातु के टुकड़े पर कोई वैद्युत विभवान्तर आरोपित नहीं किया गया है, तो मुक्त इलेक्ट्रॉनों का माध्य वेग होगा (T = टुकडे का परमताप) → $\sqrt{T}$ **के समानुपाती**

729. प्रतिरोध का ताप गुणांक धनात्मक होता है → **तांबे के लिये**

730. कुछ धातुओं का तापक्रम कुछ कैल्विन से नीचे किसी मान तक करने पर इनकी चालकता अनन्त हो जाती है। यह तथ्य कहलाता है → **अतिचालकता**

731. सर्दी के दिनों की अपेक्षा गर्मी के दिनों में कार के इंजन को चालू करना सरल रहता है क्योंकि कार बैटरी का आन्तरिक प्रतिरोध → **ताप के बढ़ने पर कम हो जाता है**

732. एक धातु के चालक में 5 ऐम्पियर की धारा प्रवाहित होती है। कूलॉम के मात्रक में प्रति मिनट प्रवाहित आवेश होगा → **300**

733. एक विद्युत तार किसी E वि.वा. बल वाले सेल से जोड़ा गया है। पथ में अमीटर से मापने पर धारा I है। उसका प्रतिरोध R है। ओम के नियमानुसार → $E = IR$

734. किसी तार को $t°C$ व $0°C$ तापमान पर प्रतिरोधों में सम्बन्ध है → $R_t = R_0(1+\alpha t)$

735. एक धातु के तार के लिए अनुपात V/i (V = आरोपित विभवान्तर i = प्रवाहित धारा) → **ताप पर निर्भर नहीं करता**

736. किसी तार का प्रतिरोध R है। यदि तार की लम्बाई खींचकर दोगुनी कर दी जाये तो प्रतिरोध होगा → $4R$

737. अतिचालक पदार्थ की चालकता होगी → **अनन्त**

738. चालकता का बढ़ता क्रम है → Al, Cu, Ag

739. संयोजक तारों के लिए होना चाहिए → **अधिक व्यास एवं कम प्रतिरोध**

740. एक कार्बन प्रतिरोध का मान क्या होगा। जिस पर भूरे, काले एवं भूरे रंग की पट्टियाँ बनी हुई है – $100\,\Omega$

741. दो प्रतिरोध R_1 व R_2 जिनमें $R_1 > R_2$ समान्तर क्रम में जुड़े है। तुल्य प्रतिरोध R के लिए निम्न में से क्या सही है → $R < R_2$

742. दो–दो ओम के तीन प्रतिरोध त्रिभुज के आकार में संयोजित है। त्रिभुज के किन्ही दो शीर्ष बिन्दुओं के मध्य प्रतिरोध होगा → **4/3 ओम**

743. घर में उपयोग में आने वाले प्रकाश बल्बों को जोड़ा जाता है → **समान्तर क्रम में**

744. समान पदार्थ, समान लम्बाई व समान अनुप्रस्थ काट क्षेत्रफल के दस तार, जिनमें प्रत्येक का प्रतिरोध 1Ω है, समान्तर क्रम में जोड़े गये हैं। संयोजन का तुल्य प्रतिरोध है → 0.1 Ω

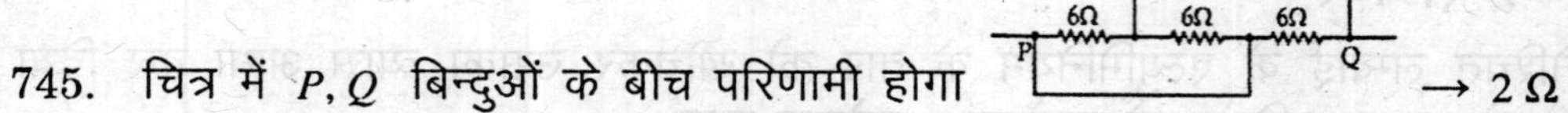

745. चित्र में P, Q बिन्दुओं के बीच परिणामी होगा → 2 Ω

746. 2Ω, 4Ω व 8Ω के प्रतिरोधों को समान्तर क्रम में जोड़ा गया है। तब संयोजन का तुल्य प्रतिरोध होगा → $\frac{8}{7}\Omega$

747. 1Ω के दो प्रतिरोध का श्रेणी संयोजन 12 V बैटरी, जिसका आन्तरिक प्रतिरोध 0.4 Ω से जुड़ा है इससे प्रवाहित होने वाली धारा होगी → 5 A

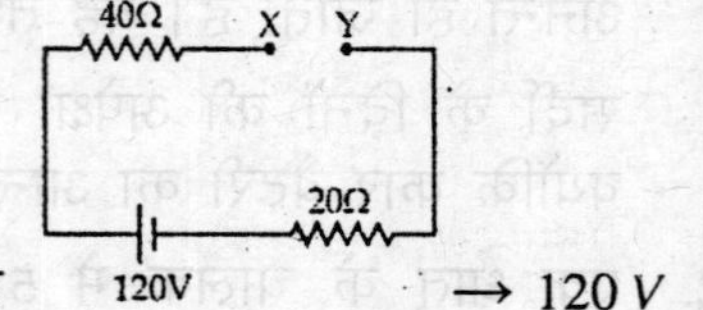

748. दिखाये गये परिपथ मे X और Y के मध्य विभवान्तर होगा → 120 V

749. एक लघुपथित सेल के सिरों के मध्य का विभवान्तर होगा (E = सेल का वि. वा. बल) → **शून्य**

750. एक सेल जिसका आन्तरिक प्रतिरोध r है। एक बाह्य प्रतिरोध R के साथ जुड़ा हुआ है। इस प्रतिरोध में धारा का मान अधिकतम होगा, यदि → $R = r$

751. एक शुष्क सेल का आन्तरिक प्रतिरोध 0.05Ω तथा विद्युत वाहक बल 1.5V है। अति अल्प समय में इस सेल द्वारा प्राप्त धारा का मान होगा → 30A

752. यदि 6 एक समान सेल, प्रत्येक का वि.वा. बल 6V समान्तर क्रम में जोड़े जाते है तो संयोग का वि. वा. बल होगा → 6 V

753. एक कुण्डली को अमीटर में बदलना है। ऐसा करने के लिए निम्नलिखित में से क्या लगाना चाहिए → **निम्न प्रतिरोध समान्तर क्रम में**

754. एक परिपथ में, विभवान्तर मापने के लिए विभवमापी को वोल्टमीटर की अपेक्षा वरीयता देते है, क्योंकि → **विभवमापी, परिपथ के लिये धारा नहीं लेता है**

755. विभवमापी द्वारा दो सेलों के विद्युत वाहक बलों की तुलना करने हेतु एक मानक सेल द्वारा तारों से विभव प्रवणता उत्पन्न की जाती है। निम्नलिखित में से कौनसी संभावना प्रयोग को असफल बना देगी → **(द) मानक सेल का विद्युत वाहक बल अन्य दो सेलों के विद्युत वाहक बल से कम है**

756. $P = Vl = l^2R = V^2/R$ है तथा यह धारा की दिशा पर क्या करती → **निर्भर नहीं**

757. $CuSO_4$ का विद्युत अपघटन – Cu^{2+} आयरन कैथोड की ओर अपवाह करते है तथा वहां पर वे बाहरी स्रोत के ऋणात्मक टर्मिनल से प्रवाहित होकर आने वाले इलेक्ट्रॉनों द्वारा

उदासीन हो जाते हैं। कैथोड पर होने वाली अपचयन $Cu^{2+} + 2e^- \rightarrow Cu$ क्रिया है। कॉपर के परमाणु विलयन में घुलकर Cu^{2+} तथा $2e^-$ उत्पन्न करते हैं। ये इलेक्ट्रॉन स्त्रोत के धनात्मक टर्मिनल की ओर प्रवाह करते हैं। एनोड पर होने वाली ऑक्सीकरण क्रिया → $Cu \rightarrow Cu^{2+} + 2e^-$ **है**

758. $AgNO_3$ का विद्युत अपघटन :– Ag^+ आयन कैथोड की ओर गति करते है तथा बाहरी स्रोत के ऋणात्मक सिरे से प्रवाहित होकर आने वाली धातु के इलेक्ट्रॉन द्वारा उदासीन हो जाते है। कैथोड पर होने वाली अपचयन क्रिया $Ag^+ + e^- \rightarrow Ag$ है। एनोड पर होने वाली ऑक्सीकरण क्रिया है → $Ag + NO_3^- \rightarrow AgNO_3 + e^-$ **है**

759. विद्युत अपघटन में समान मात्रा में प्रवाहित होने वाले आवेश द्वारा उत्पादित किए गए विभिन्न पदार्थों के द्रव्यमान उनके तुल्यांक द्रव्यमानों (अथवा रासायनिक तुल्यांकों) के होते है → **समानुपाती**

760. फैराडे के विद्युत अपघटन का द्वितीय नियम के कुछ महत्वपूर्ण आशय है। यह नियम बताता है → **संयोजकता तथा विद्युत आवेश एक दूसरे से जुड़े है**

761. **पेल्टियर प्रभाव** : जब कोई विद्युत धारा किन्हीं दो असमान चालकों की एक संधि से होकर प्रवाहित होती है तो संधि पर या तो ऊष्मा उत्सर्जित होती है या अवशोषित हो जाती है। यह धारा की दिशा पर निर्भर करता है। इस प्रभाव का उपयोग होता है → **ताप–विद्युत प्रशीतित्र (रेफ्रिजरेटर) में**

762. **थॉमसन प्रभाव** : यह प्रभाव एक ही धातु के किन्हीं दो सिरे के बीच विकसित होने वाले से सम्बन्धित है → **विद्युत वाहक बल**

763. एकसमान मोटाई के तार पर विभवान्तर लगाने से ऊष्मा उत्पन्न होती है। यह ऊष्मा दोगुनी हो जायेगी, यदि → **दोनों लम्बाई को दोगुना कर दें**

764. दो हीटर कुण्डली में से एक पतले तथा दूसरी मोटे तार से बनायी गयी है। दोनों तार समान पदार्थ एवं समान लम्बाई के है। इन कुण्डलियों को पहले श्रेणीक्रम तथा बाद में समान्तर क्रम में जोड़ा जाता है तो निम्नलिखित में से कौनसा कथन सत्य है → **श्रेणीक्रम में पतला तार अधिक ऊर्जा जबकि समान्तर क्रम में मोटा तार अधिक ऊर्जा उत्सर्जित करता है**

765. पदार्थ के एक ग्राम तुल्यांक को जमा करने के लिए आवश्यक विद्युत की मात्रा को कहते है → **फैराडे**

766. विद्युत विश्लेष्य के घोल में धारा किसके प्रवाह के कारण प्रवाहित होती है → **धन व ऋण आयन दोनों**

767. विद्युत विश्लेषण में, कैथोड पर पदार्थ की मुक्त हुई मात्रा समानुपाती होती है → **प्रवाहित वैद्युत की मात्रा के**

768. जब भिन्न विद्युत विश्लेष्यों में समान समय के लिए समान धारा प्रवाहित हो जाती है तो इलेक्ट्रोडो पर जमा हुए पदार्थ के द्रव्यमानों में अनुपात होता है उनके → **रासायनिक तुल्यांक भारों का**

769. फैराडे नियमांक F बराबर होता है – (N = आवोगाद्रो संख्या तथा $e = 1.6 \times 10^{-19}$ कूलॉम) → $F = N e$

770. रासायनिक तुल्यांक E व वैद्युत रासायनिक तुल्यांक Z के पदों में फैराडे नियतांक होता है → $F = \frac{E}{Z}$

771. यदि हाइड्रोजन का विद्युत रासायनिक तुल्यांक Z_H किग्रा/कूलॉम–तुल्यांक तथा कॉपर का रासायनिक तुल्यांक E है, तब कॉपर का विद्युत रासायनिक तुल्यांक है → Z_H / E

772. फैराडे के नियम, किसके संरक्षण का परिणाम है → **ऊर्जा**

773. कॉपर वोल्टमीटर के अन्दर धारा → **बाह्य मान के बराबर होती है**

774. यदि कॉपर व सिल्वर वोल्टमीटर में समान धारा प्रवाहित करें, तो दोनों वोल्टमीटर में कैथोड़ के भार में वृद्धि की दर समानुपाती होगी → **उपरोक्त में से कोई नहीं**

775. विद्युत विश्लेष्यों की निम्न चालकता के लिए कारण निम्नलिखित में क्या नहीं है → *Salt* **का आयनीकरण**

776. फ्यूज तार के पदार्थ में होना चाहिए → **उच्च विशिष्ट प्रतिरोध एवं निम्न गलनांक**

777. किसी चालक में से धारा प्रवाहित होने पर उत्पन्न उष्मा की क्रिया को किसके आधार पर समझाया जा सकता है → **स्वतंत्र इलेक्ट्रॉन सिद्धान्त**

778. दो बल्ब समान शक्ति के है। इनमें से एक कार्बन तंतु तथा दूसरा टंगस्टन तंतु युक्त है। इन्हें विद्युत सप्लाई से श्रेणीक्रम में जोड़ा जाता है, तो → **टंगस्टन तंतु युक्त बल्ब अधिक प्रदीप्त होगा**

779. एक धातु की तार के दोनों सिरों के बीच एक नियत वोल्टता लगायी जाती है। यदि तार की लम्बाई तथा त्रिज्या दोनों दुगुनी कर दी जाए तो तार में उत्पन्न ऊष्मा की दर का मान → **दो गुना हो जाएगा**

780. एक विद्युत हीटर पर 220 वोल्ट, 1100 वाट अंकित है। इसे 4 घंटे तक प्रयोग में लाने पर व्यय हुई विद्युत ऊर्जा किलोवाट– घंटा में होगी → **4.4**

781. निर्वात में रखे एक विद्युत तापक में लगातार विद्युत धारा प्रवाहित की जा रही है। इसका तापमान → **कुछ समय बाद स्थिर हो जायेगा विकिरण द्वारा ऊष्मा ह्रास के कारण**

782. एक R प्रतिरोध वाले तार में अपरिवर्ती विभवान्तर पर बहती धारा से उत्पन्न ऊष्मा का मान समानुपातिक होता है → $\frac{1}{R}$

783. एक विद्युत मोटर 200 वोल्ट पर चलाने पर 3.75 ऐम्पियर की धारा लेता है। इसकी क्षमता लगभग होगी → **1 अश्व शक्ति**

784. 100 वाट के विद्युत बल्ब को 220 वोल्ट के विद्युत स्रोत से जोड़ा गया है। बल्ब के तन्तु का प्रतिरोध है → 484 Ω

785. 10 Ω के एक केबिल तार को एक जनित्र के साथ जोड़ा गया है तो 10000 वोल्ट पर 250 किलोवाट की शक्ति उत्पन्न कर रहा है। केबिल तार में धारा का मान होगा → **25** A

786. किसी बल्ब की तीव्रता को कम किया जा सकता है, यदि एक प्रतिरोध जोड़ा जाये → **श्रेणीक्रम में**

787. आपको तीन बल्ब क्रमशः 25, 40, व 60 वाट के दिये गये है। किसका प्रतिरोध न्यूनतम होगा → **60** W **बल्ब का**

788. एक आदर्श सेल का आन्तरिक प्रतिरोध होता है → **शून्य**

789. शक्ति का स्थानान्तरण सुचालक तारों के माध्यम से उच्च वोल्टेज पर किया जाता है क्योंकि → **शक्ति कम नष्ट होती है**

790. किलोवाट का वैद्युत हीटर 30 सैकण्ड में ऊर्जा शोषित करेगा → $3\times10^4\ J$

791. दो प्रतिरोधक, जिनके प्रतिरोध बराबर है, श्रेणीक्रम में जोड़ दिए जाते हैं और दोनों के संयोजन में होकर एक धारा प्रवाहित की जाती है। ताप परिवर्तित होने पर प्रतिरोध के परिवर्तन के नगण्य मानिए। एक दिये गये समय अन्तराल में → **ऊष्मीय ऊर्जा की बराबर मात्रा प्रतिरोधकों में उत्पन्न होनी चाहिए**

792. कौन वाट के तुल्य नहीं है → **ऐम्पियर/वोल्ट**

793. जब एक उच्च शक्ति का हीटर विद्युत सप्लाई से जोड़ा जाता है, तो घरों में लगे विद्युत बल्ब धुंधले (dim) हो जाते है। इसका कारण है → **विभव पतन**

794. 60 वाट, 100 वाट व 200 वाट के तीन बल्बों को समान्तर क्रम में जोड़ा गया है, तब → **200 वाट का बल्ब अधिक चमकेगा**

795. यदि R ओम के प्रतिरोध में प्रवाहित धारा 1 ऐम्पियर हो तो उत्पन्न उष्मा की दर के लिए व्यंजक है → I^2R

796. एक प्रतिरोधक के सिरों पर 220 वोल्ट आरोपित करने पर शक्ति व्यय 40 वाट है, तब प्रतिरोध का मान → 1210 Ω

797. एक 60 वाट का बल्ब 220 वोल्ट की आपूर्ति पर चलाया जाता है। इसमें बहने वाली धारा का मान होगा → $\frac{3}{11}$ ऐम्पियर

798. दो विद्युत बल्ब (क्रमशः 60 W तथा 100W) श्रेणीक्रम में जुड़े है, इनमें प्रवाहित धारा होगी → **दोनों में समान**

799. 40 वाट, 60 वाट तथा 100 वाट के तीन बल्ब 220 वोल्ट सप्लाई के साथ श्रेणीक्रम मे व्यवस्थित है। किस बल्ब का प्रतिरोध न्यूनतम है → 100 W

800. जब एक प्रतिरोधक में से धारा प्रवाहित की जाती है तो इसमें उत्पन्न ऊष्मा की गणना की जाती है → **जूल के नियम से**

801. p शक्ति वाले n बल्बों को श्रेणीक्रम में जोड़कर एक निश्चित वोल्टेज सप्लाई से जोड़ा गया है। इनके द्वारा ली गई कुल शक्ति है → p/n

802. 100 W के हीटर में 2 मिनट में उत्पन्न ऊष्मा होगी → $12\times10^3\ J$

803. किसी चालक तार से बहने वाली धारा ऊष्मा उत्पन्न करती है क्योंकि → चालक तार के चालन इलेक्ट्रॉनों का परमाणु के साथ संघट्ट होता है

804. जल में निम्नलिखित में से किसको मिलाकर इसे सुचालक नहीं बनाया जा सकता → **शक्कर**

805. तांबे की चैन पर सोने की पॉलिश करने के लिए आवश्यक घोल है → **पोटेशियम आइसो–सायनाइड का**

806. जल वोल्टामीटर में से धारा प्रवाहित करने पर हाइड्रोजन मुक्त होती है → **कैथोड पर**

807. मोटर कार की बैटरी को आवेशित करने में विद्युत धारा का निम्न प्रभाव प्रयोग में आता है → **रासायनिक**

808. फैराडे के विद्युत अपघटन के नियम निम्न से सम्बन्धित है → **विद्युत अपघट्य के तुल्यांकी भार**

809. विद्युत–अपघट्य के अन्दर विद्युत धारा प्रवाहित होती है → **धन और ऋण आयनों द्वारा**

810. दिये गये समय में विद्युत अपघटन के दौरान मुक्त हुए पदार्थ का द्रव्यमान निर्भर करता है → **विद्युत धारा पर**

811. यदि किसी वैद्युत अपघटन में धारा प्रवाह के समय को दुगुना कर दिया जाए तो स्वतंत्र निक्षेपित द्रव्यमान होगा → **दुगुना**

812. किसी वैद्युत अपघट्य से 'q' आवेश प्रवाहित हो रहा है तो मुक्त पदार्थ की मात्रा समानुपाती है → q

813. **बायो–सावर्ट** का नियम यह दावा करता है कि dl लम्बाई के धारा अल्पांश के कारण चुम्बकीय क्षेत्र, जिसमें अपरिवर्ती धारा i प्रवाहित हो रही हो, r दूरी पर स्थित बिन्दु P पर चुम्बकीय क्षेत्र → $dB = \frac{\mu_0}{4\pi} i \frac{dl\times r}{r^3}$ **बिन्दु P पर कुल क्षेत्र ज्ञात करने के लिए, हमें चालक की पूरी लम्बाई के लिए इस व्यंजक का समाकलन करना होगा।**

814. स्थिरांक μ_0 का सही–सही मान है → $\mu_0 = 4\pi\times10^{-7}\ Tm\ A^{-1}$

815. यह निर्वात या मुक्त आकाश का चुबंकशीलता नियतांक है। यह निर्वात की विद्युतशीलता ε_0 एवं निर्वात में प्रकाश के वेग c के साथ सम्बन्धित है। सम्बन्ध इस प्रकार है →

$$c = \frac{1}{\sqrt{\varepsilon_0 \mu_0}}$$

816. किसी लंबे, सीधें तार के कारण, जिसमें अपरिवर्ती धारा i प्रवाहित हो रही है, इससे R दूरी पर स्थित चुंबकीय क्षेत्र का परिमाण → $B = \frac{\mu_0 i}{2\pi R}$ **क्षेत्र रेखाएं तार को केन्द्र बनाकर खींचे गये संकेन्द्रित वृतों के रूप में है।**

817. त्रिज्या R, एवं N फेरो वाली वृत्ताकार कुण्डली जिसमें धारा i प्रवाहित हो रही है, के कारण, इसके अक्ष पर केन्द्र से x दूरी पर स्थित बिन्दु पर चुम्बकीय क्षेत्र का परिमाण → $B = \frac{\mu_0 NiR^2}{2(x^2 + R^2)^{3/2}}$ **कुण्डली के केन्द्र पर क्षेत्र के परिमाण के लिए व्यंजक रह जाता है** $B = \frac{\mu_0 Ni}{2R}$

818. **ऐम्पियर का परिपथीय नियम** : हमने इस नियम के एक सरलीकृत रूप का विवेचन किया है। यदि B किसी बन्द वक्र की परिसीमा L के हर बिन्दु पर स्पर्शरेखावत् हो और इसका परिमाण परिसीमा पर हर जगह समान हो तो → $BL = \mu_0 i_e$ **जहां** i_e **बन्द परिपथ द्वारा परिबद्ध कुल धारा है।**

819. ऐम्पियर के नियम का उपयोग करके कोई भी यह दिखा सकता है कि किसी लम्बी परिनालिका में यदि धारा i प्रवाहित हो रही हो तो उसके अन्दर चुम्बकीय क्षेत्र का परिमाण → $B = \mu_0 ni$ **जहां** n **प्रति इकाई लम्बाई में लपेटों की संख्या है। किसी वृत्तनालिका के लिए आप यह व्यंजक प्राप्त कर सकते है,** $B = \frac{\mu_0 Ni}{2\pi r}$ **जहां** N **कुल लपेटों की संख्या है और** r **औसत त्रिज्या।**

820. साथ–साथ उपस्थित चुम्बकीय क्षेत्र B एवं विद्युत क्षेत्र E में v वेग से चलने वाले q आवेश युक्त कण पर लगने वाला बल लॉरेन्ज बल कहलाता है। यह निम्नलिखित व्यंजक द्वारा व्यक्त होता है → $\vec{F} = q(\vec{v} \times \vec{B} + \vec{E})$

821. किसी एकसमान चुम्बकीय क्षेत्र B में, (7) में वर्णित आवेश q, B के लम्बवत तल में एक वृतीय कक्षा में घूमता है। इसकी एकसमान वृत्तीय गति की आवृत्ति को साइक्लोट्रॉन आवृति कहते है और इसका मान व्यक्त करने वाला व्यंजक है → $f_c = \frac{q\,B}{2\pi\,M}$ **यह आवृति कण की चाल और इसकी कक्षा की त्रिज्या पर निर्भर नहीं करती। इस तथ्य का उपयोग साइक्लोट्रॉन में किया गया है, जो आवेशित कणों को त्वरित करने के काम में आती है।**

822. l लम्बाई का एक सीधा चालक जिसमें अपरिवर्ती धारा i प्रवाहित हो रही हो यदि एक बाह्य एकसमान चुम्बकीय क्षेत्र B में रखा जाए तो एक बल F का अनुभव करता है → $F = i1 \times B$ **जहां** $|1| = l$ **और** 1 **की दिशा वही है जो धारा की है।**

823. अनुसमान्तर धाराएँ एक–दूसरे को आकर्षित करती है और प्रतिसमान्तर धाराएँ करती है → विकर्षित

824. क्षेत्रफल A वाला एक समतल लूप जिसमें i प्रवाहित हो रही है और पास–पास N फेरे हैं, एक चुम्बकीय द्विध्रुव की तरह व्यवहार करता है और इसका चुम्बकीय आघूर्ण है → $m = NiA$ m **की दिशा दाएं हाथ के अंगूठे के नियम द्वारा ज्ञात की जा सकती है**

825. एक केन्द्रीय नाभिक के चारों ओर घूमते हुए इलेक्ट्रॉन का एक चुम्बकीय आघूर्ण होता है जिसके लिए व्यंजक है → $\mu_i = \frac{e}{2m} l$ **जहां** l **केन्द्रीय नाभिक के चारों ओर घूमते इलेक्ट्रॉन के कोणीय संवेग का परिमाण है।** μ_l **का न्यूनतम मान बोर मैग्नेटॉन** μ_B **कहलाता है और इसका मान है** $\mu_B = 9.27 \times 10^{-24}\ J/T$

826. चुम्बकीय प्रेरण का मात्रक है → **वेबर/मीटर^2**

827. समरूप गति (uniform motion) कर रहा एक वैद्युत आवेश उत्पन्न करता है → **वैद्युत क्षेत्र एवं चुम्बकीय क्षेत्र दोनों**

828. एक धारावाही चालक के कारण किसी बिन्दु पर चुम्बकीय क्षेत्र समानुपाती होता है → **चालक के प्रवाहित धारा के**

829. रेखीय वैद्युत धारा उत्पन्न चुम्बकीय क्षेत्र की दिशा प्राप्त होती है → **दायें हाथ के नियम से**

830. दो स्वतन्त्र, समान्तर तार, जिसमें विपरीत दिशाओं में प्रवाहित हो रही है → **एक दूसरे को प्रतिकर्षित करते है**

831. दो समान्तर तार, जिनमें समान दिशा में धारा प्रवाहित हो रही है एक दूसरे को आकर्षित करते है। इसका कारण है → **दोनों के बीच चुम्बकीय बल**

832. एक सीधे तार में धारा प्रवाहित की जाती है। इसके परितः स्थापित चुम्बकीय क्षेत्र की बल रेखायें होगी → **(ब) अण्डाकार एवं अन्तहीन**

833. किसी सीधे (straight) चालक के परितः चुम्बकीय क्षेत्र की तीव्रता → **चालक के परितः सर्वत्र समान होती है**

834. चित्र में दिखाये गये आरेखों (graph) में से कौनसा आरेख, चुम्बकीय प्रेरण B का एक लम्बे धारावाही तार से दूरी r के साथ परिवर्तन प्रदर्शित करता है →

B ↑
r ⟶

835. दो समरूप, वृत्ताकार, समअक्षीय (coaxial) लूपों में, प्रत्येक में धारा i समान दिशा में प्रवाहित हो रही है। यदि ये लूप एक दूसरे की ओर चल रहे हों, तो आप पायेंगे कि → **प्रत्येक में धारा में कमी होती है**

836. किसी विशेष लम्बाई के तार में स्थायी धारा प्रवाहित हो रही है। इसको मोड़कर एक चक्कर की गोल समतल कुण्डली बनाई जाती है। इसी तार की लम्बाई को ओर अधिक मोड़कर अब कम अर्द्धव्यास की दो चक्कर की कुण्डली बनाई जाती है। समान धारा के कारण इसके केन्द्र पर उत्पन्न चुम्बकीय क्षेत्र होगा → **पहले मान का चार गुना**

837. यदि एक तांबे की छड़ में सीधी धारा (direct current) प्रवाहित हो रही है, तो इस धारा से सम्बद्ध चुम्बकीय क्षेत्र → **अन्दर और बाहर, दोनों जगह होगा**

838. यदि तांबे के एक लम्बे, खोखले पाइप में सीधी धारा (direct current) प्रवाहित हो रही हो, तो इस धारा से सम्बद्ध चुम्बकीय क्षेत्र → **केवल पाइप के बाहर होगा**

839. B प्रेरण के चुम्बकीय क्षेत्र में v वेग से चलते हुए आवेश q पर कार्यरत बल होता है → $q(v \times B)$

840. एक आवेश q, चुम्बकीय क्षेत्र B के समान्तर v वेग से चल रहा है। चुम्बकीय क्षेत्र के कारण, आवेश पर बल है → **शून्य**

841. जब किसी चालक, जिसमें i धारा प्रवाहित हो रही है, के सूक्ष्म अवयव (*Small element*) को B प्रेरण के चुम्बकीय क्षेत्र में, B के साथ θ कोण पर रखा जाता है तो चालक पर कार्यरत बल है → $B\,il\sin\theta$

842. यदि अनन्त लम्बाई के सीधे और बारीक चालक में i धारा प्रवाहित हो रही है, तो चालक के किसी बिन्दु पर चुम्बकीय प्रेरण है → **शून्य**

843. अनन्त लम्बाई के एक सीधे चालक में i धारा प्रवाहित हो रही है। यदि, तार से किसी बिन्दु की लम्बवत् दूरी r है, तो चुम्बकीय प्रेरण B का r के साथ परिवर्तन होगा → $B\,\alpha r^{-1}$

844. एक सूक्ष्म धारा अवयव dl, जिसमें i धारा प्रवाहित हो रही है, के कारण, इससे r दूरी पर चुम्बकीय क्षेत्र dB होगा → $\overrightarrow{\mathbf{dB}} = \frac{\mu_0}{4\pi}.\mathbf{I}\left|\frac{\overrightarrow{\mathbf{dl}} \times \overrightarrow{\mathbf{r}}}{\mathbf{r}^3}\right|$

845. धातु एक अनन्त लम्बाई, सरल रेखीय एवं पतली दीवार की नली में धारा i प्रवाहित हो रही है। तब नली के अन्दर किसी बिन्दु पर चुम्बकीय क्षेत्र होगा → **शून्य**

846. l लम्बाई के एक सीधे स्टील के तार का चुम्बकीय आघूर्ण M है। इसको अर्द्ध वृत्ताकार मोडने पर, इसका चुम्बकीय आघूर्ण होगा → $2M/\pi$

847. यदि एक इलेक्ट्रॉन चुम्बकीय क्षेत्र B में i अर्द्धव्यास के वृत्त पर आधा चक्कर लगाता है, तो इसके द्वारा प्राप्त की गई ऊर्जा है → **शून्य**

848. एक इलेक्ट्रॉन को समरूप चुम्बकीय फ्लक्स घनत्व (flux density) के क्षेत्र में प्रविष्ट कराया जाता है। इसके वेग के घटक फ्लक्स के समान्तर एवं लम्बवत है। इलेक्ट्रॉन का मार्ग है → **सर्पिल (helix)**

849. समरूप चुम्बकीय क्षेत्र में आवेशित कण के मार्ग की वक्रता त्रिज्या समानुपाती होती है → **कण के संवेग के**

850. एक चल कुण्डली धारामापी, इस सिद्धान्त पर आधारित है कि → **एक धारामापी तार पर चुम्बकीय क्षेत्र में बल लगता है**

851. एक सुग्राही चल कुण्डली धारामापी की कुण्डली, दोनों ओर बहुत अधिक विक्षेपित होती है। इस गति को तुरन्त रोके जाने के लिये → **कुण्डली के सिरों के बीच कम लम्बाई का तांबे का तार जोड़ना होगा**

852. धारामापी के पैमाने पर एक भाग का विक्षेप उत्पन्न करने के लिए धारामापी की कुण्डली में प्रवाहित होने वाली धारा को कहते है → **धारामापी की धारा सुग्राहिता**

853. चल कुण्डली धारामापी में कुण्डली के विक्षेप θ एवं वैद्युत धारा i में सम्बन्ध है → $i \alpha \theta$

854. एक स्पर्शज्या धारामापी (tangent galva-nometer) की सुग्राहिता (sensitivity) में वृद्धि होगी, यदि → **कुण्डली में चक्करों की संख्या में वृद्धि कर दी जाये**

855. (वेबर × ऐम्पियर) / मीटर निम्न में से किसके तुल्य है? → **न्यूटन**

856. समान गतिज ऊर्जा का एक इलेक्ट्रॉन और एक प्रोटॉन चुम्बकीय क्षेत्र में लम्बवत् प्रवेश करते है, निम्न में से क्या सत्य है? → **प्रोट्रॉन का पथ कम वक्रता का है**

857. फेरों वाली एक छोटी कुण्डली का क्षेत्रफल A है और उसमें धारा I प्रवाहित हो रही है। इस कुण्डली का चुम्बकीय द्विध्रुव आघूर्ण होगा → NIA

858. एक धारावाही आयताकार कुण्डली को एकसमान चुम्बकीय क्षेत्र में रखा गया है। किस अभिविन्यास में, कुण्डली में घूर्णन की प्रवृति नहीं होगी → **चुम्बकीय क्षेत्र, कुण्डली के तल के लम्बवत है**

859. एक धारावाही वृत्ताकार लूप को किसी लम्बे धागे से स्वतंत्र लटकाया जाता है। लूप के तल की दिशा होगी → **पूर्व–पश्चिम**

860. एक कुण्डली जिसका अनुप्रस्थ काट क्षेत्रफल A, फेरों की संख्या n, एक B तीव्रता वाले चुम्बकीय क्षेत्र में इस प्रकार रखी है कि कुण्डली के तल का अभिलम्ब चुम्बकीय क्षेत्र से θ कोण बनाता है। अगर कुण्डली में i विद्युत धारा बह रही हो, तो उस पर लगने वाले बलयुग्म आघूर्ण का व्यंजक होगा → $niAB\sin\theta$

861. यदि किसी कमानी (स्प्रिंग) में धारा प्रवाहित की जाए तो कमानी → **संकुचित होती है**

862. एक धारावाही लघु कुण्डली लघु चुम्बक की तरह व्यवहार करती है। यदि कुण्डली का क्षेत्रफल A तथा चुम्बकीय आघूर्ण का मान M हो तो कुण्डली में धारा का मान → M/A

863. एक वृत्तीय धारावाही लूप को तुल्य चुम्बकीय द्विध्रुव से प्रतिस्थापित कर दिया जाता है तो लूप की अक्ष पर बिन्दु होगा → **अक्षीय स्थिति में**

864. एक चल कुण्डल धारामापी की वोल्टेज सुग्राहिता (σ_v) व धारा सुग्राहिता (σ_i) में सम्बन्ध है → $\frac{\sigma_i}{G} = \sigma_v$

865. दो धारामापी A व B में 10 अंश का पाठ्यांक उत्पन्न करने के लिए क्रमशः $3mA$ एवं $5mA$ धारा की आवश्यकता होती है। तब → A, B **की तुलना में अधिक सुग्राही है**

866. द्रव्यमान m तथा आवेश q का कोई आवेशित कण किसी चुम्बकीय क्षेत्र B के लम्बवत् r त्रिज्या के वृत्तीय पथ पर गतिमान है। एक परिक्रमा पूरी करने में कण द्वारा लिया गया समय है → $\frac{2\pi m}{qB}$

867. एक आवेशित कण को स्थिर व समरूप विद्युत क्षेत्र एवं चुम्बकीय क्षेत्र में विरामावस्था से स्वतंत्र किया जाता है। दोनों क्षेत्र एक दूसरे के समान्तर है। कण की गति का मार्ग है → **कुण्डलीनीवत**

868. यदि कैथोड किरणों को किसी चुम्बकीय क्षेत्र की लम्बवत् दिशा में प्रक्षेपित किया जाये तब उनका प्रक्षेप्य पथ है → **वृत्त**

869. साइक्लोट्रॉन का उपयोग निम्न में से किसे त्वरित करने के लिए किया जाता है → **घनायन**

870. किसी इलेक्ट्रॉन के वृत्तीय पथ की त्रिज्या क्या होगी जिसे चुम्बकीय क्षेत्र के लम्बवत् प्रक्षेपित किया गया है → $\frac{mv}{Be}$

871. साइक्लोट्रॉन में, आवेशित कण की कोणीय आवृति निर्भर नहीं करती है → **चाल पर**

872. जब एक धारावाही वृत्तीय कुण्डली में धारा दोगुनी एवं लपेटों की संख्या आधी कर दी जाती है तब केन्द्र पर चुम्बकीय क्षेत्र पूर्व मान का → **समान**

873. एक टोरॉइड में फेरों की संख्या n तथा प्रवाहित धारा i है तब चुम्बकीय क्षेत्र है → $\mu_0 ni$

874. $2m$ लम्बे सीधे तार में 1 ऐम्पियर की धारा प्रवाहित की जाती है। तार की अक्ष पर तार के किसी सिरे से 3 मीटर दूरी पर स्थित बिन्दु पर चुम्बकीय क्षेत्र होगा वायु में → **शून्य**

875. परिनालिका के अन्दर क्षेत्र की तीव्रता है → **इसमें प्रवाहित धारा के अनुक्रमानुपाती**

876. लम्बाई l एवं चुम्बकीय आघूर्ण m का एक छड़ चुम्बक लीजिये। इसके मध्य बिन्दु से r दूरी पर, जहां $r >> l$, इस छड़ के कारण चुम्बकीय क्षेत्र B का मान होगा → $B = \frac{\mu_0 m}{2\pi r^3}$

(अक्ष के अनुदिश) $= \frac{\mu_0 m}{4\pi r^3}$ **(विषुवत् रेखा के अनुदिश)**

877. चुम्बकत्व सम्बन्धी गाउस के नियमानुसार, किसी बंद पृष्ठ में से गुजरने वाला कुल चुम्बकीय फ्लक्स हमेशा शून्य होता है → $\phi_B = \sum \vec{B} . \overrightarrow{\Delta S} = 0$

878. पृथ्वी का चुम्बकीय क्षेत्र लगभग एक ऐसे द्विध्रुव के समतुल्य है जिसका चुम्बकीय आघूर्ण $8.0 \times 10^{22}\ Am^{-1}$ हो। यह द्विध्रुव पृथ्वी की घूर्णन अक्ष से एक छोटा कोण बनाता है। इसका चुम्बकीय उत्तरी ध्रुव $N_{m'}$ भौगोलिक दक्षिणी ध्रुव S_g के समीप स्थित है और चुम्बकीय दक्षिण ध्रुव S_m भौगोलिक उत्तरी ध्रुव N_g के निकट। पृथ्वी की सतह पर चुम्बकीय क्षेत्र का परिमाण → $=4 \times 10^{-5} T$

879. पृथ्वी की सतह पर इसके चुम्बकीय क्षेत्र का विवरण देने के लिए कितनी राशियां आवश्यक है → **चुम्बकीय क्षेत्र का क्षैतिज अवयव, चुम्बकीय दिकपात एवं चुम्बकीय नति।**

880. माना कि कोई पदार्थ एक बाह्य चुम्बकीय क्षेत्र B_0 में रखा है। चुम्बकीय तीव्रता की परिभाषा है → $H = \frac{B_0}{\mu_0}$ **पदार्थ का चुम्बकन M इसका द्विध्रुव आघूर्ण प्रति इकाई आयतन है। पदार्थ के अंदर चुम्बकीय क्षेत्र** $B = \mu_0 (H + M)$

881. रैखिक पदार्थ के लिए → $M = \chi H$ जिससे कि $B = \mu H$ यहां χ पदार्थ की चुम्बकीय प्रवृति कहलाती है। राशियों χ आपेक्षिक चुम्बकशीलता μ_r एवं चुम्बकशीलता μ

882. चुम्बकीय पदार्थों को मोटे तौर पर कितनी श्रेणियों में विभाजित करते है → **प्रतिचुम्बकीय, अनुचुम्बकीय एवं लौह–चुम्बकीय।**

883. यदि चुम्बक को इसकी चुम्बकीय अक्ष के साथ लटकाकर छोड़ दे तो यह रूकेगी → **चुम्बकीय याम्योत्तर में**

884. एक चुम्बक को चार समान भागों में इस प्रकार विभाजित किया जाता है कि प्रत्येक छोटे भाग की लम्बाई एवं चौड़ाई, प्रारम्भिक मान की आधी हो जाती है, तो प्रत्येक भाग का ध्रुव सामर्थ्य होगा → $m/2$

885. चुम्बक में चुम्बकत्व का कारण है → **इलेक्ट्रॉन की घूर्णीय गति**

886. स्थायी चुम्बक बनाने के लिए सबसे अधिक उपयुक्त पदार्थ होगा → **स्टील**

887. दण्ड चुम्बक के लिए चुम्बकीय प्रेरण की बल रेखाएं → **दण्ड चुम्बक के भीतर और बाहर सतत रहती है**

888. बाह्य चुम्बकीय क्षेत्र से मुक्त, किसी सुग्राही चुम्बकीय यंत्र को रखने के लिए उसे डिब्बे के भीतर रखा जाता है। यह डिब्बा बना रहता है → **उच्च चुम्बकशीलता के मुलायम लोहे का**

889. किसी चुम्बक के केन्द्र से R दूरी पर स्थित किसी बिन्दु पर चुम्बकीय क्षेत्र की तीव्रता समानुपाती होती है → $1/R^3$

890. यदि M चुम्बकीय आघूर्ण के एक छड़ चुम्बक को तीव्रता B के समान चुम्बकीय क्षेत्र में स्वतंत्रतापूर्वक लटका दिया जाए तो चुम्बक को θ कोण से घूमाने में किया गया कार्य होगा → $MB(1-\cos\theta)$

891. एक लम्बे चालक को दो भागों में इस प्रकार तोड़ा जाता है कि उनकी लम्बाईयों का अनुपात 2:1 होता है। दोनों भागों के ध्रुव प्राबल्य होंगे → **बराबर**

892. विलगित (*isolated*) बिन्दु से d दूरी पर m इकाई ध्रुव प्राबल्य का वायु में चुम्बकीय प्रेरण का मान होगा → $\frac{m}{d2}$

893. यदि एक दण्ड चुम्बक के केन्द्र में एक छिद्र कर दिया जाये तो इसका चुम्बकीय आघूर्ण → **अपरिवर्तित रहेगा**

894. दण्ड चुम्बक की चुम्बकीय बल रेखाऐं एक दूसरे को नहीं काटती क्योंकि → **एक बिन्दु पर सदैव एक कुल चुम्बकीय क्षेत्र होता है**

895. चुम्बक को पूरी तरह विचुम्बकित किया जा सकता है → **उचित क्षमता को एक विपरीत क्षेत्र के द्वारा**

896. एक धारावाही लूप चुम्बकीय क्षेत्र में व्यवहार करता है → **चुम्बकीय द्विध्रुव की भांति**

897. 10 *cm* लम्बी एवं 4.0 *Am* ध्रुव सामर्थ्य वाली एक चुम्बक का चुम्बकीय आघूर्ण होगा → $0.4 Am^2$

898. एक छड़ चुम्बक के अन्दर चुम्बकीय बल रेखायें → **चुम्बक के दक्षिणी ध्रुव से उत्तरी ध्रुव की ओर होती है**

899. भू–चुम्बकीय क्षेत्र की तीव्रता का क्षैतिज घटक शून्य होता है → **चुम्बकीय ध्रुव पर**

900. पृथ्वी के चुम्बकीय ध्रुवों पर नमन कोण होगा → **90°**

901. सही सम्बन्ध है → $\vec{B} = \vec{B}_H + \vec{B}_V$

902. पृथ्वी के चुम्बकीय क्षेत्र का ऊर्ध्वाधर घटक शून्य होता है → **चुम्बकीय विषुवत रेखा**

903. चुम्बकीय याम्योत्तर एवं भौगोलिक याम्योत्तर के बीच के कोण को कहते है → **चुम्बकीय दिक्पात**

904. पृथ्वी के चुम्बकीय क्षेत्र के क्षैतिज घटक के कारण बल रेखाएं होती है → **समान्तर सीधी रेखाएँ**

905. यदि किसी स्थान पर पृथ्वी के चुम्बकीय क्षेत्र के क्षैतिज घटक एवं ऊर्ध्वाधर घटक बराबर है, तो नमन कोण कोण का मान होगा → **45°**

906. पृथ्वी की सतह पर उन बिन्दुओं को मिलाने वाली रेखायें जहां पर चुम्बकीय क्षेत्र क्षैतिज है, कहलाती है → **चुम्बकीय निरक्ष**

907. भू चुम्बकीय एवं भू भौगोलिक अक्ष के मध्य कोण है → **17°**

908. चुम्बकत्व में निम्न में से कौनसा सम्बन्ध सही है → $I^2 = V^2 + H^2$

909. किसी स्थान पर नमन कोण 30° है। यदि पृथ्वी के चुम्बकीय क्षेत्र का क्षैतिज घटक H हो, तो चुम्बकीय क्षेत्र की कुल तीव्रता है→ $\frac{2H}{\sqrt{3}}$

910. यदि पृथ्वी के चुम्बकीय क्षेत्र में किसी छड़ चुम्बक को ऊर्ध्वाधर रखकर चुम्बकीय बल रेखायें बनायी जाये तो प्राप्त उदासीन बिन्दुओं की संख्या होगी → **एक**

911. स्वतंत्रापूर्वक लटके चुम्बक का आवर्तकाल निर्भर नहीं करता है → **लटके हुए तार की लम्बाई पर**

912. दो छड़ चुम्बकों के चुम्बकीय आधूर्णों की तुलना कर सकते है → **विक्षेप चुम्बकत्वमापी एवं दोलन चुम्बकत्वमापी**

913. दोलन – चुम्बकत्वमापी में चुम्बक के आवर्तकाल का सूत्र है → $T = 2\pi\sqrt{\frac{1}{MB_H}}$

914. दोलन चुम्बकत्वमापी में लटकन तार में ऐंठन निकाल दी जाती है, इससे → **चुम्बक स्वतंत्र कम्पन्न करते है**

915. दोलन चुम्बकत्वमापी को प्रयोग करने से पूर्व रखना चाहिए → **चुम्बकीय याम्योत्तर में**

916. यदि दोलन चुम्बकत्वमापी में चुम्बक के साथ पीतल की छड़ भी रखी जाती है तो आवर्तकाल → **बढ़ जाता है**

917. दो चुम्बकों के चुम्बकीय आघूर्णों की तुलना करने के लिए योगान्तर विधि एक उत्तम विधि है, क्योंकि → **जड़त्व आघूर्ण ज्ञात करने की आवश्यकता नहीं रहती है, इससे त्रुटि कम हो जाती है, कम पाठ्यांकों के लेने की आवश्यकता रहती है एवं तुलनात्मक गणना सरल रहती है**

918. एक चुम्बकीय सुई को ऐंठन रहित धागे से क्षेतिजत लटकाया गया है। यह प्रत्यानयन बल आघूर्ण के कारण क्षैतिज तल में दोलन करता है। यह प्रत्यानयन बल आघूर्ण मुख्यतः किससे उत्पन्न होता है → **भू चुम्बकीय क्षेत्र के क्षेतिज घटक से**

919. एक स्पर्शज्या धारामापी की कुण्डली के अनुप्रस्थ काट की त्रिज्या एवं फेरों की संख्या दुगुनी कर दी जाती है तो परिवर्तक गुणांक K होगा → **K**

920. किसी स्पर्शज्या धारामापी की सुग्राहिता बढ़ाई जा सकती है, यदि → **फेरों की संख्या बढ़ा दी जाये**

921. निम्न में से कौनसा पदार्थ विद्युत चुम्बक की क्रोड के लिए सबसे अधिक उपयुक्त है → **नर्म लोहा**

922. स्थायी चुम्बक के पदार्थ में होता है → **उच्च धारणशीलता एवं उच्च निग्राहिकता**

923. वह तापक्रम जिसके बाद लौहचुम्बकीय पदार्थ अनुचुम्बकीय पदार्थ में बदल जाता है, कहलाता है → **क्यूरी तापक्रम**

924. वह कौनसा गुण है जो केवल लौह चुम्बकीय पदार्थ प्रदर्शित करता है → **शैथिल्य**

925. चुम्बकीय प्रवृति है → $\chi = \frac{1}{H}$

926. किसी पदार्थ के लिए आपेक्षिक पारगम्यता μ_r तथा चुम्बकीय प्रवृति χ हो तो अनुचुम्बकीय पदार्थ के लिए → $\mu_r > 1, \chi > 0$

927. क्यूरी नियम लिखा जा सकता है → $\chi \, \alpha \, \frac{1}{T}$

928. यदि एक लौह चुम्बकीय पदार्थ को एक धारावाही परिनालिका के भीतर प्रवेश करा दिया जाये तब परिनालिका का चुम्बकीय क्षेत्र → **बहुत अधिक बढ़ जाता है**

929. शैथिल्य लूप में H का वह मान कहलाता है जो चुम्बकीय क्षेत्र को शून्य करने के लिए आवश्यक है → **निग्राहिता**

930. एक चुम्बकीय सुई को एक असमान चुम्बकीय क्षेत्र में रखा जाता है। यह अनुभव करती है → **एक बल लेकिन एक बल आघूर्ण नहीं**

931. चुम्बकीय ध्रुवों के बीच बल लगाने से क्या होता है जब उनके ध्रुव प्राबल्यों तथा उनके बीच की दूरी को दोगुना कर दिया जाये → **बल का मान पहले की अपेक्षा दोगुना हो जाता है**

932. एक लघु बिस्मथ छड एक शक्तिशाली वैद्युत चुम्बक के ध्रुवों के मध्य स्वतन्त्र रूप से लटकाई गई है। यह स्वयं को चुम्बकीय क्षेत्र के लम्बवत समजित कर लेती है। यह प्रेक्षण प्रदर्शित करता है कि बिस्मथ है → **प्रतिचुम्बकीय**

933. किसी सतह (क्षेत्रफल A) को एकसमान चुम्बकीय क्षेत्र B में रखने पर उसमें से गुजरने वाला चुम्बकीय फ्लक्स → $\phi_B = B.A = BA\cos\phi$ **द्वारा परिभाषित है। यहाँ B व A के मध्य कोण θ है।**

934. फैराडे के विद्युत चुम्बकीय प्रेरण के नियम के अनुसार N फेरे युक्त कुण्डली में प्रेरित विद्युत वाहक बल उसे वेधने वाले चुम्बकीय फ्लक्स में परिवर्तन की दर के तुल्य होता है → $\varepsilon = -N\frac{d\phi_B}{dt}$ **जहाँ ϕ_B एक फेरे से सम्बन्ध चुम्बकीय फ्लक्स है। यदि परिपथ एक बंद परिपथ हो तो उसमें धारा स्थापित हो जाती है।**

935. लेन्ज के नियम के अनुसार प्रेरित विद्युत वाहक बल की ध्रुवता इस प्रकार होती है कि वह उस दिशा में धारा प्रवाहित करे जो उसी परिवर्तन का विरोध करे जिसके कारण उसकी (धारा की) उत्पत्ति हुई है। फैराडे द्वारा निष्पादित व्यंजक में चिन्ह इसी बात का द्योतक है → **ऋण**

936. जब एक l लम्बाई की चालक छड़ को v वेग से चुम्बकीय क्षेत्र B में इस प्रकार चलाया जाए जिससे l, v, B एक दूसरे के अभिलम्बवत् हो तो चालक में उत्पन्न "गतिक विद्युत वाहक बल" का मान किसके द्वारा व्यक्त किया जाता है → $\varepsilon = B/v$

937. परिवर्ती चुम्बकीय क्षेत्र के निकट स्थित चालक के बंद लूप में प्रेरित धारा स्थापित हो जाती है। बंद लूप किसी भी आकार के हो सकते है। इन धारा वलयों (लूपों) में ऊष्मा के रूप में ऊर्जा क्षय (अवांछनीय रूपांतरण) होता है। धात्विक सतहों में बने प्रेरित धारा पथ (बंद लूप) किस नाम से जाने जाते है → **भंवर धाराओं**

938. प्रेरकत्व प्रेरित फ्लक्स की माप है जो धारा I के बहने से संलग्न होता है। इसे किसके द्वारा व्यक्त किया जाता है → **अनुपात** ϕ/I

939. कुण्डली 2 में धारा परिवर्तन निकट स्थित कुण्डली 1 में प्रेरित विद्युत वाहक बल उत्पन्न कर सकता है। इसे व्यक्त करते हैं → $\varepsilon_1 = M_{12}\frac{dI_2}{dt}$ **जहाँ M_{12} कुण्डली 1 का कुण्डली 2 के सापेक्ष अन्योन्य प्रेरकत्व है। M_{21} को भी इसी प्रकार परिभाषित किया जा सकता है। इन दो प्रेरकत्वों में $M_{12} = M_{21}$ तुल्यता होती है।**

940. जब किसी कुण्डली में धारा परिवर्तन हो रहा हो तो वह धारा में परिवर्तन उसी कुण्डली में एक विरोधी विद्युत वाहक बल को उत्पन्न करता है। इस स्वप्रेरित विद्युत वाहक बल का मान ज्ञात करते हैं → $\varepsilon_1 = L\frac{dI}{dt}$ **यहाँ L कुण्डली का स्वप्रेरकत्व है जो कुण्डली के धारा में परिवर्तन के विरोध की माप है।**

941. किसी लम्बी परिनालिका जिसकी क्रोड μ_r विद्युतशीलता के पदार्थ की है, का स्व–प्रेरकत्व ज्ञात करते हैं → $L = \mu_r\,\mu_0 n^2 Al$ **जहां A परिनालिका का अनुप्रस्थ काट, l उसकी लम्बाइ तथा n उसकी इकाई लम्बाई में लपेटों की संख्या को व्यक्त करते है।**

942. प्रत्यावर्ती धारा जनित्र में विद्युत चुम्बकीय प्रेरण द्वारा यांत्रिक ऊर्जा को विद्युत चुम्बकीय ऊर्जा में रूपान्तरित करते है। यदि A अनुप्रस्थ काट वाली N लपेटों वाली कुण्डली

समचुम्बकीय क्षेत्र B में f चक्कर प्रति सैकण्ड लगाए तो प्रेरित गतिमान विद्युत वाहक बल का मान ज्ञात करते हैं $\rightarrow \varepsilon = NBA(2\pi f)\sin[2\pi ft]$ **यहाँ मान लिया गया है कि $t=0$ पर कुण्डली समचुम्बकीय क्षेत्र के अभिलम्बवत थी।**

943. जब किसी प्रतिरोधक R के सिरों पर कोई प्रत्यावर्ती वोल्टता $V = V_m \sin \omega t$ लगाई जाती है तो उसमें धारा $\rightarrow I = V_m / R$ **धारा प्रयुक्त वोल्टता की कला में होती है।**

944. किसी संधारित्र के सिरों पर प्रयुक्त ac वोल्टता $V = V_m \sin \omega t$ इसमें $I = l_m \sin(\omega t + \pi/2)$ धारा संचालित करता है, यहाँ $\rightarrow l_m = \dfrac{V_m}{X_C}$ जहां $X_C = \dfrac{1}{\omega C}$ X_C **को धारिता प्रतिघात कहते हैं। संधारित्र में प्रवाहित धारा प्रयुक्त वोल्टता से $\pi/2$ रेडियन अग्र होती है। प्रेरक के समान ही एक पूरे चक्र में संधारित्र को आपूर्त माध्य शक्ति शून्य होती है।**

945. वोल्टता $V = V_m \sin \omega t$ द्वारा संचालित किसी श्रेणीबद्ध श्रेणीक्रम RLC परिपथ में धारा का मान निम्नलिखित व्यंजक से दिया जाता है $\rightarrow$ $l = l_m \sin(\omega t + \phi)$ **यहाँ** $l_m = \dfrac{V_m}{\sqrt{R^2 + (X_C - X_L)^2}}$ **तथा** $\phi = \tan^{-1} \dfrac{X_C - X_L}{R}$ **होती है।**

946. $Z = \sqrt{R^2 + (X_C - X_L)^2}$ को परिपथ की प्रतिबाधा कहते है। एक पूरे चक्र में माध्य शक्ति क्षय को निम्न सूत्र से व्यक्त करते है $\rightarrow$ $\overline{P} = V_{rms}\, l_{rms} \cos\phi$ **पद** $\cos\phi$ **को शक्ति गुणांक कहते है।**

947. किसी विद्युंत प्रेरणिक अथवा धारिता परिपथ के लिए $\cos\phi = 0$ ऐसे परिपथ में यद्यपि धारा तो प्रवाहित होती है तथापि शक्ति क्षय नहीं होती है। ऐसे उदाहरणों में धारा को कहते है $\rightarrow$ **वाटहीन (*Wattless*) धारा**

948. ac स्रोत तथा प्रतिरोधक विहीन कोई ऐसा परिपथ जिसमें कोई प्रेरक L तथा संधारित्र C (प्रारम्भ में आवेशित) है, मुक्त दोलन प्रदर्शित करता है। संधारित्र का आवेश q एक सरल आवर्त गति करता है $\rightarrow \dfrac{d^2q}{dt^2} + \dfrac{1}{LC}q = 0$ **इस प्रकार मुक्त दोलनों की आवृति** $\omega_0 = \dfrac{1}{\sqrt{LC}}$ **होती है।**

949. ट्रांसफार्मर में एक लोहे का क्रोड होता है जिसमें फेरों की संख्या N_p की एक द्वितीयक कुण्डली तथा फेरों की संख्या N_s की एक द्वितीयक कुण्डली लिपटी रहती है। यदि प्राथमिक कुण्डली को किसी ac स्त्रोत से जोड़ दें तो प्राथमिक एवं द्वितीय वोल्टता निम्नलिखित व्यंजक द्वारा संबंधित होती है $\rightarrow V_s = \left(\dfrac{N_s}{N_p}\right) V_p$

950. दोनों धाराओं के मध्य के सम्बन्ध को निम्नलिखित सूत्र से व्यक्त करते है → $l_s = \left(\frac{N_P}{N_s}\right) I_p$

951. लेन्ज का नियम किसके संरक्षण के नियम का परिणाम है → **ऊर्जा**

952. एक कार समतल सड़क पर गतिमान है। एक्सल (axle) के सिरों के बीच प्रेरित विद्युत वाहक बल अधिकतम होगा, जब यह चलेगी → **ध्रुवों पर**

953. दो समान, वृताकार समअक्षीय लूपों में समान धारा समान दिशा में प्रवाहित हो रही है। यदि दोनों लूप निकट लायें तो क्या होगा → **प्रत्येक लूप में धारा कम होगी**

954. निम्नलिखित में कौनसा/से कारक दो कुण्डलियों के बीच अन्योन्य प्रेरण निर्धारित करने के लिए उत्तरदायी होते हैं → **प्रत्येक कुण्डली के चक्करों की संख्या**

955. जब किसी कुण्डली से बद्ध चुम्बकीय फ्लक्स में परिवर्तन होता है, तो परिपथ में एक प्रेरित वैद्युत वाहक बल उत्पन्न होता है। यह वैद्युत वाहक बल रहता है → **जब तक फ्लक्स में परिवर्तन होता है**

956. किसी कुण्डली में होकर एक चुम्बक ले जाने पर, एक प्रेरित वैद्युत वाहक बल उत्पन्न होता है। प्रेरित वैद्युत वाहक बल की दिशा, निर्भर नहीं करती है → **कुण्डली के तार के विशिष्ट प्रतिरोध पर**

957. एक चालक लूप को चुम्बकीय क्षेत्र में चलाने पर इसमें प्रेरित कुल आवेश निर्भर करता है → **चुम्बकीय फ्लक्स में कुल परिवर्तन पर**

958. एक चुम्बक को, एक कुण्डली की ओर, (i) तीव्र गति से, (ii) मन्द गति से लाया जाता है, तब प्रेरित वैद्युत वाहक बल होगा → **स्थिति (i) में अधिक**

959. किसके निर्माण में वैद्युत चुम्बकीय प्रेरण के नियमों का उपयोग किया जाता है → **जनित्र**

960. बेलन के आकार के एक छड़ चुम्बक को एक वृत्ताकार कुण्डली की अक्ष के अनुदिश रखा गया है। चुम्बक को इसकी अक्ष के परितः घुमाने पर कुण्डली में प्रेरित होगी → **कोई धारा नहीं**

961. तांबे का एक छल्ला क्षैतिज रखा है तथा इस छल्ले में होकर एक छड़ चुम्बक को इस प्रकार गिराया जाता है कि चुम्बक की लम्बाई, कुण्डली की अक्ष के अनुदिश है। गिरते हुए चुम्बक का त्वरण → **गुरुत्वीय त्वरण कम होगा**

962. जब एक चुम्बक को, जिसका चुम्बकीय आघूर्ण एक वृत्ताकार कुण्डली के अनुदिश है एवं इसकी दिशा कुण्डली की ओर है को स्वयं के समान्तर ही कुण्डली को दूर ले जाया जाता है दूर जाते हुए चुम्बक से देखने पर, कुण्डली में धारा होगी → **दक्षिणावर्त**

963. अवरूद्ध तार की एक कुण्डली को एक बैटरी से जोड़ा जाता है। यदि इसको एक धारामापी की ओर ले जाया जाये, तो धारामापी का संकेतक विक्षेपित होता है, क्योंकि → **प्रेरित धारा उत्पन्न होती है**

964. जब किसी परिनालिका में धारा वृद्धि स्थिर दर से होती है तब प्रेरित धारा → **स्थिर होती है तथा प्रेरक धारा की विपरीत दिशा में होती है**

965. एक परिनालिका की कुण्डली की प्रति एकांक लम्बाई चक्करों की संख्या दोगुनी कर दी जाती है, तब परिनालिका का स्वप्रेरकत्व → **चार गुना हो जायेगा**

966. जब धारा परिवर्तन की दर एकांक (unity) है, तो प्रेरित वैद्युत वाहक बल बराबर होता है → **स्वप्रेरण गुणांक (Coefficient of self induction) के**

967. जब परिनालिका का परिच्छेद क्षेत्रफल स्थिर रखते हुए, इसकी चक्करों की संख्या व लम्बाई दोगुनी कर दी जाती है, तब इसका प्रेरकत्व → **दोगुना हो जाता है**

968. जब भी किसी कुण्डली में प्रेरित विद्युत वाहक बल उत्पन्न होता है। कुण्डली के इस गुण का कारण है → **स्वप्रेरण**

969. स्वप्रेरकत्व L के प्रेरक में जब i धारा प्रवाहित होती है, तो इसमें संचित ऊर्जा $\frac{1}{2}Li^2$ होती है। यह ऊर्जा संचित होती है → **चुम्बकीय क्षेत्र में**

970. स्वप्रेरकत्व L प्रत्येक की दो शुद्ध प्रेरण कुण्डलियां श्रेणीक्रम में जोड़ी गयी है। कुल प्रेरकत्व है → $2L$

971. यदि कुण्डली की लम्बाई में परिवर्तन बिना किये, इसके फेरों की संख्या दो गुनी कर दी जाती है, तो इसका स्वप्रेरण हो जाता है → **चार गुना**

972. L व R के एक श्रेणी संयोग को एक बैटरी से, जिसका वैद्युत वाहक बल E तथा नगण्य आन्तरिक प्रतिरोध है, जोड़ा जाता है। धारा का अन्तिम मान निर्भर करता है → **E व R पर**

973. यदि L व R क्रमशः प्रेरकत्व व प्रतिरोध को प्रदर्शित करते है, L/R की विमायें है → $M^0 L^0 T$

974. L व R युक्त $d.c$ परिपथ में धारा को अधिकतम मान प्राप्त करने में लगा समय, निर्भर करता है → **L/R पर**

975. एक डायनेमो (dynamo) → **यांत्रिक ऊजा को वैद्युत ऊर्जा में परिवर्तन करता है**

976. भंवर धारायें उत्पन्न होती है, जब → **किसी धातु को परिवर्तनीय चुम्बकीय क्षेत्र में रखा जाता है**

977. ट्रांसफार्मर कार्य करता है → **केवल $a.c.$ पर**

978. एक ट्रांसफॉर्मर → **वोल्टेज को परिवर्तित करता है**

979. एक उच्चायी ट्रांसफॉर्मर में, फेरों की संख्या → **प्राथमिक में कम होती है**

980. एक उच्चायी ट्रांसफॉर्मर (step up transformer) में द्वितीयक कुण्डली में वोल्टेज में वृद्धि होती है एवं धारा → **कम होती है**

981. *D.C.* मोटर में आर्मेचर धारा (armature current) अधिकतम होगी, जब मोटर → **अभी अभी स्टार्ट (just started) हुई है**

982. निम्नलिखित में कौनसा कथन सत्य है → लम्बी दूरी पर, उच्च वोल्टेज की शक्ति (**high voltage power**) का स्थानान्तरण साधारणतया सूक्ष्म धारा पर किया जाता है

983. किसी कुण्डली का स्व प्रेरण होता है → $e = -L(di/dt)$

984. एक कुण्डली, जिसमें फेरों की संख्या (number of turns) N तथा क्षेत्रफल A है, को एक समरूप चुम्बकीय क्षेत्र B में कोणीय वेग ω से घुमाया जाता है। इसमें प्रेरित, अधिकतम वैद्युत वाहक बल होगा → $NAB\omega$

985. एक चालक की सतह पर खींचा गया लम्ब, क्षेत्र B की दिशा से ϕ कोण बनाता है। A क्षेत्रफल से गुजरने वाला ϕ फ्लकस होगा → $\phi = B.A$

986. प्रत्यावर्ती धारा वह होती है, जिसमें परिवर्तित होती है → **परिमाण व दिशा दोनों**

987. भारतवर्ष में A.C.Mains की आवृति है → **50 कम्पन/से**

988. प्रत्यावर्ती धारा को माप सकते है → **तप्त तार अमीटर द्वारा**

989. दिष्ट अमीटर (D.C. Ammeter) द्वारा प्रत्यावर्ती धारा का मापन नहीं किया जा सकता है, क्योंकि → **पूर्ण चक्र के लिए धारा का माध्य मान शून्य है**

990. प्रत्यावर्ती धारा/वि.वा.बल मापन यंत्रों द्वारा मापन होता है इसके → *rms* **मान का**

991. केवल प्रेरकत्व युक्त परिपथ में → **धारा विभवान्तर से $\pi/2$ से पीछे होती है**

992. केवल धारिता युक्त परिपथ में → **धारा, विभवान्तर से $\pi/2$ से आगे होती है**

993. एक *A.C.* परिपथ में वयय शक्ति शून्य होगी, यदि → **प्रेरकत्व अति उच्च तथा प्रतिरोध नगण्य रूप से सूक्ष्म है**

994. किसी परिपथ में धारा वॉटहीन (wattless) होती है यदि → **परिपथ में प्रतिरोध शून्य है**

995. *A.C.* परिपथ में धारा सीमित करने के लिए चोक कुण्डली को प्राथमिकता दी जाती है, क्योंकि → **ऊर्जा की हानि नहीं होती**

996. विद्युत परिपथ में $\cos\phi$ को कहते है → **आवृति गुणांक**

997. किसके लिए शक्ति गुणांक एक होता है → **शुद्ध धारिता**

998. प्रत्यावर्ती धारा का वर्ग माध्य मूल मान (*r.m.s. value*) बराबर होता है → **शिखर मान का गुना**

999. शुद्ध प्रतिरोध *A.C.* परिपथ में, धारा → **वि.वा. बल के समान कला में होती है**

1000. किसी *A.C.* परिपथ में प्रेरकत्व का प्रतिघात होता है → ωL

1001. मैक्सवेल ने सिद्ध किया कि चुम्बकीय क्षेत्र केवल विद्युत धारा से ही नहीं वरन् समय के साथ परिवर्तनशील विद्युत क्षेत्र द्वारा भी उत्पन्न होता है। मैक्सवेल समीकरणें विद्युत चुम्बकत्व के किसके निरूपण करती है → **सभी मौलिक नियमों का**

1002. एक त्वरित आवेश विद्युत चुम्बकीय तरंगों को उत्पन्न करता है। आवर्तीय तरीके से v आवृति से दोलन करता एक विद्युत आवेश उसी आवृति v की विद्युत चुम्बकीय तरंगों को उत्पन्न करता है। एक वैद्युत किन तरंगों का मौलिक स्रोत है → **द्विध्रुव चुम्बकीय**

1003. निर्वात में विद्युत चुम्बकीय तरंग की चाल $c_r \mu_0$ तथा ε_0 (चुम्बकशीलता तथा विद्युतशीलता) से इस प्रकार सम्बन्धित है → $c' = 1\sqrt{\mu_0 \varepsilon_0}$ c **का मान प्रकाशीय मापों द्वारा प्राप्त प्रकाश की चाल के बराबर होता है। प्रकाश एक विद्युत चुम्बकीय तरंग है, इसलिये c प्रकाश की भी चाल है। प्रकाश के अतिरिक्त सभी विद्युत चुम्बकीय तरंगों की मुक्त आकाश में वही चाल c है। प्रकाश या विद्युत चुम्बकीय तरंगों की किसी भौतिक – माध्यम में चाल $v = 1\sqrt{\mu E}$ होती है। यहां μ माध्यम की चुंबकशीलता तथा ε विद्युतशीलता है।**

1004. विद्युत चुम्बकीय तरंगें जब दिक्स्थान (आकाश) में संचरित होती है तो अपने साथ ऊर्जा वहन करती है तथा यह ऊर्जा विद्युत तथा चुम्बकीय क्षेत्र में समान रूप से विभाजित होती है। विद्युत चुम्बकीय तरंगे संवेग का भी वहन करती है। जब ये तरंगें किसी पृष्ठ पर पड़ती है तो वे पृष्ठ पर दाब डालती है। यदि t समय में पृष्ठ को स्थानान्तरित सम्पूर्ण ऊर्जा U हो तो पृष्ठ को दिया गया कुल संवेग होगा → $p = U/c$

1005. निम्न में से कौन प्रकृति में विद्युत चुम्बकीय नहीं है → $X-$ **किरणें**

1006. निम्न में से कौन विद्युत चुम्बकीय तरंगे है → $X-$ **किरणें एवं प्रकाश किरणें**

1007. सन् 1800 में अवरक्त विकिरणों की खोज किसने की → **विलियम हर्शेल**

1008. एक I तीव्रता वाली विद्युत चुम्बकीय तरंग द्वारा परावर्तन न करने वाली सतह पर आरोपित दाब होगा [c = प्रकाश का वेग] → I/c **(पूर्णत अवशोषक के लिये)**

1009. यदि λ_v, λ_x एवं λ_m क्रमशः दृश्य प्रकाश, $X-$ किरणों एवं सूक्ष्म तरंगों की तरंगदैर्ध्य है, तब → $\lambda_m > \lambda_v > \lambda_x$

1010. विद्युत चुम्बकीय तरंग किसी माध्यम में संचरित होती है, माध्यम की आपेक्षिक चुम्बकशीलता 1.3 एवं आपेक्षिक विद्युत शीलता 2.14 है। इस माध्यम में विद्युत चुम्बकीय तरंग की चाल होगी → $1.8 \times 10^8 \, m/s$

1011. $0.5 \, W/m^2$ तीव्रता के विकिरण किसी धात्विक प्लेट पर आपतित होते है। प्लेट पर आरोपित दाब होगा → $0.166 \times 10^{-8} \, N/m^2$

1012. निम्न में से किसकी तरंगदैर्ध्य न्यूनतम होगी → **कॉस्मिक किरणें**

1013. यदि निर्वात में विद्युत चुम्बकीय तरंग की चाल c है, तो K परावैद्युतांक एवं μ_r आपेक्षिक चुम्बकशीलता वाले मध्यम में इसकी चाल होगी → $v = \dfrac{c}{\sqrt{\mu_r K}}$

1014. निम्न में से किस विद्युत चुम्बकीय तरंग की आवृति न्यूनतम होगी → **श्रव्य तरंगे**

1015. वायुमण्डल में क्षोभमण्डल (Tropospher) के ठीक ऊपर वाला क्षेत्र कहलाता है → **समताप मण्डल**

1016. एक तरंग की आवृति $6\times10^{15}\,Hz$ है, यह तरंग है → **रेडियो तरंग, सूक्ष्म तरंग व X–किरणें नहीं है**

1017. कौन से वैज्ञानिक ने प्रायोगिक रूप से विद्युत चुम्बकीय तरंगों की उपस्थिति को सिद्ध किया → **मारकोनी**

1018. अन्तरावकाश में उपस्थित परमाण्विक हाइड्रोजन से उत्सर्जित 21 cm तरंगदैर्ध्य सम्बन्धित है → **रेडियो तरंग से**

1019. चन्द्रमा से प्रसारित TV सिग्नल पृथ्वी पर प्राप्त किया जा सकता है, लेकिन दिल्ली से प्रसारित TV सिग्नल $100\,km$ की दूरी पर स्थित स्थान पर प्राप्त नहीं किया जा सकता है। इसका कारण है → **TV सिग्नल सीधे पथ पर संचरित होता है और पृथ्वी की वक्रता के अनुदिश गमन नहीं कर पाता है**

1020. विद्युत चुम्बकीय तरंग एक पदार्थ सह पर आपतित होती है तो यह संवेग p एवं ऊजा E प्रदान करती है, तब → $p\neq0, E\neq0$

1021. विद्युत चुम्बकीय तरंगों के द्वारा संचरित नहीं होती है → **आवेश**

1022. पृथ्वी की सतह से ओजोन मण्डल की लगभग ऊँचाई होती है → **60 से 70 कि.मी.**

1023. किसी बिन्दु (स्थान) पर एक एंटीना के द्वारा उत्सर्जित सिग्नल दूसरे बिन्दु पर किस रूप में ग्रहण की जा सकती है → **आकाश तरंग एवं भू–तरंग**

1024. निम्न में से किन किरणों की आवृति अधिकतम होती है → **γ–किरणें**

1025. विद्युत चुम्बकीय स्पेक्ट्रम के नियम में से किस क्षेत्र में अणुओं की कम्पित गति के कारण अवशोषण उत्पन्न होता है → **सूक्ष्म तरंगे**

1026. विद्युत चुम्बकीय तरंग के कम्पित विद्युत एवं चुम्बकीय सदिश निर्देशित होते है → **परस्पर लम्बवत दिशा में तथा समान कला में**

1027. मैक्सवेल समीकरणों द्वारा किसके मूल नियमों को समझाया गया है → **विद्युतीय एवं चुम्बकीय**

1028. TV तरंगों के तरंगदैर्ध्य का क्रम 1 – 10 मीटर है तो इसकी आवृति का क्रम MHz में होगा → **30–300**

1029. मैक्सवेल की परिकल्पना के अनुसार, परिवर्ती विद्युत क्षेत्र उत्पन्न करता है → **चुम्बकीय क्षेत्र**

1030. ऊष्मीय विकिरण निम्न में से किसके वेग से संचरित होते है → **प्रकाश तरंगें**

1031. विद्युत चुम्बकीय दोलनों में संचित ऊर्जा किस रूप में होती है → **विद्युतीय ऊर्जा एवं चुम्बकीय ऊर्जा**

1032. रेडियो तरंगों का एवं दृश्य प्रकाश का निर्वात में होता है → **समान वेग लेकिन भिन्न भिन्न तरंगदैर्ध्य**

1033. $X-$ किरण, $\gamma-$ किरण एवं पराबैंगनी किरणों की आवृति क्रमशः a, b एवं c है, तो → $a< b, b> c$

1034. रेडियो तरंगे मकान (अवरोध) से विवर्तित होती है जबकि प्रकाश तरंगें नहीं। क्योंकि रेडियो तरंगे → **प्रकाश से अधिक तरंगदैर्ध्य रखती है**

1035. निम्न में से किन तरंगों की प्रकृति विद्युत चुम्बकीय नहीं है → **$a-$किरणें**

1036. ओजोन छिद्र क्या है → **समताप मण्डल में ओजोन परत की मोटाई घटना**

1037. ओजोन परत की जैविक उपयोगिता है → **पराबैंगनी किरणों को रोकती है**

1038. विद्युत चुम्बकीय तरंगों की अनुप्रस्थ प्रकृति सिद्ध होती है → **ध्रुवण से**

1039. निम्न में से किसी तरंग का तरंगदैर्ध्य महत्तम होता है → **रेडियो तरंगे**

1040. निम्न में से कौनसी किरणें ग्रीन हाउस प्रभाव प्रदर्शित करती है → **अवरक्त किरणें**

1041. उच्चतम आवृति की विद्युत चुम्बकीय तरंगे हैं → **$\gamma-$ किरण**

1042. ओजोन मण्डल अवशोषित करती है → **पराबैंगनी विकिरण**

1043. विद्युत चुम्बकीय तरंगे गमन करती है → **प्रकाश वेग से**

1044. ओजोन पायी जाती है → **समताप मण्डल में**

1045. निम्न में से कौन विद्युत चुम्बकीय तरंगे नहीं है → **$\beta-$ किरणें**

1046. h ऊँचाई के TV टॉवर से अधिकतम दूरी जहां तक प्रसारण होता है, समानुपाती होती है → $h^{1/2}$

1047. किस विकिरण की तरंगदैर्ध्य न्यूनतम होती है → **$\gamma-$ किरण**

1048. प्रकाश के तरंगदैर्ध्य की कौनसी कोटि नेत्र के प्रति संवेदनशील है → $6\times10^{-7}\ m$

1049. निम्न में से कौन अवरत तरंगदैर्ध्य को प्रदर्शित करता है → $10^{-4}\ cm$

1050. सूर्य प्रकाश में कौनसा विकिरण, ऊष्मीय प्रभाव उत्पन्न करता है → **अवरक्त**

1051. दृश्य प्रकाश की तरंगदैर्ध्य परास होगी → **10 Å से 100 Å**

1052. निर्वात में विद्युत चुम्बकीय तरंग का वेग होता है → $\frac{1}{\sqrt{\mu_0\varepsilon_0}}$

1053. कौनसी तरंग निर्वात में गमन नहीं कर सकती → **पराबैंगनी किरणें**

1054. निम्न विकिरणों में से किसको तरंगदैर्ध्य अधिकतम होगी → **लाल प्रकाश**

1055. प्रकाश परावर्तन समीकरण $i=r$ द्वारा तथा अपवर्तन किस नियम के द्वारा नियंत्रित होता है → **स्नेल के नियम,** $\frac{\sin i}{\sin r}=n$

1056. क्रांतिक आपतन कोण i_c सघन माध्यम से विरल माध्यम में $\sin i_c=\frac{n}{n}$ द्वारा व्यक्त किया जाता है। यदि $i>i_c$ है तो → **पूर्ण आंतरिक परावर्तन होता है।**

1057. नयी कार्तीय चिह्न परिपाटी आपतित प्रकाश की दिशा में मापी गई दूरियां धनात्मक तथा इसके विपरीत दिशा में मापी गयी दूरिया ऋणात्मक ली जाती है। सभी दूरियां दर्पण के केन्द्र/लेंस के प्रकाशिक केन्द्र से मापी जाती है। x–अक्ष के उपरिमुखी तथा दर्पण/लेंस के मुख्य अक्ष के अभिलंबवत् मापी गई ऊँचाईया धनात्मक ली जाती है तथा अधोमुखी दिशा में मापी गई ऊँचाइयाँ → **ऋणात्मक**

1058. दर्पण समीकरण है → $\frac{1}{v}+\frac{1}{u}=\frac{1}{f}$ **यहां u तथा v क्रमशः वस्तु दूरी तथा प्रतिबिम्ब दूरी है और f दर्पण की फोकस दूरी है। f (सन्निकट) वक्रता त्रिज्या R की आधी होती है। अवतल दर्पण के लिए $f<0$ तथा उत्तल दर्पण के लिए $f>0$ होता है।**

1059. कोण A, अपवर्तनांक n_2 के किसी प्रिज्म के लिए जो n_1 अपवर्तनांक के किसी माध्यम में रखा है → $n_{21}=\frac{n_2}{n_1}=\frac{\sin\left(\frac{A+D_m}{2}\right)}{\sin\left(\frac{A}{2}\right)}$ **यहां D_m न्यूनतम विचलन कोण है।**

1060. किसी गोलीय अंतरापृष्ठ से अपवर्तन [माध्यम 1 (अपवर्तनांक n_1) से माध्यम 2 (अपवर्तनांक n_2) की ओर] → $\frac{n_2}{v}-\frac{n_1}{u}=\frac{n_2-n_1}{R}$ **पतले लेंस के लिए सूत्र $\frac{1}{v}-\frac{1}{u}=\frac{1}{f}$ लेंस–मेकर सूत्र $\frac{1}{f}=\frac{(n_2-n_1)}{n_1}\left(\frac{1}{R_1}-\frac{1}{R_2}\right)$ R_1 तथा R_2 लेंस के पृष्ठों की वक्रता त्रिज्याएं है। अभिसारी लेंस के लिए $f>0$; अपसारी लेंस के लिए $f<0$**

1061. नेत्र में लगभग 2.5 cm फोकस दूरी का एक उत्तल लेंस होता है। इस फोकस दूरी में परिवर्तन किया जा सकता है जिसके कारण प्रतिबिम्ब सदैव दृष्टिपटल पर बनता है। नेत्र की इस योग्यता/क्षमता को कहते है → **समंजन**

1062. किसी कैमरे में द्वारक का आकार तथा उद्भासन काल दोनों मिलकर प्रकाश की कुल मात्रा की प्राप्ति का निर्धारण करते है। n की f– संख्या से तात्पर्य यह है कि द्वारक का व्यास f/n है। $f/2, f/2.8, f/4, f/5.6, f/8, f/11$ का क्रम इस प्रकार है कि समान मात्रा के प्रकाश को प्राप्त करने के लिए आवश्यक उद्भासन काल → **1 : 2 : 4 : 8 : 16 : 32 के अनुपात में होते है।**

1063. किसी दूरबीन की आवर्धन क्षमता प्रतिबिम्ब द्वारा नेत्र पर आपतित कोण β तथा वस्तु द्वारा नेत्र पर अंतरित कोण α का अनुपात होती है। → $m=\frac{\beta}{\alpha}=\frac{f_o}{f_e}$ **यहां f_o तथा f_e क्रमशः अभिदृश्यक तथा नेत्रिका की फोकस दूरियां है।**

1064. एक समतल कांच के गुटके को विभिन्न रंगों के अक्षरों के ऊपर रखा जाता है। वह अक्षर जो न्यूनतम उभरा हुआ प्रतीत होता है, है → **लाल**

1065. जब प्रकाश की एक किरण, वायु से कांच के गुटके में प्रवेश करती है तो → **इसकी तरंगदैर्ध्य में कमी होती है**

1066. पूर्ण आन्तरिक परावर्तन हो सकता है यदि प्रकाश जाता है → **सघन से विरल माध्यम में**

1067. जब प्रकाश की एक किरण, एक माध्यम से दूसरे माध्यम में जाती है, जिनके बीच एक सुभाषित सीमा है, वह लक्षण है जो परिवर्तित नहीं होता है → **आवृति**

1068. किसी स्नान तालाब में एक गोताखोर, अपनी वाटर प्रुफ फ्लैश लाइट जलाकर, किनारे पर खड़े एक व्यक्ति को अपनी विपति का संकेत देना चाहता है → **उसको लाइट की दिशा को ऊर्ध्वाधर से, पूर्ण आन्तरिक परावर्तन के लिए आपतन के क्रान्तिक कोण से कुछ कम कोण पर रखनी होगी**

1069. एक उत्तल लैंस, एक कांच का गुटका, एक कांच का प्रिज्म एवं एक ठोस गोलाकार गेंद को समान प्रकाशीय पारदर्शी पदार्थ से बनाया गया है। विक्षेपण क्षमता होगी केवल → **सभी चारों में**

1070. लैंसों के अवर्णीय संयोग द्वारा बनाता है → **प्रतिबिम्ब, जो अपवर्तनांक व तरंगदैर्ध्य में हुए परिवर्तन से प्रभावित नही होते है**

1071. प्रकाश के कांच से वायु में जाने के लिए न्यूनतम क्रान्तिक कोण होगा → **बैंगनी रंग के लिए**

1072. एक उत्तल दर्पण को किसी वास्तविक वस्तु का प्रतिबिम्ब बनाने के लिए प्रयुक्त किया जाता है। असत्य वक्तव्य पर चिन्ह लगाइये → **प्रतिबिम्ब वास्तविक होगा**

1073. उत्तल दर्पण के पोल एवं मुख्य फोकस के बीच रखी हुई काल्पनिक वस्तु का प्रतिबिम्ब होगा → **वास्तविक, आवर्धित एवं सीधा**

1074. एक उत्तल दर्पण की फोकस दूरी f है। इसके सामने, पोल से f दूरी पर रखी हुई वास्तविक वस्तु का प्रतिबिम्ब होगा → **$f/2$ पर**

1075. एक अभिसारी लेंस को एक पर्दे पर प्रतिबिम्ब बनाने के लिए प्रयोग किया जाता है। जब लैंस के ऊपर के आधे भाग को एक अपारदर्शी पर्दे से ढक दिया जाता है तो → **पूरा प्रतिबिम्ब बनेगा**

1076. एक लैंस का व्यवहार वायु में अभिसारी तथा पानी में अपसारी है। लैंस के पदार्थ का अपवर्तनांक है → **एकांक व 1.33 के बीच**

1077. एक द्वि उत्तल वायु के बुलबुले का पानी में व्यवहार होगा → **अपसारी लैंस**

1078. $+12\,D$ व $-2D$ शक्ति के दो लेंस सम्पर्क में रखे है। संयोग की फोकस दूरी क्या होगी? → **10 सेमी.**

1079. एक अभिसारक लैंस वह है, जो → **किरणों को एकत्रित करता है**

1080. यदि द्वि उत्तल लैंस, एक काल्पनिक प्रतिबिम्ब बना सकता है यदि वस्तु रखी हो → **यदि वस्तु रखी हो**

1081. वस्तु से बड़ा काल्पनिक प्रतिबिम्ब बनाया जा सकता है → **अवतल दर्पण द्वारा**

1082. एक उत्तल लैंस द्वारा एक वास्तविक प्रतिबिम्ब बनता है। तब इसको एक अवतल लैंस से जोड़ा जाता है और पुनः एक वास्तविक प्रतिबिम्ब बनता है। यह → **लैंस निकाय से दूर विस्थापित हो जायेगा**

1083. जब दो पतले लैंस सम्पर्क में रखे जाते है, तो संयोग की फोकस दूरी है → **दोनों फोकस दूरियों से कम**

1084. पतले लैंस में गोलीय त्रुटि को कम किया जा सकता है → **लैंस के ऊपर वृत्ताकार सूराख का कवर का उपयोग कर**

1085. उत्तल लैंस की फोकस दूरी अधिकतम होगी → **लाल प्रकाश के लिए**

1086. जब एक सूक्ष्मदर्शी की नली की लम्बाई में वृद्धि की जाती है तो इसकी आवर्धन क्षमता → **बढ़ जाती है**

1087. एक विद्युत बल्ब को 60° पर झुके दो समतल दर्पणों के बीच रखा गया है। इस बल्ब के कितने प्रतिबिम्ब दिखेंगे → **5**

1088. प्रकाश की एक किरण समतल दर्पण पर 30° आपतित होती है। इस किरण में विचलन होगा → $\mathbf{120^o}$

1089. समतल दर्पण पर एक किरण अभिलम्बवत् आपतित हो रही है। परावर्तन कोण होगा → $\mathbf{0^o}$

1090. जब एक प्रकाश तरंग का आन्तरिक सतह पर हवा से कांच में परावर्तन होता है तो परावर्तित तरंग की कला में परिवर्तन होगा → π

1091. परस्पर लम्बवत् तीन समत दर्पणों से एक किरण परावर्तित होती है, तो आपतित तथा परावर्तित किरणों के बीच कोण होगा → $\mathbf{180^o}$

1092. जब एक समतल दर्पण को θ कोण से घुमाया जाता है तो परिवर्तित किरण 2 θ कोण से घूम जाती है, तो प्रतिबिम्ब का आकार → **आधा हो जाएगा**

1093. समतल दर्पण द्वारा उत्पन्न आवर्धन होता है → **+1**

1094. एक घड़ी में वास्तविक समय 3 : 25 है। जब इसे समतल दर्पण में देखा जाये तो समय दिखेगा → **8 : 35**

1095. एक लड़का एक दर्पण के सामने 30 सेमी. की दूरी पर सीधा खड़ा होकर अपना प्रतिबिम्ब देखता है। उसका सीधा प्रतिबिम्ब उसकी ऊँचाई का वॉ भाग बनता है। लड़के द्वारा काम में लाया जाने वाला दर्पण है → **उत्तल दर्पण**

1096. एक व्यक्ति अपना आभासी प्रतिबिम्ब दर्पण को अपने चेहरे के काफी समीप रखकर देखता है। जब वह दर्पण को अपने चेहरे से दूर ले जाता है तब प्रतिबिम्ब उल्टा हो जाता है। वह किस प्रकार के दर्पण का उपयोग कर रहा है → **अवतल दर्पण**

1097. एक उत्तल दर्पण की फोकस दूरी 20 *cm* हैं। इसकी वक्रता त्रिज्या होगी → **40 सेमी.**

1098. किसी कांच का अपवर्तनांक 1.5, जबकि निर्वात में प्रकाश की तरंगदैर्ध्य 6000 *A* है तो इसक प्रकाश की तरंगदैर्ध्य कांच में होगी → **4000A**

1099. 8 मीटर गहराई का एक आयताकार टैंक पानी ($\mu = 4/3$) से पूर्णतः भरा है। इसकी तली कितनी गहराई पर दिखेगी → **6 मी.**

1100. एक टैंक की तली थोड़ा सा उपर उठी हुई दिखाइ देती है यदि इसमें द्रव भरा हो → **अपवर्तन के कारण**

1101. पानी का वायु के सापेक्ष अपवर्तनांक 4/3 है एवं कांच का वायु के सापेक्ष अपवर्तनांक 3/2 है। पानी का कांच के सापेक्ष अपवर्तनांक होगा → $\frac{8}{9}$

1102. अन्तरिक्षयान में बैठे हुए अन्तरिक्ष यात्री को बाहरी अन्तरिक्ष दिखाई देता है → **काला**

1103. पानी $(\mu = 4/3)$ में 12 मीटर गहराई पर एक गोताखोर को आकाश ऐसे शंकु में दिखाई पडता है जिसका अर्धशीर्ष कोण है → $\sin^{-1}(3/4)$

1104. क्रातिक कोण सघन माध्यम में वह आपतन कोण है जिसके लिये विरल माध्यम में अपवर्तन कोण होता है → **90°**

1105. एक माध्यम के लिए वायु के सापेक्ष क्रान्तिक कोण 45° है। माध्यम अपवर्तनांक है → **1.41**

1106. यदि एक लैंस को मुख्य अक्ष के लम्बवत् काटा जाये एवं केवल एक ही भाग को उपयोग में लाया जाये तो प्रतिबिम्ब की तीव्रता → **उतनी ही रहेगी**

1107. यदि किसी प्रिज्म के लिए न्यूनतम विचलन कोण 40° तथा प्रिज्म कोण 60° है, तो इस स्थिति में आपतन कोण होगा → **50°**

1108. बैंगनी और लाल प्रकाश के लिए अपवर्तनांक क्रमशः 1.54 और 1.52 है, यदि प्रिज्म कोण 10° है, तो कोणीय विक्षेपण है → **0.2**

1109. किसी माध्यम के बैंगनी, लाल और पीले रंग के प्रकाश के लिये अपवर्तनांक क्रमश : 1.62, 1.52, और 1.55 है, तो माध्यम की विक्षेपण क्षमता होगी → **0.18**

1110. निकट दृष्टिदोष को दूर करने के लिए उपयोग में लाते है → **अवतल लैंस**

1111. निकट दृष्टिदोष में प्रतिबिम्ब बनता है → **रेटिना के आगे**

1112. जरा दृष्टि दोष (Presyopica) से पीड़ित व्यक्ति को उपयोग करना चाहिए → **द्विफोकसी लैंस जिसका निचला भाग उत्तल हो**

1113. एक व्यक्ति $-2.0D$ शक्ति का चश्मा पहनता है। आंख का दोष और बिना चश्मा पहने व्यक्ति के दूर बिन्दु होंगे → **निकट दृष्टि, 50 सेमी.**

1114. किसी इलेक्ट्रॉन को धातु से बाहर निकालने के लिए न्यूनतम ऊर्जा को क्या कहते हैं → **धातु का कार्य फलन कहते है**

1115. किसी दी गई आवृति के लिए, यह इसकी तीव्रता से स्वतंत्र होती है। रोधव विभव उत्सर्जित इलेक्ट्रॉनों की उच्चतम गतिज ऊर्जा से सम्बन्धित है → $\varepsilon V_0 = \frac{1}{2} mv_{\max}^2 = K_{\max}$

1116. आइन्सटीन का प्रकाश विद्युत समीकरण ऊर्जा संरक्षण नियम के संगत है जैसा कि धातु में एक इलेक्ट्रॉन के द्वारा फोटॉन अवशोषण में लागू होता है। उच्चतम गतिज ऊर्जा, फोटॉन → $\frac{1}{2}mv_{\max}^2$

1117. कैथोड़ किरण की कण प्रकृति सिद्ध होने का कारण है → **किरणों का विद्युत और चुम्बकीय क्षेत्रों से विक्षेपित होना**

1118. मिलिकन के प्रयोग में तेल का उपयोग किया जाता है इसका कारण है → **यह वाष्पशील नहीं है**

1119. एक इलेक्ट्रॉन $\left(e=1.6\times10^{-19}C\right)$ को 10^5 वोल्ट के विभव द्वारा त्वरित किया जाता है। इलेक्ट्रॉन द्वारा प्राप्त ऊर्जा होगी → $1.6\times10^{-14}J$

1120. जब इलेक्ट्रॉन का पुंज वैद्युत क्षेत्र से गुजरता है तब उसकी गतिज ऊर्जा बढ़ जाती है। यदि यही पुंज चुम्बकीय क्षेत्र में से गुजरे तब → **ऊर्जा और संवेग दोनों ही अपरिवर्तित रहते है**

1121. मिलीकन के आवेश ज्ञात करने की विधि में निम्न में से किस नियम का उपयोग होता है → **स्टोक का नियम**

1122. जब इलेक्ट्रॉनों का वेग बढ़ता है तब उसके विशिष्ट आवेश का मान → **घटता है**

1123. जब कैथोड किरणों पर एक अनुप्रस्थ विद्युत क्षेत्र कार्य करता है तो वे → **विभव प्रवणता के ऊपर की ओर गति करती है**

1124. विद्युत आवेश मूल इलेक्ट्रॉनिक आवेश के पूर्णांक गुणक होते है, इस तथ्य को प्रायोगिक रूप से सिद्ध किया था → **मिलिकन ने**

1125. इलेक्ट्रॉन पर आवेश की खोज किसके द्वारा की गई → **मिलीकन**

1126. इलेक्ट्रॉन का विशिष्ट आवेश होता है → 1.76×10^{11} **कूलॉम/किग्रा**

1127. एक इलेक्ट्रॉन x–अक्ष के अनुदिश स्थिर वेग से गति कर रहा है। यदि y–अक्ष के अनुदिश एक समरूप विद्युत क्षेत्र लगाया जाए तो $x-y$ तल में इसका पथ होगा → **एक परवलय**

1128. किसी निश्चित पदार्थ से टकराने पर इलेक्ट्रॉनों द्वारा प्रतिदीप्त उत्पन्न करने के लिए निम्न में से कौनसा उपकरण उपयुक्त है → **कैथोड किरण ऑसिलोस्कोप**

1129. कैथोड किरणों में होते है → **इलेक्ट्रॉन**

1130. `e' कूलॉम आवेश का एक इलेक्ट्रॉन V वोल्ट विभवान्तर से त्वरित होता है तो इसकी ऊर्जा जूल में होगी → eV

1131. कैथोड किरणों के सम्बन्ध में क्या सत्य नहीं है → **यह प्रकाश की चाल के समान चाल से चलती है**

1132. गैस विसर्जन नलिका में धनात्मक स्तम्भ का रंग निर्भर करता है → **ट्यूब में प्रयुक्त गैस**

1133. प्रोटॉन, $\alpha-$ कण तथा इलेक्ट्रॉन के लिए मध्य के अनुपात का क्रम है → $e>p>\alpha$

1134. धन किरणों को किसने खोजा → **थॉमसन**

1135. एक इलेक्ट्रॉन विद्युत क्षेत्र एवं चुम्बकीय क्षेत्र में गतिमान है, यह किससे ऊर्जा प्राप्त करेगा → **विद्युत क्षेत्र**

1136. डी ब्रोग्ली की परिकल्पना के अनुसार इलेक्ट्रॉन है → **तरंग**

1137. डी ब्रोग्ली तरंगदैर्ध्य अनुक्रमानुपाती होती है → $\lambda \propto \frac{1}{p}$

1138. द्रव्य तरंग की तरंगदैर्ध्य किस पर निर्भर नहीं करती है → **आवेश**

1139. डेवीसन एवं जर्मर प्रयोग से सिद्ध हुआ → **नहीं प्रकाश की तरंग व कण प्रकृति**

1140. एक वस्तु का द्रव्यमान m एवं इसकी गतिज ऊर्जा E है। इस वस्तु से सम्बद्ध डी–ब्रोग्ली तरंगदैर्ध्य (λ) के लिए व्यंजक है → $\lambda = \frac{h}{\sqrt{2mE}}$

1141. इलेक्ट्रॉन एवं प्रोटॉन की गतिज ऊर्जा 10^{-32} J है। इन दोनों के डी–ब्रोग्ली तरंगदैर्ध्य के बीच सम्बन्ध होगा → $\lambda_p < \lambda_e$

1142. यदि एक इलेक्ट्रॉन तथा एक फोटॉन समान तरंगदैर्ध्य की तरंगों के रूप में संचरित होते हैं। इसका अर्थ है कि → **संवेग समान है**

1143. सोडियम की देहली तरंगदैर्ध्य 5420 Å है, तब सोडियम का कार्यफलन होगा → **2.28 eV**

1144. यदि फोटॉन की ऊर्जा चार गुना बढ़ा दी जाये तो संवेग → **गुणक 4 से बढ़ जायेगा**

1145. 6 eV ऊर्जा के फोटॉन, 4 eV कार्यफलन के धात्विक पृष्ठ पर आपतित होते हैं। उत्सर्जित फोटो–इलेक्ट्रॉनों की न्यूनतम गतिज ऊर्जा होगी → **0 eV**

1146. प्रकाश विद्युत प्रभाव में, यदि प्रकाश की तीव्रता दुगनी कर दी जाये तो फोटो इलेक्ट्रॉन की अधिकतम गतिज ऊर्जा हो जायेगी → **अपरिवर्तित**

1147. प्रकाश सुग्राही धरातल पर जब hν ऊर्जा के फोटॉन आपतित करते हैं (धातु का कार्यफलन $h\nu_0$ है) तो धातु तल से इलेक्ट्रॉन उत्सर्जित होते हैं। इसे प्रकाश–वैद्युत प्रभाव कहते हैं। उत्सर्जित इलेक्ट्रॉनों की गतिज ऊर्जा के सम्बन्ध में सत्य कथन है → **उत्सर्जित इलेक्ट्रॉनों में ऊर्जा वितरण होता है, अधिकतम गतिज ऊर्जा $h\nu - h\nu_0$ होती है**

1148. प्रकाश वैद्युत प्रभाव के कारण धातु पृष्ठ से उत्सर्जित इलेक्ट्रॉन की गतिज ऊर्जा → **प्रकाश की तीव्रता पर निर्भर नहीं करती है**

1149. एक धातु के लिए देहली आवृति 10^{15} हर्ट्ज है। $\lambda = 4000\ A$ का प्रकाश इसकी सतह पर आपतित होता है। निम्न में सही कथन है → **प्रकाश वैद्युत उत्सर्जन नहीं होता है**

1150. एक फोटॉन, एक इलेक्ट्रॉन और एक यूरेनियम नाभिक सभी को समान तरंगदैर्ध्य है, इनमें से सबसे अधिक ऊर्जा होगी → **फोटॉन की**

1151. जब धातु पर हरा प्रकाश आपतित करते हैं तो फोटो–इलेक्ट्रॉन उत्सर्जित होते हैं, परन्तु पीले प्रकाश के द्वारा यह उत्सर्जन प्राप्त नहीं होता है। अन्य कौनसा वर्ण फोटो–इलेक्ट्रॉन उत्सर्जित करेगा → **जामुनी (indigo)**

1152. फोटोग्राफी के डार्क रूप में प्राप्त लाल रंग का प्रकाश रखा जाता है, इसका कारण है → **अधिकांश फोटोग्राफिक फिल्में लाल प्रकाश के लिए संवेदनशील नहीं होती है एवं लाल प्रकाश की आवृति कम होने से फोटॉन की ऊर्जा $h\nu$ भी कम रहती है**

1153. किसी प्रकाश विद्युत सेल में ऊर्जा का रूपान्तरण होता है → **प्रकाशीय से विद्युतीय**

1154. इलेक्ट्रॉन का द्रव्यमान निम्न में से किस प्रकार से बदलता है – **वेग के कारण**

1155. एक इलेक्ट्रॉन को हटाने के लिए आवश्यक न्यूनतम ऊर्जा कहलाती है → **कार्य–फलन**

1156. एक प्रकाश संवेदी पर आपतित प्रकाश की आवृति दोगुनी करने पर उत्सर्जित प्रकाश इलेक्ट्रॉनों की गतिज ऊर्जा → **दोगुनी से अधिक हो जायेगी**

1157. तापीय आयन होते है → **इलेक्ट्रॉन**

1158. कैथोड किरणें तथ कैनाल किरणे एक विसर्जन नलिका में उत्पन्न होती है, एक ही दिशा में विक्षेपित होगी यदि → **एक अभिलम्बवत् चुम्बकीय क्षेत्र आरोपित किया जाता है**

1159. प्रकाश वैद्युत प्रभाव के लिए, उत्सर्जित फोटो–इलेक्ट्रॉन की अधिकतम गतिज ऊर्जा K का v आवृति के आपतित फोटॉन के विरुद्ध ग्राफ चित्रानुसार प्रदर्शित है। वक्र की ढाल दर्शाती

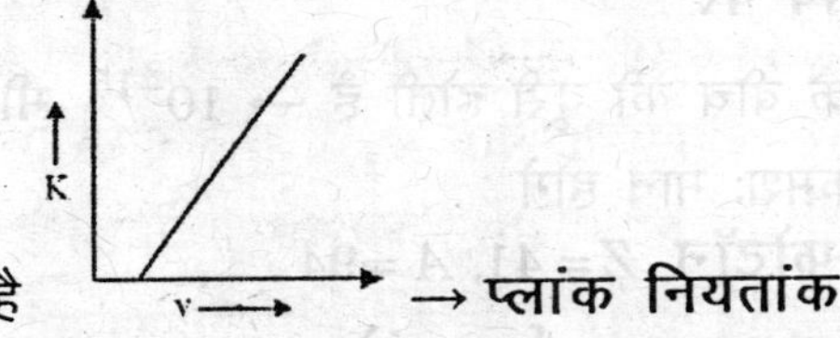

है → **प्लांक नियतांक**

1160. यदि n_t तथा n_b लाल व नीले प्रकाश के एकसमान ऊर्जा के फोटॉनों की संख्या है, तब → $n_t > n_b$

1161. प्रकाश विद्युत प्रभाव में, हम मानते है कि फोटॉन की ऊर्जा, आवृति के समानुपाति होती है तथा धातु में इलेक्ट्रॉनों द्वारा पूर्णतया अवशोषित होती है। तब प्रकाश विद्युत धारा → **फोटॉन की आवृति पर निर्भर नहीं करती, परन्तु केवल आपतित प्रकाश की तीव्रता पर निर्भर करती है**

1162. प्रकाश सुग्राही सतह से, उत्सर्जित इलेक्ट्रॉनों की ऊर्जा में वृद्धि होगी, यदि आपतित प्रकाश की → **तरंगदैर्ध्य कम होती है**

1163. असत्य कथन चुनिये → **प्रकाश इलेक्ट्रॉनों का वेग, प्रकाश, तरंगदैर्ध्य के विलोमानुपाती होता है**

1164. प्रकाश विद्युत प्रभाव में, इलेक्ट्रॉनों का उत्सर्जन नहीं होगा, जब तक कि → **आपतित प्रकाश की आवृति, किसी निश्चित न्यूनतम तरंगदैर्ध्य से अधिक न हो**

1165. यदि किसी प्रकाश विद्युत सतह पर आपतित प्रकाश की तीव्रता दो गुनी कर दी जाये, तो क्या होता है → **फोटॉन की संख्या दो गुनी हो जाती है**

1166. द्रव्य का अविभाज्य सूक्ष्मतम रूप क्या कहलाता है → **परमाणु**

1167. दो परमाणु मिलकर किस का निर्माण करते है → **अणु**

1168. परमाणु के केन्द्र में धनावेशित भाग क्या कहलाता है → **नाभिक**

1169. प्रत्येक तत्व के क्या होते हैं। **अभिलाक्षणिक परमाणु**

1170. विभिन्न तत्वों के परमाणुओं में इलेक्ट्रॉन होते है जो पूर्णतः होते है → **सर्वसम**

1171. परमाणु कुल मिलाकर वैद्युत उदासीन होता है → **परमाणु में धनावेश और ऋणावेश की मात्राएं समान होती है।**

1172. क्वांटम यांत्रिकी में किसी निकाय की ऊर्जाएँ विविक्त अथवा क्वांटमित L लम्बाई की रेखा से परिरुद्ध हैं। m द्रव्यमान के कण की ऊर्जा के मान केवल विविक्त हो सकते है जो निम्न सम्बन्ध द्वारा दी गई है → $E_n = \frac{n^2h^2}{8mL^2}; n = 1, 2, 3, ...$

1173. रेडियोएक्टिव नाभिक उत्सर्जित कर सकता है → **α, β अथवा γ कोई भी केवल एक कण**

1174. निम्न नाभिकीय अभिक्रिया में M दर्शाता है – ${}_2He^4 + {}_zX^A \rightarrow {}_{z+2}Y^{A+3} + M$ → **न्यूट्रॉन**

1175. किसी तारे में ऊर्जा उत्पत्ति का मुख्य कारण होता है → **हल्के नाभिकों का संलयन**

1176. संलयन अभिक्रिया प्रारम्भ होती है → **उच्च ताप पर**

1177. दो प्रोटॉन परस्पर आकर्षण करते है, जब उनके बीच की दूरी होती है → 10^{-15} **मीटर**

1178. निम्न नाभिकीय अभिक्रिया में Z और A के क्रमशः मान होंगे
→ ${}_{92}U^{235} + {}_0n^1 \rightarrow {}_{51}Xe^{140} + {}_zSr^A + 2\,{}_0n^1 +$ **फोटॉन** $Z = 41, A = 94$

1179. नाभिकीय अभिक्रिया में संरक्षित रहता है → **द्रव्यमान, ऊर्जा व संवेग**

1180. समभारिक होते हैं → **समान परमाणु द्रव्यमान के परमाणु**

1181. यदि प्रकृति में मुख्य क्वाण्टम संख्या $n > 4$ तत्व नहीं होते, तो संभव तत्वों की संख्या होती → **60**

1182. यदि रेडियोएक्टिव नाभिक का क्षय निम्न प्रकार से होता है
$A \xrightarrow{\alpha} A_1 \xrightarrow{\beta} A_2 \xrightarrow{\alpha} A_3 \xrightarrow{\gamma} A_4$ यदि A की द्रव्यमान संख्या व परमाणु संख्या क्रमशः 180 व 72 है, तो A_4 के लिए यह मान होंगे क्रमशः → **172 और 69**

1183. U^{235} और U^{238} में अन्तर है → **U^{238} में 3 न्यूट्रॉन एवं 3 इलेक्ट्रॉन अधिक रहते हैं**

1184. U^{234} की एक क्यूरी में द्रव्यमान है → 1.437×10^{-11} **ग्राम**

1185. एक रेडियोएक्टिव पदार्थ की अर्द्ध आयु T है। सभी नाभिकों का विघटन होने में समय लगेगा → **अनिश्चित**

1186. हाइड्रोजन परमाणु लाइमन बामर तथा पाश्चन श्रेणियों में वर्णक्रम रेखायें दे सकता है। निम्न में से सत्य कथन है → **बामर श्रेणी दृश्य क्षेत्र में (आंशिक) होगी**

1187. हाइड्रोजन परमाणु की r त्रिज्या की कक्षा में इलेक्ट्रॉन की गतिज ऊर्जा होगी → $\frac{e^2}{2r}$

1188. रिडबर्ग स्थिरांक R के पदों में, प्रथम बामर रेखा की तरंग संख्या है → $\frac{5R}{36}$

1189. एक इलेक्ट्रॉन की विराम ऊर्जा होती है → $510\,keV$

1190. बोहर सिद्धान्त के अनुसार हाइड्रोजन परमाणु के द्वितीय कक्ष में गति करते हुए इलेक्ट्रॉन के संवेग का आघूर्ण होगा → $\frac{h}{\pi}$

1191. प्रति न्यूक्लिऑन बन्धन ऊर्जा किसके लिये अधिकतम होती है → ${}_{26}Fe^{56}$

1192. α – कण का द्रव्यमान होता है → **दो प्रोटॉनों, दो न्यूट्रॉनों के द्रव्यमानों योग से कम**

1193. एक तत्व A का दो चरणों में दूसरे तत्व C में क्षय होता है तो $A \rightarrow B + {}_2He^4$, $B \rightarrow C + 2e^- \rightarrow$ **A और C समस्थानिक है**

1194. एक हाइड्रोजन परमाणु में एक इलेक्ट्रॉन किसी उत्तेजित अवस्था से मूल अवस्था में संक्रमण करता है। निम्न में से कौनसा कथन सत्य है → **इसकी गतिज ऊर्जा बढ़ती है एवं कुल ऊर्जा तथा स्थितिज ऊर्जा घटती है**

1195. एक औसत आयु में रेडियो सक्रिय प्रतिदर्श → **लगभग दो तिहाई पदार्थ विघटित है**

1196. हाइड्रोजन परमाणु के लिए बोहर के सिद्धान्त के अनुसार, हाइड्रोजन परमाणु की किसी कक्षा में, इलेक्ट्रॉन का कोणीय संवेग होता है → **कक्षा की त्रिज्या के वर्ग के सीधे समानुपाती**

1197. वर्णक्रम की एक रेखा उत्सर्जित होती है, जब एक इलेक्ट्रॉन → **उच्च कक्षा से निम्न कक्षा में आता है**

1198. हाइड्रोजन परमाणु द्वारा बामर श्रेणी की रेखायें उत्सर्जित होती है, जबकि इलेक्ट्रॉन जाता है → **किसी उच्च कक्षा से दूसरी कक्षा में**

1199. हाइड्रोजन परमाणु के बोहर प्रारूप (Bohr model) के अनुसार → **इलेक्ट्रॉन का कोणीय संवेग क्वांटित होता है**

1200. हाइड्रोजन वर्णक्रम की विभिन्न श्रेणियों में, कौनसी पूर्ण रूप से पराबैंगनी क्षेत्र (ultra violet region) में होती है → **बामर श्रेणी**

1201. क्वांटम संख्या में वृद्धि होने पर, क्रमिक ऊर्जा स्तरों में ऊर्जा का अन्तर → **कम होता है**

1202. n के दिये गये मान के लिए, किसी कक्षा में इलेक्ट्रॉन की अधिकतम संख्या हो सकती है → $2n^2$

1203. एक क्वांटम में ऊर्जा के सम्बन्ध में, निम्नलिखित में कौनसा कथन सत्य है → **यह आवृत्ति के समानुपाती होता है**

1204. नाभिकीय रियेक्टर में भारी पानी (heavy water) को मंदक के रूप में प्रयोग किया जाता है। मन्दक का कार्य है → **ऊष्मीय ऊर्जाओं तक न्यूट्रॉन को मन्द करना**

1205. हाइड्रोजन के तीन समस्थानिक (isotopes) ${}_1H^1, {}_2H^2$ व ${}_1H^3$ में → ${}_1H^3$ क्षय **होकर ${}_2He^4$ बननता है**

1206. किसी रेडियोधर्मी पदार्थ से उत्सर्जित α – किरणें होती है → **द्वि–आयनित हीलियम परमाणु**

1207. रेडियोधर्मी पदार्थ उत्सर्जित नहीं करते है → **प्रोटॉन**

1208. नाभिकीय प्रतिक्रिया में परिवर्तन होता है → **द्रव्यमान, ऊर्जा एवं संवेग**

1209. रेडियोधर्मी पदार्थ की अर्द्ध आयु निर्भर करती है → **उपस्थित तत्व की मात्रा, तापमान व दाब पर निर्भर नही करती है।**

1210. किसी रेडियोधर्मी पदार्थ द्वारा उत्सर्जित β– किरणें होती है → **नाभिक द्वारा उत्सर्जित आवेशित कण**

1211. वह प्रक्रिया, जिसमें एक भारी परमाणु का नाभिक, दो लगभग समान भागों में खण्डित होता है, तथा ऊर्जा उत्सर्जित होती है, कहलाती है → **विखण्डन**

1212. विखण्डन की प्रक्रिया द्वारा ऊर्जा उत्सर्जित होती है → **परमाणु बम से**

1213. संलयन प्रक्रिया आरम्भ करने के लिए सहायता ली जाती है → **उच्च ताप से**

1214. किसी nuclear reactor में boron rods प्रयोग की जाती है → **प्रतिक्रिया को तीव्र करने के लिए**

1215. यदि neutron capture के साथ हो रही नाभिकीय विखण्डन की प्रतिक्रिया में गुणक (multiplication factor) एकांक से अधिक है, तब → **विस्फोट नहीं हो सकता है**

1216. परमाणु बम में हम जो प्रक्रिया प्रयोग करते है, उसको कहते है → **विखण्डन**

1217. हाइड्रोजन बम मे प्रयुक्त प्रक्रिया को कहते है → **संलयन**

1218. वर्ष 1945 में नागासाकी (जापान) पर गिराये गये बम में क्या विखण्डनीय पदार्थ प्रयोग किया गया था → **हीलियम**

1219. तीव्र गति के न्यूट्रॉन को सुगमता से मंदित किया जा सकता है → **तीव्र वैद्युत क्षेत्र लगाकर**

1220. किसी रेडियोधर्मी पदार्थ की औसत आयु 5 घण्टे है। 5 घण्टे में → **सक्रिय नाभिकों के आधे से अधिक क्षय होगा**

1221. यदि एक रेडियोएक्टिव नमूने की अर्द्ध आयु 10 घण्टे है तो उसकी औसत आयु होगी → **14.4 घण्टे**

1222. एक तत्व रेडियोएक्टिव कार्बन डेटिंग के लिए 5600 वर्षों से भी अधिक समय से उपयोग में आता है, वह है → **C - 14**

1223. कौनसा वर्तमान ठोस अवस्था अर्द्धचालक इलेक्ट्रॉनिक युक्तियों जैसे – डायोड, ट्रांजिस्टर, एकीकृत परिपथ इत्यादि में प्रयुक्त मूल पदार्थ है → **अर्द्धचालक**

1224. अवयव तत्वों की जालक संचरना एवं परमाणु संरचना सुनिश्चित करती है कि दिया गया विशेष पदार्थ → **विद्युतरोधी, धातु अथवा अर्द्धचालक होगा।**

1225. धातुओं की प्रतिरोधकता बहुत कम है → 10^{-2} से $10^{-8}\ \Omega m$

1226. शुद्ध अर्द्धचालक क्या कहलाते हैं → **"नैज अर्द्धचालक**

1227. n– अर्द्धचालक में $n_3 >> n_n$ जबकि p–अर्द्धचालक में क्या होता है। → $n_h >> n_e$

1228. विद्युतरोधी हेतु $\rightarrow E_g > 3\,eV$,

1229. ट्रांजिस्टर प्रवर्धक की वोल्टतालब्धि में विन्यास है $\rightarrow A_v = \left(\frac{v_0}{v_i}\right) = \beta \frac{R_C}{R_B}$ **जहां R_C और R_B क्रमशः परिपथ के संग्राहक और आधार की ओर के प्रतिरोध है।**

1230. आधुनिक युग के परिपथ में, कई तर्कसंगत द्वार अथवा परिपथ एक एकल चिप में एकीकृत है, जिन्हें क्या कहते हैं → **एकीकृत परिपथ (IC)**

1231. एक क्रिस्टल एकान्तर क्रम में समान अन्तराल पर, स्थित धन एवं ऋण आयनों से मिलकर बना है। क्रिस्टल बन्धन की प्रकृति है → **आयनिक**

1232. किसी क्रिस्टल निकाय के लिए $a = b = c, \alpha = \beta = \gamma \neq 90°$ है। यह संयोजन है → **समान्तर षटफलक निकाय**

1233. किसी चालक के प्रतिरोध का तापीय गुणांक होता है → **हमेशा धनात्मक**

1234. परम शून्य ताप पर इलेक्ट्रॉनों की संभावित ऊर्जा कहलाती है → **फर्मी ऊर्जा**

1235. धात्वीय ठोस हमेशा अपारदर्शी होते है, क्योंकि → **आपतित प्रकाश धातु के स्वतंत्र इलेक्ट्रॉनों के द्वारा अवशोषित हो जाते हैं**

1236. कौन सा पदार्थ क्रिस्टलीय है → **लकड़ी**

1237. क्रिस्टलों में परमाणु किस स्थिति में होते है → **न्यूनतम स्थितिज ऊर्जा में**

1238. लेपटॉप, पर्सनल कम्प्यूटर, आधुनिक इलेक्ट्रॉनिक घडियों में एवं केल्कुलेटरों में पर्दे पर कुछ दर्शाने के लिए निम्न में से किसका उपयोग किया जाता है → **द्रव क्रिस्टल**

1239. कौनसा ठोस अक्रिस्टलीय है → **काँच**

1240. एक जर्मेनियम क्रिस्टल (अर्द्धचालक) में कौनसा बन्धन होता है → **सहसंयोजी**

1241. फलक केन्द्रित धनाकार संरचना की परमाण्विक त्रिज्या है $\rightarrow \frac{a}{2}$

1242. सुचालकों में कोई कोटर धारा (hole current) नहीं होती, क्योंकि ये → **इनके संयोजक बैण्ड व चालक बैन्ड परस्पर overlap करते हैं**

1243. इलेक्ट्रॉनों की गतिशीलता कोटरों (holes) से अधिक होती है, क्योंकि ये → **इनको चलाने के लिए कम ऊर्जा की आवश्यकता होती है**

1244. चालकों, अचालकों एवं अर्द्ध चालकों के बीच अन्तर, प्रमुख रूप से सम्बन्धित है → **इनके ऊर्जा अन्तरालों (Energy gaps) की सापेक्ष चौड़ाई पर**

1245. N – टाइप अर्द्ध चालक में → **कोटर बहुसंख्यक वाहक होते है**

1246. P – टाइप अर्द्ध चालक में → **अगतिशील (immobile) ऋण आयन होते है**

1247. ग्राही प्रकार का अर्द्धचालक प्राप्त करने के लिए, मिलाये गये अपद्रव्य की संयोजकता होती है → **3**

1248. दाता प्रकार का अर्द्धचालक बनाने के लिए, मिलाये गये अपद्रव्य की संयोजकता होती है→**5**

1249. एक शुद्ध अर्द्ध चालक का → **एक परिमित प्रतिरोध जो ताप के साथ कम होता है**

1250. ताप में वृद्धि होने पर, निज अर्द्ध चालक की वैद्युत चालकता → **बढ़ती है**

1251. अर्द्ध चालक पदार्थ, जिसका उच्च ऋण प्रतिरोधकता गुणांक होता है, होता है → **थर्मिस्टर (thermistor)**

1252. जर्मेनियम एवं सिलिकॉन के लिए ताप की सुरक्षित सीमा है → $80°C$, $200°C$

1253. Si – डायोड के लिए, cut off voltage होता है लगभग → $0.6\ V$

1254. जब जर्मेनियम क्रिस्टल को फॉस्फोरस परमाणुओं द्वारा डोपान किया जाता है, यह बन जाता है → **N – टाइप अर्द्ध चालक**

1255. डोपान पदार्थों (doping materials) को अपद्रव्य कहते हैं क्योंकि ये → **शुद्ध अर्द्धचालक की क्रिस्टल संरचना परिवर्तित कर देते है**

1256. अग्र–अभिनत (forward biasing), V-1 लाक्षणिक में वक्र रेखिक रूप से (linearly) बढता है, जब प्राचीर विभव (barrier voltage) → **पार (overcome) हो जाता है**

1257. कॉपर के टुकड़े एवं जर्मेनियम के एक अन्य टुकड़े को कमरे के ताप से 80 K तक ठण्डा किया जाता है। प्रतिरोध → **कॉपर का कम होता है तथा जर्मेनियम का बढ़ता है**

1258. शुद्ध सिलिकॉन को P – टाइप अर्द्धचालक बनाने के लिए, जिस पदार्थ के परमाणुओ द्वारा अपमिश्रित (doping) किया जाता है, है → **एल्युमिनियम**

1259. ट्रांजिस्टर बनाने के लिए सर्वोपयुक्त पदार्थ है → **सिलिकॉन**

1260. कोटर आवेश वाहक होते है → **निज अर्द्ध चालकों मे**

1261. कौनसा कथन सत्य नहीं है → **N – टाइप अर्द्धचालक में बाहुल्य वाहक (majority carriers) कोटर (holes) होते है**

1262. अग्र एवं विपरीत अभिनत $P-N$ सन्धियों में आवेश वाहकों की गति के लिए प्रभावी तकनीक (dominant mechanism) है → **अग्र अभिनत में विसरण तथा विपरीत अभिनत में अनुगमन**

1263. $P-N$ सन्धि डायोड, जिसको किसी परिपथ में नहीं जोड़ा गया हो, में → **सन्धि पर एक वैद्युत क्षेत्र होता है जिसकी दिशा N – टाइप से P – टाइप की ओर होती है**

1264. एक ट्राजिस्टर को उभयनिष्ठ उत्सर्जक विन्यास में प्रवर्धक के रूप में प्रयोग किया जाता है। तब → **आधार उत्सर्जक सन्धि अग्र अभिनत (bias) करने के लिए लगाये गये विभवान्तर के साथ श्रेणी क्रम में, आगत विन्यास सिग्नल (input signal) जोड़ा जाता है**

1265. जब एक $P-N$ सन्धि को उत्क्रम अभिनत किया जाता है, तब सन्धि से जाने वाला धारा प्रवाह मुख्य रूप से होता है → **आवेशों के विसरण (diffusion) के कारण**

1266. $P-N$ संधि क्षेत्र में, अवक्षय पर्त (depletion Layer) उत्पन्न होने का कारण है → **आवेश वाहकों का विसरण**

1267. उत्क्रम अभिनिति को दीर्घ मान तक बढ़ाने पर, $P-N$ सन्धि द्वारा → **अचानक बढ़ती है**

1268. ट्रांजिस्टर का प्रवर्धक के रूप में उपयोग करने के लिए → **उत्सर्जक – आधार सन्धि को अग्र– अभिनत तथा आधार – संग्राहक संन्धि को उत्क्रम अभिनत किया जाता है**

1269. NOR गेट का तर्क है कि यह प्रदान करता है → **उच्च निर्गत जब दोनों निवेशी निम्न विभव पर हो**

1270. एक AND गेट प्राप्त करने के लिए कितने NAND गेट की आवश्यकता होगी → **2**

1271. NAND गेट का निर्गत शून्य होगा → **यदि दोनों निवेशी 1 हो**

1272. कौनसा गेट सार्वत्रिक (universal) गेट है → **NOR**

1273. ट्रांजिस्टर के उभयनिष्ठ उत्सर्जक परिपथ के लिए निवेश (input) एवं निर्गत (output) सिग्नल के बीच का कलान्तर होता है → **180°**

1274. एक ट्रांजिस्टर में उभयनिष्ठ उत्सर्जक विधा में, प्रत्यावर्त धारा लाभ β के लिए सही व्यंजक है → $\beta = \left(\frac{\Delta I_C}{\Delta I_B}\right)_{V_C}$

1275. ट्रांजिस्टर के लिए धारालाभों के प्राचल α तथा β के बीच सही सम्बन्ध है → $\alpha = \frac{\beta}{1+\beta}$

1276. उभयनिष्ठ आधार प्रवर्धक के लिए निवेशी सिग्नल वोल्टेज एवं निर्गत वोल्टेज के बीच का कलान्तर होता है → **0**

1277. *PNP* ट्रांजिस्टर की तुलना में *NPN* ट्रांजिस्टर को प्राथमिकता दी जाती है क्योंकि → **इलेक्ट्रॉनों की गतिशीलता होलों से अधिक है**

1278. एक *PN* संधि की मोटाई निम्न कोटि की होती है → $10^{-6}\,m$

1279. जेनर डायोड का उपयोग होता है → ac **वोल्टेज नियंत्रक के रूप में**

1280. अर्द्धचालक उपकरणों का गंभीर दोष है → **इन्हें उच्च वोल्टेज पर उपयोग नहीं किया जा सकता है।**

भौतिक विज्ञान के JET के पेपर

JET PAPER - 2014

1. यदि प्रथम, द्वितीय, तृतीय .... क्रमागत कटिबंधों के कारण आयाम R_1, R_2, R_3 ..... हैं तो परिणामी आयाम होगा?
   (अ) R_1
   (ब) $R_1/2$
   (स) R_1/r
   (द) R_1^2
2. अनुद्धैर्ध्य तरंग प्रदर्शित नहीं करती है?
   (अ) विवर्तन
   (ब) ध्रुवण
   (स) परावर्तन
   (द) व्यतिकरण
3. आइंसटीन के आपेक्षिता सिद्धान्त से यह निष्कर्ष निकलता है?
   (अ) निरपेक्ष गति संभव नहीं है
   (ब) निरपेक्ष आकाश संभव है
   (स) निरपेक्ष समय संभव है
   (द) उपर्युक्त सभी
4. गतिशील घड़ियाँ सुस्त प्रतीत होती है। इस प्रभाव को कहते हैं?
   (अ) लम्बाई में संकुचन
   (ब) काल विस्फारण
   (स) आपेक्षिता
   (द) सापेक्षवाद
5. कोई वस्तु धनावेशित तब होती है जब
   (अ) उस पर प्रोटॉन किसी अन्य वस्तु से आ जाते हैं
   (ब) उस पर इलेक्ट्रॉन किसी अन्य वस्तु से आ जाते हैं
   (स) उससे कुछ प्रोटॉन निकल जाते हैं
   (द) उससे कुछ इलेक्ट्रॉन निकल जाते हैं
6. एक खोखले धातु के आवेशित गोले के भीतर विभव
   (अ) एक नियतांक होता है
   (ब) बिन्दु की केन्द्र से दूरी के अनुक्रमानुपाती होगा
   (स) बिन्दु की केन्द्र से दूरी के व्युत्क्रमानुपाती होगा
   (द) बिन्दु की केन्द्र से दूरी के वर्ग के व्युत्क्रमानुपाती होगा

7. किसी बंद परिपथ में कुल विद्युत वाहक बलों का बीजगणितीय योग होता है?
   (अ) धाराओं के योग के बराबर
   (ब) प्रतिरोधों के योग के बराबर
   (स) धारा तथा प्रतिरोधों के गुणनफलों के योग के बराबर
   (द) उपरोक्त में से कोई नहीं
8. विभवमापी की सहायता से निम्न में से किस को नहीं नाप सकते है?
   (अ) सैल का वि.वा. बल
   (ब) धारा
   (स) प्रतिरोध (द) स्वप्रेरकत्व
9. लम्बे सीधे धारावाही के कारण किसी बिन्दु पर चुम्बकीय क्षेत्र
   (अ) तार से दूरी के अनुक्रमानुपाती होता है
   (ब) तार से दूरी के व्युत्क्रमानुपाती होता है
   (स) तार से दूरी के वर्ग के व्युत्क्रमानुपाती होता है
   (द) तार की मोटाई पर निर्भर करता है
10. 0.1 मीटर माध्य त्रिज्या के टॉरोइड में 1100 फेरे है। इस टॉरोइड में 2.5 ऐम्पियर की धारा प्रवाहित करने पर टॉरोइड की अक्ष पर चुम्बकीय क्षेत्र की गणना कीजिए?
   (अ) 10 टैस्ला
   (ब) 5.5×10^{-3} टैस्ला
   (स) 10×10^{-3} टैस्ला
   (द) 5.5 टैस्ला
11. चुम्बकीय फलक्स में परिवर्तन की दर बराबर होती है?
   (अ) चुम्बकीय फलक्स घनत्व के
   (ब) विद्युत विभव के
   (स) प्रेरित वि.वा. बल के
   (द) विद्युत क्षेत्र की तीव्रता के
12. एक कुण्डली में फेरों की संख्या दो गुनी कर देने पर उसका स्वप्रेरकत्व हो जायेगा?
   (अ) दो गुना (ब) चार गुना
   (स) आधा (द) वहीं
13. प्रत्यावर्ती वोल्टता का शिखर मान E_0 हो तो उसका r.m.s. मान क्या होगा?
   (अ) $E_0/\sqrt{2}$ (ब) $\sqrt{2}\,E_0$
   (स) E_0/π (द) πE_0
14. प्रत्यावर्ती धारा की कला वि.वा. बल की कला से $\pi/2$ कोण से आगे रहती है जबकि परिपथ में केवल
   (अ) R हो (ब) C हो
   (स) L हो (द) L-C हो
15. X-किरणों की तरंगदैर्ध्य होती है?
   (अ) सेन्टीमीटर में
   (ब) माइक्रोन (10^{-6} m) में
   (स) एंगस्ट्राम (10^{-10} m) में
   (द) मीटर में
16. यदि c प्रकाश का वेग है तो υ आवृति के फोटो का संवेग होगा?
   (अ) $h\nu/C^2$ (ब) $h\nu/c$
   (स) υ/c (द) $h\upsilon c$
17. डेविसन–जर्मन प्रयोग में क्रिस्टल का कार्य है?
   (अ) इलेक्ट्रॉन पुंज का परावर्तन
   (ब) अपवर्तन
   (स) विवर्तन (द) ध्रुवण
18. यदि जर्मेनियम में आर्सेनिक मिला दिया जाए तो वह कौनसा अर्धचालक होगा?
   (अ) P प्रकार का (ब) N प्रकार का
   (स) PN प्रकार का (द) NP प्रकार का

19. दिष्टकारी का कार्य है?
(अ) प्रत्यावर्ती धारा को दिष्ट धारा में बदलना
(ब) वोल्टता बढ़ाना
(स) धारा का मान बढ़ाना
(द) शक्ति का प्रवर्धन करना

20. धारा लाभ β का मान होता है?
(अ) 1 (ब) 1 से कम
(स) 1 से अधिक
(द) उपरोक्त में से कोई नहीं

21. न्यूटन किसका मात्रक है?
(अ) दाब का (ब) ऊर्जा का
(स) कार्य का (द) बल का

22. प्रत्यास्थ एवं अप्रत्यास्थ टक्कर, दोनों में संरक्षित रहने वाली राशि है?
(अ) संवेग (ब) द्रव्यमान
(स) गतिज ऊर्जा (द) स्थितिज ऊर्जा

23. M द्रव्यमान व R त्रिज्या के एक रिंग का उसके केन्द्र से गुजरने वाले तल के लम्बवत अक्ष के सापेक्ष जड़त्व आघूर्ण है?
(अ) $\frac{1}{2}MR^2$ (ब) MR^2
(स) $\frac{1}{4}MR^2$ (द) $\frac{3}{4}MR^2$

24. एक पिण्ड का जड़त्व आघूर्ण निर्भर नहीं करता है?
(अ) पिण्ड के कोणीय वेग पर
(ब) पिण्ड के द्रव्यमान पर
(स) पिण्ड में द्रव्यमान वितरण पर
(द) पिण्ड के घूर्णन अक्ष पर

25. एक पिण्ड स्थिर वेग v से r त्रिज्या के वृत में घूम रहा है, उसका कोणीय त्वरण होगा?
(अ) पिण्ड के कोणीय वेग पर
(ब) पिण्ड के द्रव्यमान पर
(स) पिण्ड में द्रव्यमान वितरण पर
(द) पिण्ड के घूर्णन अक्ष पर

26. आदर्श गैस के समतापी प्रसारण में
(अ) उसकी कुल उर्जा अपरिवर्तित रहती है
(ब) उसका ताप एवं ऊर्जा नियम रहती है
(स) उसका ताप एवं दाब नियत रहता है
(द) उसका ताप नियत रहता है

27. किसी ऊष्मागतिक प्रक्रम में किसी बंद पथ किया गया कार्य
(अ) शून्य होता है
(ब) पथ पर निर्भर करता है
(स) पथ पर निर्भर नहीं करता है
(द) ऋणात्मक होता है

28. एक ग्राम मोल का ताप स्थिर आयतन पर बढ़ाने के लिए आवश्यक ऊर्जा होती है?
(अ) R (ब) C_v
(स) C_p (द) γ

29. एक कार्नो इंजन 327°C तथा 27°C के मध्य कार्य कर रहा है। कार्नो इंजन की दक्षता क्या होगा?
(अ) 0.25 (ब) 0.75
(स) 0.5 (द) 1

30. एक ट्यूब के अचानक फट जाने पर उससे निकलने वाली हवा क्यों ठण्डी हो जाती है?
(अ) तीव्रगति से हवा निकलने से
(ब) समतापी प्रसरण से
(स) वातावरण से ऊष्मा लेने से
(द) रूद्धोष्म प्रसरण से

31. चाय की केटली के ढक्कन पर छेद होता है ताकि?
    (अ) चाय गर्म रहे
    (ब) अन्दर व बाहर का दाब समान रहे
    (स) अन्दर व बाहर का दाब अलग अलग रहे
    (द) चाय ठण्डी रहे

32. एक आदर्श कृष्णिका के लिए परावर्तन गुणांक होता है?
    (अ) 1 (ब) 0
    (स) 2 (द) 1/2

33. वीन का विस्थापन नियम है?
    (अ) $\lambda_m \propto T$ (ब) $\lambda_m \propto T^2$
    (स) $\lambda_m \propto \frac{1}{T}$ (द) $\lambda_m \propto \frac{1}{T^2}$

34. कृष्णिका विकिरण ऊर्जा वर्णक्रम होता है?
    (अ) सतत वर्णक्रम
    (ब) रेखिक वर्णक्रम
    (स) अवशोषण वर्णक्रम
    (द) बैण्ड वर्णक्रम

35. एक वस्तु को 80°C से 50°C तक ठण्डी होने में 5 मिनट लगते हैं। यदि कमरे का ताप 20°C हो तो इसे 60°C से 30°C तक ठण्डी होने में कितना समय लगेगा?
    (अ) 5 मिनट (ब) 7 मिनट
    (स) 10 मिनट (द) 3 मिनट

36. ध्वनि का वेग अधिकतम होता है?
    (अ) स्टील में (ब) अमोनिया में
    (स) वायु में (द) पानी में

37. अप्रगामी तरंगों में निस्पदं वे बिन्दु होते हैं जिन पर होता है?
    (अ) दाब अधिकतम तथा विस्थापन अधिकतम
    (ब) दाब न्यूनतम तथा विस्थापन अधिकतम
    (स) दाब अधिकतम तथा विस्थापन न्यूनतम
    (द) दाब न्यूनतम तथा विस्थापन न्यूनतम

38. यदि किसी तरंग का आवर्तकाल 25 सैकण्ड हो तो उसकी आवृति होगी?
    (अ) 25 सैकण्ड
    (ब) 25 कम्पन/सैकण्ड
    (स) 4 कम्पन/सैकण्ड
    (द) 4 सैकण्ड

39. यंग के द्वि–स्लिट प्रयोग में स्लिटों के मध्य की दूरी आधी व स्लिट से पर्दे की दूरी दुगनी कर दी जाये तो फ्रिंज की चौड़ाई हो जाएगी?
    (अ) दुगुनी (ब) चार गुनी
    (स) आधी (द) अपरिवर्तित

40. फ्रेनल विवर्तन में क्रमागत अर्द्धावर्ती कटिबंधों के मध्य कलान्तर होता है?
    (अ) 0 (ब) 2
    (स) π (द) 2π

JET PAPER - 2018

1. $\frac{1}{\sqrt{\mu_0 \varepsilon_0}}$ की आयाम निम्न में से किसके समान है?

(अ) वेग (ब) त्वरण

(स) बल (द) ऊर्जा

2. एक संधि डायोड का प्रतिरोध 25 Ω है जब वह अग्रदिशिक बायस है तथा 2500 Ω है जब वह पश्चदिशिक बायस है, दिये गये चित्र में धारा है?

(अ) $\frac{1}{15}$ A

(ब) $\frac{1}{25}$ A

(स) $\frac{1}{520}$ A

(द) $\frac{1}{480}$ A

3. एक उभयनिष्ठ उत्सर्जक ट्रांजिस्टर में धारा लब्धि है?

(अ) एक से ज्यादा

(ब) एक से कम

(स) एक के बराबर

(द) शून्य

4. एक प्रकाशिक सक्रिय पदार्थ द्वारा उत्सर्जित बीटा किरणें हैं?

(अ) विद्युत चुम्बकीय विकिरणें

(ब) नाभिक के चारो और घूमते इलैक्ट्रॉन

(स) नाभिक द्वारा उत्सर्जित आदेशित कण

(द) उदासीण कण

5. 10 W प्रतिरोध के एक बन्द परिपथ में फलक्स f (वेबर में) समय t (सेकण्ड में) में निम्न समीकरण के अनुसार परिवर्तित होता है

$$\phi = 6t^2 - 5t + 1$$

समय t = 0.25 sec. पर परिपथ में प्रेरित धारा का परिभाग है?

(अ) 0.2 A (ब) 0.6 A

(स) 0.8 A (द) 1.2 A

6. एक गतिशील आवेश के आसपास (चारों) और होता है?

(अ) केवल विद्युत क्षेत्र

(ब) केवल चुम्बकीय क्षेत्र

(स) न विद्युत ना ही चुम्बकीय क्षेत्र

(द) विद्युत एवं चुम्बकीय क्षेत्र

7. चित्र में दिखाये गये तार में 40A की धारा बह रही है। यदि r = 3.14 cm है तो बिन्दु P पर चुम्बकीय क्षेत्र होगा?

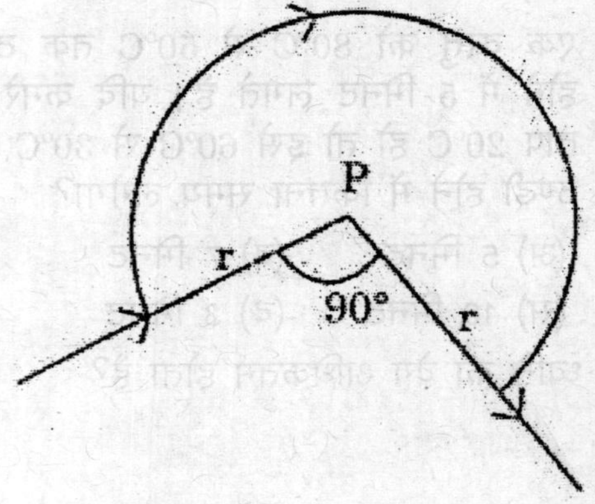

(अ) 1.6×10^{-3} T

(ब) 3.2×10^{-3} T

(स) 6.0×10^{-4} T

(द) 6.4×10^{-4} T

8. चित्र में दिखाये गये विभवमापी परिपथ में 6 v बैटरी का आन्तरिक प्रतिरोध 1 Ω है तथा तार की लम्बाई 100 cm हैं। जब xy = 60 cm हैं धारामापी शून्य विक्षेप प्रदर्शित करता है। सैल `C' का विद्युत वाहक बल है। (तार xz का प्रतिरोध 2Ω है)

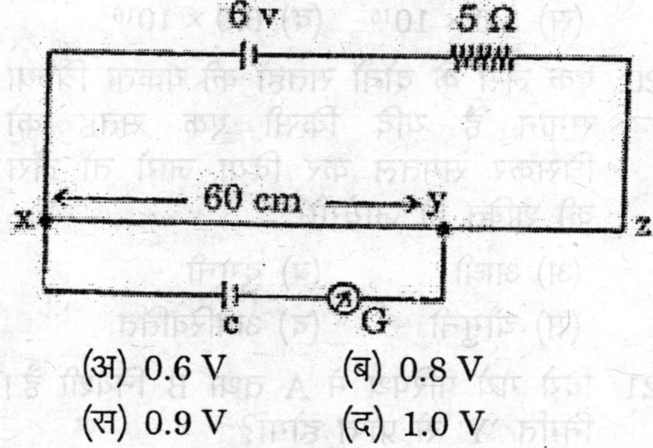

(अ) 0.6 V (ब) 0.8 V
(स) 0.9 V (द) 1.0 V

9. एक धनात्मक आवेश +q एक वृत के केन्द्र पर रखा है (चित्रानुसार) यदि एकांक धनात्मक आवेश को A से B तक लाने में किया गया कार्य w_1 तथा समान आवेश को A से C तक लाने में किया गया कार्य w_2 है। तब

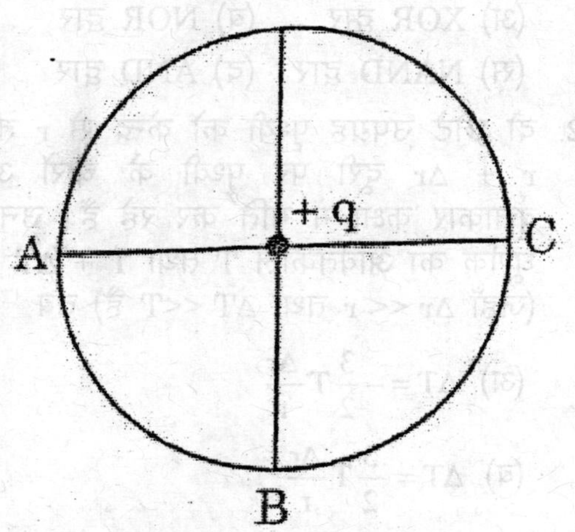

(अ) $w_1 > w_2$ (ब) $w_1 < w_2$
(स) $w_1 = w_2$ (द) $w_1 = w_2 = 0$

10. एक बल्ब में वोल्टता में 2% की कमी की जाती है। यह मानते हुए कि बल्ब के फिलामेन्ट का प्रतिरोध अपरिवर्तित है, बल्ब की शक्ति होगी?
(अ) 2% की कमी
(ब) 2% की वृद्धि
(स) 4% की कमी
(द) 4% की वृद्धि

11. एक सरल आर्वत गति निम्न समीकरण द्वारा दी जाती है $x = 3 \sin 3\pi t + 4 \cos 3\pi t$ जहाँ x मीटर में है। गति का आयाम है?
(अ) 3 मीटर (ब) 4 मीटर
(स) 5 मीटर (द) 7 मीटर

12. 927°C ताप पर एक न्यूट्रान की तरंग दैर्ध्य स है 27°C ताप पर इसकी तरंग दैर्ध्य होगी?
(अ) $\frac{\lambda}{2}$ (ब) λ
(स) 2λ (द) 4λ

13. एक द्विस्लिट व्यतिकरण प्रयोग में दो कला समबद्ध तरंगों की तीव्रता किंचित (थोड़ी) सी अलग I तथा I + δI [δI << I] है। यदि उच्चिष्ठ पर परिणामी तीव्रता 4I है तो निम्नष्ठ पर तीव्रता होगी?
(अ) $\frac{1}{4}\left(\frac{\delta I}{I}\right)^2$ (ब) $\frac{1}{4}\frac{(\delta I)^2}{I}$
(स) Zero (द) δI

14. 1 gm बर्फ को 0°C तक पूर्णतया पिघलाने के लिये कितना यांत्रिक कार्य करना पड़ेगा?
(अ) 4.2 J (ब) 80 J
(स) 336 J (द) 2268 J

15. दो पानी की बूँदें संगठित होकर बड़ी बून्द बनाती है। इस प्रक्रिया में
 (अ) ऊर्जा मुक्त होती है
 (ब) ऊर्जा अवशोषित होती है
 (स) ना ऊर्जा मुक्त होती है ना ही अवशोषित होती है
 (द) द्रव्यमान का एक छोटा मार्ग ऊर्जा में $E = mc^2$ के अनुसार परिवर्तित होता है

16. एक कण को 'u' वेग द्वारा प्रक्षेपित किया जाता है ताकि इसकी क्षैतिज परास कण द्वारा प्राप्त अधिकतम ऊँचाई की तीन गुणा हो जाये। इसकी क्षैतिज परास होगी?
 (अ) $\frac{15}{16}\frac{u^2}{g}$ (ब) $\frac{24}{25}\frac{u^2}{g}$
 (स) $\frac{16}{25}\frac{u^2}{g}$ (द) $\frac{25}{49}\frac{u^2}{g}$

17. एक विद्युत चुम्बकीय तरंग का चुम्बकीय क्षेत्र निम्न प्रकार दिया जाता है
 $B_y = 2\times10^{-7} \sin\left[0.5\times10^3 x + 1.5\times10^{11} t\right]T$
 विद्यूत क्षेत्र (वोल्ट/मी.) में का व्यंजक है?
 (अ) $E_z = 60 \sin\left[0.5\times10^3 x + 1.5\times10^{11} t\right]$
 (ब) $E_z = 2\times10^{-4} \sin\left[0.5\times10^3 x + 1.5\times10^{11} t\right]$
 (स) $E_z = 20 \sin\left[0.5\times10^3 x + 1.5\times10^{11} t\right]$
 (द) $E_z = 60 \sin\left[1.5\times10^{11} x + 0.5\times10^3 t\right]$

18. एक 10 KHz आवृति तथा 10 वोल्ट शिखर वोल्टता का सूचना संकेत 1 MHz वाहक आवृति तथा 20 वोल्ट शिखर वोल्टता को पाडुल्पित करने में प्रयुक्त होता है। माडुलेशन इन्डेक्स (माडुलित सूचकांक) है?
 (अ) 0.1 (ब) 0.2
 (स) 0.4 (द) 0.5

19. एक लेसर स्त्रोत में 6.0×10^{14} Hz का एक वर्गीय प्रकाश उत्पन्न होता है उत्सर्जित ऊर्जा 2×10^{-3} W है। औसत रूप में स्त्रोत से उत्सर्जित फोटोनों की संख्या प्रति सैकण्ड में होगी?
 (अ) 2.0×10^3 (ब) 4.4×10^{19}
 (स) 5.0×10^{15} (द) 6.0×10^{16}

20. एक लैंस के दोनों सतहों की वक्रता त्रिज्या समान है यदि किसी एक सतह को घिसकर समतल कर दिया जाये तो लैंस की शक्ति हो जायेगी?
 (अ) आधी (ब) दुगनी
 (स) चौगुनी (द) अपरिवर्तित

21. दिये गये परिपथ में A तथा B निवेशी है। निर्गत 'Y' से प्राप्त होगा?

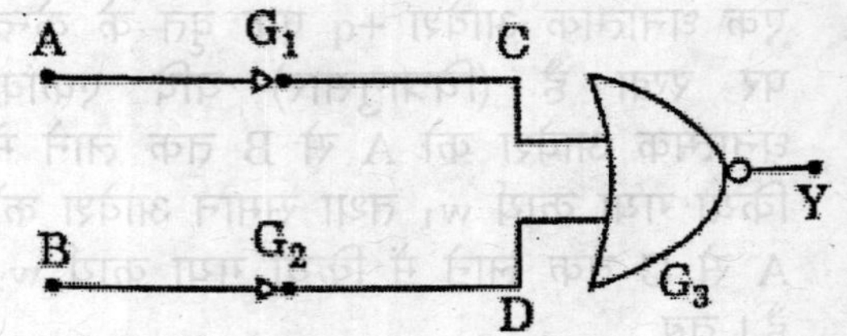

 (अ) XOR द्वार (ब) NOR द्वार
 (स) NAND द्वार (द) AND द्वार

22. दो छोटे उपग्रह पृथ्वी को केन्द्र से r तथा $r + \Delta r$ दूरी पर पृथ्वी के चारों और वृत्ताकार कक्षा में गति कर रहे हैं। उनकी घूर्णक का आर्वतकाल T तथा $T + \Delta T$ है। (जहाँ $\Delta r << r$ तथा $\Delta T << T$ है) तब
 (अ) $\Delta T = -\frac{3}{2} T \frac{\Delta r}{r}$
 (ब) $\Delta T = \frac{3}{2} T \frac{\Delta r}{r}$
 (स) $\Delta T = \frac{2}{3} T \frac{\Delta r}{r}$
 (द) $\Delta T = T \frac{\Delta r}{r}$

23. 5 kg. द्रव्यमान का एक पिण्ड x के अनुदिश 2 m/sec. के वेग से गति कर रहा है। एक दूसरा पिण्ड जिसका द्रव्यमान 10 kg है y-अक्ष के अनुदिश $\sqrt{3}$ m/sec. के वेग से गति कर रहा है। ये दोनों मूल बिन्दु पर टकराते हैं। और एक दूसरे से चिपक जाते हैं। संगठित पिण्ड का अंतिम वेग है?

(अ) $\sqrt{3}$ m/sec. (ब) $\sqrt{3}+1$ m/sec.

(स) $\frac{4}{3}$ m/sec. (द) $\sqrt{3}-1$ m/sec.

24. 10 kg द्रव्यमान का एक बेलन पूर्ण रूप से 30° कोण पर झुके हुये समतल पर लटक रहा है। बेलन तथा झुके हुये समतल की सतह के बीच घर्षण का बल है?

($g = 9.8$ m/sec²)

(अ) 16.3 N (ब) 24.5 N

(स) 32.6 N (द) 43.3 N

25. चित्रानुसार जब एक निकाय को पथ IAF के अनुदिश अवस्था I ये अवस्था F तक ले जाया जाता है तो Q = 50 कैलरी तथा W=20 कैलरी प्राप्त है। यदि पथ IBF के अनुदिश Q = 36 कैलरी है तो पथ IBF के अनुदिश W का मान होगा?

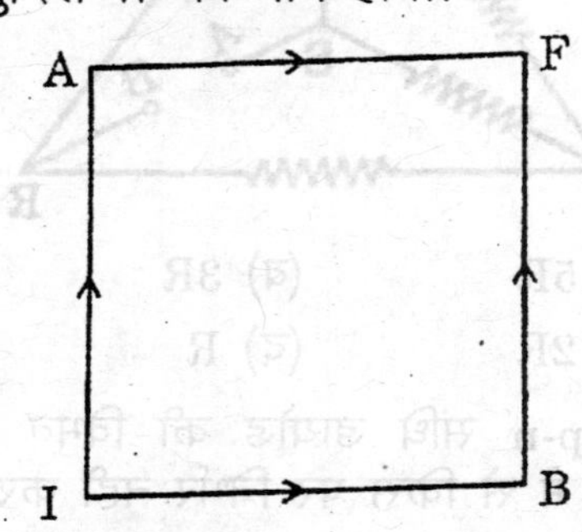

(अ) 6 कैलरी (ब) 14 कैलरी

(स) 16 कैलरी (द) 60 कैलरी

26. एक इलैक्ट्रान तथा एक प्रोटीन क्रमशः v_1 तथा v_2 वेग से एक दूसरे की तरफ गति कर रहे हैं। उनके द्रव्यमान केन्द्र का वेग है?

(अ) शून्य (ब) v_1

(स) v_2 (द) $\frac{v_1+v_2}{2}$

27. एक तार जिसकी लम्बाई L तथा काट क्षेत्र A है पदार्थ जिसका यंग प्रत्याज्या गुणांक Y है का बना है। इस तार को `x' मात्रा से खींचने में किया गया कार्य है?

(अ) $\frac{YL}{2A}x^2$ (ब) $\frac{YA}{2L}x^2$

(स) $\frac{YL}{A}\left(\frac{x}{2}\right)^2$ (द) $\frac{YA}{L}x^2$

28. पानी तथा पारा दो बेलनाकार नलिकाओं में समान ऊँचाई तक भरे हैं। दोनों नलिकाओं की दीवारों पर पैंदे के पास मे छिद्र बने हुए हैं। यदि उन छिद्रों से बाहर निकलने वाले पानी तथा पारे का वेग क्रमशः v_1 तथा v_2 है तो v_1 तथा v_2 के मध्य सम्बन्ध है?

(अ) $v_1 = v_2$ (ब) $v_1 > v_2$

(स) $v_1 < v_2$

(द) निम्न में से कोई नहीं

29. तीन समरूप चालक चित्रानुसार एक दूसरे से जुड़े हुए हैं। यह मानते हुए कि विकिरण द्वारा ऊष्मा का कोई ह्रास (हानि) नहीं है तो संधि पर ताप है?

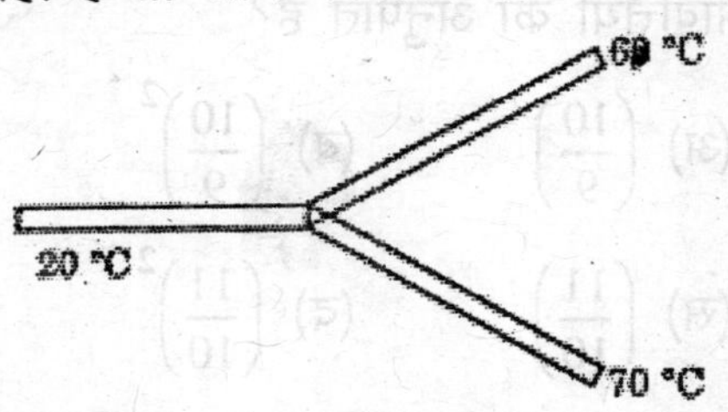

(अ) 10°C (ब) 20°C

(स) 50°C (द) 60°C

30. एक कार्नो इंजन जो कि वाष्प (भाप) बिन्दु तथा हिम बिन्दु के बीच कार्य करता है कि दक्षता है?

(अ) 21.14% (ब) 26.81%

(स) 36.63% (द) 40.0%

31. एक मोल एक अणु गैस को तीन मोल द्विअणु गैस के साथ मिलाया जाता है। नियत आयतन पर मिश्रण की आणविक विशिष्ट ऊष्मा क्या है?

(लीजिए $R = 9.32$ J $(mole)^{-1}$ K^{-1})

(अ) 8.31 J $mole^{-1}$ K^{-1}

(ब) 18.7 J $mole^{-1}$ K^{-1}

(स) 24.92 J $mole^{-1}$ K^{-1}

(द) 33.24 J $mole^{-1}$ K^{-1}

32. एक सरल आर्वत दोलक मे माध्य स्थित से कितनी दूरी पर गतिय ऊर्जा तथा स्थितिज ऊर्जा बराबर होती है? (y = विस्थापन, a = आयाम)

(अ) $y=0$ (ब) $y=\frac{a}{4}$

(स) $y=\frac{a}{2}$ (द) $y=\frac{a}{\sqrt{2}}$

33. एक ध्वनि स्त्रोत एक स्थिर श्रोता की तरफ ध्वनि के वेग के $\frac{1}{10}$ वें भाग से गति कर रहा है इसकी आभासी तथा वास्तविक आवृत्तियों का अनुपात है?

(अ) $\left(\frac{10}{9}\right)$ (ब) $\left(\frac{10}{9}\right)^2$

(स) $\left(\frac{11}{10}\right)$ (द) $\left(\frac{11}{10}\right)^2$

34. लाइमन श्रेणी हाइड्रोजन उत्सर्जित स्पैक्ट्रम के किस क्षेत्र में आती है?

(अ) पराबैंगनी क्षेत्र

(ब) दृश्य क्षेत्र

(स) निकट अवरक्त क्षेत्र

(द) मध्य अवरक्त क्षेत्र

35. एक पदार्थ की अर्द्धआयु 8 वर्ष है। इसका क्षयांक हैं?

(अ) 0.693 y^{-1} (ब) 0.078 y^{-1}

(स) 0.087 y^{-1} (द) 5.54 y^{-1}

36. मोजले का नियम निम्न सम्बन्ध द्वारा दिया जाता है (यहां v = आवृति तथा z = परमाणु क्रमांक)

(अ) $v \propto z^2$

(ब) $v \propto \sqrt{z}$

(स) $v \propto z$

(द) निम्न में से कोई नहीं

37. चित्र (जाल) में दिखाये अनुसार प्रत्येक प्रतिरोध R है, टर्मिनल A x B के मध्य तुल्य प्रतिरोध होगा?

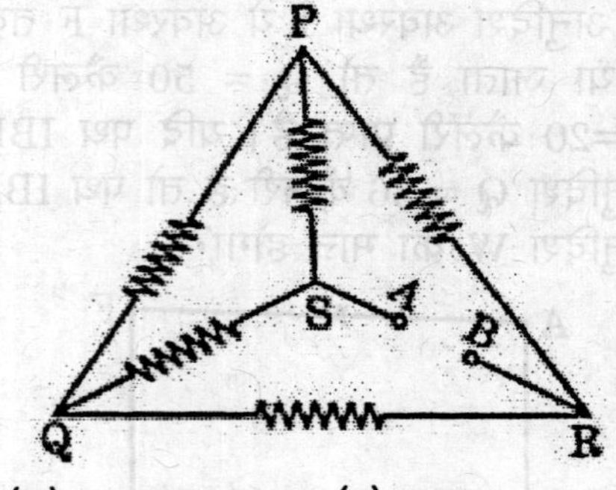

(अ) 5R (ब) 3R

(स) 2R (द) R

38. एक p-n संधि डायोड की विभव रोधिका निम्न में से किस पर निर्भर नहीं करती है?

(अ) डायोड निर्माण (डिजाइन)

(ब) ताप

(स) अग्र बायस

(द) अपमिश्रण (डोपिंग) घनत्व

39. दो प्रकाश स्रोत कला सम्बद्ध कहलाते हैं, यदि वे उत्सर्जित करते हैं?

(अ) समान तीव्रता का प्रकाश

(ब) समान आयाम की तरंगें

(स) समान वेग की तरंगें

(द) नियम कलान्तर की तरंगें

40. एक स्प्रिंग जिसका बल नियतांक k है, को दो भागों में इस प्रकार काटा जाता है कि एक भाग की लम्बाई दूसरे भाग की लम्बाई की दुगुनी है। तब लम्बे वाले भाग का बल नियतांक होगा?

(अ) $\frac{2}{3}k$ (ब) $\frac{3}{2}k$

(स) 3k (द) 6k

उत्तरमाला
(Answersheet)

JET PAPER 2014

1 (ब)	2 (ब)	3 (द)	4 (ब)	5 (द)	6 (स)	7 (स)	8 (द)	9 (स)	10 (स)
11 (अ)	12 (ब)	13 (ब)	14 (ब)	15 (स)	16 (ब)	17 (अ)	18 (स)	19 (स)	20 (ब)
21 (द)	22 (ब)	23 (अ)	24 (ब)	25 (ब)	26 (द)	27 (स)	28 (ब)	29 (ब)	30 (ब)
31 (ब)	32 (अ)	33 (अ)	34 (अ)	35 (स)	36 (अ)	37 (ब)	38 (स)	39 (ब)	40 (द)

JET PAPER - 2018

1 (अ)	2 (ब)	3 (अ)	4 (स)	5 (अ)	6 (द)	7 (स)	8 (स)	9 (द)	10 (स)
11 (स)	12 (स)	13 (ब)	14 (स)	15 (अ)	16 (ब)	17 (अ)	18 (द)	19 (स)	20 (अ)
21 (द)	22 (ब)	23 (स)	24 (अ)	25 (अ)	26 (अ)	27 (ब)	28 (अ)	29 (स)	30 (ब)
31 (ब)	32 (द)	33 (अ)	34 (अ)	35 (स)	36 (अ)	37 (द)	38 (अ)	39 (द)	40 (ब)

11

गणित

1. $\int \frac{x^2 - 2}{x^2\sqrt{x^2\ 1}}$ dx is equal to

(A) $\frac{x^2}{\sqrt{x^2-1}} + C$

(B) $-\frac{x^2}{\sqrt{x^2-1}} + C$

(C) $\frac{\sqrt{x^2-1}}{x^2} + C$

(D) $-\frac{\sqrt{x^2-1}}{x^2} + C$

2. Let α and β be the roots of $x^2 + bx + 1 = 0$. Then, the equation whose roots are $-\left(\alpha + \frac{1}{\beta}\right)$ and $-\left(\beta + \frac{1}{\alpha}\right)$ is

(A) $x^2 = 0$

(B) $x^2 + 2bx + 4 = 0$

(C) $x^2 - 2bx + 4 = 0$

(D) $x^2 - bx + 1 = 0$

3. Let f: R $\rightarrow$ R be a function defined by $f(x) = \frac{x^2 - 8}{x^2 + 2}$. Then, f

(A) one-one but one onto

(B) one-one and onto

(C) onto but not one-one

(D) neither one-one nor onto

4. For all $n \in N, 7^{2n} - 48n - 1$ is divisible by:

(A) 25

(B) 26

(C) 1234

(D) 2304

5. The value of $^{40}C_0 + {}^{40}C_1 + {}^{40}C_2 + ... + {}^{40}C_2$ is:

(A) $2^{40} + \frac{40!}{(20!)^2}$

(B) $2^{39} + \frac{1}{2} \times \frac{40!}{(20!)}$

(C) $2^{39} + {}^{40}C_{20}$

(D) None of these

6. Let $f(x)$ be twice differentiable function such that $f''(0) = 2$. Then:

$$\lim_{x \to 0} \frac{2f(x) - 3f(2x) + f(4x)}{x^2}$$

(A) 6 (B) 3
(C) 12 (D) None of these

7. If α and β are non-real numbers satisfying $x^3 - 1 = 0$, then the value of

$$\begin{vmatrix} \lambda+1 & \alpha & \beta \\ \alpha & \lambda+\beta & 1 \\ \beta & 1 & \lambda+\alpha \end{vmatrix}$$ is

(A) 0 (B) λ^3
(C) λ^3+1 (D) λ^3-1

8. The period of $f(x) = \frac{2\pi x}{3} + \cos\frac{\pi x}{2}$ is:

(A) 3 (B) 4
(C) 6 (D) 12

9. If

$$f(x) = \begin{cases} \dfrac{1-\sin x}{(\pi - 2x)^2} \cdot \dfrac{\log \sin x}{\log(1+\pi^2 - 3\pi x + x^2)}, & x \neq \pi/2 \\ k, & x = \pi/2 \end{cases}$$ is continuous at $x = \frac{\pi}{2}$,

then k is equal to

(A) $-\frac{1}{16}$ (B) $-\frac{1}{32}$
(C) $-\frac{1}{64}$ (D) $-\frac{1}{28}$

10. If $y = \sqrt{x\sqrt{y+\sqrt{x+\sqrt{y \ldots\ldots \infty}}}}$, then $\frac{dy}{dx}$ is equal to :

(A) $\frac{y+x}{y^2 - 2x}$

(B) $\frac{y^2 - x}{2y^3 - 2xy - 1}$

(C) $\frac{y^3 + x}{2y^2 - x}$

(D) None of these

11. A differentiable function $f(x)$ has a relative minimum at x = 0, the the function y = $f(x)$ + ax + b has a relative minimum at x = 0 for

(A) all a and all b
(B) all b, if a = 0
(C) all b > 0
(D) all a < 0

12. The probability that atleast one of the events A and B occurs, is 0.6. If A and B occur simultaneously with probability 0.2. Then $P(\overline{A}) + P(\overline{B})$ is equal to:

(A) 1.6 (B) 0.8
(C) 1.2 (D) 1.4

13. The solution of the differential equation

$$(x^2 - yx^2)\frac{dy}{dx} + y^2 + xy^2 = 0$$ is

(A) $\log\left(\frac{x}{y}\right) = \frac{1}{x} + \frac{1}{y} + C$

(B) $\log\left(\frac{y}{x}\right) = \frac{1}{x} + \frac{1}{y} + C$

(C) $\log(x, y) = \frac{1}{x} + \frac{1}{y} + C$

(D) $\log(xy) = \frac{1}{x} + \frac{1}{y} + C$

14. From 50 students taking examinations in Mathematics, Physics and Chemistry, 37 passed in Mathematics, 24 in Physics and 43 in Chemistry. Atmost 19 passed in Mathematics and Physics, atmost 29 passed in Mathematics and Chemistry and atmost 20 passed in Physics and Chemistry. The largest possible number that could have passed all these examinations, is:

(A) 11 (B) 12
(C) 13 (D) 14

15. The area bounded by the curves y = cos x and y = sin x between the ordinates x = 0 and x = $3\pi/2$ is

(A) $4\sqrt{2}-1$ (B) $4\sqrt{2}+1$
(C) $4\sqrt{2}-2$ (D) $4\sqrt{2}+2$

16. The equation of a straight line passing through the point of intersection of x - y + 1 = 0 and 3x + y - 5 = 0 and perpendicular to one of them, is

(A) x + y + 3 = 0
(B) x – y – 3 = 30
(C) 5x – 3y – 5 = 0
(D) 5x – 3y + 5 = 0

17. A root of the equation

$17x^2 + 17\,x\tan\left(2\tan^{-1}\frac{1}{5} - \frac{\pi}{4}\right) - 10 =$

is

(A) $\frac{10}{17}$ (B) –1
(C) $-\frac{7}{17}$ (D) 1

18. The value of the integral $\int_0^{0.9} [x-2[x]]\,dx$ where [.] denotes the greatest integer function is:

(A) 0.9 (B) 0
(C) 1.8 (D) -0.9

19. If the mean deviation about the median of the numbers a, 2a, 3a, ..., 50a is 50, then [a] is equal to:

(A) 2 (B) 3
(C) 4 (D) 5

20. If the mean and SD a binomial distribution are 20 and 4 respectively, then the number of trials is:

(A) 50 (B) 25
(C) 100 (D) 80

21. If a = $\hat{i}+\hat{j}$, b = $\hat{j}+\hat{k}$ and r x a = b x a, r x b = a x b, then a unit vector in the direction of r is :

(A) $\frac{1}{\sqrt{11}}+(\hat{i}+3\hat{j}-\hat{k})$

(B) $\frac{1}{\sqrt{11}}+(\hat{i}-3\hat{j}+\hat{k})$

(C) $\frac{1}{\sqrt{3}}+(\hat{i}+\hat{j}+\hat{k})$

(D) None of these

22. From the bottom of a pole of height h, the angle of elevation of the top of a tower is α. The pole subtends an angle β at the top of the tower. The height of the twoer is:

(A) $\frac{h\sin\alpha\sin(\alpha-\beta)}{\sin\beta}$

(B) $\frac{h\sin\alpha\cos(\alpha-\beta)}{\cos\beta}$

(C) $\dfrac{h \sin\alpha \cos(\alpha - \beta)}{\sin\beta}$

(D) $\dfrac{h \sin\alpha \sin(\alpha + \beta)}{\cos\beta}$

23. If PQRS is a convex quadrilateral with 3, 4, 5 and 6 points marked on sides PQ, QR, RS and PS respectively, then the number of triangles with verticles on different sides is:

(A) 220 (B) 270

(C) 342 (D) 282

24. The number of solutions of the equation $3 \sin^2 x - 7 \sin x + 2 = 0$ in the interval $[0, 5\pi]$ is :

(A) 0 (B) 5

(C) 6 (D) 10

25. If $\dfrac{\log 3}{x - y} = \dfrac{\log 5}{y - z} = \dfrac{\log 7}{z - x}$, then $3^{x+y}.5^{y+z}.y^{z+x}$ is equal to:

(A) 0 (B) 2

(C) 1 (D) None of these

26. Consider the circles $x^2 + (y - 1)^2 = 0$ and $(x - 1)^2 + y^2 = 25$. They are such that

(A) these circles touch each other

(B) one of these circles lies entirely inside the other

(C) eah of these circles lies outside the other

(D) they intersect in two points

27. The eccentricity of the hyperbola $\dfrac{\sqrt{1999}}{3}(x^2 - y^2) = 1$ is

(A) $\sqrt{2}$ (B) 2

(C) $2\sqrt{2}$ (D) $\sqrt{3}$

28. The direction ratios of the normal to the plane passing through the points (1, -2,3) (-1, 2, -1) and parallel to the line $\dfrac{x-2}{2} = \dfrac{y+1}{3} = \dfrac{z}{4}$ are proportional to:

(A) 2, 3, 4 (B) 4, 0, 7

(C) -2, 0, -1 (D) 2, 0, 1

29. The mid-point of the chord $2x + y - 4 = 0$ of the parabola $y^2 = 4x$ is:

(A) (5/2, -1) (B) (-1, 5/2)

(C) (3/2, -1) (D) None of these

30. If the rate of change of area of a square plate is equal to that of the rate of change of its perimeter, then length of the side is:

(A) 1 unit (B) 2 units

(C) 3 units (D) 4 units

31. The exradii of a triangle r_1, r_2, r_3 are in harmonic progression, then the sides a, b and c are in

(A) HP (B) AP

(C) GP (D) None of these

32. The equation of the tangent to the curves $x = t \cos t$ and $y = t \sin t$ at the origin is:

(A) $x = 0$ (B) $y = 0$

(C) $x + y = 0$ (D) $x - y = 0$

33. If $|a| < a$ and $|b| < 1$, then the sum of the series $a(a + b) + a^2(a^2 + b^2) + a^3(a^3 + b^3) + ...$ is:

(A) $\dfrac{a}{1-a} + \dfrac{ab}{1-ab}$ (B) $\dfrac{a^2}{1-a^2} + \dfrac{ab}{1-ab}$

(C) $\dfrac{b}{1-b} + \dfrac{a}{1-a}$ (D) $\dfrac{b^2}{1-b^2} + \dfrac{ab}{1-ab}$

34. If $x = y \cos\frac{2\pi}{3} = z \cos\frac{4\pi}{3}$, then xy + yz + zx is equal to :

(A) -1 (B) 0

(C) 1 (D) 2

35. If A is a square matrix such that $A^2=A$ and $B = I - A$, then AB + BA + 1 – $(I - A)^2$ is equal to:

(A) A (B) 2A

(C) -A (D) I - A

36. The radius of the circle passing through the foci of the ellipse $\frac{x^2}{16}+\frac{y^2}{9}=1$ and having its centre (0, 3) is:

(A) 4 (B) 3

(C) $\sqrt{13}$ (D) 7/2

37. Let $f(x) = (x3 + 2)^{30}$. If $f''(x)$ is a polynomial of degree 20, where $f''(x)$ denotes the nth order derivative of $f(x)$ with respect to x, then the value of n is:

(A) 60 (B) 40

(C) 70 (D) 50

38. The solution set of the inequation $\frac{1}{|x|-3}<\frac{1}{2}$ is:

(A) $(-\infty,-5) \cup (5,\infty)$

(B) (-3, 3)

(C) $(-\infty, -5) \cup (-3, 3) \cup (5, \infty)$

(D) None of the above

39. For real x, let $f(x) = x^3 + 5x + 1$, then

(A) f is one-one but not onto R

(B) f is onto R but not one-one

(C) f is one-one and onto R

(D) f is neither one-one nor onto R

40. If z_1 and z_2 are two complex numbers such that Im $(z_1 + z_2) = 0$, Im $(z_1 z_2) = 0$, then

(A) $z_1 = -z_2$ (B) $z_1 = z_2$

(C) $z_1 = z_2$ (D) None of these

41. If $f(x) = [x \sin px]$ then which of the following is incorrect?

(A) $f(x)$ is continuous at x = 0

(B) $f(x)$ is continuous in (-1, 0)

(C) $f(x)$ is differentiable at x = 1

(D) $f(x)$ is differentiable in (-1, 1)

42. ~ (p v q) v (~p ^ q) is logically equivalent to

(A) ~ p (B) P

(C) q (D) ~ q

43. The degree of the differential euqation

$$x = 1+\frac{dy}{dx}+\frac{1}{2!}\left(\frac{dy}{dx}\right)^2+\frac{1}{3!}\left(\frac{dy}{dx}\right)^3+....$$

is

(A) 3 (B) 1

(C) Not defined (D) None of these

44. The value of $\int\frac{\sin^2 \times \cos^2 x}{\left(\sin^3 x+\cos^3 x\right)^2}$ is:

(A) $\frac{1}{3(1+\tan^3 x)}+C$

(B) $-\frac{1}{3(1+\tan^3 x)}+C$

(C) $\frac{1}{1+\tan^3 x}+C$

(D) $-\frac{1}{1+\tan^3 x}+C$

45. $\lim_{x\to 0} \frac{(1-\cos 2x)(3+\cos x)}{x \tan 4x}$ is equal to:

(A) 4 (B) 3

(C) 2 (D) 1/2

46. The equations ax + by + c = 0 and dx + ey + f = 0 represent the same straight line if and only if:

(A) $\frac{a}{d} = \frac{b}{c}$ (B) c = f

(C) $\frac{a}{d} = \frac{b}{e} = \frac{c}{f}$ (D) a=d, b=e, c = f

47. If y = sec ($\tan^{-1}$ x), then $\frac{dy}{dx}$ at x = 1 is equal to:

(A) $\frac{1}{\sqrt{2}}$ (B) $\frac{1}{2}$

(C) 1 (D) $\sqrt{2}$

48. If the roots of the equation x^2 - px + q = 0 differ by unity, then:

(A) $p^2 = 4q$

(B) $p^2 = 4q + 1$

(C) $p^2 = 4q - 1$

(D) None of these

49. If the SD of a set of observations is 8 and each observation is divided by -2, then the SD of the new set of observations will be:

(A) -4 (B) -8

(C) 8 (D) 4

50. If 2(y-a) is the HM between y-x and y-z, then x-a, y-a, z-a are in:

(A) AP (B) GP

(C) HP

(D) None of these

51. The value of $\int \frac{dx}{(1+x^2)\sqrt{1-x^2}}$ is

(A) $\frac{1}{\sqrt{2}} \tan^{-1}\left(\frac{\sqrt{1-x^2}}{\sqrt{2x}}\right) + C$

(B) $\frac{1}{\sqrt{2}} \tan^{-1}\left(\frac{\sqrt{1+x^2}}{\sqrt{2x}}\right) + C$

(C) $-\tan^{-1}\left(\frac{\sqrt{1-x^2}}{\sqrt{2x}}\right) + C$

(D) None of these above

52. The value of $\int_0^{\pi} e^{\sin^2 x} \cos^3 dx$ is:

(A) -1 (B) 0

(C) 1 (D) π

53. The area bounded by y - $\sin^{-1}$x, x = $\frac{1}{\sqrt{2}}$ and X-axis is:

(A) $\frac{1}{\sqrt{2}} + 1$ (B) $1 - \frac{1}{\sqrt{2}}$

(C) $\frac{\pi}{4\sqrt{2}}$

(D) $\frac{\pi}{4\sqrt{2}} + \frac{1}{\sqrt{2}} - 1$

54. The solution of the differential equation $\frac{dy}{dx} = e^{x-y}(e^x - e^y)$ is:

(A) $e^y = (e^x + 1) + Ce^{-e^x}$

(B) $e^y = (e^x - 1) + C$

(C) $e^y = (e^x - 1) + Ce^{-e^x}$

(D) None of these

55. Let $\vec{a}, \vec{b}$ and $\vec{c}$ be non-zero vectors such that no two are collinear and $(\vec{a} \times \vec{b}) \times \vec{c} = \frac{1}{3}|\vec{b}||\vec{c}||\vec{a}|$. If θ is the acute angle between the vectors b and c, then sin θ is equal to:

(A) $\frac{2\sqrt{2}}{3}$ (B) $\frac{\sqrt{2}}{3}$

(C) $\frac{2}{3}$ (D) $\frac{1}{3}$

56. On the interval [0, 1], the function $x^{25}(1 - x)^{75}$ takes its maximum value at the point:

(A) 0 (B) $\frac{1}{4}$

(C) $\frac{1}{2}$ (D) $\frac{1}{3}$

57. The sides of an equilateral triangle are increasing at the rate of 2 cm/s. The rate at which the area increases when the side is 10 cm, is:

(A) $\sqrt{3}\ cm^2/s$

(B) $10\ cm^2/s$

(C) $10\sqrt{3}\ cm^2/s$

(D) $\frac{10}{\sqrt{3}}\ cm^2/s$

58. The slope of the normal to the curve $x = 1 - 1 \sin q$, $y = b \cos^2 \theta$ at $\theta = \frac{\pi}{2}$ is:

(A) $\frac{a}{2b}$ (B) $\frac{2a}{b}$

(C) $\frac{a}{b}$ (D) $\frac{-a}{2b}$

59. The angle between the line $\frac{3x-1}{3} = \frac{y+3}{-1} = \frac{5-2z}{4}$ and the plane $3x - 3y - 6z = 10$ is equal to:

(A) $\frac{\pi}{6}$ (B) $\frac{\pi}{4}$

(C) $\frac{\pi}{3}$ (D) None of these

60. The equation of the plane meets the axes in A, B and C such that the centroid of the ΔABC is $\left(\frac{1}{3}, \frac{1}{3}, \frac{1}{3}\right)$ is given by:

(A) $x + y + z = 1$

(B) $x + y + z = 2$

(C) $\frac{x}{3} + \frac{y}{3} + \frac{z}{3} = 3$

(D) $x + y + z = \frac{1}{3}$

61. The probability that a student get success in a competition is 3/4. The probability that exactly 2 out of 4 students get success, is:

(A) $\frac{9}{41}$ (B) $\frac{25}{128}$

(C) $\frac{1}{5}$ (D) $\frac{27}{128}$

62. In a certain town, 25% families own a cell phone, 15% families own a scooter and 65% families own neither a cell phone nor a scooter. if 1500 families own both cell phone and scooter, then the total number of families is:

(A) 10000

(B) 20000

(C) 30000 (D) None of these

63. The function $f: R \to R$ is defined by $f(x) = 3^{-x}$. Observe the following statements:

I. f is one-one.

II. f is onto

III. f is a decreasing function.

Out of these, true statements are:

(A) I and III

(B) II and III

(C) I and II

(D) All of these

64. If $\left|z - \frac{4}{z}\right| = 2$, then the maximum value of $|z|$ is equal to:

(A) $\sqrt{3}+1$

(B) $\sqrt{5}+1$

(C) 2

(D) $2+\sqrt{2}$

65. If P, Q, R and S are represented by the complex number 4 +i, 1+6i, -4+3i, -1-2i, respectively, then PQRS is a:

(A) rectangle (B) square

(C) rhombus (D) parallelogram

66. If $x - \log_a bc, y - \log_b ca$ and $z - \log_c ab$, then the value of $\frac{1}{1+x}+\frac{1}{1+y}+\frac{1}{1+z}$ is

(A) x + y + z (B) 1~

(C) ab + bc + ca (D) abc

67. If a and b are the roots of $x^2 + 5x - 4 = 0$, then equation whose roots are $\frac{\alpha+2}{3}$ and $\frac{\beta+2}{3}$ is

(A) $9x^2 + 3x + 2 = 0$

(B) $9x^2 - 3x + 2 = 0$

(C) $9x^2 + 3x - 10 = 0$

(D) $9x^2 - 3x - 2 = 0$

68. If one of the roots of equation $x^2 + ax + 3 = 0$ is 3 and one of the roots of the equation $x^2 + ax + b = 0$ is three times the othr root, then the value of b is:

(A) 3 (B) 4

(C) 2 (D) 1

69. If sum of the series $\sum_{n=0}^{\infty} r^n = S$ for $|r| < 1$, then sum of the series $\sum_{n=0}^{\infty} r^n$ is:

(A) S^2 (B) $\frac{S^2}{2S+1}$

(C) $\frac{2S}{S^2-1}$ (D) $\frac{S^2}{2S-1}$

70. The term independent of x in the expression of $\left(x - \frac{1}{x}\right)^4 \left(x + \frac{1}{x}\right)^3$ is:

(A) -3 (B) 0

(C) 3 (D) 1

71. The value of $\left(\frac{{}^{50}C_0}{1} + \frac{{}^{50}C_2}{3} + \ldots + \frac{{}^{50}C_{50}}{51}\right)$ is

(A) $\frac{2^{50}}{51}$ (B) $\frac{2^{50}-1}{51}$

(C) $\frac{2^{50}-1}{50}$

(D) None of these

72. If $\begin{vmatrix} x^2+x & 3x-1 & -x+3 \\ 2x+1 & 2+x^2 & x^3-3 \\ x-3 & x^2+4 & 3x \end{vmatrix} = a_0 + a_1x + a_2x^2 + ... + a_7x^7$, then the value of a_0 is:

(A) 25 (B) 24

(C) 23 (D) None of these

73. Let A be a square matrix, all of whose entreis are integers. Then, which ore of the following is true?

(A) If det (A)= ±1, then A^{-1} need not exist

(B) If det (A) = ±1, the A^{-1} exists but all its entries are non necessarily integers

(C) If det (A) ≠ ±1, the A^{-1} exists and all its entries are non-integers

(D) If det (A) = ±1, then A^{-1} exists & all its entries are integers

74. If $\sin A - \sqrt{6}\cos A = \sqrt{7}\cos A$, then $\cos A + \sqrt{6}\sin A$ is equal to

(A) $\sqrt{6}\sin A$ (B) $-\sqrt{7}\sin A$

(C) $\sqrt{6}\cos A$ (D) $\sqrt{7}\cos A$

75. The maximum value of $4\sin^2 x - 12\sin x + 7$ is:

(A) 25

(B) 4

(C) Does not exist

(D) None of these

76. The number of values of x in [0, 2π] satisfying the equation 3 cos 2x - 10 cos x + 7 = 0 is:

(A) 1 (B) 2

(C) 3 (D) 4

77. $\tan\left[\frac{x}{4}+\frac{1}{2}\cos^{-1}\left(\frac{a}{b}\right)\right]+\tan\left[\frac{\pi}{2}-\frac{1}{2}\cos^{-1}\left(\frac{a}{b}\right)\right]$ is equal to

(A) $\frac{2a}{b}$ (B) $\frac{2b}{a}$

(C) $\frac{a}{b}$ (D) $\frac{b}{a}$

78. If in a ΔABC, the altitudes from the vertices A, B and C on opposite sides are in HP, then sin A, sin B, sin C are in:

(A) HP

(B) arithmetic-geometric progression

(C) AP (D) GP

79. In ΔABC, if $r_1 = 2r_2 = 3r_3$, then:

(A) $\frac{a}{b} = \frac{4}{5}$

(B) $\frac{a}{b} = \frac{5}{4}$

(C) a + b - 2c = 0

(D) 2a = b + c

80. The base of a cliff is circular. From the extremities of a diameter of the base, angles of elevation of the top of the cliff are 30° and 60°. If the height of the cliff be 500 m, then diameter of the base of the cliff is:

(A) $\frac{2000}{\sqrt{3}}$ m

(B) $\frac{1000}{\sqrt{3}}$ m

(C) $\frac{2000}{\sqrt{2}}$ m

(D) $1000\sqrt{3}$ m

81. The intercepts on the straight line y = mx by the lines y = 2 and y = 6 is less than 5, then m belongs to:

(A) $\left]-\frac{4}{3},\frac{4}{3}\right[$

(B) $\left]-\frac{4}{3},\frac{3}{8}\right[$

(C) $\left]-\infty\frac{-4}{3}\right[\cup\left]\frac{4}{3},\infty\right[$

(D) $\left]\frac{4}{3},\infty\right[$

82. Let A (2, -3) and B (-2, 1) be vertices of a ΔABC. If the centroid of this triangle moves on the line 2x + 3y = 1, then the locus of the vertex C is the line:

(A) 2x + 3y = 9

(B) 2x - 3y = 7

(C) 3x + 2y = 5

(D) 3x - 2y = 3

83. A straight line through the point (2,2) intersects the lines $\sqrt{3x+y=0}$ and $\sqrt{3x-y=0}$ at the points A and B. The equation of the line AB, so that the AOAB is equilateral is:

(A) x – 2 = 0

(B) y – 2 = 0

(C) x + y – 4 = 0

(D) None of these

84. If (a, a^2) fall inside the angle made by the lines y = x/2, x > 0 and y = 3x, x > 0, then a belongs to:

(A) $(3,\infty)$ (B) $\left(\frac{1}{2},3\right)$

(C) $\left(-3,-\frac{1}{2}\right)$

(D) $\left(0,\frac{1}{2}\right)$

85. The locus of a point which moves so that the ratio of the length of the tangents to the circles $x^2 + y^2 + 4x + 3 = 0$ and $x^2 + y^2 - 6x + 5 = 0$ is 2 : 3 is

(A) $5x^2 + 3y^2 - 60x + 7 = 0$

(B) $5x^2 + 3y^2 + 60x + 7 = 0$

(C) $5x^2 + 3y^2 + 60x + 12 = 0$

(D) None of the above

86. The circles $x^2 + y^2 - 5x + 6y + 15 = 0$ and $x^2 + y^2 - 2x + 6y + 6 = 0$ touch each other:

(A) Internally

(B) Externally

(C) Do nay say anything

(D) None of these

87. An ellipse has OB as semi-minor axis, F and F' are its foci and the <FBF' is a right angle. Then, the eccentricity of the ellipse is:

(A) $\frac{1}{\sqrt{3}}$ (B) $\frac{1}{4}$

(C) $\frac{1}{2}$ (D) $\frac{1}{\sqrt{2}}$

88. if `t' is a parameter, then $x = a\left(t+\frac{1}{t}\right)$ and $y = b\left(t-\frac{1}{t}\right)$ represent:

(A) an ellipse

(B) a circle

(C) a pair of straight lines

(D) a hyperbola

89. The locus of a point P (α, β) moving under the condition that the line y = αx + β is a tangent to the hyperbola $\frac{x^2}{a^2}-\frac{y^2}{b^2}=1$, is

(A) a hyperbola (B) a parabola
(C) a circle (D) an ellipse

90. If two tangents drawn from a point P to the parabola $y^2 = 4x$ are at right angles, then the locus of P is:

(A) x = 1 (B) 2x + 1 = 0
(C) x = -1 (D) 2x – 1 = 0

91. Equation of the ellipse whose foci are (2,2) and (4, 2) and the major axis is of length 10, is :

(A) $\frac{(x+3)^2}{24}+\frac{(y+2)^2}{25}=1$

(B) $\frac{(x-3)^2}{24}+\frac{(y-2)^2}{25}=1$

(C) $\frac{(x+3)^2}{25}+\frac{(y+2)^2}{24}=1$

(D) $\frac{(x-3)^2}{25}+\frac{(y-2)^2}{24}=1$

92. If $f(x) = \log_x 2 (\log_e x)$, then $f'(x)$ at x = e is

(A) 1 (B) $\frac{1}{e}$

(C) $\frac{1}{2e}$ (D) 0

93. $y=x^2+\cfrac{1}{x^2+\cfrac{1}{x^2+\cfrac{1}{x^2+.....+\infty}}}$ then $\frac{dy}{dx}$ is equal to:

(A) $\frac{2xy}{2y-x^2}$

(B) $\frac{xy}{y+x^2}$

(C) $\frac{xy}{y-x^2}$ (D) $\frac{2x}{2+\frac{x^2}{y}}$

94. $\lim_{x\to 0}\left[\frac{e^x-e^{\sin x}}{x-\sin x}\right]$ is equal to :

(A) -1
(B) 0
(C) 1
(D) None of these

95. If $f'(2) = 6$, $f'(1) = 4$, then $\lim_{x\to 0}\frac{f(2h+2+h^2)-f(2)}{f(h-h^2+1)-f(1)}$ is equal to:

(A) 3 (B) $-\frac{3}{2}$

(C) $\frac{3}{2}$ (D) Does not exist

96. The value of `k' for which the function: $f(x)=\begin{cases}\frac{1-\cos 4x}{8x^2}, & x\neq 0\\ k, & x=0\end{cases}$ is continuous at x = 0, is

(A) k = 0 (B) k = 1
(C) k = -1 (D) None of these

97. The set of points, where the function $f(x) = |x - 1| e^x$ is differentiable is:

(A) R (B) R - {1}
(C) R - {-1) (D) R - {0}

98. Suppose p points are chosen on each of the three coplanar lines. The maximum number of triangles formed with vertices at these points is:

(A) $p^3 + 3p^2$

(B) $\frac{1}{3}(p^3 + p)$

(C) $\frac{p^2}{2}(5p - 3)$

(D) $p^2(4p - 3)$

99. The mode of the binomial distribution for which mean and standard deviation are 10 and $\sqrt{5}$ respectively, n is:

(A) 7 (B) 8
(C) 9 (D) 20

100. The period of the function $f(x) = \sin\left(\sin\frac{x}{5}\right)$ is:

(A) 2π (B) $2\pi/5$
(C) 10π (D) 5π

101. What is the minimum value of $2x^2 - 3x$

(A) 0 (B) 3/4
(C) 31/4 (D) 31/8

102. What is the sum to the 100 terms of the series 9 + 99 + 999 + ... ?

(A) $\frac{10}{9}(10^{100} - 1) - 100$

(B) $\frac{10}{9}(10^{99} - 1) - 100$

(C) $100(100^{10} - 1)$

(D) $\frac{9}{100}(10^{100} - 1)$

103. If $\begin{bmatrix} 1 & 3 \\ 0 & 1 \end{bmatrix} A = \begin{bmatrix} 1 & -1 \\ 0 & 1 \end{bmatrix}$, then what is the matrix A?

(A) $\begin{bmatrix} 1 & -3 \\ 0 & 1 \end{bmatrix}$ (B) $\begin{bmatrix} 2 & 2 \\ 0 & 2 \end{bmatrix}$

(C) $\begin{bmatrix} -4 & -1 \\ 1 & 0 \end{bmatrix}$ (D) $\begin{bmatrix} 1 & -4 \\ 0 & 1 \end{bmatrix}$

104. If A and B are two matrices such that AB = A and BA = B, then which one of the following is correct?

(A) $(AT)^2 = AT$
(B) $(AT)^2 = BT$
(C) $(AT)^2 = (A^{-1})^{-1}$
(D) None of these

105. If $\begin{vmatrix} 2 & 4 & 0 \\ 0 & 5 & 16 \\ 0 & 0 & 1+0 \end{vmatrix} = 20$, then what is the value of p?

(A) 0 (B) 1
(C) 2 (D) 5

106. If $(a_1/x) + (b_1/y) = c_1$, $(a_2/x) + (b_2/y) = c_2$

$\Delta_1 = \begin{vmatrix} a_1 & b_1 \\ a_2 & b_2 \end{vmatrix}, \Delta_2 \begin{vmatrix} b_1 & c_1 \\ b_2 & c_2 \end{vmatrix}$

$\Delta_3 = \begin{vmatrix} c_1 & a_1 \\ c_2 & a_2 \end{vmatrix}$, then (x, y) is equal to which one of the following?

(A) $\left[\frac{\Delta_2}{\Delta_1}, \frac{\Delta_3}{\Delta_1}\right]$ (B) $\left[\frac{\Delta_3}{\Delta_1}, \frac{\Delta_2}{\Delta_1}\right]$

(C) $\left[\frac{\Delta_1}{\Delta_2}, \frac{\Delta_1}{\Delta_3}\right]$ (D) $\left[-\frac{\Delta_1}{\Delta_2}, -\frac{\Delta_1}{\Delta_3}\right]$

107. If $l + m + n = 0$, then the system of equations

$-2x + y + z = 1$

$x - 2y + z = m$

$x + y - 2z = n$ has

(A) a trivial solution

(B) no solution

(C) a unique solution

(D) infinitely many solutions

108. If adj. $A = \begin{bmatrix} a & 0 \\ -1 & b \end{bmatrix}$ and $ab \neq 0$, then what is the value of $|A^{-1}|$?

(A) 1 (B) ab

(C) $\frac{1}{\sqrt{ab}}$ (D) $\frac{1}{ab}$

109. How many values of θ between 0° and 360° satisfy $\tan \theta = k \neq 0$, where k is a given number?

(A) 1

(B) 2

(C) 4

(D) Many

110. What is the value of cos 15°?

(A) $\frac{1}{2}(\sqrt{2} - \sqrt{3})$ (B) $\frac{\sqrt{3}+1}{2\sqrt{2}}$

(C) $\sqrt{2} + \sqrt{3}$ (D) $\sqrt{2} - \sqrt{3}$

111. ABC is a triangle in which AB = 6 cm, BC = 8 cm & CA = 10 cm. What is the value of $\cot\left(\frac{A}{4}\right)$?

(A) $\sqrt{5} - 2$ (B) $\sqrt{5} + 2$

(C) $\sqrt{3} - 1$ (D) $\sqrt{3} + 1$

112. If $\sin^{-1} x + \sin^{-1} y = \pi/2$ and $\cos^{-1} x - \cos^{-1} y = 0$, then the values of x and y are respectively

(A) $\frac{1}{\sqrt{2}}, -\frac{1}{\sqrt{2}}$

(B) $\frac{1}{2}, \frac{1}{2}$

(C) $\frac{1}{2}, -\frac{1}{2}$

(D) $\frac{1}{\sqrt{2}}, \frac{1}{\sqrt{2}}$

113. If sec A + tan A = p, then what is the value of sin A?

(A) $\frac{p^2 - 1}{p^2 + 1}$ (B) $\frac{p^2 + 1}{p^2 - 1}$

(C) 1 (D) None of these

114. The food of a tower of height h metres is in a direct line between two observers A and B. If the angles of elevation of the top of the tower as seen from A and B are α and β respectively and if AB = d metres, then what is h/d equal to?

(A) $\frac{\tan(\alpha + \beta)}{(\cot\alpha \cot\beta - 1)}$

(B) $\frac{\cot(\alpha + \beta)}{(\cot\alpha \cot\beta - 1)}$

(C) $\frac{\tan(\alpha + \beta)}{(\cot\alpha \cot\beta + 1)}$

(D) $\frac{\cot(\alpha + \beta)}{(\cot\alpha \cot\beta + 1)}$

115. Which one of the following is not correct?

(A) $\sin^{-1}\left(\sin\left(\frac{5\pi}{4}\right)\right) = -\frac{\pi}{4}$

(B) $\sec^{-1}\left(\sec\left(\frac{5\pi}{4}\right)\right) = -\frac{3\pi}{4}$

(C) $\tan^{-1}\left(\tan\left(\frac{5\pi}{4}\right)\right) = \frac{\pi}{4}$

(D) $\text{cosec}^{-1}\left(\text{cosec}\left(\frac{7\pi}{4}\right)\right) = \frac{\pi}{4}$

116. The equation

$\tan^2\phi + \tan^6\phi = \tan^3\phi \cdot \sec^2\phi$ is

(A) identify for only one value of ϕ

(B) not an identity

(C) identity for all values of ϕ

(D) None of the above

117. What is the value of : $\begin{vmatrix} \sin 10^\circ & -\cos 10^\circ \\ \sin 80^\circ & \cos 80^\circ \end{vmatrix}$?

(A) 0 (B) 1

(C) -1 (D) 1/2

118. If a, 2a + 2, 3a + 3 are in GP, then what is the fourth term of the GP?

(A) -13.5 (B) 13.5

(C) -27 (D) 27

119. If sin a and cos α are the roots of the equation $px^2 + qx + r = 0$, then which one of the following is correct?

(A) $p^2 + q^2 - 2pr = 0$

(B) $p^2 - q^2 + 2pr = 0$

(C) $(p + r)^2 = 2(p^2 + r^2)$

(D) $(p - r)^2 = q^2 + r^2$

120. If the sum of n terms of an arithmetic progression is $n^2 - 2n$, then what is the nth term?

(A) $3n - n^2$ (B) 2n - 3

(C) 2n + 3 (D) 2n - 5

121.

X	1	2	3	4
Frequency	2	3	f	5

The frequency distribution of a discrete variable X with one mission frequency f is given above. If the arithmetic mean of X is 23/8, what is the value of the missing frequency?

(A) 5 (B) 6

(C) 8 (D) 10

122. The average age of 20 students in a class of 15 years. If the teacher's age is included the average age increases by one. What is the teacher's age?

(A) 30 years (B) 21 years

(C) 42 years (D) 36 years

123. What is the arithmetic mean of the series ${}^nC_1, {}^nC_2, {}^nC_3, ... {}^nC_n$?

(A) $(2^n - 1)/n$ (B) $2^n/(n + 1)$

(C) $(2^n)/n$ (D) $2^{(n+1)}/(n+1)$

124. What is the value of n for which the numbers 1,2,3.....n have variance 2?

(A) 4 (B) 5

(C) 6 (D) 8

125. If P(A)=0.8, P(B)=0.9, P(AB)=p, which one of the following is correct?

(A) $0.72 \leq p \leq 0.8$

(B) $0.7 \leq p \leq 0.8$

(C) $0.72 \leq p < 0.8$

(D) $0.7 < p < 0.8$

126. The chance of winning the rate of the horse A is 1/5 and that of horse B is 1/6. What is the probability that the race will be won by A or B?

(A) 1/30 (B) 1/3
(C) 11/30 (D) 1/15

127. What is the probability of two persons being born on the same day (ignoring date)?

(A) 1/49 (B) 1/365
(C) 1/7 (D) 2/7

128. A coin is tossed. If a head is observed, a number is randomly selected from the set [1, 2, 3] and if a tail is observed, a number is randomly selected from the set [2, 3, 4, 5]. If the selected number be denoted by X, what is the probability that X = 3?

(A) 2/7 (B) 1/5
(C) 1/6 (D) 7/24

129. Consider the following statements related to the nature of Bayes' theorem:

I. Bayes' theorem is a formula for computation of a conditional probability

II. Bayes' theorem modifies an assumed probability of an event in the light of a related event which is observed.

Which of the statements given above is/are correct?

(A) I only
(B) II only
(C) Both I and II
(D) Neither I nor II

130. The outcomes of an experiment classified is success A or failure A will follow binomial distribution if:

(A) P(A) = 1/2
(B) P(A) = 0 (C) P(A) = 1
(D) P(A) remains constant in all trials

131. How many words, with or without meaning, can be formed by using all the letters of the word `MACHINE', so that the vowels occupy only the odd positions?

(A) 1440 (B) 720
(C) 640 (D) 576

132. From 7 men and 4 women a committee of 6 is to be formed such that the committee contains at least two women. What is the number of ways to do this?

(A) 210 (B) 371
(C) 462 (D) 5544

133. If the AM and GM of two numbers are 5 and 4 respectively, then what is the HM of those numbers?

(A) 5/4 (B) 16/5
(C) 9/2 (D) 9

134. The arithmetic mean of 4 numbers is 15. The arithmetic mean of another 6 numbers is 12. What is the arithmetic mean of the combined 10 numbers?

(A) 12.2 (B) 12.8
(C) 13.2 (D) 13.8

135. What is the length of the vector (1,1)?

(A) 0 (B) 1
(C) $\sqrt{2}$ (D) 1/2

136. If $\vec{a}$ and $\vec{b}$ are two unit vectors inclined at an angle 60° to each other, then which one of the following is correct?

(A) $|\vec{a}+\vec{b}|<1$

(B) $|\vec{a}+\vec{b}|>1$

(C) $|\vec{a}-\vec{b}|<1$

(D) $|\vec{a}-\vec{b}|>1$

Directions (Q. 137 to 140): The following question consist of two statements, one labelled as the `Assertion (A)' and the other as `Reason (R)'. You are to examine these two statements carefully and select the answers to these items using the codes given below:

(A) Both A and R are individually true and R is the correct explanation of A

(B) Both A and R are indiviidually true but R is not the correct explanation of a

(C) A is true but R is false

(D) A is false but R is true

137. **Assertion (A):** The function *f*: (1,2,3) → [a, b, c, d] defined by *f* = {(1, a), (2, b), (3, c)} has no inverse.

Reason (R): *f* is not one-one

138. ABC is an equilateral triangle inscribed in a circle of centre O and radius 5 cm. Let the diameter through C meet the circle again at D.

Assertion (A): AD . BD < OB . OC

Reason (R): $2(AD^2 + BD^2) = CD^2$ = 100 sq. cm.

139. **Assertion (A):** Data collected in decimal census are not statistical data.

Reason (R): Since no probability is involved in this data collection, it amounts to 100 per cent collection of existing data.

140. **Assertion (A):** y = 2x + 3 is `one to one' real valued function

Reason (R):

$x_1 \neq x_y \Rightarrow y_1 \neq y_2, y_1 = 2x_1 + 3,$ $+ 3, y_2 = 2x_2 + 3,$ for any two real x_1 and x_2.

141. Let g : R → R be a function such that g(x) = 2x + 5. Then what is $g^{-1}(x)$ equal to?

(A) $\frac{x-5}{2}$

(B) 2x - 5

(C) $x - \frac{5}{2}$

(D) $\frac{x}{2}+\frac{5}{2}$

142. Consider the following statements:

I. $\lim_{x\to 0} \frac{x^2}{x}$ exists.

II. (x^2/x) is not continuous at x = 0

III. $\lim_{x\to 0} \frac{|x|}{x}$ does not exists.

Which of the statements given above are correct?

(A) I, II and III

(B) I and II only

(C) II and III only

(D) I and III only

143. Let $f(x) = \frac{1}{1-|1-x|}$. Then what is $\lim_{x \to \alpha} f(x)$.

(A) 0 (B) ∞

(C) 1 (D) -1

144. What is the value of $\lim_{x \to \alpha} \frac{\sqrt{\alpha + 2x} - \sqrt{3x}}{\sqrt{3\alpha + x} - 2\sqrt{x}}$?

(A) $\frac{2}{\sqrt{3}}$ (B) $\frac{1}{(3\sqrt{3})}$

(C) $\frac{2}{(3\sqrt{3})}$ (D) $\frac{1}{\sqrt{3}}$

145. If $x^y = e^{x-y}$, then dy/dx is equal to which one of the following?

(A) $\frac{(x-y)}{(1+\log x)^2}$

(B) $\frac{y}{(1+\log x)}$

(C) $\frac{(x+y)}{(1-\log x^2)}$ (D) $\frac{(\log x)}{(1+\log x)^2}$

146. What is the maximum value of the function $\log x - x$?

(A) -1 (B) 0

(C) 1 (D) ∞

147. A rectangular box with a cover is to have a square base. The volume is to be 10 cubic cm. The surface area of the box in terms of the side x is given by which one of the following functions?

(A) $f(x) = \left(\frac{40}{x}\right) + 2x^2$

(B) $f(x) = \left(\frac{40}{x}\right) + x^2$

(C) $f(x) = \left(\frac{40}{x}\right) + x$

(D) $f(x) = \left(\frac{60}{x}\right) + 2x$

148. $f(x) = \cos x$ is monotonic decreasing under which one of the following conditions?

(A) $0 < x < \frac{\pi}{2}$ only

(B) $\frac{\pi}{2} < x < \pi$ only

(C) $0 < x < \pi$

(D) $0 < x < 2\pi$

149. What is $\int (e^x + 1)^{-1}\, dx$ equal to?

(A) $\ln(e^x + 1) + c$

(B) $\ln(e^{-x} + 1) + c$

(C) $-\ln(e^x + 1) + c$

(D) $-(e^x + 1) + c$

150. What is $\int \frac{d\theta}{\sin^2\theta + 2\cos^2\theta - 1}$ equal to?

(A) $\tan\theta + c$ (B) $\cot\theta + c$

(C) $\frac{1}{2}\tan\theta + c$ (D) $\frac{1}{2}\cot\theta + c$

151. What are the values of p which satisfy the equation

$$\int_0^p (3x^2 + 4x - 5)\, dx = p^3 - 2$$

(A) $\frac{1}{2}$ *and* 2 (B) $-\frac{1}{2}$ and 2

(C) $\frac{1}{2}$ and - 2 (D) $-\frac{1}{2}$ and - 2

152. What is $\int \sin x \log(\tan x)\, dx$ equal to?

(A) cos x log tan x + log tan (x/2) + c

(B) -cos x log tan x + log tan (x/2) + c

(C) cos x log tan x + log cot (x/2) + c

(D) -cos x log tan x + log cot (x/2) + c

153. What does the solution of the differential equation $x\, dy - y\, dx = 0$ represent?

(A) Rectangular hyperbola

(B) Straight line passing through origin

(C) Parabola whose vertex is origin

(D) Circle whose centre is at origin

154. What is the order of the differential equation $\frac{dy}{dx} + y = \frac{1}{\left(\frac{dy}{dx}\right)}$?

(A) -1 (B) 0

(C) 1 (D) 2

155. Rate of growth of bacteria is proportional to the number of bacteria present at that time. If x is the number of bacteria present at any instant t, then which one of the following is correct? (Take proportional constant equal to 1)

(A) $x = \log t$ (B) $x = ce^t$

(C) $e^x = t$ (D) $x = \sqrt{t}$

156. The value of $\int_{-2}^{2} (ax^3 + bx + c)\, dx$ depends on which of the following?

(A) Value of x only

(B) Values of each a, b and c

(C) Value of c only

(D) Values of b only

157. What is the solution of the differential equation $x\, dy - y\, dx = xy^2\, dx$?

(A) $yx^2 + 2x = 2cy$

(B) $y^2x + 2y = 2cx$

(C) $y^2 x^2 + 2x = 2cy$

(D) None of these

158. What are the order and degree respectively of the differential equation

$$\left(\left(\frac{d^4y}{dx^4}\right)^3\right)^{2/3} - 7x\left(\frac{d^3y}{dx^3}\right) = 8 \ ?$$

(A) 3, 2 (B) 4, 3

(C) 4, 2 (D) 3, 3

159. $\lim_{x \to 0} e^{-1/x}$ is

(A) 0 (B) ∞

(C) e (D) does not exist

160. If y = sin (m sin-1 x) what is the value of $\frac{d^2y}{dx^2}$ at x = 0?

(A) m (B) m^2

(C) $m^2 + 2$ (D) None of these

161. If a set A contains 4 elements, then what is the number of elements in A x P(A)?

(A) 16 (B) 32

(C) 64 (D) 128

162. If A, B, C are three sets such that $A \cup B = A \cap C$ & $A \cap B = A \cap C$, then which one of the following is correct

(A) A = B only (B) B = C only

(C) A = C only (D) A = B = C

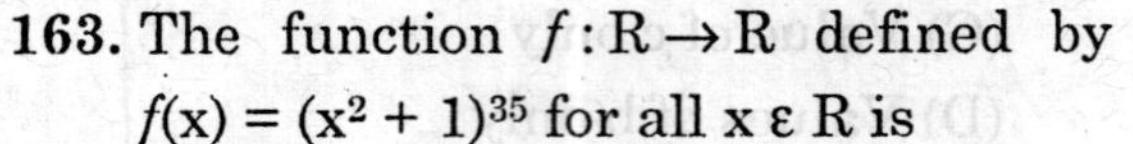

163. The function $f: R \rightarrow R$ defined by $f(x) = (x^2 + 1)^{35}$ for all x ε R is

(A) one-one but not onto

(B) onto but non one-one

(C) Neither one-one nor onto

(D) Both one-one and onto

164. The number $\left(2+\sqrt{2}\right)^2$ is

(A) a natural number

(B) an irrational number

(C) a rational number

(D) a whole number

165. If A and B are disjoint sets, then A ∩ (A' ∪ B) is equal to which one of the following?

(A) ϕ (B) A

(C) A ∪ B (D) A - B'

166. If A, B, C are three sets, then what is A - (B - C) equal to:

(A) A – (B ∩ C)

(B) (A - B) ∩ C

(C) (A - B) ∪ (A ∩ C)

(D) (A - B) ∪ (A - C)

167. If A and B are two subsets of a set X, then what is A ∩ (A ∪ B)' equal to?

(A) A (B) B

(C) ϕ (D) A'

168. *f* : [1, 2, 3] → [4,5] is not a function if it is defined by which one of the following?

(A) [(2,4), (3, 5), (1, 5)]

(B) [(1,4), (2,4), (3,4)]

(C) [(1,4), (2, 5), (3, 4)]

(D) [(1,4), (1, 5), (2, 4), (2, 5), (3, 4), (3, 5)]

169. If A = [1, 2, 3, 4] and R = [(1,1), (1, 3), (2, 2), (3, 1), (3, 4), (4, 3), (4, 4)] is a relation on A x A, then which one of the following is correct?

(A) R is reflexive

(B) R is symmetric and transitive

(C) R is transitive but not reflexive

(D) R is neither reflexive not transitive

170. Match List - I with List-II and select the correct answer using the code given below the lists:

List-I	List-II
A. Cube root of unity	1. -2 (1 + i)
B. A square root of -1	2. 2i
C. Cube of 1-1	3. -i
D. Square of 1 + i	4. $\frac{-1}{2}(1+i\sqrt{3})$

	A	B	C	D
(A)	4	3	1	2
(B)	2	1	3	4
(C)	3	4	2	1
(D)	3	1	2	4

171. For a positive integer n, what is the value of i^{4n+1}?

(A) *i* (B) -*i*

(C) 1 (D) -1

172. if ω is a complex cube root of unity, then what is the value of :

$$1-\frac{1}{(1+\omega)}-\frac{1}{(1+\omega^2)}?$$

(A) 1 (B) 0

(C) ω (D) ω^2

173. What is the 15th term of the series 3, 7, 13, 21, 31, 43, ...?

(A) 205 (B) 225

(C) 238 (D) 241

174. If the nth term of an arithmetic progression is 2n - 1, then what is the sum upto n terms?

(A) n^2 (B) $n^2 - 1$

(C) $n^2 + 1$ (D) $\frac{1}{2}n(n+1)$

175. If the roots of the equation $x^2 - bx + c = 0$ are two consecutive integers, then what is the value of $b^2 - 4c$?

(A) 1 (B) 2

(C) -2 (D) 3

176. If a polygon has 20 diagonals, then what is the number of sides?

(A) 6 (B) 10

(C) 12 (D) 8

177. In how many ways can 3 books on Hindi and 3 books on English be arranged in a row on a shelf, so that not all the Hindi books are together?

(A) 144 (B) 360

(C) 576 (D) 720

178. What is the value of :

$^8C_0 - {}^8C_1 + {}^8C_2 - {}^8C_3 + {}^8C_4 - {}^8C_5 + {}^8C_6 - {}^8C_7 + {}^8C_8$?

(A) 0 (B) 1

(C) 2 (D) 2^8

179. If sum of the roots of $3x^2 + (3p + 1)x - (p + 5) = 0$ is equal to their product, then what is the value of p?

(A) 2 (B) 3

(C) 4 (D) 9

180. If α and β are the roots of $x^2 + 4x + 6 = 0$, then what is the value of $\alpha^3 + \beta^3$?

(A) -2/3 (B) 2/3

(C) 4 (D) 8

181. What is the locus of a point which is equidistant from the points (a + b, a - b) and (b - a, a + b)?

(A) bx - ay = 0

(B) bx + ay = 0

(C) - ax + by = 0

(D) ax + by = 0

182. The line through the points (4, 3) and (2, 5) cuts off intercepts of lengths λ and μ on the axes. Which one of the following is correct?

(A) $\lambda > \mu$ (B) $\lambda < \mu$

(C) $\lambda > -\mu$ (D) $\lambda = \mu$

183. The point of intersection of the two lines 2x + 3y + 4 = 0 and 4x + 3y + 2 = 0 is at a distance d from origin. What is the value of d?

(A) $\sqrt{2}$ (B) $\sqrt{3}$

(C) $\sqrt{5}$ (D) $\sqrt{7}$

184. What does the equation $x^3y + xy^3 - xy = 0$ represent?

(A) A pair of straight lines only

(B) A pair of straight lines and a circle

(C) A rectangular hyperbola only

(D) A rectangular hyperbola and a circle

185. Equation of the hyperbola with eccentricity 3/2 and foci at (+2, 0) is $5x^2-4y^2=k^2$. What is the value of k?

(A) 4/3 (B) 3/4

(C) $\left(\frac{4}{3}\right)\sqrt{5}$ (D) $\left(\frac{3}{4}\right)\sqrt{5}$

186. Consider the ellipse $\frac{x^2}{a^2}+\frac{y^2}{b^2}=1\ (b>a)$. Then which one of the following is correct?

(A) Real foci do not exist

(B) Foci are (± a e, 0)

(C) Foci are (± b e, 0)

(D) Foci are (0, ± b e)

where, e is the eccentricity

187. Consider the parabolas $S_1 \equiv y^2 - 4ax = 0$ and $S_2 \equiv y^2 - 4bx = 0$. S_2 will contain S_1, if

(A) a > b > 0 (B) b > a > 0

(C) a > 0, b < 0 but |b| > a

(D) a < 0, b > 0 but b < |a|

188. What are the co-ordinates of the point equidistant from the four points (0, 0, 0), (2, 0, 0), (0, 4, 0), (0, 0, 6) ?

(A) (1, 2, 3) (B) (2, 3, 1)

(C) (3, 1, 2) (D) (1, 3, 2)

189. The angle between the lines with direction ratios (1, 0, ± cos α) is 60°. What is the value of α?

(A) $\cos^{-1}\left(\frac{1}{\sqrt{2}}\right)$ (B) $\cos^{-1}\left(\frac{1}{\sqrt{3}}\right)$

(C) $\cos^{-1}\left(\frac{1}{3}\right)$ (D) $\cos^{-1}\left(\frac{1}{2}\right)$

190. The line passing through (1, 2, 3) and having direction ratios given by <1, 2, 3> cuts the x-axis at a distance k from the origin. What is the value of k?

(A) 0 (B) 1

(C) 2 (D) 3

191. What is the value of sin (1110°)?

(A) 1 (B) 1/2

(C) $\frac{1}{\sqrt{2}}$ (D) $\frac{\sqrt{3}}{2}$

192. What is the area of the ellipse $4x^2 + 9y^2 = 1$?

(A) 6 π (B) π /36

(C) π /6 (D) $\pi/\sqrt{6}$

193. What is the solution of the differential equation $-\text{cosec}^2 (x + y)\, dy = dx$?

(A) y - c = sin (x + y)

(B) x - c = sin (x + y)

(C) y - c = tan (x + y)

(D) None of these

194. What is the equation of the curve whose slope at any point is equal to 2x and which passes through the origin?

(A) $y(1 - x) = x^2$

(B) $y^2(1 + x^2) = x^4$

(C) $y^2 = (x + 1)^2$ (D) $y = x^2$

195. If $f(x) = \log |x|$, $x \neq 0$, then what is $f'(x)$ equal to?

(A) 1/|x| (B) 1/x

(C) -1/x (D) None of these

196. A quadratic polynomial with two distinct roots has one real root. Then other root is

(A) not necessarily real if the coefficients are real

(B) always imaginary

(C) always real

(D) real if the coefficients are real

197. If $a = x + \sqrt{x^2 + 1}$, then what is x equal to?

(A) (1/2) $(a + a^{-1})$ (B) (1/2) $(a - a^{-1})$

(C) $a + a^{-1}$ (D) $a - a^{-1}$

198. If P, Q, R are the midpoints of the sides AB, BC and CA respectively of a triangle ABC and if $\vec{a}, \vec{p}, \vec{q}$, are the position vectors of A, P, Q respectively, then what is the position vector of R?

(A) $2\vec{a} - (\vec{p} - \vec{q})$ (B) $(\vec{p} - \vec{q}) - 2\vec{a}$

(C) $\vec{a} - (\vec{p} - \vec{q})$ (D) $\frac{\vec{a}}{2} - \frac{(\vec{p} - \vec{q})}{2}$

199. If, $\vec{r}_1 = \lambda\hat{i} + 2\hat{j} + \hat{k}, \vec{r}_2 = \hat{i} + (2 - \lambda)\hat{j} + 2\hat{k}$ are such that $|\vec{r}_1| > |\vec{r}_2|$, then λ satisfies which one of the following?

(A) λ = 0 only (B) λ = 1

(C) λ < 1 (D) λ > 1

200. Let $\vec{a} = (1, -2, 3)$ and $\vec{b} = (3, 1, 2)$ be two vectors and $\vec{c}$ be a vector of length l and parallel to $(\vec{a} + \vec{b})$. What is $\vec{c}$ equal to?

(A) $\frac{1}{\sqrt{14}}(-2, -3, 1)$ (B) $\frac{1}{\sqrt{2}}(1, 0, 1)$

(C) $\frac{1}{\sqrt{42}}$ (-5, -4, -1)

(D) None of these

201. The equation by + cz + d = 0 represents a plane parallel to which one of the following?

(A) x-axis

(B) y-axis

(C) z-axis

(D) None of these

202. Which one of the following planes is normal to the plane 3x + y + z = 5?

(A) x + 2y + z = 6

(B) x – 2y + z = 6

(C) x + 2y – z = 6

(D) x – 2y – z = 6

203. If the radius of the sphere $x^2 + y^2 + z^2 - 6x - 8y + 10z + \lambda = 0$ is unity, what is the value of λ?

(A) 49 (B) 7

(C) -49 (D) -7

204. Curve of intersection of two spheres is

(A) an ellipse (B) a circle

(C) a parabola (D) None of these

205. The equation of the circle which touches the axes at a distance 5 from the origin is $y^2 + x^2 - 2\alpha x - 2ay + \alpha^2 = 0$. What is the value of α?

(A) 4 (B) 5

(C) 6 (D) 7

206. If the number of terms of an AP is (2n + 1) then what is the ratio of the sum of an odd terms to the sum of even terms ?

(A) $\frac{n}{N+1}$ (B) $\frac{n^2}{N+1}$

(C) $\frac{n+1}{n}$ (D) $\frac{n+1}{2n}$

207. sin x + sin y = a, cos x + cos y = b, then what is the value of cos (x - y)?

(A) $a^2 - 1$

(B) $b^2 - 1$

(C) 1/2 $(a^2 + b^2 - 2)$

(D) 1/2 $(a^2 + b^2)$

208. What is $\sqrt{2\sqrt{2+\sqrt{2+\sqrt{2\cos(4A)}}}}$ equal to:

(A) cos A (B) cos (2A)

(C) $2\cos\left(\frac{A}{2}\right)$ (D) $\sqrt{2\cos A}$

209. If x is an integer and satisfies $9 < 4x - 1 < 19$, then x is an element of which one of the following sets?

(A) [3, 4] (B) [2, 3, 4]

(C) [3, 4, 5] (D) [2, 3, 4, 5]

210. A function *f* is defined by:

$f(x) = x + \frac{1}{x}$ consider the following:

I. $(f(x))^2 = f(x^2) + 2$

II. $(f(x))^3 = f(x^3) + 3f(x)$

Which of the above is/are correct?

(A) I only

(B) II only

(C) Both I and II

(D) Neither I nor II

211. Two forces are equal to $2\overrightarrow{OA}$ and $3\overrightarrow{BO}$, their resultant $\lambda\overrightarrow{OG}$, where G is the point on AB such that $\frac{BG}{AB} = -\frac{2}{3}$. What is the value of λ ?

(A) 1 (B) -1

(C) 2 (D) None of these

212. If $\vec{a}$ and $\vec{b}$ are two unit vectors, then what is teh value of $|\vec{a}\times\vec{b}|^2 + (\vec{a}.\vec{b})^2$?

(A) 0 (B) 2

(C) 1 (D) 1/2

213. The scalar triple product $(\vec{A}\times\vec{B}).\vec{C}$ of three vectors $\vec{A}, \vec{B}, \vec{C}$ determines

(A) volume of a parallelepiped

(B) volume of a tetrahedron

(C) volume of an ellipsoid

(D) None of these

214. What is the value of l if the triangle whose vertices are $\hat{i}, \hat{j}$ & $\hat{i}+\hat{j}+\lambda\hat{k}$ will be right angled?

(A) 2 (B) 0

(C) -1 (D) 1

215. If $(3\vec{a}-\vec{b})\times(\vec{a}+3\vec{b}) = k\,\vec{a}\times\vec{b}$, then what is the value of k?

(A) 10 (B) 5

(C) 8 (D) -8

216. If r and s are roots of $x^2 + px + q = 0$, then what is the value of $\left(\frac{1}{r^2}\right)+\left(\frac{1}{s^2}\right)$?

(A) p2 - 4q (B) $\frac{p^2 - 4q}{2}$

(C) $\frac{p^2 - 4q}{q^2}$ (D) $\frac{p^2 - 2q}{q^2}$

217. Consider the following three methods of collecting data:

I. Collecting data from Government offices

II. Collecting data from public libraries

III. Collecting data from telephonic interview

Select the correct answer using the code given below:

(A) All the three methods give secondary data

(B) I and II give secondary and III gives primary data

(C) I and III give secondary and II gives primary data

(D) II and II give secondary and I gives primary data

218. Sum of first n natural numbers is given by $\frac{n(n+1)}{2}$. What is the geometric mean of the series 1, 2, 4, 8, ..., 2^n?

(A) 2^n (B) $2^{n/2}$

(C) $2^{1/2}$ (D) 2^{n-1}

219. For a set of discrete numbers, three measures of central tendency are given below:

I. Arithmetic mean

II. Median III. Geometric mean

Which of the above statements may not have a meaningful definition?

(A) I only (B) II only

(C) III only

(D) All of them are meaningfully defined

220. If the three observations are 3, -6 and -6, then what is their harmonic mean?

(A) 0 (B) ∞

(C) -1/2 (D) -3

221. The sum of two roots of quadratic equation is $^3\sqrt{\lambda}$ and the sum of their squares is $^5\sqrt{\mu^2}$. Which one of the following is that equation?

(A) $x^2 - 3\sqrt{\lambda}x + \left(3\sqrt{\lambda^2} - 5\sqrt{\mu^2}\right) = 0$

(B) $x^2 - 3\sqrt{\lambda}x + \left(3\sqrt{\lambda^2} + 5\sqrt{\mu^2}\right) = 0$

(C) $2x^2 - 2\ ^3\sqrt{\lambda}x + \left(^3\sqrt{\lambda^2} - ^5\sqrt{\mu^2}\right) = 0$

(D) $2x^2 - 2\ ^3\sqrt{\lambda}x + \left(^3\sqrt{\lambda^2} + ^5\sqrt{\mu^2}\right) = 0$

222. If x = $(1101)_2$, y = $(110)_2$, then what is $x^2 + y^2$ equal to?

(A) $(11101011)_2$ (B) $(11001101)_2$

(C) $(111000110)_2$ (D) $(11100101)_2$

223. If tan A = 1/3 and tan B = 1/7, then what is the value of tan (2A + 2B)

(A) 30° (B) 45°

(C) 53° (D) 135°

224. What is the value of X if $(1010)_2 \times (111)_2 = (X)_{10}$

(A) 60 (B) 70

(C) 75 (D) 80

225. What are the values of x which satisfy the relation

$\sin^{-1}x + \sin^{-1}(1-x) = \cos^{-1}x$?

(A) (0, 1) (B) (-1, 1)

(C) (0, 1/2) (D) (-1, 1/2)

226. The intercepts of straight line upon the coordinates axes are a and b. If the length of the perpendicular on this line from the origin be 1, then which one of the following relations is correct?

(A) $\frac{1}{a^2} + \frac{1}{b^2} = 2$

(B) $\frac{1}{a^2} + \frac{1}{b^2} = \frac{1}{\sqrt{2}}$

(C) $\frac{1}{a^2} + \frac{1}{b^2} = \frac{1}{2}$

(D) $\frac{1}{a^2} + \frac{1}{b^2} = 1$

227. what is the locus of a moving point equidistant from the straight lines $x + y = 0$ and $x - y = 0$?

(A) $xy = 0$

(B) xy = constant

(C) $x = 0$

(D) $y = 0$

228. Which one of the following is correct?

If $\vec{a}$ and $\vec{b}$ are two non-zero vectors, then the equality $|\vec{a} + \vec{b}| = |\vec{a}| + |\vec{b}|$

(A) never holds

(B) holds if $\vec{a}$ and $\vec{b}$ make an angle $\pi/2$ with each other

(C) holds if $\vec{a}$ and $\vec{b}$ are unidirectional

(D) holds if $\vec{a}$ and $\vec{b}$ make an angle π with each other

229. A body moves in a straight line according to the law $s = t^3 - 4t^2 - 3t$. What are the values of time and acceleration: (time, acceleration); each time when velocity of the body is zero?

(A) (3, -10) (B) (3, 10)

(C) (2, -10) (D) (2, 10)

230. In a field, 20% of the plants are infected. A random sample of 4 plants is selected. What is the probability that at most 3 plants are infected?

(A) 0.9984 (B) 0.064

(C) 0.0016 (D) 0.8

231. The centre of the circle $(x-a)^2 + (y-b)^2 = 9$ lies on the straight line $x = y$ and the circle touches the circle $x^2 + y^2 = 1$ externally. What are the values of a, b?

(A) $\alpha = \pm 2\sqrt{2}, \beta = \pm 2\sqrt{2}$

(B) $\alpha = \pm\sqrt{2}, \beta = \pm\sqrt{2}$

(C) $\alpha = 0, \beta = 0$

(D) $\alpha = 2, \beta = 2$

232. Consider the following statements:

1. Correlation coefficient is independent of change of origin
2. Correlation coefficient is independent of change of scale
3. Regression coefficient is independent of change of origin
4. Regression coefficient is independent of change of scale

Which of the statements given above are correct?

(A) 1, 2, and 3 (B) 1, 2, and 4

(C) 1, 3, and 4 (D) 2, 3, and 4

233. What is the weighted mean of the first n natural numbers whose weights are equal to the squares of the corresponding numbers?

(A) $\frac{n+1}{2}$ (B) $\frac{3n(n+1)}{2(2n+1)}$

(C) $\frac{(n+1)(2n+1)}{6}$

(D) $\frac{n(n+1)}{2}$

234. What is the period of the function $\sin 4x + \tan 2x$?

(A) 2 p (B) p

(C) $\pi/2$ (D) 3p/2

235. What is the derivative of $\sin^{-1}\left(\frac{1}{\sqrt{1+t^2}}\right)$ with respect of $\cos^{-1}\left(\frac{t}{\sqrt{1+t^2}}\right)$?

(A) 1 (B) -1
(C) 2 (D) -2

236. If ABCD is a quadrilateral such that $|\overrightarrow{BC}| = |\overrightarrow{AB}| = |\overrightarrow{AD}| = 2|\overrightarrow{CD}|$, then what is $|\overrightarrow{AB}| + |\overrightarrow{BC}|$ equal to?

(A) $2\overrightarrow{DC} + \overrightarrow{AD}$
(B) $\overrightarrow{DC} + \overrightarrow{AD}$
(C) $\overrightarrow{CD} + \overrightarrow{DA}$
(D) $2\overrightarrow{CD} + \overrightarrow{DA}$

237. ax + bx + c = 0 is a quadratic equation such that a ≠ b ≠ c and a + b + c = 0. What is the nature of roots?

(A) both are positive
(B) both are negative
(C) they are real distinct
(D) both are imaginary

238. Consider the following statements on a set A = [1, 2, 3]:

1. R = {(1, 1), (2, 2)} is a reflexive relation on A.
2. R = {(3, 3)} is symmetric and transitive but not a reflexive relation on A.

Which of the statements given above is / are correct?

(A) 1 only
(B) 2 only
(C) both 1 and 2
(D) neither 1 nor 2

239. If A = {x, y}, B = {2, 3}, C = {3, 4}, then what is the number of elements in $A \times (B \cup C)$

(A) 2 (B) 4
(C) 6 (D) 8

240. What is the sum of the integers from 1 to 100 that are divisible by 2 or 5?

(A) 3600 (B) 3550
(C) 3050 (D) 2550

241. If the sum of the roots of a quadratic equation is 3 and the product is 2, then the equation is

(A) $2x^2 - x + 3 = 0$
(B) $x^2 - 3x + 2 = 0$
(C) $x^2 + 3x + 2 = 0$
(D) $x^2 + 3x - 2 = 0$

242. The area of a rectangle whose length is five more than twice its width is 75 square unit. The length is

(A) 5 unit (B) 10 unit
(C) 15 unit (D) 20 unit

243. If a and a are the roots of the equation $x^2 + bx + c = 0$, then what is the value of $\alpha^{-1} + \beta^{-1}$?

(A) c/b (B) b/c
(C) -c/b (D) -b/c

244. If the eccentricity of a conic section is equal to $\frac{x^2}{x^2+1}, x \in \mathbf{R}$, then the conic section is

(A) a circle (B) a parabola
(C) an ellipse (D) a hyperbola

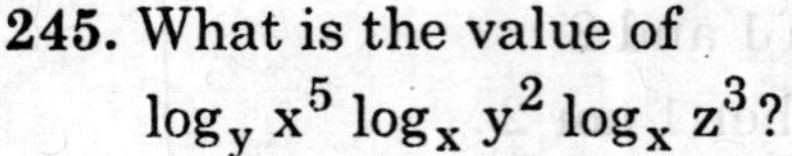

245. What is the value of $\log_y x^5 \log_x y^2 \log_x z^3$?

(A) 10 (B) 30

(C) 40 (D) 60

246. What is the argument of the complex number (-1 - i) where i = $\sqrt{-1}$?

(A) 5π/4 (B) -5π/4

(C) 3π/4 (D) None of these

247. The binary representation of the decimal number 45 is

(A) 1101101 (B) 101101

(C) 101010 (D) 110011

248. What is the sum of the coefficients in the expansion of $(1 + x)^n$?

(A) $2^n - 1$ (B) 2^n

(C) 2^{n-1} (D) n + 1

249. What s the value of the $\lim_{x \to 2} \frac{\sqrt{1+\sqrt{2+x}} - \sqrt{3}}{x-2}$?

(A) $\frac{1}{8\sqrt{3}}$

(B) $\frac{1}{4\sqrt{3}}$

(C) 0

(D) the limit does not exist

250. If $f(x) = 4x^3 + 3x^3 + 3x + 4$, then what is the value of $x^3 f(1/x)$?

(A) $f(-x)$ (B) $1/f(x)$

(C) $[f(1/x)]^2$ (D) $f^1(x)$

251. If P(77,31) = x and C(77,31) = y, then which one of the following is correct?

(A) x = y (B) 2x = y

(C) 77x = 31 y (D) x > y

252. If $\langle l, m, n \rangle$ are direction cosines of a line, what is the value of $(l + m - n)^2 + (m + n - l)^2 + (l + m + n)^2 + (n + l - m)^2$?

(A) 0 (B) 1

(C) 4 (D) 4 (lm + mn + nl)

253. What is the sum of digits in the unit place of all numbers formed using 1, 2, 3, 4, 5, 6 taken all at a time without repeating any of them?

(A) 1260 (B) 2520

(C) 3780 (D) 5040

254. A five-digit number divisible by 3 is to be formed using the digits 0, 1, 2, 3, 4, and 5 without repetition. What is the total number of different ways in which this can be done?

(A) 216 (B) 212

(C) 240 (D) 600

255. In the triangle ABC, If b + c = 3a, what is the value of $\cot\frac{B}{2}\cot\frac{C}{2}$?

(A) 1 (B) 2

(C) 3 (D) -2

256. In a football championship, a total of 153 matches was played. Every two teams played one match with each other. What is the total number of teams which took part in the championship?

(A) 17 (B) 18

(C) 19 (D) 21

257. What is the coefficient of xn in $(x^2 + 2x)^{n-1}$?

(A) $(n - 1)2^{n-2}$ (B) $(n - 1)2^{n-1}$

(C) $(n - 1)2^n$ (D) $n\, 2^{n-1}$

258. If $A = \begin{bmatrix} 3 & 1 \\ -1 & 2 \end{bmatrix}$ and $A^2 + 7I_2 = 5A$, then what is A^{-1}?

(A) $\frac{1}{7}\begin{bmatrix} 2 & -1 \\ 1 & 3 \end{bmatrix}$ (B) $\frac{1}{7}\begin{bmatrix} 2 & 1 \\ -1 & 3 \end{bmatrix}$

(C) $\frac{1}{7}\begin{bmatrix} 2 & -1 \\ -1 & 3 \end{bmatrix}$ (D) $\frac{1}{7}\begin{bmatrix} -1 & 1 \\ -1 & -3 \end{bmatrix}$

259. If r_1, r_2 are the roots of the equation $x^2 - px + (p-1) = 0$; for what value of p is the value of $(r_1^2 + r_2^2)$ minimum?

(A) p = 0 (B) p = -1

(C) p = 1 (D) p = 2

260. A bag contains balls of two colours, 3 black and 3 white, What is the smallest number of balls which must be drawn from the bag without looking, so that among these there are two or the same colour?

(A) 2 (B) 4

(C) 3 (D) 5

261. If $4^x - 6.2^x + 8 = 0$, then the values of x are

(A) 1, 0 (B) 1, 1

(C) 1, 2 (D) 2, 2

262. Which one of the following statements is correct?

The power set of the null set is =

(A) null set

(B) a singleton set

(C) a finite set with two or more elements

(D) $\{a^2 \mid a \in R, b \in n\}$

263. The shadow of a pole standing on a horizontal plane is d metre longer when the Sun's altitude is α than when it is β. What is the height of the pole?

(A) $d\frac{\cos\alpha\cos\beta}{\cos(\alpha-\beta)}$ (B) $d\frac{\sin\alpha\cos\beta}{\sin(\alpha-\beta)}$

(C) $d\frac{\sin\alpha\sin\beta}{\sin(\alpha-\beta)}$

(D) $d\frac{\sin\beta\cos\alpha}{\cos(\alpha+\beta)}$

264. Two finite sets have m and n elements respectively. The total number of subsets of the first set is 56 more than the total number of subsets of the second set. What are the values of m and n, respectively?

(A) 7, 6 (B) 6, 3

(C) 5, 1 (D) 8, 7

265. $(x + 1)^2 - 1 = 0$ has

(A) one real root

(B) one imaginary root

(C) two imaginary roots

(D) two real roots

266. What is the value of the minor of the element 9 in the determinant

$$\begin{vmatrix} 10 & 19 & 2 \\ 0 & 13 & 1 \\ 9 & 24 & 2 \end{vmatrix} ?$$

(A) -9 (B) 7

(C) -7 (D) 0

267. Which one of the following is correct? If $\vec{a}$ and $\vec{b}$ are unit vectors, then

(A) It is not possible that both $\vec{a}+\vec{b}$ and $\vec{a}-\vec{b}$ are unit vectors

(B) both $\vec{a}+\vec{b}$ and $\vec{a}-\vec{b}$ are unit vectors

(C) $\vec{a}+\vec{b}$ is a unit vector but $\vec{a}-\vec{b}$ is a zero vector if $\vec{a}$ and $\vec{b}$ are parallel

(D) both $\vec{a}+\vec{b}$ and $\vec{a}-\vec{b}$ are unit vectors only when and are perpendicular to each other.

268. Assume that a particle is displaced from the point A = (2, -6, 1) to the point B = (5, 9, 7). If the force applied to move the particle to 1/3 of the distance from A to B is $\vec{F}=\hat{i}+2\hat{j}-\hat{k}$, and for the remaining distance it is $\bar{F}/3$, then what is the work done in displacing the particle from A to B?

(A) 9 units (B) 12 units

(C) 15 units (D) 27 units

269. If a, b and g are distinct non-negative real numbers such that the vectors $\alpha i + \alpha j + \beta k$, i = k, and $\beta i + \beta j + \gamma k$ are coplanar, then which one of the following is correct?

(A) $\beta^2 = \alpha\gamma$

(B) $\beta = \frac{\alpha+\gamma}{2}$

(C) $\beta = \frac{2\alpha\gamma}{\alpha+\gamma}$

(D) $\alpha = 1, \beta = 0, \gamma = 1$

270. Which one of the following statements is correct

$$f(x) = \frac{1}{1+\tan x}$$

(A) is a continuous, real-valued function for all $x \in (-\infty, \infty)$

(B) is discountinuous only at x = 3p/4

(C) has only finitely many discountinuities on $(-\infty, \infty)$

(D) has infinitely many discountinuities on $(-\infty, \infty)$

271. If no two vectors of $\vec{a}, \vec{b}$ and $\vec{c}$ are parallel, $\vec{a} \times \vec{b} = \vec{b} \times \vec{c}$ and then which one of the following is correct?

(A) $\vec{a}, \vec{b}, \vec{c}$ are coplanar

(B) $\vec{a}+\vec{b}$ and $\vec{a}+\vec{c}$ are parallel

(C) $\vec{a}+\vec{c}$ and $\vec{b}$ are orthogonal

(D) $\vec{a}+\vec{c}$ and $\vec{b}$ parallel

272. Suppose u and v are functions of x that are differentiable at x = 0, and the u(0) = 5, u'(0) = -3, v(0) = -1, v'(0) = 2. Then what is the value $\frac{d}{dx}\left(\frac{u+v}{uv}\right)$ of at x =0?

(A) 47/25 (B) -47/25

(C) 25/47 (D) -25/47

273. A particle P moves along the curve $x^2y^3 = 27$. dy/dt = 10 at the time when P is at the point (1, 3). What is the value of dx/dt at that instant?

(A) 5 (B) -10

(C) 10 (D) -5

274. What is the value of $\int_{\pi/2}^{\pi/2} \frac{\sin x}{x^2} dx$?

(A) 1 (B) 0

(C) π (D) -2

275.

List I	List-II
A. 340°	1. $-\sqrt{1+\sin A}+\sqrt{1-\sin A}$
B. 580°	2. $-\sqrt{1+\sin A}-\sqrt{1-\sin A}$
C. 40°	3. $-\sqrt{1-\sin A}+\sqrt{1-\sin A}$

(A) A-1, B-2, C-3

(B) A-1, B-3, C-2

(C) A-3, B-2, C-1

(D) A-2, B-1, C-3

276. For what value of k, the euqations 3x - y = 8 and 9x - ky = 24 will have infinitely many solutions?

(A) 6 (B) 5

(C) 3 (D) 1

277. If the roots of the equation $3ax^2 + 2bx + c = 0$ are in the ratio 2 : 3, then which one of the following is correct?

(A) 8ac = 25 b (B) $8ac = 9b^2$

(C) $8b^2 = 9ac$ (D) $8b^2 = 25ac$

278. What is the value of $\sin^{-1} \cos \sin^{-1} x \cos^{-1} \sin \cos^{-1} x$?

(A) 2x (B) π/2

(C) -π/2 (D) 2x+π

279. The roots of the equation $x^2 + px + q = 0$ are both real and greater than 1. If r = p + q + 1, then which one of the following is correct?

(A) r must be greater than 0

(B) r must be less than 0

(C) r must be equal to 0

(D) r may be equal to 0

280. What is the value of

$$\frac{\alpha-\beta}{\alpha}+\frac{1}{2}\left(\frac{\alpha-\beta}{\alpha}\right)^2+\frac{1}{4}\left(\frac{\alpha-\beta}{\alpha}\right)+....$$

Where 0 < b > α?

(A) $\frac{\alpha-\beta}{\alpha}$ (B) $\frac{2(\alpha-\beta)}{\alpha-\beta}$

(C) $\frac{2(\alpha-\beta)}{\alpha+\beta}$ (D) $\frac{\alpha-\beta}{2\beta}$

281. What is the value of tan 105°?

(A) $\frac{\sqrt{3}+1}{1-\sqrt{3}}$ (B) $\frac{\sqrt{3}+1}{\sqrt{3}-1}$

(C) $\frac{\sqrt{3}-1}{\sqrt{3}+1}$ (D) $\frac{\sqrt{3}+1}{\sqrt{3}-2}$

282. What is the locus of the point of intersection of the straight line x cosθ + y sin θ = a and the straight line xcos θ - ysin θ = b?

(A) a circle (B) an ellipse

(C) a hyperbola (D) a parabola

283. For three events, A, B and C which one of the following is the simple expression of

$$(A \cap B) \cap (A \cup B^C) \cap (A^C \cup B)$$

(A) $A^C \cap B$

(B) $A \cup B$

(C) $A \cap B$

(D) $A \cap B^C$

284. If a is a real number and z is a complex number, then what is the value of $(z+a)(\overline{z}+a)$?

(A) $z^2 + a^2$ (B) $a^2 - z^2$

(C) $|z-a|^2$ (D) $|z+a|^2$

285. What is the value of $\sin 10^\circ + \sin 50^\circ - \sin 70^\circ$?

(A) 1 (B) 0

(C) 1/2 (D) 2

286. What is the value of $z^2 + z^{-2} + 2|z|^2$ if $z = 3 + 2i$?

(A) 36 (B) $81 + 2i$

(C) 39 (D) $40 + 12i$

287. What is the value of $\sin^2 24^\circ - \sin^2 6^\circ$?

(A) $\frac{\sqrt{5}-1}{4}$ (B) $\frac{\sqrt{5}-1}{8}$

(C) $\frac{\sqrt{5}+1}{8}$ (D) $\frac{\sqrt{5}+1}{4}$

288. What is the value of $\sum_{r=0}^{n/2} {}^nC_{2r}$, if n is even

(A) $2^{(n+1)}$ (B) 2^n

(C) $2^{(n-1)}$ (D) $2^{(n-2)}$

289. If $\theta + \phi = \pi/6$, what is the value of $(\sqrt{3} + \tan\theta)(\sqrt{3} + \tan\phi)$?

(A) 1 (B) -1

(C) 4 (D) -4

290. The differential equation of the curve $y = \sin x$ is

(A) $\frac{d^2y}{dx^2} + y = 0$

(B) $\frac{d^2y}{dx^2} + y\frac{dy}{dx} + x = 0$

(C) $\frac{d^2y}{dx^2} - y = 0$

(D) $\frac{d^2y}{dx^2} + x = 0$

291. What is the maximum possible area that can be enclosed by a wire of length 20 cm by bending it into the form of sector?

(A) 25 cm^2 (B) 20 cm^2

(C) 100 cm^2 (D) 144 cm^2

292. A determinant is chosen at random from a et of all determinants of order 2 with elements 0 and/or 1 only. What is the probability that the value of the determinant is positive?

(A) 3/16 (B) 5/16

(C) 1/16 (D) 13/16

293. A coin is tossed in a n times. The probability that the head (H) occurs six times is equal to the probability that the head occurs eight times. What is the value of n?

(A) 7 (B) 14

(C) 16 (D) 19

294. Consider families, each having n children and let A be the event that a family has children of both sexes. Assuming that each child has probability 1/2 of being a boy, what is the value of P(A)?

(A) $1/2^n$ (B) $(n+1)/2^n$

(C) $\frac{2^{n-1}-1}{2^{n-1}}$ (D) $\frac{1}{2^{n-1}}$

295. For what values of k, does the equation $9x^2 + y^2 = k(x^2 - y^2 - 2x)$ represent equations of a circle?

(A) 1 (B) 2

(C) -1 (D) 4

296. What is the number of spheres of radius 1 unit which touch the coordinate axes?

(A) 4 (B) 6

(C) 8 (D) infinite

297. P(a, b, c); Q (a + 2, b + 2, c - 2) and R (a + 6, b + 6, c - 6) are collinear. Consider the following statements:

1. R divides PQ internally in the ratio 3 : 2
2. R divides PQ externally in the ratio 3 : 2
3. Q divides PR internally in the ratio 1 : 2.

Which of the statements given above is/are correct?

(A) 1 only (B) 2 only

(C) 1 and 3 (D) 2 and 3

298. What is the locus of a point which moves such that the difference of the squares of its distances from two given points in space is constant?

(A) a straight line

(B) a plane

(C) a sphere

(D) any surface other than a plane or a sphere

299. What is the area of the triangle whose vertices are (0, 0, 0), (1, 2, 3) and (-3, -2, 1)?

(A) 6 square unit

(B) $3\sqrt{5}$ square unit

(C) $6\sqrt{5}$ square unit

(D) 12 square unit

300. What is the area of the parabola $y^2=x$, bounded by its latus rectum?

(A) $\frac{1}{12}$ square unit

(B) $\frac{1}{6}$ square unit

(C) $\frac{1}{3}$ square unit

(D) None of these

301. If x = $f(t)$, y = $g(t)$ such that $d^2y/dx^2 = 0$; which one of the following is correct?

(A) $\frac{dx}{dt}\frac{d^2y}{dt^2}=\frac{dy}{dt}\frac{d^2x}{dt^2}$

(B) $\frac{d^2x}{dt^2}=\frac{d^2y}{dt^2}$

(C) $\frac{d^2x}{dt^2}+\frac{d^2y}{dt^2}=0$

(D) $\frac{dx}{dt}\frac{d^2y}{dt^2}+\frac{dy}{dt}\frac{d^2x}{dt^2}=0$

302. Which one of the following statements is correct?

The numbers $\log_6 7$, $\log_{42} 7$, $\log_{294} 7$ are

(A) AP (B) GP

(C) HP

(D) None of these

303. Which one of the following statements is correct?

The natural number $6^{10} - 51$ is

(A) a prime number

(B) an even number

(C) divisible by 5

(D) a power of 3

304. What is the value of

$7^{6/7} . 7^{6/7^2} . 7^{6/7^1}$ .... upto ∞

(A) log7 (6/7) (B) ∞

(C) 6/7 (D) 7

305. Given $\log_{10}2 = 0.3010$, what is the number of digits in 20^{64}?

(A) 81 (B) 82

(C) 83 (D) 84

306. What is the number of solutions of the equation $x^2 - 5|x| + 6 = 0$?

(A) 2 (B) 0

(C) 1 (D) 4

307. What is the area of the region enclosed by $y = 2|x|$ and $y = 4$?

(A) 2 sq. unit

(B) 4 sq. unit

(C) 8 sq. unit

(D) 16 sq. unit

308. If $\overline{x}, \overline{y}$ are the means of two distributions such that $\overline{x} < \overline{y}$, and $\overline{z}$ is the mean of the combined distribution; then which one of the following is correct?

(A) $\overline{x} > \overline{z}$ (B) $\overline{y} < \overline{z}$

(C) $\overline{z} = \frac{\overline{x} + \overline{y}}{2}$ (D) $\overline{x} < \overline{z} < \overline{y}$

309. What is $\int_0^1 xe^x \, dx$ equal to?

(A) 1 (B) -1

(C) 0 (D) e

Directions: The next three items consists of two statements: one labelled as the Assertion (A) and the other as Reason (R), You are to examine these two statements carefully and select the answers to these items using the code given below:

(a) Both A and R are individually true, and R is the correct explanation of A.

(b) Both A and R are individually true, but R is not the correct explanation of A.

(c) A is true but R is false.

(d) A is false but R is true.

310. Assertion (A): The relation over the set {1, 2, 3, 4} defined by {(1, 3), (2, 3), (1, 4), (2, 4)} is not a map.

Reason (R): The elements 1 and 2 have no -pre images.

311. Assertion (A):
51 x 52 x 53 x 54 x 55 x 56 x 57 x 58 is divisible by 40320.

Reason (R): The product of r consecutive natural numbers is alwasy divisible by r!.

312. Assertion (A) : $f(x) = e^{-1|x|}$ is differentiable at x = 0.

Reason (R): $f(x) = e^{-1|x|}$ is continuous for all x.

313. An archway is in the form of a semi -ellipse, the road level coinciding with the major axis. The breadth of the road is 34 feet. A pole of 6 feet height just reaches the top when it is 2 feet from one side of the road. What is the maximum height of the archway in feet?

(A) 12.75

(B) 12.50

(C) 12.25

(D) 12.00

314. What is the length of the smallest focal chord of the parabola $y^2 = 4ax$?

(A) a (B) 2a
(C) 4a (D) 8a

315. What is the number of dissimilar terms in the expansion of $(x+y+z)^{10}$?

(A) 11 (B) 33
(C) 55 (D) 66

316. What is $\lim_{x \to 2} \frac{2 - x}{x^3 - 8}$ equal to?

(A) -1/8 (B) 1/8
(C) -1/12 (D) 1/12

317. What is the value of $\frac{1}{2\sin 10^\circ} - 2\sin 70^\circ$?

(A) -1 (B) 1
(C) 0 (D) 2

318. What is $\int e^{\ln x}\, dx$ equal to

(A) $xe^{\ln x} + c$ (B) $-xe^{\ln x} + c$
(C) $\frac{x^2}{2} + c$ (D) $x + c$

Where C is the constant of integration

319. What is $\int \frac{dx}{x \ln x}$ equal to?

(A) $\ln x + c$
(B) $(\ln + x)^2 + c$
(C) $\ln(\ln x) + c$
(D) None of the above

320. If $\tan p\theta - \tan q\theta = 0$, then the values of q form a series in

(A) AP (B) GP
(C) HP (D) None of these

321. If tanx = b/a, then what is the value of $\sqrt{\frac{a+b}{a-b}} + \sqrt{\frac{a-b}{a+b}}$?

(A) $\frac{2\sin x}{\sqrt{\sin 2x}}$ (B) $\frac{2\cos x}{\sqrt{\cos 2x}}$
(C) $\frac{2\cos x}{\sqrt{\sin 2x}}$ (D) $\frac{2\sin x}{\sqrt{\cos 2x}}$

322. Consider the following statements in respect of symmetric matrices A and B.

1. A + B is symmetric
2. AB is symmetric
3. AB + BA is symmetric
4. AB - BA is symmetric

Which of the following statements given above are correct?

(A) 1 and 2 (B) 1 and 3
(C) 2 and 3 (D) 3 and 4

323. What is the value of

$$\begin{vmatrix} 2\cos^2\frac{\alpha}{2} & \sin\alpha & 1 \\ 2\cos^2\frac{\beta}{2} & \sin\beta & 1 \\ 1 & 0 & 1 \end{vmatrix}?$$

(A) 0 (B) 1
(C) $\cos(\alpha - \beta)$ (D) $\sin(\beta - \alpha)$

324. If x, y, z are all positive; then what is the value of

$$\begin{vmatrix} 1 & \log_x y & \log_x z \\ \log_y x & 1 & \log_y z \\ \log_z x & \log_z y & 1 \end{vmatrix}?$$

(A) 1 (B) 3
(C) 0 (D) -2

325. If w is the cube root of unit and p = a + b, q = qω + bω², r = aω² + bω; then what is the value of pqr?

(A) $a^2b + ab^2$
(B) $a^2 + ab + b$
(C) $a^3 + b^3$
(D) $(a + b)^3$

326. What is $\lim_{x\to 0} \frac{1-\sqrt{1+x}}{x}$ equal to?

(A) 1/2 (B) -1/2
(C) 1 (D) -1

327. The general solution of the differential equation $x\frac{dy}{dx} - y = 0$ is

(A) y = xc (B) x + y = c
(C) xy = c (D) $x^2 + y^2 = c$

328. Let A = (1 2 3 4)

$M = \begin{pmatrix} 5 \\ 0 \\ 1 \\ -1 \end{pmatrix}$ and $N = \begin{pmatrix} 2 \\ -5 \\ 3 \\ 0 \end{pmatrix}$ what is the value of A (M + N)?

(A) (7 -10 12 -4)

(B) $\begin{pmatrix} 7 \\ -10 \\ 12 \\ -4 \end{pmatrix}$

(C) (5) (D) 5

329. $A = \lfloor a_{ij} \rfloor$, where $a_{ij} = 2i + j \quad 1 \le i \le 3$
$B = \lfloor b_{ij} \rfloor$, where $b_{ij} = i + 2j \quad 1 \le i \le 3$
A + B + C, where $C = \lfloor c_{ij} \rfloor$. What is the value of C_{32}?

(A) 7 (B) 8
(C) 5 (D) 2

330. Which one of the following is correct?

The system of equations x + y + z=6, 2x + y + z = 3 and 3x + 2y + 2z = 9

(A) has no solution
(B) has infinite number of solutions
(C) has only one solution
(D) has only three solutions

331. If sin2A = λ sin 2B, then what is the value of $\frac{\tan(A+B)}{\tan(A+B)}$?

(A) $\frac{\lambda - 1}{\lambda + 1}$ (B) $\frac{\lambda + 1}{\lambda - 1}$

(C) $\frac{\lambda^2 - 1}{\lambda^2 + 1}$ (D) $\sqrt{\frac{\lambda - 1}{\lambda + 1}}$

332. What is the value of $\tan^{-1}x + \cot^{-1}x$?

(A) $\frac{\pi}{2}$ for x > 0 and $\frac{-\pi}{2}$ for x < 0

(B) $\frac{\pi}{2}$ for all x

(C) $\frac{-\pi}{2}$ for all x

(D) $\frac{\pi}{2}$ for integral x

333. If the major axis of an ellipse is three times its minor axis, then what is the eccentricity?

(A) $\frac{2\sqrt{2}}{3}$ (B) $\frac{\sqrt{2}}{3}$

(C) 2/3 (D) 4/3

334. What is the value of the integral

$$\int e^{\frac{x^2+1}{x}}\,dx - \int \frac{e^{\frac{x^2+1}{x}}}{x^2}\,dx \ ?$$

(A) e^x (B) $e^{\left(\frac{x^2+1}{x}\right)}$

(C) $xe^{\left(\frac{x^2+1}{x}\right)}$ (D) $\left(x+\frac{1}{x}\right)e^x$

335. Consider the following statements: Vectors which make an angle of π/4 with the vector $\hat{i}+\hat{j}\sqrt{2}\hat{k}$ are given by

1. $\hat{i}+\hat{j}$
2. $\hat{i}+\sqrt{2}\hat{k}$
3. $\sqrt{2}\hat{k}$

Which of the statements given above are correct?

(A) 1, 2 and 3 (B) 1 and 2

(C) 2 and 3 (D) 1 and 3

336. Consider the function:

$$f(x)=\begin{cases} x^2, & x>2 \\ 3x-1, & x\le 2 \end{cases}$$

Which one of the following statements is correct in respect of the above function?

(A) f(x) is continuous but not derivable at x = 2

(B) f(x) is derivable but not continuous at x = 2

(C) f(x) is neither continuous not derivable at x = 2

(D) f(x) is continuous as well as derivable at x = 2

337. Which of the following is correct?

$f(x)=e^{\sin x}$, $x\in(-\pi,\pi)$

(A) is monotonically increasing on (-π, π)

(B) is monotonically increasing on (-π, 0)

(C) is monotonically decreasing on (0, π)

(D) is monotonically increasing on (-π/2, π/2)

338. What is the degree of the differential equation

$$\frac{dy}{dx}-x=\left(y-x\frac{dy}{dx}\right)^{-4} \ ?$$

(A) 2 (B) 3

(C) 4 (D) 5

339. Which points on the curve $x^2 = 2y$ are closest to the point (0, 5)?

(A) $\left(\pm 2\sqrt{2},4\right)$ (B) $(\pm 2, 2)$

(C) $(\pm 3, 9/2)$ (D) $\left(\pm\sqrt{2},1\right)$

340. What is the value of tan10° - tan7° - tan3°?

(A) 0

(B) tan 20°

(C) tan 10° tan 7° tan3°

(D) 1

341. If the mid point of the section of a straight line intercepted between the axes (1, 1), then what is the equation of this line?

(A) 2x + y = 3 (B) 2x - y = 1

(C) x - y = 1 (D) x + y = 2

342. What is the number of common tangents to the circles $x^2 + y^2 = 0$ and $x^2 + y^2 - 4x + 3 = 0$?

(A) One (B) Two
(C) Three (D) Four

343. What is the equation of the straight line through (a, b, c) and parallel to the x-axis?

(A) x = a, y = b
(B) y = b, z = a
(C) y = b, z = c
(D) x = c, z = a

344. Two straight line paths are represented by the equations 2x - y = 2 and -4x + 2y = 6. Then the paths will

(A) cross each other at one point
(B) not cross each other
(C) cross each other at two points
(D) cross each other at infinitely many points

345. What is the eccentricity of the ellipse whose length of minor axis is equal to the distance between the two foci?

(A) $\frac{2}{3}$ (B) $\frac{1}{2}$
(C) $\frac{1}{\sqrt{2}}$ (D) $\sqrt{\frac{2}{3}}$

346. What is the equation of the line which passes through (4, -5) and is parallel to the line 3x + 4y + 5 = 0?

(A) 3x - 4y - 32 = 0
(B) 3x + 4y + 8 = 0
(C) 4x - 3y - 31 = 0
(D) 3x + 4y - 8 =0

347. What is the locus of a point which is equidistant from the points (1, 2, 3) and (3, 2, -1) ?

(A) x + z = 0 (B) x - 3 z = 0
(C) x - z = 0 (D) x - 2 z = 0

348. Given the sphere $x^2+y^2+z^2-4x + 6y-8z-71 = 0$ and the 2 points A (1, -1, 2) & B (2, -3, 4). Which one of the following is correct

(A) A, B are inside the sphere
(B) A, B are outside the sphere
(C) A is inside the sphere and B is outside the sphere
(D) A is outside the sphere and B is inside the sphere

349. If tangent to the curve $y^2 = x^3$ at its point (m^2, m^3) is also normal to the curve at (M^2, M^3), then what is the value of mM?

(A) $-\frac{1}{9}$ (B) $-\frac{2}{9}$
(C) $-\frac{1}{3}$ (D) $-\frac{4}{9}$

350. If $x^2 + y^2 = t + \left(\frac{1}{t}\right), x^4 + y^4 = t^2 + \left(\frac{1}{t^2}\right)$ then what is the value of $-x^3y\frac{dy}{dx}$?

(A) $\frac{1}{4}$ (B) $\frac{1}{3}$
(C) $\frac{1}{2}$ (D) 1

351. What is the value of $\lim_{x\to\infty}\left\{x \sin\left(\frac{2}{x}\right)\right\}$?

(A) 2 (B) 1
(C) 1/2 (D) ∞

352. A function f : R → R is defined by f(x) = (x - 1) (x - 2). Which one of the following is correct in respect of the function?

(A) It is one-one but not onto

(B) It is onto but not one-one

(C) It is both one - one and onto

(D) It is neither one-one nor onto

353. What is the value of b for which f(x) = sin x - bx + c is decreasing in the interval $(-\infty, \infty)$?

(A) $b < 1$ (B) $b \geq 1$

(C) $b > 1$ (D) $b \leq 1$

354. what is the value of $\int \frac{dx}{\sqrt{2ax - x^2}}$?

(A) $\left(\frac{1}{a}\right) \sin^{-1}\left[\frac{(x-a)}{a}\right] + c$

(B) $\sin^{-1}\left[\frac{(x-a)}{a}\right] + c$

(C) $\ln|(x-a) + \sqrt{2ax - x^2}| + c$

(D) $\left(\frac{1}{a}\right) \ln|(x-a) + \sqrt{2ax - x^2}| + c$

355. What is the value of $\int_{-\pi/2}^{\pi/2} \sin|x|dx$?

(A) 2 (B) -2

(C) 1 (D) 0

356. If $(\vec{a}\times\vec{b})^2 = k(\vec{a}.\vec{b})^2 + |\vec{a}|2|\vec{b}|^2$, then what is the value of k?

(A) 1 (B) 2

(C) 0 (D) -1

357. Two co-terminus vectors $\vec{a}$ and $\vec{b}$ include an angle of 60°. If $|\vec{a}| = |\vec{b}| = |\vec{c}|$, then what is the length of the diagonal (of the parallelogram formed by $\vec{a}$ and $\vec{b}$) that does not include the co-terminus point?

(A) c (B) $\sqrt{2c}$

(C) $\sqrt{3c}$ (D) 2c

358. If matrices $A = \begin{bmatrix} 3 & 2 \\ 4 & 5 \end{bmatrix}$ and $AC = \begin{bmatrix} 19 & 24 \\ 37 & 46 \end{bmatrix}$, then what is the matrix C equal to?

(A) $\begin{bmatrix} 19/3 & 12 \\ 37/4 & 46/5 \end{bmatrix}$

(B) $\begin{bmatrix} 5 & 4 \\ 2 & 6 \end{bmatrix}$

(C) $\begin{bmatrix} 3 & 4 \\ 5 & 6 \end{bmatrix}$ (D) $\begin{bmatrix} 3 & 5 \\ 4 & 6 \end{bmatrix}$

359. If $A = \begin{bmatrix} 2 & 0 & 0 \\ 0 & 2 & 0 \\ 0 & 0 & 2 \end{bmatrix}$, $B = \begin{bmatrix} 1 & 2 & 3 \\ 0 & 1 & 2 \\ 0 & 0 & 1 \end{bmatrix}$ then what is the value of det (AB)?

(A) 4 (B) 8

(C) 16 (D) 0

360. If matrices $A + B = \begin{bmatrix} 5 & 2 \\ 0 & 9 \end{bmatrix}$, and $A - B = \begin{bmatrix} 3 & 6 \\ 0 & -1 \end{bmatrix}$, then the value is the value of AB?

(A) $\begin{bmatrix} 4 & 4 \\ 0 & 4 \end{bmatrix}$ (B) $\begin{bmatrix} 0 & 4 \\ 4 & 4 \end{bmatrix}$

(C) $\begin{bmatrix} 4 & -4 \\ 0 & 20 \end{bmatrix}$ (D) $\begin{bmatrix} 4 & 12 \\ 0 & 20 \end{bmatrix}$

361. What are the factors of the determinant

$$\begin{vmatrix} 1 & 1 & 1 \\ x & y & 1 \\ x^2 & y^2 & 1 \end{vmatrix} ?$$

(A) x - 1, y - 1 and y - x
(B) x, y and x - y
(C) x - 1, y - 1 and y + x
(D) x - 1, y + 1 and y + x

362. For what value of l are the equations 2x - 3y + 4 = 0, 5x - 2y - 1 = 0, 21x - 8y + λ = 0 consistent?

(A) 5 (B) -5
(C) 10 (D) any real value

363. If A is an invertible matrix, then what is the det (A^{-1}) equal to?

(A) 0 (B) det (A)
(C) $\frac{1}{\det(A)}$ (D) 1

364. If 1, ω, ω² are the cube roots of unity, for what value of m is the matrix $\begin{bmatrix} 1 & \omega & m \\ \omega & m & 1 \\ m & 1 & \omega \end{bmatrix}$ singular ?

(A) 0 (B) 1
(C) ω (D) ω²

365. Which one of the following statements is correct?

A scalar matrix is a

(A) matrix whose all elements are equals.
(B) diagonal matrix whose all the diagonal elements should be equal
(C) diagonal matrix whose all the diagonal elements should be equal to 1
(D) matrix whose all elements above the leading diagonal are zero.

366. In a triangle $a = \sqrt{3} + 1, B = 30^\circ$, C=45°, What is the value of side c?

(A) $\frac{(\sqrt{3}+1)}{2}$ (B) 1
(C) $\sqrt{2}$ (D) 2

367.

(A) 2 sin θ (B) 2 cos θ
(C) sin 2 θ (D) cos 2 θ

368.

(A) 1 (B) 2
(C) 3 (D) 4

369.

(A) $\frac{p+1}{2p}$ (B) $\frac{p^2+1}{\sqrt{p}}$
(C) $\frac{p^2+1}{2p}$ (D) $\frac{p+1}{2p}$

370.

(A) 2mπ (B) $\frac{m\pi}{2}$
(C) $\frac{m\pi}{4}$ (D) mπ

Directions: The following five (5) ites consist of two statements, one labelled as te `Assertion (A)' and the other as `Reason (R)'. You are to examine these two statements carefully and select the answers to these items using the code given below:

(a) Both A and R are individualy true and R is the correct explanation of A.

(b) Both A and R are individually true, but R is not the correct explanation of A.

(c) A is true but R is false.

(d) A is false but R is true.

371. Assertion (A): The equation $x^2+2ax - b^2 = 0$ can have repeated roots, where a, b are real numbers.

Reason (R): The equation $Ax^2 + Bx + C = 0$ will have repeated roots when the discriminant becomes zero.

372. Suppose two groups of scroes A and B are such that A = (x, x + 2, x + 4) and B = (x - 2, x + 2, x + 6).

Assertion (A): Group B has more variability than group A.

Reason (R): Th value of mean for group B is more than that of for group A.

373. Assertion (A): If one regression coefficient is greater than 1, then the other will be less than one.

Reason (R): The square root of the product of two regression coefficients is the correlation coefficient between the variables and the corrlation coefficient lies between -1 and +1.

374. Assertion (A): The function f(x) = |x|/ x does not pass through the origin.

Reason (R): f(x) is undefined for x £0.

375. Assertion (A): The equations 2x + 3y = 15 and 3x + y = 12 have a unique solution.

Reason (R): The equations $a_1x+b_1y = c_1$ and $a_2x + b_2y = c_2$ have unique solution if (a_1/a_2)i (b_1/b_2)

376. How many terms are there in the expansion of $(4x+7y)^{10} + (4x - 7y)^{10}$?

(A) 5 (B) 6

(C) 11 (D) 22

377. In how many ways can the letters of the word `GLOOMY' be arranged so that the two O's should not be together?

(A) 200 (B) 240

(C) 480 (D) 600

378. If $\cos^{-1}x + \cos^{-1} y = \pi$, what is the value of $\sin^{-1} x + \sin^{-1} y$?

(A) 0 (B) $\pi/2$

(C) π (D) 2π

379. What is the LCM of 4!, 8!, 13!?

(A) 13 ! x 8! (B) 416 !

(C) 104 ! (D) 13 !

380. if the arithmetic and geometric means of two numbers are 10, 8 respectively, then one number exceeds the other number by

(A) 8 (B) 10

(C) 12 (D) 16

381. In a triangle ABC, a = 18, b = 24, and c = 30. Then what is sin C equal to?

(A) 1/4 (B) 1/3

(C) 1/2 (D) 1

382. What is the number of ways in which an examiner can assign 10 marks to 4 questions, giving not less than 2 marks to any question? (All questions carry marks equal to integral value)

(A) 4 (B) 6

(C) 10 (D) 16

383. The shadow of a tower standing on a level plane is found to be 50 m longer when the Sun's elevation is 30° than when it is 60°. The height of the tower is

(A) $25\sqrt{3}$ m (B) 25 m

(C) 50 m (D) $50\sqrt{3}$ m

384. If $\begin{vmatrix} y & x & 0 \\ 0 & y & x \\ x & 0 & y \end{vmatrix} = 0$ and $x \neq 0$ then which one of the following is correct?

(A) x is one of the cube roots of 1

(B) y is one of the cube roots of 1

(C) $\left(\frac{y}{x}\right)$ is one of the cube roots of 1

(D) $\left(\frac{y}{x}\right)$ is one of the cube roots of -1

385. What is the common root in the equations $lx^2 + 2mx + n = 0$ and $lx^2 + 2nx + m = 0$; where $m \neq n$?

(A) 0 (B) $\frac{1}{2}$

(C) 1

(D) Can't be determined

386. If f(x) = ax + b and g(x) = cx + d such that fog(x) = gof(x), then which one of the following is correct?

(A) f(a) = g (c)

(B) f(b) g(a)

(C) f(c) = g (d)

(D) f(d) = g(b)

387. In a Geometric Progression with first term a and common ratio r, what is the Arithmetic Mean of the first five evenets?

(A) a + 2r (B) ar^2

(C) $\frac{a\left(r^5 - 1\right)}{\left[5(r-1)\right]}$ (D) $\frac{a\left(r^4 - 1\right)}{\left[5(r-1)\right]}$

388. If two polynomials of degree 7 and 3 respectively are multiplied, then what is the degree of the resulting polynomial?

(A) 21 (B) 7

(C) 4 (D) 10

389. What is the polynomial whose zero is 2?

(A) $x^2 - 2x + 2$

(B) $(x^4 - 2)(3 - 4x + 3x^3)$

(C) $x^4 - 2x^3 + x - 4$

(D) $x^4 - 3x^3 + 3x^2 - 3x + 2$

390. If $f(x) = lx^2 + mx + n$, $x \in R$, then what is the value of $\frac{f(x+3) - f(x)}{f(x+2) - f(x+1)}$

(A) 0 (B) 3

(C) $\frac{3l - m + n}{l - 1m + n}$

(D) $\frac{l + m + n}{l - m - n}$

391. In how many ways can a bowler take four wickets in a single 6-ball over?

(A) 6 (B) 15

(C) 20 (D) 30

392. $\frac{\sqrt{7}-2x}{\sqrt{7}+2x} = \frac{(\sqrt{7/2})+2}{(\sqrt{7/2})-2}$ then what is the value of x?

(A) $2\sqrt{7}$ (B) $\frac{\sqrt{7}}{2}$

(C) -2 (D) 2

393. If n is a natural number, then 4^n-3n-1 is divisible by which one of the following?

(A) 2 (B) 9

(C) 18 (D) 27

394. What is the product of

(A) $x^8 + x^4 + x^2 + 1$

(B) $x^8 - x^4 + 1$

(C) $x^8 + x^4 - 1$

(D) $x^8 + x^4 + 1$

395. The arithmetic mean of three observations is x. If the values of two observations are y, z; then what is the value of the third observation?

(A) x (B) 2x - y - z

(C) 3x - y - z (D) y + z - x

396. What is the solution set for the equation $x^{2/3} + x^{1/3} - 2 = 0$?

(A) {-8, 1} (B) {8, 1}

(C) {-8, -1} (D) {8, -1}

397. If A = [1,2,3], B = [1,2] and C = [2,3] which one of the following is correct?

(A) (AxB) ∩ (BxA) = (AxC) ∩ (BxC)

(B) (AxB) ∩ (BxA) = (CxA) ∩ (CxB)

(C) (AxB) ∪ (BxA) = (AxB) ∪ (BxC)

(D) (AxB) ∪ (BxA) = (AxB) ∪ (AxC)

398. If the A.M. and H.M. of two numbers are 9 and 4 respectively, then what is their G.M.?

(A) $\frac{13}{2}$ (B) 6

(C) 3 (D) 2

399. If $\frac{\log x}{\log 5} = \frac{\log 36}{\log 6} = \frac{\log 64}{\log y}$, what are the values of x and y respectively?

(A) 8, 25 (B) 25, 8

(C) 8, 8 (D) 25, 25

400. If the sum of n terms of a series is quadratic expression in n, then the series is in

(A) G.P. (B) H.P.

(C) A.P.

(D) Neither in G.P. nor in H.P. nor in A.P.

401. The determinant of an orthogonal matrix is

(A) 0 (B) ± 1

(C) ± 2 (D) 2

402. What is the value of $0.\overline{2} + 0.\overline{23}$

(A) $0.\overline{43}$ (B) $0.\overline{223}$

(C) $0.\overline{45}$ (D) $0.\overline{233}$

403. A man saves Rs. 135/ in the first year, Rs. 150/- in the second year and in this way he increases his savings by Rs. 15/- every year. In what time will his total savings be Rs. 5550/-?

(A) 20 years

(B) 25 years

(C) 30 years

(D) 35 years

404. The numbers in the binary system are 110010011 and 101010101. What is their difference in decimal system?

(A) 66 (B) 56
(C) 65 (D) 62

405.

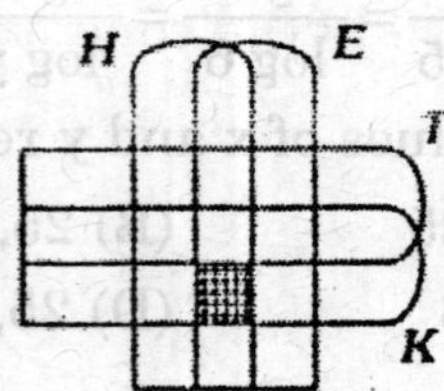

The venn diagram shown above represents four sets of people who can speak Telugu (T), English (E), Hindi (H) an Kannada (K). What does the marked region represent?

(A) People who can speak Hindi and Kannada only
(B) People who can speak English, Telugu and Kannada only
(C) People who can speak Hindi and English only
(D) People who can speak Hindi, English and Kannada only.

406. If A and B are finite sets, then which one of the following is the correct equation?

(A) n (A - B) = n (A) - n (B)
(B) n (A - B) = n (B - A)
(C) n (A - B) = n (A) - n (A ∩ B)
(D) n (A - B) = n (B) - n (A ∩ B)

[in (A) denotes the number of elements in A]

407. Three letters are written to different persons and addresses on the three envelops are also written. What is the probability that the letters go into right envelops without looking at the addresses?

(A) $\frac{1}{3}$ (B) $\frac{1}{6}$
(C) $\frac{1}{9}$ (D) $\frac{1}{27}$

408. How many terms can a polynomial of degree n have at the most?

(A) n (B) n - 1
(C) n + 1 (D) n + 2

409. Consider the following:

1. $\frac{1+\sin\theta}{1-\sin\theta} = (\sec\theta + \tan\theta)^2$

2. $\sqrt{\sec^2\theta + \operatorname{cosec}^2\theta} = \tan\theta + \cot\theta$

Which of the above is/are correct?

(A) 1 only
(B) 2 only
(C) Both 1 and 2
(D) Neither 1 and 2

410. If n is an integer, which one of the following is correct?

(A) tan (nπ + α) = - tan α
(B) tan (nπ + α) = tan α
(C) tan (nπ + α) = ± tan α
(D) tan (nπ + α) = ± cot α

411. What is the value of sin 1950° - cos 1950°

(A) 0
(B) $\frac{(\sqrt{3}+1)}{2}$
(C) $\frac{(1-\sqrt{3})}{2}$
(D) $\frac{(\sqrt{3}-1)}{2}$

412. The length of the shadow of a tree is $10\sqrt{3}$ m, when the angle of elevation of the sun is 60°. What is the length of the shadow of the tree when the angle of elevation of the sun is 30°?

(A) $30\sqrt{3}$ m (B) $10\sqrt{3}$ m

(C) $5\sqrt{3}$ m (D) $4\sqrt{3}$ m

413. If sin 44θ = cosθ, then what is the value of tan 15θ?

(A) $\frac{1}{\sqrt{3}}$ (B) $\sqrt{3}$

(C) $\sqrt{2}$ (D) $\frac{1}{2}$

414. If $1 + \sin^2 A = 3 \sin A \cos A$, then what are the possible values of tan A?

(A) $\frac{1}{4}, 2$ (B) $\frac{1}{6}, 3$

(C) $\frac{1}{2}, 1$ (D) $\frac{1}{8}, 4$

415. What is cos(A-B) cos(A+B) - sin(A-B) sin(A+B) equal to?

(A) 2 sin A cos B (B) sin 2A

(C) cos 2A (D) 2 cos A sin B

416. What is the differential coefficient of f(*l*n x) where f(x) = *l*n x ?

(A) $\frac{x}{(t\ nx)}$ (B) $(x\ ln\ x)^{-1}$

(C) $\frac{(ln\ x)}{x}$ (D) f (t/x)

417. What is the value of

$(\sin^4\theta - \cos^4\theta + 1)\ \text{cosec}^2\theta$?

(A) -2 (B) 0

(C) 1 (D) 2

418. If $\int f(x)\,dx = g(x)$ and also $\int f(x)\,dx = h(x)$, then which one of the following is correct?

(A) g(x) = h(x)

(B) g(x) + h(x) = constant

(C) g(x) h(x) = constant

(D) g(x) - h(x) = constant

419. If the probability of a defective bolt is 1/10, what are the mean and variance for the distribution of defective bolts in a total of 400?

(A) Mean = 40, Variance = 36

(B) Mean = 40, Variance = 40

(C) Mean = 36, Variance = 36

(D) Mean = 36, Variance = 40

420. A man walks 10 m towards a lamp post and notices that the angle of elevation of the top of the post increases from 30° to 45°. The height of the lamp post is

(A) 10 m (B) $(5\sqrt{3} - 5)$ m

(C) $(5\sqrt{3} + 5)$ m (D) $(10\sqrt{3} + 5)$ m

421. The expression $\frac{\cot x + \text{cosec}\ x - 1}{\cot x + \text{cosec}\ x + 1}$ is equal to

(A) $\frac{\sin x}{1 - \cos x}$ (B) $\frac{1 + \cos x}{\sin x}$

(C) $\frac{1 - \cos x}{\sin x}$ (D) $\frac{\sin x}{1 + \cos x}$

422. The observations 29, 32, 48, 50, x, x+2, 72, 78, 84, 95 are arranged in ascending order. What is the value of x if the median of the data is 63?

(A) 61 (B) 62

(C) 62.5 (D) 63

423. A number is chosen at random among the first 120 natural numbers. What is the probability of the number chosen being a multiple of 5 or 15?

(A) $\frac{1}{5}$ (B) $\frac{1}{8}$

(C) $\frac{1}{6}$ (D) $\frac{1}{15}$

424. Which one of the following points lies inside a circle of radius 6 and centre at (3, 5)?

(A) (-2, -1) (B) (-1, -2)

(C) (2, 1) (D) (0, 1)

425. Which one of the following statements is correct?

(A) The curve drawn to represent cu mulative frequency distribution is known as frequency polygon.

(B) The diagram which represents the items of the continuous eries and their frequencies in the form of rectangles is known as frequency polygon.

(C) Frequency polygon is plotted by drawing straight lines through the middle points of the top-line of every rectangle of histogram .

(D) Histogram is a graph of frequency distribution of a discrete series.

426. Consider two events A and B such that $P(A)=\frac{1}{4}, P(B\mid A)=\frac{1}{2}, P(A\mid B)=\frac{1}{4}$ what is the value of $P(\overline{A}\mid\overline{B})$?

(A) $\frac{1}{4}$ (B) $\frac{3}{4}$

(C) $\frac{1}{2}$ (D) $\frac{2}{3}$

427. What is the value of $\left(-\sqrt{-1}\right)^{8n+1}+\left(-\sqrt{-1}\right)^{8n+3}$, where n is a natural number?

(A) 0 (B) 1

(C) $2\sqrt{-1}$ (D) $-2\sqrt{-1}$

428. In a class containing 120 students. 65 students drink tea and 84 students drink coffee. If x students drink both tea and coffee, what is the value of x?

(A) 39 (B) 65

(C) $29 \leq x \leq 65$ (D) $29 \leq x \leq 84$

429. What is the value of $(1)_2 + (11)_2 + (111)_2 + (1111)_2 + (11111)_2$?

(A) $(111111)_2$ (B) $(111011)_2$

(C) $(111001)_2$ (D) $(100111)_2$

430. If the roots of $x^2 + bx + c = 0$ are two consecutive integers, what is the value of $b^2 - 4c - 1$?

(A) 0 (B) 1

(C) -1 (D) 2

431. What is the shortest distance of the point (1, 2, 3) from x-axis?

(A) 1 (B) $\sqrt{6}$

(C) $\sqrt{13}$ (D) $\sqrt{14}$

432. A straight line passes through the points (5, 0) and (0, 3). The length of the perpendicular from the point (4, 4) or the line is?

(A) $\frac{\sqrt{17}}{2}$ (B) $\sqrt{\frac{17}{2}}$

(C) $\frac{15}{\sqrt{34}}$ (D) $\frac{17}{2}$

433. If X follows a binomial distribution with parameters n = 100 and ρ = 1/3, then P (X = r) is maximum when

(A) r = 16 (B) r = 32
(C) r = 33 (D) r = 34

434. The average marks obtained by the students in a class are 43. If the average marks obtained by 25 boys are 40 and the average marks obtained by the girl students are 48, then what is the number of girl students in the class?

(A) 10 (B) 12
(C) 15 (D) 18

435. Variance is alwasy independent of the change of?

(A) origin but not scale
(B) scale only
(C) both origin and scale
(D) none of the above

436. If a particle acted on by constant forces $4\hat{i}+\hat{j}-3\hat{k}$ and $3\hat{i}+\hat{j}-\hat{k}$ is displaced from the point $\hat{i}+2\hat{j}+3\hat{k}$ to the point $5\hat{i}+4\hat{j}+\hat{k}$, what is the total work done by the forces?

(A) 50 units (B) 40 units
(C) 24 units (D) 0

437. If $\vec{c}$ is normal to $\vec{a}$ and $\vec{b}$, then which one of the following statements is *not* correct?

(A) $\vec{c}$ is normal to $\vec{a}+\vec{b}$
(B) $\vec{c}$ is normal to $\vec{a}-\vec{b}$
(C) $\vec{c}$ is normal to $\vec{a} \times \vec{b}$
(D) $\vec{c}$ is normal to $\vec{a}+2\vec{b}$

438. For what value of m, are the points with position vectors $10\hat{i}+3\hat{j}+12\hat{i}-5\hat{j}$, and $m\hat{i}+11\hat{j}$ collinear?

(A) -8 (B) -1
(C) 4 (D) -4

439. If a triangle with vertices at $2\hat{i}+\hat{j}$, $2\hat{j}+\hat{k}$, $m\hat{k}+\hat{i}$ has centroid at $\hat{i}+\hat{j}+\hat{k}$, then what is the value of m?

(A) 1 (B) -1
(C) 2 (D) 3

440. The standard deviation of the observations 5, 5, 5, 5, 5, is

(A) 5 (B) 20
(C) 0 (D) 25

441. The direction ratio of a vector $\overrightarrow{PQ}$ are 4, 1, x respectively and the magnitude of the vector $\overrightarrow{PQ}$ is $\sqrt{42}$. What is the direction cosines of the vector $\overrightarrow{PQ}$?

(A) 4, 1, 5
(B) $4\sqrt{42}, 1/\sqrt{42}, 5\sqrt{42}$
(C) 2/21, 1/42, -5/42
(D) 2/21, 1/42, 5/42

442. If and $\vec{OA'} = 30\vec{A}$ and $\vec{OB} = \vec{OB'}/3$, then which one of the following is correct?

(A) $\overrightarrow{AB}$ is never equal to $3\vec{A'B}$
(B) $\overrightarrow{AB} = 3\vec{A'B}$
(C) $\overrightarrow{A'B} = 3\vec{AB}$
(D) $\overrightarrow{A'B} = 2\vec{AB}$

443. The position vectors of the points A, B, C, D are $\hat{i}+\hat{j}+m\hat{k}, 2\hat{i}+3\hat{j}, 3\hat{i}+5\hat{j}-2\hat{k}$, $\hat{k}-\hat{j}$ respectively; and AB and CD are parallel. What is the value of m?

(A) -1 (B) 1

(C) -3 (D) 3

444. What is the volume of the rectangular parallelepiped formed by the vectors $\hat{i}, 2\hat{j}, 3\hat{k}$?

(A) 14 units (B) 6 units

(C) 1 unit (D) $\sqrt{14 \text{ units}}$

445. If in a triangle OAC, B is the mid point of AC and OA = a and OB = b, then what is OC equal to?

(A) (a + b) / 2 (B) 2b - 2a

(C) 2b - a (D) 3a - 2b

446. Which one of the following is correct for the graph of y = | x | ?

(A) It lies only in the first quadrant of the xy-plane.

(B) It lies only in the first and third quadrants of the xy-plane

(C) It lies only in the first and second quadrants of the xy-plane

(D) It lies only in the third and fourth quadrants of the xy-plane

447. What is the derivative of $\frac{\sec x + \tan x}{\sec x - \tan x}$?

(A) 2 sec x (sec x + tan x)

(B) 2 sec² x (sec x + tan x)²

(C) 2 sec x (sec x tan x)²

(D) sec x (sec x + tan x)²

448. If $y = \sin(x^2), z = e^{y^2}, t = \sqrt{z}$, what is $\frac{dt}{dx}$ equal to?

(A) $\frac{xyz}{t}$

(B) $2\frac{xyz}{t}\cos(x^2)$

(C) $\frac{-xyz\cos(x^1)}{t}$

(D) $\frac{xyzt}{\cos(x^1)}$

449. What is the value of $\lim_{h\to 0}\left[\frac{1}{h(8+h)^{1/3}} - \frac{1}{2h}\right]$

(A) 1/12 (B) -1/12

(C) 1/48 (D) -1/48

450. If $|\vec{a}| = \sqrt{2}, |\vec{b}| = \sqrt{3}$ and $|\vec{a}+\vec{b}| = \sqrt{6}$, then what $|\vec{a}-\vec{b}|$ equal to?

(A) 0 (B) 1

(C) 2 (D) 3

451. A telephone dial has 10 holes. On rotating the dial, how many different telephone numbers, each consisting of 7 digits, can be dialled if repetitions are permitted?

(A) 70 (B) 7^{10}

(C) 10^7 (D) 7!

452. What is the period of the function f(x) = | sinx + cosx | + | sinx - cosx | ?

(A) π / 6 (B) π / 4

(C) π / 2 (D) π

453. If y = sin x° and z = $\log_{10}$ x, then what is $\frac{dy}{dz}$ equal to?

(A) $\frac{x^o \cos x^o}{\log_{10} e}$ (B) $\frac{x \cos x^o}{\log_e 10}$

(C) $\frac{x \cos x^o}{\log_e 10}$ (D) $\frac{x^o \cos x^o}{\log_e 10}$

454. A particle moves in a straight line with a plasticity given by v = x + 1 (x being the displacement). What is the time taken by the particle to traverse a distance of 99 metres?

(A) $\log_{10}$ e (B) 2$\log_e$ 10

(C) 2 $\log_{10}$ e (D) ($\log_{10}$ e)/2

455. If x > 0, xy = 1, then what is the minimum value of x + y?

(A) 2 (B) -2

(C) 1 (D) -1

456. What is the value of cosec2A - cot2A?

(A) tan A (B) cot A

(C) sin A (D) cos A

457. What is $\lim_{x \to 0} \frac{\sin x - \tan x}{x^3}$ equal to?

(A) -1 (B) 1/2

(C) 1 (D) 0

458. What is the area of the triangle bounded by the lines y = 0, x + y = 0 and x + 4 = 0?

(A) 4 units (B) 8 units

(C) 12 units (D) 16 units

459. What is the solutions of

$x^2y^2dy = (1 - xy^3)\,dx$?

(A) $x^3y^3 = x^2 + c$

(B) $2x^3y^3 = 3x^2 + c$

(C) $x^3y^3 = x^2 + x + c$

(D) $x^3y^3 = 3x^3 + c$

460. If Φ denotes the empty set then which one of the following is correct?

(A) Φ ∈ Φ

(B) Φ ∈ {Φ}

(C) {Φ} ∈ {Φ}

(D) Φ ∈ { }

461. what is $(1001)_2$ equal to?

(A) $(5)_{10}$ (B) $(9)_{10}$

(C) $(17)_{10}$ (D) $(11)_{10}$

462. What is $\left(\frac{\sqrt{3}+i}{\sqrt{3}-i}\right)^6$ equal to, where $i = \sqrt{-1}$?

(A) 1 (B) 1/6

(C) 6 (D) 2

463. If A is an invertible matrix, then hat is det $(A)^{-1}$ equal to?

(A) det A (B) 1/det A

(C) 1 (D) None of these

464. What is the number of ways in which one can post 5 letters in 7 letter boxes?

(A) 7^5 (B) 3^5

(C) 5^7 (D) 2520

465. What is the number of ways that a cricket tem of 11 players can be made out of 15 players?

(A) 365 (B) 1001

(C) 1365 (D) 32760

466. What is $\sqrt{1 + \sin 2\theta}$ equal to?

(A) cosθ – sinθ (B) cosθ + sinθ

(C) 2 cosθ + sinθ (D) cosθ + 2 sinθ

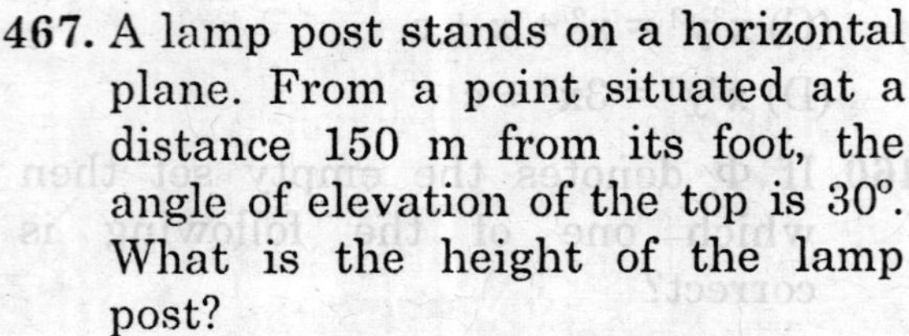

467. A lamp post stands on a horizontal plane. From a point situated at a distance 150 m from its foot, the angle of elevation of the top is 30°. What is the height of the lamp post?

(A) 50 m (B) $50\sqrt{3}$ m

(C) $\frac{50}{\sqrt{3}}$ m (D) 100 m

468. If cot A = 2 and cot B = 3, then what is the value of A + B?

(A) π/6 (B) π

(C) π/2 (D) π/4

469. What is $\sin^2 66\frac{1^\circ}{2} - \sin^2 23\frac{1^\circ}{2}$ equal to?

(A) sin 47° (B) cos 47°

(C) 2 sin 47° (D) 2 cos 47°

470. What is $\sin^{-1}\frac{3}{5} + \sin^{-1}\frac{4}{5}$ equal to?

(A) π/2 (B) π/3

(C) π/4 (D) π/6

471. What is $\frac{\cos 7x - \cos 3x}{\sin 7x - 2\sin 5x + \sin 3x}$ euqal to?

(A) tan x (B) cot x

(C) tan 2x (D) cot 2x

472. In a triangle ABC, c = 2, A = 45°, a = $2\sqrt{2}$, then what is C euqal to?

(A) 30° (B) 15°

(C) 45° (D) None of these

473. In a triangle ABC, sin A - cos B = cos C, then what is B equal to?

(A) π (B) π/3

(C) π/2 (D) π/4

474. Which one of the following is one of the solutions of the equation tan2θ . tanθ = 1?

(A) π/12 (B) π/6

(C) π/4 (D) π/3

475. Consider the circles $x^2 + y^2 + 2ax + c = 0$ and $x^2 + y^2 + 2bx + c = 0$. What is the distance between the centres of two circles?

(A) $\sqrt{a^2 + b^2}$ (B) $a^2 + b^2$

(C) a - b (D) 2(a + b)

476. A(3,4) and B(5,2) are two points and P is a point such that PA = PB. If the area of triangle PAB is 10 square unit, what are the coordinates of P?

(A) (1, 0) only

(B) (7, 2) only

(C) (1,0) or (7, 2)

(D) Neither (1, 0) nor (7, 2)

477. Consider a sphere passing through the origin and the points (2, 1, -1), (1, 5, -4), (-2, 4, -6). What is the radius of the sphere?

(A) $\sqrt{12}$ (B) $\sqrt{14}$

(C) 12 (D) 14

478. Two students X and Y appeared in an examination. The probability that X will qualify the examination is 0.05 and Y will qualify the examination is 0.10. The probability that both will qualify the examination is 0.02. What is the probability that only one of them will qualify the examination?

(A) 0.15 (B) 0.14

(C) 0.12 (D) 0.11

479. A fair coin is tossed four times. what is the probability that at most three tails occur?

(A) 7/8 (B) 15/16
(C) 15/16 (D) 3/4

480. What is $\lim_{x\to 0} \frac{5x - 1}{x}$ equal to?

(A) $\log_e 5$ (B) $\log_5 0$
(C) 5 (D) 1

481. If $|\vec{a}| = 2|\vec{b}| = 5$ and $|\vec{a} \times \vec{b}| = 8$, then what is $\vec{a}, \vec{b}$ equal to?

(A) 6 (B) 7
(C) 8 (D) 9

482. If $|\vec{a} + \vec{b}| = |\vec{a} - \vec{b}|$, then which one of the following is correct?

(A) $|\vec{a}| = |\vec{b}|$

(B) $\vec{a}$ is parallel to $\vec{b}$

(C) $\vec{a}$ is perpendicular to $\vec{b}$

(D) $\vec{a}$ is a unit vector

483. The probability that in a random arrangment of the letters of the word `UNIVERSITY' the two I's do not come together is

(A) 4/5 (B) 1/5
(C) 1/10 (D) 9/10

484. What is $\lim_{n\to\infty} - \frac{1+2+3+...+n}{1^2+2^2+3^2+...n^2}$ equal to?

(A) 5 (B) 2
(C) 1 (D) 0

485. Consider the curve x = a (cosθ + θ sinθ) and y = a (sinθ + θ cos θ)

(A) tan θ (B) cot θ
(C) sin 20 (D) cos 20

गणित के JET के पेपर

JET PAPER - 2014

1. $\underset{x-0}{Lim} \frac{\sin ax}{\sin bx}$ का मान होगा?

(अ) 1 (ब) 0
(स) a/b (द) b/a

2. $\underset{x\to 0}{Lim} \frac{\log(1+x)}{x}$ का मान होगा?

(अ) 0 (ब) 2
(स) log 2 (द) 1

3. यदि $y = x^x$ हो तो $\frac{dy}{dx}$ का मान होगा?

(अ) x^x (ब) $x^x \log(ex)$
(स) $x^x \log(x/e)$ (द) $x^{x-1} \log(ex)$

4. यदि $y = \sin^{-1}\left(\frac{2x}{1+x^2}\right)$, तो $\frac{dy}{dx}$ बराबर है?

(अ) $\frac{2x}{1+x^2}$ (ब) $\frac{2}{1+x^2}$

(स) $\frac{2x}{1+x^2}$ (द) $\frac{2}{1+x^2}$

5. यदि $y = \frac{1}{x^2 - a^2}$ हो तो $\frac{d^2y}{dx^2}$ बराबर है?

(अ) $\frac{3x^2+a^2}{(x^2-a^2)}$ (ब) $\frac{3x^2+a^2}{(x^2-a^2)^4}$

(स) $\frac{2(3x^2+a^2)}{(x^2-a^2)^3}$ (द) $\frac{2(3x^2+a^2)}{(x^2-a^2)^4}$

6. वक्र $y = x + \sin x \cos x$ के बिन्दु $x = \frac{\pi}{2}$ पर अभिलम्ब का समीकरण होगा?

(अ) $x = 2$ (ब) $x = \pi$
(स) $x + \pi = 0$ (द) $2x = 0$

7. फलन $f(x) = \sin x(1+\cos x)$ का उच्चिष्ठ मान है?

(अ) $x = \frac{\pi}{4}$ (ब) $x = \frac{\pi}{2}$

(स) $x = \frac{\pi}{3}$ (द) $x = \frac{\pi}{6}$

8. $\int \frac{1}{x^2+a^2} dx$ बराबर है?

(अ) $\frac{1}{a} \tan^{-1}\left(\frac{x}{a}\right) + c$

(ब) $\frac{1}{a} \tan^{-1}\left(\frac{a}{x}\right) + c$

(स) $\frac{1}{2a} \tan^{-1}\left(\frac{x}{a}\right) + c$

(द) $\frac{1}{2a} \tan^{-1}\left(\frac{a}{x}\right) + c$

9. $\int \frac{1}{e^x - 1} dx$ बराबर है?

(अ) $\log(1 + e^x) + c$

(ब) $\log(1 - e^x) + c$

(स) $\log(1 + e^{-x}) + c$

(द) $\log(1 - e^{-x}) + c$

10. $\int sec^4 x \, dx$ बराबर है?

(अ) $\tan x + \frac{1}{3} \tan^3 x + c$

(ब) $\frac{1}{6} \tan x + \tan^3 x + c$

(स) $\tan x - \frac{1}{3} \tan^3 x + c$

(द) इनमें से कोई नहीं

11. $\int \log x \, dx$ बराबर है?

(अ) x log (ex) + c

(ब) x log (x/e) + c

(स) x log (e/x) + c

(द) x + log x + c

12. $\int_1^2 \frac{\cos(\log x)}{x} dx$ का मान है?

(अ) cos (log 2)

(ब) – sin (log 2)

(स) sin (log 2)

(द) – cos (log 2)

13. वक्र y = sin x, x-अक्ष और x = 0 तथा $x = \frac{\pi}{2}$ कोटियों के मध्य का क्षेत्रफल है?

(अ) 1 (ब) 2

(स) π (द) $\pi/2$

14. वक्र $y = \sqrt{x}$ तथा y = x के मध्य का क्षेत्रफल है?

(अ) 1/3 (ब) 1/6

(स) 2/3 (द) 3

15. यदि ω इकाई का घनमूल हो, तो $(1+\omega-\omega^2)^2 + (1-\omega+\omega^2)^2$ का मान होगा?

(अ) 0 (ब) 2

(स) -4 (द) 6

16. $\left[\frac{-1}{2} + \frac{i\sqrt{3i}}{2}\right]^3$ बराबर है?

(अ) -1 (ब) 0

(स) 1 (द) i

17. यदि α एवं β समीकरण $x^2 - 2x + 4 = 0$ के मूल हो, तो $\alpha^n + \beta^n$ का मान होगा?

(अ) $2^n \cos\left(\frac{n\pi}{3}\right)$ (ब) $2^{n+1} \cos\left(\frac{n\pi}{3}\right)$

(स) $2^n \sin\left(\frac{n\pi}{3}\right)$ (द) $2^{n+1} \sin\left(\frac{n\pi}{3}\right)$

18. $\sinh^{-1} x$ बराबर है?

(अ) $\log\left(x+\sqrt{1-x^2}\right)$

(ब) $\log\left(x+\sqrt{1+x^2}\right)$

(स) $\log\left(x+\sqrt{x^2-1}\right)$

(द) $\log\left(1+\sqrt{1+x^2}\right)$

19. यदि $\frac{5(5+i)}{(2+i)(1-i)} = a+ib$ ए तो a एवं b का मान होंगे क्रमशः?

(अ) 4, 7 (ब) 7, -4

(स) 7, 4 (द) -7, -4

20. निम्न में से कौनसा कथन सही है?

(अ) $(A+B)^T = A^T + B^T$

(ब) $(A^T)^T \neq A$

(स) $(KA)^T \neq KA^T$

(द) $(AB)^T = B^T A^T$

21. यदि $A=\begin{bmatrix}1 & 2\\ -3 & 0\end{bmatrix}$ और $B=\begin{bmatrix}-1 & 0\\ 2 & 3\end{bmatrix}$ हो तो सत्य कथन है?

(अ) $AB \neq BA$

(ब) $A^2 = A$

(स) $B^2 = B$

(द) उपरोक्त में से कोई नहीं

22. यदि $A=\begin{bmatrix}5 & 2\\ 2 & 1\end{bmatrix}$ तथा $B=\begin{bmatrix}1 & -2\\ -2 & 5\end{bmatrix}$ AB बराबर है?

(अ) $\begin{bmatrix}0 & 0\\ 1 & 1\end{bmatrix}$ (ब) $\begin{bmatrix}0 & 1\\ 1 & 0\end{bmatrix}$

(स) $\begin{bmatrix}1 & 0\\ 0 & 1\end{bmatrix}$ (द) $\begin{bmatrix}1 & 1\\ 0 & 0\end{bmatrix}$

23. यदि A एक वर्ग मैट्रिक्स है तो $A+A^T$ होगा?

(अ) इकाई मैट्रिक्स (ब) सममित मैट्रिक्स

(स) विषम–सममित मैट्रिक्स

(द) शून्य मैट्रिक्स

24. यदि $A=\begin{bmatrix}\cos\alpha & \sin\alpha\\ -\sin\alpha & \cos\alpha\end{bmatrix}$ तो A^{-1} बराबर होगा

(अ) $\begin{bmatrix}-\cos\alpha & \sin\alpha\\ \sin\alpha & \cos\alpha\end{bmatrix}$

(ब) $\begin{bmatrix}\cos\alpha & -\sin\alpha\\ \sin\alpha & \cos\alpha\end{bmatrix}$

(स) $\begin{bmatrix}\cos\alpha & -\sin\alpha\\ -\sin\alpha & \cos\alpha\end{bmatrix}$

(द) $\begin{bmatrix}\cos\alpha & -\sin\alpha\\ \sin\alpha & -\cos\alpha\end{bmatrix}$

25. यदि सदिश $3i+2j-k$ तथा $6i+4pj+qk$ समान्तर हो तो p का मान होगा?

(अ) -1 (ब) 2

(स) 1 (द) -2

26. यदि एक समान्तर चतुर्भुज ABCD की भुजाएं $\overrightarrow{AB}$ तथा $\overrightarrow{AD}$ क्रमशः 2i + 4j – 5k एवं i + 2j + 3k हों, तो विकर्ण $\overrightarrow{AC}$ की लम्बाई होगी?

(अ) 3 (ब) 4

(स) 5 (द) 7

27. $a\,(b+c)\,x\,(a+b+c)$ बराबर है?

(अ) 0 (ब) 2[abc]

(स) [abc] (द) इनमें से कोई नहीं

28. यदि θ सदिश $i + 2j + 3k$ एवं $3i + 2j + k$ के बीच का कोण है तो cos θ का मान होगा?

(अ) 5/7 (ब) 6/7

(स) 4/7 (द) 3/7

29. $\vec{A}.(\vec{B}\times\vec{C})$ बराबर है?

(अ) $\vec{B}.(\vec{A}\times\vec{C})$ (ब) $\vec{B}.(\vec{C}\times\vec{A})$

(स) $\vec{C}.(\vec{B}\times\vec{A})$ (द) इनमें से कोई नहीं

30. वृत्त $x^2 + y^2 + 4x - 6y = 0$ की त्रिज्या है?

(अ) $\sqrt{12}$ (ब) $\sqrt{13}$

(स) $\sqrt{15}$ (द) $\sqrt{42}$

31. यदि (-1, 4) तथा (3, -2) किसी वृत के व्यास के सिरे हों तो उस वृत का समीकरण होगा?

(अ) $x^2 + y^2 - 2x - 2y = 11$

(ब) $x^2 + y^2 + 2x + 2y = 11$

(स) $x^2 + y^2 - 2x + 2y = 11$

(द) $x^2 + y^2 + 2x - 2y = 11$

32. वृत्त $x^2 + y^2 + x - y + 2 = 0$ तथा $3x^2 + 3y^2 - 4x - 12 = 0$ के मूलाक्ष का समीकरण है?

(अ) $2x^2 + 2y^2 - 5x + y - 14 = 0$

(ब) $7x - 3y + 18 = 0$

(स) $5x - y + 14 = 0$

(द) इनमें से कोई नहीं

33. यदि रेखा $y = mx + c$ वृत्त $x^2 + y^2 - 4y = 0$ को स्पर्श करती है तो c बराबर है?

(अ) $1+\sqrt{1+m^2}$

(ब) $1-\sqrt{1-m^2}$

(स) $2\left(1+\sqrt{1+m^2}\right)$

(द) $2+\sqrt{1+m^2}$

34. परवलय के अभिलम्ब का समीकरण होगा?

(अ) $y = mx + 2am + 2am^3$

(ब) $y = mx + 2am - am^3$

(स) $y = mx + 2am + am^3$

(द) $y = mx + 2am - 2am^3$

35. परवलय $x^2 - 4x - 3y + 10 = 0$ के नियता का समीकरण है?

(अ) $y = -5/4$

(ब) $y = 5/4$

(स) $y = -3/4$

(द) $x = 5/4$

36. किन्हीं दो घटनाओं A और B के लिए P (A + B) बराबर है?

(अ) P(A) + P(B)

(ब) P(A) + P(B) + P(AB)

(स) P(A) + P(B) – P(A)

(द) P(A) + P(B) – P(A)P(B)

37. तीन पासों को एक साथ उछाला जाता है। तीनों पर एक समान अंक आने की प्रायिकता होगी?

(अ) 1/6 (ब) 1/36

(स) 1/18 (द) 3/28

38. एक ताश की गड्डी में से एक व्यक्ति एक पता खींचता है और उसे वापस गड्डी में मिलाकर पुनः एक पता खींचता है। जब तक खींचा गया पता हुकम का पता नहीं आता वह यह प्रक्रिया जारी रखता है। पहले दो बार में हुकम का पता न आने की प्रायकिता होगी?

(अ) 9/64 (ब) 1/64

(स) 1/16 (द) 9/16

39. गणित की एक समस्या तीन विद्यार्थियों A, B तथा C को हल करने को दी जाती है। समस्या को हल करने की उनकी प्रायकिताएं क्रमशः 1/2, 1/3 एवं 1/4 हैं। समस्या के हल हो जाने की प्रायिकता है?

(अ) 1/4 (ब) 1/2

(स) 3/4 (द) 2/3

40. यदि $f(x)=\frac{x}{x-1}=\frac{1}{y}$ हो, तो $f(y)$ का मान होगा?

(अ) x (ब) 1 – x

(स) x – 1 (द) x +1

JET PAPER - 2018

1. फलन $f(x)=\sqrt{x}$ तथा $g(x)=\sqrt{1-x}$ का प्रांत है?

(अ) [0, 1] (ब) [-1, 1]

(स) [1, 1] (द) [0, -1]

2. यदि $z_1, z_2 \in C$ हो तो निम्न में से सत्य है?

(अ) $|z_1+z_2| \le |z_1-z_2|$

(ब) $|z_1|+|z_2| \le |z_1-z_2|$

(स) $|z_1|-|z_2| \ge |z_1+z_2|$

(द) $|z_1|+|z_2| \ge |z_1+z_2|$

3. यदि किसी वर्ग आव्यूह A के लिए $A^2=\begin{bmatrix}4 & 0\\0 & 4\end{bmatrix}$ हो तो A का मान है?

(अ) ± 2I (ब) 2I

(स) –2I (द) I

4. यदि सदिश a, सदिश b व c के लम्बवत् है, तो

(अ) a + (b + c) = 0

(ब) a . (b × c) = 0

(स) a × (b + c) = 0

(द) a × (b × c) = 0

5. वक्र y = cos x के बिन्दु $x=\frac{\pi}{3}$ पर स्पर्श रेखा का समीकरण है?

(अ) $3x-2\sqrt{3}y=\pi+\sqrt{3}$

(ब) $3x+2\sqrt{3}y=\pi+\sqrt{3}$

(स) $3x-2\sqrt{3}y=\pi-\sqrt{3}$

(द) $3x+2\sqrt{3}y=\pi-\sqrt{3}$

6. यदि $y = ax^{n+1} + bx^{-n}$ हो तो $x^2\frac{d^2y}{dx^2}$ बराबर है?

(अ) ny

(ब) n^2y

(स) n(n+1)y

(द) n(n–1)y

7. अन्तराल $\left(-\frac{\pi}{3},\frac{\pi}{3}\right)$ में फलन $f(x)=-\frac{x}{2}+\sin x$ है?

(अ) वर्धमान

(ब) ह्वासमान

(स) अचर

(द) न तो वर्धमान न ही ह्वासमान

8. $\int \frac{1}{x\sqrt{x^4-1}} dx$ के बराबर है?

(अ) $\sec^{-1} x^2 + c$ (ब) $2\sec^{-1} x^2 + c$

(स) $\frac{1}{2} \sec^{-1} x^2 + c$

(द) $\text{cosec}^{-1} x^2 + c$

9. आव्यूह समीकरण AX = B का अद्वितीय हल होगा यदि ?

(अ) $|A| \neq 0$

(ब) $|A| = 0$

(स) $|A| \neq 0, (\text{adj} A) B \neq 0$

(द) $|A| = 0, (\text{adj} A) B \neq 0$

10. अतिरिक्त समुच्चय A पर परिभाषित संबंध R समयित होगा यदि

(अ) $R \subseteq R^{-1}$ (ब) $R = R^{-1}$

(स) $R \cup R^{-1} \subseteq I_A$ (द) $R \cup R^{-1} = I_A$

11. परवलय $y^2 = 4x + 4y$ के अक्ष का समीकरण है?

(अ) $x = 2$ (ब) $x = -2$

(स) $y = -2$ (द) $y = 2$

12. $\lim_{x \to 0} \left(\frac{1 - \cos x}{x^2} \right)$ के बराबर है?

(अ) 0 (ब) 1

(स) 2 (द) 1/2

13. $\int_{ka}^{kb} f(x)\,dx$ के बराबर है?

(अ) $k \int_a^b f(x)\,dx$ (ब) $k^2 \int_a^b f(x)\,dx$

(स) $k \int_a^b f(kx)\,dx$ (द) $k^3 \int_a^b f(x)\,dx$

14. $\int_0^{\pi/2} x \cot x\,dx$ है?

(अ) $\frac{\pi}{2} \log 2$ (ब) $-\frac{\pi}{2} \log 2$

(स) $\pi \log 2$ (द) $-\pi \log 2$

15. वक्र $y^2 = 4x$, y--अक्ष तथा y = 3 से परिबद्ध क्षेत्र है?

(अ) $\frac{9}{4}$ वर्ग इकाई (ब) $\frac{7}{9}$ वर्ग इकाई

(स) $\frac{3}{4}$ वर्ग इकाई (द) $\frac{9}{5}$ वर्ग इकाई

16. निम्न में से कौनसा इकाई का एक घनमूल है?

(अ) $\frac{1 + i\sqrt{3}}{2}$ (ब) $\frac{-1 + i\sqrt{3}}{2}$

(स) $\frac{1 - i\sqrt{3}}{2}$ (द) $\frac{-1 + i\sqrt{3}}{3}$

17. [2i 2j 2k] का मान है?

(अ) 1 (ब) 2

(स) 6 (द) 8

18. बिन्दुओं (0, 0), (1, 0), (0, 1) से गुजरने वाले वृत्त की त्रिज्या है?

(अ) $\sqrt{2}$ (ब) $\frac{1}{\sqrt{2}}$

(स) 2 (द) $\frac{1}{2}$

19. वृत्त $ax^2 + ay^2 + 2gx + 2fy + c = 0$, x – अक्ष को स्पर्श करेगा यदि?

(अ) $f^2 > ac$ (ब) $g^2 > ac$

(स) $g^2 = ac$ (द) $f^2 = ac$

20. यदि $x^p y^q = (x+y)^{p+q}$ हो तो $\frac{dy}{dx}$ है?

(अ) y/x (ब) x/y

(स) $(x+y)/x$ (द) $(x+y)/y$

21. यदि $f(x) = \begin{cases} x^2 \sin\left(\frac{1}{x}\right), & x \neq 0 \\ 0, & x = 0 \end{cases}$ हो तो फलन f(x) है

(अ) अवकलनीय प्रत्येक $x \in R_0$ के लिए

(ब) अवकलनीय प्रत्येक $x \in R^+$ के लिए

(स) अवकलनीय प्रत्येक $x \in R^{-1}$ के लिए

(द) अवकलनीय प्रत्येक $x \in R$ के लिए

22. यदि $P(E \cap F) = 0.2, P(F) = 0.3$ हो तो $P(E/F)$ है?

(अ) $3/2$ (ब) $2/3$

(स) $1/2$ (द) $1/3$

23. अलीप वर्ष में 53 रविवार होने की प्रायकिता है?

(अ) $2/7$ (ब) $3/7$

(स) $1/7$ (द) $4/7$

24. $\int \frac{1}{\sin x + \sqrt{3}\cos x} dx$ है?

(अ) $\frac{1}{2}\log\tan\left(\frac{x}{2} - \frac{\pi}{3}\right) + c$

(ब) $\frac{1}{2}\log\tan\left(x + \frac{\pi}{3}\right) + c$

(स) $\frac{1}{2}\log\tan\left(\frac{x}{2} + \frac{\pi}{6}\right) + c$

(द) $\frac{1}{2}\log\tan\left(\frac{x}{2} - \frac{\pi}{6}\right) + c$

25. $\int \sin^{-1} x\, dx + \int \cos^{-1} x\, dx$ के बराबर है?

(अ) $\frac{\pi}{2}$ (ब) $\frac{\pi}{2}x + c$

(स) 0 (द) 1

26. $\lim_{n\to\infty}\left(\frac{1}{1+n^3} + \frac{4}{8+n^3} + \text{----} \frac{r^2}{r^3+n^3} + \text{----} + \frac{1}{2n}\right)$ के बराबर है?

(अ) $\frac{1}{3}\log 2$ (ब) $\frac{1}{2}\log 2$

(स) $\frac{1}{3}\log 3$ (द) $\frac{1}{2}\log 3$

27. यदि y = mx + c, परवलय $y^2 = 4ax$ को स्पर्श करेगी यदि ?

(अ) c = am (ब) $c = \frac{a}{m}$

(स) $c = \frac{m}{a}$ (द) $c = -\frac{a}{m}$

28. घन के विकर्णों के मध्य कोण है?

(अ) $\sin^{-1}\left(\frac{1}{3}\right)$ (ब) $\sin^{-1}\left(\frac{2}{3}\right)$

(स) $\cos^{-1}\left(\frac{1}{3}\right)$ (द) $\cos^{-1}\left(\frac{2}{3}\right)$

29. k के किस मान के लिए समतलो 3x – 2y + 4z = 8 तथा kx + y + 2z = 0 एक दूसरे के लम्बवत् है?

(अ) 0 (ब) 2

(स) – 2 (द) 1

30. बिन्दु (3, 2, – 4), (5, 4, – 6), (9, 8, – 10) शीर्ष है?

(अ) समद्विबाहु त्रिभुज के
(ब) समबाहु त्रिभुज के
(स) समकोण त्रिभुज के
(द) समरेख

31. $\lim_{x\to\infty} \left(x^{1/x}\right)$ बराबर है?

(अ) 0 (ब) विद्यमान नहीं
(स) 1 (द) ∞

32. फलन $f(x) = \begin{cases} 1, & \text{जब } x \in Q \\ -1, & \text{जब } x \notin Q \end{cases}$ है

(अ) सर्वत्र संतत्
(ब) सर्वत्र असंतत्
(स) $x = 0$ पर संतत्
(द) प्रत्येक परिमेय संख्या पर संतत्

33. वह न्यूनत धनात्मक पूर्णांक n जिसके लिए $(1 + i)^{2n} = (1 - i)^{2n}$ है?

(अ) -2 (ब) 2
(स) 4 (द) 12

34. फलन $f(x) = x^3 - 3x$ के लिए अंतराल $\left[0, \sqrt{3}\right]$ में रोल प्रमेय से c का मान है?

(अ) 4 (ब) 2
(स) 3 (द) 1

35. यदि $\frac{(1+i)^2}{2-1} = x + y$ हो तो x + y का मान है?

(अ) $\frac{6}{5}$ (ब) $-\frac{6}{5}$
(स) $-\frac{2}{5}$ (द) $\frac{2}{5}$

36. यदि $x = \sin^{-1}\left(\frac{2t}{1+t^2}\right)$ तथा $y = \cos^{-1}\left(\frac{1-t^2}{1+t^2}\right)$ हो तो $\frac{dy}{dx}$ है?

(अ) 2 (ब) -2
(स) 1 (द) -1

37. फलन $\sin\left(\frac{X}{3}\right) + \cos\left(\frac{X}{2}\right)$ का आवर्तनांक है?

(अ) 2π (ब) 3π
(स) 6π (द) 12π

38. $x + \frac{1}{x}$ का अधिकतम मान है?

(अ) –2 (ब) 2
(स) 4 (द) – 4

39. समुच्चय {1,2,3} पर परिभाषित संबंध R {(1,1), (2,2), (3,3)} है?

(अ) सममित (ब) समतुल्य
(स) संक्रामक (द) तुल्यता

40. वृत्त $x^2 + y^2 - 2ax + c = 0$ तथा $x^2 + y^2 - 2by - c = 0$

(अ) (0, 0) पर प्रतिच्छेद करते हैं
(ब) लाम्बिक है
(स) मूलांक $ax + by + c = 0$ है
(द) संकेन्द्रित है

उत्तरमाला
(Answerwheet)

1 (D)	2 (C)	3 (D)	4 (D)	5 (D)	6 (A)	7 (B)	8 (B)	9 (C)	10 (D)
11 (B)	12 (A)	13 (A)	14 (D)	15 (C)	16 (C)	17 (D)	18 (B)	19 (C)	20 (C)
21 (D)	22 (C)	23 (C)	24 (C)	25 (C)	26 (B)	27 (A)	28 (D)	29 (A)	30 (B)
31 (B)	32 (A)	33 (B)	34 (B)	35 (A)	36 (A)	37 (C)	38 (C)	39 (C)	40 (B)
41 (D)	42 (A)	43 (B)	44 (B)	45 (C)	46 (C)	47 (C)	48 (B)	49 (D)	50 (B)
51 (D)	52 (B)	53 (D)	54 (C)	55 (A)	56 (B)	57 (C)	58 (A)	59 (D)	60 (A)
61 (D)	62 (A)	63 (A)	64 (B)	65 (C)	66 (B)	67 (C)	68 (A)	69 (D)	70 (B)
71 (B)	72 (B)	73 (D)	74 (B)	75 (D)	76 (D)	77 (A)	78 (B)	79 (B)	80 (A)
81 (C)	82 (A)	83 (A)	84 (B)	85 (D)	86 (A)	87 (D)	88 (D)	89 (A)	90 (C)
91 (D)	92 (C)	93 (A)	94 (C)	95 (A)	96 (B)	97 (B)	98 (D)	99 (D)	100 (C)
101 (B)	102 (A)	103 (D)	104 (A)	105 (C)	106 (D)	107 (D)	108 (D)	109 (D)	110 (B)
111 (B)	112 (D)	113 (B)	114 (B)	115 (D)	116 (B)	117 (B)	118 (A)	119 (B)	120 (B)
121 (B)	122 (D)	123 (B)	124 (B)	125 (B)	126 (C)	127 (B)	128 (D)	129 (C)	130 (D)
131 (D)	132 (B)	133 (B)	134 (C)	135 (C)	136 (B)	137 (A)	138 (A)	139 (B)	140 (C)
141 (A)	142 (D)	143 (C)	144 (C)	145 (D)	146 (A)	147 (A)	148 (C)	149 (B)	150 (A)
151 (A)	152 (A)	153 (B)	154 (C)	155 (B)	156 (C)	157 (A)	158 (C)	159 (A)	160 (D)
161 (C)	162 (A)	163 (B)	164 (B)	165 (A)	166 (C)	167 (C)	168 (D)	169 (D)	170 (A)
171 (A)	172 (B)	173 (D)	174 (A)	175 (A)	176 (D)	177 (C)	178 (A)	179 (A)	180 (D)
181 (C)	182 (D)	183 (C)	184 (B)	185 (C)	186 (D)	187 (B)	188 (A)	189 (B)	190 (A)
191 (B)	192 (C)	193 (D)	194 (D)	195 (B)	196 (C)	197 (B)	198 (C)	199 (D)	200 (C)
201 (A)	202 (D)	203 (A)	204 (B)	205 (B)	206 (C)	207 (C)	208 (C)	209 (A)	210 (C)
211 (D)	212 (C)	213 (A)	214 (B)	215 (A)	216 (D)	217 (C)	218 (B)	219 (C)	220 (B)
221 (C)	222 (B)	223 (C)	224 (B)	225 (C)	226 (D)	227 (A)	228 (B)	229 (B)	230 (B)
231 (D)	232 (A)	233 (D)	234 (C)	235 (A)	236 (C)	237 (C)	238 (C)	239 (C)	240 (C)
241 (B)	242 (C)	243 (D)	244 (C)	245 (B)	246 (D)	247 (B)	248 (B)	249 (A)	250 (D)
251 (D)	252 (C)	253 (A)	254 (A)	255 (B)	256 (B)	257 (A)	258 (C)	259 (C)	260 (B)
261 (C)	262 (B)	263 (C)	264 (B)	265 (D)	266 (C)	267 (D)	268 (C)	269 (A)	270 (B)
271 (C)	272 (C)	273 (B)	274 (D)	275 (D)	276 (C)	277 (D)	278 (B)	279 (A)	280 (C)
281 (B)	282 (A)	283 (C)	284 (A)	285 (B)	286 (A)	287 (B)	288 (C)	289 (A)	290 (D)
291 (A)	292 (A)	293 (B)	294 (D)	295 (D)	296 (A)	297 (D)	298 (A)	299 (B)	300 (B)
301 (A)	302 (C)	303 (C)	304 (C)	305 (C)	306 (A)	307 (C)	308 (D)	309 (B)	310 (A)

311 (C) 312 (D) 313 (B) 314 (C) 315 (D) 316 (C) 317 (A) 318 (C) 319 (C) 320 (A)
321 (B) 322 (B) 323 (A) 324 (C) 325 (C) 326 (B) 327 (B) 328 (C) 329 (D) 330 (B)
331 (B) 332 (B) 333 (A) 334 (D) 335 (A) 336 (A) 337 (D) 338 (D) 339 (A) 340 (C)
341 (D) 342 (C) 343 (C) 344 (B) 345 (C) 346 (C) 347 (A) 348 (C) 349 (D) 350 (D)
351 (A) 352 (C) 353 (C) 354 (A) 355 (A) 356 (B) 357 (D) 358 (B) 359 (A) 360 (D)
361 (A) 362 (B) 363 (C) 364 (D) 365 (B) 366 (D) 367 (A) 368 (A) 369 (D) 370 (C)
371 (A) 372 (B) 373 (A) 374 (C) 375 (A) 376 (B) 377 (B) 378 (A) 379 (D) 380 (C)
381 (D) 382 (C) 383 (A) 384 (D) 385 (A) 386 (D) 387 (C) 388 (D) 389 (A) 390 (B)
391 (B) 392 (C) 393 (B) 394 (D) 395 (C) 396 (A) 397 (A) 398 (B) 399 (B) 400 (C)
401 (B) 402 (C) 403 (A) 404 (D) 405 (D) 406 (C) 407 (C) 408 (A) 409 (C) 410 (B)
411 (B) 412 (A) 413 (A) 414 (C) 415 (D) 416 (B) 417 (D) 418 (D) 419 (A) 420 (C)
421 (D) 422 (B) 423 (A) 424 (C) 425 (C) 426 (B) 427 (A) 428 (C) 429 (D) 430 (A)
431 (C) 432 (B) 433 (C) 434 (C) 435 (A) 436 (B) 437 (D) 438 (A) 439 (B) 440 (C)
441 (C) 442 (B) 443 (B) 444 (D) 445 (C) 446 (C) 447 (C) 448 (B) 449 (D) 450 (C)
451 (C) 452 (C) 453 (A) 454 (B) 455 (A) 456 (A) 457 (B) 458 (B) 459 (A) 460 (D)
461 (C) 462 (A) 463 (B) 464 (A) 465 (C) 466 (B) 467 (B) 468 (D) 469 (B) 470 (A)
471 (B) 472 (A) 473 (D) 474 (B) 475 (C) 476 (B) 477 (B) 478 (D) 479 (B) 480 (A)
481 (A) 482 (C) 483 (A) 484 (D) 485 (B)

JET PAPER - 2014

1 (स) 2 (द) 3 (ब) 4 (द) 5 (द) 6 (अ) 7 (स) 8 (अ) 9 (द) 10 (अ)
11 (ब) 12 (स) 13 (अ) 14 (ब) 15 (स) 16 (स) 17 (ब) 18 (ब) 19 (स) 20 (अ)
21 (द) 22 (स) 23 (ब) 24 (ब) 25 (स) 26 (द) 27 (स) 28 (अ) 29 (ब) 30 (ब)
31 (अ) 32 (ब) 33 (स) 34 (ब) 35 (ब) 36 (द) 37 (ब) 38 (स) 39 (स) 40 (ब)

JET PAPER - 2018

1 (अ) 2 (अ) 3 (स) 4 (द) 5 (ब) 6 (स) 7 (द) 8 (स) 9 (स) 10 (स)
11 (द) 12 (द) 13 (अ) 14 (अ) 15 (अ) 16 (ब) 17 (द) 18 (ब) 19 (स) 20 (अ)
21 (अ) 22 (अ) 23 (अ) 24 (स) 25 (द) 26 (अ) 27 (ब) 28 (स) 29 (स) 30 (द)
31 (स) 32 (स) 33 (ब) 34 (द) 35 (द) 36 (स) 37 (अ) 38 (ब) 39 (ब) 40 (स)

12

मॉडल प्रश्न पत्र – कृषि पर्यवेक्षक परीक्षा

मॉडल प्रश्न पत्र – 1

1. फजली किसकी किस्म है?
(अ) पपीता (ब) अमरूद
(स) आम (द) खजूर

2. हप्सी किसकी किस्म है?
(अ) खजूर (ब) आम
(स) अमरूद (द) पपीता

3. लखनऊ–49 किस्म है?
(अ) पपीते की (ब) खजूर की
(स) अमरूद की(द) आम की

4. पाउडरी मिल्ड्यू रोग मुख्यतः होता है?
(अ) पपीते मे (ब) खजूर में
(स) अमरूद में (द) आम में

5. पश्चिमी राजस्थान के लिए खजूर की उपयुक्त किस्म है?
(अ) शॉमरान (ब) खदरावी
(स) नूरही (द) हलावी

6. अंगूर की फसल का पौध रोपण किया जाता है?
(अ) जुन–जुलाई (ब) सितम्बर–अक्टूबर
(स) जनवरी–फरवरी
(द) मार्च–अप्रैल

7. पपीता की पौध रोपण हेतु तैयार हो जाती है?
(अ) 6 माह में (ब) 1 वर्ष में
(स) 1 माह में (द) 2 माह में

8. अमरूद में प्रर्वधन होता है?
(अ) स्टूलिंग द्वारा
(ब) रिंग बडिंग द्वारा
(स) बीज द्वारा
(द) विनियर ग्राफ्टिंग द्वारा

9. राजस्थान में अमरूद की कौनसी बहार उपयुक्त है?
(अ) मृग बहार (ब) अम्बे बहार
(स) हस्त बहार (द) कोई नहीं

10. पपीता का पौधा है?
(अ) उष्ण (ब) उपोष्ण
(स) शितोष्ण (द) शीत प्रिय

11. पपीता की गायनोडायसिस किस्म है?
(अ) पूसा मेजेस्टी (ब) पूसा डेलिसियस
(स) दोनों (द) शीत प्रिय

12. गणेश किसकी किस्म है?
(अ) खजूर (ब) आंवला
(स) अमरूद (द) अनार

13. बनारसी किसकी किस्म है?
(अ) अमरूद की (ब) बेर की
(स) आंवले की (द) अ व ब दोनों की

14. आंवले के पौधे का उत्पत्ति स्थल है?
(अ) चीन (ब) युरोप
(स) अमेरिका (द) भारत

15. बेर में प्रवर्धन होता है?
(अ) बीज द्वारा (ब) रिंग बडिंग द्वारा
(स) पेचबडिंग द्वारा (द) ग्राफ्टिंग

16. मेहरून किस्म है?
(अ) अनार की (ब) फालसा की
(स) अमरूद की (द) बेर की

17. परलेट किस्म है?
(अ) लहसुआ की (ब) बील की
(स) अमरूद की (द) अंगूर की

18. भारत में खजूर के फल किस अवस्था पर तोड़े जाते हैं?
(अ) डेंग (ब) डोका
(स) गंडोरा (द) पिंड

19. भारी प्रुनिंग (कांट–छांट) करते हैं?
(अ) आम में (ब) अमरूद में
(स) अनार में (द) बेर में

20. बेर में प्रुनिंग कब करते हैं?
(अ) जनवरी–फरवरी (ब) अप्रैल–मई
(स) जून–जुलाई (द) कभी नहीं

21. उत्तरी भारत में अंगूर में प्रुनिंग कब करते हैं?
(अ) दिसम्बर–जनवरी (ब) अप्रेल–मई
(स) जून–जुलाई (द) कभी नहीं

22. फल मक्खी कीट लगता है?
(अ) आम में (ब) अमरूद में
(स) बेर में (द) उपर्युक्त सभी में

23. रिंग रस्ट (Rust) रोग होता है?
(अ) आम में (ब) अमरूद में
(स) बेर में (द) पपीत में

24. ललित किस्म है?
(अ) पपीता की (ब) अमरूद की
(स) बेर की (द) खजूर की

25. पपीते में प्रर्वधन किससे होता है?
(अ) बीज द्वारा (ब) पेच बडिंग
(स) ग्राफ्टिंग (द) कलिका द्वारा

मॉडल प्रश्न पत्र – 2

1. ग्वार की बीज दर रखते है?
(अ) 10-15 kg/ha (ब) 15-20 kg/ha
(स) 25-30 kg/ha (द) 30-35 kg/ha

2. केन्ट (Kent) किस्म है?
(अ) सोयाबीन की (ब) जई की
(स) बरसीम की (द) अ व ब दोनों की

3. पूसा जॉयन्ट (Pusa giant) किस्म है?
(अ) नेपियर घास की
(ब) बरसीम की
(स) जई की (द) अ व ब दोनों की

4. रिजके में अमरबेल (Cuscutta) नियंत्रण हेतु काम में लेते हैं?
(अ) बेसालीन (ब) पेन्डीमेथालीन
(स) एलाक्लोर (द) पेराक्वाट

5. अम्बेलीफेरी कुल है?
(अ) मेथी का (ब) धनिया का
(स) बरसीम का (द) मूली का

6. निम्न में से जीरे की किस्म है?
(अ) RS-1 (ब) RZ-19
(स) दोनों (द) दोनों नहीं

7. धनिया की बीज दर है?
(अ) 8-10 kg/ha (ब) 10-15 kg/ha
(स) 15-20 kg/ha (द) 20-25 kg/ha

8. राजेन्द्र क्रान्ति किस्म है?
(अ) धनिया की (ब) जीरा की
(स) सौंफ की (द) मेथी की

9. मेथी की बीज दर है?
(अ) 20-25 kg/ha (ब) 25-30 kg/ha
(स) 40-45 kg/ha (द) 8-10 kg/ha

10. मसाले वाली फसलों का प्रमुख रोग है?
(अ) उक्टा (Wilt)
(ब) झुलसा (Blight)
(स) पाऊडरी मिल्ड्यू (Powdery mildew)
(द) उपर्युक्त सभी

11. सौंफ की प्रमुख बीमारी है?
(अ) उक्टा (Wilt) (ब) रेमुलेरिया ब्लाईट
(स) तुलासिता (द) कोई नहीं

12. निम्न में से पाऊडरी मिल्ड्यू का जनक है?
(अ) *जेन्थमोनॉस स्पेशीज*
(ब) *फ्यूजेरियम ऑक्सीस्पोरियम*
(स) *इरिसाईफी पॉलीगोनी*
(द) *राइजोक्टोनिया सोलेनाई*

13. निम्न में से क्लाईमेट्रिक (Climatric) फल है?
(अ) नींबू (ब) अंगूर
(स) आम (द) सन्तरा

14. निम्न में से उपोष्ण (subtropical) जलवायु का पौधा है?
(अ) आंवला (ब) बेर
(स) खजूर (द) उपर्युक्त सभी

15. रंगीन फलों के परिरक्षण के लिए रसायन लेते है?
(अ) सोडियम बेन्जोएट (ब) KMS
(स) SO_2 (द) सिरका

16. एसेप्सीस (Asepsis) क्रिया है?
(अ) जीवाणु का नियंत्रण करना
(ब) जीवाणुओं का पूर्णत उन्मूलन
(स) जीवाणु का प्रवेश रोकना
(द) कोई नहीं

17. फलों की रानी है?
(अ) मेंगोस्टीम (ब) लीची
(स) स्ट्राबेरी (द) अ व ब दोनों

18. सामान्यतः कितने प्रतिशत चीनी की मात्रा फल परिरक्षण का काम करती है?
(अ) 10-25% (ब) 40-50%
(स) 65-70% (द) 80-85%

19. सामान्यतः कितने प्रतिशत नमक की मात्रा फल परिरक्षण का काम करती है?
(अ) 5-10% (ब) 15-20%
(स) 30-35% (द) 2%

20. सिरका (Vinegar) की कितनी प्रतिशत मात्रा अचार में लेते हैं?
(अ) 0.5-1% (ब) 2-3%
(स) 5-10% (द) 10-25%

21. अनार में व्यापारिक प्रर्वधन किया जाता है?
(अ) गुट्टी द्वारा (ब) कलम द्वारा
(स) स्टूलिंग द्वारा (द) अ व ब दोनों से

22. पपीता में प्रवर्धन होता है?

(अ) कलम द्वारा (ब) जड़ द्वारा

(स) तने द्वारा (द) बीज द्वारा

23. बहुभ्रूणता (Polyembrony) पायी जाती है?

(अ) जामून (ब) आम

(स) नींबू (द) सभी में

24. आम में अन्तरा फसल (Intra cropping) लेते है?

(अ) पपीता (ब) लहसून

(स) आलू (द) उपर्युक्त सभी

25. निम्न में से शीतोष्ण (Temperate) जलवायु का पौधा है?

(अ) काजू (ब) पपीता

(स) अंगूर (द) स्ट्राबेरी

मॉडल प्रश्न पत्र – 3

1. ग्लोबल वार्मिंग (Global Warming) के लिए मुख्यतः जिम्मेदार गैस है?

(अ) N_2O (ब) CO_2

(स) CO (द) Methane

2. भारत में मुख्यतः कौनसा फास्फोरस उर्वरक प्रयोग में लिया जाता है?

(अ) MAP (ब) DAP

(स) SSP (द) NPK

3. SSP उर्वरक में सल्फर की मात्रा होती है?

(अ) 19% (ब) 12%

(स) 21% (द) 16%

4. गेहूँ की बुआई हेतु बौनी किस्मों में बीज की गहराई रखते है?

(अ) 10 सेमी (ब) 7–8 सेमी

(स) 4–5 सेमी (द) 2–3 सेमी

5. गेहूँ के लिए नाइट्रोजन युक्त जैव उर्वरक (Biofertilizer) काम में लेते हैं?

(अ) PSB (ब) VAM

(स) एजेटोबेक्टर (द) एजोस्पोरेलियम

6. युरिया में बाइयुरेट की मात्रा .... से अधिक नहीं होनी चाहिये?

(अ) 1.5% (ब) 2.5 %

(स) 25% (द) 5%

7. मृदा की नमी ज्ञात की जाती है?

(अ) लाइसीमीटर से (ब) टेन्सियोमीटर से

(स) इवेपोरिमीटर से (द) कोई नहीं

8. मूंगफली – गेहूं – गन्ना आदि फसलों का फसल चक्र प्रतिशत होगा?

(अ) 100% (ब) 150%

(स) 200% (द) 250%

9. मृदा संरक्षण की यांत्रिक विधियों में 3–10% ढलान वाली मृदाओं हेतु उपयुक्त विधि है?

(अ) कन्टूर बनाना

(ब) बेन्च टेरेस (Bench terracing)

(स) जिंग टेरेस (Zing terracing)

(द) Budding

10. वातावरण में ओजोन परत पाई जाती है?

(अ) क्षोभ मण्डल (Troposphere) में

(ब) समताप मण्डल (Straptosphere) में

(स) मिजोस्फेयर में

(द) आयन मण्डल में

11. मृदा में CO_2 की (औसत) मात्रा उपस्थित रहती है?
(अ) 0.03% (ब) 0.3%
(स) 3% (द) 1.3%

12. गेहूँ में डबल जीन बौनी (Double gene dwarf) किस्म है?
(अ) कल्याण सोना (ब) सोनालिका
(स) लरमा रोजो (द) सुजाता

13. गेहूँ में प्रयुक्त खरपतवारनाशी मेटासल्फ्यूरॉन मिथाईल की मात्रा काम में लेते है?
(अ) 5 g/ha (ब) 10 g/ha
(स) 20 g/ha (द) 500 g/ha

14. अनावृत्त कंड (Loose smut) रोग को रोकने के लिए गेहूँ के बीज को उपचारित करते हैं?
(अ) थाइरम से
(ब) केप्टान से
(स) विटोवेक्स से
(द) डाइथेन जेड–78 से

15. धान में अंकुरण बाद (Post emergence) प्रयुक्त खरपतवारनाशी है?
(अ) बेन्जियोकार्ब (ब) ब्यूटाक्लोर
(स) प्रोपेनिल (द) एनिलफॉस

16. धान का भूरा पत्ती धब्बा (Brown leaf spot) रोग होता है?
(अ) *पिरिकुलेरिया ओराईजी*
(ब) *हेल्मिथोस्पोरियम ओराइजी*
(स) *जेन्थोमोनॉस ओराइजी*
(द) *ओरसेलीया ओराइजी*

17. धान की नर्सरी तैयार करने की डेपोग विधि में बीज दर काम में लेते है?
(अ) 0.5 kg/m² (ब) 1-1.5 kg/m²
(स) 1.5-3 kg/m² (द) 25-30 kg/m²

18. गन्धी बग कीट धान को नुकसान पहुंचाता है?
(अ) नर्सरी अवस्था में
(ब) कल्ले बनते समय
(स) दूधिया अवस्था पर
(द) फसल भंडारण के समय

19. धान की टुंगरों बिमारी (Tungro disease) फैलती है?
(अ) Brown plant hopper से
(ब) Green plant hopper से
(स) Yellow stem borer से
(द) Gundhi bug से

20. धान का प्रमुख या एकल भक्षी (Monophagous) कीट है?
(अ) BPH (ब) GLH
(स) गन्धीबग (द) तना छेदक

21. भारत में लाई गई (Introduced) धान की प्रथम किस्म है?
(अ) IR-8 (ब) TN-1
(स) जया (द) कृष्णा

22. धान की अप्रेल–मई में बुआई कहलाती है?
(अ) अस (Aus) (ब) अमन (Aman)
(स) बोरो (द) बसंत

23. पोटेशियम नाइट्रेट में पोटाश की मात्रा होती है?
(अ) 60% (ब) 48%
(स) 44% (द) 16%

24. धीरे धीरे मुक्त होने वाले (Slow release) नाइट्रोजन उर्वरक है?
(अ) IBDU (ब) N-serve
(स) थायोयूरीया (द) उपर्युक्त सभी

25. पौधे मृदा से किस रूप में मुख्यतः फास्फोरस ग्रहण करते हैं?
(अ) PO_4 (ब) HPO_4
(स) H_2PO_4 (द) H_3PO_4

26. फास्फोरस उर्वरकों में प्रतिशत P_2O_5 की मात्रा ज्ञात करने के लिए % P को गुणा करते हैं?
(अ) 0.43 से (ब) 1.2 से
(स) 2.29 से (द) 0.83 से

27. पोटाश उर्वरक में सबसे सस्ता एवं आसानी से उपलब्ध उर्वरक है?
(अ) MOP (ब) MAP
(स) K_2SO_4 (द) KNO_3

28. सबसे ज्यादा आर्द्रताग्राही उर्वरक है?
(अ) यूरिया
(ब) अमोनियम नाइट्रेट
(स) अमोनियम सल्फेट
(द) KCI

29. बेसिक स्लॅग (Basic slug) में P की % मात्रा होती है?
(अ) 10-15% (ब) 14-18%
(स) 15-20% (द) 30-40%

30. ट्राइकोडर्मा (Trichoderma) है?
(अ) कीटनाशी (ब) कवकनाशी
(स) सहजीवी (द) खरपतवारनाशी

31. माइकोराइजा (VAM) है?
(अ) कीटनाशी (ब) कवकनाशी
(स) जैव उर्वरक (द) लाभदायक कीट

32. मूंगफली की खली में % Nitrogen होती है?
(अ) 5.3% (ब) 7.3%
(स) 7.9% (द) 8.3%

33. गोबर की खाद में % Nitrogen होती है?
(अ) 0.2% (ब) 0.5%
(स) 1.0% (द) 2.5%

34. सबसे ज्यादा जल उपयोग दक्षता (WUE) किस फसल की है?
(अ) धान (ब) गेहूँ
(स) मूंगफली (द) ग्वार

35. लाइसीमीटर काम आता है?
(अ) निक्षालन ह्रास का पता लगाने
(ब) वाष्पोत्सर्जन की मात्रा ज्ञात करने
(स) दोनों
(द) दोनों नहीं

36. झूमिंग (Jhuming) है?
(अ) फसल चक्र (ब) भूमि चक्र
(स) फसलों को हरी अवस्था पर पलटना
(द) बिना मृदा के खेती करना

37. राजस्थान का सबसे बड़ा शस्य जलवायु खण्ड है?
(अ) I-a (ब) II-a
(स) III-a (द) I-c

38. ऐलिलोपैथी (Allelopathy) है। फसलों में?
(अ) सहजीविता
(ब) लाभदायक प्रभाव
(स) हानिकारक प्रभाव
(द) कोई नहीं

39. गाजर घास (पार्थेनियम) की रोकथाम की जाती है?
(अ) *डेक्टोलियस डेक्टी*
(ब) *जाइगोग्रामा बाइकोलेरेटा*
(स) *नियोचेटिआना ब्रूची*
(द) *बायोपॉलेरस*

40. बून्द–बून्द (ड्रीप) सिंचाई क्षेत्रफल कितना है?
(अ) 1-2 kg/cm² (ब) 2.5 kg/cm²
(स) 4.5 kg/cm² (द) 10 kg/cm²

41. राजस्थान में शुद्ध सिंचित क्षेत्रफल कितना है?
(अ) 8.8 मि.हे. (ब) 6.4 मि.हे.
(स) 17.5 मि.हे. (द) 22.6 मि.हे.

42. सतत् हरित क्रांति (Ever green revolution) शब्द दिया?
(अ) N.E. बोरलोग ने
(ब) William गॉड ने
(स) M.S. स्वामीनाथन ने
(द) A.S. अटवाल ने

43. भूरी क्रांति (Brown revolution) सम्बन्धित है?
(अ) उर्वरक उत्पादन से
(ब) बायो डीजल उत्पादन से
(स) खाद्य प्रसंस्करण से
(द) झींगा उत्पादन से

44. भारत का गेहूँ उत्पादन में विश्व में स्थान है?
(अ) पहला (ब) दूसरा
(स) तीसरा (द) चतुर्थ

45. धान में प्रोटीन का प्रतिशत होता है?
(अ) 6-7% (ब) 10-12%
(स) 4-6% (द) 12-15%

मॉडल प्रश्न पत्र – 4

1. मूंग की उन्नत किस्म है?
(अ) गौरी (ब) SML-668
(स) T-46 (द) Type-3

2. बरखा किस्म है?
(अ) मूंग (ब) मोठ
(स) उड़द (द) चंवला

3. सफेद लट कीट है?
(अ) बाजरा (ब) मूंगफली
(स) ग्वार (द) उपर्युक्त सभी

4. निम्न में से Noble cane है?
(अ) *सेकेरम बारबरी*
(ब) *सेकेरम मूंजा*
(स) *सेकेरम ऑफिसिनेरम*
(द) *सेकेरम साइनेनसिस*

5. गन्ने की फसल में माथा बन्धना (Bunchy top) रोग किससे होता है?
(अ) पाइरिला से (ब) तन्ना छेदक से
(स) ऊपरी प्ररोह छेदक से
(द) जड़ छेदक से

6. गरिमा किस्म है?
(अ) मूंग (ब) उड़द
(स) अलसी (द) मसूर

7. सूरजमुखी में प्रोटीन % होता है?
(अ) 10% (ब) 20%
(स) 30-35% (द) 40-45%

8. अरूणा किस्म है?
(अ) सरसों (ब) चना
(स) सोयाबीन (द) अरण्डी

9. पूसा कल्याणी किस्म है?
(अ) तारामीरा की (ब) राई की
(स) पीली सरसों की
(द) भूरी सरसों की

10. कौनसा उर्वरक भारत में उत्पादन नहीं होता है?

(अ) यूरिया (ब) SSP
(स) K_2SO_4 (द) कैल्शियम साइनाइड

11. कौनसा उर्वरक बुवाई के साथ (Basal dose) दिया जाता है?

(अ) CAN (ब) Urea
(स) DAP (द) NH_4Cl

12. खड़ी फसल में उर्वरक देने को कहते है?

(अ) स्थापन (ब) पंक्ति स्थापन
(स) Top ड्रेसिंग (द) स्टार्टर

13. प्रोपेनिल खरपतवारनाशी का व्यापारिक नाम (Trade Name) है?

(अ) लासो (ब) स्टाम्प F-34
(स) स्टोम्प (द) बेसालीन

14. कौनसी फसल Cow Pea के नाम से जानी जाती है?

(अ) *Vigna munga*
(ब) *Vgna acontifolia*
(स) *Vigna radiata*
(द) *Vigna sinensis*

15. तिल में फाइलोडी (Phyllody) रोग होता है?

(अ) कवक द्वारा
(ब) फफूंद द्वारा
(स) बेक्टीरिया द्वारा
(द) माइकोप्लाज्मा (MLO) द्वारा

16. सरसों की फसल है?

(अ) स्वपरागित
(ब) पर–परागित
(स) बहुधा पर–परागित
(द) कोई नहीं

17. पूसा सदाबहार किस्म है?

(अ) मूंग की (ब) मोठ की
(स) ग्वार की (द) चंवला की

18. निम्न में से ओमेगा–3 फेटी अम्ल (Omega 3-Fatty acids) पाया जाता है?

(अ) अलसी के तेल में
(ब) सोयाबीन के तेल में
(स) सूरजमुखी के तेल में
(द) मूंगफली के तेल में

19. *मेलाम्पसोरा लिनी* किसका नाम है?

(अ) सरसों का कुन्ड रोग
(ब) अलसी का किट्ट रोग
(स) गेंहू की रौली रोग
(द) मूंग का पती धब्बा रोग

20. खरपतवार (Weed) शब्द किसने दिया था?

(अ) टट डोकुचेव ने
(ब) पीटर डिक्रेन्जी ने
(स) जेथ्रोटुल ने
(द) कोई नहीं

21. वर्तमान में राजस्थान में कुल कितने कृषि विश्वविद्यालय है?

(अ) 1 (ब) 2
(स) 3 (द) 5

22. S.K.N. जोबनेर कृषि विश्वविद्यालय की स्थापना हुई थी?

(अ) 1947 में (ब) 1972 में
(स) 1999 में (द) 2013 में

23. दलहन व तिलहन फसलों में मुख्यतः खरपतवारनाशी काम में लेते है?

(अ) बेसालीन (ब) प्रोपेलीन
(स) स्टाम्प–34 (द) ब्यूटाक्लोर

24. ऐसा खरपतवारनाशी जो फसल बुआई पूर्व (PPI) काम में लेते हैं?
(अ) बेसालीन (ब) एट्राजीन
(स) एलाक्लोर (द) कोई नहीं

25. फसलों से पूर्णतः खरपतवारों को हटाना कहलाता है?
(अ) नियंत्रण (Control)
(ब) प्रबंन्धन (Management)
(स) निषेधात्मक (Prevention)
(द) उन्मूलन (Eradication)

26. कौनसी फसल तिलहन व दलहन दोनों प्रकार की है?
(अ) अलसी (ब) अरण्डी
(स) सूरजमुखी (द) सोयाबीन

27. फसलों पर मोयला एवं रस चूसने वाले कीटों की रोकथाम करते हैं?
(अ) डाइथेन एम–45 से
(ब) रोगोर से
(स) क्लोरीपारीफॉस से
(द) बॉविस्टीन से

28. पूसा फाल्गुनी किस्म है?
(अ) मोठ (ब) मूंग
(स) चंवला (द) अलसी

29. मोठ की बीज दर काम में लेते है?
(अ) 15-20 kg/ha
(ब) 25-30 kg/ha
(स) 5-8 kg/ha
(द) 10-12 kg/ha

30. पूसा कोमल किस्म है?
(अ) मोठ (ब) मूंग
(स) चंवला (द) अलसी

31. Pant U-19 किस्म है?
(अ) अलसी (ब) मोठ
(स) मूंग (द) उड़द

32. अपर्णा (HFP-1) किस्म है?
(अ) मटर (ब) मूंग
(स) अरण्डी (द) मूंगफली

33. C-235 किस्म है?
(अ) मटर (ब) चना
(स) मूंग (द) मसूर

34. चना का मुख्य रोग है?
(अ) झुलसा (Blight)
(ब) छाछ्या (Powdery mildew)
(स) उकटा (Wilt)
(द) तुलासिता (Downy mildew)

35. मक्का का मुख्य खरपतवारनाशी है?
(अ) एट्राजीन (ब) सीमाजीन
(स) एलाक्लोर (द) बेसालीन

36. पॉप कॉर्न (Pop Corn) बनाने में काम आता है?
(अ) *जिया मेज टयुनिकेटा*
(ब) *जिया मेज इन्डुरेटा*
(स) *जिया मेज इवरेटा*
(द) *जिया मेज सेकेरेटा*

37. बेन्जियोकार्ब खरपतरवारनाशी किस फसल में प्रयोग करते हैं?
(अ) जौ (ब) सरसों
(स) गन्ने में (द) धान में

38. सामान्यतः उगाया जाने वाला गेहूं है?
(अ) द्विगुणित (ब) त्रिगुणित
(स) षट्गुणित (द) पंचगुणित

39. मक्का की फसल में पहले कौनसे पुष्पक्रम आते हैं?
(अ) इमास्कुलेशन (ब) सिल्क
(स) टेसल (द) मादा मंजरी

40. गन्ने का पुष्पक्रम कहलाता है?
(अ) स्पाईक (ब) पेनिकल
(स) ऐरो (द) सिलिकुआ

41. ओपेक–2 (Opaque-2) किस्म काम में लेते हे?
(अ) धान में (ब) गेहूं में
(स) मक्का में (द) ज्वार में

42. सिलिकुआ फल प्रकार है?
(अ) मूंग का (ब) ग्वार का
(स) गोभी का (द) सरसों का

43. हाई स्टार्च (Hi-Starch) किस्म है?
(अ) धान की (ब) जौ की
(स) मक्का की (द) जई की

44. आइसोप्रोट्यूरॉन खरतरवारनाशी काम में लेते हैं?
(अ) धान में (ब) मक्का में
(स) गेहूं में (द) कपास में

45. बुशनिंग (Beushning) क्रिया करते हैं?
(अ) धान में (ब) गन्ना में
(स) ज्वार में (द) मूंगफली में

46. निम्न में से पर–परागित (Cross pollinated) फसल है?
(अ) सरसों (ब) मक्का
(स) गेहूं (द) धान

47. पडलिंग (Puddling) क्रिया की जाती है?
(अ) गेहूं में (ब) धान में
(स) कपास में (द) चने में

48. Paira व Utera किस फसल से संबंधित है?
(अ) गन्ने से (ब) गेहूं से
(स) धान से (द) ज्वार से

49. मोथा खरपतवार का वानस्पतिक नाम है?
(अ) *साइप्रस रोटेन्डस*
(ब) *आर्जीमोन मेक्सीकाना*
(स) *साइनोलोन डेक्टिलोन*
(द) *एवेना फेटुला*

50. गेहूं का परीक्षण भार (Test weight) होता है?
(अ) 2g (ब) 10g
(स) 25 g (द) 40 g

मॉडल प्रश्न पत्र – 5

1. एग्रीकल्चर शब्द बना है?
(अ) अरबी भाषा से
(ब) ग्रीक भाषा से
(स) लेटिन भाषा से
(द) किसी से भी नहीं

2. राष्ट्रीय कृषि विकास योजना (RKVY) की शुरूआत हुई थी ?
(अ) 2004 (ब) 2005
(स) 2006 (द) 2007

3. ग्लोबल वार्मिंग के लिए प्रमुख जिम्मेदार गैस है ?
(अ) CO_2 (ब) मिथेन
(स) N_2O (द) ऑक्सीजन

4. विश्व पर्यावरण दिवस मनाया जाता है?
(अ) 21 मार्च (ब) 1 अप्रैल
(स) 5 जून (द) 16 सितम्बर

5. श्वेत क्रान्ति (White revolution) के पिता कहलाते है?
(अ) M.S स्वामीनाथन
(ब) S.K. वशल
(स) V. कुरीयन
(द) N.E. बोरलोग

6. समान वायुदाब को मिलाने वाली काल्पनिक रेखायें कहलाती है?
(अ) आइसोटेक (ब) आइसोबार
(स) आइसोर्थम (द) आइसोटॉप

7. मृदा नमी ज्ञात करने का यंत्र है?
(अ) बेरोमीटर (ब) एनिमोमीटर
(स) टेन्सीयोमीटर (द) मेनोमीटर

8. डाइनोमीटर काम आता है?
(अ) विद्युत ऊर्जा को रासायनिक ऊर्जा में बदलना
(ब) रासायनिक ऊर्जा को यांत्रिक ऊर्जा में बदलना
(स) रासायनिक ऊर्जा को विद्युत ऊर्जा में बदलना
(द) यांत्रिक ऊर्जा को विद्युत ऊर्जा में बदलता है।

9. विटामिन–सी का नाम है?
(अ) नाइसीन (ब) निकोटीनेमाइड
(स) एस्कॉर्बिक अम्ल (द) बायोटीन

10. विटामिन B_1 की कमी से होता है?
(अ) रतौंधी रोग (ब) बैरी–बैरी रोग
(स) गंजापन (द) स्कर्वी

11. निम्न में से ट्रांसजेनिक पादप का उदाहरण है?
(अ) हाइब्रिड सरसों (ब) हाइब्रिड धान
(स) बीटी कपास (द) कोई नहीं

12. बीटी कपास का प्रयोग मुख्यतया किया जाता है?
(अ) कपास में उत्पादन बढ़ाने के लिए
(ब) कपास में रेशे की क्वालिटी बढ़ाने के लिए
(स) कपास के कीटों के नुकसान से बचाने के लिए
(द) खरपतवारों के दुष्प्रभाव से बचाने के लिए

13. ऑपरेशन फ्लड (Operation flood) योजना किससे संबंधित है?
(अ) बाढ़ग्रस्त क्षेत्रों से
(ब) नदियों के जोड़ने से
(स) पशुपालन से (द) दुग्ध उत्पादन से

14. भारत में हरित क्रांति (Green Revolution) के जनक थे?
(अ) N.E. बॉरलोग (ब) V. कुरियन
(स) M.S. स्वामीनाथन
(द) W.S. गॉड

15. MPUAT उदयपुर के प्रथम कुलपति थे?
(अ) डॉ. एस.एल. मेहता
(ब) डॉ. ओ.पी. गिल
(स) डॉ. पंजाब सिंह
(द) डॉ. ए.एस. परौदा

16. क्वालिटी प्रोटीन मेज (QPM) किससे संबंधित है?
(अ) मक्का में खरपतवार के दुष्प्रभाव रोकने की जीन
(ब) मक्का में उपज बढ़ाने वाली जीन
(स) मक्का में ट्रीप्टोफेन एवं लाइसीन अमीनो अम्ल बढ़ाने वाली जीन
(द) मक्का में ल्यूसिन एवं लाइसीन अमीनो अम्ल बढ़ाने वाली जीन

17. भूरी क्रान्ति सम्बन्धित है?
(अ) उर्वरक उत्पादन से
(ब) मछली उत्पादन से
(स) जैट्रोफा उत्पादन से
(द) खाद्य प्रसंस्करण से

18. अरबोरी कल्चर में अध्ययन किया जाता है?
(अ) मधुमक्खीपालन का
(ब) केंचुए पालन का
(स) शाक व अलंकृत झाड़ियों का
(द) रेशम के वृक्षों का

19. कृषि से सम्बन्धित जिले स्तर पर एक पंजीकृत संस्था है?
(अ) NFSM (ब) FKVY
(स) ISOPOM (द) ATMA

20. राष्ट्रीय खाद्य सुरक्षा मिशन (NFSM) शुरू हुआ?
(अ) 2005 (ब) 2006
(स) 2007 (द) 2010 में

21. निम्न में से सबसे बड़ा क्षेत्रफल वाला शस्य जलवायु खण्ड है?
(अ) I-a (ब) III-a
(स) IV-b (द) I-c

22. निम्न शस्य जलवायु खण्डों में सबसे छोटा शस्य जलवायु खण्ड है?
(अ) IV-b (ब) IV-a
(स) I-a (द) III-a

23. कौनसे शस्य जलवायु खण्ड में लाल धूसर या सिरोजम मृदाए पायी जाती है?
(अ) I-a (ब) I-b
(स) II-a (द) II-b

24. कौनसे शस्य जलवायु खण्ड में सोयाबीन का उत्पादन अधिक होता है?
(अ) I-b (ब) IV-a
(स) V (द) IV-a

25. दौसा जिला कौनसे जलवायु खण्ड में स्थित है?
(अ) III-b (ब) II-b
(स) III-a (द) I-a

26. सर्वाधिक सुखा शस्य जलवायु खण्ड है?
(अ) I-a (ब) I-b
(स) I-c (द) II-a

27. अम्लीय मृदाओं में कौनसे पोषक तत्वों की कमी होती है?
(अ) Fe, Mn (ब) Ca, Al
(स) P, N (द) Ca, Mo

28. अम्लीय मृदाओं में सफलतापूर्वक उगाई जाने वाली फसलें हैं?
(अ) चाय (ब) धान
(स) गन्ना (द) उपर्युक्त सभी

29. अम्लीय मृदाओं को सुधारने हेतु काम में लेते हैं?
(अ) जिप्सम (ब) आइरन पाईराईटीज
(स) चूना (द) उपर्युक्त सभी

30. अम्लीय मृदाओं में कौनसे तत्वों की अधिकता होती है?
(अ) Fe (ब) Mn
(स) Al (द) उपर्युक्त सभी

31. ऐसी मृदाएं जिनका pH मान 8.5 से कम, ESP (विनिमयशील सोडियम प्रतिशत) 15 से कम तथा EC (विद्युत चालकता) 4 से अधिक है कहलाती है?
(अ) क्षारीय मृदा (ब) अम्लीय मृदा
(स) लवणीय मृदा
(द) अलवणीय–क्षारीय मृदा

32. सफेद ऊसर या लेह मृदाएँ होती है?
(अ) क्षारीय (ब) लवणीय
(स) अम्लीय (द) कोई नहीं

33. शुष्क व अर्द्धशुष्क क्षेत्रों में कौनसी मृदाएं विकसित होती है?
(अ) अम्लीय (ब) क्षारीय
(स) लवणीय (द) लवणीय–क्षारीय

34. लवणीय मृदाओं को सुधारा जाता है?
(अ) निक्षालन द्वारा
(ब) गोबर की खाद द्वारा
(स) जिप्सम द्वारा (द) अ व ब दोनों

35. भूमि में सोडियम कार्बोनेट एवं बाई कार्बोनेट आयनों की अधिकता से कौनसी मृदाओं का निर्माण होता है?
(अ) अम्लीय मृदा (ब) लवणीय मृदा
(स) क्षारीय मृदा (द) उपर्युक्त सभी

36. क्षारीय मृदाओं को सुधारा जाता है?
(अ) निक्षालन द्वारा (ब) चूना द्वारा
(स) जिप्सम द्वारा (द) कोई नहीं

37. धान में खेरा रोग किसकी कमी से होता है?
(अ) नाइट्रोजन की कमी से
(ब) पोटाश की कमी से
(स) Mn की कमी से
(द) जिंक की कमी से

38. ऑरनॉन एवं स्टाऊट के अनुसार कुल पोषक तत्व माने गये हैं?
(अ) 12 (ब) 16
(स) 18 (द) 20

39. फूल गोभी में बटनिंग रोग किसकी कमी से होता है?
(अ) पोटाश (ब) मोलिब्डेनम
(स) बोरोन (द) सल्फर

40. निम्न में से कौनसा पोषक तत्व नवीन खोजा गया है?
(अ) CO (ब) V
(स) Na (द) Ni

41. V आकार की हरिमाहीनता किसकी कमी से होती है?
(अ) नाइट्रोजन (ब) फास्फोरस
(स) पोटाश (द) लौहतत्व

42. अंगूर में बेल व चिक रोग किसकी कमी से होती है?
(अ) पोटाश (ब) मोलिब्डेनम
(स) नाइट्रोजन (द) लौहतत्व

43. टमाटर में ब्लोसम एण्ड रॉट (BER) रोग होता है?
(अ) सल्फर की कमी से
(ब) पोटाश की कमी से
(स) फास्फोरस की कमी से
(द) केल्शियम की कमी से

44. गोभी में व्हिपटेल (Whiptail) रोग होता है?
(अ) Zn की कमी से
(ब) Mo की कमी से
(स) B की कमी से
(द) Ca की कमी से

45. पत्तियों के रन्ध्रों के खुलने एवं बन्द होने में कौनसा तत्व प्रमुख भूमिका निभाता है?
(अ) फास्फोरस (ब) पोटाश
(स) नाइट्रोजन (द) सल्फर

मॉडल प्रश्न पत्र – 6

1. पूसा उपकार किस्म है?
(अ) मिर्च की (ब) प्याज की
(स) बैंगन की (द) गोभी की

2. हाड़ा बीटल किस सब्जी का प्रमुख कीट है?
(अ) टमाटर का (ब) मिर्च का
(स) गाजर का (द) बैंगन का

3. बैंगन का उत्पत्ति स्थल है?
(अ) एशिया (ब) यूरोप
(स) चीन (द) भारत

4. मिर्च में पर्णकुंचन/कोडिया रोग किस कीट से फैलता है?
(अ) एफिड (ब) थ्रिप्स
(स) सफेद मक्खी (द) मिली बग

5. मिर्च में लाल रंग का कारण है?
(अ) केप्सीथीन (ब) केप्सीसिन
(स) दोनों से (द) एनथोसाइनिन

6. अर्का मोहिनी किस्म है?
(अ) टिण्डा की (ब) मिर्च की
(स) टमाटर की (द) गाजर की

7. पंजाब लाल किस्म है?
(अ) शक्करकंद की (ब) प्याज की
(स) मिर्च की (द) टमाटर की

8. रोमा किस्म है?
(अ) प्याज की (ब) मिर्च की
(स) टमाटर की (द) बैंगन की

9. अर्का अनामिका किसकी किस्म है?
(अ) मिर्च की (ब) टमाटर की
(स) बैंगन की (द) भिण्डी की

10. फूल गोभी के फल को कहते है?
(अ) हेड (ब) कर्ड
(स) केप्सूल (द) सिलिकुआ

11. बोल्टिंग (Bolting) किस फसल में होती है?
(अ) प्याज से (ब) पत्ता गोभी
(स) दोनों (द) दोनों नहीं

12. पूसा मुक्त किस्म है?
(अ) फूल गोभी की (ब) मूली की
(स) गाजर की (द) पत्ता गोभी की

13. प्रॉइड ऑफ इण्डिया किस्म है?
(अ) फूल गोभी की (ब) पत्ता गोभी की
(स) प्याज की (द) गाजर की

14. ब्लांचिंग (Blanching) की क्रिया की जाती है?
(अ) फूल गोभी में (ब) पत्ता गोभी में
(स) टमाटर में (द) मिर्च में

15. फूल गोभी व आलू में होलो स्टेम (Hollo stem) दैहिक विकास किस तत्व की अधिकता से होता है?
(अ) बोरीन (ब) नाइट्रोजन
(स) फास्फोरस (द) मोलबिडेनम

16. प्याज के भण्डारण में अंकुरण से रोकने के लिए छिड़काव करते हैं?
(अ) 2,4-D (ब) Cycocel
(स) NAA (द) MH का

17. प्याज की खरीफ में बोयी जाने वाली किस्म है?
(अ) अर्का कल्याण (ब) अर्का प्रगति
(स) N-53 (द) उपर्युक्त सभी

18. प्याज का प्रमुख कीट है?
(अ) ऐफिड (ब) थ्रिप्स
(स) सफेद मक्खी (द) माईट

19. प्याज की बीज दर है?
(अ) 5-6 kg/ha (ब) 8-12 kg/ha
(स) 12-15 kg/ha (द) 16-20 kg/ha

20. पूसा स्नोबॉल पछेती किस्म है?
(अ) फूल गोभी की (ब) पत्ता गोभी की
(स) गांठ गोभी की (द) गाजर की

21. पूसा दिपाली अगेती किस्म है?
(अ) पत्ता गोभी की (ब) फूल गोभी की
(स) गांठ गोभी की (द) मूली की

22. गुलाब में प्रवर्धन होता है?
(अ) T-बडिंग द्वारा (ब) कलम द्वारा
(स) दोनों द्वारा (द) बीज द्वारा

23. हजारा (गेंदा) की बीज दर है?
(अ) 1-2 kg/ha (ब) 5-6 kg/ha
(स) 2-5 kg/ha (द) 10 kg/ha

24. ग्लेडियस का प्रर्वधन किय जाता है?
(अ) राइजोबियम द्वारा
(ब) कोर्म से
(स) बीज से
(द) सकर्स से

25. हेप्पी एण्ड किस्म है?
(अ) गुलदावदी की (ब) हजारे की
(स) गुलाब की (द) ग्लेडियस की

मॉडल प्रश्न पत्र – 7

1. सर्वप्रथम गेंहू की खेती प्रारम्भ कब हुई थी?
(अ) 4500 BC पूर्व (ब) 2200 BC पूर्व
(स) 8700 BC पूर्व (द) 7500 BC पूर्व

2. छप्पनिया अकाल पड़ा था?
(अ) 1956 ई. (ब) 1856 ई.
(स) 1899 ई. (द) 1999 ई.

3. प्रथम सिंचाई आयोग का गठन हुआ था?
(अ) 1801 में (ब) 1901 में
(स) 1981 में (द) 1999 में

4. 1943 में धान की कौनसी व्याधि के कारण बंगाल अकाल पड़ा?
(अ) ब्लाईट (ब) ब्लास्ट
(स) भूरी पत्ती धब्बा (द) टुगरो

5. "TRYSEM" (ट्राइसम) प्रोग्राम कब शुरू हुआ?
(अ) 1973 (ब) 1979
(स) 1982 (द) 1985

6. राष्ट्रीय कृषि नवाचार प्रोग्राम (NAIP) कब शुरु हुआ?
(अ) 1996 में (ब) 2004 में
(स) 2006 में (द) 2009 में

7. पेडोलॉजी के अन्तर्गत अध्ययन किया जाता है?
(अ) मृदा की प्राकृतिक अवस्था का
(ब) मृदा का पौधे की वृद्धि के सम्बन्ध में अध्ययन
(स) मृदा की उत्पत्ति व वर्गीकरण का
(द) अ व स दोनों सही

8. मानसून किस भाषा का शब्द है?
(अ) ग्रीक (ब) लेटिन
(स) अरबी (द) अंग्रेजी

9. भारत में शुद्ध फसल बोया गया क्षेत्रफल है?
(अ) 328.7 mha (ब) 306 mha
(स) 193 mha (द) 141 mha

10. राजस्थान में फसल सघनता प्रतिशत है?
(अ) 128-130% (ब) 135-140%
(स) 140-150% (द) कोई नहीं

11. NBPGR (नेशनल ब्यूरो ऑफ प्लान्ट जेनेटिक रिसोर्सेज) कहा स्थित है?
(अ) नई दिल्ली में (ब) बैंगलोर में
(स) कलकत्ता में (द) लखनऊ में

12. भारत का विश्व में द्वित्तीय स्थान है?
(अ) गेहूं व चावल उत्पादन में
(ब) फल व सब्जी उत्पादन में
(स) रेशा व तिलहन उत्पादन में
(द) उपर्युक्त सभी में

13. भारत का प्रथम स्थान है?
(अ) दूध व मसाले उत्पादन में
(ब) सरसों व सब्जी उत्पादन में
(स) फूल गोभी व पत्ता गोभी में
(द) अ व स दोनों सही

14. भारत सरकार द्वारा राष्ट्रीय बागवानी वर्ष कब घोषित किया गया?
(अ) 2004 (ब) 2008
(स) 2012 (द) 2014

15. विश्व वन दिवस कब मनाया जाता है?
(अ) 15 मार्च (ब) 21 मार्च
(स) 30 मार्च (द) 5 जून

16. "किसान दिवस" कब मनाया जाता है?
(अ) 4 दिसम्बर (ब) 23 दिसम्बर
(स) 16 अक्टूबर (द) 16 जुलाई

17. टिकाऊ खेती (Sustainable Agriculture) को कहते है –
(अ) कार्बनिक खेती (ब) प्राकृतिक खेती
(स) पारिस्थितिकी खेती
(द) उपर्युक्त सभी

18. समान गति की वायु को मिलाने वाली रेखायें कहलाती है?
(अ) आइसोबार (ब) आइसोटेक
(स) आइसोहाइट (द) आइसोटोप

19. लाइसीमीटर (Lysimeter) यंत्र काम आता है?
(अ) वाष्पोत्सर्जन नुकसान नापने
(ब) निक्षालन नुकसान पता लगाने
(स) अ व ब दोनों सही
(द) मृदा में नमी की मात्रा ज्ञात करने में

20. काजरी (CAZRI) कौनसे शस्य जलवायु खण्ड में स्थित है ?
(अ) I-a (ब) I-b
(स) I-c (द) II-a

21. वायुमण्डल की क्षणिक (अल्पकालीन) अवस्था को कहते है ?
(अ) बादल बनना (ब) जलवायु
(स) मौसम (द) कोई नहीं

22. वायुमण्डल में लम्बे समय के मौसम के सार को कहते हैं ?
(अ) बायोस्फेयर (ब) एटमोस्फेयर
(स) जलवायु (द) लिथोस्फेयर

23. राजस्थान में मानसून से सर्वप्रथम वर्षा होती है ?
(अ) अरबसागरीय शाखा से
(ब) बंगाल की खाड़ी से
(स) फारस की खाड़ी से
(द) कोई नहीं

24. सबसे शुद्ध बीज है?
(अ) मूल केन्द्रक बीज
(ब) आधार बीज (स) पंजीकृत बीज
(द) प्रमाणित बीज

25. बीज अधिनियम (Seed Act) कब बना?

(अ) 1963 (ब) 1966

(स) 1969 (द) 1971

26. 'ट्रेट्रोजोलियम'' परीक्षण किया जाता है?

(अ) अंकुरण ज्ञात करने के लिए

(ब) बीजों की शुद्धता ज्ञात करने के लिए

(स) जीवन क्षमता ज्ञात करने के लिए

(द) उपर्युक्त सभी के लिए

27. बीजों की जीवन क्षमता (Viability) ज्ञात करते है ?

(अ) ग्रोडेक्स परीक्षण से

(ब) इंडिगो कार्माइन डाई से

(स) टेट्रोजोलियम परीक्षण से

(द) उपर्युक्त सभी से

28. बीजों का कम से कम वास्तविक मान होना चाहिये ?

(अ) 70% (ब) 75%

(स) 80% (द) 99%

29. गेहू के बीजों का परीक्षण भार है ?

(अ) 2 g (ब) 21 g

(स) 25 g (द) 40 g

30. बीज सूचकांक (Seed Index) कहलाता है?

(अ) 1000 बीजों के भार को

(ब) 100 बीजों के भार को

(स) 25 बीजों के भार को

(द) 250 बीजों के भार को

31. आलू की सुषुप्ता अवस्था को तोड़ने हेतु छिडकाव करते है ?

(अ) KNO_3 का (ब) H_2SO_4 का

(स) HCL का (द) थायोयूरिया का

32. 'सीड प्लॉट तकनीक – आलू में अपनाते है?

(अ) वायरस मुक्त पौधे प्राप्त करने हेतु

(ब) एफिड (तेल) मुक्त पौधे हेतु

(स) अ व ब दोनों

(द) सूत्रकृमि की रोकथाम हेतु

33. संकर बाजरा में आधार बीज उत्पादन हेतु न्यूतम पृथक्करण दूरी रखते है?

(अ) 400 मीटर (ब) 1000 मीटर

(स) 1600 मीटर (द) 3 मीटर

34. मूंगफली में आधार बीज उत्पादन हेतु पृथक्करण दूरी रखते हैं?

(अ) 3 मीटर (ब) 50 मीटर

(स) 20 मीटर (द) 400 मीटर

35. बड़े पेडों की कतारों के बीच फसलें लेना कहलाता है ?

(अ) ले फार्मिंग (ब) ऐले फार्मिंग

(स) ऐग्यूमेन्ट फसलें

(द) आवतरण फसलें

36. निम्न में से कैश फसल है ?

(अ) मूंग (ब) उड़द

(स) प्याज (द) उपर्युक्त सभी

37. निम्न में से नगदी फसल का उदाहरण है?

(अ) आलू (ब) गन्ना

(स) कपास (द) उपर्युक्त सभी

38. फांस (Trap) फसलें है ?

(अ) जो कीटों व व्याधियों को अपनी तरफ आकर्षित करती है

(ब) जो कीटों व व्याधियों को अपने से दूर भगाती है

(स) जो कीटों को नष्ट करती है

(द) उपर्युक्त में से कोई नहीं।

39. एक खेत में एक निश्चित पंक्ति में मुख्य फसल के बीच दूसरी फसल लगाना कहलाता है –
(अ) मिश्रित शस्य (ब) मिश्रित खेती
(स) अन्तरा शस्य (द) एकल शस्य

40. शुष्क खेती क़ी जाती है –
(अ) 750 mm से कम वर्षा वाले क्षेत्रों में
(ब) 750 से 1150 mm वर्षा वाले क्षेत्रो में
(स) 1150 mm से अधिक वर्षा वाले क्षेत्रों में
(द) उपर्युक्त सभी में

41. योजना आयोग के अनुसार भारत में कुल शस्य जलवायु खण्ड है?
(अ) 10 (ब) 15
(स) 20 (द) 131

42. शुष्क खेती में बीज दर रखते हैं?
(अ) सामान्य से 10% अधिक
(ब) सामान्य से 10% कम
(स) सामान्य से 50% अधिक
(द) सामान्य से 50% कम

43. जल निकास की अधो सतह (Sub surface) विधि है?
(अ) मोल ड्रेन्स
(ब) रेण्डम नालियाँ
(स) समान्तर नालिया
(द) उपर्युक्त सभी

44. रासायनिक उर्वरकों को सिंचाई के साथ देना कहलाता है?
(अ) केमिगेसन (ब) हर्बीगेसन
(स) फर्टीगेसन (द) उपर्युक्त सभी

45. पानी की कमी (Scarcity) वाले एव लवणीय क्षेत्रों मे उपर्युक्त सिंचाई विधि है?
(अ) फव्वारा (ब) ड्रिप
(स) सर्ज सिंचाई (द) उपर्युक्त सभी

46. राजस्थान भारत के सतही जल का कितना प्रतिशत है?
(अ) 5% (ब) 10-41%
(स) 1% (द) 3%

47. चने की बारानी प्रतिशतता होती है?
(अ) C-235 (ब) RGC-888
(स) RGC-936 (द) K-4

48. कपास में अंकुरण प्रतिशतता होती है?
(अ) 60% (ब) 65%
(स) 70% (द) 75%

49. सबसे अधिक अंकुरण प्रतिशतता पायी जाती है?
(अ) धान में (ब) ज्वार में
(स) कपास में (द) मक्का में

50. उत्तम बीज में आनुवांशिक शुद्धता होती है?
(अ) 90-95% (ब) 95-99%
(स) 99.5-99.9% (द) कोई नहीं

मॉडल प्रश्न पत्र – 8

1. आयरलैण्ड में आलू में पछेती झुलसा बीमारी के कारण अकाल पड़ा था?
(अ) 1743 में (ब) 1845 में
(स) 1866 में (द) 1943 में

2. 1948 में ईटावा पॉयलेट प्रोजेक्ट किसके द्वारा शुरू किया गया?
(अ) एल्बर्ट मेयर (ब) स्पेंसर हैच
(स) महात्मा गांधी (द) F.L. ब्रेन

3. राष्ट्रीय विस्तार सेवायें (NES) की शुरूआत हुयी?
(अ) 1950 (ब) 1952
(स) 1953 (द) 1960

4. सूखा संभाव्य क्षेत्र कार्यक्रम (DPAP) शुरू हुआ?
(अ) 1969 (ब) 1970
(स) 1971 (द) 1973

5. इक्रीसेट (ICRISAT) की स्थापना कहाँ हुई?
(अ) बैंगलोर (ब) नासा
(स) दिल्ली (द) हैदराबाद

6. ट्रेनिंग एवं विजिट (T&V) प्रणाली कब शुरु हुई?
(अ) 1969 (ब) 1971
(स) 1974 (द) 1979

7. देश में प्रथम KVK (कृषि विज्ञान केन्द्र) 1974 में कहाँ शुरु हुआ?
(अ) पांडिचेरी (ब) राजस्थान
(स) हैदराबाद (द) चैन्नई

8. नाबार्ड (BABARD) बैंक का गठन कब हुआ?
(अ) 12 जुलाई 1982
(ब) 1 जनवरी 1956
(स) 30 मार्च 1979
(द) 1 अप्रेल 1968

9. न्यूनतम समर्थन मूल्य (MSP) कब घोषित किये जाते हैं?
(अ) फसल काटने के बाद
(ब) फसल बोने के बाद
(स) फसल काटने से पहले
(द) फसल बोने से पहले

10. न्यूनतम समर्थन मूल्य (MSP) कितनी फसलों पर घोषित किये जाते है?
(अ) 15 फसलों (ब) 25 फसलों
(स) 24 फसलों (द) 30 फसलों

11. भारतीय दलहन अनुसंधान संस्थान (IIPR) कहां स्थित है?
(अ) नई दिल्ली (ब) जोधपुर
(स) कानपुर (द) लखनऊ

12. भारतीय सब्जी अनुसंधान संस्थान (IIPR) कहा स्थित है?
(अ) नई दिल्ली (ब) कानपुर
(स) वाराणसी (द) शिमला

13. राष्ट्रीय समन्वित कीट प्रबन्धन केन्द्र (NCIPM) कहां स्थित है?
(अ) नई दिल्ली (ब) मुम्बई
(स) हैदराबाद (द) बैंगलोर

14. VAM (माइकोराइजा) क्या है?
(अ) जैविक कवकनाशी
(ब) जैविक कीटनाशी
(स) जैविक कवकनाशी
(द) 'P' अवशोषक फफूंद

15. ट्राइकोर्डमा क्या है?
(अ) लाभदायक कीट
(ब) लाभदायक फफूंद
(स) जैविक कवकनाशी
(द) ब व स दोनों

16. समान वर्षा की मात्रा के बिन्दुओं को मिलाने वाली रेखायें कहलाती है?
(अ) आइसोबाथ (ब) आइसोटेक
(स) आइसोहेट (द) आइसोहेल

17. मृदा का आपेक्षित घनत्व ज्ञात करने का यंत्र है?

(अ) पाइरेनोमीटर (ब) पिजोमीटर
(स) मेनोमीटर (द) पिक्नोमीटर

18. बांझपन (Sterity) रोग किस विटामिन की कमी से होता है –

(अ) Vit. B1 (ब) Vit. B5
(स) Vit. C (द) Vit. E

19. गोल्डन राइस क्या है?

(अ) Vit. A rich धान
(ब) अत्यधिक महंगा धान
(स) अधिक उपज वाला धान
(द) सभी

20. विश्व में हाइब्रिड धान विकसित करने वाला प्रथम देश था?

(अ) भारत (ब) अमेरिका
(स) ब्राजील (द) चीन

21. क्वालिटी प्रोटीन मक्का पर काम करने वाले वैज्ञानिक थे –

(अ) Dr. K.L. चड्ढा
(ब) Dr. M.S. स्वामीनाथन
(स) Dr. S.K. वशल
(द) Dr. G.S. खुश

22. 'धूसर' क्रान्ति (Grey Revolation) किससे सम्बन्धित है?

(अ) खाद्य प्रसंस्करण (ब) फसल उत्पादन
(स) उर्वरक उत्पादन (द) जैट्रोपा उत्पादन

23. पृथ्वी के समीपवर्ती जलवायु जहां पादप एवं जन्तु निवास करते है?

(अ) समिष्ट जलवायु (ब) व्यष्टि जलवायु
(स) बाये स्फेयर (द) बायोम

24. उत्तरी भारत में सर्दियों में बरसात (मावट) किसके कारण होती है?

(अ) द.प. मानसून के कारण
(ब) उ.पू. मानसून के कारण
(स) पश्चिमी विक्षोभ के कारण
(द) उपर्युक्त सभी

25. कौनसे बीज की श्रेणी मातृ बीज (Mother seed) कहलाती है?

(अ) मूल केन्द्रक बीज (ब) आधार बीज
(स) प्रमाणित बीज (द) पंजीकृत बीज

26. भारत में सामान्यतः कौनसा बीज तैयार नहीं किया जाता है?

(अ) मूल केन्द्रक बीज (ब) आधार बीज
(स) पंजीकृत बीज (द) प्रमाणित बीज

27. किसानों को फसल उत्पादन हेतु उपलब्ध बीज है ?

(अ) मूल केन्द्रक (ब) पंजीकृत बीज
(स) प्रमाणित बीज (द) आधार बीज

28. गेहूं में आधार बीज उत्पादन हेतु न्यूनतम पृथक्करण दूरी रखते है?

(अ) 50 मीटर (ब) 400 मीटर
(स) 20 मीटर (द) 3 मीटर

29. ऐसी फसलें जिनके लिये भू–परिष्करण (Tillage) क्रियाएं करना आवश्यक है कहलाती है?

(अ) ऐले फसलें (ब) केच फसलें
(स) नकदी फसलें (द) एरेबल फसलें

30. एक फसल को काटने से पूर्व दूसरी फसल उसी खेत में बोना उदाहरण है

(अ) रटुनिंग का
(ब) सहायक फसल का
(स) रिले फसल का
(द) ले–फसल का

31. मृदा नमी ज्ञात करने का यंत्र है?
(अ) जिप्सम ब्लाक
(ब) टेन्सियोमीटर
(स) न्यूटोन मोइश्चर मीटर
(द) उपर्युक्त सभी

32. बालू मृदा में नमी ज्ञात करने का श्रेष्ठ यंत्र है?
(अ) प्रसर मेम्ब्रेन मीटर
(ब) पेन वाष्पन मापी
(स) टेन्सियोमीटर
(द) जिप्सम ब्लाक

33. मृदा रहित अवस्था में पौधे लगाना कहलाता है?
(अ) हाइड्रोपोनिक
(ब) वेजिटेबिल फॉर्मिंग
(स) ग्रीन हाऊसिंग
(द) उपर्युक्त सभी

34. फसल से प्राप्त कुल उपज एवं फसल द्वारा उपयोग वाष्पोत्सर्जन की मात्रा का अनुपात कहलाता है?
(अ) खेत की जल उपयोग दक्षता
(ब) फसल की जल उपयोग दक्षता
(स) दोनों
(द) दोनों नहीं

35. सामान्य मृदा का कण घनत्व (Practical density) होती है?
(अ) 1.33 g/cc (ब) 2.65 g/cc
(स) 3.5 g/cc (द) 1.0 g/cc

36. कौनसी मृदाओं का स्थूल घनत्व ज्यादा होता है?
(अ) सिल्ट (ब) काली
(स) बालू (द) क्षारीय

37. जलोढ मृदा का निर्माण कौनसे मृदा समूह से होता है?
(अ) वर्टीसॉल (ब) आक्सीसॉल
(स) एरिडोसॉल (द) एन्टीसॉल

38. पृथ्वी की ऊपरी परत में कौनसा तत्व सबसे ज्यादा पाया जाता है?
(अ) सिलिकॉन (ब) ऑक्सीजन
(स) एल्युमिनियम (द) लोहा

39. भारत में कौनसे समूह की मृदाएं, सर्वाधिक क्षेत्र पर है?
(अ) जलोढ मृदा (ब) मरुस्थली मृदा
(स) काली मृदा (द) लाल मृदा

40. कौनसे मृदा समूह की जल धारण क्षमता अधिक होती है–
(अ) एन्टीसॉल (ब) वर्टीसॉल
(स) एल्फीसॉल (द) एरिडोसॉल

मॉडल प्रश्न पत्र – 9

1. धान्य फसलों में सर्वाधिक खनिज लवण कौनसी फसल में सर्वाधिक पाये जाते हैं?
(अ) गेहूं (ब) बाजरा
(स) ज्वार (द) मक्का

2. बाजरे की बीज दर है?
(अ) 4-5 kg/ha (ब) 2-3 kg/ha
(स) 9-12 kg/ha (द) 10-15 kg/ha

3. पूसा मोती किस्म है?
(अ) मक्का की (ब) ज्वार की
(स) धान की (द) बाजरे की

4. बाजरे के बीजों को कितनी गहराई पर बोते है?
(अ) 2-3 cm (ब) 4-5 cm
(स) 6-7 cm (द) 8-9 cm

5. बाजरे की प्रमुख व्याधि है?
(अ) अरगट (ब) हरित बाली रोग
(स) कण्ड (स्मट) रोग
(द) उपर्युक्त सभी

6. शहद जैसा चिपचिपा पदार्थ दानों में होता है लक्षण है?
(अ) काग्या रोग (ब) हरित बाली रोग
(स) अरगट रोग (द) रोली रोग

7. डाऊनी मिल्डयू (Green ear disease) का कारक है ?
(अ) *हेलीपोस्पोरियम स्पेशिज*
(ब) *स्केलेरोस्पोरा ग्रेमीनीकोला*
(स) *टोलिस्पोरियम पेनिसिलेरी*
(द) *क्लेवीसेप्स पय जिफोमिस*

8. बाजरे की फसल में प्रमुख खरपतवारनाशी काम में लेते हैं?
(अ) सिमाजीन (ब) आइसोप्रोटूरॉन
(स) एट्राजीन (द) पेन्डीमेथालीन

9. जोहन्सन घास (Johnsan grass) किस खरपतवार का नाम है?
(अ) कांस का (ब) दूबघास का
(स) मोथा का (द) बरु का

10. कौनसे रोग में बाजरे की बाली पत्तीनूमा संरचनाओं में बदल जाती है?
(अ) अरगट (ब) स्मट
(स) डाऊनी मिल्डयू (द) पॉऊडरी मिल्डयू

11. WCC-75 किस्म है?
(अ) गेहूं की (ब) जौ की
(स) धान की (द) बाजरे की

12. बाजरे का प्रमुख कीट है?
(अ) टिड्ढा (ब) सफेद लट
(स) कातरा (द) उपर्युक्त सभी

13. ज्वार की बीज दर है –
(अ) 7-8 kg/ha (ब) 9-12 kg/ha
(स) 12-15 kg/ha (द) 15-20 kg/ha

14. कौनसी फसल अनाजों की रानी कहलाती है?
(अ) बाजरा (ब) ज्वार
(स) मक्का (द) धान

15. कौनसी फसल केमल क्रॉप (Camel crop) कहलाती है?
(अ) मक्का (ब) बाजरा
(स) ज्वार (द) धान

16. धान्य फसलों में सर्वाधिक उत्पादकता है?
(अ) धान की (ब) ज्वार की
(स) गेहूं की (द) मक्का की

17. मक्का की उत्पत्ति स्थल है?
(अ) पेरु (ब) द.पू. एशिया
(स) द.प. एशिया (द) मैक्सिको

18. ज्वार का प्रमुख कीट है?
(अ) कातरा (ब) तना मक्खी
(स) तना छेदक (द) ब व स दोनों

19. ज्वार का कौनसा कीट है जो केवल बुआई के 1 महिने तक प्रभावित करता है?
(अ) तना मक्खी (ब) तना छेदक
(स) कातरा (द) दीमक

20. ऑपेक–2 जीन किस किस्म से सम्बन्धित है?
(अ) धान से (ब) ज्वार से
(स) मक्का से (द) बाजरे से

21. मक्का है?
(अ) एकलिंगी पौधा
(ब) द्विलिंगी पौधा
(स) उभयलिंगी पौधा
(द) उपर्युक्त सभी

22. माही धवल किस्म है?
(अ) ज्वार की (ब) मक्का की
(स) गेहूं की (द) धान की

23. निम्न में से मक्का की किस्म है?
(अ) तरुण (ब) नवजोत
(स) माही कंचन (द) उपर्युक्त सभी

24. ज्वार की तना मक्खी (shoot fly) का नियंत्रण करते है?
(अ) अगेती बुवाई करके
(ब) अधिक बीज दर का प्रयोग
(स) कार्बोफ्यूरॉन 3जी का प्रयोग
(द) उपर्युक्त सभी

25. मक्का में सबसे पहले कौनसे पुष्प आते हैं?
(अ) सिल्क (ब) टेसल
(स) पेनिकल (द) स्पाइक

26. भारत में सर्वाधिक क्षेत्रफल पर कौनसी मक्का उगाई जाती है?
(अ) *Zeamays indurata*
(ब) *Zeamays indentata*
(स) *Zeamays everta*
(द) *Zeamays saccharata*

27. मेवाड़ क्षेत्र में कौनसी मक्का सेंक कर खाने (मीठी) हेतु उगाई जाती है?
(अ) *Zeamays indurata*
(ब) *Zeamays indentata*
(स) *Zeamays everta*
(द) *Zeamays saccharata*

28. पॉपकार्न, कोर्न फ्लैक्स बनाने हेतु कौनसी मक्का उपयुक्त है?
(अ) *Zeamays indurata*
(ब) *Zeamays indentata*
(स) *Zeamays eveert*
(द) *Zeamays saccharata*

29. मक्का की फसल का प्रमुख कीट है?
(अ) सूट फ्लाई (ब) तना छेदक
(स) कातरा (द) सफेद लट

30. ज्वार में विषैला तत्व HCN (धुरिन) की मात्रा कौनसी अवस्था पर अधिक होती है–
(अ) नर्सरी अवस्था
(ब) फुटने अवस्था
(स) फूल आते समय
(द) दाना बनते समय

31. खरीफ की फसलों का प्रमुख कीट है?
(अ) सफेद लट (ब) कातरा
(स) टिड्ढा (द) उपर्युक्त सभी

32. मक्का में प्रथम सिंचाई करते है –
(अ) टेसल आने पर
(ब) सिलकिंग अवस्था पर
(स) पोड बनते समय
(द) कल्ले बनते समय

33. मक्का की फसल का खरपतवारनाशी है?
(अ) एट्राजिन (ब) सिमाजीन
(स) दोनों (द) दोनों नहीं

34. मक्का का सफेद कलिका रोग (White bud) होता है?
(अ) बोरॉन की कमी से
(ब) Zn की कमी से
(स) Fe की कमी से
(द) Cu की कमी से

35. अनाजों का राजा कौनसी धान्य फसल कहलाती है?
(अ) मक्का (ब) ज्वार
(स) धान (द) गेहूँ

36. भारत में गेहूँ की सर्वाधिक उत्पादकता कौनसे राज्य में है?
(अ) हरियाणा (ब) उत्तरप्रदेश
(स) पंजाब (द) राजस्थान

37. गेहूँ का पुष्पक्रम कहलाता है?
(अ) पेनिकल (ब) ऐरो
(स) स्पाइक (द) सिलिकुआ

38. गेहूँ की प्रोटीन कहलाती है?
(अ) जीन (ब) ओराइजीन
(स) ग्लूटीन (द) कोई नहीं

39. भारत में गेहूँ की कौनसी प्रजाति सर्वाधिक क्षेत्रफल पर उगाई जाती है?
(अ) ट्रीटीकन वल्गेयर
(ब) ट्रीटीकन एस्टीवन
(स) ट्रीटीकन ट्राइकोकम
(द) ट्रीटीकन ड्यूरम

40. भारत में सर्वाधिक क्षेत्रफल में उगाया जाने वाला गेहूँ है ?
(अ) द्विगुणित (ब) चतुर्थगुणित
(स) पंचगुणित (द) षट्गुणित

41. निम्न में से डबल जीन ड्वार्फ गेहूं की किस्म है?
(अ) कल्याण सोना
(ब) अर्जुन (HD72009)
(स) सोनेरौ – 64
(द) उपर्युक्त सभी

42. निम्न में से सिंगल जीन ड्वार्फ (बौनी) किस्म है?
(अ) सोनालिका (ब) जनक
(स) लोक–1 (द) राज–1482

43. गेहूं में रोली (Rust) रोग के उपचार हेतु बीजों को उपचारित करते है?
(अ) विटावैक्स (ब) केराथेन
(स) थॉयरम (द) केप्टान

44. गेहूं की फसल का प्रमुख जैव उर्वरक है?
(अ) एजोला (ब) एजोस्पोरेलियम
(स) PSB (द) एजेटोबेक्टर

45. गेहूं में बीज बुआई की कौनसी विधि है जिसमें बीज हल से जुड़ी नाई (ओरनी) में डालते है?
(अ) केरा विधि (ब) पोरा विधि
(स) डिब्बलिंग (द) ड्रिलिंग

46. गेहूं की फसल में बुआई के दौरान दूरी रखते है –
(अ) 22.5 x 15 cm (ब) 20 x 10 cm
(स) 22.5 x 10 cm (द) 20 x 15 cm

47. गेहूं की बौनी किस्मों की बुआई की गहराई रखते है?
(अ) 4-5 cm (ब) 6-8 cm
(स) 9-10 cm (द) 2-3 cm

48. गेहूं का प्रमुख खरपतवारनाशी है –
(अ) 2, 4-D (ब) आइसोप्रोट्यूरॉन
(स) ट्रिब्यूनिल (द) उपर्युक्त सभी

49. गेहूं की फसल का प्रमुख कीट है –
(अ) दीमक (ब) कातरा
(स) सफेद लट (द) उपर्युक्त सभी

50. गेहूं का कौनसा रोग है जिसमें सड़ी मछली जैसी गंध आती है?
(अ) गेगला रोग (ब) मोल्या रोग
(स) अनावृत कण्ड (द) करनाल बण्ट

51. गेहूं के मोल्या रोग (सूत्रकृमि रोग) का प्रभावी नियंत्रण है?
(अ) 20% नमक के घोल में बीजों को डूबाकर बोना
(ब) विटावेक्स से बीजों को उपचारित करना
(स) फसल चक्र अपनाना
(द) उपर्युक्त सभी

52. गेहूं का कौनसा रोग अतः बिजोढ (Internally seed born) रोग है?
(अ) रोली रोग
(ब) आवृत कण्ड रोग
(स) अनावृत्त कण्ड रोग
(द) करनॉल बण्ट

53. धान्य फसलों में सर्वाधिक लवणता सहनशील फसल है?
(अ) बाजरा (ब) मक्का
(स) जौ (द) गेहूं

54. जौ की छिलका रहित किस्म है?
(अ) RS-6 (ब) ज्योति
(स) आजाद (द) डोलमा

55. जौ की मोल्या सूत्रकृमि रोधी किस्म है?
(अ) RD-387 (ब) RD- 2035
(स) RD-2052 (द) उपर्युक्त सभी

56. धान की फसल में N- युक्त उर्वरक कौनसे क्षेत्र में डालते है?
(अ) ऑक्सीकृत क्षेत्र में
(ब) अपचयित (Reduced) क्षेत्र में
(स) दोनों में (द) दोनों में नहीं

57. धान के पुष्पक्रम को कहते हैं?
(अ) पेनिकल (ब) एरो
(स) स्पॉइक (द) पोड

58. भारत में धान्य फसलों में सर्वाधिक क्षेत्रफल एवं उत्पादन कौनसी फसल का है?
(अ) गेहूं का (ब) धान का
(स) मक्का (द) ज्वार का

59. धान के दानों में प्रोटीन प्रतिशतता होती है?
(अ) 11-5% (ब) 10%
(स) 10-15% (द) 6-7%

60. धान में अस (Aus) ऋतु मे बुआई कब करते है?
(अ) अप्रेल–मई (ब) जून–जुलाई
(स) नवम्बर–दिसम्बर (द) मार्च – अप्रैल

61. प्रथम भारतीय उच्च उपज वाली किस्म थी?
(अ) TN-1 (ब) IR-8
(स) जया (द) पूसा बासमती – 1

62. पडलिंग कौनसी फसल से सम्बन्धित है?
(अ) धान से (ब) गन्ना से
(स) चना से (द) गेहू से

63. बुशनिंग क्रिया कौनसी फसल से सम्बन्धित है?
(अ) धान (ब) मक्का
(स) ज्वार (द) गन्ना

64. धान में अंकुरण बाद (रोपाई बाद) कौनसा खरपतवारनाशी काम में लेते हैं?
(अ) ब्यूटाक्लोर (मचेटी)
(ब) एनिलफोस
(स) प्रोपेनिल (स्टाम्प – 34)
(द) बैन्थियाकार्ब (सैटर्न)

65. धान में अंकुरण से पूर्व (Pre emergence) खरपतवारनाशी है?
(अ) ब्यूटाक्लोर (ब) ऐनिलफॉस
(स) बैन्थियोकार्ब (द) उपर्युक्त सभी

66. धान का गन्धी बग कीट कब लगता है?
(अ) नर्सरी के समय
(ब) फूल आने से पूर्व
(स) दानों में दूध बनते समय
(द) भण्डारण के समय

67. धान का सबसे प्रमुख कीट है?
(अ) धान का पीला तना छेदक
(ब) गन्धी बग
(स) धान का हिस्सा कीट
(द) धान का भूरा फुदका

68. धान का भूरा पत्ती धब्बा (Brown leaf spot) रोग का कारक है?
(अ) पाइरीकुलेरिया ओराइजी
(ब) हेल्मीथोस्फोरियम ओराइजी
(स) जेन्थोमोनॉस ओराइजी
(द) नेफोटैटीक्स वरसेन्स

69. धान का वायरस (Viral) जनित रोग है?
(अ) ग्रासी स्टन्ट (ब) टुगरो
(स) दोनों (द) ब्लास्ट रोग

70. टुगरो (Tungro disease) रोग का वाहक (vector) है?
(अ) धान का भूरा फुदका (*निलायरकता लूगेन्स*)
(ब) धान का हरा फुदका (*निफोटेटीक्स वरसेन्स*)
(स) धान का गन्धी बग (*लेप्टोकोरिसा एक्यूटा*)
(द) धान का हिस्पा (*Diclodispa arnigera*)

71. धान का कौनसा कीट है जो पौधे की पत्तियों या तने पर केज बनाकर लटके रहते है?
(अ) *Nilaparvata lugebns*
(ब) *Nymphula depunctalis*
(स) *Diclodispa armigera*
(द) *Tryporyza incertulus*

72. धान्य फसलों के भण्डारण कितनी नमी पर करते हैं?
(अ) 10-12% नमी पर
(ब) 12-14% नमी पर
(स) 8-10% नमी पर
(द) 6-8% नमी पर

73. धान्य फसलों के भण्डारण (Storage) में कौनसे रसायन की टिकिया काम में लेते हैं?
(अ) जिंक फास्फाइड
(ब) एल्युमिनियम फॉस्फाइड
(स) सेल्फॉस
(द) उपयुक्त सभी

74. पारबॉयलिंग (Parboiling) एवं मिलिंग (Milling) क्रिया किस फसल से सम्बन्धित है?
(अ) मक्का (ब) गेहूं
(स) धान (द) जौ

75. ट्रांसजैनिक धान क्या है?
(अ) विटामिन – ए से धनी धान
(ब) विटामिन – बी से धनी धान
(स) खरपतवारनाशियों के प्रति रोधी धान किस्में
(द) कीटों के प्रति रोधी धान की किस्में

मॉडल प्रश्न पत्र – 10

1. एग्रोनोमी शब्द किस भाषा से लिया गया है?
(अ) लेटिन (ब) ग्रीक
(स) अंग्रेजी (द) फ्रेंच

2. धान की खेती के लिए मृदा का उपयुक्त pH मान होना चाहिए?
(अ) 4 – 6 (ब) 6 – 7
(स) 7 – 8 (द) 8.5 से अधिक

3. एग्रोसम जी एन है एक?
(अ) खरपतवारनाशी (ब) फफूंदनाशी
(स) कीटनाशी (द) इनमें से कोई

4. धान को मिट्टी रहित माध्यम में उगाने की विधि को कहते है?
(अ) गीली क्यारी विधि
(ब) सूखी क्यारी विधि
(स) डेपोग विधि (द) अ व ब दोनों

5. धान की फसल में काम लिया जाने वाला सामान्यतया खरपतवारनाशी है ?
(अ) ब्यूटाक्लोर (ब) 2, 4-D
(स) एट्राजीन (द) सीमाजीन

6. धान की खेती में कौनसी गैस निकलती है?
(अ) CO_2 (ब) CH_2
(स) N_2 (द) O_2

7. धान की खेती (फसल) के लिए कौनसा तत्व आवश्यक पोषक तत्वों के अलावा अनिवार्य है ?
(अ) Fe (ब) Mn
(स) Zn (द) Si

8. धान की फसल में निम्न में से किस उर्वरक का प्रयोग वर्जित है ?
(अ) नाइट्रेट (ब) अमोनिया
(स) पोटाश (द) यूरिया

9. खरपतवार रहित शुद्ध बीज बोना खरपतवारों को रोकथाम का किस तरह का उपाय कहलाता है?
(अ) उन्मूलन (ब) निरोधात्मक उपाय
(स) रासायनिक (द) जैविक नियंत्रण

10. "सुगैना" किस्म है ?
(अ) धान की (ब) उड़द की
(स) मोठ की (द) मूंग की

11. निम्न में से 'शिवालिक' किस्म है ?
(अ) मूंग की (ब) मोठ की
(स) उड़द की (द) मसूर की

12. 'पूसा–209' विल्ट रोधी किस्म है –
(अ) धान की (ब) मूंग की
(स) मटर की (द) चने की

13. सोयाबीन का उत्पत्ति स्थल है ?
(अ) भारत (ब) चीन
(स) एशिया (द) मैक्सीको

14. सोयाबीन में प्रमुख खरपतवारनाशी प्रयोग करते है ?
(अ) एलोक्योर (ब) बेसालीन
(स) 2, 4.D (द) एट्राजीन

15. निम्न में से 'चन्द्रा' किस्म है ?
(अ) सरसो (ब) अलसी
(स) मूंगफली (द) जौ

16. 'क्रान्ति' किस्म है ?
(अ) सरसों की (ब) मूंगफली की
(स) ज्वार की (द) मक्का की

17. जगन्नाथ किस्म है ?
(अ) सरसों की (ब) धान की
(स) अ व ब दोनों (द) दोनों की नही

18. क्रुसीफेरी कुल का प्रमुख रोग है ?
(अ) विल्ट (ब) झुलसा
(स) सफेद रोली (द) उपर्युक्त सभी

19. सरसों की सफेद रोली व्याधि के नियंत्रण हेतु रसायन काम में लेते है ?
(अ) एप्रोन S-D (ब) रिडोमील
(स) कैप्टान (द) अ व ब दोनों

20. हेलियन्थस एनस वानस्पतिक नाम है ?
(अ) अलसी (ब) कुसम
(स) सूरजमुखी (द) मसूर

21. सनराइज वरण' किस्म है –
(अ) मसूर (ब) अलसी
(स) कुसुम (द) सूरजमुखी

22. सूरजमुखी की फसल का प्रमुख शत्रु है?
(अ) पोड फ्लाई (ब) फली छेदक
(स) तोता (द) मोयला

23. 'अरुणा' किस्म है ?
(अ) सरसों की (ब) अरण्डी की
(स) चना की (द) कोई नहीं

24. 'TC-25' किस्म है ?
(अ) तारामीरा (ब) सरसों
(स) तिल (द) मूंग

25. 'फाइलोडी' बीमारी किससे सम्बन्धित है?
(अ) तिल (ब) तारामीरा
(स) मूंग (द) अरण्डी

26. 'RGC-936' किस्म है ?
(अ) चने की (ब) मटर की
(स) ग्वार की (द) मूंगफली की

27. झुलसा रोग का निदान है ?
(अ) बाविस्टीन (ब) थायरम
(स) केराथेन (द) स्ट्रेप्टोसाइक्लीन

28. राजस्थान में बाजरे की फसल का सर्वाधिक क्षेत्रफल है ?
(अ) जयपुर (ब) अलवर
(स) बाड़मेर (द) जोधपुर

29. 'इपिरिकेनिया मेलानोलिका जैविक नियंत्रण में प्रभावी है ?
(अ) धान के तना छेदक में
(ब) गन्ने के तना छेदक में
(स) गन्ने के पायरिला में
(द) मक्का के तना छेदक में

30. कपास का उत्पत्ति स्थल है ?
(अ) चीन (ब) भारत
(स) मेक्सिको (द) ब्राजील

31. निम्न में से अमेरिकन कपास है ?
(अ) *गोसीपियम अरबोरियम*
(ब) *गोसीपियम हरबेसियम*
(स) *गोसीपियम हिरसुटम*
(द) कोई नहीं

32. भारत में सर्वाधिक क्षेत्रफल पर उगाई जाने वाली कपास है ?
(अ) *गोसीपियम बारबेडेन्स*
(ब) *गोसीपियम हरबेसियम*
(स) *गोसीपियम हिरसुटम*
(द) *गोसीपियम अरबोरियम*

33. 'धनलक्ष्मी' किस्म है ?
(अ) कपास (ब) गन्ना
(स) ग्वार (द) मक्का

34. बीटी कपास में 1 हेक्टेयर में पौधे की संख्या रखते है?

(अ) 60,000 (ब) 160,000

(स) 10,000 (द) 100,000

35. कपास का प्रमुख खरपतवारनाशी है ?

(अ) 2,4-D (ब) बेसालीन

(स) डायूरॉन (द) एट्राजीन

36. कपास की लटों का नियंत्रण करते है ?

(अ) NPV@ 250-500 LE/ha.

(ब) Bt. Cotton की किस्में ऊगाकर

(स) Bt. घोल का छिड़काव द्वारा

(द) उपर्युक्त सभी

37. कपास का प्रमुख शत्रु है ?

(अ) अमेरीकन सुण्डी (ब) गुलाबी सुण्डी

(स) धब्बेदार सुण्डी (द) रेड बग

38. कपास में कौनसा कीट जैविक नियंत्रण हेतु प्रभावी है ?

(अ) कोटेशिया फ्लेविस

(ब) इपिरीकेनिया मेलानेसेका

(स) क्राइसोपरला कार्निया

(द) उपर्युक्त सभी

39. बरसीम में राइजोबियम की कौनसी प्रजाति काम में लेते है ?

(अ) *R. trifoli* (ब) *R. melelott*

(स) *R. japonicum* (द) *R. leguminoce*

40. 'खरदायी' किस्म है ?

(अ) रिजका (ब) बरसीम

(स) जई (द) मक्का

41. रिजका व बरसीम की प्रथम कटाई कब करते है?

(अ) 55 दिन बाद (ब) 45 दिन बाद

(स) 85 दिन बाद (द) 35 दिन बाद

मॉडल प्रश्न पत्र – 11

1. राष्ट्रीय बीज निगम (NSC) की स्थापना कब हुई थी ?

(अ) 1952 (ब) 1953

(स) 1963 (द) 1966

2. भारत में प्रथम कृषि विश्वविद्यालय की स्थापना कब हुई थी ?

(अ) 1906 (ब) 1931

(स) 1959 (द) 1960

3. हरित क्रांति (Green Revolution) किस वर्ष हुई ?

(अ) 1963–64 (ब) 1965–66

(स) 1966–67 (द) 1971–72

4. 'मरुविकास कार्यक्रम' (DDP) कब शुरु हुआ?

(अ) 1971 (ब) 1976

(स) 1980 (द) 1996

5. ट्राइसम 'TRYSEM' योजना कब शुरु हुई?

(अ) 1980 (ब) 1979

(स) 1973 (द) 1999

6. IVLP (इंस्टीट्यूट विलेज लिन्केज प्रोग्राम) कब शुरु हुआ ?

(अ) 1980 (ब) 1985

(स) 1990 (द) 1995

7. भारत सरकार का NATP कार्यक्रम कब शुरु हुआ ?
(अ) 1980 (ब) 1982
(स) 1998 (द) 2006

8. प्रधानमंत्री ग्राम सड़क योजना (PGSY) कब शुरु हुयी?
(अ) 1999 (ब) 2000
(स) 2002 (द) 2004

9. राष्ट्रीय कृषि बीमा योजना (NAIS) कब शुरु हुई ?
(अ) 1999 (ब) 2000
(स) 2002 (द) 2004

10. उद्यान विभाग का भारत सरकार द्वारा नया प्रोग्राम है ?
(अ) NHM (ब) NHB
(स) MIDH (द) MIS

11. मृदा शब्द की उत्पत्ति Soil सॉलम से हुयी यह है?
(अ) ग्रीक (ब) अरबी
(स) लेटिन (द) जर्मन शब्द

12. मृदा का पौधा की वृद्धि के सम्बन्ध में अध्ययन कहलाता है ?
(अ) पेडोलोजी (ब) पोमोलोजी
(स) इडेफोलोजी (द) स्टोलॉजी

13. भारत में सर्वाधिक गेहूं का उत्पादन कौनसे राज्य में है ?
(अ) पंजाब (ब) हरियाणा
(स) राजस्थान (द) उत्तर प्रदेश

14. राजस्थान के लिए कौनसी सिंचाई प्रणाली सर्वाधिक उपयुक्त है ?
(अ) क्यारी विधि (ब) फव्वारा विधि
(स) ड्रिप विधि (द) फलड विधि

15. वन संरक्षण अधिनियम कब बना ?
(अ) 1976 (ब) 1980
(स) 1987 (द) 1996

16. अम्लीय वर्षा (Acid rain) के लिए उत्तरदायी गैसे है ?
(अ) O_2 & CO_2 (ब) SO_2 & NO_2
(स) SO_2 & NH_4 (द) CO & CPC

17. भारत में सर्वाधिक पीड़कनाशी (Pesticide) कौनसी फसल में प्रयोग करते है ?
(अ) धान में (ब) सब्जियों में
(स) कपास में (द) गेहूं में

18. हाल ही में भारत सरकार ने कौनसे कीटनाशी पर प्रतिबन्ध लगाया है ?
(अ) मानोक्रोटोफॉस (ब) क्लोरीपाइरीफॉस
(स) BHC (द) एण्डोसल्फॉन

19. दलहनी फसलों में कौन से अमीनो अम्ल की कमी होती है?
(अ) लाइसीन की (ब) ल्यूसीन की
(स) ट्रिप्टोफेन की (द) मिथियोनिन

20. मुख्यतः धान्य फसलों में कौन से अमिनो अम्ल की कमी पाई जाती है ?
(अ) लाइसीन की (ब) मिथियोनिन
(स) ल्यूसीन (द) उपर्युक्त सभी

21. कृषि वर्ष होता है?
(अ) 1 अप्रेल से 30 मार्च
(ब) 1 मार्च से 30 अप्रेल
(स) 1 जून से 31 मई
(द) 1 मई से 30 जून

22. (CRIDA) केन्द्रीय बारानी कृषि अनुसंधान संस्थान स्थित है ?
(अ) जोधपुर में (ब) दिल्ली में
(स) बैंगलोर (द) हैदराबाद

23. भारतीय उद्यान अनुसंधान संस्थान (IIHR) स्थित है ?

(अ) वाराणसी (ब) हैदराबाद

(स) बैंगलोर (द) नई दिल्ली

24. वायुमण्डल की क्षणिक या अल्पकालीन अवस्था को कहते है ?

(अ) एटमोस्फेयर (ब) मौसम

(स) जलवायु (द) बायोस्फेयर

25. पृथ्वी पर वनस्पति एवं जीव जन्तुओं का उनके अजैविक कारकों के साथ सम्बन्ध का अध्ययन कहलाता है ?

(अ) बायोस्फेयर (ब) पारिस्थितिकी

(स) बायोम (द) उपर्युक्त सभी

26. सौंफ का प्रमुख रोग है ?

(अ) विल्ट (ब) रेमुलेरिया ब्लाइट

(स) स्मट (द) डाउनी मिल्ड्यू

27. रस चूसने वाले कीटों का नियंत्रण करते है?

(अ) डाइमिथोएट से (ब) एसीफेट से

(स) इमिडाक्लोग्रीड से (द) उपर्युक्त सभी

28. सौंफ की बीज दर रखते है ?

(अ) 5-6 kg/ha (ब) 8-10 kg/ha

(स) 10-15 kg/ha (द) 15-20 kg/ha

29. कौनसी मसाले वाली फसल में राजस्थान देश में उत्पादन में प्रथम है ?

(अ) धनिया (ब) मेथी

(स) जीरा (द) उपर्युक्त सभी

30. कौनसी मसाले वाली फसल की नर्सरी भी तैयार की जाती है ?

(अ) धनिया (ब) जीरा

(स) मैथी (द) सौंफ

31. मेथी में राइजोबियम की कौनसी प्रजाति बीज उपचार हेतु प्रयोग करते है ?

(अ) *R. trifoli* (ब) *R. faponicy*

(स) *R. leguminace* (द) *R. meliloti*

32. मेथी है ?

(अ) पर परागित फसल

(ब) स्वपरागित फसल

(स) बहुधा पर परागित (द) उपर्युक्त सभी

33. UM-44 किसकी किस्म है ?

(अ) सौंफ की (ब) जीरे की

(स) मेथी की (द) धनिया की

34. मैथी की उन्नत किस्में है ?

(अ) RMT-1 (ब) RMT-143

(स) राजेन्द्र क्रान्ति (द) उपर्युक्त सभी

35. मेथी की बीज दर है?

(अ) 10-15 kg/ha (ब) 15-20 kg/ha

(स) 20-25 kg/ha (द) 25-30 kg/ha

36. 'राजेन्द्र स्वाति' किस्म है?

(अ) मेथी (ब) जीरा

(स) धनिया (द) सौंफ

37. धनिया की किस्म है?

(अ) साधना (ब) GC-1

(स) RCR - 20 (द) उपर्युक्त सभी

38. धनिया की बीज दर है ?

(अ) 5-10 kg/ha (ब) 10-15 kg/ha

(स) 15-20 kg/ha (द) 20-25 kg/ha

39. मसाले वाली फसलों में कौनसे प्रमुख पोषक तत्व की मात्रा बिल्कुल भी कम या नहीं प्रयोग में लायी जाती है ?

(अ) नाइट्रोजन (ब) फास्फोरस

(स) सल्फर (द) पोटाश

40. धनिया की फसल की प्रमुख व्याधि है ?
(अ) जड़ गलन (ब) डाउनी मिल्ड्यू
(स) पाउडरी मिल्ड्यू
(द) उपर्युक्त सभी

41. मसाले वाली फसलों में प्रमुख कीट मोयला के नियंत्रण हेतु प्रयोग करते है ?
(अ) एसीफेट (ब) डाइमिथोएट
(स) मेटासिस्टोक्स (द) उपर्युक्त सभी

42. निम्न में से प्लान्टेगो स्पेशीज खरपतवार प्रमुख है ?
(अ) धनिया का (ब) रिजका का
(स) जीरे का (द) सौंफ का

43. जीरे की प्रमुख बिमारी है ?
(अ) पाउडरी मिल्ड्यू
(ब) उक्टा (Wilt)
(स) झुलसा (Blight)
(द) उपर्युक्त सभी

44. जीरे की बीज दर है ?
(अ) 8-12 kg/ha (ब) 12-15 kg/ha
(स) 15-20 kg/ha (द) 20-25 kg/ha

45. जीरे का कुल है ?
(अ) लेग्यूमिनेसी (ब) पेपिलीयोनेसी
(स) फेबेसी (द) ऐपिऐसी

46. RS-I किस्म है ?
(अ) मैथी की (ब) धनिया
(स) जीरा की (द) उपर्युक्त सभी

47. 'क्यूमिनॉल' तत्व पाया जाता है ?
(अ) धनिया में (ब) मेथी में
(स) जीरे में (द) किसी में नहीं

मॉडल प्रश्न पत्र – 12

1. आयरलैण्ड में आलू की पछेती झुलसा बीमारी के कारण अकाल पड़ा था ?
(अ) 1743 ईस्वी (ब) 1843 ईस्वी
(स) 1943 ईस्वी (द) 1866 ईस्वी

2. केन्द्रीय धान अनुसंधान संस्थान (CRRI) कहां स्थित है ?
(अ) हैदराबाद (ब) पं. बंगाल
(स) कटक, उडीसा (द) नई दिल्ली

3. भारतीय कृषि अनुसंधान परिषद (ICAR) स्थित है?
(अ) नई दिल्ली, 1905
(ब) नई दिल्ली, 1929
(स) बैंगलौर, 1901
(द) हैदराबाद 1929

4. भारतीय केन्द्रीय कमेटी (प्रथम) किस फसल गठित हुई ?
(अ) लाख (ब) गन्ना
(स) तम्बाकू (द) कपास

5. डायरेक्ट्रेट ऑफ प्लांट प्रोटेक्सन, क्वाटेन्टायन एण्ड स्टोरेज (DPPQS) कहां स्थित है ?
(अ) नई दिल्ली (ब) हैदराबाद
(स) फरीदाबाद (द) कलकत्ता

6. पंचायती राज की शुरुआत देश में कहां से हुई थी?
(अ) पाण्डीचेरी, 1959
(ब) हैदराबाद, 1957
(स) राजस्थान, 1959
(द) तमिलनाडू, 1957

7. पंचायती राज किसकी सिफारिश (त्रिस्तरीय) से शुरुआत हुई थी ?
(अ) अशोक मेहता (ब) S.L. मेहता
(स) बलवन्त मेहता (द) मीठालाल मेहता

8. सूखा संभाव्य क्षेत्र कार्यक्रम (DPAP) की शुरुआत हुई थी ?
(अ) 1952 (ब) 1967
(स) 1971 (द) 1977

9. राष्ट्रीय किसान आयोग की स्थापना कब हुई?
(अ) 2001 (ब) 2002
(स) 2007 (द) 2007

10. राष्ट्रीय कृषि नवाचार प्रोग्राम (NAI) कब शुरु हुआ ?
(अ) 2004 (ब) 2006
(स) 1996 (द) 1990

11. ऑलेरीकल्चर में अध्ययन किया जाता है ?
(अ) झाडियों का (ब) सब्जियों का
(स) फूलों का (द) फलो का

12. जीव जन्तुओं का उनके अजैविक कारकों के सम्बन्ध में अध्ययन कहलाता है?
(अ) पेडोलोजी (ब) पोमोलोजी
(स) इकोलोजी (द) मिटेरोलोजी

13. राजस्थान में वार्षिक औसत वर्षा है ?
(अ) 350 mm (ब) 450 mm
(स) 1190 mm (द) 575 mm

14. ओजोन परत पायी जाती है ?
(अ) ट्रपोस्फेयर में (ब) स्ट्रेटोस्फेयर में
(स) मिजोस्फेयर (द) आयनोस्फेयर

15. भारतीय कृषि अनुसंधान संस्थान (IARI) की स्थापना हुई?
(अ) कलकत्ता, 2001
(ब) नई दिल्ली, 1929
(स) हैदराबाद, 1901
(द) नई दिल्ली, 1905

16. ट्रेटोजोलियम परीक्षण किसके लिये करते है?
(अ) बीजों की जीवन क्षमता ज्ञात करने के लिए
(ब) बीजों के अंकुरण ज्ञात करने के लिए
(स) बीजों के परीक्षण वजन ज्ञात करने के लिए
(द) बीज सूचकांक ज्ञात करने के लिए

17. सेन्ट्रल एरिड जोन रिसर्च इंस्टीट्यूट (CAZRI) स्थित है ?
(अ) भोपाल में (ब) हैदराबाद में
(स) बीकानेर में (द) जोधपुर में

18. सेन्ट्रल इंस्टीट्यूट ऑफ पोस्ट हार्वेस्ट इंजिनियरिंग एण्ड टेक्नोलोजी (CIPHET) स्थित है ?
(अ) नई दिल्ली
(ब) सूरतगढ, गंगानगर
(स) लुधियाना, पंजाब
(द) भोपाल, मध्यप्रदेश

19. भारतीय अन्न भण्डारण संस्थान (IIGS) स्थित है –
(अ) लखनऊ, UP (ब) कानपुर, UP
(स) नई दिल्ली (द) हापुड, UP

20. सेन्ट्रल शिप एण्ड वूल रिसर्च, इन्स्टीट्यूट (CSWRI) स्थित है ?
(अ) बीकानेर
(ब) अविकानगर, टोंक
(स) जोधपुर
(द) मथुरा, UP

21. अन्तर्राष्ट्रीय धान अनुसंधान संस्थान (IRRI) स्थित है ?

(अ) मेक्सिको में

(ब) मनीला, फिलिपाइन्स

(स) एलिपो, सीरीया

(द) हैदराबाद, भारत

22. राष्ट्रीय जैव विविधता प्राधिकरण (NBA) कहां स्थित है?

(अ) नई दिल्ली (ब) चैन्नई

(स) कलकत्ता (द) बेंगलौर

23. नेशनल इंस्टीट्यूट आफ एग्रीकल्चर मार्केटिंग (NIAM) कहां स्थित है ?

(अ) बेंगलोर (ब) जयपुर

(स) नई दिल्ली (द) अहमदाबाद

24. डायरेक्ट्रेट आफ रेपसीड एण्ड मस्टर्ड रिसर्च (DRMR) स्थित है ?

(अ) नवगांव – अलवर

(ब) सेवर – भरतपुर

(स) कानपुर – उत्तरप्रदेश

(द) नई दिल्ली

25. ठण्डा बादल निर्माण (Cold cloud) हेतु कौन तत्व काम आता है –

(अ) Nacl (ब) AgI

(स) MgO (द) $MgSO_4$

26. ग्लोबल वार्मिंग के लिए जिम्मेदार गैसें है?

(अ) CO_2 (ब) CFC

(स) मिथेन (द) उपर्युक्त सभी

27. VAM (माइकोराइजा) क्या है?

(अ) हानिकारक फफूंद

(ब) 'P' अवशोषक फफूंद

(स) व्याधि खत्म करने वाली फफूंद

(द) लाभदायक कीट

28. श्वेत क्रांति (White Revolation) के पितामह है ?

(अ) K.L. चढ्ढा (ब) M.S. स्वामिनाथन

(स) वी. कूरियन (द) N.E. बोरलोग

29. मृदा नमी ज्ञात करने का यंत्र है ?

(अ) पोरोमीटर (ब) पोटोमीटर

(स) लाइसीमीटर (द) टेन्सीयोमीटर

30. कपास में लट्टो (Worm) के प्रतिरोधी किस्म है?

(अ) गो. हिरसुटम (ब) Bt. कपास

(स) गो. अरबोरियम (द) संकर कपास

31. गोल्डन राइस (धान) क्या है ?

(अ) लाल रंग की पॉलिश किया धान

(ब) धान की आनुवांशिक रूपान्तरित किस्म

(स) कीटों के प्रतिरोधी किस्म

(द) उपर्युक्त सभी

32. हाइब्रिड सरसों की प्रथम किस्म थी ?

(अ) NRCHB-I

(ब) NRCHB- 101

(स) NRCHB-506

(द) उपर्युक्त सभी

33. खाद्य प्रसंस्करण (Food processing) से सम्बन्धित क्रान्ति है ?

(अ) श्वेत क्रान्ति

(ब) ग्रे (धूसर) क्रान्ति

(स) भूरी क्रान्ति

(द) सिल्वर क्रान्ति

34. राजस्थान में कौनसे शस्य जलवायु खण्ड में फसल सघनता सर्वाधिक है?

(अ) 1-b (ब) 1-c

(स) II-a (द) III-a

35. राजस्थान में शुष्क जलवायु खण्ड है ?

(अ) I-a (ब) I-b

(स) I-c (द) II-a

36. राजस्थान में कुल शस्य जलवायु खण्ड है?

(अ) 9 (ब) 10

(स) 11 (द) 16

37. सबसे ज्यादा सिंचाई जलवायु खण्ड है ?

(अ) I-b (ब) I-c

(स) III-a (द) V

38. सबसे छोटा शस्य जलवायु खण्ड है ?

(अ) I-c (ब) III-b

(स) IV-a (द) IV-b

39. धनिया, सोयाबीन कौनसे शस्य जलवायु खण्ड में सर्वाधिक होता है ?

(अ) IV-a (ब) IV-b

(स) V (द) III-b

40. बाजरे की फसल का सर्वाधिक क्षेत्रफल कौनसे खण्ड में है –

(अ) I-a (ब) III-a

(स) I-c (द) III-b

41. निम्न में से सबसे ज्यादा आनुवांशिक शुद्ध बीज है ?

(अ) आधार बीज (ब) मूल केन्द्रक बीज

(स) पंजीकृत बीज (द) प्रमाणित बीज

42. किसानों के पास कौनसा बीज बिल्कुल भी उपलब्ध नहीं होता है?

(अ) आधार बीज (ब) प्रमाणित बीज

(स) नाभिकीय/केन्द्रक बीज

(द) उपर्युक्त सभी

43. सफेद टेग कौनसे बीज पर लगा होता है?

(अ) मूल केन्द्रक (ब) आधार बीज

(स) पंजीकृत बीज (द) प्रमाणित बीज

44. कौनसा प्रकार बीज भारत में पैदा/प्रचलन में नहीं है ?

(अ) प्रमाणित बीज (ब) आधार बीज

(स) पंजीकृत बीज (द) मूल केन्द्रक

45. किसानों को व्यापारिक फसल उत्पादन हेतु उपलब्ध बीज है ?

(अ) आधार बीज (ब) प्रमाणित बीज

(स) मूल केन्द्रक बीज

(द) पंजीकृत बीज

46. बीज अधिनियम (Seed act) की स्थापना कब हुई ?

(अ) 1966 (ब) 1969

(स) 1971 (द) 1963

47. राष्ट्रीय बीज निगम की (NSE) की स्थापना कब हुयी ?

(अ) 1966 (ब) 1963

(स) 1971 (द) 1957

48. मूंगफली व सोयाबीन की न्यूनतम पृथक्करण दूरी रखते है ?

(अ) 50 मी. (ब) 3 मी.

(स) 20 मी. (द) 400 मी.

49. संकर बाजरा में आधार बीज उत्पादन हेतु मिनिमम पृथक्करण दूरी रखते हैं?

(अ) 400 मी. (ब) 1000 मी.

(स) 1600 मी. (द) 3 मी.

50. बीजों का वास्तविक मान (Real value) होनी चाहिए?

(अ) 70% (ब) 75%

(स) 65% (द) 85%

51. गेहूं का परीक्षण वजन होता है?

(अ) 40-42 kg (ब) 21 g

(स) 25 g (द) 2 g

52. निम्न में से सहायक फसलों का उदाहरण है?

(अ) रिजका व बरसीम में सरसों की फसल उगाना।

(ब) धान की फसल में पटसन या जूट लगाना।

(स) मुख्य फसल उगाना संभव न हो तो छोटी अवधि की फसल उगाना।

(द) उपर्युक्त सभी

53. कपास की उत्पत्ति स्थल है ?

(अ) चीन (ब) भारत

(स) ब्राजील (द) मैक्सिको

54. मक्का की उत्पत्ति स्थल है ?

(अ) मेक्सिको (ब) ब्राजील

(स) पेरु (द) USO

55. तिल की फेमेली (कुल) है?

(अ) टीलिएसी (ब) एलिएसी

(स) युर्फोबीएसी (द) पेडालिएसी

56. कुसम (Safflower) में प्रोटीन की मात्रा होती है?

(अ) 36% (ब) 20-22%

(स) 40-45% (द) 10%

57. मक्का में प्रोटीन प्रतिशत होती है?

(अ) 4% (ब) 10%

(स) 21% (द) 40%

58. राजस्थान में फसल सघनता (Cropping intensity) है?

(अ) 140% (ब) 128-130%

(स) 135% (द) 143%

59. कौनसी फसल की जल उपयोग दक्षता सबसे ज्यादा है?

(अ) धान (ब) मक्का

(स) गेहूं (द) गन्ना

60. राजस्थान में कितने प्रतिशत क्षेत्रफल शुष्क खेती होती है?

(अ) 40% (ब) 61.2%

(स) 75% (द) 25%

61. मुक्ता किस्म है?

(अ) बाजरा (ब) मक्का

(स) गेहूं (द) सरसों

62. दुर्गामणि किस्म है?

(अ) तारामीरा की (ब) सरसों की

(स) तिल की (द) उड़द की

63. दाहोद यलो किस्म है?

(अ) मटर की (ब) सोयाबीन की

(स) काबुली चना की

(द) देशी चने की

64. राजस्थान में सिंचाई का मुख्य स्रोत है?

(अ) नहरें (ब) कुएँ

(स) नलकूप (द) तालाब

65. राजस्थान में सिंचाई हेतु सबसे बड़ी नहरी योजना है?

(अ) चम्बल (ब) IGNP

(स) गंगनहर (द) गुड़गांव नहर

66. लोबिया का उत्पत्ति स्थल है?

(अ) भारत (ब) चीन

(स) मैक्सिको (द) अफ्रीका

67. मरू वरदान किस्म है?

(अ) ग्वार (ब) मूंग

(स) मोठ (द) बेर

68. बंगाल ग्राम किसका नाम है?

(अ) मोठ (ब) मूंग

(स) ग्वार (द) चना

69. विल्ट रोग किस फसल का प्रमुख रोग है?
(अ) ग्वार (ब) धान
(स) मक्का (द) चना

70. दुर्गा किस्म है?
(अ) मूंगफली (ब) सोयाबीन
(स) तारामीरा (द) मूंग

71. सोयाबीन की प्रमुख बीमारी है?
(अ) चारकोल रोट
(ब) झुलसा
(स) पाउडरी मिल्ड्यू
(द) उपर्युक्त सभी

72. अफलाटॉक्सिन किस फसल से संबंधित है?
(अ) ग्वार (ब) मूंगफली
(स) मक्का (द) ज्वार

73. मूंगफली का प्रमुख रोग है?
(अ) जड़ गलन (काली जड़)
(ब) विल्ट
(स) झुलसा
(द) पाउडरी मिल्ड्यू

74. क्रुसीफेरी कुल के पौधों में तीव्र गन्ध का कारण है?
(अ) सिनिग्रीन
(ब) ग्लुकोसीनेट के कारण
(स) आइसोसाइनेट (द) उपर्युक्त सभी

75. भारतीय सरसों (Indian mustard) है?
(अ) ब्रेसिका कम्प्रेस्टीज
(ब) ब्रेसिका रेपा
(स) ब्रेसिका जुन्सिया
(द) कोई नहीं

76. रोहिणी एवं रजत किस्म है?
(अ) मक्का की (ब) सरसों
(स) सोयाबीन की (द) मूंगफली

77. ओरोबेन्की किस फसल का प्रमुख खरपतवार है?
(अ) मूंग (ब) मूंगफली
(स) सरसों (द) बाजरा

78. रूखड़ी (Striga) खरपतवार है?
(अ) ग्वार का (ब) बाजरा का
(स) सोयाबीन का (द) सरसों का

79. तिल में तेल प्रतिशत पाया जाता है?
(अ) 20% (ब) 35%
(स) 48-50% (द) 62%

80. RT-125 किस्म है?
(अ) तारामीरा (ब) तिल
(स) सरसों की (द) कोई नहीं

मॉडल प्रश्न पत्र – 13

1. पेडोलॉजी में अध्ययन किया जाता है?
(अ) मृदा की प्राकृतिक अवस्था का
(ब) मृदा के वर्गीकरण का
(स) मृदा की उत्पत्ति का
(द) उपर्युक्त सभी का

2. मृदा में कार्बनिक पदार्थ पाया जाता है?
(अ) 5% (ब) 45%
(स) 25% (द) कोई नहीं

3. मृदा में CO_2 की मात्रा (सान्द्रता) पायी जाता है?
(अ) 0.03% (ब) 0.3%
(स) 3% (द) 25%

4. निम्न में से मृदा निर्माण का सक्रिय कारक (Active factor) है
(अ) पैतृक पदार्थ (ब) उच्चावच
(स) मृदा आयु (द) जलवायु

5. मृदा की वायु क्षरण की अवस्था है –
(अ) परत क्षरण (ब) रिल क्षरण
(स) सतह सर्पण (द) अवनालिका

6. मृदा की कौनसी अवस्था द्वारा सर्वाधिक वायु क्षरण होता है –
(अ) निलम्बन (ब) सतह सर्पण
(स) उच्छलन (द) परत क्षरण

7. सबसे छोटे कणों का वायु क्षरण की कौनसी अवस्था द्वारा होता है –
(अ) सतह सर्पण (ब) उच्छलन
(स) निलम्बन (द) बौछार द्वारा

8. राजस्थान में अवनालिका अपरदन किस खण्ड में अधिक होता है –
(अ) I-a खण्ड में
(ब) III-a खण्ड में
(स) IV-a खण्ड में
(द) V खण्ड में

9. कृषि की दृष्टि से सबसे विनाशकारी जल क्षरण की अवस्था है –
(अ) परत क्षरण (ब) बौछार क्षरण
(स) रिल क्षरण (द) अवनालिका क्षरण

10. मृदा का सबसे ऊपरी संस्तर (Horizon) है–
(अ) A संस्तर (ब) B संस्तर
(स) O संस्तर (द) C संस्तर

11. कार्बनिक संस्तर ('O' horizon) है –
(अ) कृषित मृदा (ब) अकृषित मृदा
(स) वनों की मृदा (द) अ–ब दोनों

12. निम्न में से कौनसा संस्तर अधोमृदा संस्तर कहलाता है –
(अ) O संस्तर (ब) B संस्तर
(स) A संस्तर (द) C संस्तर

13. "सॉलम" क्या है –
(अ) O संस्तर (ब) A संस्तर
(स) A + B संस्तर
(द) (A+B+C) संस्तर

14. वह जल जो मृदा में आर्द्रताग्राही एवं क्षेत्र क्षमता के मध्य उपलब्ध रहता है –
(अ) आर्द्रताग्राही जल
(ब) गुरुत्वीय जल
(स) प्राप्त जल
(द) केशीय जल

15. मृदा के अन्दर पानी के ऊर्ध्व प्रवेश (Vertical entry) को कहते है –
(अ) अतः स्यंदन (ब) निक्षालन
(स) अपक्षालन (द) उपर्युक्त सभी

16. मृदा में बालू, सिलट तथा मृत्तिका के कणों के सापेक्ष अनुपात को कहते है –
(अ) मृदा संरचना (ब) मृदा कणाकार
(स) मृदा घनत्व (द) उपर्युक्त सभी

17. निम्न में से मूल चट्टान (Basic rock) का उदाहरण है –
(अ) परतदार चट्टान
(ब) कायान्तरित चट्टान
(स) आग्नेय चट्टान
(द) मार्बल

18. निम्न में से आग्नेय चट्टान के उदाहरण है–
(अ) बालू पत्थर (ब) ग्रेनाइट
(स) जिप्सम (द) मार्बल

19. बालू मृदा में नमी ज्ञात करने का श्रेष्ठ यंत्र है –

(अ) जिप्सम ब्लॉक (ब) न्यूट्रान नमी मीटर

(स) टेन्सीयो मीटर

(द) उपर्युक्त सभी

20. जल की धारा प्रवाह ज्ञात करने की विधि है–

(अ) पार्शल फ्लयूम (ब) ओफाईसेस

(स) वीयर (द) उपर्युक्त सभी

21. फसल की उपज एवं उसके काम आने वाले वाष्पोत्सर्जन की मांग का अनुपात को कहते है –

(अ) फसल की जल उपयोग दक्षता

(ब) खेत की जल उपयोग दक्षता

(स) दोनों

(द) दोनों नहीं

22. निम्न में से मृत्तिका (क्ले) के कणों का आकार है –

(अ) > 2.00 mm (ब) < 2.00 mm

(स) < 0.002 mm (द) < 0.02 mm

23. pH मान 7 से अधिक होने पर कौनसे पोषक तत्व अधिक उपलब्ध होते है–

(अ) FeMn (ब) P

(स) Al.Zn (द) Ca.Mo

24. खेत में क्षेत्र क्षमता (Field capacity) पर PF मान क्या होता है –

(अ) 0 (ब) 2.53

(स) 4.18 (द) 4.50

25. नवीनतम विकसित मृदा गण (Soil order) है –

(अ) वर्टीसॉल (ब) ऑक्सीसॉल

(स) एण्टीसॉल (द) एरिडोसॉल

26. कौनसी मृदाओं की विद्युत चालकता (EC) अधिक होती है –

(अ) अम्लीय मृदा (ब) क्षारीय मृदा

(स) लवणीय मृदा (द) उपर्युक्त सभी

27. कौनसी मृदा का pH मान सर्वाधिक होता है–

(अ) अम्लीय मृदा (ब) क्षारीय मृदा

(स) लवणीय मृदा

(द) उपर्युक्त में से कोई नहीं

28. धान्य फसलों के लिए NPK अनुपात रखते है –

(अ) 1:2:1 (ब) 2:1:1

(स) 4:2:1 (द) 7:4:1

29. दलहनी फसलों हेतु NPK अनुपात रखते है–

(अ) 1:2:1 (ब) 2:1:1

(स) 4:2:1 (द) 7:4:1

30. कौनसा पोषक तत्व को पौधे धनायन एवं ऋणायन दोनों रूपों में ग्रहण करते है –

(अ) पोटेशियम (ब) फास्फोरस

(स) नाइट्रोजन (द) उपर्युक्त सभी

31. ज्वार की फसल के लिए उपयुक्त जैव उर्वरक है –

(अ) एजेटोबेक्टर (ब) एजोस्पोरेलियम

(स) एजोला (द) उपर्युक्त सभी

32. SSP उर्वरक में Ca (कैल्शियम) की मात्रा पायी जाती है –

(अ) 12% (ब) 19%

(स) 16% (द) 21.4%

33. फूल एवं फल से सम्बन्धित हार्मोन है –

(अ) NAA (ब) IBA

(स) IAA (द) अ व ब दोनों

34. गन्ने की खतरनाक बिमारी है –
(अ) स्मट (ब) लाल सड़न
(स) रस्ट (द) ब्लाइट

35. राजस्थान में उद्यान निदेशालय की स्थापना कब हुयी थी –
(अ) 1957 (ब) 1971
(स) 1985 (द) 1989 में

36. राजस्थान में अनार एवं अमरूद हेतु कौनसी बहार उपयुक्त है –
(अ) हस्त बहार (ब) अम्बे बहार
(स) मृग बहार (द) उपयुक्त सभी

37. जब नर एवं मादा फूल भिन्न भिन्न पौधे पर आते है तो कहलाता है –
(अ) द्विलिंगी (ब) एकलिंगी
(स) उभयलिंगी (द) उपर्युक्त सभी

38. निषेचन के बिना फल उत्पादन कहलाता है–
(अ) अनिषेक फलन (ब) पार्थेनोकॉपी
(स) उपर्युक्त दोनों (द) दोनों नहीं

39. आंवला एवं बेर का उत्पत्ति स्थल है –
(अ) मैक्सिको (ब) चीन
(स) ब्राजील (द) भारत

40. नींबू में प्रवर्धन किस विधि से करते हैं –
(अ) T -बडिंग (ब) रिंग बडिंग
(स) ग्राफ्टींग (द) बीज द्वारा

41. अंगूर में प्रवर्धन किस विधि से करते हैं –
(अ) सॉफ्ट वुड कटिंग
(ब) हार्ड वुड कटिंग
(स) गुटी
(द) बीज द्वारा

42. अमरूद में प्रवर्धन किया जाता है –
(अ) स्टूलिंग द्वारा (ब) माउंटिंग
(स) गुटी (द) उपर्युक्त सभी

43. केले के प्रवर्धन में स्वॉर्ड सकर्स का वजन होता है –
(अ) 6 kg (ब) 8-10 kg
(स) 750 g (द) 250 g

44. निम्न में से बीज द्वारा प्रवर्धन होता है –
(अ) पपीता (ब) जामुन
(स) फालसा (द) उपर्युक्त सभी

45. आम में प्रवर्धन किया जाता है –
(अ) विनियर ग्राफ्टिंग
(ब) इनार्चिंग
(स) इपिकोटाइल ग्राफ्टिंग (स्टोन ग्राफ्टिंग)
(द) उपर्युक्त सभी

46. पपीता के फलों के पीला रंग का कारण होता है –
(अ) केरोटीन से (ब) ऐन्थेसाइनिन
(स) लाइकोपीन (द) केरिका जेन्थीन

47. मिर्च में तीखेपन (Pungency) किस के कारण होती है –
(अ) केप्सेथिन (ब) आइसोसाइनेट
(स) केप्सीसीन (द) सिनग्रीन

48. प्याज में पीला रंग होता है –
(अ) कुकरबीटासीन (ब) क्यूरेसीटीन
(स) एनथोसाइनिन (द) केरोटीन

49. निम्न में से उष्ण जलवायु का पौधा है –
(अ) आम (ब) पपीता
(स) केला (द) उपर्युक्त सभी

50. निम्न में से क्लाईमेट्रिक फल है –
(अ) आम (ब) पपीता
(स) केला (द) उपर्युक्त सभी

51. उपोष्ण जलवायु का फल है –
(अ) बेर, फालसा, अंगूर, बील, लिची, आंवला, खजूर, अनार, नींबू, अमरुद।
(ब) आम, केला, पपीता, अन्नास, काज, नारियल, संतरा, मौसमी, माल्टा।
(स) कटहल, नाशपती, आलू बुखारा, फालसा, बेर, खजूर, सेव, बादाम।
(द) नाशपती, सेव, स्ट्राबेरी, संतरा, मोसमी, माल्टा, बेर, अंगूर आदि।

52. निम्न में सरल फल का उदाहरण है –
(अ) केला, पपीता, अमरुद
(ब) आम, बेर, खजूर
(स) पपीता, नारियल, जामून
(द) सेब, पपीता, केला

53. कूष्माण्ड कुल के फूलों व फलों को कहते है –
(अ) पोम (ब) पेपो
(स) हेस्पेरीडियम (द) भिण्डी

54. ब्लांचिंग (Blanching) क्रिया में फल एवं सब्जियों को कितने समय तक उबालते है–
(अ) केनिंग के लिए (ब) सुखाने के लिए
(स) फ्रिजिंग के लिए (द) किण्वन के लिए

55. ब्लांचिग (Blanching) क्रिया में फल एवं सब्जियों को कितने समय तक उबालते हैं–
(अ) 5 मिनट (ब) 15 मिनट
(स) 30 सैकण्ड (द) 30 मिनट

56. फलों के परिरक्षण में नमक व शर्करा किस सिद्धान्त पर काम करते हैं –
(अ) एसेप्सीस (ब) किण्वन
(स) डिब्बाबन्दी (द) परासरण

57. फल एवं सब्जियों के परिरक्षण में नमक की मात्रा रखते हैं –
(अ) 10-15% (ब) 15-25%
(स) 2-3% (द) 65%

58. फल एवं सब्जियों के परिरक्षण में शर्करा की कितनी प्रतिशत मात्रा परिरक्षण का काम करती है –
(अ) 66% (ब) 25%
(स) 50% (द) 90%

59. रंगीन फलों के परिरक्षण में कौनसा रसायन काम लेते है –
(अ) KMS (ब) सोडियम बेन्जोएट
(स) सिरका (द) उपर्युक्त सभी

60. खाद्य पदार्थों में सूक्ष्म जीवों के आगमन (प्रवेश) को रोकना क्या कहलाता है –
(अ) एसेप्सीस (ब) आरोगाणुता
(स) उन्मूलन (द) अ व ब दोनों

मॉडल प्रश्न पत्र – 14

1. निम्न किस्मों में फूलगोभी की कौनसी अगेती किस्म नहीं है –
(अ) पूसा दिपाली
(ब) पन्तगोभी– 2
(स) पूसा हाइब्रिड–2
(द) पूसा स्नोबॉल–1

2. एक लीटर संतरा के जूस का पानक (स्क्वैश) बनाने में कितना परिरक्षक प्रयोग किया जाता है–
(अ) 2.5 ग्राम पौटेशियम मेटाबाइसल्फाइट
(ब) 2.5 ग्राम सोडियम बेन्जोएट
(स) 50 ग्राम पोटैशियम मेटाबाइसल्फाइट
(द) 50 ग्राम सोडियम बेन्जोएट

3. फ्रेंच मेरीगोल्ड (फ्रेंच गैंदा) होता है –
(अ) डिप्लॉयड (ब) ट्रिप्लॉयड
(स) टेट्राप्लॉड (द) एल्यूप्लॉयड

4. एक किसान एक हैक्टेयर में आम का बाग पंचकोणीय विधि से लगाना चाहता है यदि आम के पौधों की दूरी 8 x 8 मीटर हो तो मुख्य पौधों की कुल संख्या बताइए –
(अ) 277 (ब) 256
(स) 156 (द) 246

5. पाइप एप्पल निम्न में से किसकी किस्म है–
(अ) पाइन एप्पल (अन्नानास)
(ब) केला
(स) ऑरेन्ज (द) स्वीट ऑरेन्ज

6. जन्तुओं का पालन पोषण, देखभाल, ब्रीडिंग व उपयोग का विज्ञान कहलाता है –
(अ) एनीमिज्म
(ब) वैटेनरी साइन्स
(स) एनीमल हस्बैंड्री
(द) डेयरी साइन्स

7. निम्न में से किसके दूध में सर्वाधिक वसा पायी जाती है –
(अ) गाय (ब) भैंस
(स) भेड़ (द) बकरी

8. खुरपका–मुहंपका रोग किसके द्वारा होता है–
(अ) जीवाणु (ब) परजीवी
(स) कवक (द) विषाणु

9. थारपारकर नस्ल निम्न में से किसकी होती है–
(अ) घोड़ा (ब) बकरी
(स) गाय (द) भैंस

10. उच्चतम प्रकार की गलीचा ऊन भेड की किस नस्ल से प्राप्त होती है –
(अ) मारवाड़ी (ब) चोकला
(स) नाली (द) सोनाड़ी

11. कार्बोलिक एसिड है एक –
(अ) उत्तेजक (ब) कृमिनाशक
(स) जीवाणुरोधक (द) विरेचक

12. पशुओं की आयु गणना की जाती है –
(अ) दाँतों की संख्या से
(ब) शरीर के आकार से
(स) दूध के उत्पादन से
(द) पूँछ की लम्बाई से

13. परजीवियों का म्यूजियम' कहलाती है –
(अ) गाय (ब) भैंस
(स) बकरी (द) भेड़

14. मुर्गियों में चेचक रोग का कारक है –
(अ) जीवाणु (ब) विषाणु
(स) कवक (द) परजीवी

15. गाय की गिर नस्ल मुख्यतः पायी जाती है–
(अ) राजस्थान तथा गुजरात में
(ब) आंध्र प्रदेश तथा कर्नाटक में
(स) हरियाणा तथा पंजाब में
(द) दिल्ली तथा हरियाणा में

16. पशुओं में प्रजनन किस प्रकार का होता है–
(अ) प्राकृतिक जनन (ब) कृत्रिम जनन
(स) भ्रूण प्रत्यारोपण (द) उपरोक्त सभी

17. राजस्थान में किस पशु की संख्या में पिछले वर्षों में बढोतरी हुई –
(अ) गाय (ब) ऊँट
(स) बकरी (द) भेड़

18. भेड़ को कृमि के प्रकोप से बचाने के लिए उपयोग किया जाता है –

(अ) एल्कोहल (ब) नीला थोथा

(स) कपूर (द) अरण्डी का तेल

19. 'गरीब की गाय' किसे कहा जाता है –

(अ) गाय (ब) भैंस

(स) भेड़ (द) बकरी

20. दो भागों में बंटा हुआ खुर किसका होता है–

(अ) घोड़ा (ब) हाथी

(स) भेड़ (द) जेब्रा

21. दुग्ध उत्पादन बढाने के लिए गाय को क्या दिया जाता है –

(अ) प्रोलेक्टिन (ब) सॉब्रिटॉल

(स) स्टिलबेस्टीरॉल (द) गोनेडोट्रॉपिन

22. पशुओं में गलघोंटू रोग का कारक है –

(अ) बैसिलस एन्थ्रेसिस

(ब) माइकोकबैक्टीरियम बेविस

(स) साल्मोनेला टाइफी

(द) पाश्चुरेल्ल मल्टोसिडा

23. विश्व प्रसिद्ध अगोरा ऊन किससे प्राप्त होती है –

(अ) भेड़ (ब) खरगोश

(स) बकरी (द) याक

24. बैक्ट्रियन ऊँट से होता है –

(अ) एक कूबड़ (ब) दो कूबड़

(स) चार कूबड़

(द) कूबड़ नहीं होता है

25. जल प्रदूषण से होने वाले रोग है –

(अ) मुँहपका खुरपका

(ब) एन्थ्रेक्स

(स) तपेदिक

(द) उपरोक्त सभी

26. निम्न में से कौनसा मैच गलत है –

(अ) पोप कॉर्न जियामेज एवर्टा

(ब) स्वीट कॉर्न–जियामेज इनडेन्टाटा

(स) पोड कॉर्न – जियामेज ट्यूनीकेटा

(द) फ्लोर कोर्न या सॉफ्ट कोर्न – जियामेज एमेलीसिना

27. सर्टिफाइड बीजों के थैले पर किस रंग का टैग लगाया जाता है –

(अ) सफेद (ब) पीला

(स) लाल (द) नीला

28. ज्वार के पौधों की वृद्धि के लिए तापमान उपर्युक्त रहता है –

(अ) 15–20° सेल्सियस

(ब) 20–25° सेल्सियस

(स) 25–30° सेल्सियस

(द) 30–35° सेल्सियस

29. चने के खरपतवार नियंत्रण के लिए सबसे उपयुक्त रसायन है –

(अ) एट्राजीन, 0.5 किग्रा / हैक्टेयर

(ब) 1.4 –डी, 0.75 किग्रा / हैक्टेयर

(स) फ्लूक्लोरेलिन, 0.75 किग्रा / हैक्टेयर

(द) सिमेजीन, 0.5 किग्रा / हैक्टेयर

30. राजस्थान मृदा एवं जल संरक्षण अधिनियम' कब बना था –

(अ) 1954 में (ब) 1964 में

(स) 1978 में (द) इनमें से कोई नहीं

31. गोल्डन राइस किस विटामिन में धनी होता है –

(अ) विटामिन 'ए' (ब) विटामिन 'बी'

(स) विटामिन 'सी' (द) विटामिन 'डी'

32. गेहूँ की 50 क्विंटल/हैक्टेयर उत्पादन देने वाली फसल भूमि से कितनी मात्रा में उर्वरक अवशोषित करती है (प्रति हैक्टेयर)

(अ) नत्रजन 80–100 किग्रा + फॉस्फोरस 50–60 किग्रा + पोटाश 100–120 किग्रा

(ब) नत्रजन 100–150 किग्रा + फॉस्फोरस 70–80 किग्रा + पोटाश 125–150 किग्रा

(स) नत्रजन 150–180 किग्रा + फॉस्फोरस 100 किग्रा + पोटाश 160–180 किग्रा

(द) नत्रजन 160–200 किग्रा + फॉस्फोरस 80–100 किग्रा + पोटाश 150–170 किग्रा

33. भारत में खाद्य अनाज (फूड ग्रेन) का उत्पादन पहुंच चुका है –

(अ) 250 मिलियन टन/वर्ष तक

(ब) 200 मिलियन टन/वर्ष तक

(स) 150 मिलियन टन/वर्ष तक

(द) उपरोक्त में से कोई नहीं

34. फॉस्फोरस की उपलब्धता किस पी.एच पर अधिक होती है –

(अ) न्यूट्रल (ब) अम्लीय

(स) एलकेलाइन (द) क्षारीय

35. विश्व के सबसे पहले खरपतवारनाशी का नाम निम्न में से कौन सा है –

(अ) एट्राजीन (ब) सिमेजीन

(स) 2,4–डी (द) बैनेवलन्डी

36. भारत सरकार द्वारा राष्ट्रीय उद्यानिकी मिशन (नेशनल हार्टीकल्चर मिशन) का प्रारम्भ कब किया गया था –

(अ) 2005–2006 (ब) 2006–2007 में

(स) 2007–2008 (द) इनमें से कोई नहीं

37. देश में उगायी जाने वाली सभी तिलहन फसलों में मूंगफली की खेती की हिस्सेदारी का योगदान है –

(अ) 40 प्रतिशत क्षेत्रफल तथा 60 प्रतिशत उत्पादन

(ब) 60 प्रतिशत क्षेत्रफल तथा 40 प्रतिशत उत्पादन

(स) 20 प्रतिशत क्षेत्रफल तथा 40 प्रतिशत उत्पादन

(द) 60 प्रतिशत क्षेत्रफल तथा 80 प्रतिशत उत्पादन

38. गेहूँ की 'कल्याण सोना किस्म है –

(अ) सिंगल जीन ड्वार्फ

(ब) डबल जीन ड्वार्फ

(स) ट्रिपल जीन ड्वार्फ

(द) उपरोक्त में से कोई नहीं

39. देश में गेहूँ का प्रति वर्ष कितना उत्पादन होता है –

(अ) 40 मिलियन टन

(ब) 55 मिलियन टन

(स) 70 मिलियन टन

(द) 85 मिलियन टन

40. गन्ने का उत्पादन निम्न मे से सबसे ज्यादा कहां होता है –

(अ) भारत (ब) चीन

(स) क्यूबा (द) थाइलैंड

41. सूरजमुखी की फसल है –

(अ) कॉस पॉलिनेटेड

(ब) सेल्फ पॉलिनेटेड

(स) क्रॉस पॉलिनेटेड तथा सेल्फ पॉलिनेटेड

(द) पार्थिनोकारपस

42. बूंद–बूंद (ड्रिप) सिंचाइ विधि में दबाव (प्रेशर) रखा जाता है –

(अ) 3–4 किग्रा/सेमी^{2}

(ब) 2–3 किग्रा/सेमी^{2}

(स) 1–2 किग्रा/सेमी^{2}

(द) इनमें से कोई नहीं

43. निम्न में से कौन सी मूंग की किस्म है –

(अ) मुक्ता (ब) शरद

(स) लक्ष्मी (द) सुनैना

44. किसान कॉल सेन्टर की शुरूआत किस वर्ष में की गई –

(अ) 1990 (ब) 2004

(स) 2001 (द) 2008

45. 'विजय' किसकी किस्म है –

(अ) मटर (ब) मसूर

(स) चना (द) मूंग

46. उत्तर भारत के मैदानी भागों के लिए सोयाबीन की कौन सी किस्म की सन्तुति (रिकमण्ड) की गयी है –

(अ) शिलाजीत

(ब) के एच एस बी–2

(स) गौरव

(द) अलंकार

47. निम्न मे से किस प्रदेश में मूंगफली का उत्पादन अधिक होता है –

(अ) आंध्र प्रदेश (ब) कर्नाटक

(स) मध्य प्रदेश (द) महाराष्ट्र

48. वरूणा निम्न में से किसकी किस्म है –

(अ) सरसो (ब) तिल

(स) सूरजमुखी (द) अरण्डी

49. पश्चिमी राजस्थान की मृदाओं में आर्गेनिक कार्बन की प्रतिशतता होती है –

(अ) 0.1% (ब) 0.2%

(स) 0.3% (द) 0.4%

50. बीकानेर संभाग की मृदाओं में उपलब्ध नत्रजन की मात्रा होती है –

(अ) 25 किग्रा/हैक्टेयर

(ब) 45 किग्रा/हैक्टेयर

(स) 65 किग्रा/हैक्टेयर

(द) 85 किग्रा/हैक्टेयर

51. सौंफ की फसल में पोटाश की कितनी मात्रा डाली जाती है –

(अ) 0 किग्रा/हैक्टेयर

(ब) 20 किग्रा/हैक्टेयर

(स) 40 किग्रा/हैक्टेयर

(द) 60 किग्रा/हैक्टेयर

52. 'राजेन्द्र क्रान्ति' किसकी किस्म है –

(अ) मैथी (ब) सौफ

(स) जीरा (द) धनिया

53. 'धनिये की फसल में नत्रजन प्रति हैक्टेयर दिया जाता है –

(अ) 10 किग्रा (ब) 30 किग्रा

(स) 50 किग्रा (द) 70 किग्रा

54. बरसीम की वृद्धि किस तापमान पर कम या रूक जाती है तथा फूल आने प्रारम्भ हो जाते है –

(अ) 15–20°C (ब) 20–25°C

(स) 25–30°C (द) 30–35°C

55. बंजर भूमि के संवर्धन एवं संरक्षण तथा उसमें वनीकरण के लिए "राष्ट्रीय बंजर भूमि विकास संगठन की स्थापना कब की गयी थी –

(अ) 1975 में (ब) 1985 में

(स) 1965 में (द) 1995 में

56. "ऑल इंडिया सोयल सर्वे लैण्ड यूज आर्गेनाइजेशन का मुख्यालय है –
(अ) कोलकाता में (ब) नई दिल्ली में
(स) मुम्बई में (द) मद्रास

57. राजस्थान प्रदेश की जी.डी.पी. में पशुपालन का कितना योगदान है –
(अ) औसतन 13% (ब) औसतन 7%
(स) औसतन 19% (द) इनमें से कोई नहीं

58. अम्लीय मृदा बनने के लिए कौनसा कारण जिम्मेदार है –
(अ) कम वर्षा (ब) अधिक वर्षा
(स) पानी का वाष्पीकरण
(द) खारे पानी से सिंचाई

59. भारत में कौनसी मृदा के अन्तर्गत ज्यादा क्षेत्रफल है –
(अ) सेलाइन तथा एल्केलाइन
(ब) एल्यूपियल
(स) रैड सोयल (लाल मृदा)
(द) ब्लैक कॉटन सोयल

60. गोबर की खाद में कितना फॉस्फोरस होता है –
(अ) 0.1 प्रतिशत (ब) 0.2 प्रतिशत
(स) 0.3 प्रतिशत (द) 0.4 प्रतिशत

61. राजस्थान में कितने एग्रोक्लाइनेटिक जोन है –
(अ) 8 (ब) 10
(स) 12 (द) इनमें से कोई नहीं

62. चरी–बरसीम–धान–मटर के फसल चक्र की गहनता बताइये –
(अ) 150% (ब) 250%
(स) 350% (द) 200%

63. निम्न में से कौनसी खाद ड्रिप विधि (बूंद–बूंद सिंचाई) द्वारा देना उपयुक्त नहीं है–
(अ) यूरिया (ब) डीएपी
(स) म्यूरेट ऑफ पोटाश
(द) फॉस्फोरिक एसिड

64. राजस्थान में कुल कितनी पंचायत समितियां है –
(अ) 237 (ब) 225
(स) 295 (द) 233

65. 'सीता' किसकी किस्म है –
(अ) गेहूँ (ब) मक्का
(स) चावल (द) जौ

66. निम्न में से कौनसी किस्म पालक की नहीं है –
(अ) पूसा ज्योति (ब) पूसा पालक
(स) पूसा चिकना (द) ऑल ग्रीन

67. एन एच बी के अनुसार देश में 2009–10 में फल उत्पादन प्रति वर्ष था –
(अ) 92.8 मिलियन टन
(ब) 65.5 मिलियन टन
(स) 60.5 मिलियन टन
(द) 55.5 मिलियन टन

68. बैंगन की फसल में अधिक दिनों तक फल लेने पर रैटून फसल लेने पर उसके फलों में हल्का कड़वापन किसके कारण आ जाता है –
(अ) ग्लाइकोएल्केलॉइड की अधिक मात्रा के कारण
(ब) बीटा–एलकेलॉइड की अधिक मात्रा के कारण
(स) फलों में क्लोरोप्लास्ट की मात्रा बढ़ने के कारण
(द) उपरोक्त में से कोई नहीं

69. गाजर में कैवेटी स्पॉट बनने का कारण है–
(अ) नत्रजन का कम अवशोषण तथा कैल्शियम का अधिक अवशोषण
(ब) फॉसेरस का अधिक तथा कैल्शियम का कम अवशोषण
(स) सल्फर तथा कैल्शियम का अधिक अवशोषण
(द) पोटैशियम का अधिक तथा कैल्शियम का कम अवशोषण

70. एन.एच.बी. के आंकड़ों के अनुसार देश में 2016–17 में सब्जियों के अन्तर्गत क्षेत्रफल था –
(अ) 7.96 मिलियन हैक्टेयर
(ब) 6.96 मिलियन हैक्टेयर
(स) 8.96 मिलियन हैक्टेयर
(द) 10.29 मिलियन हैक्टेयर

71. मूली में तीखापन (चरपरापन) किसके कारण होता है –
(अ) आइसो थायोसाइनेटस के कारण
(ब) एन्थोसायनिन के कारण
(स) कुकमीन के कारण
(द) इनमें से कोई नहीं

72. 'आजाद क्रान्ति' किसकी किस्म है –
(अ) बैंगन (ब) भिन्डी
(स) करेला (द) टिन्डा

73. राजस्थान में फलों के अन्तर्गत क्षेत्रफल है–
(अ) 42,100 हैक्टेयर के लगभग
(ब) 32,100 हैक्टेयर के लगभग
(स) 21,100 हैक्टेयर के लगभग
(द) 51,100 हैक्टेयर के लगभग

74. आर सी एच – 1 (R C H - 1) मिर्च की किस्म कहां से निकाली गयी है –
(अ) कृषि अनुसंधान केन्द्र, जोधपुर
(ब) कृषि अनुसंधान केन्द्र, बीकानेर
(स) कृषि अनुसंधान केन्द्र, अलवर
(द) राष्ट्रीय बीजीय मसाला अनुसंधान केन्द्र, अजमेर

75. आम में फल किस प्रकार का होता है?
(अ) सरस (ब) डुरूप
(स) केरआपसिस
(द) उपरोक्त में से नहीं

76. इनमें मिर्च की किस्म नहीं है?
(अ) एम डी यू–1 (ब) पूसा दीपती
(स) हीरा (द) पूसा दीपाली

77. ईपिकोटाइल ग्राफ्टिंग मुख्य रूप से किस फल में की जाती है –
(अ) आम (ब) अनार
(स) बेर (द) अमरूद

78. चिकन एन्ड हेन डिसऑर्डर (दैहिक व्याधि) किस फल में होती है –
(अ) किन्नो (ब) अंगूर
(स) खजूर (द) आंवला

79. अनार के फलों के जूस में औसतन कुल घुलनशील पदार्थ (TSS) डिग्री ब्रिक्स होता है–
(अ) 5 (ब) 10
(स) 15 (द) 20

80. खजूर का पौधा लगाने के लिए ऑफशूट का वजन होना चाहिए –
(अ) 6 किग्रा (ब) 12 किग्रा
(स) 18 किग्रा (द) 24 किग्रा

81. डिप्लोडिआ स्टेम एन्ड रॉट किस फल का रोग है –
(अ) खजूर (ब) अंगूर
(स) बेल (द) आम

82. केले की पनामा व उखटा रोगरोधी किस्म है –

(अ) पूवन (ब) रोबस्टा
(स) लालकेला (द) सफेद बेलची

83. अमरूद की ''ललित' किस्म कहां से निकाली गयी है –

(अ) आई.आर.आई., दिल्ली
(ब) आई.आई.एच.आर. हैसरगट्टा, बैंगलोर
(स) जी.बी. पंत कृषि एवं प्रौद्योगिकी विश्वविद्यालय पंतनगर, नेनीताल
(द) सेन्ट्रल इन्स्टीट्यूट ऑफ सब ट्रोपीकल हॉर्टीकल्चर, लखनऊ

84. 'रत्ना तथा अल्फांसो के संकरण से आम की कौन सी किस्म निकाली गयी है –

(अ) सिन्धु (ब) रत्ना
(स) निलेशान (द) निलफान्सो

85. आम की केसर किस्म निम्न में से किस प्रदेश में प्रमुखता से उगायी जाती है –

(अ) उत्तरप्रदेश (ब) बिहार
(स) मध्यप्रदेश (द) गुजरात

86. पश्चिमी राजस्थान में बेर के वृक्षों में कांट छांट (प्रूनिंग) करने का उपयुक्त समय है–

(अ) मार्च का अन्तिम सप्ताह
(ब) अप्रैल का अन्तिम सप्ताह
(स) मई का अन्तिम सप्ताह
(द) जून का प्रथम सप्ताह

87. आंवले के पौधों पर पुष्प किस माह में आते है –

(अ) जनवरी (ब) मार्च
(स) मई (द) जुलाई

88. बेल के फल किस माह में पकते है –

(अ) अप्रैल–मई (ब) जून–जुलाई
(स) फरवरी–मार्च (द) अगस्त–सितम्बर

89. एफ.पी.ओ. 1955 के अनुसार जैम (फल पाक) में फल का अंश कम से कम कितने प्रतिशत होना चाहिए –

(अ) 50% (ब) 35%
(स) 40% (द) 45%

90. आंवलों का पानक (स्कवैश) बनाने में कितना साइट्रिक एसिड प्रयोग किया जाता है –

(अ) 0 ग्राम (ब) 10 ग्राम
(स) 20 ग्राम (द) 30 ग्राम

91. देशी गुलाब के पुष्पों में (रोजा डेमिसियाना में) कितने प्रतिशत एसेन्शियल ऑयल पाया जाता है –

(अ) 0.01% (ब) 0.04%
(स) 0.08% (द) 0.10%

92. एक हैक्टेयर में गैंदे की खेती करने के लिए नर्सरी के लिए कितने बीज की आवश्यकता होती है –

(अ) 1.5 किग्रा (ब) 3.5 किग्रा
(स) 4.5 किग्रा (द) 5.5 किग्रा

93. मौसमी और माल्टा के प्रवर्द्धन (प्रोपेगेशन) में निम्न में से कौनसा मूलवृन्त प्रयोग किया जाता है –

(अ) सिट्रस जेम्भीरी (ब) सिट्रस रेटिकुला
(स) सिट्रस पैराडिसी (द) सिट्रस ग्रान्डिस

94. पंजाब स्वीट निम्न में से किसकी किस्म है–

(अ) अनार (ब) अंगूर
(स) पपीता (द) अमरूद

95. निम्न में से कौनसा कटफ्लॉवर नहीं है –

(अ) एस्टर (ब) ग्लेडिओलस
(स) जरबेरा (द) लाइनम

96. टमाटर के फलों में लाइकोपिन पिगमेन्ट किस तापक्रम पर अधिक बनता है –

(अ) 20–25 डिग्री सेन्टीग्रेड
(ब) 25–30 डिग्री सेन्टीग्रेड
(स) 30–35 डिग्री सेन्टीग्रेड
(द) 35–40 डिग्री सेन्टीग्रेड

97. एक हैक्टेयर में टमाटर की पौध लगाने के लिए नर्सरी में कितने क्षेत्रफल पर बीज बोना चाहिए –

(अ) 225 वर्ग मी. (ब) 425 वर्ग मी.
(स) 625 वर्ग मी. (द) 825 वर्ग मी.

98. प्याज की खेती के लिए किस पी एच मान वाली मृदा सबसे उपयुक्त रहती है –

(अ) 4.8–5.5 (ब) 5.5–6.8
(स) 6.8 – 7.5 (द) 7.5–8.3

99. राजस्थान में प्याज की खेती से अच्छा उत्पादन लेने के लिए पोटाश की कितनी मात्रा देनी चाहिए –

(अ) 40 किग्रा/हैक्टेयर
(ब) 60 किग्रा/हैक्टेयर
(स) 80 किग्रा/हैक्टेयर
(द) 100 किग्रा/हैक्टेयर

100. फूलगोभी की अगेती किस्म में फूल बनने तथा विकसित होने के लिए कौनसा तापक्रम उपयुक्त होता है –

(अ) 20–25 डिग्री सेंटीग्रेड
(ब) 16–20 डिग्री सेंटीग्रेड
(स) 12–15 डिग्री सेंटीग्रेड
(द) 25–30 डिग्री सेंटीग्रेड

मॉडल प्रश्न पत्र – 15

1. राजस्थान का भौतिक क्षेत्रफल कितना है–

(अ) 3,42,239 वर्ग किमी
(ब) 3,42,229 वर्ग किमी
(स) 2,34,239 वर्ग किमी
(द) 2,34,239 वर्ग किमी

2. बेर की व्यावसायिक प्रवर्धन विधि कौनसी है–

(अ) वलय तथा 'टी' कलिकायन
(ब) ग्राफ्टिंग
(स) लेबरिंग
(द) जिहवा ग्राफ्टिंग

3. गोवंश की कौनसी नस्ल द्वि प्रयोजनी है –

(अ) हरियाणा (ब) थारपारकर
(स) गिर (द) अ व ब दोनों

4. कोटा तथा बूंदी जिलों का अधिकांश हिस्सा राजस्थान के किस कृषि जलवायुवीय क्षेत्र में आता है –

(अ) आर्द्र दक्षिणी मैदान
(ब) आर्द्र दक्षिण–पूर्वी मैदान
(स) अर्ध–आर्द्र दक्षिणी मैदान
(द) बाढ़ पूर्वी मैदान

5. 'दुर्गापुरा मधु'' किस फसल की उन्नत किस्म है?

(अ) खरबूजा
(ब) तरबूज
(स) खीरा
(द) ककड़ी

6. लवणीय मृदाओं की होती है –
   (अ) विद्युत चालकता > 4 मिली म्होज/ सेमी पी एच > 8.5, ई.एस.पी. >15
   (ब) विद्युत चालकता < 4 मिली म्होज/ सेमी पी एच > 8.5, ई.एस.पी. >15
   (स) विद्युत चालकता >4 मिली म्होज / सेमी पी एच <8.5, ई.एस.पी.< 15
   (द) विद्युत चालकता < 4 मिली म्होज/ सेमी पी एच < 8.5, ई.एस.पी. <15

7. राजस्थान के शुष्क क्षेत्रों में किस प्रकार का मृदा अपरदन मुख्य समस्या है?
   (अ) वायु (ब) जल
   (स) भूस्खलन
   (द) उपरोक्त में से कोई नहीं

8. गाय तथा भैंस में होने वाले गलघोंटू रांग के लिए कौन सा जीवाणु उत्तरदायी है?
   (अ) पास्चुरेला (ब) माइकोबेक्टीरियम
   (स) बैसिलस (द) एक्टिनोबैसिलस

9. वर्षा कालीन भिण्डी हेतु उपयुक्त बीज दर है?
   (अ) 5–6 किग्रा/है
   (ब) 10–12 किग्रा/है
   (स) 15–18 किग्रा/है
   (द) 20–24 किग्रा/है

10. श्वेत गिडार किस फसल का मुख्य नाशीकीट है –
   (अ) धान (ब) गेहूँ
   (स) मूंगफली (द) सरसों

11. भैंस की जाफरावादी नस्ल का गृह क्षेत्र है–
   (अ) करनाल (ब) काठियावाड
   (स) रोहतक (द) पंतनगर

12. आम, संतरा तथा सेब में पकने से पूर्व फल गिरने से रोकने के लिए कौन से वृद्धि नियामक का प्रयोग करते है?
   (अ) ऑक्सिन (ब) जिब्रेलिन
   (स) साइटोकाइनिन (द) ऐथिलीन

13. कपास किस कुल का पौधा है?
   (अ) क्रूसीफेरी (ब) एनकार्डिएसी
   (स) मालवेसी (द) सोलेनेसी

14. किस फसल के बीज की भूसी का उपयोग मानव में पाचन संबंधित विकारों के उपचार हेतु किया जाता है?
   (अ) सोनामुखी (ब) ईसबगोल
   (स) जेट्रोफा (द) ग्वारभाटा

15. पौधो में ऑक्सिन के संश्लेषण हेतु कौन सा सूक्ष्म तत्व आवश्यक है?
   (अ) लोहा (ब) जिंक
   (स) तांबा (द) मैंगनीज

16. रूबी किस फल की उन्नत प्रजाति है?
   (अ) बेर (ब) अनार
   (स) अंजीर (द) आंवला

17. लम्बे लटकते कान, रोमन नाक, छोटे समतल सींग, बड़ा अयन तथा लम्बे थन किस बकरी की नस्ल के मुख्स गुण है?
   (अ) जमुनापुरी (ब) बारबरी
   (स) नेल्लरी (द) बीटल

18. ताजा दूध का पी एच मान होता है?
   (अ) 6.3 – 6.5 (ब) 6.5 – 6.7
   (स) 6.7 – 6.9 (द) 6.9 – 7.1

19. पौधे नत्रजन का अवशोषक किस रूप में करते है –
   (अ) NO_3 (ब) NH_4^+
   (स) अ तथा ब दोनों
   (द) उपरोक्त में से कोई नहीं

20. निम्न में से किस फसल की जल मांग सर्वाधिक है ?
(अ) धान (ब) गन्ना
(स) गेहूँ (द) मक्का

21. पशुओं में अरण्डी के तेल का प्रयोग किस रूप में किया जाता है –
(अ) दस्तावर (ब) ज्वररोधी
(स) दर्द निवारक (द) प्रतिजैविक

22. अंतिम पकाव बिन्दु पर अवलेह का तापमान होता है ?
(अ) 100.5° सेल्सियस
(ब) 101.5° सेल्सियस
(स) 105.5° सेल्सियस
(द) 115.5° सेल्सियस

23. राजस्थान में बेर की प्रूनिंग (कटाई–छंटाई) का उपयुक्त समय है?
(अ) मध्य मार्च से मध्य अप्रैल
(ब) मध्य अप्रैल से मध्य मई
(स) मध्य मई से मध्य जून
(द) मध्य जून से मध्य जुलाई

24. निम्न में से दुग्ध प्रोटीन है?
(अ) एल्बुमिन (ब) ग्लूटिन
(स) केसिन (द) होर्डिन

25. जीवन वृत्त के आधार पर बथुआ (चीनो पोडियम एल्बम) किस प्रकार का पौधा है?
(अ) एक वर्षीय (ब) द्विवर्षीय
(स) बहुवर्षीय (द) निश्चित नहीं

26. 92 किग्रा नत्रजन की आपूर्ति हेतु यूरिया की कितनी मात्रा की आवश्यकता होगी?
(अ) 20 किग्रा (ब) 200 किग्रा
(स) 300 किग्रा (द) 400 किग्रा

27. चने में खरपतवारों के रासायनिक नियंत्रण हेतु बेसालिन नामक शाकनाशी का प्रयोग किस समय किया जाता है?
(अ) फसल बुआई के पूर्व
(ब) फसल अंकुरण के पूर्व
(स) फसल अंकुरण के बाद
(द) उपरोक्त सभी

28. 'जापानीज इम्प्रूव्ड फूलगोभी की किस प्रकार की किस्म है?
(अ) अगेती (ब) मध्यम
(स) पछेती (द) अतिरिक्त अगेती

29. गोवंश में असामान्य भूख, हड्डियों अन्य अवांछनीय पदार्थों का चबाने के लक्षण किसकी न्यूनता का संकेत देते हैं?
(अ) Mg (ब) Na
(स) Ca (द) P

30. गाय की गर्भधारण अवधि है?
(अ) 181 दिन (ब) 281 दिन
(स) 381 दिन (द) 481 दिन

31. गन्ने की बुआई हेतु प्रयोग में लाए जाने वाले टुकड़ों पर कितनी कलिका (आंखे) होनी चाहिए?
(अ) 1 (ब) 2
(स) 3 (द) 5

32. आर जी सी–936 किस फसल की उन्नत किस्म है?
(अ) मोठ (ब) ग्वार
(स) मूंग (द) मटर

33. बीज का वास्तविक मान किस पर निर्भर करता है?
(अ) बीज की अंकुरणता प्रतिशतता पर
(ब) बीज की शुद्धता पर
(स) अ तथा ब दोनों पर
(द) उपरोक्त में से कोई नहीं

34. खुरपका–मुंहपका रोग का कारण है?
(अ) जीवाणु (ब) कवक
(स) विषाणु (द) प्रोटोजोआ

35. फल तथा सब्जियों के परिरक्षण के लिए सामान्यतया कितना सान्द्रता का नमक का घोल प्रयोग किया जाता है?
(अ) 5–15% (ब) 15–25%
(स) 25–45% (द) 45–55%

36. तेल तथा रेशे दोनों का उत्पादन देने वाली फसल है?
(अ) तारामीरा (ब) अलसी
(स) मसूर (द) मूंगफली

37. गोवंश में अत्यधिक ज्वर तथा खूनी दस्त किस रोग के लक्षण है?
(अ) रिण्डरपेस्ट (ब) खुरपका–मुंहपका
(स) एन्थ्रेक्स (द) ब्लैक क्वार्टर

38. सी आर आई अवस्था किस फसल से संबंधित है?
(अ) आलू (ब) टमाटर
(स) चना (द) गेहूँ

39. वर्गाकार पद्धति की तुलना में उद्यान में फलवृक्ष लगाने की षट्कोणीय विधि में कितने अधिक पौधे लगाए जा सकते है ?
(अ) 5% (ब) 10%
(स) 15% (द) 20%

40. निम्न में से कौन सा द्वितीयक भू–परिष्करण का उदाहरण नहीं है ?
(अ) गहरी जुताई (ब) हैरोइंग
(स) पाटा लगाना (द) बुआई

मॉडल प्रश्न पत्र – 16

1. निम्न में से कौनसा 2 : 1 प्रकार का क्ले मिनरल नहीं है?
(अ) काअलोनाइट (ब) मोन्टमारिलोनाइट
(स) स्मेकटाइट (द) इलाइट

2. निम्न में से किस तत्व को सत्रहवें आवश्यक पोषक तत्व के रूप में जोड़ा गया है?
(अ) सिलीकॉन (ब) क्रोमियम
(स) निकिल (द) सिलीनियम

3. निम्न में से किस किस्म की मृदा में बड़े पोर स्पेस पाये जाते है?
(अ) चिकनी (ब) बलुई
(स) दुमट (द) बलुई दुमट

4. निम्न में से सबसे अपक्षय प्रतिरोधी मिनरल है?
(अ) क्वार्ट्ज (ब) मस्कोवाइट
(स) फेल्सपार (द) कैल्साइट

5. निम्न में से पोटाश का अच्छा स्रोत है
(अ) रॉक फास्फेट
(ब) बेसिक स्लैग
(स) बोन मील
(द) फ्लाइएथ

6. निम्न में से कौनसा मृदा आर्डर भारत में सबसे ज्यादा क्षेत्र में पाया जाता है?
(अ) एरिडोसोल्स (ब) इनसेप्टीसोल्स
(स) एन्टीसोल्स (द) वर्टीसोल्स

7. करन–3 किस फसल की किस्म है?
(अ) चना (ब) गेहूँ
(स) जौ (द) जई

8. निम्न में से कौन सी किस्म ग्वार फसल की है?
(अ) क–12 (ब) नवीन
(स) केन्ट (द) आर जी सी–936

9. निम्न में से किस फसल की चारे की प्रारम्भिक वृद्धि अवस्था में HCN की मात्रा अधिकतम होती है?
(अ) बाजरा (ब) ज्वार
(स) ग्वार (द) बरसीम

10. डाई–अमोनियम फॉस्फेट ने नत्रजन एवं फॉस्फोरस की मात्रा क्या होती है?
(अ) 18 : 48% (ब) 20 : 50%
(स) 46 : 20% (द) 20 : 20%

11. पेंगिग अवस्था किस फसल में पायी जाती है?
(अ) शक्करकन्द (ब) मूंगफली
(स) लोबिया (द) कपास

12. बीकानेर क्षेत्र निम्न में से किस जोन में आता है?
(अ) जोन I (ब) जोन I-B
(स) जोन I-C (द) जोन IV

13. निम्न में से कौन सा पेड राजस्थान का कल्पवृक्ष कहलाता है?
(अ) नीम (ब) रोहिड़ा
(स) खेजड़ी (द) कुमट

14. निम्न में से किसे कास्टिक सोडा कहते है?
(अ) सोडियम हाइड्राक्साइड
(ब) पोटैशियम हाइड्राक्साइड
(स) अमोनियम हाइड्रॉक्साइड
(द) कैल्शियम नाइट्रेट

15. नत्रजन पौधों द्वारा निम्न में से किस रूप में लिया जाता है?
(अ) NH_4^+ एवं NO_c
(ब) N_2O एवं NO
(स) HNO_3 (द) NO_2 एवं N

16. निम्न में से कौन सा उर्वरक एमाइड एवं कार्बनिक उर्वरक के रूप में जाना जाता है?
(अ) सोडियम नाइट्रेट
(ब) अमोनियम नाइट्रेट
(स) यूरिया
(द) कैल्शियम सल्फेट

17. मौसमी परिवर्तनों का अध्ययन कहलाता है?
(अ) भूगर्भ विज्ञान (ब) जल विज्ञान
(स) मौसम विज्ञान
(द) उपरोक्त में से कोई नहीं

18. फली वाले पौधों में वातावरणीय नाइट्रोजन स्थिरीकरण किस बैक्टीरिया द्वारा किया जाता है?
(अ) एक्टीनोमाइसिटिज
(ब) राइजोबियम बैक्टीरिया
(स) बैसीलस जीवाणु
(द) माइकोराइजा

19. औरोबैन्की निम्न में से किस फसल से सम्बन्धित है?
(अ) धान (ब) सरसों
(स) गेहूँ (द) कपास

20. हाइग्रोमीटर निम्न में से किस फसल से सम्बन्धित है?
(अ) आर्द्र तापमान (ब) वर्षा
(स) नमी (द) ओस

21. निम्न में से कौन सा तापमान गेहूं की बुआई एवं जमाव के लिए उचित हैं?

(अ) 20–25°C (ब) 8–12°C

(स) 25–30°C (द) 10–15°C

22. मृदा में फील्ड कैपेसिटी पर नमी मापी जाती है –

(अ) सिंचाई के 48–72 घंटे बाद

(ब) सिंचाई के 12–14 घंटे बाद

(स) सिंचाई के तुरन्त बाद

(द) सिंचाई के पहले

23. निम्न में से कौनसी फसल हरी खाद के रूप में प्रयोग की जाती है?

(अ) गेहूं (ब) लुसर्न

(स) ढेंचा (द) धान

24. निम्न में से 'गन्ना' किस परिवार से संबंधित है –

(अ) ग्रेमिनी (ब) कम्पोजिटी

(स) सोलेनेसी (द) टिलिएसी

25. एरोइंग निम्न में से किससे संबंधित है?

(अ) गन्ने में फूल आना

(ब) गेहूं में किल्ले निकलना

(स) मक्का में टैजलिंग

(द) कपास में फूल आना

26. राष्ट्रीय बीज अधिनियम किस वर्ष में घोषित हुआ था?

(अ) 2002 में (ब) 1966 में

(स) 2013 में (द) 2003 में

27. एक मानव शक्ति कितनें अश्वशक्ति के बराबर होती है?

(अ) 0.1 अश्वशक्ति

(ब) 0.2 अश्वशक्ति

(स) 10 अश्वशक्ति (द) 20 अश्वशक्ति

28. एनिमोमीटर द्वारा क्या मापा जाता है?

(अ) वायु–दाब

(ब) वायु–गति

(स) वायु की दिशा

(द) उपरोक्त में से कोई नहीं

29. खेत में जल उपयोग क्षमता की गणना किस सूत्र से की जाती है?

(अ) आर्थिक उपज/जल उपयोग

(ब) काश्त की लागत/जल उपयोग

(स) वाष्पन दर/जल उपयोग

(द) जल उपयोग/आर्थिक उपज

30. SRI तकनीक कौनसी फसल में इस्तेमाल की जाती है ?

(अ) गेहूं (ब) चना

(स) धान (द) कपास

31. फूलगोभी में मौलिब्डेनम की कमी किस तरह की विकृति पैदा करती है?

(अ) व्हिप टेल

(ब) पत्तियों का मुड़ना

(स) पत्तियों में पीलापन

(द) तने की वृद्धि करना

32. भारतवर्ष में कितने एग्रोक्लामेटिक एवं इकोलोजिकल जोन है?

(अ) 15 एवं 131

(ब) 5 एवं 57

(स) 8 एवं 32

(द) उपरोक्त में से कोई नहीं

33. टमाटर में फलों का लाल किस पदार्थ की उपस्थिति के कारण होता है?

(अ) लाइकोपिन (ब) कैरोटिन

(स) एन्थोसाइनिन (द) ऑक्सिन

34. धान–गेहूं–मूंग (गर्मी) फसल चक्र की चक्रीय तीव्रता क्या है?

(अ) 100% (ब) 200%

(स) 300% (द) 250%

35. निम्न में से कौनसी नस्ल भैंस की है?

(अ) थारपारकर (ब) कांकरेज

(स) राठी (द) मुर्रा

36. निम्न में से किस जानवर के मांस को "बीफ" कहते है?

(अ) गधा (ब) गाय

(स) खरगोश (द) बन्दर

37. सी ए जेड आर आई (CAZRI) किस शहर में स्थित है?

(अ) लखनऊ (ब) इलाहाबाद

(स) झांसी (द) जोधपुर

38. बलुई दुमट मृदा में निम्न में से किस पदार्थ की मात्रा अधिक होती है?

(अ) बालू

(ब) सिल्ट

(स) चिकनी मृदा

(द) उपरोक्त में से कोई नहीं

39. निम्न में से कौन सा वृक्ष पाले के प्रति अधिक संवेदनशील है?

(अ) खजूर (ब) अनार

(स) खेजड़ी (द) आंवला

40. निम्न में से किस पोषक तत्व को "अल्ट्रामाइक्रो न्यूट्रिएन्ट कहते है?

(अ) मैंगनीज (ब) जिंक

(स) मॉलिब्डेनम (द) लोहा

मॉडल प्रश्न पत्र – 17

1. राजस्थान का भौगोलिक क्षेत्र भारतवर्ष के कुल भौगोलिक क्षेत्र का कितने प्रतिशत है–

(अ) 05.4 (ब) 10.4

(स) 15.4 (द) 20.4

2. राजस्थान का कृषि जलवायु खण्ड 4–बी क्या है?

(अ) शुष्क मैदानी पश्चिमी क्षेत्र

(ब) लूनी नदी का अतवर्ती मैदानी क्षैत्र

(स) आर्द्र दक्षिणी मैदानी क्षेत्र

(द) बाढ संभाव्य पूर्वी मैदान

3. राजस्थान का कितना प्रतिशत क्षेत्रफल क्षारीय एवं लवणीय मृदा से ग्रसित है –

(अ) 5.6 लाख हैक्टेयर

(ब) 7.8 लाख हैक्टेयर

(स) 10.6 लाख हैक्टेयर

(द) 12.8 लाख हैक्टेयर

4. अम्लीय भूमि को सुधार कर कृषि योग्य बनाने में किसका प्रयोग करते हैं –

(अ) चना (ब) जिप्सम

(स) गंधक चूर्ण (द) पाइराइट

5. भूमि उपयोग क्षमता वर्गीकरण के अन्तर्गत भूमि को कितनी श्रेणियों में विभाजित किया गया है?

(अ) 5 (ब) 8

(स) 10 (द) 12

6. शुष्क क्षेत्रों के लिए सर्वाधिक सामान्य जल संग्रहण रचना है?

(अ) एनीकट (ब) खड़ीन

(स) खेत कुण्ड (द) तालाब

7. इनमें से कौनसा एक कार्बनिक उर्वरक है?
(अ) अमोनिया सल्फेट
(ब) यूरिया
(स) सुपर फॉस्फेट (द) डी.ए.पी.

8. अनाज वाली फसलों में वायुमण्डलीय नत्रजन का स्थिरीकरण किसके द्वारा किया जाता है?
(अ) राइजोबियम (ब) एजोला
(स) एजेटोबैक्टर (द) पीएसबी

9. राजस्थान के अधिकांश क्षेत्र में सिंचाई के स्त्रोत क्या है?
(अ) तालाब (ब) नहरें
(स) नदियां (द) कुएँ एवं नलकूप

10. इनमें से सफेद दाने वाली मक्का की उन्नत किस्म कौनसी है?
(अ) माही कंचन (ब) गंगा – 11
(स) नवजोत (द) गंगा सफेद

11. राजस्थान में सरसो बुवाई की औसत बीजदर क्या है?
(अ) 1-2 kg/ha (ब) 4-5 kg/ha
(स) 6-7 kg/ha (द) 9-10 kg/ha

12. मूंग फसल में प्रति हेक्टेयर उचित पौधों की संख्या क्या है?
(अ) 66 हजार (ब) 1 लाख 20 हजार
(स) 2 लाख 40 हजार
(द) 3 लाख 33 हजार

13. वृक्षों एवं घास को एक साथ उगाने की पद्धति को क्या कहते हैं?
(अ) एग्रोफोरेस्ट्री (ब) सिल्वीकल्चर
(स) सिल्वीपेस्ट्रल (द) फार्म फोरेस्ट्री

14. गेहूं की फसल में सिंचाई की मुख्य क्रांतिक अवस्था कौनसी है?
(अ) शीर्ष जड़ें जमने के समय
(ब) फुटान पर
(स) बालियाँ आने पर
(द) दूधिया अवस्था पर

15. सोयाबीन में कितने प्रतिशत तेल पाया जाता है?
(अ) 20% (ब) 40%
(स) 30% (द) 50%

16. इनमें से किस शाकनाशी का मक्का, उड़द अन्तःशस्य में प्रयोग करना चाहिए?
(अ) 2,4-D (ब) आइसोप्रोटुरोन
(स) एट्राजिन (द) स्टोम्प

17. भूमि समतुल्यांक अनुपात (LER) किसका निर्धारण बिन्दु है?
(अ) एकल फसल खेती
(ब) अविराम खेती
(स) मिश्रित खेती (द) क्रमबद्ध खेती

18. संकुल मक्का का प्रमाणित बीज उगाने के लिए मक्का के एक खेत से दूसरे खेत की दूरी कम से कम कितनी होनी चाहिए?
(अ) 25 मीटर (ब) 50 मीटर
(स) 75 मीटर (द) 100 मीटर

19. सुरक्षित अनाज भंडारण हेतु दाने में कितनी प्रतिशत नमी उपयुक्त है?
(अ) 8-10% (ब) 12-15%
(स) 15-18% (द) 18-20%

20. वर्तमान में कौनसी राजस्थान कृषि विभाग द्वारा संचालित एक महत्वपूर्ण योजना है?
(अ) कृषि विज्ञान केन्द्र
(ब) जलग्रहण क्षेत्र प्रबंधन
(स) आत्मा
(द) एन ए टी पी

21. भारत में वर्तमान में उद्यानिकी फसलों का क्षेत्रफल है?
(अ) 12 मिलीयन हैक्टेयर
(ब) 15 मिलीयन हैक्टेयर
(स) 17 मिलीयन हैक्टेयर
(द) 20 मिलीयन हैक्टेयर

22. स्कर्वी नामक रोग किस विटामिन की कमी से होता है?
(अ) विटामिन–ए (ब) विटामिन बी
(स) विटामिन सी (द) विटामिन डी

23. राजस्थान में देशी गुलाब की खेती किस जिले में सबसे अधिक होती है?
(अ) उदयपुर (ब) सिरोही
(स) भरतपुर (द) अजमेर

24. पाले से निम्न में से कौनसी फसल अधिक प्रभावित होती है?
(अ) फूलगोभी (ब) टमाटर
(स) गाजर (द) प्याज

25. संतरा में पादप प्रवर्धन की कौनसी विधि उपयुक्त है?
(अ) कर्तन (ब) कलिकायन
(स) बीज द्वारा (द) उपरोक्त सभी

26. आम के पौधे लगाने का उपयुक्त समय है?
(अ) जून (ब) जुलाई
(स) अक्टूबर (द) जनवरी

27. उद्यान लगाने की विभिन्न विधियों में से मुख्यतः कौनसी विधि अपनाई जाती है?
(अ) वर्गाकार (ब) षट्कोण
(स) सीढ़ीनुमा (द) त्रिकोणीय

28. पुराने या आर्थिक रूप से कमजोर बाग को सुधारने हेतु प्रसारण की कौनसी विधि अपनाई जाती है?
(अ) भेंट कलम (एनार्चिंग)
(ब) कलिकायन (बडिंग)
(स) स्टूलिंग
(द) चोटी कलम बांधना (टॉप वर्किंग)

29. नींबू वर्गीय वृक्षों में फल झड़न समस्या को रोकने के लिए किस पादप वृद्धि नियंत्रक का छिड़काव करते हैं?
(अ) आई.बी.ए. (ब) जी.ए.
(स) इथरेल (द) 2,4-D

30. टमाटर में बसंत–ग्रीष्मकालीन फसल के लिए नर्सरी में बीजों की बुवाई कब करते है?
(अ) नवम्बर में (ब) दिसम्बर में
(स) जनवरी में (द) फरवरी में

31. प्याज की खरीफ फसल लेने के लिए उपयुक्त किस्म है?
(अ) पूसा रत्नाकर (ब) अर्का कल्याण
(स) अर्ली ग्रेनो (द) N-53

32. पिछेती झुलसा रोग से फसलों को बचाने के लिए छिड़काव करें?
(अ) 0.2% मेंकोजेब
(ब) 0.2% मेलाथियान
(स) 0.2% इमिडाक्लोप्रिड
(द) 0.2% सल्फेक्स

33. आम की नियमित फसल फल देने वाली किस्म है?
(अ) अल्फांजो (ब) आम्रपाली
(स) केसर (द) राजभोग

34. अम्लीय भूमि में किस फल की खेती सुगमता से की जा सकती है?
(अ) सीताफल (ब) बेल
(स) अंजीर (द) अमरूद

35. भारत में तुड़ाई उपरान्त लगभग कितने प्रतिशत फल उपयोग से पूर्व नष्ट हो जाते हैं?

(अ) 30% (ब) 40%
(स) 45% (द) 20%

36. जैली के जमने में मुख्य कारक क्या है?

(अ) तापमान (ब) पानी की मात्रा
(स) पेक्टिन (द) शक्कर की मात्रा

37. उत्तरी भारत में मटर की बुवाई कब की जाती है?

(अ) अगस्त में (ब) अक्टूबर में
(स) नवम्बर में (द) दिसम्बर में

38. जलवायु के आधार पर राजस्थान को कितने जोन में विभक्त किया गया है?

(अ) 5 (ब) 7
(स) 9 (द) 10

39. आलू की बुआई के लिए प्रति हैक्टेयर बीज दर कितनी होती है?

(अ) 400 से 500 ग्राम
(ब) 5–6 क्विंटल
(स) 8–10 क्विंटल (द) 15–20 क्विंटल

40. सिंचाई की छिड़काव (स्प्रिंकलर) या बूंद–बूंद (ड्रिप) विधि से लगभग कितने प्रतिशत पानी की बचत होती है?

(अ) 20% (ब) 30%
(स) 40% (द) 45%

41. गिर गाय का उत्पत्ति स्थान है?

(अ) गुजरात (ब) राजस्थान
(स) हरियाणा (द) पंजाब

42. मालवी नस्ल का उत्पत्ति स्थल है?

(अ) गुजरात (ब) उत्तर प्रदेश
(स) मध्यप्रदेश (द) राजस्थान

43. निम्न में से सबसे अधिक दूध देने वाली गाय की नस्ल है?

(अ) जर्सी (ब) हॉलिस्टन फ्रिजीयन
(स) थारपारकर (द) नागौरी

44. सबसे ज्यादा वसा वाला दूध देने वाली नस्ल है?

(अ) मुर्रा (ब) नीली रावी
(स) भदावरी (द) मेहसाना

45. सबसे ज्यादा दूध देने वाली बकरी की नस्ल है?

(अ) सिरोही (ब) बारबरी
(स) मारवाड़ी (द) जमुनापुरी

46. राजस्थान में सबसे फाइन कारपेट ऊन पैदा करने वाली भेड़ की नस्ल का नाम है?

(अ) सोनाड़ी (ब) मालपुरा
(स) चोखला (द) जैसलमेरी

47. इनमें से कौनसी बीमारी मुर्गियों में होती है?

(अ) एन्थ्रेक्स (ब) रानीखेत
(स) लगड़ी (द) खुरपका–मुँहपका

48. दुग्ध बुखार किस की कमी से होता है?

(अ) प्रोटीन (ब) वसा
(स) केल्सियम (द) पोटेशियम

49. किस बीमारी के बचाव के टीके लगाये जाते है?

(अ) थनेला रोग (ब) दुग्ध बुखार
(स) खूनी पेचिस (द) गल घोंटू

50. इनमें से कौनसी दवा पशुओं में विरेचक का कार्य करती है?

(अ) अरण्डी (ब) एल्कोहल
(स) कपूर (द) नीला थोथा

51. इनमें से कौनसी दवा जीवाणुरोधक के रूप में काम में ली जाता है?
(अ) फिनाईल (ब) अरण्डी का तेल
(स) कपूर (द) एल्कोहल

52. एक दिन के मुर्गी के चूजों को किन बीमारियों का टीका लगाया जाता है?
(अ) रानीखेत (ब) चेचक
(स) खूनी पेचिस (द) गमबोरो

53. भैंसों की कौनसी नस्ल का उत्पत्ति स्थान गुजरात है?
(अ) भदावरी (ब) नीली रावी
(स) जाफरावादी (द) मुर्रा

54. नीला थोथा का उपयोग पशुओं में किस कार्य के लिए किया जाता है ?
(अ) उत्तेजक (ब) कृमिनाशक
(स) विरेचक (द) जीवाणुनाशक

55. मेहसाना नस्ल किन दो नस्लों के क्रॉस से तैयार की गई है?
(अ) सुरती × जाफरावादी
(ब) मुर्रा × सुरती
(स) मुर्रा × नीली रावी
(द) मुर्रा × भदावरी

56. निम्न विदेशी नस्लों में से किस नस्ल के दूध में सबसे ज्यादा वसा होती है?
(अ) जर्सी (ब) हालिस्टन फ्रिजियन
(स) ब्राउन स्विस (द) रेड डेल

57. अविकालीन भेड़ की नस्ल तैयार की गई है?
(अ) चोकला × मेरिनो से
(ब) मारवाड़ी × रेम्बूलेट से
(स) मालपुरा × रेम्बुलेट से
(द) मालपुरा × कराकुल से

58. दरातीनुमा सींग किस नस्ल की पहचान है?
(अ) मुर्रा (ब) सुरती
(स) मेहसाना (द) जाफरावादी

59. पशुओं में आयु का अनुमान लगाया जाता है?
(अ) दाँत से (ब) चमड़ी से
(स) खुर से (द) पूँछ से

60. किस नस्ल की भैंस के सिर पर टीका होता है?
(अ) मुर्रा (ब) महसाना
(स) जाफरावादी (द) नीली रावी

मॉडल प्रश्न पत्र – 18

1. चने के आधार बीज उत्पादन हेतु पृथक्करण दूरी क्या होनी चाहिए?
(अ) 10 मीटर (ब) 5 मीटर
(स) 15 मीटर (द) 20 मीटर

2. मक्का के संकर बीज उत्पादन में नर व मादा पौधों का अनुपात रखा जाता है?
(अ) 2 : 4 (ब) 1 : 1
(स) 3 : 3 (द) 4 : 6

3. साइसर काबुलियम में गुणसूत्रों की संख्या होती है?
(अ) $2n = 14$ (ब) $2n = 17$
(स) $2n = 18$ (द) $2n = 20$

4. सूरजमुखी ..... कुल की फसल है?
(अ) कम्पोजिटी (ब) मालवेसी
(स) क्रुसीफेरी (द) लेग्युमिनेसी

5. क्राई–1 एसी जीन कपास की फसल को .. .. से बचाता है?

(अ) बॉल वर्म (ब) मोयला

(स) जैसिड

(द) उपरोक्त में से कोई नहीं

6. त्रिफला बनाने हेतु कौनसा फल काम में लिया जाता है?

(अ) आम (ब) अमरूद

(स) आँवला (द) बेर

7. इलाहाबाद सफेदा ..... की किस्म है?

(अ) अमरूद (ब) इमली

(स) आँवला (द) बेर

8. संतरे में फरवरी पुष्पन को .... के नाम से जाना जाता है?

(अ) हस्त बहार (ब) मृग बहार

(स) अम्बे बहार

(द) उपरोक्त में से कोई नहीं

9. आम की मल्लिका किस्म के पैतृक है?

(अ) रत्ना × अल्फान्सो

(ब) नीलम × अल्फान्सो

(स) दशहरी × रत्ना

(द) नीलम × दशहरी

10. पपीता के पौधे ...... दूरी पर रोपे जाते हैं?

(अ) 2 x 2 मीटर (ब) 3 x 3 मीटर

(स) 4 x 4 मीटर (द) 1 x 1 मीटर

11. सोफ्ट वुड ग्राफ्टिंग .... में सफल है?

(अ) बेर (ब) आम

(स) आँवला

(द) उपरोक्त में से कोई नहीं

12. उत्तरी भारत में गुलाब में T-बडिंग के लिए उपयुक्त समय है?

(अ) दिसम्बर–फरवरी

(ब) फरवरी–मार्च

(स) जनवरी–फरवरी

(द) अक्टुबर–नवम्बर

13. पूसा नारंगी किस्म है?

(अ) गार्डन पी (ब) हजारा

(स) नाइजिला (द) लाइनेरिया

14. पुनिका ग्रनेटम वैज्ञानिक नाम है?

(अ) आँवला (ब) अनार

(स) आम (द) पपीता

15. मिर्च की बीज दर है?

(अ) 2.5-3.0 kg/ha

(ब) 1.0-1.5 kg/ha

(स) 3.0-3.5 kg/ha

(द) 3.5-4.0 kg/ha

16. प्राइड ऑफ इण्डिया एक किस्म है?

(अ) मूली की (ब) गाजर की

(स) फूलगोभी की (द) पत्तागोभी की

17. गर्मी की भिण्डी फसल में ज्यामिति है?

(अ) 30 × 10 cm (ब) 45 × 30 cm

(स) 45 × 45 cm (द) 60 × 30 cm

18. निम्न में से कौनसी लहसुन की किस्म है?

(अ) एग्रीफाउण्ड डार्क रेड

(ब) एग्रीफाउण्ड व्हाइट

(स) एग्रीफाउण्ड रेड

(द) एग्रीफाउण्ड रोज

19. लाइम स्कवेश (0 ब्रिक्स – 10, अम्लता–6 प्रतिशत) हेतु 10 किग्रा फल रस कितने ग्राम पोटेशियम बाई सल्फेट मिलाया जाता है?

(अ) 5.53 ग्राम (ब) 4.43 ग्राम

(स) 3.43 ग्राम (द) 2.43 ग्राम

20. पशुओं में दुग्ध ज्वर ...... की कमी के कारण होता है?
(अ) नाइट्रोजन (ब) सोडियम
(स) कैल्शियम (द) पोटेशियम

21. निम्न में से कौनसी डेयरी नस्ल नहीं है?
(अ) नागौरी (ब) गिर
(स) जर्सी (द) हॉलेस्टिन

22. सिरोही .... की नस्ल है?
(अ) बकरी (ब) भेड़
(स) गाय (द) भैंस

23. मुर्गी की निर्भिक नस्ल .... की संकर है?
(अ) व्हाइट लैंग हॉर्न × आर.आई.आर
(ब) प्रतापधन × व्हाइट लैंग हॉर्न
(स) कारी रेड × असील
(द) आर.आई.आर × असील

24. रानीखेत .... की बीमारी है?
(अ) भैस (ब) सुअर
(स) बकरी (द) मुर्गी

25. भैंस की गर्भावधि काल होता है?
(अ) 210 दिन (ब) 310 दिन
(स) 260 दिन (द) 360 दिन

26. राष्ट्रीय डेयरी अनुसंधान संस्थान स्थित है?
(अ) इज्जतनगर (ब) झाँसी
(स) लखनऊ (द) करनाल

27. निम्न में से कौनसी पशुओं में सामान्य वायरल बीमारी है?
(अ) खुरपका–मुंहपका
(ब) ट्यूबरक्युलोसिस
(स) एन्थ्रैक्स
(द) टिटनस

28. निम्न में से कौनसे संचार प्रक्रिया के तत्व है?
(अ) स्त्रोत–संदेश–माध्यम–प्राप्तकर्ता
(ब) शिक्षा–अनुसंधान–प्रसार
(स) उत्पादन–प्रसंस्करण–विपणन
(द) सूंचना–अनुसंधान–प्रसार

29. प्रथम पंक्ति प्रदर्शनी का आयोजन .... प्रदर्शित करने के लिए किया जाता है?
(अ) प्रौद्योगिकी की विधि
(ब) प्रौद्योगिकी की उत्पादन क्षमता
(स) प्रौद्योगिकी में परिष्करण हेतु
(द) उपरोक्त में से कोई नहीं

30. निम्न में से कौनसा संचार माध्यम पारम्परिक है?
(अ) टेलिविजन
(ब) रेडिया
(स) कठपुतली प्रदर्शन
(द) इन्टरनेट

31. निम्न में से कौनसी प्रसार शिक्षा की समूह सम्पर्क विधि है?
(अ) विधि प्रदर्शन (ब) प्रक्षेत्र भ्रमण
(स) गृह भ्रमण (द) टेलिविजन

32. भारत में सामुदायिक विकास योजनाएँ प्रारम्भ किया गया?
(अ) 2 अक्टुबर, 1955
(ब) 2 अक्टुबर, 1954
(स) 2 अक्टुबर, 1953
(द) 2 अक्टुबर, 1952

33. जनजाति क्षेत्र विकास कार्यक्रम कौनसे वर्ष प्रारम्भ किया गया?
(अ) 1972 (ब) 1982
(स) 1992 (द) 1968

34. भारत में T & V प्रणाली .... वर्ष में प्रारम्भ की गई?
(अ) 1970 (ब) 1972
(स) 1974 (द) 1968

35. वर्ष 1974 में प्रथम कृषि विज्ञान केन्द्र .... में स्थापित हुआ?
(अ) बाँसवाड़ा (ब) पाण्डिचेरी
(स) फतहपुर (द) भरतपुर

36. नाबार्ड का मुख्य कार्य है?
(अ) कृषि ऋण प्रदान करने वाली संस्थाओं को ऋण प्रदान करना
(ब) कृषकों को ऋण देना
(स) कृषि अनुसंधान
(द) कृषि प्रसार

37. कौनसे वर्ष में न्यूनतम समर्थन मूल्य प्रारम्भ किया गया?
(अ) 1972 (ब) 1982
(स) 1995 (द) 1965

38. उत्पाद का उचित मूल्य .... के द्वारा सुनिश्चित किया जा सकता है?
(अ) विनियामक (नियंत्रित) बाजार/ मण्डी
(ब) बिचौलिया
(स) थोक व्यवसायी
(द) निजी संस्थाओं

39. किसी उद्यम से शुद्ध आय 21425 रू है तथा उत्पादन लागत 12315 रू है। उद्यम की सकल आय क्या है?
(अ) 9110 रूपये (ब) 21425 रूपये
(स) 33740 रूपये (द) इनमें से कोई नहीं

40. उत्पादन फलन का सूत्र है?
(अ) $Y = f(a+bx)$
(ब) $Y = f(a+bx^2)$
(स) $Y^2 = f(a+bx)$
(द) $Y = f(a+b)$

41. राजस्थान में कृषि विश्वविद्यालयों की संख्या है?
(अ) 1 (ब) 2
(स) 4 (द) 5

42. निम्न में से कौनसा फार्म आय–व्ययीकरण का प्रकार है?
(अ) पूर्ण आय – व्ययीकरण
(ब) आंशिक आय – व्ययीकरण
(स) उद्यम आय – व्ययीकरण
(द) उपरोक्त सभी

43. सह–सम्बन्ध गुणांक का अभिप्राय ज्ञात करने के लिए कौनसा टेस्ट लागू किया जाता है?
(अ) t – टेस्ट (ब) Z – टेस्ट
(स) X^2 – टेस्ट
(द) उपरोक्त में से कोई नहीं

44. खेत में मक्का के पौधों की ऊँचाई का औसत ज्ञात करने के लिए कौनसा औसत लागु होता है?
(अ) ज्यामितीय औसत
(ब) अंकगणितीय औसत
(स) हरात्मक औसत
(द) उपरोक्त में से कोई नीह

45. केले के पौधे में संवर्धन की उत्तम विधि है?
(अ) बीजों द्वारा (ब) कूटिंग द्वारा
(स) सकर्स द्वारा (द) ग्राफ्टिंग

46. सहसम्बन्ध गुणांक का मान .... के बीच मान होता है?
(अ) -1 to + 1 (ब) 0 to + 1
(स) -1 to + 0 (द) 1 to 2

47. म्युरेट ऑफ पोटाश में होता है?

(अ) 60% K_2O (ब) 50% K_2O

(स) 48% K_2O (द) 52% K_2O

48. सिंगल सुपर फॉस्फेट में .... प्रतिशत घुलनशील फॉस्फोरस होता है?

(अ) 20 (ब) 16

(स) 12 (द) 8

49. कौनसी फसल में एजोला का प्रयोग करते हैं?

(अ) मक्का (ब) गेहूं

(स) चना (द) धान

50. मक्का में प्रोटीन जीन में कमी होती है?

(अ) ट्रिप्टोफेन एमीनो एसीड

(ब) लाइसिन एमिनो एसीड

(स) ट्रिप्टोफेन व लाइसिन दोनों एमिनो एसिड

(द) उपरोक्त में से कोई नहीं

51. राजस्थान में कृषि जलवायु खण्ड आर्द्र दक्षिण–पूर्वी मैदान हेतु निम्न में से कौनसी मुख्य तिलहन फसल है?

(अ) अरंडी (ब) मूंगफली

(स) सोयाबीन (द) कुसुम

52. योजना आयोग (1989) के अनुसार भारत में कृषि जलवायु क्षेत्र है?

(अ) 12 (ब) 15

(स) 17 (द) 20

53. क्ले कण (क्ले पार्टीकल) का व्यास होता है?

(अ) 0.002 मि.मी. से कम

(ब) 0.02 से 0.002 मि.मी.

(स) 0.20 से 0.002 मि.मी.

(द) 2.0 से 0.2 मि.मी.

54. भूमि क्षमता वर्गीकरण के अनुसार भूमि वर्ग 5 उपयुक्त है?

(अ) फलोद्यान

(ब) फसलोत्पादन

(स) चारागाह

(द) उपरोक्त में से कोई नहीं

55. सामान्यतः मृदा का स्थल घनत्व होता है?

(अ) 2.60-2.75 mg/m^3

(ब) 2.75-2.90 mg/m^3

(स) 2.00-2.20 mg/m^3

(द) 1.00-1.80 mg/m^3

56. मृदा क्षरण का सही क्रम क्या है?

(अ) परत–रिल–अवनालिका

(ब) परत–अवनालिका–रिल

(स) रिल–परत–अवनालिका

(द) अवनालिका–परत–रिल

57. किसी मृदा का स्थुल घनत्व 1.4 mg/m^3 है तथा कण घनत्व 2.5 mg/m^3 है तो मृदा की सरंध्रता प्रतिशत होगी?

(अ) 44 (ब) 78

(स) 64 (द) 50

58. निम्न में से कौनसा प्रारम्भिक भू–परिष्करण का प्रकार है?

(अ) बुवाई

(ब) पाटा लगाना

(स) गहरी जुताई

(द) खरपतवार निकालना

59. यदि मृदा की विद्युत चालकता (dS/m) 4 से अधिक है, विनिमयशील सोडियम 15 से अधिक pH मान 8.5 से अधिक हो तो मृदा है?

(अ) क्षारीय (ब) लवणीय–क्षारीय

(स) अम्लीय (द) लवणीय

60. कौनसे पौधों में प्रकाश संश्लेषण का प्रथम उत्पाद फॉस्फोग्लिसरिक एसिड होता है?
(अ) C_4
(ब) C_3
(स) C_3 व C_4 दोनो
(द) उपरोक्त में से कोई नहीं

61. मक्का की माधुरी किस्म है?
(अ) पॉनकॉर्न (ब) वैक्सीकॉर्न
(स) पॉड कार्न (द) स्वीट कॉर्न

62. गेहूं में सिंचाई की मुख्य क्रांतिक अवस्था है?
(अ) शीर्ष जड़ जमाव
(ब) फुटान
(स) दाने की दुधिया अवस्था
(द) दाना भरते समय

63. रिजका में अमरबेल के नियंत्रण हेतु सबसे प्रभावी शाकनाशी है?
(अ) मेटालाक्लोर
(ब) आइसोप्रोट्यूरॉन
(स) पेन्डीमेथालीन
(द) पेराक्वाट्

64. सोयाबीन में बुआई के 15–20 दिन के बाद खरपतवार नियंत्रण हेतु शाकनाशी काम में लिया जा सकता है?
(अ) फ्ल्यूक्लोरेलिन (ब) एनाक्लोर
(स) मैटालाक्लोर (द) इमाजेथापीर

65. मूंगफली का झुमका किस्मों की बीज दर है?
(अ) 100 kg kernel/ha
(ब) 80 kg kernel/ha
(स) 60 kg kernel/ha
(द) 40 kg kernel/ha

66. जी सी एच–7 संकर किस्म है?
(अ) मक्का की (ब) ज्वार की
(स) अरण्डी की (द) बाजरा की

67. फसल में 80 किलोग्राम नत्रजन देने के लिए यूरिया की कितनी मात्रा चाहिए?
(अ) 174 kg (ब) 154 kg
(स) 164 kg (द) 144 kg

68. जिंक सल्फेट को किस में नहीं मिलाना चाहिए?
(अ) यूरिया
(ब) देशी खाद / एफ.वाई.एम.
(स) अमोनियम क्लोराइड
(द) डी.ए.पी.

69. पर्णीय छिड़काव हेतु यूरिया में बाईयूरेट की मात्रा होनी चाहिए?
(अ) 1.0–1.5 प्रतिशत
(ब) 1.5–2.0 प्रतिशत
(स) 2.0–2.5 प्रतिशत
(द) 0.5 प्रतिशत से कम

70. सोयाबीन में राइजोबियम की कौनसी प्रजाति काम में लेते हैं?
(अ) राइजोबियम लेग्यूमिनोसेरम
(ब) राइजोबियम जेपोनिकम
(स) राइजोबियम ट्राइफोलाई
(द) राइजोबियम मेलिलोटाई

71. वेवीलोव (1926) के अनुसार चावल का उत्पत्ति केन्द्र है?
(अ) मैक्सिको
(ब) ब्राजील
(स) भारत एवं बर्मा
(द) दक्षिण अफ्रीका तथा ब्राजील

72. चूने वाली मृदा में मूंगफली में पीलिया रोग निम्न के इस्तेमाल से सुधारा जा सकता है?

(अ) यूरिया (ब) म्यूरेट ऑफ पोटाश

(स) चूना (द) गंधक तत्व

73. नीम की खली में पाया जाता है?

(अ) सेपोनिन (ब) एजेडिरेक्टन

(स) धूरिन (द) उपरोक्त में कोई नहीं

74. निम्न में से कौनसी छः कतार जौ है?

(अ) होर्डियम वल्गेर

(ब) होर्डियम डिस्टीकोन

(स) होर्डियम इरगुलरे

(द) उपरोक्त में से कोई नहीं

75. एस आर आई विधि निम्न में से किसकी खेती है?

(अ) धान (ब) गेहूँ

(स) जौ (द) मक्का

76. निम्न में से कौनसे तत्व नत्रजन चयापचय में महत्वपूर्ण योगदान देता है?

(अ) आयरन (ब) मोलिब्डिनेम

(स) मैग्नीशियम (द) मैग्नीज

77. मक्का में उपयुक्त पौध संख्या होनी चाहिए?

(अ) 80,000 प्रति है (ब) 76,000 प्रति है

(स) 66,000 प्रति है (द) 56,000 प्रति है

78. एस एम एल–668 किस्म है?

(अ) उड़द की (ब) मूंग की

(स) काबुली चना (द) चना की

79. पायरेथ्रम सार तत्व बनाया जाता है?

(अ) तम्बाकु की पतियो से

(ब) तम्बाकू के फूलो से

(स) गुलदाउदी के फूलों से

(द) गुलाब के फूलों से

80. मैलाथियॉन वर्गीकृत है?

(अ) ऑर्गेनो–फॉस्फेट

(ब) कार्बामेट

(स) क्लोरीनेटेड हाइड्रोकार्बन

(द) ऑर्गनो–थायो–फॉस्फेट

81. गेहूं की खड़ी फसल में दीमक नियंत्रण हेतु कौनसा कीट नाशक काम में लेते हैं?

(अ) डाइमैथेएट (ब) मोनोक्रोटोफॉस

(स) इमिडक्लोप्रिड (द) क्लोरपायरिफॉस

82. मक्का की फसल में ट्राइकोग्रामा अण्ड परजीवी नियंत्रण के लिए छोड़े जाते हैं?

(अ) फड़का (ब) मोयला

(स) सैन्य कीट (द) तना छेदक

83. गर्डल बीटल (चक्र भृंग) . . . . फसल का एक मुख्य की पीड़क है?

(अ) सोयाबीन (ब) मूंगफली

(स) तिल (द) अरण्डी

84. चने में हिलियोथिस नियंत्रण के लिए कौनसा जैवकर्ता काम में लेते हैं?

(अ) एन पी वी

(ब) ट्राइकोडर्मा

(स) ट्राइकोग्रामा

(द) उपरोक्त में से कोई नहीं

85. चने में फली छेदक का आर्थिक दहलीज स्तर है?

(अ) 2–3 अण्डे / पौधा

(ब) 6–8 अण्डे / पौधा

(स) 10–12 अण्डे / पौधा

(द) 12–14 अण्डे / पौधा

86. गेहूं में भूरी रोली का कारक फफूंद है?
(अ) पक्सीनिया ग्रामिनिस
(ब) पक्सीनिया रिकॉन्डिडा
(स) पक्सीनिया होरियाना
(द) पक्सीनिया सेसिलिस

87. बाजरा में हरित बाल रोग का कारक है?
(अ) क्लेवीसेप्स फ्यूसीफॉर्मिस
(ब) पक्सीनिया प्रजाति
(स) पायरीकुलेरिया सिटेरिया
(द) स्कलेरोशियम ग्रेमिनीकोला

88. मूंगफली का टिक्का रोग फफूंद से होता है?
(अ) सरकोस्पोरा प्रजाति
(ब) स्कलेरोशियम प्रजाति
(स) पक्किनिया प्रजाति
(द) उपरोक्त में से कोई नहीं

89. मटर में चूर्णी फफूंद का कारक है?
(अ) एरिसाइफी पॉलीगेमी
(ब) फ्येसेरियम ऑक्सीस्पोरियम
(स) अल्टरनेरिया सोलेनी
(द) उपरोक्त में से कोई नहीं

90. भिण्डी में पीत शिरा वाइरस फैलता है?
(अ) बीज द्वारा
(ब) वायु से
(स) पानी से
(द) सफेद मक्खी से

91. फूलगोभी में व्हिपटेल बीमारी ..... की कमी के कारण होती है?
(अ) नत्रजन (ब) जिंक
(स) मोलिब्डिनम (द) फॉस्फोरस

92. बीजोपचार का सही क्रम है?
(अ) फफूंदनाशी–कीटनाशी–राइजोबियम
(ब) कीटनाशी–राइजोबियम–फफूंदनाशी
(स) फफूंदनाशी–राइजोबियम–कीटनाशी
(द) कीटनाशी–फफूंदनाशी–राइजोबियम

93. निम्न में से कौनसा रसायन सूत्रकृमि नियंत्रण हेतु काम में लेते हैं?
(अ) एसीफेट
(ब) मोनोक्रोटोफॉस
(स) कार्बोफ्यूरान
(द) मैलाथियान

94. जौ में मोल्या रोग का कारण है?
(अ) सूत्रकृमि (ब) कीट
(स) फफूंद (द) जीवाणु

95. नॉरिन–10 .... के बौनेपन का जीन है?
(अ) मक्का (ब) धान
(स) बाजरा (द) गेहूं

96. सबसे शुद्ध आनुवांशिक बीज है?
(अ) प्रजनक बीज (ब) आधार बीज
(स) नाभिक बीज (द) प्रमाणित बीज

97. बीज परीक्षण में ग्रो आउट टेस्ट .... ज्ञात करने के लिए किया जाता है?
(अ) भौतिक शुद्धता
(ब) बीज ओज
(स) आनुवांशिक शुद्धता
(द) अंकुरण

98. मक्का की संकर किस्म पी.इ.एच.एम.–2 किन के बीच संकर है?
(अ) सी.एम.–137 × सी.एम.–138
(ब) सी.एम.–135 × सी.एम.–136
(स) सी.एम.–120 × सी.एम.–118
(द) सी.एम.–208 × सी.एम.–119

99. सोयाबीन बीज है?
(अ) द्विबीजपत्री
(ब) एकबीजपत्री
(स) डायोसियस
(द) उपरोक्त में से कोई नहीं

100. प्रजनक बीज में
(अ) सफेद रंग का टैग
(ब) नीले रंग का टैग
(स) सुनहरे पीले रंग का टैग
(द) हरे रंग का टैग

मॉडल प्रश्न पत्र – 19

1. एक हैक्टेयर में चावल की बुवाई के लिए डेपोग नर्सरी के लिए कितने क्षेत्र की आवश्यकता है?
(अ) 10 m^2 (ब) 30 m^2
(स) 50 m^2 (द) 100 m^2

2. संकर चावल की बीज दर (किलोग्राम/हैक्टेयर) है?
(अ) 5 kg/ha (ब) 10 kg/ha
(स) 15 kg/ha (द) 20 kg/ha

3. गन्ने की बुआई की सामान्य व सरल विधि है?
(अ) खाई विधि
(ब) मेड एवं कुंड विधि
(स) समतल क्यारी विधि
(द) रेयुन्गान्स विधि

4. मूंगफली की खेती के लिये सबसे उपयुक्त मृदा है?
(अ) बलुई (ब) बलुई दोमट
(स) चिकनी दोमट
(द) बलुई व चिकनी दोमट

5. गेहूं की बौनी किस्मों की बुआई की गइराई है?
(अ) 6-7 cm (ब) 2-3 cm
(स) 4-5 cm (द) 8-10 cm

6. भारत में मुख्य तिलहन फसल है?
(अ) मूंगफली (ब) तिल
(स) अरण्डी (द) राया एवं सरसो

7. चौड़ी पती वाले खरपतवारों को नष्ट करने के लिए सबसे उपयुक्त शाकनाशी है?
(अ) एलाक्लोर (ब) एट्राजिन
(स) 2,4-D (द) आईसोप्रोट्युरॉन

8. मूंगफली की बेहतर फली विकास के लिए सबसे उपयुक्त जिप्सम की मात्रा है?
(अ) 250 kg/ha (ब) 800 kg/ha
(स) 500 kg/ha (द) 1000 kg/ha

9. मूंगफली में बीज रहित फली किसकी अल्पता के कारण होती है?
(अ) Ca (ब) Na
(स) P (द) K

10. भारत में सर्वाधिक उगाई जाने वाली दलहनी फसल है?
(अ) अरहर (ब) सोयाबीन
(स) मसूर (द) चना

11. काबुली चने में कतार से कतार की दूरी रखी जाती है?
(अ) 30 cm (ब) 75 cm
(स) 45 cm (द) 100 cm

12. चने की फसल का मुख्य कीट है?
(अ) फली छेदक (ब) सफेद लट
(स) कटुआ लट (द) तना छेदक

13. सरसों का सर्वाधिक उत्पादन करने वाला राज्य है?

(अ) गुजरात (ब) राजस्थान

(स) उत्तरप्रदेश (द) मध्यप्रदेश

14. फव्वारा सिंचाई पद्धति के लिए सबसे उपयुक्त है?

(अ) ऊबड़–खाबड़ भूमि के लिए

(ब) लवणीय भूमि के लिए

(स) चिकनी भूमि के लिए

(द) अम्लीय भूमि के लिए

15. राजस्थान के खरीफ मौसम में सर्वाधिक क्षेत्र वाली फसल है?

(अ) कपास (ब) मक्का

(स) बाजरा (द) ग्वार

16. वह फसल जिसे दलहनी व तिलहनी दोनों के रूप में उपयोग किया जाता है?

(अ) सोयाबीन (ब) उड़द

(स) चंवला (द) अलसी

17. राजस्थान में सबसे अधिक मिश्रित/मिलवा खेती होती है?

(अ) चना+सरसों (ब) सरसो+गेहूं

(स) सरसो+जौ (द) मूंगफली+तिल

18. सर्वाधिक हरित खाद वाली फसल है?

(अ) रिजका (ब) सनई

(स) ढैंचा (द) बरसीम

19. जमाव बिन्दु से ऊपर अपेक्षित कम तापमान के द्वारा क्षति को कहते हैं?

(अ) जमा बिन्दु क्षति

(ब) यांत्रिक क्षति

(स) निर्जलीकरण क्षति

(द) अतिशीत क्षति

20. मृदा में आन्तरिक सन्तुलित पोषण प्रदान करने की क्षमता को कहते है?

(अ) मृदा उत्पादकता

(ब) मृदा उर्वरता

(स) उर्वरकता सूचकांक

(द) उत्पादकता सूचकांक

21. अच्छी सड़ी हुई गोबर की खाद में नत्रजन की मात्रा होती है?

(अ) 0.5% (ब) 1.0%

(स) 1.5% (द) 2.0%

22. Mg और S कहलाते है?

(अ) प्रमुख पोषक तत्व

(ब) सुक्ष्म पोषक तत्व

(स) अति सूक्ष्म पोषक तत्व

(द) द्वितीयक पोषक तत्व

23. हरित रोग इंगित करता है?

(अ) पत्ती उत्तक को जलने को

(ब) पत्ती उत्तक के पीलेपन को

(स) पत्ती उत्तक की मृत्यु को

(द) पत्ती के लाल भूरे रंग की बनने को

24. किस मृदा की अधिक प्रतिरोधक क्षमता होती है?

(अ) बलुई मृदा की

(ब) चिकनी मृदा की

(स) दोमट बलुई मृदा की

(द) दोमट मृदा की

25. सिंचाई के पानी का लवणीय होने पर हम फसल की खेती करना चाहेंगे?

(अ) जौ (ब) चना

(स) मटर (द) गेहूँ

26. चावल में खेरा रोग किसकी अल्पता से होता है?

(अ) जिंक (ब) लोहा

(स) नत्रजन (द) कैल्शियम

27. फलों से जैली बनाने का मुख्य तत्व है?

(अ) शक्कर (ब) विटामिन

(स) पेक्टिन (द) सेल्यूलोज

28. फलों के बगीचों में अधिकतम पौधों की संख्या किस विधि से रखी जा सकती है?

(अ) त्रिभुजाकार विधि

(ब) षट्भुजाकार विधि

(स) आयताकार विधि

(द) वर्गाकार विधि

29. सभी मौसमों में उगने वाला फूल कौनसा है?

(अ) गेंदा (ब) कोन्फ्लावर

(स) गुलदाऊदी (द) केन्डिटफ्ट

30. फल–सब्जी कौनसी है?

(अ) आलू (ब) शक्करकंद

(स) टमाटर (द) मूली

31. इनमें से कौनसा वृद्धि प्रर्वतक नहीं है?

(अ) साईटोकाईनिन (ब) एब्सिसिक अम्ल

(स) ऑक्जिन (द) जिब्रिलीन्स

32. कौनसा शुष्क जलवायु का फल नहीं है?

(अ) खजूर (ब) केला

(स) अनार (द) बेर

33. खजूर का प्रसारण होता है?

(अ) बीज से (ब) प्रकन्द से

(स) कलिकायन से

(द) अन्तःभूस्तरी से

34. बगीचे में पानी की कमी होने पर सबसे लाभदायक सिंचाई का तरीका है?

(अ) बूंद–बूंद पद्धति

(ब) फव्वारा पद्धति

(स) आप्लावन पद्धति

(द) वल्य पद्धति

35. अंगूर में बीज रहितता का कारण है?

(अ) अनिषेक फलन

(ब) भ्रूण नष्ट होना

(स) बहुगुणिता

(द) परागण का नहीं होना

36. स्नोबाल –16 किस्म है?

(अ) फूल गोभी की

(ब) पत्ता गोभी की

(स) आलू की

(द) टमाटर की

37. लाख के कीट को पालने वाला मुख्य पौध है?

(अ) पलाश (ब) खेजड़ी

(स) बबूल (द) शहतूत

38. गेहूं का आवृत्त कण्डवा रोग है?

(अ) अन्त बीजोढ़ (ब) वातोढ

(स) मृदोढ (द) बाह्य बीजोढ़

39. चूर्णिल आसिता बीमारी उत्पन्न होती है?

(अ) विषाणु से (ब) जीवाणु से

(स) सूत्रकृमि से (द) कवक से

40. बाजरा की हरी बाली रोग का प्राथमिक संक्रमण होता है?

(अ) बीज व मृदा (ब) हवा

(स) कीट (द) मृदा

41. टमाटर के पती सिकुड़न रोग का कारण है?

(अ) विषाणु (ब) जीवाणु

(स) कवक (द) माईकोप्लाज्मा

42. चूर्णिल आसिता रोग के लिए सबसे उपयुक्त कवकनाशी है?
(अ) केप्टान (ब) डाईथेन–जेड–78
(स) बॉविस्टीन (द) केराथियाम

43. खेती के प्रकार को प्रभावित करने वाली कौनसी भौतिक संरचना नहीं है?
(अ) स्थलाकृति (ब) मौसम
(स) मजदूर उपलब्धता
(द) मृदा

44. इनमें से कौनसा कृषि व्यवसाय नहीं है?
(अ) पूंजी (ब) वातावरण
(स) भूमि (द) प्रबन्धन

45. प्रति क्विंटल लागत गणना को कहते हैं?
(अ) खेती की लागत
(ब) कास्त की लागत
(स) उत्पादन की लागत
(द) कुल लागत

46. कृषि विज्ञान केन्द्रों को 100 प्रतिशत सहायता मिलती है?
(अ) राज्य सरकार से
(ब) भारतीय कृषि अनुसंधान परिषद से
(स) विश्वविद्यालय अनुदान आयोग से
(द) वैज्ञानिक तथा औद्योगिक अनुसंधान परिषद से

47. कृषकों को किसी विशिष्ट जगह के लिए प्रस्तावित तकनीकी से प्रभावित करने के लिए प्रभावी प्रसार विधि है?
(अ) दूरदर्शन (ब) रेडियो
(स) प्रदर्शन (द) पम्पलेट

48. इनमें से कौनसी सामूहिक प्रसारण की विधि नहीं है?
(अ) कॉन्फ्रेन्स (ब) राष्ट्रीय प्रदर्शन
(स) खेत एवं गृह भ्रमण
(द) खेतों का भ्रमण

49. बीजांकुरों का आर्द्रगलन रोग मुख्यतया होता है?
(अ) म्युकर प्रजातियों से
(ब) पक्सीनिया प्रजातियों से
(स) पाइथियम प्रजातियों से
(द) अस्टिलेगो प्रजातियों से

50. आलू का पछेती अंगमारी रोग (झूलसा रोग) होता है?
(अ) फाइटोफ्थेरा इंफेसटन्स द्वारा
(ब) स्केलेरोस्पोरा ग्रेमिनिकोला द्वारा
(स) अल्टरनेरिया सोलेनि द्वारा
(द) कोलिटोट्राइकम फालकेटम द्वारा

51. बैंगन का जड़ गांठ रोग होता है?
(अ) कवको द्वारा (ब) जीवाणुओं द्वारा
(स) कृमियों द्वारा (द) विषाणुओं द्वारा

52. निम्नलिखित में से सूक्ष्म मात्रिक पोषक तत्व है?
(अ) बोरोन (ब) नाइट्रोजन
(स) फॉस्फोरस (द) मेग्निशियम

53. प्रजनक के द्वारा उत्पन्न किसी किस्म में प्रारम्भिक बीज को कहते है?
(अ) प्रजनक बीज (ब) नाभिकीय बीज
(स) प्रमाणित बीज (द) पंजीकृत बीज

54. प्रमाणित बीज उत्पन्न किया जाता है?
(अ) प्रजनक बीज से
(ब) नाभिकीय बीज से
(स) पंजीकृत बीज से
(द) आधार बीज से

55. सिल्ट मृदा में मृदा कणों का आकार होता है?
(अ) 2.0 मि.मी. से 0.2 मि.मि. के मध्य
(ब) 2.0 मि.मी. से 0.02 मि.मि. के मध्य
(स) 0.02 मि.मी. से 0.002 मि.मि. के मध्य
(द) 0.002 मि.मी. से 0.0002 मि.मि.के मध्य

56. लवणीय मृदा का pH होता है?
(अ) 8.5 (ब) 9.5
(स) 10.5 (द) 11.5

57. सोडियम मृदा को अधिक उपजाऊ बनाया जा सकता है?
(अ) बोरोन मिलाकर
(ब) केल्शियम मिलाकर
(स) फॉस्फोरस मिलाकर
(द) सोडियम मिलाकर

58. विसंक्रमण के लिए निम्न में से साधारणतया कौनसी चीज काम में लेते हैं?
(अ) आसुत जल
(ब) आयोडिन का टिंचर
(स) सोडियम क्लोराइड
(द) आयोडेक्स

59. गाय का प्रसव उपरान्त प्रथम दूध कहा जाता है?
(अ) टोन्ड दूध (ब) मक्खन दूध
(स) कोलेस्ट्रम (द) पनीर

60. निम्नलिखित में से युवा बछड़ा/बछड़ी का रोग है?
(अ) थिलोरियोसिस
(ब) मासटाइटिस
(स) एसिडोसिस
(द) ऑस्टियोपोरोसिस

61. IVLP का पूरा नाम है?
(अ) इंस्टीट्यूशन विलेज लाइवस्टोक प्रोजेक्ट
(ब) इन्टरनेशनल वेल्यू लिंक्ड प्राइस
(स) इंस्टीट्यूशनल विलेज लिवलीहुड डवलपमेन्ट प्लान
(द) इंस्टीट्यूशन विलेज लिंकेज प्रोग्राम

62. निम्न में से कौनसा ट्रेनिंग संस्थान है?
(अ) ATMA (ब) KVK
(स) DRDA (द) ICAR

63. मुंहपका व खुरपका रोग होता है?
(अ) कवकों के कारण
(ब) जीवाणुओं के कारण
(स) विषाणुओं के कारण
(द) परजीवियों के कारण

64. थन की सूजन कहलाती है?
(अ) मेट्राइटिस (ब) मेसटाइटिस
(स) ऊटाइटिस (द) गेस्ट्राइटिस

65. बछड़ी प्रजनन योग्य हो जाती है?
(अ) 1 से 2 वर्ष में
(ब) 4 से 5 वर्ष में
(स) 2 से 3 वर्ष में
(द) 5 वर्ष से अधिक आयु में

66. अजमेर जिले में भैंस पालन हेतु नस्ल की सिफारिश की जाती है?
(अ) मुर्रा (ब) सुरती
(स) जाफरावादी (द) नीली रावी

67. निम्नलिखित में से दुधारू पशुओं की नस्ल है?
(अ) हरियाणा (ब) नागौरी
(स) साहीवाल (द) मेवाती

68. गौवंश की गिर नस्ल उपयुक्त है?
(अ) अजमेर क्षेत्र हेतु
(ब) जयपुर क्षेत्र हेतु
(स) बीकानेर क्षेत्र हेतु
(द) जालौर क्षेत्र हेतु

69. अच्छी नस्ल की गिर गौवंश की दुग्ध उत्पादन क्षमता होती है?
(अ) 1000 से 2000 लीटर
(ब) 2000 से 2500 लीटर
(स) 2500 से 4500 लीटर
(द) 5000 से 8000 लीटर

70. गाय के पाली में आने के पश्चात् कृत्रिम गर्भाधान हेतु उपयुक्त समय होता है?
(अ) 8 से 10 घंटों के पश्चात
(ब) 12 से 18 घंटों के पश्चात
(स) 20 से 30 घंटों के पश्चात
(द) 30 से 36 घंटों के पश्चात

71. कौनसी गैस वीर्य संग्रहण हेतु प्रयुक्त की जाती है?
(अ) ऑक्सीजन (ब) सल्फर
(स) नाइट्रोजन (द) ऑर्गन

72. साइलेज निर्माण विधि है?
(अ) चारे का हरी अवस्था में परिरक्षण
(ब) दलहन फसलों का परिरक्षण
(स) घासों का परिरक्षण की
(द) दालों के परिरक्षण की

73. हे मेकिंग एक विधि है?
(अ) चावल के परिरक्षण की
(ब) घासों के परिरक्षण की
(स) चारे के परिरक्षण की
(द) दालों के परिरक्षण की

74. पाइका (Pica) रोग होता है?
(अ) विटामिन की कमी से
(ब) खनिजों की कमी से
(स) प्रोटीन की कमी से
(द) क्रुड रेशों की कमी से

75. गंगा–5 संकर किस्म है?
(अ) ज्वार (ब) गेहूं
(स) कपास (द) मक्का

76. ग्रास टिटेनी रोग का कारण है?
(अ) मेग्निशियम की कमी
(ब) सल्फर की कमी
(स) केल्शियम की कमी
(द) क्रूड रेशे की कमी

77. मूंगफली की खली पशुधन हेतु एक उत्तम स्रोत है?
(अ) खनिजों का (ब) विटामिनों का
(स) प्रोटीन का (द) वसा का

78. सूखे चारे की गुणवत्ता सुधारी जा सकती है?
(अ) साधारण नमक के उपचार द्वारा
(ब) यूरिया के उपचार द्वारा
(स) पोटेशियम परमेंग्नेट के उपचार द्वारा
(द) डी.ए.पी. के उपचार द्वारा

79. भैंस के संतुलित आहार में होता है?
(अ) 2/3 भाग रफेज व 1/3 भाग बांटा
(ब) 1/3 भाग रफेज व 2/3 भाग बांटा
(स) 1/2 भाग रफेज व 1/2 भाग बांटा
(द) 1/4 भाग रफेज व 3/4 भाग बांटा

80. अजोला होता है?
(अ) शैवाल (ब) फर्न
(स) वृक्ष (द) झाड़ी

81. निम्न में गौवंश की कौनसी नस्ल शक्ति व श्रम के लिए उपयुक्त है?
(अ) साहीवाल (ब) नागौरी
(स) राठी (द) जर्सी

82. भैस में औसत गर्भावस्था समय होता है?
(अ) 407 दिन (ब) 307 दिन
(स) 270 दिन (द) 330 दिन

83. रतौन्धी सम्बन्धित है?
(अ) Vitamin-C (ब) Vitamin-B
(स) Vitamin-D (द) Vitamin-A

84. बछड़े बछड़ियों में सींग हटाने के लिए प्रयोग में लेते हैं?
(अ) साधारण नमक (ब) कास्टिक सोडा
(स) फिटकरी (द) मीठा सोडा

85. राष्ट्रीय दुग्ध उत्पादन विकास बोर्ड स्थित है?
(अ) राजस्थान में (ब) गुजरात में
(स) पंजाब में (द) हरियाणा में

86. भारतीय कृषि अनुसंधान परिषद का कार्यालय स्थित है?
(अ) पूना में (ब) बैंगलोर
(स) हैदराबाद (द) नई दिल्ली

87. ब्लेक क्वाटर किस पशु की बीमारी है?
(अ) ऊँट (ब) घोड़ा
(स) गौवंश (द) सुअर

88. सर्रा किस पशु की बीमारी है?
(अ) सुअर (ब) मुर्गी
(स) ऊँट (द) कुत्ता

89. केंचुए की खाद किसकी सहायता से बनाई जाती है?
(अ) केंचुए से (ब) घरेलु मक्खी से
(स) दीमक से (द) पक्षी से

90. पशुओं में चीचड़ों के प्रकोप की रोकथाम किस के प्रयोग से हो सकती है?
(अ) मैलाथियान (ब) चूना
(स) चॉक पाउडर (द) साधारण नमक

91. दुनिया में कौनसा देश सबसे ज्यादा दूध का उत्पादन करता है?
(अ) अमेरिका (ब) नेपाल
(स) डेनमार्क (द) भारत

92. निम्न में से किस की कमी पशुओं में प्रजनन सम्बन्धित है?
(अ) Vitamin-E (ब) Ca
(स) P (द) Mg

93. सिरोही किस पशु की नस्ल है?
(अ) बकरी (ब) घोड़ा
(स) भेड़ (द) ऊँट

94. नीली क्रांति इंगित करती है?
(अ) कुक्कुट पालन (ब) कृषि
(स) खाद्य प्रसंस्करण
(द) मत्स्यकी

95. भारत में शुष्क खेती की जोत है?
(अ) 70% (ब) 60%
(स) 40% (द) 50%

96. पहली मानव निर्मित फसल है?
(अ) गेहू (ब) ट्रिटीकल
(स) चावल (द) बाजरा

97. बीटी जीन कपास के पौधे में स्थानान्तरण से उत्पादित कपास को कहते हैं?
(अ) कार्बनिक कपास
(ब) अकार्बनिक कपास
(स) ट्रांसजेनिक कपास
(द) नोन–ट्रांसजेनिक कपास

98. पीली क्रांति का सम्बन्ध है?
(अ) दूध से (ब) दलहन से
(स) फसलों से (द) तिलहन से

99. भारत की मृदा में सबसे अधिक कमी वाला सूक्ष्म पोषक तत्व है?
(अ) Zn (ब) Fe
(स) Mn (द) N

100. स्ट्राइगा का सम्बन्ध निम्न फसल में है?
(अ) मक्का (ब) दलहन
(स) ज्वार (द) आम

उत्तरमाला
(Answersheet)

मॉडल प्रश्न पत्र – 1

1. (स) 2. (स) 3. (स) 4. (स) 5. (द) 6. (स) 7. (द) 8. (अ) 9. (अ) 10. (अ)
11. (स) 12. (द) 13. (स) 14. (द) 15. (ब) 16. (द) 17. (द) 18. (ब) 19. (द) 20. (ब)
21. (अ) 22. (ब) 23. (ब) 24. (ब) 25. (अ)

मॉडल प्रश्न पत्र – 2

1. (अ) 2. (ब) 3. (अ) 4. (द) 5. (स) 6. (स) 7. (द) 8. (द) 9. (अ) 10. (द)
11. (ब) 12. (स) 13. (स) 14. (द) 15. (अ) 16. (स) 17. (स) 18. (स) 19. (अ) 20. (ब)
21. (द) 22. (द) 23. (द) 24. (द) 25. (द)

मॉडल प्रश्न पत्र – 3

1. (ब) 2. (ब) 3. (द) 4. (स) 5. (स) 6. (अ) 7. (ब) 8. (ब) 9. (स) 10. (ब)
11. (ब) 12. (अ) 13. (अ) 14. (स) 15. (स) 16. (ब) 17. (स) 18. (स) 19. (ब) 20. (द)
21. (ब) 22. (अ) 23. (द) 24. (द) 25. (द) 26. (स) 27. (अ) 28. (ब) 29. (स) 30. (ब)
31. (स) 32. (ब) 33. (ब) 34. (ब) 35. (स) 36. (ब) 37. (स) 38. (स) 39. (स) 40. (ब)
41. (ब) 42. (स) 43. (स) 44. (ब) 45. (अ)

मॉडल प्रश्न पत्र – 4

1. (ब) 2. (अ) 3. (द) 4. (स) 5. (स) 6. (द) 7. (द) 8. (द) 9. (द) 10. (द)
11. (स) 12. (स) 13. (ब) 14. (द) 15. (द) 16. (अ) 17. (स) 18. (अ) 19. (अ) 20. (स)
21. (द) 22. (द) 23. (अ) 24. (अ) 25. (द) 26. (द) 27. (ब) 28. (स) 29. (द) 30. (स)
31. (द) 32. (अ) 33. (ब) 34. (स) 35. (ब) 36. (द) 37. (द) 38. (स) 39. (स) 40. (स)
41. (स) 42. (द) 43. (स) 44. (स) 45. (अ) 46. (ब) 47. (ब) 48. (स) 49. (अ) 50. (द)

मॉडल प्रश्न पत्र – 5

1. (स) 2. (द) 3. (अ) 4. (स) 5. (स) 6. (ब) 7. (स) 8. (अ) 9. (स) 10. (ब)
11. (स) 12. (स) 13. (द) 14. (स) 15. (द) 16. (स) 17. (द) 18. (स) 19. (द) 20. (स)
21. (द) 22. (अ) 23. (द) 24. (स) 25. (स) 26. (स) 27. (द) 28. (द) 29. (स) 30. (द)
31. (स) 32. (ब) 33. (स) 34. (द) 35. (स) 36. (स) 37. (द) 38. (ब) 39. (स) 40. (द)
41. (अ) 42. (स) 43. (द) 44. (ब) 45. (ब)

मॉडल प्रश्न पत्र – 6

1. (स) 2. (द) 3. (द) 4. (ब) 5. (अ) 6. (ब) 7. (स) 8. (स) 9. (द) 10. (ब)
11. (स) 12. (द) 13. (ब) 14. (अ) 15. (ब) 16. (द) 17. (द) 18. (ब) 19. (ब) 20. (अ)
21. (ब) 22. (स) 23. (अ) 24. (ब) 25. (द)

मॉडल प्रश्न पत्र – 7

1 (द) 2 (स) 3 (ब) 4 (स) 5 (ब) 6 (स) 7 (द) 8 (स) 9 (द) 10 (अ)
11 (अ) 12 (द) 13 (अ) 14 (स) 15 (ब) 16 (द) 17 (द) 18 (ब) 19 (स) 20 (अ)
21 (स) 22 (स) 23 (अ) 24 (अ) 25 (ब) 26 (स) 27 (द) 28 (ब) 29 (द) 30 (ब)
31 (द) 32 (स) 33 (ब) 34 (अ) 35 (ब) 36 (स) 37 (द) 38 (अ) 39 (स) 40 (अ)
41 (ब) 42 (अ) 43 (द) 44 (स) 45 (ब) 46 (स) 47 (अ) 48 (ब) 49 (द) 50 (स)

मॉडल प्रश्न पत्र – 8

1 (ब) 2 (अ) 3 (स) 4 (स) 5 (द) 6 (स) 7 (अ) 8 (अ) 9 (द) 10 (स)
11 (स) 12 (स) 13 (अ) 14 (द) 15 (द) 16 (स) 17 (द) 18 (द) 19 (अ) 20 (द)
21 (स) 22 (स) 23 (ब) 24 (स) 25 (ब) 26 (स) 27 (स) 28 (द) 29 (द) 30 (स)
31 (द) 32 (स) 33 (अ) 34 (ब) 35 (ब) 36 (स) 37 (द) 38 (ब) 39 (अ) 40 (ब)

मॉडल प्रश्न पत्र – 9

1 (ब) 2 (अ) 3 (द) 4 (अ) 5 (द) 6 (स) 7 (ब) 8 (स) 9 (द) 10 (स)
11 (द) 12 (द) 13 (ब) 14 (स) 15 (स) 16 (द) 17 (द) 18 (द) 19 (अ) 20 (स)
21 (ब) 22 (ब) 23 (द) 24 (द) 25 (ब) 26 (ब) 27 (द) 28 (स) 29 (ब) 30 (ब)
31 (द) 32 (अ) 33 (ब) 34 (ब) 35 (द) 36 (स) 37 (स) 38 (स) 39 (ब) 40 (द)
41 (द) 42 (अ) 43 (अ) 44 (द) 45 (ब) 46 (स) 47 (अ) 48 (द) 49 (अ) 50 (द)
51 (स) 52 (स) 53 (स) 54 (द) 55 (द) 56 (ब) 57 (अ) 58 (ब) 59 (द) 60 (अ)
61 (स) 62 (अ) 63 (अ) 64 (स) 65 (द) 66 (स) 67 (अ) 68 (ब) 69 (स) 70 (ब)
71 (ब) 72 (अ) 73 (द) 74 (स) 75 (अ)

मॉडल प्रश्न पत्र – 10

1 (ब)	2 (अ)	3 (ब)	4 (स)	5 (अ)	6 (ब)	7 (द)	8 (अ)	9 (ब)	10 (अ)
11 (द)	12 (द)	13 (ब)	14 (अ)	15 (स)	16 (अ)	17 (स)	18 (स)	19 (द)	20 (स)
21 (द)	22 (स)	23 (ब)	24 (स)	25 (अ)	26 (स)	27 (द)	28 (स)	29 (स)	30 (ब)
31 (स)	32 (स)	33 (अ)	34 (स)	35 (स)	36 (द)	37 (अ)	38 (स)	39 (अ)	40 (ब)
41 (अ)									

मॉडल प्रश्न पत्र – 11

1 (स)	2 (द)	3 (स)	4 (ब)	5 (ब)	6 (द)	7 (स)	8 (ब)	9 (स)	10 (स)
11 (स)	12 (स)	13 (द)	14 (स)	15 (ब)	16 (ब)	17 (स)	18 (द)	19 (द)	20 (अ)
21 (स)	22 (द)	23 (स)	24 (ब)	25 (ब)	26 (ब)	27 (द)	28 (ब)	29 (द)	30 (द)
31 (द)	32 (ब)	33 (स)	34 (द)	35 (स)	36 (स)	37 (द)	38 (ब)	39 (द)	40 (स)
41 (द)	42 (स)	43 (द)	44 (ब)	45 (द)	46 (स)	47 (ब)			

मॉडल प्रश्न पत्र – 12

1 (ब)	2 (स)	3 (ब)	4 (द)	5 (स)	6 (स)	7 (स)	8 (स)	9 (स)	10 (ब)
11 (ब)	12 (स)	13 (ब)	14 (द)	15 (द)	16 (अ)	17 (द)	18 (स)	19 (द)	20 (ब)
21 (ब)	22 (ब)	23 (ब)	24 (ब)	25 (ब)	26 (द)	27 (ब)	28 (स)	29 (द)	30 (ब)
31 (ब)	32 (स)	33 (स)	34 (अ)	35 (स)	36 (ब)	37 (अ)	38 (द)	39 (स)	40 (अ)
41 (ब)	42 (स)	43 (ब)	44 (स)	45 (ब)	46 (अ)	47 (ब)	48 (ब)	49 (ब)	50 (ब)
51 (अ)	52 (अ)	53 (ब)	54 (अ)	55 (द)	56 (स)	57 (ब)	58 (ब)	59 (स)	60 (ब)
61 (स)	62 (ब)	63 (द)	64 (ब)	65 (ब)	66 (द)	67 (स)	68 (द)	69 (द)	70 (ब)
71 (अ)	72 (ब)	73 (अ)	74 (अ)	75 (स)	76 (ब)	77 (स)	78 (ब)	79 (स)	80 (ब)

मॉडल प्रश्न पत्र – 13

1 (द)	2 (अ)	3 (ब)	4 (द)	5 (स)	6 (स)	7 (स)	8 (द)	9 (अ)	10 (स)
11 (द)	12 (ब)	13 (स)	14 (द)	15 (द)	16 (ब)	17 (स)	18 (ब)	19 (स)	20 (द)
21 (अ)	22 (स)	23 (द)	24 (स)	25 (स)	26 (ब)	27 (ब)	28 (स)	29 (अ)	30 (स)
31 (ब)	32 (ब)	33 (द)	34 (ब)	35 (द)	36 (स)	37 (ब)	38 (स)	39 (द)	40 (द)
41 (ब)	42 (द)	43 (स)	44 (द)	45 (द)	46 (द)	47 (स)	48 (ब)	49 (द)	50 (द)
51 (अ)	52 (अ)	53 (ब)	54 (अ)	55 (अ)	56 (द)	57 (ब)	58 (अ)	59 (ब)	60 (द)

मॉडल प्रश्न पत्र – 14

1 (अ)	2 (ब)	3 (स)	4 (स)	5 (द)	6 (स)	7 (स)	8 (अ)	9 (स)	10 (ब)
11 (स)	12 (अ)	13 (द)	14 (ब)	15 (अ)	16 (द)	17 (स)	18 (द)	19 (द)	20 (स)
21 (अ)	22 (द)	23 (स)	24 (ब)	25 (अ)	26 (ब)	27 (द)	28 (स)	29 (स)	30 (ब)

31 (अ) 32 (अ) 33 (अ) 34 (अ) 35 (स) 36 (अ) 37 (अ) 38 (ब) 39 (द) 40 (अ)
41 (अ) 42 (अ) 43 (द) 44 (ब) 45 (स) 46 (द) 47 (अ) 48 (अ) 49 (अ) 50 (अ)
51 (द) 52 (अ) 53 (अ) 54 (द) 55 (ब) 56 (ब) 57 (अ) 58 (ब) 59 (ब) 60 (ब)
61 (ब) 62 (द) 63 (स) 64 (स) 65 (स) 66 (स) 67 (अ) 68 (अ) 69 (ब) 70 (द)
71 (अ) 72 (अ) 73 (अ) 74 (अ) 75 (ब) 76 (द) 77 (अ) 78 (ब) 79 (स) 80 (अ)
81 (द) 82 (अ) 83 (द) 84 (अ) 85 (द) 86 (ब) 87 (द) 88 (स) 89 (द) 90 (ब)
91 (ब) 92 (ब) 93 (अ) 94 (स) 95 (स) 96 (अ) 97 (अ) 98 (स) 99 (अ) 100 (अ)

मॉडल प्रश्न पत्र – 15

1 (स) 2 (अ) 3 (द) 4 (ब) 5 (अ) 6 (स) 7 (अ) 8 (अ) 9 (ब) 10 (स)
11 (ब) 12 (ब) 13 (स) 14 (ब) 15 (अ) 16 (ब) 17 (अ) 18 (ब) 19 (स) 20 (अ)
21 (अ) 22 (ब) 23 (ब) 24 (स) 25 (अ) 26 (ब) 27 (अ) 28 (स) 29 (स) 30 (ब)
31 (स) 32 (ब) 33 (स) 34 (अ) 35 (ब) 36 (ब) 37 (स) 38 (द) 39 (स) 40 (अ)

मॉडल प्रश्न पत्र – 16

1 (अ) 2 (स) 3 (द) 4 (अ) 5 (द) 6 (ब) 7 (स) 8 (स) 9 (ब) 10 (अ)
11 (ब) 12 (स) 13 (स) 14 (अ) 15 (अ) 16 (स) 17 (स) 18 (ब) 19 (ब) 20 (स)
21 (अ) 22 (अ) 23 (स) 24 (अ) 25 (अ) 26 (ब) 27 (अ) 28 (ब) 29 (अ) 30 (अ)
31 (अ) 32 (अ) 33 (अ) 34 (स) 35 (द) 36 (ब) 37 (द) 38 (अ) 39 (ब) 40 (स)

मॉडल प्रश्न पत्र – 17

1 (ब) 2 (स) 3 (स) 4 (अ) 5 (ब) 6 (ब) 7 (ब) 8 (स) 9 (द) 10 (द)
11 (ब) 12 (द) 13 (स) 14 (अ) 15 (अ) 16 (द) 17 (स) 18 (स) 19 (अ) 20 (स)
21 (अ) 22 (स) 23 (द) 24 (ब) 25 (ब) 26 (ब) 27 (अ) 28 (द) 29 (द) 30 (स)
31 (द) 32 (अ) 33 (ब) 34 (द) 35 (अ) 36 (स) 37 (ब) 38 (द) 39 (द) 40 (द)
41 (अ) 42 (ब) 43 (ब) 44 (स) 45 (द) 46 (स) 47 (ब) 48 (स) 49 (द) 50 (अ)
51 (अ) 52 (अ) 53 (स) 54 (ब) 55 (ब) 56 (अ) 57 (स) 58 (ब) 59 (अ) 60 (द)

मॉडल प्रश्न पत्र – 18

1 (द) 2 (अ) 3 (ब) 4 (अ) 5 (अ) 6 (स) 7 (अ) 8 (स) 9 (द) 10 (अ)
11 (ब) 12 (द) 13 (ब) 14 (ब) 15 (ब) 16 (द) 17 (अ) 18 (ब) 19 (द) 20 (स)
21 (अ) 22 (अ) 23 (ब) 24 (द) 25 (ब) 26 (द) 27 (अ) 28 (अ) 29 (ब) 30 (स)
31 (अ) 32 (द) 33 (अ) 34 (स) 35 (ब) 36 (अ) 37 (द) 38 (अ) 39 (अ) 40 (अ)
41 (द) 42 (अ) 43 (अ) 44 (ब) 45 (स) 46 (अ) 47 (अ) 48 (ब) 49 (द) 50 (स)
51 (स) 52 (ब) 53 (अ) 54 (स) 55 (द) 56 (अ) 57 (अ) 58 (स) 59 (ब) 60 (ब)
61 (द) 62 (अ) 63 (द) 64 (ब) 65 (ब) 66 (स) 67 (अ) 68 (द) 69 (द) 70 (ब)

71 (स)	72 (द)	73 (ब)	74 (अ)	75 (अ)	76 (ब)	77 (स)	78 (ब)	79 (स)	80 (अ)
81 (द)	82 (द)	83 (अ)	84 (अ)	85 (अ)	86 (ब)	87 (द)	88 (अ)	89 (अ)	90 (द)
91 (स)	92 (अ)	93 (स)	94 (अ)	95 (द)	96 (स)	97 (स)	98 (अ)	99 (अ)	100 (स)

मॉडल प्रश्न पत्र – 19

1 (ब)	2 (द)	3 (ब)	4 (ब)	5 (स)	6 (अ)	7 (स)	8 (अ)	9 (अ)	10 (द)
11 (स)	12 (अ)	13 (ब)	14 (अ)	15 (स)	16 (अ)	17 (अ)	18 (स)	19 (अ)	20 (ब)
21 (अ)	22 (द)	23 (ब)	24 (ब)	25 (अ)	26 (अ)	27 (स)	28 (ब)	29 (अ)	30 (स)
31 (ब)	32 (ब)	33 (द)	34 (अ)	35 (अ)	36 (अ)	37 (अ)	38 (अ)	39 (द)	40 (अ)
41 (ब)	42 (द)	43 (स)	44 (ब)	45 (स)	46 (ब)	47 (स)	48 (स)	49 (स)	50 (अ)
51 (स)	52 (अ)	53 (ब)	54 (द)	55 (स)	56 (अ)	57 (ब)	58 (ब)	59 (स)	60 (द)
61 (द)	62 (ब)	63 (स)	64 (ब)	65 (स)	66 (ब)	67 (स)	68 (अ)	69 (ब)	70 (स)
71 (स)	72 (अ)	73 (स)	74 (ब)	75 (द)	76 (अ)	77 (स)	78 (ब)	79 (अ)	80 (ब)
81 (ब)	82 (ब)	83 (द)	84 (ब)	85 (ब)	86 (द)	87 (स)	88 (स)	89 (अ)	90 (अ)
91 (द)	92 (अ)	93 (अ)	94 (द)	95 (ब)	96 (ब)	97 (स)	98 (द)	99 (अ)	100 (स)